Devra G. Kleman, Katerina V. Thompson, *and* Charlotte Kirk Baer

Wild Mammals in Captivity

Principles & Techniques for Zoo Management **2nd Edition**

The UNIVERSITY OF CHICAGO PRESS

動物園動物管理学

村田浩一　楠田哲士 監訳

文永堂出版

Wild Mammals in Captivity

Principles and Techniques for Zoo Management, *Second Edition*

Edited by Devra G. Kleiman, Katerina V. Thompson, and Charlotte Kirk Baer

THE UNIVERSITY OF CHICAGO PRESS • CHICAGO AND LONDON

Devra G. Kleiman (1942–2010) was principal of Zoo-Logic, LLC, Chevy Chase, Maryland; senior scientist emeritus at Smithsonian National Zoological Park; and adjunct professor at the University of Maryland.

Katerina V. Thompson is director of Undergraduate Research & Internship Programs in the College of Chemical and Life Sciences at the University of Maryland.

Charlotte Kirk Baer is principal of Baer and Associates, LLC, Silver Spring, Maryland.

The University of Chicago Press, Chicago 60637
The University of Chicago Press, Ltd., London

Printed in the United States of America
19 18 17 16 15 14 13 12 11 10 1 2 3 4 5
ISBN-13: 978-0-226-44009-5 (cloth)
ISBN-10: 0-226-44009-5 (cloth)

Library of Congress Cataloging-in-Publication Data

Wild mammals in captivity : principles and techniques for zoo management. — 2nd ed. / edited by Devra G. Kleiman, Katerina V. Thompson, and Charlotte Kirk Baer.
p. cm.
Includes bibliographical references and index.
ISBN-13: 978-0-226-44009-5 (hardcover : alk. paper)
ISBN-10: 0-226-44009-5 (hardcover : alk. paper) 1. Captive mammals. 2. Animal welfare—Moral and ethical aspects. 3. Zoos. I. Kleiman, Devra G. II. Thompson, Katerina V. (Katerina Vlcek), 1960– III. Baer, Charlotte Kirk.
SF408.W55 2010
636.088′9—dc22

2009051947

♾ The paper used in this publication meets the minimum requirements of the American National Standard for Information Sciences—Permanence of Paper for Printed Library Materials, ANSI Z39.48-1992.

本書はわれわれの指導者であり，同志であり，そして大事な友人である，Devra Kleiman との記念に，彼女の生涯を通じた保全への献身の功労をたたえて捧げられる．自然界の理解と保護へ彼女の不断の努力は，動物園の国際的共同体や保全生物学者に影響を与え，彼女の生涯をかけた活動を永遠に存続させることになった．彼女とともに働いた科学者や彼女が研究した動物達は，永久に彼女の科学的な働きの幸運な継承者となるだろう．専門家としての尽力の傍ら，彼女は彼女の周りの人々が確実に学び，成長し，そして楽しめるよう，彼女の人生を献身的に捧げた．本書は，Devra が地球上の全ての種の進歩のために，動物園と動物の管理に関するわれわれの現在の知識領域に成した大いなる貢献の，たった 1 つの例にすぎない．Devra が本書を作成した時のものと同じ困難，熱意，そして情熱とともに，読者が本書を用いてくれることがわれわれの望みである．

水浴中のカピバラ，スミソニアン国立動物園（ワシントン D.C.）．
写真：Jessie Cohen（スミソニアン国立動物園）．複製許可を得て掲載．

前書き

George Rabb
シカゴ動物園協会 名誉会長

哺乳類の生物学および行動学に関する，現行の知識のすばらしいこの集大成の多くの読者と利用者には，長期間，飼育下という限られた状態に置かれた動物を１種以上何らかの形で保全する義務がある．そのため，本書のほぼ全ての章は３つの有用性を兼ね備えたものとなっている．１つ目は，飼育下にいる間，個々の動物を望ましい環境で飼育することに直接関連する情報である．もう１つはここで報告されている知見の確認と，それらを適切に広めるという読者の暗黙の義務である．３つ目は，動物園，水族館および関連施設が直面する，生物多様性の保全の増え続ける問題に対する有意義な対策の資料であるという面である．

われわれやその他の人々が，動物種に本来の自然環境内での未来を用意しようとする一方で，この非凡な挑戦は，われわれの施設における適切な環境下で脊椎動物種の生存を保証することにより，多様性を保全するためのものである．これらのいくつかの取組みは，一昔前からシフゾウ，モウコノウマ，アダックス，そしてアラビアオリックスといった有名な種において成功している．しかしながら，他の大型種の生存に関しては未だに問題を有している．──ジャイアントパンダ，チーター，大型類人猿，そしてサイが例としてあげられる．そして最新の地球全体の評価で，約 1,500 種の哺乳類が絶滅の危機に瀕しているとされたことを踏まえ，絶滅危機の問題が非常に大きな問題であることを認識しなければならない．このような種の多様性，特に齧歯目と翼手目の多様性が，それらの保全のために人員や資本の投資が保証されるかどうかについて，種の多様さが生態系の存続と回復のために重要であるということが分かっている．あらゆる土地の生態系のこれまでの推移と，人間活動によってもたらされる気候変動の重圧が増加していることを考慮すると，近い将来，さらなる種の多様性の損失は生態系の収容力と，それらを構成する種の適応能力に影響を与えるだろう．

もしわれわれが適切に対応する必要があるとすると，この巨大な保全への挑戦には別の面での対応が必要となる．１つは種の回復プログラムを共有することによって得られる，機関間のより多くの協力である．もう１つは，種とそれらの現地の環境の回復のために，現地で保全に携わる人々や事業者とよりよい連携を有することで，種とそれらの原生環境の回復のために彼らとともに連動することである．このような協働的な活動は，結果として対象種の生息する自然環境と居住地を共有したり，それらを利用する人々と地域社会との連携をも意味する．この挑戦の最優先事項は都市部に住む人々とこのような保全活動をうまく繋ぐことである．動物を飼育する多くの施設は，通常，地元住民の教育や生命愛（人間に遺伝的に組み込まれている自然界に対する先天的な愛情）的な娯楽に役立つ公共施設である．世界の動植物の多くに対する脅威に関して，より多くの一般に向けた普及啓発をすることで，多くの都市生活者は，さらなる生命の多様性の喪失を防ぐ保全ネットワークの一部として機能する，自分たちの地元施設を所有することに倫理的な誇りをもつだろう．

専門家および一般の環境保護論者の組織と同様に，地域の，そして国際的な動物園水族館協会にもすでに生物多様性の保全が委ねられている．しかしながら，ここで指摘しているように，都市部の地域社会のサポートが非常に重要であり，それゆえに私は本書の読者や利用者には，近くにいる人や教師，そして政府，政党，地域社会の指導者に向かって行動を起こすことによって，保全論者として自身で活動を起こす勇気をもってくれることを願っている．

序　文

Devra G. Kleiman

Lee Crandall 著,『Wild Mammals in Captivity』の初版が出版されてから 40 年以上が経過した．この傑作には，当時の飼育下野生動物について，われわれが知り得る全てが記載された学術論文が，分類学的に構成されていた．1980 年代にこの本を改訂することを決めた時，私と仲間たちはその分類学的アプローチを繰り返すことは不可能だろうと悟った．そしてそのかわりに，重要な話題に焦点を当てることを選んだ．初版は，哺乳類の飼育，栄養，展示，個体群管理，行動，繁殖，そして研究についてを含む，動物園の専門家が関心をもつ重要な分野を 1 冊の分厚い本にまとめることにより大成功を収めた．動物園は域外保全に貢献することができ，またすべきであり，そして飼育下にいる動物達を増やすことと，そのコレクションについての知識を普及させることに動物を利用でき，またすべきであるという認識とともに，1996 年までに動物園の関心の重点は飛躍的に変化した．

1996 年版の『Wild Mammals in Captivity』は最初の構想から出版まで 10 年かかり，48 の章，5 つの付録，そして 78 人の著者を擁した．10 年後，私はその 10 年間が動物園動物の管理上さらなる大がかりな変化をもたらしたことを実感し，仲間とともに見直しを話し合いはじめた．われわれは最初に，初版のどの節や章が動物園の専門家たちにとって最も有用かという意見を求めた．さらに，われわれは初版の中で埋められる必要のある空白を見つけるために“ニーズ・アセスメント（ニーズ調査）”を実施した．私の当初の目的は（もし可能ならば）元々の著者にそれぞれの章の改訂と更新をしてもらうことだったが，以下のような事柄がすぐに明らかとなった．①いくつかの章には改訂も更新も必要がないこと，②初版から満たされていないニーズがあったこと（そもそも初版から求められていることが掲載されていなかった），そして ③動物園界でのいくつかの主要な概念的，技術的な変遷についてを取り上げる必要があった．かくして，34 章と 4 つの付録からなる本書は，初版とは全く異なるものとなった．初版と比較すると，75% 以上の章と付録は大幅に新しい内容を含んでいるか，そうでなければ実質的に新しい方法で内容を紹介している．章は少なくなっているが，78 人の著者を擁しており，海外の動物園関係者を著者としてより多く依頼した（寄稿者はアジア，オーストラリア，南米，北米，そしてヨーロッパから得ている）．

過去 10 年間でおそらく最も顕著な変化は，新しい取組みのための概念的な枠組みを発展させる時に，展示，教育，保全そして研究のそれぞれのスタッフがより密接に協働するといったような，動物園の総合運営への注目の増加である．ゆえに本書では，動物園内の活動からはるか遠方で行われる域内でのプログラムとの統合といった内容を含め，この時代における近代動物園の使命にとって重大な意味をもつものとして浮上したテーマについて関係のある章を加えている．ほとんどのテーマに関して，われわれは動物園の問題に対する概念的なアプローチと実践的な応用システムを組み合わせようとしてきた．結果，本書では先進国と発展途上国両方の国にある動物園が，これら全ての内容が役に立つと認めてくれるという願いとともに，理論的な資料は少なく，管理を重視するものがより多くなっている．

例えば，各園でのプログラムが同業他機関の中で最上の質であり，飼育動物ができるだけ高い動物福祉の基準で飼養されていることを保証するという動物園に対するプレッシャーは，動物園のプログラムに対する評価により多くの注目をもたらした．そのため認可プロセスの概要と 3 つの異なる大陸の著者による動物園施設の評価へのアプローチについての３つの短い章を組み込んである．

またこの過去 10 年間には，動物福祉に対する関心もまた爆発的に増加した．そのため本書では，動物福祉の評価と，動物園スタッフの飼育の下にある哺乳動物の環境条件を向上させる最先端技術を備えている．動物福祉を高めるための動物のエンリッチメントの最近の注目点については，概念的にも方法論的にも本書全体にわたってよく説明されている．さらに健康管理を目的としたものを含む，動物管理のためのトレーニング技術の利用の増加は驚くほどのものであった．エンリッチメントとトレーニングはともに動物園の哺乳動物の管理を一変させた．

別分野の注目としては，地域にまたがった共同的な管理プログラムの拡大であり，個体群管理と地域収集計画の章でうまく説明されている．種と分類群の管理プログラムは 1990 年代を通して栄え，そして今では大多数の動物，特に絶滅危惧種が局所的，地域的，そして国際的に管理されている．また注目すべきなのは，動物園の個体群を管理するソフトウェアの出現と広範囲にわたる利用である．

最後に，動物園に来園する人々の認識を変えることや，一般市民の保全に関する倫理的価値観を高めることで教育プログラムが果たす重大な役割は，本書の来園者調査と保全学習への着目を通して証明されている．

注：本書で終始使用されている哺乳類の分類は Wilson, D. E., and Reeder, D. M. 2005. *Mammal Species of the World: A Taxonomic and Geographic Reference*. 3rd ed. 2 vols. Baltimore: Johns Hopkins University Press のものである．

謝　辞

『Wild Mammals in Captivity』の第２版において，何が最も有益になるだろうかということに関する，初期の調査への貴重なフィードバックを提供してくれた個々人からの，有益な指導と意見なしにこの改訂版に着手することは不可能であっただろう．われわれの改訂を知らされ，役立つコメントとともに応えてくれた人々には Govindasamy Agoramoorthy，Kurt Benirschke，Kathy Carlstead，Jon Coe，Carolyn Crockett，Scott Derrickson，Jim Doherty，Jack Grisham，Georgina Mace，Jill Mellen，Don Moore，Dave Powell，Mike Quick，Franz Schwarzenberger，Richard Snider，Pat Thomas，Steve Thompson，Duane Ullrey，Sally Walker が含まれる．さらに，この新しい版において栄養の項目に着手してくれた Mary Allen の尽力に感謝する．

われわれは多くの査読者を擁した．その方々に深く感謝する．各章の査読と著者に対する構成的な助言の提供に関して以下の方々に御礼申し上げる。Joseph Barber*，David Barney，Meredith Bashaw*，Karen Bauman，Benjamin Beck*，Henry Bireline，Randy Brill，Janine Brown，Paul Calle，Bryan Carroll*，Tracy Carter*，Jon Coe*，Nancy Czekala，Shelli Dubay，Mark Edwards，David Field*，Debra Forthman，Elizabeth Franc，Laurie Gage，Tom Goff，Karen Goodrowe*，John Gwynne*，David Hancocks*，William Karesh，Elizabeth Koutsos，Laurie Bingaman Lackey，Kristin Leus*，Donald Lindburg*，Terry Maple，Sue Margulis，Jill Mellen，Axel Moerhenschlager，Donald Moore，Linda Penfold*，David Powell*，Mark Rosenthal*，Anne Savage*，David Selk，Michelle Shaw，Deb Schmidt，Phil Seddon，David Shepherdson，Alan Shoemaker*，James Sikarskie，Patrick Thomas*，Steve Thompson，Kathy Traylor-Holzer，Leon Venter，Cynthia Vernon，Kathleen Wagner，Ann Ward, Bob Wiese（＊は１章以上の査読をしてくださった方を示す）．

数名の著者には，様々な理由で最終的にはこの版に含めることができなかった貢献をしていただいた．Frank Göritz，Thomas B. Hilderbrandt，Katherine Jewgenow，Kris Vehrs の貴重な時間と尽力に深く感謝する．

最後に，Kerri Donner の編集助手としての働きと彼女に時間を提供させてくれたメリーランド大学に厚く御礼申し上げる．改訂版の構想をサポートしてくれたシカゴ大学出版局の Christine Henry の専門的な助力なしでは本書は出版されることは決してなかっただろう．Sandra Hazel は実にすばらしい原稿整理の仕事をしてくれた．Anthony Rylands はこのサイズの本に索引をつけるという，非常に大きな仕事量をこなしてくれた．特に分類学的な複数のやむを得ない間違いを発見するという Anthony の細かいところまで気づく手助けには特に感謝している．

この規模の大きな仕事には多くの面での相当な尽力を必要とする．本書を制作するための全ての重要な貢献者を掲載することはできないが，ここで言及したかどうかに関わらず，全ての携わってくださった方々に厚く御礼申し上げる．

監訳者序文

村田浩一 日本大学生物資源科学部／よこはま動物園ズーラシア　*楠田哲士* 岐阜大学応用生物科学部

本書（「動物園動物管理学」）は，2010年に出版された“Wild Mammals in Captivity Principles & Techniques for Zoo Management, Second Edition”（The University of Chicago Press）の翻訳書である．この原著の編者の1人であるDevra G. Kleimanは，かつてスミソニアン国立動物園の職員であり，ジャイアントパンダの飼育下繁殖やゴールデンライオンタマリンの再導入などで国際的に知られている生物学者でもある．わが国に幾度か来日されており，その優れた知性と人柄により多くの動物園関係者から敬愛されていた．しかし，残念ながら2010年に病気のため亡くなられた．最後の著作となった原書は，偉大な功績を忍ばせる献辞とともに彼女に捧げられている．

これまで，動物園動物，特に哺乳類の飼育管理に関する専門書は幾冊か出版されてきたが〔例えばCrandall（1964）の“The Management of Wild Mammals in Captivity”〕，原書の序文でGeorge Rabb（元シカゴ・ブルックフィールド動物園長）が記しているように，この専門書は飼育下哺乳類の生物学や行動学に関する最新情報を集めて，現代の動物園でそれらを最大限活用するために編纂された秀逸な書となっている．

本書の構成は，7部34章と付録（巻末の追加情報）からなり，動物倫理に始まり，飼育管理の基礎，栄養学，展示，保全研究，行動学，繁殖学そして外部計測法から個体識別法に至るまで，多岐にわたり詳細な学術情報が提供されている．さらに豊富な関連文献も多数紹介されている．それらの情報は，全てが動物園関係者や研究者そして動物園に興味をもつ者にとって有用なものである．だが，本書から学ぶべき最も重要なことは，単なる動物園における飼育管理の最新情報ではなく，動物園がその存在基盤とする科学すなわち動物園学（Zoo Science）である．

動物園における飼育では，経験が非常に大切な要素となっている．その経験は，数年や十数年間で得られる浅はかなものではなく，数十年以上の積み重ねでようやく身に付けることのできる奥深いものである．しかし，動物園の飼育現場でより重要となるのは，過去から積み上げられてきた経験を科学の域にまで高め，さらに記録として残すことである．その残された科学的記録は，幾年か毎に再検討が加えられ標準化されて，飼育管理技術の将来的発展に役立つものとなる．

本書の内容は，日本産動物の飼育や国内動物園の現状にそぐわない部分があるかもしれない．しかし，だからといって意味がないのではなく，内容を咀嚼すれば十分参考になると考える．近い将来，日本の動物園や日本産動物に特化した飼育管理に関する大著を，日本の動物園関係者の協力で出版したいと望んでいる．

本書の翻訳には，多くの動物園関係者，大学の研究者そして大学院生や学部生に協力していただいた．本書の監訳作業を進めながら，国内の動物園で科学的基盤を構築するには，人的ネットワークがキーになることを改めて痛感した．本書の冒頭に記載した翻訳者以外にも多くの方々に，翻訳や校正の作業にご協力いただいた．以下に名前を記して謝意を表したい．翻訳協力者：相原亜希子，織田愛美，大樂央，高木秀彰，深澤夏奈，山本彩織，山本紘之，前野あゆみ（岐阜大学大学院応用生物科学研究科：翻訳当時，以下同），臼井綾乃，柴田彩乃，清間由佳，蜂屋佑馬（日本大学生物資源科学部獣医学科），田和優子，中澤伸子，中筋あかね（京都大学大学院理学研究科），校正協力者：松村亜裕子（盛岡市動物公園）．

本書で用いられている専門用語については，学界もしくは業界独自のものが少なくない．それらの中には，国語辞書に掲載されていないものも多い．例えば，動物園や学会では「人工哺育」や「哺育」という用語が問題なく，または意図的に使われているが，「人工哺育」が掲載されている国語辞書は極めてまれである．「子供」は国語教育で常用漢字となっているが，教育界では社会から尊重されるべき立場として『供』という漢字は相応しくないという考えから「子ども」もしくは「こども」と表記される例が増えている．獣医畜産学分野では若齢個体に対して「子」が使われ，動物学分野では「仔」も使われる．霊長類学者の間では齢別で「コドモ」とカタカナ書きで表記されることがある．また，「育児」についても，獣医畜産学分野では「育児」ではなく「育子」が使われている．一方，「海生哺乳類」と「海棲哺乳類」のように，微妙な意味の違いから同じ学問領域内でも研究者毎に用語選択が異なる場合もある．また，生物名としての「人間」は「ヒト」とカタカナ表記されるが，家畜名としては「牛」や「豚」などの漢字表記が使われる場面もある．本書では，一般読者も対象とした書物であることから，章毎に異なる専門用語や動物名，また学名などが現出するという混乱を避け，読みやすさを優先するために，できる限り用語の統一化を図った．執筆者の意図や考えに反しているかもしれないが，監訳者の判断にご理解いただきたい．もし不適切な表現もしくは訳語が文章中にあるとしたならば，それらに対する責任は各訳者ではなく監訳者にある．

最後に，本書が動物園動物の長期飼育下繁殖計画のみならず，個々の動物たちの健康維持や福祉に寄与できることを心から願っている．

2014 年 1 月

監訳

村田浩一（日本大学生物資源科学部 / よこはま動物園ズーラシア）
楠田哲士（岐阜大学応用生物科学部）

翻訳（五十音順，敬称略）〔 〕内は翻訳担当部分

足立　樹	西海国立公園 九十九島動植物園	〔33 章〕
伊東員義	元 恩賜上野動物園	〔8 章，11 章〕
大平久子	獣医師 / 翻訳家	〔2 章，17 章〕
尾形光昭	横浜市繁殖センター	〔22 章，23 章，24 章〕
落合知美	市民 ZOO ネットワーク / 京都大学霊長類研究所	〔5 章，6 章，15 章〕
金澤朋子	日本大学大学院生物資源科学研究科	〔3 章〕
神田幸司	名古屋港水族館	〔16 章〕
楠田哲士	前掲 〔第 2 部イントロダクション，第 4 部イントロダクション，第 5 部イントロダクション，21 章，27 章，28 章，第 7 部イントロダクション，31 章，33 章，付録イントロダクション〕	
桜木敬子	京都大学野生動物研究センター	〔30 章〕
田中正之	京都市動物園	〔第 6 部イントロダクション，25 章，26 章，29 章〕
冨澤奏子	国際種情報システム機構（ISIS）	〔12 章，付録 3〕
二宮　茂	岐阜大学応用生物科学部	〔第 1 部イントロダクション，1 章〕
福井大祐	EnVision 環境保全事務所 / 人と野生生物の関わりを考える会	〔7 章〕
堀　達也	日本獣医生命科学大学獣医学部	〔32 章〕
亀田愛子	恩賜上野動物園	〔20 章〕
松村亜裕子	盛岡市動物公園	〔前書き・序文・謝辞，付録 4〕
松村秀一	岐阜大学応用生物科学部	〔19 章〕
村田浩一	前掲	〔3 章，4 章（50 頁以降），付録 1，付録 2〕
横山卓志	静岡市立日本平動物園	〔14 章，18 章〕
柳川洋二郎	北海道大学大学院獣医学研究科	〔34 章〕
八代田真人	岐阜大学応用生物科学部	〔第 3 部〕
綿貫宏史朗	市民 ZOO ネットワーク / 京都大学霊長類研究所	〔13 章〕
渡辺靖子	西オーストラリア獣医師会登録獣医師	〔4 章（50 頁まで），付録 1，付録 2〕

目　次

第1部 倫理と動物福祉の基準

第2部 哺乳類の基本的管理

第3部 栄　養

第4部 展　示

第5部 保全と調査研究

第6部 行 動

第7部 繁 殖

付 録

カボチャをつぶすアジアゾウ，スミソニアン国立動物園（ワシントン D.C.）．
写真：Jessie Cohen（スミソニアン国立動物園）．複製許可を得て掲載．

第 1 部

倫理と動物福祉の基準

イントロダクション

Devra G. Kleiman

訳：二宮 茂

動物園には，博物館とは違って所蔵する生き物を維持する点で独特な取り組みが存在する．それは，動物を人道的に取り扱い，自らの世話のもとに毎日維持する責任があることである．動物園動物の飼養管理に求められる素養について近年そのレベルが上がりつつあり，飼養管理者は動物園動物を人道的に取り扱うだけでなく彼らの生活の質を高めるような飼育環境をつくり出す責任があるとの認識が高まっている．飼育下の動物の肉体的・精神的欲求の両方に目を向けることで動物の管理は発達してきた．第 1 部では，飼育下で哺乳類を維持管理する際の倫理と，動物園のスタッフが動物の福祉を向上させるのに必要な取り組みについて取り上げる．加えて，動物園の機能や動物の飼養管理を向上させる方法として地域の動物園協会が作成したあるいは作成しつつある，動物園の認証基準についても紹介する．

本書，動物園動物管理学では，まず，動物園水族館における哺乳類の飼育倫理に関する章から始める．第 1 章では，Kreger and Hutchins が，動物に対する考え方における歴史上そして現代における文化的な違いを含め，動物園が社会的に果たすべき役割とは何かについて現在行われている議論について考察する．また，どの種を維持し展示するかに対して制限を設けるべきかどうかについて，そして，現代の動物園の保全と展示の役割における潜在的な対立点について検討する．第 2 章では，Kagan and Veasey が動物福祉に関する動きの歴史と設立の経緯について述べ，動物園水族館団体に動物福祉に関する研究やその向上に投資を増やすように求めている．特に大事なのは，動物福祉を計測し，向上させる方法を明らかにし，実行することであり，その研究分野は米国に比べヨーロッパでより発展しているようである．第 3 章では，基準設定や動物園の評価の取り組みに関する Barber による導入的な概説とともに，3 つの地域における動物園の評価や業界基準の発展の取り組みを述べる．地域ごとに動物園や水族館を評価する方法が存在し，政府の関与の程度や評価が自主的か強制的かの程度において違いを見せながら，それらは発展し続けている．これらの違いは，ヒト以外の動物を社会的にどう見なすかについての文化的な考えの違いから生じており，地域の近代化や発展の程度にも影響を受けている．Barber（Kagan and Veasey も）が述べているように，動物園が取り組むべきことは，主観的なものだけでなく定量的な方式で動物園の動物の福祉を計測する最良な方法を決めることであり，自然な行動を発現させるのに最良の飼育環境を提供することを明らかにすることである．

1

動物園水族館における哺乳類の飼育倫理

Michael D. Kreger and Michael Hutchins

訳：二宮 茂

はじめに

倫理では，正しいことと正しくないことを取り扱う．科学の領域としての“何が”というより，倫理学者は“どうあるべきか”に焦点をあてる（White 1981）．しかし，道徳的な問題となると，1つの尺度が全てに当てはまるわけではない．人間は道徳的に絶対主義者ではないし，われわれの道徳的な意思決定は複雑である．例えば，希少動物を殺すことは生物多様性を損ない，法律にも反することにさえなるかもしれないが，自己防衛のために殺した場合は道徳的に正当と見なされるだろう．同様に，動物園で絶滅寸前の野生動物を維持することがただ単に娯楽や儲けのためだけにあるなら，倫理的に正当と認められないかもしれないが，研究，教育や保全目的の場合は，多くの人が正当と思うかもしれない（Hutchins, Smith, and Allard 2003）．野生動物を飼育下につれてくる時に，社会を二分することになる場合もあるし，同意を得られる場合もあるということが重要な問題である．動物を野生から連れ出し，飼育下におくことが道徳的に受け入れられるのはどのような場合なのだろうか．動物園は野生動物にとって殺伐とした牢屋なのか，それとも悲惨で悪いことも起こり得る野生の世界からの快適な避難所なのか．野生生物を搾取し，密売するものとして動物園を非難する者もいるし，野生生物の保全を推進するところであるとして，それに反論する者もいる（Mench and Kreger 1996，Hutchin, Smith, and Allard 2003）．動物を擁護する者，哲学者，科学者，自然保護活動家，動物を世話する者や動物園を訪れる人は，難しい倫理的な問いをかかえている．社会における動物園の役割は何か，どの種を展示するべきで，展示すべきでないか，どのように動物を展示し，管理すべきか，もはや動物園の計画に必要でなくなった動物をどう扱うべきかについては，現在継続して議論されている．

この章では，飼育下で野生哺乳類を飼育管理することに関する倫理的な問題について概要を述べるつもりである．倫理的な感覚における哲学的な違いについて述べ，他の倫理的な問題同様に，いかに倫理が動物園における保全という任務に影響を与えるかについて議論し，また，動物園がその倫理的な隔たりの橋渡しをできる点は何かについて示していく．ここで“動物園”という言葉を水族館を含め，飼育下で野生生物を生きたまま保管する全ての専門的に管理された動物施設を意味するものとして使用する．野生動物とは，家畜化されていない，つまり，ある特定の形質を選択的に選び繁殖し（人工的な淘汰），つくられてきたものでない種と定義する．専門的に管理された動物園とは，国際的，地域，あるいは国内の動物園協会（www.eaza.net, Bell 2001）に認められた施設とする．国際的，あるいは地域の協会として，世界動物園水族館協会，欧州動物園水族館協会，北米動物園水族館協会（AZA）がある．AZAは米国の農務省により認可を得た米国内の全ての動物展示施設のうちおおよそ10%（2,500ある施設のうち214施設）を認定している（第３章）．認定された施設は米国やカナダの大都市にある有名な動物園のほとんどを含んでいる．The Sociedade de Zoologicos do Brasilは国の動物園協会の１つの例である．

ほとんど全ての協会で，その構成員に倫理的な規約を遵守するように求めている．それらの規約は協会間で相違はあるが，施設の使命や動物の飼養管理に関することが規約の中心となっている．規約では最善の基準や目標ではなく最低限のものが示されている．それ以上の過度の規約や基準の効果については資源（例：技術，資金，場所）が制限要因となってしまうことが多い．非専門的な動物施設には，路傍にある動物園，サーカス，私的な動物教育者や訓練士，野生生物救護センターや自然保護区が含まれる．他の職業的な基準とともに倫理的な規約では，専門的に運営されている施設と認定されていない施設とが区別されている．

倫理的感覚

歴史的に，人間は動物を崇拝し，食用あるいはスポーツとして狩猟し，家畜化し，食べ，その毛皮を利用し，ペットにし，また，自然界における動物と人間の位置について思いを巡らしてきた．さらに，娯楽や科学的研究のために動物を捕獲し，収集してきた．世界の動物園の歴史や動物園の正当性に関する考え方の時系列については他のところでまとめられている（Mullan and Marvin 1987，Mench and Kreger 1996，Bell 2001，Hanson 2002）．古代エジプトの Hatshepsut 女王（紀元前 1490 年）の動物収集から 1600 年代のヨーロッパにおける見せ物のために集められた動物のコレクションまで，初期段階の野生動物の収集は私的なもので，多くは好奇心や富や権力の象徴として行われていた．1700 年代後半には，市民の娯楽や教育，科学的な調査という点で西洋の動物園と動物収集とは区別されるようになった．しかし，研究を通しての再導入計画や遺伝的管理，種や生態系の保全に関する来園者への教育など，大都市にある動物園の中心的な役割として保全があげられるようになったのは 1900 年代の後半になってからである．動物園は，小さく単純な環境の囲いの中で飼育して，多くの種を大量に所蔵することから，より大きく自然な囲いの中でより少ない種をより少量の数保有する方向に転換してきた（Mullan and Marvin 1987，Hancocks 2001，Hanson 2002）．さらに，保全や研究プログラムを市民に教育し，理解してもらうために種を展示し，ショーやふれあい空間，双方向性の展示を通して来園者に“エデュテインメント”を提供してきた．また，行動や展示デザイン，栄養のような動物福祉に関する部分にも考慮しながら自らの存在理由について検討し始めた．この検討は現在進行形の動きであり，動物園業界では，施設としての使命を果たしつつ，動物個体の生物学的な欲求を満たしていくことに関する倫理的な考え方の違いについて議論を続けながら，ゆっくりと進めている．

今日では，動物の利用（ペットや食用，動物園も含め）を認めない廃止論者的観点から，動物個体の損失にかかわらず人間が自由に動物を利用してもよいという超功利主義的観点まで存在している．野生動物を囲いの中で飼うことについては，2 つの有名な倫理哲学が明らかとなっている．1 つは動物の権利で，廃止論者側のものであり，もう 1 つは動物福祉，より功利主義的な見方のものである．廃止論者は動物園に動物はいるべきか否かに焦点を当てている．認知的な研究によると人間以外の動物でも主観が存在することが示されていて（Griffin 1984，Bekoff, Allen and Burghardt 2002），動物の権利の哲学者は，「動物は人間と同等か同程度の道徳的配慮がなされなければならない」と主張している（Regan 1983）．この見解に同意する人々は人間以外の動物も人間と同等に道徳的，法的に考慮されなければならないと主張している（例：“法人”，Wise 2000）．動物の権利の哲学では，感覚をもつこと（もしくは苦痛を感じる能力）は道徳的配慮の対象とされるのに必要な唯一の性質とされている．そのように人間以外の動物を囲いの中で飼うことは種差別とみなされ，ある 1 つの種（ヒト）が単に分類学的な地位に基づいて他の種に対する道徳的な配慮を怠っていると判断される（Regan 1983）．

哲学者である Peter Singer も人間以外の動物への道徳的配慮を支持しているが，上記のような強硬な姿勢ではない．人間が様々な目的で動物を活用することを認めている．しかし，道徳的に正当化するには，人間が得られる利益が動物個体における不利益をはるかに超えていなければならないとしている（Singer 1990）．動物の権利を支持する人々にとっては動物園での野生動物の飼育を支持することは，たとえ種の存続に貢献することであってもありえないだろう（Regan 1995）．実際，Regan（1993）は，種や生態系を護るために動物個体の権利を侵害するような試み全てについて“環境ファシズム”と位置づけている．この観点では，普通に生きている動物個体の福祉は絶滅寸前の種や生態系の保全より勝ることにもなる．このことは動物の権利が反保全もしくは反環境と見なされる原因となっている（例：Hutchins and Wemmer 1987，Norton 1987，Hutchins 2004b）．一般的に動物の権利を支持する人々は，人間が動物を利用するいかなる方式，特に何か害をもたらすものならば，それらは本質的に正しくないという考え方から，動物園に反対している．加えて，Jamieson（1995）は市民の教育や種の保全は動物園で動物を飼育しなくても可能であると述べ，動物園の必要性に疑問を唱えている．

動物園は，非営利のものでさえ，お金のために動物を搾取していると見なされるが，同時に，平穏に自然の中で生活することを認められるべきであるという動物の所有権を侵害していると見なされている．

動物福祉には，哲学的要素と科学的要素がある（第2章参照）．まず，動物が人間に使われることは倫理的に許されるという前提がある．この倫理的な判断を支持するために使われる基準には幅があり，動物園が担っている来園者の教育，野生生物および野生生物の生息環境の保全という役割で判断したり，動物園のために野生から移動させられた動物はほとんどおらず，多くは代を重ねて繁殖し，ほとんど飼い慣らされた状態にあり，管理者は野生での生活よりよいものを飼育下で提供していることを根拠にしたりする（温情主義的な態度：Bostock 1993，Hutchins and Smith 2003）．そして，動物園の存在は人間やその他の動物に恩恵をもたらすとしている．動物福祉については，哲学者や獣医師，応用動物行動学者によって多くの定義が提案されてきたが，苦痛や苦悩，死についてはできる限り最小にすべきであるという共通した概念が存在する．動物福祉については，動物がいかに“感じる”か，言い換えると感覚をもつ存在であるか，苦痛を感じる能力があるか，が関係してくると主張する人もいる（Dawkins 1990，Duncan 1993）．これは，動物は刺激に対してただ単純に反応するのではなく，実際に刺激について考え，知覚に沿って対応するという前提に基づいている（Rogers 1994）．動物園では，動物の福祉レベルが受け入れることができるものであるかどうか道徳的な判断を行うことが求められる．もし受け入れられないならば，動物福祉の原理から，動物の行動的，精神的な欲求が満たされることが要求される．動物行動学や神経科学，内分泌学，遺伝学，免疫学の原理を用いることで，動物福祉科学として，動物が環境からの刺激をいかに知覚し，反応しているかを明らかにし，動物の福祉レベルを判定する（Mench 1993）．

動物の福祉もしくは生活の質は，適切な餌や水，生活空間，獣医的な処置を提供するだけでは高められない．しかし，動物福祉は，動物の権利と同様に，人間の価値観の影響を受けるものであるので（Mench 1993），動物の欲求に関する情報がより多く発見されるにつれて，動物福祉に対する考え方は進化してきた．例えば，初期の動物園の管理者は，セラミックタイルの壁でコンクリート床になっている檻は，掃除や消毒のしやすさから病気のリスクを減らすことで，動物の福祉レベルを向上させると考えた（Hancocks 2001）．獣医学的処置にとっては，檻は捕獲を容易にし，動物にとっても心理的なダメージがより少ないように見えた．初期の動物園では，動物を生きた状態で飼育し，運が良ければ繁殖したいと考えていただけであった．しかし，1930年代にエジンバラ動物園の園長であったT. H. Gillespieに代表されるような人達は，動物園動物の最小限の健康と安全に必要なことを満たすだけでは十分ではなく，生活の質もまた重要な検討事項であると考えていた．彼の1934年の著作『Is It Cruel』では，「私が考えるところの囲いというのは，良好で十分な餌があり，日光が注ぎ，日陰もあり，空気が新鮮で，運動のための部屋があるような施設でなければならず，動物の福祉にとって望ましいものであるような条件でなければならない．そして，それらは自然に欲しいと思うものである」と述べられている．1940年代には，バーゼル動物園の園長であったHeini Hedigerが，いくぶんの改良はなされたが，動物園は未だに飼育下にある野生動物の生物学的，精神的な欲求の基本的なところも満たされていないと認めた．1942年に彼は「動物園における生物学の基本的な課題は，飼育下における環境的，遺伝的な変性現象の全てについて，できる限り中和する方法を見つけることである」と述べている（Hediger 1969）．

HedigerやGillespieのように動物福祉に関する主張を行う人達は，動物の安全衛生に関する基本的な部分だけを満たすのでは十分ではないとしている．動物園にとって，動物福祉を最大化するという目標は，思っているほど簡単で単純なものではない（第2章，第3章）．動物の安全性と健康を確かにするという目標と，人々に興味を起こさせ種にとって適切な生活の質を提供するという目標との間で多くの妥協を強いられる（Kreger, Hutchins, and Fascione 1997，Kreger and Hutchins 1998）．しかし，これらの妥協は飼育下でせざるを得ないものなのだが，動物を飼育することに関する倫理的な問題を引き起こしてしまう．例えば，病気や怪我のリスクについては，飼育下の動物にいろいろな種類の正常行動の発現を可能にする際につきものである．巣材や登るための枝，水浴びするための水，社会的な遊び，仲間の存在は動物園動物の病気や怪我のリスクを上昇させるものであると同時に，動物の生活の質を向上させ得るものである．精神的な健康性を最大化するために個々の動物の健康に対するリスクをどの程度許容するかは，動物園の管理者にとって明確な答えのない倫理的な問いである．実際，生活の質という言葉自体，主観的なものであり，人によって解釈が異なることはよくある．例えば，都会で暮らすことがもっとも快適で田舎暮らしは退屈で欲求不満がたまるという人もいれば，田舎暮らしを強く嗜好する人もいるだろう．その答えは，種や個体によって様々だろう（Kreger and Hutchins 1998）．加えて，現代の動物園の究極的な目標は必ずしも，動物の寿命を最大化し，痛みや苦痛のリスクを排除することではない（Hutchins 2007）．

動物園はこれまで，メディアや動物愛護論者（特に動物の権利を支持する人々），科学者から動物園について動物福祉の観点で批判にさらされる位置におかれてきた（例：Jamieson 1985・1995，Malamud 1998，Clubb and mason 2002，PETA 2005）．問題にされたものには，怪我や死亡率の原因から，動物の脱走，増えた動物の処理，動物の囲いの大きさなどがある．事実，2003 年 9 月～2005 年 5 月の 20 か月間における動物園や水族館の動物の死に関するメディアの取り上げ方は，公平で客観的か，同情的なものが多かったが，その 3 分の 1 は非難するものか，動物の権利の活動家による非難の発言と動物園で働く人による同情的な発言のバランスをとろうとするものであった（Hutchins 2006a）．非難するものの大部分は，人気のある大型の脊椎動物，ゾウや大型類人猿，イルカ，大型のネコ科動物の死に関するものであった．

ゾ　ウ

動物園における陸生の脊椎動物で，ゾウは一番大きな哺乳類で，最も注目をあつめてきた動物だろう．動物園のゾウを批判する人々には，市民だけでなく，ゾウのフィールド研究者も含まれる．野生のゾウに関する膨大な研究から考えると，生物学的に複雑なこの生き物を動物園で展示することが批判されるのは不思議なことではない（Wemmer and Christen 2008）．RSPCA（Royal Society for the Prevention of Cruety to Animals）の委託によってなされた研究（Clubb and Mason 2002）は，動物愛護主義者により飼育下のゾウは不幸な暮らしをし，寿命を大幅に縮めているという主張の材料として使われてきた．動物園側は，そのような研究について科学的に正確かどうか批判的に精査したり，動物福祉に関係する部分について取り組みを行ったり，ゾウを飼育することの教育的，保全的利益について議論を行うなどの対応をしている（Smith and Hutchins 2000，Hutchins 2006b）．また，飼育下と野生でゾウの寿命について（Wiese and Willis 2004），動物福祉を評価するための単一の基準として自然性を用いることについて（Hutchins 2004a），飼育下で必要とされる空間の広さや複雑性（Hutchins 2004a），適正集団サイズ（Mellen and Keele 1994, AZA 2001）や調教方法（Desmond and Laule 1991，Hutchins, Smith, and Keele 2008）に関して，科学的に分析し，研究している．

ゾウを飼育すべきかどうか，そして飼育するならば，彼らの福祉に備えどのように管理することができるか，精査した結果，多くの組織が飼養管理指針や方針を作成した〔例：AZA，ゾウ管理者協会（Elephant Managers Association），国際ゾウ協会（International Elephant Association），欧州動物園水族館協会，オーストラリア地域動物園水族館協会，米国農務省〕（Olson 2004，Wemmer and Christen 2008）．米国では，動物福祉法（1966 年改正）のみが法律として存在する（7 U.S. Code 2131-2157）．しかし，これらの指針は科学ではなく経験に基づかれていることが多く，必ずしも同意されている訳ではない．世界のある地域の動物園は別の地域の基準を満たしていないこともある．基準を満たさないことが理由でゾウの飼育をやめることを決めた動物園もある（Kaufman 2004, Strauss 2005）．他の施設では，ゾウの施設を改良し，生活空間を広くし，適切な集団個体数を維持するために改修するところもある（Hutchins, Smith, and Keele 2008）．飼育下のゾウの福祉を満たすのに一番良い方法を決めるには調査研究が必要なようである．

動物園でゾウの福祉が満たされていたとしても，飼育下でゾウを維持することは倫理的に許容できることだろうか．もしゾウを飼育することで他に利益があるとしたらその福祉レベルを落とすことが可能であろうか．これらは，今現在，動物園業界や社会で議論されているポイントとなっている．野生に戻した際に繁殖できないので保全という点でゾウの飼育は何も貢献しないという理由からゾウを飼育すべきではないと批判する人達もいる．一方，動物園でゾウを飼育することを支持する人達は，動物園のゾウ自体は野生の同種個体の保全大使的な役割を担っているのだと言っている．生きたゾウを展示することによって来園者を野生のゾウの保全を支持するように誘い，教育することができる（Smith and Hutchins 2000，Hutchins, Smith, and Keele 2008）．動物園でゾウを保有すること自体来園者を引き寄せることに役立つ．事実，ボルチモアのメリーランド動物園で予算不足から 2 頭のアフリカゾウを他の動物園に移動させると市民に向けて告知した際，激しい抗議が起きたために，地方の財界首脳や州知事が動物園を経営しゾウを飼育するために基金を立ち上げるまでに至っている（Zoo News Digest 2003）．ゾウを移動させるという脅威は結局動物園を救ったのである．また，ゾウを見に来た来園者の入園料や売店の売り上げは動物園主宰の研究や保全計画に使うことにもつながる．事実，2002 年 7 月～2003 年 12 月までの間に，AZA に加盟する動物園ではゾウに関する計画が少なくとも87開始されるか援助された（Hutchins, Smith, and Keele 2008）．このうち一部は生息環境の保全に関するものだった．例えば，人間とゾウとの軋轢を減らすには生息数の管理の必要性が増してきていて（Pienaar 1969），動物園で開発された避妊技術はゾウを死に至らしめることなく個体数を減少させる方法となり得る（Fayrer-Hoskin et al. 2000）．ゾウ間の超低周波によるコミュニケーションは動物園のゾウで初めて発見され研究された（Payne, Laugbauer, and Thomas 1986）．この知識は野生のゾウが遠距離間でコミュニケーションを行い移動を同調する方法を知るに必要不可欠なものである．動物園で研究したり，市民の教育を行うためにゾウを役立てるには，ゾウを飼育しなければならないのである（Smith and Hutchins 2000）．ここにある倫理的な問題は，野生のゾウに利益をもたらすということは，ゾウを飼育することを正当化する理由になるのか，ということである．

倫理と動物園の種の保全という役割

動物園の使命の1つは保全である．保全主義者は将来的に自然な状態で生物多様性が育まれることを求める（Primack 2002）．ここでの“自然な”という言葉は，自然界の生態的，進化的プロセスの結果起こる多様性（例：種形成，コロニー形成，自然的絶滅）と，近年の人間の干渉によって起こったもの（例：外来種の導入，人間による絶滅）と区別するために使われている（Aitken 1998）．野生生物とその生息地の未来について何か決めることは，人口が増加し，豊かになり，自然資源をより多く使うようになるにつれて，だんだん複雑さを増している．

動物の権利に関する倫理や保全に関する倫理は同じ結論に至ることがあり，動物園組織と動物愛護組織が連携することさえある．例えば，両方の倫理では，人間による野生生物の生息地の破壊は間違っていると見なされている．また，保全教育や野生動物の肉を市場で売る地域に対してその代替案の提案，密猟の取締りの支援を支持している．しかし，2つの倫理の見方を比較してみると，感覚を有する動物個体の権利と，生息数や種，生息地，生態系の保全の取り組みのために動物園動物を利用することが対立した場合，意見が合わないのは明らかである（Hutchins and Wemmer 1987）．動物福祉の観点から考えた場合でさえ，多くの動物園従事者は，群れのために良いこともしくは保全計画のために動物を利用することよりも動物園にいる個々の動物の福祉を優先すべきだと主張すると思われる．

動物の権利における倫理と保全の倫理との間にあるイデオロギーの違いは，絶滅危惧種を保護する仕方についての考え方に現れている．どちらの倫理も絶滅のおそれもしくはその危機に瀕している種や集団については好んで保護しようとするが，保護する理由は異なっている．Regan（1983）は，われわれが絶滅危惧種を保護しなければならないのは，種が絶滅に瀕しているからではなく，生息地を破壊しようとする人々もしくは密猟した死肉や希少種の輸送で生計を立てる人々，権利を不当に無視した行為に対して，個々の個体が請求権や権利を有しているからであると主張している．このように，動物の種類や希少性などにかかわらず，感覚を有する動物は人間同等の道徳的配慮をなされるべきだという理由である．対照的に，保全に関する倫理を主張する人々は絶滅に瀕している集団や種はただ単に珍しいからといって特別な立場を与えられるべきではないとしている（Callicott 1986，Norton 1987，Aitken 1998）．一部の人間のある行為（乱獲，公害，生息地の消失や変容の結果）によってある生物が希少な存在となってしまった時に限り，希少な集団や種を保護する特別な努力が必要となると考えている．

現代の動物園では色々な方法で保全活動に動物を役立てている．例えば，生息地やそれ以外の場所で行われる保全計画や研究，再導入に対する資金援助について来園者に教育する場合である．動物園での保全計画には動物福祉に関するリスクも含んでいる．再導入の計画がその良い例である（第22章）．再導入とは歴史的に生息域の一部であったがその種が排除されたか絶滅してしまった地域に種を定着させる試みである（IUCN 1998）．再導入中の個体に対するリスクは，疾病率や死亡率をみると特に計画の初期段階でかなりの数字となる（Beck 1995）．再導入される個体は捕食者を避け，餌を獲得し食べ，仲間と社会的に交流し，棲み処を見つけたり築いたり，複雑な地形の中を移動し，複雑な環境の中で正確に進んでいくことができなければならない（Kleiman 1996）．再導入予定の個体への危害を最小限にしながら野生で出会うであろう試練をどうやって与えるかは，動物園が決めなければならない．例えば，再導入の候補の個体に人間を恐れ，捕食者から逃げ，不適切な生息地を避けることを教えるためには，飼育下でよくない経験を提供する必要がある（Griffin, Blumstein, and Evans 2000）．

飼育下で育ったクロアシイタチを再導入する候補として，主食であるプレーリードッグを識別し，殺すことができるように訓練させるには，生きているプレーリードッグを捕まえて殺す機会を与えなければならない（Miller et al. 1998）．これは再導入計画に重要なことであるが，個々のプレーリードッグの権利を侵害することは疑いもないことである．

倫理に関係するその他の領域

展示のためにどのような動物を選ぶかやどのように展示すべきかも倫理に関わる領域である．飼育下で維持されることで栄養的に行動的に特殊化しすぎてしまう種もあるかもしれない．動物の行動欲求に関して複数の動物園を調べた最近の研究では（例：Shepherdson, Carlstead, and Wielebnowski 2004，Swaisgood and Shepherdson 2005），動物園に対して，飼育する動物について養うことができるか否かについての質問を行っている．来園者の存在にさらされるだけで福祉が損なわれるような動物を展示すべきか．ベルファスト動物園のゴリラは，来園者が多い時間帯に集団内での攻撃行動，常同行動や自己身繕いなどがより多く見られる（Wells 2005）．同様に，ライオンタマリンでは，来園者の存在で異常行動が長期間 30% 増え，展示の中のエンリッチメントの利用が減る（Mallapur, Shiha, and Waran 2005）．これらの行動の度合いは個体や種によって異なるが，この種の調査を行うことは，これらの種を展示することに関する倫理や方法に関する経営的な意思決定を情報に基づいて行うのに有効である．たとえ展示をやめたり，動物をより適切な施設に移すことになったとしても，飼育している動物を調査したり，その福祉に必要なものを満たすことができない種を所有しているかどうかを確認したりするなど，動物園は先を見越した行動をすべきである．

他にも倫理に関わる領域として，ショーや乗用，ふれあい空間で動物を使用することがある（Kreger and Mench 1995, Mench and Kreger 1996）．教育的なデモンストレーションやふれあい動物園，乗り物，ショーに動物を使用する場合，通常の展示の場合に比べ，飼育者や来園者と直接関わり合いをもつことになる．また，飼育される場所も展示の場合と大きく異なってくる．そのような活動のために動物を訓練し，取り扱い，その他動物と直接接触させることは動物の福祉を損なわせたり，逆に向上させたりするが，どのような方法が適当だろうか．直接接触する場面で動物をいつどのように使用するか，来園者が接触する場合より適した個体はどれか，方針を設けている動物園もある（Kreger and Mench 1995，AZA 2006）．

どのような場合，娯楽（ショーやテレビ番組）に動物を使用することが市民に対して教育的となり，あるいは害となるのか．動物の展示やショー，動物とのふれあいが来園者の知識や意識に効果を与えることは研究で分かっている（Kreger and Mench の総説 1995，AZA 2003）．動物園では意図せず動物をペットのように見せてしまっていると指摘する人もいる．来園者が動物と直接関わっている飼育者を見ること自体は共感を生むかもしれないが，野生生物を手なずけているという間違った解釈を生じさせることもあるかもしれない．

飼育下の個体数管理についても倫理的な意思決定を行う必要がある．どの動物をその集団から外し，繁殖のために他の動物園に移すか，いつ母親個体から子を離すか，遺伝的に管理された集団において余剰となった子をどこでどのように飼育するか（第 21 章），繁殖が終わった個体をどのように扱うか，決める必要がある．人気のある動物を移動させることはメディアの厳しい目を引きつけ，動物園管理者と動物愛護団体との激しい議論を引き起こしてきた．生きた動物を輸送することについて動物福祉的な問題も存在する一方，精液をある動物園から別の動物園へ輸送すること自体は動物の福祉を損なわせることにはならないが，動物が繁殖を経験する機会を奪ってしまうことになる．世界動物園水族館協会（WAZA）の倫理と動物福祉に関する行動規範では，交尾やつがい形成，母子間の愛着，若い個体の社会化など繁殖に関する行動自体の福祉的メリットを認めている（WAZA 2005）．遺伝的管理から生じる動物福祉的メリットもある（Hutchins 2001）．小さくて管理できていない集団では，近親交配が進む．近親交配で生まれた個体は先天的な異常（例えば，先天的欠損症）や繁殖率の低下，新生子死亡率の上昇（Ralls, Ballou, and Templeton 1988）が生じる危険性が高くなることが知られ，これらは全て動物の福祉を損なうものである．

動物園では希少種を持続的で遺伝的に発展可能な集団として維持するために必要な空間は限られている（Soule et al. 1986）．獣医療，個体数管理，保全の理由から，遺伝的に余剰となった個体や繁殖が終わった個体，不健康な個体，行動的に相性が良くない個体を移動させることは，難しい判断を必要とする．他の動物園や保護区，個人の飼育者の所に動物を移動させることは，避妊計画を通して繁殖を制御することと並び，最初に考えられる選択肢となる（Porton 2005，本書第 34 章）．繁殖もしくは展示計画で必要でなくなった個体を飼育するための場所を有する動物園もあるし，そのような動物のために“老人ホーム”のような施設をつくろうと主張する動物園もある（Lindburg and Lindburg 1995）．最終的には余剰個体を間引く選択肢もある（Lacy 1995）．いつどのようにこのような方法を実行するか決めている指針もある（AZA AWC 2005,

WAZA 2005)．安楽死という言葉が暗に示しているように，迅速に，苦痛がないように，可能な限りストレスのないように実行しなければならない．また，最後の手段とすべきであり，慎重かつ長期的な個体数管理計画と合わせて行うべきである．

倫理における意見の違いを橋渡しするのに動物園は何ができるか

動物園における倫理の難しさは世界中の施設間で合意形成がなされていない点にある．動物福祉，飼育環境エンリッチメント，安楽殺，再導入に関する指針はあるが，動物種を展示すべきか，どのように展示するかに関する倫理的枠組みは未だに出来上がっていない．これには，施設ごとに優先することが違うことがおそらく関係している．来園者が何を期待して見に来るかを考えて動物種を維持するのか．もしくは，保全的必要性のある動物種に注目するのか．動物福祉を改善する場合，動物の健康上のリスクをどの程度まで受け入れるのか．もし動物園が動物を擁護する組織，特に動物の権利の団体と議論に入るもしくは協力するなら，どの程度そうすべきか．施設に対する政治的，資金的影響はどんなものか．そのような問題について専門家の会合ではよく議論される．動物園が倫理的な問題にどう取り組むべきか白黒はっきりする部分よりもより分かり難いグレーゾーンの方が多く存在している．しかし，動物園はこの点を認識し，問題に取り組んでいる最中である．

動物園は生きた動物なしでは存在し得ないので（バーチャルな動物園を除き），動物園の経営者は厳格な動物の権利に関する倫理を採用することは明らかにできない．一方，動物園は動物福祉を提唱する人々と共通な部分をより多く見つけ出している．事実，現代的で専門家が管理する動物園は自らを動物福祉支持者と見なしている（Hutchins and Smith 2003，Stevens and McAlister 2003，WAZA 2005)．AZA は国民に向けて動物園は動物福祉および保全に関する組織であることを示す啓発活動を米国内ですでに展開している(Mills and Carr 2005)．また，動物福祉自体，動物園の管理において最も重要で取り組む必要があるもののうちの 1 つとなっている．AZA の動物福祉委員会(AWC) は AZA の組織は動物福祉を最優先事項と位置づけていることを確認するために設立された．その目的は，

> AZA の会員間で動物福祉とは何かという共通の理解を醸成し，会員自らの管理下で動物の福祉を継続的に向上するような会員の努力を支援する，AZA やその会員である施設が地域や国内，国際的に協力して動物福祉に関心をもたせるような取り組みに従事するように会員組織や市民に手引書や情報源を提供することである．（www.members.aza.org/Departments/ConScienceMO/animal welfare/）

AWC のプロジェクトの 1 つは，動物園の動物の管理者の経験や最良の科学的知見を利用しながら，分類群ごとに動物の世話に関する指針を作成することを促すことにある．

倫理的な義務を果たす中での動物園での研究の重要性を軽視することはできない．生理的・行動的な研究により認知，動機づけ，ストレス反応を計測し，動物の嗜好性やストレス刺激を特定するために使うことができる（Fraser, Phillips, and Thompson 1993，Mench 1993)．ある研究では，食べ物や仲間，展示物を動物に選択させたりしている．例えば，ジャイアントパンダでは，展示場と展示施設でない寝室との間を移動する機会を与えられた場合，展示空間だけ利用できる場合と比べ，動揺しているような行動の発現が少なく，コルチゾール（ストレスの指標となるホルモン）レベルが低くなった（Owen et al. 2005)．動物園ではこのような研究を奨励し，研究の結果が示すことについて真剣に検討しなければならない．

哺乳類のほとんどの動物種でその福祉を体系的に調査する努力がなされていない．より大きくて，象徴的な動物に関する調査が大半と思われる．これまでは，ウサギの仲間や齧歯類，コウモリを含め小さい哺乳類に関して注意がほとんど払われてこなかった．その種の野生での行動的・生態的データが欠けているだけでなく，同じ種内の個体差もあって，何が“正常な”行動かは時として判断が難しいものとなり得る．Swaisgood and Shepherdson（2005）や Carlstead et al.（1999）が言うように，認知や常同行動，飼育環境エンリッチメントを含めた研究をこれから行うことで，データ数を増やし（例：多施設を調査することを通して)，適切に統計学的な計画をたて，印刷物に書かれてある方法や行動に関する記述を改良する努力をすべきである．Swaisgood and Shepherdson（2005）は，エンリッチメントや常同行動，動物福祉に関する予測的な科学が発達することを想定している．

動物園は，動物福祉に関する研究を，獣医学や栄養学など動物園が支援するその他の研究と同じくらい支援し，優先しなければならない．動物福祉に関する研究はしばしば資金不足にあり，資金を得られたとしてもその研究の成果が日々の動物管理の中に応用されることは少ない．動物福祉の問題に取り組むために動物園と大学の研究者との連携が進みつつあり，その連携は支援されるべきである．実際，

実験科学や動物科学,野生動物の生物学における行動学的,生理学的な研究結果から動物園の動物は恩恵を受ける.

動物園が動物福祉を支援する方法は他にもある.例えば,動物園は動物園以外の動物の救護サービスを提供することができる.動物を世話する職員を動物福祉の専門家として奨励することも可能である.多くの動物園で職員を石油の流出の被害を受けた野生生物のリハビリテーションの支援に派遣している.水族館では陸に打ち上げられた海生哺乳類を救出している.動物園は地域的なことにも貢献できるかもしれない.ペットの世話や地域の野生生物の世話やリハビリテーションに関する助言を提供できる.怪我をした地域の野生生物や必要としない外来のペットが維持できないとしたら,必要とする人々に対して案内窓口となることもできるだろう.同様に,野生生物の保護区やリハビリテーションセンターと連携し,技術的な補助を提供したり,動物園での計画に使える場合は自然に放つことのできない動物を導入することもできる.さらに,動物をよくない状況で生活させている展示者を特定することに対して積極的な役割を果たすこともでき,そこの職員に対して動物福祉のレベルを改善することを指導するか,もしくは閉鎖を提唱することもできる.

もし動物園が倫理にかなった施設であることを望むなら,自身の領域以外の動物福祉問題にも関わらなければならない.AZA の理事会は動物福祉に影響する個別の問題にしぼった政策を承認した.このなかには希少動物をペットにすることやガラガラヘビ祭りに反対する政策も含まれている(Mays 2001).動物園は,動物の保全や福祉の施設として,動物愛護組織との間に相容れない部分があることを認識する必要がある.野生生物の個体群,生息地の保護,侵入種の排除を制御し,持続的に利用すること(これらは,動物個体は死んでも,種や生息地の利益になり得るものである)に関わることになるが,野生動物管理に関して科学に基づいた決定を主張する保全組織でなければならない.

動物園や水族館は市民の支援のおかげで存在する.また,市民に対して管理業務は健全な科学的原則に基づいたものであり,動物に思いやりをもって世話していることを示す必要がある.保全と動物福祉は倫理的な責務である.AZA の動物福祉委員会が述べたように,動物福祉とは動物個体に関するものであり,動物に何かを与えることを意味するものではない.動物園は動物の福祉レベルに影響を与えてしまうが,保全という目的とのバランスを保たなければならない.動物園が所有する動物の将来や,野生生物の種数や生息地が減少していく世界の中で動物園の役割の緊急性について考慮しつつ,動物の福祉や保全に良い影響を与えるような倫理的な枠組みを構築することが動物園に期待されている.

謝　辞

この原稿に対し,見識をもち改良を提言していただいた2名の匿名の審査員に感謝致します.

文　献

Aitken, G. M. 1998. Extinction. *Biol. Philos.* 13:393–411.

AZA (Association of Zoos and Aquariums [formerly the American Zoo and Aquarium Association]). 2001 (updated 2003). *AZA standards for elephant management and care*. Silver Spring, MD: American Zoo and Aquarium Association. www.aza.org/AboutAZA/BrdAppPolicies/Documents/ElephantStandards.pdf

———. 2003. *Program animal position statement*. Silver Spring, MD: American Zoo and Aquarium Association. www.aza.org/ConEd/ProgAnimalPosition/

———. 2006. *Recommendations for developing an institutional program animal policy*. Silver Spring, MD: Association of Zoos and Aquariums. www.aza.org/ConEd/ProgramAnimalrecs/

AZA AWC (Animal Welfare Committee). 2005. *Animal welfare*. members.aza.org/Departments/ConScienceMO/animalwelfare/. Silver Spring, MD: AZA Animal Welfare Committee.

Beck, B. B. 1995. Reintroduction, zoos, conservation and animal welfare. In *Ethics on the Ark: Zoos, animal welfare and wildlife conservation*, ed. B. G. Norton, M. Hutchins, E. F. Stevens, and T. L. Maple, 155–63. Washington, DC: Smithsonian Institution Press.

Bekoff, M., Allen, C., and Burghardt, G. M. 2002. *The cognitive animal: Empirical and theoretical perspectives on animal cognition*. Boston: MIT Press.

Bell, C. E., ed. 2001. *Encyclopedia of the world's zoos*. Chicago: Fitzroy Dearborn.

Bostock, S. C. 1993. *Zoos and animal rights: The ethics of keeping animals*. London: Rutledge.

Callicott, J. B. 1986. On the intrinsic value of nonhuman species. In *The Preservation of Species*, ed. B. Norton, 138–72. Princeton, NJ: Princeton University Press.

Carlstead, K., Fraser, J., Bennett, C., and Kleiman, D. 1999. Black rhinoceros (*Diceros bicornis*) in U.S. zoos: II. Behavior, breeding success, and mortality in relation to housing facilities. *Zoo Biol.* 18:17–34.

Clubb, R., and Mason, G. 2002. *A review of the welfare of zoo elephants in Europe*. Oxford: University of Oxford and Royal Society for the Protection and Care of Animals.

Dawkins, M. S. 1990. From an animal's point of view: Motivation, fitness, and animal welfare. *Behav. Brain Sci.* 13:1–9, 54–61.

Desmond, T., and Laule, G. 1991. Protected contact elephant training. *Pro. Am. Zoo Aquar. Assoc. Ann. Conf.* 1991:12–18.

Duncan, I. J. H. 1993. Welfare is all to do with what animals feel. *J. Agric. Environ. Ethics* 6. Suppl. no. 2:8–14.

Fayrer-Hosken, R. A., Grobler, D., Van Altena, J. J., Kirkpatrick, J. F., and Bertschinger, H. 2000. Immunocontraception of free-ranging African elephants. *Nature* 407:149.

Fraser, D., Phillips, P. A., and Thompson, B. K. 1993. Environmental preference testing to access the well-being of animals: An evolving paradigm. *J. Agric. Environ. Ethics* 6. Suppl. no. 2:104–14.

Gillespie, T. H. 1934. *Is it cruel? A study of the condition of captive and performing animals*. London: Herbert Jenkins.

Griffin, A. S., Blumstein, D. T., and Evans, C. S. 2000. Training captive-bred or translocated animals to avoid predators. *Conserv. Biol.* 14:1317–26.

Griffin, D. R. 1984. *Animal thinking.* Cambridge, MA: Harvard University Press.

Hancocks, D. 2001. *A different nature: The paradoxical world of zoos and their uncertain future.* Berkeley and Los Angeles: University of California Press.

Hanson, E. 2002. *Animal attractions: Nature on display in American zoos.* Princeton, NJ: Princeton University Press.

Hediger, H.1969. *Man and animal in the zoo: Zoo biology.* New York: Delacourte Press.

Hutchins, M. 2001. Animal welfare: What is AZA doing to enhance the lives of captive animals? In *Annual Conference Proceedings,* 117–29. Silver Spring, MD: American Zoo and Aquarium Association.

———. 2004a. Better off dead than bred. *AZA Commun.* (June): 47–48, 53, 56.

———. 2004b. Keiko dies: Killer whale of *Free Willy* fame. *AZA Commun.* (February): 54–55.

———. 2006a. Death at the zoo: The media, science and reality. *Zoo Biol.* 25:101–15.

———. 2006b. Variation in nature: Its implications for zoo elephant management. *Zoo Biol.* 25:161–71.

———. 2007. The animal rights-conservation debate: Can zoos and aquariums play a role? In *Zoos as Catalysts for Conservation,* 92–104. Cambridge: Cambridge University Press.

Hutchins, M., and Smith, B. 2003. Characteristics of a world class zoo or aquarium in the twenty-first century. *Int. Zoo Yearb.* 38:130–41.

Hutchins, M., Smith, B., and Allard, R. 2003. In defense of zoos and aquariums: The ethical basis for keeping wild animals in captivity. *J. Am. Vet. Med. Assoc.* 223:958–66.

Hutchins, M., Smith, B., and Keele, M. 2008. Zoos as responsible stewards of elephants. In *Elephants and ethics: Toward a morality of coexistence,* ed. C. Wemmer and K. Christen, 285–305. Baltimore: Johns Hopkins University Press.

Hutchins, M., and Wemmer, C. 1987. Wildlife conservation and animal rights: Are they compatible? In *Advances in animal welfare science 1986/87,* ed. M. W. Fox and L. D. Mickley, 111–37. Boston: Martinus Nijhoff.

IUCN (International Union for Conservation of Nature). 1998. *IUCN guidelines for re-introductions.* Prepared by the IUCN/SSC Re-introduction Specialist Group. Gland, Switzerland: International Union for Conservation of Nature.

Jamieson, D. 1985. Against zoos. In *In defense of animals,* ed. P. Singer, 108–17. New York: Harper and Row.

———. 1995. Zoos revisited. In *Ethics on the Ark: Zoos, animal welfare and wildlife conservation,* ed. B. G. Norton, M. Hutchins, E. F. Stevens, and T. L. Maple, 52–66. Washington, DC: Smithsonian Institution Press.

Kaufman, M. 2004. Seeking a home that fits: Elephant's case highlights limits of zoos. *Washington Post,* September 21.

Kleiman, D. G. 1996. Reintroduction programs. In *Wild mammals in captivity: Principles and techniques,* ed. D. G. Kleiman, M. E. Allen, K. V. Thompson, and S. Lumpkin, 297–305. Chicago: University of Chicago Press.

Kreger, M., and Hutchins, M. 1998. Ethical issues in zoo animal care. In *Encyclopedia of animal rights and welfare,* ed. M. Bekoff and C. A. Meaney, 374–75. Westport, CT: Greenwood Publishing Group.

Kreger, M., Hutchins, M., and Fascione, N. 1997. Context, ethics and environmental enrichment in zoos. In *Second nature: Environmental enrichment for captive animals,* ed. D. Shepherdson, J. Mellen, and M. Hutchins, 59–82. Washington, DC: Smithsonian Institution Press.

Kreger, M., and Mench, J. A. 1995. Visitor-animal interactions at the zoo. *Anthrozoös* 8:143–58.

Lacy, R. 1995. Culling surplus animals for population management. In *Ethics on the Ark: Zoos, animal welfare and wildlife conservation,* ed. B. G. Norton, M. Hutchins, E. F. Stevens, and T. L. Maple, 195–208. Washington, DC: Smithsonian Institution Press.

Lindburg, D., and Lindburg, L. 1995. Success breeds a quandary: To cull or not to cull. In *Ethics on the Ark: Zoos, animal welfare and wildlife conservation,* ed. B. G. Norton, M. Hutchins, E. F. Stevens, and T. L. Maple, 195–208. Washington, DC: Smithsonian Institution Press.

Malamud, R. 1998. *Reading zoos: Representations of animals and captivity.* New York: New York University Press.

Mallapur, A., Sinha, A., and Waran, N. 2005. Influence of visitor presence on the behaviour of captive lion-tailed macaques (*Macaca silenus*) housed in Indian zoos. *Appl. Anim. Behav. Sci.* 94:341–52.

Mays, S. 2001. Public education for rattlesnakes. *AZA Commun.* (April): 12, 15, 53.

Mellen, J., and Keele, M. 1994. Social structure and behaviour. In *Medical management of the elephant,* ed. S. Mikota, E. L. Sargent, and G. S. Ranglack, 19–26. West Bloomfield, MI: Indria.

Mench, J. A. 1993. Assessing animal welfare: An overview. *J. Agric. Environ. Ethics* 6. Suppl. no. 2: 69–73.

Mench, J. A., and Kreger, M. D. 1996. Ethical and welfare issues associated with keeping wild mammals in captivity. In *Wild mammals in captivity: Principles and techniques,* ed. D. G. Kleiman, M. E. Allen, K. V. Thompson, and S. Lumpkin, 5–15. Chicago: University of Chicago Press.

Mills, K., and Carr, B. 2005. Ride the wave! *AZA Commun.* (February): 7–8.

Miller, B., Biggins, D., Vargas, A., Hutchins, M., Hanebury, L., Godbey, J., Anderson, S., Wemmer, C., and Oldemeier, J. 1998. The captive environment and reintroduction: The black-footed ferret as a case study with comments on other taxa. In *Second nature: Environmental enrichment for captive animals,* ed. D. Shepherdson, J. Mellen, and M. Hutchins, 97–112. London: HarperCollins.

Mullan, B., and Marvin, G. 1987. *Zoo culture.* Chicago: University of Illinois Press.

Norton, B. 1987. *Why preserve natural variety?* Princeton, NJ: Princeton University Press.

Olson, D. 2004. *Elephant husbandry resource guide.* Indianapolis: Indianapolis Zoo.

Owen, M. A., Swaisgood, R. R., Czekala, N. M., and Lindburg, D. G. 2005. Enclosure choice and well-being in giant pandas: Is it all about control? *Zoo Biol.* 24:475–81.

Payne, K. B., Langbauer Jr., W. R., and Thomas, E. 1986. Infrasonic calls of the Asian elephant (*Elephas maximus*). *Behav. Ecol. Sociobiol.* 18:297–301.

PETA (People for the Ethical Treatment of Animals). 2005. Elephant free zoos. www.savewildelephants.com/. Norfolk, VA: People for the Ethical Treatment of Animals.

Pienaar, U. De V. 1969. Why elephant culling is necessary. *Afr. Wildl.* 23:180–94.

Porton, I. J. 2005. The ethics of wildlife contraception. In *Wildlife contraception: Issues, methods and applications,* ed. C. S. Asa and I. Porton, 3–16. Baltimore: Johns Hopkins University Press.

Primack, R. B. 2002. *Essentials of conservation biology.* 3rd ed. Sunderland, MA: Sinauer.

Ralls, K., Ballou, J. D., and Templeton, A. R. 1988. Estimates of lethal equivalents and the cost of inbreeding in mammals. *Conserv. Biol.* 2:185–93.

Regan, T. 1983. *The case for animal rights.* Berkeley and Los Angeles: University of California Press.

———. 1995. Are zoos morally defensible? In *Ethics on the Ark: Zoos, animal welfare and wildlife conservation,* ed. B. G. Norton, M. Hutchins, E. F. Stevens, and T. L. Maple, 38–51. Washington, DC: Smithsonian Institution Press.

Rogers, L. J. 1994. What do animals think and feel? *ANZCCART News* 7:1–3.

Shepherdson, D. J., Carlstead, K. C., and Wielebnowski, N. 2004. Cross-institutional assessment of stress responses in zoo animals using longitudinal monitoring of faecal corticoids and behaviour. *Anim. Welf.* 13:105–13.
Singer, P. 1990. *Animal liberation*. 2nd ed. New York: New York Review.
Smith, B., and Hutchins, M. 2000. The value of captive breeding programmes to field conservation: Elephants as an example. *Pachyderm* 28:101–9.
Soulé, M., Gilpin, M., Conway, W., and Foose, T. J. 1986. The millennium ark: How long a voyage, how many staterooms, how many passengers? *Zoo Biol.* 5:101–13.
Stevens, P. M. C., and McAlister, E. 2003. Ethics in zoos. *Int. Zoo Yearb.* 38:94–101.
Strauss, R. 2005. The elephant in the room: U.S. zoos struggle with the question of keeping pachyderms in captivity. *Washington Post*, December 28.
Swaisgood, R. R., and Shepherdson, D. J. 2005. Scientific approaches to enrichment and stereotypies in zoo animals: What's been done and where should we go next? *Zoo Biol.* 24:499–518.
WAZA (World Association of Zoos and Aquariums). 2005. *Building a future for wildlife: The World Zoo and Aquarium conservation strategy*. Berne, Switzerland: World Association of Zoos and Aquariums.
Wells, D. L. 2005. A note on the influence of visitors on the behaviour and welfare of zoo-housed gorillas. *Appl. Anim. Behav. Sci.* 93:13–17.
Wemmer, C., and Christen, C., eds. 2008. *Elephants and ethics: Toward a morality of coexistence*. Baltimore: Johns Hopkins University Press.
White, M. 1981. *What is and what ought to be done: An essay on ethics and epistemology*. New York: Oxford University Press.
Wiese, R. J., and Willis, K. 2004. Calculation of longevity and life expectancy in captive elephants. *Zoo Biol.* 23:365–73.
Wise, S. M. 2000. *Rattling the cage: Toward legal rights for animals*. Cambridge, MA: Perseus Books.
Zoo News Digest. 2003. With new attention and funds, zoo can keep elephants, for now. July–December. www.aazv.org/zoonews2003julydec.htm.

2

動物園における動物福祉への挑戦

Ron Kagan and Jake Veasey

訳：大平久子

はじめに

動物園動物の“幸せ”について，人々から科学に基づいた質問を投げかけられることはほとんどない．しかし近年では，科学団体から，動物の認識能力，情動，感情（悲しみ，幸せ，楽しみ，喜び，恐怖，満足および不安など），さらには“精神病”に至るまで大きな関心が寄せられ，認識されるようになった（Rollin 1990, 2005，Duncan 1993, 2004，Bekoff 1994, 2005，Meyers and Diener 1995，DeGrazia 1996，Broom 1998，Fraser and Duncan 1998，Rushen, Taylor, and de Passille 1999，Hauser 2000，Kirkwood and Hubrecht 2001，Wynne 2002，Cabanac 2005，McMillan 2005b, 2005c，Balcombe 2006，Mendl et al. 2009）．その一方で，動物のこのような情緒や心理は主観的また感傷的であり，擬人化されたものであるという意見もある（Mitchell, Thompson, and Miles 1997）．

動物福祉への関心は現代の動物園および水族館（以後“動物園”と記載）にとって重要である．動物福祉が保障されていない動物園では，それが原因となり動物はストレスを受けたり退屈感をもつようになり（Wemelsfelder 2005），揺動（Spijkerman et al. 1994，Wilson, Bloomsmith, and Maple 2004），毛引き行動，またペーシングのような異常行動を招く〔「福祉の指標」の項（後述）参照，Bashaw et al. 2007，Miller, Bettinger, and Mellen 2008〕．動物園専門家として，私たちは動物園施設における動物福祉問題を理解し効率的に取り組む必要がある．本章では，現代の動物園に関連する動物福祉の基本概念，課題および問題点を取り上げる．また，動物園の哺乳類の福祉状態の評価方法を検討し，私たちの専門分野の要である動物福祉を向上するためのガイドラインを提示する．私たちの社会には様々な文化，宗教，価値観や経済状態が存在するため，動物園で飼育される野生動物の福祉に関し世界を通じて共通する課題もあれば，施設特有の課題もある（Kirkwood 1996，Agoramoorthy 2002, 2004，Almazan, Rubio, and Agoramoorthy 2005，Bayvel, Rahman, and Gavinelli 2005，Jordan 2005，Fraser 2009b）．

動物園動物の福祉の基礎

70年以上前にGillespie（1934）は，飼育下の野生動物の生活の質（quality of life）が満たされていないことを示した．20世紀初めに，訓練されたりケージに収容されている動物園やサーカスの動物の扱いに人々の関心が高まる中，動物保護法（英国で1900年および1911年に制定された飼育下の野生動物保護法）が制定され，擁護運動（米国のジャック・ロンドン・クラブ）が起こった．ヨーロッパ諸国は，先んじて広く動物福祉政策と法体制を改善していった（Leeming 1989，Dol et al. 1997，Radford 2001，Broom and Radford 2001，Bayvel, Rahman, and Gavinelli 2005，Caporale et al. 2005，著者不明 2006）．1964年には英国で，農産業界での福祉概念の簡素化，動物が満足できる生活環境の重要性の認識および適切な福祉基準の適用を促すために“5つの自由”というパラダイムが展開された．この5つの自由とは，①傷害，病気からの自由，②飢え，渇き，栄養不良からの自由，③不快からの自由，

④最も“自然な”行動を発現する自由，そして⑤恐怖からの自由である．英国政府は，家畜にこれらの自由が与えられ，適切な飼育および福祉を達成することを期待した．1981 年および 2000 年の英国動物園ライセンス法にも“5 つの自由”が織り込まれており，これらが満たされない場合にはライセンスが否認または取り消されることもある．

“5 つの自由”は，限られたものであり福祉を評価するための枠組みではないが，飼育動物の福祉問題の骨組み，背景および実施義務として役割を果たしている．最近追加提案された自由としては，動物が自身の生活の質をコントロールする自由（Webster 1994）や退屈からの自由（Ryder 1998）などがあげられる．

1970 年の米国動物保護法により，米国で動物園等の動物のケア（また，動物福祉に関してある程度まで）を規制する準備がなされた．1985 年の改正では，特に飼育下の霊長類の心の健康が扱われた．

動物園での動物飼育技術はここ数十年間進歩しているが，動物福祉が米国で重要に扱われ独立した議題になったのはごく最近である（Norton et al. 1995，Rowan 1995，Burghardt et al. 1996，Hutchins 2002，Maple 2007）．2000 年には北米動物園水族館協会（AZA）により動物福祉委員会が結成されたが，ヨーロッパの動物園協会とは対照的に，北米では未だ卓越した動物福祉に対して AZA から贈られる専門的な賞はなく，動物園動物の福祉政策や状態に対し多くの批判が公表されているのが現状である（Batten 1976，Jordan and Ormrod 1978，McKenna, Travers, and Wray 1987，Malamud 1998，Mullen and Marvin 1999，Margodt 2001，Donahue and Trump 2006）．

科学的に家畜と実験動物に対する環境改善の必要性が注目されてきた一方で，今日の動物福祉に対する関心の大部分は公的圧力によりもたらされたものである（Dodds and Orlans 1983，Novak and Petto 1991，van Zutphen and Balls 1997，Ewing, Lay, and von Borell 1998，Rollin 2003，Benson and Rollin 2004，Duncan 2004）．動物園が主体となって動物福祉に注目した研究努力がなされるようになったのは最近のことであり，ほとんどが英国およびヨーロッパで行われている．現在，全動物園に共通する課題は，個々の動物に良質な生活を保障する手段と，生活状態の満足度をしっかりと正確に評価できるシステムを開発することである（Hosey, Melfi, and Pankhurst 2009）．

動物園は，過去数十年間飼育施設のデザイン改善に努力を注いできたが（第 11 章と第 18 章を参照），飼育施設は依然として，見栄えや来園者の流れ，また洗浄の容易さなど私たち人間のニーズや希望に偏ってデザインされることが多い．飼育施設のデザインは動物福祉を左右する重大な役割を果たすため，新しい飼育施設の中には，動物福祉に関わる重要な要素を取り込んでいる施設もある（第 15 章を参照）．動物園の飼育施設はその新旧にかかわらず，確実に動物の基本的ニーズを超えるものでなければならない．

動物福祉とは

“福祉（welfare）”という用語は，一般に，本質的に“恵まれている（well-off）”と感じる状態を表す“満足できる生活状態（well-being）”と同義であるとみなされている（Varner 1996）．福祉は簡素に定義された哲学や科学の用語ではなく（Fraser 1995，Wuichet and Norton 1995，Appleby and Sandoe 2002，Taylor 2003，Haynes 2008，Mellor, Patterson-Kane, and Stafford 2009），精神的，肉体的および情緒的に良好な健康状態を網羅するものである（Appleby and Hughes 1997，Bekoff 1998，Dolins 1999，Ryder 1998，Spedding 2000，Nordenfelt 2006）．満足できる生活状態（well-being）は，観察者や飼育者ではなく個人または個々の動物が自分で判断するものであり，この点がその評価を難しくしている主な理由である．

飼育哺乳類に良好な生活の質を与えるためには，各動物種，また同じく個々の動物ごとに，満足できる生活状態を決定する主な要因を知っておく必要がある（Gosling 2001）．例えば，食物が全ての生命体にとって生きるために欠かせないことは明白であるが，何を何時どのように食べるかを決めることは，ある動物種や個体にとっては重要かもしれないが他の動物種や個体にとってはそれほど重要でないかもしれない（Young 1997，Owen et al. 2005，Videan et al. 2005，Ross 2006）．

私たちは，どうすれば動物の福祉が良好，または生活状態が満足できるものであるかを知ることができるのであろうか．種の行動生態学や自然史について理解しておくことは，その個体の生活状態に対する満足度と関連しているであろう要因を特定するために必須である．福祉は，例えば巣づくりをしたり捕食動物を避けるなど，その個体が実行するように高度に動機づけられている特定の種特異的行動を行う能力にも依存している（Gregory 2005，本書第 25 章を参照）．苦痛あるいは重度の不快感や，身体的または精神的またはその両方の健康状態を悪化させる急性または長期にわたるストレスの徴候があってはならない（Broom and Johnson 1993，Balm 1999，Moberg and Mench

2000）．したがって，良好な福祉は，正常で自然な行動が見られ，身体的に健康であるとともに“問題”がないことで実証することができる（Archer 1979，Stoskopf 1983，Wiepkema and Koolhaas 1993，von Holst 1998，Sapolsky 2004，Morgan and Tromborg 2007）．

負のストレスを受けていることを表すものとして，“苦痛（distress）”という用語が提案された（Wielebnowski 2003，McMillan 2005b，NRC 2008）．長期間の苦痛や激しい不快感を受けると，満足できる生活状態が損なわれ，行動の変化や生理学的変化として表れる．私たちは，動物が長期間食物と水のない状態に置かれると最終的に苦痛を受けることは認識しているが，その他のそれほど明白ではない物理的または社会的に必要な条件が満たされていない時に苦痛を受けるかどうか，またどの程度の苦痛を受けるかは未だ明らかではない．動物園のアリクイにとって，厚い敷き材がなく掘ることができない場所で生活することは苦痛であるのか．ホッキョクグマや他の海生哺乳類が，海水ではなく真水で飼育管理されると苦痛を受けるのか．これらの質問に答えるためには，何百もの野生動物についてはるかに多くの研究が必要である．

疾患による衰弱などの各個体の身体的な問題は，生活環境が良くないために生じたわけでも生活環境を悪化させるわけでもないかもしれない．例えば，動物の関節炎は，粗悪な管理条件が原因ではなく，効率的な飼育管理によって個々の動物が野生環境下での一般的な寿命より長生きできるようになった結果もたらされるのかもしれない．しかし，関節炎の動物は慢性の痛みを患うだけではなく，同種個体の攻撃を避けるなどの種特異的行動がとれなくなることもあり，その場合には満足できる生活状態は損なわれるであろう．

野生での動物の生存は，周囲の環境に如何にうまく反応し応答できるかにかかっている（Poole 1992，Stafleur, Grommers, and Vorstenbosch 1996，Broom 1998，Dawkins 1998）．動物園動物がその飼育環境での刺激に適切に反応することができない場合，“欲求不満”を示す行動をとることがある．また哺乳類は，出来事や状況に単に反応するだけでなく，刺激の変化に合わせて活動（遊び，探求，情報収集など）を開始する必要性も“デザイン”されている（Mench 1998，Carlstead 1999）．満足できる生活状態が損なわれる状況は自然環境下でも生じるが，動物が動物園で飼育管理下に置かれた時点から，飼育管理スタッフは責任をもって動物の適切な生活状態を確保しなければならない．動物園は，動物の年齢，人気度，価値にかかわらず，あらゆる哺乳類に必要な条件を如何にして提供することができるかという課題に取り組む必要がある（Follmi et al. 2007）．

物理的また社会的環境（Rees 2009）は，生活の質に，ひいては快適な生活状態と生活環境に対する満足感に大きく影響する．生活の質と苦しみは人と同じく動物にとっても主観的および相対的な課題である（Sandoe 1999，Wemelsfelder 1999，Dawkins 1980, 2005，Gregory 2005）．

福祉の指標

実際に文字どおり，人には，ヒト以外の生物が世界をどのように理解し体験しているかが“見えていない”ところがある．ほとんどの哺乳類に関して，私たちが彼らの必要とするものが何かを理解する能力もかなり限られているだろう．“ソフトな”面である心理的特性（動物の認識，意識，知覚，情動，個体性，感情，考えなど）に注目した研究を深めることにより，他の哺乳類のあらゆるニーズや複雑さ，ひいては飼育動物の福祉を改善するには何をすれば良いかがいっそう理解しやすくなるだろう（Dawkins 1993, 2001，Capitano 1999，Griffin 2001，Kirkwood 2003，Turner and D'Silva 2006，Powell and Svoke 2008，Fraser 2009a）．

動物の考えや感情を私たちが直接理解することはまずできないため，動物の生活状態への満足度を判断するには，その動物の精神状態や身体の健康状態といった間接的な指標に頼ることになる．これまで，寿命や繁殖能力も動物園動物の生活状態への満足度の指標とされてきたが，哺乳類はストレスが最大の状況下でさえ，長年生存し繁殖する場合があるため，より感度の高い指標が必要である．

科学者が動物福祉を評価する際に直面する課題はかなり多く存在する（Sandoe and Simonsen 1992，Mason and Mendl 1993，Mench 1993，Gonder, Smeby, and Wolfe 2001，Dawkins 2003，2006，Jordan 2005，Webster 2005）．動物園では，動物種が多いこと，サンプル数が小さいこと，リソース（資金および職員）が限られていること，変化しやすい条件が多数あること（個々の動物の多様性など），各施設に特有の環境があることも全て妨げとなる．福祉を評価するには，通常，ストレス要因に対する行動や生理反応を調査する（Morgan and Tromborg 2007，本書第25章および第33章）．例えば居住空間が狭いなど，通常福祉にマイナスの影響を及ぼす様々な環境条件に対する哺乳類の行動や生理反応は，動物がストレス要因に耐えたりそれらを除去しようとする働きであると考えられる．

生理的指標

ストレスに対する生理反応は複雑で多面的であり，動物種およびストレス要因によって変わる（Moberg 1985，Touma and Palme 2005，本書第 25 章および第 33 章も参照）．ストレスを受けると，通常，視床下部・下垂体・副腎（HPA）系を介しグルココルチコイド分泌が上昇する（Matteri, Carroll, and Dyer 2000，Shepherdson, Carlstead, and Wielebnowski 2004，Carlstead and Brown 2005，Lane 2006）．これらのステロイドホルモン分泌は，動物の貯蔵エネルギーを動員させ心血管機能を高め，争ったり飛んだりといったストレス要因に対処する応答ができるようにする．

福祉の生理的な指標となるものには，主として短期間の体温，心拍数および呼吸数の変化の観察，また血中あるいは排泄物や唾液中に放出・排泄される化合物量，またはその両方の測定があげられる（Dathe, Kuckelkorn, and Minnemann 1992，Bauman 2002，Von der Ohe and Servheen 2002，Peel et al. 2005，Stewart et al. 2005，Touma and Palme 2005，Pedernera-Romano et al. 2006，本書第 33 章）．しかし，ストレス応答時に匹敵するグルココルチコイド上昇は発情周期によっても，また興奮あるいは奮闘した際にも起こり得る．実際に，検体採取だけでも，特に捕獲して採血する場合にはストレス応答を起こし，他のストレス要因に関する意味のある結果が取れなくなる可能性がある．また長期ストレス下にある場合には HPA 反応が低下するという見解があり（Wielebnowski 2003），ストレスの生理的指標をいっそう分かりづらいものにしている．

長期のストレスは，短期間の応答反応を継続的に活性化させて最終的に個体の健康を害する．より頻繁にうまく対応することが必要になればなるほど，対応能力を次第に失い，その動物の福祉が損なわれることになる．長期のストレスに対する生理的応答も評価可能であり，免疫抑制，繁殖力の低下，蛋白質合成の低下，体重減少，血圧の上昇，潰瘍，動脈肥厚，若齢死などが観察される（Coe and Scheffler 1989，Blecha 2000，Elsasser et al. 2000，Shepherdson, Carlstead, and Wielebnowski 2004）．長期のストレスに対する反応は，評価時の環境ではなく，通常の環境下の福祉の状態を反映していると考えられるので，動物園動物の日常の福祉レベルを評価するうえで特に重要であろう．しかし，長期のストレスの指標は動物が生存している間に評価することが難しい場合が多い．最後に，これらの指標は動物のストレス応答が低下していることを示すが，非常に急性にあるいは長期にわたりストレス要因を受けた場合にのみ発現するため，ストレス応答が低下したことを伝えるのは遅いだろう．

行動による評価

生理的指標データを集めその結果を解釈することは困難な場合があるため，行動学的研究は多くの場合，特に実験のために設定された環境ではない動物園のような場所での福祉状態の評価に実用的である．私たちが飼育動物の生活条件の改善に挑む際には，動物園の飼育下哺乳類の行動を野生の同種動物の行動と比較することで，飼育環境が動物にもたらす影響を知ることができる（第 25 章も参照）．

時間配分および野生環境下の動物との比較

時間配分を調べることで，基本的に動物がどのように自分の生活時間を振り分けているかを知ることができる．飼育係は，飼育下哺乳類の時間の配分状態を，飼育環境の変化や動物を取り巻く他の物理的および社会的環境の変化が動物の行動にもたらす影響を評価するための基準として利用できる．野生動物と飼育動物の時間配分の違いは，飼育管理に問題がある可能性を示す（Mallapur and Chellam 2002，Melfi and Feistner 2002）．ただし，ある行動を起こす頻度が変わっても飼育管理に問題があるとは言えず，例えば，餌動物の警戒行動が少なくなっても福祉が損なわれたことを意味するわけではない．

選好性試験および行動上のニーズ

動物は，ある環境条件に対して優先傾向を示すが，これは彼らの意欲を知る手がかりとなる（Fraser, Phillips, and Thompson 1993，Duncan 2004）．したがって，選好性試験により，動物が何を求め，何を避けたいのかが分かる．例えば，ニワトリは，ワイヤー床の小さなケージよりも敷材の入った大きなケージを好むが（Dawkins 1983），これはおそらく敷材の入った大きなケージでは砂浴びのような種特異の自然行動がしやすいからだろう．ただし，選好性試験は単に相対的な好みを示すのみである．好みは，年齢，季節，気温，社会的環境，過去の経験，また与えられた選択肢により左右されるだろう．また，ある条件に対して好みを示す個体が，好みを示さなくなったからと言って必ずしも生活状態への満足度が低下しているわけではない．最後に，哺乳類の成熟雄が繁殖季節中に争うことがあるように，動物は必ずしも彼ら個体自身に最も利益となる選択をするとは限らない．

好みの強さは動物にそのものや環境をあきらめさせたり，それを得るために何かをさせることで評価することができる（消費者需要論 consumer demand theory,

Dawkins 1983, 1990)．個々の動物が食物，快適さ，あるいは社会的な繋がりを失いたくないとか，“働く”，例えばレバーを押したり，冷水の中を泳いだり，重いドアを押し開けたりしようとどれだけ強く思っているかは評価をすることができ（Van der Harst and Spruijt 2007，Watters, Margulis, and Atsalis 2009），その結果からその個体の好みの強さを示すことができる．懸命に働いたり，進んで何かをあきらめたりすればするほど，それに対する好みが強いことを示しており，その個体が強く好む条件が与えられていなければ，福祉の不足度は大きいと考えられる．このようなアプローチ法により，設備デザイン，特に屋内エリアの設備デザインに関する情報が得られる（Ewing, Lay, and von Borell 1998）．種差は考慮すべき重要な事項である．例えば，社会的交流がないことは，トラのような単独で行動する捕食動物よりもチンパンジーのような集団で行動する霊長類でより大きく影響するだろう．また，ゾウにおいて毎日の長時間の歩行習慣を飼育下で２～３時間に短縮することは，飼育下のヘビの行動や食生態を変更するより，福祉に対してより大きな障害をもたらすだろう．

動物が満足な生活状態にある時必ず行うと私たちが信じる行動がある（行動上のニーズ）．そのような行動は長い間持続するかもしれないし，大きな労力がかかるかもしれないし，内的に刺激されたもの（つまり，外部刺激によらない）かもしれない．例えば，自然環境では一般に１日当たり 14 ～ 20 時間餌探しをする種の動物が，飼育下で餌探しをする機会が限られている場合，生活状態の充足度が低下するかもしれない．動物園専門家は，時間配分のそのような大きな相違を補正する独創的な方法を開発するべきである（第 25 章）．

動物の逃避行動は，例えば捕食動物のような相応の外部刺激が存在する時に見られる．しかし，多くの動物園飼育施設では，動物は機械類，来園者およびこれらの動物の自然界での捕食動物を含む他の動物種に視覚的，聴覚的，および嗅覚的に近い場所に収容されている（Hosey 2000，Birke 2002，Davey and Henzi 2004，Davey 2006，Owen et al. 2004，Davis, Schaffner, and Smith 2005，Powell et al. 2006，Sellinger and Ha 2006，Davey 2007，Kuhar 2008）．実際に攻撃される危険は低いが（といっても動物園では捕食の危険性がないわけではない），動物は隠れたりするなど捕食動物を回避する行動を示すかもしれない．この重要な行動上のニーズは，開園中は動物がいつでも見られるようにしたい動物園の希望とは相対してしまう．

異常行動

常同行動に代表される“異常な”行動の頻度や持続期間も詳細に記録できる（Meyer-Holzapfel 1968，Dantzer 1986, 1991，Mason 1991a, 1991b, 2006，Mason and Latham 2004，Wechsler 1991，Lawrence and Rushen 1993，Gruber et al. 2000，Rees 2004，Wilson, Bloomsmith, and Maple 2004，Montaudouin and Le Page 2005，Shyne 2005，Tarou, Bloomsmith, and Maple 2005，Swaisgood and Shepherdson 2005，Renner and Kelly 2006，Ross 2006，Elzanowski and Sergiel 2006，Soriano et al. 2006，本書第 25 章も参照）．ハイ・レベルの常同行動は，長期にわたり個体の福祉が阻害されそれに耐えてきたことを示している可能性がある（Wilson, Bloomsmith, and Maple 2004）．常同行動の多くは，概して狭い場所に収容されている動物に見られるので，福祉環境の悪さと関連づけられてきた．しかし，興奮すると生理学的変化が起こるように，常同行動は動物が単に興奮した時にも起こる（Veasey 1993）．常同行動は，（高いとはいえ）コントロールできるレベルの刺激を自身で与え，個々の動物が不快な環境やコントロールできない環境に何とか耐えられるようにするという点で，やりがいがあり，気持ちを落ち着かせる行動であることが示唆された（Rushen 1993）．したがって，常同行動を示している動物の中には，実際には同様の環境下で飼育されているが常同行動を示していない動物と比較して，心拍数およびコルチゾール値は低く，循環血中の内因性オピオイド値が高い動物もいる（Dantzer 1986，Mason 1991a）．

常同行動と動物福祉の関係を複雑にしている要因の１つは，常同行動は環境条件が改善した後も続くことが多い点である（Mason 1991b）．つまり，常同行動の存在は，個体が経験しているその時点での環境を反映するとは限らない．行動上のニーズが複雑である霊長類，ゾウ，クマおよび海生哺乳類の福祉（また特に常同行動）を評価し改善に取り組むことは極めて難しい（Novak and Suomi 1988，Kiley-Worthington 1990，Schmid 1995，Galhardo et al. 1996，Baker 1997，McBain 1999，Waples and Gales 2002，Clubb and Mason 2003，Swaisgood et al. 2003，Hosey 2005，Cheyne 2006，Hutchins 2006，Meller, Coney, and Shepherdson 2007，Wemmer and Christen 2008，Forthman, Kane, and Waldau 2009）．また野生動物でも常同行動をはっきりと示している実例が述べられている（Veasey, Waran, and Young 1996）．

声を出す，極端に臆病である，攻撃的である，逃避行動，自傷や毛引き行動，行ったり来たりを繰り返す（Boinski, Gross, and Davis 1999，Wielebnowski et al. 2002，Peel et al. 2005），また毛づくろい，交尾，採餌や給餌といった生きるためや繁殖に重要な行動の減少なども，福祉状態が悪いあるいは苦痛を受けていることを示唆する．動物の置かれている状況はこのような行動の原因を考える際に重要である．

ストレスの代償となるもの

エンリッチメントは飼育下で損なわれた状況を埋め合わせる方法の１つである．環境エンリッチメントプログラム（Markowitz 1981，Markowitz and Aday 1998，Maple 1996，Robinson 1997，Young 2003，Shyne 2005，本書第６章と第 15 章）は，飼育環境によってもたらされた課題に取り組む重要な手段として発展を続けている．

動物園では，環境エンリッチメントは，飼育管理，栄養，予防医学といった“基本的”管理についてそうされてきたようには，これまで厳密に実践されては来なかった．“基本的な”動物のケア（給餌，飼育施設，搬送など）は，動物福祉（つまり，どのように動物に食物が与えられ，動物が収容され，搬送されるか）とは別に扱われがちであった（Dembiec, Snider, and Zanella 2004，Broom 2005，Iossa, Soulsbury, and Harris 2009）．動物園はエンリッチメントにより多くのスタッフと時間と専門技術を割り当て，科学的専門教育を受けた福祉専門家を従事させる必要がある（第６章および第 15 章を参照）．

ある程度常識に反するが，飼育下でも一定のストレスがあることは，動物が満足できる生活状態を得るためには良いことかもしれない（McEwan 2002）．というのも，自然界でのストレスは，個体が正常の能力を備えてダイナミックな物理的環境や社会的環境に耐えて何とかやっていくのを助けているためである．飼育下でのストレスの中には，自然界で生活している動物が受けるストレスに頻度，質および大きさが類似しているものもある．しかし，飼育動物はそれ以外にも，例えばスペースが限られている，同種動物の近くにいる，常に周囲に人がいる，本来の食物とは違う餌が与えられ，動物の飼育施設の清掃に使用する化学薬品にさらされるなど多くの人為的なストレス要因と直面している（Morris 1964，Hosey 2008）．

前述した５つの自由に加えて，動物園の哺乳類が環境を選べるようにすることは，非常に大きな課題であり（Laule 2003，Owen et al. 2005，Videan et al. 2005，Schapiro and Lambeth 2007），多くの哺乳類のスペースや他のリソースについて大幅に再考し再設計しなければならない．コントロール，選択および意思決定は，野生動物が普段行う行動であるので，生物学的に重要なニーズである（Meyers and Diener 1995）．

個体の福祉と種の福祉

Conway（1976）は，個体の福祉に重点的に取り組むことは種の保全に相反し，個体の福祉と群れの福祉間の争いを生むことを示唆した．この論点は，将来生まれる動物を含む多数の動物の福祉を考慮することは，1 個体の福祉を考慮するより重要であることをほのめかせている（Lacy 1991, 1995）．動物保護団体，メディアおよび一般大衆は，個々の動物に注意を寄せがちである．保護団体（動物園を含む）もまた，他の種よりもカリスマ的巨大脊椎動物（ジャイアントパンダ *Ailuropoda melanoleuca* やゴリラ *Gorilla gorilla* など）に注目し投資することでそれらの動物が恩恵を受けやすくする点で，本質的に福祉の“種差別”の一因となっているかもしれない．種の保存および生息地保全により重点をおいて取り組むことを奨励する動物園の保全教育プログラムでは，人々が個々の動物，特に大型哺乳類に抱いている高い価値感に打ち勝つことはできないかもしれない（Conway 1976，Lewandowski 2003）．しかし，動物園はこの課題を引き受けて，全ての動物の生活を満足できるものにするための複雑な決断や多額の費用の問題を交えて，個々の動物の福祉と保全の関係を見出したりそれについて語り合うことに人々の興味を引くことができるのである．

Conway（1976），Lacy（1991）および Lindburg（1991）は，個々の動物の美しさの真価を認めることで，動物種全体に対する評価と支援を高めることができると主張している．これは，動物園が大きく貢献できることであり，自然保護と動物福祉のための多くの支援の基盤になるものであろう（第 12 章を参照）．動物保全と動物福祉の両方の全てを包括的にとらえる手段と実践を達成するのは難しいけれども，理想的には，個体と個体群の両方に有効な解決策を見出すべきである（Kagan 2001, Maple 2003）．例えば，ペットとして飼われていた血統不明のトラが保護され，その収容と飼育を依頼された動物園が直面するジレンマを考えたとしよう．このトラを受け入れることで，保全へ大きく寄与できる遺伝学的に価値のあるトラの飼育下での繁殖に利用できる動物園内でのスペースが小さくなるかもしれないのである．

動物福祉を向上させる動物園環境

飼育施設のデザインと飼育係が動物のケアをする際の

動物たちとの交わりは，飼育動物の生活の質を決める中心となるものである（Shepherdson, Mellen, and Hutchins 1998）．飼育下にあることと閉じ込められていることを明確に区別すべきである飼育施設もある（Wemelsfelder 2005）．動物園の哺乳類の中には，物理的環境が小さく制限されており，単に飼育下にあるのみでなく実際には狭い場所に閉じ込められている状態の動物もある（Bostock 1993）．

自然環境下ではその動物たち自身が決める重要な判断が，飼育下ではほとんど飼育係の判断に委ねられている．例えば仲間を選んだり何時何を食べるか等の重要な生活習慣は，飼育されている動物ではなく人が決定している．動物に重要な選択やコントロールをさせることにより，置かれている環境をかなり劇的に改善できるかもしれない．ゾウに関して，チェーンを用いた管理（英国・アイルランド動物園水族館協会によって確立されているゾウの管理に関するガイドラインにより英国では禁止されている）や電気ショック等の物理的な罰を与えたりそれらを用いて威嚇すること（現在の AZA の基準）など現在の管理プロトコールは，私たちのコントロールの程度が一部の動物に対してどれほど高いかをはっきりと示している例である（Schmid 1998，Friend and Parker 1999，Gruber et al. 2000，Elzanowski and Sergiel 2006）．

飼育環境下の生活を人ではなく動物がどのように受け止め生活しているかをより理解し，またそれらに対しより敏感になることは，多数のストレス要因により動物園動物の満足できる生活状態が大きく損なわれるのを防ぐことに役立つ（Wemelsfelder 1999）．例えば，人は一部の大気汚染物質を感知できても，多くの臭い（またはそれらの相対的な強さ）を検知できず，飼育舎内の清浄液，尿，埃，排泄物から長時間出るまたは出続けるガスが多くの動物にとって非常に耐え難いものであることに気がつかないかもしれない．それに加えて，飼育動物は，大きな雑音（Birke 2002，Owen et al. 2004，Coppola, Enns, and Grandin 2006，Patterson-Kane and Farnworth 2006，Powell et al. 2006），適切ではない温度（Lindburg 1990，Rees 2004），不自然な光サイクルや人工照明にさらされたり，人が近くにいる環境にある（Rushen, Taylor, and de Passille 1999, Fernandez et al. 2009）．人は，通常の場合飼育施設内のこれらの刺激には一時的にさらされるだけなので，それらの刺激が強いとか，不快であると感じないかもしれないし，全く気づかないこともある．

同様に，比較的広く自然で複合的な屋外飼育施設を備えた動物園は，視界，安全対策，天候，メンテナンスの簡素化といった理由から動物を 1 日 24 時間戸外で過ごさせることはできないかもしれない．中には，展示されている動物が常に活動的であるようにするために，飼育施設内の動物を 1 日に数回“移動”させている動物園もある．つまり，飼育動物の中には，意図的に生活の大部分を展示されていない小さく何もないケージで過ごさせているものもあり（Sommer 1973，Coe 2003），これは 50 年前の環境とあまり変わらない状態である．登ったり，掘ったり，飛んだり，走ったり，隠れたり，泳いだり，穴を掘って入ったりする動物には，そのような行動ができる機会を十分に与える必要がある．便宜上，動物園では特定の場所で決まった時間に食物を与える動物もいるが，それはほとんどの動物にとって自然環境にある時の採食の仕方ではない．結果として，予測できることや動物の活動時間配分中で非活動的な時間が多くなり，群れ生活をする動物種の攻撃性を高めているかもしれない．

最後に，天候が飼育下の野生動物の福祉に及ぼす影響に関しても，大掛かりな科学的調査が必要である．

将　来

動物園動物の環境はこの数年にわたって改善されており，来園者にとってよく見えるだけでなく動物にとってもより良いものになったと期待されている．しかし，Mench and Kreger（1996）が本書の初版で「動物園につくられている自然環境は幻覚である．来園者には自然に見えても，動物にはそうでなく，制限された空間で，単調で，自然のニッチの大部分を欠いている」と非常に痛烈に記している．認め難いことではあるが，動物園専門家の推測や最善の意図，専門知識，動物への愛情を以ってしても，全ての飼育動物が活発に生活していることを必ずしも意味するとは言えない．私たちの課題は，満足できる生活状態を正確に表す評価法を開発し利用して，私たちのケアに委ねられている全ての動物にその福祉を促進する条件を提供することである．

今日，飼育施設はより大きく，より見栄えが良くなり人から見て魅力的ではあるが，実際そこで生活する動物にとってはまだ全てが適切であるとは言えない．きれいに刈られた草地は人には魅力的でも，ほとんどの動物にとっては自然の棲み処にはならない（第 11 章参照）．もし動物園がそれぞれ現在より少ない動物種を真に適切な物理的・社会的環境で管理するならば，飼育動物はより満足できる生活状態を経験するだろう．

改善に掛かる費用のみでなく私たち自身の知覚の限界

も，新しいアプローチの開発の進行を遅らせている．動物園の哺乳類が 1 日中豊かで，刺激的で，比較的コントロールされない生活ができるようにするには，広範囲に及ぶ専門的な共同研究や評価により開発される洗練された複合的環境デザインと，これまでとは大きく異なる動物管理が要求される（Smith 2004，Wells and Irwin 2008，Wells 2009）．私たちのゴールは，動物にあらゆる機会を与え，選択やコントロールができるようにする施設の方針と専門的基準を確立することである．

もちろん，飼育動物にとって大きな危険をもたらす可能性のある飼育施設をつくらないようにしなければならない．例えば，水堀は空堀より魅力的で建築費用も少ない場合があり，ほとんど全ての霊長類をその内側に収容し外に出ないようにするのに有効である．しかし，水堀は，1990 年代に全米の水掘に囲まれているチンパンジーの飼育施設の半数で溺死を招いており，これは，水中ネットのような安全対策がなされている場合さえ生じている〔チンパンジーの SSP（種保存計画）のデータより〕．高い費用がかかり論理的にも困難であるが，例えば木を破壊するなど哺乳類がその環境に手荒なことができるようにすることも必要である（Maki and Bloomsmith 1989）．電気ワイヤーを張った木や他の自然に見えるが触れることのできない展示物は，ヒト以外の霊長類にはほとんど無意味なものである．

焦点は，最低限ではなく最適な条件におかれるべきである．域内保全および域外保全（種の福祉の改善）への投資が順調に増えていても，個々の動物園動物に必要な条件が適切に与えられていることを意味するわけではない（Kirkpatrick 1996）．種の保全は，もしその過程で個々の飼育動物に害を及ぼすならば，それは中身のない保全であり倫理的にも問題があるだろう．私たちは動物園動物の福祉に関する科学と政策の両方を進歩させていくことが必要であり（Jordan 2005，Defra 2005, 2006），そうでなければ，私たちの動物専門家，擁護者そして保全者としての公的評価を失いかねない．

動物福祉に取り組む団体およびウェブサイト

動物福祉の研究や問題に取り組んでいる重要な団体とそのウェブサイトのいくつかを以下にあげる．動物福祉のための科学者センター（Scientists Center for Animal Welfare：SCAW）（www.scaw.com），動物福祉大学連合（Universities Federation for Animal Welfare：UFAW）（www.ufaw.org.uk），動物と社会フォーラム（前「動物の倫理的扱いを求める心理学者の会」）（www.psyeta.org），国際応用動物行動学会（International Society for Applied Ethology：ISAE）（www.appliedethology.org）．定期刊行されている飼育動物の福祉研究に関するジャーナルには，Applied Animal Behaviour Science，Animal Welfare，Journal of Applied Animal Welfare and Zoo Biology などがある．

文　献

Anonymous. 2006. *Ethical Eye: Animal Welfare*. Belgium: Council of Europe.

Agoramoorthy, G. 2002. Animal welfare and ethics evaluations in Southeast Asian zoos: Procedures and prospects. *Anim. Welf.* 11:453–57.

———. 2004. Ethics and welfare in Southeast Asian zoos. *J. Appl. Anim. Welf. Sci.* 7:189–95.

Almazan, R. R., Rubio, R. P., and Agoramoorthy, G. 2005. Welfare evaluations of nonhuman animals in selected zoos in the Philippines. *J. Appl. Anim. Welf. Sci.* 8:59–68.

Appleby, M. C., and Hughes, B. O., eds. 1997. *Animal welfare*. Wallingford, UK: CABI.

Appleby, M. C., and Sandoe, P. 2002. Philosophical debate on the nature of well-being: Implications for animal welfare. *Anim. Welf.* 11:283–94.

Archer, J. 1979. *Animals under stress*. London: Edward Arnold.

Baker, K. C. 1997. Straw and forage material ameliorate abnormal behaviors in adult chimpanzees. *Zoo Biol.* 16:225–36.

Balcombe, J. 2006. *Pleasurable kingdom: Animals and the nature of feeling good*. New York: Macmillan.

Balm, P. H. M., ed. 1999. *Stress physiology in animals*. Boca Raton, FL: CRC Press.

Bashaw, M. J., Kelling, A. S., Bloomsmith, M. A., and Maple, T. L. 2007. Environmental effects on the behavior of zoo-housed lions and tigers, with a case study on the effects of a visual barrier on pacing. *J. Appl. Anim. Welf. Sci.* 10:95–109.

Batten, P. 1976. *Living trophies*. New York: Thomas Y. Cromwell.

Bauman, J. E. 2002. The use of corticoid measurements in zoo animal welfare studies. In *Annual Conference Proceedings*, 95–101. Silver Spring, MD: American Zoo and Aquarium Association.

Bayvel, A. C. D., Rahman, S. A., and Gavinelli, A., eds. 2005. *Animal welfare: Global issues, trends and challenges*. Paris: Office International des Epizooties.

Bekoff, M. 1994. Cognitive ethology and the treatment of nonhuman animals: How matters of mind inform matters of welfare. *Anim. Welf.* 3:75–96.

———, ed. 1998. *Encyclopedia of animal rights and animal welfare*. Westport, CT: Greenwood Press.

———. 2005. The question of animal emotions: An ethological perspective. In *Mental health and well-being in animals*, ed. F. D. McMillan, 15–27. Ames, IA: Blackwell.

Benson, G. J., and Rollin, B. E., eds. 2004. *The well-being of farm animals: Challenges and solutions*. Ames, IA: Blackwell.

Birke, L. 2002. Effects of browse, human visitors and noise on the behaviour of captive Orangutans. *Anim. Welf.* 11:189–202.

Blecha, F. 2000. Immune response to stress. In *The biology of animal stress: Basic principles and implications for animal welfare*, ed. G. P. Moberg and J. A. Mench, 111–21. Wallingford, UK: CABI.

Boinski, S., Gross, T. S., and Davis, J. K. 1999. Terrestrial predator alarm vocalizations are a valid monitor of stress in captive brown capuchins (*Cebus apella*). *Zoo Biol.* 18:295–312.

Bostock, S. 1993. *Zoos and animal rights: The ethics of keeping animals*. London: Routledge.

Broom, D. M. 1998. Welfare, stress and the evolution of feelings.

Adv. Study Behav. 27:371–403.
———. 2005. The effects of land transport on animal welfare. *Rev. Sci. Tech. Off. Int. Epizoot.* 24:683–91.
Broom, D. M., and Johnson, K. G. 1993. *Stress and animal welfare.* London: Chapman and Hall.
Broom, D. M., and Radford, M. 2001. *Animal welfare law in Britain: Regulation and responsibility.* Oxford: Oxford University Press.
Burghardt, G. M., Bielitzki, J. T., Boyce, J. R., and Schaeffer, D. O., eds. 1996. *The well-being of animals in zoo and aquarium sponsored research.* Greenbelt, MD: Scientists Center for Animal Welfare.
Cabanac, M. 2005. The experience of pleasure in animals. In *Mental health and well-being in animals*, ed. F. D. McMillan, 29–46. Ames, IA: Blackwell.
Capitano, J. P. 1999. Personality dimensions in adult male rhesus macaques: Prediction of behaviors across time and situation. *Am. J. Primatol.* 47:299–320.
Caporale, V., Alessandrini, B., Dalla Villa, P., and Del Papa, S. 2005. Global perspectives on animal welfare: Europe. *Rev. Sci. Tech. Off. Int. Epizoot.* 24:567–77.
Carlstead, K. 1999. Assessing and addressing animal welfare in zoos. In AZA *Annual Conference Proceedings*, 9–14. Silver Spring, MD: American Zoo and Aquarium Association.
Carlstead, K., and Brown, J. L. 2005. Relationships between patterns of fecal corticoid excretion and behaviour, reproduction, and environmental factors in captive black (*Diceros bicornis*) and white (*Ceratotherium simum*) rhinoceros. *Zoo Biol.* 24:215–32.
Cheyne, S. M. 2006. Unusual behaviour of captive-raised gibbons: Implications for welfare. *Primates* 47:322–26.
Clubb, R., and Mason, G. 2003. Animal welfare: Captivity effects on wide-ranging Carnivores. *Nature* 425:473–74.
Coe, C. L., and Scheffler, J. 1989. Utility of immune measures for evaluating psychological well-being in nonhuman primates. *Zoo Biol.* 8:89–99.
Coe, J. C. 2003. Steering the ark toward Eden: Design for animal well-being. *J. Am. Vet. Med. Assoc.* 223:977–980.
Conway, W. G. 1976. The surplus problem. In *AAZPA National Conference*, 20–24. Wheeling, WV: American Association of Zoological Parks and Aquariums.
Coppola, C. L., Enns, R. M., and Grandin, T. 2006. Noise in the animal shelter environment: Building design and the effects of daily noise exposure. *J. Appl. Anim. Welf. Sci.* 9:1–7.
Dantzer, R. 1986. Behavioural, physiological and functional aspects of stereotyped behaviour: A review and a reinterpretation. *J. Anim. Sci.* 62:1776–86.
———. 1991. Stress, stereotypies and welfare. *Behav. Process.* 25: 95–102.
Dathe, H. H., Kuckelkorn, B., and Minnemann, D. 1992. Salivary cortisol assessment for stress detection in the Asian elephant (*Elephas maximus*): A pilot study. *Zoo Biol.* 11:285–89.
Davey, G. 2006. An hourly variation in zoo visitor interest: Measurement and significance for animal welfare research. *J. Appl. Anim. Welf. Sci.* 9:249–56.
———. 2007. Visitors' effects on the welfare of animals in the zoo: A review. *J. Appl. Anim. Welf. Sci.* 10:169–83.
Davey, G., and Henzi, P. 2004. Visitor circulation and nonhuman animal welfare: An overlooked variable? *J. Appl. Anim. Welf. Sci.* 7:243–51.
Davis, N., Schaffner, C. M., and Smith, T. E. 2005. Evidence that zoo visitors influence HPA activity in spider monkeys (*Ateles geoffroyii rufiventris*). *Appl. Anim. Behav. Sci.* 90:131–41.
Dawkins, M. S. 1980. *Animal suffering: The science of animal welfare.* London: Chapman and Hall.
———. 1983. Battery hens name their price: Consumer demand theory and the measurement of ethological "needs." *Anim. Behav.* 31:1195–1205.
———. 1990. From an animal's point of you: Motivation, fitness, and animal welfare. *Behav. Brain Sci.* 13:1–61.
———. 1993. *Through our eyes only.* New York: W. H. Freeman.
———. 1998. Evolution and animal welfare. *Q. Rev. Biol.* 73:305–28.
———. 2001. Who needs consciousness? *Anim. Welf.* 10:S19–S29.
———. 2003. Behaviour as a tool in the assessment of animal welfare. *Zoology* 106:383–87.
———. 2005. The science of suffering. In *Mental health and well-being in animals*, ed. F. D. McMillan, 47–55. Ames, IA: Blackwell.
———. 2006. A user's guide to animal welfare science. *Trends Ecol. and Evol.* 21:77–82.
Defra (Department for the Environment, Food and Rural Affairs). 2005. Animal welfare and its assessment in zoos. In: *Zoo forum handbook*, sec. 4. London: Department for the Environment, Food and Rural Affairs (www.defra.gov.uk/wildlife-countryside/gwd/zoosforum/index.htm).
———. 2006. *Delivering good animal welfare.* Department for the Environment, Food and Rural Affairs (www.defra.gov.uk).
DeGrazia, D. 1996. *Taking animals seriously: Mental life and moral status.* Cambridge: Cambridge University Press.
Dembiec, D. P., Snider, R.J., and Zanella, A. J. 2004. The effects of transport stress on tiger physiology and behavior. *Zoo Biol.* 23:335–46.
Dodds, W. J., and Orlans, F. B., eds. 1983. *Scientific perspectives on animal welfare.* New York: Academic Press.
Dol, M., Kasanmoentalib, S., Lijmbach, S., Rivas, E., and van den Bos, R., eds. 1997. *Animal consciousness and animal ethics: Perspectives from the Netherlands.* Assen, The Netherlands: Van Gorcum.
Dolins, F. L., ed. 1999. *Attitudes to animals: Views in animal welfare.* Cambridge: Cambridge University Press.
Donahue, J., and Trump E. 2006. *The politics of zoos.* DeKalb: Northern Illinois University Press.
Duncan, I. J. H. 1993. Welfare is all to do with what animals feel. *J. Agric. Environ. Ethics* 6:8–14.
———. 2004. A concept of welfare based on feelings. In *The well-being of farm animals: Challenges and solutions*, ed. G. J. Benson and B. E. Rollin, 58–101. Ames, IA: Blackwell.
Elsasser, T. H., Klasing, K. C., Filipov, N., and Thompson, F. 2000. The metabolic consequences of stress: Targets for stress and priorities of nutrient use. In *The biology of animal stress: Basic principles and implications for animal welfare*. Ed. G. P. Moberg and J. A. Mench, 77–110. Wallingford, UK: CABI Publishing.
Elzanowski, A. and Sergiel, A. 2006. Stereotypic behavior of a female Asiatic elephant (*Elephas maximus*) in a zoo. *J. Appl. Anim. Welf.* 9:223–32.
Ewing, S. A., Lay, D. C., and von Borell, E. 1998. *Farm animal well-being: Stress physiology, animal behavior and environmental design.* Upper Saddle River, NJ: Prentice Hall.
Fernandez, E. J., Tamborski, M. A., Pickens, S. R., and Timberlake, W. 2009. Animal-visitor interactions in the modern zoo: Conflicts and interventions. *Appl. Anim. Behav. Sci.* 120:1–8.
Föllmi, J., Steiger, A., Walzer, C., Robert, N., Geissbühler, U., Doherr, M. G., and Wenker, C. 2007. A scoring system to evaluate physical condition and quality of life in geriatric zoo mammals. *Anim. Welf.* 16:309–18.
Forthman, D. L., Kane, L. F., and Waldau, P., eds. 2009. *An elephant in the room: The science and well-being of elephants in captivity.* North Grafton, MA: Tufts University.
Fraser, D. 1995. Science, values and animal welfare: Exploring the inextricable connection. *Anim. Welf.* 4:103–17.
———. 2009a. Animal behaviour, animal welfare and the scientific study of affect. *Appl. Anim. Behav. Sci.* 118:108–17.
———. 2009b. *Understanding animal welfare: The science in its cultural context.* Ames, IA: Wiley Blackwell.
Fraser, D., and Duncan, I. J. H. 1998. "Pleasures," "pains" and animal welfare: Towards a natural history of affect. *Anim. Welf.* 7:383–96.
Fraser, D., Phillips, P. A., and Thompson, B. K. 1993. Environmental

preference testing to access the well-being of animals: An evolving paradigm. *J. Agric. Environ. Ethics* 6:104–14.
Friend, T. H., and Parker, M. L. 1999. The effect of penning versus picketing on stereotypic behavior of circus elephants. *Appl. Anim. Behav. Sci.* 64:213–25.
Galhardo, L., Appleby, M. C., Waran, N. K., and dos Santos, M. E. 1996. Spontaneous activities of captive performing bottlenose dolphins (*Tursiops truncates*). *Anim. Welf.* 5:373–39.
Gillespie, T. H. 1934. *Is it cruel? A study of the condition of captive and performing animals.* London: Herbert Jenkins.
Gonder, J. C., Smeby, R. R., and Wolfe, T. L., eds. 2001. *Performance standards and animal welfare I/II: Definition, application and assessment.* Greenbelt, MD: Scientists Center for Animal Welfare.
Gosling, S. D. 2001. From mice to men: What can we learn about personality from animal research? *Psychol. Bull.* 127:45–86.
Gregory, N. G. 2005. *Physiology and behaviour of animal suffering.* Oxford: Blackwell.
Griffin, D. R. 2001. *Animal minds.* Chicago: University of Chicago Press.
Gruber, T. M., Friend, T. H., Gardner, J. M., Packard, J. M., Beaver, B., and Bushong, D. 2000. Variation in stereotypic behavior related to restraint in circus elephants. *Zoo Biol.* 19:209–21.
Hauser, M. D. 2000. *Wild minds: What animals really think.* New York: Henry Holt.
Haynes, R. P. 2008. *Animal welfare: Competing conceptions and their ethical implications.* Oxford: Oxford University Press.
Hosey, G. R. 2000. Zoo animals and their human audiences: What is the visitor effect? *Anim. Welf.* 9:343–57.
———. 2005. How does the zoo environment affect the behaviour of captive primates? *Appl. Anim. Behav. Sci.* 90:107–29.
———. 2008. A preliminary model of human-animal relationships in the zoo. *Appl. Anim. Behav. Sci.* 109:105–27.
Hosey, G. R., Melfi, V., and Pankhurst, S., eds. 2009. *Zoo animals: Behaviour, management, and welfare.* Oxford: Oxford University Press.
Hutchins, M. 2002. Animal welfare: What is AZA doing to enhance the lives of captive animals? In *Annual Conference Proceedings*, 117–29. Silver Spring, MD: American Zoo and Aquarium Association.
———. 2006. Variation in nature: Its implications for zoo elephant management. *Zoo Biol.* 25:161–71.
Iossa, G., Soulsbury, C. D., and Harris, S. 2009. Are wild animals suited to a travelling circus life? *Anim. Welf.* 18:129–40.
Jordan, B. 2005. Science-based assessment of animal welfare: Wild and captive animals. *Rev. Sci. Tech. Off. Int. Epizoot.* 24:515–28.
Jordan, B., and Ormrod, S. 1978. *The last great wild beast show.* London: Constable.
Kagan, R. L. 2001. Zoos, sanctuaries and animal welfare. Paper presented at AZA National Conference, St. Louis.
Kiley-Worthington, M. 1990. Are elephants in zoos and circuses distressed? *Appl. Anim. Behav. Sci.* 26:299.
Kirkpatrick, J. F. 1996. Ethical considerations for conservation research: Zoo animal reproduction and overpopulation of wild animals. In *The well-being of animals in zoo and aquarium sponsored research*, ed. G. M. Burghardt, J. T. Bielitzki, R. R. Boyce, and D. O. Schaeffer, 55–59. Greenbelt, MD: Scientists Center for Animal Welfare.
Kirkwood, J. K. 1996. Special challenges of maintaining wildlife in captivity in Europe and Asia. *Rev. Sci. Tech. Off. Int. Epizoot.* 15:309–21.
———. 2003. Welfare, husbandry and veterinary care of wild animals in captivity: Changes in attitudes, progress in knowledge and techniques. *Int. Zoo Yearb.* 38:124–30.
Kirkwood, J. K., and Hubrecht, R. 2001. Animal consciousness, cognition and welfare. *Anim. Welf.* 10:S5–S17.
Kuhar, C. W. 2008. Group differences in captive gorillas' reaction to large crowds. *Appl. Anim. Behav. Sci.* 110:377–85.
Lacy, R. 1991. Zoos and the surplus problem: An alternative solution. *Zoo Biol.* 10:293–97.
———. 1995. Culling surplus animals for population management. In *Ethics on the Ark: Zoos, animal welfare, and wildlife conservation*, ed. B. G. Norton, M. Hutchins, E. F. Stevens, and T. L. Maple, 195–208. Washington, DC: Smithsonian Institution Press.
Lane, J. 2006. Can non-invasive glucocorticoid measures be used as reliable indicators of stress in animals? *Anim. Welf.* 15: 331–42.
Laule, G. E. 2003. Positive reinforcement training and environmental enrichment: Enhancing animal well-being. *J. Am. Vet. Med. Assoc.* 223:969–73.
Lawrence, A. B., and Rushen, J., eds. 1993. *Stereotypic animal behaviour: Fundamentals and applications to welfare.* Wallingford, UK: CABI.
Leeming, D. B. 1989. Legislation relating to zoos. In *Animal welfare and the law*, ed. D. E. Blackman, P.N. Humphreys, and P. Todd, 145–65. Cambridge: Cambridge University Press.
Lewandowski, A. H. 2003. Surplus animals: The price of success. *J. Am. Vet. Med. Assoc.* 223:981–83.
Lindburg, D. G. 1991. Zoos and the "surplus" problem. *Zoo Biol.* 10:1–2.
———. 1998. Coming in out of the cold: Animal keeping in temperate zoos. *Zoo Biol.* 17:51–53.
Maki, S., and Bloomsmith, M. A. 1989. Uprooted trees facilitate the psychological well-being of captive chimpanzees. *Zoo Biol.* 8:79–87.
Malamud, R. 1998. *Reading zoos.* New York: New York University Press.
Mallapur, A., and Chellam, R. 2002. Environmental influences on stereotypy and the activity budget of Indian leopards (*Panthera pardus*) in four zoos in southern India. *Zoo Biol.* 21:585–95.
Maple, T. L. 1996. The art and science of enrichment. In *The well-being of animals in zoo and aquarium sponsored research*, ed. G. M. Burghardt, J. T. Bielitzki, J. R. Boyce, and D. O. Schaeffer, 79–84. Greenbelt, MD: Scientists Center for Animal Welfare.
———. 2003. Strategic collection planning and individual animal welfare. *J. Am. Vet. Med. Assoc.* 223:966–69.
———. 2007. Toward a science of welfare for animals in the zoo. *J. Appl. Anim. Welf. Sci.* 10:63–70.
Margodt, K. 2001. *The welfare ark: Suggestions for a renewed policy for zoos.* Brussels: Vub Brussels University Press.
Markowitz, H. 1981. *Behavioral enrichment in the zoo.* New York: Van Nostrand Reinhold.
Markowitz, H., and Aday, C. 1998. Power for captive animals: Contingencies and nature. In *Second nature: Environmental enrichment for captive animals*, ed. D. J. Shepherdson, J. D. Mellen, and M. Hutchins, 47–58. Washington, DC: Smithsonian Institution Press.
Mason, G. J. 1991a. Stereotypies: A critical review. *Anim. Behav.* 41:1015–37.
———. 1991b. Stereotypies and suffering. *Behav. Process.* 25: 103–16.
———. 2006. Stereotypic behaviour in captive animals: Fundamentals and implications for welfare and beyond. In *Stereotypic animal behaviour: Fundamentals and applications to welfare*, 2nd ed., 325–56. Trowbridge, UK: Cromwell Press.
Mason, G. J., and Latham, N. R. 2004. Can't stop, won't stop: Is stereotypy a reliable animal welfare indicator? *Anim. Welf.* 13: 57–70.
Mason, G. J., and Mendl, M. 1993. Why is there no simple way of measuring animal welfare? *Anim. Welf.* 2:301–19.
Matteri, R. L., Carroll, J. A., and Dyer, D. J. 2000. Neuroendocrine responses to stress. In *The biology of animal stress: Basic principles and implications for animal welfare*, ed. G. P. Moberg and J. A. Mench, 1–22. Wallingford, UK: CABI Publishing.
McBain, J. F. 1999. Cetaceans in captivity: A discussion of welfare. *J. Am. Vet. Med. Assoc.* 214:1170–74.
McEwan, B. S. 2002. Protective and damaging effects of stress me-

diators: The good and bad sides of the response to stress. *Metabolism* 51:2–3.
McKenna, V., Travers W., and Wray, J., eds. 1987. *Beyond the bars: The zoo dilemma*. Rochester, VT: Thorsons.
McMillan, F. D. 2005a. The concept of quality of life in animals. In *Mental health and well-being in animals*, ed. F. D. McMillan, 183–200. Ames, IA: Blackwell.
———. 2005b. Stress, distress, and emotion: Distinctions and implications for mental well-being. In *Mental health and well-being in animals*, ed. F. D. McMillan, 93–111. Ames, IA: Blackwell.
———. 2005c. Do animals experience true happiness? In *Mental health and well-being in animals*, ed. F. D. McMillan, 221–33. Ames, IA: Blackwell.
Melfi, V. A., and Feistner, A. T. C. 2002. A comparison of the activity budgets of wild and captive Sulawesi crested black macaques (*Macaca nigra*). *Anim. Welf.* 11:213–22.
Meller, C. L., Coney, C. C., and Shepherdson, D. 2007. Effects of rubberized flooring on Asian elephant behavior in captivity. *Zoo Biol.* 26:51–61.
Mellor, D. J., Patterson-Kane, E., and Stafford, K. J., eds. 2009. *The sciences of animal welfare*. Ames, IA: Wiley-Blackwell.
Mench, J. A. 1993. Assessing animal welfare: An overview. *J. Agric. Environ. Ethics* 6:69–73.
———. 1998. Environmental enrichment and the importance of exploratory behavior. In *Second nature: Environmental enrichment for captive animals*, ed. D. J. Shepherdson, J. D. Mellen, and M. Hutchins, 30–46. Washington, DC: Smithsonian Institution Press.
Mench, J. A., and Kreger, M. D. 1996. Ethical and welfare issues associated with keeping wild mammals in captivity. In *Wild mammals in captivity: Principles and techniques*, ed. D. G. Kleiman, M. E. Allen, K. V. Thompson, and S. Lumpkin, 5–15. Chicago: University of Chicago Press.
Mendl, M., Burman, O. H. P., Parker, R. M. A., and Rees, E. S. 2009. Cognitive bias as an indicator of animal emotion and welfare: Emerging evidence and underlying mechanisms. *Appl. Anim. Behav. Sci.* 118:161–81.
Meyer-Holzapfel, M. 1968. Abnormal behavior in zoo animals. In *Abnormal behavior in animals*, ed. M. Fox, 476–503. Philadelphia: Saunders.
Meyers, D. G., and Diener, E. 1995. Who is happy? *Psychol. Sci.* 6: 10–19.
Miller, L. J., Bettinger, T., and Mellen, J. 2008. The reduction of stereotypic pacing in tigers (*Panthera tigris*) by obstructing the view of neighbouring individuals. *Anim. Welf.* 17:255–58.
Mitchell, R. W., Thompson, N. S., and Miles, H. L., eds. 1997. *Anthropomorphism, anecdotes, and animals*. Albany: SUNY Press.
Moberg, G. P., ed. 1985. *Animal stress*. Bethesda, Md.: Williams & Wilkins.
Moberg, G. P., and Mench, J. A., eds. 2000. *The biology of animal stress: Basic principles and implications for animal welfare*. Wallingford, UK: CABI Publishing.
Montaudouin, S. and Le Page, G. 2005. Comparison between 28 zoological parks: Stereotypic and social behaviours of captive brown bears (*Ursus arctos*). *Appl. Anim. Behav. Sci.* 92:129–41.
Morgan, K. N., and Tromborg, C. T. 2007. Sources of stress in captivity. *Appl. Anim. Behav. Sci.* 102:262–302.
Morris, D. 1964. The response of animals to restricted environments. *Symp. Zool. Soc. London* 13:99–118.
Mullen, B., and Marvin, G. 1999. *Zoo culture*. 2nd ed. Chicago: University of Illinois Press.
Nordenfelt, L. 2006. *Animal and human health and welfare*. Wallingford, UK: CABI.
Norton, B. G., Hutchins, M., Stevens, E. F., and Maple, T. L., eds. 1995. *Ethics on the Ark: Zoos, animal welfare, and wildlife conservation*. Washington, DC: Smithsonian Institution Press.
Novak, M. A., and Petto, A. J., eds. 1991. *Through the looking glass: Issues of psychological well-being in captive nonhuman primates*. Washington, DC: American Psychological Association.
Novak, M. A., and Suomi, S. J. 1988. Psychological well-being of primates in captivity. *Am. Psychol.* 43:765–73.
NRC (National Resource Council). 2008. *Recognition and alleviation of distress in laboratory animals*. Washington, DC: National Academies Press.
Owen, M. A., Swaisgood, R. R., Czekala, N. M., and Lindburg, D. G. 2005. Enclosure choice and well-being in Giant Pandas: Is it all about control? *Zoo Biol.* 24:475–81.
Owen, M. A., Swaisgood, R. R., Czekala, N. M., Steinman, K., and Lindburg, D. G. 2004. Monitoring stress in captive giant pandas (*Ailuropoda melanoleuca*): Behavioral and hormonal responses to ambient noise. *Zoo Biol.* 23:147–64.
Patterson-Kane, E. G., and Farnworth, M. J. 2006. Noise exposure, music, and animals in the laboratory: A commentary based on laboratory animal refinement and enrichment forum (LAREF) discussions. *J. Appl. Anim. Welf.* 9:327–32.
Pedernera-Romano, C., Valdez, R. A., Singh S., Chiappa, X., Romano, M. C., and Galindo, F. 2006. Salivary cortisol in captive dolphins (*Tursiops truncatus*): A non-invasive technique. *Anim. Welf.* 15:359–62.
Peel, A. J., Vogelnest, L., Finnigan, M., Grossfeldt, L., and O'Brien, J. K. 2005. Non-invasive fecal hormone analysis and behavioral observations for monitoring stress responses in captive western lowland gorillas (*Gorilla gorilla gorilla*). *Zoo Biol.* 24:431–45.
Poole, T. B. 1992. The nature and evolution of behavioural needs in mammals. *Anim. Welf.* 1:203–20.
Powell, D. M., Carlstead, K., Tarou, L. R., Brown, J. L., and Monfort S. L. 2006. Effects of construction noise on behavior and cortisol levels in a pair of captive giant pandas (*Ailuropoda melanoleuca*). *Zoo Biol.* 25:391–408.
Powell, D. M., and Svoke, J. T. 2008. Novel environmental enrichment may provide a tool for rapid assessment of animal personality: A case study with giant pandas (*Ailuropoda melanoleuca*). *J. Appl. Anim. Welf. Sci.* 11:301–18.
Radford, M. 2001. *Animal welfare law in Britain*. Oxford: Oxford University Press.
Rees, P. A. 2004. Low environmental temperature causes an increase in stereotypic behaviour in captive Asian elephants (*Elephas maximus*). *J. Therm. Biol.* 29:37–43.
———. 2009. The sizes of elephant groups in zoos: Implications for elephant welfare. *J. Appl. Anim. Welf. Sci.* 12:44–60.
Renner, M. J., and Kelly, A. L. 2006. Behavioral decisions for managing social distance and aggression in captive polar bears (*Ursus maritimus*). *J. Appl. Anim. Welf. Sci.* 9:233–39.
Robinson, M. H. 1997. Enriching the lives of zoo animals and their welfare: Where research can be fundamental. *Anim. Welf.* 7: 151–75.
Rollin, B. E. 1990. *The unheeded cry: Animal consciousness, animal pain and science*. Oxford: Oxford University Press.
———. 2003. *Farm animal welfare: Social, bioethical, and research issues*. Ames: Iowa State University Press.
———. 2005. Animal happiness: A philosophical view. In *Mental health and well-being in animals*, ed. F. D. McMillan, 235–41. Ames, IA: Blackwell.
Ross, S. R. 2006. Issues of choice and control in the behaviour of a pair of captive polar bears (*Ursus maritimus*). *Behav. Process.* 73:117–20.
Rowan, A. N., ed. 1995. *Wildlife conservation, zoos and animal protection*. Florida: TCFA and PP.
Rushen, J. P. 1993. The "coping" hypothesis of stereotypic behaviour. *Anim. Behav.* 45:613–15.
Rushen, J. P., Taylor, A. A., and de Passille, A. M. 1999. Domestic animals' fear of humans and its effect on their welfare. *Appl. Anim. Behav. Sci.* 65:285–303.
Ryder, R. D. 1998. Measuring animal welfare. *J. Appl. Anim. Welf. Sci.* 1:75–80.
Sandoe, P. 1999. Quality of life: Three competing views. *Ethical*

Theory and Moral Practice 2:11–23.
Sandoe, P., and Simonsen, H. P. 1992. Assessing animal welfare: Where does science end and philosophy begin? *Anim. Welf.* 1:257–67.
Sapolsky, R. M. 2004. *Why zebras don't get ulcers: A guide to stress, stress related diseases, and coping*. 3rd ed. New York: W. H. Freeman.
Schapiro, S. J., and Lambeth, S. P. 2007. Control, choice, and assessments of the value of behavioral management to nonhuman primates in captivity. *J. Appl. Anim. Welf. Sci.* 10:39–47.
Schmid, J. 1995. Keeping circus elephants temporarily in paddocks: The effects on their behaviour. *Anim. Welf.* 4:87–101.
———. 1998. Hands off, hands on: Some aspects of keeping elephants. *Int. Zoo News* 45:476–86.
Sellinger, R. L., and Ha, J. C. 2006. The effects of visitor density and intensity on the behavior of two captive Jaguars (*Panthera onca*). *J. Appl. Anim. Welf. Sci.* 8:233–44.
Shepherdson, D. J., Carlstead, K. C., and Wielebnowski, N. 2004. Cross institutional assessment of stress responses in zoo animals using longitudinal monitoring of faecal corticoids and behaviour. *Anim. Welf.* 13:105–13.
Shepherdson, D. J., Mellen, J. D., and Hutchins, M., eds. 1998. *Second nature: Environmental enrichment for captive animals*. Washington, DC: Smithsonian Institution Press.
Shyne, A. 2005. Meta-analytical review of the effects of enrichment on stereotypic behavior in zoo mammals. *Zoo Biol.* 25:317–37.
Smith, T. 2004. *Zoo research guidelines: Monitoring stress in zoo animals*. London: British and Irish Association of Zoos and Aquariums (biaza.org.uk).
Sommer, R. 1973. *Tight spaces*. Englewood Cliffs, NJ: Prentice Hall.
Soriano, A. I., Enseenyat, C., Serrat, S., and Mate, C. 2006. Introducing a semi-naturalistic exhibit as structural enrichment for two Brown Bears (*Ursus arctos*): Does this ensure their captive well-being? *J. Appl. Anim. Welf. Sci.* 9:299–314.
Spedding, C. 2000. *Animal welfare*. London: Earthscan Publications.
Spijkerman, R. P., Dienske, H., van Hooff, A. M., and Jens, W. 1994. Causes of body rocking in chimpanzees (*Pan troglodytes*). *Anim. Welf.* 3:193–211.
Stafleur, F. R., Grommers, F. J., and Vorstenbosch, J. 1996. Animal welfare: Evolution and erosion of a moral concept. *Anim. Welf.* 5:225–34.
Stewart, M., Webster, J. R., Schaefer, A. L., Cook N. J., and Scott, S. L. 2005. Infrared thermography as a non-invasive tool to study animal welfare. *Anim. Welf.* 14:319–25.
Stoskopf, M. K. 1983. The physiological effects of psychological stress. *Zoo Biol.* 2:179–90.
Swaisgood, R. R., Ellis, S., Forthman, D. L., and Shepherdson, D. J. 2003. Improving well-being for captive giant pandas: Theoretical and practical issues. *Zoo Biol.* 22:347–54.
Swaisgood, R. R., and Shepherdson, D. J. 2005. Scientific approaches to enrichment and stereotypies in zoo animals: What's been done and where should we go next? *Zoo Biol.* 24:499–518.
Tarou, L. R., Bloomsmith, M. A., and Maple, T. L. 2005. Survey of stereotypic behavior in Prosimians. *Am. J. Primatol.* 65:181–96.
Taylor, A. 2003. *Animals and ethics: An overview of the philosophical debate*. Peterborough, ON: Broadview Press.
Touma, C., and Palme, R. 2005. Measuring fecal glucocorticoids metabolites in mammals and birds: The importance of validation. *Ann. NY. Acad. Sci.* 1046:54–74.
Turner, J., and D'Silva, J., eds. 2006. *Animals, ethics and trade: The challenge of animal sentience*. London: Earthscan.
Van der Harst, J. E., and Spruijt, D. M. 2007. Tools to measure and improve animal welfare: Reward-related behavior. *Anim. Welf.* 16 (Suppl.): 67–73.
van Zutphen, L. F. M., and Balls, M., eds. 1997. *Animal alternatives, welfare and ethics: Developments in animal and veterinary sciences*. Amsterdam: Elsevier Science.
Varner, G. F. 1996. Conceptions of animal well-being and managerial euthanasia. In *The well-being of animals in zoo and aquarium sponsored research*, ed. G. M. Burghardt, J. T. Bielitzki, J. R. Boyce, and D. O. Schaeffer, 49–53. Greenbelt, MD: Scientists Center for Animal Welfare.
Veasey, J. S. 1993. An investigation in the behaviour of captive tigers (*Panthera tigris*), and the effect of the enclosure upon their behaviour. BSc thesis, University of London.
Veasey, J. S., Waran, N. K., and Young, R. J. 1996. On comparing the behaviour of zoo housed animals with wild conspecifics as a welfare indicator, using the giraffe as a model. *Anim. Welf.* 5:139–53.
Videan, E. N., Fritz, J., Schwandt, M. L., Smith, H. F., and Howell, S. 2005. Controllability in environmental enrichment for captive chimpanzees (*Pan troglodytes*). *J. Appl. Anim. Welf. Sci.* 8: 117–30.
Von der Ohe, C. G., and Servheen, C. 2002. Measuring stress in mammals using fecal glucocorticoids: Opportunities and challenges. *Wildl. Soc. Bull.* 30:1215–25.
von Holst, D. 1998. The concept of stress and its relevance for animal behavior. *Adv. Study. Behav.* 27:1–131.
Waples, K. A., and Gales, N. J. 2002. Evaluating and minimizing social stress in the care of captive bottlenose dolphins (*Tursiops aduncus*). *Zoo Biol.* 21:5–26.
Watters, J. V., Margulis, S. W., and Atsalis, S. 2009. Behavioral monitoring in zoos and aquariums: A tool for guiding husbandry and directing research. *Zoo Biol.* 28:35–48.
Webster, J. 1994. *Animal welfare: A cool eye towards Eden; A constructive approach to the problem of man's dominion over the animals*. Oxford: Blackwell Science.
———. 2005. The assessment and implementation of animal welfare: Theory into practice. *Rev. Sci. Tech. Off. Int. Epizoot.* 24: 723–34.
Wechsler, B. 1991. Stereotypies in polar bears. *Zoo Biol.* 10:177–88.
Wells, D. L. 2009. Sensory stimulation as environmental enrichment for captive animals: A review. *Appl. Anim. Behav. Sci.* 118:1–11.
Wells, D. L., and Irwin, R. M. 2008. Auditory stimulation as enrichment for zoo-housed Asian elephants (*Elephas maximus*). *Anim. Welf.* 17:335–40.
Wemelsfelder, F. 1999. The problem of animal subjectivity and its consequences for the scientific measurement of animal suffering. In *Attitudes to animals: Views in animal welfare*, ed. F. L. Dolins, 37–53. Cambridge: Cambridge University Press.
———. 2005. Animal boredom: Understanding the tedium of confined lives. In *Mental health and well-being in animals*, ed. F. D. McMillan, 79–92. Ames, IA: Blackwell.
Wemmer, C., and Christen, C. A., eds. 2008. *Elephants and ethics: Toward a morality of coexistence*. Baltimore: Johns Hopkins University Press.
Wielebnowski, N. 2003. Stress and distress: Evaluating their impact for the well-being of zoo animals. *J. Am. Vet. Med. Assoc.* 223:973–77.
Wielebnowski, N., Fletchall N., Carlstead, K., Busso, J. M., and Brown, J. L. 2002. Noninvasive assessment of adrenal activity associated with husbandry and behavioral factors in the North American clouded leopard population. *Zoo Biol.* 21:77–98.
Wiepkema, P. R., and Koolhaas J. M. 1993. Stress and animal welfare. *Anim. Welf.* 2:195–218.
Wilson, M. L., Bloomsmith, M. A., and Maple, T. L. 2004. Stereotypic swaying and serum cortisol concentrations in three captive African elephants (*Loxodonta africana*). *Anim. Welf.* 13:39–43.
Wuichet, J., and Norton, B. G. 1995. Differing concepts of animal welfare. In *Ethics on the Ark: Zoos, animal welfare, and wildlife conservation*, ed. B. G. Norton, M. Hutchins, E. F. Stevens, and T. L. Maple, 235–52. Washington, DC: Smithsonian Institution Press.
Wynne, C. D. L. 2002. *Animal cognition: The mental lives of animals*.

New York: Palgrave.
Young, R. J. 1997. The importance of food presentation for animal welfare and conservation. *Proc. Nutr. Soc.* 56:1095–1104.
———. 2003. *Environmental enrichment for captive animals*. Oxford: Blackwell.

3

飼育施設評価のための基準設定

Joseph Barber, Denny Lewis, Govindasamy Agoramoorthy, and Miranda F. Stevenson

訳：金澤朋子，村田浩一

概　説

Joseph Barber

はじめに

動物園や水族館において認証評価プログラムが確立されたことは，動物園の歴史において重要な出来事であり，飼育動物の福祉を発展させるうえで大切な役割を担うことになった．本章では，評価を行う方法について，3つの異なる地域の各動物園から提案された考えを検討した．各筆者は，動物飼育の基準が高レベルに達するために，認証評価や動物福祉の評価が不可欠であると考えている．認証評価によって飼育基準の向上が期待される一方で，動物飼育や福祉に対する考えは新たな研究成果によって日々変化し続けている．そのため動物園は，絶えず飼育基準をより良いものとするために努力し続けなければならない．評価に必要な明確な知見を得るため，動物福祉の目的や，その可能性について検討したい．また，認証評価を行う上での課題や動物飼育基準の発展過程を明らかにし，これらに対する有効な解決策を明らかにしたい．

認証評価

本章において，動物園の飼育レベルを評価するための定性的な取り組みについて説明する．最も効果的な評価方法は，動物園施設が適切な飼育基準を満たしているか否かを確認することであると考えられている（本章「北米」参照）．飼育レベルの評価は，動物，職員そして飼育係からの聞取りや動物園で記録された報告書などの資料を用いた現地調査で行われる（本章の「東南アジア」と「ヨーロッパ」の項を参照）．動物園から提出された資料や各動物園の方針，計画そして指針は，動物園協会が定めた飼育の一般基準と比較され再検討される．認証評価の基準について討議する際，“5つの自由”を基にした動物飼育への提案がなされる（Brambell 1965，Farm Animal Welfare Council 1992，第2章参照）．認証評価プログラムの確立は，動物の一般的飼育基準である“5つの自由”を具体化するための重要な第1歩である．しかしながら，これらの“自由”は，一般的飼育基準にのみ適合しているため，福祉に関する調査などにおいては，認証評価の際に不適切な項目があり，さらに客観的評価を行うためにも不十分である．

認証評価が，動物福祉の向上を目的の1つとしているならば（本章の「北米」と「ヨーロッパ」の項を参照），福祉の評価基準が必要となる．動物福祉の評価は，その動物の行動，生理，そして身体的健康を詳細に定量分析することで行われる（Dawkins 1976, 1983, 1998，Broom 1991a,1991b,1996，Rushen and de Passille 1992，Mason and Mendl 1993，Clark 1997，Clark, Rager, and Calpin 1997，第2章参照）．認証評価を行うには，最低でも2～3日間，動物の行動観察を行い定量的な情報を収集するが，その間は最新情報が得られないため，動物福祉に対する評価は事後的な方法で行われることになる．例えば，認証評価の調査員は，適切な栄養管理が行われていたか否かを定性的に評価しようとするかもしれないが，獣医師の記録をすぐに入手できるわけではないので，その時点における動物の栄養状態を直接的に評価するのは難しいと考える．また，動物の飼育場所を評価する際には，エンリッチメントの有無を判断材料とすることがある．だが，エンリッチメントが行われているからといって，該当動物の種としてあるべき行動を効果的に引き出しているとは限らない．5つの自由は，動物に対する理想的な飼育状況について述べられているため，動物福祉に関する理論的評価を行うには適しているが，特定動物の飼育基準を評価するには適切とは言えない，（Farm Animal Welfare Council 1992）．

集めた定性的な情報を，厳密に定められた基準（定量的データを統計分析できるような状態）なしで，主観的に評価するのは危険である．このような問題点を，動物園協会の一員であり評価を行う立場にあったAgoramoorthyが本章の「東南アジア」の項で指摘している．動物園関係者が自らの施設を調査すると，動物園関係者以外の者が調査した時よりも福祉における問題点は過小評価され，さらに状態の良い展示を選んで評価が行われてしまう．しかしながら，野生動物の飼育経験をもち動物の専門家である動物園関係者が，動物飼育の妥当性を判断する適任者であることに間違いはない．実際，動物園が抱える問題をよく理解している動物園関係者の中から，認証評価や福祉調査を行う調査員を選ぶことは，おそらく動物園協会にとって現実的な手段であろう．一方，Stevensonによって提唱された質の高い動物園としての基準（本章の「ヨーロッパ」の項を参照）を常に満たし，その基準に沿うように努力することだけが最善であるとは言い難い．動物園動物を管理するうえで避けられない具体的問題のいくつかを以下に列挙する．資金不足，大規模展示のためのスペース不足，熱帯産動物種を寒い季節の中で生活させること，そして1年を通して大量の草を必要とする草食動物への餌の供給である．これらの制限があるために，動物園は動物福祉に重きを置くいくつかの専門的飼育基準を満たすことができない．そのため動物福祉の評価は，動物園が抱えているこれらの制限とは関係なく独立して行われるべきであり，動物飼育の基準は全ての状況において平等に適用されるべきである．制限が多くて飼育動物の要求を十分に満たすことができない状況で，動物園がその問題を客観的にどう対処するかが，認証評価プログラムでは常に評価されるだろう．動物園関係者以外の専門家が，全ての動物園にとって良い方法であると納得するような，一貫した取り組みが求められる．

飼育動物（哺乳類）の福祉状態を理解するためには，調査員が飼育されている全ての動物種に関する確かな知識をもち，飼育状況を調査するために十分な時間をかける必要があるが，現状の認証評価の計画ではそこまで整っていない．この認証評価の計画については，後述されている（本章の「東南アジア」の項を参照）．福祉を間接的に評価するための定性的な認証評価プログラムは，“福祉の可能性”の評価によって定められている．福祉の可能性とは，飼育動物が適切な福祉の下で飼育されているという考えに基づいている．例えば，優れた動物飼育は，動物が最適な方法で飼育，給餌，訓練，そしてエンリッチされることが期待できる施設があってこそ成り立つ．動物福祉は，動物それぞれに特性があるため（Broom 1996），動物飼育で推奨される基準が，全ての状況で全ての動物の要求が十分に満たされている状態，とは定義されていない．実際に，動物飼育で推奨されている各動物に対する福祉効果を定量的に評価することなくして，いくつかの基準の有効性を判断するのは難しいので，動物園において上記のような情報を収集する絶好の機会にはなると考える．

定性的評価は，今や動物園における飼育を評価するための唯一の方法になっていると思われる．しかし，飼育施設を評価する場合，“福祉の可能性”が評価を困難にするのではないか，または適切な方向へ導く単なる1歩に過ぎないのではないか，という疑問が残る．飼育動物の福祉評価をより簡便に行うには，動物園の認証評価プログラムの改善を目指した具体的な福祉への視点が重要になるかもしれない．

今後の取り組み

認証評価プログラムを確立し実行したことは，動物園協会にとって特筆すべき進展であるといえる．しかし，認証評価を行って，良い動物園と良くない動物園を区別するのはなかなか難しい．例えば，認証済みの施設と非認証の施設のどちらにおいても，異常な常同行動を行う動物の報告例がある（例：Carlstead, Brown, and Seidensticker 1993，Stoinski, Daniell, and Maple 2000，Bashaw et al. 2001，Jenny and Schmid 2002，Tarou, Bashaw, and Maple 2003，Rees 2004）．これらの行動は対処反応（Cronin, Wiepkema, and van Ree 1986，Jones, Mittleman, and Robbins 1989，Zanella et al. 1996），もしくは動物の要求が満たされていない場合に発現する行動（Mason 1991，Wechsler 1991，Vickery and Mason 2004）のどちらかで説明することができる．認証済みの施設で飼育されている動物の常同行動が，要求が満たされないために起こっている場合，“福祉の可能性”に対応した認証評価によるその施設の福祉環境と，動物が実際に恩恵を受けている福祉との間にはズレがあるように思われる．これらのズレが存在する限り，実際の飼育動物の福祉を評価することが極めて重要となる．

定性的な認証評価プログラムには，福祉をより定量的に評価する方法を取り入れるべきである．小さな1歩ではあるが，動物種ごとに対する飼育基準を設定する必要がある（本章の「北米」の項を参照）．動物種ごとの飼育基準は，まだ福祉の評価では使われていない．しかし，認証評価の調査員がより正確で適切な評価を行えるようになれば適用可能である．

しかしながら，動物種ごとの飼育基準を定めるには問題がある．哺乳類の行動はかなりの可塑性があり（Komers 1997，Reader and Laland 2001），同種内においても同じ状況下で同じような反応があるわけではない．これらのことから，動物種ごとの飼育基準を定めるには，科学的な文献情報と動物飼育の専門家の知識を合わせて熟考する必要がある．そして，定量的評価がより正確な評価方法となれば，全ての飼育基準において定量的評価方法が使われるようになるだろう．

全ての地域の動物園協会が福祉の基準を承認すれば，いくつかの動物種に対する福祉基準が有効であり正確であることが分かるだろう．トムソンガゼルやゾウは，飼育されているどの国やどの地域においても，概ね適正飼育の条件が同じなので，地域ごとに異なった基準が新たにつくられることはないだろう．Stevenson（本章の「ヨーロッパ」の項を参照）は，地域間で一般的な基準に対する考えが一致しているのは当然であるという前提で，周辺国の間でもその考えを共有すべきであると述べている．科学的データがない場合，経験や直感的な知識が動物の飼育方法を決める主な要素となる．しかしながら，科学的根拠に基づいた飼育基準が存在すれば，動物園の支持者と批判者が主観的ではなく，より客観的な意見を交換し（現在はあまり行われていないが），飼育動物管理における議論を重ねることができる（本章の「東南アジア」の項を参照）．

結　論

本章では，形式化された認証評価プログラムが異なる3つの地域でどのように進展していったかについて述べられている．認証評価プログラムが飼育動物の現状を改善するためにあることは疑いの余地がなく，動物園協会はプログラムの内容を正確に記録するべきである．過去30年にわたり，動物園で実行されてきた多くのプログラムは，より効果的な動物飼育（“福祉の可能性”の最大化）に重点を置いていたにもかかわらず，飼育係に対して適切な動物福祉の定量的評価に関する訓練を行っておらず，未だにその方法の向上が認められない．そのため，単に“福祉の可能性”を発展させるだけでなく，動物福祉を評価するための手段や方法をより一層進展させ，さらに動物種ごとの飼育ガイドラインを定めることが，飼育動物の福祉に対する評価基準をより良いものにするために重要だと考える．

文　献

Bashaw, M. J., Tarou, L. R., Maki, T. S., and Maple, T. L. 2001. A survey assessment of variables related to stereotypy in captive giraffe and okapi. *Appl. Anim. Behav. Sci.* 73:235–47.

Brambell, F. W. R. 1965. *Report of the technical committee to enquire on the welfare of animals kept under intensive livestock husbandry systems*. Command paper 2836. London: Her Majesty's Stationery Office.

Broom, D. M. 1991a. Animal welfare: Concepts and measurement. *J. Anim. Sci.* 69:4167–75.

———. 1991b. Assessing welfare and suffering. *Behav. Process.* 25:117–23.

———. 1996. Animal welfare defined in terms of attempts to cope with the environment. *Acta Agric. Scand. Sect. A Anim. Sci.* Suppl. no. 27: 22–28.

Carlstead, K., Brown, J. L., and Seidensticker, J. 1993. Behavioral and adrenocortical responses to environmental changes in leopard cats (*Felis bengalensis*). *Zoo Biol.* 12:321–31.

Clark, J. D. 1997. Animal well-being. IV. Specific assessment criteria. *Lab. Anim. Sci.* 47:586–97.

Clark, J. D., Rager, D. R., and Calpin, J. P. 1997. Animal well-being. III. An overview of assessment. *Lab. Anim. Sci.* 47:580–85.

Cronin, G. M., Wiepkema, P. R., and van Ree, J. M. 1986. Endorphins implicated in stereotypies of tethered sows. *Experientia* 42:198–99.

Dawkins, M. S. 1976. Towards an objective method of assessing welfare in domestic fowl. *Appl. Anim. Ethol.* 2:245–54.

———. 1983. Battery hens name their price: Consumer demand theory and the measurement of "needs." *Anim. Behav.* 31:1195–1205.

———. 1998. Evolution and animal welfare. *Q. Rev. Biol.* 73: 305–28.

Farm Animal Welfare Council. 1992. FAWC updates the five freedoms. *Vet. Rec.* 131:357.

Jenny, S., and Schmid, H. 2002. Effect of feeding boxes on the behavior of stereotyping amur tigers (*Panthera tigris altaica*) in the Zurich Zoo, Zurich, Switzerland. *Zoo Biol.* 21:573–84.

Jones, G. H., Mittleman, G., and Robbins, T. W. 1989. Attenuation of amphetamine-stereotype by mesostriatal dopamine depletion enhances plasma corticosterone: Implications for stereotypy as a coping response. *Behav. Neural Biol.* 51:80–91.

Komers, P. E. 1997. Behavioural plasticity in variable environments. *Can. J. Zool.* 75:161–69.

Mason, G. J. 1991. Stereotypies: A critical review. *Anim. Behav.* 41:1015–37.

Mason, G., and Mendl, M. 1993. Why is there no simple way of measuring animal welfare? *Anim. Welf.* 2:301–19.

Reader, S. M., and Laland, K. N. 2001. Primate innovation: Sex, age and social rank differences. *Int. J. Primatol.* 22:787–805.

Rees, P. A. 2004. Low environmental temperature causes an increase in stereotypic behaviour in captive Asian elephants (*Elephas maximus*). *J. Therm. Biol.* 29:37–43.

Rushen, J., and de Passille, A. M. B. 1992. The scientific assessment of the impact of housing on animal welfare. *Appl. Anim. Behav. Sci.* 28:381–86.
Stoinski, T. S., Daniel, E., and Maple, T. L. 2000. A preliminary study of the behavioral effects of feeding enrichment on African elephants. *Zoo Biol.* 19:485–93.
Tarou, L. R., Bashaw, M. J., and Maple, T. L. 2003. Failure of a chemical spray to significantly reduce stereotypic licking in a captive giraffe. *Zoo Biol.* 22:601–7.
Vickery, S., and Mason, G. 2004. Stereotypic behavior in Asiatic black and Malayan sun bears. *Zoo Biol.* 23:409–30.
Wechsler, B. 1991. Stereotypies in polar bears. *Zoo Biol.* 10:177–88.
Zanella, A. J., Broom, D. M., Hunter, J. C., and Mendl, M. T. 1996. Brain opioid receptors in relation to stereotypies, inactivity, and housing in sows. *Physiol. Behav.* 59:769–75.

北　米

Denny Lewis

はじめに

1970 年代はじめ，北米の動物園や水族館は，専門的な基準が確立されるまでの間，それぞれの管理機関や職員による方針に基づいて運営されてきた．基準の設定については何度も議題にあがっていたが，各施設における目標や考えが動物飼育の改善を主眼としていたため発展しなかった．

1965 年，英国の動物園協会〔現在の英国・アイルランド動物園水族館協会（BIAZA)〕で現在の認証評価のようなプログラムに関する提案があり発展していった．英国のいくつかの州では，動物福祉の調査システムを立ち上げ，飼育動物の福祉における問題点を明らかにするため，資格認定を含む法律が制定された．1966 年，連邦レベルで制定された動物保護法の背景には，国内で増大していた動物飼育への懸念があった．

北米の動物園水族館協会は，野生動物飼育施設の質的評価を行うシステム導入の時期が来たと感じていた．そして，北米動物園水族館協会（当時，AAZPA と呼ばれていた．現在の AZA を指す）は，飼育施設を十分に評価するためのシステムを発展させてきた．AZA の委員は，野生動物を飼育し続けるための施設は，評価し合って共通の目的をもつべきであること，そして質と機能を維持するための専門的基準を守り向上させていくべきであることを共通意見として提示してきた．

AZA の委員は，動物を飼育するための最優先事項が飼育や管理に関する高度な基準であり，動物に対する道義心ではないと考えていた．AZA は，動物飼育をより良いものにする目的に加え，動物園・水族館を公平にそして徹底的に見直し，定められた基準を達成するための専門家集団で成り立っている．AZA は，動物をより良く飼育できるように尽力していた．AZA はまた，より良い飼育を行うため動物飼育に直接関連する管理，経営，維持に支援団体などを含む組織全体で取り組むことが大切であると考えていた．そして最後に，専門教育や管理，さらに動物のためになる他の科学的研究プログラムを発展させることにより，単に娯楽目的だけではない動物園での動物飼育の重要性が増すと考えていた．

1970 年代はじめ，AZA は認証評価過程を明確に定め，認証評価監督のための認証評価委員会を発足させた．認証評価委員会は委員長と 11 人の委員で構成され，任期は 3 年で概ね連続 2 期務める．委員長と委員に加えて，何名かの顧問が任意に選任された．顧問は，委員会の専門的知識を補填し強化するために，元委員の中から選出され，委員は各専門分野の最高権威から選ばれている．各専門分野とは，経営や動物管理，飼育そして獣医学を含む動物園・水族館関連分野の全てに及んでいる．長年にわたり備えた専門的知識と経験をもつ，450 人以上の委員と顧問で構成されている認証評価委員会は，様々な事柄について議論し決定を下している．

委員は，専門的な知識をもつだけではなく先入観なしで各問題に取り組み，そして調査員が収集した事実情報に基づき，各施設の評価を行わなければならない．明確に定められた認証評価の過程を経て，最終的に認証を受けた全ての施設の目的および価値が否定されることはない．

AZA によって定められた専門的基準を満たしているか上回っていると判断された施設は，認証評価によって承認される．認証評価を行う過程が厳密で完璧であるために 1 年以上の時間が必要とされる．場合によっては，さらに長い時間をかけて実施される．認証評価は 5 年間有効であり，施設は 5 年後に再び認証評価を受ける必要がある．

評価の過程

認証評価は，申請し関連情報を収集するところから始まる．申請書類には，経営状態を確認するために必要な施設方針や質，運営方法，個人情報，動物リスト，金融統計，外部機関による報告書，基本計画など多くの資料が添付される．申請書類を作成するだけでも数か月にも及ぶ準備が必要で，その後提出された書類は認証評価委員と調査員の専門家チームによって 6 か月間にもわたり評価が行われる．

認証評価の調査は，適格な訓練と経験が順調な調査に結びつくという意味で，会計監査や健康診断に似ている．調査員は，動物園・水族館から構成される委員会の班員から選任され，一定の基準に加え各分野の専門知識を有することが条件となっている．各班員は，認証評価の基準に達していない施設に対して，公平な評価を行う必要がある．また，全ての班員が，認証評価基準を満たす前の調査対象施設を視察しておく必要がある．調査班は，経営，飼育（動物管理），獣医学の３つの主要分野の専門家を含んでいる．評価される施設の規模にもよるが，調査班は獣医師を必ず含む２～４名の調査員で構成される．

対象施設から提出された書類を評価した後，調査班は動物園の慣例や従来的組織を考慮したうえで，２～４日間かけて専門的基準により施設調査を行う．調査員は，施設から提出された申請書類全部の内容を確認し，調査準備に数か月をかけて専門知識と経験を元に判断を下す．調査員は，予め以下の施設関連事項を確認しておく．例えば，当該動物園の方針や考え方をはじめとして，評判，職員の経歴，長期的計画や基本的計画，飼育動物リスト，分野別の運営方法，管理方法，経営状況そして教育など全てである．さらに現場では，展示施設，飼育施設，飼育係の詰所や作業場，調理場や貯蔵庫，動物病院や検疫施設，公共の娯楽施設，食堂やレストラン，管理施設，管理事務所，そしてもし存在するならば動物園外の施設を含む全ての場所を調査する．調査員は動物の記録，餌，病歴を調査し，米国農務省などの外部機関に報告する．またさらに調査員は，管理責任者や支援団体など全ての組織関係者の個人面接を行う．

調査が終了した時点で，調査班は認証評価前に対処すべき課題を施設の管理責任者に伝える．調査班がまとめた報告書には，重要な課題と軽度な課題，さらには優れていると判断された施設情報も記される．各施設は，それらの課題への対処方法が記された資料を認証評価委員会に請求する．最後に，施設代表者が質問に答えるため委員会に出向き，委員会の判断を受ける．委員会は，施設の評価結果を判定する時，その施設が抱える課題の量と質の要因について熟考し，どのようにその課題に取り組むべきかを検討する．

意見聴取の後，施設は調査報告書を受ける．報告書は，調査班による施設の課題のまとめと提案資料，そして認証評価委員会に提出された各種リストで構成されている．調査班からの提案は重要だが，それは委員会が最終的判断を下す際の単なる情報の一部である．時として，調査班の得られなかった情報が新たに入手できた時や，調査後の結果に影響を与えるような事象が発生した時，さらには調査員の指摘事項に施設側が上手く対応した時などに，委員会は調査班の提案とは異なった対応策を提示する場合がある．

認証評価の承認もしくは否認に関する判断は，決して将来の計画や過去の状態に対してではなく，評価が行われるその時点の施設の状況に対して行われる．施設評価が行われる際，委員会は以下に記す全ての情報を６か月間かけて確認し検証する．

・施設が提出した書類
・外部機関が提出した書類
・他機関からの報告書
・現地調査結果
・調査班による報告と提案
・施設が抱える課題に対する施設の対応
・最後に委員会が実施した施設代表者からの意見聴取（AZA 2009）

認証評価の基準

認証評価の基準を定める唯一最大の理由かつ目的が動物飼育であるならば，認証評価によって動物園全体の動物飼育が今以上に良くなるよう努力すべきである．

動物園の飼育基準を新たに定める際，AZA はその基準が小規模施設にも大規模施設にも適用できる可塑性が必要であると考えている．例えば，評価対象の動物園における調査研究，公的娯楽施設，職員そして自然保護を評価する基準は，施設規模の大小と直接関係する分野である．そこで，評価基準に“職員の指導下で行われる”教育プログラムが含まれる場合，常勤職員によるプログラムへの専念を故意に明記しない．このような点について，調査班と認証評価委員会は施設規模を考慮に入れるであろう．中規模から大規模な施設は，常勤職員の必要性を課題としているだろうが，小規模施設では，非常勤嘱託職員が教育プログラムの管理を任されることが多いかもしれない．施設規模や質を考慮することはもちろん大切であるが，評価を行う際には柔軟な姿勢を保ち，動物飼育と直接関連する基準があらゆる規模の施設に適用できることが絶対条件となる．飼育環境，身体的な安定，健康，栄養，社会性そして生物学的要求などに対応する基準やエンリッチメント活動は，飼育動物の施設規模や質に基づいているわけではない．

現在のところ，動物園・水族館を評価するための基準は以下の項目に分類されている．動物飼育，獣医療，職員，管理組織，施設設備，来園者サービス，安全・危機管理，経営，保護，教育と解説，調査・研究，その他のプログラムや活動である．動物園・水族館の専門的職場は，次々と新たな発見があり常に変化し続ける研究分野であると同時に，定期的に見直され評価される専門的基準が必要な分野でもある．認証評価委員会は，その基準を常に見直し毎年新たな基準を公表している．

動物飼育

認証評価基準（AZA 2009）は，特に動物の管理と飼育に対して高い基準を維持することに関心を寄せている．認証評価の調査員は，展示施設，飼育施設そして動物飼育施設外の設備を含む全ての動物関連施設を評価する．詳細に調査されたこれらの施設は，共通して動物のための施設の取得と処分の考え方（Acquisition and Disposition：A&D）を踏襲している．認証評価された施設の A&D の方針には，最低限でも AZA の A&D に示された必要条件を全て満たしていなければならないと明文化されている．記録された動物は追跡調査が可能なので，動物は認証評価された施設でのみ飼育することが推奨される．もし，認証評価されていない施設で動物を飼育する場合は，その施設が専門知識をもち，記録管理を行い，経営が安定しており，動物の健康を保ち，動物に快適さをもたらす，という内容を書面で確認するべきである．また，認証評価されていない施設は，動物の一般公開と保護，教育そして研究に注ぐ労力にバランスがとれているという証拠を示すべきである．加えて，施設の目標（明示または暗示された）は，AZA の課題や A&D の方針と対立してはならない．

認証評価の調査班は，対象動物の展示施設が飼育動物に精神的かつ身体的な健康を十分に保証する規模と質であることを評価するため，調査員が以下の項目について確認する．動物は極度の暑さや寒さから守られているか，展示施設は自然の生息地を再現しており，餌箱など適切な飼育道具と十分な日陰を含んでいるか，各動物の社会性と行動を十分に引き出せる個体数であるか，である．また，1 頭のみの飼育展示については，生物学的にみて適切である場合にだけ認められる．

エンリッチメントは，とりわけ哺乳類において適正飼育のための大切な要素であると考えられている．つまり，各施設には全ての飼育動物に対してエンリッチメントが実行されていることが求められる．そして，他の施設と共有できる行動記録のシステムをもっておくべきである．動物の飼育基準には，他に動物飼育の計画や認可，食料貯蔵庫，調理室に関する記載事項があり，さらに動物が一般公開されているため檻に手が届くか否かなど諸種の問題に関しても記載されている．

獣医療

獣医療分野の基準は，各施設における動物の健康管理が，認定獣医師による指導下で行われることである．健康管理は，米国動物園獣医師協会のガイドラインに従って行われる．獣医師は，飼育下野生動物を診療するための資格を得る必要があり，各施設の規模とそこで飼育されている動物数に見合った人数が求められる．獣医師を補助するスタッフもまた，その人数と経験が評価される．加えて，本分野の基準には，獣医療の記録，隔離処置，栄養計画，緊急時の対応，動物の盗難，警報装置，剖検方法，薬の保管，各種資格，手引きの使用などが含まれている．そして，本分野の基準は米国農務省の動植物衛生検査部調査報告書と連動している．

職　員

施設の運営が順調であることの大切な要素は，飼育動物の要求に応える十分な技術と十分な職員数を維持することである．効果的なコミュニケーションや仕事上の良好な人間関係，定期的な研修は，適切な動物飼育を行ううえで基本的条件となる．

安全と危機管理

施設のための危機管理プログラムは，飼育動物，職員および来園者を 24 時間適切に守る十分な対策であるべきである．施設を完全に取り囲む脱出防止柵は 2.4m の高さで，展示用柵とは離して別に設ける．脱出防止柵は定期的に検査し，不備があれば迅速に修理し，不審者や野生動物の侵入を防ぎ，飼育動物を適切に収容すべきである．さらに危険動物または有毒動物，自然災害，停電，動物の脱走などに対応するための適切な安全指針が求められる（第 8 章を参照）．

種の保存，教育・環境教育，調査・研究

基準には，動物の命に関する教育，動物園や生息地における種の保存，研究努力など動物飼育に関わる将来的課題についても記載されている．教育は，動物園を運営するうえで大切な要素である．動物園は，学校団体や家族などに対してイラストを用いた解説板，展示施設や動物を用いたプログラム，ガイド，そして飼育係による解説などで，生息域内と生息域外のことを教育する場として定められている．各施設において教育プログラムが考案され，適切な経験と訓練を受けた職員の指導下で教育活動が実施されるべ

きである．各施設では，教育プログラムの有効性や内容，さらにはそのプログラムが最新の科学的情報に基づいているか否かについて定期的に評価されることが望まれる．種の保存については，種の多様性が失われている問題を考えさせ，野生動物，飼育下動物，展示動物に関わる環境への知識をより一層高める教育的メッセージを発信することが求められている．

動物園は，各施設の経営状態や職員数によって，定められた適正水準に基づいて種の保存活動に貢献することが義務づけられている．特に以下に示したような，生態系保全への貢献が強く求められている．①保全地域に関する教育プログラムの実施，②保全地域の設定や持続的な支援への貢献，③保全地域の調査，④自然環境の保全が現地の人たちにとって利益となるようなエコツーリズムの支援，⑤保全に関する教育の実施や支援，⑥技術移転．種の保存活動を，次世代に引き継ぎ促進させるためにも，現地の大学と協力して行うことが望まれる．

追記事項

定められた基準のいくつかは，動物飼育とは直接関連していない．しかし,高いレベルの飼育を維持するためには,各施設における全てが効率的に機能している必要がある．そのため,管理（機関）や経営をはじめとして,来園者サービスや整備も含めた施設に関する全部に対して，基準が定められるべきである．

動物種ごとのガイドライン

北米動物園水族館協会は現在，哺乳類をはじめとする全ての脊椎動物の飼育に関する具体的なガイドラインの作成に取り組んでいる．本ガイドラインの作成には，国内の認証評価を受けた施設の職員や動物福祉の専門家が大変興味をもっており，完成させるには数年を要すると思われる．本ガイドラインは，飼育個体の適切な管理方法の資料となり，さらに認証評価基準の補足資料ともなるだろう．動物が身体的，生物学的，社会的，心理的に必要とする基本的な情報に基づき，現在の飼育解説書を補足するために本ガイドラインは作成される（Moore, Barber, and Mellen 2004）．本ガイドラインは，日常の飼育作業の手引きとして使われるのはもちろんのこと，施設が動物飼育を十分もしくは適切に行っているか否かを評価する際，調査員の専門知識や経験不足を補うための資料としても用いられるだろう．以上のようにAZAは，動物飼育レベルを向上させるために尽力しており，動物福祉の改善はAZAの認証施設で成し遂げられている．

種の保存に注目が集まっている現在，認証評価を受けた施設は，動物の保護や生息地の保全に積極的に取り組むことも義務づけられている．そのため認証評価の基準は，種の保存を推進するのにも役立っている．認証評価プログラムは完成させるべきではないし，今後も完成することはない．動物園水族館協会は，全ての飼育下野生動物の苦痛が最低限に抑えられ，健康が保たれ，そして多様な環境で生活が送れるよう，世界において常に動物に関する専門的基準を改善し続ける唯一の先導者である．

文　献

AZA (Association of Zoos and Aquariums). 2009. *Guide to accreditation of zoological parks and aquariums* and *Accreditation inspector's handbook.* Published annually. Silver Spring, MD: Association of Zoos and Aquariums. (Each edition contains complete information on the accreditation and inspection process, including copies of standards and related policies.)

Moore, D., Barber, J., and Mellen, J. 2004. Animal standards, the next generation: FAQs. *AZA Commun.* (September 2004): 15.

東南アジア

Govindasamy Agoramoorthy

はじめに

東南アジアは,固有の動植物種が多い地域である（Myers et al. 2000）．そのうえ，東南アジアは他の赤道上にある地域に比べ，人口密度の増加や生息地破壊，天然資源の枯渇，密猟，絶滅危惧種の売買，森林破壊などが進んでいる．東南アジアの国々の動物園は，天然資源に関する国民への啓発活動や絶滅危惧種の保護などに対して重要な役割を担っている．主要な動物園やテーマパークは，東南アジア動物園水族館協会（SEAZA）に登録されている．SEAZAは,東南アジアにある動物園の連盟であり（Agoramoorthy and Hsu 2001a），1990年に生息域内保全の強化，飼育下繁殖の増進，動物福祉の改善，来園者に対する良質なレクリエーションの提供，野生生物保全の啓発を目的として設立された．1993年以来,SEAZAはブルネイ,カンボジア,香港,インドネシア,ラオス,マレーシア,ミャンマー,フィリピン，シンガポール，台湾，タイ，ベトナムの12の国と地域で成り立っている．

SEAZAに加盟する施設の全職員には，協会の行動規範に対する同意と，SEAZA（1998）が定めた最低限の倫理と福祉の基準を順守することが義務づけられている．東南アジア各国の動物園が協会に加盟し動物の福祉や倫理基準の順守に取り組んでいるにもかかわらず，野生動物に対する法律的，倫理的そして専門的な調査が十分になされていないリゾート地や娯楽施設，レストランなどが増加している．このことから，加盟園館の専門的基準を高いレベルで維持し，倫理や福祉の評価を厳しく行うことが極めて重要となる．

SEAZA は，動物福祉を常に高いレベルで保ち続けるために，認証評価プログラムの評価基準を導入している．そして加盟園館には，最低限の福祉基準を満たしている認証（5 年間有効）の取得が求められている．動物園がこの認証を得るためには，まず認証評価プログラムを受け入れ，その後，認証評価プログラムで明らかになった課題にどう対処するかが SEAZA の倫理・福祉委員会によって評価される．その結果が良ければ，倫理・福祉委員会の代表と委員長がサインした証明書が交付される．

動物園の倫理と福祉評価

1998 年以来，私は動物園の評価を行う SEAZA の倫理・福祉委員会を指導してきた．動物園を評価する目的は，福祉の状態を科学的に判定することではなく，動物園が抱える倫理および福祉関連の問題を明らかにし，修正することにある．1999 年～2005 年に，SEAZA はマレーシア，タイ，インドネシアなど 14 か国の動物園を評価した．現在までのところ，福祉基準を最低限満たしていたタイの 5 つの動物園に証明書が与えられている．その間にも，動物園の評価および再評価は行われ，基準を満たした施設には随時証明書が与えられる．本項では，東南アジアの動物園における倫理や福祉基準をより良くするための評価方法について概要を記した．

評価方法

動物の福祉と倫理に関するデータは，アンケート形式で集められ，評価は多くても 6 人の認証評価の調査員によって行われる．さらに，それぞれの動物園がどのように評価されるかを判断するため，SEAZA の執行委員会とその地域の動物福祉や動物保護団体，動物園組織が評価に参加する（Agoramoorthy 2002, 2004, 2008，Agoromoorthy and Harrison 2002）．評価者に求められる知識や経験は，基本的な動物福祉のことから飼育や獣医療に及ぶ．また評価者は，特定の展示や動物種を対象として福祉問題に関する全ての項目を十分に評価する．展示施設の評価項目としては，餌や水が十分に備えられてあること，風雨や寒さ暑さを避ける場所があること，感染症の蔓延を防ぐ衛生管理がなされていること，信頼できる飼育係がいることである．そして最後に，展示動物が本来の行動を発現できる状態にあり，国際的に容認された最低限の飼育と福祉の基準に従い，適切な環境および行動エンリッチメントが導入されていることも評価項目となる（例：AZA 1997）．動物園が直面する最も大きな倫理問題は以下の 4 点である．1 点目は飼育下繁殖のために動物を購入すること，2 点目は余剰動物への対処，3 点目は動物飼育の基本，4 点目は研究や娯楽のため動物を利用することである（Hutchins and Fascione 1991，Agoramoothy 2002, 2004，Agoramoothy and Hsu 2005，WAZA 2005）．これら全てを評価することで改善が行われる．

評価が実施される数か月前に集められた全データは，タイ語，インドネシア語，マレーシア語などの現地語に翻訳されて各動物園に送られ，評価前に理事長，園長，獣医師，飼育係，事務職員間で会議が行われる．評価が終わるころには，各動物園の全ての職員たちが，動物園が抱える福祉や倫理問題を理解している．データ収集のために集められたアンケートの質問項目は全部で 94 件あり，それらの質問は大きく 7 つのカテゴリーに分けられる（Agoramoorthy 2002, 2004, 2008）．①飢えと渇きからの自由，②不快からの自由，③痛み，傷害，病気からの自由，④正常な行動を発現する自由，⑤恐怖や抑圧からの自由，⑥動物福祉と動物園の管理，⑦動物福祉と動物園の義務である（Thorpe 1969，Spessing 1993）．最後の 2 つは，各職員が動物福祉の改善の大切さを認識しているか，そして責任をもっているかどうかを知るための質問である．この 7 つのカテゴリーの中で各データを集計しながら，5 －非常に良い，4 －良い，3 －普通，2 －悪い，1 －容認できない，の評点が付けられる．評価に参加した動物園関係者と評価者の結果のバラつきは，統計分析ソフトを用い一般線形モデルの分散分析にかけられ（SAS Institute 2000），評点の平均値の差は，ダンカンの多重範囲検定で分析される．その結果，平均以下の得点であった場合，SEAZA はその動物園が評価報告書に基づいて適切に対処し，倫理や福祉委員会が認める福祉の改善が行われるまで，証明書を発行しない．

動物園における福祉と倫理問題

動物園が抱える最も深刻な問題は，動物が小さな檻内で過密飼育されていることである．この問題の対象は，違法に取引きされ没収された動物や捨てられた動物たちである．テナガザルやマカク，オランウータン，各種鳥類，爬虫類で多く認められる．過密飼育による不衛生状態やエンリッチメントの不足，古いか不適切な飼育施設，見世物や写真撮影のための動物利用，他の動物園への移動動物に対する責任の欠如など，様々な問題があげられる（Agoramoorthy 2008）．こういった問題はよく管理された動物園においても見られることがある．東南アジアの動物園で早急に対処すべき3つの問題がある．①築数十年の屋内施設の建て直し，②一般市民や行政，非政府組織によって定期的に持ち込まれる没収動物もしくは遺棄動物への対応，③見世物や写真撮影のために動物を使う際の監視である．これらの重大な問題を解決するためには，財政的援助や，福祉，倫理，管理などの動物園の方針が関わってくる．動物の飼育施設や展示施設のエンリッチメントの欠如は，たいてい小さな問題である．

動物園の福祉基準評価の強化

東南アジアの動物園は熱帯地域にあるため，植物の生長が早くほとんどの屋外展示施設に緑が青々と生い茂っている．しかし，それらの飼育場にはほとんどの場合，行動および環境エンリッチメント装置が欠けている．環境エンリッチメント装置の欠如問題は，動物の正常な行動発現を促すため，ロープや人工の蔓，枝，その他，活動を促す物を導入することで簡単に改善される（Markowitz 1982）．いくつかの動物園の職員たちは，迅速な問題対応として，行動エンリッチメントとしてテナガザルの展示にロープを追加し，狭い檻に単独で飼育されていたマカクやチンパンジーを多頭飼育にした（Agoramoorthy and Harrison 2002）．さらに全ての動物園の園長は，時間と費用を極力かけずに問題解決するための方法を提案した．評価期間中，私は動物園が抱える問題について職員たちと有意義な議論をすることができた．動物園管理者たちが，動物福祉に関する問題を心配するばかりでなく，飼育動物に対して倫理的で人道的な責任をもって行動していると確信した．

園長は，ただ評価を行うだけでなく，職員に対して環境および行動エンリッチメントを行うよう実際的なアドバイスを与えるべきである．エンリッチメントは，動物が退屈しないように可変的なスケジュールで行う必要がある．国立の動物園組織は，動物園生物学の講習を行う計画を進めており，実際に，マレーシア，タイ，台湾，インドネシアなどの国々ではエンリッチメントの勉強会が定期的に行われている．

東南アジアの動物園では，絶滅危惧種もそうでない種に対しても，一般人が持ち込む多様な種の救護と保護を行っている．そのため，飼育スペースや人手不足などによる過密飼育やそれ以外の福祉関連の問題が起きている．同様な状況は，他の地域でも報告されている（Cuaron 2005）．動物園は，飼育施設の建て直しや職員増員のための資金調達に汲々とするのではなく，保護動物たちを福祉基準に達している適切な施設に移動させる計画を立てるべきである（Agoramoorthy and Hsu 2001b）．動物園は，健康回復した動物を，本来の生息環境に復帰させることを考えている．この考えは国際自然保護連合の方針に基づいている（IUCN 1998, 2002）．保護動物の野生復帰と再導入については，ガイドラインに従うよう厳密に定められている．

評価で提示されたのは，古く廃れた飼育施設を建て直すことであった．飼育施設の建て直しには，大掛かりな建築作業が必要となるので，たいてい5年は要する．例えば2000年，認証評価委員会はタイ動物園協会にドゥシット動物園の飼育施設，動物病院，検疫施設，マレーグマの展示施設の建て直しを指示した（Agoramoorthy and Harrison 2002）．動物園は，展示施設を含む他の施設の建て直しに資金が必要であると，タイ政府に評価報告書を示して納得させた．ドゥシット動物園が，2005年に再評価された時には，2000年に報告された全ての問題は解決されていた．これは，東南アジアで動物園の基準が向上し，継続した評価が成功した1例である．

その地域の評価者が自身の動物園を評価した時の評点が高く，福祉問題に対する視点は低いものであった．さらに，評価の際に最適な展示施設が選ばれていた．しかし一方，外部評価者は福祉問題が大きい展示施設を選んで評価する．また，自身の動物園を評価する場合，先入観をもっていることや自らの施設の福祉問題を十分に確認することに気が進まないという問題がある．それゆえ，外部評価者は公平で効率的で正確な評価を行うために極めて重要な役割を担っている．

東南アジアの動物園に対する批判

近年，動物愛護団体や動物保護団体は，タイ，インドネシア，マレーシア，シンガポールの動物園が様々な問題を抱えていると批判した．これまで前例はなかったが，タイの民間動物園が取り締まりを受け，武装警官がサファリワールドを含む様々な動物園を強制捜索した．そこでは，100頭以上のオランウータンが飼育されていたが，そのうち合法的に登録されていたのはわずか44頭であった(Agoramoorthy 2004).動物を違法飼育していた動物園は,未だにタイ動物園協会に加盟している.このことから,動物園を取り締まる権限をもつこの地域の動物園協会は,倫理的に問題がある.シンガポールの動物愛護活動家は,動物による事故や福祉,倫理,安全性の問題から全てのアニマルショーを禁止するようにシンガポール動物園やナイトサファリに求めた.

動物愛護団体や動物保護団体は,しばしば理不尽で机上の空論のような理想や意見を主張してくる.彼らが,動物園動物の苦痛を軽減させるための具体的支援をしたことはない.彼らは,動物飼育に反対し,動物園は動物の要求を十分に満たすための適切な管理が決してできないと考えている(第1章参照).

多くの動物愛護団体が福祉問題について言及し(世界動物保護協会が発行した『Caged Cruelty』で報告されている),一般市民から多額の寄付金を集めるような実際的活動も行っている(WSPA 2002).しかし,彼らの動物園に対する厳しい批判は,飼育動物の苦しみを解放する助けにはならない.

それにひきかえ,いくつかの動物福祉協会は動物園と建設的な議論を積極的に行い,福祉状態改善のための直接的な活動を行う.例えば,国際動物愛護保護基金や英国動物虐待防止協会は,各動物園の福祉評価を行うための旅費補助として,わずかではあるが資金援助を行っている.これらの資金援助は,最終的にSEAZAに属する動物園の福祉向上に貢献している(Agoramoorthy 2002, 2004).

10年前にSEAZAは,世界動物保護協会のような国際的組織やマレーシア,香港,シンガポールの動物愛護団体に対して,SEAZAの会議やセミナーへの参加を認めた.しかし,これらの参加団体は福祉向上のための資金援助を未だに行っていないだけでなく,動物園を批判し続けている.動物園における建設的な福祉向上を求めるのであれば,動物愛護団体や動物福祉協会は動物園と協力して問題に対処する必要がある.

動物園の評価と今後の展望

SEAZAの倫理・福祉委員会は,資金不足に悩む動物園と資金が豊富な動物園との差別はしない.動物園経営者,自然保護活動家,動物愛護運動家の見解は,どれも同様に貴重な意見として受け止められる.通常,世界中の野生動物に関わる独立団体は互いに衝突するばかりで,密接に連携することは滅多にない.過去2年間,事実上相容れない3つの独立団体の関係者と一緒に働く機会を得た.それぞれの団体はしばしば激しく対立するが,各団体の考え方の根本にあるのは動物の苦痛を軽減することであり,改善が行われていない場合には,その不備を批判することにある.そのため,一見相反する各種団体が共通の目的を達成するためには,協力して取り組むことが絶対不可欠である.異なる保護団体,動物園,動物権利団体の間で共通の考えを結びつけ,動物福祉により一層焦点を当てた基準がつくられることを確信している.

文化的に多様な東南アジアの国々において,動物園の評価を行うには様々な課題があり,異なる文化に属する全ての人たちが違和感をもつことなく動物の苦痛について語るのは難しいことである.そのような状況で,動物園に対する評価を行い,建設的な批判を公開しているのは驚きである.いくつかの動物園は,資金不足で2つの課題を抱えている.①動物福祉基準の維持,そして②純利益を黒字にすることである.それにもかかわらず,動物園管理者は動物福祉基準を向上させるために尽力し責任を全うしようとしている.全部の動物ではなく一部の動物にしか適切な管理が行えないSEAZA加盟動物園に対しては証明書が交付されず,動物園水族館協会への加盟も更新されないので,必ず福祉向上に取り組むべきである.

SEAZAの倫理・福祉委員会からの提案を受け,マレーシア,タイそしてインドネシアの動物園協会は倫理・福祉委員会を設立し,定期的な動物園評価を徹底している(Agoramoorthy 2008).2005年5月,オーストラリアのメルボルンでSEAZAとオーストラリア地域動物園水族館協会(ARAZPA)が合同会議を開催した際,倫理と福祉に関する専門的基準を十分に満たしているとして,タイの5つの動物園が初めてSEAZAに認められた.5つの動物園とは,ドゥシット動物園,ソンクラー動物園,チェンマイ動物園,ナコーンラーチチャンシーマー動物園,カオキオ動物園である.今後,さらに多くのSEAZA加盟動物園が認証評価を受け,倫理と福祉の基準を満たすであろう.動物園における福祉や倫理の基本的問題,そして専門的基準の改善に必要なことを動物園が理解するためにも,現在のSEAZAの評価過程は適切であると考える.それゆえに,東南アジアにおける動物園の福祉基準向上に関する今後の見通しは明るいと確信している.

おわりに

東南アジア各国における動物園の倫理と動物福祉の基準を改善する私の仕事の目的は,SEAZAや国際動物福祉基金から支持を得られるようにすることである.

文　献

Agoramoorthy, G. 2002. Animal welfare and ethics evaluations in Southeast Asian zoos: Procedures and prospects. *Anim. Welf.* 11:295–99.

———. 2004. Ethics and welfare in Southeast Asian zoos. *J. Appl. Anim. Welf. Sci.* 7:189–95.

———. 2008. *Animal welfare: Assessing animal welfare standards in zoological and recreational parks in Southeast Asia*. Delhi: Daya Publishing House.

Agoramoorthy, G., and Harrison, B. 2002. Ethics and animal welfare evaluations in Southeast Asian zoos: A case study of Thailand. *J. Appl. Anim. Welf. Sci.* 5:1–13.

Agoramoorthy, G., and Hsu, M. J. 2001a. South East Asian Zoos Association. In *Encyclopedia of the world's zoos*, ed. C. E. Bell, 1164–65. Chicago: Fitzroy Dearborn.

———. 2001b. Rehabilitation and Rescue Center. In *Encyclopedia of the world's zoos*, ed. C. E. Bell, 1052–53. Chicago: Fitzroy Dearborn.

———. 2005. Use of nonhuman primates in entertainment in Southeast Asia. *J. Appl. Anim. Welf. Sci.* 8:141–49.

AZA (American Zoo and Aquarium Association). 1997. *Minimum husbandry guidelines for mammals*. Bethesda: American Zoo and Aquarium Association.

Cuaron, A. D. 2005. Further role of zoos in conservation: Monitoring wildlife use and the dilemma of receiving donated and confiscated animals. *Zoo Biol.* 24:115–24.

Hutchins, M., and Fascione, N. 1991. Ethical issues facing modern zoos. In *Annual Meeting*, 56–64. Atlanta: American Association of Zoo Veterinarians.

IUCN (International Union for Conservation of Nature). 1998. *IUCN guidelines for re-introduction*. Cambridge: IUCN Publications Service Unit (see www.iucnsscrsg.org/downloads.html).

——— 2002. *IUCN guidelines for the placement of confiscated animals*. Gland, Switzerland: IUCN Publications Service Unit (see www.iucnsscrsg.org/downloads.html).

Markowitz, H. 1982. *Behavioral enrichment in the zoo*. New York: Oxford University Press.

Myers, N., Mittermeier, R. A., Mittermeier, C. G., da Fonseca, G. A. B., and Kent, J. 2000. Biodiversity hotspots for conservation priorities. *Nature* 403:853–58.

SAS Institute Inc. 2000. *SAS/ETS software: Changes and enhancements, release 8.1*. Cary, North Carolina: SAS.

SEAZA (Southeast Asian Zoo Association). 1998. SEAZA Future 2005: Long range plan 1999–2005. Singapore: Southeast Asian Zoo Association.

Spedding, C. R. W. 1993. Animal welfare policy in Europe. *J. Agric. Environ. Ethics* 6:110–17.

Thorpe, E. S. 1969. Welfare of domestic animals. *Nature* 244: 18–20.

WSPA (World Society for the Protection of Animals). 2002. *Caged cruelty: The detailed findings of an inquiry into animal welfare in Indonesian zoos*. London: World Society for the Protection of Animals.

WAZA (World Association of Zoos and Aquariums). 2005. *Building a future for wildlife: The world zoo and aquarium conservation strategy*. Berne: WAZA Executive Office.

ヨーロッパ

Miranda F. Stevenson

法律の制定や，国立および公立の動物園水族館協会の設立が，基準を順守するために役立っている．動物園に直接関係のある基準は別として，国立および公立のどちらの動物園と水族館においても，多くの法律を順守する必要がある．その範囲は職員の雇用，来園者や職員の健康や安全，動物の健康と輸送，動物が行うことの制限，絶滅のおそれのある野生動植物の種の国際取引に関する条約（CITES）やその他の国際自然保護さらには特に動物園や野生動物に関する法律にも及ぶ．それにもかかわらず，施行可能な法律なしで，国や地域中の動物園と水族館の福祉と保護の質に差をなくすのは困難である．

現行の法律のほとんどは，動物園協会が定めた基準を元に発展した．例えば，英国・アイルランド動物園水族館協会（現在の BIAZA）は，動物の飼育や輸送の管理における最低限の基準を決め，それらの基準を守り維持することで飼育下野生動物の適切な飼育を行うことを目的として 1966 年に設立された．BIAZA は，調査システムを用いて目的の達成をより確かなものにした．BIAZA は英国の動物園ライセンス法（動物園免許法）（Zoo Licensing Act 2002）に従い基準を設定した〔DETR（Defra）2000〕．BIAZA で設定された基準は 1984 年に初めて施行され（Olney and Rosevear 2001），ヨーロッパの動物園において動物園の調査を行うための第 1 歩となった．

欧州連合の主な法律は，EU の動物園指令*である．指令が導入される 1999 年以前は，英国において厳格な法律がある一方（Kirkwood 2001a, 2001b），他の国には法律がほとんどもしくは全くないなど，国ごとで異なっていた．基準の適用に関する定期的調査が法律に記載されている国の動物園協会は，監査体制を必要としないだろう（例えば，BIAZA の会員である動物園はすでに認可されているので再調査されない）．しかし，基準が常に改訂される場合は，法律が最低限の基準順守を定めているため別問題となる．つまり，法律はムチ，動物園協会の認証評価システムはア

---

*欧州連合（EU）とは，（現在のところ）27 か国（国家）の加盟国による政府間および超国家的な連合であるであることに注意すべきである．欧州連合は，欧州連合条約によって 1992 年に設立され，加盟国の法律制度に直接的な影響を及ぼす連合内の複雑な法律システムをもっている．動物園に関する法律は，経済対策，社会対策，環境対策に基づいており，欧州環境法に含まれる．

メ，と感じられるに違いない.

ヨーロッパの法律

ヨーロッパにおいて動物に関する多様な法律が存在することを理解するには，ヨーロッパの成り立ちから学ぶ必要がある．しかし，その歴史は完全には分っていない．ヨーロッパは，地理学的そして地質学的にユーラシア大陸の西端に位置する半島である．北（北極海），西（大西洋），南（地中海）の境界は明らかだが，東の境界はウラル山脈による地理的境界があるだけで判然としていない．ヨーロッパとアジアの境界が曖昧で，いくつかの小さな国同士の合併が起こり，大陸における国の数が明確ではなかった．1990年代初頭，鉄のカーテンが取り除かれて以来，政治的不安や新国家の形成など様々な出来事が起こった．この出来事は，東西ヨーロッパにある動物園の絆を強めた．鉄のカーテンが取り除かれたことでヨーロッパは48か国となり（バチカン市国，グルジア，アルメニア，アゼルバイジャン共和国を含む），それらの国々の内27か国（2009）が欧州連合（EU）を構成している．これまでの経緯については，表3-1に示すとおりである．EUの非加盟国もいくつかあるが（例えば，モナコ公国，サン・マリノ，ジャージー島，ガーンジー島，マン島，フェロー諸島など），法律上での関わりはもっている．

表3-1 2007年末現在，欧州連合各国

地位	加盟年	国
加盟国	原加盟国 1952	ベルギー，フランス，ドイツ，イタリア，ルクセンブルグ，オランダ
	1973	デンマーク，アイルランド共和国，英国
	1981	ギリシャ
	1986	ポルトガル，スペイン
	1995	オーストリア，フィンランド，スウェーデン
	2004	キプロス，チェコ共和国，エストニア，ハンガリー，ラトビア，リトアニア，マトラ，ポーランド，スロバキア，スロベニア
	2007	ルーマニア，ブルガリア
候補国－将来的に欧州連合への加盟を希望する国		バルカン半島諸国の西部，クロアチア，マケドニア王国，トルコ
密接な関係をもつ国	現在	アイスランド，ノルウェー，リヒテンシュタイン，スイス

EUは，全ての加盟国に適用できる様々な水準の法律をもっている．第1次法は，主に条約や国際協定によって成り立っている．第2次法は，規則や指令が法的文書で記されている．動物園に関する法律は指令に含まれる．動物園指令（EU Council 1999）は1999年に施行されたが，EU加盟国は2002年に至るまで，これを施行する方策をもたなかった．他の国々は新たな法律を制定しているが，スコットランド，イングランド，ウェールズ地方は動物園ライセンス法に準拠するなど，いくつかのEU加盟国は指令を現行法に準じている．指令は，全てのEU加盟国で適用されることを求めている．動物園指令が抱えている特別な問題点は，第9条の決定に同意しなければいけないことである．その条約は，環境保全や福祉に関する法律にほとんど触れられていない．

指令の第3条には，動物園は①保全対策に応じること，②“種の生物学的要求や保全の必要性に応える”こと，さらに加えて，動物が必要とするものを提供することや，③きちんとした記録を取り続けることが記載されている．指令を順守するため，動物園・水族館が基準を満たしていることや調査を行うことをEU加盟各国に求めている．指令を順守しない施設は閉鎖されるため，EU加盟国は種の“生物学的要求”や“保全の必要性”を施設に適用させるための基準を定めている．

動物園の法律はEU非加盟国にも加盟国にも適用される．例えばスイスでは，野生動物を飼育するために動物の最低限の要求を満たすべきであるという動物保護条例がある（Peter Dollinger 私信）．この条例は1981年に施行されて以降，いくらかの改正がなされている．スイス諸州には，動物園に法的な許可を与え，年1回の調査を行う連邦法がある．しかしながら，概してEU非加盟国は法的な許可や調査システムをもつ国が少ない（Walker 2001, Walker and Cooper 2001）．

動物園に認可を与える法律は，基準に基づいて評価され，その基準が適用されている場合に施行される．そして，動物園間で矛盾が生じていないかどうかを法律によって判断する．ほとんどの地域では，その地域独自の定期的調査と免許更新を行うための明確な基準をもち，各動物園が基準を満たしているか否かを確認している．英国（イングランド，スコットランド，ウェールズ地方）の基準はとても詳細に定められており，総合的な調査を行い，動物園が基準に適しているか否かを確認する際に適用される〔DETR（Defra）2000〕．Berber（本章「概説」）やKagan and Veasey（第2章）が述べているように，福祉の基準は5つの自由が基本になっている．5つの自由は，改善さ

れて“基本的な原則”と呼ばれ，特に動物園・水族館で動物を飼育することに言及している．また，保護や教育，調査および獣医療に関する基準，さらに動物との接触や無脊椎動物，爬虫類，両生類，魚類，水生哺乳類の展示施設などの特定分野に関して詳細に記された付属書類がある．関係文献総覧には，現在用いられている多くの飼育ガイドラインが掲載されている．1980年代前半に初めて作成されたこれらの基準は綿密に再検討され，2002年に改訂された．そして，その後も動物園フォーラムによって何度も見直され更新されて，最新のものは2004年版である．

動物園フォーラム（www.defra.gov.uk/wildlife-countryside/protection/zoo/zoo-forum.htm）（訳者注：このウェブページはすでに閉じられているが，2013年7月現在，アーカイブとして次のURLで見ることができる．http://archive.defra.gov.uk/wildlife-pets/zoos/zf-openness.htm）は，英国政府の助言の下で設立された動物園関連の独立機関である．フォーラムの付託条項には，英国の動物園が十分に基準を満たしながら運営されるために，法律の改正や立法の必要性を大臣に提案および提言し，保護，教育，科学的研究の場としての動物園の役割強化について記されている．フォーラムは，法律と基準の順守に役立つハンドブックを作成した（Defra 2002）．ハンドブックは，常に修正が加えられ更新されており，調査員が法律に基づいて統一的に動物園の調査を行う際に役立っている．さらにフォーラムは，調査員や動物園水族館の運営者，そして他の法的認可者に対する訓練を用意している．この訓練には，調査方法や判断基準，調査員たちに求められる水準，さらには法的認可に関する内容も含まれている．

現在まで，EU加盟国は指令の実行に関する再調査を行っていない．指令の実行に関しては，問題や矛盾があることが判明している（Eurogroup 2008）．いくつかの国では，指示を発令してはいるが調査は行われておらず，2009年の時点で指令が実施されていない国さえあった（指令に関するいくつかの規則の改定をしなかったために，ドイツ，イタリア，ギリシャは2004年に提訴された）．調査を実施する頻度が，定期的である国もあれば（英国，フィンランド），問題が生じた場合にのみ実施する国など様々である．また，動物園の適正に応じて法的認可を与える機関が，地域ごとであったり（例えばオーストリア，英国，ドイツ），中央政府であったり（例えばベルギー，アイルランド共和国，オランダ）と様々である．そのため，未だに動物園指令は，EUの中で十分に実行されていない．しかし，動物園指令は，国や地域における動物園の福祉や保全基準を明確にするための可能性を十分に秘めている．EU内の動物園においてさらなる統一基準を設けるために，EUへ新たに加盟した国々は，指令を順守すべきである．

動物園協会

1990年，東ヨーロッパの国々でユーラシア地域動物園水族館協会（EARAZA）（Spitsin 2001）が結成され，協会メンバーは基準の改善に取り組んでいる．

ヨーロッパの動物園で飼育管理の改善が進むことは，世界中の国や地域の動物園協会に認証評価システムを普及させることになる．ヨーロッパの多くの国々が動物園協会を有しているが，それぞれの能力や動物園に対する影響力は大きく異なる．欧州動物園水族館協会（EAZA）は，ヨーロッパ諸国を統一する唯一の動物園協会である（Noggre 2001）．EAZAには35か国の300の動物園が加盟している．2000年以降，EAZAに加入資格をもつ全ての動物園に対して認証評価の受け入れが求められた．さらに，動物飼育施設に対する基準を含むEAZA実施規則（www.eaza.net）の順守や，それに関わる調査の受け入れも求められた．調査過程は，とても厳密で協会会員や倫理委員会によって実施され，その後協議会によって再調査される．

特に問題を抱える国において，EAZA加盟動物園は協会の技術援助と動物福祉に関する援助を受けられる．例えばハンガリー，ブルガリア，ギリシャ，マケドニア，クロアチア，アルバニアの動物園では，研修会が開催されている．EAZAの委員会は，EAZAへの加盟を希望しているが基準を満たしていない動物園に対して指導を行っている．

EAZAとヨーロッパの国立動物園組織に加盟している動物園は，世界動物園水族館保全戦略（WAZA 2005）を受け入れ実行することが求められている．

動物園協会は，法律で制定された基準の順守を加盟動物園に強く求めているため，結果的には最低限の基準しか適用されない状況にある．また，現実的にはわずか25%未満の動物園しか，国や地域の協会に加盟していない．それよりも，全ての動物園水族館が最低限の基準を満たすような法律であるべきだし，加盟動物園が最低限以上の基準を満たせるように指導および支援する動物園協会であるべきだ．

法的責任の概要

ヨーロッパの全ての地域において，それぞれの国で適用されている国際自然保護法（CITES，CBD，CMS，RAMSAR等）に動物園と水族館は従うべきである．CITES

の順守（特に EU 内）は，ある種の動物を維持するために最低限必要な基準となる（Cooper and Rosser 2002）．加えて動物園・水族館は，動物の衛生や輸送に関する規定にも従うべきであり，これらは EU の指令や規則に必ずと言えるほど記されている．

法律のより有効的な施行は，おそらく国や地域の動物園において適切な基準を保持し続けるための唯一の方策である．しかしそれは，種保全や福祉に関わる活動，さらに他の動物管理を阻害したり延期させたりする可能性がある．近年，CBSG は困難で深刻な問題に対処するため研修会を行っている（CBSG 2002, 2004）．CBSG とは，国際自然保護連合に属する野生生物保全繁殖専門家グループのことである．研修会の実施は，国や地域の動物園水族館協会が協働することの重要性を改めて認識させる．そして，動物園における福祉や積極的な保全に貢献するための厳格な適切基準を明らかにする．さらに，研修会を行うことで動物園の能力が明らかとなり，動物園における重要な保全活動の支援につながる．

動物園や水族館を改善する基準はできるのか

Barder は本章の「概説」で，調査システムは定量的評価よりもむしろ定性的評価になる傾向があると言及している．現実的に，調査に要する時間はせいぜい 1 日か 2 日であることからも，その意見は正しい．しかしながら，調査過程において，動物園業務に対する監査の必要性を求めることはできる．これらに関する実例は，『Zoos Forum Handbook』（Defra 2002）の福祉評価の章にあげられており，動物園での福祉評価の基準や実施方法が書かれている．調査過程には，動物園・水族館である程度の定量的評価を行った証拠も示される．つぎに，特に福祉を必要とする種がいるならば，その種に対する基準が十分に満たされているか否かの評価が求められる．定量的評価には，しばしば多くの情報収集が可能な行動学的調査が用いられる．例えば，2005 年～ 2006 年に，ブリストル大学で Defra によるゾウの福祉に関するプロジェクトが実施された（オンラインで参照，Defra 2009）．調査や有益なデータ収集は，各種に対する基準設定の際に利用される飼育ガイドラインの作成に役立つ．例えば，ゾウの分類群アドバイザリーグループ（TAG）が作成した EAZA のガイドライン（Terkel 2004b）には，動物園では繁殖可能な動物を飼育すべきであると記されている．それは，動物の出生数を増やして群れサイズを大きくすることを目的としている．ゾウの飼育頭数を維持するためには，より広い場所でより大きな群れを飼育することを考えなければならない（Terkel 2004a, Dorresteyn 2004）．

同様の必要性がホッキョクグマ（*Ursus maritimus*）に対しても求められるであろう．本種を飼育下で維持している園館数は減少しており（例：英国とアイルランドの動物園のみでホッキョクグマが飼育されている），それらの動物園では本種を維持するために，より大きくより複合的な飼育施設の建設を決定している．

飼育下動物の現状を改善するため，飼育ガイドラインや基準を頻繁に更新する必要性は，今後も失われることはないだろう．また，動物園はあらゆる側面（行動，環境，飼育そして健康）から福祉を適切に監査し評価する必要がある．動物園の主な役割の 1 つは，生きた動物を通じて自然の素晴らしさを来園者に伝えることである．それは，動物が適切な福祉を受け自然な環境で飼育された場合にのみ可能である．動物園や水族館は，動物園水族館保全戦略からの要求を全うするため，動物園と野生での統一基準による保全に貢献し評価されるべきである．動物園・水族館の責務である福祉や保全，環境教育など全ての活動評価に必要な適切な基準を設定するためにも，動物園協会が強く求めている法律の整備を期待したい．

文　献

CBSG (Conservation Breeding Specialist Group). 2002. Regulations and their impact on conservation efforts: Working group report. *CBSG News* 13:9–10.

———. 2004. National and international regulations and their impact on conservation efforts. Working group report. *CBSG News* 15:11.

Cooper, M. E., and Rosser, A. M. 2002. International regulation of wildlife trade: Relevant legislation and organisations. *Rev. Sci. Tech. Off. Int. Epizoot.* 21:103–23.

Defra (Department of the Environment Food and Rural Affairs). 2002. *The Zoos Forum Handbook*. Bristol, UK: Defra. www.defra.gov.uk/wildlife-countryside/protection/zoo/zoo-forum.htm

———. 2009 (accessed). Elephant project online at http://randd.defra.gov.uk/Default.aspx?Menu=Menu&Module=More=Location=None&ProjectID=13192&FromSearch=Y&Publisher=1&SearchText=wc05007&SortString=ProjectCode&SortOrder=Asc&Paging510#Description

DETR (Defra). 2000. *Secretary of State's standards of modern zoo practice*. London: DETR (Defra). www.defra.gov.uk/wildlife-countryside/gwd/zooprac/index.htm

Dorresteyn, T. 2004. From the African elephant EEP. *EAZA News* (September): 9–13.

EU Council. 1999. *Council Directive 1999/22/EC of 29 March 1999 relating to the keeping of wild animals in zoos*

Eurogroup. 2008. *Report on the Implementation of the EU Zoo Directive*. Eurogroup for Animal Welfare. www.eurogroupanimalwelfare.org/pdf/reportzoos1208.pdf

Kirkwood, J. K. 2001a. United Kingdom: legislation. In: *Encyclopedia of the world's zoos*, ed. C. E. Bell, 1281–83. Chicago: Fitzroy Dearborn.

———. 2001b. United Kingdom: licensing. In: *Encyclopedia of the world's zoos*, ed. C. E. Bell, 1284–85. Chicago: Fitzroy Dearborn.

Nogge, G. N. 2001. European Association of Zoos and Aquariums. In: *Encyclopedia of the world's zoos*, ed. C. E. Bell, 437–38. Chicago: Fitzroy Dearborn.

Olney, P. J. S. and Rosevear, M. 2001. Federation of Zoological Gardens of Great Britain and Ireland. In: *Encyclopedia of the world's zoos*, ed. C. E. Bell, 465–68. Chicago: Fitzroy Dearborn.

Spitsin, V. V. 2001. Euro-Asian Regional Association of Zoos and Aquariums. In: *Encyclopedia of the world's zoos*, ed. C. E. Bell, 431–32. Chicago: Fitzroy Dearborn.

Terkel A. 2004a. From the African Elephant EEP. *EAZA News* (September): 4–8.

———. 2004b. Taking stock of management and welfare of elephants in EAZA. *EAZA News* (September): 14–16.

Walker, S. R. 2001. Europe: Licensing. In *Encyclopedia of the world's zoos*, ed. C. E. Bell, 435–37. Chicago: Fitzroy Dearborn.

Walker, S. R., and Cooper, M. E. 2001. Europe: Legislation. In *Encyclopedia of the world's zoos*, ed. C. E. Bell, 433–35. Chicago: Fitzroy Dearborn.

WAZA (World Association of Zoos and Aquariums). 2005. *Building a future for wildlife: The World Zoo and Aquarium Conservation Strategy*. Berne: WAZA Executive Office. www.waza.org/conservation/wzacs.php

Zoo Licensing Act. 2002. *The Zoo Licensing Act (Amendment) (England and Wales) Regulations 2002*. London: Her Majesty's Stationery Office. www.defra.gov.uk/wildlife-countryside/gwd/zoo.htm

体重測定中のアカハネジネズミ，スミソニアン国立動物園（ワシントンD.C.）．
写真：Jessie Cohen（スミソニアン国立動物園）．複製許可を得て掲載．

第２部

哺乳類の基本的管理

イントロダクション

Devra G. Kleiman

訳：楠田哲士

『Wild Mammals in Captivity』の初版出版以降，動物園・水族館はその組織や役割の中で，これまで以上に専門的になってきた．その１つの尺度が，まれに行われる活動だけでなく，様々な定期的活動を行うためのガイドラインの数が増えてきたことや，体制や方法が充実してきたことである．動物園の専門職員は今，緊急事態への対応マニュアルはもちろん，動物の多くの日常管理に関するマニュアルをもっている．第２部では，動物の保定と移動，飼育管理へのエンリッチメントの導入，新興感染症の脅威への対策，そして通常業務の中での動物や人間の危険リスクを減らすための安全プログラムの整備に関することについて紹介する．重要なことは，計画と実行において，明確なゴールと目標をみつけ，前もって計画し，共同的な多分野の専門家からなるチームを使うこと，これらを十分に検討することである．この考え方は，10年前にはあまり一般的ではなかったことである．

私たちは，動物が自然界で直面する多くの選択肢を飼育下では取り去っている．食餌や安全な場所，獣医療を与え，繁殖ペアを組み，群れの構成について決定してしまっている．飼育動物の個々体に対して頻繁なハンドリングや検査の必要があり，今日の動物園は10年前に比べても，よりいっそう実践的になっている．動物園の職員は，長期の繁殖計画やマスタープランを有する種の遺伝的多様性を最適なものにするために，定期的に動物を園内や園間で移動させている．頻繁な移動は，移動または導入に伴う社会化の過程はもちろんのこと，その移動を理解し，適切に計画することが益々重要になってくる．

Christman（第４章）は哺乳類の捕獲，ハンドリング，保定に着目し，その適切な方法（例：物理的な方法，薬剤を用いた化学的な方法，行動的な方法）の選び方，計画の立て方，そして様々な大きさやタイプの哺乳類を保定するために必要な道具やチームのことについて紹介している．特に動物の輸送が劇的に増加していることを考えると，慎重な計画の立案や策定が必要であり，それによって輸送中の動物の怪我や死亡をなくすことができる．

Powellの章（第５章）では，効果的な導入と社会化を進めるための枠組みを紹介し，計画の立案に重要なことは，成功させるための段階的な行程が必要であることを強調して述べている．そして，ゴールを明確にすること，チームを編成し準備すること，施設を準備すること，そして継続的にそのやり方を評価し調整することも必要であると強調している．対象種の生物学や各個体（個体群）の気質や経歴を知ることももちろんである．

第６章では，Shepherdsonが環境エンリッチメントについての考え方や理論に関する概略を述べている．エンリッチメントは，飼育動物にとって行動として知識として必要なことを満たすことによって自然を模倣する方法であり，飼育動物に対して制限や選択を与えることである．エンリッチメントに関する重要な問題は，その効果を測定することにある．現在使われている指標として，異常行動の減少，行動の多様性の増加，そしてストレスの生理学的指標の減少があげられる．最後にShepherdsonは，環境エンリッチメントの研究で一般的に使用されている調査手法とそれらの弱点について，多くの動物園職員が抱える，研究に利用できるサンプルサイズが少ないという根本的な面を考察している．

Travis and Barbiersの章（第７章）では，新興感染症とその予防とコントロールの方法について述べている．驚くべきことに，病原性の新興感染症の75％が人と動物の共通感染症である．その疾病管理は，非常に情報が不足しているものの，全ての動物関連施設にとって最優先事項にすべきである．著者らは，早期診断，厳密な調査，リスク評価といった疾病管理のために，科学に基づく健康状態の監視とモニタリングシステムが必要であることを強調している．疾病の予防，コントロール，管理のための選択肢について述べている．

Rosenthal and Xantenはこの章（第８章）の中で述べているように，リスク評価もまた安全性の問題を取り扱ううえでキーになる．動物園は，人間（職員と来園者の両方）のミスによって起こる怪我の可能性，動物の逃走，自然災害，その他の緊急事態の可能性について，定期的な安全性分析を行う必要がある．今日の動物園は安全性の問題に，10年前に比べても，それ以上に綿密かつ慎重に扱われている．潜在的な安全性の問題を日常的に評価するために多くの動物園が安全管理者もしくは安全委員会を置いて熱心に取り組んできた．

第４章　哺乳類の物理的捕獲，ハンドリング，保定
第５章　哺乳類の導入と社会化のための体制
第６章　哺乳類における環境エンリッチメントの原理と研究
第７章　哺乳類の飼育管理における新興感染症と人と動物の共通感染症
第８章　動物園での安全において考慮すべき事項

4

哺乳類の物理的捕獲，ハンドリング，保定

Joe Christman

訳：渡辺靖子，村田浩一

はじめに

捕獲，ハンドリング，保定の歴史

体が大きくて危険，または神経質な動物を，物理的な扱いのみでハンドリングしたり保定したりするには限界がある（Kleiman et al. 1996）．20 世紀後半，これらの制約に対処するため薬剤を用いた化学的保定技術が大きく進歩した．新しい薬剤が開発され，それらの薬剤を投与する新しい方法が考案，精査された．こういった発展により，エキゾチック動物の保定に際して，より安全で費用的にも適した不動化薬が利用されるようになった．対象動物の体の大きさや危険な性質のために，以前は不可能であった多くの飼育手順や獣医療的処置（例：大型肉食獣の歯科処置）でも，現在は世界中の動物園で，動物と動物取扱者の双方にとって安全に実施することができる（Fowler 1995）．化学的保定は効果が高く，比較的簡便で，そして従来の保定法に比べて迅速かつ効率的であることが多い．これを使用することで，動物介護の余地は大幅に広がり，動物管理者は飼育動物に必要な需要への対応能力を高める有力な技術を手にしたのである．

加えて，現在使用されているハズバンダリートレーニング技術は，過去に物理的な保定を必要としていた処置に対する動物の行動を修正したり脱感作を施したりするための手段となっている．最も適切な保定法を決定する際，ハズバンダリートレーニングと物理的保定，化学的保定の 3 つは互いに相補的であり，一連の流れで実施されるものと考えるべきである（Mellen and Macphee 2000，第 26 章を参照）．

化学的保定は非常に有効であるため，訓練や実施経験が必要となる物理的保定や機械的保定技術にほぼ完全に取って代わってしまった（Kleiman et al. 1996）．従来の物理的保定の実地経験をもつスタッフがその専門職を離れるにつれ，それまで蓄えられてきた経験や技術は組織から失われることが多い．

保定の状況はその都度異なっているが，ほぼ全ての場合で複数の方法が使用可能である．特定の方法を特定の種に使用しなければならない，という厳格なルールは存在しない．それぞれの動物種のそれぞれの状況に応じて，最も適切，もしくは望ましい保定法を決定するため，慎重な計画立案，検討，そして手元にある物資や経験の評価が必要となる．その“最善の方法”とは，適切な時と場所で実施される保定法をいくつか組み合わせたものである場合が多い．保定法の選択において常に最初に考慮すべきことは，保定に携わる人と動物双方の安全である（Fowler 1995）．

保定の定義；物理的，機械的，化学的，および行動的保定

どのような保定手順であっても，動物の捕獲とある程度のハンドリングが必要である．この章の目的として，捕獲，ハンドリング，そして保定の 3 つの要素を合わせて，単一の保定プロセスとして言及する．物理的保定とは，動物を保定するのに物理的な力のみを用いることを指す．これには，捕獲，保定，ハンドリングに保定者の素手のみを用いる用手保定という形もある．状況によっては，数々の捕獲器具や安全器具〔例：手袋，ロープ，締め付けワイヤー

の付いた棒（noose pole），制御用の板，防護盾，網など〕の使用を伴う場合もある．こういった器具は全て，使いこなすために訓練と実地経験が必要である．これらの使用法についての詳細については，Fowler 1995 を参照のこと．

機械的保定は，スクイーズケージ（狭窄箱，squeeze box）や床落ち台（drop-floor chute：動物が入ると床が落ち，動物が吊られた状態で保定される保定枠），油圧式保定枠といった保定機器の使用を指す（ここで触れた機器の詳細については，補遺 4.1 を参照のこと）．小型哺乳類の機械的保定の場合，動物を押さえる板が内側に付いたプレキシガラス（アクリル樹脂）製の箱を用いると，保定者は中の動物の位置を目で見て確認することができる．アメリカミンク（*Mustela vison*）のような動物種に対しては，小型の金網製ケージを使用してもよい（Fowler 1995 を参照）．こういったケージを用いることで，動物の動きを制御し，かつ保定者を保護し，検査や処置を行うために対象動物へ接近することも可能となる．

大型哺乳類の機械的保定装置の多くは，動物の収容施設やハンドリング施設に組み込まれた備え付けの，または固定された設備であり，動物の協力がある程度必要となる．移動可能な装置もあるが，保定装置の使用を補助する囲いや通り道も必要となるため，従来の固定型設備に比べると可搬型装置の適用には制限がある．機械的保定機器の主な目的は，大型動物の大きさと力に対抗すること，動物を取り扱う人を守ること，動物の動きを制限すること，そして，安全かつ人道的に動物の様々な部位への接近を可能にすることである．図 4-1 ～図 4-4 は現行の 4 つ設備の例を示している．これら機械的保定装置は，動物に対する処置の可能性を大いに広げる一方で，化学的不動化の必要性を完全に取り除くことはできない．物理的保定と化学的不動化のどちらか，あるいはそれら両方の補足として，動物が保定装置に脱感作し，慣れるように，そして指示に従って装置内に入るのを促進するために，動物園のスタッフがハズバンダリートレーニングを用いることはよくある．しかし，機械的保定やトレーニング内容を使える場所への動物の移動が可能ではないような，緊急事態が発生することもある．

図 4-1　ミナミシロサイ（*Ceratotherium simum simum*）の機械的保定と訓練．
フロリダ州オーランドのディズニーアニマルキングダムの非展示施設．（ディズニーアニマルキングダム提供，許可を得て掲載）

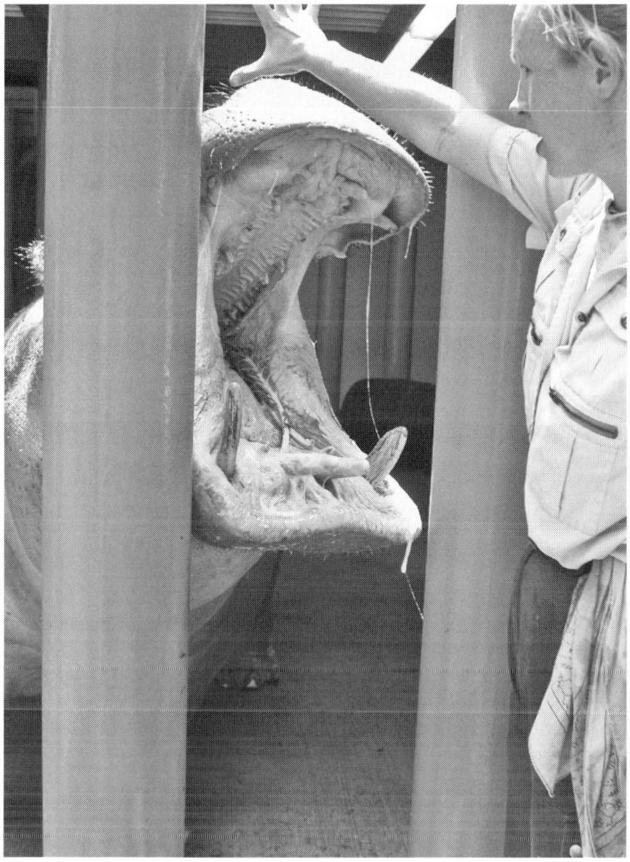

図 4-2　カバ（*Hippopotamus amphibius*）の訓練．
フロリダ州オーランドのディズニーアニマルキングダムの非展示施設．（ディズニーアニマルキングダム提供，許可を得て掲載）

図 4-3　アフリカゾウ（*Loxodonta africana*）の機械的保定装置内での訓練．
フロリダ州オーランドのディズニーアニマルキングダムの非展示施設．（ディズニーアニマルキングダム提供，許可を得て掲載）

図 4-4　バンテン（*Bos javanicus*）の機械的保定訓練．
フロリダ州オーランドのディズニーアニマルキングダムの非展示施設．（ディズニーアニマルキングダム提供，許可を得て掲載）

化学的保定

化学的保定は，訓練を受けた獣医師によって，または獣医師の直接の監督下でのみ行うべきである．多くの薬物が法的に規制されており，使用するためには資格が必要となる．特定の薬物と投薬量については，資格をもつ獣医師に照会のこと．薬物と投薬量に関しては，複数の出典元から情報を得ることができる（例：Kleiman et al. 1996, Thurmon, Tranquilli and Benson 1999）．なお，化学的保定の沈静剤や不動化薬の投与過程では，物理的保定を用いることができる場合とできない場合がある．

行動的保定

行動的保定とは，ハズバンダリートレーニングと脱感作，オペラント条件づけ（報酬を受ける，または罰を避けるために，自発的に行動するよう学習すること）の少なくとも 1 つが，処置の実施や促進のために使用されている状況を指す．定義上は，これは“保定”ではなく“協力”である．万一，対象の動物が協力的でない場合には，ハズバンダリートレーニングのみで処置を完了することはできない．しかし，処置によるストレスを軽減したり処置に慣れさせたりするためにも，保定計画を立てる際には常に，トレーニングと脱感作が最初に検討されるべきである．例えば，機械的保定または化学的保定を施す保定装置内に自発的に入るよう動物をトレーニングすることも可能である．トレーニングでは目的が達成できないようならば，代替方法を準備しておく必要がある．過去には完全不動化を必要としたであろう数多くの処置（例：大型ネコ科動物や霊長類からの血液サンプルの採取）も，今やハズバンダリートレーニングを通じてなされているのである（第 26 章を参照）．行動的保定には，時間的要因も関わってくる．つまり，急性疾患や緊急の事態では，上記のような動物の自発性を用いる方法のために必要となる，ある程度の訓練を構築し，実施し，確立させるために必要な時間があるとは限らない．

この章では，どれか 1 つの保定法を特に提唱しているというわけではない．むしろ，保定処置における選択肢を検討し，各々の事例に対する問題解決手段として適用する際の助けとなることを目的としている．どの保定法を用いるべきであるか，そして，それをいつ，どのように実行するのかが分かっていれば，あと必要なものは経験のみであり，これはスタッフの訓練と実践を通じてしか得られない．使用可能な保定手段が多ければ多いほど，飼育動物が必要とする需要への対応能力は高くなる．

保定法を決定する際に考慮すべき要素には，保定の目的，気候的・設備的状況，手元にある物資，そして動物の性質が含まれる（Leuthold 1977）．適切な方法を単独または組み合わせて選択するには，常に“最小の力の原則”を念頭に置いておかなければいけない．つまり，選択された捕獲・保定・ハンドリング法は，望んだ結果を得るために最小限の力を伴うものであるべきである．例えば，双眼鏡を用いて離れた所から身体検査を行うことは，それが目的を達するものであるならば，どんな保定を実施するよりも望ましいものであるということである．それに対して，歯科処置や外科手術のように，最も力を要しない方法として化学的保定が必要となる処置もある．

状況や選択された方法がどのようなものであれ，保定法を決定する前に，以下に示すような特定の共通要素を常に検討するべきである．

安全性

動物の保定を実施することの適否と保定法の選択では，常に安全性を最初に考慮すべきであり，第 1 に人間の安全，それから動物の安全を考慮する必要がある．動物への肉体面，精神面，社会性に対する即時的および長期的影響も考慮に加えるべきである．

不要な刺激の削減または除去

あらゆる保定処置では，視覚と聴覚の刺激を制御し最小限にとどめるのが望ましい．動物の中には暗い部屋に入れることでストレスを軽減できるものがあり，大半の動物で取扱い中に目隠しを使用することが推奨される（Fowler 1995）（図 4-5）．耳栓（例：丸めたガーゼ）も一部の動物で使用可能であるが，処置後にそれらを取り除くのに注意を払うこと（Fowler 1995）．

図 4-5　インパラ（*Aepyceros melampus*）の身体検査のための機械的保定．

フロリダ州オーランドのディズニーアニマルキングダムの非展示施設．（ディズニーアニマルキングダム提供，許可を得て掲載）

声，ボディランゲージ，態度

保定の現場では，飼育スタッフが声やボディランゲージをどのように使うかが非常に重要である（Fowler 1995）．動物のコミュニケーションの多くは姿勢や表情を介して行われており，人間のボディランゲージや合図に非常に敏感である．経験豊富で動物の扱いに自信をもっている飼育係が，取り扱いにくい動物をなだめてハンドリングする，という状況を目にすることは多い．この自信と，それを動物に示す能力は教えられるものではなく，経験を通じて獲得するしかない．保定処置に関わる全員が，自分自身の能力に自信があり余裕をもっていることが不可欠である．自信と余裕の欠如は即時に動物に感知され，動物の不安感とストレスを増加させてしまう．

保定，捕獲，ハンドリングの目的を明確にすること

保定処置の目的は保定中に変更される場合もあるが，保定を行う理由と目的は全員がはっきりと理解しておくべきである．保定目的が変更される例として，定期検査中に外科的処置が必要であると判明したり，それまで発見または注目されていなかった外傷に処置を施したりする必要が生じたりすることがある．可能な限り，保定処置の前にこういった潜在的問題を考慮し，現実的な可能性の分だけ準備をしておくことが望ましい．保定の意図が何であるのかをスタッフが知っているだけではなく，万一の事態に備えた計画も用意しておくべきなのである．

対象種と個体の経歴

対象動物の経歴（これまでの病気・治療などの経過），特性，行動，そしてその動物種と個体の性質を可能な限り知っておくことは，保定処置の計画を立てるうえで非常に重要である（Leuthold 1977）．普段ならば臆病で走って逃げていくであろう動物が，特定の場所に立ち止まったり攻撃してきたりさえする状況もある（例：新生子を擁護する母親）．動物園スタッフは，その動物が保定された経験があるのかどうか，つまり，保定に慣れていないのか，それとも何度も保定されたことがあるのかを把握しておくべきである．

物理的周辺環境，気候，および物資

気候，地形，施設や設備を含めた，保定場所の物理的条件についてよく検討する必要がある．それらの環境によっては，保定法の選択肢の中でも実施が不可能なものもあるだろう．例えば，広大な放飼場で飼育されている動物の場合，保定のためには吹き矢や麻酔銃による投薬が唯一の選択肢かもしれない．獣医師の手が借りられない場合，物理的保定が唯一の方法である場合もある．対象動物種や個体が暑さ・寒さに耐性がないのならば，極端な気温の中で保定処置を試みるのが安全ではないこともある．処置を実施しないことが最良の選択肢となることもある．

緊急事態に備えた準備

飼育スタッフがどんなに十分に計画を立てて準備をしようとも，例えば動物の脱走のような緊急事態によって，保定処置が必要となる場合もある．その処置は脱走全般に対処するためのものであるべきだが，どれだけ計画を立てたとしても，あらゆる不測の事態に対応するには不十分である．入念な準備と，反復演習やブレインストーミングを用いた訓練によって，緊急時の自分の役目について，スタッフ自身に考えさせるきっかけを与えることができる．また，方向転換したり所定位置に鎮座させたり，緊急時に呼び寄せられるといった特定の行動を取るように動物を訓練すれば，緊急事態を解決するのに役立つこともある．

解放と回復

多くの，もしくはほとんどの保定処置において最も重要かつ危険なのは，動物を解放する瞬間か不動状態から回復する瞬間，またはその両方である．動物の物理的保定もしくは完全不動化された制御状態から解放状態への移行は，慎重に行わなければならない．多くの動物は，自身の性質に従って闘争か逃走かの反応を示すことがあるが，もしその反応の予測や制御，管理がなされていなければ，どちらの反応であっても負傷という結果を招きかねない（Leuthold 1977）．解放時に動物がこういった反応を示す可能性を全スタッフが認識し，あらゆる事態に備えておくべきである．スタッフの避難経路を全体として検討し，それを各人がしっかりと理解しておく必要がある．動物を解放したら，その動物や他の動物が負傷する可能性が最も低いエリアに向かって誘導する．上手な解放と回復を行うには，動物が“反応する”よりも“行動する”ように，静かで穏やかな環境を保持することが不可欠である．

計画のためのツール

緊急事態というものは計画を立てる前に起こってしまうものであるが，それを予期したり部分的な対応を計画したりすることはできる．飼育動物の収容計画を立てる際に，それぞれの動物種に対する保定の必要性を特定し，それらを手元にある設備や物資で行える作業へと調整するべきである．新たな施設の計画を立てる場合には，そこに収容する動物種や個体を物理的，化学的に保定するための設計を含めることが望ましい．有蹄類の搬出設備やハンドリング設備については，Temple Gradin 博士のウェブサイト（www.grandin.com)に詳しい．どのような設計であっても，訓練と調教（行動の条件づけや修正）ができる施設を組み込んでいるべきであり，スタッフと動物の双方にとって安全なハズバンダリートレーニングを促進するような設備を含んでいることが望ましい．

保定経験をもつ動物管理者が設計過程に加わり，設計に関わる全員が保定システムの重要かつ不可欠な要点を理解することが非常に重要である．保定手順を明確に概説するガイドラインを用意することで，当事者全員の間での確実な情報交換が可能となり，実際に飼育スタッフが動物を保定する必要が生じる前に，方針の違いを特定し，合意に達することができるのである．1 例を Box4.1 に示す．

問題解決や目的設定，評価，改善に使える他のツールとして，SPIDER モデルがある（Mellen and Macphee 2000

Box 4.1　捕獲保定とハンドリングのガイドライン
種名：ミーアキャット（*Suricata suricatta*）（Wilson and Reeder 1993）

望ましい保定法：この種の防衛反応として，隠れることで危険から逃避を試みる傾向があるため，各個体は追いかけられると自発的にクレート（箱）や入れ物の中に逃げ込むはずである．この種を留置・輸送用クレートに入るよう訓練することは容易である．合図に従って自発的に輸送用クレートに入るような訓練を日常化することで，ストレスを軽減できる．物理的保定を用いる場合には手袋を着用し，片手は対象個体の首を捕まえて頭部を，もう一方の手は腰を捕まえて後肢を制御する．手袋をはめていれば，動物の爪による負傷の危険性は非常に低い．

必要な設備とスタッフ：この動物種の保定には，手袋，柄の長い捕獲網，輸送用クレートを使い，2人の飼育係を必要とする．

安全性についての懸念：この動物は，咬傷や，より低い確率ではあるが爪による掻き傷を負わせることができる．捕獲後の傷害を防止するために，個別のクレートを使用することが推奨される．

捕獲技術：合図に従って輸送用クレートに入るよう訓練する計画が構築，展開，実行されることが望ましい．緊急時や訓練が成功しなかった場合には，入り口を開放した空の輸送クレートを対象個体のいる囲いの中に設置し，2人の飼育係が協力して慎重に対象個体をクレートへ追い込んでもよい．ミーアキャットの群れは通常まとまって行動するため，群れ全体を捕獲してから対象個体を抜き出す必要がある場合もある．クレートへの追い込みが失敗した場合には，ミーアキャットが囲いの壁沿いに走っているところを，柄の長い捕獲網を用いて捕獲することもできる．捕獲網の枠で動物に怪我を負わせたり，網から取り出す時に咬まれたりしないよう注意する必要がある．捕獲網の網部分でミーアキャットを包んでおいて，上向きに立てた輸送クレートの中へ網を慎重に裏返して入れるという方法が推奨される．

解放と回復：処置完了後，対象個体は（可能ならば）即座に群れに戻すことが望ましい．その際，他の個体がいる展示施設の見晴らしの良い場所に対象個体を解放する．対象個体が24時間以上群れから隔離される場合には，他の単数または複数の個体を付き添いとして一緒に収容したほうがよい．ミーアキャットは社会性が強く，自分たちの社会集団外の個体に対して不寛容であるため，導入および再導入の際に問題が生じることもある．

から出典，第26章を参照）．これは，必要に応じて処置の解析，問題解決，再評価および調整をするための体系的枠組みを提供するツールである．

特定の分類群の保定と取り扱いに関するガイドライン

一般的な哺乳類とそれらに推奨される取扱い方法と保定

表4-1は，動物園や水族館で一般的に飼育されている哺乳類の保定や取扱いに関するガイドラインを分類群ごとにまとめたものである（分類についてはWilson & Reeder 1993とNowak & Paradiso 1983を参考にした）．

この表に記載された哺乳類は，全ての動物に対して基本となる．つまり，どの施設においてもこれらの種の保定法を参考にすべきであり，それと同時に前の節で述べた参考との関連性についても配慮すべきである．その基本とは，利用できる用具，スタッフの訓練，知識，経験，現場の環境そして保定の意義である．

各動物分類群は，平均的体サイズ，性質および多くに該当する特徴によって分類されている．この表は，筆者の考えで使いやすさを優先させて作成した．この表は完璧ではないが，可能な限り多くの分類学上の代表的動物を取り上げている．

分類群1：小型哺乳類

推奨される保定法

この分類群の捕獲や一時的保定の際に最も重要な点は，その小さな体サイズのため手を用いるべきことである．もし長時間または侵襲的処置のために，化学的保定が必要な場合は，麻酔箱を用いることが多い．固定枠やケージなどの簡単な装置もよく使用されるが，一般的検査や痛みを伴わない処置に際して最初に選択されるのは，ネット（網）やグローブをはめた手で保定する方法である．多くの場合，小型哺乳類は輸送箱に自ら入るように訓練することができる．

安全性に関する事項

繰り返しになるが，その体サイズのために，これら多くの種は，手を用いて保定するのがとても難しい．動物の力と体サイズの関連性は重要であり，多くは逃げようとした際に自らを傷つけてしまうことがある．兎目などの種はもがいて極度のストレスに陥り，死に至ることもある．

防御の方法は，種の中でも大きく異なる．単孔目のハリモグラには棘があり，カモノハシには有毒な突起があり，保定の際には細心の注意が必要である．センザンコウは鱗が密集しているため捕獲するのが難しく，不用心な保定者は負傷するおそれがある．多くの種(例えばオオコウモリ，

表 4-1　哺乳類を目ごとに類似した保定法でカテゴリー別に分類したもの

分類群 1．小型哺乳類

これらは主に体重が 5kg 未満の食肉目と霊長目以外の哺乳類である（例外としてカピバラ，ジャイアントアルマジロ，ビーバーが含まれる）．この分類群に含まれるものは以下のとおりである．

- 兎目－ウサギとノウサギ
- 単孔目－カモノハシとハリモグラ
- オポッサム目－オポッサム
- 食虫目－ハリネズミ，テンレック
- 登木目－ツパイ
- 翼手目－コウモリ
- 有鱗目－センザンコウ
- 岩狸目－ハイラックス
- 皮翼目－ヒヨケザル
- 齧歯目－マウス，リス，カピバラ，ヤマアラシ，アグーチ，テンジクネズミ，モルモット
- 異節目－ナマケモノ，アルマジロ

分類群 2．有蹄類と体重が 900kg 以下のそれに類似した種

このカテゴリーには，偶蹄目の全ての動物と平均体重が 900kg 未満の奇蹄目が含まれる．また管歯目（ツチブタ）もこの分類群に含まれる．

- レイヨウ類
- ラクダ類
- ブタ
- ペッカリ
- シカ
- マメジカ
- シマウマ，ウマ，ロバ
- バクの仲間
- ツチブタ

分類群 3．食肉類

この分類群はさらに小（＜ 5kg）と中～大（5kg）に分けられる．

分類群 4．霊長類

全ての霊長類は，食肉類と同じように小（＜ 5kg）と中～大（5kg）に分けられる．

分類群 5．超大型動物

このカテゴリーには次の種のグループが含まれる．

- キリン
- ゾウ
- サイ
- カバ
- 大型のウシ科動物

分類群 6．鯨目，海牛目，アシカ亜目

- イルカ，クジラ
- マナティー
- セイウチ，アシカ，トド

トガリネズミ，齧歯類，ハイラックス，オポッサム）は鋭い歯があり，場合によってはその危険な歯は動物たちが身を守る際に有効となる．

分類群2A：有蹄類と体重が5kg未満の他の草食動物

推奨される保定法

麻酔が不要な多くの場合，最初の選択肢として手で押さえるなどの物理的保定があげられる．手で保定する前に，まず狭い場所に移動させる．他の小型哺乳類と同様に，これらの動物種も合図で自ら輸送箱の中へ入るように訓練することができる．暗くした，3m^2 くらいの輸送箱の中に多量の干し草，藁，もしくはそれに代わるものを敷くのが理想である．1 頭ずつをケージに入れて，その後，訓練を受けた 1 人の保定者が中に入る．動物がケージ内を動き回っている時，保定者は体の中央部を支えるようにして動物を地面からすくいあげる．後肢を保定者の脇腹で保定し，前肢と頭は別の手で保定しながら保定者の体に引き寄せ，背骨を支えるようにする．練習すればこのテクニックを一連の流れで完了することができる．2 つ目の選択肢として，輸送箱に動物を収容しておき，ケージの扉をゆっくり開けると同時に動物を捕獲し保定するという方法がある．

小さな有蹄類の多くはひどくもがき，蹄と角がメッシュに絡まることからネットの使用は推奨されない（Fowler 1995）．多くの種は，ネットに絡まった際に 1 本以上の肢を骨折するか腱を断裂してしまうことがある．ほとんどの保定用具は超小型有蹄動物に適するように調節できないため，これらの使用範囲は限られている．

安全性に関する事項

これらの分類群に対して主に懸念されるのは動物への安全性である．そのため個体を傷つけることなく，必要最小限の力で保定するべきである．その小さな体サイズのため，保定者はこれらの動物が人に危害を加える可能性を過小評価することがある．この分類群の多くの雄（例えばガゼル，ダイカー，クリップスプリンガーなど）は気性が荒い．シカの中でも小型種は枝角や牙を有し，全ての小型レイヨウ類は鋭利な蹄を使うため，油断した保定者や未熟な保定者に傷害を負わせることがある．

化学的保定においては，覚醒過程で同種の仲間から傷つけられたり，あるいは自らを傷つけたりするのを防止しなくてはならない．スタッフは，動物を暗く静かな輸送箱か小型檻に入れ，行動を制限し，飼育施設や群れに戻れるほど完全に回復するまで監視するべきである．

特別な配慮事項

手で保定する場合，保定者は動物に対する危険性について配慮しなければならない．全ての腕時計，ブレスレット，ネックレス，ベルトやイヤリングは動物の肢にひっかかり，傷害の原因となる可能性があるため外すべきである．長袖

のシャツが推奨されるが，ボタンのついた袖口は肢に引っかからないようボタンを予め外しておく．ワイシャツの裾は動物の肢がズボンの中に入り込まないようにするためズボンから出しておく．手を用いた保定の際，理想的な服装はポケットのないつなぎ服である．

分類群 2B：5 ～ 900kg の有蹄類と他の草食動物

推奨される保定法

この分類群は，今日の動物園でよく見られる大部分の種を多く含んでいる．これらの動物は自らを傷つけたり，同種に危害を加えたり，または保定者に危害を与えることもあるため，常に注意して接するべきである．ほとんどの中型から大型の有蹄動物に対して最初にすべき保定法は，ハズバンダリートレーニングと連携して行う物理的保定である．多くの種類の枠場が開発され，動物園や水族館で使われている（図 4-1 ～図 4-4 を参照）．この分類群の多くの種や個体に物理的保定を行うことができ，場合によっては物理的保定の方が好ましい場合もある．手を用いた保定，縄，またはネットなどの使用に際してはそれに携わる人と動物全ての安全性を考慮しなくてはならない．一部の動物では日課であるハズバンダリートレーニングを行い，オペラント条件づけを使うことで訓練できる．中型有蹄類に対する手を用いた保定法は，小型レイヨウ類に対する方法と同様である．保定に際しては，より多くのスタッフが必要な場合があり，時には動物を持ち上げることが困難かもしれない．こういった場合には，保定された動物の肢や蹄が何かにぶつからないように（または誰かにぶつからないように）細心の注意を払うべきである．スタッフはその動物の体を抑え，背後から脊柱を支えるようにして肢を保定者とは逆の方向へ向けるようにする．動物の頭は摂取物の嘔吐と誤嚥防止のために常に第一胃より上に位置させておく．

安全性に関する事項

この分類群の動物の保定の際には，保定者の安全の方が重要であるが，かといって動物の安全が不要というわけではない．このサイズの動物は自傷したり，精神的トラウマが原因で死亡したりすることがある．この分類群の一部の種は，性質上，極度に攻撃的であり，手で保定するには大きすぎる．また，保定者が負傷する可能性もある．中間的なサイズのため，化学的保定を行うべきか，手で保定するべきなのか，一般的な物理的保定を行うべきなのか迷う場合がある．超大型，または攻撃的な有蹄類の保定に適した物理的保定用具がない場合，唯一安全な方法として化学的保定を選択すべき場合がある．

特別な配慮事項

長時間の保定で動物が捕獲性筋疾患（ミオパシー）を発症することがある（McKenzie 1993）．保定者は動物に対する処置時間を制限し，本疾患や他の傷害を生じる可能性を最小限にしなければならない．疑問に思った際，または時間が問題になった際は，化学的保定が選択肢となり得る．その後，ハズバンダリートレーニングが他の保定法として選択すべきであったかどうかを評価する．動物を解放する際は，可能性として考えられる反応（例えば暴れたり逃走したり）を予測しておく必要があり，保定者は逃げられる経路を考えておくべきである．

分類群 3A：体重が 5kg 未満の食肉類

推奨される保定法

保定法として物理的保定は第 1 選択肢とはならないが，考慮するべきである．多くの食肉類は定期検査でネット，輸送箱，または小型檻などを使って十分な保定ができる．触診または単純でない検査の場合，化学的保定が推奨される．多くの小型食肉類は輸送箱やケージに自ら入るように訓練することができる．

安全性に関する事項

保定者への傷害が重要な問題となる．ほとんどの小型食肉類は攻撃的で，追い詰められると反撃してくる．イタチとジャコウネコは特に攻撃的であり機敏で，追われる危機を認識して，素早く反応する．多くの小型食肉類は手を用いて保定するのが難しく，そり返って保定者に噛みつく可能性がある．カワウソ，アライグマ，マングースや他の多くの種では，皮膚がたるんでいるため保定者にとっては余計に取扱いが難しい．

特別な配慮考慮事項

この分類群の動物は，ハズバンダリートレーニングが選択肢となり得ない場合，物理的保定が合理的に実施できるか否かの境界にある．保定者の経験，状況に対する知見，動物の状態，保定目的と用具などがどの方法を選択すべきかを左右する．

分類群 3B：5kg を超える食肉類

推奨される保定法

5kg 以上の食肉目動物を麻酔なしで扱うのは危険である．最も適切な保定法として化学的保定があり，不動化薬を投与する際，よく選択されるのは，遠隔もしくは安全に操作できるスクイーズケージを用いた物理的保定である．可能な限り，保定者は薬剤投与を安易にするためのハズバンダリートレーニングやオペラント条件づけを行う必要がある．ハズバンダリートレーニングは動物（および保定者）へのストレスを大いに軽減することができ，また麻酔量を減らすこともできる．スタッフは麻酔された動物の輸送と治療の間，気道を確保するため，また動物が処置の最中に刺激され発作が起きた時，スタッフを噛みひっかくのを避けるため，常に頭と首の位置に注意する必要がある．訓練を受け，経験豊富である保定者は，麻酔の状態を監視し，必要に応じて獣医師に知らせるために，常に動物の頭部を保持しておく責任がある．

安全性に関する事項

多くの中型および大型食肉目動物の不動化導入期は，保定者と動物の両方にとって危険となる可能性がある．麻酔の初期段階で，動物の気道が塞がるような位置で横たわり，それにより助けが必要になる場合がある．動物が大型もしくは危険な場合，援助のために近づくのが困難なことがある．いくつかの種〔例えば，ホッキョクグマ（*Ursus maritimus*）〕は，麻酔にかかったようなふりをすることが観察されている（Neiffer 私信，Mellen 私信）．麻酔した全ての大型食肉目動物では，麻酔状態を把握し，いつケージに入るのが安全であるかを判断する必要がある．

大型食肉目動物の覚醒と開放時期が最も危険である．大部分の大型食肉目動物は処置終了と覚醒前に嚥下反射が回復するのを注意深く観察する必要がある．動物が挿管されている場合は，この反応が戻るまで挿管チューブをそのままにしておく．スタッフは，動物がチューブを噛み，それを，吸引しないよう注意する必要がある．もし動物が麻酔から覚醒し始め，呼吸に支障をきたした場合，それを援助するためにケージ内に再び入ることは極めて危険である．援助が必要になる場合もあるが，遠隔からのみ支援するべきである．

特別な配慮事項

ほとんどの大型食肉目動物の保定は動物のケージ内で行われ，接近部位も限られているので，必要最小限のスタッフだけがケージ内に入るべきである．全てのスタッフに明確な逃げ道があり，それぞれの逃げ道の外には脱出を援助し必要に応じてドアを開閉する役割を果たすスタッフを配置させる．他の全ての保定処置のように，騒音，光，および他の刺激を最小限に抑える必要がある．歯の損傷を防ぐために，バイトブロックの使用を考慮すべきである．

分類群 4A：5kg 未満の霊長類

ヒト以外の全ての霊長類（nonhuman primates：NHP）の保定は，NHP からヒトへ，そしてヒトから NHP へ疾病伝播の危険性があるため，特に注意が必要である．動物園施設のための米国政府霊長類疾病安全ガイドライン（The U.S. Occupational Primate Disease Safety Guidelines for Zoological Institutions）（www.aazv.org/associations/6442/files/primate_safety_guidelines.cfm）には，ヒト以外の霊長類を管理するための標準的方法が記載されているので，全ての霊長類の保定計画ではこれを参考にして取り入れるべきである．霊長類の保定に関係する全てのスタッフは，疾病のリスクについて精通し，感染のリスクを最小限に抑えるために，適切な技術を身につける訓練を受ける必要がある．適切な保護具は常に着用するべきである．

推奨される保定法

5kg 以下の霊長類には，保定の第一選択として手やネットを用いる．大部分の小型霊長類は機敏で素早く，そして捕えるのがとても難しい．手袋を使用した保定も選択肢の 1 つだが，訓練を受けた保定者のみが行うべきである．素手で保定するべきではない．噛まれたりひっかかれたりする可能性が高く，その場合病気の伝播が深刻な問題となる．

安全性に関する事項

この分類群において，保定者への損傷より動物への大きな損傷のリスクが懸念される．小さい霊長類の器用さと，手と肢の両方で握ることができる能力がさらに懸念材料となる．施設にいる全ての霊長類の健康状態を認知していることが重要である．いくつかの疾病は，人へ深刻な健康危害をもたらす．保定に使用される全ての機器（例えばネット，手袋，および輸送容器）は慎重に洗浄し，毎回使用後に消毒する必要がある．

分類群 4B：5kg を超える霊長類

推奨される保定法

物理的な保定は非常に難しく，特別な状況でかつ絶対に必要でない限り行うべきではない．どのサルの種においても，保定者やサルの両方にとって危険なため，手を用いた保定は適していない．この種は知性があるため精神的ストレスが懸念されるので，仕方なく物理的保定を行うことは選択肢とはなり得ず，避けるべきである．物理的なスクイーズシステム（狭窄檻）は，精神的ストレスを軽減するために行われるハズバンダリートレーニングと一緒に用いることができる．霊長類は自らの手で不動化薬を服用するなど，処置を容易にする多くの行動を学ぶことができる（Colahan & Breder 2003）．多くの大型霊長類は人間の行動に順応しており，訓練と実際の保定の違いを区別することができる．保定の手順に関わる全ての練習や訓練は，ハズバンダリートレーニングの一環として組み込まれておくべきである．日課の変更は，どのようなわずかな変化であっても，動物に訓練ではなく保定が計画されているという合図となる．

安全性に関する事項

大型霊長類はその強さ，機敏さ，そして知性から保定は非常に危険となり得る．この分類群では特に病気の伝播が問題となる．

特別な配慮事項

大型霊長類が麻酔から回復する際，個体が保定者を掴んだり噛んだりするのを防がなくてはならない．回復中，狭い空間に収容しておくことを推奨する．回復中の霊長類が完全に回復する前に何かに登ろうとし，落ちて怪我をする可能性があることから，登るものがないような環境に置いておくのが望ましい．

分類群 5：超大型動物（ゾウ，サイ，キリン，および他の大型ウシ科動物）

推奨される保定法

ほとんどの施設において物理的保定が選択される．様々な特殊なハンドリングと保定装置により，この分類群の動物の処置を安全に実行できる．その大きさと強さのため，処置は人的協力なしに行うことができず，何らかの機械的な補助と，場合によっては化学的保定も視野に入れて行わなければならない．

安全性に関する事項

近代的な物理的保定装置での一番の懸念は，対象となる動物の安全である．人の安全に関しては，動物園のスタッフが適切に訓練を受けていて，装置が試験済みであり，正確に管理されている場合，そこまで問題とはならない．

特別な配慮事項

ハズバンダリートレーニングが重要となる．物理的な枠場の中で保定される動物は，その場所，音，臭い，そして保定装置に慣らされるべきである．これらの動物は合図により落ち着いて自主的に保定領域に入るよう訓練することが重要となる．大型哺乳類の保定装置は，物理的に動物を圧迫するようには設計されておらず，保定者が逃げる空間が制限されているものがほとんどである（図 4-6 と図 4-7 を参照）．保定者は，処置前に動物に必要な空間を見積もり，そしてその後，動物が自ら入れるように保定枠の大きさを調節することを薦める．いくつかの個体では，通過できる大きさの空間に自発的に入ったにもかかわらず，保定枠のあらゆる調節に抵抗する場合がある．

動物の担当スタッフは，緊急時に開放される壁やドアがあることを確認しておくべきである．動物が過度に興奮したり，驚いたり，保定枠の中で活動が低下した場合，すぐにそこから解放する手段が必要となる．

図 4-6　フロリダ州オーランドにあるディズニーアニマルキングダムのキリン（*Giraffa camelopardalis*）の物理的保定と訓練の様子．（ディズニーアニマルキングダム提供，許可を得て掲載）

分類群 6：鯨目，マナティー，および鰭脚類

推奨される保定法

物理的な保定は，第 1 選択肢にはならない．保定は動物が水中で移動可能な程度の深さの場所にいる場合，ハズバンダリートレーニングを行うなどして彼らを水から出す必要がある（Fowler 1995）．その際，ネットや太帯を使用するか，個体に対する処置ができるようになるまでタンクの水を排出する必要がある．

安全性に関する事項

保定された動物の体温上昇や呼吸困難などが主な注意事項である．海生哺乳類は自発呼吸をするので，化学的不動化は危険である．処置の際には個体への傷害を防ぐために慎重に時間を計り，監視する必要がある．鯨類の多くの種は，水の外にいる時でも近くにいる不用心な人に噛みつくだけの能力がある．マナティーは非常に力強く，後ろに転がりこみ，保定者を驚かせ，押さえつける可能性がある．

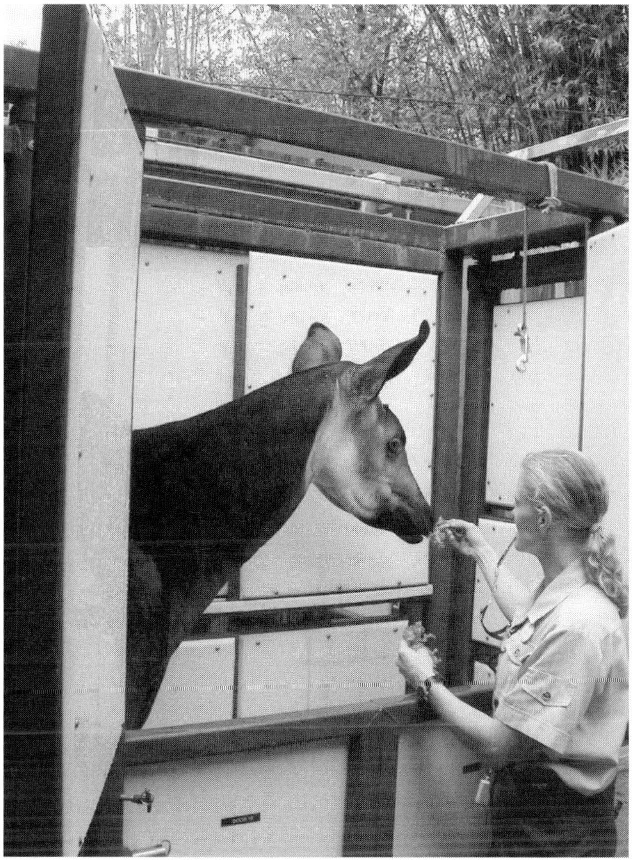

図 4-7　フロリダ州オーランドにあるディズニーアニマルキングダムのオカピ（*Okapia johnstoni*）のバックヤードでの物理的保定訓練の様子．（ディズニーアニマルキングダム提供，許可を得て掲載）

特別な配慮事項

この分類群の動物では，保定の準備と実行にハズバンダリートレーニングが不可欠である．鰭脚類は水の中と外の両方において機敏であるため，物理的保定は難しく，人に傷害を負わせる可能性がある．処置のために通常の状態でマナティーや鯨類を保定しようとしたり，水から外に出して，太帯で激しく動きを制限したりすることは，動物にとって過度のストレスと損傷を負わせる可能性がある．

考察とまとめ

ハズバンダリートレーニング，物理的保定，および薬物を用いる保定は連続しているものととらえるべきであり，そして常に適切な方法またはいくつかの保定法の組合せを検討しておくべきである．保定法は，飼育している動物の管理上で必要な条件を満たすため，常に発展させ進化させ続けるべきである．物理的保定システムの進歩は，ゾウ，サイ，カバ，キリンそして大型ウシ科動物の安全かつ人道的な管理方法を大いに向上させた．薬物療法の進歩は，化学的保定の効果を高め，その結果安全な処置ができるようになった．今日，ハズバンダリートレーニングプログラムが多くの種に対する保定の補助的手段として役立っている．

これらの進歩と同時に，時間が経っても忘れないように，習得した動物の取扱い技術の記憶と記録が重要である．ロープやネットを使用した保定技術の技量を保つには練習が必要で，それらを効果的に実行するには，自信をもつことが大切である．全ての動物飼育者は，これらの多様な手法の熟練のために，公式の研修プログラムを通じてスタッフを訓練するべきである．

保定法の選択の際，常に優先順位を考慮する必要がある．優先順位で第 1 に考えるべきことは，人と動物の安全である．状況，利用可能な資源，そして保定の意義などによっては，最良の保定法が選択肢とならないことがある．できるだけ多くの実行可能な選択肢を考慮しておくことで，柔軟性が生まれ，動物のケアに必要な事柄を満たす施設能力を大きく向上させるだろう．

補遺 4.1

本章に出てきた器材の問合せ先

Fauna Research
8 Bard Avenue
Red Hook, NY 12571-1108
marknmarty@yahoo.com
Manufacturer of handling equipment for nondomestic hoofstock, hydraulic tamer, standard mechanical tamer, giraffe tamer, rhinoceros crates and restraint, bison and large-bovid head gates, etc.

Powder River Livestock Equipment
www.powderriver.com
Manufacturer of livestock chutes and restraint equipment

Fuhrman Diversified Inc.
2912 Bayport Blvd
Seabrook, TX 77586
www.fieldcam.com
Manufacturer of Flexinets and other animal handling and capture equipment

文　献

Colahan, H., and Breder, C. 2003. Primate training at Disney's Animal Kingdom. *J. Appl. Anim. Welf. Sci.* 6:235–46.

Fowler, M. E. 1995. *Restraint and handling of wild and domestic animals*. Ames: Iowa State University Press.

Kleiman, D. G., Allen, M. E., Thompson, K. V., and Lumpkin, S. 1996. *Wild mammals in captivity: Principles and techniques*. Chicago: University of Chicago Press.

Leuthold, W. 1977. *African ungulates*. Berlin: Heidelberg Springer-Verlag.

McKenzie, A. A. 1993. *The capture and care manual: Capture, care, accommodation, and transportation of wild African animals*. Pretoria: Wildlife Decision Support Services CC, South African Veterinary Foundation.

Mellen, J., and MacPhee, M. L. 2000. Framework for planning, documenting and evaluating enrichment programs (and director's, curator's and keeper's roles in the process). In *Annual Conference Proceedings*, 221–27. Silver Spring, MD: American Zoo and Aquarium Association.

Nowak, R. M., and Paradiso, J. L. 1983. *Walker's Mammals of the world*. 4th ed. Baltimore: Johns Hopkins University Press.

Thurmon, J. C., Tranquilli, W. J., and Benson, J. C. 1999. *Essentials of small animal anesthesia and analgesia*. Philadelphia: Lippincott, Williams and Wilkins.

Wilson, D. E., and Reeder, D. M. .1993. *Mammal species of the world*. 2nd ed. Washington, DC: Smithsonian Press.

5

哺乳類の導入と社会化のための体制

David M. Powell

訳：落合知美

はじめに

現代の動物園における最重要事項の 1 つに，飼育施設の新築時や改築時に動物福祉を確保することがある．展示デザイナーは，動物を展示するだけでなく，動物の身体的，心理的ストレスや試練ができるだけ少なくなる施設をつくろうと努力している．

小さな個体群管理の新しい手法では，長期的な遺伝的，人口統計学的健全さを確保するため，経営者が飼育下繁殖について科学的根拠に基づく意思決定ができるようになった（第 19 章参照）．皮肉にも，飼育動物の福祉に貢献すべき管理手法が，動物が新しい環境に置かれたり，馴染みのない個体と同居したりすることで，短期的なストレスになることもある．動物園の職員は，飼育個体群の遺伝的多様性を維持するため，ある個体を他施設へ移動させる必要があるが，移動先でその個体は，繁殖か展示のために新しい環境や見知らぬ個体にさらされることになる．こうした場合，特に新しい施設へ初めて“分散”する場合，動物は今までの縄張りや社会関係を失うためにいつもと違う行動をとるかもしれない．分散は，飼育下や放し飼いの野生動物にとっては，重要な資源の地理的知識に欠けた，見知らぬ仲間が住む環境での，心細い時間である．野生で捕獲し，飼育下に持ち込んだ動物について，Hediger（1964）は，動物は新規で未知の要素と格闘しながら，完全に新しい“主観的世界”をつくらなければならないと記している．施設や群れを移動する個体も，その環境の変化にあわせて主観的世界を変えなければならない．責任者は，こうした慎重にすべき間，動物を注意深く管理しなければならない．

この章では，文献や同僚との会話，個人的な経験をもとに，飼育下哺乳類における導入と社会化を成功させるための，4 つの枠組みを設定した．筆者は，本書初版の Kranz（1996）や Watts and Meder（1996）ほど機械的な手法を取らないが，導入計画の際にはぜひ，これらの章を復習してほしい．筆者は，物理的導入（展示場や居室へ入れるなど）と社会的導入（群れづくりや繁殖群の形成など）はどちらもよく似た特徴をもつが，別々のものだと考える．社会的導入では，行動に欠陥がある個体（人工哺育個体や母性行動に欠けた個体など）を社会化する過程について，簡単に述べるだけにする．Watts and Meder（1996）は以前，霊長類における社会化技術についてうまく概説しており，それ以降，新しい文献が少し追加されただけである．導入におけるそれぞれの段階は，“目標設定”，“配慮すべきこと”，“準備”，“実施行程”という 4 つで構成される．筆者の目標は，動物種ごとの推奨事項を提供することではなく，多様な種で応用できる枠組みを提供することである．

特に霊長類以外の哺乳類においては，導入や社会化の技術について公表されている情報は未だに少ない（Kranz1996）．文献調査から分かるのは，わずかに存在する普遍原理を導入や社会化に応用すべきだということである．この章でもそれを強調したい．筆者は，動物の責任者がより広い経験（専門雑誌や学会の要旨集，飼育マニュアルなど）を共有するよう薦める．綿密に練られた調査研究は，動物の導入などの専門家が集めた経験を共有するための貴重な手法となる．これらの研究結果は，専門誌に掲載し，ガイドラインに追加すべきである．Lindburg and

Robinson の論文（1986）には，飼育動物の社会的導入計画についての貴重な情報が掲載されている．

物理的導入

新しい場所への移動は，見知らぬ個体との同居と一緒に行われる可能性もある．この節では，新しい場所への個体や群れの移動計画について焦点をあてる．

目標設定

最初に，新しい物理的空間へ導入することについての長期的，短期的目標を設定するとよい．長期目標により望ましい最終結果が明確になり，短期目標により実施時の1歩1歩が分かりやすくなる．物理的導入での長期目標は，通常，動物が新しい生活環境の全てを心地良いと感じ，ストレスと苦痛ができるだけ少ないかたちで新しい管理方法に慣れることである．これに関する短期目標は，飼育施設の順応や飼育方法や飼育係への慣れ，ある場所から他の場所への簡単な移動（展示場への行き来など），展示場の境界線への慣れ，隣り合う展示場の動物や特定のストレスからの脱感作（来園者集団や重機，遊園地の乗り物など）などだろう．それぞれの目標に合わせ，失敗しそうな導入の中止を決める基準など，目標が達成したか判断する終了地点や決定基準について決めておかなければならない．

動物の飼育班は，導入失敗の理由を慎重に考察し，これらを妨害したと思われるものを取り除く作業を行わなければならない．動物生態学や個体経歴についての知識は，前進か，成功か失敗かを判断する基準づくりの役に立つ．導入時の動物の行動を監視するために，動物飼育班は神経質になるべきであり，その動物種が苦痛時に行う行動を記録すべきである．同様に，良い指標（展示場で寝る，遊ぶ，採食するなど）も記録するべきだ．班員全員が，この集中的な監視の終了時期の基準を理解しておかなければならない．

目標は動物責任者か飼育職員らにより設定されるかもしれない．たとえ特定の個人だけで目標を設定する場合でも，動物飼育班の全員（キュレーター，監督者，飼育係）がそれについて意見を言える機会をつくるべきである．飼育係は，その施設の各個体について最も深い知識をもっており，その情報は導入や社会化の計画を立てる際に必須である．

配慮すべきこと

導入にむけた短期的，長期的目標を設定するには，その動物種自身のことはもちろん，その他のたくさんの要素に配慮する必要がある．最初に，その動物種の移動や体力，敏捷性，知力はどのくらいだろうか．これらの多くは，すでに施設の新築時や改築時における設計や建設の段階で考えられたと思われるが，これらの能力を再検討することで，問題が明らかになることもある．例えば，ある種のサルを以前他種のサルを飼育していた展示用の島に放す時，動物園の職員は動物の逃亡と危険について再評価する必要があった．

有蹄類は放飼場間を行き来するかもしれない．大型動物向けに開発された保定器具は，小型動物には使えないかもしれないし，その逆も同様である．捕まえやすく，子が放飼場から逃げないぐらい小さな柵をつくるべきだろうか．

動機により，動物の能力は高まる．危険を感じた動物は，通常では飛べない距離を飛んだり，登れない壁をよじ登ったりする（Hediger 1964）．ストレスがかかると，動物は予想できない危険を冒すこともある（堀へ飛び込むとか，電柵をよじ登るとか）．こうした最悪のシナリオは，施設の設計時に考えるべきであるし，職員はこれらの万一の場合にも対応できるよう準備しておかなければならない．

動物種の行動的特徴や生態学的地位，気質についても考える必要がある．その種が捕食者か被捕食者か，探究的か臆病かといった情報は，新しい物理的空間にどのように適応するか，時には新しい放飼場に入った時の最初の反応は何かといった，より重要な情報に影響する．例えば，有蹄類は一般的に逃げようとする傾向があり，食肉類の多くは隠れようとする傾向がある．生態的地位を理解することで，どの種の刺激がその動物種に強いストレスを与えるか（例えば，Grandin and Johnson 2005）が予想しやすくなり，動物が恐怖を感じた時にどこに逃げ込むかが分かる．動物が縄張りをもつ傾向があるかどうかも，新しい空間への適応に影響するだろう．

その動物種の生態について正しく学んだ後は，導入に関わる各個体の経歴や気質についても考慮する必要がある．その個体の群れ内の順位はどうか．特に“臆病”な個体ではないか．今までに脱走を試みた経歴はないか．個体の成長や発達の中で，関係のある重要な経歴はないか．ブロンクス動物園では，モウコノウマ（*Equus caballus przewalskii*）の雌の群れを，岩場のある広くて森のような放飼場に入れた．懸案事項の1つが，モウコノウマが新しい展示場を初めて経験した時に岩場に沿って逃げ，怪我をしてしまわないかということだった．今までの経験から，これらの雌たちは人が周りにいると落ち着いた態度を示すことが分かっていたので，初めて展示場に出す日には，物理的な障害を使ってウマたちをその場所から締め出すのではなく, 心理的な障害として飼育職員が丘の衝立となった.

他施設から動物を受け入れる際には，その個体の経歴だけでなく，暮らしていた施設の詳細についても教えてもらえるよう, 前施設にお願いすることが重要である．例えば，ある動物園では動物の多くがガラスや電柵（電線）を経験したことがなかった．そのため導入計画には，動物がこれらの障害を認識し理解して，避けるようにする過程を取り入れた．

職員の確保は，重要な検討事項である．導入の間，新しい展示場に早く慣れるよう注意深く動物を観察する適当な職員が必要である．動物により数時間，時には丸 1 日観察する必要があるかもしれない．動物を監視する職員は，その動物種の行動に詳しく，動物の行動を解釈し，問題を予測できなければならない．

準　備

職　員

物理的導入を実施するには，今後全ての段階で関わる職員を揃えると同時に，導入前にすぐに行うべき追加準備がたくさんある．最初に，誰もが班のリーダーは誰か，つまりセッションの終了や他の方法に切り替える決定を誰がするかを理解しておかなければならない．班のリーダーは，全員が導入過程での潜在的成果を理解しているか確認し，全班員が反応や干渉手順に同意しているかを確認しておかなければならない．例えば，負の強化（消火器やホース，騒音をたてるものなど）が動物の行動変化に使えるかもしれない．全班員がこれらの技術を容易に使いこなせるよう訓練すべきである．もし，動物が正の強化のトレーニングをしているのなら（第 26 章参照），トレーニングが導入の間，動物たちを静かにさせておくのに使えるかもしれない．しかし，動物の怪我を避けるために単独にすることに頼るべきではない．

導入の目標は，動物の行動（冷静か，動きすぎていないかなど）や，ある時間基準（30 分間だけ動物を展示場に出すなど），その他の要因で評価するだろう．班員は，たとえ最終決定する人がいなくても，セッションがいつ終わり，どのように導入が進むかについて知っておく必要がある．すでに触れたモウコノウマ導入の最初の過程では，雌たちをバックヤード収容前の 10 分間だけ展示場で過ごさせた．雌はストレス行動を示さなかったが，バックヤードに確実に戻ろうとしたため，班のリーダーはすぐにセッションの終了を決めた．雌はバックヤードに帰ると，バックヤードに帰る行動を強化するための餌をすぐに食べた．

リーダーは, セッションの基本データ（例えば, セッションの長さ，動物の反応，動物を落ち着かせるために使ったものなど）を集めて記録し，まとめるよう，ある班員に責任を与え，データを班員内で共有し，将来の導入にも利用できるようにすべきである．

協力者

動物の飼育職員に加え，動物園の他の部署にもこの状況について通達し，頼るべきである．獣医師は，潜在的に危険な動物を展示場に導入する時に，了解し立ち会うべきだろう（不動化が必要な場合もある）．動物の多くは獣医師に対して拒否的な反応を取るので，獣医師はできるだけ必要があるまで動物の視野外で待機するとよい．獣医師は導入計画に貢献できるが，最終判断は管理者にゆだねるべきである．銃を使う免許のある適切な職員は，新しい放飼場から動物が逃げた場合に備えて，立ち会うことになるかもしれない．動物園の警備員は，導入現場から来園者を誘導する助けになるかもしれない．もし，導入時に来園者を展示場に近づけないようにするのなら，受付や広報部の職員にも周知しておくべきだろう．

新しい展示場への導入は，時にまれで興味深い行動が観察される機会である．カメラマンにより写真やビデオでこの過程を記録しておけば，広報や宣伝に使うことのできる媒体の提供に役立つかもしれない．研究員も，これらの行動や次段階へ改善するのに利用することのできる記録を取ることができる（例えば Burks et al. 2004）．ある動物では，新しい放飼場への導入はストレスになり，多くの人々の存在は圧倒させるかもしれないので，動物たちはあらかじめ見える職員たちに慣らしておくべきである．導入の間，追加補助職員は，見えないが連絡は取れる（無線などで）所に待機する．

施　設

放飼場や居室は，導入を行う前に複数の人が注意深く調べる．特にその施設が本来他の動物種のために建設されたものなら，なおさらである．全ての障壁が，安全で壊れた箇所がなく，潜在的な逃走経路を取り除いたものであるべきである．来園者用の観察場所は，動物からは逃走経路に見えるかもしれないし，来園者の存在は最初，ストレスかもしれない．他の展示場からの動物の視線もストレスになるかもしれない．Kranz（1996）は，動物が新しい放飼場に順応するまで，これらの空間に一時的に目隠しすることを薦めている．

動物園の展示では，二次的抑制の 1 つとして，もしくはある空間から締め出すために，電気柵もしくは電線を使うこともある．職員は毎日全ての電線を調べ検査すべきである．電線に慣れていない動物は，まだ古い放飼場にいるかもしくは屋内の居室にいる間に，電線パネルをはっきり分かるようにして設置し，事前に経験させておくとよいだろう（例えばCowan 1998）. これは常に必要とは限らない. ワシントンDCにあるスミソニアン国立動物園では，ジャイアントパンダ（*Ailuropoda melanoleuca*）が，様々な種類の電線について未経験だったにもかかわらず，新しい放飼場に入って最初の週に，放飼場内の電線や自然風の“電気蔓”を認識し避けることを覚えた（図5-1）. 動物たちは，餌でおびきよせられ，電線に注意することを学ぶかもしれない. もし，動物が電線に触れに来るようなら，簡単に逃走経路となるだろう. 放飼場の設計段階で，複雑な電線を使った展示場の形は避けるべきである. McKillop and Sibly（1988）は，野生動物への電気柵利用へのデザインについてうまく要約し，動物がそれを認識し避けるような訓練について記載している.

新しい放飼場では，移動手段や施錠も，適切に機能させ，給餌器や給水器も使用できる状態にしておく. 建物で使う機械設備は安全性を確かめ（ボルトやナットの溶接など），新築や改築で残った異質なもの（ガラスや釘，木材など）は取り除く. 主な園芸や保守管理は，導入前に完成させるか，動物たちの順応後まで延期すべきである.

展示場の境界を明確にすることは重要である. 有蹄類は，驚くとフェンスや堀に突っ込む傾向がある（Farst et al. 1980, Kranz et al. 1984）. フェンスは，麻袋や目隠し布で隠すか，プラスチックの旗を所々に取り付ける（図5-2）. 堀の端も，何らかの方法で目立たせるべきだろう. モウコノウマの導入では，動物園の職員は飛び越えてしまうと危ない展示場内の場所に，動物を近づかせないようにした. ガラス壁は，紙でおおったり，テープで印をつけたり，石鹸で不透明にするなどして目立つようにする. これらの目印になるものをガラスの内側か外側どちらに置くかは（Kranz 1996），ガラス越しの来園者の視線や，動物が目印に関わろうとする程度次第である. 動物側のガラスを紙でおおえば，導入初期に来園者からの視線を制限した状態で，新しい個体を入れることができる.

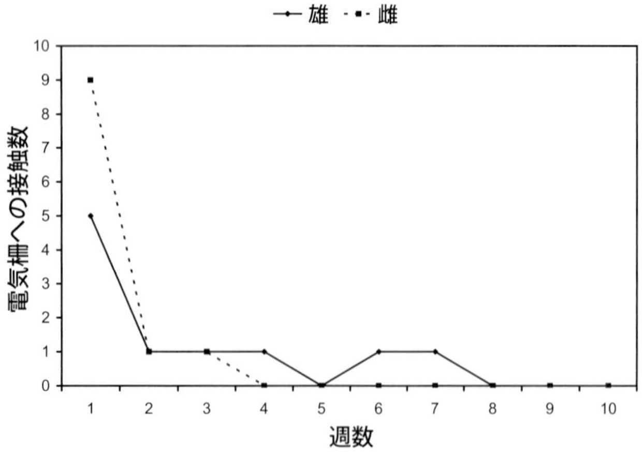

図5-1　ワシントンDCにあるスミソニアン国立動物園では，ジャイアントパンダの雄と雌がすぐに放飼場の電気柵（蔓に似せたものもある）を認識し，避けることを覚えた.（Powell, D. M., Kleiman, D. G., and Beck, B. B. 未発表）

導入前に放飼場内に環境エンリッチメントを行うことで，不安を軽減し，気をそらす機会を与え，ストレスから起こる争いを避けることができる. 巣箱や日陰，止まり木，餌箱といった重要なものは，動物各個体が利用できるように与える. 糞や尿，巣箱，玩具，ベッドを居室から展示場に移動して，展示場を動物がより馴染みやすくしてもよい（Kranz1996）. 動物を落ち着かせ，居室に戻る時の褒美に，報酬やおやつを利用することもできる.

実施行程

タイミング

導入は，すぐに進む場合もあれば，数か月かかる場合もある. そのため，導入手順には，成功までの十分な時間を含めるようにする. 建設や管理，園芸の仕事は全て，新しい放飼場への導入前に完成させる. 動物たちは，新しい放飼場や1日の日課に順応するのに少なくとも1か月かかる. 導入を急ぐと動物が怪我をしたり，動物の飼育管理の問題が出たり（例えば，動物を時間内に出し入れするなど），先延ばしになったりする可能性もあるので，できるだけ新しい放飼場は開放した状態にし続けるべきである. 動物園の受付や広報関係，開発，販売部門は，これらの拘束事項について関心をもち，報道発表や広報宣伝，特別な寄付行事の開催日程について計画を立てなければならない. 屋外での導入は，動物の体温上昇や低下に配慮し，極端な気温にならない時に実施する. 哺乳類の導入計画は，温暖な季節の動物園開園前の朝に実施されることが多い. 朝は，来園者や乗り物，遊園地の騒音といった外部ストレスがほとんどない. 早朝から行うことで，監視時間も十分に確保でき，来園者の存在がない状態で予測できない出来事に対応することができ，閉園時間前に動物を収容場所に戻せる可能性が高くなる.

職　員

導入の際には，適正な人数の質の高い職員が求められる. 導入の初期過程では，動物の監視職員はもちろん，動物と友好な関係を築いている飼育係と，個体についての細かい知識が必要となる.

図 5-2　ニューヨークのブロンクス動物園では，有蹄類が放飼場の境界を認識しやすいよう黄色のプラスチック旗を使っている．その旗は，通常数週間ごとに移動させている（撮影：Julie Larsen Maher，Wildlife Conservation Society の許可を得て掲載）．

監　視

導入時には，動物を複数の場所から観察し，すぐにスライドドアを操作できる人が必要である．観察者たちは無線で連絡を取る．関わる誰もが，ストレスや異常行動といった動物の行動パターンについてよく知っておく必要がある．観察者は展示場についてよく理解し，水場や展示場の設備から動物を助けるなどといった，介入を助ける準備をする．網やロープなどの介入時に必要なものをすぐに使えるよう準備する．新しく導入した動物では，最初の1週間は詳細に監視する必要があるが，班員同士でこのスケジュールを変更したり見直したりすることもできる．

動物と環境の管理

いくつかの動物管理ガイドラインが，導入時のたくさんの動物種に適応できるだろう．第1段階では，動物は収容施設に自由に出入りできるようにすべきである．もし，動物が最初の日に新しい展示場に数分しか滞在しなくても，無理に出すべきではなく，収容場所に帰ってきた時に褒美をあげ，その日の試みは終了する．第2段階は，展示場に少しの餌を置くが，収容場所に戻らせるために展示場では大部分の餌は食べられないようにする．第3段階は，導入を動物園の閉園前に終わらせ，職員が発生した問題を解決する時間を十分にとれるようにする．その段階の最後には積極的に導入が終了するような機会をつくる．最終段階では動物が展示場や日常業務に慣れた後に，外部ストレスを導入する．モウコノウマの場合，雌たちが新しい展示場と日常業務に慣れた後に，その展示場の近くを走っていた列車を動かした．

計画の調整とその評価

導入作業の進行について，班員と日常的に議論し，他の部門といつ応用できるかについて情報を共有しておく．班員は，どのように進め，問題を解決し，どの程度の監視が妥当かについての合意を得ておく．もし，問題が発生し目標が変更されても達成することができるよう，“導入の成功”についての基準や定義を復習しておく．必要な時には計画を見直すという柔軟性も重要である．Lindburg and Robinson（1986）は，計画を見直す時に使用できる導入時のデータ記録用サンプルシートについて紹介している．

社会的導入と社会化

動物が導入されるのは，繁殖のため，新しい群れをつくるため，既存の群れに入るため，以前暮らしていた群れに戻るためである．社会化は，動物が繁殖や育子行動という最終目的のため，もしくは単により自然な社会的状況に適応して暮らすための，適当な社会的技術を学ぶ過程である．哺乳類では，母子関係は成熟してからの社会行動を発達させるために重要な役割を果たす．母親から子を引き離すということは，どんな時も避けなければならない（Watts et al. 1996）．発達期の不適当な社会化は，生涯における育子，繁殖，社会行動の発現に深刻な影響を与える（Harlow et al. 1962，Sackett 1965，Suomi et al. 1971）．

社会的導入や社会化について発表された論文のほとんどがヒト以外の霊長類に焦点を当てているのは，哺乳類の中でも最も複雑な社会的変化を見せるからである．そのため，霊長類から学んだ基礎や技術を，他の種に適応し，応用することができる．

目標設定

社会的導入や社会化の過程では，短期目標と長期目標を設定する必要がある．例えば，非繁殖群での長期目標は，基本的に融和した状態で健康状態も良く，体重も維持する，というものかもしれない．社会化の短期目標は群れになじむことで，長期目標は社会行動や繁殖，育子行動を種本来のレベルにすることかもしれない．母性行動に欠点のある雌での長期目標は，適当な育子行動であり，短期目標は養子に対して適当な母性行動を見せ，飼育係が差し出す餌を子に与えるのを許すことかもしれない．

身体的導入の多くは，最終的には成功するかもしれないが，社会的導入では全く成功しない場合もある．失敗は単に仲間の選択が悪い場合もあれば，個体の行動に問題があることもある〔例えば，極端に怖がりだったり攻撃的だったり，社会的に不適当だったり，“個体嫌悪”だったり（Hediger 1964）〕．アトランタ動物園では，繁殖を目的として新しいシルバーバックのゴリラ（*Gorilla gorilla*）を11頭の雌の群れに導入した．導入後約7か月で，11頭中10頭への導入には成功したが，残る1頭の雌だけは常に攻撃的だった．筆者らはその1頭の雌を他の群れに移動し，シルバーバックと10頭の雌で仲の良い群れをつくった．

配慮すべきこと

社会的導入でも，物理的導入の際に考慮すべき要因の多くを評価するべきであり，その種の自然史や行動，生態について理解することから始める．その動物種の生物学に詳しい生物学者に専門的アドバイスをもらうとよいだろう．経験のない動物種を受け入れる際には，飼育係は基本管理や行動を学ぶために，その種を飼育する施設もしくは動物搬出元の施設を訪問すべきである．

もし繁殖が動物のための長期目標の場合は，その種の繁殖行動や群れ社会，順位関係を理解することは，その個体が新しい動物にとって競争相手か攻撃相手か癒し相手かを，飼育職員が予想するためにとても重要である．もし，新しい個体を繁殖の競争相手とみなすようなら，その群れから少年期や青年期の個体を，一時的にもしくは永続的に移動させることになるかもしれない．

社会的順位が，群れにうまく馴染めるかどうかに影響するかもしれない．最終的に大きな群れに導入させたい場合，新規個体を最も優位な個体と仲良くさせると好都合な場合がよくある．旧世界ザルの雌において，新しい群れに入る時に劣位だったので，最初に雄に合わせて雄の支持を得られるようにしてから群れに導入した．

性別に関係なく，群れのメンバーの経歴が，ある個体が新しい群れのメンバーになることができるかどうかに影響を与えるかもしれない．最初に出会わす個体を上手く選ぶことで，すでに導入を経験したことのある複数の個体が仲間になったり，静かな状態になったりすることもある．もし，新しい個体に対して攻撃的なメンバーがいるのなら，導入前に新メンバーと仲良くさせる必要があるのかもしれない．こうした配慮は，新しい個体が雌雄どちらでも導入時に応用することができる．

既存の雌群に新しいシルバーバックのゴリラを導入する際，雄の気質が最初に会わせた雌の見識に影響を与えるということを筆者らは発見した．攻撃的な雄は，最も優位な雌と最初に出会わせるとよいが，もし新しい雄が簡単に怖気づいたり臆病になったりするようなら，最も劣位な雌と最初に出会わせるべきだろう．個体の気質についての知識は，導入をどのように行うべきか決定する際にも利用できる（以下，「実施行程」の項を参照）．

特に繁殖周期が関わる場合には，導入の時期もまた重要である．例えば，Alford et al.（1995）は，雌のチンパンジー（*Pan troglodytes*）が発情している時にだけ雄と出会わせた．一方，Bloomsmith, Lambeth, and Alford（1991）やMcNary（1992）は，発情雌は攻撃的で積極的な傾向があるので，雌を導入する際には，発情期を避けた方がよいとしている．ブロンクス動物園で行った雄と雌のアカキノボリカンガルー（*Dendrolagus matschiei*）の導入では，雌たちの発情が一致した時に最も成功した．

社会的導入の際には，縄張り性についても考慮しなくてはならない．雄も雌も，好みの休憩場所や止まり木，洞穴といった展示場の場所，もしくは展示場全体を縄張りにしているかもしれない．すでに縄張りができた社会的な群れに個体を導入する際には，最初に群れのメンバーがいない状態で新しい個体（たち）が探索行動できるようにするとよいだろう．こうした方法により，新しい個体に餌や水といった資源の場所を示し，確立した群れ個体からの嫌がらせを避けやすくする．また，新しい個体は物理的空間の音や匂いにさらされながら他の個体と親しくならなければならない．最初の社会的導入では，縄張り性は新しい個体（たち）にとっては不利な条件となるので，できるだけ中立な環境（例えば，掃除後の居室など）で行うべきである．

哺乳類の導入時に一般的にみられる1つの要素は，以前の慣れ親しんだ空間や仲間が多いほど成功する可能性が高まるということである．全く未知の個体への導入は，強いストレスやけんか，怪我を引き起こし，時には死に至ることもある．多くの哺乳類で，実際に初めて未知の個体に出会うのは，その個体直接ではなく，その匂いや音だろう．哺乳類のなかには性別や年齢，繁殖周期，時には体の大きさを匂いで確認できる種もいる（例えば，ジャイアントパンダなど．Swaisgood et al. 1999，Swaisgood et al. 2000，Swaisgood et al. 2002，White et al. 2002, 2003）．そのため，動物ができるだけ様々な方法で最初の接触をできるようにすることが重要である．

ある動物種では，新規導入や既存の群れに関係なく，ある個体が社会的群れの中から追い出されることがあるかもれない〔例えば，マングース類（*Helogale*，*Mungos*，*Crossarchus*，*Cynictis*，*Suricata* spp.）：Rasa1975，アグーチ類（*Dasyprocta* spp.）：Meritt 1978〕．これらの個体が群れに戻れることはめったにないので，段階的な導入の過程を踏み，群れの動向を詳しく見定める必要がある．Craig（2007）は，新しい雄のミーアキャット（*Suricata suricatta*）を繁殖雄がいなくなった群れに導入した成功例について記載している．

準　備

社会的導入の際の準備は，上記の物理的導入で書いた内容とよく似ている．追加事項として職員や施設，動物についての概要を以下に示す．

職　員

社会的導入は攻撃を伴うので，全ての職員は異なる攻撃程度に関わる行動様式（例えば，体の動きや体勢，鳴き声など）に気をつけ，特に通常と過度の攻撃行動の違いについてよく理解しなければならない．導入時にある個体を他の個体から分離したり，ある個体にちょっとしたトレーニングをするといった正の強化トレーニングを使うことで，攻撃が減少するかもしれない．トレーニングは，飼育下チンパンジーの給餌時の攻撃を抑えたり（Bloomsmith et al. 1994），ビントロング（*Arctictis binturong*）の社会的導入

（Goulart 2002）などで使われている．また一方で，嫌悪刺激（騒音をたてたり，ホースや炭酸ガスの消火器を使うなど）が，動物の気をそらせたり，けんかする個体を引き離すのに必要かもしれない．全ての班員が，これらの用具の使い方を理解しておくべきである．

時には物理的介入も必要になる．そのために職員は適当な用具を身に着け，動物を安全に捕獲したり保定したりするための練習を行い（第4章参照），班のリーダーは攻撃がひどくなった時に指示する権限をもっておく．導入後の評価の過程で，職員は変化が過程の改善になったかについて決定することができる．

施　設

社会的導入を行う際の施設は，利用できる空間に基づき，個体をすぐに引き離すことができるものを選ぶ必要がある．展示場はふつう非展示空間より広いが，動物に介入したり引き離したりするのが難しいので，導入を試す場所としてはあまり良い場所ではない．ある動物種〔インドサイ（*Rhinoceros unicornis*）など〕の求愛行動はとても攻撃的で危険なので，責任者は最大限動物を制御できる非展示空間で，排他的に繁殖個体を拘束する処置を取ることもある．

屋内の非展示施設は複数の扉があることが多いので，導入場所として良い選択かもしれない．複数の連結ケージは最大限の空間を利用できる．全ての扉が正しく動くことを確認しておく．目隠しを設置することでストレスの軽減に役立つこともある．樹上性の動物は，滞在できる樹上の空間と，それらの場所から移動できる複数の経路が必要である．小型哺乳類の展示場では，導入に利用できる空間が1つだけかもしれないので，異なる導入過程をとることが推奨される（後述の「実施行程」参照）．

放飼場は，エンリッチメントをし，気をそらすための様々なものを設置する（第6章と第15章を参照）．もし食べ物が使えるのなら余分に食べ物を与え，あらかじめ藁や牧草，その他素材の中にたくさんの小さな餌（種や木の実など）を放飼場中にばら撒いて，動物が食べ物を探したり拾ったりすることで闘争を防ぐとよいだろう．Craig（2007）は，ミーアキャットの導入時に食べ物を与えることで動物たちが一緒に餌を探し，社会的結束感の確立に役立ったと報告している．ベッドの素材を十分与えることで，動物たちはそれぞれに好きな場所で離れて寝ることができた（Wharton 1986）．

直接接触する導入時には，動物が捕まえられたり怪我をしたりする場所（堀や巣箱，小さな囲いなど）へ接近する手段を防いでおく（McCaskill 1997，Law et al. 1998，Goulart 2002）．一方，ある動物種では，寝床は絶好の避難所となる．飼育職員は，これらの空間へ接近できるようにするかしないかについて，特に小型哺乳類で制限した空間で過度な攻撃が起こった場合に，すぐに効果的に介在できるかどうかに基づき決定しなければならない．

動　物

導入時のストレスにより以前の潜在的な病気を引き起こしてしまうかもしれないので，導入や社会化を始める前に，新着個体や既存個体など全ての個体が健康であることを確認しなければならない．

哺乳類の導入時には，特に霊長類や有蹄類に対しては，薬剤が使われることがある（チンパンジーとゴリラ：Moran et al. 1993，有蹄類：Ebedes et al. 1999）．薬は，期待する効果に従って選択する．ある処方では攻撃性が減少し，ある個体では恐怖心が減少した．一時的に薬を利用することの目標は，動物が新しい刺激に慣れ，導入が進むということだろう．専門家による助言も推奨される．

社会的導入を行う前に，飼育係は動物の体のある特徴に工夫を加えることもある．例えば，有蹄類の角は導入の過程で傷がつかないよう，ゴムホースで保護するとよい．ある動物種では，派手な生殖器の皮膚の色で順位を示すようだ．Gerald and Weiss, Ayala（2006）は，生殖器の色を塗って明暗差を増加させることで，サバンナモンキー（*Chlorocebus pygerythrus*）の雄2個体間の攻撃が少なくなった，という効果を得た．

実施行程

たくさんの種類の哺乳類において，完全接触の導入前に，少なくとも2つの段階が取られている．それは，感覚接触段階と限定接触段階である．Burks et al. の研究（2004）では，実際触れることのない感覚接触段階（動物が他個体を見て匂いを嗅ぎ，音を聞くけれど接触できない状態など）から，限定接触段階（動物が柵越しに他個体に接触できるなど），完全接触段階への移行は，飼育下のアフリカゾウ（*Loxodonta africana*）の群れづくりの過程において，無作為にこれらの段階を行うよりも，攻撃やストレスをより効果的に管理できたと報告している．

つまり，最初は非接触の感覚段階（Andrews 1998）で，他の個体が見える状態で慣れた放飼場を入れ替えるなどして（Law et al. 1998），親密さを確立する．匂いは，放飼場にある糞や尿，匂いづけした物やベッドを交換することで，ある放飼場から他の場所に移動させることができる（Gouslart 2002）．

いったん視覚，嗅覚，聴覚の接触が確立したら，フェンスや格子などといった障害物越しの限定接触を許すべきだろう．接触方法が制限される網格子を使い，展示場の扉越しに行う．網越しのけんかで怪我をするのを防ぐために，開口部は小さくしたものを使うとよい．正の強化トレーニングは，完全接触導入時によく利用されるが，この段階でも個体を安全に他個体の隣に座らせることに利用できる．ある種の動物では相手に触れたいという気持ちが強すぎて，実際に大きなストレスになってしまうことがあるので，扉越しの同居の過程は必ずしも必要ではない．ブロンクス動物園でコツメカワウソ（*Aonyx cinerea*）の繁殖ペアをつくる時，動物たちがあまりにも他個体との接触を恐れるので，興奮しすぎないよう障害物越しに最初に接触導入を行った．同様に既存の群れに新しいミーアキャットの雄を導入する際，Craig（2007）は，新規個体と群れが互いに強い興味をもっていたため，当初の計画よりも早く視覚，嗅覚，限定接触という過程を進めた．

小型哺乳類の展示場の多くは，正面がガラスで，壁がコンクリートの小さな部屋，展示外空間はないという状態なので，一時的に障害物で区切る必要があるかもしれない．ブロンクス動物園でネズミを導入する時には，段ボールを使って放飼場を区切り，嗅覚，聴覚接触を最初に行い，障害物越しに噛むことで動物が最初の接触をできるようにした．接触を制限するには“檻の中の檻”〔“こんにちは檻（howdy cage）”と呼ばれることもある〕が使われることもある．これは，新規個体を小さな檻に入れて，既存の施設に置くことである．この方法は，多くの小型哺乳類で利用され，成功している〔シマクサマウス（*Lemniscomys barbarus*）：Wharton 1986，オオフクロネコ（*Dasyurus maculatus*）：Conway 1988，アグーチ類（*Dasyprocta* spp.）：Meritt 1988〕．ブロンクス動物園では，ロドリゲスオオコウモリ（*Pteropus rodricensis*）の雄の群れをつくる時に，新規個体をそれぞれ檻に入れて3～5日間，自由飛行空間にぶら下げ，個体を群れに導入することに成功した．

居室の構造によっては，視覚，嗅覚，限定接触導入が同時に働くこともある．クロサイ（*Diceros bicornis*）はこの方法で完全接触の繁殖導入を行い成功した（McCaskill 1997）．雄のタテガミオオカミ（*Chrysocyon brachyurus*）を子と同居させる際には，雄と子たちをいっせいに視覚，聴覚，限定接触を行った．この段階の間，雄に攻撃的な行動は観察されず，全ての雌も静かなままだった（Bestelmeyer 1999）．

身体の完全接触導入は，互いが隣り合わせに飼育された限定接触の時に，動物たちに攻撃行動や恐怖行動が見られなくなってから行うべきである（例えば，Rasa 1975）．格子越しに親和行動や遊びが観察されるべきだ，という管理者もいる（例えば，Alford et al. 1975）．しかし，完全導入段階でひどく攻撃的な行動が発生することもあるので，職員は導入を直接観察し，介入の準備をしておかなければならない．導入を観察する職員の数は，効果的な介入を行うのに必要な人数にとどめるべきである．

導入の完全接触段階は，その実行という観点からも最も多様である．例えば，ある個体が展示場全体を縄張りとして主張するのを避けるために（Hedier 1964），展示場にどの個体も入れたことのない状態で，一度に全ての個体を入れるのがよいかもしれない（Andrews 1998）．また，動物を正面切って会わせるより周りを探索させる方が，攻撃は減少するかもしれない．最終的に，同時に新しい環境に置かれると，初体験の個体同士で接触しようとするかもしれない．

もし完全接触導入と新しい放飼場を経験することによって，受け入れられないほどのストレスを増やしてしまうなら，動物を放飼場に1個体ずつ導入させるという方法もある．臆病で服従的な個体を新規の仲間の中に導入する時は，臆病な個体を放飼場から置き換えないまま導入を行うとよいかもしれない．野生では，雄は雌よりも導入時に攻撃的になりやすいので，動物園生物学者は雌たちの檻で物理的導入を行うことで，雄に対する優先権を雌たちに与えるようアドバイスするべきである．

既存の群れへ個体を導入する時，新規個体を同時に全ての群れのメンバーの中に入れるか，1個体もしくは小さな群れで導入を行うかの結論は，動物種やその状況によって異なる．霊長類の導入では，群れ全体で出合わせる前に少なくとも群れの何頭かと親和的な関係を築く機会を新規個体に与えるため，後者の方法をとることが多い（McDonald 1994，Alford et al. 1995，Brent et al. 1997，Meshik 1999）．優劣順位が強かったり社会階級のある種では，群れの一部への導入は，社会階級が混乱し，何気なくつくったサブグループも再び形成できなくなることがある〔ハダカデバネズミ（*Heterocephalus glaber*）など〕．

導入過程における動物による進展は，導入の速度やタイミングの案内になる．成功は比較的すぐ（数日～1週間）に得られるかもしれないし，とてもゆっくり（1か月～1年）かもしれない．最初の完全接触導入は時間を短くして，動物園の職員はよい方向で取り組みが終わるように心がける（動物が自発的に離れた時など）．次の試みでは，動物の反応をもとに延長していくが，たとえちょっとした遅延がその進展を戻したとしても，導入の試みは一貫して継続するべきである（Andrews 1998）．日中複数の仲間と一緒に過ごし，常に他個体と融和的で，仲間やその環境を全ての個体が心地よいと感じているように思えるまでは，動物の夜間の導入を行うべきではない．全ての個体が普通に採食し，休息できるようになるまで，夜間の導入は避ける．

小型哺乳類の導入では，たとえ 2 ～ 3 週間の中断でもその過程を遅らせることになるかもしれないので，ほとんど職員がいない週末でも導入を継続するとよい．ブロンクス動物園では，人工哺育したダマラランドデバネズミ（*Cryptomys damarensis*）の雌を，その両親と 4 頭の子と同居させる時，端が金属ネットの連結チューブの巣箱に雌を入れ，1 週間群れの仲間が暮らす放飼場の中に置いた．その週は，雌と群れのメンバーの対面は放飼場の間で行われた．1 週間後，雌は群れに戻されたが，先輩飼育係が非番の週末はそこから外された．再び群れに戻そうとした時に，群れのメンバーは彼女を攻撃したので，その過程を再スタートさせるしかなかった．

導入を昼に行うのか夜に行うのかが，もう 1 つの問題である．ネコ科の動物の多くは，夜行性か薄暮性で，同種での闘争は夜や夜明け，夕方といった職員が不在で目撃しにくい時間帯に行われる（Andrews 1988）．そのため，夜間，動物を分離している施設もある．繁殖を目的としたウンピョウ（*Neofelis nebulosa*）の導入は，雄が繁殖相手に殺されたり深刻な怪我を負わされるなど，難しいことで有名である（Law 1991，Mellen 1991，Kitchener 1999）．グラスゴー動物園では，以前に繁殖相手から攻撃を受けたウンピョウの同居に成功した．飼育係はだんだんと段階的に同居を進めたが，夜間，雌は決して雄を受け入れることはなかった（Law et al. 1998）．

採食に関わる導入のタイミングも，もう 1 つの検討事項である．空腹だと，動物の関心が攻撃より採食に行くために，餌は競争を誘発させないという場合もある．反対に，導入時にお腹が満たされていることで，攻撃が減少するかもしれない．上記のウンピョウ導入の際には，狩りの行動を抑え雌に直接向かっていかないよう，完全接触導入前に雄に餌を与えた（Law et al. 1988）．また気を散らせるために，イヌハッカを与えた．ブロンクス動物園では，社会的導入の前には常に肉食動物に餌を与えるようにしている．

社会性が高い動物種においては，検疫期間終了前に導入を始めるとよいかもれない．もし，新着個体のカルテが完全で，病気伝達についての懸念事項がわずかなら，社会的接触の長所は，収容からくる病気の可能性や隔離によるストレスに勝るかもしれない．

社会的導入の計画や実行には，監視，記録，評価，再検討をすることが必要である．他個体との快適さは，これらの過程の速度設定に影響する．上記に記載したそれぞれの段階を適度な時間をかけて実行しないと，失敗の可能性が高まったり，融合するのにより時間がかかったり，長期にわたる社会的不安定，闘争，怪我，時には死に至ることもある．

社会化

この節では，人間や代理母との生活から同種の仲間との生活に動物を移行する過程について議論したい．Watts and Meder（1996）が若い哺乳類についての社会化について詳細なガイドラインを書いているので，筆者は子や青年期の個体よりも成熟してからの哺乳類に焦点を当てる．Jendry（1996）は，人工哺育のゴリラを社会的な群れに導入する際の代理母の効果的な使い方について情報を提供している．子や少年を母親から取り上げなければならない時，飼育係は社会的刺激や同種との接触の機会を若い哺乳類に提供しなければならない．補遺 5.1 に，哺乳類の社会化についての参考文献を掲載し，行動的欠陥を見せる雌から適当な哺育行動を引き出す方法について簡単に議論する．

大型類人猿の成体についての社会化過程の記録は多く，チンパンジーでも（Frits 1989，Bloomsmith et al. 1999），上記に記載したことと同様の段階を行う（非接触の感覚接触，限定接触，完全な同居など）．アトランタ動物園では，30 年近くも完全に社会的に孤立して飼育されていたシルバーバックのゴリラ 2 頭の社会化に成功している（Winslow et al. 1992，Burks 2001）．それぞれの導入過程は似たようなものだったが，2 度目の社会化の手続きでは，いつ次の段階に移行するかについて，観察者が評価のために集めた正式な行動データを利用し，進展への主観的な意見に依存しなかった．

社会化の行程はしばしば，行動的に正常な個体を社会的導入する時より時間がかかり，限定された目標のみしか成し遂げられないこともある．例えば，他個体と同居するためにある個体を社会化することができるかもしれないが，完全な社会への融合や繁殖，育子行動は無理かもしれない（Frits 1989）．社会化を行う際には，同居させる個体を正しく選び，社会化の段階を進めるための移動など，動物の行動をとても深く理解する必要がある．社会化には，行動的に不十分な個体の導入に利用できる様々な年齢や性別の個体をより多く保有していた方が，成功の可能性がより高まるだろう．例えばチンパンジーでは，社会的に正常な個体を障害のある個体の“先生”として扱い，若い個体たちは不完全な個体との遊び方を年上の個体から学ぶのに特に有効だった（Frits 1989）．アカゲザル（*Macaca mulatta*）では，年齢の近い行動的に正常な個体を“セラピスト”として利用し，隔離飼育の影響から復帰させるのに成功した（Suomi et al. 1974，Novak et al. 1975，Novak 1979）．

霊長類の雌における母性のスキルの改善のためには，治療上の手法として，問題のある雌を熟練した雌と一緒に飼育し，問題のある雌がモデル雌から学ぶという手法がとられる（Hannah et al. 1990 など）．しかし，一夫一妻制の種では，2頭の雌が互いにけんかしてしまうのでこの方法は使えないだろう．他の手法としては，子を胸の位置で正しく抱くなどといった正しい母性行動を教え，強化したり，飼育係が子に餌を与えるのを許すよう行動を訓練するというものがある．子はすぐに定期的な育子行動が必要なので，母親を訓練できる時間は，短すぎるかもしれない．Fontaine（1979）と Thorpe（1988）は，雌のボルネオオランウータン（*Pongo pygmaeus*）に使ったトレーニング方法と，子ゴリラそれぞれに追加給餌する方法について記載している．Zhang et al.（2000）は，最初に子を恐れたために人工哺育せざるをえなかった雌のジャイアントパンダに育子行動を行わせる手法について報告している．まず，パンダのぬいぐるみを“養子”にして，母親に子たちに関する3つの刺激（母親自身の母乳，子の尿，子の声を録音したもの）を呈示した．尿を呈示した時には，養子に対し強い育子行動が誘発された．次の段階として，鉄格子越しに子と限定接触できる形で母子の同居をゆっくり進めた．その後，雌から信頼されている飼育係が同居し，自主的に子を抱き，グルーミングするよう母親が子の哺育するところを手伝った（この手法は日本の多摩動物公園で雌のオランウータンに対しても利用された：Asano 1967）．動物の飼育係は人の介在をだんだん減少させ，母子の時間を増加させ，母親が子を育子すると報酬を与えた．これらの研究では，雌に子の感覚的刺激を提供することの重要さについて強調している．

結　論

飼育下哺乳類における導入と社会化の過程については，特にヒト以外の哺乳類では公表された論文もほとんどないため，科学的というよりは“動物飼育の技”に頼る所が大きい．このテーマの霊長類の論文の多くは，動物園とは大きく異なる飼育管理方法を取る研究室でのものである．哺乳類一般に広く利用できる，導入と社会化の過程についてをテーマとした，より応用的な研究が望まれており，特に動物園界で広くやり取りされている結果について望まれる．哺乳類の導入と社会化には，意義深い計画と整然とした段階的な過程が必要である．つまり，科学的分析的手法が有益である．成功のためには，よく設計された施設と，その動物種の生物学や個体の経歴に対する深い知識が必要である．忍耐と柔軟性も計画を成功させる重要なポイントである．

謝　辞

Colleen McCann にはこの章の枠組みづくりと文章への意見提供で大変お世話になった．Bonnie Raphael は導入部の健康と社会化の論文についてのアドバイスをもらった．Claudia Wilson には小型哺乳類の導入過程についての見識を提供いただいた．また，Pat Thomas には文章への有益なコメントをもらった．Steve Johnson と Robert Olley には文献検索を手伝ってもらった．補遺 5.1 に記載した文献の多くは，Karl Kranz と J'Amy Allen，Eve Watts，Angela Meder らによって調査され，本書の以前の版に記されている．この章の改稿については，2人の査読者と Devra Kleiman から有益なコメントをいただいた．

補遺 5.1

導入や社会化についての論文を哺乳類の分類ごとにまとめた．

一般的総説

Kranz 1996

有袋類

Conwey　1988

偶蹄目

Addison and Baker 1982，Castillo 1990，Davidson 1974，Dittrich 1968，Dobroruka 1974，Ebedes and Raath 1999，Farst et al. 1980，Janecek 1971，Knowles and Oliver 1975，Kranz, Xanten, and Lumpkin 1984，Moreno 1990，Oeming 1965，Rahn 1978，Read 1982，Read and Frueh 1980，Stanley Price 1986，Sullivan 1967

食肉目

Andrews 1998，Bestelmeyer 1999，Brambell 1974，Brand 1980，Craig 2007，Fitzerald 1985，Frese 1981，Goulart 2002，Kempske and Cranfirld 1987，Kinsey and Kreider 1990，Kitchener 1999，Law 1991，Law and

Tatner 1998，Leslie 1971，Mellen 1991，Qiu 1990，Rasa 1975，Thomas et al. 1986，Weinheimer 1987，Wemmer and Fleming 1975，Yost 1976，Zhang et al. 2000

鯨目

Griffin and Goldsberry 1968

食虫目

Dryden 1975，Eisenberg 1975，Eisenberg and Gould 1967，Eisenberg and Maliniak 1974，Hoyt 1986，Martin 1975

兎目

Davison 1973, 1974

奇蹄目

Atkinson and Blumer 1997，Barongi 1986，Boyd 1985，McCaskill 1997，Moreno 1990

有鱗目

Hoyt 1987

霊長目

Alford et al. 1995，Andersin, Combette, and Roeder 1991，Asano 1967，Benton 1976，Bernstein 1969，Bernstein, Gordon, and Rose 1974，Bloomsmith et al. 1991, 1994, 1999，Bound, Shewman, and Sievert 1988，Boern 1981，Brent Kassel, and Barrera 1997，Burks et al. 2001，Caine and Shoet 1981，Coffmain 1990，Cole et al. 1979，Cowan 1998，Doherty 1991，Dronzek et al. 1986，Fontaine 1979，Fritz 1989，Fritz and Fritz 1979，Gerald, Weiss, and Ayala 2006，Hannah and Brotman 1990，Haring and Wright 1989，Inglett et al. 1989，Jendry 1996，Johnstone-Scott 1988，Kennedy 1992，Lippold 1989，Mack and Kafka 1978，Margulis 1989，Martin 1975，McDnald 1994，Meder 1985，Mellen and Littlewood 1978，Meritt 1980，Meshik 1999，Meyer and Wilcox 1982，Moran et al. 1993，Nadler and Green 1975，Neugebauer 1980，Novak 1979，Novak and Hrlow 1975，Puleo, Zucker, and Maple 1983，Ruedi 1981，Pyf 1990，Stevenson 1976，Suomi, Harlow, and Novak 1974，Thorpe 1988，Watts and Meder 1996，Williams and Abee 1988，Winslow, Ogden, and Maple 1992

長鼻目

Burks et al. 2004，Young and Oelofse 1969

齧歯目

Blake and Gillett 1984，Meritt 1978，Richard 1975，Velte 1978，Wharton 1986

異節目

Meritt 1975

文　献

Addison, W. E., and Baker, E. 1982. Agonistic behavior and social organization in a herd of goats as affected by the introduction of non-members. *Appl. Anim. Ethol.* 8:527–35.

Alford, P. L., Bloomsmith, M. A., Keeling, M. E., and Beck, T. F. 1995. Wounding aggression during the formation and maintenance of captive, multimale chimpanzee groups. *Zoo Biol.* 14:347–59.

Anderson, J. R., Combette, C., and Roeder, J. J. 1991. Integration of a tame adult female capuchin monkey (*Cebus apella*) into a captive group. *Primate Rep.* 87–94.

Andrews, P. 1998. Introducing adult males and females. In *Felid Taxon Advisory Group husbandry manual*, ed. J. D. Mellen and D. E. Wildt, American Zoo and Aquarium Association. Available at www.felidtag.org

Asano, M. 1967. A note on the birth and rearing of an orangutan at Tama Zoo, Tokyo. *Int. Zoo Yearb.* 7:95–96.

Atkinson, M. W., and Blumer, E. S. 1997. The use of a long-acting neuroleptic in the Mongolian wild horse (*Equus przewalskii przewalskii*) to facilitate the establishment of a bachelor herd. *Proc. Am. Assoc. Zoo Vet.* 199–200.

Barongi, R. 1986. Tapirs in captivity and their management at Miami Metro Zoo. In *AAZPA Annual Conference Proceedings*, 96–108. Wheeling, WV: American Association of Zoological Parks and Aquariums.

Benton, L. Jr. 1976. The establishment and husbandry of a black howler *Alouatta caraya* colony at Columbia Zoo. *Int. Zoo Yearb.* 16:149–52.

Bernstein, I. S. 1969. Introductory techniques in the formation of pig-tail monkey troops. *Folia Primatol.* 10:1–19.

Bernstein, I. S., Gordon, T. P., and Rose, R. M. 1974. Aggression and social controls in rhesus monkey (*Macaca mulatta*) groups revealed in group formation studies. *Folia Primatol.* 21:81–107.

Bestelmeyer, S. V. 1999. Behavioral changes associated with introductions of male maned wolves (*Chrysocyon brachyurus*) to females with pups. *Zoo Biol.* 18:189–97.

Blake, B. H., and Gillett, K. E. 1984. Reproduction of Asian chipmunks (*Tamias sibiricus*) in captivity. *Zoo Biol.* 3:47–63.

Bloomsmith, M. A., Baker, K. C., Ross, S. K., and Lambeth, S. P. 1999. Chimpanzee behavior during the process of social introductions. In *Annual Conference Proceedings*, 270–73. Silver Spring, MD: American Zoo and Aquarium Association.

Bloomsmith, M. A., Lambeth, S. P., and Alford, P. 1991. The relationship between social behavior and genital swelling in captive female chimpanzees: Implications for managing chimpanzee (*Pan troglodytes*) groups. *Int. J. Comp. Psychol.* 4:171–84.

Bloomsmith, M. A., Laule, G. E., Alford, P. L., and Thurston, R. H. 1994. Using training to moderate chimpanzee aggression during feeding. *Zoo Biol.* 13:557–66.

Bound, V., Shewman, H., and Sievert, J. 1988. The successful introduction of five male lion-tailed macaques (*Macaca silenus*) at Woodland Park Zoo. In *AAZPA Regional Conference Proceedings*, 122–31. Wheeling, WV: American Association of Zoological Parks and Aquariums.

Bowen, R. A. 1981. Social integration in lowland gorillas. *Dodo* 18:-51–59.

Boyd, L. 1985. The advantages of using bachelor herds to manage surplus males in Przewalski's horses. In *AAZPA Annual Conference Proceedings*, 55–59. Wheeling, WV: American Association of Zoological Parks and Aquariums.

Brambell, M. R. 1974. London Zoo's giant panda *Ailuropoda melanoleuca* "Chi-Chi," 1957–1972. *Int. Zoo Yearb.* 14:163–64.

Brand, D. J. 1980. Captive propagation at the National Zoological

Gardens of South Africa, Pretoria. *Int. Zoo Yearb.* 20:107–12.
Brent, L., Kessel, A. L., and Barrera, H. 1997. Evaluation of introduction procedures in captive chimpanzees. *Zoo Biol.* 16:335–42.
Burks, K. D., Bloomsmith, M. A., Forthman, D. L., and Maple T. L. 2001. Managing the socialization of an adult male gorilla (*Gorilla gorilla gorilla*) with a history of social deprivation. *Zoo Biol.* 20:347–58.
Burks, K. D., Miller, G. W., Lehnhardt, J., Weiss, A., Figueredo, A. J., and Maple, T. L. 2004. Comparison of two introduction methods for African elephants (*Loxodonta africana*). *Zoo Biol.* 23:109–26.
Caine, N. G., and Short, J. 1981. Introducing unfamiliar monkeys (*Macaca nemestrina* and *M. radiata*) to established social groups. *Lab. Primate Newsl.* 20:1–4.
Castillo, S. 1990. Sichuan takins, *Budorcas taxicolor tibetana*, at the San Diego Zoo. In *AAZPA Regional Conference Proceedings*, 266–71. Wheeling, WV: American Association of Zoological Parks and Aquariums.
Coffman, B. S. 1990. Hand-rearing and reintroduction of a golden-crowned sifaka, *Propithecus tattersalli*, at the Duke University Primate Center. *Int. Zoo Yearb.* 29:143–48.
Cole, M., Devison, D., Eldridge, P. J., Mehren, K. G., and Rapley, W. A. 1979. Notes on the early hand-rearing of an orangutan and its subsequent reintroduction to the mother. *Int. Zoo Yearb.* 19:263–64.
Conway, K. 1988. Captive management and breeding of the tiger quoll *Dasyurus maculatus*. *Int. Zoo Yearb.* 27:108–19.
Cowan, K. 1998. Enclosure design and management for an all-male group of Sulawesi crested black macaques *Macaca nigra*. *Dodo* 34:31–42.
Craig, J. 2007. Introducing a male meerkat to an established group. *Int. Zoo News* 54:150–54.
Davidson, A. 1974. Intensive care and reintroduction of neonatal ungulates. *Int. Zoo Yearb.* 14:161–63.
Davison, R. 1973. A year of introduction with the Colorado pika. In *AAZPA Partial Proceedings*, 19–22. Wheeling, WV: American Association of Zoological Parks and Aquariums.
———. 1974. Adapting the Colorado pika *Ochotona princeps saxatillis* to captivity. *Int. Zoo Yearb.* 14:161–63.
Dittrich, L. 1968. Keeping and breeding gazelles at Hanover Zoo. *Int. Zoo Yearb.* 8:139–43.
Dobroruka, L. J. 1974. Acclimatization of African antelope in Dvur Kràlove Zoo. *Int. Zoo Yearb.* 14:73–75
Doherty, J. G. 1991. The exhibition and management of geladas in the baboon reserve at the New York Zoological Park. In *AAZPA Annual Conference Proceedings*, 599–605. Wheeling, WV: American Association of Zoological Parks and Aquariums.
Dronzek, L. A., Savage, A., Snowden, C. T., Whaling, C. S., and Ziegler, T. E. 1986. Techniques of hand-rearing and reintroducing rejected cotton-top tamarin infants. *Lab. Anim. Sci.* 36:243–47.
Dryden, G. L. 1975. Establishment and maintenance of shrew colonies. *Int. Zoo Yearb.* 15:12–18.
Ebedes, H. and Raath, J. P. 1999. Use of tranquilizers in wild herbivores. In *Zoo and wild animal medicine: Current therapy 4*, ed. M.E. Fowler and R. E. Miller, 575–85. Philadelphia; W. B. Saunders.
Eisenberg, J. F. 1975. Tenrecs and solenodons in captivity. *Int. Zoo Yearb.* 15:6–12.
Eisenberg, J. F., and Gould, E. 1967. The maintenance of tenrecoid insectivores in captivity. *Int. Zoo Yearbk.* 7:194–96.
Eisenberg, J. F., and Maliniak, E. 1974. The reproduction of the genus *Microgale* in captivity. *Int. Zoo Yearb.* 14:108–10.
Farst, D., Thompson, D. P., Stones, G. A., Burchfield, P. M., and Hughes, M. L. 1980. Maintenance and breeding of duikers *Cephalophus* spp. at Gladys Porter Zoo, Brownsville. *Int. Zoo Yearb.* 20:93–99.
Fitzgerald, L. J. 1985. Establishment of a breeding group of African wild dogs (*Lycaon pictus*) at the Oklahoma City Zoo. In *AAZPA Regional Conference Proceedings*, 87–94. Wheeling, WV: American Association of Zoological Parks and Aquariums.
Fontaine, R. 1979. Training an unrestrained orangutan mother to permit supplemental feeding of her infant. *Int. Zoo Yearb.* 19:168–70.
Frese, R. 1981. Notes on breeding the marsh mongoose *Atilax paludinosus* at Berlin Zoo. *Int. Zoo Yearb.* 21:147–51.
Fritz, J. 1989. Resocialization of captive chimpanzees: An amelioration procedure. *Am. J. Primatol. Suppl.* 1:79–86.
Fritz, P., and Fritz, J. 1979. Resocialization of chimpanzees. *J. Med. Primatol.* 8:202–21.
Gerald, M. S., Weiss, A., and Ayala, J. E. 2006. Artificial colour treatment mediates aggression among unfamiliar vervet monkeys (*Cercopithecus aethiops*): A model for introducing primates with colorful sexual skin. *Anim. Welf.* 15:363–69.
Goulart, C. 2002. Management of an atypical binturong (*Arctictis binturong*) introduction. *Anim. Keep. Forum* 29:104–10.
Grandin, T., and Johnson, C. 2005. *Animals in translation: Using the mysteries of autism to decode animal behavior.* New York: Scribner.
Griffin, E. I., and Goldsberry, D. G. 1968. Notes on the capture and care and feeding of the killer whale *Orcinus orca* at Seattle Aquarium. *Int. Zoo Yearb.* 8:206–8.
Hannah, A. C., and Brotman, B. 1990. Procedures for improving maternal behavior in captive chimpanzees. *Zoo Biol.* 9:233–40.
Haring, D. M., and Wright, P. C. 1989. Hand-raising a Philippine tarsier, *Tarsius syrichta*. *Zoo Biol.* 8:265–74.
Harlow, H. F., and Harlow, M. K. 1962. The effect of rearing conditions on behavior. *Bull. Menninger Clin.* 26:213–24.
Hediger, H. 1964. *Wild animals in captivity: An outline of the biology of zoological gardens.* New York: Dover.
Hoyt, R. 1986. A review of the husbandry and reproduction of the African hedgehog (*Atelerix albiventris*). In *AAZPA Annual Conference Proceedings*, 85–95. Wheeling, WV: American Association of Zoological Parks and Aquariums.
———. 1987. Pangolins: Past, present and future. In *AAZPA Annual Conference Proceedings*, 107–34. Wheeling, WV: American Association of Zoological Parks and Aquariums.
Inglett, B. J., French, J. A., Simmons, L. G., and Vires, K. W. 1989. Dynamics of intrafamily aggression and social reintegration in lion tamarins. *Zoo Biol.* 8:67–78.
Janecek, J. 1971. Acclimatization and breeding of roan antelopes, *Hippotragus equines*, at Dvur Kràlove Zoo. *Int. Zoo Yearb.* 11: 127–28.
Jendry, C. 1996. Utilization of surrogates to integrate hand-reared infant gorillas into an age/sex diversified group of conspecifics. *Appl. Anim. Behav. Sci.* 48:173–86.
Johnstone-Scott, R. 1988. The potential for establishing bachelor groups of western lowland gorillas (*Gorilla g. gorilla*). *Dodo* 25: 61–66.
Keiter, M. D. 1983. A study of the integration of an adult Sumatran orangutan female, *Pongo pygmaeus abelii*, to an existing pair at the Jersey Wildlife Preservation Trust. *Dodo* 30:53–65.
Kempske, S. E., and Cranfield, M. R. 1987. Aardwolf management and reproduction at the Baltimore Zoo. In *AAZPA Regional Conference Proceedings*, 233–45. Wheeling, WV: American Association of Zoological Parks and Aquariums.
Kennedy, C. 1992. The early introduction of a hand-reared orangutan infant to a surrogate mother. In *Proceedings of the 19th National Conference of the American Association of Zoo Keepers*, 64–69. Topeka, KS: American Association of Zoo Keepers.
Kinsey, F. M., and Kreider, D. 1990. Reintroduction of a hand-reared spotted hyaena cub, *Crocuta crocuta*. *Int. Zoo Yearb.* 29:164–69.
Kitchener, A. C. 1999. Mate killing in clouded leopards: A hypothesis. *Int. Zoo News* 46:221–24.
Knowles, J. M., and Oliver, W. L. R. 1975. Breeding and husbandry of scimitar-horned oryx *Oryx dammah* at Marwell Zoo. *Int. Zoo Yearb.* 15:228–29.

Kranz, K. R. 1996. Introduction, socialization, and crate training techniques. In *Wild mammals in captivity: Principles and techniques*, ed. D. G. Kleiman, M. E. Allen, K. V. Thompson, and S. Lumpkin, 78–87. Chicago: University of Chicago Press.
Kranz, K. R., Xanten, W. A., and Lumpkin, S. 1984. Breeding history of the Dorcas gazelles *Gazella dorcas* at the National Zoological Park, 1961–1981. *Int. Zoo Yearb.* 23:195–203.
Law, G. 1991. Clouded leopards. In *Management guidelines for exotic cats*, ed. J. Partridge, 77–81. Bristol, UK: Association of British Animal Keepers.
Law, G., and Tatner, P. 1998. Behaviour of a captive pair of clouded leopards (*Neofelis nebulosa*): Introduction without injury. *Anim. Welf.* 7:57–76.
Leslie, G. 1971. Observations on the grey seal *Halichoerus grypus* at Aberdeen Zoo. *Int. Zoo Yearb.* 11:203–4.
Lindburg, D. G., and Robinson, P. 1986. Animal introductions: Some suggestions for easing the trauma. *Anim. Keep. Forum* 13:8–11.
Lippold, L. K. 1989. Reproduction and survivorship in douc langurs, *Pygathrix nemaeus*, in zoos. *Int. Zoo Yearb.* 28:252–55.
Mack, D., and Kafka, H. 1978. Breeding and rearing of woolly monkeys, *Lagothrix lagothricha*, at the National Zoological Park, Washington, D.C. *Int. Zoo Yearb.* 18:117–22.
Margulis, S. W. 1989. Introduction of a male colobus to an existing all-male group. In *Proceedings of the 15th National Conference of the American Association of Zoo Keepers*, 31–37. Topeka, KS: American Association of Zoo Keepers.
Martin, R. D. 1975. Breeding tree-shrews (*Tupaia belangeri*) and mouse lemurs (*Microcebus murinus*) in captivity. *Int. Zoo Yearb.* 15:35–41.
McCaskill, L. 1997. Husbandry and management of the southern black rhino (*Diceros bicornis minor*) at White Oak Conservation Center. *Anim. Keep. Forum* 24:443–48.
McDonald, S. 1994. The Detroit Zoo chimpanzees: Exhibit design, group composition and the process of group formation. *Int. Zoo Yearb.* 33:235–47.
McKillop, I. G., and Sibly, R. M. 1988. Animal behaviour at electric fences and the implications for management. *Mammal Rev.* 18:91–103.
McNary, J. 1992. Introductions: Integration of chimpanzees (*Pan troglodytes*) in captivity. In *The care and management of chimpanzees in captive environments*, ed. R. Fulk and C. Garland, 88–100. Species Survival Plan (SSP) Husbandry Manual. Asheboro: North Carolina Zoological Society.
Meder, A. 1985. Integration of hand-reared gorilla infants in a group. *Zoo Biol.* 4:1–12.
Mellen, J. D. 1991. Little-known cats. In *Great cats: Majestic creatures of the wild*, ed. J. Seidensticker and S. Lumpkin, 170–79. London: Merehurst.
Mellen, J. D., and Littlewood, A. P. 1978. Reintroducing an infant mandrill. *Anim. Keep. Forum* 5 (1): 9–10.
Meritt, D. A., Jr. 1975. The lesser anteater *Tamandua tetradactyla* in captivity. *Int. Zoo Yearbk.* 15:41–45.
———. 1978. The natural history and captive management of the Central American agouti (*Dasyprocta punctata* Gray) and agouti (*Dasyprocta agouti* Linne). In *AAZPA Annual Conference Proceedings*, 177–90. Wheeling, WV: American Association of Zoological Parks and Aquariums.
———. 1980. Captive reproduction and husbandry of the douroucouli *Aotus trivirgatus* and the titi monkey *Callicebus* spp. *Int. Zoo Yearb.* 20:52–59.
Meshik, V. A. 1999. Introducing male ring-tailed lemurs. *Int. Zoo News* 46:86–89.
Meyer, J. R., and Wilcox, C. 1982. The reintroduction of a hand-reared lion-tailed macaque or wanderoo. *Int. Zoo Yearb.* 22: 252–55.
Moran, J. F., Ensenat, C., Quevedo, M. A., and Aguilar, J. M. 1993. Use of neuroleptic agents in the control of intraspecific aggression in great apes. In *Proceedings of the Annual Meeting of the American Association of Zoo Veterinarians*, 139–40. Philadelphia: American Association of Zoo Veterinarians.
Moreno, A. 1990. The African Veld exhibit at the Havana National Zoological Park. *Int. Zoo Yearb.* 29:206–11.
Nadler, R. D., and Green, S. 1975. Separation and reunion of a gorilla *Gorilla g. gorilla* infant and mother. *Int. Zoo Yearb.* 15:198–201.
Neugebauer, W. 1980. The status and management of the pygmy chimpanzee *Pan paniscus* in European zoos. *Int. Zoo Yearb.* 20:-64–70.
Novak, M. A. 1979. Social recovery of monkeys isolated for the first year of life. II. Long term assessment. *Dev. Psychol.* 15:50–61.
Novak, M. A., and Harlow, H. F. 1975. Social recovery of monkeys isolated for the first year of life. I. Rehabilitation and therapy. *Dev. Psychol.* 11:453–65.
Oeming, A. 1965. A herd of musk-oxen, *Ovibos moschatus*, in captivity. *Int. Zoo Yearb.* 5:58–65.
Puleo, S. G., Zucker, E. L., and Maple, T. L. 1983. Social rehabilitation and foster mothering in captive orangutans. *Zool. Gart.*, n.f. 53:196–202.
Qiu, B. X. 1990. A review of giant panda, *Ailuropoda melanoleuca*, births during 1989. *Int. Zoo Yearb.* 29:153–55.
Rahn, P. 1978. On housing the pygmy hippopotamus *Choeropsis liberiensis* in pairs: A survey of zoo practice. *Int. Zoo Yearb.* 18:187–90.
Rasa, O. A. E. 1975. Mongoose sociology and behavior as related to zoo exhibition. *Int. Zoo Yearb.* 15:65–73.
Read, B. 1982. Successful reintroduction of bottle-raised calves to antelope herds at the St. Louis Zoo. *Int. Zoo Yearb.* 22:269–70.
Read, B., and Frueh, R. J. 1980. Management and breeding of Speke's gazelle *Gazella spekei* at the St. Louis Zoo, with a note on artificial insemination. *Int. Zoo Yearb.* 20:99–104.
Richard, P. B. 1975. The beaver *Castor* spp. in captivity. *Int. Zoo Yearb.* 15:48–52.
Ruedi, D. 1981. Hand-rearing and reintegration of a caesarian-born proboscis monkey *Nasalis larvatus*. *Int. Zoo Yearb.* 21:225–29.
Ryf, T. S. 1990. Introduction of a new male cotton-top tamarin (*Saguinus oedipus*) to a female with offspring and an approach to hand-rearing. In *AAZPA Regional Conference Proceedings*, 593–600. Wheeling, WV: American Association of Zoological Parks and Aquariums.
Sackett, G. P. 1965. Effects of rearing conditions upon the behavior of rhesus monkeys. *Child Dev.* 36:855–68.
Stanley Price, M. R. 1986. The reintroduction of the Arabian oryx *Oryx leucoryx* into Oman. *Int. Zoo Yearb.* 24/25:179–88.
Stevenson, M. F. 1976. Maintenance and breeding of the common marmoset *Callithrix jacchus* with notes on hand-rearing. *Int. Zoo Yearb.* 16:110–16.
Sullivan, J. H. 1967. Hippopotamus house at Melbourne Zoo. *Int. Zoo Yearb.* 7:66–67.
Suomi, S. J., Harlow, H. F., and Kimball, S. D. 1971. Behavioral effects of prolonged partial social isolation in the rhesus monkey. *Psychol. Rep.* 29:1171–77.
Suomi, S. J., Harlow, H. F., and Novak, M. A. 1974. Reversal of social deficits produced by isolation rearing in monkeys. *J. Hum. Evol.* 3:527–34.
Swaisgood, R. R., Lindburg D. G., and Zhang H. 2002. Discrimination of oestrus status in giant pandas (*Ailuropoda melanoleuca*) via chemical cues in urine. *J. Zool. (Lond.)* 257:381–86.
Swaisgood, R. R., Lindburg, D. G., and Zhou, X. P. 1999. Giant pandas discriminate individual differences in conspecific scent. *Anim. Behav.* 57:1045–53.
Swaisgood, R. R., Lindburg, D. G., Zhou, X. P., and Owen, M. A. 2000. The effects of sex, reproductive condition and context on discrimination of conspecific odours by giant pandas. *Anim. Behav.* 60:227–37.
Thomas, L. W., Kline, C., Duffelmeyer, J., Maclaughlin, K., and Doherty, J. G. 1986. The hand-rearing and social reintegration of a

California sea lion *Zalophus c. californianus*. *Int. Zoo Yearb.* 24/25:279–85.

Thorpe, L. 1988. Supplemental feeding of a western lowland gorilla at Audubon Park Zoological Gardens. Abstract. *Am. J. Primatol.* 14:448.

Velte, F. F. 1978. Hand-rearing springhaas *Pedetes capensis* at Rochester Zoo. *Int. Zoo Yearb.* 18:206–8.

Watts, E., and Meder, A. 1996. Introduction and socialization techniques for primates. In *Wild mammals in captivity: Principles and techniques*, ed. D. G. Kleiman, M. E. Allen, K. V. Thompson, and S. Lumpkin, 67–77. Chicago: University of Chicago Press.

Weinheimer, C. J. 1987. Clouded leopard (*Panthera nebulosa*) husbandry at the Buffalo Zoological Gardens. In *AAZPA Regional Conference Proceedings*, 227–32. Wheeling, WV: American Association of Zoological Parks and Aquariums.

Wemmer, C., and Fleming, M. J. 1975. Management of meerkats *Suricata suricatta* in captivity. *Int. Zoo Yearb.* 15:73–77.

Wharton, D. C. 1986. Management procedures for the successful breeding of the striped grass mouse *Lemniscomys striatus*. *Int. Zoo Yearb.* 24/25:260–63.

White, A. M., Swaisgood, R. R., and Zhang, H. 2002. The highs and lows of chemical communication in giant pandas (*Ailuropoda melanoleuca*): Effect of scent deposition height on signal discrimination. *Behav. Ecol. Sociobiol.* 51:519–29.

———. 2003. Chemical communication in the giant panda (*Ailuropoda melanoleuca*): The role of age in the signaler and assessor. *J. Zool.* 259:171–78.

Williams, L. E., and Abee, C. R. 1988. Aggression with mixed age-sex groups of Bolivian squirrel monkeys following single animal introductions and new group formations. *Zoo Biol.* 7:139–45.

Winslow, S., Ogden, J. J., and Maple, T. L. 1992. Socialization of an adult male lowland gorilla (*Gorilla g. gorilla*). *Int. Zoo Yearb.* 31:221–25.

Yost, R. 1976. The behaviour of a group of tigers *Panthera tigris* at the World Wildlife Safari, Winston. *Int. Zoo Yearb.* 16:156–60.

Young, E., and Oelofse, J. 1969. Management and nutrition of 20 newly captured young African elephants *Loxodonta africana* in the Kruger National Park. *Int. Zoo Yearb.* 9:179–84.

Zhang, G. Q., Swaisgood, R. R., Wei, R. P., Zhang, H. M., Han, H. Y., Li, D. S., Wu, L. F., White, A. M., and Lindburg, D. G. 2000. A method for encouraging maternal care in the giant panda. *Zoo Biol.* 19:53–63.

6
哺乳類における環境エンリッチメントの原理と研究

David Shepherdson

訳：落合知美

はじめに

環境エンリッチメントは，ここ 10 年で成熟した．以前は，数名のひたむきな実行者や賛同者による末端活動だったが，今や，飼育管理の主流であり，動物園研究の活発な分野となっている．動物園における動物福祉論争についての確認や解決の選択肢となることも多い．環境エンリッチメント自体は科学ではないが，活発さを増す動物福祉での科学的分野の概念や原理の多くを応用している．この科学との関わりが，実施するエンリッチメントに客観性を与え，それを動的で知的興味を惹くものにしている．定義づけは，特にこのような様々な根と多様な利用者のあるテーマの手始めとして重要である．初期の定義は，「環境エンリッチメントは，心身の福祉に必要な環境刺激を特定して提供し，飼育動物の生活の質を高める動物の飼育管理の基本の 1 つ」というものだった（Shepherdson et al. 1998）．北米動物園水族館協会の行動諮問グループは 1999 年の非公式の報告書で，環境エンリッチメントを以下のように定義している．

> 環境エンリッチメントは，動物の生息地における行動生物学や博物学に基づき，動物園動物の飼育環境や飼育方法を改善し，高める取り組みである．構造や管理方法を変えることで，動物にとっての行動の選択肢が増え，種特有の行動やその能力が引き出され，ひいては動物福祉に貢献する．エンリッチメントという言葉が広く認識されるに従い，動物たちが必要とするのに以前はなかった種特有の刺激や特徴が，動物園の環境に追加されるようになった．

後者の定義は，エンリッチメントの重要な目的や基本の網羅に（不器用ながらも）成功した．簡単に言えば，環境エンリッチメントは動物の環境を変化させ，主にその後の行動変化を評価することで福祉の状態を改善することである．環境エンリッチメントにおける暗黙の仮定は，動物が以前に奪われた動物福祉のために必要な何かを，飼育環境に追加することである．これは語義において重要な点である．なぜなら，そうでなければ環境エンリッチメントは良いものだけれど必要でない“余分な”ものを示しているようにも聞こえるからである（Burghadt 1996）．Mellen and MacPhee（2001）は，「エンリッチメントは，異常行動や不活発へのバンドエイド以上になる必要があり，測定できる目標や結果を使って飼育管理の行動計画を調整すべきだ」と唱えている．

革新的で想像力に富み，精巧な技術や装置，手続きを使った環境エンリッチメントは，適度な社会的交渉を与え，飼育動物に利用され続け，行動の範囲や多様性を増やし，より刺激的で反応の良い環境をつくりあげる．その内容は，チンパンジーが道具を使って野生と同様の採食行動を行う（Celli et al. 2003）といったものから，操作したり遊んだり探索できるおもちゃを入れる，ライオン（*Panthera leo*）に匂いなどの新しい感覚刺激を与える（Powell 1995），といったものまで幅広い．適切な社会的刺激（同種，異種問わず）や人によるトレーニングも，環境エンリッチメントと記述されることもある．古く無機質な展示場の改修や，野生本来の行動を引き出す工夫をした展示場の新築も，環境エンリッチメントと考えられることもある．White et al.（2003）は，隣接する展示場との間を動物がどのように動くかで，野生本来の活動配分に近づけ，常同行動を減少させることができると記載している．

本章では，エンリッチメントの概念や基礎，目標についてさらに詳しく述べ，基本から明らかになったいくつかの研究結果を紹介したい．この章は，環境エンリッチメントの“How to”ガイド（第15章参照）というよりは，エンリッチメントについて考える戦略的ガイドであり，今後の研究計画はもちろん，効果的な環境エンリッチメントの方法や企画を開発するための基本的出発点となることを目的としている．この話題には広い情報を含むので，本書の多くの他章にも，関連情報を掲載している（第5章，第15章，第25章，第26章，第27章，Young 2003 参照）．

概念的枠組み

エンリッチメントの歴史的背景について書かれたたくさんの書物（Forthman-Quick 1984，Hutchins et al. 1984，Mellen et al. 2001，Shephardson 2003）があるので，詳細な説明は必要ないだろう．しかし，手始めに役立つよう概要のみ説明する．Heini Hediger（Hediger 1964）やそれに続く動物園生物学者たちの考えの一部を応用して，Markowitz（1982）が，実験心理学やヒトの心理学，行動学からの最新の考えを統合して“行動エンリッチメント”をつくった．これが現在，環境エンリッチメントと定義されている多くのものの先駆けとなったと一般的に考えられている．彼の行った内容の多くは，餌を報酬として動物に“働く（活発な行動をさせる）”機会を与えることを基本としていた．選択（choice）と制御（control）という概念は，この初期においての大きなテーマであり，それは今日まで続いている．実験室や農場，動物園での研究で実地経験や理論的枠組みに基づいたものは，通常，前述したエンリッチメントの概念に従っている．

自然をまねる

自然をまねるということは，おそらくエンリッチメントで最も高頻度に引用される原理であり，Hediger（1950）や Hutchins, Hancocks, and Crockett（1984）が記した出版物からの流れである．Swaisgood and Shepherdson（2006）は，常同行動の減少を目的とした25のエンリッチメントの公表論文を調査し，その76%がこの考え方を引用していることを発見した．それは科学的概念として洗練していると言い難いが，多くの場合，著者らは行動学的要求（下記参照）といった文脈で議論をすすめようとしているようだ．動物たちは，ある特定の自然環境での繁栄を目指して，多くの世代を重ねて進化してきた．そのため，その環境（もしくはその複製）内なら，動物の要求は十分満たされるだろうという考え方である．そこで，飼育下の行動が野生の行動と同じであれば，その動物の福祉は良い状態だろうと言える．Veasey, Waran, and Young（1996）は，この考え方を過度に単純化して使った場合の大きな欠点について，うまく概要を報告している．これらで顕著なのは，多様な生息環境で見せるある種の“自然な行動”についての定義や，行動や環境の刺激を“良い”（採食行動など）か“悪い”（捕食や毒物など）かで決めること，多くの動物は新しい環境への適応能力をもち，新しい行動をする，といった問題だろう．そうは言うものの，大前提には長所があり（Dawkins 1989），より良い情報がないために，裁量が必要な時には，この概念はエンリッチメントや展示デザインの効果的な戦略となるし，そうなるべきでもある．飼育動物は，すでに野生で報告されているものにできるだけ近づいた活動の時間配分をとることができる（Melfi et al. 2002）．

行動学的要求

動物行動学的要求と記載されることもあるこの概念は，Hughes and Duncan（1988）により定義されてから勢いを増してきた．Swaisgood and Shapherdson（2006）の研究では，論文の64%が引用した概念であり，2番目に多かった．基本的に議題となるのは，動物が複雑な行動パターンを発現したか，これらの行動をとりたい“要求”があるか，である．もし，動物が機能的な結果や行動の終点（例えば，捕食者が獲物を捕まえて食べるなど）に強化されることなく，行動それ自体（探索する，掘る，狩りをするなど）を行うのであれば，こうした行動をとることができなかったり，そうした行動を引き出す刺激がないことは，欲求不満になり，ひいてはストレスになるだろう．こうした場合，私たちが単に変化要求を見込みそれを供給するだけでは十分ではない．その動物種が生息地においてこれらの要求を満たす時に関わる行動の発現を許すべきである．動物園での研究も，この概念の妥当性を支持している．例えば，Shapherdson et al.（1993）は，小型ネコ科動物に小さな餌を狩る機会を与えると，より活発で行動が多様になり，常同行動が減少することを発見した．さらにこれらの行動変化は，エンリッチメントした時間内に限定したものではなかった．ジャイアントパンダ（*Ailuropoda melanoleuca*）で観察された他の例としては，エンリッチメントとして複雑な採食課題を行ったところ，常同行動が減少し，活動量が増加し，行動の多様性が増えたと Swaisgood et al.（2001）は報告している．またその効果は，動物がエンリッチメント装置に興味をもたなくなってからも続いた（多くの研究で評価に失敗している部分である）．著者らは，その結果は「福祉におけるやる気の向上に関わると思われるより自然な行動を発現する機会を得たことが，動機づけの動物行動学的要求モデルと一致したため」と結論づけた．同様の結果が，アフリカゾウ（*Loxodonta africana*：Stoinskli et al. 2000）や大型ネコ科動物（McPhee 2000），その他動物種で広く報告されている．近年，Clubb and Mason（2003）による肉食動物での研究で，このモデルを使ったさらなる証拠が報告された．野生での誘導域の大きさと，飼育下での常同行動（特に“行ったり来たりする行動”）の発現頻度の間に相関関係があることを発見したのである．野生でより広い誘導域をもつ肉食動物ほど，動物園で行ったり来たりをしやすい傾向があった．そのため，動物たちの飼育下での移動行動への強い動機と“要求”が，制限された生活空間での常同行動を引き起こしているのだろうと推測された．

この概念を適用することに関しては，いくつかの現実問題がある．推定上，ある行動が他の行動より“必要”ということを私たちはどのように区別すべきだろうか．ある動物では，特定の行動を行うことに対しての動機づけがあまりにも強いために，通常の誘発刺激がない状態でもその行動を行う（これは“空虚活動”と呼ばれることもある）．私たちはこれらの動物に，その要求に実際にあったものを与えることができるのだろうか．

情報優位

動物は，どこかで“自由な”食べ物が簡単に手に入る場合でも，食べ物を得るために“働く”ことがある．これは文献などでは“コントラフリーローディング（contra-freeloading）”と言及される行動で，“ヌリンガー効果（Neuringer effect）”の 1 例でもある（Neuringer 1969）．上記に記載した行動学的要求の概念は，こうした行動を説明する 1 つの方法であるが，興味深い別の方法もある．Inglis and Fergusson（1986）や，Inglis et al.（2001）は，この状況について飼育下のムクドリ（*Sturnus vulgaris*）で研究し，この行動をする目的は，将来，健康へ利益をもたらすかもしれない食べ物の質や分布についての知識を手に入れるためだろうと論じた．彼らは多くの動物（ほとんどのではない）において，情報探求は主たる動機であり，得られた情報は認知モデルをつくるのに利用され，目標指向行動の効率化や優先順位化のための枠組みを築くと主張した（Inglis 2000）．Inglis らは，この情報探求の動機と福祉の関係については明白にしなかったが，他のメンバーが，生物学的に関連した“情報”が欠けた環境での動機（もしくは，動物が活動をする際に必要な認知モデルの構築を阻まれること）に対する欲求不満が，実際に福祉を減退させるかもしれないことについて議論している（Shapherdson et al. 1993，Swaisgood et al. 2001）．Mench（1998）は，情報探求は餌に関わる行動だけでなく，幅広い行動においても重要だろうと指摘している．この原理をもとにしたエンリッチメントとして，餌に加えて，新奇性や操作性のある玩具が使われる．動物たちに餌を選べる状態で与えると，より活動的で行動的に複雑な方を選ぶという多くのエンリッチメント研究の結果からも，一般的かつ限定的でないかたちでこの概念は支持されている（Markowitz 1982，Coulton et al. 1997）．

制御と行動随伴性

“制御（control）”とは，「ある成果が与えた行動的作用に反応するかもしれない確率」と定義することができる．例えば，採食を制御するために，動物は行動し（採餌行動），餌の報酬を手に入れる．他の定義としては，動物の行動とその行動への環境反応の間の随伴性というものである．伝統的に動物園で行われてきた管理では，一般的にその責務の制御がほとんどできなかった．理論的モデルと研究成果により，制御は飼育動物の福祉にとって重要であるという仮説が支持されている（Joffe et al. 1973，Carlstead et al. 1993，Markowitz et al. 1998）．制御の概念は，体温調整や避難所の探索，ストレス誘発刺激からの回避など，動物の暮らしのあらゆる面に応用できる．例えば Carlstead, Brown, and Seidensticker（1993）は，ベンガルヒョウ（*Felis bengalensis*）を同じ建物にすむ大型ネコ科動物の視線から隠れることのできる場所へ移動させたところ，常同的な行ったり来たりする行動が減少したと報告している．この概念は，環境の予測可能性を増加させる異なった方法を提供するという意味でも，情報優位と関わる．Sambrook and Buchanan-Smith（1997）は，この点についてさらに発展させ，制御権を獲得するという事実が制御それ自体よりも重要なのかもしれないと推測している．トレーニングは，“認知刺激”を通じたエンリッチメントの 1 つとされることもあるが，制御という言葉自体を考えるにも有効かもしれない．つまり，トレーニングは行動的交渉を注意深く（トレーナーとともに）行うことで，将来の出来事（褒美の餌を手に入れるなど）の制御について学ぶことである．この概念から推測されるトレーニングの行動的効果は，動物が既知の行動を維持するというよりもむしろ，新しい行動のトレーニングに適応されることを強調したい．福祉におけるトレーニングの行動的効果についての証拠は，科学論文でもどんどん発表されている（Kastelein et al. 1988，Laule 1993，Laure et al. 1998，Bloomsmith et al. 2003）．

動物の動機についての理解は，彼らの福祉を最大限に高める基本要素である．これらの概念は，私達が飼育環境に何かが欠如し，どのようなエンリッチメントが動物園の環境を和らげたり改善したりするのかについて学ぶよい機会を提供してくれるだろう．エンリッチメントにおけるこれらの概念が比較的役に立つことは，現在のところほとんど知られていない．それぞれを支持する証拠があり，これらの概念は文献に記載されることもあるが，Swaisgood et al.（2001）がジャイアントパンダで行った研究のような，矛盾する仮説とともにこれらを検証した研究はほとんどない．今後，研究者たちが徹底的にこの課題に取り組むことを期待したい．

実際，多くのエンリッチメントは，より自然な行動の機会が与えられるよう，動物により多くの選択肢やより複雑な環境，より“自然な”環境や，より“ストレス”のない環境を与え，異常行動やストレス行動を減らしたり除去したりすることに重点的に取り組んでいる．記載されたこの概念の現実的な解釈として，私はこれは実利的で賢明な方法であり，成功するものだと主張したい．これらの最も近い目標は，私達がエンリッチメントの効果測定のための唯一の客観的基準をもつことである．

エンリッチメントはどう効果的か

効果を検証する

実施したエンリッチメントの効果を客観的に評価するためには，目標を明確にし，実証もしくは少なくとも動物福祉との理論的な関係をもちながら，仮説を測定可能な変数の単位として示す必要がある．明らかに，エンリッチメントによる行動変化や相互作用を記録したり，その効果を仮定したりすることは，それほど簡単なことではない．そしてまた残念なことに，この記述に一致する主題の論文がたくさんある．多くの場合，仮説は行動変化を基本としている．なぜなら，動物園の動物で観察が最も容易で，内在する概念（上記で記載）が行動にある特有の変化を与えると思われるので，行動が福祉の減少を最も繊細に示す指標の1つとなるからである．しかし，だんだんと生理的な指標が行動に組み合わせて使われるようになり，研究が洗練され信頼されるようになってきた．

多くのエンリッチメント研究の目標や仮説は，以下の分類の1つもしくは複数に分類される．

異常行動を減らす

飼育動物で観察される異常行動の多くが，福祉の低さと関連している（Mason et al. 2004）．動物園でのエンリッチメントの研究で，最も一般的に記載される異常行動は，常同行動である（Clubb et al. 2003）．Swaisgood and Shepherdson（2006）は，常同行動の減少を目標としたエンリッチメントの公表論文23本についてメタ分析を行い，50％以上の論文で常同行動の平均が減少していたことを発見した．長期効果のあるエンリッチメントは増加しても減ることなく続いたため，これらの効果は一時的でも新奇性効果によるものでもなかった．常同行動を完全になくした例はなかったが，常同行動の減少が福祉を改善するエンリッチメントとして効果があるという強い証拠となっている．こうした研究の良い例として，アムールトラ（*Panthera tigris altaica*）に時間給餌機を使ったもの（Jenny et al. 2002）や，パンダの施設をより自然にしたもの（Liu et al. 2003），ライオンとスマトラトラ（*Panthera tigris sumatrae*）に生きた魚や骨を与えたもの（Bashaw et al. 2003），小型ネコ科の動物に生餌を与え採餌の機会を与えたもの（Shepherdson et al. 1993），3種のクマに採餌課題を与えたもの（Forthman et al. 1992）がある．常同行動を減少させる環境エンリッチメントの証明された能力は，その効果を示す指標の1つとなる．

行動の多様性を増やす

飼育動物が行う行動の多様性は通常野生よりも少ないため，行動の機会や制御の程度を示す指標になる．行動の多様性の増加は，つまり，エンリッチメントの効果を評価するもう1つの方法となる．行動の多様性を評価した研究で，エンリッチメントがその増加に効果があることが証明されている．例えば，スナドリネコ（*Prionailurus viverrinus*）に断続的に生きた魚を与えると，行動の多様性は持続して増加するという結果が得られたし（Shepherdson et al. 1993），ジャイアントパンダ（Swaisgood et al. 2001）やライオン（Powell 1995）の新規の玩具でも同様だった．生態学の分野では，生物学的多様性を定量化する（構成要素全ての生産物や，全個体数それぞれに関する頻度など）様々な数字を使った指標が発展しており，これらは行動の多様性の指標としてすぐに応用することができる．例えば Shepherdson et al.（1993）の研究では，小型ネコ科動物の行動の多様性の変化を計るのにシャノンの多様度指標（Shannon et al. 1949）が使われた．もし，行動の多様性がより頻繁に使われるようになれば，それはおそらくエンリッチメントの一般的な帰結となるだろう．

特定の行動の継続時間と頻度を増やす

“望ましい”行動の頻度を増加させるエンリッチメントの効果について記載された研究論文は多い．これらの研究と“行動学的要求”や“自然をまねる”概念との関係は明白であるが，他の概念を基礎にした研究も支持することができる．例えば，探索行動の増加は，情報優位をもととしたエンリッチメントとして評価できるかもしれない．こうした種類の行動で頻繁に引用されるのは，索餌行動，探索行動，移動，遊びである．動物園では長年にわたり，樹液を食べる行動を引き出す様々な種類の樹液給餌機を使ってきた（McGrew et al. 1986）．捕食に関わる広い範囲の刺激を与えるには，死体を丸ごと与えるのが有効だと多くの論文が記載している．McPhee（2002）は，ネコ科動物 3 種に死体を丸ごと与えたところ，索餌行動が増加した（かつ異常行動が減少した）と報告している．Bashaw et al.（2003）は，スマトラトラとアフリカライオンに生餌（魚）と足の骨を丸ごと与えた時の行動への影響を調べ，両種とも多様性が増加し（生きた魚），両種とも索餌行動の頻度が増加した（両方）と報告している．Lindburg（1988）は，大型肉食動物の餌として死体を丸ごと与えることは，動物の健康にも良いことだと言っている．新しい環境を動き回る動物は，探索行動や縄張り行動が長期的に増加するために効果的な方法である（White et al. 2003）．Chang, Forthman, and Maple（1999）は，マンドリル（*Mandrillus sphinx*）の放飼場をより自然に変化していくにつれ，より“自然な”行動パターンも増加したと報告している．他の研究でも，エンリッチメントされた飼育環境と生息域の環境での動物の行動の相似が報告されている（Melfi and Feistner 2002）．エンリッチメントは，上記で記した複数の概念を基礎として，有益だと思われる行動の幅を広げるのに効果的な 1 つの方法と言える．

飼育環境の利用を増やす

飼育下での問題の多くは，空間の制限と狭さから起こっている．もし，飼育動物が利用できる空間を“スペース”と言う言葉で定義するなら，その環境の物理的大きさを実際に変えることなく認識空間を増やすことができるかもしれない．この手法やスペース利用を比較指標に使った研究は多くない．しかし，この方法ならエンリッチメントで飼育動物が利用する全てのスペースを増加させることができる．Shepherdson et al.（1993）　は，Zucker, Deitchman, and Watts（1991）のダイアナモンキー（*Cercopithecus diana*）や，Forthman-Quick and Pappas（1986）のシャモア（*Rupicapra rupicapra*）同様，スナドリネコの生餌の実験でも同様のことが明らかになったと報告している．Traylor-Holzer and Frits（1985）によってこの文脈で最初に使われた“参与指標の広がり”と言われる数学的指標は，スペース利用の変化を定量化するのに使うことができる．Hebert and Bard によるオランウータンでの研究（2000）のように，その目的は時によってはスペース使用の増加ではなく，より“自然な”スペース利用を促すものである．スペースの利用は，創造的思考から得ることができた動物園の動物の行動のある一面である．

ストレスの生理学的相関の減少

技術がかなり進歩したにもかかわらず，動物園でのエンリッチメント研究で，動物園動物の福祉を生理的指標で評価した研究はほとんどない．実験室（Van Loo et al. 2002）や実験農場（de Jong et al. 2000）での研究では，これらの手法が使われるようになってきた．生理的指標として考えられるものは，血中コルチゾールや免疫機能の直接 / 非直接測定，心拍などの代謝測定である（Ruis et al. 2002）．病理学による分析は，福祉の遡及評価に対する潜在的可能性をもつが，データ記録方法の多くは現在のところ現実的になるほど標準化されていない．Carlstead, Brown, and Seidensticker（1993）は，新奇物と視覚的障害物という環境エンリッチメントを行った結果，ベンガルヒョウ（*Felis bengalensis*）のコルチゾールが減少したと報告した．Wielebnowski et al.（2002）もまた，ウンピョウ（*Neofelis nebulosa*）の放飼場に隠れ場所と登れる場所をつくるエンリッチメントを行ったところ，糞中コルチコイド値が最も低い値を示したと報告している．

上記の研究は，少なくとも近接目標に関してエンリッチメントの効果を科学的に示したものである．しかし，全ての動物福祉の研究と同様，これらの目標（常同行動を減少させるなど）を達成するのと福祉の改善の間の限定的な関係性を記述するには問題も多く，今後の研究ではこの事項をより洗練していく必要がある．

エンリッチメント研究の方法論

常同行動に関するエンリッチメントの論文の最近の総説で，そうした行動を減少させるエンリッチメントの全体的効果が確認されるのと同時に，研究の方法論として欠点を含むことについても指摘されている（Swaisgood et al.

2005)．動物園の研究で最も基本的な問題は，サンプル数が小さいことである．サンプル数を増やすために多施設で研究するのが解決法の 1 つである．しかし，それで有効な結果を得たとしても，例えば交絡変数が大きいといった，また別の方法論としての問題をもつかもしれない（Mellen 1991，Shepherdson et al. 2004)．

アンケート調査は，たくさんの施設からサンプル数の大きい情報が集約できる貴重な方法の 1 つであるが，直接観察の代用にはならない（Bashaw et al. 2001)．実験的研究（できれば ABAB 型）が理想的であるが，相関研究や“思いがけない経験”もある意味有益である．おそらくサンプル数の小ささがこうした形での研究に内在するため，貯めたデータにはエラーがあるのが普通である．より条件を満たした代替法は，個体に限定した分析や，個体分析を集めた報告かもしれない．もし，後者の研究方法がとられたとしても，全体として動物園の個体群を一般化するような結論を明確にするべきである．サンプル数の論点に対する他の方法は，たくさんの少ないサンプル数の研究をメタ分析する方法だろう．しかし，これらの方法を行うためには統計的検定の結果を単純に行うというより，処置を詳細に記載したり，結果を全て記載したりしなければならない．おそらく最も大きい問題は，エンリッチメント研究がしばしばある研究のたくさんの異なったエンリッチメントと組み合わさったり，複合的な競合仮説の検査に失敗したりしていることだろう．

結　論

飼育下の野生哺乳類で行われているエンリッチメントに内在する多様な概念についての相対的重要性についてはまだまだ議論の対象となるだろうが，これらの概念はエンリッチメントの一般的な方向性の指標としてより広く実際に使われている．研究としてはまだ問題が残るが（研究そのものと言うより環境への挑戦的働きかけについてのコメントが多い)，環境エンリッチメントの目標は，あきらかに一般的基本に合致し，少なくともこの 10 年のエンリッチメント実施数の増加は，飼育下野生哺乳類の福祉の改善に貢献してきたと信じられる理由でもある．研究はエンリッチメントや福祉の理論的基盤を明確にし続けるだろうし，この情報がより効果的な戦略に転換されていくだろう．その間にも，Mellen and MacPhee（2001）によって提案された方法で，エンリッチメントの計画的効果が素晴らしい歩幅で改善している．環境エンリッチメントは，理論的・応用的範囲の両方で活発で挑戦的な努力を継続する必要がある．

文　献

Bashaw, M. J., Bloomsmith, M. A., Marr, M. J., and Maple, T. L. 2003. To hunt or not to hunt? A feeding enrichment experiment with captive large felids. *Zoo Biol.* 22::189–98.

Bashaw, M. J., Tarou, L. R., Maki, T. S., and Maple, T. L. 2001. A survey assessment of variables related to stereotypy in captive giraffe and okapi. *Appl. Anim. Behav. Sci.* 73:235–47.

Bloomsmith, M. A., Jones, M. L., Snyder, R. J., Singer, R. A., Gardner, W. A., Liu, S. C., and Maple, T. L. 2003. Positive reinforcement training to elicit voluntary movement of two giant pandas throughout their enclosure. *Zoo Biol.* 22:323–34.

Burghardt, G. M. 1996. Environmental enrichment or controlled deprivation. In *The well-being of animals in zoo and aquarium sponsored research*, ed. G. M. Burghardt, J. T. Bielitzki, J. R. Boyce, and D. O. Schaefer, 91–101. Greenbelt, MD: Scientists' Center for Animal Welfare.

Carlstead, K. 1986. Predictability of feeding: Its effects on agonistic behaviour and growth in grower pigs. *Appl. Anim. Behav. Sci.* 16:25–38.

Carlstead, K., Brown, J. L., and Seidensticker, J. 1993. Behavioral and adrenocortical responses to environmental change in leopard cats (*Felis bengalensis*). *Zoo Biol.* 12:321–31.

Celli, M. L., Tomonaga, M., Udono, T., Teramoto, M., and Nagano, K. 2003. Tool use task as environmental enrichment for captive chimpanzees. *Appl. Anim. Behav. Sci.* 81:171–82.

Chang, T. R., Forthman, D. L., and Maple, T. L. 1999. Comparison of confined mandrill (*Mandrillus sphinx*) behavior in traditional and "ecologically representative" exhibits. *Zoo Biol.* 18:163–76.

Clubb, R., and Mason, G. 2003. Captivity effects on wide ranging carnivores. *Nature* 425:472–74.

Coulton, L. E., Waran, N. K., Young, R. J. 1997. Effects of foraging enrichment on the behavior of parrots. *Anim. Welf.* 6:357–363.

Dawkins, M. S. 1989. Time budgets in red jungle fowl as a baseline for the assessment of welfare in domestic fowl. *Appl. Anim. Behav. Sci.* 24:77–80.

de Jong, I. C., Prelle, I. T., van de Burgwal, J. A., Lambooij, E., Korte, S. M., Blokhuis, H. J., and Koolhaas, J. M. 2000. Effects of environmental enrichment on behavioral responses to novelty, learning, and memory, and the circadian rhythm in cortisol in growing pigs. *Physiol. Behav.* 68:571–78.

Forthman, D. L., Elder, S. D., Bakeman, R., Kurkowski, T. W., Noble, C. C., and Winslow, S. W. 1992. Effects of feeding enrichment on behavior of three species of captive bears. *Zoo Biol.* 11:187–95.

Forthman-Quick, D. L. 1984. An integrative approach to environmental engineering in zoos. *Zoo Biol.* 3:65–78.

Forthman-Quick, D. L., and Pappas, T. C. 1986. Enclosure utilization, activity budgets, and social behavior of captive chamois (*Rupicapra rupicapra*) during the rut. *Zoo Biol.* 5:281–92.

Hebert, P. L., and Bard, K. 2000. Orangutan use of vertical space in an innovative habitat. *Zoo Biol.* 19:239–51.

Hediger, H. 1950. *Wild animals in captivity*. London: Butterworths Scientific Publications.

———. 1964. *Wild animals in captivity: An outline of the biology of zoological gardens*. Trans. G. Sircom. New York: Dover.

Hughes, B. O., and Duncan, I. J. H. 1988. The notion of ethological "need," models of motivation and animal welfare. *Anim. Behav.* 36:1696–1707.

Hutchins, M., Hancocks, D., and Crockett, C. 1984. Naturalistic solutions to the behaviour problems of captive animals. *Zool. Gart.* 54:28–42.

Inglis, I. R. 2000. The central role of uncertainty reduction in determining behavior. *Behaviour* 137:1567–99.

Inglis, I. R., and Fergusson, N. J. K. 1986. Starlings search for food rather than eat freely-available, identical food. *Anim. Behav.* 34:614–17.

Inglis, I. R., Langton, S., Forkman, B., and Lazarus, J. 2001. An information primacy model of exploratory and foraging behaviour. *Anim. Behav.* 62:543–57.

Jenny, S., and Schmid, H. 2002. Effect of feeding boxes on the behavior of stereotyping Amur tigers (*Panthera tigris altaica*) in the Zürich Zoo, Zürich, Switzerland. *Zoo Biol.* 21:573–84.

Joffe, J., Rawson, R., and Mulick, J. 1973. Control of their environment reduces emotionality in rats. *Science* 180:1383–84.

Kastelein, R. A., and Wiepkema, P. R. 1988. The significance of training for the behaviour of Stellar sea lions (*Eumetopias jubata*) in human care. *Aquat. Anim.* 14:39–41.

Laule, G. 1993. The use of behavioral management techniques to reduce or eliminate abnormal behavior. *Anim. Welf. Inf. Cent. Newsl.* 4, no. 4 (October–December): 1–11.

Laule, G., and Desmond, T. 1998. Positive reinforcement training as an enrichment strategy. In *Second nature: Environmental enrichment for captive animals*, ed. D. J. Shepherdson, J. D. Mellen, and M. Hutchins, 301–13. Washington, DC: Smithsonian Institution Press.

Lindburg, D. G. 1988. Improving the feeding of captive felines through the application of field data. *Zoo Biol.* 7:211–18.

Liu, D., Wang, Z., Tian, H., Yu, C., Zhang, G., Wei, R., and Zhang, H. 2003. Behavior of giant pandas (*Ailuropoda melanoleuca*) in captive conditions: Gender differences and enclosure effects. *Zoo Biol.* 22:77–82.

Markowitz, H. 1982. *Behavioral enrichment in the zoo*. New York: Van Nostrand Reinhold.

Markowitz, H., and Aday, C. 1998. Power for captive animals: Contingencies and nature. In *Second nature: Environmental enrichment for captive animals*. ed. D. J. Shepherdson, J. D. Mellen, and M. Hutchins, 47–58. Washington, DC: Smithsonian Institution Press.

Mason, G., and Latham, N. R. 2004. Can't stop won't stop: Is stereotypy a reliable animal welfare indicator? *Anim. Welf.* 13:57–70.

McGrew, W. C., Brennan, J. A., and Russell, J. 1986. An artificial "gumtree" for marmosets (*Callithrix jacchus*). *Zoo Biol.* 5:45–50.

McPhee, M. E. 2002. Intact carcasses as enrichment for large felids: Effects on on-and off-exhibit behaviors. *Zoo Biol.* 21:37–47.

Melfi, V. A., and Feistner, A. T. C. 2002. A comparison of the activity budgets of wild and captive Sulawesi crested black macaques (*Macaca nigra*). *Anim. Welf.* 11:213–22.

Mellen, J. 1991. Factors influencing reproductive success in small captive exotic felids (*Felis* spp.): A multiple regression analysis. *Zoo Biol.* 10:95–110.

Mellen, J., and MacPhee, M. S. 2001. Philosophy of environmental enrichment: Past, present, and future. *Zoo Biol.* 20:211–26.

Mench, J. A. 1998. Environmental enrichment and the importance of exploratory behavior. In *Second nature: Environmental enrichment for captive animals*, ed. D. J. Shepherdson, J. D. Mellen, and M. Hutchins, 30–46. Washington, DC: Smithsonian Institution Press.

Neuringer, A. J. 1969. Animals respond to food in the presence of free food. *Science* 166:399–401.

Powell, D. M. 1995. Preliminary evaluation of environmental enrichment techniques for African Lions (*Panthera leo*). *Anim. Welf.* 4:361–70.

Ruis, M. A. W., te Brake, J. H. A., Engel, B., Buist, W. G., Blokhuis, H. J., and Koolhaas, J. M. 2002. Implications of coping characteristics and social status for welfare and production of paired growing gilts. *Appl. Anim. Behav. Sci.* 75:207–31.

Sambrook, T. D., and Buchanan-Smith, H. M. 1997. Control and complexity in novel object enrichment. *Anim. Welf.* 6:207–16.

Shannon, C. E., and Weaver, W. 1949. *The mathematical theory of communication*. Urbana: University of Illinois Press.

Shepherdson, D. J. 2003. Environmental enrichment: Past present and future. *Int. Zoo Yearb.* 38:118–24.

Shepherdson, D. J., Carlstead, K., Mellen, J., and Seidensticker, J. 1993. Environmental enrichment through naturalistic feeding in small cats. *Zoo Biol.* 12:203–16.

Shepherdson, D. J., Carlstead, K. C., and Wielebnowski, N. 2004. Cross-institutional assessment of stress responses in zoo animals using longitudinal monitoring of faecal corticoids and behaviour. *Anim. Welf.* 13:S105–S13.

Shepherdson, D. J., Mellen, J. D., and Hutchins, M. 1998. *Second nature: Environmental enrichment for captive animals*. Washington, DC: Smithsonian Institution Press.

Stoinski, T. S., Daniel, E., and Maple, T. L. 2000. A preliminary study of the behavioral effects of feeding enrichment on African elephants. *Zoo Biol.* 19:485–93.

Swaisgood, R. R., and Shepherdson, D. J. 2005. Scientific approaches to enrichment and stereotypies in zoo animals: What's been done and where should we go. *Zoo Biol.* 24:499–518.

———. 2006. Environmental enrichment as a strategy for mitigating stereotypies in zoo animals: A literature review and a meta-analysis. In *Stereotypic animal behaviour: Fundamentals and implications to animal welfare*, ed. G. Mason and J. Rushen, 255–84. Wallingford, UK: CABI.

Swaisgood, R. R., White, A. M., Zhou, X., Zhang, G., Wei, R., Hare, V. J., Tepper, E. M., and Lindburg, D. G. 2001. A quantitative assessment of the efficacy of an environmental enrichment program for giant pandas. *Anim. Behav.* 61:447–57.

Traylor-Holzer, K., and Fritz, P. 1985. Utilization of space by adult and juvenile groups of captive chimpanzees (*Pan troglodytes*). *Zoo Biol.* 4:115–27.

Van Loo, P. L. P., Kruitwagen, C. L. J. J., Koolhaas, J. M., Van de Weerd, H. A., Van Zutphen, L. F. M., and Baumans, V. 2002. Influence of cage enrichment on aggressive behaviour and physiological parameters in male mice. *Appl. Anim. Behav. Sci.* 76 (1): 65–81.

Veasey, J. S., Waran, N. K., and Young, R. J. 1996. On comparing the behaviour of zoo housed animals with wild conspecifics as a welfare indicator. *Anim. Welf.* 5:13–24.

White, B. C., Houser, L. A., Fuller, J. A., Taylor, S., and Elliott, J. L. L. 2003. Activity-based exhibition of five mammalian species: Evaluation of behavioral changes. *Zoo Biol.* 22:269–85.

Wielebnowski, N. C., Fletchall, N., Carlstead, K., Busso, J. M., and Brown, J. L. 2002. Noninvasive assessment of adrenal activity associated with husbandry and behavioral factors in the North American clouded leopard population. *Zoo Biol.* 21:77–98.

Young, R. J. 2003. *Environmental enrichment for captive animals*. Oxford: Blackwell Science.

Zucker, E. L., Deitchman, M., and Watts, E. 1991. Behavioural evaluation of exhibit modifications designed to accommodate an aged Diana monkey. *Zoo Biol.* 10:69–74.

7

哺乳類の飼育管理における新興感染症と人と動物の共通感染症

Dominic Travis and Robyn Barbiers

訳：福井大祐

はじめに

どのような動物の飼育環境においても，健康リスクを積極的に評価して管理しなければならない．加えて，長期的あるいは短期的な飼育管理を含む保全計画に，健康リスクを軽減するための戦略が多く用いられている．これらの計画には，野生動物の移植，再導入，救護やリハビリテーションに参画している世界中の鳥獣保護区やいくつかの管理公園が含まれる．

感染症は，野生動物の飼育施設において，死亡率，罹病率や繁殖率に大きな影響を及ぼす．飼育施設によっては，外来病原体のわずかな脅威に対してですら，以下にあげる項目に制限を設けて対応している．飼育する動物種（例：米国に近年サル痘を侵入させる原因となった齧歯類の種類によっては輸入禁止），移動手段〔例：重症急性呼吸器症候群（severe acute respiratory disease：SARS）を侵入させるおそれがあるとして小型食肉類の輸入が世界中で禁止，北米では慢性消耗性疾患（chronic wasting disease：CWD）の予防のためシカとエルクの各州間の移動が禁止〕，展示施設の構造や様式（例：霊長類のレトロウイルス感染の予防のため），観客と動物の接触（例：ふれあい動物園における病原性大腸菌の感染予防のため）である．次いで，これらの変化によって，繁殖計画，個体群管理計画，教育普及，再導入計画にかける労力や事業に必要な財源の確保にも影響することになる．本章の目標は，新興感染症の課題を総説すること，感染症が飼育環境に侵入する経路を整理すること，そして感染症を予防，コントロールおよび管理するうえで役立つ様々な実施方法を論ずることである．哺乳類の飼育係は，世界中どこでも，この感染症の問題に直面しているが，ここでは，これらの課題に先進的に取り組んできた北米の動物園施設における発生事例を多く引用して詳細に解説する．そして，この議論が野生動物あるいは飼育下野生動物の健康管理に有益な情報となることを願う．

新興感染症の疫学：管理者が知っておくべきこと

感染症は，しばしば健全な生態系を形成するのに役立っており，通常はその一部となっている．基本的に，感染症は，宿主要因（植物，動物あるいはヒト），病原要因（細菌，ウイルス，寄生虫あるいは真菌）および環境要因の相互関係の結果発生し，“疫学三角形モデル”として考える．人類が，長い年月をかけてつくられた自然界のバランスを破壊しながら環境を改変し続ける限り，従来の感染症と新興感染症の病原体は，新たな生態学的ニッチと感染するための新しい宿主を見つけようとする（Satcher 1995, Chomel, Belotto, and Meslin 2007）．新しい宿主は，新たな脅威に対する自然免疫も獲得免疫ももたないため，深刻なアウトブレイクが発生することがある（McMichael and Beaglehole 2000）．例として，1999 年に，ウエストナイルウイルス（病原体）が米国（新たな環境）に侵入し，北米で飼育されていた鳥類，有蹄類，海生哺乳類，小型哺乳類および爬虫類にまで及ぶ免疫力をもたない数多くの種（新たな宿主）で大発生した（Steele et al. 2000）．中東やヨーロッパでもアウトブレイクが発生しているが，北米ほど大きな規模とはなっていない．多くの専門家が北米の生態系でもウイルスと動物とヒトの間で新たなバランスが保たれるようになり，時間が経てば大量死は起こらなくなると予測している（Komar 2003）．しかし，これは，ウイルスが突然変異を起こさない，宿主の免疫系が正常に働く，そして新たな宿主となる種が移入されない，と仮定した場合にのみ当てはまる．不幸にも，ウエストナイルウイルスはすでに変異し始めているように見える．過酷な気象条件，輸送，検疫や飼育がストレスとなり，動物の免疫系を抑制し得る．動物の導入は，常に免疫力のない新しい動物を新しい飼育施設に移すことになり，収集された動物はその環境に生息する野生動物と接触する機会にさらされる．野生動物保全に関わる担い手の責任として，保全活動の影響を評価し，潜在的な病原体の移入と拡散を最小限に留めなければならない（Cleaveland et al. 2001）．

1990 年代初めに，新興感染症という言葉が認知されるようになり，従来の感染症（狂犬病，結核，ブルセラ症，野兎病，高病原性鳥インフルエンザおよびペスト）と新興感染症（大型類人猿のエボラ出血熱，ジャコウネコのSARS，齧歯類のサル痘，コウモリ類とオオコウモリ類のニパウイルスとヘンドラウイルス感染症および多種に及ぶウエストナイルウイルス感染症）のどちらもが著名な科学雑誌の文献上に目立つようになってきた（Levins et al. 1994，Daszak, Cunningham, and Hyatt 2001，Hansen et al. 2001，Murphy 2002，Huijbregts et al. 2003）．これらの感染症の生態における野生動物が果たす特殊な役割は，人の健康への重要性と関連して，現実的にあるいは感覚的に注意を要する．国際的な機関，条約や管理当局が動物由来の人と動物の共通感染症（ズーノーシス，zoonoses）に注目するにつれて，飼育下野生動物の管理者は，動物園や他の飼育施設における感染症リスクを評価しなければならなくなってきた．さらに同時に，麻疹のような人由来の人と動物の共通感染症（anthrozoonoses）も動物へのリスクとなり，考慮しなければならない．zoonoses と anthrozoonoses という言葉は，世界的な疫学分野全体で現在注目されており，本文では，どちらも同義的に用いている．

では，新興感染症が実際にどれだけ問題となっているのか．それが動物と人のいずれに対しても影響を及ぼす可能性はどれくらいあるのか．2000 年にエジンバラ大学の Woolhouse が率いる研究チームが新興感染症と人と動物の共通感染症の関連性について調査した．その結果，既知の約 1,415 の人の感染症（ウイルス，細菌，真菌，原虫および他の寄生虫）のうち，868（61%）が人と動物の共通感染症で，175 が新興感染症と考えられていることが分かった．また，新興感染症のうち，132（75%）が人と動物の共通感染症とされている（Taylor, Latham, and Woolhouse 2001）．これらの感染症が重大な課題として，新興感染症の生態における動物園が果たす潜在的な役割について考えみると，新興感染症あるいは人と動物の共通感染症が飼育下哺乳類の個体群から外に広がる，あるいは中に侵入する可能性はどれくらいあるのだろうか．北米やヨーロッパの文献に記載のある哺乳類に感染する新興感染症，再興感染症および人と動物の共通感染症のリストによれば，野生動物の飼育施設および野生個体群は，現在，様々な感染症問題に直面している（表 7-1）．このリストが実際には全ての感染症を網羅していない一方で，これらの課題が北米やヨーロッパの比較的大規模な資金力のある動物飼育関連施設において日常的に発生していることも事実である．資源に乏しく，感染症の侵入や拡散を起こしやすい気候である熱帯地方の動物飼育関連施設において，より深刻な問題となりやすい．また，表 7-1 に記載されたリストは，調査が行われた種に限定されており，他の飼育動物種の感染症リスクを十分に評価するためには，感染症の生態に関する総括的な調査が必要である．

感染症はどのようにして起こるか

ほとんどの動物飼育関連施設が日常的に行っている活動に伴い，新興感染症あるいは人と動物の共通感染症を含む感染症が侵入するリスクが十分生じる．感染症が侵入するリスクを評価するため，動物の管理者は，侵入経路やキャリアーから宿主への感染経路を把握しておく必要がある．食料，動物および人は，感染症の 3 大侵入経路となる．感染経路は，感染症ごとに異なり，どの感染症にも複数の経路がある．一般的な感染経路として，性感染などの体液による媒介を含む個体間の直接伝播と感染の媒介物（ベクター）の侵入を伴う間接伝播がある．間接伝播には，生物学的伝播（動物，人，蚊）あるいは機械的伝播（器具，ハエ，土壌，植物）がある．食品由来感染症は，時に分類するのが困難であるため，通常は別に取り扱う．その例として，チフスのメアリーのエピソードがあり，彼女は，自らが保有していた *Salmonella typhi* を，調理の際，汚染した

表 7-1 野生動物の飼育施設において近年問題となった，あるいは潜在的に問題となり得る新興感染症と人と動物の共通感染症

病原体あるいは疾病	分類	報告のある動物種	飼育環境	自然界	人と動物の共通感染症
Coxiella burnetii（Q 熱）	細菌	海生哺乳類，反芻動物	×	×	×
Erysipelothrix rhusiopathiae（ブタ丹毒）	細菌	海生哺乳類	×		×
Eschericia coli（腸管出血性）	細菌	家畜，有蹄類，霊長類	×		×
Leptospira spp.	細菌	哺乳類	×	×	×
Mycobacterium avium	細菌	鳥類，哺乳類	×	×	×
Mycobacterium bovis	細菌	哺乳類	×	×	×
Mycobacterium kansasii	細菌	有蹄類	×		×
Mycobacterium paratuberculosis	細菌	有蹄類	×	×	×
Mycobacterium tuberculosis	細菌	ゾウ，サイ，ネコ科動物，ヤギ	×		×
Shigella flexneri（B 群赤痢菌）	細菌	大型類人猿	×		×
Francisella tularensis（野兎病）	細菌	霊長類，齧歯類	×	×	×
Yersinia pestis（ペスト）	細菌	フェレット，プレーリードッグ，ネコ科動物，齧歯類	×	×	×
Yersinia pseudotuberculosis（仮性結核）	細菌	哺乳類，鳥類	×	×	×
Blastomyces dermatitidis（ブラストミセス症）	真菌	大型食肉類，海生哺乳類	×		
Cryptococcus neoformans（クリプトコッカス症）	真菌	小型哺乳類，鳥類，有蹄類	×	×	
Baylisascaris procyonis（アライグマ回虫）	寄生虫	鳥類，小型哺乳類，霊長類	×	×	×
トリパノソーマ病（シャーガス病）	寄生虫	ハリネズミ，サイ，齧歯類	×	×	
BSE（ウシ海綿状脳症）	プリオン	有蹄類，ネコ科動物，ミンク	×	×	×
慢性消耗性疾患（CWD）	プリオン	シカ類，エルク	×	×	
トキソプラズマ症	原虫	有袋類，霊長類，小型哺乳類，海生哺乳類	×	×	×
鳥インフルエンザ	ウイルス	鳥類，ネコ科動物	×	×	×
伝染性膿疱性皮膚炎（orf）	ウイルス	有蹄類	×		×
東部ウマ脳炎	ウイルス	鳥類，有蹄類	×	×	
エボラウイルス（エボラ出血熱）	ウイルス	ダイカー，大型類人猿，コウモリ類		×	×
脳心筋炎ウイルス	ウイルス	有蹄類，霊長類，ゾウ，ネコ科動物	×	×	
口蹄疫	ウイルス	有蹄類，多くの哺乳類		×	
ヘンドラウイルス	ウイルス	オオコウモリ類		×	×
ヘルペスウイルス	ウイルス	ゾウ，海生哺乳類	×		
Herpes simiae（B ウイルス）	ウイルス	霊長類	×		×
リンパ球性脈絡髄膜炎ウイルス	ウイルス	霊長類，齧歯類	×		×
リッサウイルス（狂犬病を含む）	ウイルス	コウモリ類，哺乳類	×	×	×
悪性カタル熱	ウイルス	ヒツジ，ヌー	×	×	
モルビリウイルス	ウイルス	霊長類，有蹄類，イヌ科動物，海生哺乳類	×	×	×
ニパウイルス	ウイルス	オオコウモリ類，ブタ	×	×	×
オルソポックスウイルス	ウイルス	オオアリクイ，イヌ科動物，齧歯類	×	×	×
リフトバレー熱ウイルス	ウイルス	有蹄類		×	×
重症急性呼吸器症候群（SARS）	ウイルス	ジャコウネコ，ネコ科動物	×	×	×
サル泡沫状ウイルス	ウイルス	霊長類	×	×	×
サル免疫不全ウイルス	ウイルス	霊長類	×	×	×
ウエストナイルウイルス	ウイルス	鳥類，哺乳類，爬虫類	×	×	×

料理を介して周囲の人々に感染を広げたことから，そのあだ名がついた．この場合，彼女が感染源であるが，感染は不衛生な調理行程による料理の交差汚染を介して間接的に拡大した．これは，通常，食品由来感染症の例であるが，彼女は，感染症を持ち込むとともに，機械的ベクター（食物）を介して間接的に感染を広げたことになる．動物園では，様々な栄養要求性をもつ多種の動物種が数多く飼育されており，飼料が複数の栄養士，飼育係や他のスタッフによって複数の調理施設で準備されるため，潜在的に食品由来感染症の発生リスクが高い．危害分析重要管理点（Hazard Analysis and Critical Control Point：HACCP）に概要が示されている通り，食品の安全に関する基本原則を導入す

れば，食品由来感染症に関連したリスクを最小限に抑えるのに役立つ（Schmidt, Travis, and Williams 2006，本書第10章）．

飼育下哺乳類は，あらゆる分類群に属する野生種の飼育個体，野生個体，救護個体あるいは押収個体からの感染症リスクに暴露される可能性がある（Davidson and Nettles 1997，Friend and Franson 1999）．近年，施設間の輸送を伴う動物の収集は，最も感染症を持ち込むおそれのある機会となっているが，野生動物の飼育施設はこれらのリスクを最小限に抑えるため，予防医学や輸送前検疫に関するプロトコールを備えておかねばならない．北米動物園水族館協会（AZA），米国動物園獣医師協会（AAZV），欧州動物園水族館協会（EAZA），欧州野生動物獣医師協会（EAZWV）のような数多くの専門機関が様々な分類群の飼育動物に関する指針を示している．これらは，通常，メンバー限定のウェブサイト上に公開されているが，ほとんどの機関が要望に応じてコピーを配布している．一方，野生動物は，多くの動物飼育施設の敷地内あるいは周辺で普通に見られ，潜在的に感染症の重要な媒介者となり得る．例えば，コウモリは，狂犬病ウイルスに加え，多くの新しいリッサウイルス（ニパウイルス，ヘンドラウイルス）のレゼルボア（病原巣）となっている（McColl, Tordo, and Aquilar Setien 2000，Mohd Nor, Gan, and Ong 2000，Cliquet and Picard-Meyer 2004）．また，まだ明確な証拠が得られているわけではないが，エボラウイルスの第一宿主とも考えられている（Leroy et al. 2005）．さらに，近年，コウモリ類とオオコウモリ類は，SARSコロナウイルスのレゼルボアであることが分かっている（Wang et al. 2005，Salazar-Bravo et al. 2006）．多くの種類の齧歯類は，レプトスピラ症，ハンタウイルス感染症およびペスト（ノミがレゼルボア）を媒介し，また近年発生した米国におけるサル痘の侵入に重要な役割を果たしたとされている（Pattyn 2000，Higgins 2004，Enria and Levis 2004）．鳥類も，ウエストナイルウイルス，鳥インフルエンザウイルス，免疫不全患者で重要性が増している鳥結核菌，さらに人と動物の共通感染症を引き起こし得る多くの寄生虫や真菌類のレゼルボアとなっている．これら全ての病原体は，哺乳類宿主においても疾病を引き起こす．近年，野生シカ類は，ブルセラ症，結核（人と動物の共通感染症）および慢性消耗性疾患（新興感染症）の疫学における役割に関心が高まっている（Mahy and Brown 2000，Travis and Miller 2003）．野生イヌ科動物あるいはノイヌは，レプトスピラ症，ジステンパーおよび狂犬病を哺乳類の飼育下個体群に持ち込むことが報告されている（Roelke-Parker et al. 1996）．

動物園および野生動物リハビリテーション施設は，野生動物，由来不明の遺棄されたエキゾチックペットおよび合法的・非合法的に押収されたエキゾチックペットの取り扱いに対する協力に加え，新興感染症の侵入リスク対策においても，全く新しい分野での役割の重要性が増している．例えば，エボラウイルスとサル痘ウイルスは，実験動物やペットショップを通じて米国に侵入した（CDC 1989, Guarner et al. 2004）．近年，米国における動物飼育施設の設計基準では，人と飼育動物の直接接触を大幅に減らしているが，今なお様々な状況で，飼育係，施設整備員，研究者および一般の人々と動物の接触が発生する現状にある．さらに，現在の国際的な政治情勢の中で，不幸なことではあるが，新興感染症や人と動物の共通感染症の病原体の意図的な導入に対して備えておかねばならない．

感染症の管理

感染症を適切に管理するための要点は，①感染症の侵入予防，②感染症の拡散防止，③侵入した感染症の根絶，である．予防に重点をおくことが理想であるが，現実的には，感染症の発生後に，拡散防止と根絶の努力が必要となることが多い．質の高い感染症の管理プログラムには，現状に最も妥当で実行可能な目的にしたがって，対応を合わせていく柔軟性が求められる．

感染症の予防

予防医学の実践には，飼育下あるいは野生哺乳類の個体群に侵入した感染症リスクを最小限に抑えるため，計画，実行および遵守が鍵となる．そのほとんどの場合，一次的には個体が対象となっているが，意志決定の過程において，感染症が個体群に及ぼす影響を考慮しておかねばならない．

動物の飼育管理における予防医学の重要性は，広く理解されている．例えば，AZA認定基準では，「獣医学的な健康管理プログラムにおいて，感染症の予防対策は重要であり，ワクチネーションと予防医学プログラムは，動物の収集の際には必ず実施し，資格をもったサポートスタッフの指導の下で行わなければならない」，また「動物飼育施設は，米国動物園獣医師協会（AAZV）が作成した獣医学プログラムのためのガイドラインに従う」と規定している（AZA 2006）．AAZVガイドラインでは，「獣医学プログラムにおいて，検疫，寄生虫保有状況調査と駆虫，予防接種，感染症スクリーニング（例えば，血清学的検査やツベルクリン検査)，歯科予防，および飼料内容，飼育管理技術や害虫・害獣コントロールの定期的評価を実施するべきである」と規定している（Joslin et al., 1998）．飼育動物の予防医学の適切な実践は，輸送前の健康スクリーニング検査と十分な検疫に加え，質の高い飼育管理の実践，スタッフの健康管理および家畜・ペットや野生動物との接触防止を含む多くの連動した項目と総合的な項目からなる．

どのような予防的な健康管理プログラムにおいても，質の高い飼育管理の実践が必要不可欠である．このため，世界中の多くの関連機関が協力し，標準化された飼育動物のための健康管理ガイドラインを開発し続けており，飼育環境（大きさ，構造，温度や湿度の調節，照明設備），衛生，飼育形態（社会構造），繁殖や栄養など，そのどれもがストレスと健康に関わる課題について記載されている．異種動物の混合展示は，哺乳類の感染症リスクを管理するうえで，特別な課題となっている．その例を次に２つ示す．①悪性カタル熱のリスク：この感染症は，アフリカのヌー属を含むハーテビースト亜科の動物では一般的な病気であるが，これらの動物と異種同居されたアジアのシカ科動物に感染すると，高い致死率をもたらすことが，いくつかの北米の動物園で認められている（Heuschele, Swansen, and Fletcher 1983）．②アジアゾウとアフリカゾウが一緒に飼育されている場合に伝播し得るヘルペスウイルス感染のリスク：特定の宿主（アフリカゾウ）に保有されているヘルペスウイルスが，他の種（アジアゾウ）に感染した場合，致死的となり得る事例である（Richman et al. 1996, 1999）．

感染症が人から動物へ，動物から人へ伝播するのを防ぐため，スタッフの健康管理のための規定が必要である．最も基本的なレベルでは，労働者が感染症の症状を示した場合に，感染症が広がるリスクが高い，または感染する可能性のある動物がいる場所に，入ったり，働いたりしないというルールがある．動物と直接接触するスタッフは，マスク，グローブや専用の作業着など自分の身を感染から守る服装を備えておくべきである．動物に直接的あるいは間接的に接触する可能性のあるスタッフ全員にとって，手洗いを含む衛生対策が必要である．スタッフが１か所以上の動物舎で作業をする場合には，感染症の媒介を予防する対策が必要であり，動物舎ごとに専用の長靴，作業着および器具を用意することで，施設間で感染症を広げるリスクを軽減することに役立つ．特別な重要感染症については，安全対策のための一定基準を設けておくべきである．例えば，結核のスクリーニング検査は，多くの施設において，動物と接触する正職員とボランティアスタッフ全員に対して一般的に実施されている．動物舎を掃除する際の衛生基準として，病原体を潜在的に含む可能性のある糞便のエアロゾルからスタッフを守るための安全対策が必要である．これは，消化管内細菌やレトロウイルスを含む可能性のある霊長類の飼育エリアでは特に重要である．

飼育動物と野生動物の接触を防ぐことは，困難なことも多いが，いかなる予防医学の実践プロトコールにおいても重要な課題となる．新興感染症の発生を防ぐための最大の課題として，野鳥（例えば，細菌，真菌の胞子，ウエストナイルウイルスおよび鳥インフルエンザウイルスを含む糞便），コウモリ類（リッサウイルスやSARSウイルス），齧歯類（レプトスピラ症，サル痘，野兎病，ペストを媒介するノミ），ジステンパーや狂犬病を媒介するおそれのある他の哺乳類，および蚊やダニのようなベクターとなる節足動物があげられる．衛生動物（害虫や害獣）の生活環やその発生を左右する環境要因に関する情報を活用した総合的な管理（integrated pest management：IPM）プログラムは，問題となる対象の衛生動物が媒介する感染症が侵入するリスクを最小限に抑えるために欠かせない．IPMプログラムの作成には，①衛生動物の発生数や環境の状態を見て駆除を実施するかどうかを判断するポイント（駆除実施基準）の設定，②衛生動物の同定と生態の理解，③モニタリング，④予防とコントロール計画の実施，⑤結果の評価，を含む．例えば，蚊のサーベイランス（捕獲，種同定や検査）やコントロール（発生場所の除去や幼虫・成虫駆除剤の使用）は，ウエストナイルウイルスの侵入以来，北米の動物園のほとんどで一般的な対策となっている．飼育動物の飼料，水や休息場所を備えた展示施設あるいは運動場に野生動物を近づけないようにすることで，さらなる衛生動物が誘引されるリスクおよび野生動物から飼育動物や飼育係に感染症が伝播するリスクを最小限に抑えることができる．例えば，鳥インフルエンザウイルスやウエストナイルウイルスを媒介すると考えられている，渡り鳥の個体群に関連したリスクを管理するための対策の実施はより困難である．究極的には，動物園の敷地内で死亡した野生動物の死体を検死することで，その地域に生息する野生動物による感染症リスクのベースラインを把握することにつながるため，実行可能な場合には，基本的な予防医学プロトコールの一部として考えるべきである．

検疫は，哺乳類の管理において，感染症リスクを最小限にするために欠かせないもう１つの対策である．多くの動物園協会は，所属機関が従うべき一連の検疫基準を規定している．検疫の第一の目的は，感染症の侵入を防止することであるが，新着する動物の健康状態のベースラインを把握すること（Miller 1999，p.14）にも役立つ．検疫のプロトコールは，適正で十分な内容でかつ対象動物の福祉に配慮したものでなければならない．例えば，ゾウやキリンのような大型動物を個別飼育することで，個体の健康もしくは検疫従事者を危険にさらすおそれがある．これらの場合，輸送前の健康診断，対象個体と導入元の個体群の病歴に対する慎重な評価，および専用器材の準備などの厳重な衛生プロトコールを十分に実施する必要がある．輸送前や検疫時に健康診断を実施するのに，麻酔が必要となる場合には，そのリスクと感染症リスクを比較検討しなければならない．社会性の動物を 30 ～ 60 日間単独飼育する場合には，行動学的あるいは社会学的な異常を引き起こすおそれがある．この問題を防ぐために，仲間の動物を同居させることが有用かもしれないが，動物管理者は，同居させる動物による感染症リスクを評価する必要がある．

全ての動物種の輸送前に，健康診断を実施することが重要であり，輸送前後の検疫あるいは隔離検疫と組み合わせて実施されることが多い．最低限として，詳細な健康観察と基本的な臨床学的な検査を実施すべきであるが，理想的には，鎮静あるいは麻酔下で，基本的な生体情報や臨床検査データの収集および重要な感染症のスクリーニング検査を実施することが望ましい．移動する動物の診断的スクリーニング検査は，既存の個体群に新たな病原体を持ち込むのを防止することにつながる．逆に，移動する動物は，新たな環境であらゆる病原体に暴露されることになるため，既存の個体群においても，スクリーニング検査を実施することは，動物の輸送前の健康診断として重要な課題である．今後さらに充実させていくべき課題になっているが，多くの特定の種のための診断検査項目が推奨されている．これらは，対象となる動物において特殊検査が実施可能かどうか，有効かどうか，あるいは対象となる感染症に対する種感受性，感染症の地理的分布および国ごとの規制条件などの要素によって異なる．

多くの国で，畜産上問題となる感染症（結核やブルセラ症）あるいは輸入感染症（例として水胞性口炎や口蹄疫：米国は清浄国であり，特別な規制条件が規定されている）に対して重点的に規制がかけられている．感染症の侵入によって，既存の個体群に悪影響が及ぶという認識から，動物の移動が認可されない場合もある．このような認識に基づく個体の取り扱いは，個体群管理計画への協力において障害となり得る．例えば，AZA の旧世界ザルの分類群諮問グループ（TAG）は，サル泡沫状ウイルスおよびサル免疫不全ウイルスの抗体陽性結果（動物がこれまで病原体に暴露されたことを意味し，必ずしも現在も感染が続いている，あるいは感染を広げる可能性があるということではない）を理由に，繁殖計画の勧告に基づく個体の移動を中止したことがある．個々の動物園は，自らの施設の個体群が抗体陰性であるかどうかをスクリーニング検査したことがないにもかかわらず，抗体陽性の動物の受け入れを拒む結果となった．近年，TAG は，各施設が動物の移動を計画する際，感染症リスクについて十分理解したうえで，自らの意思に基づいて合意できるように，自施設の飼育下個体群のウイルス保有状況を把握することを推奨している．

感染症の疫学やベクターに関する情報を入手できない場合，移植と再導入を含む動物の移動の障害となる．感染症の疫学とベクターについて理解することによって，動物の移動を継続して行う際，動物管理者が感染症の侵入と伝播のリスクを最小限に抑えるのに役立つことがある．数年前，AZA のライオン（*Panthera leo*）の種保存計画（SSP）は，北米の飼育下個体群の遺伝的多様性を増加させるため，アフリカの飼育施設から米国の飼育施設への輸入に取り組んだ．輸送前の健康診断によって，輸送予定のライオンから，バベシア症，アフリカ豚コレラや東海岸熱（タイレリア症）のような重要感染症を媒介する可能性のあるベクターのアフリカマダニが見つかった．米国連邦政府規制局と関係機関は，議論を繰り返し，このダニが仮に侵入したとしても冬季に生存することは困難だろうという理由から，寒冷気候の北方圏施設への輸送を承認した．この場合，南方圏の施設は，（殺ダニ剤による駆除のようなリスクを軽減する対応をしたとしても）移動を受け入れられなかったが，ベクターの生態を理解したうえで感染症リスクを管理することによって，飼育下個体群を守り，最終的には個体移動による利益につながった．

多くの野生哺乳類の保護区と保全計画が厳密に管理運営されている．したがって，本項にまとめた方法の多くが，感染症の侵入防止，あるいは感染症が発生した際に及ぶ影響を軽減するために実践されている（Wolff and Seal 1993）．例として，マウンテンゴリラの獣医学プログラムのスタッフは，多数存在する他の野生霊長類の保全地域と同様に，ウガンダ，ルワンダ，コンゴ民主共和国の公園内において，人と動物の共通感染症が伝播するのを防止するため，マウンテンゴリラ（*Gorilla beringei*）と労働者，研究者および旅行者ら人々の両方の健康状態を監視している．スタッフは，保護区に立ち入る人々の数，ゴリラに接近する時間や距離に制限を設けることによって，ゴリラが感染症の罹患者に暴露されることを抑制している．

動物の健康が人によって危険にさらされた場合（例えば，わなによる負傷や人由来の感染症への罹患），時には介入が必要になることもある．加えて，家畜と野生動物の間で伝播する感染症を管理するための計画も徐々に実施されるようになってきている．例えば，タンザニアのセレンゲティの生態系周辺におけるイヌを対象にした狂犬病とジステンパーのワクチネーションプログラムがある．さらに，例えば南アフリカにある国立公園の中には，公園内の個体群へ移入あるいは搬出される動物の健康リスクについて，動物を移動前に保管する特別な検疫隔離施設で予防医学を実践して管理している場所もある．

感染症のコントロール

感染症をコントロールするには，感染症に暴露される機会を減らしたり，感染環と伝播経路を断ち切ったりするため，感受性宿主，病原体および環境ごとに対策を講じる必要がある．人も，動物も宿主となり得る．動物管理者は，人に注意を向け，人から動物，動物から人への２方向の感染症の伝播経路をコントロールしなければならない．新興感染症に対して有効な人用ワクチンはほとんど開発されていないため，個々で適切な防護用品を使用して個々の身を守ることは，最も単純かつ最も効果的な双方の感染症をコントロールする方法となる．感染症の予防プロトコールは，適切に実践してこそ，効果を期待できる．

ある個体群における感染症の発生動向は，感受性個体，感染個体および回復個体の数の相互関係によって変化する．さらに，個体群密度および不顕性キャリアーの存在も重要な要素となる．Wobeser（2006）は，感染症の伝播を防止するのに役立つ宿主動物の個体群管理に関する３つの基本的なアプローチをリストにあげた．全ての項目は，個体群密度に関連し，これらの個体群間で起こり得る感染症への暴露の機会をどうコントロールするかに基づいて規定されている．

1．全体の個体群密度を減らす．
2．個体群における感染個体の割合あるいは密度を減らす．
3．個体群における感受性個体の割合あるいは密度を減らす．

動物園の飼育動物の管理計画において，動物の管理者は，複数の施設と協力して個体群サイズをコントロールし，常に個体群の感染症リスクを軽減している．一方，野生動物のリハビリテーション施設や保護区施設では，より多くの収容施設を必要とし，傷病個体や親を失った個体の収容を拒否（施設の方針に反する場合も多い）する対応が必要になり得るため，個体群サイズのコントロールはもっと難しい．例として，チンパンジーを保護する“全アフリカ保護施設連合（Pan African Sanctuary Alliance：PASA）”のような保護区施設によっては，国際自然保護連合再導入専門家グループ（IUCN/RSG）のガイドライン（www.iucnsscrsg.org/downloads.html）に従い，積極的に動物を再導入することによって，個体群サイズのコントロールを検討している所もある．

検疫時に多いが，感染個体が発見された場合には，効果的な隔離，治療，安楽殺，時には繁殖制限などによってコントロールされる．個体群に感染を伝播する可能性がなくなるまで感染個体を隔離する対応は，最も簡単な方法であるかもしれないが，どこかの時点で完全に回復したと判断することが必要であり，また動物の福祉を損なう可能性がある．新興感染症に対する特別な治療方法はないことが多く，経験的な治療や支持療法のみが行われている．個体群に対しての治療は，さらに難しくなるが，日常的に監視されていて治療が比較的行いやすい小さな個体群では成功した事例もある．

治療のゴールは，実際の治癒というよりもむしろ，様々な寄生虫感染事例のように，感染症のコントロールまたは付随する悪影響を抑えることにある．多くの重要な新興感染症や規制感染症をコントロールするために，安楽殺あるいは淘汰を選択することもできる．政府機関は，感染症をコントロールするために，安楽殺をツールとして活用することもある．絶滅の危機に瀕した個体群を管理する際には，通常，安楽殺を適応することはないが，飼育施設は，新興感染症や人と動物の共通感染症のアウトブレイクが起こる前に，地域の規制当局と協力し，事前に対策を講じておく必要がある．飼育下個体群または人口に脅威となり得る野生個体群に対して，繁殖制限あるいは淘汰によって個体群密度を減少させる対策は，市民には受け入れがたく，普通は一時的な解決策にしか過ぎない．ワクチネーションは，感受性動物の数を減少させることができ，飼育動物の管理における予防医学プロトコールの一部として必要不可欠であるが，新興感染症のコントロールに対しては，通常そのワクチンが開発されていないか，有効性が確認されていないため，現実的ではない．

動物飼育施設においては，通常，その環境内の感染症リスクを低減する努力によって，病原体をコントロールしている．動物の治療またはワクチネーションは，感染動物から病原体が環境中に拡散することを軽減する効果がある．病原体による環境汚染のコントロールと感染源への暴露を減らすことは，飼育下個体群の感染症対策に最も効果的な２つの方法である．質の高い飼育管理の実践によって，環境中の病原体を最小限に抑え，感染症が伝播するリスクを減らすことができる．衛生動物や野生動物のコントロールは，環境中の感染症リスクを管理するための主要な方法の1つである．動物あるいは環境の消毒は，多くの細菌，ウイルスあるいは寄生虫を壊滅させることができ，どこの飼育施設でごく簡単に実施できるが，野生個体群に対しては非常に困難を伴う．

感染症の根絶

感染症の根絶とは，実に究極的なコントロールの形態である．そのゴールは，特定の種あるいは地理的エリアにおいて，感染症を排除し，“感染症フリー”の状態にすることである．そのような根絶プログラムには高い費用がかかるため，通常は，畜産業に経済的ダメージを与え得る感染症または人に感染し得る感染症が対象となる．一方，野生動物に対しては，良いか悪いか，どのような影響が及ぶかは分からない．飼育下哺乳類は，例として，有蹄類の結核，口蹄疫およびウシ海綿状脳症（狂牛病）などを対象とした法に基づく感染症根絶プログラムの下，規制がかけられている．これらの場合に，飼育動物の共同繁殖計画のために，特別な規制免除が設けられる場合がある．北米では，AZAが農務省（USDA）と協力し，口蹄疫，ウエストナイル熱および鳥インフルエンザに対し，動物園感染症アウトブレイク対策計画を策定した．これらの計画の目標は，感染症根絶ゾーン内の飼育施設において飼育動物数が減るリスクを最小限に抑えることである．これらのプロトコールが成功するかどうかは，当該施設が規制ゾーン内で感染症のアウトブレイクが拡大するリスクについて，最小限またはない状態を達成していることを示せるかどうかにかかっており，感受性のある動物種の飼育環境において高いバイオセキュリティレベルを確保できていることなどが含まれる．加えて，動物の飼育管理者は，動物園管理エリアを区別して管理していること，または家畜種（あるいは他の種）の動物によっては安楽殺の容認を検討することを示す必要がある．

情報のギャップ

野生動物の感染症疫学および感染症リスクの最善な取扱い方に関して，まだ十分に分かっていないことが多い．したがって，それらのより良い診断ツールの開発は，急務となっている．現在使用できる感染症の生前診断法は，通常，家畜種あるいは畜産上の問題から厳しく管理されている野生動物（シカ類など）でのみ有効性が確認されている．どの国でも，飼育下および自然界の野生動物における様々な病原体の保有状況や感染症の発生状況に関する情報が不足しており，そのため，これらの個体群間の接触による感染症リスクを評価する際，全く予測がつかない．国際種情報システム機構（ISIS）は，飼育動物の管理のため，新しい記録管理システムとなる動物学情報管理システム（ZIMS）を開発し，獣医学的記録，飼育管理に関する記録および世界中のいくつかの感染症情報の概要について，長期的に検索することが可能となった．将来的には，野生動物および飼育動物の管理者は，野生動物の感染症疫学について，より全体論的な理解を深めるため，情報管理システムを統合する必要がある．

動物の管理者が感染症情報を手軽に入手することのできる多くの情報源がある．国際獣疫事務局（OIE）は，世界中の感染症ニュースをウェブサイト上にアップデートしている（www.oie.int）．世界保健機関（WHO）（www.who.int）と米国の疾病管理予防センター（CDC）（www.cdc.gov/）は，多くの人と動物の共通感染症に関する情報を発信している．

欧州野生動物獣医師協会（EAZWV）の感染症ワーキンググループは，病原体，分布，伝播，培養法，臨床症状および診断法などに関する標準的な感染症情報を掲載した『Transmissible Diseases Handbook（感染症ハンドブック）』（Kaandorp 2004）を刊行している．また，動物園における感染症の予防とコントロールのような課題について，推奨される消毒薬，法的問題，アウトブレイク後に感染症フリー状態を回復するための条件および検査機関の国別情報などにも解説を加え，標準的な情報を超える情報源にもなっている．米国動物園獣医師協会（AAZV）の感染症対策委員会も，北米における同様な感染症ハンドブックの編集を進めている．

新たな感染症管理戦略の導入

動物飼育施設は，新興感染症や人と動物の共通感染症の侵入のリスクに対して，“島”のように例えられる．単独あるいは数少ない共同施設と運営している比較的孤立した動物飼育施設にとって，厳重な感染症予防規則を作成し，遵守することが極めて重要である．この場合，通常，規則の遵守こそが感染症管理を成功させる要因であり，全ては厳重な警戒にかかっている．動物園協会は，“群島”のように例えて見ることができ，所属園館が互いに協力して感染症を管理している．この動物園協会や個々で境界を越えてよりオープンに動物の移動を行っている動物飼育施設にとって，感染症のリスク管理はより複雑なものとなっている．より組織化された協会機関に所属することのメリットの１つは，新興感染症の発生に対処するのに必要となる手段や対策基盤を持ち備えていることである．認定ガイドラインは，検疫プロトコール，標準的な飼育管理技術および獣医学的健康管理を含む予防医学プロトコールを強調している．これらの組織は，それぞれの手段を統合し，メンバー間の内部における情報伝達機構をもっており，標準化された飼育および診療記録を基に，独自に動物を管理識別している．動物園の飼育係は，動物の福祉と健康を監視する技術に習熟している．獣医師は，感染症を疑う症状に気づき，診断することができる．病理学者は，集団死を調査することができる．また，同様に，内分泌学者，動物行動学者および栄養士も，それぞれの専門分野における問題に対処し，対策を講じることができる．これら専門性は全て，感染症のアウトブレイクに対し，適切に調査および対策をするために必要不可欠な要素であるが，さらに多くの対応が可能となる．

少数の疫学的原則を大規模に適用することによって，新興感染症の飼育施設への侵入の発見，対応およびコントロールを強化して実施できる．第一に，長期的な科学に基づく健康状態のサーベイランスとモニタリングシステムを導入すれば，“異常な”症状の早期発見に役立つ基礎情報を集めることができる．つまり，潜在的な問題の早期発見によって，手遅れになる前に，適切な調査と対策を実施することができる（Munson and Cook 2003）．リアルタイムでのデータの記録，要約および分析は，対策を迅速に実行に移すのに役立つ．第二に，獣医師や飼育係は，感染症を疑う事例が発生した場合に，感染症のアウトブレイクに対して厳密で系統的な調査を実施できるように備えておかねばならない．このため，事前に職員を適切に訓練し，動物管理者は，地域社会の安全のため，市民や動物衛生機関との協力関係を構築しておかねばならない．新興感染症や人と動物の共通感染症がアウトブレイクした場合に，そのリスクはより広範囲の地域社会に対して及ぶ可能性があることから，費用対効果に優れた管理を選択するため，優先順序を考慮してリスク評価を実施しなければならない．新興感染症の問題に対し，本質的に不確実な要素が多い中で，決定を下すためのリスク分析として知られる注目手法がある．これは，感染症のサーベイランスやアウトブレイクの調査から集められた情報など既存のデータを活用するための枠組みとなり，管理戦略や費用について試験しながら，モデルを作出してリスクを評価する（Leighton 2002, OIE 2004）．遺伝情報に基づいて繁殖計画を策定するためのソフトウェア（Spark Plug，Zoo Risk）や個体群存続可能性分析による絶滅リスクを評価するためのソフトウェア（Vortex）がある．他にも，IUCN の保全繁殖専門家グループ（CBSG）が実施するワークショップを通じて感染症リスクに対処するためのツールが開発されている（Armstrong, Jakob-Hoff, and Seal 2002）．公衆衛生あるいは家畜衛生の領域でも，多くのモデルがすでに存在している．動物飼育施設にもこれらのモデルを作出する努力が求められる．

今日の世界の現状が新たな感染症を出現させ，実際にアウトブレイクする可能性を広げている．予防対策が講じられてはいるが，新たな方法論と科学技術を駆使して，感染症対策を改善し続けなければならない．自身の地域社会に従事し，内外の他機関と協力することによってのみ，感染症をコントロール，管理および排除できると期待される．

文　献

Armstrong, D., Jakob-Hoff, R., and Seal, U. S., eds. 2002. *Animal movements and disease risk: A workbook*. Apple Valley, MN: Conservation Breeding Specialist Group (SSC/IUCN).

AZA (Association of Zoos and Aquariums). 2006. *Guide to accreditation of zoological parks and aquariums (and accreditation standards)*. Silver Spring, MD: Association of Zoos and Aquariums.

CDC (Centers for Disease Control and Prevention). 1989. Ebola virus infection in imported primates: Virginia, 1989. *Morbid. and Mortal. Wkly. Rep.* 38 (48): 831–32, 837–38.

Chomel, B. B., Belotto, A., and Meslin, F. 2007. Wildlife, exotic pets, and emerging zoonoses. *Emerg. Infect. Dis.* 13 (1): 6–11.

Cleaveland, S., Hess, G. R., Dobson, A. P., Laurenson, M. K., McCallum, H. I., Roberts, M. G., and Woodroffe, R. 2001. The role of pathogens in biological conservation. In *The ecology of wildlife diseases*, ed. P. J. Hudson, A. Rissoli, B. T. Grenfell, H. Heesterbeek, and A. P. Dobson, 139–50. Oxford: Oxford University Press.

Cliquet, F., and Picard-Meyer, E. 2004. Rabies and rabies-related viruses: A modern perspective on an ancient disease. *Rev. Sci. Tech. Off. Int. Epizoot.* 23:625–42.

Daszak, P., Cunningham, A. A., and Hyatt, A. D. 2001. Anthropogenic environmental change and the emergence of infectious diseases in wildlife. *Acta Trop.* 78:103–16.

Davidson, W. R., and Nettles, V. F. 1997. *Field manual of wildlife diseases in the Southeastern United States*. 2nd ed. Athens, GA: Southeastern Wildlife Disease Study, College of Veterinary Medicine, University of Georgia.

Enria, D. A. M., and Levis, S. C. 2004. Emerging viral zoonoses: Hantavirus infections. *Rev. Sci. Tech. Off. Int. Epizoot.* 23:595–611.

Friend, M., and Franson, J. C., eds. 1999. *Field manual of wildlife disease*. 2nd ed. Washington, DC: U.S. Department of the Interior, United States Geological Survey.

Guarner, J., Johnson, B. J., Paddock, C. D., Shieh, W., Goldsmith, C. S., Reynolds, M. G., Damon, I. K., Regnery, R. L., Zaki, S. R., and the Veterinary Monkeypox Virus Working Group. 2004. Monkeypox transmission and pathogenesis in prairie dogs. *Emerg. Infect. Dis.* 10:426–31.

Hansen, G. R., Woodall, J., Brown, C., Jaax, N., McNamara, T., and Ruiz, A. 2001. Emerging zoonotic diseases. *Emerg. Infect. Dis.* 7:537.

Heuschele, W. P., Swansen, M., and Fletcher, H. R. 1983. Malignant catarrhal fever in U.S. zoos. In *AAZPA Annual Conference Proceedings*, 67–72. Atlanta: American Association of Zoo Veterinarians.

Higgins, R. 2004. Emerging or re-emerging bacterial zoonotic diseases: Bartonellosis, leptospirosis, Lyme borreliosis, plague. *Rev. Sci. Tech. Off. Int. Epizoot.* 23:569–81.
Huijbregts, B., DeWachter, P., Obiang, L. S. N., and Akou, M. E. 2003. Ebola and the decline of gorilla *Gorilla gorilla* and chimpanzee *Pan troglodytes* populations in Minkebe Forest, northeastern Gabon. *Oryx* 37:437–43.
Joslin, J. O., Amand, W., Cook, R., Hinshaw, K., McBain, J., and Oosterhuis, J. 1998. *Guidelines for zoo and aquarium veterinary medical programs and veterinary hospitals.* Veterinary Standards Committee, American Association of Zoo Veterinarians. Philadelphia: American Association of Zoo Veterinarians.
Kaandorp, S. 2004. *Transmissible diseases handbook.* 2nd ed. European Association of Zoo and Wildlife Veterinarians, Infectious Diseases Working Group. Houten, The Netherlands: Van Setten Kwadraat.
Komar, N. 2003. West Nile virus: Epidemiology and ecology in North America. *Adv. Virus Res.* 61:185–234.
Leighton, F. A. 2002. Health risk assessment of the translocation of wild animals. *Rev. Sci. Tech. Off. Int. Epizoot.* 21:187–95.
Leroy, E. M., Kumulungui, B., Pourrut, X., Rouquet, P., Hassanin, A., Yaba, P., Delicat, A., Paweska, J. T., Gonzalez, J. P., and Swanepoel, R. 2005. Fruit bats as reservoirs of Ebola virus. *Nature* 438:575–76.
Levins, R., Awerbuch, T., Brinkman, U., Eckardt, I., Epstein, P., and Makhoul, N. 1994. The emergence of new diseases. *Am. Sci.* 82:52–60.
Mahy, B. W. J., and Brown, C. C. 2000. Emerging zoonoses: Crossing the species barrier. *Rev. Sci. Tech. Off. Int. Epizoot.* 19:33–40.
McColl, K. A., Tordo, N, and Aquilar Setien, A. 2000. Bat lyssavirus infections. *Rev. Sci. Tech. Off. Int. Epizoot.* 19:177–96.
McMichael, A. J., and Beaglehole, R. 2000. The changing global context of public health. *Lancet* 356:495–99.
Miller, R. E. 1999. Quarantine: A necessity for zoo and aquarium animals. In *Zoo and wild animal medicine: Current therapy 4*, ed. M. E. Fowler and R. E. Miller, 13–17. Philadelphia: W. B. Saunders.
Mohd Nor, M. N., Gan, C. H., and Ong, B. L. 2000. Nipah virus infection of pigs in peninsular Malaysia. *Rev. Sci. Tech. Off. Int. Epizoot.* 19:160–65.
Munson, L., and Cook, R. A. 2003. Monitoring, investigation and surveillance of diseases in captive wildlife. *J. Zoo Wildl. Med.* 24:281–90.
Murphy, F. A. 2002. A perspective on emerging zoonoses. In *The emergence of zoonotic diseases: Understanding the impact on animal and human health*, ed. T. Burroughs, S. Knobler, and J. Leberberg, 1–10. Washington, DC: National Academy Press.
OIE (Office International des Epizooties). 2004. Import risk analysis. In *Terrestrial Animal Health Code*, 13th ed. Paris: Office International des Epizooties.
Pattyn, S. R. 2000. Monkeypoxvirus infections. *Rev. Sci. Tech. Off. Int. Epizoot.* 19:92–97.
Richman, L. K., Montali, R. J., Cambre, R. C., Lehnhardt, J. M., Kennedy, S. K., and Potgieter, L. 1996. Endothelial inclusion body disease: A newly recognized fatal herpes-like infection in Asian elephants. In *AAZV Annual Conference Proceedings*, 483–85. Atlanta: American Association of Zoo Veterinarians.
Richman, L. K., Montali, R. J., Gerber, R. L., Kennedy, M. A., Lehnhardt, J., Hildebrandt, T., Schmitt, D., Hardy, D., Alecendor D. J., and Hayward, G. S. 1999. Novel endotheliotropic herpesviruses fatal for Asian and African elephants. *Science* 283:1–5.
Roelke-Parker, M. E., Munson, L., Packer, C., Kock, R., Cleaveland, S., Carpenter, M., O'Brien, S. J., Pospischil, A., Hofmann-Lehmann, R., and Lutz, H. 1996. A canine distemper virus epidemic in Serengeti lions (*Panthera leo*). *Nature* 379:441–45.
Salazar-Bravo, J., Phillips, C. J., Bradley, R. D., Baker, R. J., Yates, T. L., Ruedas, L. A., Zhang, S., Shi, Z., Field, H., Daszak, P., Eaton, B. T., and Wang, L. 2006. Voucher specimens for SARS-linked bats. *Science* 311:1099–1100.
Satcher, D. 1995. Emerging infections: Getting ahead of the curve. *Emerg. Infect. Dis.* 1:1–6.
Schmidt, D. A., Travis, D. A., and Williams, J. J. 2006. Guidelines for creating a food safety HACCP program in zoos or aquaria. *Zoo Biol.* 25:125–35.
Steele, K. E., Linn, M. J., Schoepp, R. J., Komar, N., Geisbert, T. W., Manduca, R. M., Calle, P. P., Raphael, B. L., Clippinger, T. L., Larsen, T., Smith, J., Lanciotti, R. S., Panella, N. A., and McNamara, T. S. 2000. Pathology of fatal West Nile virus infections in native and exotic birds during the 1999 outbreak in New York City, New York. *Vet. Pathol.* 37:208–24.
Taylor, L. H., Latham, S. M., and Woolhouse, M. E. J. 2001. Risk factors for human disease emergence. *Philos. Trans. R. Soc. Lond. B Biol. Sci.* 356:983–89.
Travis, D. A., and Miller, M. 2003. A short review of transmissible spongiform encephalopathies, and guidelines for managing risks associated with chronic wasting disease in captive cervids in zoos. *J. Zoo Wildl. Med.* 34:125–33.
Wang, M., Yan, M., Xu, H., Liang, W., Kan, B., Zheng, B., Chen, H., Zheng, H., Xu, Y., Zhang, E., Wang, H., Ye, J., Li, G., Li, M., Cui, Z., Liu, Y., Guo, R., Liu, X., Zhan, L., Zhou, D., Zhao, A., Hai, R., Yu, D., Guan, Y., and Xu, J. 2005. SARS-CoV infection in a restaurant from palm civet. *Emerg. Infect. Dis.* 11:1860–65.
Wobeser, G. A. 2006. Disease management. In *Essentials of disease in wild animals*, 182. Ames, IA: Blackwell.
Wolff, P. L., and Seal, U. S. 1993. Implications of infectious disease for captive propagation and reintroduction of threatened species. *J. Zoo Wildl. Med.* 24:229–30.

その他の情報源

www.eaza.net
www.wildlifeinformation.org
www.eazwv.org/php/
www.waza.org
www.iucn-vsg.org

8

動物園での安全において考慮すべき事項

Mark Rosenthal and William Xanten

訳：伊東員義

はじめに

動物園という場所で働くことは動物園のもつ危険や脅威を共有することでもある．それぞれの園館の置かれている状況は異なるとはいえ，基本的な考え方の多くは同じで，安全に関する事項について対処することである．その園館の目的として，飼育担当者もしくは来園者に対する偶発的な事故や起こり得る怪我などに対処できる安全上問題のない作業環境が飼育担当者の義務を果たす全ての領域で用意されなければならない．

業務上の事故は被雇用者が不注意であったり，物忘れをしたり，規則に従わなかったり，設備を良好な状態で維持できなかったりした時によく起こる（Hartman 2007），注意散漫や目前の業務に集中することができないことが安全問題のもう１つの原因となる．さらに，飼育担当者が十分な訓練を受けなかったり，もしくは非常事態への事前対策の研修を受けなかったりすれば，これらも事故の原因となる．

職場での危険を見極めることは園館管理者の責任である．直接飼育を業務とする職員にどのような危害が起きるかを想定することや，事故や健康障害といった問題を回避する環境を整えるのにどのような予防措置が必要かを配慮した調査をすることが必然的に事前評価となる．もし危機を招く原因が究明されるならば，予防措置をとることで危険を最小限にできる（AZA 2006）．

園館で危険を事前評価するための一般的な基準として，次の方法がある．

1. 危機を招く原因を点検するために施設や園地を調査する．安全委員会のメンバーもしくはそれぞれ係での監督者がこれを行う．
2. 危機を招く原因が飼育担当者やその他の職員もしくは来園者にどのような潜在的な危害があるかを明確にする．その危険は個々には同じではないことを心得ておく．より大きな危険は新人，トレーナーもしくは妊娠した女性にあると心得る．また工事請負者，施設維持管理作業者や来園者は園館の物理的な配置に不慣れかもしれない．
3. 危険評価の調査を行い，十分な予防措置が適切になされているか，もしくは新たな対策が必要かを明確にする．もし危機を招く原因を取り除くことができないのなら，危険をどのように低くコントロールするかを行う．危険制御として，園館は（a）適切な安全装備を職員に支給し，確実な使用を徹底する，（b）危険にさらされる脅威を減らす，（c）危険の確率を下げる施設を用意する（例：手洗い場や洗眼場），（d）問題へのアクセスを回避することを徹底する．
4. 明らかとなった危機を招く原因の全てについて，園館の管理として検討し，全ての個人が巻き込まれるかもしれない問題であることを明示した確認文書を作成し，全ての被雇用者が利用できるようにする．
5. 定期的に評価を見直す．そして必要に応じ，措置を改訂する．園館のなかで収集展示動物を変更する時は文書を作成する必要のある新たな危機を招く可能性があるかどうかを評価する．確認文書（プロトコル）を毎年改訂することは良いことである．

健康と安全

日常の飼育管理

動物園や水族館の飼育担当者は動物に噛まれたり，ひっかかれたりすることよりも，動物の飼料を調理する時に包丁で手を切る，重いものを持ち上げる時に背腰部を痛めたりすることのほうが多い．飼育担当者は通常の日々の業務やその内容を記載した手順書を用意することについて考える必要がある．日常の業務として，業務安全分析（Lincoln Park Zoo 2003b）をすることは危機を招く原因を見極めることに役立ち，業務を安全に行うことに必要な装備を用意することにも役立つ．この分析は仕事を分類し，危機を招く原因を探り，推奨される対策もしくは処置をとることができる．

多くの動物園や水族館は今では安全プログラムを作成し，実行し，監視する専任の安全管理者を置いている．安全管理者がいない場合には上級職員，管理者や飼育担当者からなる安全委員会が事故の調査や今後の事故を防ぐ方法や手順書のための勧告を含む園館の安全問題に責任を負うべきである．係の監督者は安全装備が職員に有用であるかその装備の使い方が的確にできているのか日々チェックする必要がある．監督者は装備の点検を行うことやその必要な修理が適宜行われているか見る責任がある．

個々の防御装備は潜在的な危険な状況下にある日々の飼育管理を行う飼育担当者にとって極めて重要である．鉄板の入った安全靴は足の指先が押しつぶされることを防ぐ．保護眼鏡やフェイス・シールド（遮光保護面）は，飼育担当者が眼の損傷をする危険がある所で作業する時にはいつも着用するべきである．眼の刺激に対処する洗眼場は容易に行ける場所に置くべきである．飼料を包丁で調理する時に飼育担当者が特製の手袋を着用すれば深い切り傷を防ぐことができる．飼料コンテナや生鮮食品の箱もしくは動物輸送箱を持ち上げる作業は正しく行わないと背腰を痛める原因となる．重いものを持ち上げる時は，背筋を伸ばし，膝を少し曲げ，背筋よりもむしろ肢の筋肉を使う（www.back.com）．飼育担当者は極めて重いものを持ち上げる時は1人でそれをすべきではなく，負荷を分ける他の人の手助けを借りるべきである．

飼育担当者が日々使用する全ての洗浄化学薬品やその他の潜在的な危機を招く原因物質は表示を行い，壊れないコンテナに保管する．全ての器材のための器材安全データシートは全ての職員が簡単に見られるように中央管理区域に保存されるべきである．

個々の動物を直接手で取り扱う必要のある職員はその一般的な防御として，マスク，手袋，長袖で厚地の上着を着用する（Karsten 1974，San Antonio Zoo 2002，第4章を参照）．飼育担当者は日々の業務を通して人と動物の共通感染症に罹る可能性もあり（第7章），これらの危険性は第1に不適切な動物への暴露を避けるのと同様に，的確な衛生対策により減らすことができる（例：動物を取り扱った後，適切な手洗い方法をする）．

職務の割り当てについて，妊娠中の飼育担当者には特別な配慮が必要となる．トキソプラズマ症は人と他の恒温動物に広く認められている．しかし，普通に生活している人には問題はないけれども，人の胎児・幼児と免疫機構に障害のある人々にとっては問題となる．野生のネコ類は *Toxoplasma gondii* の宿主であり，そのオオシスト（接合子嚢）を糞中に排出する．妊娠中の飼育担当者はネコの糞を取り扱うことを避けるべきであり，妊娠中はネコ類の担当から外すべきである．

数種の哺乳類は狂犬病に感染し，その唾液中のウイルスは人がその動物に噛まれたことにより感染する（Hinshaw, Armand, and Tinkelman 1996）．もし，コウモリ類，アライグマ，キツネ，スカンクを保定する必要があるならば，個々の防御装備として厚手の手袋，上着を着用するべきである．人と動物の共通感染症から被雇用者を守ることや職員の感染症から展示収集動物を守ることはそれぞれの園館で別個に取り組む必要がある（第7章参照）．

動物飼育施設での飼育担当者（もしくは来園者）

飼育担当者が猛獣を舞台裏の場所に収容することで，飼育担当者が清掃のためや飼料，エンリッチメントの材料を置くために安全に動物舎に入ることが可能となるが，飼育担当者はつい安全だと考えてしまうという従来からの問題がある．いったん動物舎に入ってから動物を確実に収容していなかったことに気がついても遅く，飼育担当者は重大な危機に直面することになる（Herrmann 2005, Sweeney and Donovan 2005）．

このような“飼育担当者の過失”を防ぐにはどうしたら良いのだろうか．これに応えるには強固な安全方針をもち，これを職員とともに日常的に見直す以外に簡単な答えはない．また事故を防ぐことが可能な，もしくは少なくともある飼育担当者がこのような潜在する致命的な状況にとらわれた時に，役に立つ追加的な防護対策をとることである．毎日決まった業務を行うことで気の緩みに繋がりやすい．飼育担当者が猛獣舎に入る前には猛獣を隔離する，つまり，飼育担当者は展示場に放飼した動物の数が今，安全なバックエリアの中に確かに収容されたかについてダブルチェックする必要がある．全ての動物は展示場に出す前に，さらに展示場から収容する際に数を確認しなければならない．そして鍵は全て施錠されていることを確実にチェックしなければならない．動物舎の鍵は最高の安全を確保するために恒常的に点検する必要がある．

猛獣を担当する飼育担当者は緊急時の救難連絡がとれるように無線を持つべきであり，そして同じ場所でいつも2人で無線を保持し，勤務するようにすべきである．園館内の全ての職員が無線連絡の傍受や発信ができるようにし，これにより誰かがライオンもしくはトラ舎のモートで作業している時でさえも無線連絡がとれることとなる．放飼場間で動物を交代させる時は，必ず1人の飼育担当者が責任をもって扉やゲートの開閉操作を行う．飼育担当者はこの業務をする時には他の職員がどこにいるかをいつも確認する．

今日の動物園では，ゾウを担当する飼育係はゾウに直接接触する直接飼育に関わるものと，柵により飼育担当者とゾウを隔離するプロテクト・コンタクトによりゾウと関わるものがある．ゾウ管理のこれらの方法には賛否両論があるが（Roocroft and Zoll 1994），いずれも，飼育担当者は潜在的に大きな危険のある猛獣と至近距離で一緒に行動することに変わりはない．いずれにしてもゾウ飼育についての確実で基礎的な安全配慮の履行が必要である．誰かが支援を求める問題が発生した時に対処できるように，1人以上の飼育担当者が出勤するようにする．第1に，動物園はゾウの攻撃への対処の仕方を職員が理解できるように緊急対応策を策定しておく（Kauffman 1983，AZA Accreditation 2006）．飼育担当者がゾウから攻撃された時，他の飼育担当者は衝動的に救出を試みようとするかもしれないが，最初の対応はまず状況を素早く確認した後，支援を招集することである．素早く支援を呼べる無線や警報装置は欠かすことができない．

もし動物園でのトウガラシ・スプレーの使用が合法的に許されるのなら，飼育担当者はそれを携帯する．トウガラシ・スプレーは猛獣の脅威から飼育担当者を防御する強力なツールとなる．もう1つの方法として，スプレー缶もしくは消火器の使用を，必要とされる場所に配置しておけば，緊急時に飼育担当者は自己防衛のためにそれらをすぐに見つけ使用することができる．

毎年，数百万の来園者を迎える動物園，多くの来園者は楽しむために訪れ，穏やかなマナーで動物を観覧する．しかしながら，一部の来園者は精神的な障害（Hediger 1969）をもっているか，もしくは全く何の問題もなく動物展示場に入ることができると感じている無鉄砲な者もいる．用心深い親たちが小さな子どもたちに十分な注意を払っていてさえも子どもたちはフェンスの下を潜り抜け（O'Brien 1996），猛獣に近付いてしまう．動物園は有効で効果的な来園者保護のバリアを用意することでこれらの事故を減らす法的な責任がある．来園者が動物展示場に近づきすぎることを防ぐするために，造園職員は通り抜けることが難しい生垣もしくはトゲのある植物を植える．一方でこれらは展示効果を上げることにもなる．

どのような緊急事態でも，良好なコミュニケーションをとる，素早い職員対応をする，そして良識を働かせることが惨事を回避することになる．動物展示場に設置された水と高圧ホースを使えば，無鉄砲な来園者から猛獣を放すことが可能で，これは緊急事態に対応する職員にとって時間稼ぎにもなる．来園者が動物に近付くことができる多くの動物園では，馴致した小型哺乳類（霊長類を含む）や鳥類を収容した通り抜け展示，また動物との触れ合いや特定の動物への給餌ができる展示を行い，もう一方では動物を障壁なしに展示することを進めてきた．動物園はこれらの展示で，来園者が認められていない餌を動物に給餌することを防ぐ，もしくは見過ごせない動物への危害を加える行動をとらせないために監視する必要がある．また，動物園が動物との触れ合いができる施設を設けている場合，この展示施設から出ていく来園者にとって分かりやすい場所に手洗い場を設置する．

動物輸送もしくは動物の受け入れ

動物輸送を計画する時には，その動物について熟知していなければならない．通常時はおとなしい動物でも興奮すると信じがたい力を発揮し，貧弱な輸送箱を壊すことがある．動物を輸送箱に収容しようとする時，輸送箱から出そうとする時にはこの作業を行う飼育担当者と動物の双方に安全上の問題が存在する．多くの動物は輸送箱から手足を差し出すことができ，もし隙があれば飼育担当者を掴み，爪を立てる．大型動物は輸送箱を揺らし，動かす．このため，飼育担当者は動物に対してどこに位置したら良いかをいつも念頭に置く．例えば，サイを収容した輸送箱と建物の壁の間に立つことは，もしサイの動きが輸送箱を動かすとしたら，そこには潜在的な危険がある．

動物の積み込みや荷降ろしの際に注意するべきチェックリストを次にあげる．

- 作業に必要な飼育担当者，獣医師，業者の人数
- チームとしての参加各員の役割

・この作業の責任者を明確にする
・作業に必要な資材，輸送手段，機材の準備
・到着地に輸送箱を輸送する手段
・もし問題が起きた時の代替計画

通常１人の担当者が動物の箱入れと輸送の監督をし，指示をする．もし複数の指示が同時に出されたり，指示に従わなかったりすると，問題が起きたり，怪我を誘発する．動物の箱入れや輸送にかかわるそれぞれは，その役割が何であるかを正確に知っておく．代替計画があれば，事前にそれを理解しておく．

緊急対策

動物の脱走

動物舎から動物が脱走することは時々ある（Hediger 1964，Vansickle 2006，Hindu 2006a, 2006b）．貧弱な設計による動物舎，飼育担当者の過失，自然災害（例：木への落雷，倒木により，フェンスの一部が破損し，動物が逃亡）はいずれも動物脱走の潜在的な原因である．全ての動物園は脱走した動物が園内にいるか，もしくは建物内にいるかに問わず，脱走を処理する緊急対策計画を策定する．フェンスや障壁などを毎年調査することは危険を評価し，文書化することで，弱い場所の修復をすることに役立つ．

猛獣とそれ以外の動物を対象とした脱出対策計画（San Francisco Zoo 2003，Hanna 2005）を文書として策定し，その計画に沿った訓練を定期的に行うことが肝要である．文書化された動物脱出対策の手順書は体裁が良いが，それが飼育担当者職員により訓練され，実行されない限り有効な手段となり得ない．動物園は事前通告のない動物脱出対策訓練を年に２～３回行うべきである．動物脱出対策計画の主な構成要素は明確で簡潔なものとする．複雑な計画は悪いほうに流れる可能性を秘めるし，各個人の役割や責任を忘れ，不明のものにする．どんな計画もまず市民の安全，動物園職員の安全，脱走した動物の捕獲を考慮しなければならない（Flanagan and Tsipis 1996，Poppen 2007）．

コミュニケーションはどんな緊急対策計画でも重要な役割を果たす．緊急事態は昼間だけでなく，動物園職員の大半がいない夜間でも起きる．いずれにしても，主要な人物への緊急な意思疎通の方法が不可欠である．緊急対策計画には可能な全てのシナリオと事態にどう対応するかが必須である．例えば，もし動物園が夕方，園内で外部の団体の催事を許可している時でもある．動物が昼間に脱出する時はたいてい，動物園職員が気づく前に来園者が見つける．そして，その連絡はおそらくボランティアとかレストランや売店，もしくは施設の職員に対して行われる．これらの全ての関係者がこの計画のなかでの役割と緊急脱出対策計画の全体像をよく理解していることが必要である．可能なら，動物園は訓練用の映像を作成し，全ての職員，特に新人職員が容易に定例的にこれを見られるようにする．

動物脱走時にその対策の第一線に立つものの１つは動物園の獣医師チームである．この理由は動物鎮静機材を扱えることにある．しかし，獣医師がいつでもすぐ対策に当たれるとは言えないので，法により許可されていれば，動物園は鎮静剤の取扱いや短銃，吹き矢やライフルなどの武器を扱う訓練を受けた全ての中堅職員も考慮に入れる．全ての薬剤や装備は１～２か所安全な場所に置き，全ての中堅職員（事前に任命したもの）が簡単に取り出すことができるようにする．非常事態に即応できる準備が極めて大切である．

脱走した動物は殺されるといった可能性が大きいことは言うまでもない．そのためには，動物園は動物園の所有する武器の取り扱い方を完全に訓練された飼育担当者や中堅職員（Baker 1999，Beetem 2006）からなる緊急武装チームを配備する．このチームは１年を通して頻繁な実地訓練が必要であり，継続した参画を明確に要求される（Good 2003）．さらに，チームのうちの１人だけが銃器を取り出すこととし，銃器は警備の厳重な場所に保管する．

いくつかの動物園は警護隊を配備し，もしくは警察官を職員としている．警備隊は武器を扱う責任を有し，猛獣が関係した状況にいつでも対応する．前述のように，警備に当たるそれぞれが役割を知り，状況のなかで責任を取るということを理解するためにもコミュニケーションは不可欠である．動物園の職員は地方警察当局と連絡をとり，危険な状況の場合に警察官が動物園の緊急対策手順について確実に理解してもらうようにする必要がある（Menzer 2005）．そして，これにより動物園職員も警察がどのように対応するかを知ることができる．動物園は市民の安全を最優先することを自覚しなければならない（Murphy 2005）．

有効かつ迅速な方法で全ての関係者に情報を流すにはどのようにしたらよいか．多くの動物園では猛獣に関わる緊急事態について園内放送もしくは無線を使って全職員に警戒態勢を取らせるために，動物の名前の前に “red” を付け，警報としている．

リンカーンパーク動物園など（Lincoln Park Zoo 2003a）では大きな箱もしくはトランクを園内のキーポイントとな

る場所に配備し，その中には職員が緊急時に必要となりそうな機材，例えばハンドマイク，来園者を制御するテープ，ロープ，網，ダクトテープ，ハンマー，釘，ナイフ，投げ縄を用意している．この箱には車輪を付け，園内のどこへも迅速に移動できるようにするとよい．全ての機材について係の監督者は毎月点検し，必要な整備を行う責任がある．

脱走動物が動物舎外ではなく建物内にいる時には，その捕獲の戦術は園内の屋外にいる場合とはわずかに異なる．動物を建物内に収容していることで，動物の再逃亡がないことを確認し，職員は捕獲作戦や実践行動にかかるまで時間的な余裕がとれる．しかし，一旦，動物が園外に逃走した場合には，自動的に地方警察に引き継ぐことになるかもしれない．

動物脱走時の内容は基本的に次の６つに分けられる．

1．動物の脱走：来園者もしくは動物園職員がそれを確認する．
2．動物の脱走を園内の職員に報告する．その職員は情報を無線もしくは電話で所定の連絡先に伝える．
3．警報を無線と園内放送で発する．
4．特別チームを同行し，飼育担当者と獣医師が現場に急行，到着する．
5．園内からの退避を行い，来園者は建物内に避難する．
6．警察や消防署が警戒態勢に付く．

もちろん，これらのステップにはバリエーションがあるが，一般的な動物脱出対策計画にはこれらの必須領域をカバーするべきである．

災害対策

もし，火災，ハリケーン，地震，竜巻，爆弾脅迫，テロリズム，停電，もしくは非常に厳しい気候などの自然災害もしくは人災が起きたなら，災害対策計画として職員に何を期待しているかを知らせる職員用のテンプレート（定型文書）を用意する（Baker and Hainley 1999）．動物脱出と同じように職員に計画を熟知させ，行動を起こさせることが良好な対応を導く鍵となる．基本訓練は有効な手段で何が起きたかやリアルな災害シナリオにどう対応したかを理解する．動物園は消防署や警察のようなキーとなる地方機関からの助言を求めると同時に，動物園の施設，設備や動物舎の配置の熟知を図る．

計画には主要な職員，必要な連絡先や機関の正確な電話番号，これには園の内外の関係者を含めなければならない．そして，起こり得る災害それぞれについて，特定の職員によって行う特別な行動指針を示す．このような災害対策計画は緊急事態対策計画と似ており，可変性の高い文書で，実際に実行することになる全ての職員により，毎年改訂する必要がある．

どこに設置されていようと，全ての動物園に普通にみられる災害は火事である（Hall 2007）．策定されたどの計画でも市民と職員の安全が最優先であることを強調すべきである．職員，とりわけ飼育担当者は動物舎の火災で動物をどのようにするかの議論に参加していく必要がある．職員には最初に責任をとるのは市民に対してであり，次に職員自身に対するものであるという自明の理について話しておく必要がある．かつて，火事の影響を受けた建物からの全面退去により，展示動物の安全と救出は消防署任せとなったことがある．消防署との打ち合わせを行う必要があり，消防署はどの動物が屋外放飼場にいるかと同様に建物の現在の平面図についても入手する必要がある．もし，飼育担当者が退避せずに，動物収容のために建物内にとどまり，もしくは屋外放飼場に動物を放そうとして，動物舎にとどまれば，内部に囚われ，重大な危険を冒すことになる．全ての建物には，昼夜を問わずいつでも消防当局を自動的に呼び出すことができ，職員への警戒態勢の支援を行う火災報知機を配置する．消火器は全ての場所の鍵となる場所に設置されなければならない．そして，毎年点検を行い，充填もしくは内部ユニットの交換を定期的なスケジュールで行う．ある特定の状況下では，二酸化炭素消火器を動物を制御するための補助として使用する．これに使用する機材は防火対策に計上された予算とは分離される必要がある．毎年の火災対策基本訓練を職員と一緒に行い，全ての役割や責任を明確に定義することが，良好な先を見越した対策となる．

文　献

AZA (Association of Zoos and Aquariums). 2006. *Accreditation guide and standards*. Silver Spring, MD: Association of Zoos and Aquariums Resource Center: Safety and Risk Management. www.members.aza.org/departments/RC/RiskManagement.

Back.com. Lifting techniques. www.back.com/articles-lifting.html.

Baker, W. 1999. The weapons response to a zoological crisis situation. In *Resources for crisis management in zoos and other animal care facilities*. Topeka, KS: American Association of Zoo Keepers.

Baker, W., and Hainley, P. 1999. Preparation for the crisis management situation in a zoological institution, In *Resources for crisis management in zoos and other animal care facilities*. Topeka, KS: American Association of Zoo Keepers.

Beetem, D. 2006. *Firearms use and training in AZA institutions*. Silver Spring, MD: Association of Zoos and Aquariums Resource Center: Safety and Risk Management, members.aza.org/departments/RC/RiskManagement

Flanagan, J., and Tsipis, L. 1996. Zoo security and dealing with escaped animals, In *Wild mammals in captivity: Principles and techniques*, ed. D. G. Kleiman, M. E. Allen, K. V. Thompson, and S. Lumpkin, 100–106. Chicago: University of Chicago Press.

Good, K. 2003. Got a second? Boyd's OODA cycle in the close quarter battle environment. www.strategosintl.com/pdfs/OODA.pdf.

Hall, C. 2007. Animals stay at L.A. Zoo. *Los Angeles Times*, May 9.

———. 2007. Animals unfazed, but L.A. Zoo still closed. *Los Angeles Times*, May 10.

Hanna, S. 2005. Car-park adventure for Malaca, tapir on the run. www.ickent.co.uk.

Hartman, T. 2007. City's zookeepers hurt 45 times in past 5 years, *Rocky Mountain News*, April 12. www.rockymountainnews.com/drmn/local/article/0,1299,DRMN_15_5479653,00.html.

Hediger, H. 1964. *Wild animals in captivity*. New York: Dover Publications.

———. 1969. *Man and animal in the zoo*. New York: Delacorte Press.

Herrmann, A. 2005. Mauled keeper feels bond with lions. *Chicago Sun-Times*, May 4.

Hindu. 2006a. Chimp's day out at Mysore zoo. *Hindu*, July 30. www.thehindu.com/2006/07/30/stories/2006073010040100.htm.

———. 2006b. Zoo authorities to increase height of chimps' enclosure. *Hindu*, August 21. www.thehindu.com/2006/08/21/stories/2006082115040300.htm.

Hinshaw, K., Amand, W., and Tinkelman, C. 1996. Preventive medicine. In *Wild mammals in captivity: Principles and techniques*, ed. D. G. Kleiman, M. E. Allen, K. V. Thompson, and S. Lumpkin, 16–24. Chicago: University of Chicago Press.

International Air Transport Association. Live animals regulations. www.iata.org

Karsten, P. 1974. Safety manual for zoo keepers. Unpublished, Calgary, AB: Calgary Zoo.

Kauffman, R. 1983. First response to an elephant attack. In *Proceedings of the Annual Elephant Workshop*, 4:35–38. Kansas City, MO: Elephant Workshop.

Kranz, K. 1996. Introduction, socialization, and crate training techniques. In *Wild mammals in captivity: Principles and techniques*, ed. D. G. Kleiman, M. E. Allen, K. V. Thompson, and S. Lumpkin, 78–87. Chicago: University of Chicago Press.

Lincoln Park Zoo. 2003a. *Emergency animal escape protocol*. Unpublished. Chicago.

———. *Job safety analysis*. Unpublished. Chicago.

Menzer, K. 2005. New policy emerges on zoo escapes 1 year after rampage. *Dallas Morning News*, March 17. www.nl.newsbank.com/nlsearch/we/Archives?s_hidethis=no&p_product=DM&p_theme=dm&p_action=search&p_maxdocs=200&p_field_label-0=Author&p_field_label-1=title&p_bool_label-1=AND&p_field_label-2=Section&p_bool_label-2=AND&s_dispstring=zoo%20escapes%20AND%20date(01/01/2005%20to%2012/31/2005)&p_field_date-0=YMD_date&p_params_date-0=date:B,E&p_text_date-0501/01/2005%20to%2012/31/2005)&p_field_advanced-0=&p_text_advanced-0=("zoo%20escapes")&p_perpage=10&p_sort=YMD_date:D&xcal_useweights=no

Murphy, S. 2005. Zoo criticized for shooting dead dangerous escaped chimpanzee. *Independent*, online edition, December 10. www.news.independent.co.uk/uk/this_britain/article332178.ece.

O'Brien, D. 1996. Spotlight shines on zoo's gorilla. *Chicago Tribune*, August 19. www.pqasb.pqarchiver.com/chicagotribune/access/10148993.html?dids=10148993&FMT=ABS&FMTS=ABS&date=Aug+19%2C+1996&author=O+Brien%2C+Dennis&pub=Chicago+Tribune&edition=&startpage=2C3&desc=Spotlight+shines+on+zoo%27s+gorilla

Poppen, J. 2007. Grave mistake may have cost young zookeeper her life. *Rocky Mountain News*, February 26. www.rockymountainnews.com/drmn/local/article/0,1299,DRMN_15_5378730,00.html

Roocroft, A. and Zoll, D. A. 1994. *Managing elephants: An introduction to the training and management of elephants*. Ramona, CA: Fever Tree Press.

Ryan, C. P. 1998. Animals in schools and rehabilitation facilities. *PULSE: Southern California Veterinary Medical Association, Public Health Notes*, 6.

San Antonio Zoo. 2002. Safety handbook. Unpublished, San Antonio, TX.

San Francisco Zoo. 2003. *Animal escapes: Principles for response*. Unpublished. San Francisco.

Sweeney, A., and Donovan, L. 2005. Human error led to attack by gorilla. *Chicago Sun-Times*, July 6. nl.newsbank.com/nlsearch/we/Archives?p_action=list&p_topdoc=11.

Vansickle, A. 2006. Zoo: New keeper at fault in death. *St. Petersburg Times*, August 24. qasb.pqarchiver.com/sptimes/access/1106054461.html?dids=1106054461:1106054461&FMT=FT&FMTS=ABS:FT&type=current&date=Aug+24%2C+2006&author=ABBIE+VANSICKLE&pub=St.+Petersburg+Times&desc=Zoo%3A+New+keeper+at+fault+in+death.

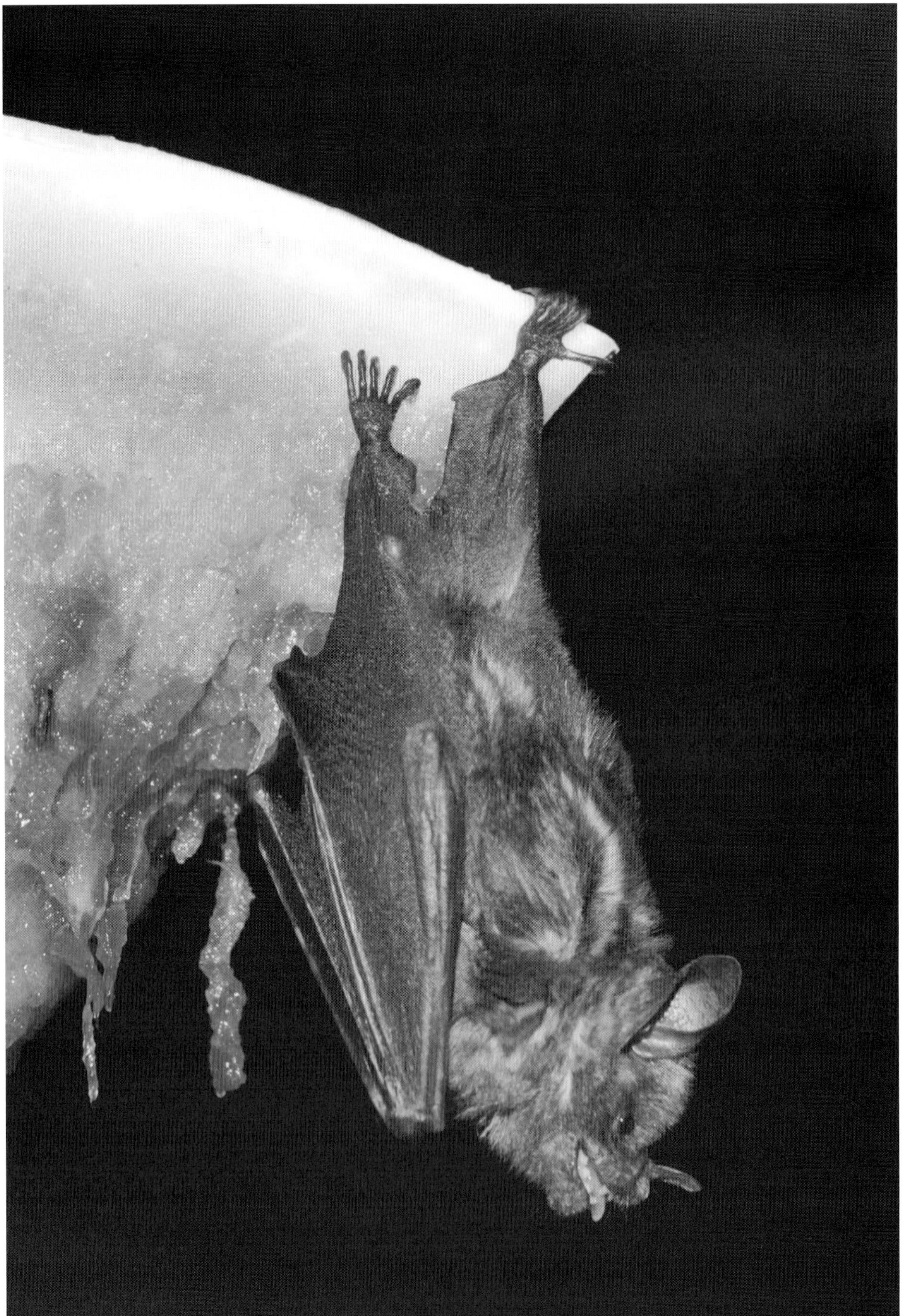

休息中のコウモリ，スミソニアン国立動物園（ワシントン D.C.）．
写真：Jessie Cohen（スミソニアン国立動物園）．複製許可を得て掲載．

第３部

栄　養

イントロダクション

Charlotte Kirk Baer

訳：八代田真人

この新版では，野生哺乳類を飼養するために必要な栄養学に関する知識と目標を“新たな章”として加える．本書の初版が出版された時点では，動物園動物の栄養学は新しく，かつあまり研究の進んでいない分野であった．飼育下動物に対する給餌プログラムの目標は，「妊娠，泌乳および出生後の初期成長を含む生涯にわたった栄養のサポートをすること」であった．当時注目されていたことは，栄養学的に完全な餌（nutritionally complete diets）の成分値を明らかにすることであり，また“動物園で伝統的に用いられてきた餌（traditional zoo diets）”の危険性を議論することであり，さらに野生動物には“栄養の見識”があるという神話を払拭することであった．

今日，野生哺乳類の栄養学は，様々なライフステージにおいて動物を飼育することだけに注目しているのではない．同じぐらい重要なこととして，動物の幸福（well-being），健康および寿命を維持または増進し，さらに野生下では絶滅種である動物，あるいは絶滅危惧種である動物を維持することが可能な繁殖が活発な個体群を飼育することにも注目している．飼育下哺乳類への給餌には，その動物本来の摂食行動，消化生理，社会的要求，成長および繁殖状態，そして遺伝的バックグラウンドが考慮されるようになってきている．このセクション（栄養）の最初の章では，ここで述べたような動物の栄養に関する重要な面について Kirk Baer et al.（第９章）が解説し，様々な問題に対するアドバイスをする．

野生哺乳類の栄養に関する最新の目標に加え，Henry, Maslanka and Slifka がその次の章（第 10 章）で論証するように，われわれは国際的な規制環境および多くの難問を抱えながら急速に変化している市場の中で動物を飼育している．本書のこの部分で述べるように，食品の安全に関する知識および食品の取扱いに関する要求が近年進展したことにより，飼育下動物の給餌プログラムは新たな対策を講じる必要にせまられている．飼育下哺乳類に対して科学的根拠に基づいた栄養管理を行うことは，多角的な試みとなってきているのである．

本書に最も大きく貢献している取り組みの１つは，このセクションの筆者らが，基本的には論文審査のある学術専門誌で報告された信頼のおける科学的証拠に基づいて議論と提案をするようにしたことである．この分野の最新の研究に代表されるような膨大な学術業績が利用でき，かつ簡単に入手できることは，旧版の筆者らにはなかった贅沢である．

栄養（学）は動物管理において鍵となる要素の１つである．しかし，動物の栄養科学は本来あるべき優先順位に置かれていないことが多く，動物学のコミュニティでは特にそうである．われわれは，餌が動物の健康や幸福を促進し，寿命を延ばすということを確信させる機会を与えるだけでなく，その責務も負っている．1996 年に本書の初版が出版された時，北米にある6つの動物園だけが栄養士とわずかな専任の栄養コンサルタントを雇っていた．この新版が出版された現在，北米にある動物園において常勤の動物栄養士の数は2倍以上になった．それでもわずか10%程度の動物園（200以上の施設のうち20の動物園）が栄養士を雇っているにすぎない．この統計値は，飼育下野生動物を養う責任がある組織のうちのおよそ90%は，動物の栄養に関して正規で，かつ技能をもった専門家なしに動物を管理していることを示している．

世界的に有名な生物学者であり環境保護主義者でもあるPeter Ravenが，米国科学振興協会（American Association for the Advancement of Science）の2002年の会長挨拶で述べた言葉を，本書の全ての読者が心に留めておくことを望む．「世界にある多くの生命維持装置が目に見えるほど急速に悪化している．われわれの惑星の未来が，現在よりも多様性が低く，回復力が弱く，また面白味のないものになることはまちがいない．こうした状況に直面して，最も大切な真理は，われわれが多くの関連機関とともに活動すること，そしてわれわれ自身が献身的に行動することこそが，世界の現実に影響を与えるということである」．動物の飼育に対して責任ある機関および個人として，動物の幸福のため，究極的には世界の幸福のために，この変化をもたらす最初の1歩を踏み出そう．この変化は各個人および各機関の責任をもった決定から始まらなければならないし，また子供たちの未来を持続可能なものにする，時には小さいが，しかし重要なステップである資源の賢明な分配によってもたらされなければならない．

9

野生哺乳類の栄養に関する最近の話題

Charlotte Kirk Baer, Duane E. Ullrey, Michael L. Schlegel, Govindasamy Agoramoorthy, and David J. Baer

訳：八代田真人

はじめに

飼育下野生哺乳類へ適切に給餌するためには，栄養学の基本的な考え方を知り，動物の種類と消化生理の違いを理解し，本来の摂食行動を正しく認識し，その動物に適した食物資源について熟知し，餌に関係して起こり得る病気についての知識をもっていることが必要である．本章では，野生哺乳類を摂食戦略によって分類し，その主要な分類ごとに典型的な餌の構成および給餌における留意事項について概説する．さらに餌に由来する，または栄養が影響する病気に関しても概説する．本章は，動物の栄養に関する総合的な専門書を目指したものではなく，野生哺乳類に対する給餌と栄養の重要な最新知見を提供することを目的としている．

本来の摂食行動

哺乳類は様々な食物を利用するが，1つの種では構造，生理および行動の点で効率的に利用できる食物は限られている．食物の摂取には2つの主な動作がある．食物を口の中に入れる動作と食物を嚥下可能な小片にする動作である．食物を噛み，裂き，そして咀嚼する動作は哺乳類の種によって多岐にわたると考えられているが，それは動物の歯の種類や並び方などによって決まっている．一方，嚥下反射は哺乳綱で同じであるとされている（Eisenberg 1981）．自然環境下で採餌している哺乳類は，潜在的には多くの食物が利用可能であると考えられる．発見し，手に取り，消化するのが容易な食物もあれば，他のものより栄養価が高い食物もあるだろう．そのため哺乳類は，可能な行動方針の中から何かを選ばなければならず，最大の利幅でコストを上回る利益を得るものが自然選択によって有利になるものと思われる．最適採餌理論によれば，最適な状態で採餌できた個体は，そうでない個体に比べ，より多くの子孫を残す可能性が高くなる（MacArthur and Pianka 1966）．しかし，繁殖適応度は生涯の繁殖成功度として測られるのに対して，採餌の成功度は通常最も短い期間で測られるものであるため，繁殖適応度と最適採餌の関連を検証することは難しい．それでもなお，採餌の成功度と繁殖の適応度の関連性を示唆している研究もある（Sherman 1994）．

何世紀にもわたり様々な哺乳類が飼育され，また市場には動物たちを飼育するための市販飼料も売られている．しかし，特に繊細な動物種の心理的および肉体的健康を良好に維持するために，適切な食物を与えることはかなり難しく，かつ極めて重要な問題である．

野生下における哺乳類の食物資源

陸上生態系における哺乳類の最も一般的な食物は，植物と昆虫である．哺乳類のなかで圧倒的に数の多い齧歯目と翼手目は，植物と昆虫が主な食物資源である．有鱗目および管歯目などに属する動物は主に昆虫食であり，一方，有袋目，兎目，長鼻目，岩狸目，海牛目，奇蹄目，偶蹄目の大部分，霊長目および齧歯目は草食である．多くの草食動物は食物を選んで摂食するが，一般的には広範に食物を摂取し，温帯地域に住む動物では摂食行動に季節的な変化が認められる．

昆　虫

昆虫は180万年以上もの間，哺乳類の主要な食物資源であり続けていることは明らかであり，また哺乳類の進化パターンに著しい影響を及ぼしてきた．小翼手亜目コウモリが第三紀初期の適応放散で著しい成功をおさめたのは，夜行性の昆虫が豊富にいたことによるものと考えられている（Fenton 1992）．熱帯の森林では，今日においても哺乳類にとってシロアリは極めて重要な存在である．19の哺乳類の目のうち少なくとも10目のいくつかの動物は，シロアリを常食としており，数種の昆虫食動物と同様にアリクイ，センザンコウおよびツチブタはシロアリ食に特化している．

植　物

哺乳類の間で草食は一般的である．というのも植物は陸上生態系において少なくとも65万年以上は最も豊富な食物資源であり続けているからだ．多くの植物組織は消化しにくいし，蛋白質含量も低いことがしばしばである．植物は二次代謝物質として知られている防御化学物質によって護られており，これが哺乳類の餌および摂食戦略に影響する．植物中の防御化学物質は広範に存在するので，草食動物に対抗手段をもたせるような進化を強いてきた（McArthur, Hagerman, and Robbins 1992）．第1の対抗手段は，ウサギ，齧歯目，ブタ，ウマおよび偶蹄目反芻動物のような哺乳類の大腸および反芻胃にみられる微生物による分解である．これらの動物は微生物の活動によってシュウ酸を分解することで知られている（Allison and Cook 1981）．第2の対抗手段は選択採食である．すなわち防御化学物質が比較的少ない植物や餌を識別する能力である．興味深い例としてコスタリカの葉食のマントホエザル（*Alouatta palliata*）がいる．この種は，樹葉に存在する防御化学物質によって選択的になることを強いられた種である（Glander 1977）．哺乳類が防御化学物質の影響を避ける第3の手段は，多様な植物を食べ，許容可能な低い量に化学物質のレベルを抑えることである．

繊維の形態および炭水化物の分画が消化にもたらすもの

炭水化物は，それらを定量する分析方法によって定義されている．大きさ（単糖類，二糖類，少糖類および多糖類）によって分類され，また単胃動物と反芻動物では利用性が異なるので，摂取した動物による利用性でも分類される．餌中の炭水化物の主な役割は，①エネルギーの供給および，②消化管の機能維持である．茎葉飼料〔訳者注：forageの訳語．動物の餌となる植物部位の主体が茎葉であることによる．Hirata（2011）Grass Forage Sci 66, 2 – 28. Appendix 4に詳しい〕の種類が違えば，炭水化物の特徴（繊維性および非繊維性炭水化物画分）も違い，草食動物の餌として一緒に利用した場合，健康に影響を及ぼすこともあるし，互いを補うこともある．多くの飼育下草食哺乳類では，植物中の炭水化物および繊維が，採食量，栄養利用率および成長に及ぼす影響を検証したデータはない．一方で，家畜種では炭水化物の栄養と繊維の消化について示したデータはたくさん存在し，これらのデータは野生種に対して同様に，あるいは関連させて適用することができる（NRC 1996, 1998, 2001，National Academies 2003）．

飼料中繊維成分の利用性は飼育下野生動物の種類によって異なる．反芻動物および前胃発酵を行う多くの霊長類（例えばコロブス亜科）は，繊維含量の高い飼料を利用できるし，実際に必要とする．

ヒトを対象としたいくつかの研究によれば，繊維含量が高い食事と良好な健康状態との間には一般に正の関係があると言われている．ただし，繊維以外の食事要因と繊維を切り離して考えることは難しいし，健康に影響するであろうライフスタイルの影響を分けて考えることも難しい．それでも，飼育下哺乳類の餌を考える場合には，これらの情報の中にも役立つものがある．すなわち，繊維含量の高い餌は，①糞の容積を増加させ，②消化管内での食物の滞留時間を減少させ，③血中のコレステロールレベルを低下させ，④血糖値の制御に役立つことで病気のリスクを減らすものと考えられる．物理的な特徴が明らかに違うため，不溶性繊維と可溶性繊維では，こうした結果を生み出す作用の仕方が違う．

不溶性繊維（セルロース，ヘミセルロースおよびリグニン）は糞の容積を増やす（Stephen 1985）．循環器疾患および大腸がんのリスクは，食物繊維の摂取量が増加すると減ると考えられている（Hill and Fernandez 1990，Lanza 1990）．食事中の可溶性繊維は，食後の血糖およびインスリンの反応を調節することで，食後の血糖値の上昇を制御することに役立っている可能性もある（Trowell 1990）．さらに，食物中の総繊維摂取量が増加すると脂肪と蛋白質両方の消化率が下がるため，いくつかの動物種では体重管理に役立てることもできるだろう（Baer et al. 1997）．

植物質および動物質

植物質から動物質までを広範囲に食べる哺乳類は有袋目，食虫目，霊長目，齧歯目，食肉目および偶蹄目にみられる．これら雑食動物は，狭い食性に適応した哺乳類に比べて構造が特化しておらず，また齧歯目のような動物群では，その生態が非常に成功しているといえる．

高等脊椎動物

哺乳類の中には，爬虫類，鳥類およびその他の哺乳類を含む高等脊椎動物を捕食する動物もいる．これらの肉食動物は，有袋目，食虫目，翼手目，鯨目および食肉目にみられる．ほとんどの肉食動物は，被食動物を殺し，摂取するために構造的および行動的に特化しており，そのため上手な狩りの方法を学習することが生存にとって極めて重要である．

要　約

上述したような野生下の食物資源は，哺乳類各グループの摂食戦略と関わりがある．つまり草食動物，肉食動物および雑食動物に分類できる．栄養要求量，適切な食物および栄養に関連した病気について，以下に動物群ごとに示す．

草食動物の栄養

草食哺乳類は，主に植物質を食べるように進化してきた動物である．繊維性の植物体を消化するために必要とされる内因性の酵素がないため，草食哺乳類は消化管内に棲む共生微生物によって餌中の繊維を嫌気発酵させている．草食哺乳類は消化管内における主な発酵場所の位置によって2つのサブグループに分けることができる．すなわち，前胃発酵動物と後腸発酵動物である．

前胃発酵動物

前胃発酵動物の大多数は反芻動物であり，ウシ，ヒツジ，シカ，アンテロープ，キリン，ダイカーを含む多くの動物がいる．反芻動物の消化システムの基本的構造は，特に植物性繊維質（主にセルロースとヘミセルロース）の多い食物を消化するように設計されている．反芻動物の胃は4つの主要な器官に分けられる．それは第一胃と第二胃（あわせて反芻胃），第三胃および第四胃（胃酸を分泌する器官）である（Van Soest 1994）．食物が微生物発酵を受けるために滞留する器官は反芻胃である．食物の滞留時間の増加は，より広範な繊維発酵を可能にし，また二次代謝物質の解毒にとっても重要と考えられる．植物を構成する要素の中にはセルロースのように，第一胃で長時間滞留すれば，動物にとって高い栄養価をもたらすものもある．第一胃においてセルロースのような植物構成要素は，吸収可能な最終産物（例えば揮発性脂肪酸）に分解されるか，あるいは発酵されることでその後消化される他の物質（例えば微生物体）の形成に役立つ．もしそうならなければ，これらの植物構成要素は結腸 / 盲腸発酵によってわずかな栄養素を生産し，排泄される．反芻動物にしかない特徴は，食物の咀嚼（反芻，あるいは吐き戻し食塊を咀嚼する）を促進するために発酵槽から食塊を吐き戻す能力である．反芻は4段階で進行する．吐き戻し，再咀嚼，唾液の分泌および再嚥下である．

反芻動物の特異性は，茎葉飼料を利用する能力に関係した，この動物群に特有の3つの性質に由来する．第1に，前胃発酵槽によって，非反芻動物または同じサイズの後腸発酵動物より構造性炭水化物（中性デタージェント繊維またはNDF）を効率良く利用できる．第2に，非反芻動物は主に餌中にもともとあるアミノ酸およびビタミンを利用することしかできないが，反芻動物はこのような制約をあまり受けない．共生微生物がビタミンB群を合成するし，餌中または内因性の単純な形をした窒素（訳者注：尿素など）が微生物蛋白質の合成に利用でき，合成された蛋白質はその後消化される．この適応は，反芻動物における唾液および反芻胃内粘膜分泌物からの窒素再循環能力によって強化される．微生物蛋白質は反芻動物の最低限のアミノ酸要求をほぼ満たしている．最後に，同じ所にすむ（同所性の）動物種の餌が部分的に一致する可能性は，茎葉飼料の多様性と利用可能性，環境条件および管理によって高くもなるし，低くもなる．グループとしての反芻動物が茎葉飼料を主体とする餌によく適応していることは，こうした生理的および行動的特徴の正味の効果であるといえる．

反芻動物ではない前胃発酵動物は，微生物発酵が起こる区切られた胃をもつが，反芻はしない．反芻動物ではないが前胃発酵する草食哺乳類の例としては，カバ，カンガルーおよび霊長類のうち葉食のコロブスとラングールがいる．

後腸発酵動物

後腸発酵の草食動物では，発酵は盲腸および大腸で起きる．後腸発酵動物には，カピバラ，ウサギ，ラット，ウマ，サイ，ゾウ，ナマケモノおよび類人猿が含まれる．糞食または糞および排泄物を食べることは，多くの昆虫，鳥類および哺乳類でふつうにみられる行動であるが，これは多くの後腸発酵動物にとって重要なことである．ビタミンのような微生物に由来する栄養素を，食糞することによって再利用することができるからである．

飼育下草食哺乳類に対する食物および給餌の留意事項

消化生理に応じて，草食哺乳類は様々な供給源から特定の栄養素を得ている（表 9-1 参照）．微生物による発酵は草食動物における消化の重要な部分であるため，微生物が（宿主である草食動物に加え）エネルギーおよび栄養素の要求を得るために十分かつ適切な食物基質を受け取ることが重要である．

乾　草

乾草（刈取り，乾燥させた茎葉飼料）は草食動物にとって重要な栄養素の供給源であり，飼育下草食哺乳類の乾物摂取量の大部分を占めることも多い．乾草は正常な微生物発酵と正常な摂食行動を維持する点で，繊維の供給源として特に価値がある．野生下において草食動物は 1 日の多くの時間を食物の獲得と摂取に費やしていると考えられる．飼育下で比較的栄養含量の高い餌を給与されている動物は，時間単位というよりも分単位で食物を摂取できてしまうため，展示物や敷料を噛んだり，過剰なまでになめたり，身繕いをしたり，あるいはその他の常同行動のような行動的悪癖を発現させる可能性がある．乾草の摂取は咀嚼の時間を長くするため，こうした悪癖を抑制するのに有効かもしれない．

刈り取った新鮮な茎葉飼料を適切に乾燥させ，保存することは質の高い乾草をつくるうえで重要なステップである（Church and Pond 1988, Van Soest 1994）．一旦刈り取ったら，乾草は梱包する前に乾かさなければならない．梱包時に乾草が湿りすぎていると，細菌およびカビが増殖を始める．これらの微生物は動物の飼料摂取量を低下させ，また動物の健康に悪影響を及ぼす毒素を生産する可能性もある．一方で，梱包時に乾草が乾きすぎていると，葉が破砕して茎から脱落し，栄養価を低下させる可能性がある．乾きすぎた乾草を草食動物に給与した場合，飼料摂取量に悪影響を及ぼすことも考えられる．乾燥に必要な時間は地域の天候条件と乾燥方法に大きく依存する．ごく一般的には，天日によって乾燥させるため，刈り取った草は圃場に置いたままにする（天日乾燥）．乾草の乾物含量は最低でも 85% とするのがよい．もし乾きすぎていると（> 93% 乾物含量），乾草の葉は過度に破砕する可能性がある．

乾燥中にいくつかの栄養的な変化が起こる．圃場で天日乾燥した乾草は一般にビタミン D_2 含量が増加する．このビタミン D_2 の増加は，ビタミン D_2 前駆体からビタミン D_2 への植物化学物質の転換によって起こる（Morrison 1956）．一方で，ビタミン A の前駆体にもなるカロテンの酸化破壊の結果，乾草中のビタミン A 活性の損失が付随して起こる．過度に乾燥させると，その間にかなりのカロテンが損失する（Morrison 1956）．適切な乾物含量にしてしまえば，乾いた条件で貯蔵された乾草は栄養価を比較的安定した状態に保てるだろう（Church 1988）．

乾草は一般的にイネ科およびマメ科草本でつくる．分類学的には，イネ科乾草はイネ族（Graminae）の植物であり，一方マメ科乾草はマメ族（Leguminosae）の植物である．イネ科乾草の例としては，チモシー（*Phleum pratense*），オーチャードグラス（*Dactylis glomerata*），バミューダグラス（*Cynodon dactylon*），フェスク（*Festuca* spp.），ブルーグラス（*Poa* spp.），リードカナリーグラス（*Phalaris arundinacea*），スーダングラス（*Sorghum sudanense* Stapf）がある．最も一般的に利用されているマメ科はアルファルファ（*Medicago sativa*）で，欧州とオーストラリアではルーサンと呼ばれている．その他のマメ科乾草としては，クローバ（*Trifolium* spp.），ハギ（*Lespedeza* spp.），セイヨウミヤコグサ（*Lotus corniculatus* L.），およびベッチ（*Vicia* spp.，訳者注：ソラマメ属の総称）がある．

マメ科とイネ科を混播して生育させ乾草をつくることもよくある．マメ科－イネ科の混ざった乾草を給与することは利益がある一方で問題もある．一般にマメ科－イネ科の

表 9-1　草食動物および共生消化管内微生物にとっての栄養基質

栄養素	草食動物		消化管内微生物
	非反芻動物	反芻動物	
	栄養基質		
エネルギー	糖類，デンプン，揮発性脂肪酸，有機酸	揮発性脂肪酸，グルコース，有機酸，アミノ酸	複合炭水化物，糖類，デンプン
蛋白質	アミノ酸（微生物蛋白質）	微生物蛋白質，アミノ酸	アンモニア，アミノ酸，ペプチド
ミネラル	餌	餌（微生物による修飾がある）	餌
ビタミン	餌，細菌の合成物	細菌，餌	餌，合成物

混ざった乾草は，動物の要求にみあう粗蛋白質およびカルシウム含量がある．マメ科乾草のみでは，多くの草食動物が必要とする以上の蛋白質とカルシウムを供給することになるだろうし，イネ科乾草では，種と成熟段階にもよるが，要求量よりも蛋白質とカルシウムの含量が低い．しかしマメ科とイネ科の割合が一定である混合乾草を購入して供給することは難しいだろう．

マメ科乾草とイネ科乾草の重要な栄養学的類似点と相違点を表 9-2 に示した．概括すると，マメ科乾草はイネ科乾草よりも粗蛋白質，カルシウム，マグネシウムおよび硫黄含量が高い．イネ科乾草は，一般にマンガンおよび亜鉛含量が高い（Church and Pond 1988）．マメ科とイネ科の繊維含量の違いも重要で，これは自由採食量に影響を及ぼす可能性がある．マメ科はイネ科に比べ一般にリグニン含量が高く，NDF とヘミセルロース含量が低い（Van Soest 1994）．反芻動物では，自由採食量は NDF 含量と負の相関関係がある（Mertens 1973）．マメ科ではイネ科より NDF 含量が低いことが多いので，マメ科の自由採食量はイネ科より多いと考えられる（Mertens 1973，Van Soest 1994）．

このような栄養学的な差異のいくらかは，土壌の地質学的由来，土壌の pH，施肥量と肥料の種類，気候地域および地域的な生育条件による．乾草のミネラルおよび粗蛋白質含量は，土壌への施肥と土壌 pH の調整によって影響を受けることがある（Church and Pond 1988，Van Soest 1994）．肥料中に含まれることが多い一般的な栄養素としては窒素，リン，カリウム，カルシウムおよびマグネシウムがある．硫黄肥料を使う作物もあるだろう．窒素肥料はイネ科乾草中の蛋白質含量を増加させるために特に重要である．窒素およびリンを施肥すると乾草の嗜好性が改善することもある（Rhykerd and Noller 1973）．土壌診断と地域の農業普及員のアドバイスは，適切な乾草生産プログラムにとって重要な要素である．

特に乾草中のミネラル含量の地域的変動は，飼料として

表 9-2 天日乾燥したマメ科およびイネ科乾草の様々な成熟段階における成分含量*

乾草	粗蛋白質（%）	繊維画分 中性デタージェント繊維（%）	酸性デタージェント繊維（%）	リグニン（%）	Ca（%）	P（%）	Ca：P
マメ科							
アルファルファ							
開花前期	19.9	39.3	31.9	7.86	1.63	0.21	7.8
開花中期	18.7	47.1	36.7	10.71	1.37	0.22	6.2
満開期	17.0	48.8	38.7	11.18	1.19	0.24	5.0
セイヨウミヤコグサ	15.9	47.5	36.0	9.10	1.70	0.23	7.4
アカクローバ	15.0	46.9	36.0	8.38	1.38	0.24	5.8
イネ科							
バミューダグラス							
生育 15 ～ 28 日目	12.0	73.0	34.0	—	0.40	0.27	1.5
生育 29 ～ 42 日目	12.0	75.0	36.2	—	0.32	0.20	1.6
生育 43 ～ 56 日目	7.8	76.6	38.3	—	0.26	0.18	1.4
オーチャードグラス							
出穂期	12.8	59.6	33.8	4.59	0.27	0.34	0.8
結実期	8.4	65.0	37.8	7.41	0.26	0.30	0.9
ペレニアルライグラス	8.6	41.0	30.0	2.0	0.65	0.32	2.0
スムースブロムグラス							
開花期	14.4	57.7	36.8	3.50	0.29	0.28	1.0
成熟期	6.0	70.5	44.8	7.95	0.26	0.22	1.2
スーダングラス	9.4	64.8	40.0	6.0	0.54	0.20	2.7
チモシー							
出穂期	10.8	61.4	35.2	4.03	0.51	0.29	1.8
開花期	8.1	64.2	37.5	5.66	0.43	0.20	2.2

出典：NRC 1989b（表 6-1），1996（表 11-1，1-A）および 2001（表 15-1）．
* 乾物ベース

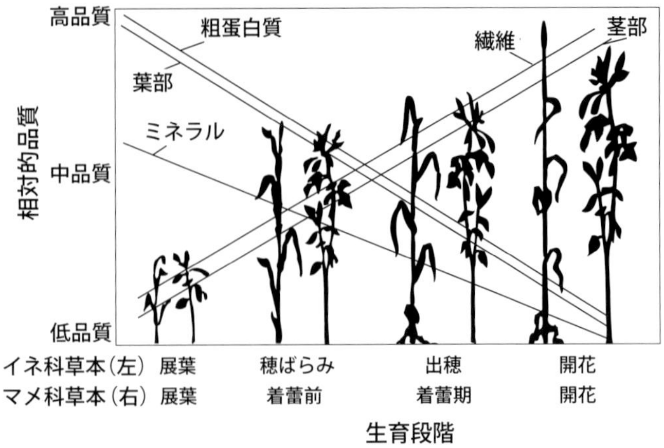

図 9-1　茎葉飼料の成熟度が植物体の構成割合および栄養含量に及ぼす影響.（Blaster et al. 1986）

乾草を購入する場合には注意すべきである（Underwood 1981）. 乾草中のミネラル含量は，土壌中のミネラル含量とその有効性に深く関係している. コバルト，モリブデン，ヨウ素およびセレンのように栄養的に重要なミネラルの有効土壌濃度は，地理的地域によって大きく変動する.

マメ科およびイネ科乾草の栄養価に最も影響を与える要因の 1 つは，刈取り時の成熟段階である（Morrison 1956, Van Soest 1994）. 成熟段階は乾草の等級を決める重要な基準でもある. 植物が成熟するにつれて，葉部量は相対的に減少し，茎部量は増加するのが一般的である. また開花とともに，栄養素は植物の栄養器官（葉部）から繁殖器官（花芽）へと転流する. この結果，栄養器官の粗蛋白質含量と可溶性炭水化物含量は減少し，リグニン含量が増加すると考えられている（図 9-1）. カルシウム，カリウムおよびリンのようなミネラルの含量も同様に低下する可能性がある. 最終的な結果として，刈取り時の成熟が進むにつれて，乾草の嗜好性，消化率および栄養価の低下が起きる（Van Soest 1994）.

植物種および成熟段階の他に，収穫と貯蔵も乾草の品質に影響する要因である. 乾草作成に理想的な天候は，湿度が低く，雨が降らないことである. 乾草を梱包する前に雨にあたると，可溶性の蛋白質と炭水化物が浸出し，乾草の質が低下する（Kellems and Church 1998）. 草を刈り取った後でも，水分含量が 40% に低下するまでは，植物中の酵素は活性を保っている（また，利用可能な栄養素のレベルを低下させるかもしれない）. 表 9-3 は，乾草が雨にあたると 9.6 ～ 54.5% までの栄養素の損失が起きる可能性を示している. 25% 以上の水分含量の状態で乾草を梱包してしまうと，自然に加熱し，カビが生え，蛋白質が炭水化物と複合体を形成する可能性があり，結果的にその利用性を低下させることになる（Kellems and Church 1998）.

表 9-3　着蕾期に収穫したアルファルファ乾草において降雨が葉部の損失，浸出および酵素による代謝に及ぼす影響

損失	雨量（cm）			
	0	2.5	4.2	6.35
葉部損失	7.6%	13.6%	16.6%	17.5%
浸出および酵素による代謝	2.0%	6.6%	30.1%	36.9%
総量	9.6%	20.2%	46.6%	54.5%

出典：Kellems and Church 1998.

乾草にアンモニアを添加することもある. アンモニア添加はいくつかの理由により乾草の質を改善すると言われている. 第 1 に，アンモニア添加は細胞壁の結合を破壊し，消化率を増加させる. 第 2 に，アンモニアを添加する際には乾草に覆いをする必要があり，間接的に良好な貯蔵条件をもたらす. 第 3 に，アンモニア添加は毒素による危険を減少させる可能性がある（トールフェスク中毒の節を参照）. アンモニアはエンドファイト（内生菌）による毒素の悪影響を減少させ，また穀物中ではアフラトキシンに対して同様の効果をもっている.

購入した乾草は受け取る前に品質を確認すべきである. 乾草の品質は到着時に，まず見た目と臭いで評価できる（Morrison 1956）. 雑草の混入は最低限であるべきであり，日光によって過度に色あせしたものも望ましくない. 色あせは圃場での乾燥が適切ではなかったことを示している可能性がある. 乾草，とりわけアルファルファ乾草は葉がたくさん付いているものがよく，梱包を解いた時に葉が茎から簡単に脱落しないものであるほうがよい. 葉量は刈取り時の生育段階を示していると考えられ，一方で葉の脱落が過度に起きる場合は，乾草が乾きすぎていることを示しているともいえるだろう. マメ科乾草にたくさんの花がついている，またイネ科乾草に明らかに展開した穂がある場合は，刈取り時期が遅かったことを示している可能性がある（Rohweder 1987）. 茎はしなやかな感じのものがよい. 曲げた時に砕けやすい，あるいは折れやすい茎は，刈取り時に乾燥させすぎたか，成熟しすぎていることを示していると考えられる. ほこりだらけで，顔を近づけて臭いを嗅いだ時にカビ臭い，あるいはむせるような感じがする場合は，カビが問題になるほど生えていることを示唆している.

適切に収穫され，梱包された乾草であっても，貯蔵が不適切なら栄養価に重大な影響を及ぼす. 貯蔵中に変質に十分なほど湿気にさらされていると，乾物の 30 ～ 35% が

損失する可能性がある（Kellems and Church 1998）．可能ならば，乾草は建物の中で貯蔵したほうがよい．乾草の貯蔵場所として一般に薦められるのは，排水が十分で，自然または送風機による換気があり，降雨および土壌水分から保護され，野生動物（鳥類，齧歯類およびシカ）による汚染を避けることができる場所である．乾草を屋外に貯蔵するならば，土壌の水分が，貯蔵した乾草の梱包に移らないようにパレットあるいはそれと同じような器具の上に置き，地面から離すべきである．乾草は，風で飛ばされないように重しをのせた防水シートやビニールシートでおおったほうがよい．

購入乾草には，梱包の形やサイズに色々な種類がある．長方形で小さく梱包された乾草（小型の長方形ベール）は貯蔵場所に困らず，動物園内のほとんどの場所に持っていける．正方形で大きく梱包された乾草（大型の正方形ベール）および圧縮ペレット成形した乾草も入手可能だ．さらに，大型で筒状に梱包された乾草（大型のラウンドベール）も購入可能で，大きな群れの草食動物に給与するには効率がよいが，貯蔵と取扱いには特別な設備が必要になるかもしれない．

もし動物園に作付可能な土地があるなら，自家産の乾草をつくることが得かもしれない．ただし，実行する前に，地域の農業普及員に，適切な植物種の選択，施肥および害虫管理の計画，正しい刈取り技術，および生産費用の見積りについて助力を求めた方がよい．

枝葉飼料（Browse）

枝葉飼料〔browse，訳者注：動物の餌となる非草本植物の部位の主体が枝葉であることによる．Hirata（2011）Grass Forage Sci 66, 2－28. Appendix 4 に詳しい〕は多くの飼育施設で，動物が自ら探索して採食する食物（foraging food）として利用されている．枝葉飼料は，野生動物が摂取する叢林，小枝，芽，草本，小木およびその他の植物（木本の芽，小枝，葉，果実および花を含むもの）と定義される．動物園で使われている枝葉飼料は種類，品質および栄養成分の点で幅がある．毒素を含む枝葉飼料や摂取した動物の体内で不消化の植物性胃石を形成する特徴をもつ枝葉飼料もあるので，選んだうえで，注意して使わなければならない（Ensley et al. 1985，Fowler 1986，Knapka et al. 1995）．飼育下野生動物に一般的に給与されている数種の枝葉飼料の栄養成分の例を表 9-4 に示した．

晩秋から早春にかけて気温が氷点下を下回る地域では，

表 9-4　飼育下哺乳類の給餌に用いられている数種の枝葉飼料の栄養含量（乾物ベース）

	乾物（原物中）(%)	粗蛋白質 (%)	粗脂肪 (%)	灰分 (%)	中性デタージェント繊維 (%)	酸性デタージェント繊維 (%)	酸性デタージェントリグニン (%)
アカシアの葉 (*Acacia longifolia*)	57.9	11.3	4.6	8.1	39.8	33.6	32.6
ハンノキの葉，天日乾燥 (*Alnus* spp.)	85	22	6.0	5.9	－	21.0	－
タケ，矢状葉 (*Pseudosasa japonica*)	24.1	12.7	2.7	9.1	76.8	48.9	8.4
ブナノキ (*Fagus* spp.)	86	12.2	2.5	4.8	64.7	47.6	16.8
オオバイチジクの葉 (*Ficus microcarpa* var. "nitida")	33.3	12.9	4.1	14.9	66.0	26.8	10.0
オオバイチジクの葉 (*Ficus microcarpa* var. "nitida")	37.8	8.8	3.8	16.3	30.3	26.2	8.8
ルリマツルの葉 (*Plumbago auriculata*)	24.2	22.2	2.3	8.4	16.5	8.6	4.0
ベンジャミンの葉 (*Ficus benjamina*)	35.9	9.7	4.1	15.3	56.7	31.4	12.1
クワ，新葉 (*Morus* spp.)	40	18.1	5.7	15.0	－	－	
クスドイゲの葉 (*Xylosma congestum*)	33.0	8.0	3.6	11.7	34.0	25.0	10.1
ヤナギ，新葉 (*Salix* spp.)	41	9.8	4.9	7.4	－	－	－

出典：National Academies 2003 および Baer and Associates, LLC（未発表データ）．

この時期に十分な枝葉飼料を給与するのは難しい．利用可能な枝葉飼料が少ない時期は，乾燥，凍結およびサイロに貯蔵しておいたものを使えば給与できる．

加工飼料

飼育下野生動物用の加工飼料には様々な種類がある．最も一般的な市販の草食動物用飼料はペレットである．

ペレット飼料

ペレット飼料は飼料原料を粉砕して，円柱粒状に圧縮成型したものである．ペレット飼料はエクストルーダ処理（訳者注：飼料に蒸気をあて加圧することでデンプンを糊化し，膨化させ多孔質飼料をつくる技術）した飼料とは，以下の点で異なる．ペレットはエクストルーダ処理に比べて，密度が高く，加熱されていない．水分含量はやや高く（抗菌剤を使用することも多い），デンプンの消化率は低い傾向がある．肉食動物および雑食動物にとっては嗜好性が劣る可能性がある．

大型飼育施設における草食動物の管理

大型飼育施設における野生草食動物の管理には，飼養上いくつかの重要な課題が存在する．以下，いくつか顕著な点を解説する．

放牧草として用いる植物の選択と管理

動物園の展示では，景観上の理由から飼育施設の地面を放牧草地にすることがあり，これは食物としても利用することができる．放牧草地に生育させる植物の選択は，放牧草地を輪換形式（訳者注：放牧草地をいくつかの牧区に分け，各牧区を順番に使用していく放牧の方式．各牧区には放牧期間と休牧期間がある）で利用するか，連続的に利用するかどうかによって決まる．連続的に放牧するなら，ケンタッキーブルーグラス（*Poa pratensis* L.），あるいはバミューダグラスなどの植物種が適している．なぜなら，これらの植物は放牧圧に抵抗性があるからだ．オーチャードグラス，スムースブロムグラス（*Bromus inermis*）およびアカクローバ（*Trifolium pretense* L.）は，放牧圧が絶えずかかると衰退する．また，寒冷または暑熱および高湿度あるいは乾燥した条件に抵抗性のある植物も存在する．

ほとんどの場合，放牧草地に放されている動物は，乾草よりも放牧草地に生育する植物を食べることを好む．動物種や展示場の大きさにもよるが，放牧草地に生育する植物は，動物の乾物，エネルギーおよび栄養摂取量のかなりの割合を占めると考えられ，これはたとえ放牧草地に生育する草を飼料として全く，あるいは一部としてしかみなしていない場合にもあてはまる．

水　源

大きな展示施設では十分な水源を確保することが必要不可欠である．水槽，自然河川あるいは池は水源として利用できると考えられるが，後者は浸食や糞による汚染を避けるために柵で囲ったほうがよい．生草を摂取すれば水分要求量が満たせるため，液体水を飲まない動物種もいる．全ての動物に適切に水を与えるために，干ばつや水を供給することが制限される期間は，特に注意しなければならない．

給餌する場所と飼料へのアクセス

飼槽および乾草や枝葉飼料の給餌器は，飼育している動物種の群れの行動および群内の個体の行動にあった方法で，展示施設のあちらこちらに設置するべきである．混合展示では，各動物群間の餌場の距離が極めて近いことがある．摂食中に簡単に混群を形成してしまう動物種もいれば，一方で群れが離れたままの動物種もいるだろう．この他に，飼槽のスペースは，群内の各個体が過度な競争状態に陥らずに摂食できるように確保するべきだ．

要求する栄養素が違う動物を 1 つの飼育施設内で飼育する場合，飼槽へのアクセスを管理する必要があるだろう．大きな混合展示施設で，1 頭もしくは一群の動物に特別な餌あるいは薬の入った餌を給与する場合，飼槽を高い場所に設置したり（elevated feeders），他の動物が入れないようにしたり（exclusion feeders），または幼動物のみが入れるようにしたり（creep feeders）することができる．ある動物群を別の給餌場へ入るように訓練することも可能である．

留意事項

大きな飼育施設で草食動物を飼う場合，十分な栄養を摂取させることが飼養管理において第一に留意することである．大部分のケースでは，放牧草だけではどの成長段階においても動物の栄養要求を満たすことができないと考えられる．栄養素の不足は，土壌中のミネラル含量が地域によって非常に高いまたは低いことにより，さらに悪化する可能性がある．理想的には，放牧草の栄養不足を補うためにペレット飼料のような補助的な栄養源を給与するべきである．

放牧草を摂取することを好み，ペレット飼料を与えたとしても，ほとんど摂取しない動物種もいる．その地域の土壌条件により，放牧草が十分なミネラルを含むなら，放牧草は栄養的に十分な飼料と言えるかもしれないが，多くのケースではあてはまらない．このような状況は難問をもたらす．例をあげると，ブレスボックは放牧草を摂取することが可能なら，ペレットには見向きもしないことで知られている．ブレスボックを大きな混合飼育施設で飼育している2つの動物園では,銅不足の徴候が認められた．これは,放牧草中の銅含量が少ないことと，放牧草および飲水中のモリブデン，鉄，あるいは硫黄の含量が多すぎたことによる．この不足を是正するには，問題に多角的に取り組む必要があると考えられる．つまり，放牧草地に生育させる植物の種類を変える，より嗜好性のよいペレット飼料またはミネラルサプリメントを探す，各個体に銅の丸薬を投与する，あるいは混合飼育施設からその種を移動させるなどがあげられる．

十分なミネラル摂取が見込めない場所では，必須ミネラルを給与するためにミネラルブロックや微量ミネラルを配合したサプリメントを使うことができる．ミネラルブロックは天候の影響を受けず，自由に摂取できる．ただし，ミネラルの要求は動物種ごとに様々であり，ある動物は他の動物に比べ特定のミネラルの毒性に対する感受性がより高いことがあるため（例えば，ヒツジの銅に対する毒性），混合飼育でミネラルブロックを使う場合には注意が必要である．

栄養に関連した疾病

鼓脹症

鼓脹症は，反芻動物のはじめの2つの胃（第一胃と第二胃：反芻胃）にガスが蓄積する消化器系疾患である．ガスの生産（主に二酸化炭素とメタン）は発酵の過程でごく普通に起きることである．通常，ガスはゲップ（あい気）によって排出されるが，動物が余分なガスを捨てることができない場合，反芻胃内の圧力が高まり，横隔膜に圧力がかかり，その結果，呼吸が制限される．最も一般的なタイプの鼓脹症は泡沫性鼓脹症で，ガスが第一胃内容物の上に泡をつくり，通常の呼吸が阻害される．

動物は様々な要因で鼓脹症になり得る．しかし，一般的な原因は消化管内微生物によるガス生産である．通常，ウシは生産したガスを排出するためにゲップをすることができる．鼓脹症はガス生産量の増加というよりも，ゲップによってガスを放出できないことが原因である．細かく粉砕された飼料は第一胃で泡の形成を促進する．これは泡の中にガスを封じこめ，ゲップを妨害することになり鼓脹症の発生を増加させる．穀物割合の多い飼料は，ガスが封じ込められるような環境をつくり出す第一胃内細菌の成長を促進する．第一胃が酸性条件であると泡が安定しやすい．唾液は泡の形成を抑制する物質を含んでいるが，穀物割合が高い飼料では唾液生産は大きく減少する．これら全ての要因が鼓脹症の発生に関与する．

鼓脹症は繊維含量が少なく，蛋白質含量の多い飼料でも発症する可能性がある．最も一般的には未成熟なマメ科の放牧地で起こる．これは，未成熟なマメ科植物が泡の形成を安定化するサポニンを含んでいるからである．鼓脹症はアルファルファ，シロクローバーおよびアカクローバーの放牧地で発生が確認されている．イネ科草本（あるいは少なくとも50%がイネ科草本で占められる放牧地），質の悪い放牧地，あるいは乾草ではめったに発生しない．鼓脹症はたいてい採食圧が高い場合，または重放牧に付随して発生する．空腹あるいは採食欲求の強い動物は最も罹患しやすい．放牧地に霜が下りる，または放牧草に露および雨が付着しているような場合には，鼓脹症を発症する可能性が増加するかもしれない．鼓脹症の発生は，植物が急激に成長する期間,特に春に増加しやすい．鼓脹症が発生したら，動物には乾草を給与すべきである．鼓脹症に罹った動物を歩かせるのも効果的だ．鼓脹症は1時間以内に動物を死に至らせることもあり，これは窒息によるものと考えられている．つまり第一胃がこれ以上は動物が呼吸できないところまで膨らんだことが原因である．

第一胃炎

第一胃炎は第一胃の胃壁が刺激を受けた結果起こる炎症である．一般に第一胃炎は，第一胃組織への物理的な刺激の不足や第一胃組織の剥離に加えて，飼料中の炭水化物が急激に発酵し，それに伴い乳酸が生産され，第一胃液中の酸度が上昇することによって発症するものである．炭水化物含量が高い飼料は，主な原因となり得るが，飼料の質感や給餌方法も影響を及ぼす要因である．飼料中の繊維量が増える，または粗飼料を給与することは，組織を健康的に維持するのに役立つ“擦過傷因”をもたらす．アシドーシスと同様に，軽症の第一胃炎は濃厚飼料を給与した場合に一般的に認められる．第一胃炎が重症になると，第一胃上皮組織が潰瘍になり，栄養素の吸収が効果的に行えなくなる．第一胃壁に潰瘍ができると，第一胃微生物が血中に侵入し，肝臓にたどり着き，その結果，肝膿瘍を形成する．第一胃炎は，炭水化物の補助飼料を多量に給与したオジロジカ（*Odocoileus virginianus*）の群れで，発症頻度が増加することが観察されている（Woolf and Kradel 1977）．

第一胃炎（およびアシドーシス）は暑熱ストレスとも関係があることが示唆されている（Wren 2003）．暑熱ストレスの臨床的徴候として口を開いて呼吸しながら唾液分泌をすることが認められる．暑熱ストレス下では，反芻動物は唾液を分泌し続けるが，唾液を嚥下しない．これは，呼吸を通して熱交換をしているので,嚥下するには口を閉じ,呼吸を止めなくてはならないからである．

マグネシウム欠乏（低マグネシウム血症）

マグネシウム（Mg）は細胞間に存在する主要なカチオンの1つで，300以上の代謝反応で働く補因子である（Shils 1999）．マグネシウムの働きには筋肉，神経機能の調整があり，また炭水化物，蛋白質，脂肪および核酸の代謝にも影響する．アデノシン三リン酸マグネシウム（MgATP）とアデニル酸シクラーゼの組合せが環状アデノシン一リン酸（cAMP）を形成する．これがパラトルモンの分泌に影響し，またマグネシウムの欠乏が，低マグネシウム血症だけでなく，低カルシウム血症を時々引き起こす理由を説明していると考えられている．

マグネシウム欠乏は非反芻動物よりも反芻動物での発症が多く，特に放牧時に起こる．成長が盛んな放牧草はマグネシウム含量が低くなりがちで，一方，蛋白質，カリウムおよび有機酸の含量が比較的高い．これら全ての成分が，マグネシウムの主な吸収場所である第一胃壁からのマグネシウム移送を妨害する抑制因子として働く（Martens and Schweigel 2000）．非反芻動物はマグネシウムのほとんどを小腸から吸収している．反芻動物の成獣はマグネシウムを小腸からも吸収しているが，小腸ではマグネシウムは吸収以上に分泌されるのが一般的である（Greene, Webb, and Fontenot 1983）．

マグネシウム欠乏の徴候としては，興奮性亢進，筋肉の痙攣，全身性痙攣，呼吸困難，衰弱があり，死亡することもある．マグネシウムが欠乏している動物の血漿中マグネシウム濃度は＜1.5mg/dL（0.65mmol/L）であることが多い．Miller et al.（2003）はこうした徴候を，飼育下のクーズー（*Tragelaphus strepsiceros*），エランド（*Taurotragus oryx*），ニヤラ（*Tragelaphus angasii*）で観察している．また，これらのケースでは不適切な濃厚飼料の給与が，アシドーシス/第一胃炎を引き起こしており，さらにカルシウムとリンの比に影響し，マグネシウムの吸収に影響を及ぼしているとも推測されている．

ビタミンE欠乏

ビタミンEは植物によって合成される8つの化合物の総称であり，基本的には緑葉および種子の含脂質画分中に遊離型のアルコールとして存在している（Sokol 1996, Chow 2000）．8つの化合物のうち4つはα-，β-，γ-およびδ-トコフェロール（トコル）と表され，残りの4つはα-，β-，γ-およびδ-トコトリエノールと表される．多種の異性体の中で，*RRR*-α-トコフェロール（以前はD-α-トコフェロールと呼ばれていた）はラットの胎子吸収を抑制する点で最も高い生物学的活性を示す．抗酸化物質としてのトコフェロールおよびトコトリエノールの生物学的な序列は，ペルオキシラジカルを除去する能力に基づいている．セレン（Se）もまた抗酸化物質としての役割を果たし，特にグルタチオンペルオキシダーゼ（GSHPx）の構成要素として機能する．セレンとビタミンEはそれぞれ特異な代謝機能をもっており，動物の酸化状態を変える要因は，セレンやビタミンEの飼料中要求量に違った影響を及ぼす可能性がある．

穀類は一般的に*RRR*-α-トコフェロール含量が低く，長期間保存するとその大部分が失われ，これは特に水分含量の高い穀類や酸処理された穀類で顕著である（Mahan 2000）．比較的トコフェロール含量の高い油実類もあるが，コーン油および大豆油中のトコフェロールはほとんどがγ-トコフェロールである．未成熟で成長期にある茎葉飼料はα-トコフェロール含量が比較的高いが，この含量は成熟，刈取り，乾草作成時に乾かすことや貯蔵に伴って減少する．

ビタミンEが欠乏すると，骨格筋および心筋の壊死性ミオパシー，胎子の死亡および吸収などの胎盤血管の病変，精巣上皮の変性，胃潰瘍，白内障，網膜変性，脳軟化症，赤血球溶血および免疫機能の低下をもたらす可能性がある．1kg中におよそ5mgのα-トコフェロールを含む飼料に対して，1kg中に45mgのall-*rac*-α-酢酸トコフェロールを含むサプリメントを与えれば，飼育下のオジロジカ（*Odocoileus virginianus*）は白筋症を患わず，子ジカの死亡率も減少する（Brady et al. 1978）．捕獲に伴って発症する野生のヒロラ（*Beatragus hunteri*）の筋ジストロフィーは，ビタミンE欠乏のウシでみられる白筋症と区別がつかない（Jarrett et al. 1964）．また，捕獲性筋疾患（ミオパシー）と呼ばれる症状はオリックス（*Oryx gazella*）（Ebedes 1969参照），ハーテビースト（*Alcelaphus buselaphus*）（Young 1966参照）およびその他のアフリカ産動物（Basson et al. 1971）で観察されている．繁殖牛では，胎盤停滞（後産停滞）や乳房炎の発生が増加し，繁殖豚では乳房炎，子宮筋層炎および乳欠乏を示すことが多い（Mahan 2000, NRC 2001）．α-トコフェロールは母体と胎子間の障壁を効率良く通過できないので，新生子の組織中トコフェロールレベルは低い．そのため，トコフェロールを比較的多く含む初乳の摂取が出生後のウェルフェアにとって重要である（Mahan 2000）．

ある種の毒素，多価不飽和脂肪酸含量が高い飼料，鉄含量が過剰な飼料，非常に高い環境温度，激しい肉体活動，および感染症は，酸化ストレスを増加させる傾向がある．これらの要因が集合的に，または個別的に活性酸素種の蓄積に影響し，飼料中のビタミンE要求量を増加させる

(Surai 2002).

ビタミンEの供給源：主な市販のビタミンE飼料は，all-*rac*-α-トコフェロール（かつてはD, L-α-トコフェロールと呼ばれていた）あるいは*RRR*-α-トコフェロールの酢酸塩またはコハク酸水素塩である．これらの化合物は遊離型トコフェロールよりも混合飼料中で安定している(Mahan 2000).

RRR-α-トコフェロールポリエチレングリコール100コハク酸塩（TPGS）は水混和性の油性固形物である．親水性および親油性の両性をもつため，消化管での吸収に胆汁塩を必要としない．そのため，胆汁うっ滞の人およびおそらく他の動物種でも，脂溶性のトコフェロールやトコフェロールエステルからよりも，TPGSからの方がビタミンEをよりよく供給できるだろう．Papas et al.（1990）は，モル濃度が同じであるビタミンEを様々な形で経口投与したあとの血清および血漿中α-トコフェロール濃度は動物種間で大きく異なることを報告しており，アジアゾウ，アフリカゾウおよびクロサイでは短期的にはTPGSが最大の反応を引き起こしたと述べている．一方，ウマでは長期的な血漿中α-トコフェロール濃度は，TPGSと*RRR*-α-トコフェロール酢酸塩とでは同じぐらいである．Howard et al.（1990）もウマで同様の観察をしており，またオジロジカではTPGSの経口投与は*RRR*-α-トコフェロール酢酸塩の場合より，血漿中のα-トコフェロール濃度がかなり低くなることを発見している．

トールフェスク中毒

フェスクは放牧地に生える茎葉飼料の1つで，飼育下草食動物の飼料として用いられることがある．虫害および線虫抵抗性をもち，土壌および気候耐性があり，生育季節も長い．こうした優位性があるにもかかわらず，トールフェスクのいくつかの品種では，動物に対して毒性をもつ植物内生菌（エンドファイト）*Neotyphodium coenophialum*（以前は*Acremonium coenophialum*と呼ばれていた）に感染する可能性がある．エンドファイトによって生産された毒素は草食動物に対して多くの問題を引き起こす．動物は常に採食しているにもかかわらず，肥ることがなく，体重が減少する可能性すらある．受胎率が低く，子の生存率が悪いといった繁殖上の問題にも見舞われる．さらに，感染したトールフェスクを採食したウシは体温が上昇し，四肢への血流が減少する．その結果，"フェスクフット（fescue foot）"（訳者注：動物の蹄などの体の末端に乾性壊疽が起こり，重度の跛行の原因となる疾患）およびその他の徴候を示す．フェスク草地に放牧しているトムソンガゼルやインパラのような野生動物でも，こうした問題が発生する可能性が報告されている（Ballance et al. 2005）.

現在のところ，トールフェスク中毒の治療法はない．エンドファイト不在のトールフェスク品種もあるが，実用性が低かったり，費用対効果がない可能性がある．中毒の可能性を減らすため，動物の毒素摂取量を抑制することを目的とした管理オプションがいくつかある．動物を他の放牧地に輪換すると毒素への暴露を低下させることができるだろう．その他のオプションとして，毒素を希釈するアカクローバー，ハギまたはアルファルファのような他の植物を，毒性のあるトールフェスク放牧地に中播きするという管理方法もある．繊維消化率に影響を及ぼさない程度の割合で，他の繊維や炭水化物源を補助給与することも反芻動物に対するエンドファイトの毒性作用を減少させるかもしれない．最後に，乾草へのアンモニア添加もエンドファイトによる毒素の影響を減少させることができるだろう．毒性のあるフェスクにアンモニアを添加すると，日増体量を増加させ，また少なくともウシのプロラクチンレベルが50%まで上昇することも報告されている．

腸石症

腸結石は腸内で形成され，腸石症と呼ばれる症状の原因となる石，凝固物または結石である（Hassel, Schiffman, and Snyder 2001）．腸結石が閉塞の原因となる場合に問題が起こり，疝痛を伴ったり死亡する可能性もある．腸結石はウマにはよく認められ（Hassel, Schiffman, and Snyder 2001），またモウコノウマ（Gaffney, Bray, and Edwards 1999），シマウマ（McDuffee et al. 1994），キャン（チベットノロバ，Gaffney, Bray, and Edwards 1999），ソマリノロバおよびバク（Murphy et al. 1997）でも確認されている．ウマの中では，アラブウマ，アラブ系雑種およびクォーターホースが最も影響を受けやすい品種である（Hassel et al. 1999）.

大腸内のミネラル含量が高くなり，pHがアルカリ性（>7）になる，または病巣（異物）と接触するといった要因が腸結石を形成させる（Hassel et al. 1999）．ウマの腸結石では，スツルバイト結石（リン酸アンモニウムマグネシウム：$Mg[NH_4][PO_4]\cdot 6H_2O$）が一般的な構成要素だが，バクの腸結石ではビビアナイト（藍鉄鉱：$Fe_3[PO_4]_2\cdot 8H_2O$）やニューベリーアイト（$MgH[PO_4]\cdot 3H_2$）も含まれている（Murphy et al. 1997）.

スツルバイト腸結石の形成に寄与する飼料要因としては，高蛋白質飼料の消化によって遊離のアンモニア濃度が過剰になること，および飼料中のマグネシウムとリンの含量が高いことがあげられる（Hassel, Schiffman, and Snyder 2001）．アルファルファ乾草は注意すべき飼料である．というのもカリフォルニアで実施された遡及的調査によると，腸結石をもつウマの 99% では，飼料中に少なくとも 50%（乾物ベース）のアルファルファ乾草が含まれていたからだ（Hassel et al. 1999）．米国南西部および北米のその他の地域では，アルファルファ乾草は高蛋白質源であり，また土壌中のマグネシウム含量が高いため高マグネシウム源でもある（Hassel et al. 1999）．過剰な遊離アンモニアがリンおよびマグネシウムと混合され，病巣（異物）と結合することが，腸結石形成のきっかけである（Hassel, Schiffman, and Snyder 2001）．マグネシウムおよびリン含量が高いので，ウマでは，ふすまの給与も腸結石形成の促進に関与していると考えられてきた（Hassel et al. 1999）．リンはスツルバイト腸結石の構成要素であるが，飼料中の含量が高くても結石の要因とは考えられていない（Lloyd et al. 1987）．飲水中のミネラル含量および pH は腸結石形成に影響すると考えられている（Hassel et al. 1999）．Gaffney, Bray, and Edwards（1999）は，アルカリ性（pH ＞7.5）の水を使用している展示施設で飼育されていた野生ウマ科動物では，腸結石の発生が増加したことを確認している．

腸結石形成の可能性を減少させる予防策は，飼料中の蛋白質含量およびマグネシウム含量を減らし，また pH およびマグネシウム含量が高くない水源を確保することである．この他に，リンゴ酢を飼料に添加すると大腸の pH を低下させ，腸結石が形成されにくい腸内環境をつくる可能性も示唆されている（Hintz et al. 1989）．

尿路結石症

尿路結石症は，尿から沈殿し，かつ尿路内で肉眼で見えるほどの尿石（結石または石）を形成するミネラル結晶の凝集体に対して一般的に用いられる用語である．通常，乾燥質量で 10% 以下の有機基質をもち，それ以外は鉱物質で構成されている．尿石は様々な動物で確認されており，スツルバイト（リン酸アンモニウムマグネシウム六水和物），ウェウェルライト（シュウ酸カルシウム一水和物），ウェデライト（シュウ酸カルシウム二水和物），ヒドロキシアパタイト，尿酸塩，尿酸アンモニウム，尿酸ナトリウム，シスチン，シリカおよびキサンチンからなる．1 つ以上の結晶タイプがみられる尿石もあり，核となる部分は尿石が最初に形成された時に優勢な条件によって決まる．外層は尿石がさらに大きくなる，より最近の条件によって決まる．溶質濃度，尿中 pH，尿路感染，尿量，排尿頻度，遺伝およびその他の要因が尿路結石症の発生に影響すると考えられている．結晶の塊が，尿の流れを妨げたり，尿路粘膜を刺激するのに十分な大きさになるまでは，目立った臨床徴候はない．続いて，排尿困難，血尿，側腹部痛または腎臓痛およびその他の徴候が現れるが，動物種および閉塞の位置と程度による（Kahn and Line 2005）．

反芻家畜における尿路結石症は，主に栄養学的な疾病であると考えられており，成長の初期段階で去勢された若い個体，およびカルシウム：リンの比がおよそ 1：1 であるか，マグネシウム含量が高い穀物飼料をたくさん給与されている若い個体で多くみられる．カルシウムとリンの比が低い穀物飼料を多量に給与されている動物では，たいていスツルバイト尿石が発現し，一方でシリカが多い茎葉飼料を採食した動物ではシリカ尿石が生じやすくなる．リンに比べてカルシウム含量の高い植物を摂取した反芻動物では，炭酸カルシウム尿石を発現させる可能性があるが，一方，シュウ酸の多い茎葉飼料を採食した場合は，シュウ酸カルシウム尿石になる可能性がある．炭酸カルシウムおよびシュウ酸カルシウム尿石はシカ科の動物でみつかっている（Reynolds 1982）．シュウ酸カルシウム尿石は 4 種のカンガルー類〔アカカンガルー（*Macropus rufus*），クロカンガルー（*M. fuliginosus*），アカクビワラビー（*M. rufogriseus banksianus*），およびオオカンガルー（*M. giganteus giganteus*）〕でも報告されている（Bryant and Rose 2003）．若いラマ（*Lama glama*）の尿石は，90% がヒドロキシアパタイトで，10% がスツルバイトであったことも確認されている（Kock and Fowler 1982）．給水が制限されると尿路結石症に罹りやすくなる．

ウマ類では尿石はあまり発生しないが，たいていは成熟個体，または雌よりも雄個体でみられる．炭酸カルシウム尿石が最も生じやすく，スツルバイト尿石はたまにみられる程度である．ウマの尿はアルカリに傾きやすく，ミネラル含量およびムコ蛋白質含量が高いので，尿石が形成されやすい．ウサギの尿も同様で，カルシウム含量が高い飼料を与えられ，また飲水が制限されると炭酸カルシウムおよび三重リン酸結晶が沈殿し，尿路を塞ぐ可能性がある．

Wolfe, Sladky, and Loomis（2000）は，12 歳の雄のアミメキリン（*Giraffa camelopardalis reticulata*）で閉塞性尿路結石症を発症したことを報告している．リン酸マグネシウムカルシウムの核にスツルバイトの殻があることにより尿石と断定された．この時の飼料は，市販のペレット飼料（ブラウザー用の市販飼料），自由採食できるアルファルファ乾草，および成分構成が不明なミネラルブロックであったと報告されている．濃厚飼料（おそらくペレット）はカルシウム含量が 1.07% で，リン含量が 0.74% だったと言われている．Wolfe（2003）の続報によると，他のキリンで確認された尿石は主にリン酸カルシウムとスツルバイトで構成されているようだとのことである．この問題の原因となる飼料の特徴を見極めようと試みられてはいるが，結論はほとんど推測の域を出ていない．

肉食動物の栄養

肉食動物は，他の動物または動物性の食物を食べるという事実によって定義される．肉食動物が動物界に占める割合は比較的小さく，また肉食動物は体の大きさが３つの階級（大型，中型および小型）をまたいでいる動物でもある．肉食動物は被食者を捕獲して食べるために特殊化した外貌（歯の形と爪）をもっている．また，蛋白質をアミノ酸に分解する消化酵素をもち，アミノ酸は腸壁を通して吸収することができる．草食動物とは異なり，肉食動物は食物の発酵を可能にする特殊な消化管を発達させる必要がない．注意すべき重要な点は，肉食動物と考えられている多くの動物が，実は肉食性（carnivorous）ではないことだ．例としてはタテガミオオカミおよび多くのクマがあげられ，これらの動物が摂取する餌は雑食性の特徴を示している．

陸生肉食動物の大多数は，無脊椎動物および小型の脊椎動物あるいは大型の脊椎動物を食べる（Carbone et al. 1999）．小型の肉食動物は主に無脊椎動物を食べるが，無脊椎動物を食べる動物の採食速度は遅い（脊椎動物を食べる動物のおよそ 1/10 である）．小型の肉食動物は，絶対的なエネルギー要求量が低いので，このような餌でも生存できる．しかし，大型の肉食動物では無脊椎動物を餌にすることはできないだろう．

多くの肉食動物は真性肉食動物で，つまり必要とする栄養素を植物や細菌から取らず，動物体から得ている．ネコのような真性肉食動物では，植物から得たカロテンをビタミンＡに代謝する酵素がない．このような動物ではビタミンＡを被食者の肝臓から得ている．真性肉食動物では合成できない脂肪酸もいくつかある．

ネコのように厳格な肉食動物は，雑食動物や草食動物のように様々な餌を食べることができない．例えば，カロテンからビタミンＡを合成できないし，グルタミン酸からオルニチンを合成できない．リノール酸塩からアラキドン酸塩を合成できないし，システインからタウリンを合成できない．これらは，それぞれの栄養素をつくる酵素または代謝経路が完全に欠失しているか，極度に制限されている結果である（MacDonald, Rogers, and Morris 1984）．ネコのナイアシン要求量およびその飼料蛋白質要求量が比較的高い理由は，その酵素活性が高いことによるものと考えられ，代謝経路における酵素の量や活性を変えることができないためである．この進化上の発達は，雑食動物に比べネコがより厳密な栄養要求をもつ結果になっている．このパターンは，その他の厳格な肉食動物でも共通していると考えられる（MacDonald, Rogers, and Morris 1984）．

飼育下肉食哺乳類に対する食物および給餌上の留意事項

食べやすさに影響するので，餌の形は肉食動物にとって重要な留意事項である．様々な形をした肉食動物用の餌が市販されているが，いずれにも利点と欠点がある．

肉主体の餌

飼育下の肉食哺乳類には肉主体の餌が一般的に給与される．この種類の餌の主要な構成要素は筋肉である．筋肉それ自体は肉食動物の栄養要求をバランスよく満たすわけではない．また，餌として筋肉だけを与えた場合には，病気（例えばくる病）が発症することが数多く報告されている．一般に，筋肉にはカルシウムが不足しており，その他のいくつかの必須栄養素でも適切なバランスが取れているわけではない．

肉食哺乳類の食物として肉を使う際，もともと不足している栄養素を補正するには，十分なビタミンやミネラルを追加すればよく，そうすることで栄養的に完全な餌にすることができる．この方法は長年にわたって成功してきた．栄養的に完全な餌を給与することが，現実的ではないケースもあり得る．こうしたケースでは，筋肉をマルチビタミンおよびマルチミネラル製品で補えば十分である．

大型のネコ科動物では，餌を給与しない日を設けることが一般的に行われている．これは歴史的に行われていることであるが，おそらくネコ科の大型肉食動物は，野生の生息地では散発的にしか採食できないという観察に基づいている．飼育下において，餌を給与しない日を設けることが栄養学的にどのような結果をもたらすかを報告したデータはない．

肉主体の餌の安全性と取扱いに関する課題は，本書の第 10 章で取り上げる．

加工肉主体の餌

加工肉主体の餌は，動物体を構成する様々な部位（通常は筋肉，器官および脂肪）に，ビタミンやミネラルなどの色々な原料を添加したものからなる（Lintzenich et al. 2006）．生肉主体の餌は非常に腐りやすく，それゆえたいていの場合，凍結させる．加工時，保存中および解凍中，および解凍した餌を給餌する前は，微生物による汚染を最小限にするために，適切な取扱いが重要である．

通常，加工肉主体の餌の栄養成分にムラはない．筋肉と器官の混合量にばらつきがあったり，これらの組織にもともとある成分のばらつきが，栄養成分に大きな違いをもたらす可能性はある．器官を相当量含む餌は，筋肉の量が多い餌に比べて栄養的に大きなばらつきをもつ傾向がある．

イヌ用およびネコ用の加工（例えばエクストルーダ）飼料は簡単に手に入り，大型肉食動物（例えば，クマ，大型のネコ科動物）にも利用されてきたが，成功例は限られている．比較的小さい動物にとって加工飼料は口あたりがよいのかもしれないが，大型のネコ科動物にとっては概して扱いづらい．

栄養学的には完全である肉主体の餌が，大型肉食動物の口腔衛生上の問題を悪化させたことが報告されている．肉主体の餌は軟らかく，粘性が高くなりがちで，歯に付着しやすく，歯垢や歯石の蓄積を促進する．歯垢や歯石の内部で病原性の口腔細菌が増殖すると，歯周病（歯肉炎）が発生しやすくなる．少なくとも週に 2 回，四足獣の趾骨を与えると，歯垢や歯石の蓄積を減らすことに効果的である．大型肉食動物が骨をよく利用するように，骨には十分な肉が付着していることが重要な点である．

ゲル状飼料

ゲル状飼料は蛋白質または炭水化物のゲル基質で形成された高水分の製品で，一定の栄養素が含まれている．ゲル状飼料は栄養的な可塑性があり，嗜好性もよいという利点がある．一方，ゲルは水分含量が高い他の飼料と同様の欠点がある．すなわち，腐りやすいということである．ゲル状飼料はクマに対して用いられており，薬物処理や投薬をする時には特に有効である．

餌動物

給与前に適切な管理をしているなら，餌動物（Whole prey，訳者注：動物体全体をそのまま餌とすること）を肉食動物に給与することは容認できるし，また餌の一部あるいは全てを，動物を食べることでまかなう肉食動物にとっては，完全な栄養源でもある．齧歯目，兎目，家禽および魚が最も一般的に餌として用いられる動物であるが，トカゲ，ヘビおよび無脊椎動物も餌とされることがある．無脊椎動物とは異なり，餌として用いられる脊椎動物の成分は種間で似ており，食べる側の動物の栄養要求をよりよく反映している．しかし，脊椎動物および無脊椎動物のいずれも，栄養的に完全な状態を維持するには適切に扱わなければならない．

多くの肉食哺乳類にとって，様々な成長段階にあるマウスおよびラットは適切な食物である．マウスやラットが適切に扱われているならば，これらの動物は捕食者の栄養要求を満たすことができる．一般に，体組成は時間とともに変わり，若齢個体（新生子および幼獣）では老齢個体に比べ，

表 9-5　ピンクマウスの平均栄養成分（乾物ベース）

栄養素	ピンクマウス
乾物（%）	24.2
粗蛋白質（%）	60.8
粗脂肪（%）	22.4
総炭水化物（%）	6.7
灰分（%）	10.0
カルシウム（%）	2.98
リン（%）	1.68
ナトリウム（%）	0.48
マグネシウム（%）	0.10
カリウム（%）	1.01
鉄（ppm）	387
銅（ppm）	24.0
亜鉛（ppm）	85

出典：Baer and Associates, LLC（未発表データ）

水分と蛋白質の含量が高い（表 9-5）．動物が年を取るにつれて，赤身の肉量が減少し，同時に体脂肪量が増加する．

魚介類：餌動物として用いられているその他の脊椎動物と同様に，魚介類は多くの飼育下魚食動物にとって栄養を全て満たす食物源となり得る．魚介類だけが餌である，または主な餌が魚介類である動物には，冷凍した魚介類を給与するのが一般的である．魚介類の給与は，物流的および栄養的に難しい問題がある．一般に，1 種の魚介類だけで餌が構成されていると，全ての栄養素を適切に，かつその量を十分に給与することはできないだろう．同様に，単一の餌では，全ての魚食哺乳類の要求を満たすことはできないだろう．魚介類の質を維持するためには，適切な保存と取扱いが，特に重要である．アミノ酸および不飽和脂肪酸の酸化によって起こる栄養価の低下を緩和するため，凍結魚介類の貯蔵と解凍は注意深くモニターすべきである．品質基準については次章で詳しく扱う（第 10 章を参照）．

昆虫：飼育下の哺乳類に無脊椎動物を給与すると，共通した興味深い栄養学的な問題が起きるが，これを是正することは簡単である．飼育下哺乳類に一般的に給与されている無脊椎動物の外骨格は，哺乳類の内骨格とは大きく異なる．哺乳類の内骨格の主要構成ミネラルはカルシウムである．飼料中のカルシウムは，哺乳類において多くの生理的な機能を果たすとともに，適切な骨形成に欠かせない．昆虫の外骨格は，昆虫の体全体と同様に，カルシウム含量がとても低い（表 9-6）．このため，哺乳類に昆虫を給与した場合，栄養要求量に対してカルシウム（およびその他の栄養素）の量が極めて少ない．骨異常（例えば，骨軟化症およびくる病）は，哺乳類に昆虫を給与するとよく発生する．

表 9-6 コオロギおよび昆虫用完全飼料を摂取したコオロギの栄養成分（乾物ベース）

	乾物（%）	粗蛋白質（%）	粗脂肪（%）	総炭水化物（%）	灰分（%）	カルシウム（%）	リン（%）
コオロギ	31.0	64.9	13.8	15.6	5.7	0.14	0.99
コオロギ，完全飼料	30.3	65.2	12.6	12.4	9.8	0.90	0.92

出典：Baer and Associates, LLC（未発表データ）

昆虫にカルシウム塩（例えば，炭酸カルシウム）を振りかけることは，カルシウム含量を高める 1 つの方法として用いられている．ガットローディング（Gut-loading）カルシウムはより確実で効果的な方法である．ガットローディングとは，昆虫の飼料にカルシウム含量の高い添加物を加え，昆虫の消化管内のカルシウム量を高くする方法である．昆虫にカルシウム含量の高い餌を給与して 2 ～ 3 日経つと，消化管内の栄養素が，もともと昆虫の体には不足している量を補って十分な量になる．こうすることで，食べる側にとっては，栄養的に完全で，バランスが十分に取れた栄養素の“パッケージ”ができあがる．

餌として一般的に用いられる無脊椎動物のなかで，注目すべき例外の 1 つはミミズである．カルシウムを豊富に含む土壌を摂取できるような場所にミミズがいる場合，ミミズ全体のカルシウム含量は，摂取する哺乳類の栄養要求を十分に満たすものと考えられる．

この他に，昆虫を構成する成分でばらつきが著しいものは脂肪である．餌として一般的に用いられる無脊椎動物のいくつかでは，脂肪含量がかなり異なる．ワックスワーム（訳者注：メイガの幼虫）は脂肪含量が最も高い傾向があり，一方，コオロギは脂肪含量がもっとも低い傾向にある．もし，哺乳類の体重およびボディコンディションを管理することが目標ならば，餌とする無脊椎動物の種類を変えながら給与するのが，望ましい体重を達成するのに有効かもしれない．

栄養に関連した疾病

尿路結石症

尿路結石症については本章の前の方で述べた（「草食動物の栄養」の「栄養に関連した疾病」を参照）．イヌで最も一般的な尿石はスツルバイト，シュウ酸カルシウムおよび尿酸塩であり，一方，シリカ，リン酸カルシウムおよびキサンチンは一般的ではない．スツルバイト尿石を予防するには，尿路感染を制御し，飼料によって尿中のマグネシウム，リンおよび pH（スツルバイトは pH 6.5 以下で溶解しやすい）を低下させることが必要である．いくつかの犬種ではシュウ酸カルシウムの結石ができやすい遺伝的素因がある．そのためシュウ酸，蛋白質およびナトリウムが平均より低く，尿中の pH を 6.5 ～ 7.5 に維持できる飼料を給与することが効果的であると思われる．尿酸アンモニウム塩の結石ができやすい遺伝的素因をもつイヌでは，蛋白質およびプリン体含量が低い餌を給与することにより，尿酸アンモニウム塩および尿酸塩の生産を，その凝集が形成されないレベルにまで低下させ，結石の発生を抑えられる．シスチン結石は，尿細管でのシスチンおよびその他の塩基性アミノ酸の再吸収に異常があるイヌで形成される．酸性尿中ではシスチンの溶解性が低いので，シスチン結晶尿およびシスチン尿石が形成される．これは，いくつかの犬種では遺伝的な問題のようで，臨床的徴候は主に雄で現れる．予防法としては飼料中の蛋白質量を減らし，尿をアルカリ化する方法がある．（後述するタテガミオオカミのシスチン尿症の記述を参照：「雑食動物の栄養」の「シスチン尿症」の項）．シリカ尿石は多くの犬種の老齢個体で時々みられるが，飼料の影響ははっきりしない．植物はたいていシリカ含量が高いので，予防法としては植物からの蛋白質供給を減らす，利尿を誘起する，尿路感染を患っているならばそれを治療するなどがある．

ネコで最も一般的な尿路結石は，シュウ酸カルシウムとスツルバイトである．マグネシウムはシュウ酸カルシウムの形成を阻害する可能性がある．一方で，スツルバイト尿石を予防する目的でマグネシウム含量を減らした尿酸性化用の飼料を給与すると，結果的にシュウ酸カルシウム結石を増やすことがある．スツルバイト尿石は，以下の 3 タイプの 1 つであることが多い．多量の有機基質を含む非晶質の尿石，尿をアルカリ化させる傾向がある飼料成分が影響する無菌性尿石，およびウレアーゼを生産する細菌の尿路感染が関係している尿石である．

尿石はイタチ科の動物でも発症が報告されている（Petrini et al. 1996）．ミンクとフェレットではスツルバイトが最も一般的であり，予防にはカルシウムとリンの比を小さくするか（訳者注：一般的には餌中のカルシウムとリンの比は 1：1 ～ 2：1 の間にするのが望ましいと言われている），逆転させることが効果的だろう（Edfors, Ullrey, and Aulerich 1989）．コツメカワウソ（*Aonyx cinerca*）で報告されている尿石は主にシュウ酸カルシウムか尿酸塩である（Calle 1987，Petrini et al. 1996）．ワシントン州西部のスカジット川にいる野生のカワウソ（*Lontra canadensis*）では両側尿酸性腎の発症が報告されている（Grove et al. 2003）．

タウリン欠乏症

タウリンは胎子の発達，成長，繁殖，神経調節，視覚，聴覚，心臓機能，浸透調節，耐病性，胆汁酸の分泌に関わっている（Huxtable 1992）．このアミノ酸は，魚，鳥および小型齧歯類の組織中に豊富に含まれているが，植物体中には少ない．ネコは餌中にタウリンを必要とし（Hayes, Carey, and Schmidt 1975），キツネも同様である（Moise et al. 1991）．欠乏徴候はタウリンが十分量給与されていない時に現れる．ほとんどのイヌは含硫アミノ酸からタウリンを合成することができる．つまり餌中の濃度が十分で，体内で吸収し利用可能であると考えられる（Backus et al. 2003）．ただし，品種間差があり，拡張型心筋症，左右対称性過敏性網膜病変（ネコ中心性網膜変性と同じ）および繁殖成績の低下などのタウリン欠乏の徴候を示す品種もいる（NRC 2006）．

市販のイヌ用飼料を給餌したオオアリクイ（*Myrmecophaga tridactyla*）でも，明らかにタウリン欠乏が関係している進行性の運動耐容能低下および呼吸困難の臨床徴候を示す拡張型心筋症が報告されている（Wilson et al. 2003）．蛋白質および含硫アミノ酸が少ない飼料を給餌されたタテガミオオカミ（*Chrysocyon brachyurus*）では，血漿中のタウリンレベルが，イヌ科動物の標準参照範囲（60 ～ 120nmol/ml）より 20 倍以上少なかった（Childs-Sanford and Angel 2004）．タウリン欠乏はクマでは確認されていないが，飼育下個体ではタウリン欠乏の徴候と一致する検視結果が報告されている（Griner 1983）．

イヌ用の飼料を雑食性のクマに給与することは一般的であるため，タウリンおよび生物学的に有効な含硫アミノ酸の濃度が不十分なことにより繁殖成績，抗病性，視力と聴力の低下および心臓の損傷が起きる可能性がある．1 犬種内で，個体によってタウリンの合成能力が違うとすれば，クマの種間でも同様のことが起こり得る．代謝過程で含硫アミノ酸をタウリンに変換するのに必要な肝酵素は，システインジオキシゲナーゼおよびシステインスルフィン酸デカルボキシラーゼである．ネコおよびホッキョクグマでは，このような代謝機能は不必要あるいはほとんど失われている．というのは，野生で捕食するならば，餌中にすでにタウリンが十分に含まれているからだ．雑食傾向のあるイヌの餌や雑食性および草食性のクマの餌ではタウリンが限られているかもしれない．このため餌中に十分に含まれる前駆物質からタウリンを合成する能力が決定的に重要であると考えられ，そうでなければ餌中にタウリンが必要である．

チアミン欠乏

牛肉にカルシウムを補助しただけの餌を給餌されたライオン（*Panthera leo*）は，チアミン欠乏の徴候を示すことがある（Tanwar and Mittal 1984，DiGesualdo, Hoover, and Lorenz 2005）．チアミン欠乏の徴候は拒食症であり，これに一過性運動失調，衰弱，横臥，前肢の強直間代性運動〔訳者注：肢が伸展し動かなくなったあと（強直期），肢が伸展と屈曲を繰り返し，ガタガタとふるえる（間代期）動きをすること〕，および痙攣を伴う．チアミン欠乏の臨床徴候を示したライオンの全血中チアミン濃度を測定すると 11nmol/L であった．これに比べて，ネコの血中チアミン濃度の参照範囲は 59 ～ 226nmol/L である．また北米の 10 の動物園で，十分な餌を給与されていたと思われる 22 頭のアフリカライオン成獣の血中チアミン濃度の平均および標準偏差は 249 ± 43.5（範囲 160 ～ 350）nmol/L であった（Hoover and DiGesulado 2005）．欠乏徴候を示したライオンに，栄養が十分な飼料とチアミンサプリメントを経口投与（3mg/kg 体重 / 日）すると，9 日後に臨床徴候は解消された．

ビタミン D と代謝性骨疾患

植物プランクトンからヒトまでの生物では，ビタミン D の存在には日照が関与している（Holick 1989）．カビ，酵母，成長期の植物の老化下葉および刈取り，天日乾燥した茎葉飼料では，プロビタミン D_2 であるエルゴステロールが UVB（紫外線 B）の照射によってビタミン D_2 へと転換される．ヒトの皮膚の表皮にあるマルピーギ層では，プロビタミン D_3 である 7- デヒドロ - コレステロールが，290 ～ 315nm の領域にある UV の照射によりビタミン D_3 前駆体に転換される（最大の転換効率は 297 ± 3nm で得られる）（Holick et al. 1982）．

皮膚で形成されたビタミン D_3 は D- 結合蛋白質（DBP）と結合し，循環系に入り，肝臓へ輸送される．肝臓でビタミン D_3 は 25- ヒドロキシコレカルシフェロール（25[OH]D_3：カルシジオール）へと転換される．肝臓から，25[OH]D_3 は腎臓へ輸送され，ここで主な活性型である 1α,25- ジヒドロキシコレカルシフェロール（1,25[OH]$_2$$D_3$：カルシトリオール），または 24,25- ジヒドロキシコレカルシフェロール（24,25[OH]$_2$$D_3$）に転換される．餌中にビタミン D_2 または D_3 が含まれているなら，ラット，ニワトリおよび一部の霊長類の小腸では，吸収されることが分かっており，吸収は胆汁酸と脂肪により促進される．吸収されたほとんどのビタミン D_3 は，リンパ液のカイロミクロンと結合し，血中を DBP によって輸送され，上述したような代謝経路に入る．吸収されたビタミンD_3は，最終的に$1,25[OH]_2D_3$へ転換され，一方ビタミンD_2は1α，25-ジヒドロキシエルゴカルシフェロール（$1,25[OH]_2D_2$：エルカルシトリオール）または24,25-ジヒドロキシエルゴカルシフェロール（$24,25[OH]_2D_2$）へ転換される．しかし，ビタミンD_2とD_3の吸収および代謝には種による差があり，いずれの形のビタミンDでも経口的に摂取した場合には簡単に吸収できない種がいる．

栄養性および代謝性骨疾患は多くの動物園で共通して発生している問題であるが，その原因を特定するのは極めて難しい．肉食動物が骨なし肉を給与されると，カルシウムの摂取量が不足し，カルシウムとリンの比の著しい逆転（1：20）が起き，栄養性二次性副甲状腺機能亢進症の発症を招く可能性がある．肝臓を食べたことによるビタミンAの過剰摂取は，ビタミンD代謝を阻害し，骨再形成の肥大を引き起こし，骨格変化の重症度が高まる．

いくつかの肉食動物では，ビタミンDの皮膚生成においてUVB光を利用する能力が限られている可能性があるという証拠が集まってきている．家庭で飼育しているイヌおよびネコの皮膚では7-デヒドロコレステロールの含量が低く（ラットの皮膚の10%），UVBの照射はラットの皮膚ではビタミンD_3を40倍に増加させるのに，イヌおよびネコの皮膚ではビタミンD_3を増加させなかった（How, Hazewinkel, and Mol 1994）．不妊・去勢処置をされていないイヌによるこの研究およびこれまでの研究の結果は，草食動物および雑食動物とは異なり，イヌおよびネコは皮膚で十分なビタミンDを合成することができず，飼料中のビタミンDに依存していることを示している．そのため，これらの動物種およびおそらくその近縁種では，ビタミンDは従来のホルモンの定義というより従来の必須栄養素の定義を満たしている．

口腔疾患

大型ネコ科動物は，野生下で食物を捕獲し摂取するために口腔器（口，歯および舌）を使うが，その使い方は飼育下で食物を食べる様式とは大きく異なる．動物園では自然のままの生活を完全に再現することはできないが，自然な方法を取り入れた管理が動物園動物の生活の質の向上をもたらすこともある（Lindburg 1988）．適切な栄養素を含む十分な餌を給与していれば，口腔衛生を維持するために栄養要求とは関係のない餌を与えることができる．代償行動，食物のテクスチャと関連する口腔衛生および摂食行動の心理学的側面については，これまでに総説されたものがある（Lindburg 1988）．

雑食動物の栄養

雑食動物は歯と消化システムが，比較的栄養含量の高い植物質および動物質の餌を食べるようにデザインされた種であり，草食動物とは違って，繊維質を発酵させるための大きな嚢や房をもたない．雑食動物は肉を咀嚼して，消化できるが，ビタミンB_{12}（コバラミン）の供給源が実質的に肉以外にはないという状況でもない限り，絶対に肉を必要とするわけではない．雑食哺乳類の例としては，ブタ，スカンク，ハナグマ，アライグマ，ハリネズミ，多くの霊長類および多くのクマがあげられる．野生の生息地における雑食動物のライフスタイルの多くでは，餌は季節的なものであることが必然である．例えば，1年のある時期には動物性の餌を摂取し，他の時期には植物性の餌を摂取するというように，その食物が豊富である時期によって決まる．

飼育下雑食哺乳類に対する食物および給餌上の留意事項

加工飼料

肉食動物と同様に，雑食動物用にも多種多様な加工飼料がある．市販の加工飼料のほとんどは，エクストルーダ処理されて供給されている．市販の飼料以外では，飼育下雑食動物の餌を増やすために自家製の農産物や枝葉飼料（訳者注：樹葉，若芽，小枝など．草食動物の節の枝葉飼料の項を参照）がよく利用される．

エクストルーダ飼料：エクストルーダ飼料は，食物を圧力ですばやく調理するために，蒸気にさらし，圧縮および摩擦させる技術を用いて加工したものである．ペットフードは，ほとんどがエクストルーダ加工されたものである．エクストルーダ飼料には様々なサイズや形がある．標準的には水分含量が11%以下なので，保存期間が長い．

農産物：野生動物を飼育している施設にとって，最も出費が必要な食物のいくつかは農産物（果物と野菜）である．多くの小型哺乳類および霊長類に対する餌の主要な構成要素として野菜や果物が利用されてきたことが，この出費に反映されている．

世界中の動物園で最も一般的に給与されている農産物は，リンゴやバナナなどの果物とジャガイモ，ニンジンおよび葉物の青野菜などの野菜である．一施設における年間のリンゴ使用量は9,900kgを超えることもある．飼育下野生動物を保持している米国の施設のリンゴに対する年間支出は，2002年では＄4,000～＄11,000にものぼると報告されている（Crissey 2002）．

農産物を給与する時に考慮すべき重要な点の1つは，

表 9-7 野生生息地および飼育下で哺乳類によって摂取された野生および栽培果実の繊維含量

種	摂取された野生の果実の繊維（NDF）含量（乾物％）	米国の飼育施設で一般的に給与されている栽培果実	果実の繊維（NDF）含量（乾物％）
Alouatta palliata（マントホエザル）	50.8	バナナ	5.4
Alouatta seniculus（アカホエザル）	53.8	オレンジ	18.1
Macaca fuscata（ニホンザル）	41.8	リンゴ	12.6
Papio anubis（アヌビスヒヒ）	37.2	ブドウ	8.5
Procolobus badius（アカコロブス）	62.2	イチゴ	22.5
Gorilla gorilla（ゴリラ）	33.7 ～ 64.6	—	—
平均	49.2	—	13.4

出典：USDA National Nutrient Database for Standard Reference, Release 22; and Baer and Associates, LLC（未発表データ）.
注：NDF は中性デタージェント繊維を意味する.

動物園やその他の施設で給与されている自家製の品種は，野生下で動物が食べている果物や野菜とは栄養成分がかなり違うことである（表 9-7）．野生の餌や摂取行動を再現しようとしているにもかかわらず，飼育下動物に栽培した果物を給餌することは，野生下の餌とは違ったものを給与することになり，適切に扱われなければ，多くの場合で栄養素のバランスが悪くなる結果をもたらしかねない．米国農務省には，栽培種の果物の栄養成分に関する包括的な分析データがあり，米国農務省農業研究局，国民栄養データベースのウェブサイト：www.ars.usda.gov/ba/bhnrc/ndl（Agricultural Research Service's USDA National Nutrient Database for Standard Reference, Release 22, Nutrient Data Laboratory Home Page, www.ars.usda.gov/ba/bhnrc/ndl）からアクセスできる．

枝葉飼料（Browse）

食物および食物の探索は，飼育下野生哺乳類の心理的な幸福にとって重要である．食物および食物以外の道具を，自然な摂取行動の誘起，摂取活動の活発化および常同行動の防止に利用することができる（Knapka et al. 1995）．動物を分散させ，採食にかける時間を長くし，個体間の緊張や攻撃性をやわらげるために採食エンリッチメントを利用できる（Boccia 1989）（「草食動物の栄養」の項にある「枝葉飼料」の詳細な記述を参照）．

栄養に関連した疾病

循環器系疾患

循環器系疾患は飼育下雑食哺乳類では頻繁に報告されている．飼育下霊長類では当然のこととして注意することであり，特に飼育下のゴリラでは主な死因の 1 つとして特定されている（Allchurch 1993, Schulman et al. 1995, Miller et al. 1999）．高血圧は，餌が関係している可能性があるが，循環器系疾患が関係している死因の多くを占めるのではないかと疑われている．餌，行動および遺伝に関わる多くの要因が，循環器系疾患のきっかけ，または進行に影響していると考えられているが，餌中の脂肪量や脂肪の特徴が示すように，高コレステロール血症が主な要因である．高コレステロール飼料を長期間摂取している霊長類は，冠動脈アテローム性硬化を発症するかもしれない．ヒト以外の霊長類の多くは，餌が関係していると思われるアテローム性動脈硬化を発症している（National Academies 2003）．

ヒトと同様に，アカゲザルで自発的に生じる中心性肥満は循環器系疾患のリスクの増加をもたらすようだ．血漿中のコレステロール，トリグリセリドおよびリポ蛋白質も循環器系疾患に影響している．肥満性のインスリン抵抗性を示すアカゲザルでは，血漿中の超低密度リポ蛋白質（VLDL）コレステロールとトリグリセリドの増加および高密度リポ蛋白質（HDL）の減少が，冠状動脈性心臓病の発症リスクを高める（Hannah et al. 1991）．

肥満が循環器系疾患の発症を助長するのとは反対に，食事制限（栄養失調ではない程度の低栄養）は心臓疾患のリスクを低減するようだ．さらに，食事制限は寿命を延ばすことも示されている（Lane et al. 1995a, 1995b）．

糖尿病

飼育下雑食動物，特に類人猿は糖尿病を発症することがある．多くの霊長類（例えば，オランウータン，アカゲザルおよびダイアナザル）は肥満になりがちで，糖尿病を発症しやすい（Gresl, Baum, and Kemnitz 2000）．いくつかの例では，食餌療法は特に 2 型糖尿病（以前は，インスリン非依存型糖尿病または成人発症糖尿病と呼ばれていた）の血糖値調整に有効な手段となる可能性がある．2 型糖尿病では，体はインスリンを生産するが（非常に濃度が高いこともある），細胞はインスリンの作用（糖を血中から細胞に移動させること）に対して抵抗性を示し，結果的に血中に糖が蓄積する．血糖値がかなり高い場合には，糖は尿から排出され，これが臨床的な糖尿病の診断の基礎となる．さらに，高血糖は生理的機能およびシステムに重大な影響を及ぼす可能性があり，特に循環器系，腎臓系および眼に影響する．

糖尿病を制御する方法としては，糖および糖含量の高い食物（果物を含む）を摂らないようにすることがかつては推奨されていた．近年では，糖尿病を制御する目標は，糖を避けることから，血糖インデックスとして知られるように，インスリン反応性を最小限にする食物を摂取する方向へとシフトしている．血糖インデックスと関連する食物の評価方法として血糖負荷がある．果物などの食物は血糖インデックス（または血糖負荷）が比較的低い．例えば，リンゴ，オレンジおよびナシは血糖インデックスがおよそ 30 で，バナナの血糖インデックスはおよそ 46 である．イモ（サツマイモも含む）の血糖インデックスは 40 半ば～100 の範囲にある．干しブドウのようなドライフルーツは血糖インデックスが高い．つまり，リンゴやオレンジのような果物は，イモよりも血糖値に与える影響が少ないと考えられる．

この他に血糖調整を改善する餌成分としては可溶性繊維がある．可溶性繊維はベータグルカンとも呼ばれ，大麦やオーツなどの特定の全粒穀物中に存在する．この他の可溶性繊維の供給源としては，無味無臭で，水溶液に高溶解性の市販製品がある．

免疫不全

栄養は免疫機能にも大きな影響を及ぼす（Klasing 2005）．いくつかの重要な栄養素は，B 細胞が介在する（液性）免疫および T 細胞が介在する（細胞性）免疫の機能に影響を及ぼす．免疫システムの相互作用さえも，餌の構成要素の欠乏または過剰に影響されることがある．特定の栄養素の影響を厳密に制御できる実験系では，自己免疫疾患および加齢に伴う免疫不全の進行と発症は，餌中の蛋白質，蛋白質とカロリーの両方，脂肪，亜鉛あるいは必須脂肪酸を制限することによって遅らせることができる（Hansen 1982）．腫瘍免疫も蛋白質，カロリー，および蛋白質とカロリーの両方を制限することによって影響を受ける．この影響は実験的に作成したがんの発達を遅らせることとも関係がある．蛋白質，あるいは蛋白質とカロリーの両方の栄養失調が関連する T 細胞介在性の免疫不全は，蛋白質またはエネルギーの不足によるものだけでなく，これに付随する亜鉛の欠乏によることも多い．これは免疫機能において亜鉛が極めて重要な役割を果たしていることを意味している．少なくとも部分的には，餌中の亜鉛欠乏が，多くの免疫不全に関与している．それ以外の多くの栄養素も，適切な免疫機能の維持に重要であり，セレン，ビタミン D，ビタミン E，ビタミン B 群は，免疫不全の予防に役割を果たしている．

鉄蓄積症（肝臓の鉄過剰）

鉄は必須栄養素であり，正常な細胞生理に欠かせないが，ヘモクロマトーシスにみられるように，小腸からの鉄の過剰な吸収は肝臓，心臓および膵臓などの様々な器官の柔細胞に鉄の沈着をもたらし，細胞毒性，組織傷害および臓器線維症を引き起こす．細胞傷害は鉄生成オキシラジカルおよび脂質膜の過酸化によって誘発される．肝臓では，脂質の過酸化はミトコンドリアやリソソームのような肝細胞の細胞小器官にダメージを与える．これは肝細胞の壊死およびアポトーシスの原因となり，最終的に肝線維形成の発現を引き起こす（Brunt 2005）．肝星細胞が肝線維症の発現の中心であり，これはこの細胞がコラーゲン産生筋線維芽細胞へと変換されることによる．ヘモクロマトーシスの発症における星細胞の転換を説明するために，肝臓の鉄過剰および鉄によって誘発された肝細胞の傷害に関連する可能性がある多くの刺激が調査されてきた．星細胞の活性化と線維症は，一連のイベントによって制御されており，肝臓の常在細胞と非常在細胞の相互作用，遊離鉄の封鎖と可動性鉄の輸送と貯蔵，炎症性および線維形成性サイトカインに影響する細胞内シグナル伝達に加え，細胞外基質の再形成が関わる．

キツネザルの鉄蓄積症は 1960 年代初めに報告され，1980 年代に実施された飼育下キツネザルの検視において確実となった．前臨床スクリーニングに従い，トランスフェリン飽和テスト（%TS）によって，鉄の吸収に対する食餌療法の予防効果を 4 種 23 個体のキツネザルで測定した．餌中の鉄およびビタミン C レベルは減少し，鉄キレートタンニンおよびフィチン酸塩は増加した．再検査後，餌変更前後の %TS 値のマッチド・ペア比較（matched-pair comparison）の結果では，餌変更後の %TS 値が有意に低かった（$P = 0.038$，$n = 7$）．動物園で慣行的に用いている餌を給与されている種全ての平均値は，ヒトの過剰吸収の範囲にあった（$n = 21$）．しかし，餌変更後にこの範囲にある種はいなかった（$n = 18$）．

新たな臨床試験や画像検査の出現に伴い，慢性肝疾患における肝バイオプシーの役割は変貌し続けている．一方，線維症，実質性構造リモデリングおよび起こり得る併発症に対する組織学的検査は確固たる方法であり，鉄過剰の疑いがある人間の患者に対しても同様である．さらに言えば，鉄の細胞および腺房局在を詳細に分析できるのは組織学的評価のみである．全ての肝バイオプシー分析に対して鉄染色を日常的に使用すれば，他の方法では検出できない場合でも，鉄を検出できる．鉄過剰の大まかな分類としては，実質性（“主要”）あるいは網内系（“派生的”）およびその混合型がある．しかし，これらの分類は鑑別診断のガイドラインとしてのみ役立つものである．

ビタミンD欠乏および代謝性骨疾患

ビタミンDについての概要は，肉食動物のセクションの栄養に関連した疾病のところで取り上げた．雑食動物に関して言うと，霊長類ではビタミンD欠乏に関する調査がいくつかあり，さらに代謝性骨疾患の膨大な観察が記録されている．飼育下の霊長類は，様々な理由でくる病や骨軟化症を発症する（Vickers 1968，Miller 1971，Ullrey 1986，Allen, Oftedal, and Horst 1995，Morrisey et al. 1995）．この症候群には，“サル骨疾患（simian bone disease）”，“ウーリーモンキー病（woolly monkey disease）”および“ケージ麻痺症（cage paralysis）”などの用語が用いられる．こうした症状は，成熟個体よりも若い個体での報告が多く，また狭鼻猿類（旧世界ザル）よりも広鼻猿類（新世界ザル）での報告が多い．この違いは，新世界ザルの方がビタミンD要求量が高いことによる，あるいはビタミンD_2の利用能力に限りがあることによるという主張がされている（Hunt, Garcia, and Hegsted 1966）．しかし，ビタミンD_2からビタミンD_3への転換がうまくいかないという指摘は，すでに知られている代謝経路の存在とは矛盾している．

現存する新世界ザルおよび旧世界ザルの種数からみれば比較的少数の種が研究されてきただけだが，ビタミンD_2の活性はD_3より低いという新世界ザルの研究から得られた証拠には説得力がある．例をあげると，Lehner et al.（1967）は，ビタミンDを給与しない，もしくはビタミンD_2を飼料1kg当たり1,250，2,500，5,000および10,000 IU与えた成長期のリスザル（*Saimiri sciureus*）は育ちが悪く，くる病の徴候を示したことを確認している．対照的に，ビタミンD_3を飼料1kg当たり1,250，2,500，5,000および10,000 IU与えたリスザルは順調に成長し，くる病の徴候も認められなかった．一般に，グループとして，新世界ザルの飼料中ビタミンD_3要求が高いという指摘を裏づける研究報告はない．個別の霊長類種もしくは種群のビタミンD_3要求量が高いということが制御された研究下で実証されるまでは，ヒト（NRC 1989a）およびその他の多くの種（NRC 1987）の餌中のビタミンDの安全範囲を狭くしておくほうが，過剰に利用するよりも妥当であると主張されている．

臨床病理徴候が現れる前に，初期のビタミンD欠乏を検出できるようにするために，ワタボウシタマリンでは25[OH]Dの血清標準値をつくろうという試みがなされている（Power et al. 1997）．南米のコロンビアに生息する野生のワタボウシタマリン18頭から血液を採取した結果，25[OH]Dの血清中平均濃度は76ng/mlで，範囲は25～120ng/mlだった．Power et al.（1997）は，彼らのデータ，Shinki et al.（1983）およびYamaguchi et al.（1986）のデータから，飼育下のコモンマーモセットでは血清中の25[OH]D濃度が20ng/mlを下回った場合に急性の骨疾患が起きる可能性が高いと推測している．

それ以外の報告によれば，飼育下のマーモセット類の血清中25[OH]D値の範囲は非常に広く，コモンマーモセットでは600ng/ml程度の濃度があることも報告されている（Yamaguchi et al. 1986）．新世界ザルの血漿中$1,25[OH]_2D_3$濃度は，旧世界ザルの5倍高かったことが報告されており，このホルモンに対する標的器官の反応性が推測されてきた（Adams et al. 1985，Shinki et al. 1983）．

旧世界ザルに比べて，新世界ザルに対しては，餌中ビタミンD_3のレベルをかなり高くすることが一般的である．マーモセットおよびタマリンには乾物1kg当たり7,000～22,000 IUのビタミンD_3を含む市販の飼料を与えることが多い．このような高い含量が本当に必要かどうか調べる必要がある．ビタミンDレベルが高い場合，旧世界ザル（Knapka et al. 1995）ではビタミンD過剰症を示し，また新世界ザルと混合展示され，床に落ちた新世界ザルの餌を食べたパカ（*Cuniculus paca*）およびアグーチ（*Dasyprocta leporina*）では明らかな中毒徴候を示すことがある．

シスチン尿症

シスチン尿症は，尿細管においてアミノ酸であるシスチンの輸送に欠陥があることによって起こる疾病である．通常，腎臓で濾過されるシスチンは尿細管内で再吸収され，そのため尿中にはシスチンはわずかにしか存在しない．シスチン尿症を患った動物は，尿細管でシスチン（およびその他いくつかのアミノ酸）が適切に再吸収されず，異常に高いレベルのシスチンが尿中に含まれることになる．シスチンは酸性尿に不溶なので，過剰な尿中シスチンはシスチン結晶を形成し，さらに腎臓および膀胱でシスチン結石（石）を形成する結果になり得る．

イヌの数品種ではシスチン尿症は遺伝的疾患のようだ（例えば，ニューファンドランド，ラブラドール・レドリーバー，オーストラリアン・キャトル・ドッグ，イングリッシュ・ブルドッグ，スコティッシュ・ディアハウンド，ダックスフンド，チベタン・スパニエルおよびバセット・ハウンド）（Case et al. 1992）．健康なイヌであればシスチンのおよそ97%は再吸収されるが，シスチン尿症のイヌでは再吸収はかなり少なく，シスチンの排出超過を示す可能性もある．尿中シスチン濃度がクレアチニン 1g 中に 0.75mg になると，シスチン尿路結石症が発症しやすくなる．シスチンの可溶性は尿中 pH が高いほど増加する．肉主体の餌を食べているイヌは酸性尿になりがちで，尿中シスチンの過飽和を招くことになる（Kahn and Line 2005）.

シスチン尿症はタテガミオオカミ（*Chrysocyon brachyurus*）で報告されている（Bovee et al. 1981）．野生下ではタテガミオオカミの餌には，小型齧歯類，鳥，アルマジロ，無脊椎動物，果物（特に *Solanum lycocarpum*），草本およびイネ科草本などが含まれているが，場所によって植物質と動物質の割合がかなり変わる（Nowak 1999）．タイリクオオカミ（*Canis lupus*）のような真正のオオカミの餌と比べて，植物の割合がかなり多い傾向にある．

米国の動物園では，タテガミオオカミには赤肉を主体とする餌が古くから給与され続けてきた．欧州およびオーストラリアの動物園で展示されているタテガミオオカミは，一般に雑食性のイヌ類に，より適した餌を与えている．欧州やオーストラリアの動物園では，米国の動物園で起こっているような尿路の閉塞から来る病状は報告されていない．筋肉は，尿中 pH 濃度を低下させる含硫アミノ酸の含量が高いので（Kahn and Line 2005），シスチンの可溶化を阻害することになる．

シスチン尿症およびシスチン尿石の形成に注意するため，動物性蛋白質を少なく，または餌中の蛋白質含量を制限することで，含硫アミノ酸の摂取量を制御し，シスチンの排泄を抑えようという取り組みがなされている．しかし，シスチン尿症のイヌに米国飼料検査官協会（American Association of Feed Control Officials）が推奨する含硫アミノ酸を含んだ（タウリンの添加はなし）蛋白質制限飼料を与えると，タウリン欠乏症になることが観察されている（Sanderson et al. 2001）．なお，タテガミオオカミの飼料に植物蛋白質源を多く加えて改変すると，糞が軟らかくなる．軟および水様の糞は，会陰部を汚しやすく，脱水および栄養の吸収を悪くする傾向にある．

シスチン尿石が形成される機会を抑え，正常なタウリンおよび鉄の状態を保ち，糞の硬さとタテガミオオカミに給与する餌の嗜好性を改善するために，青年期のビーグルを用いて餌の配合を変えた試験が行われてきた（Allen et al. 2004）．この餌は嗜好性がよく，体重を維持することができ，正常な糞を排出させ，イヌの正常な代謝を助けた．その一方で，尿をシスチンの溶解にとって好ましい pH（6.98 ～ 7.37）にした．

シスチン尿症はイヌ類に限られた疾病ではない．シスチン尿症およびシスチン尿石は，カラカル（*Caracal caracal*）（Jackson and Jones 1979 参照）およびサーバル（*Leptailurus serval*）（Moresco, Van Hoeven, and Giger 2004 参照）などのネコ科動物でも報告されている．

結　論

飼育下の野生動物に給与する餌は，その動物の栄養要求に合わせるべきであり，また消化生理および本来の摂食行動の違いを考慮に入れるべきである．これらの動物たちは，野生下では，多岐にわたる食物の中から摂取する食物を選択していると考えられるが，そのことは飼育下で同様の食物を給与しなければいけないということ意味しているわけではない．

自家産の農産物と野生下で摂取する植物との間には栄養成分に差があり，同様に農場で飼育した動物と野生下で捕食される動物との間にも栄養成分の差がある．さらに野生下で食物選択に影響する要因の知見も限られていることから，不可能ではないにしても野生下の食物を再現することは難しい．より現実的なアプローチは，推定した栄養要求量にあうような餌を給与することである．

必要とされる栄養素の量と質を適切に給与することは，栄養に関連した疾病を避けるためにも極めて重要である．飼育下野生動物で観察される多くの疾病は，飼料中栄養素の欠乏，すなわち動物がある栄養素の合成，輸送および代謝能力をもたない，または栄養素の過剰摂取もしくは吸収過剰によるものである．栄養素の要求，餌中の栄養素の潜在的な影響およびその相互作用を注意深く考えれば，飼育下野生動物を養うために適切な餌および給餌管理をうまく利用することができる．

文　献

Adams, J. S., Gacad, M. A., Baker, A. J., Kheun, G., and Rude, R. K. 1985. Diminished internalization and action of 1,25-dihydroxyvitamin D_3 in dermal fibroblasts cultured from New World primates. *Endocrinology* 116:2523–27.

Allchurch, A. F. 1993. Sudden death and cardiovascular disease in the lowland gorilla. *Dodo J. Wildl. Preserv. Trusts* 29:172–78.

Allen, M. E., Griffin, M. E., Rogers, Q. R., and Ullrey, D. E. 2004. Maned wolf diet evaluation with dogs. In *Proceedings of the 5th Comparative Nutrition Society Symposium*, ed. Charlotte Kirk Baer, 1–3. Silver Spring, MD: Comparative Nutrition Society.

Allen, M. E., Oftedal, O. T., and Horst, R. L. 1995. Remarkable differences in the response to dietary vitamin D among species of reptiles and primates: Is ultraviolet B light essential? In *Biologic effects of light*, ed. M. F. Holick and E. G. Jung, 13–30. Berlin: Walter de Gruyter.

Allison, J. J., and Cook, H. M. 1981. Oxalate degradation by microbes of the large bowel of herbivores: The effect of dietary oxalate. *Science* 212:675.

Backus, R. C., Cohen, G., Pion, P. D., Good, K. L., Rogers, Q. R. and Fascetti, A. J. 2003. Taurine deficiency among Newfound-

land dogs maintained on commercial diets is corrected by dietary change or methionine supplementation. *J. Am. Vet. Med. Assoc.* 223:1130–36.
Baer, D. J., Rumpler, W. V., Miles, C. W., and Fahey Jr., G. C. 1997. Dietary fiber decreases the metabolizable energy content and nutrient digestibility of mixed diets fed to humans. *J. Nutr.* 127:579–86.
Ballance, C. M., Ange-van Heugten, K., Poore, M., and Wolfe, B. 2005. Endophyte infested tall fescue and its relationship to mandible lesions and lowered reproductive performance in Thompson's gazelles and impalas. In *14th Annual North Carolina State University Undergraduate Research Symposium*, 5. Raleigh: North Carolina State University.
Basson, P. A., McCully, R. M., Kruger, S. P., van Niekerk, J. W., Young, E., deVos, V., Keep, M. E., and Ebedes, H. 1971. Disease conditions of game in southern Africa: recent miscellaneous findings. *Vet. Med. Rev.* 2–3:313.
Blaser, R. E., Hammes Jr., R. C., Fonetenot, J. P., Bryant, H. T., Polan, C. E., Wolfe, D. D., McClaugherty, E. S., Kline, R. G., and Moore, J. S. 1986. Forage-animal management systems. *Va. Agric. Exp. Sta. Bull.*, pp. 86–87. Blacksburg: Virginia Polytechnic Institute and State University.
Boccia, M. L. 1989. Preliminary report on the use of a natural foraging task to reduce aggression and stereotypies in socially housed pigtailed macaques. *Lab. Primate Newsl.* 28 (1): 3–4.
Bovee, K. C., Bush, M., Dietz, J., Jezyk, P., and Segal, S. 1981. Cystinuria in the maned wolf of South America. *Science* 212 (4497): 919–20.
Brady, P. S., Brady, L. J., Whetter, P. A., Ullrey, D. E., and Fay, L. D. 1978. The effect of dietary selenium and vitamin E on biochemical parameters and survival of young among white-tailed deer (*Odocoileus virginianus*). *J. Nutr.* 108:1439–48.
Brunt, E. M. 2005. Pathology of hepatic iron overload. *Semin. Liver Dis.* 25, no 4 (November): 392–401.
Bryant, B., and Rose, K. 2003. Calcium oxalate urolithiasis in four captive macropods. In *Proceedings*, ed. C. Kirk Baer, 96–101. Atlanta: American Association of Zoo Veterinarians.
Calle, P. P. 1987. Prevalence of urolithiasis in the North American Asian small-clawed otter. In *Proceedings of the Association of Avian Veterinarians/American Association of Zoo Veterinarians*, ed. R. Junge, 494. Yulee, FL: American Association of Zoo Veterinarians.
Carbone, C., Mace, G. M., Roberts, S. C., and Macdonald, D. W. 1999. Energetic constraints on the diet of terrestrial carnivores. *Nature* 402:286–88.
Case, L. C., Ling, G. V., Franti, C. E., Ruby, A. L., Stevens, F., and Johnson, D. L. 1992. Cystine-containing urinary calculi in dogs: 102 cases (1981–1989). *J. Am. Vet. Med. Assoc.* 201:129–33.
Childs-Sanford, S. E., and Angel, C. R. 2004. Taurine deficiency in maned wolves (*Chrysocyon brachyurus*) maintained on two diets manufactured for prevention of cystine urolithiasis. In *Proceedings of the American Association of Zoo Veterinarians, American Association of Wildlife Veterinarians, and Wildlife Disease Association*, ed. C. Kirk Baer, 268–69. Yulee, FL: American Association of Zoo Veterinarians.
Chow, C. K. 2000. Vitamin E. In *Biochemical and physiological aspects of human nutrition*, 584–98. Philadelphia: W. B. Saunders.
Church, D. C. 1988. *The ruminant animal digestive physiology and nutrition*. Englewood Cliffs, NJ: Prentice Hall.
Church, D. C., and Pond, W. G. 1988. *Basic animal nutrition and feeding*. 3rd ed. New York: John Wiley and Sons.
Crissey, S. 2002. The complexity of formulating diets for zoo animals: A matrix. *Int. Zoo Yearb.* 39 (1): 36–43.
DiGesualdo, C. L., Hoover, J. P., and Lorenz, M. D. 2005. Presumed primary thiamine deficiency in a young African lion (*Panthera leo*). *J. Zoo Wildl. Med.* 36:512–14.
Ebedes, H. 1969. Notes on the immobilization of gemsbok (*Oryx gazella gazelle*) in South West Africa using etorphine hydrochloride (M99). *Madoqua* 1:35.
Edfors, C. H., Ullrey, D. E., and Aulerich, R. J. 1989. Prevention of urolithiasis in the ferret (*Mustela putorius furo*) with phosphoric acid. *J. Zoo Wildl. Med.* 20:12–19.
Eisenberg, J. F. 1981. *The mammalian radiations: An analysis of trends in evolution, adaptation and behavior.* Chicago: University of Chicago Press.
Ensley, P. K., Rost, T. L., Anderson, L., Benirschke, K., Brockman, D., and Ullrey, D. E. 1982. Intestinal obstruction and perforation caused by undigested Acacia leaves in langur monkeys. *J. Am. Vet. Med. Assoc.* 181:1351–54.
Fenton, M. B. 1992. *Bats*. New York: Facts on File.
Fowler, M. E. 1986. Poisoning in wild animals. In *Zoo and wild animal medicine*, 2nd ed., ed. M. E. Fowler, 91–96. Philadelphia: W. B. Saunders.
Gaffney, M., Bray, R. E., and Edwards, M. S. 1999. Association of enterolith formation relative to water source pH consumed by wild equids under captive conditions. In *Proceedings of the 3rd Conference of the American Zoo and Aquarium Association Nutrition Advisory Group on Zoo and Wildlife Nutrition*, 51–54. Columbus, OH: American Zoo and Aquarium Association Nutrition Advisory Group.
Glander, K. E. 1977. Poison in a monkey's Garden of Eden. *Nat. Hist.* 86:35.
Greene, L. W., Webb, Jr., K. E., and Fontenot, J. P. 1983. Effect of potassium level on site of absorption of magnesium and other macroelements in sheep. *J. Anim. Sci.* 56:1214–21.
Gresl, T. A., Baum, S. T., and Kemnitz, J. W. 2000. Glucose regulation in captive *Pongo pygmaeus abeli*, *P.p. pygmaeus*, and *P.p. abeli* × *P.p. pygmaeus* orangutans. *Zoo Biol.* 19:193–208.
Griner, L. A. 1983. *Pathology of zoo animals*. San Diego, CA: Zoological Society of San Diego.
Grove, R. A., Bildfell, R., Henny, C. J., and Buhler, D. R. 2003. Bilateral uric acid nephrolithiasis and ureteral hypertrophy in a free-ranging river otter (*Lontra canadensis*). *J. Wildl. Dis.* 39 (4): 914–17.
Hannah, J. S., Verdery, R. B., Bodkin, N. L., Hansen, B. C., Le, N.-A., and Howard, B. V. 1991. Changes in lipoprotein concentrations during the development of noninsulin-dependent diabetes mellitus in obese rhesus monkeys (*Macaca mulatta*). *J. Clin. Endocrinol. Metab.* 72 (5): 1067–72.
Hansen, H. S. 1982. Essential fatty acid–supplemented diet decreases renal excretion of immunoreactive arginine-vasopressin in essential fatty acid-deficient rats. *Lipids* 17:321–22.
Hassel, D. M., Langer, D. L., Snyder, J. R., Drake, C. M., Goodell, M. L., and Wyle, A. 1999. Evaluation of enterolithiasis in equids: 900 cases (1973–1996). *J. Am. Vet. Med. Assoc.* 214:233–37.
Hassel, D. M., Schiffman, P. S., and Snyder, J. R. 2001. Petrographic and geochemic evaluation of equine enteroliths. *Am. J. Vet. Res.* 62:350–58.
Hayes, K. C., Carey, R. E., and Schmidt, S. Y. 1975. Retinal degeneration associated with taurine deficiency in the cat. *Science* 188:949–51.
Hill, M. J., and Fernandez, F. 1990. Bacterial metabolism, fiber and colorectal cancer. In *Dietary fiber: Chemistry, physiology and health effects*, ed. D. Kritchevsky, C. Bonfield, and J. W. Anderson, 417–30. New York: Plenum Press.
Hintz, H. F., Lowe, J. F., Livesay-Wilkens, P., Schryver, H. F., Soderholm, L. V., Tennant, B. C., Hayes, H. M., Lloyd, K., Bucchner, V., Liskey, C., and Wheat, J. D. 1989. Studies on equine enterolithiasis. *Proc. Am. Assoc. Equine Pract.* 34:53–59.
Holick, M. F. 1989. Phylogenetic and evolutionary aspects of vitamin D from phytoplankton to humans. In *Vertebrate endocrinology: Fundamentals and biomedical implications*, ed. P. K. T. Pang and M. P. Schreibman, 7–43. Orlando, FL: Academic Press.
Holick, M. F., Adams, J. S., Clemens, T. L., et al. 1982. Photoendocrinology of vitamin D: The past, present and future. In *Vitamin D: Chemical, biochemical and clinical endocrinology of calcium*

metabolism, ed. A. W. Norman, K. Schaefer, and D. V. Herrath, 1151–56. Berlin: Walter de Gruyter.
Hoover, J. P., and DiGesualdo, C. L. 2005. Blood thiamine values in captive adult African lions (*Panthera leo*). *J. Zoo Wildl. Med.* 36:417–21.
How, K. L., Hazewinkel, H. A. W., and Mol, J. A. 1994. Dietary vitamin D dependence of cat and dog due to inadequate cutaneous synthesis of vitamin D. *Gen. Comp. Endocrinol.* 96:12–18.
Howard, K. A., Moore, S. A., Radeki, S. V., Shelle, J. E., Ullrey, D. E., and Schmitt, S. M. 1990. Relative bioavailability of various sources of vitamin E for white-tailed deer (*Odocoileus virginianus*), swine, and horses. In *Proceedings of the American Association of Zoo Veterinarians*, ed. R. Junge, 213–17. Yulee, FL: American Association of Zoo Veterinarians.
Hunt, R. D., Garcia, F. G., and Hegsted, D. M. 1966. Vitamin D requirement of New World primates. *Fed. Proc.* 25:545.
Hunt, R. D., Garcia, F. G., and Hegsted, D. M. 1967. A comparison of vitamin D_2 and D_3 in New World primates. I. Production and regression of osteodystrophia fibrosa. *Lab. Anim. Care* 17:222–34.
Huxtable, J. J. 1992. The physiological actions of taurine. *Physiol. Rev.* 72:101–63.
Jackson, O. F., and Jones, D. M. 1979. Cystine calculi in a caracal lynx (*Felis caracal*). *J. Comp. Pathol.* 89:39–42.
Jarrett, W. F. H., Jennings, F. W., Murray, M., and Harthoorn, A. M. 1964. Muscular dystrophy in a wild Hunter's antelope. *East Afr. Wildl. J.* 2:158.
Kahn, C. M., and Line, S. 2005. *Merck veterinary manual.* 9th ed. Whitehouse Station, NJ: Merck & Co.
Kellems, R. O., and Church, D. C. *Livestock feeds and feeding*. Englewood Cliffs, NJ: Prentice Hall.
Kenny, D., Cambre, R. C., Lewandowski, A., Lewis. S. M., Marriott, B. H., and Oftedal, O. T. 1993. Suspected vitamin D_3 toxicity in pacas (*Cuniculus paca*) and agoutis (*Dasyprocta aguti*). *J. Zoo Wildl. Med.* 24:129–39.
Klasing, K. C. 2005. Poultry nutrition: A comparative approach. *J. Appl. Poultry Res.* 14:426–36.
Kock, M., and Fowler, M. E. 1982. Urolithiasis in a three-month-old llama. In *Proceedings of the American Association of Zoo Veterinarians*, ed. R. Junge, 42. Yulee, FL: American Association of Zoo Veterinarians.
Knapka, J. J., Barnard, D. E., Bayne, K. A. L., Pelto, J. A., Irlbeck, N. A., Wilson, H., Mierau, C. W., Guallsill, F., and Garcia, A. D. 1995. Nutrition. In *Nonhuman primates in biomedical research: Biology and management*, ed. B. T. Bennett, C. R. Abee, and R. Henrickson, 211–48. San Diego: Academic Press.
Lane, M. A., Baer, D. J., Tilmont, E. M., Rumpler, W. V., Ingram, D. K., Roth, G. S., and Cutler, R. G. 1995a. Energy balance in rhesus monkeys (*Macaca mulatta*) subjected to long-term dietary restriction. *J. Gerontol. Biol. Med. Sci.* 50.
Lane, M. A., Reznick, A. Z., Tilmont, E. M., Lanir, A., Ball, S. S., Read, V., Ingram, D. K., Cutler, R. G., and Roth, G. S. 1995b. Aging and food restriction alter some indices of bone metabolism in male rhesus monkeys (*Macaca mulatta*). *J. Nutr.* 125 (6): 1600–1610.
Lanza, E. 1990. National Cancer Institute Satellite Symposium on Fiber and Colon Cancer. In *Dietary fiber: Chemistry, physiology, and health effects*, ed. D. Kritchevsky, C. Bonfield, and J. W. Anderson, 383–87. New York: Plenum Press.
Lehner, D. E. M., Bullock, B. C., Clarkson, T. B., and Lofland, H. B. 1967. Biological activity of vitamins D_2 and D_3 for growing squirrel monkeys. *Lab. Anim. Care* 17:483–93.
Lindburg, D. 1988. Improving the feeding of captive felines through application of field data. *Zoo Biol.* 7 (3): 211–18.
Lintzenich, B. A., Ward, A. M., Edwards, M. S., Griffin, M. E., and Robbins, C. T. 2006. *Polar bear nutrition guidelines*. http://www.polarbearsinternational.org/rsrc/pbnutritionguidelines.pdf (accessed March 2008).
Lloyd, K., Hintz, H. F., Wheat, J. D., and Schryver, H. F. 1987. Enteroliths in horses. *Cornell Vet.* 77:172–86.
MacArthur, R. H., and Pianka, E. R. 1966. On the optimal use of a patchy environment. *Am. Nat.* 100:603–9.
MacDonald, M. L., Rogers, Q. R., and Morris, J. G. 1984. Nutrition of the domestic cat, a mammalian carnivore. *Annu. Rev. Nutr.* 4:521–62.
Mahan, D. C. 2000. Selenium and vitamin E in swine nutrition. In *Swine nutrition*, 2nd ed., ed. A. J. Lewis and L. L. Southern, 281–314. New York: CRC Press.
Martens, H., and Schweigel, M. 2000. Pathophysiology of grass tetany and other hypomagnesemias: Implications for clinical management. *Vet. Clin. North Amer. Small Anim. Pract.* 16: 339–68.
McArthur, C., Hagerman, A. E., and Robbins, C. T. 1992. Physiological strategies of mammalian herbivores against plant defenses. In *Plant defenses against mammalian herbivory*, ed. R. T. Palo and C. T. Robbins, 103–14. Boca Raton, FL: CRC Press Inc.
McDuffee, L. A., Dart, A. J., Schiffman, P., and Parrot, J. J. 1994. Enterolithiasis in two zebras. *J. Am. Vet. Med. Assoc.* 204:430–32.
Mertens, D. R. 1973. Application of theoretical mathematical models to cell wall and forage intake in ruminants. Ph.D. diss., Cornell Univ., Ithaca, NY (diss. abstr. 74-10882).
Miller, C. L., Schwartz, A. M., Barnhart, J. S. Jr., and Bell, M. D. 1999. Chronic hypertension with subsequent congestive heart failure in a western lowland gorilla (*Gorilla gorilla gorilla*). *J. Zoo Wildl Med.* 30:262–67.
Miller, M., Weber, M., Valdes, E., Fontenot, D., Neiffer, D., Robbins, P. K., Terrell, S., and Stetter, M. 2003. Hypomagnesemia, hypocalcemia, and rumenitis in ungulates: An under-recognized syndrome? In *Proceedings*, ed. C. Kirk Baer, 15–20. Atlanta: American Association of Zoo Veterinarians.
Miller, R. M. 1971. Nutritional secondary hyperparathyroidism in monkeys. In *Current veterinary therapy IV*, ed. R. W. Kirk, 407–8. Philadelphia: W. B. Saunders.
Moise, N. S., Pacioretty, L. M., Kallfelz, F. A., Stipanuk, M. H., King, J. M., and Gilmour Jr., R. F. 1991. Dietary taurine deficiency and dilated cardiomyopathy in the fox. *Am. Heart J.* 121 (pt. 1): 541–47.
Moresco, A., Van Hoeven, M., and Giger, U. 2004. Cystine urolithiasis and cystinuria in captive servals (*Leptailurus serval*). In *Proceedings*, ed. C. Kirk Baer, 162–63. Yulee, FL: American Association of Zoo Veterinarians.
Morrisey, J. K., Reichard, T., Lloyd, M., and Bernard, J. 1995. Vitamin D-deficiency rickets in three colobus monkeys (*Colobus guereza kikuyuensis*) at the Toledo Zoo. *J. Zoo Wildl. Med.* 26:564–68.
Morrison, F. B. 1956. *Feeds and feeding*. 22nd ed. Clinton, IA: Morrison Publishing.
Murphy, M. R., Masters, J. M., Moore, D. M., Glass, H. D., Huges, R. E., and Crissey, S. D. 1997. Tapir (*Tapirus*) enteroliths. *Zoo Biol.* 16:427–33.
National Academies. 2003. *Nutrient requirements of nonhuman primates.* Washington, DC: National Academies Press.
NRC (National Research Council). 1987. *Vitamin tolerance of animals.* Washington, DC: National Academy Press.
———. 1989a. *Recommended dietary allowances.* Washington, DC: National Academy Press.
———. 1989b. *Nutrient requirements of horses.* 5th rev. ed. Washington, DC: National Academy Press.
———. 1996. *Nutrient requirements of beef cattle.* 7th rev. ed. Washington, DC: National Academy Press.
———. 1998. *Nutrient requirements of swine.* Washington, DC: National Academies Press.
———. 2001. *Nutrient requirements of dairy cattle*, 7th rev. ed. Washington, DC: National Academy Press.
———. 2006. *Nutrient requirements of dogs and cats.* Washington, DC: National Academy Press.
Nowak, R. M. 1999. *Walker's mammals of the world*, vols. 1 and 2.

6th ed. Baltimore: Johns Hopkins University Press.
Papas, A. M., Cambre, R. C., Citino, S. B., Baer, D. J., and Wooded, G. R. 1990. Species differences in the utilization of various forms of vitamin E. In *Proceedings of the American Association of Zoo Veterinarians*, ed. R. Junge, 207–12. Yulee, FL: American Association of Zoo Veterinarians.
Petrini, K. R., Trechsel, L. J., Wilson, D. M., and Bergert, J. H. 1996. The effects of an all fish diet on urinary metabolites and calcium oxalate supersaturation of Asian small-clawed otters (*Aonyx cinerea*). In *Proceedings*, ed. R. Junge, 508–17. Atlanta: Amiercan Association of Zoo Veterinarians.
Power, M. L., Oftedal, O. T., Savage, A., Blumer, E. S., Soto, L. H., Chen, T. C., and Holick, M. F. 1997. Assessing vitamin D status of callitrichids: Baseline data from wild cotton-top tamarins (*Saguinus oedipus*) in Colombia. *Zoo Biol.* 16:39–46.
Reynolds, R. N. 1982. Urolithiasis in a wild red deer (*Cervus elephas*) population. *N. Z. Vet. J.* 30:25–26.
Rhykerd, C. L., and Noller, C. H. 1973. The role of nitrogen in forage production. In *Forages*, ed. M. E. Heath, D. S. Metcalf, and R. F. Barnes, 416–24. Ames: Iowa State University Press.
Rohweder, D. A. 1987. Quality evaluation and testing of hay. In *Proceedings of the 6th and 7th Annual Dr. Scholl Conferences on the Nutrition of Captive Wild Animals*, ed. T. P. Meehan and M. E. Allen, 48–62. Chicago: Lincoln Park Zoological Society.
Sanderson, S. L., Osborne, C. A., Lulich, J. P., Bartges, J. W., Pierpont, M. E., Ogburn, P. N., Kohler, L. A., Swanson, L. L., Bird, K. A., and Ulrich, L. K. 2001. Evaluation of urinary carnitine and taurine excretion in cystinuric dogs with carnitine and taurine deficiency. *J. Vet. Intern. Med.* 15:94–100.
Schulman, F. Y., Farb, A., Virmani, R., and Montali, R. J. 1995. Fibrosing cardiomyopathy in lowland gorillas (*Gorilla gorilla gorilla*) in the United States: A retrospective study. *J. Zoo Wildl. Med.* 26:43–51.
Sherman, P. M. 1994. The orb-web: An energetic and behavioral estimator of a spider's dynamic foraging and reproductive strategies. *Anim. Behav.* 48:19–34.
Shils, M. E. 1999. Magnesium. In *Modern nutrition in health and disease*, 9th ed., ed. M. E. Shils, J. A. Olson, M. Shike, and A. C. Ross, 169–92. Philadelphia: Lippincott Williams & Wilkins.
Shinki, T., Shiina, Y., Takahashi, N., Tanioka, Y., Koizumi, H., and Suda, T. 1983. Extremely high circulating levels of 1α,25-dihydroxyvitamin D_3 in the marmoset, a New World monkey. *Biochem. Biophys. Res. Commun.* 114:452–57.
Sokol, R. J. 1996. Vitamin E. In *Present knowledge in nutrition*, 7th ed., 130–36. Washington, DC: International Life Sciences Institute.
Stephen, A. 1985. Constipation. In *Dietary fibre, fibre-depleted foods and disease*, ed. H. Trowell, D. Burkitt, and K. Heaton. London: Academic Press.
Surai, P. F. 2002. Antioxidant systems in the animal body. In *Natural antioxidants in avian nutrition and reproduction*, 1–25. Nottingham, UK: Nottingham Press.
Tanwar, R. K., and Mittal, L. M. 1984. Thiamine deficiency as a cause of seizures in an Asian lion. *Vet. Med. Small. Anim. Clinician* 79:219–20.
Trowell, H. 1990. Fiber-depleted starch food and NIDDM diabetes. In *Dietary fiber: Chemistry, physiology, and health effects*, ed. D. Kritchevsky, C. Bonfield, and J. W. Anderson, 283–86. New York: Plenum Press.
Ullrey, D. E. 1986. Nutrition of primates in captivity. In *Primates: The road to self-sustaining populations*, ed. K. Benirschke, 823–35. New York: Springer-Verlag.
Underwood, E. J. 1981. *The mineral nutrition of livestock*. Slough, England: Commonwealth Agricultural Bureaux.
USDA (U.S. Department of Agriculture). 2009. National Nutrient Database for Standard Reference, Release 22. Nutrient Data Laboratory Home Page, http://www.ars.usda.gov/nutrientdata.
Van Soest, P. J. 1994. *Nutritional ecology of the ruminant*. Ithaca, NY: Comstock Publishing Associates.
Vickers, J. H. 1968. Osteomalacia and rickets in monkeys. In *Current veterinary therapy III*, ed. R. W. Kirk, 392–93. Philadelphia: W. B. Saunders.
Wilson, E. D., Dunker, F., Garner, M. M., and Aguilar, R. F. 2003. Taurine deficiency associated dilated cardiomyopathy in giant anteaters (*Myrmecophaga tridactyla*): Preliminary results and diagnostics. In *Proceedings*, ed. C. Kirk Baer, 155–59. Atlanta: American Association of Zoo Veterinarians.
Wolfe, B. A. 2003. Urolithiasis in captive giraffe (*Giraffa camelopardalis*). *Proceedings of the 1st Annual Crissey Zoological Nutrition Symposium*, 45–46. Raleigh: North Carolina State University.
Wolfe, B. A., Sladky, K. K., and Loomis, M. R. 2000. Obstructive urolithiasis in a reticulated giraffe (*Giraffa camelopardalis reticulate*). *Vet. Rec.* 146:260–61.
Woolf, A., and Kradel, D. 1977. Occurrence of rumenitis in a supplementary fed white-tailed deer herd. *J. Wildl. Dis.* 13 (3): 281–85.
Wren, G. 2003. Heat stress in feedlots. *Beef Business Daily*. Reference no. 9422. Burnsville, MN: MetaFarms.
Yamaguchi, A., Kohno, Y., Yamazaki, T., Takahashi, N., Shinki, T., Horiuchi, N., Suda, T., Koizumi, H., Tanioka, Y., and Yoshiki, S. 1986. Bone in the marmoset: A resemblance to vitamin D-dependent rickets, type II. *Calcif. Tissue Int.* 39:22–27.
Young, E. 1966. Muscle necrosis in captive red hartebeest (*Alcelaphus busephalus*). *J. S. Afr. Vet. Assoc.* 37:101–3.

10

飼育下野生哺乳類への給餌に関する品質管理

Barbara Henry, Michael Maslanka, and Kerri A. Slifka

訳：八代田真人

はじめに

飼育下の野生哺乳類の給餌に関わる全ての施設は，動物に給与する食品（飼料）が安全で，できる限り高品質であることを保証するよう努力すべきである．本章では高品質で，安全な食品の供給に不可欠な要素について説明する．危害要因分析（に基づく）必須管理点（HACCP）プログラムを通じて食品の安全性に取り組むことが効果的な方法であり，ここではその概要を述べる．ここでは物理的，化学的および生物学的な点で食品に関連する危害について述べ，また肉，魚，餌動物，乾草，ペレットおよびエクストルーダ飼料，農産物および缶詰飼料に関する品質管理基準の手引きを提供する．本章では，生産者から消費者までを対象として，食品および飼料の適切な取扱いの実践方法についても述べる．最後に，健全で安全なフードシステムの抑制と均衡をはかるため（訳者注：関係施設や業者間で互いに監視を行い均衡を保つこと）に，適切な製品規格，分析，評価および検証について提案する．

食品の安全

食品の安全とは物理的，化学的および生物学的危害要因に関わる全ての面を管理することである．HACCP システムとは，食品の安全に危害を及ぼすものを特定することを助け，モニタリング（監視）方法を構築する予防的措置である．HACCP の原則は食品の生産および提示に関する全ての面に適用される．HACCP プログラムには，全ての食品を適切に取り扱うために従うべき要点と方法が述べられている．

一般的取扱規範

いくつかのガイドラインのうち，以下のガイドラインが動物飼育施設で適切に食品を扱うために用いられているものである．「魚食動物に給餌する魚の取扱い：標準作業手順マニュアル」（Crissey 1998），「飼育下エキゾチック動物に給餌する凍結 / 解凍肉および餌動物の取扱い」（Crissey, Shumway, and Spencer 2001），「動物園動物に給餌する食肉に関する留意事項」（Lintzenich, Slifka, and Ward 2004），「包括的生肉品質管理プログラムの一環としての微生物学的評価および温度評価」（Maslanka and Ward 2005），「動物園および水族館において食品の安全を創出するための HACCP プログラムに関するガイドライン」（Schmidt, Travis, and Williams 2006）．

食品品質管理に関する指針としての危害要因分析（に基づく）必須管理点システム

HACCP プログラムは，収穫または調達から消費に至るまで，食品を適切に取り扱うことを確実にするのに役立つ．HACCP は，生産者，製造業者および食品を扱うヒトに対して，食品を扱う工程で危害要因を認識し，管理することを求めている．HACCP プログラムは，食品の取扱いに関わる全ての工程を，段階的な方法で以下のように監視する．①システム内に存在する潜在的な危害要因およびリスクを検出する（危害要因はなにか），②工程内の重要管理点（CCPs）を特定する（その危害要因はどこにあるか），

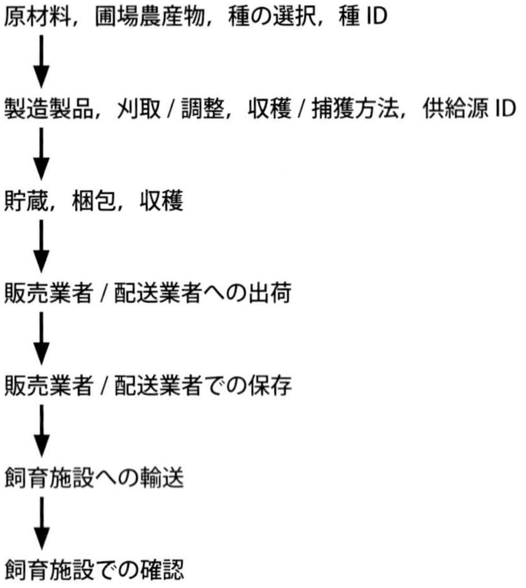

図 10-1　重要管理点のフローチャート．

③管理基準を設定する（どの点まで行くと危害要因は健康へのリスクをもたらすか），④ CCP の監視手順と規約を制定する，⑤記録管理方法を定める，および⑥監視方法の検証手段を見出す．HACCP プログラムは，人間用の食品の調理・調製作業において食品衛生を適切に維持するために用いられ，またありとあらゆる食品取扱い業務にも適用できる．1 つのシステム内で重要となる CCPs の論理的な流れを図 10-1 に示した．

野生動物を飼育管理している施設は，独自の HACCP プログラムを構築し，維持するだけでなく，食品の販売業者 / 供給業者に対して，飼育施設に配送する食品についてもこの HACCP プログラムを共有するように求めるべきである（Maslanka et al. 2003）．食品を扱う最初の段階から動物に給与される段階までを通じて整備された HACCP プログラムは，全工程にわたり原材料を最高品質に維持することを保証し，結果的に最高品質の餌をつくりだすことになる．表 10-1 には，HACCP システムを構築する際に考慮すべきいくつかの問題点を示した．飼育下哺乳類の餌に含まれる食品の種類を明確にするというさらなる留意事項については，その次のセクションで取り上げる．

栄養の分析，評価およびフィードバック

栄養分析は，飼育している全ての動物に与える食品の栄養価を保証し，栄養成分を監視するために設計された品質管理プログラムになくてはならない要素である（Bernard and Dempsey 1999）．品質管理プログラムの重要な点は，分析結果の評価および製品へのフィードバックまで，どの食品を分析するべきかを設定することである．Bernard and Dempsey（1999）は，動物園で用いる飼料の品質管理に関する一般的ガイドラインをまとめた．この著者らは，分析する飼料を特定すること，分析項目を選ぶこと，代表サンプルを採取すること，食品の種類によるサンプリング方法および分析を依頼する研究室の選び方について議論している．

表 10-1　危害要因分析を実施する時に考慮する質問の例

危害要因分析システムの構築には，現在検討中の食品処理過程に対して一連の適切な質問をすることが求められる．この質問の目的は，潜在的危害要因の特定を手助けすることである．

A. 原材料
1. その食品は，微生物学的危害要因（例：*Salmonella*，*Staphylococcus aureus*），化学的危害要因（例：アフラトキシン，抗生物質，または残留農薬），物理的危害要因（例：石，ガラス，金属）に影響されやすい原材料を含んでいるか．
2. その食品を配合または取り扱う時に飲用水，氷および蒸気を使用しているか．
3. その供給源（例：地理的な地域，特定の供給業者）はどんなものか．

B. 内在要因：加工時および加工後の食品の物理的な特徴と構成（例：pH，発酵性炭水化物，水分活性，保存料）
1. その食品中の成分が管理されていない場合，どんな危害要因が起こり得るか．
2. その食品の種類ならば，加工中に病原菌の生存または増殖，および毒素の形成が起こるか．
3. フードチェーンの次の段階で，その食品中の病原菌の生存または増殖，および毒素の形成は可能か．
4. 同様の製品が市場にあるか．これらの製品の安全記録はどんなものか．この製品に関連して起こる危害はなにか．

C. 加工に用いる手順
1. その手順には病原菌を破壊する管理可能な段階があるか．もしあるとすれば，どの病原菌が対象か．
2. その製品が加工（例：調理，低温殺菌）と包装の間で再汚染を受ける可能性があるとしたら，生物学的，化学的または物理的危害のどれが発生しやすそうか．

（つづく）

表 10-1 危害要因分析を実施する時に考慮する質問の例（つづき）

D. 食品の微生物含量
1. その食品に通常存在している微生物はなにか.
2. その食品が消費される前の標準的な保存期間に微生物数の変化が起こるか.
3. その後に微生物数の変化が起きるとその食品の安全に変化が起こるか.
4. 上記の質問に対する回答は，特定の生物的危害が非常に起こりそうなことを示しているか.

E. 施設設計
1. その施設のレイアウトは，果実や野菜のような非加熱喫食調理済み食品と原料がきちんと分離されるようになっているか.
2. 人間および運搬用具の移動パターンが重大な汚染源になっていないか.

F. 設備の設計と使用
1. その設備は安全な食品に必要とされる時間と温度の管理がなされているか.
2. その設備は加工または貯蔵する食品の量に対して十分な規模か.
3. 安全な食品を製造することに対して求められる許容範囲内に，成績の変動を収められるよう設備は十分に管理できるか.
4. その設備は信頼できるか，あるいは頻繁に故障するか.
5. その設備は洗浄および衛生管理が簡単にできるように設計されているか.
6. 危険物質（例：ガラス，化学物質）によって製品の汚染が起きる機会はあるか.
7. 消費者の安全性を高めるために製品の安全を確保する装置を使っているか.
・金属検出器
・マグネット
・粉体などのふるい（sifters）
・液体・ガスなどの濾過器（filters）
・粗目の濾過器（screens）
・温度計
・骨除去装置
8. 製品中の物理的危害（例：金属）の発生によって標準的な設備が受ける影響はどの程度か.
9. 他の製品に利用している設備を使う場合，アレルゲンに関わる対策は必要か.

G. 包　装
1. 包装方法は微生物病原菌の増殖あるいは毒素形成に影響しないか.
2. 安全のために包装には要冷蔵または要冷凍の明確な表示をする必要があるか.
3. 末端消費者による食品の安全な取扱いと調理のために，包装には手引きを記載する必要がないか.
4. 包装には損傷に対して抵抗性のある素材を用い，それによって微生物汚染の侵入を防いでいるか.
5. 不正開封防止の機能をもつ包装を使っているか.
6. 各包装および容器には製造月日が明瞭に，かつ正確にコードされているか.
7. 各包装には適切な表示があるか.
8. 原材料に含まれる潜在的なアレルゲンがラベルの原材料リストの中に記載されているか

H. 衛生管理
1. 加工した食品の安全に関して衛生管理は効果を及ぼしているか.
2. 食品を安全に扱うために施設や設備は簡単に洗浄および衛生管理ができるか.
3. 安全な食品を確保するために一貫し，かつ十分な衛生条件を提供することが可能か.

I. 従業員の健康，衛生および教育
1. 従業員の健康や個人の衛生管理は，加工する食品の安全に影響を及ぼす可能性があるか.
2. 安全な食品を調理するために管理しなければならない手順と要素を従業員は理解しているか.
3. 食品の安全に影響を及ぼす可能性がある管理上の問題を従業員は報告するか.

J. 包装から末端消費者まで間の保存条件
1. 間違った温度で食品を保存した場合に起こり得ることはなにか.
2. 不適切な保存は微生物学的に危険な食品をもたらすことになるか.

K. 用　途
1. その食品は飼育係によって，あるいは動物によって扱われ，洗浄され，さらに加工される可能性があるか.
2. 給与量は十分か．無駄がでる可能性がないか.

L. 対象とする消費者
1. その食品は混合展示の動物用か.
2. その食品を病気への感受性が高くなった個体（例：若齢，老齢，衰弱，免疫力のない個体）に摂取させようとしていないか.
3. その食品がさらされる環境要素が原因になるような給餌法または展示に使おうとしていないか.

出典：米国保健社会福祉省，食品医薬品局および米国農務省 1997．危害要因分析（に基づく）必須管理点の原則と適用指針，1997 年 8 月 14 日承認．米国食品微生物基準諮問委員会（National Advisory Committee on Microbiological Criteria for Foods）.

食品関連危害要因

食品関連危害要因には物理的，化学的および生物学的なものがあり得る．いずれのタイプの危害要因にも特徴的な課題がある．

物理的危害要因

物理的危害要因とは食品中の異物のことである．異物は製造または収穫時に混入する可能性があり（例えば，乾草に混入した異物，袋詰め飼料に混入した製造時の異物，プラスチック），あるいは飼料を調理または給与している場所で混入する可能性もある（例えば，電球のガラス，剥げかけたペンキ，プラスチックバッグ）．こうした異物は口腔や胃腸管を傷つけ，あるいは閉塞の原因になることもある．飼料の調理および給餌前には常に，異物が混入していないか調べるべきである．

生物学的危害要因

生物学的危害要因には，一般的に食品由来の疾病の原因となる全ての微生物が含まれる．飼育下の動物は汚染された食品や水によって生物学的危害要因にさらされるものと考えられる（Fowler 1986）．食品由来の疾病としては，*E. coli*（大腸菌），*Salmonella*（サルモネラ菌），*Streptococcus*（連鎖球菌），*Listeria*（リステリア菌）および *Campylobacter*（カンピロバクター菌），あるいはカリシウイルスと呼ばれるウイルスグループ（例えば，ノウォークウイルス）が原因となる病気が，ごく一般的に知られている．下痢および嘔吐が一般的な症状であるが，食品由来の疾病である場合とそうでない場合があると考えられる．たいては食品を適切に取り扱えば避けることができる．*E. coli* 感染のほとんどは嘔吐および下痢（血便の可能性もある）を起こす．*Salmonella* は，生の家禽生産食品類でよく見つかるが，胃腸炎，敗血症および死をもたらすこともある（Quinn et al. 1994）．Lewis, Bemis, and Ramsay（2002）は，飼育下のネコ科動物に *Salmonella* 汚染が極めて少ない餌を給餌すれば，糞中に排出される *Salmonella* も減少することを示した．南アフリカの飼育下チーター（*Acinonyx jubatus*）の個体群では，給与する肉の屠殺方法，輸送方法および取扱い方法を改善したところ，新生子の死亡率が劇的に減少した（Venter et al. 2003）．*Streptococcus zooepidemicus* は，大半の動物の粘膜で認められ，皮膚に多く，ウマ類の口腔および気道にも存在する．*Streptococcus* は，局所的から全体的感染および死亡までの広範囲の疾病の原因となり得る．また，生の馬肉を食べた動物（ただし食肉目に属する動物は除く）で感染の報告が多い．*Listeria* は，最も深刻な場合，髄膜炎および敗血症の原因となり得る．また，妊娠中の女性では流産，死産および急性疾患の乳児を出産する原因にもなることがある．*Campylobacter* は重度の下痢だけでなく中枢神経系感染症の原因ともなる可能性がある．

通常は他のルートから感染する疾病でも，時として食物経由で感染する疾病もある．これらには，*Shigella* A 型肝炎および寄生虫の *Giardia lamblia*（ランブル鞭毛虫）と *Cryptosporidia* による感染症がある．

食品中の微生物によって生産される毒素が原因となる食品由来の疾病もいくつかある．例をあげると，細菌の *Staphylococcus aureus* は激しい嘔吐の原因となる毒素を生産することがある．ボツリヌス中毒症は，細菌の *Clostridium botulinum* が食品中で強力な麻痺性毒素を生産した時に起こる．こうした毒素は，たとえその毒素を生産した微生物がすでに食品中に存在しなくても病気を発症させる．適切な製造，解凍および取扱いが食品由来の疾病の可能性を低減させることになる．

変わりゆく食品由来の疾病

食品由来の疾病に当てはまる範囲は，年を追うごとに変わり続けている．食品の生産と取扱い方法，多種多様な食品の輸送と輸入，および飼育動物の潜在的罹病性の範囲が変わる結果として，食品由来の疾病に該当する範囲も変わり続けている．かつては一般的だった食品由来の疾病，すなわち結核およびコレラは，ミルクの低温殺菌，缶詰化，上水の消毒などの食品安全の改善によってほとんど消滅した．今日，その他の経口感染が増しており，ウシ海綿状脳症（BSE）のように近年になって初めて重大な脅威と認識されるものがいくつかある．

食品の適切な取扱いの代替とはならないが，照射殺菌は *E. coli*，*Salmonella* およびその他の食中毒病原菌を減らすために人間およびペットフード業界の両方で利用されてきた．豚肉，香辛料，果物および野菜に対する照射殺菌は，米国食品医薬品局（FDA）により 1986 年に承認され，続いて鶏肉が 1992 年に，最近では動物用飼料と飼料原料が承認されている（FDA 2001）．Crissey et al.（2001）は，0.5 ～ 3.9 キログレイ〔訳者注：放射線の単位の 1 つ．物質 1kg 当たりに吸収される放射線のエネルギー量（吸収線量）を表す〕の照射量が，飼育下の野生ネコ科動物の飼料摂取量および糞性状に影響を及ぼさずに，生の馬肉主体餌中のほとんどの微生物集団を減少させたことを観察している．動物園業界では普通は用いられないが，照射殺菌は供給する食品中の微生物汚染を減らすだけでなく保存期間を延ばすため，製造業者にとっては将来性のある方法である．

化学的危害要因

化学的危害要因とは，食品が触れる機器，用具などの表面に用いる洗浄薬，あるいは食品の調理および保存場所の上に保管されている薬品のすすぎが不適切または不十分なために残留する物質によって起こる可能性があるものである（USDA 1999a）．特にビタミンやミネラルでは，収納容器のラベルが間違っていると化学的危害が起こり得る．これは，用量が正しくなかったり，まちがった製品を使うと毒性があるからだ．全ての品目はもともとのラベルがついた容器に収納したほうがよい．しかし，これができない場合は，製品の正式名称に供給業者 / 製造業者名，製品の用量 / 濃度および使用期限を書いて容器に貼り付けるべきである．農薬および残留農薬だけでなく重金属のような環境汚染物も生鮮食品（例えば，農産物や魚介類）あるいは飼料製造で利用される原料（例えば，穀物）を汚染する可能性がある．このような化学的危害要因を検出するには定期的な検査が有効である．

汚染物質，毒物および残留抗生物質

多くの非食品物質が食品の供給の安全性に影響を及ぼす．これには環境汚染物，天然および合成の毒物，また残留抗生物質がある．これら 3 つのカテゴリーが食品の安全に関するリスクをもたらす．

環境汚染物

飼料中には，有機物にしろ無機物にしろ様々な化合物があり，産業性汚染物質，農薬，重金属および放射性核種などが認められる（van Barneveld 1999）．ダイオキシンとポリ塩化ビフェニル（PCBs）は産業性汚染物質の例である．オランダでは，2004 年にジャガイモの仕分け作業に使用された粘土が，ポテト副産物でつくった動物用飼料のダイオキシン汚染源となり，オランダ，ベルギー，フランス，スペインおよびドイツにある 200 戸の畜産農家に影響を与えた（Elliot 2004）．同様の出来事が，1999 年のベルギーでも起こり，鶏肉と卵に影響を及ばし，また米国南部でも 1997 年に発生し，ニワトリ，卵およびナマズに影響を及ぼした．飼料を汚染することで知られている残留農薬には有機塩化物，有機リン殺虫剤およびピレストロイド化合物がある（van Barneveld 1999）．重金属（例えば，水銀，カドミウムおよび鉛）汚染は飼料への魚粉の利用，施肥，あるいは産業性汚染によって起こる可能性がある．1986 年にチェルノブイリで発生した事故は，放射性核種汚染の 1 例だが，セシウム -134 とセシウム -137 が放出される原因となった．放牧地および茎葉飼料が汚染され，その結果ミルクと羊肉の出荷が制限された（MAFF 1994）．環境汚染物は，飼料原料を汚染することによって人と動物の健康のいずれにも影響を及ぼす．すなわち環境汚染物が食物連鎖に入り，末端消費者または家畜のいずれかによって消費される．

マイコトキシン

マイコトキシンは，動物の健康や生産に負の影響を及ぼす可能性がある二次代謝産物で菌類によって生産される（D'Mello and Macdonald 1998）．この汚染は飼料の調製中に，また条件が腐敗に適していれば貯蔵時にも圃場で発生することがある．*Fusarium*（フザリウム属）マイコトキシンは，圃場では穀物（例えば，小麦，大麦，トウモロコシ）の病気の原因となる可能性があり，そのためこれらの穀物からつくった飼料を汚染する．アフラトキシンは，貯蔵時に高温多湿であると発生することがあるマイコトキシンである．トウモロコシ，トウモロコシ製品，ピーナッツ，ピーナッツ製品，堅果および綿実製品などの一般的な飼料原料が影響を受ける．2005 年には米国東部のペットフード製造業者でアフラトキシンによる汚染が発生し，23 の州でリコール（欠陥商品の回収）がかけられた（www.diamondpetrecall.net）．ほとんどのケースでは，製造業者による定期的な飼料原料の検査によってマイコトキシンによる汚染を最小限にすることができる．

植物毒素

多くの植物は動物に悪影響を及ぼす可能性がある化合物を種子中および葉中に含んでいる．レクチン，プロテイナーゼ阻害剤およびシアンは熱処理に対して敏感であるが，タンニン，アルカロイド，抗原蛋白質，ゴシポール，サポニンおよび植物エストロジェンはそうではない．植物毒素が動物の健康と生産性に及ぼす影響は，栄養素の吸収低下と免疫機能の低下から様々な器官の機能障害にまで及ぶことがある．

残留抗生物質

食肉産業では成長促進と飼料効率の改善を目的に，治療量以下の抗菌剤が用いられてきた．全米科学アカデミーは 1998 年 7 月に，米国農務省（USDA）および食品医薬品局（FDA）の要望に応える報告の中で，食用動物中の抗生物質と抗生物質に対する微生物の抵抗性の獲得および人の疾病との間には関連性があると結論づけている（NRC 1988）．耐性菌は，鶏肉，牛肉および豚肉などの様々な肉から分離されただけでなく（White et al. 2001，Hayes et al. 2005），飼育下野生動物からも分離されている（Marrow et al. 2005）．米国医師会（American Medical Association）は畜産における抗生物質の非治療的利用に対して反対する決議を採択した（AMA 2001）．FDA は 2003 年に新たな指針書を発表した〔産業に対する指針[GFI]#152，"抗菌性動物新薬の安全性評価：新薬が人の健康の懸念に関わる細菌に及ぼす影響に関連して"（"Evaluating the Safety of Antimicrobial New Animal Drugs with Regard to Their Microbiological Effects on Bacteria of Human Health Concern"）〕．これは総合試験の概要で，動物に抗菌薬を使用したことで起こる可能性がある抗菌薬耐性を防ぐために，科学的証拠に基づいて検証したものである．食品を介して起こる微生物抵抗性は，飼育下野生動物の健康に重大な影響を及ぼす可能性がある．

アレルゲン

摂取した食物に対する反応は，皮膚，消化器系，呼吸器系および中枢神経系の臨床的徴候など多くの態様で体に影響する（Wills 1992）．真性食物アレルギーは免疫反応を発現させるが，食物不耐性は通常は非免疫的である．食物不耐性はネコではまれであるが，アレルギー性皮膚炎を起こす 2 番目に重要な原因である（Wills 1992，Guaguere 1996）．発症例の 50% 以上は牛肉，牛乳および魚介類中に含まれる蛋白質が原因である．一方，市販の加工調理済み食品に対するアレルギー反応も同様に，周期的に報告されている（Guaguere 1996）．イヌでは，真菌による汚染および水中の化学物質が食物不耐性の原因であると説明されている（Wills 1992）．

穀物を含む加工飼料は飼育下哺乳類用の標準的な餌の原料である．穀物中の蛋白質に反応してグルテン過敏性胃腸炎（GSE）を発症する動物もいると考えられる．グリアジンはおそらくグルテンに含まれる毒素である．1 歳以前に穀物を摂取したアイリッシュ・セターはグルテンの損傷効果に対して感受性をもっていたが，一方，離乳から成体になるまで穀物が含まれていない飼料を摂取した場合には，その後にグルテンを摂取しても GSE を発症しなかった（Hall and Batt 1991）．飼料中に穀物蛋白質を含む餌を摂取しているマーモセットとタマリンでは，IgA- グリアジン抗体に関して医学的に有意な水準が確認できた（Schroeder et al. 1999，Gore et al. 2001）．2006 年 1 月 1 日から，FDA は，8 つの主要なアレルギー性食品に由来する蛋白質を含む原料が入っている人の食料品には，そのことをラベルに表示するように求めている．2004 年「米国食品アレルギー表示および消費者保護法」（U.S. Food Allergen Labeling and Consumer Protection Act of 2004）により，製造業者は分かりやすい英語で，乳，卵，魚介類，甲殻類，堅果，ピーナッツ，小麦あるいは大豆由来の蛋白質を含む原料が入っていることを原料リストに表示するか，または原料リストの後または近くに食物アレルギー源の名前に続けて"含む"と表示しなければならなくなった（www.fda.gov）．飼育下野生哺乳類を対象にしたアレルゲンに関する研究はほとんどない．

監督機関

食品および農業におけるバイオセキュリティの近年の世界的な進展には，政府部門と民間部門などの異分野を横断した統合と協力が必要である．例えば，米国政府は厳格な連邦政府基準および食品の安全対策を過去 20 年以上改善してきた自主的な業界指針を施行している．米国政府の 3 部門（立法機関，行政機関および司法機関）は全て，国家における食料および飼料の安全を保証する役割がある．米国連邦議会は，食品供給の安全を保証するために策定された法律，および国家レベルでの保護を確立するための法律を制定する．行政部門の省庁は法律の制定に責任があり，また法規の発布によってその役割を果たしているといえるかもしれない．司法部門の省は法的基準の施行に対して責任がある．米国の規制に関するより詳しい説明は「補遺 10.1」に示した．

欧州議会は，1990 年代に発生した重大な食料不安（BSE，ダイオキシンなど）以降，食品の供給に対する消費者の信頼を高めるために，2002 年に欧州食品安全機関を設立した．欧州連合（EU）は食品の供給の全体的な安全性を確保するために多くの組織と協働している．例えば，世界貿易機構（WTO）/ 衛生植物検疫措置の適用に関する協定（SPS 協定），コーデックス委員会および生物多様性条約とそのバイオセーフティに関するカルタヘナ議定書である（FAO 2002）．EU 内では，食品獣医局（FVO）が，食品の安全性，動物の健康，植物の健康および動物福祉に関する法律が導入され，実行されているかを確認する責任を負っている．

動物園および水族館で一般的に利用されている食品に関する重要な留意事項

食品の取扱い作業．食品の適切な取扱い作業は，人と場所と物の間の複雑な相互作用のうえに成り立つ．食品の取扱い作業が条件を満たすためには，製品追跡，食品監視，適切な保存と準備および交差汚染の回避などが重要な点となる．これらの各点を含む詳細に注意を向けることが，製品の受取から飼育している動物が餌を摂取するまでを通して，最高の品質を保証することになるだろう．こういった作業の多くは食品群の間で共通のものだが，食品のタイプによって特異的なものもある．

製品追跡

購入製品はその出発点，すなわち（農産物ならば）栽培者または（缶詰食品なら，図 10-1）未加工の原料から追跡する必要がある．製品の受入れまでの全段階の概要を示すと，①生産者，栽培者，製造業者，②海運業者，陸運業者，輸送業者，③受取および取扱い，④貯蔵，⑤飼育施設における実際の加工と調理，⑥飼育施設における加工および調理後の保存，⑦動物に給与する前の運搬と保存がある．どんな製品を扱う場合でも，各段階における適切な取扱い方法の一貫性を保たなければならない．期待する事項と手順の要点をまとめ，これらを販売業者と共有することは，最高品質の製品の調達を保証する優れた方法である．もし実行が可能ならば，実際の製品を見学するために製造業者を訪問することを勧める．また，製造業者，販売業者および生産者に，取扱い工程の各段階を図で表すように依頼すべきであることを最後に指摘しておく．

配送および監視

製品の配送はつねに業務時間内にするべきである．動物飼育施設に製品が到着したら，輸送車の全体的な状況，清潔度合および臭いを確認したほうがよい．冷凍食品の場合には，温度記録も調べるべきである．取扱い手順と製品の明細も輸送業者と共有しておくべきである．そうすることで，製品品質の維持に積極的な役割を果たせる．トラックの検査に関する指針を策定しておいたほうがよいし，各検査に対してチェックシートも必要だろう．製品が許容できないものならば返品しよう．製品を受け取ったならば，適切に保管しよう．製品は“先入れ先出し”システムを守って保管するべきである．製品に受取日のラベルを貼ることは，製品を古いものから新しいものに確実に入れ替えていく最も良い方法である．

保存の臨界温度

最適保存温度基準は，保存中および加工中に製品の栄養損失と品質低下を最小限に抑えるためにつくられている（表 10-2）．凍結保存の場合，酸化およびチアミナーゼ活性を最小限に抑えるには－30 ～－18℃の温度が推奨される（Geraci 1978，Stoskopf 1986，Crissey, Allen, and Baer 1987，Shinaburger 1992，IDPH 1993，USDA 1999b 9 CFR 3.105）．Derosier（1978）は，米国では業務用の凍結保存温度は－18℃であることを指摘している

表 10-2　飼育下哺乳類用の餌として用いる食品の貯蔵および加工に関する温度指針

製品	場所	温度	湿度
肉 / 魚介類 / 餌動物	冷凍庫	－30 ～－18℃	－
農産物	冷蔵庫	7.2℃	－
ペレット飼料	乾燥貯蔵庫	10℃	50 ～ 60%
缶詰飼料	乾燥貯蔵庫	10 ～ 21℃	50 ～ 60%

注：貯蔵期間を延長する際の温度は－23℃である．冷蔵庫の推奨最適温度は 4 ～ 6℃である．
－：指針なし．

が，保存を延長するならばより低い温度のほうが望ましいと考えられる．冷蔵は，解凍時もしくはすでに解凍した食品を短時間保存するために使うべきである（USDA 1999b 9 CFR 3.105）．食品を容器に密封し，冷蔵温度で保持することが適切な解凍方法である．解凍には冷蔵のみを用いるべきで，誤った解凍方法は栄養の損失，脂質の過酸化（酸敗臭），微生物の増殖および嗜好性の低下を招く．急速に解凍する必要がある場合は，密封した容器の上から冷水を流すならばよい．食品は決して室温で解凍するべきではない．危険温度域は 5 ～ 60℃であることを覚えておくことが重要である（National Restaurant Association Education Foundation 1985）．この温度域では微生物の増殖速度が最大であるため，飼料を扱う際にこの温度域を避けるように努めるべきである．米国農務省（USDA）によれば，交差汚染を避けるために動物用の飼料と人間の食品は別々の冷蔵庫および冷凍庫で保存するべきである．冷蔵庫および冷凍庫の温度は毎日記録しておくのが望ましい．

食品の調理

一般的に，食品の安全な取扱い作業には，①食品を扱う前に手を洗う，②食品を扱う時には手袋をする，③肉 / 魚介類とそれ以外の食品を扱う際には，扱うものを変える時に手 / 手袋を洗う，④洗浄し，消毒した調理用具を使うことが含まれる．洗浄と消毒は連続したステップで，単独で済ますまたは順番を逆にすることはできない．洗浄は器具の表面から目に見えるゴミを大まかに取り除くことである．消毒は器具表面の菌類を許容可能なレベルまで減らす，または最低限にするようにつくられた化学薬品あるいは手動の器具を使うことである．餌の取扱い手順の概要は，加工 / 調理から動物に給餌し，摂取される前，途中および後について決めておくべきである．全ての調理器具，まな板，食品容器および調理台などの道具は病原菌の隠れ場所になるので，使用後は洗浄し，消毒するべきである（Stoskopf 1986）．USDA は，特に海生哺乳類用の食品の保持，解凍および準備に用いた調理器具と容器は，給餌後ごと，ま

たは少なくとも1日1回は洗浄し，消毒しなければならないと述べている（USDA 1999b 9 CFR 3.105）．さらに，全ての調理場およびそれ以外でも食品を扱った場所は，少なくとも1日1回は洗浄し，また少なくとも週に1度は消毒しなければならないと述べており，さらに食品を取り扱う全ての場所が従うべき作業についても述べている．つけ加えると，全ての車両，カートあるいは輸送コンテナを食品表面と同様の方法で扱うことが安全な方法である．

交差汚染

交差汚染とは，有害な微生物がある食品から別の食品へと，食品以外のものの表面を介して移動することである．交差汚染のいくつかの例をあげると，①肉からまな板を通してその他の食品へ，②魚介類から人の手を通してその他の食品へ，③肉からナイフを通してその他の食品へ，などがある．交差汚染は，それが顕在化する前に，表面にありえない程多くの微生物が増殖することが原因と考えられる．最も良い消毒方法は，高熱食器洗浄機（温度は71.2℃以上）を使うことである．一方，化学物質を用いた手作業による消毒指針もある．全米レストラン協会教育財団（National Restaurant Association Education Foundation 1985）が概説しているように，消毒ステップには以下のうちのどれか1つが入る．① 100ppm（100万分の1）の塩素溶液で20秒間または50ppmの塩素溶液で1分間，② 25ppmのヨウ素溶液で1分間，③ 200ppmの第四級アンモニアで1分間，④合成洗剤のあとに殺菌剤を適切な時間利用する．いずれの消毒ステップでも，その後は食器をすすぐ，または特定の手段（熱または化学物質）で乾燥させるべきである．食器と調理器具をタオルで拭いて乾かすことはするべきではない．

肉および餌動物：購入，取扱い，および品質保持のための保存

餌として市販されている生肉を食べたイヌおよびその餌の調理をしている人間は，食物経由の病気になりやすいというリスクを抱えている（Strohmeyer et al. 2006）．一般的に，生肉は微生物に汚染されやすい．汚染は，たいてい取扱いおよび加工に関係している．人間の食用の加工品には法律が制定されているが，ペット用および動物園動物のための法規はない．しかし，伴侶動物，飼育下の伴侶動物ではない肉食動物および雑食動物用の生肉として加工された製品に対しては，FDAが公表した指針がある．これは単なる指針である．米国では，こうした製品の微生物汚染を監視する監督機関は存在しない．動物園動物に給餌するために肉および餌動物を購入する場合は，肉の新鮮さと健全さ，餌動物の供給源，加工の履歴を明確にしておくべきである．肉製品を扱う供給業者はいずれも，製品規格への同意，供給業者の会計監査，分析証明書などを含む有効な品質保証プログラムを保有するべきである．さらに，原材料および完成品の規格には，製造業者の身分証明，原材料に関する説明，原料の分析結果，有害生物の不在，分析/微生物検査用サンプルの採取計画，ラベル表示，保存/配送条件，安全な取扱い/使用に関する教育，包装の種類/サイズ/量に関する説明が記載されているべきである．理想的には，取扱い方法および加工方法をみるために製造業者の検査場所を視察することで，最高の製品を保証することができるだろう．製造業者の視察はつねに可能というわけではないので，製品は飼育施設に到着した時に検査するようにすべきだ．製品は業務時間内に配送され，素早く検査を受け，ただちに冷凍庫で保存するべきである．最低限，積荷の最初と中と最後から少なくとも10%または3包装を開封して調べよう．製品が凍結，解凍，再凍結されていた証拠がないかを探そう．容器あるいは床に水または氷が蓄積している，あるいは包装が湿っている，ネバネバしている，変色しているなどが指標となり得る．到着時には，製品を運んできたトラックの検査もすべきである．トラックには食品以外のものは積むべきではないし，トラック内の温度は冷凍状態であるべきだ．凍結した肉を使わない飼育施設もある．こうした製品は解凍した製品と同様に扱うべきである．解凍した製品は，給餌まで氷で冷やすか冷蔵で保存すべきだ．給餌前に解凍した製品を扱う段階で品質検査をすべきで，汚染および微生物の増殖を最小限にするためにできるだけ迅速に実施すべきである．製品を調理する際に用いる調理器具と調理台は，制定し承認した手順に従い洗浄および消毒すべきである．

肉製品の加工工程と手順は定期的に検証し，評価するべきである．肉製品の栄養分析と微生物負荷は，理想的には積荷ごとに検査するべきだが，少なくとも1年に1回はサンプリングをするべきである．栄養および微生物分析をする多種多様な実験機器がある．サンプルの分析に信頼できる実験機器を選ぶことが重要である（Bernard and Dempsey 1999）．

魚介類：購入，取扱い，および品質保持のための保存

どんな動物園の飼育計画でも，日々の食料の確保は重要であるため，ほとんどの魚介類は大口で購入され，そのため給餌まで凍結および保存しておく必要がある．魚介類は傷みやすい性質があるので，適切な取扱い手順が食品の栄養的な質にとって重要であり，これが結果として動物の管理とウェルフェアを良好にする（第16章を参照）．

魚介類という用語を本章では全ての魚，すなわち淡水魚と海水魚，および魚食動物が食べるであろう全ての海産物の意味で用いている．飼育施設で利用する魚介類の種類は，特定の栄養素の含量，品質，入手のしやすさ，価格および動物の成長によって選ばれる．魚介類の栄養価はいくつかの要因，すなわち種差，および捕獲時期，齢と性別に伴う個体差によってかなりバラツキが大きい（Stoskopf 1986）．

動物の栄養要求と魚介類の品質は，魚介類を選ぶうえで考慮しなければならない主な要因である．海生哺乳類の食物は最高の品質をもっていなければならない．USDA の規則では，「海生哺乳類の食物は健全で，嗜好性がよく，汚染されていないものであるべきで，また全ての海生哺乳類を健康的に維持するために十分な質と栄養価をもっているべきである」と述べられている（USDA 1999b 9 CFR 3.105）．

Geraci（1978）は，バランスの取れた餌を給餌するために，高脂肪含量と低脂肪含量の魚介類のような 1 種類以上の食品が必要だと強調している．漁業資源の安定供給に対する将来的な不安，養殖魚への依存，および魚介類の代用になるような海生哺乳類用飼料の技術開発といったことが，適切な魚介類の選択およびその取扱いを最も重要なものにしている．このような不安と可能性があるため，餌の栄養含量と質に関して意識し，評価することが求められている．

魚介類の新鮮さおよび健全さを明らかにするには，捕獲履歴を確認するべきであり，また捕獲前の状況に関する知識を得るべきである．農薬および重金属汚染の地域的および周期的発生などの疫学的データも役に立つ（Stoskopf 1986）．水産業者や仲買人がこれらの情報をもっている可能性もある．さらに，現在の魚介類の供給，漁況あるいは汚染問題に関する情報には，新聞や漁況報告が有効であろう．この他に，魚介類の新鮮さを示すために受け取った容器には捕獲した日付を記録しておくように要求しよう．日付があれば捕獲とそれに影響を及ぼした可能性がある環境事象を関連づけることができる．保全志向の飼育施設として，動物園および関連する飼育施設は，野生個体群の現況と持続性に基づき，動物の餌として使う魚種を，最善を尽くして選ぶべきである．可能な限り最高品質の食物を動物に与えるために，全ての魚介類は人間の食用に用いられるものと同じ品質をもつべきである（USDA 1999b 9 CFR 3.105）．したがって，動物に給餌する魚介類は，人間の食用にしようとして捕獲，加工および保存をしている水産業者から手に入れるべきである．人間の食用に用いる魚介類と飼育下の魚食動物用に用いられる魚介類との大きな違いは，動物には魚介類を 1 匹を丸ごと与えることである．つまり，動物用の製品は，骨抜きおよび内臓の洗浄を必要としない．製造加工業者による魚介類の包装は，魚介類の品質保持に重要な役割を果たす．魚介類は内面がプラスチックでできた容器またはプラスチック含浸の容器に包装し，容器には捕獲日を印刷しなければならない．魚介類は塊状冷凍，個体急速冷凍（IQF）あるいは粉砕包装してあるだろう．包装の最適な大きさは，適切に解凍するためにも 10 ～ 20kg にするべきである．Stoskopf（1986）は，余りがでないように包装サイズは 1 日の供給量にするとよいことを提案している．魚介類の種類と使い方も包装サイズを決める．少量で使う魚介類は，より小口の包装で購入するべき，あるいは（IQF や粉砕包装によって）より少量で扱えるような方法で準備すべきである．水産業者による鮮魚の扱いが加工工程を通して適切であることを保証するには，加工中に水産業者を視察し，その際に魚介類を検査するのが理想的である．しかし，これは大部分の飼育施設には実行不可能なことなので，貯蔵施設に製品が到着した時に徹底的な検査をすべきである．

検査は製品の受取場所（貯蔵場所）で，積荷を降ろす前，あるいは場合によっては降ろしている最中に行うべきであり，積荷を代表できる数の容器を調べる．検査官には，適切な検査技術と魚介類の品質に詳しい飼育施設の職員の 1 人がなるべきである．容器周囲および内部に衛生動物の痕跡がないか，輸送中の温度は適切に維持されているか，解凍および再冷凍の痕跡がないかを確認することが綿密な検査である（Crissey, Allen, and Baer 1987）．供給業者から積荷を正式に受け取ったと書類にサインする前に，魚介類が入っている全てのロットまたは積荷を検査しなければならない．

解凍すると，新鮮な魚ではえらが鮮赤色で，目は澄んで隆起しており，肉はしっかりとして弾力性がある．古い，または解凍し再凍結した魚では，外見の光沢がなく，目は曇り縁どられて，肉は柔らかく，指で押した跡が簡単に残る（U.S. Navy 1965）．品質が疑わしい時は，その状態が良いかを確かめるために，いくつかの包装から魚介類を数匹取り出して解凍してみるのが賢明だ．繰り返しになるが，これは積荷を正式に受け取る前に実施しよう．注文品が受け入れられるものならば，この時点で栄養分析用に魚介類のサンプルを採取するとよい．何らかの理由により注文した魚介類が満足できないものと判明したなら，たとえトラックに荷を積みなおすことになったとしても，受け取りを拒否しよう．運送業者は積荷を持ち帰るべきである．製品の品質に関して見解の不一致があった場合，または運送業者がそのことに何か関係しているならば，供給業者に連絡をとろう．品質の悪い魚は使用に適さないし，嗜好性も悪く，健康に危害をもたらし，さらにその魚を食べた動物の病気や死亡によって重大な経済的損失の原因ともなりかねない．

積荷の魚を受取ったら，飼育施設にある貯蔵設備にただちに置くべきである．この設備は損傷や汚染から，仕入れた製品を十分に保護できるものであるべきだ．汚染を最小化するような保存期間（1 年を超えない）および保存条件が重要であり，また栄養価と健全性が製品に保持されることを保証する．新たな積荷を保存する前に，貯蔵用冷蔵庫が正常に運転しているかを確かめよう．冷凍庫の中に保存されている可能性がある化学物質およびその他の品目による汚染の可能性がないようにするべきである．冷凍庫内にある古い保存品は“先入れ先だし”に基づき,配置しよう．そうすれば，古い保存品が新しい保存品より先に利用されるだろう．

魚介類を，冷凍した大きな塊状の状態から，より少量で保存する場所および解凍，加工する場所（調理エリア）へ移す時は，冷却および断熱した車両内で魚介類をしっかりと凍らせたままにしておくことが重要である．これができない場合でも，野外の環境条件によるが，運搬の間は荷物にカバーをして，断熱することはできるだろう．在庫を貯蔵室から短期保存あるいは調理に適当な場所に移動させるのに必要な時間は最小限にすべきである．運搬中の魚介類の温度は，1 個またはそれ以上の容器に最高 / 最低温度計やその他の温度検出・記録計を入れて監視することが可能である．監視した温度は文書として記録するべきである．輸送中に解凍もしくは部分的に解凍してしまった容器の製品は，すぐに使用して，再凍結するべきではない．

魚介類はその他の解凍製品と同様に扱うべきだ．解凍した製品は，給餌時間まで氷で冷却もしくは冷蔵しておくべきである．解凍した製品の品質検査は,給餌前に扱う際に,（汚染と微生物の増殖を抑えるために）手早く行おう．

魚介類の加工工程と手順は定期的に検証し，評価するべきである．栄養および微生物負荷を分析するために，少なくとも年に 1 回は魚介類をサンプリングするべきだ．理想的には，捕獲日が違う魚に対しては各配送品ごとにサンプルをとるのが望ましい．

農産物

Beuchat and Ryu（1997）は，農産物に塩素消毒水をかけると病原菌および他の微生物の数を減らすことはできるが，完全に取り除くことはできないと述べている．農産物に関連した人間の疾患リスクの軽減は，消毒水に浸すよりも，収穫時，輸送時および加工時に，その場所で起こり得る汚染を管理することで達成したほうがよいとも述べられている．

良質な農産物は，圃場から消費までの各 CCP（重要管理点）において十分な注意を払った結果得られる．動物園は，要望をまとめた手順書を農産物の販売業者に渡すことが可能である．1998 年の秋，FDA は，生鮮果実および野菜の微生物による食品危害を最小限にするための広範な新指針（規則ではない）を公表した（FDA/CFSAN 1998）．この指針では，微生物汚染による食品の危害および，未加工または最低限の加工しか施さずに消費者に販売する大部分の果実と野菜において，収穫，洗浄，仕分，包装，輸送時に共通する農業上および管理上の良好な作業方法が扱われている．この文献では，圃場から配送までの間に生鮮果実と野菜で起こる微生物による食品危害を最小限にすることに関係する基本原則と作業方法がまとめられている．また，この文献は，水，堆肥 / 地域の下水汚泥，労働者の健康 / 衛生状態，衛生施設，圃場の衛生，包装施設の衛生，製品の輸送および製品の追跡についてセクションを設け，それらの要点を述べている．2004 年 10 月に，FDA は生鮮農産物の摂取に伴う食物由来の疾患を最小限にするための計画（生産から消費までの農産物の安全性：2004 計画）をまとめた（FDA 2004）．この計画には 4 つの目的がある．①汚染を回避する，②汚染が発生した時の影響を最小限にする，③生産者，調理者および消費者に対する連絡を改善する，④生鮮農産物に関係する研究を促進および支援することである．2006 年 3 月に FDA は，非加熱喫食調理済み食品（ready-to-eat）として販売されている大部分の生鮮カットフルーツおよびカット野菜の加工に共通する食品の微生物危害を最小限にすることを目的に，生鮮カットフルーツおよび野菜の安全な製造に関する手引き（FDA/CFSAN 2006）の草稿を発表した．この手引きでは，生鮮農産物の生産と収穫が議論されており，また製品規格から包装，保存および輸送にわたり，個人の健康 / 衛生状態，研修，建物 / 設備，衛生作業と生鮮カットの生産 / 加工管理における加工推奨法が提示されている．この計画はサプライチェーンの全ての部門に対して安全な作業の導入を奨励している．

農産物が飼育施設に受け取られる前後の全ての段階で，潜在的な危害要因が存在する．可能ならば，飼育施設がまとめた手順に，農産物の栽培者や配送業者が従っているかを確認するために，彼らから HACCP 計画のコピーをもらおう．栽培者との協議事項は，施肥管理，収穫前の休薬期間および散布量などを含む農薬散布，有害な脊椎および無脊椎動物の有無，潅漑などである．農産物がどのように扱われているかが農産物の選択と同様に重要である．果実の成熟の生理が重要な検討事項かもしれない．成熟させるため収穫後に果実をある条件下におく必要がある場合，その段階と場所の条件を監視することが重要である．農産物の配送業者に査察もしくは温度の記録を要求しよう．受け取る前に農産物を取り扱う全ての段階で，細菌汚染が起こりそうな場所を検討してみよう．配送では，トラック内で農産物のそばにある物を監視しよう．受入れ手続きの際には，損傷，衛生動物（脊椎と無脊椎動物）および農産物に影響を及ぼすあらゆる環境的な損傷の痕跡を探そう．1人以上の人間が検査するのが望ましい．基準を満たしていない農産物である痕跡があれば，返却すべきである．各種の購入農産物に対する基準をつくっておくと，判断基準を理解している飼育施設の従業員および販売業者に役立つだろう．農産物を受取後，冷蔵・冷凍庫で保存する前に，受取り期日をラベルに書いて貼っておくべきである．冷蔵・冷凍庫での保存は，輸送中の条件と同じ指針に従うべきである．冷蔵・冷凍庫は衛生動物がおらず，農産物は全て棚またはパレットに載せて地面から離して保存すべきである．

ペレット飼料およびエクストルーダ飼料

ペレット飼料およびエクストルーダ飼料の検査は，この製品をつくるために原材料を混合するところから始め，動物に摂取させるところで終わるべきである．ペレット飼料とエクストルーダ飼料は多くの異なる原材料からつくるため，製造業者に対して，未加工の原料，加工工程および工場に関するHACCPプランを要求しよう．こうすれば製品が配送業者から届く以前の製品の監視に役立つだろう．原材料の検査に関しての留意事項は，原材料，原材料の供給元，原材料を購入した地理的な場所と脊椎および無脊椎動物の有無を確実に確認することである．製造後，製品を冷却する時間を十分に確保しよう．そうすればペレット処理/エクストルーダ処理の熱によるカビの発生を避けられるだろう．飼育施設に到着した時点で，飼料袋の衛生動物，裂傷/切り傷，日付表示およびロット番号を確認しよう．製品受取り時に，受け取った注文品の内容表示ともともとの発注品の内容表示とを比べよう．到着時には，飼料袋に日付を付けるのがよい．乾いていて，換気のよい場所に保存しよう．衛生動物がいつも観察されるかどうかにかかわらず，貯蔵場所には要点がまとめられた衛生動物管理プログラムが必要である．飼料袋の開封時に，衛生動物，異物，カビ，ゴミ，色および臭いの確認をしよう．また，製品を容器に移し替える時には，その新しい容器にラベルと日付を付けよう．動物に製品を給与したら，嗜好性および摂取量を監視しよう．品質と栄養成分が規格のとおりであるかを確認するために，製品到着後すぐに品質管理のための栄養分析をするべきである．3頭のクロサイ（*Diceros bicornis*）が，ペレット穀物飼料を食べた後に，ビタミンD中毒と思われる症状で死亡した（Fleming and Citino 2003）．製品の事後検査により飼料中のビタミン含量が高かったことが分かっている．

乾草およびその他の茎葉飼料

茎葉飼料（乾草）の品質は，圃場で生育し始め，収穫されるところから貯蔵および配送されるところまで，取扱いの過程全てにおいて，非常に多くの要因に影響を受ける．消費者ではなく，栽培者と取扱いに携わる者が，この工程のほとんどの段階を管理している．圃場に現存する植物の質は，栽培しているイネ科およびマメ科植物の種，雑草管理，施肥，潅漑，土壌タイプ，生育季節および成長期間中に優勢な気候パターンによって決まる．収穫時点での質は，その時の成熟度，優勢な気象条件および乾草収穫時に用いた機器に影響される．例えば，アルファルファ乾草の物理的性質は，開花前/開花初期あるいは結実期に刈り取るかどうかで，かなり変わる（Holland and Kezar 1990）．刈取り時が雨または多湿であると乾燥期間が長くなり，カビの発生や栄養損失の機会が増加する（Rayburn 2002）．乾燥期間は，刈取り時にアルファルファが圧縮されるかどうかによって影響される（圧縮はより多くの空気を茎に送り込む）．圧縮されていない乾草では，全体の水分が望ましい含量になるまでの乾燥時間が長くなり，梱包時に葉が少なく，栄養素の損失を起こす可能性がある（Collins 1999）．反対に，ツチハンミョウ（水膨れ虫）が群生する圃場で圧縮されたアルファルファには，収穫物中にもこの虫が残り，梱包中に混入することになり，カンタリジン中毒(訳者注:カンタリジンはツチハンミョウやマメハンミョウがもつ毒素．皮膚につくと炎症を起こし，飲み込むと嘔吐，腹痛，下痢，血圧低下，尿毒症，呼吸不全を起こし，死亡することもある）を引き起こすかもしれない（Ward 2001）．湿りすぎ，または乾きすぎの梱包（ベール）乾草は，カビの問題または葉が粉々になる原因となる．そのため，刈り取った草の水分含量に注意を払うことは，梱包時に欠かすことができない．圃場からは雑草，石および土壌が，またその他の異物も梱包時に乾草に混入することがあり，乾草を最初に調べた時に見つからないことも時々ある．梱包したら乾草は覆いのある施設に保存し，日光や水分（露または雨）を避けるべきだが，換気は十分でなければならない．日光によって穏やかに色があせていくと梱包の表面が黄色くなるが，梱包内部のダメージあるいは栄養含量へのダメージはわずかにしか起こらない．日光に長期間さらされたり，雨や露にあたると栄養素の損失，または乾草を安定的に保存するには水分含量が不適切（多すぎる，または少なすぎる）になる原因となることがある．貯蔵時に過度に熱せられることも栄養の損失となる（乾草の評価に関する詳細は Ullrey 1997 を参照）．動物園は問題を回避するために，乾草を供給する業者と積極的な関係をもち，受取の段階までに乾草がどのように扱われているかをみるために業務上可能な限り視察をするとよい．このようにすれば，最終製品を最良にするために，工程全体を通して CCPs を確認し，議論し，そして管理することが可能である．

缶詰飼料

1970 年代の初め，密封容器に詰められた酸度の低い市販食品に対する熱加工が不適切だったため，また市販の酸性食品に対する酸性化が不十分だったため，米国でボツリヌス中毒が数回発生した．そこで，熱加工した酸度の低い缶詰食品および酸性化食品の製造業者に対する特別規則が策定された（USDA 21 CFR 108, 113, and 114）．これらの指針は 1973 年に米国で初めて承認され，1979 年に改訂されている．この規則の目的は，有害細菌とその毒素，特に *Clostridium botulinum*（ボツリヌス菌）からの安全を確保することである．これらの指針には，適切な温度と十分な調理時間，食品の十分な酸化および水分活性の管理などを含む適切な加工管理法および適切な加工方法の要点がまとめられている．さらに，米国で缶詰されて販売される食品は，関連規則に従っていることを示したラベルを貼らなければならない（USDA 21 CFR 101 1998）．ほとんどの場合，われわれは原料を知らないし，また製品がどのように加工されたかも知らないが，加工手順や懸案事項は販売業者と議論できる．製造業者に対して HACCP プランを共有することを要求し，原料の追跡および欠陥商品の回収プランについても記載しよう．製品到着時に，製品のへこみ，膨らみ，漏れおよび錆を調べよう．製品の日付およびロット番号を書きとめよう．製品製造情報の概要を示した特別なコードを付している製造業者もある．製品コードの意味が不明瞭ならば，コードを理解するための手引きを入手し，ファイルに保存しておこう．製品を開封したら，冷蔵庫に入れて保存し，3 日以内に使うべきである．さらに，製品開封時に異物，臭い，色および外見を調べよう．最後に，多くの製品を動物に給餌したなら，嗜好性と摂取量を確認することが重要である．

栄養規格，栄養分析および飼料の評価

飼料規格の策定

飼育下野生動物の給餌に用いる全ての食品に対して規格を定めることは大切である．規格は品質管理方法の評価，予算計画および配合飼料の栄養含量を一貫したものにする．規格については，該当製品に関して明確に記載し，販売業者または供給業者と議論し，前もって合意しておくべきである．ここで記載および議論した規格が販売業者に対して厳しすぎるならば，規格は全体として厳密すぎると判断されるべきであり，あるいは飼育施設の基準に合わない特定の業者を排除する方法とみなされるべきである．基準は一貫している必要があり，もしそうでないなら，販売業者 / 供給業者には説明責任が生ずる．食品の規格には，その規格の有効期限，購入量，購入価格，注文および配送明細，支払明細，品質管理および栄養分析のためのサンプリングスケジュール（財務の責任，研究所の詳細），製品，サイズ，特殊原料（ペレット飼料，肉混合物），ミネラルとビタミンの給源（キレートまたは非キレート体ミネラル）および栄養含量の最小値と最大値が記載されたラベルまたは説明文が必要である（肉の例は Allen, Ullrey, and Edwards 1999，乾草の例は表 10-3 を参照）．

ペレット飼料およびエクストルーダ飼料

ペレットおよびエクストルーダ飼料の規格は，これらの製品の栄養含量を中心に記載するだけでなく，配合に用いる特殊原料，さらには選んだビタミンやミネラルの出所についても同じくらい詳細に示すことができる．規格には製品の包装（重さ，サイズ，形，包装袋の裏地の有無，ペレットの重さと面積）および配送時の輸送形態も必要である．さらに，配送時に製品が受納されなかった場合の製品の回収計画も盛り込んでおくべきである．

肉

肉の規格に関する詳しい解説書がいくつか出版されており（Allen, Ullrey, and Edwards 1999，Crissey, Shumway, and Spencer 2001），この中では製品に用いる原料の種類（何が使用可能および不可能か），微生物の限界値および栄養含量について触れられている．また，凍結を含む初期加工から動物飼育施設への配送までの間に（微生物の増殖を最小限にする温度管理，短時間で確実な凍結，および冷凍品を冷凍車に載せる場所までの移動），どのように製品を扱うかにとっても規格は重要である．

表 10-3　同意が得られたアルファルファの規格

1. 供給業者は，飼育施設用に 2006 年に刈り取られた質の十分なアルファルファ（*Medicago* spp.）乾草（質の十分な乾草については条件 3 を参照）を X トン確保すること．見積価格には 1 トン当たりの配送，荷下ろしおよび入庫費用を含むこと．
2. 乾草には衛生動物（ツチハンミョウまたはその他の有害昆虫）がいないこと．また公式に衛生動物がいないとされている地域から収穫した乾草であること．この情報は州および地域の農業改良普及所が提供している．
3. 乾草は供給業者で貯蔵し，飼育施設の求めに応じて配送すること．配送は午前 8 時～ 10 時の間とし，トラックはおよそ 3 時間駐車場を占有できる．供給業者は，動物園から少なくとも 1 週間前に連絡があれば乾草を供給できるようにしておくこと．
4. 十分な質があると判断するために，動物園が購入するアルファルファ乾草は，以下の規格に適合しなければならない．
   a. 粗蛋白質含量の最低値が 18%（乾物ベース）
   b. 酸性デタージェント繊維含量の最高値が 35%（乾物ベース）
   c. 乾草市場専門調査会（Hay Market Task Force）によって策定された市場乾草品質等級に基づき等級が 1，2 または 3 であること
   d. 少なくとも 85% はアルファルファ（*Medicago* spp.）であること
   e. カビ，カビ臭およびほこりが付いていないこと
   f. 有毒または有害な雑草や金属類が混入していないこと
   g. 汚れていない，悪天候にさらされていない，熱による損失がない，煙害を受けていない，および濡れていないこと
   h. 水分含量は最高で 18%
   i. 梱包は角型で，ナイロンあるいはワイヤーで結束されており，取扱いおよび入庫の際に崩れないこと
   j. 梱包の重量は 45kg を超過しないこと（平均的な梱包重量を指定せよ）

   粗蛋白質，酸性デタージェント繊維および水分含量の分析は飼育施設が採取したコアサンプルを用いて行うこと．供給業者は飼育施設から知らされる栄養含量を把握しておくべきである
5. 水分含量が多かったり，乾燥が不適切なために飼育施設で保存中にカビが生えた乾草に対して，動物園は補償を受けなければならない．補償はカビが生えた乾草のもともとの購入価格で現金を払い戻すか，あるいは追加費用なしで質が十分な乾草を同じ量だけ交換することで行われなければならない．
6. 飼育施設は質が不十分であるとみなした乾草を返却する権利を有する．飼育施設は乾草の返却に対して運送料の支払をしない．

魚介類

冷凍魚介類の評価と取扱いが述べられている出版物がいくつかある（Crissey 1998，Crissey, Allen, and Baer 1987，Oftedal and Boness 1983）．魚介類の規格には，魚介類の包装方法，容器に記載されている日付およびロット番号，容器のサイズ（解凍に十分か），取扱い指針（冷凍状態を保持し，四角に積むため），雄か雌か，栄養含量，製品回収計画が明記されているか，捕獲履歴（漁況報告，疫学データ）および凍結方法が含まれる．

乾　草

乾草の規格は全ての種に共通するもの（つまり，天候による損失がない，適切に貯蔵されていた，雑草あるいは異物の混入率が最小限である，適切な梱包のサイズと形である）と種ごと（適切な水分含量で梱包されている，十分な葉量，色，栄養含量がある）のものを設定できる．さらに，製品を農家 / 配送業者から積み込んだかどうか，飼育施設に配送されたかどうか，配送され，降ろされたかどうかということに対しても規格をつくることができる．乾草の品質基準は米国茎葉飼料および草地協議会（American Forage and Grassland Council）の乾草市場専門調査会（Hay Market Task Force）によって整備されてきた．この他の詳細は Ullery（1997）が述べている．包括的なアルファルファの規格の例を示した（表 10-3）．規格には栄養含量の指針だけでなく，乾草を縛る材料の種類および梱包の重さにも言及してることに注意しよう．

農産物

農産物の規格には，容器のサイズと重さ（確実な総数および製品サイズ），包装の必要性（プラスチックで包装されている，防水容器に詰められている，こすれないように仕切りが入っているなど），販売業者の取扱い（どのように配送されるか）が関係してくる．農産物の販売業者は，製品を検査するために用いられてる評価方法と基準を理解すべきである．

農産物の総合的な利用可能性（干ばつや燃料コストが原因となる問題）により，飼育下野生動物に用いる多くの農産物の価格は年間を通して大きく変わる．そのため，ある農産物の価格を契約することは会計上の責任であると考えられる．価格契約をする際は，契約期間が 1 年を超えることはまれで，価格には市場の不安定さと将来的な供給予測が見積もられていることもある．こうした理由から，契約価格は農産物のその日ごと，あるいはその週ごとの市価よりも高いと考えられる．一方で，契約は農産物の恒常的な供給を確実にし，もし規格に合わなかったり，供給が滞れば償還を請求できる．規格に合わない製品は全て毅然として受入れを断るべきである．

サンプリング

給餌プログラムに含まれている製品からは，決められた方法で規則的にサンプル採取をする必要がある．分析用の

飼料，サンプルの数（定められたスケジュールに基づく），分析の種類は，年間予算編成の定常的費用としておくことを強く勧める．サンプルは製品品質，栄養含量，および微生物 / 毒素分析に関する全般的な調査のために回収することが可能である．サンプルは，トラブルシューティングあるいは遡及的検査用として貯蔵管理施設に預けておくことも可能であり，特にサンプルを回収した時に分析用の資金や時間がない場合には有効である．製品からサンプルを採取する時の目標は，ロットの塊と同質である均質な標本を取り出すことである．サンプリングの頻度は，該当する飼料のパラメータのバラツキに基づく．よりバラツキが大きい（または問題がある可能性がより大きい）ならば，サンプリング頻度をより多くする．サンプリング手順と指針，スケジュールおよび研究所の選択 / 評価は Bernard and Dempsey（1999）に詳しい．

法令順守を保証する

食品の定期的なサンプリングにより，管理者は飼料に最大限の情報を盛り込むことができる．また販売業者 / 供給業者 / 生産者も製品についての説明ができるようになる．規格を設計し，指定した食品に関する契約をすることは，飼育下野生動物の餌に用いる製品の質，量および価格の安定を保証する．食品の供給業者が，各飼料の指定パラメータに従うことを確実にすることが重要である．

栄養含量，物理的形態，包装およびその他の要望を明確に示すことが法令順守を確実にするだろう．さらに，受け入れられないことは何か（物理的，化学的および微生物学的危害要因）を明確に伝えておくことが基準を維持するうえで役立つだろう．食品のサンプルを採取し，結果を知ったならば，動物園のスタッフは製品が規格の要求に応じていない状況だけでなく（これらの問題の適切な解決法も受け取る），規格に適合している状況も共有するべきだ．供給業者との率直で明確な情報伝達が良好な仕事上の関係を維持することに役立ち，これが長期間の収集管理活動を有益なものにする．

結　論

本章で述べた様々なアドバイスは，飼育下哺乳類に最良の食物を給餌する取り組みを手助けすることになるだろう．HACCP プログラムの進展は，食品の安全に関する問題に注意を向けることになるだろう．物理的，化学的および生物学的汚染などの食品に関する危害要因を調査し，検出することで，起こり得る疾病および死亡を防ぐことができるようになる．立場に基づき，国際，連邦，州および地方の政府機関は，飼育施設に対する権限をもっており，そのため各々の政策，責任および指針について意識しておくことが賢明である．飼育下動物の世話をしている多くの施設が明確な基準をもっている一方で，動物の飼料を扱う供給業者は，多くの場合，そうした規則に縛られていない．肉，魚介類，餌動物，乾草，ペレットおよびエクストルーダ飼料，農産物および缶詰飼料に関する品質管理基準と適切な取扱い作業は，餌を管理するシステムの必要不可欠な要素である．適切な製品規格を設定すること，原産物および市販製品の分析と評価を日常的に行うこと，また特定した問題を追及することは，栄養および給餌プログラムの質を保証するために有効となる．

補遺 10.1

米国における動物用食品の加工と取扱いに関する行政監視

多くの米国行政機関が食品の安全を規制している．連邦行政レベルの主要機関は，保健社会福祉省（Department of Health and Human Services'：DHHS）の食品医薬品局（Food and Drug Administration：FDA），米国農務省（U.S. Department of Agriculture's：USDA）の食品安全検査局（Food Safety and Inspection Servic：FSIS）と動植物検疫局（Animal and Plant Health Inspection Service：APHIS），および環境保護庁（Environmental Protection Agency：EPA）である．

米国保健社会福祉省

保健社会福祉省（DHHS）の食品医薬品局（FDA）は州際通商における国産および輸入食品全ての安全を監督しており，殻付き卵（ただし精肉と鶏肉は除く），ミネラルウォータおよびアルコール 7% 以下の飲用ワインなどの品目が含まれる．FDA は，肉および鶏肉を除く，国産および輸入食品を管理する食品安全法を，以下のようにして執行している．

- 食品生産施設と食品倉庫を検査すること，また物理的，化学的および微生物学的汚染を調べるためにサンプルを採取し，分析すること．
- 販売前に食品添加物と着色添加物の安全性を評価すること．
- 動物薬を投与される動物の安全および動物からつくられた食品を摂取する人間の安全のために動物薬を評価すること．
- 模範となる規約，法令，指針および解説を整備すること，またレストランや食料品店のような小売食品組織と同様に，乳および甲殻類の規制の点でも，州と協働してこれらを実行すること．
・良好な食品製造作業，および工場の衛生や包装の要件，HACCP プログラムのようなその他の生産基準を制定すること．
・特定の輸入食品の安全を確実にするために外国政府と協働すること．
・製造業者に対して安全でない食品の回収および回収の監視を求めること．
・適切に実行すること．

動物用食品の安全に特に貢献し，また動物用食品を管理する権限をもつ FDA 内の２つのセンターは，動物用医薬品センター（Center for Veterinary Medicine：CVM）および食品安全応用栄養センター（Center for Food Safety and Nutrition：CFSAN）である．CVM は食品添加物および動物に与えられる薬品の製造および配送を規制する．CFSAN は猟獣肉の検査とその実行，また州際通商で販売および配送される国産と輸入食品の全て（ただし精肉と鶏肉は除く）の工場内の検査に対して責任を負っている．

米国農務省

米国農務省（USDA）の食品安全検査局（FSIS）は，国産および輸入精肉，鶏肉とそれらの関連製品，また加工卵（一般に，液卵，凍結卵あるいは乾燥低温殺菌加工卵）を監督する．FSIS は，国産および輸入精肉と家禽生産食品類を管理している食品安全法を，以下のようにして執行している機関である．
・屠殺前後の食用動物の疾病に関する検査をすること．
・精肉と鶏肉の屠殺および加工工場の検査をすること．
・米国農務省農産物市場サービス公社とともに，加工卵の監視と検査をすること．
・微生物学的および化学的汚染，また感染性および毒性因子を検査するために食品サンプルを採取し分析すること．
・精肉および家禽生産食品類の調理と包装，熱加工およびその他の加工，また工場の全体的衛生管理において用いる食品添加物とその他の材料に関する生産基準を策定すること．
・米国に向けて精肉および家禽生産食品類を輸出する加工工場が米国の基準に適合するかを確認すること．
・危険な製品の自発的商品回収を精肉および家禽生産食品類の加工業者に求めること．

米国農務省（USDA）の動植物検疫局（APHIS）は，動物の健康問題および外来生物（これらの多くは潜在的に食品安全の脅威となる）を検出し，排除するための検疫活動を米国内で広く実施している．APHIS は，動物飼育施設の検査を含む動物福祉法の執行もしている．その法的な裁量のもと，APHIS は食品の取扱い，保存および給餌の検査も行う．

米国商務省

米国商務省海洋大気庁の海洋漁業局（National Marine Fisheries Service：NMFS）は，魚および海産物を監督している．出来高払い制海産物検査プログラムを通して，漁船，海産物加工工場，および連邦衛生基準に関する小売施設の検査と認証を行う．

米国環境保護庁

米国環境保護庁（EPA）は，安全な飲用水基準の策定，毒性物質の規制および廃棄物が環境中および食物連鎖中に入ることを防ぐための規制，新たな農薬の安全性の判断，食品中の農薬残留に関する許容レベルの設定，農薬の安全な使用法の公表，卵と精肉および家禽生産食品類処理施設の衛生管理，また洗剤，抗菌剤および清浄剤の表示に関する規制を行っている．

その他の米国機関

疾病対策予防センター（Centers for Disease Control and Prevention：CDC）および国立衛生研究所（National Institutes of Health：NIH），米国農務省（USDA）の農業研究局（Agricultural Research Service：ARS），研究教育普及局（Cooperative State Research, Education, and Extension Service：CSREES），農産物市場サービス公社（Agricultural Marketing Service：AMS），経済調査局（Economic Research Service：ERS），米国穀物検査局（Grain Inspection, Packers and Stockyard Administration：GIPSA），および米国コーデックス事務局など，多くの連邦機関および官庁が，各範囲内で研究，教育，予防，監視，基準設定およびアウトブレイク（発生）対応活動の食品安全に関する任務を負っている．

州政府および地方政府

州政府および地方政府は，それぞれの管轄内で全ての食品の監督をする．州政府および地方政府は FDA やその他の連邦機関と協力して，州内に広がる魚，海産物，乳および農産物の食品安全基準を管理する．州政府および地方政府は，その管轄内でレストラン，食料品店あるいは小売食品施設だけでなく，酪農家と牛乳加工工場，穀物製粉機および食品製造業者の検査をする．州および地方機関は州内で生産および輸送される危険な食品の通商を禁止できる．

協　会

米国飼料検査協会（Association of American Feed Control Officials：AAFCO）は民間の非政府協会で，政府，

学界および産業界から選ばれたメンバーで構成されている．AAFCOは，基準の整備と実行だけでなく，飼料原料の定義に関する問題を話し合う評議会を設ける．協会は，連邦および州の規制機関へ指針と提言を提供する．さらに，AAFCO会議抄録，協会委員の名簿，飼料に関する用語と原材料の定義，研究所の連絡先，サンプルの形態および模範となる法案（例えば，AAFCOは州が自身の法律として採用可能な模範となる飼料法案を作成している）を出版している．AAFCOの出版物は毎年改訂されており，英語およびスペイン語で読める（Association of American Feed Control Officials, Incorporated. 2006. Official Publication. ISBN 1-878341-17-0）．

文　献

Allen, M. E., Ullrey, D. E., and Edwards, M. S. 1999. The development of raw meat-based carnivore diets. In *Proceedings*, 317–19. Atlanta: American Association of Zoo Veterinarians.

AMA (American Medical Association). 2002. Policy H-440.895. Antimicrobial use and resistance. www.ama-assn.org (accessed April 10, 2008).

Association of American Feed Control Officials, Inc. 2006. *Official publication.* ISBN 1-878341-17-0. Oxford, IN: Association of American Feed Control Officials.

Bernard, J. B., and Dempsey, J. L. 1999. Quality control of feedstuffs: Nutrient analyses. AZA Nutrition Advisory Group handbook fact sheet 010. www.nagonline.net.

Beuchat, L. R., and Ryu, J. 1997. Produce handling and processing practices. *Emerg. Infect. Dis.*, vol. 3. http://www.cdc.gov/ncidod/eid/v013n04/beuchat.htm (accessed April 10, 2008).

Collins, M. 1999. Reducing the risk of rain-damaged hay. In *Proceedings of Purdue Forage Day*, 1–4. West Lafayette, IN: Purdue University.

Crissey, S. D. 1998. *Handling fish fed to fish-eating animals: A manual of standard operating procedures.* Beltsville, MD: U.S. Department of Agriculture, Agricultural Research Service, National Agricultural Library.

Crissey, S. D., Allen, M. E., and Baer, D. J. 1987. Food handling and commissary procedures. In *Proceedings of the 6th and 7th Dr. Scholl Conference on the Nutrition of Captive Wild Animals*, ed. T. P. Meehan and M. E. Allen, 119–23. Chicago: Lincoln Park Zoological Society.

Crissey, S. D., Shumway, P., and Spencer, S. B. 2001. *Handling frozen/thawed meat and prey items fed to captive exotic animals: A manual of standard operating procedures.* Beltsville, MD: U.S. Department of Agriculture, Agriculture Research Service, National Agricultural Library.

Crissey, S. D., Slifka, K. A., Jacobsen, K. L., Shumway, P. J., Mathews, R., and Harper, E. J. 2001. Irradiation of diets fed to captive exotic felids: Microbial destruction, consumption and fecal consistency. *J. Zoo Wildl. Med.* 32:324–28.

D'Mello, J. P. F., and Macdonald, A. M. C. 1998. Fungal toxins as disease elicitors. In *Environmental Toxicology: Current Developments*. ed. J. Rose, 253–289. Amsterdam: Gordon and Breach Science Publishers.

Elliot, I. 2004. European dioxin scare affects five countries (feed contamination). *Feedstuffs* 76:5.

FAO (Food and Agriculture Organization, United Nations). 2002. A mechanism for the exchange of official information on food safety, animal, and plant health. In *Pan-European Conference on Food Safety and Quality*, 25–28. www.fao.org/DOCREP/MEETING/004/Y608OE.htm (accessed November 9, 2006).

FDA (U.S. Food and Drug Administration). 2001. Irradiation of animal feed. www.fda.gov/cvm/May_Jun01.htm#2404 (accessed April 10, 2008).

FDA CFSAN (Center for Food Safety and Nutrition). 1998. Guidance for industry: Guide to minimize microbial food safety hazards for fresh fruits and vegetables. http://www.fda.gov/Food/GuidanceComplianceRegulatoryInformation/GuidanceDocuments/ProduceandPlantProducts/ucm064574.htm (accessed April 10, 2008).

———. 2004. Produce safety from production to consumption: 2004 action plan to minimize foodborne illness associated with fresh produce consumption. http://www.fda.gov/Food/FoodSafety/Product-SpecificInformation/FruitsVegetablesJuices/FDAProduceSafetyActivities/ProduceSafetyActionPlan/ucm129487.htm (accessed April 10, 2008).

———. 2006. Draft guidance for fresh-cut fruits and vegetables. www.cfsan.fda.gov/guidance.html (accessed April 10, 2008).

FDA Center for Veterinary Medicine. 2004. Manufacture and labeling raw meat foods for companion and captive noncompanion carnivores and omnivores. Guidance for industry no. 122. www.fda.gov/cvm/Guidance/Guide122.pdf (accessed February 28, 2006).

Fleming, G. J., and Citino, S. B. 2003. Suspected Vitamin D3 toxicity in a group of black rhinoceros (*Diceros bicornis*). In *Proceedings*, 21–22. Atlanta: American Zoo Veterinarians Association.

Fowler, M. E. 1986. *Zoo and Wild Animal Medicine*. 2nd ed. Philadelphia: W. B. Saunders.

Geraci, J. R. 1978. Nutrition and nutritional disorders. In *Zoo and wild animal medicine*, ed. M. E. Fowler, 568–72. Philadelphia: W. B. Saunders.

Gore, M. A., Brandes, F., Kaup, F. J., Lenzer, R., Mothes, T., and Osman, A. A. 2001. Callitrichid nutrition and food sensitivity. *J. Med. Primatol.* 30:179–84.

Guaguere, E. 1996. Food intolerance in cats with cutaneous manifestations: A review of 17 cases. *Vet. Allergy Clin. Immunol.* 4:90–98.

Hall, E. J., and Batt, R. M. 1991. Delayed introduction of dietary cereal may modulate the development of gluten-sensitive enteropathy in Irish setter dogs. *J. Nutr.* 121:S152–S153.

Hayes, J. R., Wagner, D. D., Carr, L. E., and Joseph, S. W. 2005. Distribution of streptogramin resistant determinants among *Enterococcus faecium* from a poultry production environment of the USA. *J. Antimicrob. Chemother.* 55:123–26.

Holland, C., and Kezar, W. 1990. *The pioneer forage manual.* Des Moines, IA: Pioneer Hi-Bred International.

IDPH (Illinois Department of Public Health). 1993. *Food Service Sanitation Code, including subpart B, section 750.140, 750.240; subpart E, section 750.820; subpart G, section 750.1290, 750.1310.* Springfield, IL: Illinois Department of Public Health.

Lewis, C. E., Bemis, D. A., and Ramsay, E. C. 2002. Positive effects of diet change on shedding of *Salmonella* spp. in the feces of captive felids. *J. Zoo Wildl. Med.* 33:83–84.

Lintzenich, B. A., Slifka, K. A., and Ward, A. M. 2004. Considerations for meat diets fed to zoo animals. In *Proceedings of the 2nd Annual Crissey Zoological Nutrition Symposium*, 9–11. Raleigh: North Carolina State University College of Veterinary Medicine.

MAFF (Ministry of Agriculture, Fisheries, and Food). 1994. Radionuclides in foods. *Food Surveillance Paper No. 43.* London: Her Majesty's Stationery Office.

Marrow, J., Whittington, J., Hoyer, L., and Maddox, C. 2005. *Enterococcus* species: Prevalence and antibiotic resistance characteristics in wild raptors pre- and post-antibiotic treatment. In *Proceedings*, 298–99. Atlanta: American Association of Zoo Veterinarians.

Maslanka, M., Lintzenich, B., Slifka, K., and Schwenk, E. 2003. The good, the bad, and the ugly: Feedstuff evaluation and quality control. In *Proceedings of the American Association of Zoos and Aquariums/Nutrition Advisory Group*, 75. Silver Spring, MD: American Association of Zoos and Aquariums.

Maslanka, M., and Ward, A. 2005. Microbiological and temperature evaluation as part of a comprehensive raw meat quality control program. In *Proceedings of the American Association of Zoos and Aquariums/Nutrition Advisory Group*, 88. Silver Spring, MD: American Association of Zoos and Aquariums.

NRC (National Research Council). 1998. *The use of drugs in food animals: Benefits and risks*. Washington, DC: National Academy Press.

National Restaurant Association Education Foundation, 1985. *Applied foodservice sanitation*. New York: John Wiley and Sons.

Oftedal, O. T., and Boness, D. J. 1983. Considerations in the use of fish as food. In *Proceedings of the 3rd Annual Dr. Scholl Conference on the Nutrition of Captive and Wild Animals*, ed. T. P. Meehan and M. E. Allen, 149–61. Chicago: Lincoln Park Zoological Society.

Quinn, P. J., Carter, M. E., Markey, B., and Carter, G. R., eds. 1994. Enterobacteriaceae. In *Clinical Veterinary Microbiology*, 226–34. London: Wolfe Publication.

Rayburn, E. 2002. Forage Management. In *Proceedings of the Virginia Forage and Grassland Council Meeting*, 5811–14. Morgantown, WV: University Extension Service.

Schmidt, D. A., Travis, D. A., and Williams, J. J. 2006. Guidelines for creating food safety HACCP programs in zoos and aquaria. *Zoo Biol.* 25:125–36.

Schroeder, C., Osman, A. A., Roggenbuck, D., and Mothes, T. 1999. IgA-Gliadin antibodies, IgA-containing circulating immune complexes and IGA glomerular deposits in wasting marmoset syndrome. *Nephrol. Dial. Transplant.* 14:1875–80.

Shinaburger, A. 1992. *Family living topics, spotlight on refrigerator storage*. West Lafayette, IN: Purdue University Cooperative Extension Service, HE 424.

Stoskopf, M. K. 1986. Feeding piscivorous birds, a review. In *Proceedings*, 69–87. Atlanta: American Association of ZooVeterinarians.

Strohmeyer, R. A., Morley, P. S., Hyatt, D. R., Dargatz, D. D., Scorza, A. V., and Lappin, M. R. 2006. Evaluation of bacterial and protozoal contamination of commercially available raw meat diets for dogs. *J. Am. Vet. Med. Assoc.* 228:537–42.

Ullrey, D. E. 1997. Hay quality evaluation. *AZA Nutrition Advisory Group Handbook Fact Sheet 001*. www.nagonline.net.

USDA (U.S. Department of Agriculture). 1997. Title 21, Code of Federal Regulations, FDA requirements for establishment registration, thermal process filing, and good manufacturing practice for low-acid canned foods and acidified foods, parts 108, 113, 114. Washington, DC: Center for Food Safety and Applied Nutrition (accessed February 27, 2006).

———. 1998. Title 21, Code of Federal Regulations, Food Labeling, Part 101. Washington, DC: FDA Department of Health and Human Services (revised as of April 1, 2008).

———. 1999a. Policy no. 25. Washington, DC: Animal and Plant Health Inspection Service. http://www.aphis.usda.gov/ac/Policy25.html

———. 1999b. Title 9 Code of Federal Regulations, Animals and Animal Products, Part 3—Standards. Washington, DC: Animal and Plant Health Inspection Service.

U.S. Navy. 1965. Section IV: Inspection of subsistence items, article no. 1–37, Inspection of fish and shellfish; Section V: Storage and care of subsistence items, article no. 1–47, Fresh and frozen subsistence items; Section VI: Sanitary precautions to be observed when preparing and servicing food, article no. 1–56, Preparing and serving. In *Manual of naval preventive medicine*. Bethesda, MD: Naval Medical Department.

van Barneveld, R. J. 1999. Physical and chemical contaminants in grains used in livestock feed. *Aust. J. Agric. Res.* 50:807–23.

Venter, E. H., vanVuuren, M., Carstens, J., van der Walt, M. L., Nieuwoudt, B., Steyn, H., and Kriek, N. P. J. 2003. A molecular epidemiologic investigation of *Salmonella* from a meat source to the feces of captive cheetah (*Acinonyx jubatus*). *J. Zoo Wildl. Med.* 34:76–81.

Ward, C. 2001. *Blister beetles in alfalfa*. Circular 536. Las Cruces, NM: College of Agriculture and Home Economics, New Mexico State University.

White, D. G., Zhao, S., Sudler, R., Ayers, S., Friedman, S., Chen, S., McDermott, P. F., McDermott, S., Wagner, D. D., and Meng, J. 2001. The isolation of antibiotic-resistant *Salmonella* from retail ground meats. *New Engl. J. Med.* 345:1147–54.

Wills, J. M. 1992. Diagnosing and managing food sensitivity in cats. *Vet. Med.* 87:884–92.

ジャイアントパンダのペア，スミソニアン国立動物園（ワシントン D.C.）．
写真：Jessie Cohen（スミソニアン国立動物園）．複製許可を得て掲載．

第4部

展　示

イントロダクション

Devra G. Kleiman

訳：楠田哲士

動物園の展示は，“切手のコレクション”のような昔のメナジェリーを脱却した．創造的な展示デザインを通して，今や動物園は来園者に生物学，生態学，そして私たちの惑星の生物多様性に対する重大な脅威について伝えようと努力している．積極的にしろ能動的にしろ，動物園に来園した後は全く別の感情，信念，視野をもって帰ってくれることを私たちは知っている．そして考え方だけでなく行動をも変えようとさせることが私たちの責任でもある．第4部では，展示デザインへの近代的なアプローチを，哲学的かつ実用的に解説し，そして動物園の展示の未来を垣間見せよう．今，動物園の教育プログラムは新しい展示の発展に非常に重要な役割を果たしていることも強調しておく．多くの章では，展示デザインの技術的側面における非常に実践的なアドバイスを，哲学的な面や費用的な面と併せて考えている．

Hancocks（第11章）は，動物園展示の歴史から説明を始めている．そして，ランドスケープイマージョン構想の最近の発展の重要性と，その自然の要素を再現することの目的と，野生下で動物を発見するという経験を来園者にもたらすことの目的について述べている．動物をその本来の状態で展示することによって，動物園は動物とその生態系の相互依存の関係についてのメッセージ性を強めることができる．動物園は環境的に持続可能である必要があり，そして動物園のショップ，教育プログラム，展示，レストランの全てが1つの統一的なメッセージを有し，全体が1つに結びついていることを，その動物園のプログラム，活動，展示から来園者が感じられるようにする必要がある．Hancooks はこの章を，「動物園で動物を展示するためのルール」と「動物園展示設計の理念」という項で締めくくっている．

Routman, Ogden, and Winsten（第12章）は，動物園の来園者教育プログラムの近年の進化を紹介している．この進化は，動物園・水族館が市民の価値観や行動を形成する機会でもあり責任でもあるという認識の発展によるものである．今や教育は，動物園の保全戦略に必須の要素となっている．大人と子供の考え方や行動にどのように変化が現れてくるのかを調査する研究が，多数の施設が関わって初めて行われ，詳しく調べられているところである．その目標は，来園者を地球のよりよい管理人にすることだ．

Veasey and Hammer（第13章）は混合展示のコストと利点について述べている．混合展示の動物たちは活動的になることが多いため，その利点として，エンリッチメント，資源のより有効な利用，来園者への利益をあげている．しかし，それぞれの動物が望ましくない行動（例：攻撃行動）を見せる可能性があること，動物によってはこのような状況下で過度のストレスがかかるかもしれないこと，そして異なる栄養要求量の種を一緒に管理することは1種だけを展示するよりも難しくなること，といったリスクが考えられる．Veasey and Hammer は混合展示を行うためのガイドラインを示し，その展示を成功させるために分類，性別，繁殖生理状態，年齢，身体サイズの影響について説明している．

Rosenthal and Xanten（第 14 章）は，新しい展示を設計する時には，基本的な構造上の課題について，諸設備，床，囲い，壁，ドア，天井も含めて考慮すべきであることを説明している．十分な非公開スペースと，各個体を隔離したり，飼育場の間で動物を移動させたりするために柔軟に対応できる施設が必要である．さらに，安全性と機能性において，キーパーエリアに適切な配置と広さが求められることも強調している．

Cipreste, Schetini de Azevedo, and Young（第 15 章）は，動物園におけるエンリッチメントプログラムを確立するためのガイドラインを出している．それには，チームづくり，優先度の設定（どのくらいの数の種か，どのくらいの個体数か），予算組み，そしてエンリッチメントの試みに効果があるかどうかの検証を確実に行うこと，といった内容が含まれる．エンリッチメントを動物園の運営計画に不可欠な要素とすることや，新しく改修される全ての展示にはエンリッチメントが組み込まれるようにすることが必要であると述べている．

Joseph and Antrim（第 16 章）は，海生哺乳類の展示を設計する場合に配慮が必要な特別な論点に着目している．展示の中で海生哺乳類を管理するうえで最も重要なことは，本来の行動を維持させること，適切な栄養を与えること，そして適切に医学的管理を行うことである．海生哺乳類は，驚くほどにその飼育環境を汚すため，水質の維持が大きな課題となる．Joseph and Antrim は飼育水の取扱いと処理システムのタイプ，そして水の pH，塩分濃度，大腸菌群などを検査することの重要性について説明している．海生哺乳類の飼育環境を適切にデザインし建設するには，その種の自然史や本来の行動に着目する必要がある．その本来の行動のほとんど（全てではないにしても）を発現できるようにする必要がある．

近年，動物園の展示の内外で植物を利用する機会が非常に増えているが，結果的には，あまりにも多くの場合で，理論的な生態系のメッセージを無視したような，植物と動物をでたらめに混ぜたものである．Moore and Peterkin（第 17 章）は，新しい展示（特に自然の生息地を再現しようとする展示）の発展において，動物園の園芸師の重要性を述べている．そして，委託業者との応対，種の選択，そして建設中の自生植物の保護に関する基本的なアドバイスをしている．植物の選択は動物種を選択するのと同じくらい重要であること，そして植物の実際の収集は動物の輸送と同じくらい複雑であることを述べている．Moore and Peterkin は，動物園の園芸師は動物園の教育プログラムにおいて，そして特に持続可能な世界にむけての動物園の組織的な責任（例：水や堆肥の効率的な利用）を表明することにおいて，指導的役割を果たすことができると指摘している．

第 4 部の最後の章（第 18 章）では，Coe and Dylstra はここまでの章の多くを要約し，総合的に考えているだけでなく，彼らが信じる動物園と動物園展示の将来の方向性についても紹介している．本章では，飼育管理，動物の健康，教育，そしてエンターテインメントに関する論点を体系的に述べている．展示における新しい動向としては，文化的な面を含むイマージョン展示，より多くのエンリッチメントと選択肢を動物に与える展示，ローテーション展示，情報提供にミニシアターを利用したり物語を基にしたりした展示，バックヤードツアー，ナイトサファリがあげられる．最後に，彼らは環境的に持続可能な“緑の”展示という新しい動向についても述べている．

11
動物園展示の歴史と理念

David Hancocks

訳：伊東員義

はじめに

野生動物を収集し，動物園の小さな施設で飼育し，公に展示するという考えは，人類の歴史を通してそれほど普通のことではなく，また今，現代の都市を代表とする 1 つとして動物園がその地位を確立しているとしても，実に向こう見ずで大それたこととして見られるかもしれない．私達の特異な性向と関連したどこにでもある，よく考えもしない容認は，その成功の広がりについての重要な分析を妨げる．動物園展示に関して，2 つの明快な基準がある．それは，動物園展示が動物の生物学的な要求（動物の心理的，生理的，行動的，社会的，感情的なニーズと不足）に合っている度合いであり，そしてもう 1 つは，その動物園展示が野生動物へのさらなる関心と思いやりをもつように来園者を鼓舞し夢中にさせる度合いである．これらの基準について客観的に調査されることは滅多にない．さらに，現代における動物園のマーケティングが進展しているにもかかわらず，動物園展示は全てではないにしろ大半において失敗している．インドネシアのタマンサファリでのホッキョクグマの展示（図 11-1）は，典型的な例の 1 つである．そのホッキョクグマは，自然の生息地でのホッキョクグマ（図 11-2）のもつ力強さや威厳を見てとることのできる驚きとは対照的に荒涼で不毛である．

この特異な慣行の由来には，深い起源がある．初めて定住したヒトの共同体ができたのとほぼ同じ頃から，野生動物（特に大きくて珍しい動物）の所有は重要な威厳の象徴であった．社会的区別の印として，そして，私達が他の動物に対して抱いている，明らかに生来的な強い興味の例証としてである．最初の動物園は 4300 年前，イラク南部のウル市に出現した．これはメソポタミア南部に世界で最初の農耕社会が誕生してからわずか 1000 年後のことである．それ以来，動物園はあらゆる先進社会で展開し，その成長と減退は世紀を越えて文明の膨張と崩壊をたどってきた．

並外れた富を手にしたエジプトのファラオは，王の地位と国家威信の象徴として数千頭にも及ぶ様々な野生動物を収集し，維持していた．3000 年以上前，中国の古代の初期では，周王朝を建てた武王が，河南省の広大な“知の広場（Park of Knowledge）”の一部で動物に関するコレクションを行っていた．他の王国がアジアに広がるにつれ，宮殿は主として図書館，博物館，植物園，そして動物園のような施設を含む既知の世界での経験を保管する場所としての役目を果たしていた．古代ギリシャでも，好奇心や見世物として動物や植物のコレクションが形成された．24 世紀前には，ほとんどのギリシャの都市国家は動物園を保持し，そこへの参観は若い学者のための教育の一環であった（Fisher 1966，Kisling 2001）．

古代ローマでは，裕福なエリートが世界で初めての私立動物園をつくった．しかし，ローマ帝国はこのような施設を認めず，私立の図書館，豪華な庭園そして動物園は徐々に消滅し，ほとんどはヨーロッパの歴史におけるこの後の 1000 年の間消失していた．ただシャルルマーニュの例外があり，カール大帝は 8 世紀に 3 つの王立動物園を保持していた．他のヨーロッパの王家もしくは政府はこのような複雑な施設を支える十分な富もしくは都市人口がなかっ

図 11-1　インドネシアのタマンサファリは自身を“自然への真の窓”と宣伝している．この動物園がホッキョクグマに与えている環境は，世界の多くの動物園でのクマの展示そのものである．（写真：Rob Laidlaw，許可を得て掲載）

た．シャルルマーニの動物のほとんどは，バグダッドのカリフやカイロの君主からの贈り物だったことは注目に値する．ヨーロッパで約 1000 年間続いた暗黒時代には，学問的あるいは芸術的な活動がキリスト教の懲罰的な非難によって制限されたが，この時代に失われた，あるいは抑圧されたものの多くは，イスラム文化では問題がなかった．アラブの学者は古代ギリシャの活動を広げ，キリスト教のように宗教正統制の狭い範囲に次第に抑制されるまで，王子の後援のもと盛んになっていた動物や植物の飛地（エンクレーブ）で自然界の不思議を探究した．

安定性の向上や段階的な再都市化，そして識字能力や学問の高まりとともに，ヨーロッパにおいて動物園が王権の象徴として再び現れたのは，中世後期になってからである．ナポリ大学の創始者である，13 世紀の神聖ローマ帝国のフリードリヒ 2 世は，パラモにある宮殿にヨーロッパで広範な動物を収集したが，それはその数百年で初めてのことであった（Fisher 1966）．しかし当時，世界の他の地域には注目に値する大きな動物園があった．マルコ・ポーロは，13 世紀のカンバルク（現在の北京）のフビライ・カーンの宮殿において膨大な数の野生動物が展示されていたと記録している．そして，中国人船員の Zheng He は，15 世紀にキリンとシマウマをアフリカから明の皇帝動物園（Ming Imperial Zoo）に運んでいる．ヘルナンド・コルテス（スペイン，1485 ～ 1547．メキシコのアズテック帝国を滅ぼし，メキシコを征服した）は 1519 年に，テノチティトラン（現在のメキシコシティ）でモンテスマ 2 世の驚くほど多大な動物コレクションを見た．コルテスがそれを焼き払う前は，この動物園には 600 人の飼育スタッフと，病気になった動物の世話をする看護スタッフチームが存在した．儀式的な虐殺に基づき血に染まっていた社会において，これは驚くほど質の高い管理である（Loisel 1912，Schjeldahl 2004）．400 年前，偉大なアクバル大帝として知られるインドのムガール皇帝のジャラールッディーン・ムハンマドは，インドの様々な都市に動物園をつくった．彼の前進的な宮殿は芸術，文学，学問の中心であり，彼の動物園は彼の寛大さと思いやりを表してい

図 11-2 比較として，野生のホッキョクグマ.（写真：Lynn Rogers，許可を得て掲載）

た．これらの動物園は一般に公開され，それぞれの入り口にメッセージを掲げた．「われわれの仲間に会いましょう．彼らを心に刻み，敬いましょう」．これは，そのような心情が他の場所で支持を得るはるか前のことである．

ヨーロッパでのルネッサンスは，商業の発展や植民地化の波に乗った．それは新しい考え方や見方をもたらし，芸術や科学に対する興味を一新させた．これらの変化の1つの反映として，私立動物園や庭園が流行したことである．16 世紀後半までに，多くの裕福な王家や商人が鳥類飼育場やメナジェリーを所有し，動物コレクションを熱狂的に競った．この時代までは，動物園展示は主に動物を閉じ込める道具として設計されており，効果的に囲うことが最も重要視されていた．しかし，この当時，デザインの気品にも注目が集まり，規則的な左右対称のフランス式が動物園計画において最も有力な様式になった．その時代の最も流行したメナジェリーは，1600 年代後半，ベルサイユでルイ 14 世によってつくられたもので，フランスの学究的なやり方の典型であった．その放射形対称と数学的に正確な装飾は意識的に乱雑さや自然の混沌を拒絶した．それは人類の優越，特に貴族支配を明確にしていた（Hancocks 1971，Robbins 2002）．ウィーン郊外にあるシェーンブルン動物園は，この様式を残す例として最も良く知られている．1752 年に女帝マリアテレジアのために設計され，ベルサイユと同様にその主な目的は，野生の滑稽さあるいは野蛮な魅力と対照的に，宮殿の優雅さの純化を強調することだった．

歴史の中で動物園は，伝統的に社会のエリートのためのものとしてつくられてきた．しかし，あらゆる階層の人々が野生動物に魅了され，遠方から急に流入した風変りな生き物を興行師が見せ始め，18 世紀には，西ヨーロッパで移動メナジェリーが現れ始めた．多くの興行主は，各地を回り一風変わった野生動物を好奇心の旺盛な人々に見せることで生計を立てていた．1708 年の英国で，Gilbert Pidcock は相当な規模をコレクションし，地方回りをした最初の者であろう．18 世紀末までに，Pidcock（おそらく Gilbert の子孫）は初めて冬季も動物を飼育し，ついにはロンドンにある，不思議にも Exeter 'Change と名づけられた婦人帽製造業者や反物業者の商業ビルで 1 年を通して野生動物を展示するメナジェリーを開設した（Hancocks 1971）．ライオンやトラ，様々な霊長類，さらにはゾウが，やっと体を回すことができるほどの小さな檻の中で展示されていた．現代ならその状況は来園した者をぞっとさせるであろうが，当時，その展示は教育的だとみられていた．詩人のワーズワースやバイロン，彫刻家のエドウィン・ランドシーアはそこを訪れ，着想の源とした．それは時代のニーズに合っていた．人々は野生動物がどんなものなのかを知ることに大変な興味を示した．時代とともに様々な興行師によって管理されたが，1829 年，王立メナジェリーとして知られ始めていたこのメナジェリー（Exeter 'Change）は取り壊され，閉鎖となった（Weinreb and Hibbert 1993）．しかしこのちょうど 1 年前，ロンドン動物学協会はリージェント・パークに動物園を開園した．これはおそらく，現代の動物園の歴史において最も重要な瞬間と考えられた．

約 2 世紀以上にわたり英国での社会，理論，経済変化の包括的な進展と調和は，現代の動物園コンセプトの出現をもたらした．当時，豊かな中流階級は自然史に対して熱烈な興味をもっていた．例えば科学研究の価値についての鋭い認識，動物管理に対する関心の拡大，野生や遠方への感情やイギリス帝国の発展に伴った冒険への強い興味，健全な思考，屋外での家族との娯楽，そして前進的で文明化した社会の指標として教育や啓発についての敬虔な信念である（Hancocks 2001）．世界の主要な大都市において，新しく展開した分類学の体系に基づいて計画されたコレクションのレイアウトをもつ広く魅力的な庭園など，新たな流行の取り組みが広まり，ロンドン動物園はすぐに前進的で粋で，高く認められた場所としての構築を行った．入園料を支払った会員のみが入場でき，来園者は華美な装飾品に身を包み，仲間の会員と一緒に奇異な生き物の間を歩き楽しんだ．ロンドン動物園は，初めて科学的な理念に基づいて分類学的な取り組みをし始め，これに基づいて 1849 年，爬虫類館，続いて 1853 年に最初の水族館を，1881 年には最初の昆虫館を導入した（Guillery 1993）．"Zoo（動物園）"という名称で初めて呼ばれ，何よりも世界中の動物園に多大な影響を与え続けたが，一方でこのことは，この間ずっと展示水準のレベル低下をもたらし，20 世紀後半に特に挫折感を引き起こすことになった．

早い段階で大きく成功したロンドン動物園は，他の施設に刺激を与えた．まず 1830 年代～ 1850 年代にかけて，熱狂的に，時に莫大な資金投資によって，英国の地方都市や，植民地をもつ西ヨーロッパの国家の港町に多くの新しい動物園がつくられた．19 世紀後半，動物園建設の波は他のヨーロッパへも広がり，ドイツ語圏では活発な動きと熱い競争が起こり，55 年間で 17 もの主要動物園が設立された．世界の名立たる都市にとって，動物園をもつことが必要不可欠なこととなり，1872 年のオーストラリアのメルボルンに始まり，次にフィラデルフィアそしてそれは米国の中西部の都市，さらにカルカッタ，東京，カイロ，プレトリアと続いた．19 世紀の動物園建設の大きな波は，1899 年 11 月，ニューヨークにブロンクス動物園が開園しその絶頂期を迎えた．

19 世紀，動物園はこの間ずっと発展を続けたにもかかわらず，野生動物や生息地についての情報をほとんど得ようとしなかった．それゆえ，動物園の展示デザインへの主な基となったものは建築学の手本帳か，異国情緒あふれる神話など片寄った情報であった．宗教的な建物の複製は当たり前のことであった．ケルン動物園のダチョウ舎は，ヒンドゥー教の祈りの場所に似ていた．エジプトやギリシャの神殿のような建物が新しい動物園に取り入れられ，このことが高く認められた．ムーア式のバードハウス，イスラム寺院の光塔のあるアンテロープ舎，東洋の宮殿風のサル舎，ビルマの寺院風の贅をつくしたゾウ舎がベルリン動物園の園内を彩った．これは，特に，建築家の Ende と Bockmann の 2 人が，大きな権威と絶大な信頼を得て，力と社会的な地位を示す極めて壮大な展示建物をつくったことによる．デザイナーもまた非現実的なロマンチシズムで想像力を逞しくし，動物園の建物に空想的な城，素朴な山小屋，アルプスのシャレー風の家，ルネッサンスパビリオン，風変わりな遺跡などを複製し取り入れた（Hancocks 1971, 1996）．デザイナーは数々の新しい展示を産み出したが，動物については公然陳列として収容することだけに終始し，新しい展示は動物福祉の観点から言えば，かつてのメナジェリーの時代から全く改善されていなかった．この問題は，多くの現代の動物園においてさえも今なお多く存在している（第 2 章参照）．

19 世紀の非現実的で飾り立てられた多くの展示建築物の後，主にヨーロッパのいくつかの園で，現代的思考の大胆ですっきりしたスタイルが試みられた．Fritz Schlegels によって設計され，1928 年に公開されたコペンハーゲン動物園の類人猿舎がおそらく最も早い例であろう．G. F. van Laarhoven は，大きな特徴をもつより機能的で自然のままのデザインを取り入れ，1960 年代にアムステルダム動物園のために現代的で抽象的なサル島を設計した．Hugh Casson 卿が 1965 年に設計した，驚くほど表現主義なロンドン動物園のゾウ舎は，設計の世界に大きな影響を与えたが，ゾウを飼育するには決して適していなかった．動物園展示は建築に異常なお金をかけ，人気を気にした独特でかつ記憶に残る形をした万博パビリオンのような問題に近づく傾向がある．Norman Foster 卿が 2003 年に設計したコペンハーゲン動物園のゾウ舎は，住んでいるゾウよりも訪れた建築評論家を満足させることを目的としている注目すべき顕著な例である．

動物園の現代的思想として最も有名であるだけでなく，最も数が多いのが Berthold Lubetkin の仕事である．彼はデザイン会社Tectonの社長で，1930年代に英国のダドリー，ロンドン，ホイップスネイド動物園でのプロジェクトの設計に多く関わった（Hancocks 1971，Allan 2002）．Tectonの仕事は巧みな表現により，渦巻くコンクリートの平面を使った形のうえでは簡潔で優雅なものであった．これらは英国の国際的な現代的思想の早咲きの例で，形式上は急進的な構造物であったが，動物の要求に関しては前進的ではなかった．Lubetkinの娘であるLouise Kehoeは，ロンドン動物園のペンギンプールの統制されている世界を，デザイナーが自然の見る方法に例え，「彼は，完璧な人工対称と…動物は不安定で知的なものではないとの対比を好んだ．ペンギンは，自然を制御する人間の能力を示す道具にすぎない（Walter 1996, 9）」としている．Kehoeの分析は，動物園展示デザインの歴史において不幸にも平凡だった動物園展示デザインの側面に光を当てている．伝統的な建築家はLubetkinの仕事を敬愛し，改築を懇願しているが，私たちは野生動物が二度とそれらのデザインのどれにも耐えなくてよいことを希望せざるを得ない．口先だけで「形は機能に従う」という見解を述べる建築家に大変愛された，不毛で質素な建物は，決して人間や動物に適することはなかった．

しかし多くの動物園は，急進的や理論的なものから距離を置くことが多い．動物園の歴史を振り返ってみると，動物園は主に珍しい個体の幅広いコレクションもしくは意図的に壮大な建物によって互いに競争することでその活力を拡大しようとしてきた．しかし20世紀に，動物園デザインにおける2つの価値ある新しい方向性が生まれた．1つは20世紀の最初の10年にドイツのハンブルグで，もう1つは1970年代のワシントン州のシアトルで，この10年間は少し早い世紀末の成果として次第に認識された（Wheen 2004）．面白いことに，これらは2つとも自然主義と障壁の設計処理を枢軸の上に置いている．

Carl Hagenbeckが1907年にハンブルグで開いた動物公園は，自然を模倣した展示景観，檻のない放飼場，異なる種からなる地域群を初めて兼わ備えていた（Reichenbach 1996）．アフリカと北極のパノラマからなり，展示はこれまでに試みられたことのないスケールと自然を模倣した壮大さであった．Hagenbeckの壮大なパノラマの秘訣は，印象としての大胆な大きさの他に，隠れ垣を巧みに取り入れ，それを大きく展開した成功にあった．隠れ垣は18世紀の英国の風景造園による仕掛けで，擁壁付き溝によって動物を耕地地外で飼育し，開けた景観を損なうことなく土地の境界を示すのに使われた．彼は「視界を妨げ，飼育下にあることを思い出させる檻を排除することで，動物に最大限の自由を与える」ことを熱望していた（Hagenbeck 1910, 113）．ドライモート（空堀）や隠れ垣が人々と動物を隔てており，動物園展示デザインの歴史の中で最も重要なことは，特に捕食者と獲物を，より巧妙に分けて動物種を飼育したことだ．このように放飼場は劇場の舞台のように扱われ，背後の展示をわずかに高くして，全体の風景をつくり上げている．このような巨大で印象的な展示は，生息地の1つの形として外見上一緒に住んでいるかのような動物の多様性を展示することと，スイスの彫刻家Urs Eggenschwylerによって設計，構築された驚くほど現実的な岩山と相まって，たちまち大きな人気を博した．

Hagenbeckより前には，動物園デザイナーは発想の源として自然を見ることはなかった．動物園建築家は野生の生息地を調査する，あるいは動物の野生の習性を考慮することはとんでもないことではないが，よろしくないとずっと考えてきていた．動物園デザイナーは社会的なエリートからの賞賛を受けることができるような，そして貴族から賞金が得られるような華美で異国風な建物を建設することを好んだ．しかし，Hagenbeckがたどり着いた真のスケールは，無視されることなく，明らかに人々に認められた．しかし，それは保守的な動物園専門家からの支持は得られなかった．ベルリン動物園長であるLudwig Heckは，Hagenbeckの表現スタイルは科学的な分類の取り組みを脅かしたと怒りをもって主張した（Baetens 1995）．ブロンクス動物園のWilliam Hornadayは，人々は動物からあまりに遠く，取り組みは不適当で費用もあまりに高いと不満を漏らし，「物好き」だと軽蔑した（Bridges 1974）．

米国の初期の動物園はヨーロッパの伝統的なデザインを基にしていた．フィラデルフィア動物園は徹底してロンドン動物園の形式に基づいていた．1800年代中ごろのシンシナティは主にドイツの形式に基づいた動物園を計画していた．ブロンクス動物園の初代園長に雇われたWilliam Hornadryは，ヨーロッパへ直ぐ渡航し，15の動物園を調査した（Bridges 1974）．このように，ブロンクス動物園のライオン舎や爬虫類館はロンドン，ゾウ舎はアントワープ，アンテロープ舎はフランクフルトの動物園を基にしていた．ワシントンDCのスミソニアン国立動物園は，はじめは米国の収集展示のために米国西部の丸太と岩の空想的な建物を建てようとしたが，すぐに伝統的な動物園収集展示に移行した．Albert Harrisは新しい展示をつくる契約をした時，ヨーロッパ動物園の調査旅行を行い，帰りの船上でその計画を練った（Ewing 1993，Horowitz 1996）．

Hagenbeckの業績に対するHornadayとHeckによる批判にもかかわらず，いくつかの動物園は彼の様式を模倣しようとした．しかし，彼らは彼の論理をほとんど理解できず，同じような質あるいは規模にすることはできなかった．ロンドン動物園の1914年のマッピンテラス展示は，ハンブルグの大パノラマにおけるHagenbeckの意図を掴み損ねた初期の例である．Hagenbeckの優れた視覚的な演出の創造は，Eggenschwylerの現実主義への対処と同様に，動物園が単に互いのデザインを真似る限り，絶え間のないマンネリズムに陥る．程なく，多くの動物園は擬岩構造による洞穴や崖，島をつくったが，それらは地質学的な配慮を欠いていた．今日，擬岩（人工岩）は生息環境にある姿・形に配慮をしないで，展示のあらゆる様式のなかに偏在し，時に自然構造の美しさや魅力を軽視するような堕落した風刺としても存在する．もし，ある動物園建築家が，緑がオーバーハングした滑らかな垂直壁の発想で特許を取得したら，今頃はプロのバスケットボールチームを所有しているだろう．

もっともらしく写実的な岩はかなりまれである．ツーソンのアリゾナ–ソノラ砂漠博物館の展示例は，まず1960年代はMerv Larsonのもとで，最近は景観建築家のKen Stocktonの指導のもと，より大きな地質学的な再現をしている．あるいは景観建築家のJohn Gwynneが監督したブロンクス動物園の例は，その数少ない例外である．しかし，ある時期，特に米国の動物園では，ヒトを惹きつけ，美的魅力に溢れた擬岩構造のつくり方を理解していた．デンバー動物園で1918年につくられた山岳生息地の展示は，その地方の山岳地帯から壁土の鋳型を取ることで，Eggenschwylerの地質学的な精度のレベルさえも超えた．1921年，セントルイス動物園のクマ舎は，地層と自然な石灰岩断崖の形への注意深い配慮によって生まれた．サンアントニオ動物園では，1920年代にクマとサルの展示をつくり，岩の本物らしさはかなりのレベルである（Hancocks 2001）．

擬岩は現在，多くの動物園デザイナーがほぼ全ての動物園を設計するための選択として好まれている解決法である．擬岩は多くの展示デザインを占めるが，たいてい実物の単なる模倣で，概して非現実的（つぶれた厚紙や流れ出たコンクリートの山のよう）に見え，唐突に地面からきのこのように飛び出ている．ヨーロッパでは，多くの動物園で擬岩をつくる代わりに，個々の岩を積み上げ，本物の岩を使い自然らしさを保証していると賞賛する傾向がある．本物の岩は，特に適度な大きさのものは，動物たちにある利益を与える．本物の岩は，薄い壁で断熱性を欠く擬岩より熱を長く保ち，冷めにくいため，寒いあるいは暑い日に快適である．

20世紀中ごろ，動物園展示デザインにおける広範な変化を導く，ある大変重要な発表がされた．ブロンクス動物園長のWilliam Conwayは，Curator誌に“ウシガエルの展示方法”を発表し（Conway 1968），なぜ展示が動物の形態や個々の種に配慮したものではなく，生息する地域ごとのものに集中するのかと，活力あふれる文で論じた．この文中の課題が，Conwey自身により最も効果的に，ブロンクス動物園のコンゴ展示で実現するまでには何年もかかった．しかし，この論文の前に，最初のバーゼル動物園長その後チューリッヒ動物園長だったHeini Hedigerは2冊の本を出版しており（Hediger 1950, 1955），動物園展示に対する生物学的な取り組みを主張していた．Hedigerは縄張りの概念，危険距離という現象，動物にとっての遊びの重要性，環境の自然要素との相互作用の必要性を説明した．彼は，デザイナーは空間の内容と質に専念するべきだと明言した．しかし彼の考えは浸透しなかった．動物園管理者や動物園デザイナーは，生きた生物にとって不適切な展示を発展させ続けた．樹上性の動物は何も入っていない檻で生活し，穴を掘る動物はコンクリートの床で生活していた．社会性のある動物は単独での飼育に耐え，捕食動物は遠景を否定された．動物は決まった時間に単調な餌を与えられ，自然の植生や，時には自然の天候との接触すらなかった．20世紀の動物園展示はほぼ，典型的な無菌の空間で，野生動物の快適さや福利よりも，ブラシで磨いたり，水洗いしたりする便利さのために設計されていた．

部分的には，これは動物園長やキュレーター（専門職員，学芸員）が，自分たち自身で展示を計画する設計能力の欠如を表したから，あるいは建築家にその業務に頼っていたからである．ほとんどの建築家は建物をつくるのが好きな専門職であり，その多くは何よりも建物がどう見えるかに焦点を絞る傾向にある．彼らはその建造物が住む生き物にどんな効果があるかということに思いを寄せ，先を見通すことは滅多になく，設計した環境の純潔さを汚す生き物を一般的に嫌う．動物園長は，動物園において建築家が最も危険な生き物であるという古い冗談を繰り返すのに数十年費やし，しかし彼らを雇い続けた．設計上の解決策を示すように訓練された建築家は，硬質材料や構築された形の美しさに細心の注意を払う．そのような建築家はたいてい，生きた植物や土壌，自然排水，地形などを野生動物のための空間を利用して設計したりするのに最も適した者ではない．これらはもちろん完全に異なる訓練と目的をもった景観建築家の設計要素である．

景観建築家の仕事と役割にはほとんど秘密はない．英国の造園家であるWilliam Kent，Lancelot “Capability”

Brown，さらにHumphrey Reptonは，17～18世紀に自然への強い空想的な隠喩のもとに優美な景観をつくった（Hoskins 1970）．1958年のFrederick Law Olmstedによるマンハッタンのセントラルパークのデザインは，彼が米国の至る所につくった多くの公園，パークウェイ（公園道路）や近隣地域の公共施設と同様に，都会の生活における景観デザインを賢く応用したことから得られた恩恵だといわれ（Olmsted 1971，Ewing 1996），スミソニアン国立動物園の最初の構想計画にはじめのうち雇われていたが，これは未完で終わった．さらに，景観建築家は1970年代中ごろまで，動物園のデザインに積極的に関わることはなく，その積極的な関わりの始めはシアトルのウッドランドパーク動物園の基本計画を作成するためにJones & Jonesという新会社が雇われた頃である．Jones & Jonesは動物園計画に異なる取り組みを導入した．異なる生息地を再現するために最適の配置となるように，敷地内の太陽の動きと日陰，傾斜と排水，土壌，植生を図で示し，生活空間（life zone）の生態系と比較してこれらを評価する基盤をつくり出した（Jones, Coe, and Paulson 1976）．その基本計画には，他の動物園の仕事を例とするよりも，むしろ自然の景観をガイドとした新展示の設計を含んでいた．実は，筆者が園長として彼らとウッドランドパーク動物園の契約を結んだ時，設計チームは伝統的な国際動物園巡りをすべきでないという意図的な決定を下した．

特に動物の要求が優先に考えられ，その結果動物が望めば視界から隠れられる場所が与えられた．自然植生は互いに影響し合い，景観は複雑で探検したくなるほど十分興味深く，屋内の空間には，快適で変化する照明や，穏やかな防音処理に細心の注意を払った．屋外も，できる限り動物の自然生息地の視覚的雰囲気や質に近くなるように設計されていた．

さらに重要なことは，展示されている動物に出会う前に，来園者を景観に取り込むことを特に明確にすることで，この自然生息地の景観は来園者のいる領域を抱合するように広げられた．生息地の消失が野生動物にとって最大の脅威となるため，来園者に豊かな自然環境の中にいる感覚を生じさせる機会を与え（潜在意識だけでも），来園者が特定の動物と特定の生息地の関係について正しい認識を与えることであった．Grant Jonesはこの取り組みにランドスケープイマージョンという言葉をつくり出した（Hancocks 2001）．この哲学において，人間と動物と景観の間に障壁となる感覚がないことが重要であった．他の動物園の障壁のアイデアをコピーする代わりに，動物園スタッフや設計チームは障壁としての倒木や地滑り，決壊，泥の土手，小川，草で縁取られた池など，自然からの景観例を集めた．このデザインの最も重要な目的は来園者にとって野生動物が棲むような場所を探検しているかのような感覚を再現することにあった．

Jones & Jonesは，例えば，建物を芝生の屋根の下に埋めるなど，人工的な構造物が景観と一体になるような方法を探した．それは建築学的な取り組みと対立するものだった．生息地の天候と大きく異なる気候から動物を収容するために，多くの動物園と同様にウッドランドパーク動物園でも建物が必要だった．動物園がその立地する場所と同じような気候条件の動物を展示する場合，あるいはもっと良いこととして，立地する地域のバイオームの中からの展示をする場合，その動物園は気候をコントロールする大きなシェルターとしての構造物を建てる必要がない．例えばアリゾナ－ソノラ砂漠博物館では，この地域から導入した種は最小限のシェルターでよく，展示に砂漠を取り囲む地形をよく取り入れた．1998年のコヨーテの展示は，建築学的には決して到達できない質と量の空間を動物に与えた（図11-3）．

これほどの質の展示は，単に土地の一区画を柵で囲むだけでは実現できない．この景観を形づくる岩の配置は注意深く考えられ，動物のために遠景を創造し（あらゆる捕食者は高い見晴から獲物を見つける），それによって来園者にも良い景観がつくり出された．展示はあらゆる細部に至るまで野生動物との実際の出会いに等しい経験を創出できるように考えられた．現在，インビジネット（Invisinet）として販売されているとても薄いケーブルの軽い網は，ほとんど目に入らないように大変よく設計されている．専属景観建築スタッフのStocktonは，この設計を考え，試すのにかなりの創意と時間を要した．競争による契約下で働くコンサルタントデザイナーでは，これはなしえないことであり，スタッフに優秀なデザイナーがいることによる良い例である．

1970年代にウッドランドパーク動物園に導入されたランドスケープイマージョンという概念は，初めのうちは，他の多くの動物園，特に手入れのされていないような様子を激しく嫌った動物園の専門家から，主に冷淡な反応を受けた．当時，サンディエゴ動物園には受け入れられていた規範があり，すなわち飼育担当者は義務的に蹝を剃り，展示場の草も刈ることを命じられていた．多くの動物園長やキュレーターは，来園者のための領域に景観をつくることは支出するだけで無駄であり，展示を野生のように見せる努力は動物を見難くするだけであり，しかも実際のところ放飼場のなかに動物がいるところを評価されるので，自然

図11-3　専属の景観建築スタッフKenneth Stocktonにより設計された，ツーソンのアリゾナ–ソノラ砂漠博物館のコヨーテの展示．（写真：Kenneth Stockton，許可を得て掲載）

主義への取り組みは不必要だと考えていた．新しい取り組みに注目してくれる者もいた．ウィチタのセジウィックカウンティ動物園のRonald Blakely園長は，全国調査を行い，特筆すべき動物園デザインについて書き（1985），自分の動物園での新しい展示例だけでなく，ルイヴィルやコロンビア，南カロライナの動物園の展示にも注目すべきと考えた．彼はその新しい展示を“パラダイス”と称した．

しかしここ20～30年，米国中の動物園は欠かせない展示設計技術としてランドスケープイマージョンを採用した．今日，かつてJones & Jonesの事務所で働いていた景観建築家は，米国の動物園設計会社の多くで社長になり，シアトルは「動物園デザインの国際センターとみなされた」（Chozick 2009）．その後はランドスケープイマージョン展示の基本原理が滅多に実践されないことは，悲劇的なアイロニーである．今や大事業に発展した動物園の商業主義下では，動物のニーズが最も重要ということではなくなり，入園料を払う来園者が何を望んでいるかを受けて妥協していくリスクが常にある．その現実に対応するための細部への配慮は，本来の価値のためには無駄なことは滅多に考えられない．フェンスの支柱や排水溝カバー，ステンレスの給餌器，池の周りのコンクリートの縁，枝を切って短くした枯れ木，舗装された表面，人工芝などのいろいろな組合せは，ほとんどの動物園展示で共通である．展示は概して当初の目的を維持できず，飼育担当者はいつも活き活きとした動物展示にしようと人工的な物体の寄せ集めを追加する．これらはみな当初の展示の存在理由をくつがえしてしまい，来園者に野生動物の姿，大きさ，色を見せるというメナジェリーの基となった目的に逆戻りする．

動物園の専門家はたいてい，そのような批判を単にエリートの耽美主義だと退けてしまう．しかし，人々が野生動物を見る物理的環境は，人々の態度に直接影響を与える．エール大学の心理学者Stephen Kellert（Kellert and

図 11-4　香港アバディーンにあるオーシャンパーク（Ocean Park）のジャイアントパンダの展示は，むしろ意味不明な動物園の例である．Taoho 建築による不可思議で明らかに人工物の集まりであるのに，動物園は「野生の高地を再現した」と説明している．このような種類の間違った解釈は世界中の動物園で見られる．これは来園者へのひどい仕打ちであり，実際の野生生物の生息地にある複雑さや美しさへの冒涜である．

Dunlap 1989）は動物園来園者の意見を評価し，自然な環境で動物を展示することは来園者にポジティブな印象を与えると指摘した．つまり様子が正真正銘の本物になればなるほど，反応はポジティブになる．醜く不自然な環境で展示されている動物は，野生動物に対する来園者のネガティブな態度を増加させ，恐怖や嫌悪を引き起こす．心理学者 Ted Finlay（Finlay, James, and Maple 1988）は，様々な動物園環境と野生の生息地における人々の動物認識について研究し，動物が見られている状況がどう影響し，人々は何をどのように考えているのか論証した．野生動物は野生生息地の特定の型の中で進化してきた．動物が自然環境以外に置かれた時，動物は必然的に背景から浮き出て見える．それゆえ自然に見えるところから離れたあらゆる人工の物にとってかわり，失敗となる．

多くの動物園経営者は，“自然生息地（natural habitat）”という言葉が何を意味するか理解していない．動物園経営者は野生の場所に視覚的，あるいは実用的とても耐えられない粗末なデザインの展示を描写するために，いつもその表現（自然生息地）を使う．英国のチェスター動物園での最近のものから，中国の動物園の多くまで，様々な例がある．

人工的な要素で不自然に構成された環境の中で動物園が野生動物を見せるなら，動物園は来園者の知性を侮辱し，さらには動物を飼育下におき，世話をしていることを正当化する動物への責任を果たすことができない．建築家が自分のエゴで建造物を設計する，飼育担当者が目に付く場所に枝をきれいに切り落とした枯れ木を配置する，コンクリートブロックや汚れた厚板でできた壁，ステンレス製の給餌器が公然と柵に配置されている，まだキュレーターが粗末な偽岩を認めている，床がアスファルトである，金属あるいは木製の柵が目に付く，金属の扉が観覧場所の正面にある，ランプの傘が動物の休息場所の上で揺れている，排水カバーが見えている，きちんと直立したフェンスの支柱が景観に入っている，池の周囲に人工的な縁石が並んでいる，ロープや鎖が視界にぶら下がっているなど，これらは自然からはかけ離れている．また，度々あるように，これらのひどい部分が1つの展示にたくさん集まっていると，結果は無意味になる．動物園管理者はこれらが全くよく見えておらず，おそらく展示の日々の環境を新鮮な眼で見ることが難しいためであるし，また彼らは一般的に，設計された環境の質を分析する訓練を受けていないことにもよる．残念なことには，彼らは“環境の中の動物”ではなく，“動物”にのみ固着しがちである．英国のほとんど，ヨーロッパの多くの動物園は，野生動物の持ち前の美しさもしくは威厳を不適切な展示デザインによって失わせることに特殊化している．ガイアパーク（Gaia Park）と呼ばれるオランダの新しい動物園は，自然らしさや視覚品質を欠いたなかで動物を展示しているので，動物と名前を奪われたガイア理論の両方の品位を落とした管理をしている．

それゆえ動物園は，専門スタッフの能力に基礎的な設計技術を加えたり，技術的な交流をしたりすることで新たな価値を生み出していける．かつてスタッフとして獣医師や教育者を雇うことはまれだった．動物園の資金集めやマーケティングスタッフはかなり最近まで雇われることはなかった．動物園設計スタッフの雇用は遅れている．園の組織内のデザイナーは新たな小規模展示を計画し，現存する展示の修正を行い，大規模展示のために設計コンサルタントと調整し，動物園運営スタッフにとっては設計用語の説明と解説をするのに必要である．加えて設計チームは，時には生態学者や地質学者の専門知識を展示デザインに注ぎ込むことで特に必要な視点を得るだろう．もし全ての動物園設計チームが，スポークスマンとして動物を代弁する代表者として少なくとも1人のスタッフを指名すれば，かなりの進歩が見込めるだろう．この必要性はおおげさなものではない．

ブロンクス動物園が William Conwey 園長の長い在職期間に，絶えず質の高い展示を生み出した主な理由の1つは，専任の設計チームの存在である．なぜなら，そのチームは様々な芸術やデザインについての経歴をもつデザイナーからなり，決して建築家によって率いられなかったからである．1982～2009年の間に，専属の景観建築家（そして鳥類学者）である John Gwynne がチームを率い，壮大な規模かつ見事な質で，印象的な想像性のある展示を生み出した．シンプルであるが効果的な設計技術は，ゲラダヒヒとヌビアアイベックスの自然環境を特徴づける広大な距離感を生み出し（図11-5），その展示は本物の徹底的な研究によってもたらされた自然生息地を極めて忠実に再現している．視覚の雰囲気や景観の地形縮尺，展示の印象の質，来園者や動物の様々なニーズに応えるこの上ない配慮がされていた．Gwynne は，動物のニーズを満たすことを常に考えていた．

もし動物園展示デザインのなかの優先順位の中で動物のニーズが最優先されれば，即座に重要な改善ができるだろう．選択肢が与えられたなら，動物はコンクリートの上で眠ること，数日や数週間も閉じ込められること，よどんだ空気を吸うこと，突然の明るい照明で起こされること，壁で反響する物音に苦しむことはない．動物は自然な行動ができない拘束された空間を求めないだろう．代わりに可能性に満ち，探検するのに十分広く複雑な環境を好むだろう．ある動物は大きく安定した集団を好むだろうし，ある動物は自分の仲間だけを好むだろう．動物たちは様々な形の水塊（流れや池など），土壌や基質，そして多様な自然植生との交わりを求める．自然に新芽や草を食べられる最大限の機会を喜び，掘る，泳ぐ，登るなど，彼らの自然な行動を発揮できる機会を求めるだろう．ストレスや退屈から守られ，いつでも，どんな時でも入ることができるシェルターが必要だろう．

動物園を経営し発展させることは，挑戦しがいのある複雑な仕事である．実際，これほど多面的な組織を他に見つけることは難しい．動物園は，次にあげる矛盾し，時に競合する幅広い分野のバランスを絶えずとらなければならない．科学，レクリエーション，教育，商業，保全，動物管理，倫理，メディアとの関係，繁殖，哲学，造園，健康管理，娯楽，福祉，食品サービス，財政戦略，戦略的な配置計画，そして展示デザイン．しかし，動物園は来園者を魅了しなければならず，野生動物への敬意を奨励し，一定の行動を引き起こす考え方を形づくることを目指しているため，動物園は動物の見せ方や，設計された環境の質にもさらに考慮する必要がある．許されないことに，動物のための空間はしばしば不足する．スミソニアン国立動物園で哺乳類の元キュレーターだった John Seidensticker は，かつてジャガーの新展示で“有名な動物園（well known zoological park）”に助言するために雇われた（Seidensticker and Doherty 1996）．その動物園のデザイナーらは，熱帯の水域の側で日光浴しているジャガーのイメージをつくりたがり，彼らは静的なジオラマを組み立てているようであった．この展示のために，彼らは28m^{2}ほど（駐車場の車3台相当分）を割り当てた．Seidensticker は，この限られた空間は「ジャガーに過度の常同行動を生じさせ」，来園者はネガティブな印象をもち帰るだろう，と分析し，指摘した（Seidensticker and Doherty 1996）．しかし建築家は，限られた空間は十分であると主張し，設計作業は変

図 11-5　ニューヨークにあるブロンクス動物園で 1990 年に公開されたヒヒ保護区は，専属の景観建築家 John Gwynne と野生生物保全協会の展示設計チームによって設計された．（写真：©野生生物保全協会，許可を得て掲載）

更ができないほど先に進んでいた（言い換えれば，さらなる設計作業をする必要があると，彼らの報酬に見合うものではなくなるためであろう）．同じような取り組み姿勢や不適格な空間の例は多くの動物園に存在している．1994 年，ネブラスカのオマハにあるヘンリー・ドーリー動物園にオープンした，数百万ドルをかけた世界で最も大きな動物園熱帯雨林を展示する 1 つであるリードジャングル（Lied Jungle）は展示場でもバックヤードでも動物に実に狭い空間（主にコンクリート製）しか与えられなかった．

動物園設計の専門家である Jon Coe は，動物園展示の有効性は“動物園ファンの脈拍数”によって判断すると述べた（Greene 1987, 62）．彼は，来園者の髪の毛が逆立つような展示を設計する必要性を語っている．それは，野生で動物に出会った時の経験と同じ感覚である．つまり感嘆，尊重，畏敬，少しの恐怖の融合は，自然景観の劇的環境の中でのみ到達できる組合せである．来園者がこの感情レベルに達する必要性を動物園に納得させる試みは，よくロマン主義だと馬鹿にされる．しかし，もし動物園が，野生動物のますます緊迫した状況を市民に気づかせ，伝えることをつくり出したり，支援しようとしたりするなら，動物園は，過去にあったよりもさらに効果的になる必要がある．動物園は，野生動物の野生（wildness）を都市に住む来園者に思い出させる必要がある．これについてはあまり強く強調することはできない．野生動物を展示することは正道を踏み外したこと，もしくは愛らしい外国のペットとして，明らかに飼育下に置かれた生き物として展示するより，むしろ動物園は人々に野生の輝き，美しさ，逞しさや現実を納得してもらう方法を見つけなければならない．この問題の答えの中心部分は設計にあり，そしてますます自然との接点から切り離されている都会や都市近郊に住む動物園来園者により説得力のある動物展示方法を見つけ出すことにある．

動物園の起源と歴史は，人類の最善と最悪を示している．われわれの自然への尊敬は，野生を管理し，抑えようとする絶え間ない試みに匹敵している．動物園はたびたび単に地位の象徴として動物を集め，飼育下の動物にとって苦痛と不幸の根源であることが多かった．しかし今日，動物園が存在する理由は危機的かつ重要で，特に野生動物の代弁者として，礼儀正しい人間が野生動物と触れ合う現場として役に立つことである．このため，動物園設計はこれ以上にない極上の配慮を必要とする．

次はどこへ

驚くほど魅力的な展示が20世紀後半の動物園でつくり出された．ワシントン州タコマのポイントディファイアンス動物園は，1980年代に特に素晴らしいイマージョン展示をつくり，シアトルの事例を最初に継承した．William Conwayによる監督のもと，野生生物保全協会は複数あるニューヨークの動物園に，高く評価される展示をかなりたくさん生み出した．ブロンクス動物園の“コンゴ保護区”と“ヒヒ保護区”の展示は，これまでに創造された中で来園者が情緒的にも教育的にも，最も素晴らしい体験ができるものの1つであった．これら2つの複合的な展示は知的で理にかなった取り組みに基づいており，非常に強い保全倫理によって支えられ，裏づけられて，最高のデザイン水準への一貫した責任を実際に示してみせた．Jones & Jonesによって設計されたデトロイト動物園の“火の輪（Ring of Fire）”北極展示は，サンディエゴのワイルドアニマルパークでのこの会社の業績と同様に，注目すべきものである．フロリダのベイレイク（Bay Lake）にあるディズニーアニマルキングダムには，広大で効果的なアフリカサバンナのリアルな景観があり，これもJones & Jonesによって設計された．アリゾナ–ソノラ砂漠博物館のKenneth Stocktonは，1960年代にMerv Larsonによって創設された砂漠博物館の自然主義に基づいた設計の伝統を継承し，おそらく最も説得力のある真に迫ったイマージョン体験を創り出した．しかし彼は，来園者にリアリズムの感覚を創造する自然構成と同様に，飼育下の動物の行動学的，心理学的ニーズにも十分配慮するさらに進んだ構想を取り入れた．

砂漠博物館は説明しようとする自然の生息地によって囲まれていることで，その展示の有効性を非常に高めている．シンガポール動物園にホッキョクグマがいたり，様々な寒冷地の園館にゾウがいたりする一方で，イギリス海峡のジャージー島にあるダレル野生生物保全財団（Durrell Wildlife Conservation Trust）での小動物展示は，希少な島嶼種の優れた保全業績を示すように，本来の気候から遠く離れて生き物を展示する動物園に対して度々論理的な論争を生じさせる．スイスのチューリッヒ動物園では，来園者は冷たく寒い日から逃れ，建築家Gautschi Storresと景観建築家Vogt AGによって設計されたマソアラ熱帯雨林ホール（Masoala Rainforest Hall）の広い空間で青々と茂った植生や暖かい湿度の高い世界へ入ることができる（図11-6）．ここでは，来園者はマダガスカルのマソアラ国立公園の特徴を見事に再現した生息地を探検することができる．生息地の多様性に注目したこの展示には様々な種の小動物が住んでおり，植物にも動物にも等しく興味を与え，デザイナーの手腕による配慮を最小化している．マソアラ熱帯雨林ホールは，動物園におけるマダガスカルとの強い保全協力を示す園の顔であり，ただこの事実のためだけでも価値があると考えられる．しかし，これはAlex Rubel園長のもと，この動物園がつくり出した他の展示（1995年に景観建築家のWalter Vetschによるメガネグマ展示など）と同等に，来園者に印象的な本物の景観を与え，保全における優れた事業としてだけでなく，敏感で聡明な展示としても称えられた．

これらの例は，みな見事な展示である．発想が良く，視覚的に詳細まで美しい．これらには動物園展示設計チームへの基本的な教訓が含まれている．それはむしろ医療専門家への倫理的指針，「まず悪影響を与えるな」に似ている．動物園展示デザイナーと飼育担当者は，動物が生まれもった美しさを損なうような，あるいは動物と一体で，動物が進化してきた生息地のありのままの輝きを傷つけるようなものを入れるべきではない．

新しい展示を設計するために動物園が建築家を雇う時，動物園は動物園設計のこの側面に建築家が特に心遣いをすることを確実にするように保障する．建築家の注意が動物から逸れてしまい，建築家がしっかりした建造物について大胆な陳述をする専門家の傾向を組み込むことに対し，より勇敢な行動とより気高い大志が必要となる．建築家の主要な顧客は動物園の動物だけではない．動物は，自然生息地の背景の中で来園者から見られ，理解される必要がある（孤立した種としてではなく，よく設計された環境での自然な対象としてでもなく）．建築に関して米国で最も有名な作家であるWitold Rybczynskiが言ったように，建築における視覚的贅沢へ向かう同時代の傾向は異常で（Rybczynski 2001），特に動物園にとって残念なことだ．問題の一部は，建築家が様式（style）とは何かを理解してしまう一般的な失敗である．現代主義者は意識して“様式（style）”を拒絶する（例えば，スイス - フランスの建築家Le Corbusierは，様式は“女性の帽子における1枚の羽”に過ぎないと宣言した）．しかし，それは実際には建築設計，その用語の重要な側面である．流行を取り入れ様式を拒絶するより，動物園事業に取り組む建築家はGabrielle Chanelの言葉に注目した方がよい．「流行は過ぎ

図 11-6　高い環境水準を確立するため，スイスにあるチューリッヒ動物園のマソアラ熱帯雨林ホール（Masoala Rainforest Hall）は，エネルギー消費を減らすために利用可能な最善の技術を採用した．（写真：Edi Day，チューリッヒ動物園より提供，許可を得て掲載）

去るが，様式は続く」．そして動物園設計の観点から，最も有力で不朽の様式は，“自然”である．これは建築家の設計用語において，最も重要でなければならないものだ．

1990年代に，オーストラリアのヒールスビル・サンクチュアリ（Healesville Sanctuary）は建築家 Greg Burgess と景観建築家 Kevin Taylor によって，森におおわれた生息地に魅力的な巧妙さを織り交ぜたカモノハシ舎を建てた．しかし，2005年に動物園に増設されたカモノハシ舎は，全く異なる哲学を追い求めていた．この展示（図 11-7）は建築家 Catherine Fahey によるもので，自然に目を向けようとするのではなく，展示そのものに注意を向けさせた．それは，カモノハシとその淡水生息地よりも建築的デザインの方が重要だと強い鮮明な印象を残している．その構造は，鮮やかなピンクパネルでけばけばしい被覆金属で（当時のサンクチュアリの Matt Vincent 園長が，誇らしげに自分で選ぶと主張し，そしておそらく，建築家もそれを許してしまったと思われる色調で），オレンジとライムグリーンでグラフィックされた輝くパネル構造とコンクリートの

図 11-7　オーストラリアのビクトリア州にあるヒールスビル・サンクチュアリのカモノハシ舎．建築家 Catherine Fahey によると，これは「このような小型哺乳類が棲む夢の世界を提示している」（Norman Day，“Healesville Sanctuary”，「Age」2005年8月23日）．筆者には目的が理解できない．（写真：David Hancock，許可を得て掲載）

中に白く輝くガラス大理石が埋め込まれた床などで構成されていた．

動物園展示におけるランドスケープイマージョン概念の基本は，野生の場所で動物を発見する本質的な体験を提供することである．これは実現が難しく，場所や詳細に対するこの上ない配慮を必要とする事実が，それだけで動物園がランドスケープイマージョンに中途半端な試みを行ってよいと言う口実を与えることにはならない．さらに決定的に，問題は展示の外観を制限されることはあってはならない．問題の表面だけで満足することは，漠然と本物らしく見せるという動物園展示があまりに多くあるいう結果で分かるが，しかし明らかに模造した展示があり，そしてそこでは動物の棲んでいるいかなる生態的な要求をも満たさずに失敗している．野生の場所のイリュージョンを創造することと，"野生の場所での野生の出会い"のイリュージョンを創造することは同じではない．動物とヒトである来園者の両方が，自然環境と自然体験の感覚をもつ必要がある．

野生の本質を再現することの目的を達成するためには，動物園展示デザインのための基本的な目標をいつも保持していなければならない．それはデザイナーや運営者に不満を生み，予算担当者には簡単に掃除できるコンクリートの床や金網の柵の方がより魅力的かもしれないが，野生動物にとって野生の故郷以外の環境はないのである．野生生息地の展示は時間を超越した様式で，流行から遅れることはない．最も重要なことは，野生生息地の展示はどんな野生動物を理解するためにも基本となることだ．姿かたち，行動，適応，存在そのものは全て進化の賜物であり，環境の特定のタイプへの適応でもある．もし動物園がどんな他のタイプの設定で動物を展示しようと，あるいはある精彩を欠いた趣味の悪い自然生息地の変形の中で動物を展示することを望むなら，動物園はその存在理由を台無しにしている．

動物園展示デザイナーにとって大変困難な課題は，本物のように見え，感じ，音が聞こえる，匂う展示景観をつくり出すことができる方法を見つけることであり，そしてそれ故に大変説得力があるだけでなく，野生動物の相互関係のための効果的で経済的な管理や維持ができるかである．これは容易な仕事ではないが，なされなければならない目標である．

展示デザインは，その成功（あるいは失敗）の一部分でしかない．維持と管理は等しく重要で，設計の段階で考慮されなければならない．大きな物を取り除いたり，導入したりするクレーンが利用できることが求められ，そうすれば展示空間は定期的に活性化できる．巨木の導入は多くの様々な種に，特に有益である．ランドスケープイマージョンの概念が導入される場合，1970 年代のウッドランドパーク動物園では，その哲学の最も重要な本来的な目標は，動物園来園者だけでなく動物園動物も，できる限り正確で本来の自然生息地のシミュレーションの中にいるべきというものだった．これは教育や感覚的な理由のためだけでなく，動物が生きた植生と直接触れ合うことができるという，動物にとっての直接的な利益のためでもある．動物がそのような触れ合いを大いに楽しんでいることはすぐに明らかになるが，限界のある動物園展示の小さな空間では，ある程度すると動物は植生を台無しにしてしまう．重要な教訓が 2 つある．動物と人々の利益のために生きた植生を提供すること．しかし，それだけでなく，それを簡単に植え替えられるようにすること．

展示空間に樹木や潅木を新たに導入するには，一時的な保護が必要となる．残念ながら動物園は，生きた植生を定期的に取り替える手間と費用をいつも避けようとし，代わりに動物の接触を阻む永続的な保護装置をつけようとする．それは安く安易な戦略だが，ランドスケープイマージョンの哲学とは相反する．代償として，たいてい飼育をしている動物が退屈そうなのに気づいた飼育担当者の要請を受け，動物園は動物の暮らしを"豊かに（enrich）"するために外部から様々な人工物を持ち込んで展示空間をそれで満たしてしまう．これは展示をランドスケープイマージョンの原則からさらにかけ離れさせてしまう．

生きた植生との触れ合いは多くの哺乳類（霊長類から食肉類，大型の有蹄類からたいていの小型哺乳類まで）にとって，とても満足できる自然な活動であり，これらの活動を観察することは，来園者に展示の楽しみを倍加させる．1990 年にメルボルン動物園でゴリラの新しい展示が公開された時，これらの恩恵が明確に示された（図 11-8）．園芸管理者の Michael de Oliviera は設計と計画に深く関わり，動物と来園者の両方のニーズを満たすために植生を頻繁に取り替えることに専念した．しかし今日，そのような取り組みは長い間見られていない．ほとんどの動物園で標準化されたように，今では電気柵によって植生にゴリラが触れないようにしている．何気ない世間の目には，動物は植物が青々と茂った環境にいるように見えるが，実際には動物の世界は隔離された空間（草や土がひどく踏まれた退屈な通路など）からなっている．ほとんどの動物園は，公開時間が終われば動物を，過去の古いメナジェリーの檻のように不毛で騒々しく不適当な場所に夜間収容するため，この問題が増大する．動物園展示やケージに対する 19 世紀のアプローチが動物園展示デザインや管理の中に非常に

図 11-8　オーストラリアのメルボルン動物園でのゴリラ展示（1990 年）．動物が植生に影響するのを防ぐための電柵を導入する前の様子．（写真：ビクトリア動物園写真コレクションより提供，許可を得て掲載）

多くの例が残り，いまだに自然主義の見せかけのもとで実際に広く行われている．動物を常に見える所に置くという空間デザインへの願望は，マーケティング管理者（そして，動物園の役員メンバーからも同様に）によって強く求められる．このことは動物園展示デザインにおいて必要な進展を妨げている．

将来の動物園展示は，効果的な解説のためにより説得力のある技術を採用する必要もあるだろう．かつて，動物園は人々が動物の大きさ，形，色を観察する場所としかみなされていなかった．このような価値観のもとでは，動物園動物は何世代にもわたって何もない囲いの中で非常に退屈な生活を送っていたに違いない．同時に，何百万もの来園者はただ動物を見たりジャンクフードを食べたりする以外に活動する機会がなかった．

表現と解説技術が上手く融合すれば，これが将来の動物園展示の支えになるに相違ない．2000 年代初期に，ディズニーアニマルキングダムの保全部長である Jackie Ogden の努力によって，北米動物園水族館協会（AZA）がついに動物園来園者が教育的効果や保全意識の度合いをどれほどもったかを客観的に評価する作業を始めた．

この章を書いている時にも，ゾウの管理や環境の質の水準について非難された会員園館に代わって，AZA は様々な活動を同時に行っている．いくつかの機会をとらえて，AZA の部長が広報発表を配布し，「飼育されている個体は種の大使（動物園のゾウ）として，それらを保護するように人々に訴えかけをしている」と声明を出している（例えば Vehrs 2006）．これが本当である証拠はない．動物園来園者に野生生物を保護するよう訴えかけることは賞賛に値する目標として表現されるが，達成された事実はない．実際，そのような広報発表が配布される前に，Ogden によって促され AZA は予算を付け，来園者が動物園で何を学ぶかについての文献を洗い直した．学習革新研究所（Institute for Learning Innovation）によるこの調査によって，「来園者の保全の知識，意識，影響や行動から見た動物園水族館への訪問の影響に関する体系的研究はほとんど行われていない」と確証された（Dierking et al. 2002, 19）．

来園者の行動から見た動物園訪問の影響に関する綿密な調査（Smith, Broad, and Weiler 2008, 545）は，「美辞麗句にもかかわらず，動物園への訪問が行動に影響するという証拠はない」と結論を下した．来園者の行動に影響する動物園の役割を調査した多くの研究を再調査し，「動物園での一度きりの体験から長期的な影響はほとんどない」と結論し，動物園訪問後に保全への関わり合いは増加しても，すぐに訪問前のレベルに戻ったという．

動物園は自分たちを保全の組織体と熱心に宣伝し，展示は保全の理想を推進するといつも主張する．しかし，宿願と結果の間には大きな距離がある．問題の多くは，統合と焦点の欠如にある．

動物園がつくり出す計画，活動，展示はそれぞれが相互に関連した全体として提供される．動物園が自分たちで使うために購入することを選んだ商品，提供する教育プログラムの内容，売店で売る商品，レストランでのメニュー，そして展示空間にどの動物を展示するかの方法は，動物園にとっての目的と正当性に等しく重要な構成要素であり，これらが揃って人々が何を学ぶかが決まってくる．動物展示だけでは，全てのメッセージを伝えることはできないし，来園者が動物園訪問から価値ある結果を確かに得ており，必要があるとする理解度を得ることができない．

このように，解説はより注意深い関心を払うに足る価値のある重要な部分である．つまり，展示そのものは，解説の源としてだけでなく，物語る舞台としても最も有効である．現在，典型的な動物園展示はいくつかの基準を満たすよう設計されている．特に重要なことは動物を逃がさない，動物を見えるように，時に排水機能も備える．グラフィックパネルの解説作成は，たいてい教育スタッフに任せられている．しかし，解説メッセージがデザイナーのための基本的なガイドとして定められれば，デザインに関しては，この機能の転換は最適な解決法になる．また，最適な解説はどこにでもあるグラフィックパネルからは決して生まれない．この解説ツールとしてのパネルが，高い制作費に見合うものであるかとか景観の視界侵入に少しでも効果をもたらすという証拠はない.

より有効な可能性をもつと思われる非伝統的な例が2つある. アリゾナ−ソノラ砂漠博物館では, 高度に教育された（とても献身的な）ドーセント（解説員）が園館内に配置され, 持ち運びのできる生息地展示水槽の中にいる様々なタイプの小さな生物を含む, 広い範囲の人工物を利用する. ドーセントは, 来園者に直接向き合い, 来園者それぞれの興味や理解のレベルに合わせた個人的な体験談に誘い込む. 若い来園者と交流するためのジュニアドーセントも含め, ドーセントはツアーガイドを行うのではなく, つまりドーセントは指定された場所にいて, 特別な景観要素もしくはテーマ展示に合った関連する人工物を示したり, それに沿った話をしたりする. またドーセントが固定的な解説展示の代わりになろうとしているわけではなく, 様々なことを学ぼうとするいろいろなタイプの来園者に対応することを目指している. 長年の豊富な調査によってまさに, 徹底したトレーニングプログラムを履修した総合職との個人的な接触に基づいたこの解説方法は, 訪問の知覚価値を大いに高める効果があると博物館は信じている. これらのドーセントが, よく来園者の態度や価値観を変えてしまうという個人的な実体験に基づく証拠もたくさんある. このドーセントシステムの長期にわたる一般的な有効性を評価することは非常に有用であろう.

もう1つの方法は動物園のデザイナーや教育者による綿密に検討された方法で, 英国のブリストル−野生生物の映画製作に関して世界の中心となる市のワイルドウォーク（Wildwalk）で採用されたハイテク機材を活用をするものである. 様々なメディアによる動くイメージが生きた動物を含む生息地の展示に統合された. この統合は動物の観察（animal watching）を促し, ただ動物を見る（animal looking）よりも, 人々の興味を惹き, 動物福祉や保全への支持を得るために潜在的にかなり役立つ方法である. しかし, 動物園の展示に興味がほとんどないか, 全く興味のない動物を見ることでほとんどの時間をすごす多くの来園者に対しては, これは唯一の選択肢となる.

動物はいつも興味ある活動に没頭できるわけではない. 最も興味をそそる行動の多くはたいてい瞬時に, あるいは季節的にわずかに目撃されるだけである. しかし, 動くイメージは人々が見たことのない行動（時には人生で一度の出来事さえも）を見せることができる. それにもかかわらず, 映写されたイメージには独自の限界があり, 生きた動物は映像単体よりかなり優れた魅力をもっている. BBCテレビ自然史部門（television natural history unit）の前監督である映画監督 Christopher Parsons によって着想, 創造された素晴らしい体験ができるワイルドウォークの巧妙さは, 生きた動物と, その行動の動くイメージの統合だった. ワイルドウォークは2007年3月に閉園したが, 極小の生命体に焦点を当て, 生きた動物よりも映像の上演に重点を置いていた. それでも, この映像と現実の統合には, 動物園で大変有効に応用できるもの, そして展示を創造するデザイナーが慎重に再検討すべき重要な教訓とするものが含まれていた. BBCは, 特に David Attenborough の番組において, 地下や海の生き物から季節間, ミリ秒単位の時間まで, 広い範囲の様々な生息地で, かつ多くの時間をかけて動植物を調査し, 動物園展示にきっと役立つ優れた技術的な手法の例をつくり出してきた. ワイルドウォークのある単純明快な例は, 動くイメージを解説グラフィックへ統合することだった.

ワイルドウォークは, 現代のいくつかの動物園ように, 野生動物保全にかなり力をいれていた. 野生動物保全に取り組む園館も, 来園者に動物を展示する方法は, 意見形成や価値を確立するための重要な要素だと認識している. このような観点が野生生物保全プログラムへの動物園からの支援や市民からの支援に深く関わっている. 都市に生活する多くの人々は自然と接触したり理解したりする機会がないため, 動物園は主に莫大な数の都市に生活する来園者を魅了した.

元大学教授で AZA 会長, アトランタ動物園長兼建設者である Terry Maple は科学者としての教育を受けている. 彼は1980年に, AZA 会員は協会の最優先事項として保全を掲げることを投票で決定したが, リストの1番上に動物福祉を置いた方が好ましかったのかもしれないと論じた（Maple 2003）. 彼は, このことは収集計画を立てること, デザイナーが展示デザインを考えることにも有益な影響を与えることに言及した. 動物園用語で保全はたいてい“繁殖”を意味し, 上手に管理されている繁殖計画の基準は展示設計要綱のための基礎であるということが増えている. 動物園は何よりもまず, 状況や論議においても人々のための場所として必要とされているが, 動物園はその価値観や態度を変えるだろう. 動物園の主要な優先順位として動物福祉が役立つだろうという Maple の意見を著者は支持し, そしてリストのすぐ2番目に教育を置きたい. しかし, AZA の種保存計画（Species Survival Plan）は, 現代動物園にとって有力な大義名分であり, 指針とみなされている. その計画は一般に SSP と呼ばれるが, SSP は動物園にとっての持続可能性プログラム（Self-Sustaining Program）の頭文字として定義された方が正確かもしれない. それは, 野生動物の生存を保証することより動物園で種の永続を保証することだ．動物園のキュレーターの繁殖計画は不可欠だが，その計画は公共の動物園の来園者から離れた場所の広い土地で扱った方がよい．そうすれば動物園展示は他の要求から妨げることのない人々への教育や人々の態度についての目標に集中できる．これは状況をかなり簡略化しているかもしれないが，動物園展示は主に展示のためであるという点を示すためにここで述べた．もしMapleの動物福祉を優先する説諭が採用されたなら，私たちは動物園展示に対するデザイン方法において，微妙さと奥深さの両方に有益な変化を見つけるだろう．はじめランドスケープイマージョン哲学で意図された動物は，もう一度最も重要な顧客となるだろう．

AZAは，会員動物園の総来園者数が，全米のプロスポーツイベントの総入場者数を上回ったことを自慢するのを好む．確かに，これら数百万人の来園者が実際に野生動物の保護や管理に新たな理解，見識，強い興味を得たなら，われわれは世界中の野生動物やその生息地を滅ぼすような極端な状況に直面していないだろう．約200年にわたって，西洋で専門的に運営された公的な動物園でさえ，市民の大部分は野生生息地の減少に驚くほど無知で，生息地での撹乱に対しても生物学的かつ生態学的に無学である．将来の動物園やその展示にとってどんな大望や方向性があろうと，明確なことが1つある．われわれは，もっとずっと良くしていく必要がある．

動物園で動物を展示するためのルール

発展していくことと改善することにおいて，取り組みの哲学と方法の2つが欠かせない鍵であるが，時々基本的なルールに立ち戻ることも有効になり得る．1970年代にウッドランドパーク動物園で最初に起草されたルールは今でも有効であるため，それをここに示した．

・視線が重ならないように別々の観察場所を設ける．これは展示への親近感を強める．人ごみにいる感覚を防ぎ，決定的なこととして他のヒト（来園者）と視線が合って気が散るのを防ぐ（他の人間ほどわれわれの注意をひくものはない）．
・視線と同じか視線より上に動物を配置する．この方法だと，動物はより印象的に見える．また，動物がより広くより遠くまで見渡せるようにする，ストレスや窮屈な感じをあまり受けず，動物の空間に物を落とされなくなる．
・動物が好きな時に安全に避難できる場所を提供する．
・できるだけ動物の空間を多様に創造し，動物が選べる選択枝を増やし，個々に好きなことができるようにする．
・動物の自然生息地にある構成要素を可能な限り，豊富に提供する．有用な活動を刺激する自然の特徴を含むよう特別な努力をする．潅木や草木，生きた木，枯れ木の幹，泥のくぼみ，小川，様々な土壌，穴を掘れる場所など．最も重要なことは，定期的に交換できるように計画することである．
・動物の自然環境の特徴に典型的で偽りのない展示生息地を再現する．
・植物を，単に背景を緑にする役割だけに追いやらない．
・来園者が動物の空間と同じように再現された景観の中にいるようにする．
・何が動物と人々を隔てているのか分かりにくくする．その結果，来園者は動物の世界の一部にいるという素晴らしい感覚を味わえる．
・関心を惹くために展示と競合するような食品や売店を設置しない．
・自然な大きさの動物の群れを計画する．
・隣接する展示は互いに論理的に関係を持たせ，複雑な全体を形成する．
・最善の視覚効果のため，同じ生息地からできるだけ多くの種の組合せ，哺乳類，鳥類，爬虫類，両生類，無脊椎動物を集める．（キュレーターが立てる繁殖計画と競合するような複数の種による混合飼育展示への不満は，市民のための動物園の主な目的は野生動物を来園者に見せることだと認識する必要性を強調する．非公開の場所は保全繁殖計画に必須である．公開されている場所は，来園者と情緒的で知的な関係を築くために必要で，そのため高い自然度を再現し，視覚的な効果があるべきだ．）
・見える所全てに細心の注意を払い，自然界だったら何が見つかるのかを比較して考える．

場合によっては，これらのルールはそれぞれ理由があって破られることもある．しかし，却下される前に少なくとも常に検討されるべきである．しかし，以下の理念は全ての動物園展示にとって不可欠である．

動物園展示設計の理念

1. 動物の要求

動物を最も重要な相手として扱う．動物のニーズ（心理学的，社会的，感情的，実践的，心理的，行動学的）を飼育担当者のニーズや来園者のニーズと比較評価する場合，少なくとも動物を第1位に置く．展示と非展示のどちらであっても，あらゆる空間の質を注意深く検討する．とりわけ，可能ならあらゆる項目ごとに，動物が望むものを全て与えるよう努力する．このために，動物たちの代弁者として活動するスタッフの 1 人が全ての設計チームの中に入るようにする．

2．空間と時間

展示デザインに関わる動物園内の立地と自然生息地のあらゆる側面を分析し，動物の自然なライフスタイルについて徹底的な調査研究をする十分な期間をとる．公開日までに植物が定着するように時間をとり，建設予定をたてる（理想を言えば，グランドオープンの日は設定しない方がよい．展示は決して準備万端にならず，あるいは公開日に最高の状態であることはない）．将来の変化を見越して展示を設計する．展示は永久的な型通りの作品ではない．

3．来園者とスタッフのニーズ

展示空間はただ動物を見せておくだけより，それ以上の空間にしなければいけない．来園者の美的，教育的，経験的，知的，感情的な要求を満たすことを目指し，動物園スタッフが機能的に働ける環境を提供すべきである．来園者をゲストのように扱う－その場所の見栄えよくする．スタッフを家族のように扱う－その場所を安全で快適にする．

4．新しい方法で進める

展示の目的を完璧に明瞭にする．なぜこの展示がつくり出されたかを正確に伝える．特定の動物種を見せるためにただ整備された展示は，残念ながら初期のメナジェリーの不適当な目標に近い．

まるで野生でトレッキングをしている時に起こる体験のように，もし展示空間を歩いている来園者がいつ何に出会うのか分からなかったなら，来園者は異なる心理状態で動物園に来ることになる．動物園展示デザイナーも同様である．

5．基本的に不可欠なもの

動物にとってより多く，より良いものを常に議論す

図 11-9　オーストラリアのビクトリア州にあるウェリビーオープンレンジ動物園（Werribee Open Range Zoo）のキリンとシマウマ．36ha もあるサバンナ生態展示を，動物が走り，歩き回り，探索する．（写真：Max Deliopoulos，ビクトリア動物園写真コレクションより提供，許可を得て掲載）

図 11-10　近くの姉妹施設であるメルボルン動物園における放飼場内のキリンとシマウマ（写真：David Hannah，ビクトリア動物園写真コレクションより提供，許可を得て掲載）

る．私たちは十分なものをほとんど提供できていない（図 11-9 と図 11-10）．

視覚的な再現のために熱心かつ正確に取り組むことは，良い展示デザインのために非常に重要なことで，空間の質を高めるために必要不可欠である．しかし，空間の量も同等に肝心である．空間の量的な確保は，来園者と動物のそれぞれの展示への要求を評価するための必須の要素である．特に大型動物は大きな空間が必要で，生まれつき活発で力強い動物は特にそうである．

謝　辞

多くの有益な助言をいただいた次にあげる方々に多大な感謝を申し上げる．Jon Coe，Cordula Galeffi，Brier Gough，Devra Kleiman，Rob Laidlaw，Lynn Rogers，Alex Rubel，Liam Smith，and Kenneth Stockton.

文　献

Allan, J. 2002. *Berthold Lubetkin*. London: Merrell Holberton.

Baetens, R. 1995. *The chant of paradise*. Antwerp: Antwerp Zoo.

Blakely, R. L. 1985. Zoos. In *Built in the USA*, ed. D. Maddex, 172–75. Washington, DC: Preservation Press.

Bridges, W. 1974. *Gathering of animals: An unconventional history of the New York Zoological Society*. New York: Harper and Row.

Chozick, A. 2009. The leopard's new spots. *Wall Street Journal*, June 6.

Conway, W. G. 1968. How to exhibit a bullfrog: A bed-time story for zoo men. *Curator* 4 (11): 310–18.

Dierking, L. D., Burtnyk, K., Buchner, K. S., and Falk, J. H. 2002. *Visitor learning in zoos and aquariums: A literature review*. Annapolis, MD: Institute of Learning Innovation.

Ewing, H. 1993. Albert Harris and the vision for a modern zoo. *Smithson. Preserv. Q.* (Spring), www.si.edu/oahp/spq/spq93p4.htm.

———. 1996. The architecture of the National Zoological Park. In *New worlds, new animals: From menagerie to zoological park in the nineteenth century*, ed. R. J. Hoage and W. A. Deiss, 151–64. Baltimore: Johns Hopkins University Press.

Finlay, T., James, L. R., and Maple, T. L. 1988. People's perceptions of animals: The influence of zoo environments. *Environ. Behav.* 20 (4): 508–28.

Fisher, J. 1966. *Zoos of the world*. London: Aldus.

Greene, M. 1987. No rms. Jungle vu. *Atl. Mon.* 260, no. 6 (December): 62–78 .

Guillery, P. 1993. *The buildings of London Zoo*. London: Royal Commission on the Historical Monuments of England.

Hagenbeck, C. 1910. *Beasts and men*. London: Longmans, Green.

Hancocks, D. 1971. *Animals and architecture*. London: Evelyn.

———. 1996. The design and use of moats and barriers. In *Wild mammals in captivity: Principles and techniques*, ed. D. G. Kleiman, M. E. Allen, K. V. Thompson, and S. Lumpkin, 191–203. Chicago: University of Chicago Press.

———. 2001. *A different nature: The paradoxical world of zoos, and their uncertain future*. Berkeley and Los Angeles: University of California Press.

Hediger, H. 1950. *Wild animals in captivity: An outline of the biology of zoological gardens*. London: Butterworths.

———. 1955. *Studies of the psychology and behaviour of captive animals in zoos and circuses*. London: Butterworths.

Horowitz, H. L. 1996. The National Zoological Park: "City of refuge" or zoo? In *New worlds, new animals: From menagerie to zoological park in the nineteenth century*, ed. R. J. Hoage and W. A. Deiss, 126–35. Baltimore: Johns Hopkins University Press.

Hoskins, W. G. 1970. *The making of the English landscape*. Baltimore: Pelican.

Jones, G. R., Coe, J. C., and Paulson, D. R. 1976. *Woodland Park Zoo: Long range plan, development guidelines and exhibit scenarios*. Seattle: Department of Parks and Recreation.

Kellert, S. R., and Dunlap, J. 1989. Informal learning at the zoo. Unpublished report to the Zoological Society of Philadelphia.

Kisling, V. N. 2001. Ancient collections and menageries. In *Zoo and aquarium history: Ancient animal collections to zoological gardens*, ed. V. N. Kisling, 8–25. Boca Raton, FL: CRC.

Loisel, G. 1912. *Histoire des ménageries de l'antiquité a nos jours*. Paris: Octave Doin et Fils.

Maple, T. 2003. Strategic collection planning and individual animal welfare. *J. Am. Vet. Med. Assoc.* 223 (7): 966–69.

Olmsted, F. L. 1971. *Civilizing American cities: Writings on city landscapes*. Ed. S. B. Sutton. Cambridge, MA: MIT Press.

Reichenbach, H. 1996. A tale of two zoos: The Hamburg Zoological Garden and Carl Hagenbeck's Tierpark. In *New worlds, new animals: From menagerie to zoological park in the nineteenth century*, ed. R. J. Hoage and W. A. Deiss, 51–62. Baltimore: Johns Hopkins University Press.

Robbins, L. 2002. *Elephant slaves and pampered parrots: Exotic animals in eighteenth-century Paris*. Baltimore: Johns Hopkins University Press.

Rybczynski, W. 2001. *The look of architecture*. Oxford: Oxford University Press.

Schjeldahl P. 2004. Memento Mori. *New Yorker* (Nov 1), www.newyorker.com/archive/2004/11/01/041101craw_artworld.

Seidensticker, J., and Doherty, J. G. 1996. Integrating animal behavior and exhibit design. In *Wild mammals in captivity: Principles and techniques*, ed. D. G. Kleiman, M. E. Allen, K. V. Thompson, and S. Lumpkin, 180–90. Chicago: University of Chicago Press.

Smith, L., Broad, S., and Weiler, B. 2008. *A closer examination of the impact of zoo visits on visitor behaviour. J. Sustain. Tourism* 16 (5): 544–62.

Vehrs, K. L. 2006. Elephants belong at Reid Park, national zoo association agrees. Guest opinion. *Arizona Daily Star*, February 21.

Walter, N. 1996. What sort of man designs a penguin house that children can't see into? *Observer Review* (London), September 22.

Weinreb, B., and Hibbert, C., eds. 1993. *The London encyclopedia*. London: Pan Macmillan.

Wheen, F. 2004. *How mumbo-jumbo conquered the world: A short history of modern delusions*. London: Fourth Estate.

12

動物園水族館の来園者，保全教育とそのデザイン

Emily Routman, Jackie Ogden, and Keith Winsten

訳：冨澤奏子

はじめに

動物園がここ10年の間に，哲学的に，運営管理的に，そして物理的にどのような変化を遂げてきたのかは，本書における多くの章で述べられている．北米動物園水族館協会（AZA），オーストラリア地域動物園水族館協会（ARAZPA，訳者注：現在はZAAに改名，以下ZAA），欧州動物園水族館協会（EAZA）およびその他の地域協会から正式認可を受けている，信頼できる専門的な動物園と水族館は，保全センターとなり，野生動物種やその自然環境全体の保存促進に全力で取り組んでいる（Dierking and Saunders 2004，Rabb 2004）．動物園や水族館が他の保全機関と異なる点として，その本質的特性でもある，一般市民に世界中の野生動物に近づける機会を提供しているということがあげられる．

2004年，AZA加盟園館には1.4億人の来園者があった．世界では6億もの人々が動物園水族館を訪れている（AZA 2007）．米国では全てのプロスポーツ競技の来場者数を合わせた数よりも，動物園水族館の来園者数のほうが多い．野生動物との経験を求めてこれほど多くの人々が動物園水族館を訪れるという事実は，保全機関としての動物園水族館を唯一無二のものにしている．今日の動物園や水族館における保全の役割は，自然をこれまで以上に気遣い，自然との持続可能な関係をもつ方向へと一般市民を動かす手段として，来園者と野生動物の繋がりを活用することであると定義されている．

AZAはそのビジョンとして，自らの目的を以下のように述べている．「私たちは，全ての人々が動物と自然を尊重し，高く評価し，保全する世界に思いを巡らせている」（AZA 2007）．EAZAのウェブサイトでは，教育が組織の使命の中心に存在するとしている．なぜならば「保全を成功させるためには，動物のことや，彼らが野生下で直面している危機を，人々が理解し，気にかけるよう動機づけをする必要があるからである」（EAZA 2007）．同様に，ZAAの教育指針にも以下のように書かれている．「他の模範となるような，人々と自然を繋ぐ教育の機会を提供し…（中略）…人々がよりよい理解を得るとともに，われわれ人間が自然界のバランスの中に存在する将来に対し，人々が寄与できるようにする」（ARAZPA 2003）．

動物園と水族館を理解することは，近年，来園者への教育における斬新的進化を引き起こした，公共的価値および行動を具体化するための機会と責任を得ることに繋がる．また，教育はいつの時代も動物園の目的の一部ではあったが，近年になって動物園保全戦略において必要不可欠な要素となり，初めて明確な検証や調査がなされた．このような変化が主にここ30年で起こり，動物学の専門家のコミュニティにおいて様々な人々を結びつけている．これについては，教育心理学，社会心理学，公衆衛生などの他分野や，子ども科学館，科学センターなどの機関からの知見により，すでに報告されている．それに加えて，来園者の動機や満足度に対する理解，より動物を活動的に見せる機会の多いものへと仕向けるための新しい動物飼育管理手法など，私たち自身のフィールドにおける進展からの利益でもある．そのどちらも動物学的経験をより楽しく，より学習へと繋げるものである．

世界規模での生物多様性への意識の高まりに挑戦する際に，どのようにすれば動物園水族館が，来園者の保全に関連する態度や行動に対して，最大限に肯定的な影響を与えることができるのかを理解することが，これまで以上に重要である．本章では，来園者への教育および動物園水族館のデザインにおける経験が，時間の経過とともにどのように変化してきたのかについて分析する．どれくらい遠いところから私たちは歩んできたのか，現在どのような位置にいるのか，そしてどこへ向かっているのだろうか．

動物園の展示における来園者への教育革命

公教育における動物園水族館の役割の変化

最古の動物園は基本的には見せ物用に動物を集めたもの（メナジェリー）であり（Hancocks 2001，本書第 11 章），多くの場合，王族たちによって維持管理されていた動物のコレクションを展示するためのものだった．こうした機関は社会秩序を強化するのに役立てられた．貴族たちは，人々を支配したように，動物園おいても動物を介して彼らへの支配を明示した．フランス革命によって王のメナジェリーであったジャルダン・デ・プラントが一般に開放され，状況が一変した．この新しい世界における秩序の下，動物園は博物館やその他の公的展示と同様に“公立大学”として機能し，分類学や博物学を学ぶための公共広場として提供されたのである（Hargrove 1996）．この初期に形成された，人々がそこを訪れて学ぶというやり方は，訓練を受けた教育者ではなく，科学者や建築家によって推進されたものだった．動物は常に分類群ごとに展示され，その学名が表示された．リンネ協会の最新の考え方が反映された自然界における“正確な”精神的モデルを，そこを訪れた人々がつくり出すことが望まれていた．20 世紀初頭，Carl Hagenbeck のような動物園デザイナーが，自然の生息地を模倣した，あるいは来園者があたかもその動物の棲む世界に入り込んだかのような環境をつくり始めた．また，当時は教育目的をもつことが明確に認識されていたわけではなかったが，そのようなデザインの裏には，自然の生息地における野生動物に対する懸念や本質的な感謝，近代動物園デザインの中心的信条となる経験という目標を発展させることを意図していた（第 18 章を参照）．

公教育における動物園の役割は，Hagenbeck の時代に劇的な変化を遂げた．書籍，ラジオおよびその他のメディアを通して多くの情報が一般市民に迅速に伝わるようになり，動物園と博物館は計画された教育プログラムの紹介を始めた．米国では，学校や一般市民を対象とした有益な授業を初めて行った動物園の 1 つとして，ニューヨークにあるブロンクス動物園があげられる．今日，多くの動物園や水族館には教育部門が設置され，積極的な活動が行われている．

こうした公教育プログラムには価値があるかもしれない．しかし，その対象人数が比較的少ないため，その影響が制限されてしまうのである．特に 1960 ～ 1970 年代にかけての環境運動の高まりにおいて，この難点は明白となった．人々は，きれいな水や土地，空気を気にし始めると，野生動物についても同様に気にかけるようになり，動物園で動物を飼育することは正当なのかという疑問がもたれるようになった．プログラムを受ける数名の受講者だけに対する教育的利益よりも，一般の人々へのエンターティメント性こそが，動物園における動物飼育の正当化に繋がると考える人々もいた．自然関連のテレビ番組の出現により，動物園と水族館は，来園者にとって，自然史に関する情報源ではなくなった．では動物園はどのような役割を担うのだろうか．動物園と水族館は，絶滅の危機に瀕した種の繁殖を介して自然を守る努力に焦点を当て始めた．“ノアの方舟”のパラダイムが生まれたのである．

このパラダイムは 1970 年代に広く行われたが，1980 年代には「結局のところ，生息地の保護なしに行う種の保存は無意味なのではないか」というようなひびが私たちの考えに入り始めた．その結果，動物園と水族館は，生息地および地域住民参加型の保全計画の支援とその実施を開始した．こうした重要な取り組みの多くが成功したにもかかわらず，このような計画への投資は機関の運営予算のごく一部でしかなかった．次第に動物園と水族館の専門家は，私たちの最も重要な保全資源は自分たちが飼育している動物だけではなく，自分たちの施設を訪れてくれる何百万人もの人々でもあり，保全における大いなる可能性は，最良の聴衆の知識，態度，行動に影響を与える変化の担い手にすることにあった．1990 年代までに，動物園と水族館は一巡して，再度来園者への教育的インパクトに焦点を当てるようになったが，それはその目的に保全ありきのものであった．近年では動物園の専門家は，自分たちが来園者に影響を与えているのか“推測”することを止め，その代わりに現在はその影響力を“測定”するとともに，自分たちが学んだことを適用し，それにより変化の担い手としての信頼と能力の双方を向上させることの必要性を認識している．

学習のためのデザイン

ゆっくりと時間をかけて，動物園の専門家は“教育の好機”として，動物園での経験や野生動物との巡り会いへの投資の必要性を認識するようになった．もし来園者がもっと動物のことを知っていたなら，彼らは動物を正しく理解し，もっと気にかけるようになるはずだ，と教育担当者は参考文献図書を放りだし，学名やその種の生息域を超えたものをつくり始めた．動物の生息地やその絶滅が危惧される理由などを話すことにより，動物たちを取り巻く背景をつくり上げようとした．しかしその結果，看板に書かれた文章は重苦しくなり，あまり注目を集めることはなかった．もしかするとさらに悪いことに，いかなる保全メッセージも概して“将来に希望が持てない”ものばかりであり，心に強く訴えられるものであることが証明されることはなかったのかもしれない．

教育が必要不可欠な機能であることが受け入れられるようになり，動物園と水族館は来園者に関する研究への投資を高めていった．来園者研究の対象が博物館環境から動物園や水族館へと広がっていった．どのようにすればグラフィックをより効果的なものにすることができるのか，というようなものがその例としてあげられる（Rand 1985，Bitgood et al. 1986，Serrell 1996）．同時に，教育担当者は非常によくできたグラフィックでさえも，常に全ての来園者に届く最適なものであるとは限らないということを理解し始めた．正規の教育者および教育心理学者には既知である学習原理を応用し，科学館や子ども博物館などにおける私的な教育者の技術を統合すべく，教育担当者とデザイナーは協働作業を始めた．それにより，大きな影響を与えることができるようになった．職員とボランティアは，動物の里親プログラムについて話したり，頭骨や毛皮といった実際の野生動物の体の一部を見せながら，一般の来園者と交流するようになった．多重知性あるいは学習法などといった教育的概念が，動物園と水族館の展示計画に使用される語彙の一部になった．動物園と水族館は多感覚に訴える，経験に基づく学習における多様な機会をつくることの価値を認識するようになった（White 1993，Brong 1989，Leiweke and Waterhouse 1990，Mayes et al. 1990，Wineman, Piper and Maple 1996）．

来園者学習センターの出現

教育担当者とデザイナーが，その他の非公式な学習会から得られた新しいインタプリティブ方式を導入し始めたことにより，非常に相互作用が高く，豊富な媒体をもつ学習センターが動物園や水族館にお目見えするようになった．1972年初頭，著名な爬虫両生類学者であるCarl Gansは，来園者が自分で動かすことのできる爬虫類の行動に関するビデオや，定期的に食餌行動を刺激する“クリケット銃”などの革新的なアイデアを取り入れた爬虫類の展示をつくるべく，ベルギーにあるアントワープ動物園との話し合いを行った．その10年後，トレド動物園が，生きた動物とハンズオン学習を合体させた「生命の多様性ギャラリー」をオープンした．来園者は異なる四肢動物の歩様を実演する装置を回転させたり，顕微鏡下で自然史標本を観察したり，巨大なペンギンの卵を自分の足の上に載せてバランスよく立たせたりするところができた．ワシントンD.C.にあるスミソニアン国立動物園の爬虫両生類研究所では，特別にデザインされた観察箱を用い，小型の生きた爬虫類と両生類の観察を行うなど，様々な机上での活動が試された（White 1983）．フィラデルフィア動物園の「樹上の家」では，子どもたちがそこまで木を登って行き，目の前に大きく拡大された7.5mの高さのトウワタの木を飾るオオカバマダラのライフステージや，子どもの背丈ほどの大きさがある完成された甘い香りのするハチの巣などから，そこに住む生き物とその住処から聞こえる音を聞き，匂いを嗅ぎ，それに触れることができた．ブルックフィールド動物園（イリノイ州）の「鳥になってみよう」では，マルチメディアを用い，来園者は全身で鳥類の生活様式を共感することができるようになっていた．

博物館や科学センターにおける展示メディアの革命と時同じくして，動物園や水族館はさらに最先端技術を用いた展示を始めるようになった．トレド動物園では，想像に富んだアニマトロニッククリーチャー（なめらかな動きのできるロボット）が，来園者に動物の適応に関する話をし，セントルイス動物園ではアニマトロニクス（ロボットのチャールズ・ダーウィンを含む），対話型のコンピュータステーション，自然物の展示，ビデオ，有史以前の動物の原型，ビデオ顕微鏡，ホログラムなどの装置がぎっしり詰まった中に，150種以上の動物を展示した「リビングワールド」が公開された．ロサンゼルス動物園内にある子ども動物園でも，生きた動物の展示と平行して，数多くの最新の科学技術を基盤とした要素に加え，そうした技術を使用していない対話型装置を取り入れた「アドベンチャーアイランド」が公開された．これら2つの展示場にはビデオエフェクトがかけられ，その結果，役者が動物と一緒に展示場内にいるような映像が映し出された．トカゲの展示場では，来園者が展示場内の熱センサーを遠隔操作したり，隣接する対話型のコンピュータステーションにおいて，砂漠に棲むためのトカゲの適応について，その詳細を調べたりすることができた．

評価の結果，来園者はこうした設備を楽しんでおり，そこから学んでいることが明らかとなった（Birney 1990, 1991, Routman and Koren 1993）．しかし対話型展示の製作とその維持は一般的に高くつくものであり，動物園水族館の唯一無二の利点である生きた動物のコレクションを，こうした総合的な経験が必ずしも常に最適に使用されるわけではなかった．来園者の満足度調査の結果（Normandia 1990）や技術を維持するうえでの問題により，最終的に「アドベンチャーアイランド」にはさらに多くの動物が導入され，動物と触れあう機会が増加し，科学技術の使用割合は減少した．動物の発する音を用いた飛び石や動物の展示場を観覧者が刺激する装置などを含む科学技術を用いない対話型装置の多くは，人気のある動物の展示場に残された．セントルイス動物園の「リビングワールド」では，生きた動物が感嘆の念や感謝の気持ちを喚起させると同時に，コンピュータ対話型装置が来園者の興味を効果的につかみ，情報を伝えていることが示されたが，観客が密集する２つの場所において，来園者の注目は非常に浅く広がり，展示要素に関心が向けられるのはほんのわずかな時間だけであった．つまり，展示場をつくり維持するのに多額の資金を投入したものの，来園者の動物への関心が希薄であったことを示していた（Routman and Korn 1993）．

このような試みがなくとも，こうした意欲的な設備は，様々なタイプのメディアについて総合的に学ぶうえでの助けとなった．新しいアプローチを試す園館は，それが来園者へ届くよう，動物園水族館における教育担当者のためのツールキットを拡張した．来園者への教育の機会を増やすべく，対話型要素，視聴覚媒体，その他の教育戦略を用いることが，動物園の展示デザインにおける慣例となった．しかし，こうした展示場は，固定された看板の上のみで改善をはっきりと示す一方で，来園者の経験を意味づけるようなストーリー展開（あるいはテーマ）が見えておらず，感動的な経験を生み出すほどには来園者の注意を惹くことがなかった．

感情学習：感情の価値を認識する

来園者の教育のためのこうした新しい戦略のほとんどが，認知学習，つまり実際的な知識を高めるためのものであった．来園者が自然世界のよりよい世話役となるべく，彼らの知識向上が望まれていた．しかしながら，知識の向上と行動の変化との相互関係の欠如が明らかとなった（Monroe 2003）．最終的に専門家たちは，情意領域，つまり感情と態度における教育の重要性に目覚め始めた．人々が野生動物を大事に思うのであれば，彼らはそれを守ろうとするであろうという信念の下，動物園と水族館は，個人の繋がり，感謝の気持ち，思いやりという感情を育てることに集中し始めた．

情意教育は，最も重要な局面であるものから考え出されるための，ある重要な学習範囲から始まったものである．研究者たちは，動物園水族館を訪れることを介した情意教育について述べている．Marcellini and Jenssen（1998）は，爬虫両生類研究所を訪れることで，動物に対する知識を得るよりも大きなインパクトを人々の態度に与えられることを見出した．動物園と水族館が感情領域の重要性を認識し始めるにつれて，ストーリー展開へのアプローチが展示デザインにさらに用いられるようになり，説明的要素や動物を見るという経験が，健全な生態系における人々への利益などといった，統一的な概念が伝えられるようデザインされた教育全体にともに織り込まれた．

近年の展示場では，動物を思いやることに重点的に取り組むことが非常に推進されている．生きた動物よりもむしろメディアを使用する場合もある．例えば，デトロイト動物園では，動物園の入り口に野生動物アートギャラリーやライブシアタープログラム，アニマルアドベンチャーをテーマにした乗り物を導入している．フロリダ州オーランドにあるディズニーアニマルキングダムでは，3D アニメーションを用いて，無脊椎動物に対する好意的な気持ちを育てることに焦点を当てた「It's Tough to Be a Bug（虫になるのは厳しい）」を目玉にもってきている．また，ウォルトディズニーワールドのエプコット・テーマパークにあるリビングシーでは，映画「ファインディング・ニモ」に出てくるウミガメが主役の「Crush（クラッシュ）」が対話型のアニメーションシアターで上映されており，海洋生物への思いやりを深めることを促進している．

その他の展示場では，自然への親近感を高めると考えられているものに来園者を参加させている．ブルックフィールド動物園のハミル・ファミリー・プレイ動物園では，“遊び仲間”となったファシリテーターが子どもたちとその両親を，様々なロールプレイや自然の中での遊び（庭に植木を植える，ビロードでできた動物のぬいぐるみを使って獣医療を体験する，虫を探す，生きた動物に触れる，動物のための小屋をつくる）へと誘導する（Mikenas 2001）．サンフランシスコ動物園のミーアキャットとプレーリードッグの展示場では，子どもたちが展示場内の動物のように，穴を掘り，潜伏し，協力して，動物と彼ら自身の類似点を探す（Routman 2000）.

いくつかの展示は，来園者と野生動物の間の繋がりをより感じさせるようデザインされている．多くの動物園と水族館において，クマ，ゴリラ，ライオン，そしてトラなどといったカリスマ的存在の大型脊椎動物に来園者がより近づける機会が提供されている．フィラデルフィア動物園にあるPECO霊長類保護区では，動物からの分離感を減少させ，ガラスの障壁を通り抜けているかのように見える“Howdy（やっほー）”木枠を使用し，“強烈な，感情に訴える経験”を提供するようデザインされている（Baker 1999）．類人猿と人間双方を招き，動物も来園者も互いが近づいて出会うための隠れ家のようなスペースがつくられている．ブロンクス動物園のコンゴの展示場は，近寄らなければ目に見えないガラスの防壁を用いているため，動物と人々があたかも同じ自然の中で展示場を共有しているかのように見える．カリフォルニア州モントレーにあるモントレー湾水族館では，感謝の念を引き起こすために固有のカリスマ性をもつ大型哺乳類を当てにするのではなく，昆布の森展示場がそびえ立ち，ゼリーの中をクラゲが漂い，揺らぐ昆布の優雅な美しさの中に来館者が浸るようになっている．それは生きた芸術である．

最後に，多くの動物園水族館では，飼育担当者による解説の際に来園者が動物に触れることからキリンに餌をやることや，イルカとともに泳ぐことまで，来園者と動物の間での直接的相互作用をもつ余地がある，あるいはそうすることが奨励されている．ベルリン動物園のキツネザルの展示にあるような，展示場内の歩行者用トンネルが一般的なものとなり，世界中の多くのチョウの放飼場やドイツのハノーバー動物園にあるペリカン放飼場においても来園者は動物に触れることが可能になっている．オーストラリアのシドニーにあるタロンガ動物園やその他のZAA（付録3を参照）加盟園館では，昔からキリンに若葉を与えることができた．フロリダ州メルボルンのブルバード動物園やコロラド州コロラドスプリングスにあるシャイアンマウンテン動物園，サンディエゴ動物園は，先例を追随する米国の動物園の一部である（図12-1）．サンフランシスコ動物園では，飼育担当者が手伝ったうえで，来園者がキツネザルに新鮮な若葉や食べ物を与えることができるようになっている．

行動の変化に重点を置く

こうした感情の変化に注目すると同時に，もし保全活動を動機づけることが目標ならば，来園者の経験のためのデザインは，来園者の行動への影響に明白に焦点を当てる必要があるのではないかということに動物園の専門家たちは気づいた．研究結果は，影響と保全活動との間の繋がりが知識と行動における繋がりよりも強いものであることを示していた．測定可能な基準における持続された変化は，行動の変化に明確に的を絞った教育への取り組みに必要とされた（次章参照）．感性認知および感情学習に対するこれまでの努力を足場に，動物園水族館は，特に個人の保全活動に影響を与えることを目的とした，より多くのメッセージや活動を紹介し始めた．

その例として，多くの動物園水族館において，人々が地元であるいは生活地域内で野生動物を助けられるような身近な活動を促進し始めたことがあげられる．ブルックフィールド動物園の沼地の展示は，来園者が健全な湿地を促進する手助けをすることができるというシンプルな活動を表現したものである．ボルチモア国立水族館では，新しい展示場，教育プログラム，隣接するチェサピーク湾の保全に対するフィールド保全活動を結びつけている．水族館への来館者がコンピュータデータベースに自分の名前を入力すると，地元の保全構想に関する情報を受け取ることができ，自らがそれに参加をすることができるようになっている．

その他の例として，動物園水族館が，自宅における行動ともっと離れた野生下における保全活動との間に繋がりをつくり出すために努力を重ねていることがあげられる．モントレー湾水族館の来館者は，海産物観察ポケットガイドを持ち帰ることができるようになっている．このガイドは，海洋生物個体群に損害を与えない購入可能な海産物一覧を簡単に見ることができるようになったものである．今日，こうしたものや，その類似品，財布に収まるサイズのカードなどが，多くの動物園水族館で配布されている．英国のブリストル動物園における展示では，リサイクルをすることでどのように野生動物やその生息地を守る支援ができるのかを来園者に示している．日陰で栽培されたコーヒーの購入，持続可能であることが認定されている伐採による木材製品の購入，および無毒な芝生手入れ製品の選択など，環境に配慮した品々を購入することが，動物園水族館において促進されている．フランス，ボローニャにあるNausicaäフランス国立海洋体験センターに本部があるワールドオーシャンネットワークが作成した海洋市民パスポートが，世界中の数多くの水族館で配布されている．これには大人用と子ども用があり，それぞれの活動に併せてカスタマイズ可能なガイドや，組織に深く参加していることに対し公式に認証を得るための方法が書かれている．

今日，動物園水族館は，フィールドの保全計画を支援す

図 12-1　フロリダ州のブルバード動物園におけるキリンへの給餌．キリンに餌を与えることは，動物園水族館が来園者と野生動物を結ぶための，多種多様な新しい人道的な技術の 1 つである．（写真：ブルバード動物園，許可を得て掲載）

る寄付を常に働きかけている．フロリダ州のオーランドにあるディズニーアニマルキングダムテーマパークでは，来園者に対し，世界中で行われている保全計画を支援するべく“1 ドルを加えて”物品を購入することを奨励している．ブロンクス動物園のコンゴの展示では，来園者が実際に目にした展示種に関連した複数の保全計画について学ぶ機会が得られるようになっており，そのうちの好きな計画を選び，それに展示場への入場料を寄付できる仕組みになっている．デンバー動物園の霊長類パノラマにも，似たような選択ができる仕組みがある．来園者は ATM のような機械を使って，現金，クレジットカードあるいは ATM カードを使って寄付をすることが可能である．バンクーバー水族館（カナダ）の「ベルーガとの出会い」という展示には，海洋保全組織への寄付の機会が含まれている．そして多くの施設では，生態系保存センターが開発した保全パーキングメーター対話型寄付装置が使用されている．このパーキングメーターを介して，熱帯多雨林の土地購入への寄与ができるようになっている．

一度に 1 つのことだけを

一般教育の現状は，私たちの発展の一局面でしかない．ごく最近，動物園水族館の教育担当者は，行動の変化を導く学習体験をどのようにしてつくり上げるかという点におけるさらなる見識を得るべく，ソーシャルマーケティングなどの他分野に目を向け始めており（McKenzie-Mohr and Smith 1999），保全心理の規律を明らかにし始めている（Saunders 2003）．私たちが現在学んでいることは，動物園と水族館における来園者に対する教育について現在行われている進化を促進するものである．

本概要では，北米での例を主に用い，ゆっくりと時間をかけて来園者への教育における傾向を描写してきた．実際には，もちろんこれらのことが一直線上に起こったわけではない．様々な園館，教育担当者そしてデザイナーが異なる時点において生みだし，そしてその当時の原則や手法に当てはまるようにしたものである．最終的には，保全組織としての目標を叶えたいのであれば，来園者教育において自分たちが求める成果を明確にする必要があり，そのためには来園者へ届けることができ，保全における責務を動機づけられる新たな道を探さねばならない，ということへの理解に，現場が総じて向かうようになった．

来園者に対する教育について，私たちは何を知っているのか

来園者に届くための最善策について，私たちは何を学んできたのか

保全に関する知識，感情，行動がどのような影響をもたらすのかをよりよく理解することで，動物園水族館における教育方法は変化を遂げてきた．より成果に基づくようになったことにより，自分たちの施設内における研究と開発が増加したことから，こうした学習の大部分が生まれた．環境教育，認知生理学，公衆衛生，子どもの発育などの学問分野，また，科学センターや子ども博物館などの組織からも見識を得た．以下に，こうした要となる学習方法や，動物園水族館における来園者に対する教育への適応を際立たせる主な学習事項のいくつかを簡単にまとめておく．

主要学習事項１：聴衆を知る

動物園水族館に来る人々は，動物のことや保全に対し，様々な視点をもっている．影響を最大限に引き起こすためには，以下の視点を理解しておく必要がある（Falk and Adelman 2003，Falk and Storksdieck 2005）．環境コミュニケーション団体「環境計画基金」は，環境保護への人々の結びつきが，主に以下の３つの観点から成り立っていることを見出した．次世代のために自然環境を保護すること，神の創造物の世話役となること，健全な環境における自分の家族の暮らしを望むこと（Belden and Russonello Research and Communication 1996，Belden, Russonello, and Stewart 2002）．こうしたテーマにおいて，動物園水族館の展示は，１つ目の項目に最も近く，同じ立場となる傾向がある．宗教や公衆衛生と，動物園水族館における経験が結びつくことは滅多にない．この研究は，私たちが来園者と最も反響する望ましい価値基準と私たちの経験をより近づけることができる方法について提案しているものである．同様に，Schultz（2001）と Schults et al.（2004）は，人々が自らと自然との関係性において自分たちのことをどのように考えているかは，自然の中で彼らがどのように振る舞っているかに直接関わるものである，つまり，個人がどのように自然と関わっているかを考えるには，彼らの保全に関する感情や行動に影響を及ぼす方法を理解することが重要なのかもしれないということを，実例をもって説明している．

第２に，来園者は通常，一般の人々よりも知識が豊富であり，保全問題を気にかけていることが多いが，こうした知識や懸念はほとんどうわべだけのものにすぎないことが研究で示されている（Adelman, Falk, and James 2000, Dierking et al. 2004，Falk et al. 2007）．来園者がすでに何を知っているのかを知ること，そして持続的に繰り返すことによって，教育エネルギーを適切に集中させることができる．例えば，すでに保全問題について知っている来園者は，責任をもって自然の世話役になる方法に関する明快な指示を得られることを評価するようである（Doering 1992，Hayward 1998）．

最後に，私たちの社会において変化する人口動態と一致するように，動物園や水族館は，より多様な観客を魅了しようとしている．異なる文化は，非常に異なる方法での動物と人々の関係性を認識し，各文化はそれぞれ独自の信条とライフスタイルに特有な，独特の役割を動物や自然によるものと考えている（例：Floyd 1999，Brown 2002）．さらに言えば，異なる文化に身を置く人々は，それぞれ異なった方法で情報処理を行う可能性があり，これこそが人によって動物展示における経験が異なる状況をつくり上げているのかもしれない（Nisbett et al. 2001）．最後に，どのような社会集団に属する形で人々が動物園や水族館を訪れるのかということも，それぞれの経験に影響を与えるものである．例えば，対話型構成要素を含み，複数のユーザーが利用できる他，様々な年齢において使用可能で，複数の学習スタイルや知識レベルにおいて魅力的である展示場の場合，家族で訪れたほうがより多く学習するのである（Borun et al. 1998，Wagner 1999）．

主要学習事項２：保全について教えるのは特定の年齢に達してからでなければならない

子どもの発育について書かれた論文には，年齢が異なれば情報処理方法も異なると述べられている．近年，David Sobel をはじめとした研究者が，こうした発育段階と保全教育の妥当性について明示している．Sobel（1995）は，将来に希望がもてない環境メッセージを与えられた幼い子どもたちは，全く情報を与えられなかった子どもたちと比べ，環境保護への興味が薄れるという研究について述べ，その結論の中で保全に関する否定的な話を聞くことは，特に，子どもたちの所在から非常に遠い場所に住んでいる外国産種に関連したものについて，子どもたちを無力化させ，

表 12-1　ブルックフィールド動物園は，プログラムおよび展示双方に適用された異なるタイプの保全メッセージに対する子どもたちの反応に関する研究を基礎にした，年齢に適した環境教育を推奨している

年齢	適切なテーマ	不適切なテーマ
3 歳まで	動物はかっこいい 感覚的経験 家の近くの動物たち 家族（母，父，赤ちゃん）	生態系（抽象的すぎる） ライフサイクル（誕生，死亡など） 絶滅危惧種 環境問題
4 ～ 7 歳	動物の住処 農場 / 家畜 捕食者 / 捕食 比較 / 自分と動物を比べる 動物の群れ ライフサイクル（誕生，死亡など） 環境に良い行い（リサイクル，再利用，照明を消すなど）	生態系（抽象的すぎる） 絶滅危惧種 環境問題 環境に良い方法を用いないことにより得る結果（生息地の減少，汚染，絶滅危惧種など）
8 ～ 11 歳	上記全て 環境に良い行い（リサイクル，再利用，照明を消すなど） 生態系 物理的適合 動物の生息地と必要なもの 特定地域における調査 循環（生命，水など） 「もしリサイクルをしなかったら，もっと多くの埋め立て地が必要になる」などのように，環境に良い行いをしないことから導かれる直接的で単純な結果（どうしようもないものではない）を紹介する	環境に良い方法を用いないことによる悲惨な結末（生息地の減少，汚染，絶滅危惧種など）
12 歳以上	上記全て（高学年の子どもたちは動物についての楽しい内容について学ぶことが好きです！） 環境に良い行いをしないことから導かれる結果 具体的な経験を伴う生態系調査 絶滅危惧種	慎重を期したやり方で扱われるのであれば，たいていのテーマは適切である 生徒たちが影響を与えることができ，また望みを抱ける内容に焦点を当てる（米国は石油を得るために北極圏国立野生生物保護区で採掘する必要があるかどうか） 子どもたちがなにもできないテーマは回避するよう考慮する（アフリカにおけるブッシュミート危機の影響）

情報源：シカゴ動物園協会（www.brookfieldzoo.com）の許可を得て掲載．著作権 2001．無断複写・複製・転載を禁ず．

心配させ，その結果子どもたちは自然と関わらないようになってしまうとしている．ブッシュミートや絶滅の危機などのような保全問題について 10 歳未満の子どもたちに伝えることは，明らかに初期環境教育の正しいやり方ではない．この概念の正当性を示すものとして，私たちの多くが無意識のうちに殺人の詳細を示した絵を幼い子どもたちに見せないようにすることがあげられる．

これは別に動物園や水族館が，幼い子どもたちに対して保全の紹介をするべきではないと言っているわけではない．4 年生未満の子どもたちに対する早期保全教育は，興味や共感を引き出すことを目的とすべきである．Sobel（1995）は以下のように述べている．「重要なことは，子どもたちに傷の手当てを頼まれる前に，彼らが自然界と接点をもてるよう，そしてそれを愛することを学び，その中に身を置くことを心地よいと感じるような機会をつくってあげることである」．自然との繋がりを感じることは，後の行動への内在する動機をつくり上げる．行動を呼びかける際には，近所の小川の中のゴミや，裏庭のカメなど地元で見つけることのできる生物を用いることにより，子どもたちが実際に違いをつくり出せる状況を強調すべきである．さらに複雑な，遠隔な場所におけるものに関しては，10 代あるいは大人用に取っておくべきである．またその際には，恐ろしい，希望のもてないメッセージによる無力化に十分配慮する．こうしたメッセージが適切ではないのは，なにも幼い子どもたちだけではない．遠隔地における深刻な保全問題を取り上げる際に，無関心にさせるのではなくなんらかの行動を引き起こすには，解決策を示した，人々を力づけるメッセージを含むことが必要不可欠である（Ruiter, Abraham, and Kok 2001）（表 12-1 参照）．

主要学習事項 3：受け身の経験よりも双方向の経験を．看板よりも人間を．

受け身な経験と比べ双方向の経験は，ほとんど例外な

く効果を発揮する．特定の学習者に対して表示されている看板は，通常，双方向形式を用いたメディアよりも功を奏さない（Bielick and Karns 1998，Ogden, Lehnhardt, and Savage 2000，Lehnhardt et al. 2004）．しかし看板は，戦略的配置および配慮されたデザインを用いたり（Derwin and Piper 1986，Serrell 1996），双方向性レベルを向上させたり（Derwin and Piper 1988）することにより改善することが可能である．同様に，高度な双方向性が存在する場合，動画やコンピュータを用いた経験が，より効果的である．ニューヨーク市にあるニューヨーク水族館の典型的なイルカの展示では，双方向ビデオ，ロールプレイング形式，イルカの行動を刺激する双方向性のコンピュータを用いることで，来館者のイルカに対する好意的な見解や共感を向上させるとともに，イルカの高度に発達した知能についての理解も深めている（Sickler et al. 2006）．セントルイス動物園のリビングワールドにおける展示では，最高の双方向コンピュータプログラムが生きた動物の次に人気であり，展示内のいかなるメディアよりも長きにわたりもちこたえ，コミュニケーション目標を達成する成功を収めた（Routman 1994）．

しかし，解説が功を奏するのは，人が解説をする場合なのかもしれない（Adelman et al. 2001b，Lehnhardt et at. 2004，Meluch and Routman 2004a, 2004b）．これは演劇から広がったものであり，動物園水族館に広く適用されている，1 人の人物が解説を行うというものだが，これが演劇同様効果的である可能性がある（Lehnhardt et al. 2004）．スイスのゴールダウ自然動物園における研究の中で，Lindmann-Matthies and Kamer（2006）は，生物学的標本に触ることができるカートに足を止めた人々は，ただ絵を眺めた人々よりも，ヒゲワシの生態や生態学，保全について多く学んでいたことを明らかにした．Meluch and Routman（2004a, 2004b）は，サンフランシスコ動物園の「キツネザルの森」において飼育担当者による解説を見聞きした来園者は，解説を聞かなかった人々と比べ，キツネザルの保全への関心が非常に増加していた．Lehnhardt らは，ディズニーアニマルキングダムにおいて，解説がブッシュミートへの懸念と同じ効果をもつことに気づいた（Lehnhardt et al. 2004）．Swanagan（2000）は，ゾウの実演や標本が置かれたカートを見ることによって，来園者が象牙の貿易に反対する葉書を送る可能性が高まることを見出した．アトランタ動物園において役者と生きた動物を使った演劇を見た来園者は，見なかった来園者に比べ，野生動物は良いペットにならないことをかなり強く認識し，いくぶんか保全活動に気持ちが傾いたのだった（Davison et al. 1993）．

主要学習事項 4：動物は差別化要因の要である

動物は，他の保全機関やほとんどの博物館および科学センターと，動物園水族館を分ける差別化要因の要である．これは人々が動物に感じる魅力に，生物学的基礎があることを表している（Wilson 1984，Kellert and Wilson 1993，Louv 2005）．実際の生きている動物には，模型や画像をはるかに超える教育的価値があり（Morgan and Gramann 1989），動物の実演や間近での動物との交流は，来園者の動機づけや態度，そして行動にまで影響を与える著しく強力なものである（Heinrich and Birney 1992，Yerke and Burns 1991，Gates and Ellis 1999，Swanagan 2000，Povey and Rios 2003）．

たびたびカリスマ的大型脊椎動物と呼ばれる特殊分類に代表される大型哺乳類は，注目を集め，感情反応を引き起こすのに完璧なものとして位置づけられている．大型動物は，より行動的な動物がそうであるように，一般的により多くの注目を集めるとともに，長時間それを引きつける（Bitgood, Patterson, and Benefield 1998）．加えて，人々は爬虫類や無脊椎動物などよりも，哺乳類に対し好感をもち，関係を感じる傾向が強い．肯定的な感情反応を引き起こすにあたり，非常に明白な人間との類似点を頻繁に持ち，私たちと最も近い関係にあることから，哺乳類が優位になるのかもしれない（Myers, Saunders, and Birjulin 2004）．

研究者たちは，自然下における動物が関係した至高体験の力，特に密接な相互作用，動物から人々への接近，動物とのアイコンタクトについて言及している（DeMares and Krycka 1999; Schanzel and McIntosh 2000）．また，動物園水族館における至高体験のように，野生のクジラやペンギンとの相互作用に焦点を当てた特定の研究は，似たような影響力をもっているかもしれない．チョウ園において最近行われた試験的な研究では，この結論への支持が示されている（L. Pennisi 私信）．来園者の理解と懸念を増加させることに著しい成功を収めているブロンクス動物園の「コンゴ・ゴリラの森」において，来園者は，ゴリラを近くで見ることが，最も楽しく，記憶に残る経験だったと言及した（Hayward and Rothenberg 2004）．本件では，自然主義の展示環境によって補完された動物との経験および対話型メディアの双方が，人々の楽しみと学びに大いに貢献していた（図 12-2）．

中核となる資源，動物コレクションが，強烈な感情反応を来園者から引き起こすことにはなんの疑いもない．第 3 項と第 4 項に示されているように，動物の専門家の話と動物に関する経験が一体化した場合に，この反応は最も強力

図 12-2　ニューヨークにあるブロンクス動物園の「コンゴ・ゴリラの森」．この展示場を訪れた来園者はゴリラを間近で見るという最も楽しく，記憶に残る経験をすることができる．（写真：D. Demello© 野生生物保全協会．許可を得て掲載）

になる（図 12-3 参照）（Anderson et al. 2003，Povey and Rios 2003，Lehnhardt et al. 2004，Meluch and Routman 2004a, 2004b）．

主要学習事項 5：十分に情報が含まれている思慮に富んだ擬人化は構わない

動物園水族館の専門家は従来から，擬人化を断固として避け続けてきた．しかし，もっと適度なやり方があるのではないだろうか．擬人化は「人間以外のものに，人間の姿，人間の特性，人間の格好をあてはめること」と定義され（Encarta 2005），人間以外のものに感情や考えを不適切に当てはめることについても言及されることが度々ある（例：「あの歩いているクマは悲しいのではないか？」）．しかしこれには，現実の類似性に基づく動物と来園者との間での有効な比較を行うことも含まれている．例えば，ニューヨーク水族館にあるイルカと人間に見られる数多くの比較を描いたものなどがそうである．このような視点において，擬人化は効果的であり，むしろ常に擬人化を回避するよりも，人々と動物の繋がりを見せるのに適切な技術と言えるだろう．人々と動物の行動における類似点は，強力な教育ツールであり，共感や理解を強化するための基礎でもある（Burghardt 1997，Mitchell, Thompson, and Miles 1997，Sickler et al. 2006）．これはなにも，動物のことをまるで人間と同じように物事を考える可愛らしいふわふわした生物として表現することを提案するものではない．実際の類似点が人間と人間以外の動物との間における繋がりを明示する一助となる，十分に情報が含まれた擬人化を支持するものである．

主要学習事項 6：自然環境は，強力なプラス効果を与える

Coe and Dykstra（第 18 章参照）によれば，動物園あるいは水族館における学習は与えられた経験によるものだけではなく，つくり上げた環境的特徴にもよる．どう見てもケージに入れられている動物と比べ，より自然な環境にいる動物は，長時間見られており，より肯定的に理解されている可能性がある（Rhoades and Goldworthy 1979，Ogden, Carpanzano, and Maple 1994，Price, Ashmore, and McGivern 1994）．このようなイマージョン展示は，

図 12-3　サンフランシスコ動物園の飼育担当者による解説．動物の実演の影響や，来園者の感情，態度，行動に対する生きた動物の反応との詳細な相互作用を示す報告が相次いでいる．（写真：Emily Routman．許可を得て掲載）

特に，展示に機能性と美しさが兼ね備えられている時に，学習効果を向上させ，より肯定的な感情反応を得られるようである（Ford and Burton 1991，Ogden, Carpanzano, and Maple 1994）（図 12-4 を参照）．しかし，動物が環境内に見えない状態では，来園者は不満を経験してしまうかもしれない（Spruce and Esson 2005）．

数多くの研究が自然体験と保全に対する態度と行動を結びつけている（Louv 2005 参照）．保全活動を活発に行う大人は，一般に，子ども時代に自然下で自由に遊ぶ時間を長く過ごし，自分の人生に大きな影響を与えた大人が存在しており，その人から自然への尊敬の念を教わっていた（例：Chawla 1998）．Siemer and Brown（1997）は，家族での自然体験により，保全メッセージをより受け入れるようになることを見出した．Kals, Schumacher, and Montada（1999）は，自然の中で時を過ごした人々は，自然に対し感情的親和性を感じたり，保全に関連した行動を実行したりしやすいことを論証した．動物園や水族館が一般的に行っているような野生動物との経験が，この“自然のニッチ”を同様に満たすことができるのかどうかは定かではない．しかし，できるのかもしれないと考えることは，好奇心をそそる．AZA の最近の調査によれば，動物園や水族館を一度訪れることにより，自然との関わりが増したという感情を導くことを示唆している（Falk et al. 2007）．より深く自然と繋がることにおける重要性は，動物園と水族館が本当の自然の中での遊び体験を，特に子どもたちに与えなければならないということを示している．ブルックフィールド動物園にある「ハミル・ファミリー・プレイ動物園」では，本当の自然の中での遊びができるような場所と資源を提供している．ダラス動物園にある「自然と見つめ合う」では，面白い自然物を持ってきた子どもたちに報酬を与えることにより，動物園を超えた自然探検を促している．次第に増していく動物園と水族館の役割は，生息域内保全にまで広がり，地元における保全への努力と現地での教育プログラムを結びつけるまでになった．こうして来園者に直接的に“自然の中にいる”時間をより多く提供しているのである．世界で都市化が進んでいけばいくほど，こうした経験はその重要度が増すのである．

主要学習事項 7：特定の活動が，行動的変化の可能性をより高める

私たちは，保全活動を動機づけることに関連した，いくつかの要となる経験を理解し始めている．これまでに述べたように，現在私たちは，保全に関する認識の高まりが環境に配慮した行動には直接結びつかないことを理解している（McKenzie-Mohr and Smith 1999，Kollmuss and

図 12-4　フロリダ州のオーランドにあるディズニーアニマルキングダムの「キリマンジャロ・サファリ」において，来園者はアフリカのサバンナにある生息地に浸らされる．このようなイマージョン展示は，学習や肯定的な感情的反応を増加させるようだ（写真：ディズニーアニマルキングダム，許可を得て掲載）

Agyeman 2002，Monroe 2003）．しかし，ある種の知識が非常に重要に見えることもある．生物多様性プロジェクトの研究において明らかになったことの 1 つに，ほとんどの米国民は生息地と野生動物を守りたいと思っているが，どうすればよいのか分からないというものがあった．彼らは特にどうやれば支援をすることができるのかを知りたいと同時に，こうした活動はうまく管理される必要があると考えていた（Beldon and Rusonello Communications and Research 1996）．モントレー湾水族館の海産物観察ポケットガイドには，こうしたことに対する助言が書かれており，このガイドを持ち帰った来館者の 80% に顕著な変化をもたらしたことが明らかとなった（Quadra Planning Consultants and Galiano Institute 2004）．

これまでに見てきたように，態度 / 効果と行動の間の関係性は，知識と行動の関係性よりも深いのかもしれない．また，一般的な態度は行動的変化の予測にはあまりならず（Wicker 1969），人々と自然の繋がりを構築する（つまり，効果的な変化を得る）ことは，より環境に配慮した行動に相関する保全倫理の開発を支援するように思われる（Hungerford and Volk 1990，Chawla 1998，Kals, Schumacher, and Montada 1999，Mayer and Frantz 2004，Monroe 2003）．

また，私たちは行動を変化する可能性をより高めるようななにかについて学び始めてもいる．人々の行動に影響を与えるということは，以下の 2 つの側面から見ることができるかもしれない．価値に焦点を当て，情報に基づいた意志決定を行う，長期にわたる発展的アプローチと批判的思考法（つまり，環境教育），そしてもう 1 つは，特定の行動を変えることに焦点を当てた，より短期間でのソーシャルマーケティングである（Monroe 2003）．ソーシャルマーケティングが的を絞った聴衆に対する非常に特異的な行動を促進する一方で，発展的アプローチは一般的な環境倫理の発展を目的としたものである．また，いくつかの研究において，環境に対し責任ある行動を長期間にわたって促進する際に，環境教育は効果的であり（Monroe 2003），おそらく短期的な効果に関する研究が大いに容易であることも手伝って，ソーシャルマーケティングに関連したデータは，ほぼ間違いなく，より説得力をもつものである（McKenzie-Mohr and Smith 1999，Monroe 2003）．

短期間において行動が変化する可能性を向上させるいくつかの要素も示されている．公衆衛生の分野では刺激と社会的支援が，行動に大きく変化をもたらす 2 大要素とされている（Webb and Sheeran 2006）．行動の変化をもたらすその他の要因として，“習うより慣れろ”があげられる．どんな保全活動経験も，将来の行動における可能性を向上させる（Finger 1993）．これは，動物園や水族館，あるいは地域のイベントにおける保全活動に積極的に参加することを来園者に勧めるべきであるということを提案するものである．ある行動の利点に対して，個人的な関連性を定着させることにも価値がある．例えば，趣味の釣り人は，遠くの川をきれいにすることよりも，自分たちが釣りをする地元の川をきれいにすることにおいて，その価値をより簡単に理解するだろう（Robinson and Glanznig 2003）．ソーシャルマーケティング研究は，各自の興味における公約や声明（例：嘆願書への署名，誓約委員会の利用）が，明瞭な特定の刺激として（例：リサイクル容器に直接書かれているリサイクルについての明晰な指示），行動が変化する可能性を増加させる（McKenzie-Mohr and Smith 1999，Monroe 2003）．人々から尊敬され信頼されている人物がメッセージを発信することは，論証，お手本，望まれた行動として，行動的変化への刺激を与えることに役立つ（McKenzie-Mohr and Smith 1999，Monroe 2003，Webb and Sheeran 2006）．多くの場合，特定の行動に対する防御に取り組む必要がある．例えば，持続可能な海産物に関することが書かれた財布に収まるサイズのカードが，知識不足の壁を取り除くのである．

最後に，変化そのものがシンプルで理解可能であり，はっきりしたものであり，否定的な社会的汚点がない場合，行動を変えるのはたやすいことである（Monroe 2003，Webb and Sheeran 2006）．保全活動がやたらに複雑で，同時にそれに関連した否定的な世論が存在する可能性があることから，私たちはこの最終的に到達した結論に対し，特に注意を払う必要がある．具体的には，関連する社会基準の構築が特に重要であり（Fishbein and Ajzen 1975），保全領域におけるこれらの構築を支援するために，動物園水族館との協働が決定的に重要な意味をもつことが示唆される．

行動の変化という領域からのこうした知識は，行動の変化に影響を及ぼすための動物園と水族館の努力を大幅に発展させる可能性を秘めている．AZA に属する複数の園館における研究プログラム「なぜ動物園水族館が重要なのか（以下に記述）」などのように，現在，動物園と水族館における教育で行われている業務は，行動の変化により焦点を絞った成功法に対する昨今の研究を統一するべく調整されている．

私たちの集団的影響

世論調査により，動物園がナショナル・ジオグラフィックやジャック・クストーの次に，信頼可能な保全に関する情報源であることが確証された（Favel 2003）．2004 年に米国で実施された世論調査において，圧倒的多数の回答者が，動物園水族館を訪れることが，人々の動物への感謝の意を促進させるとともに保全への支援を勧めると感じていたことが分かった（AZA 2007）．

しかし，非常に重要なことは，私たちの施設を訪れることにおける，実際の重要性の評価である．1999 年に AZA は「複数園館研究プログラム：なぜ動物園水族館が重要なのか（MIRP）」という教育的研究構想を開始した．AZA 保全寄付基金によって助成された総合的な論文調査において，当時，来園者の保全に関する知識，感情あるいは行動に対する，私たちの設備の全般的な影響に関する系統的な研究がわずかしかないということが分かった（Dierking et al. 2000）．しかし，数多くの独立した研究（いくつかは参観全体を見ていたり，主要な展示のみを対象としていた）では，動物園水族館の来園者が多大な影響をもたらすことを示唆していた．さらに言えば，近年この重要な疑問に対する注目は高まりを見せている（Doering 1992，Adelman et al. 2001a, 2001b，Ramburg, Rand, and Romulanis 2002，Dierking et al. 2004，Hayward and Rothenberg 2004 を参照）．

既存研究を集約すると，動物園と水族館の展示は普及啓発と保全メッセージに対する理解の促進を示唆していた（Hayward 1997, 1998，Roper Starch Worldwide 1998，Adelman et al. 2001b）．動物園水族館における経験は，短期的にも長期的にも，保全に関する問題への理解を広げるとともにそれを深くすることが実証されている（Doering 1992，Bielick and Karns 1998，Swanagan 2000，Adelman et al. 2001a, 2001b，Dierking et al. 2004，Hayward and Rothenberg 2004）．一方で，Dunlap and Kellert（1989）は，ある研究においてほとんど知識を得ることはないとしている．

動物に対する肯定的な情緒的反応をつくり出す，つまり動物や自然を気にかける気持ちを植え付けることに対し，動物園と水族館は特に適しているように思われる．確かに，多くの保全専門家が幼少の頃に動物園を訪れたことがその後の彼らをつくり上げたと述べている．研究結果には様々な内容が混ざっているものの，一般的に肯定的な影響が示されている．4 つの異なる水族館における来館者は，海洋保全への懸念が向上したと述べられている（Roper Starch Worldwide 1998）．Marchellini and Jenssen（1998）は，爬虫両生類研究所において得られた結果において，知識よりも態度における大きな変化を見ている．サンフランシスコ動物園の「キツネザルの森」を訪れた人々への調査では，キツネザルの描写に肯定的な感情を示す語彙の使用が増加し，キツネザルの保全に対する懸念表現レベルの向上が見られた（Meluch and Routman 2004a, 2004b）．同様に，ディズニーアニマルキングダムとボルチモア国立水族館の来園者は，残念ながら時間の経過とともに減少している野生動物に対する懸念を深めていた（Adelman et al. 2001a, 2001b, Dierking et al. 2004）．一方 Hayward（1997）は，特定の展示が保全への理解に影響を与える一方で，その態度に与える影響は不明確であることを見出している．

動物園と水族館における経験は，来園者の保全活動への意志を向上させることが明らかになっており（Roper Starch Worldwide 1998），それは来園後6か月経っても向上し続けるものである（Saunders and Stuart-Perry 1997, Dotzour et al. 2002, Dierking et al. 2004）．しかし，全ての意志が長きにわたって行動に移されるというわけではない（Dierking et al. 2004）．最近の公衆衛生分野における行動変化に関する研究のメタ分析は，行動変化の意志と実際の行動の関係性を明確にする一助となっている．行動意志が非常に強い時にのみ，行動意志が行動の変化を導くことが分かった．しかし，その時でさえも，行動の変化はその意図を下回った（Webb and Sheeran 2006）．

動物園水族館による影響の測定や，動物園水族館の有効性を向上させる業務は現在も続けられている．2000年以降の論文によると，AZAは教育開発推進機構およびモントレー湾水族館と共同で，米国国立科学財団からMIRPの研究段階を立ち上げるための助成金を得ており，最初に来館者の動機づけおよび学習に関する研究を開始している．5,500人以上の来園者と12のAZA公認機関が参加した研究において，動物園あるいは水族館の来園者は，保全における彼ら個人の役割，そして動物を世話することや，動物の保全，動物への愛についての信念が強化されることを見出した．この効果は数か月後にも測定可能だった．本研究の要旨はAZAのウェブサイト（www.aza.org/ConEd/MIRP）にて閲覧可能となっている（Falk et al. 2007）．

AZA加盟機関は，保全に関連した感情や行動への私たちの影響に対する理解やその向上に焦点を当て，補足あるいはMIRP研究の一部の取り組みとして広範囲にわたる戦略を実施している．サンフランシスコ動物園，ブルックフィールド動物園，ディズニーアニマルキングダムにおけるワークショップがこれに含まれる他，ブルックフィールド動物園，ディズニーアニマルキングダム，フロリダ州オーランドにあるリビングシー，ワシントン州タコマに位置するポイント・ディファイアンス動物園，ニューヨーク州ニューヨークにある野生生物保全協会，ワシントン州シアトルに位置するウッドランドパーク動物園を含む数多くの動物園水族館において行われた，広範囲における調査計画もこれに該当するものである（Ogden et al. 2004を参照）．

動物園水族館コミュニティは総じて今日，特定の保全活動における共同での業務を拡大し始めている．EAZAは，協会内全域において，ブッシュミートからカメやサイまで様々な特定の保全問題に焦点を当てたキャンペーンの展開を先導した（EAZA 2007）．ZAAは，広範囲にカエルに焦点を当てたプログラムを2000年に開始した．AZAはZAAの後に続き，特定の活動を促進するキャンペーンにおいて加盟園館を調整している．MIRPの一部として，AZAは裏庭の野生動物のための家をつくってあげるなどといった，身近で地元で行うことができる活動を奨励し，加盟園館を通して“野生動物に配慮した家族”を促進するためのキャンペーンを含む国家的行動変更計画を展開し，その評価を行った．これに関連する計画として，AZAと，環境教育・トレーニングパートナーシップは，保全に関連する態度や行動の変更に効果的な手法への理解を完全なものにし，それを向上させるようデザインされた専門教育ワークショップを展開している．

結　論

動物園における教育の役割は，様々な方法で一巡した．初期の動物園は，日々門をくぐってやってくる来園者の群衆の必要性に合ったものに重点的に取り組んでいた．今日の信頼できる動物園水族館でも，当時と同様に公教育およびその影響力に対しかなりの資源を注ぎ込んでいるが，多くの相違点がある．

以前の公的な動物園は，ホッキョクグマにマシュマロを与えたり，ゾウに乗ったりなど，来園者が動物に近づける機会を提供することで，忘れることができない個人的な動物体験を来園者に与えようとしていた．思い出には残るものの，こうした経験は動物の健康福祉にとっても，来園者に与えるメッセージとしても嘆かわしいものであった．今日，動物園の専門家は人道的で，適切な，説得力のある経験と同等の安全性を持つメッセージをつくっている．そして，それを用いることにより，動物園の動物にとっても来園者にとっても肯定的な方法による，来園者と野生動物が繋がるための教育展示やメディアを補完するべく，絶えず努力を続けている．

動物園水族館の教育において，前任者と私たちが異なるところは，野生動物への脅威の深刻度や望ましい保全コミュニケーションから得られる結果を非常に明確なものにすることを要求する，保全センターとしての役割に焦点を当てて得られた結果である．現在行われている取り組みは，自分たちの成功を測定し，飼育動物，来園者そして保全活動に関する物語という，最重要資源からの保全インパクトを最大限にする方法を改良しなければならない，という認識によって推し進められている．知識が増加するにつれて進化する情報に基づき，戦略的に集中した取り組みを行うことで，私たちは貴重な経験や人間と動物の関連性を利用することができ，保全の担い手としての自分たちの可能性を認識するのである．

文　献

Adelman, L., Falk, J. H., and James, S. 2000. Assessing the National Aquarium in Baltimore's impact on visitors' conservation knowledge, attitudes and behavior. *Curator* 43:33–61.

Adelman, L., Dierking, L., Haley-Goldman, K., Coulson, D., Adams, M., and Falk, J. 2001a. *Phase 2 impact study: The National Aquarium in Baltimore*. Annapolis, MD: Institute for Learning Innovation.

Adelman, L., Dierking, L. D., Coulson, D., Haley-Goldman, K., and Adams, M. 2001b. *Baseline impact study: Conservation Station*. Annapolis, MD: Institute for Learning Innovation.

Anderson, U. S., Kelling, A. S., Pressley-Keough, R., Bloomsmith, M., and Maple, T. 2003. Enhancing the zoo visitor's experience by public animal training and oral interpretation at an otter exhibit. *Environ. Behav.* 35:826–41.

ARAZPA (Australasian Regional Association of Zoological Parks and Aquaria). 2003. *ARAZPA Education Policy*. Mosman, New South Wales, Australia: Australasian Regional Association of Zoological Parks and Aquaria.

AZA (Association of Zoos and Aquariums). 2007. www.aza.org. Silver Spring, MD: Association of Zoos and Aquariums.

Baker, A. 1999. PECO Primate Reserve at the Philadelphia Zoo. Designing for animals and people. In *Annual Conference Proceedings*, 207. Silver Spring, MD. American Zoo and Aquarium Association.

Belden and Russonello Research and Communications. 1996. *Current trends in public opinion on the environment: Environmental compendium update*. Washington, DC: Belden and Russonello Research and Communications.

Belden, N., Russonello, B., and Stewart, K. 2002. *Americans and biodiversity: New perspectives*. Washington, DC: Biodiversity Project.

Bielick, S., and Karns, D. 1998. *Still thinking about thinking: A 1997 telephone follow-up study of visitors to the Think Tank exhibition at the National Zoological Park*. Washington, DC: Institutional Studies Office, Smithsonian Institution.

Birney, B.A. 1990. The impact of Bird Discovery Point on visitors' knowledge of bird biology and behavior. Unpublished report. Brookfield, IL: Communications Research, Brookfield Zoo.

—. 1991. The impact of Bird Discovery Point on visitors' attitudes toward bird conservation issues. Unpublished report. Brookfield, IL: Communications Research, Brookfield Zoo.

Bitgood, S., Nichols, G., Pierce, M., Conroy, P., and Patterson, D. 1986. *Effects of label characteristics on visitor behavior*. Technical Report 86–55. Jacksonville, AL: Jacksonville State University.

Bitgood, S., Patterson, D., and Benefield, A. 1998. Exhibit design and visitor behavior: Empirical relationships. *Environ. Behav.* 4:474–91.

Borun, M., Dritsas, J., Johnson, J. L., Peter, N., and Wagner, K. 1998. *Family learning in museums: The PISEC perspective*. Philadelphia: Franklin Institute.

Brong, M. 1989. European zoos design for conservation education. In *AAZPA Annual Conference Proceedings*, 423–30. Wheeling, WV: American Association of Zoological Parks and Aquariums.

Brown, S. 2002. Ethnic variations in pet attachment among students at an American school of veterinary medicine. *Soc. Anim.* 10:249–66.

Burghardt, G. M. 1997. Amending Tinbergen: A fifth aim for ethology. In *Anthropomorphism, anecdotes and animals: The Emperor's new clothes*, ed. R. W. Mitchell, N. S. Thompson, and H. L. Miles, 254–76. Albany: State University of New York Press.

Chawla, L. 1998. Significant life experiences revisited: A review of research on sources of environmental sensitivity. *J. Environ. Educ.* 29:11–21.

Davison, V., McMahon, L., Skinner, T., Horton, C., and Parks, B. 1993 Animals as actors: Take 2. In *AAZPA Annual Conference Proceedings*, 150–56. Wheeling, WV: American Association of Zoological Parks and Aquariums.

DeMares, R., and Krycka, K 1999. Wild animal–triggered peak experiences: Transpersonal aspects. *J. Transpers. Psychol.* 30:161–77.

Derwin, C. W., and Piper, J. B. 1988. The African Rock Kopje exhibit: Evaluation and interpretive elements. *Environ. Behav.* 20 (4): 435–51.

Dierking, L. D., Burtnyk, M. S., Buchner, K. S., and Falk, J. H. 2000. *Visitor learning in zoos and aquariums: A literature review*. Annapolis, MD: Institute for Learning Innovation.

Dierking, L. D., and Saunders, C.D. 2004a. Guest editorial. *Curator* 47:233–36.

Dierking, L. D., Adelman, L. M., Ogden, J., Lehnhardt, K., Miller, L., and Mellen, J. 2004b. Using a behavior change model to document the impact of visits to Disney's Animal Kingdom: A study investigating intended conservation action. *Curator* 47.322–343.

Doering, Z. 1992. Environmental impact. *Mus. News* (March–April): 50–52.

Dotzour, A., Houston, C., Manubay, G., Schulz, K., and Smith, J. C. 2002. Crossing the Bog of Habits: An evaluation of an exhibit's effectiveness in promoting environmentally responsible behaviors. Proc. 31st Ann. Conf. N. Amer. Assoc. Environm. Educ. Boston, MA. 6–11 Aug.

Dunlap, J., and Kellert, S. R. 1989. *Informal learning at the zoo: A study of attitude and knowledge impacts*. A report to the Zoological Society of Philadelphia of a study funded by the G. R. Dodge Foundation.

EAZA (European Association of Zoos and Aquaria). 2007. www.eaza.net. Amsterdam: European Association of Zoos and Aquaria.

Encarta On-line Dictionary. 2005. www.encarta.com.

Falk, J. H., and Adelman, L. M. 2003. Investigating the impact of prior knowledge and interest on aquarium visitor learning. *J. Res Sci. Teach.* 40:163–76.

Falk, J. H., Reinhard, E. M., Vernon, C. L., Bronnenkant, K., Deans, N. L., and Heimlich, J. E. 2007. Why zoos and aquariums matter: Assessing the impact of a visit. Silver Spring, MD: Association of Zoos and Aquariums.

Falk, J. H., and Storksdieck, M. 2005. Using the contextual model of learning to understand visitor learning from a science center exhibition. *Sci. Educ.* 89 (5): 744–78.

Favel, L. 2003. Critics question zoos' commitment to conservation. *National Geog. News*, November 13, 2003.

Finger, M. 1993. Does environmental learning translate into more responsible behavior? *Newsl. IUCN Comm. Environ. Strategy Plan.*, no. 5.

Fishbein, M., and Ajzen, I. 1975. *Belief, attitude, intention and behavior: An introduction to theory and research*. Reading, MA: Addison-Wesley.

Floyd, M. 1999. Race, ethnicity and use of the National Park System. *Soc. Sci. Res. Rev.* 1:1–23.

Ford, J., and Burton, B. E. 1991. Environmental enrichment in zoos: Melbourne Zoo's naturalistic approach. *Thylacinus* 16:12–17.

Gates, L. J., and Ellis, J. A. 1999. The role of animal presentations in zoo education. *Int. Zoo News* 295:340–42.

Hancocks, D. 2001. *A different nature: The paradoxical world of zoos and their uncertain future*. Berkeley and Los Angeles: University of California Press.

Hargrove, E. 1996. The role of zoos in the 21st century. In *Ethics on the Ark*, ed. B. G. Norton, M. Hutchins, E. F. Stevens, and T. L. Maple, 1–19. Washington, DC: Smithsonian Books, 1996.

Hayward, J. 1997. *Conservation phase 2: An analysis of visitors' perceptions about conservation at the Monterey Bay Aquarium*. Northampton, MA: People, Places and Design Research.

———. 1998. *Summative evaluation: Visitors' reactions to Fishing for Solutions*. Northampton, MA: People, Places and Design Research.

Hayward, J., and Rothenberg, M. 2004. Measuring success in the "Congo Gorilla Forest" conservation exhibition. *Curator* 47: 261–82.

Heinrich, C. J., and Birney, B. 1992. Effects of live animal demonstrations on zoo visitor's retention of information. *Anthrozoos* 5:113–21.

Hungerford, H. R., and Volk, T. L. 1990. Changing learner behavior through environmental education. *J. Environ. Educ.* 21:8–22.

Kals, E., Schumacher, D., and Montada, L. 1999. Emotional affinity toward nature as a motivational basis to protect nature. *Environ. Behav.* 31:178–202.

Kellert, S. R., and Wilson, E. O., eds. 1993. *The biophilia hypothesis*. Washington, DC: Island Press.

Kollmuss, A., and Agyeman, J. 2002. Minding the gap: Why do people act environmentally and what are the barriers to pro-environmental behavior? *Environ. Educ. Res.* 3:239–60.

Lehnhardt, K., Hauck, D., Watson, S., Sellin, R., Kuhar, C., and Miller, L. 2004. Assessment of the bushmeat message at Disney's Animal Kingdom. *J. Int. Zoo Educ. Assoc.* 40:22–25.

Leiweke, T., and Waterhouse, R. 1990. The zoo as a learning center. In *AAZPA Annual Conference Proceedings*, 441–47. Wheeling, WV: American Association of Zoological Parks and Aquariums.

Lindemann-Matthies, P., and Kamer, T. 2006. The influence of an interactive educational approach on visitors' learning in a Swiss zoo. *Sci. Educ.* 90:296–315.

Louv, R. 2005. *Last child in the woods: Saving our children from nature-deficit disorder*. Chapel Hill, NC: Algonquin Books of Chapel Hill.

Marcellini, D. L., and Jenssen, T. A. 1988. Visitor behavior in the National Zoo's Reptile House. *Zoo Biol.* 7:329–38.

Mayer, F. S., and Frantz, C. 2004. The connectedness to nature scale: A measure of individuals' feeling in community with nature. *J. Environ. Psychol.* 24:503–15.

Mayes, C. G, Roberts, D. L., Swanson, J., Hanson, B., Rupp, J., and Stark, R. 1990. Amplifying the sensory experience to inspire active stewardship. In *AAZPA Annual Conference Proceedings*, 135–39. Wheeling, WV: American Association of Zoological Parks and Aquariums.

McKenzie-Mohr, D., and Smith, W. 1999. *Fostering sustainable behavior: An introduction to community-based social marketing*. Gabriola Island, BC: New Society Press.

Meluch, W., and Routman, E. O. 2004a. Inspiring caring: Measuring the impact of the Lemur Forest experience. In *Annual Conference Proceedings*, www.aza.org/AZAPublications/2004proceedings/. Silver Spring, MD: American Zoo and Aquarium Association.

———. 2004b. Lemur Forest summative evaluation. *Curr. Trends Audience Res. Eval.* 17:33–39.

Mikenas, G. 2001. Designing zoo experiences for affect: Developing the Hamill Family Play Zoo at Brookfield Zoo. *Informal Learn. Rev.* 51:19–21.

Mitchell, R. W., Thompson, N. S. and Miles, H. L., eds. 1997. *Anthropomorphism, anecdotes, and animals*. Albany: State University of New York Press.

Monroe, M. C. 2003. Two avenues for encouraging conservation behaviors. *Hum. Ecol. Rev.* 10:113–25.

Morgan, J. M., and Gramann, J. H. 1989. Predicting effectiveness of wildlife education programs: A study of students' attitudes and knowledge toward snakes. *Wildl. Soc. Bull.* 12:501–9.

Myers, O. E. Jr., Saunders, C., and Birjulin, A. 2004. Emotional dimensions of watching zoo animals: An experience sampling study building on insights from psychology. *Curator* 47: 299–321.

Nisbett, R. E., Peng, K, Choi, I., and Norenzayan, A. 2001. Culture and systems of thought: Holistic vs. analytic cognition. *Psychol. Rev.* 108:291–310.

Normandia, S. 1990. Evaluating Adventure Island. In *AAZPA Annual Conference Proceedings*, 426–32. Wheeling, WV: American Association of Zoological Parks and Aquariums.

Ogden, J., Carpanzano, C., and Maple, T. L. 1994. Immersion exhibits: How are they proving as educational exhibits? In *Annual Conference Proceedings*, 224–28. Wheeling, WV: American Zoo and Aquarium Association.

Ogden, J., Lehnhardt, K., and Savage, A. 2000. Interactive exhibits: But Mom, I want to touch it. *AZA Commun.* (June): 7–10.

Ogden, J., Routman, E., Vernon, C., Wagner, K., Winsten, K., Falk, J., Saunders, C., and Reinhard, E. 2004. Inspiring understanding, caring and conservation action: Do we or don't we? *AZA Commun.* (December): 10–14.

Povey, K., and Rios, J. 2003. Using interpretive animals to deliver affective messages in zoos. *J. Interpretation Res.* 7:19–28.

Price, E. C., Ashmore, L. A., and McGivern, A. 1994. Reactions of zoo visitors to free-ranging monkeys. *Zoo Biol.* 13:355–73.

Quadra Planning Consultants Ltd. and Galiano Institute for Environmental and Social Research. 2004. *Seafood watch evaluation: Summary report*. Monterey, CA: Monterey Bay Aquarium.

Rabb, G. 2004. The evolution of zoos from menageries to centers of conservation and caring. *Curator* 47:237–43.

Ramburg, J. S., Rand, J., and Romulanis, J. 2002. Mission, message and visitors: How exhibit philosophy has evolved at The Monterey Bay Aquarium. *Curator* 45:302–20.

Rand, J. 1985. Fish stories that hook readers: Interpretive graphics at the Monterey Bay Aquarium. In *AAZPA Annual Conference Proceedings*, 404–13. Wheeling, WV: American Association of Zoological Parks and Aquariums.

Rhoades, D., and Goldsworthy, R. 1979. The effects of zoo environments on public attitudes towards endangered wildlife. *Int. J. Environ. Stud.* 13:283–87.

Robinson, L., and Glanznig, A. 2003. *Enabling eco-action: A handbook for anyone working with the public on conservation*. Sydney, Australia: Humane Society International.

Roper Starch Worldwide. 1998. *The national report card on environmental knowledge, attitudes, and behaviors*. Publication of the National Environmental Education and Training Foundation. Washington, DC: Roper Starch Worldwide.

Routman, E. O. 1994. Considering high-tech exhibits? *Legacy* 5: 19–22.

———. 2000. Objective-based design of an exhibit for kids: Meerkats and prairie dogs at the San Francisco Zoo. In *Annual Conference Proceedings*, 291–95. Silver Spring, MD: American Zoo and Aquarium Association.

Routman, E. O., and Korn, R. 1993. The Living World revisited: Evaluation of high-tech exhibits at the Saint Louis Zoo. *Museumedia* 3:2–5.

Ruiter, R. A., Abraham, C., and Kok, G. 2001. Scary warnings and rational precautions: A review of the psychology of fear appeals. *Psychol. Health* 16:613–30.

Saunders, C. 2003. The emerging field of conservation psychology. *Hum. Ecol. Rev.* 10:137–49.

Saunders, C., and Stuart-Perry, H. E. 1997. Summative evaluation of The Swamp: A conservation exhibit with a big idea. *Visit. Behav.* 12:4–7.

Schanzel, H. A., and McIntosh, A. J. 2000. An insight into the personal and emotive context of wildlife viewing at the Penguin Place, Otago Peninsula, New Zealand. *J. of Sustain. Tourism* 8: 36–52.
Schultz, P. W. 2001. The structure of environmental concern: Concern for self, other people, and the biosphere. *J. Environ. Psychol.* 21:327–39.
Schultz, P. W., Shriver, C., Tabanico, J. J., and Khazian, A. M. 2004. Implicit connections with nature. *J. Environ. Psychol.* 24: 31–42.
Serrell, B. 1996. *Exhibit labels: An interpretive approach.* Walnut Creek, CA: Atamira Press, Sage Publications.
Sickler, J., Fraser, J., Gruber, S., Boyle, P., Webler, T., and Reiss, D. 2006. Thinking about dolphins thinking. Working paper #27. New York: Wildlife Conservation Society.
Siemer, W. F., and Brown, T. L. 1997. Attitude and behavior change associated with participation in Naturelink: An outcome evaluation with recommendations for program enhancement. HDRU series no. 97-1. Ithaca, NY: Department of Natural Resources, Human Dimensions Research Unit, Cornell University.
Sobel, D. 1995. Beyond Ecophobia: Reclaiming the heart in nature education. *Orion* (Autumn): 11–19.
Spruce, S., and Esson, M. 2005. *Can you see the animals? An investigation into the visibility of a selection of animals at the Chester Zoo.* Internal Report, Chester Zoo.
Swanagan, J. 2000. Factors influencing zoo visitors' conservation attitudes and behavior. *J. Environ. Educ.* 31 (4): 26–31.
Wagner, K. 1999. How families learn: Findings from the PISEC Project 1995–1998. *J. Int. Zoo Educ. Assoc.* 35:27–33.
Webb, T. L., and Sheeran, P. 2006. Does changing behavioral intentions engender behavior change? A meta-analysis of the experimental evidence. *Psychol. Bull.* 132:249–68.
White, J. 1983. Our public image: The family visitor. In *AAZPA Annual Conference Proceedings*, 105–8. Wheeling, WV: American Association of Zoological Parks and Aquariums.
Wicker, A. 1969. Attitudes versus actions: The relationship of verbal and overt behavioral responses to attitudinal objects. *J. Soc. Issues* 25:41–78.
Wilson, E. O. 1984. *Biophilia: The human bond with other species.* Cambridge, MA: Harvard University Press.
Wineman, J., Piper, C., and Maple, T. 1996. Zoos in transition: Enriching conservation education for a new generation. *Curator* 39:94–107.
Yerke, R., and Burns, A. 1991. Measuring the impact of animal shows on visitor attitudes. In *AAZPA Annual Conference Proceedings*, 532–39. Wheeling, WV: American Association of Zoological Parks and Aquariums.

13
哺乳類の混合飼育管理

Jake Veasey and Gabriele Hammer

訳：綿貫宏史朗

はじめに

混合展示を始める第一段階は，計画されるその展示の，客観的な損失対利益分析を行うことにある．分析は，動物，飼育担当者，そして来園者にとっての既知の利益または予想される利益を盛り込むべきであり，これらの利益は動物に対する潜在的なリスクを上回るものでなければならない．損失対利益分析は，混合展示を実行するかどうか簡単に決められるだけでなく，既知のリスクの多くを，設計を通して最小化する方法を決めることにも役に立つ．混合展示には，飼育担当者や獣医師，そしてベテランの血統登録担当者や種別計画管理者からも，幅広い知見を集めることが求められる．この章では，このような分析をする際の助けとなるよう，混合展示のメリットとデメリットの両方について概説し，そしてこれをよりよい混合展示の確立と維持の基本に関するいくつかの手引きと結びつけてみようと思う．

混合飼育のメリット

資源の有効活用

動物園は，限りある資金と空間を，効果的な保全活動のために用いることを保証する必要がある．個々の放飼場のサイズがだんだんと拡大される傾向にあることで，動物園内のスペースはより限られたものになってきている．1か所の放飼場で複数種を飼育することにより，動物園は空間や設備の面で，保全上の多くの利益を得る可能性がある．

行動エンリッチメント

混合展示は，既存の放飼場内に新たな動物種をまとめたり，小さい放飼場を大きなものに統合したりすることでつくることができる．空間の拡大は，動物福祉を向上させることができる（Veasey, Waran, and Young 1996）．これは環境の複雑さを増加させるきっかけになり，それゆえそこで暮らす動物の行動を多様化させることにつながるためである．混合展示では，社会的な相互干渉の機会や社会性の複雑さを高めることもできる．他の大部分のエンリッチメントの工夫に比べ，習慣化が起こる可能性や確率が低いため，混合展示はおそらく，エンリッチメントの作用が最も永続する形の1つであるといえるだろう．

動物園動物のほとんどは，その種が本来，採食，探索，捕食者からの逃避などの行動のために費やす時間をそのようには使っていない（Veasey, Waran, and Young 1996, Veasey 2006, Seitz 1998）．ゆえに，その動物の日常の大部分で何もすることがなくなってしまう可能性があり，常同行動やほかのアニマルウェルフェアレベルの低下を示すサインを発現させる要因となってしまう．混合展示の放飼場内では通常飼育個体の活動レベルは高く，特に霊長類では顕著である（Backer 1992, Veasey 2005）．そしてこの活動性が相互の敵対関係によるものでない限り，通常は飼育動物に対して，肉体面，精神面の両方へのプラスの効果があるだろう．英国のウォバーンサファリパークにつくられたキツネザル類の混合展示では，クロシロエリマキキツネザル（*Varecia variegata variegata*）において，以前の単一種展示の時と比べ，遊び行動の増加を伴う行動パターンの多様化が観察された（Veasey 2005）．行動様式の変化のうちいくつかは放飼場の変化によるものかもしれないが，クロシロエリマキキツネザルはアカハラキツネザル（*Lemur rubriventer*）やアカビタイキツネザル（*Eulemur rufus*）との異種間交流を日常的に行っていた．

混合展示において最も一般的に関心が寄せられる点の1つに，動物種間の好ましくない交流が起こり得ることがあげられる．しかし多くの好ましい種間交流が記録されていることも事実である（Hammer 2001）．シュツットガルトのウィルヘルマ動物園のバーバリーシープ（*Ammotragus lervia*）とゲラダヒヒ（*Theropithecus gelada*）の群れでは，ヒヒが日常的にバーバリーシープに対しグルーミングを行う様子が観察されている．例えばウォバーンサファリパークのバーバリーマカク（*Macaca sylvanus*）がグレビーシマウマ（*Equus grevyi*）のグルーミングをしたり，英国プレスコットのノウズリーサファリパークで飼育されるマントヒヒ（*Papio hamadryas*）がケープクロスイギュウ（*Syncerus caffer caffer*）と交流したりするというように，同様の行動が他の場所でも記録されている．このような種間の相互作用は哺乳類同士に限定されるものではない．ピグミーマーモセット（*Callithrix pygmaea*）とグリーンイグアナ（*Iguana iguana*）の同居展示では，マーモセットがイグアナのグルーミングを行い，グルーミング過程で得られた古い皮膚を採食する行動が日常的に観察された．

近年，動物園では，一定数の個体数を維持するために動物の繁殖を制限している．そのため産まれてくる子は少なくなり，幼獣は同年代の仲間のいない環境の中で成長することがあり，これは幼獣・成獣ともに，遊びの機会が減ってしまうことにもつながった．しかし混合飼育される環境下では，ある種の幼獣の成長期において，他種の幼獣の存在が有益になる可能性もある．動物園における研究で，霊長類（Freeman and Alcock 1973），食肉類（Curry-Lindahl 1958），有蹄類（Zscheile 1980）において，混合展示の中での異種間の幼獣同士での遊びの例が多数報告されてきた．

飼養管理

単一種展示に存在する飼育管理上の問題を，混合展示により解決できる可能性もある．ロサンゼルス動物園では，ゲラダヒヒの第一位の雄の死後，残った雄では群れを統率するには若過ぎることから，群れは不安定な状態になった．そこで，ヒヒたちの気をそらし，同種内の闘争を減少させるために，2頭の雌のチンパンジー（*Pan troglodytes*）を群れに導入した．するとすぐにヒヒ同士は攻撃がなくなり，興味の対象は同種の他個体からチンパンジーへと移った．またこのような状況は，若い雄の優位性を高めるきっかけになったようで，群れには秩序が戻った（Thomas and Maruska 1996）．

コペンハーゲン動物園のグアナコ（*Lama glama guanicoe*）やカピバラ（*Hydrochaeris hydrochaeris*），アメリカレア（*Rhea americana*），マーラ（*Dolichotis patagonum*）を混合飼育する南米放飼場において，オオアリクイ（*Myrmecophaga tridactyla*）の導入によって，それ以前は同居する他種に対し攻撃的で優位に立っていたグアナコの“降格”に至った例もある．おそらくオオアリクイのシルエットや歩く様子がグアナコの捕食者となるジャガー（*Panthera onca*）などのそれと似ていたため，グアナコはオオアリクイを怖がった（Hjordt-Carlson 1997）．導入してからかなりの時間がたっても，グアナコはオオアリクイに対して警戒し続け，常に放飼場内にいたわけではないにもかかわらず，オオアリクイはこのコミュニティーを安定させる要素として機能した．例えば，雄のグアナコが雌のグアナコを追い回したり，他種をパニック状態にさせたりといった特定の事故を，雄のグアナコの注意をそらすことによってコントロールするために，オオアリクイは利用された．

他種の存在が，群れの中の劣位の個体にとっての防御として機能することもある．バーバリーシープとバーバリーマカクが同居するウィーンのシェーンブルン動物園では，混合展示内で生まれるか，あるいはかなり幼い時期に混合展示に導入されたような若いマカクでは，成長してから混合飼育となった個体に比べバーバリーシープを怖がらない傾向にある．若いマカクはよく，バーバリーシープの下に潜んだり，上に乗ったりして，より優位な個体から逃れることにこれを利用する（Hammer 2001）（図 13-1）．さらに，成獣のマカクはバーバリーシープから一定の種間距離を保ち続けるため，若いマカクたちはバーバリーシープに囲まれて，比較的安全に採食することもできる．

霊長類の若い個体は，年長の個体から追いかけられた時，追ってくる個体よりも位の高い，自分の血縁のある個体の元へ逃げ込み，たいていの場合，守ってくれた相手に対して積極的にグルーミングを行う．シェーンブルンのバーバリーマカクはこれと同じことをバーバリーシープに対して行うことがあり，それは自ら進んでやっているようでもある．またバーバリーシープの方でも，グルーミングをしてもらうべく若いマカクを探しているようでもあった（Hammer 2001）．ウォバーンサファリパークのグレビー

図 13-1　若いバーバリーシープの背中の上で採食するバーバリーマカクの幼獣（写真：J. Kircher，シェーンブルン動物園．許可を得て掲載）

シマウマでも同様に，若いバーバリーマカクにグルーミングを請う様子が見られた．

ウォバーンサファリパークでは，フタコブラクダ（*Camelus bactrianus*）を，シロオリックス（*Oryx dammah*）の若い雄の群れで一時的に混合飼育したところ，雄のオリックスばかりという非常に攻撃的な群れで，ラクダが攻撃性を減少させることになった．敵意を示すディスプレイを行うオリックスにラクダが興味を示して近づくと，そのオリックスは近づいてきたラクダにディスプレイをしようとするため，同種を攻撃しなくなるのだ．また，ある下位のオリックスはラクダの近くに陣取ることで，優位の個体と遭遇し攻撃を受ける可能性を下げることになっていた．

再導入の可能性

野生への再導入を成功させるための必須条件はいくつもあるが（Kleiman 1996），中でも，行動の柔軟性があることと，複雑な環境に対する備えが確実であることは最も重要なことの1つである．飼育下において様々な外部刺激（複雑な社会環境や物理的環境を含む）を適切に経験してきた個体は，生息地へ再導入されたあとも，野生環境へのより柔軟な対処が期待できる．

飼育下では“好ましくない”と見なされる種間の相互作用でさえ，放野後の生存に有利に働くことがある．飼育下でシマウマ（*Equus* sp.）に自分の子を攻撃された経験のあるレイヨウならば，放野された場所がシマウマの生息地と重複していたとしても，シマウマには近寄ることはまずないだろう．適切なルールに従い，倫理的な配慮がなされなければならないが，例えば，本当に襲われることがないよう十分配慮したうえで捕食者と出会わせる，というような，ある程度の“好ましくない”種間関係をつくり出すことも，放野前の個体にとって必要なこととして検討されることがあるかもしれない．

来園者への効果：教育とエンターテイメント

混合展示は単一種展示に比べ，教育やエンターテイメントといった面でもメリットがある．1つの放飼場内でもそれぞれ異なる空間や時間を利用できる種を選ぶことで，動物福祉や資源利用の点で妥協することなく，飼育動物の密度を上げられる可能性がある．その結果，来園者は放飼場内で活発な動物を見られることが多くなる（Veasey 2005）．来園者は単によく動く動物を好んで見る，というだけでなく，観察する動物がより活動的であるほどその動物について意欲的に学ぼうとする（Bitgood, Patterso, and Benefield 1986）．その結果，情報に満ちた展示は，行動や形態，生態，生息地，そして保全状況に関する種間の類似点や相違点を強調することによって，多様性や適応といったことに注目させることができる（Thomas and Maruska 1996）．樹上性と地上性，あるいは昼行性と夜行性の動物を組み合わせれば，好ましくない種間の交流を減らすことになり，来園者は常に放飼場内の動物を観察することができ，そして教育的で解説的な価値をかなり高めることになる．

人気のある動物と一緒に混合展示を行うことで，知名度の低い“地味な”希少種に来園者の注目を集めることができる．同様の理由で，本来単独や一夫一妻の形態で暮らす動物，あるいは管理上の都合により単性群で飼育しなければならないような動物でも，同居可能な目立つ動物と混合飼育することで，展示的価値を高めることができる．

潜在リスクとデメリット

望ましくない行動

混合展示においては，単一種展示では起こり得ないような，ある種の問題行動が起こることがある．シュツットガルトでは，雄のゲラダヒヒが若いバーバリーシープを相手に交尾を試みようとしたり，授乳中の若いバーバリーシープが油断した隙にヒヒに乳を飲まれたりした様子が観察された（図 13-2）．その結果，現在この動物園では，育子中の初産のバーバリーシープは放飼場から分離するようにしている．

ある種の動物の行動が，同じ放飼場にいる動物に対する害となるような可能性もある．例えば，ある動物園のシロガオオマキザル（*Cebus albifrons*）が，その放飼場の周囲を取り囲むモートから捕まえたアカミミガメ（*Trachemys scripta*）を使ってナッツを割ろうとしたのである．この例からも，混合展示において明らかに解決できない問題が起こった場合には，種を分離するための緊急対応策が必要であることが分かる．

種の特性の喪失と交雑

混合展示内で起こる親密な種間関係は一般には好ましいと見なされるが，もし種の特性を超えた刷り込みや混乱が起こる場合はその限りではない．なぜなら，それぞれの種の繁殖成功率を低下させるおそれがあり，場合によっては種間の交雑が生じるからである．悪い刷り込みは，幼少期に同種の個体との接触が不十分であったり，子を失った母親が他種の子を“盗んで”育てたりした場合に，典型的に起こる．このような，他種の子を育てる行動は霊長類に限ったことではない．例えば，ハノーバー動物園のグラントシマウマ（*Equus burchelli boehmi*）がエランド（*Taurotragus oryx*）の子を養子にしようとしたことがある（Dittrich 1968）．ワシントン DC にあるスミソニアン国立動物園では，ジェフロイマーモセット（*Callithrix geoffroyi*）の雌がピグミーマーモセットの子を力づくで奪おうとしたために，この 2 種の混合展示を止めた．

同じ属，もしくは複数の近縁種で雌雄を混合飼育する場合，特に同種間での繁殖の機会が限られている場合は注意しなければならない．例えば，ボンゴ（*Tragelaphus eurycerus*），シタツンガ（*T. spekii*）およびグレータークーズー（*T. strepsiceros*）は，アダックス（*Addax nasomaculatus*）とシロオリックス（*Oryx dammah*）と同様に，野生での生息地が重複していたり，属が異なる種がいるにも

図 13-2 バーバリーシープの乳を飲むゲラダヒヒ．
（写真：H. Mägdefrau，許可を得て掲載）

かかわらず，飼育下では交雑が起こることが知られている．

健康へのリスク

宿主には最小限もしくは明確な影響がないが，他の種，通常近縁種に伝染すると死に至る病気が多く存在する．私たちは全ての動物園に，新しい混合展示計画を進める前に，健康を侵すかもしれない危険性の評価を行うことを勧める．適切な種を選択することと，効果的な検疫や監視プログラムさえあれば，病気の種間伝播が発生することはほとんどなく，計画中の慎重に選ばれた混合展示の妨げとみなされることもないだろう．

例として，リスザル（*Saimiri sciureus*）とオグロマーモセット（*Mico melaneus*）が同居した場合，リスザルからリスザルヘルペスウイルスが伝播することで，オグロマーモセットでリンパ増殖性疾患が発生した（McAloose 2004）．アフリカゾウ（*Loxodonta africana*）とマントヒヒの間でサルモネラ菌が感染した例もある（Deleu, Veenhuizen, and Nelissen 2003）．特に有蹄類間では，寄生虫感染症も重要な種間の健康上の考慮事項である．

ストレス

異種間の交流の結果生じるストレスは，各個体の健康や福祉に重大な影響を与える可能性がある（第2章，第33章，第25章を参照）．霊長類は一般に好奇心が強く，他種に対する興味が非常に長く続くため，混合展示の際は特に注意すべきだろう．例えばロサンゼルス動物園では，シルバールトン（*Trachypithecus cristatus*）とクロオオリス（*Ratufa bicolor*）は何事もなく同居しているように思われたが，クロオオリスの被毛の状態が悪くなり，食欲不振に陥ったため，別々に展示しなければならなかった．シルバールトンからリスに接触することはほとんどなかったのだが，小さいが，長く続く慢性的なストレスによりクロオオリスは苦しんでいたのである（Thomas and Maruska 1996）．

過去には，ウォバーンサファリパークでアメリカグマ（*Ursus americanus*）と一緒にアカゲザル（*Macaca mulatta*）の大きな群れを飼育していたことがあった．クマたちが混合展示によってストレスを受けていないことは明らかだったが，生息地の地理的には同居に関してはるかに適切な種であるタイリクオオカミ（*Canis lupus*）の群れがいる新しい展示場に移動させた時，クマの行動が大きく変わったのだ．雌のクマは，かつての放飼場ではかなりの時間を地中に掘った穴で過ごしていたが，以前ならサルの存在が避けられなかった場所である樹上で過ごす時間が増加した．雄のクマも開けた場所で過ごす時間が多くなり，クマの餌を盗もうとするオオカミがいるにもかかわらず，巨大なサルの群れと一緒の時よりもオオカミと同居している時の方が，食餌時間中，明らかにリラックスしていた．以前の放飼場にあった機能は全て現在の放飼場にも用意されていたことから，クマに見られた行動の変化は，場所の影響というよりもサルの存在がなくなったことに対する反応であることを示唆している．

攻撃行動

混合展示をするうえで，動物間の攻撃行動はおそらく最も懸念される事柄だろう．しかし，多くの場合（たとえ捕食者と被食者の混合展示であったとしても），同種内の攻撃行動のほうが，異種間よりも多くみられる．これは，隠れ家や餌，繁殖相手など同じ目的のものが原因となって同種の他個体と直接対立する場合の方がより激化するからである．混合展示において攻撃行動が起こる可能性は，同居させる種を慎重に選択することと，放飼場のデザインによって，大幅に減らすことができる．例えば，草食性の動物と葉食性の動物の混合飼育や，樹上性の動物と地上性の動物の混合飼育は，特定の衝突の可能性を減らすことになるだろう．

混合展示する動物種を選択したら，動物たちが視覚的・嗅覚的な接触をもつ期間は評価と馴化の期間となり，そこで各個体を互いの存在に慣れさせることになるだろうし，飼育担当者も何か問題がないか評価ができる．しかし，同居当初は闘争が起こらないように見えても，将来的には発生する可能性もある．育子中の母親は攻撃的になることがあるし，あるウマ科の動物や他の草食動物では，他種の幼獣がいる場合，致命傷を負わすほど攻撃的になることがある．季節性もしくは春機発動による雄の生殖状態の変化もまた，攻撃行動の原因となる．例えば，ミナミシロサイ（*Ceratotherium simum simum*），エランド，オオツノウシ（*Bos taurus taurus ankole*），シタツンガ，チャップマンシマウマ（*Equus burcherli antiquorum*）と一緒に，カフエリーチュエ（*Kobus leche kafuensis*）の若い未成熟雄の小さな群れが同じ放飼場で何年も同居されていた．リーチュエが5歳に達する頃，リーチュエ同士，あるいは他のウシ科の動物に対しても敵意を示すようになり，結果として混合展示から外され，個体ごとも引き離されることになった．このように飼育担当者は混合展示内の全個体について生涯を通して常に注意を払っておく必要があり，急な攻撃行動の発生にも対応できるよう準備しておく必要がある．

個体管理と栄養管理

栄養要求や食物への耐性が異なる種類には，分離して給餌をする必要がある．複雑な混合展示の中で，各個体へ適切な餌を適正な分量で与えるためには，慎重に観察を行い，種あるいは個体ごとに分けて与える方法が必要となる．ウォバーンサファリパークの10haの敷地で有蹄類と一緒に飼育されたベルベットモンキー（*Chlorocebus aethiops*），バーバリーマカク，パタスモンキー（*Erythrocebus patas*），アビシニアコロブス（*Colobus guereza*）からなる霊長類の混合展示では，飼育担当者は，マカクやグエノン類に与える柑橘類を，ほぼ完全な葉食性であるコロブスに取られることがないよう，確実に与えていた．担当者は，各サル種に対して異なる音声サインを用いた条件づけトレーニングを行っており，決して柑橘類をばら撒いて与えるようなことはしなかった．

混合展示を困難にするもう1つの要因は，退避場所へアクセスできるかどうか，特に寝場所，ヒートスポット，隠れ家などの重要な空間資源がいつでも利用できる状態にあるか，という点である．屋外の放飼場では各種ともに問題なく生活していたとしても，個体が屋内にいる場合や近接する場合に問題が起こることがある．多様な退避場所を選択できないような場所では，屋内空間を可能な限り大きく，複雑で，必要な設備を豊富に取り揃えた状態にすべきで，すぐに逃げることのできない個体と攻撃的な個体が出くわさないよう複数の出入口を設ける必要がある．

十分な量の退避場所を設けられるかどうかは，霊長類において最も難しい問題である．ウォバーンサファリパークには霊長類を扱った2つの混合展示があり，1つは4種類のグエノン類を，もう1つは3種のキツネザル類を収容している．いずれの場合も，主寝室を追い出された個体がいつでも逃げ込めるよう，小さな設置式の暖房装置による加温室を退避場所として設けた．グエノン類の展示場では，それぞれの種にそれぞれ専用の退避場所を設け，そこで給餌したり，音声サインによる入室訓練を行ったりした．さらに飼育担当者は，サルが他種の退避場所に入らないよう見張ることで，それぞれの専用性を維持している．

混合展示計画へのアドバイス

昔から，鳥類，両生類，爬虫類，そして魚類は，哺乳類よりもはるかに多く，混合展示で飼育されてきた．近年になり徐々に，哺乳類での成功例も増えてきた．マイアミ海洋水族館では，バンドウイルカ（*Tursiops truncatus*）とイタチザメ（*Galeocerdo cuvier*）の混合展示を行い，ドイツのシュヴェリーン動物園ではミーアキャット（*Suricata suricatta*），キイロマングース（*Cynictis panicillata*），そしてライオン（*Panthera leo*）を混合展示している（Hammer 2001）．

飼育施設は混合展示の効果に関してそれぞれ異なった基準を有している．例えば，ある施設では混合展示における死亡や負傷は，その展示の中止決定を導くだろうが，同じことが別の施設で起きた場合，そこでは中止よりも，管理法や放飼場のデザインの改変をするという結論になるかもしれない．単一種展示内の事故よりも，混合展示内での好ましくない出来事の方が，動物園はいくぶん気を遣う傾向にあると考えられる．例えばウォバーンサファリパークでは，クマの場合もオオカミの場合も，時に同種によって重大な怪我を負わされたとしても，飼育担当者は必然的なこととして受け入れようとしているようだ．しかし，2種を再配置し混合することによって明らかな利益があるにもかかわらず，異なる種に小さな怪我を負わされるという事実のほうが受け入れられにくいことが分かった．この場合，効果的な飼育管理と洗練された放飼場のデザインにより，異種間の闘争を最小限に抑えられ，そして予想した通り，生じる怪我のほとんどが異種間によるものでなく同種内で起こるものとなっている．

異種間で起こる闘争の管理は，混合展示を成功させるために必須である．最初に競合を起こす要因（資源）を特定すること，そしてその資源を十分に与えるか，空間的もしくは時間的にそれらの資源を別々にするかによって闘争の管理ができるのが最良だ．

放飼場のサイズと複雑さ

空間が広いほど，異種間，あるいは同種内での接触の機会を減らせることから，放飼場の広さは，混合展示を成功させる最も重要な要素の1つである（Tomas and Maruska 1996）．小高い丘や土手，間仕切り，あるいは植栽などの視覚的な遮蔽物を用意することは，特に霊長類のような視覚刺激によりストレスや闘争が生じる動物において，さらなる回避に役立つ．

入念なバリアを設けることで，異種間の社会的な空間をつくり出すことができる．ウォバーンサファリパークのクマとオオカミの放飼場では，クマが通ることができない幅20cmのオオカミ専用の狭い通路をつくることによって，オオカミ専用エリアを確保している．したがって，オオカミはクマから逃れることができるし，臆病な雌のクマはオオカミを避けたければ樹上に登ればいいし，必要であればそれぞれに分けて給餌もできる．このように隔絶されたエリアは，それぞれの動物がその中で適切な行動を発現できるような十分な広さを保つべきである．そしてそのような領域があることで，劣位個体にとってのメリットも生じる．例えばウォバーンのクマとオオカミの放飼場では，劣位のオオカミは，オオカミ専用エリアを，クマを避けるというより優位な同種の個体からの退避場所として利用している．

隔離エリアは様々な形で設けることができる．オランダのサファリ・ベーケス・ベルゲンでは，放飼場の中央にヒヒだけが登ることのできる巨大な岩山を設けることで，アフリカゾウとマントヒヒを同じ放飼場で飼育することに成功している．同じように，クリップスプリンガー（*Oreotragus oreotragus*）のような小型レイヨウは逃げ場として岩山に行くことで，容易に大型の有蹄類を避けることができる．霊長類の混合展示における分離エリアは，その種の大きさ，強さ，機敏性を利用して設けることができる．小型霊長類の避難場所は，大型種の身体を支えることができない，もしくは大型のジャンプできない霊長類には届くことができない枝を利用することでつくり出すことができる．

小型の動物が大型動物から退避できる場所を設けるより，大型動物だけの退避場所を用意することの方が問題である．有蹄類と他の陸生動物による混合の場合，大型の種だけが乗り越えることができる低いフェンスを設置することにより，大型の動物のための退避場所にできる可能性はある．あるいは，大型のものだけが開けることのできる扉などが他の解決策として有効かもしれない．

消費者需要理論（ここでは動物は，例えば他の動物からの逃避といった報酬を得るためには，労働するか，嫌な刺激を乗り越えなければならない）は混合展示の放飼場内に退避場所を設計する際に役立つかもしれない．例えば，ウォバーンの車で周る展示場では，以前からクマとオオカミを出入口のゲートに近づかせないために電柵を用いてきた．電柵はたいていの場合，クマとほとんどのオオカミの接近を回避するために有効だったが，劣位のオオカミは，群れの優位個体に追いかけられた時，避難場所として電柵を越えたエリアを利用する．これは優位な個体は電気刺激を受けるリスクをおかしてまで，劣位な個体を追おうとはしないためである．

とても臆病な動物（例えば，小型のレイヨウやシカなど）は，小さな放飼場で飼育されると，フェンスは一般に逃走の際の障壁となるため，フェンスに追突する傾向にある．一方，大型の放飼場では，フェンスが存在しても逃走する動物は追突することなく走って逃げ続ける傾向にある（Backhaus and Fradrich 1965）．いくつかの要素によって，なぜこのようなことが起こるのか説明できそうだ．第1に，放飼場の大きさが広がるにつれ障壁の長さと放飼場の面積の比は相対的に減少する，ということがある．そのため動物は統計学的にフェンスに向かって走っていく可能性が低くなる．第2に，大きい放飼場内で動物が何かに驚いた時，小さい放飼場に比べフェンスのそばにいる可能性は低く，動物は逃げる方向を自由に選ぶことができる．第3に，小さい放飼場内では，ストレス要因が進路の一部をふさいでいるかもしれないため，逃走する経路の選択肢が限られてしまうことにある．したがって，放飼場の角はできるだけ直角より大きくすべきである．そうすればフェンスに沿って走って逃げる動物が，追い込まれたり行き止まりになったりしないだろう．

時に，大型の動物の方が，小さい動物よりも下位になることがあり，ダマジカ（*Dama dama*）の群れととイノシシ（*Sus scrofa*），オピアヒメディクディク（*Madoqua piacentinii*）とジェレヌク（*Litocranius walleri*），リーチュエとエランド，ボルネオオランウータン（*Pongo pygmaeus*）とベニガオザル（*Macaca arctoides*）などでそのような例が観察されている．

もし異種間での緊張状態が見られるならば，それぞれの動物が避難場所を確保できるように，種ごとに獣舎を分けるか，どんなに少なくとも寝室内に個室や区分けされた房を設けるなどして，十分な空間を提供すべきだろう．しかし，獣舎が1つであっても，より効果的な分離を行うことはできる．ウォバーンサファリパークのキツネザルの混合展示では，3つの寝室を常時開放しているが，アカビタイキツネザルはいつも，たいていクロシロエリマキキツネザルが使用している一番大きな獣舎を，退避場所として選択した．エリマキキツネザルの大きな群れはこの中で優位にあり，普段はこの獣舎からアカビタイキツネザルを排除していた．しかし，この獣舎内のより高い位置に棚を追加したところ，エリマキキツネザルは低い場所の棚を，アカビタイキツネザルは高所のそれを利用するようになり，劇的に種間闘争が減少した．

霊長類の獣舎には，優位な動物種に捕まることがないように，異なる高さと位置の複数の出入口を設け，そして常に退避経路を確保するべきである．複数の出入口が混合展示の際に必要なものである，ということは証明できるが，だからといってそれはどの種もその内部を共有するということにはならない．ミーアキャットの地下のトンネルから外に通じる複数の出入口は，ライオンからの捕食を確実に免れるために重要になることが証明されている．もし仮に出入口が 1 つしかなければ，ライオンはもっと容易にその穴を利用することができ，ミーアキャットにとっては致命的な結果となるだろう．

行動生態

混合展示を設計する際に，関係する全ての種の行動生態を徹底的に理解しておくことが必要である．他でかつて混合飼育された例がないものの場合は，特に注意しなければならない．

採食と競争

繁殖期に関連した闘争という場合は避けることができるかもしれないが，混合展示内で最も一般に攻撃性を引き起こす原因となるものは，採食に関する闘争である（Hammer 2001）．そのため，給餌時の競合が起こる原因となる部分を減らすことは根本的に重要で，このためには野生下では異なる生息場所的地位を占める種同士を組み合わせることか，もしくは違う場所および違う時間に給餌することが最良な方法である．

重複が起こる場合，例えば草食動物の混合展示の場合，身体の大きさや分類学上の違いが，競合を減らすのに役立つ．例えば，同じブッシュバック属同士であるシタツンガとエランドは，その体サイズが明らかに違っており，放飼場内で利用する空間も異なるため，広大なサファリ式の放飼場内では闘争が起こることはない．放飼場内で，シタツンガは辺縁の湿地帯に生活し，エランドは中央の草原地帯を占有する．しかしブルーバック族の 2 種（例えばオリックスとアダックスなど）が同居する場合，本来野生では生息地が重複し，おそらくエランドとシタツンガ同様に近縁であるにもかかわらず，異種間での闘争が発生する．

種ごとに分離して給餌を行うことは，闘争を避ける最も明確な解決策であるが，それがいつも可能で，効果的で，望ましいとは限らない．例えば，霊長類を有蹄類の餌から遠ざけるのは困難であり，そして有蹄類は霊長類が落としたり，捨てたりした餌を拾って食べることがよくある．このような光景はウィーンのシェーンブルン動物園のバーバリーシープとバーバリーマカクの間に日常的に観察されている．このような問題を避けるため，マカクには屋内放飼場で給餌を行ったが，若いマカクは運べるだけの餌を持って屋外の樹上に退避し，そこから地面にこぼれ落ちた餌はバーバリーシープのものとなるのであった．マカク用の餌には反芻動物にとって問題の原因となり得る食べ物が多く含まれているため，このような状況下では注意して監視と管理を行う必要がある．

フランスの聖マルティヌス・ラ・プライネ動物園では，トンケアンモンキー（*Macaca tonkeana*）がバビルサ（*Babyrousa babyrussa*）と共に飼育されており，餌を巡った競合が見られた．夜間と給餌時は別々にされているにもかかわらず，放飼場内に置かれた餌を巡って，雄のトンケアンモンキーとバビルサが闘って怪我を負った時には，両者を別々にしなければならなかった（Hammer 2001）．

社会構造

野生では大きな群れやグループを構成して暮らす社会性の発達した種の個体では，同種の仲間が他にいない環境で飼育される場合に，他種の群れに合流する傾向がある．英国のサフォーク野生動物公園では，群れの他の仲間の到着を待つ間に一時的に単独で飼育せざるを得なかった雄のシロサイを数頭のアフリカンピグミーゴート（*Capra hircus hircus*）と一緒に飼育したところ，仲間として非常に友好的に接する様子が観察された．ヤギは，すぐにサイから逃げられるよう退避場所として鉄の構造物も用意されていたが，頻繁にサイの背中に乗って遊んでいた．サイも，ヤギの存在によりかなり穏やかに過ごしていた．

単独性の動物，あるいは同種他個体との距離が近い飼育下では種内闘争を起こすような種類でも，混合展示内ではうまく社会生活に適応することができる．スミソニアン国立動物園では，3 頭のそれぞれ異なる種の雄のマーモセットを同居させて飼育していたが，日常的に，互いにグルーミングしたり，餌を分け合ったり，寄り合ったりする様子が観察されている（Xanten 1992）．

フランスのリジューにあるセルザ動物公園では，ブラックバック（*Antilope cervicapra*）やアクシスジカ（*Axis axis*）が自由に出入りできる放飼場で，インドサイ（*Rhinoceros unicornis*）を飼育している．ここには，サイの中心エリア（シカやブラックバックも立ち入ることができる）と，サイは入れないがシカとブラックバックは利用できる周辺エリアとが用意されている．

普段群れで暮らす種の余剰個体は，社会的な触れ合いを必要とすることから，たいていの場合，他種との混合飼育はうまくいく．さらに，同種に対して排他的である単独性の動物を混合展示内でうまく飼育できるということは，来園者への効果として，また場合によっては動物福祉の観点からも，非常に望ましいものである．

闘争行動の生態学

例えば角や枝角をもつ有蹄類では，儀式的に行う種間内の闘争が類似していることにより，異種間での闘争も起こりやすい．そのような場合，動物園はこれらの種を混合することは避けるべきである．

多くの動物園において有蹄類は，1頭の雄の成獣が率いるハレム型の群れで飼育されるか，あるいは若い未成熟の雄のみの群れで飼育される．攻撃対象として木の枝や柱が用意されていたとしても，単独で飼育される雄には本当の闘争行動を発現できないものも多い．Walther（1965a）の報告では野生のグラントガゼル（*Gazella granti*）の15頭の群れで1日当り11回の闘争があったことが観察されたことを考えると，無生物の代用品を置いたところで，他の動物に対して向けられる攻撃性を取り除くことができなかったかもしれないことは，おそらく理解できることだろう．闘争意欲の高まった雄の中には，獣舎や放飼場内の設備を破壊したり，時にハレム内の雌や幼獣でさえ殺してしまうようなものもいる（Walther 1965b）．同様に，繁殖期に入ったダマジカの雄が雌を角で突き刺したという報告（Zschele1980）もある．このように，ハレムを形成する2種を同一の放飼場内で混合することは深刻な種間闘争を招く結果になるかもしれない．

多くの偶蹄類は強力に儀式化された威嚇や攻撃行動を進化させ，それにより同種内での交戦による負傷を最小限にしてきた．しかし，身体の大きさや形態の違いから，近縁種間の闘争では深刻な怪我を招いたり，死に至らしめたりすることさえある．例えば，アイベックス（*Capra ibex*）はシャモア（*Rupicapra rupicapra*）から，致命的な怪我を負わされやすい．これは戦う時にシャモアは，地上4フィートの高さを維持しながら，上向きに角を振り上げるのに対して，アイベックスは前肢を高く上げ，下向きに角を振り下ろす．アイベックスの下向きに働く力と，シャモアの上向きの攻撃の結果，身体の大きなアイベックスが深刻な怪我を負うのかもしれない．

ある種にとっては通常の行為が，別の種には威嚇のディスプレイと誤解され，結果的に種間闘争が生じる原因となることもある．例えば，Hediger（1950）は，カンガルーの後肢で立ち上がった姿勢が，雄のシカが後ろ足で立つ姿とどれくらい似ているか，そしてどのようにして雄のシカに攻撃性を示すこととして誤解され，そのカンガルーを攻撃することになるのかについて解説している．

Walther（1965a，1965b）は異種間の攻撃行動は，似通った敵対行動様式をもつ近縁種で起こりやすく，レイヨウの混合展示を問題なく続けられるのは，異なる攻撃パターンを有していたり，分類学的により遠い種類同士の場合であったりすると報告している．Hammer（2001）は，近縁なウシ科の動物同士で，混合展示における闘争の頻度が高いことを発見し，この仮説を裏づけた．

それに対して，Popp（1984）は，遠縁種ほど闘争は起こりやすく，それは特に互いの攻撃や服従の行動が“理解”できないことが原因である，と報告した．例えば，シマウマは，レイヨウが角を高く掲げることで威嚇行動を示していることを理解できないし，同様にレイヨウも，シマウマが相手を蹴ろうとして後肢を挙げているということは理解できないだろう．しかし，キックや角または枝角による一撃を受けることで脅威が強化されると，どの個体も，相手の威嚇行動の意味を学習するようである（Heck 1970）．

Dittrich（1968）はエランドの雄の威嚇のディスプレイに“適切に”対応できなかったことで，シマウマの幼獣が角で突かれ致命傷を負った事故について報告している．しかし，分類学的に種類が遠いほど，身体的な差が大きく，競合することが少なくなるため，互いに攻撃行動を誘発しにくくなり，動物たちは通常，他の種の動物を脅威として認識しないだろう．

飼育担当者は，混合展示を構成し管理する際には，それぞれの種の攻撃行動や服従の姿勢の差異や類似性についてよく理解し，監視する必要がある．威嚇行動は似ているが服従の行動が異なる場合は，分類学的な近縁性とは関係なく，闘争が起こりやすくなる．よってボンゴがひざまずいて服従を示す行動は，攻撃の準備行動として前半身を屈めるハーテビースト（*Alcelaphus buselaphus*）やヌー属（*Connochaetes* sp.）には間違って伝わってしまうだろう．

角をもった有蹄類の混合展示では，形態と攻撃行動も重要な意味をもつ．ヌーとオリックスは似た攻撃行動を行うが，角は形態的に全く異なる．オリックスの非常に長い角を防ぐことができないため，角の短いヌーでは非常に不利になる（Walther 1965b）．エランドとレッサークーズー（*Tragelaphus imberbis*）では角を突き合わせる高さが異なる．エランドは地面に近いところで行うが，レッサークーズーはそれよりも高いところで角を組む．もしレッサークーズーの頭がエランドの角の間をすり抜け，その後エランドが上向きの力で，レッサークーズーが下向きの力で攻撃を行った場合，華奢なレッサークーズーが頸を折る羽目になるだろう．

闘争行動における明らかな違いが，闘争を抑制する場合もある．例えば，雄のエランドと，ヌーもしくはハーテビーストは，優位性を示すディスプレイとして，体側を見せる行為をとるが（Estes 1991），その後の攻撃行動は異なる（図13-3）．エランドは角を下げ，ハーテビーストは高く掲げる．それからハーテビーストは，前肢をひざまずいて，肩をぶつけ合ったり，角で地面を掻いたりする種特異的な攻撃行動をとる．一方，エランドは立位で闘争を行うため，ハーテビーストが立ち上がって闘いに挑んでくるのを待つ

図 13-3　エランドが応戦するのを待つヌー（写真：G. Hammer，ミュンスター動物園．許可を得て掲載）

ことになるし，その間ハーテビーストもエランドが屈むのを待っているのだ（Dittrich 1971）．

こういった闘争を避ける 1 つの方法として繁殖期に雄を分離することもできるが，そのためには動物が深刻な闘争を始める前に移動を完了させておけるよう細かく観察する必要があり，もちろん，分離した個体を収容する獣舎も必要になる．しかし，雄を取り除くことによって，その種の雌個体が放飼場内で他種の雄から攻撃を受けるというようなことにもなり得る．Dittrich（1968）は雄のエランドを隔離した際，その少し前から放飼場を共有していた雄のインパラ（*Aepyceros melampus*）が雌のエランドに対し攻撃を行った事例を報告している．

Estes（1991）と Walther（1965a）は幅広い有蹄類の攻撃と服従の行動に関する優れた報告を出しており，有蹄類の混合展示を検討する際に非常に有意義なものである．

分類学

混合展示の成功は最終的には飼育される動物の個々の行動次第ではあるが，不確かながら，行動を分類学的に概括することは可能である．単孔目，有袋類の多くの目，翼手目，海牛目，岩狸目，有鱗目，そして異節目はほとんどの他種に対してとても寛容な傾向があるようだが，一方で，鯨類は他種の動物と戯れる際にしばしば粗暴に振る舞うことがあったり，登木目（ツパイ目）の仲間はとても臆病な性格であったりする．食肉目の動物の中には，生後すぐの時期から，捕食 / 被食関係にない種類と一緒に育った場合，成長しても良い関係を継続できるものもあるが，齧歯類は一般に性成熟後には非常に攻撃的になる．ウマ科のたいていの種は他種の幼獣に対し攻撃的であり，偶蹄目では，繁殖期に雄同士が闘うのは一般的である．

種レベルでも各々の行動に関して違いが見られるようである．ウシ科の中でも，トムソンガゼル（*Endorcas thomsonii*），シロイワヤギ（*Oreamnos americanus*），シャモア，アカシカ（ワピチ，*Cervus elaphus*），アクシスジカ，ダマジカ，ケープクロスイギュウ，アフリカアカスイギュウ（*Syncerus caffer nanus*），ノロジカ（*Capreolus capreolus*），ヘラジカ（*Alces alces*）などはとても攻撃的な種類として知られる一方，ブッシュバック（*Tragelaphus scriptus*）やエランドは一般におとなしい動物とされる．ヤマシマウマ（*Equus zebra*）はサバンナシマウマ（*Equus burchelli*）よりも攻撃性が強く，シロサイやブラジルバクは，クロサイ（*Diceros bicornis*）やマレーバク（*Tapirus indicus*）に比べより寛容であると考えられている（Bartmann 1980）．ピグミーマーモセットはとても臆病だと言われるが，エンペラータマリン（*Saguinus imperator*）は高い攻撃性を持つ（Hammer 2001）．

性別と年齢

動物の性別も混合展示の成功に与える影響が大きいだろう．多くの哺乳類において，雄の方が雌よりも高い攻撃性を示す（Kummer 1971，Bygott 1972，Paul, Miley, and Baenninger 1971，など）．しかし，キツネザル類の混合展示では，同種内でも異種間においても，雌の方が攻撃的である．

ある種の雌が存在することも別の種の雄の攻撃行動を引き出すかもしれない．また，攻撃性はおそらく季節によっても変化し，性別によっても異なるだろう．雄は基本的に繁殖期には攻撃性が高まるが，雌では保守的になり，ゆえに育子期間には子を守ろうとして攻撃的になる場合もある．したがって動物園職員は，混合展示による性別の影響や，適切な性比をいかに確立するかを考慮する必要がある．

一般に，成獣よりも若い動物ほど，変化や新しいものに対する適応力，対処する能力が高い．結果として，混合展示は若い動物で始める方が，より成功する可能性が高まる．

体サイズ

サイズの差が大きいほど，種間の競合を減らせることから，混合展示ではこれは有利になると考えられている．さらに，特に大型の草食動物は小型の動物と比べ丈夫でおとなしく，他者に寛容であると考えられている．これは，種に特異的な捕食者に対する危険認識と，捕食者に対する行動の実質的な違いを反映しているのだろう．逃走や保護色により身を守る臆病な小型の動物に比べ，大型の動物は防御の戦略を取っており，捕食者に対する警戒をすることがほとんどない．しかし，このことを証明する十分な証拠はあげられておらず，もちろん例外も存在するだろう．サイズの違いが，混合種集団を構成する際の判断材料になり得るかどうか，混合展示内で検討した分析結果が報告されることを期待している．

混合展示への種の導入

新しい個体を展示に導入するかどうかの判断は，それが同種の動物でも異種の動物でも，似たような原則があてはまる（第 5 章を参照）．本章では，このことについて第 5 章で扱わなかった部分に注目しようと思う．新しい展示では，接触することなしに自分たちで互いの存在に慣れるように仕向ける設備が必要である．このような設備をもっておけば，馴化の後も，例えば出産時などの管理上の理由により動物を分離する際にも用いることができるため，導入時以外にも役立つ．

しかし，個体によっては，これらの馴化スペースを自分の縄張りとして確立してしまい，その空間資源を初めに占有しようとしなかった別の個体（縄張りの維持に関する投資が少なく，そのため失うものも大きくない）を執拗に遠ざけようとするかもしれない．これはいわゆる“ブルジョア戦略”（Maynard Smith and Parker 1976）と呼ばれるもので，縄張りを守るため居住者の闘争行動の機会は増えるのに対して，侵略者側は威嚇行動を見せるだけである．

混合展示における動物の導入時には，どんな潜在的な不均衡をも，平等化しようと試みるべきである．よって，“不利な”動物種には落ち着くためのより多くの時間を与えたり，最初は，より優位な種の中でも少数の劣位個体を選んで同居させたりすることを考慮してもよいだろう（第 5 章）．もし，混合される予定のそれぞれの種が対等な関係にあるようなら，動物たちを互いに馴化させた後に各種を同時に放飼場に出すという方法を取るとよい．これは動物たちの新しい施設に対する好奇心が，個体間で互いに向けられる注意に勝り，気を紛らせることになるからである．

ウォバーンサファリパークのキツネザル類の混合を進める際には，クロシロエリマキキツネザルを最後に導入した．これは個体数も多く，混合展示の中で優位に立つだろうと考えられたためである．まず馴化期間の仮放飼の後に，攻撃性の低いアカハラキツネザルとアカビタイキツネザルを，同等の個体数で同時に放飼場に出した．その後，エリマキキツネザルを導入し，獣舎に隣接する馴化スペースにいる間に他の 2 種に慣れさせた．

さらに大型の放飼場へ 4 種類の旧世界ザルを導入する際には，ウォバーンサファリパークの飼育担当者は異なる戦略を用いた．まず 4 種は，活動範囲をそれぞれの獣舎と，そこにつながった馴化スペース内に制限されることで，そのエリアを他の種を排除するための縄張りとして確立しようとした．飼育担当者はさらに，それぞれの種ごとに異なる一定の音声信号と，獣舎内での給餌とを関連づけた．

同様の原理は，出産のため分離していた母親と幼獣を，混合展示内に再導入する際にも適用できる．また，導入先の別の種類（特にウマ科動物）に対して，再導入前に給餌量を減らしておくという方法も有効である．それにより，餌に対する執着が強くなり，（再）導入された新しい個体に対する興味が薄れることにもなる．母親と幼獣をまず同種の優位な雄に引き合わせることで，同種または異種からの母子に対する攻撃から守ってやるようになるかもしれない（Dittrich 1968）．

混合後の問題

何年も問題なく過ごしていた混合展示のグループがある時突然崩壊した，というような例はいくつもある．ロサンゼルス動物園のシマダイカー（*Cephalophus zebra*）とタラポアン（*Miopithecus talapoin*）の混合展示では，初めの数か月間は平和に同居していたが，ある時から，タラポアンがダイカーの上に飛び乗り，毛を引き抜くようになったため，分離せざるを得なくなった（Crotty 1981）．単一種展示の場合と同様に，効果的な監視体制が整備されていなければならないし，もし混合展示が“失敗”であったなら，一時的にせよ恒久的にせよ，適切な解決策と再導入ができるまでは問題のある個体もしくは種全体を混合展示から外すような，緊急時の対応策も備えておく必要がある．

出産と哺育

哺乳類の雌の中には，出産後に劇的な変化が表れるものがある（第 28 章を参照）．ある雌では出産後，他の動物への攻撃傾向が増加し，攻撃性の増加と授乳期間の長さには相関関係がある（Scott 1966，Flandera and Novakova 1971）．出産後にはよく，それ以前では想像もつかないような異種間の相互作用が観察されることもある．例えば，子を守ろうとしたシカの母親が，クマを攻撃し怪我を負わせたことがある（Altmann 1963）．

いくつかの種では，それまで問題なく同居してきた別の動物種の子を捕食するといった報告があり，ペッカリーやアリクイがマーラの幼獣を捕殺した例（Hammer 2001）や，ダイカー類（*Cephalophus* sp.）が若いスプリングボック（*Antidorcas marsupialis*）を捕食した例（Schanberger 1998）がある．

混合展示内で繁殖が行われた場合，展示内に母親と子を他の動物種から隔離するための設備は，極めて重要である．もし必要であれば，母親が新しい環境に慣れることができるように分娩の前に別々にしておくのが理想的である．

母親が子を守る度合には，種によってかなりの違いがある．シマウマの雌は子を守るために非常に攻撃的になるが，ガゼルやハーテビーストは子をできるだけ脅威から遠ざけようとする．シカ科では身を隠す戦略を採用して，子を隠し，授乳の時だけ戻ってくる．シカのような場合では，どんなに大きな放飼場であっても，他の個体がシカの幼獣を見つけ攻撃するおそれがあるため，特別な配慮を行う必要がある．

混合展示の今後

混合展示について広く普遍化して述べることは難しい．種ごとの傾向は見られるけれども，個体や環境による“慣例”からの例外はいつも存在する．今回示した例が，別の場所での実例と矛盾するようなこともあるかもしれない．混合展示にはリスクがあるが，適切な管理と適切な種の選択により，飼育下の動物の管理のための混合展示によるメリットが，潜在的なデメリットを上回ることができるだろう（Anderson 1982，Felton 1982，Killmar 1982）．混合展示施設の計画に先立って，展示方法ごとや種の組合せごとにリスクとメリットを評価するために，様々な分野からの検討が行われるべきである．放飼場のデザインと同じくらい，飼育管理方法について熟慮することが，展示の成功をより確実なものにするために必要である．動物園がより複雑で広大な環境を動物に提供し，そして教育的意義が高く，感動を与えるような展示を来園者に提供するために膨大かつ当然の努力をしつつ，保全に必要な動物園内の空間を増やすという面で，混合展示の役割はより重要なものになるだろう．

文　献

Altmann, M. 1963. Naturalistic studies of maternal care in moose and elk. In *Maternal behavior in mammals*, ed. H. L. Rheingold, 233–53. New York: John Wiley.

Anderson, D. 1982. Multi-species exhibits. In *AAZPA Annual Conference Proceedings*, 227–28. Wheeling, WV: American Association of Zoological Parks and Aquariums.

Backhaus, D., and Frädrich, H. 1965. Experiences keeping various species of ungulates together at Frankfurt Zoo. *Int. Zoo Yearb.* 5:14–24.

Baker, B. 1992. Guess who's coming to dinner: An overview of mixed species primate exhibits. In *AAZPA Regional Proceedings*, 62–67. Silver Spring, MD: American Association of Zoological Parks and Aquariums.

Bartmann, W. 1980. Keeping and breeding a mixed group of large South American mammals at Dortmund Zoo. *Int. Zoo Yearb.* 20:271–74.

———. 1990. Interactions among mixed group South American animals. In *International Union of Directors of Zoological Gardens Annual Conference*, 38–40. Copenhagen: International Union of Directors of Zoological Gardens.

Bitgood, S., Patterson, D., and Benefield, A. 1986. Understanding your visitors: Ten factors that influence visitor behavior. In *AAZPA Annual Conference Proceedings*, 226–43. Wheeling, WV: American Association of Zoological Parks and Aquariums.

Bygott, J. D. 1972. Cannibalism among wild chimpanzees. *Nature* 238:410–11.

Crotty, M. 1981. Mixed species exhibits at the Los Angeles Zoo. *Int. Zoo Yearb.* 21:203–6.

Curry-Lindahl, K. 1958. Brown bears (*Ursus arctos*) and foxes (*Vulpes vulpes*) living together in the same enclosure. *Zool. Gart.* 24:1–8.

Deleu, R., Veenhuizen, R., and Nelissen, M. 2003. Evaluation of the mixed-species exhibit of African elephants and hamadryas baboons in Safari Beekse Bergen, The Netherlands. *Primate Rep.* 65:5–19.

Dittrich, L. 1968. Erfahrungen bei der Gesellschaftshaltung verschiedener Huftierarten. *Zool. Gart.* 36:95–106.

———. 1971. *Lebensraum Zoo: Tierparadies oder Gefängnis?* Freiburg: Verlag Herder.

Estes, R. D. 1991. *The behavior guide to African mammals*. Berkeley and Los Angeles: University of California Press.

———. 1999. *The safari companion. A guide to watching African mammals*. 2nd ed. White River Junction, VT: Chelsea Green Publishing.

Felton, G. 1982. Aspects of mixed hoofstock species exhibits. In *AAZPA Annual Conference Proceedings*, 235–38. Wheeling, WV: American Association of Zoological Parks and Aquariums.

Flandera, V., and Novakova, V. 1971. The development of interspecies aggression of rats towards mice during lactation. *Physiol. Behav.* 6:161–64.

Freeman, H., and Alcock, J. 1973. Play behavior of a mixed group of

juvenile gorillas and orang-utans. *Int. Zoo Yearb.* 13:189–94.
Gray, B. 1962. Miami Seaquarium and its exhibits. *Int. Zoo Yearb.* 4:1–7.
Hammer, G. 2001. Gemeinschaftshaltung von Säugetieren in Zoos: Bestandserhebung und Problematik. Ph.D. diss., Universität Salzburg.
Heck, L. 1970. *Wilde Tiere unter sich: Beobachtungen ihres Verhaltens in Afrika.* Berlin: Ullstein-Verlag.
Hediger, H. 1950. *Wild animals in captivity.* London: Butterworth.
Hjordt-Carlsen, F. 1997. The role of mixed-species exhibits in environmental enrichment: The South American mixed-species exhibit in Copenhagen Zoo. In *Proceedings of the 2nd International Conference on Environmental Enrichment*, 168–78. Copenhagen: Copenhagen Zoo.
Killmar, L. E. 1982. Management problems of large mixed species exhibits at the San Diego Wild Animal Park. In *AAZPA Annual Conference Proceedings*, 229–34. Wheeling, WV: American Association of Zoological Parks and Aquariums.
Kleiman, D. G. 1996. Reintroduction programs. In *Wild mammals in captivity: Principles and techniques*, ed. D. G. Kleiman, M. E. Allen, K. V. Thompson, and S. Lumpkin, 297–305. Chicago: University of Chicago Press.
Kummer, H. 1971. *Primate societies: Group techniques of ethological adaptations.* Chicago: Aldine-Atherton.
Maynard Smith, J., and Parker, G. A. 1976. The logic of asymmetric contests. *Anim. Behav.* 24:159–75.
McAloose, D. 2004. Health issues in naturalistic mixed species environments: A day in the life of a zoo pathologist. In *55th Annual Meeting of the American College of Veterinary Pathologists & 39th Meeting of the American Society for Veterinary Clinical Pathology.* Middleton, WI: American College of Veterinary Pathologists and American Society for Veterinary Clinical Pathology.
Paul, L., Miley, W., and Baenninger, R. 1971. Mouse killing by rats: Roles of hunger and thirst in its initiation and maintenance. *J. Comp. Physiol. Psychol.* 76:242–49.
Popp, J. V. 1984. Interspecific aggression in mixed ungulate species exhibits. *Zoo Biol.* 3:211–19.
Schanberger, A. 1998. *Antelope mixed species resource manual.* Houston: Antelope Taxon Advisory Group, Houston Zoological Gardens.
Scott, J. P. 1966. Agonistic behavior of mice and rats: A review. *Am. Zool.* 6:683–701.
Seitz, S. 1998. Tapire im Zoo: Bemerkungen zu Aktivitäten, Sozialverhalten und interspezifischen Kontakten. *Zool. Gart.* 68:17–38.
Thomas, W. D., and Maruska, E. J. 1996. Mixed species exhibits with mammals. In *Wild mammals in captivity: Principles and techniques*, ed. D. G. Kleiman, M. E. Allen, K. V. Thompson, and S. Lumpkin, 204–11. Chicago: University of Chicago Press.
Veasey, J. S. 2005. Whose zoo is it anyway? Integrating animal, human and institutional requirements in exhibit design. In *Proceedings of the 6th International Symposium on Zoo Design*, 7–16. Paignton, UK: Whitley Wildlife Conservation Trust.
———. 2006. Concepts in the care and welfare of captive elephants. *Int. Zoo Yearb.* 40:63–79.
Veasey, J. S., Waran, N. K., and Young, R. J. 1996. On comparing the behavior of zoo housed animals with wild conspecifics as a welfare indicator, using the giraffe (*Giraffa camelopardalis*) as a model. *Anim. Welf.* 5:139–53.
Walther, F. 1965a. Ethological aspects of keeping different species of ungulates together in captivity. *Int. Zoo Yearb.* 5:1–13.
———. 1965b. Psychologische Beobachtungen zur Gesellschaftshaltung von Oryx-Antilopen (*Oryx gazella beisa*). *Zool. Gart.* 31:1–58.
Xanten, W. A. 1992. Mixed species exhibits: Are they worth it? In *AAZPA Regional Conference Proceedings*, 43–50. Wheeling, WV: American Association of Zoological Parks and Aquariums.
Zscheile, D. 1980. Erfahrungen bei der Gemeinschaftshaltung von Damhirschen (*Dama dama*) und Mufflons (*Ovis ammon musimon*) im Zoologischen Garten Halle. *Zool. Gart.* 50:327–31.

14

展示デザインにおける構造上および飼育管理上の配慮

Mark Rosenthal and William A. Xanten

訳：横山卓志

はじめに

展示を設計する際，展示の管理が安全かつ簡易であるために，動物園プランナーが取り組むべき普遍的な問題がある（Veasey 2005）．動物の生物学的，心理学的要求を考慮する（Curtis 1982）だけでなく，日々展示を管理維持する人々にも配慮されるべきである（Simmons 2005）．動物の飼育係やメンテナンス職員は展示の管理維持に責任があるので，空間の構造を熟知することで，より簡単に責任ある管理維持ができるだろう．あらかじめ計画しておく必要性はどれほど強調してもし過ぎることはない．例えば，一度コンクリートが流し込まれ固まったら，排水を改善するために床の傾斜を変えるには，お金をかけて変更の注文をしなければならない．

観覧展示のための構造上の配慮

壁

壁の性質と形は動物種によって，さらに動物がどのように展示されるかによって異なる．四角い縄張りは自然界には存在しないが，多くの展示において壁は垂直な角度で交わっており，汚物やごみが溜まりやすい空間となっている．壁の角を丸くすることは高価なオプションだが，丸い角にはあまり汚物が蓄積せず，掃除しやすい．壁と床の接合部を丸く接合することで，衛生動物や糞便が蓄積するような割れ目を除くことができる．

壁は既製コンクリートでつくられることがあるが（Arnott, Embury, and Prendergast 1994），取扱いにおいて様々な注意点がある．壁に塗料を塗る時は，予備の塗布を正確に行うべきで，さもないとすぐに塗料が剥がれ落ちる可能性がある．塗料が剥がれているほど，展示の視覚的魅力を損なうものはない．多くの動物は壁を噛んだりなめたり，塗料を剥がしたり飲み込んだりするので，動物の展示場内のあらゆる塗料は非中毒性であるべきである．ある動物園では，マンドリル（*Mandrillus sphinx*）が柵の古い塗料を食べ，群れの個体にも害が及んでいる．ゾウやサイは壁に体を擦り付けるので，彼らの施設では壁に塗料を塗らない方が良い．塗料よりコンクリートの汚れの方がましである．

タイルには様々な色があり，壁を覆うのにも使われ，掃除や維持がしやすい（Johann and Salzert 1999）．しかし，タイルの印象はとても味気ないことがある．レンガは壁の覆いとしては比較的安価（選ぶ種類にもよる）だが，たいてい年が経つにつれセメントやモルタルで接合部をふさいで磨く，もしくは密閉する必要がある．また，レンガは掃除がしにくく表面が粗い．ファイバーグラスは着色や掃除が簡単で，タイルやレンガ，強化コンクリートで問題となるような，衛生動物が隠れるスペースをほとんど与えない．

木材の壁は，傷んだ時に簡単に取り替えられる利点があり，様々な種類の木材が手に入る．しかし，木材の壁には衛生動物の隠れるスペースが豊富にある．あるキリン（*Giraffa camelopardalis*）の展示では，コンクリート壁の上部正面に木材が使われ，キリンは木材を傷つけなかったが，ネズミやゴキブリが中に隠れていた．ゾウやサイは，牙で穴をあけたり，角を使って板を動かそうとしたりするので，木材板は傷つきやすい．木材は掃除できるが，毎日の掃除と動物による尿スプレーのため，木材によっては水分を吸収してあっという間に腐ってしまう．

表面を防水剤で覆うと掃除はより簡単になる．ある動物園では，コンクリートブロック壁は上手く密封されず，長年表面に水を使い続けた結果，モルタル接合部の石灰岩が浸出し，取り除けないほどの結晶化物質が残った．

壁画はよく背景としても使われるが，傷ついた時に取り替えたり加筆したりするのは高価になりがちである．壁画は水や動物の尿から保護するために防水処理される必要がある．壁画は全て，どれほど保護されているかにかかわらず，いずれは傷つき改装する必要がある．したがって，壁画の利用を決定する前に，現在と将来の予算を考慮する必要がある．

多くの種は，尿で自分の縄張りに臭いづけをする．壁表面への尿による長期的な悪影響には，退色やしみがあり，特に木材の壁で顕著である．

人工的な石細工で壁を覆う場合も防水処理が必須であり，壁を水で洗い掃除する時に床への排水が適切に行われるよう，くぼみをつけておくべきである．石細工は，掃除の時に飼育係が展示の上部まで届くような通路を組み入れるべきである．

柵

多くの屋外哺乳類展示では，柵で囲むことで動物の縄張りを定めている．柵の種類は数多くあり，チェーンリンクや標準的なスクエアデザインの家畜用の柵（hog wire とも呼ばれる），溶接メッシュ，金属性の水平棒，木製の柵などがある（Hediger 1969a）．細く手織りのステンレス鋼ケーブルからなる新型メッシュは，様々な種への有効性が証明されている（www.pwrconcepts.com）．柵の選択には，主に展示される動物の種類や予算の考慮が影響する．

どんな種類の柵素材を使うかを決めるうえで，長期的なメンテナンスは最も重要なポイントである．柵は直線で用いられた時に強度と張力が最も高くなる．ゆるみ過ぎたワイヤー柵は，動物を傷つける事態になりかねない．有蹄類の囲いでは，内側表面を連続的にするために，杭のパドック側に柵を取り付けるべきである．これにより，動物が柵に沿って走った際に，突き出た杭で怪我をするのを防ぐことができる．デザイナーは，素材の最終選択において，動物の力を熟考する必要がある．Hediger（1964）が述べているように，「過剰興奮はあらゆる障壁を無力にする」．

有蹄類の柵は高さ 1.8 ～ 2.4m にすべきである（Manton 1975）．地理学的な位置や地域の捕食者の存在に応じて，デザイナーは捕食者が掘ったり登ったりするのを防ぐ障壁を組み入れる必要があるかもしれない．障壁の種類と大きさは，関連する種とその行動によって決まる．地中の障壁には数多くのデザインがある．最も効果的な種類は，地中 15.2 ～ 45.7cm に取り付けられ，囲いの内側 0.6 ～ 1m まで広がるものである．穴やトンネルを掘る動物の多くは，柵に近づいてから穴を掘り始めるからである．上部が突き出した柵は 90 度あるいは 45 度の張出しからなる（Embury and Arnott 1995）．これらの張出しは，脱走を防ぐために金属，ワイヤー，あるいはケーブルのより線が付いている．ワイヤーやケーブルは，必要なら電気を通すこともできる．

柵の周囲に設置する移動ゲートの場所や大きさは，動物管理者が安全に開閉できるように設計されるべきである．移動ゲートの入口があまりに狭いと，動物はあるパドックからもう 1 つのパドックへ移動しようとして群がるかもしれない（Knowles and Bickley 1992）．しかし，大きすぎるゲートは手動で操作するのが難しいかもしれない．ゲートにはスイングゲートやスライドゲートなど様々あるが，車両が通れるほどの大きさにすべきである．スライドゲートは費用がかかるが，動物の移動にはかなり柔軟性がある．

床

展示デザインにおいて最も重要な要素は，床の傾斜とその排水である．掃除の時，余分な水はすぐに排水されるべきである．排水能力が乏しいと，低い場所に集まる余分な水を取り除き，藻の増殖を防ぐために床をきれいに拭く必要があり，時間のかかる作業となる．適切な排水を確保するには，排水口への傾斜は 5% を超えるべきではない．傾斜は，床をつくる前に予め算定され立証される必要がある．排水能力の乏しい床を調整するのはとても難しく費用がかかる．展示が適切な傾斜になっているかを試すには，展示のどこかからバケツ 1 杯の水を流せばよい．水が排水口に向かって流れなければ，その傾斜は調整が必要である．多くの展示場の床は，危険な転倒を防ぐために滑り止め構造にするべきである．軽くブラシをかける，あるいは新たに注がれたセメント床にはしっかりとブラシで仕上げをすると，ある程度の安定した足取りを確保できる．床の塗装には，動物や飼育係による日々の使用に耐えられる特殊な塗料を使うべきである．研磨剤が添加された塗料は，肉球や蹄や動物の肢を激しくすり減らすので避けるべきである．現在は衝撃を和らげる最新の床材も入手でき，ゾウやカバ，サイなどの体重の重い種で有効に活用できる．

パドック

パドック建設において，主に考慮しなければならないのは排水である．排水能力の乏しい敷地は，流れない水によって見苦しい水たまりができ，その状況は多くの動物の健康に有害なだけでなく，飼育係によりパドックのメンテナンスも必要となる．地表と地下の基板物質が優れた排水を促すだろう．安価で優れた新製品が販売されており，1つはスレート（粘板岩）の密集したブルーストーンで，有蹄類で効果的である．段階的な大きさの石と，地表に細かい石を利用すると，とても丈夫で長持ちするパドック表面ができる．地表の基板が適切な排水を行わず，水が土壌を侵食し小さな溝を形成し始めたら，敷地の勾配をなくし，流出した水が排水場所へ向かうよう勾配をつけるべきである．

自然な地面は，美的にも魅力的で動物の肢にもやさしいが，例えば草のように医学的な問題を生じさせることになる．そのうえ，温暖な気候では被嚢幼虫（寄生虫）はたいてい冬の間に死ぬのでそれほど問題ではないが，この環境では寄生虫が増殖する可能性がある．自然材質の地面にいる動物は，寄生虫予防プログラムに基づいて管理される必要がある．

天　井

天窓は，植物のある展示や，繁殖のような特殊な活動を光周期に頼っている動物にとって非常に優れている（Chew 1990）．天窓は紫外線を遮断してはいけない．現在は約70％の紫外線を通す製品がある．天窓が屋外に通じているなら，動物管理者は柔軟に展示場を天候にさらすことができる．もし天窓を電気によって操作するなら，電力が落ちた時のために手動操作方法も利用できるようにしておく必要がある．霊長類や鳥の展示では，脱走を防ぐために，開いた天窓に網の障壁を取り付ける必要があるだろう．天窓はたいてい展示場の天井の高い場所に取り付けられているので，天窓の遠隔操作は必須である．

ワイヤー網あるいは格子の付いた天井は，展示場内に様々なロープやつる性植物，丸太などをつるすのに適した場所となる（Dickie 1998）．コンクリート天井では，スタッフは照明や留め金の設置場所を予め計画しておく必要がある．つりさげ式の天井は，展示場内の動物が届かないよう十分高くしておく必要がある．そうしないと，動物園スタッフはいつもこの仮の天井の上で逃げた動物を探すことになるだろう．

飼育係の出入り扉

動物の展示場への出入り扉は，どんな飼育係も徐行したり身をかがめたりせずに入ることができ，また日々のメンテナンスに必要な機器（例えば高圧洗浄機やはしご）はもちろん，土壌や岩，植物，枯れ木などの展示素材が入るよう，十分大きくするべきである．全ての扉には，動物の脱走を防ぐために，飼育係が入る前に覗いて確認する窓をつける．ほとんどの扉は安全の観点から内側に開くべきだが，いくつか例外もある．装飾素材の多い小型展示では，展示により広い空間を与え，素材を簡単に展示に入れられるように扉は外側に開く方がよい．ダッチドア（二段戸）は，扉の上半分が下半分とは別々に開くことができ，目で確認して脱走を防ぐことができる．

非展示収容エリア

収容エリアは，展示場と直接つながっていようと分離していようと，適切な動物管理に不可欠である．多くの展示場は，十分な非展示収容場所を欠いている．展示場に接したそのような場所があることで，掃除する間の正常な動物の移動が可能となる．さらに，管理者は必要な場合には動物を公の前から遠ざけることができる．加えて，採食や睡眠のために動物を分けることもできる．動物が導入される時には，導入する扉やついたては展示場所と収容場所の間に設置され，公の目に触れることなく導入することができる．収容場所は，動物を隔離する場合にも有効である．例えば，個体ごとに分けて尿や糞サンプルを採取したい場合である．尿トラップを排水溝に設置することで，飼育スタッフは簡単に尿を回収できる．

屋外展示では，裏の収容場所は夜間の優れた安全性を提供するかもしれない．加えて，夜間に有蹄類を分けて収容することで，パドックは草を食べるあるいは環境を踏みつけることによる被害から回復できる．展示場とは区別された収容施設は，余剰個体の管理や展示場から動物を分離する必要がある場合（出産を控えた雌，はじめに争いが起きそうな個体の導入，治療中の動物）のために必要不可欠である．

“自然は空虚を嫌う”ということわざは，動物収容場所にも当てはまる．確かに，新たな展示場あるいは改修された展示場のあらゆるデザインは，収容施設に可能な限り最大限の空間を含むべきで，後に拡張する余地をもたせるべきである．収容施設のデザインは，動物収容場所の基本的原則にのっとるべきである．計画段階で，適切な排水，照明，水，気候管理，屋内ならば換気，屋外ならば日陰，水生動物には水たまりを設計すべきである．加えて，収容場所内で動物を移動させる十分な能力が必要である．移動通路は，動物が展示場に出入りするのに必ず通るため保定檻を設置するのにも最適な場所で，体重計は保定檻の中や独立した機能としていずれにでも設置できる．保定檻の下は，不可能ではないが限りなく作業しにくくなるため，そこには排水溝を設置しない方がよい．

収容エリアにはスタッフが接近しやすく，車両の乗り入れ，動物や展示設備の積み降ろしをする機器に適応できるよう設計される必要がある．可能な限り柔軟性のある非展示収容施設が理想である．床には傾斜があり，施設の一方（前か後ろ）にはプールがあるべきである．適切に設計されたプールは，水を抜けば主要な収容場所を拡張することができ，小型水生動物の浅いプールとしても利用できる．プールの勾配は簡単に移動できる範囲にすべきである．

展示場から収容エリアへの動物の移動

ある展示場から別の展示場へ，あるいは収容場所の間で，簡単かつ安全に動物を移動させることは最も重要で，動物へのストレスも最小限にするべきである．移動設備を適切に設計するには，まずその種の自然な行動を熟知しなければならない．ほとんどの哺乳類は角に走っていく，あるいは角に追いやられるため，扉は壁の接合部に設置されるべきである．しかし，哺乳類は飼育係に近寄らず離れようとする傾向があるので，扉を操作する装置は展示場の反対側に位置させるべきである．

霊長類のように樹上性哺乳類の移動扉は，自然な行動を促すために高い所にある必要がある．高い移動扉は飼育係も入ることができ，動物を捕まえるためのクレートを保持するために敷居の真下に幅の広い棚が必要だろう．これらの棚は動物が休む場所を提供し，四肢やつたの安全な支えとなる．

動物の通路は，収容ケージあるいは展示ケージの入口が位置するスライド扉や降下（ギロチン式）扉においても，少なくとも一方からは飼育係が接近できるべきである．この設計では，収容ケージへの通路で直接動物に接触でき，動物が飼育係の元へ引き返すのを防ぐことができる．飼育係は，ひとたび動物が広い場所に入ってしまうと管理できなくなる可能性があるので，ケージごしに動物を移動させることは推奨できない．動物が慣れるように，スクイーズ式ケージや体重計をつくり付けにできる．スクイーズ式ケージは，２つの収容ケージの間の連結部としても組み入れられる．

移動扉を明確に識別できることは極めて重要である．扉の色分けや番号づけ，操作手順によって，動物にとっても飼育係にとっても移動が簡単で安全になる．扉の大きさも重要である（Collins 1982）．小さすぎる扉は，そこを通る動物の体側や背中の怪我につながる可能性がある．大きすぎる扉は，クレートに動物を捕まえる時に，クレートの上部や横の隙間から動物が逃げないよう入口をふさぐために別の道具が必要になるので，不便である．扉の上の張り出しが低いと，ギロチン式扉とクレートを効果的に使うことができない．

ギロチン式扉もスライド扉も，ほとんどの食肉目や霊長類に最適である（Blount 1998）．手動で操作できる扉は設置や維持にお金がかからないが，閉じている扉をつかみ，開けることができる大型類人猿には推奨できない．しかし，強力な溝の止め具がないと，扉は溝から外れ，飼育係が負傷する可能性もある．扉はとても重く，扉の下に指が入らないように扉の底に溝がついていないと，いくつかの霊長類は実際にギロチン式扉を押し上げることができる．飼育係は，ギロチン式扉が大型ネコ科や霊長類の長い尾を挟まないよう注意する必要がある．

スライド扉は負傷の問題を軽減する一方で，操作が難しい．誘導溝はよく詰まり，操作をさらに難しくしている．デザイナーは，スライド扉の設置と操作に十分な水平空間があるか考慮する必要がある．通路で取っ手が目立ち問題になり得るような狭い場所では，スライド扉の取っ手の中間に蝶番をつけることができる．

取っ手と併用して，引くと扉が上がりゆっくり離すと扉が下がるようなケーブルでもギロチン式扉を操作できる．そのような扉は飼育係が操作するうえで十分軽くなければならず，つり合うおもりが必要となる．クランクとともに回転する歯止めと連結したケーブルを使う方法もあるが，もし扉がとても重いと飼育係がすぐにクランク取っ手を持ちこたえられなくなり，このような扉操作は動物や飼育係に重症を負わせる可能性がある．

最近，水圧や空気圧，電気によって操作できる扉が，大型類人猿や厚皮動物の施設に広く用いられるようになってきた．水圧式や空気圧式の扉は一般にスライド式で，操作ボタンを離せば動作中のどんな時でも止めることができる利点がある．また，自動圧力停止にも適応でき，もし動物が出入口でひっかかっても押し潰されないようになっている．水圧式扉は，動物を展示場内や展示場外に閉じ込められないほどゆっくり閉まるので，扉が閉まる速度は重要である．

電気によって操作する扉は，手動操作扉のように，チェーン駆動であっても操作中は開き続けるので，あまり使われない．ウォームねじ駆動によってこの問題を軽減できるが，設計と設置は非常に高価である．どのような場合でも，機械に何らかの故障があった時には自動制御運転を手動で解除（オーバーライド）できるようにしておくべきである．

有蹄類の獣舎や小型哺乳類の囲いには，手動で操作できるスライド扉が好ましい．手動スライド扉は簡単に操作でき，安く，とても融通が利く．クレートの大きさに合わせて扉を開ける幅を調整でき，また隙間風を調節でき，必要な時にはすぐに閉めることができる．デザイナーは，飼育係の身長が様々であることを意識する必要があり，取っ手を高すぎる位置につけると，背の低い飼育係が効率よく扉を操作するうえで不利だろう．動物を移動させる時は，飼育係は常に見通しの良い視野をもつべきである．これが不可能な場合は，移動扉を直接見るために鏡を利用することができる．

スライド扉やギロチン式扉は獣舎や展示場の利用可能領域を増加させる．これは，空間が限られがちな小型哺乳類の展示場において特に重要である．スイング扉は，動物の展示場所や収容場所への移動に用いない方がよい．しかし，スイング扉を通して飼育係が接近する時は，扉が飼育係と動物間の障壁となるよう囲いの内側に開くべきである．動物が扉にぶつかっても，扉は閉じた状態に戻る．誤って扉を開けたままにした場合にも脱走を防ぐために，囲いの内側に開くスイング扉は自動で閉まり，オートロックで掛け金がかかるようにしなければならない．もし内側に扉が開く十分な空間がない時は，他の選択肢（スライド扉など）が用いられることもある．

上下に分離するスイング扉であるダッチドアは，有蹄類の獣舎や小型哺乳類の展示場でよく見られる．ダッチドアにより，飼育係は上半分の扉から少ないリスクで囲いの中を見渡し，地上の小型哺乳類が逃げ出すのを防ぐことができる．また，これらの扉も内側に開くのが望ましい．

最近利用されている扉のデザインに，ガレージ式扉がある．われわれは，その複雑さ（少なくとも２つの蝶番）と大きな動物がぶつかったら動かなくなることから，このような種類の扉の使用は推奨しない．設計が不十分だと，ネコ類は扉の上に登り，逃げたり隠れたりできる．また，このような種類の扉は電気で操作されると非常に動きが遅く，オーバーライドが必要である．

扉の厚さと強度は，その種の力の強さと大きさによって決まる．重い金属やかんぬきのある扉は一般に大型肉食動物，厚皮動物，大型類人猿に用いられる．これ以上ない安全のために，危険な動物の扉やゲートは二重ロック（上と下に１つずつ）にすべきである．構造上の強度を満たしていれば，軽い合金も利用できる．厚く透明な耐衝撃性プラスチックは，飼育係が扉の反対側で何が起こっているか見えるので，大型類人猿（McDonald 1994）や大型肉食動物で効果的に利用されてきた．

厚皮動物の施設は強化コンクリート扉を用いて素晴らしい成果をあげ，木製扉は一般に有蹄類に適している．板張りの扉は，軽い代替扉で，適切に設計されればかなり強度がある．しかし，きちんと錆止めをしないと完全に錆びてしまう．また，完全に密封しないと，齧歯類やゴキブリの住処となる．

飼育係の作業場（キーパーエリア）

プランナーは展示を設計する時，作業場を忘れがちで，飼育係のやる気や全体の作業効率を減少させる見落とし点である．作業場は広々とし，十分明るく風を通し，適切な排水設備を備えるべきである．一度これら４つの基準が満たされれば，他の要求はとても簡単に満たすことができる．

通路や入口の扉は，クレートや餌の調達，展示素材が入るよう十分広くなければならない．作業場は階段よりもスロープにし，より簡単に利用できるようにすべきである．適した傾斜のある床は排水に優れ，滑り止め素材やざらつかせたコンクリート床にすることで滑りにくくなる．排水が速く，管理が簡単なのでトレンチ排水が望ましい（図14-1）．

食料や道具，展示素材の適切な保管場所は，適切な展示場の管理のために必須である．冷凍庫や冷蔵庫によって食べ物の長期的・短期的な大量貯蔵ができ，時間を節約し，傷みも防ぎ，餌の調達も少なくて済む．

様々な道具を，手に取りやすく安全な場所で保管するのに棚が必要である．ホース掛けは，便利なようにホース接続部の近くに設置すべきで，短い長さのホース（7.6m以下）も使えるよう十分な数を用意すべきである．自動的にホースを巻き取るホース掛けは便利で，天井や壁の高い位置に取り付ければ通路壁の空間を広く使うことができる．しかし，自動巻取りホース掛けが壊れると役に立たなくなる．そのため，より広い場所が必要で管理に時間がかかるが，ホースを手で巻き取る固定装置の方が好ましい．

展示場の背面と作業場の背面の間の空間は，動物の導入や移動，展示素材の移動にも十分な空間を設けるべきである．展示素材やクレートを持って利用するのに狭すぎたり

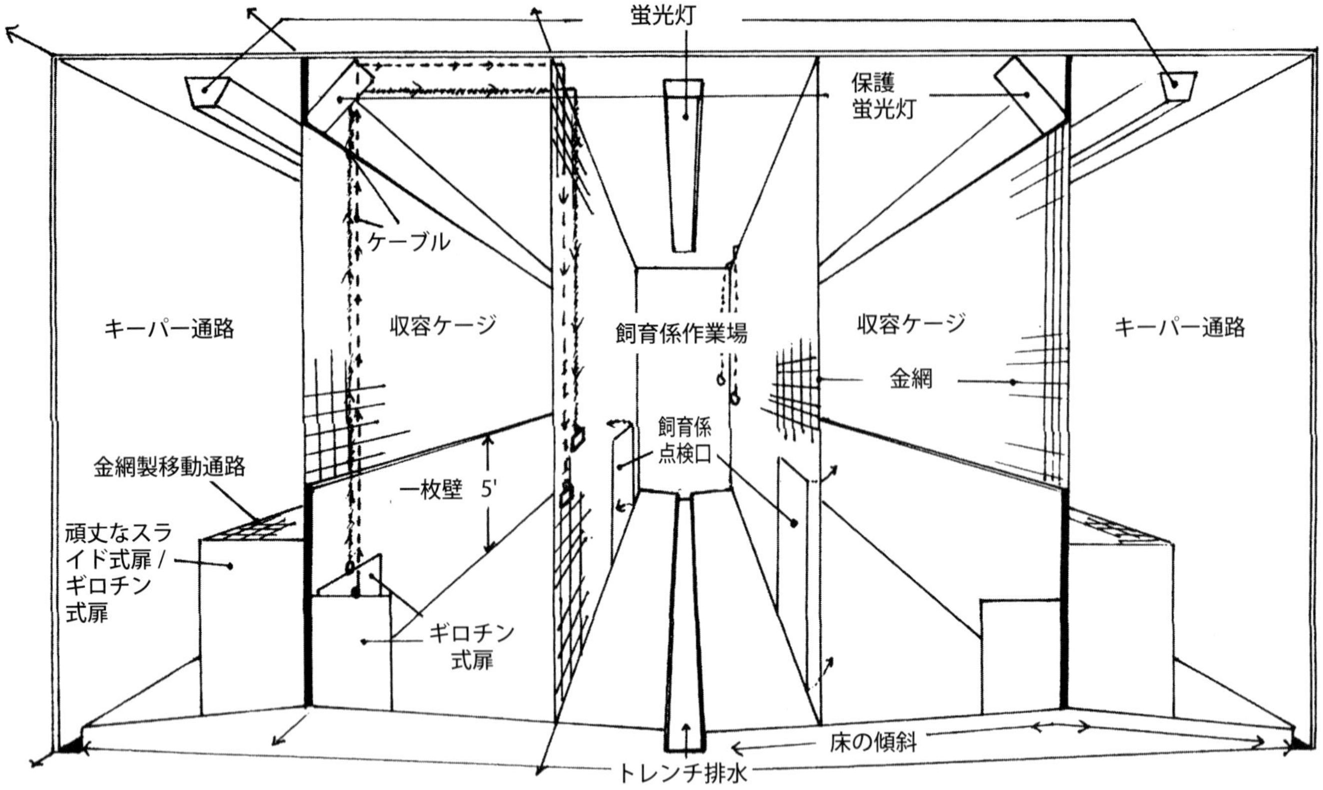

図 14-1　動物または飼育係のために一般化された収容・移動・作業エリア（左右対称）の案．

天井が低すぎたりする通路は，展示場への扉を広く高く設計してもそのメリットを無効にする．例えば，デザイナーはクレートをギロチン式扉で開けるのに必要な高さを想定するべきである．扉の枠に対してクレートを固定するために，チェーンやロープの取り付け部としてリングやホックを付けることも有効で，ネコ類やクマ類，大型類人猿，大型有蹄類，厚皮動物のような力強い動物を移動する時には特に有効である．大型動物は地上のクレートやシュートによって移動させるのが最善である．例えば，サイの入った巨大で重いクレートを積み下ろし場から離れて操作することは非常に厄介である．

デザイナーは動物の脱走の可能性についても考慮する必要がある．動物が解き放たれたら何が起こるか．入口は安全だろうか．危険な動物のセクションは，入口の前に常に蛇腹式柵を設置しておくべきである．他の鍵に加えてかんぬきをかけると，柵の安全性の二次対策となる．

理想的には，飼育係は作業場全体を遮るものがなく眺められるべきである．ある飼育係は，キーパー通路に続く蛇腹式柵を開ける直前に，床のクマの足跡に気づき助かっている．彼は，クマが寝室から逃げ出したことを理解し，応援を呼ぶことができた．死角は避けるべきだが，角の先を知るために鏡や有線テレビカメラが利用できる．小型哺乳類では，高い所に逃げた動物を閉じ込め，簡単に再捕獲するために，頭上に照明や通気管，パイプがある天井をネットや金網で覆うべきである．大型ネコやクマ，霊長類が入れる場所や隠れられる場所（特にケージの上や下）は，除去されるべきである．優れた照明が常に必要不可欠である．

作業場は飼育係の日々の仕事を容易にするだろう．設計や建設の前に飼育係と議論することで，素晴らしいアイデアを引き出し，面倒の少ない施設につながるだろう．

実用品

配管設備

後に変更するのは費用がかさむので，はじめに優れた排水システムを設計することが重要である．それぞれの排水管の適切な大きさや数，場所の選択を真剣に考える必要がある．展示場の外側に排水管を設置すると，動物が展示されている間も飼育係やメンテナンス職員が確認できる．言うまでもなく，床はそれぞれの排水口に向かって正確に傾斜していなければならない．

トレンチ排水は，蓄積した廃棄物を掃除するためにシャベルや熊手が入るよう十分な幅にすべきである．キャッチバスケットを設置することで廃棄物を1か所に集め，廃棄物が本管に入り塞ぐのを防ぐことができる．ある大型類人猿の展示場では，囲い内に開けた排水溝があり，リンゴやオレンジのような果物が入るのに十分な幅がある．そのため飼育係は動物を展示したまま展示場全体を水洗いし，後に大きな円錐型の濾過槽から食べ残しや廃棄物を回収することができる．

排水溝が展示場内にある場合，カバーは動物が取り外せないよう固定しておかなければならない．ある例では，ホッキョクグマ（*Ursus maritimus*）が金属製の排水カバーを取り外し，水中観察場所の窓ガラスを1枚叩き割っている．霊長類も，確実に取り付けられていないカバーを手で取り外すことができる．

プールを建設する時は，水を満たす設備の反対側の縁にオーバーフロー排水を設置するのが好ましい．プールが水で満たされるとオーバーフローとして排水されるので，オーバーフロー排水は水の動きを最大限にし，水の表面からごみを取り除くことができる．

どんなプールでも，水位を望んだ深さに定めることができるのは特典である．また，展示場内や収容場所のあらゆる水まわり設備は，飼育係が安全に操作するために，外側あるいは便利な場所に off/on スイッチを取り付けるべきである．

ホース接続部の位置は展示される動物のタイプによる．例えば，危険な動物ならホース接続部は外側が最善である．たいてい，ホース接続部が中央に設置されていれば，ホースは多くの展示に役立てることができる．飼育係が日々30m 以上のホースを管理しなくていいよう，十分なホース接続部を備えるべきである．危険ではない動物なら，ホース接続部は展示場内に設置できる．

展示場の掃除には湯が最も良いが，設置される給湯器の大きさによって経費が関係する．ゾウを洗う時など，ぬるま湯を使う時は混合弁が必要になる．

草食動物にとってセルフ式水入れは最適である．あるタイプは，動物が鼻先でレバーを押すことで入れ物に水が入るようになっている．数種のレイヨウやガゼルはこのタイプが使えないが，水位が下がると自動的に入れ物に水が入るフロート装置によって制御された別の機器もある．霊長類や肉食動物は，歯や手肢でセルフ充填式の水入れを壊すことができる．彼らには“なめる”給水装置の方が効果的である．動物が装置をなめる，あるいは小さなレバーを押すと，レバーが押されている間だけ水が出る．行動をやめると，水の流れは止まる．水入れは，肉食動物が中に排便する可能性を減らすために，床より高い位置に設置すべきである．正確な高さは動物の大きさによって決まる．

適切な水圧によって，飼育係はホースを使ったりプールに水を満たしたりする時に必要な量の水を使うことができる．遮断弁は，届きやすく，動物と直接接触しないようにすべきである．配管を掃除するための主な場所は，メンテナンス職員が簡単に利用できるよう配置するべきである．重要な配管場所を利用しやすくすることで，罠を仕掛けたり配管場所に殺虫剤を散布したりすることもある衛生動物駆除職員も含め，定期的なメンテナンスが可能となる．

自然的な展示場のプールには，水中に入らなければならない飼育係のために自然な手すりが必要になる．これらのプールには魚がいることもあるので，日常の掃除としていつでも水を抜けるわけではない．適切な掃除と管理のために，展示場内や収容場所の排水は簡単に行える必要がある．

電気系統

展示場の電気系統の設計では，そのセクションの将来の必要性が考慮されなければならない．事前に考慮されていない追加電気負荷のために電源を追加するのは費用がかかる．十分な数の電気コンセントを用意することで，必要な場所の近くで高圧水噴霧器や医療機器の電源を調達することができる．

電気系統の容量は，機器操作時における現在の負荷数やエネルギー消費量による．火災や衝撃に対する基盤の保護により，故障回路の危険性を回避できる．屋外のコンセントは，使用しない時にコンセント部分を密封する特殊なカバープレートや扉による防水が必要である．

より安全な特殊コンセントとしては，溝を守る頑丈なカバーを回転させることでプラグが差し込めるものや，プラグが抜かれると溝にカバーが跳ね返るものがある．プラグの先を固定する装置を備えたロッキングコンセントは，誤ってプラグが抜けることを防ぐ．これは特に使用中頻繁に動く機器に有効である．

白熱電球は，備品が取り付けられ，電球内のフィラメントが熱くなり輝くと光を放つ．蛍光灯は，イオン化ガスを通して電流の流れの原理で働く．蛍光灯の取り付けはより高価かもしれないが，蛍光灯はより安定し管の発熱も少なく，小さい展示場での熱の発生を減らせる．蛍光灯はより効果的にエネルギーを使うので節約にもなる．屋内で植物を育てるなど特別な用途のために設計された蛍光管は役に立つ．ある展示では，太陽光ランプが必要で，展示場内に特別な設備が必要になるかもしれない．

様々なタイプのスイッチは，かすかな明かりから最大の明るさまで光量を調節して様々な設定で利用できる．低い範囲に設定すれば省電力で，電球は長持ちする．調光スイッチは，それが管理する光のタイプに適合していなければならない．白熱調光器は蛍光灯では働かないが，特別な調光器を購入すれば蛍光灯にも利用できる．予め設定した時間に明かりが点いたり消えたりするタイマースイッチは，内蔵の電子時計で制御され，手動で操作できる．タイマースイッチは夜行性区域で光周期を管理するのに理想的である．

屋外の光スイッチは，水や雨風を通さないよう防水カバーが必要である．光スイッチの利用が安全性やセキュリティーの観点で限られる場合，ロッキングスイッチを使うことができる．これらは特殊な鍵を差し込むことでスイッチを入れたり切ったりできる．ライトハンドルスイッチは，ハンドルが切られた時に小さな管が光り，暗い場所でもスイッチが見やすい．

電気コンセントやスイッチ，設備の位置は，飼育係やメンテナンス職員が利用し管理するのに適しているべきである．ある例では，安全スイッチが扉の内側に位置し，飼育係が明かりを点ける前に安全扉を開ける必要があるため，潜在的に危険な状況である．配電盤や電気計器も，扱うのに困難を伴わない位置に設置する必要がある．ある動物園では，一連の小型哺乳類展示場の上に蛍光灯があったが，天井の小さな扉からしか手が届かなかった．電気技師はこの蛍光灯を管理するために腹ばいで這わなければならなかった．コンセントは，床が水洗いされた時に水がかからないよう，地面から十分な高さにある必要がある．

言うまでもなく，設備は動物が届かない位置に設置されるべきである．あるボルネオオランウータン（*Pongo pygmaeus*）展示では，成獣が展示場の太陽灯に届かないよう金網がはられていたが，幼獣は簡単に腕を伸ばして設備に傷つけることができた．幸運にも，動物自身に怪我はなかった．動物の囲いの中に位置する設備には，あらゆる形態の酷使に耐えるために十分強い保護カバーを付けなければならない．刑務所の構造に使われるような，ある種の強化プラスチックはうまく利用できる．

電源の供給が停止された時に生命維持システムを動かすために，予備の発電機が重要である．発電機は現在，プロパンガスや天然ガスで作動し，ガソリンやディーゼルを備蓄する必要がなくなった．予備の発電機は電源障害の間，電気式扉や水圧式扉システムにも動力を供給することができる．

換気装置

どの施設にも，動物や動物園スタッフのために適切な換気が必要である．囲いの中の動物の大きさや数によって，必要な空気交換率が決定される．適切な換気は展示や作業空間の適度な乾燥，優れた排水を保証し，藻の増殖をおさえ白カビを防ぐ．可能ならば，換気はそれぞれの展示や収容場所ごとに別々に管理されるべきである．あらゆる管理は動物が届かず，スタッフやメンテナンス職員が簡単に利用できるべきである．

廃棄物処理

日々蓄積する様々な哺乳類の廃棄物を処理することは，おそらく現代動物園が事業遂行において直面する最も困難な問題だろう．動物廃棄物には基本的に２つの種類がある．下水道へ洗い流される可溶性物質と，別々に処理されなければならない不溶性物質である．地方あるいは国の法律で，廃棄物の処理方法が定められている．

下水道を介する処理には，展示場の排水や排水口へ洗い流された糞や食べ残しが含まれる．大きなかけらを取るために排水口に設置された濾過バスケットは，水中でも壊れず，下水が詰まるのを防ぐ．濾過バスケットはゴミ容器に捨てることができる（図 14-2）．

廃棄物を手動で処理する方法もたくさんあり，台車，手押し車，おけ，糞尿溜めなどがある．手動処理システムは，単純で比較的安価である．欠点はもちろん，時間と労力がかかることである．

最近，廃棄物除去の刷新的な機械的方法が試され，様々な成果を上げている．例えば，コンベアーを用いて廃棄物（餌の葉やわらを含む）を屋内から屋外の溜め穴や大きなゴミ箱に運ぶ．これらのコンベアーはベルトやバケツ，バッフルタイプのデザインがある．全て定期的に分解し，効率的な操作のためにメンテナンスが必要である．可能であれば，機械的な援助によって手動操作が容易になる．

米国での難しい処理問題の１つは，Permanent Post Entry Quarantine（PPEQ）動物（検疫動物）の廃棄物の除去である．PPEQ 動物の糞尿は，動物園の土地を離れる前に堆肥化や化学作用で殺菌される．多くの地方自治体では焼却に限度があるが，別の取り組みとして糞尿焼却がある．ほとんどの動物園には，敷地内に堆肥化する場所があったり，糞尿を溜めておく公認の敷地を別にもっていたりする．動物園は新たな施設を設計する前に，様々なタイプの糞尿処理規定に関する地域への影響を調べるべきである．

有蹄類や厚皮動物の膨大な量の糞を処理するために，中央に位置する大型の集積ピットが利用できる．手押し車やダンプスクーター，フロントエンドローダーは少量の廃棄物を収集できる．その後，廃棄物は毎週バキュームカーで

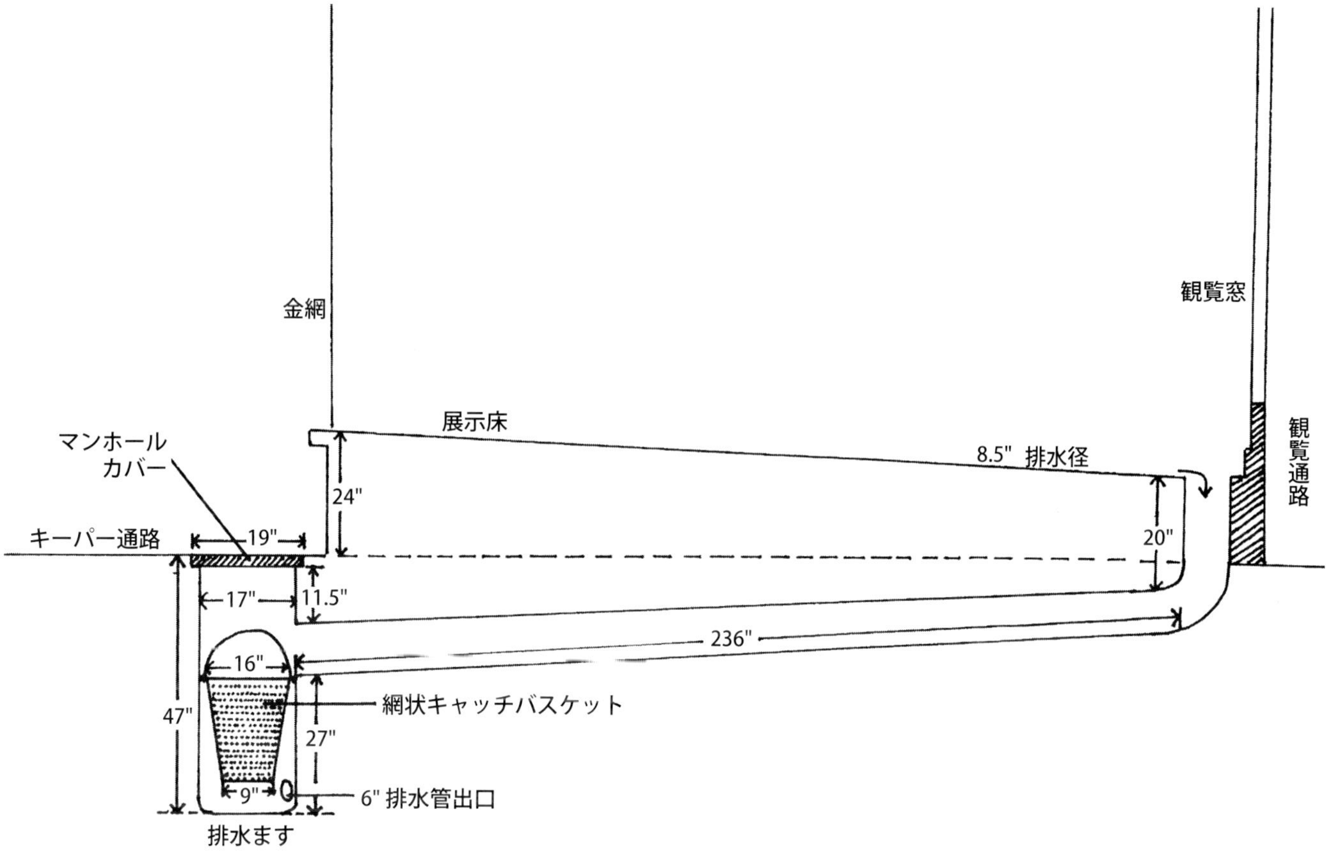

図 14-2　シカゴのリンカーンパーク動物園の大型類人猿舎，ノースサイド・オランウータン展示場の排水システム．

堆肥場（動物園敷地の内や外）へ移動される．

糞尿は，細菌作用によりメタンガスを発生するため，密封タンクに入れられることもある．大容量のガスが発生すると，暖房用燃料を増すのに使うことができる．この技術は，設備の初期費用が高く，メタンガスの使用制限があるため，まだ動物園側の積極的な反応が見られない．しかし，燃料費が高騰すれば，メタン利用は増加するかもしれない．

廃棄物処理に関して，刷新的で成功しているもう1つの取り組みは，動物の廃棄物を堆肥化し，一般に肥料として販売することである．この戦略は，大量の糞尿を処理するだけでなく，一般に不必要で高価な処理物から財源を得ることもできる．言うまでもなく，一部の糞尿は迅速に処理されなければ販売できない．

多くの自然的展示は，より自然な産物を使いたがる．そのためには，樹皮や砂，わら，落ち葉や他の自然産物の効率的な除去システムが必要となる．

衛生動物の防除

動物展示における衛生動物の防除は，現在も進行中の問題である（Golding 1992，Roberts 2004）．ハツカネズミ（*Mus musculus*），ドブネズミ（*Rattus norvegicus*），ゴキブリ（*Blattella germanica*）が増殖するには以下の状況が必要である．①隠れ家，②食料，③適度な水資源．これらはみな多くの動物園展示や動物園作業場で簡単に見つかる．衛生動物の防除は，問題の場所が分かっており，統括的な衛生動物防除プログラムが着手されている場合に限って可能である．

衛生動物駆除業者はたいてい，近づきにくい場所に行ったり詳しく調べたりしない．そのため，電気設備や配管設備のような，あらゆる公共設備施設は取り扱いやすいようにしておかなければならない（Curtis 1982）．展示場内のくぼんだ擬岩，丸太や木は，殺虫剤を散布したり殺鼠剤を入れたりするための点検口が必要である．

小型哺乳類の展示場は，齧歯類の侵入を防ぐために可能な限りしっかりと密閉するべきである．ある小型哺乳類の展示場では，ニシイワハネジネズミ（*Elephantulus rupestris*）がハツカネズミと共存していた．展示場内に餌が置かれると，先にマウスが食べ，ハネジネズミの餌だけでなく植えられている植物までも食べてしまった．細かい網で展示場の天井を封じた後は，植物は育ち，飼育係は与える餌を半分にすることができた．

床や壁，天井に開いている公共配管や電線用導管を封じることで，齧歯類が部屋から部屋へ移動するのにこれらの人工通路を使うのを防ぐことができる（Hediger 1969b）．展示場や作業場への扉を徹底的に洗い流すことで，齧歯類の侵入を防ぐことができるだろう．ハツカネズミは 8mm サイズの網は通ることができる．可能ならば，ゴキブリが隠れられそうな裂け目や割れ目，隠れ家は密閉し取り除くべきである（Doherty 1977-78）．適切な設計は，展示場や作業場を定期的に処理する活動的な管理プログラムと関連して行われるべきである．衛生動物の防除は終わりのない戦いである．

飼育係はたいてい衛生動物との戦いにおける最初の防除線であるので，総括的な衛生動物管理の哲学は，飼育係が理解すべき重要な概念である．飼育係は，衛生動物の防除は余計な雑用ではなく，通常業務の一部であることを理解する必要がある．もし動物園に常勤の衛生動物管理スタッフがいるなら，飼育係は彼らと協働すべきである．

トレーニングとエンリッチメント

動物をトレーニングすることは，動物園業務の不可欠な部分になってきた．簡単なクレートや，獣医師と医療処置を行うことができ，来園者教育や一般的な動物管理（第 26 章）など，その恩恵は大きい．動物園の管理として，新たな展示を設計する時はトレーニングの必要性を考慮すべきである．

多くの施設は，トレーニングを収容場所でするか非展示場でするかの選択しかなく，つまり動物は展示場から姿を消さなければならないことを意味している．しかし，公の場でのトレーニングは強力な教育ツールになり得る．そのため展示は，収容場所でも展示中でもトレーニングを行うことができるよう想定しておくべきである．

飼育係の典型的な 1 日には，担当動物へのエンリッチメント活動が含まれている〔Bukojemsky and Markowitz 1999，第 6 章，第 15 章〕．エンリッチメントの機会はとても単純なものからとても複雑なものまである（Shepherdson 1992，Gilkison, White, and Taylor 1997，Powell 1997，Wooster 1997）．新たな施設をつくる時は，デザイナーは展示と非展示収容場所でのエンリッチメント対策を考慮する必要がある．例えば，天井にボルトを固定しておけば，ロープや餌パズルを吊るすことができる．

多くの展示には自然というテーマがあり，管理者は不自然なエンリッチメント装置が公に見られるのを嫌う．しかしそのような装置は，機能はそのままに，来園者から見えないよう隠すことができる．例えば，霊長類用の新芽を束ねるプラスチック管である．プラスチック管に色を塗ることで，展示に溶け込ませることができる．

安全性

安全性は，危険な動物と仕事をする飼育係にとって，展示設計の重要な部分である（第 8 章）．飼育係がクマ，ゾウ，大型ネコ科，大型類人猿，大型有蹄類と仕事をする場所では警報器が使われる．警報ボタンは飼育係が緊急時にすぐ押せるべきである．警報器の目的はできるだけ多くの人に緊急事態を知らせることなので，警報器はその建物だけではなく，緊急場所の外や中央管理事務所にも鳴るようにすべきである．もし複数の警報器があるなら，それぞれの場所に異なる警報音を対応させることで，緊急管理担当者がどこの警報器が作動しているのかを正確に判断することができる．例えば，クマ展示はサイレン，ゾウ舎はホルンなど．外線電話は，動物園内や，消防や警察の援助も呼び出せる重要な安全機能である．緊急時の手順や電話番号は，あらゆる場所の電話の横に貼っておくべきである．

大型危険動物では，前もって飼育係に展示出口への避難経路を教えておくことで人の命を救うことができる．飼育係のために，大型動物は通れない小さな扉を備えている動物園もあり，展示への入口に加えて逃げ道も確保している．一定間隔の仕切り棒はサイを収容するが，飼育係が逃げる空間を確保する．

見通しの悪い場所はとても危険である．動物が飼育係の視野の外にいるかもしれず，そこへ入る時に安全だという誤った印象を与える．ホッキョクグマ展示には，巣穴の角に凸面鏡があり，飼育係が全体を見渡せるようになっているものもある．観察場所が正確な位置にあれば，最適な視界が保証される．

危険な動物では，展示への全ての扉は二重ロック装置にするべきである．鍵保持ロックは，飼育係が鍵を棚の上に置き，戻し忘れるのを防ぐ．新しい展示を設計する時は，セクションごとに 1 つのマスターキーをつくるのが好ましい．マスターキーがあれば，緊急時に飼育係はあらゆる場所へ行くことができる．

自然な展示を移動する時，特に適切な自然の手がかりや足がかりがない時は危険である．そのような場所へ行く安全な方法がないので，近づくことはできなくなる．もし飼育係が地面から高い場所を掃除する必要があるなら，展示をつくる時に頂上への安全な道を設計しておくべきである．

謝　辞

展示デザインの資料を準備していただいた Eric Meyers と原稿を入力していただいた Lois Wagner に深謝する．

文　献

Arnott, J., Embury, A., Prendergast, R. 1994. Pygmy hippopotamus/Mandrill exhibit at Melbourne Zoo. *Int. Zoo Yearb.* 33::252–62.

Blount, J. D. 1998. Redevelopment of a disused enclosure for housing Sulawesi crested macaques at Newquay Zoo. *Int. Zoo Yearb.* 36:56–63.

Bukojemsky, A., and Markowitz, H. 1999. Environmental enrichment and exhibit design: The possibilities of integration. In *Proceedings of the 5th International Symposium on Zoo Design*, 73–76. Paignton, UK: Whitley Wildlife Conservation Trust.

Chew, E. 1990. The design of the new orangutan and chimpanzee installation at Zoo Negara, Selangar, Malaysia. In *The 3rd Conference of Southeastern Asian Zoo Association*, 36–39. Jakarta: Indonesian Zoological Parks Association.

Collins, L. 1982. Propagation and conservation centers. In *Zoological parks and aquariums fundamentals*, ed. K. Sausman, 141–68. Wheeling, WV: American Association of Zoological Parks and Aquariums.

Curtis, L. 1982. Design features of mammal exhibits. In *Zoological parks and aquarium fundamentals*, ed. K. Sausman, 59–76. Wheeling, WV: American Association of Zoological Parks and Aquariums.

Dickie, L. 1998. Environmental enrichment for Old World primates with reference to the primate collection at Edinburgh Zoo. *Int. Zoo Yearb.* 36:131–39.

Doherty, J. 1977–78. The world of darkness in the Bronx Zoo. In *AAZPA Regional Workshop Proceedings*, 553–63. Wheeling, WV: American Association of Zoological Parks and Aquariums.

Embury, A., and Arnott, J. 1995. Asian tropical rainforest stage I: Tiger/Otter exhibit at Melbourne Zoo. *Int. Zoo Yearb.* 34: 165–78.

Gilkison, J., White, B., and Taylor, S. 1997. Feeding enrichment and behavioural changes in Canadian lynx at Louisville Zoo. *Int. Zoo Yearb.* 35:213–16.

Golding, R. 1992. Some material and techniques for tropical exhibits. In *Proceedings of the 4th International Symposium on Zoo Design*, 132–43. Paignton, UK: Whitley Wildlife Conservation Trust.

Hediger, H. 1964. The problem of confined space. In *Wild animals in captivity*, 43–60. New York: Dover.

———. 1969a. Building for animals. In *Man and animal in the zoo: Zoo biology*, 183–216. New York: Seymour Lawrence/Delacorte Press.

———. 1969b. Catching mice without bait. In *Man and animal in the zoo: Zoo biology*, 244–61. New York: Seymour Lawrence/Delacorte Press.

Johann, A., and Salzert, W. 1999. The new enclosure for gelada baboons at Rheine Zoo: Bringing together species-specific needs and visitor demands. In *Proceedings of the 5th International Symposium on Zoo Design*, 77–81. Paignton, UK: Whitley Wildlife Conservation Trust.

Knowles, J., and Bickley, A. 1992. The development of ungulate housing at Marwell Zoological Park. In *Proceedings of the 4th International Symposium on Zoo Design*, 115–19. Paignton, UK: Whitley Wildlife Conservation Trust.

Manton, V. 1975. Design of paddocks for herd animals. In *Proceedings of the First International Symposium of Zoo Design and Construction*, 152–54. Paignton, UK: Paignton Zoological and Botanical Gardens.

McDonald, S. 1994. The Detroit Zoo chimpanzees exhibit design, group composition and the process of group formation. *Int. Zoo Yearb.* 33:235–47.

Powell, K. 1997. Environmental enrichment programme for ocelots at North Carolina Zoological Park, Asheboro. *Int. Zoo Yearb.* 35:217–24.

Roberts, R. M. 2004. Animal care and management at the National Zoo: Interim report. In *Pest management*, 55–58. Washington, DC: National Academies Press.

Shepherdson, D. 1992. Design for behaviour: Designing environments to stimulate natural behaviour patterns in captive animals. In *Proceedings of the 4th International Symposium on Zoo Design*, 156–68. Paignton, UK: Whitley Wildlife Conservation Trust.

———. 2003. Environmental enrichment: Past present and future. *Int. Zoo Yearb.* 38:118–24.

Simmons, L. 2005. Zoo and aquarium design: Playing "the what if game." In *Proceedings of the 6th International Symposium of Zoo Design*, 75–78. Paignton, UK: Whitley Wildlife Conservation Trust.

Veasey, J. 2005. Whose zoo is it anyway? Integrating animal, human and institutional requirements in exhibit design. In *Proceedings of the 6th International Symposium of Zoo Design*, 7–16. Paignton, UK: Whitley Wildlife Conservation Trust.

Wooster, D. 1997. Enrichment techniques for small felids at Woodland Park Zoo, Seattle. *Int. Zoo Yearb.* 35:208–12.

15
動物園での環境エンリッチメントのすすめ方：エンリッチメントを展示に組み込む

Cynthia Fernandes Cipreste, Cristiano Schetini de Azevedo, and Robert John Young

訳：落合知美

はじめに

研究，保全，レジャー，教育は，動物園の主な目標である．これらの目標を達成するために，動物園は動物福祉を高いレベルで維持する必要がある．飼育動物の生活上の心理面を改善するために取り掛かる 1 つの方法として，“ハード”な構造物（鉄格子やコンクリート製の壁や床でつくられた放飼場）を放棄し，“自然な”構造物（動物の生息地の状況に似せた展示）を採用するというものがあるが（Hagenbeck 1909，第 11 章参照），この手法も“緑の空間は常に十分でない”という批判を浴びてきた（Coe 2003）．研究により，飼育動物が広い自然な放飼場の中でストレスを感じ，異常行動をすることが明らかになっている（Carlstead et al. 1999，Stoinski et al. 2001，Young 2003）．

Shepherdson, Mellen, and Hutchin（1998）によって書かれた『Second Nature』により公にされた環境エンリッチメントとは，飼育動物の生活の質を高め，心身の健康のために必要な環境刺激を提供するという動物飼育の基本原理である．飼育動物が環境エンリッチメントによって受ける福祉の恩恵は，たくさんの研究で確認されている〔概要は Young（2003）や本書第 6 章を参照〕．

環境エンリッチメントは，起伏のある地形や休憩場所への昇降（Tudge 1991，Mallapur 2001）といった，動物たちが利用する構造物の形やエンリッチメント装置として動物展示場に取り入れられ，動物が種固有の行動をするのを誘発したり許したりしている（Chomeve et al. 1989，Evans 1994，Young 1995，Vick et al. 2000，Grindrod et al. 2001）．環境エンリッチメントの恩恵はその費用に勝るものであり，動物福祉を改善する効果的な道具となる．エンリッチメントは目標を達成するためによく計画を練らなければならない．さもなければ，恩恵より損失の方が大きくなるかもしれない（Baer 1998）．

この章では，動物園で環境エンリッチメントを実施し確立するために必要な手順や，環境エンリッチメントを展示にとけ込ませる方法についての概要を示した．また多少の調整により，実験室や農場，その他の動物飼育施設が独自の環境エンリッチメントを行う際のガイドラインとしても使えるだろう．図 15-1 には，エンリッチメントを成功させるのに必要な手順の概要を示した．

開始する

計　画

環境エンリッチメントを実施する際の最初の手順は，計画や，実行に責任をもつ人を決めることである．この人物は，明らかに動物と直接関わっているメンバーであり，組織についての深い知識を必要とし，組織内の全ての職階の人と作業ができる人間関係の技術をもたなければならない．環境エンリッチメントを実施する際に最も多い失

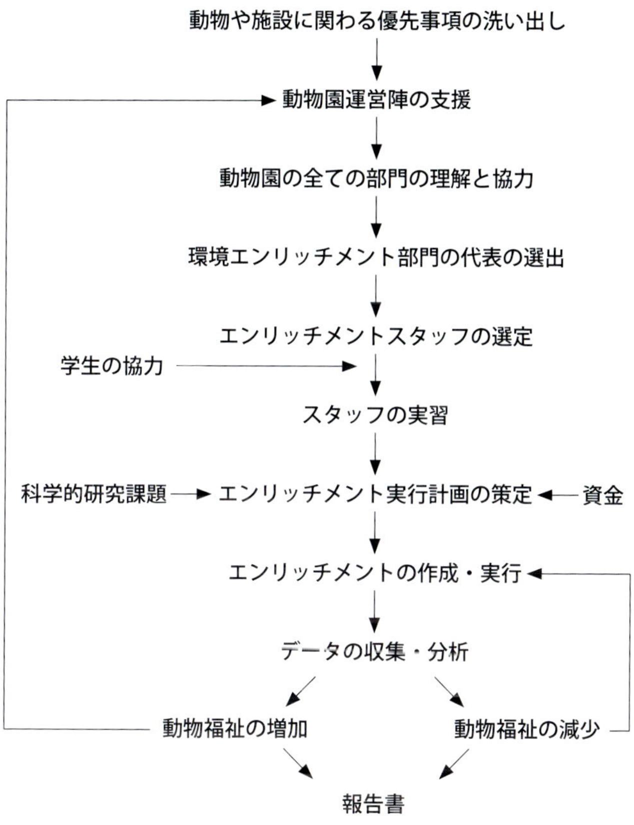

図 15-1　環境エンリッチメントを実施するのに必要な行程.

敗の理由は，資金不足ではなく，組織内でうまくコミュニケーションを取れる責任ある人材の不足である（Young 2003）．環境エンリッチメントを実施するには，他の部署（例えばマーケティングや教育など）の仕事を高め，その活動の力を殺がない方法で行う必要がある．

環境エンリッチメントは，簡単に実施できるように見えるが，成功させるためには十分な研究やそのための時間が必要である．その研究には，飼育動物各個体の経歴についての情報や，野生や飼育下でのその種の行動についての情報のデータベースづくり，環境エンリッチメント実施に関わる種固有（時には個体固有）の安全性に対する理解も含まれる．他の施設と連絡を取り，動物の行動やエンリッチメントのアイデアについて情報を共有することも重要である．

エンリッチメントを成功させる最も重要な手順の１つは，動物園運営側からの支援と全てのスタッフからの信頼を得ることであるが，エンリッチメントは，動物がそれなしでも生きることのできる“贅沢”に思われて（特に発展途上国にある動物園では），エンリッチメントが失敗することもよくある．エンリッチメントは追加的な仕事だと考えている動物園職員も多く，エンリッチメントで動物が怪我をするかもしれないし，また単にエンリッチメントが動物福祉に良い影響を与えると信じていない人もいる．協力的でない職員との最善の解決法は，環境エンリッチメントの価値について教育することであり，どのようなエンリッチメントが彼らに自信をもたせ，その仕事がどれだけ面白いものになるかといった情報を伝えることである（エンリッチメント装置に興味をもつ動物を見せるのが特に良い方法だろう）．

全ての動物園の部門（哺乳類，鳥類，爬虫類，栄養，植物，教育など）も一緒にエンリッチメントを行うべきであり，動物の飼育係からは素晴らしいエンリッチメントのアイデアが出るだろう．

動物園スタッフからの信頼を得ながら，エンリッチメントはより多くのアイデアがより広い人々から寄せられるよう高めていかなければならない．一般的に，エンリッチメントの実施は小さく始まり，力を付けた動物園の職員により，より大きくなっていく．さらに，来園者は動物たちがよりよく扱われていることを知るようになる．つまり，エンリッチメントはより自然で新しい行動を促すので，動物園へ来園者を引き付ける素晴らしい方法であり，それゆえ，市民への素晴らしい教育の機会となる（Bitgood et al. 1988，Margulis et al. 2003）．

どれだけ多くの動物をエンリッチメントでき，どの動物種をエンリッチメントできるか

エンリッチメントを行うにあたっての最初の手順は，関わる動物たちの状況，活動日程，実施時間，エンリッチメント用品，それらの実行をする責任者といった計画を立てることだろう（表 15-1）．この手順書に従って，エンリッチメントを企画し，エンリッチメントスタッフがやるべきことはその週の計画に従うだけにして失敗を最小限にする．この計画立てを繰り返すことでエンリッチメントの実施が簡単になるし，企画を効果的に広報し，予算を立ててくれる動物園管理部に提出する月例報告の記載が楽になる．

環境エンリッチメントを計画する際には，最初にどの種のエンリッチメントを評価し，どれだけの動物がエンリッチメントに関わることになるかが重要である．動物種が異なれば要求も異なるし，それぞれが種特有のエンリッチメントを受ける必要がある．正しいエンリッチメントを間違って応用することで，動物福祉は減少するし，保全や教育といった目的と両立しない行動習慣が現れてしまうかもしれない．

関わる動物種が多いほど難しくなる（少なくともエン

表 15-1　哺乳類のエンリッチメントに関する週間報告

日時	動物	展示	エンリッチメント	行動的反応（%）			備考
				EE 前	EE あり	EE 後	
6月12日 午前	グリソン （*Galictis vittata*）	MPN18	アニシード（*Pimpinella anisum*）ひと山と，巣穴3か所にそれぞれウズラ卵2つ	60%M 30%A 10%NV	70%A 5%IE 5%NV 20%M	22%A 60%M 18%NV	動物たちはアニシードの山には興味を示さず，巣にあるウズラの卵を探し続けた．
6月12日 午後	ハナグマ （*Nasua nasua*）	MPN15	アニシードひと山と，巣穴3か所にそれぞれウズラ卵2つ	雄 90%M 10%A 雌 80%A 10%SI 10%M	雄 40%IE 20%O 20%SA 20%M 雌 60%IE 20%M 20%F	雄 50%M 40%F 10%A 雌 70%F 30%A	雄は巣でウズラの卵を探し続け，雌は最初にアニシードに興味をもち，匂いを嗅いでいたが，すぐに香草の山を無視して雄とともに卵を探し始めた．
6月13日 午前	アライグマ （*Procyon cancrivorus*）	MJ1	巣穴1つにウズラ卵4個	100%NV	90%SI 10%SA	90%I 10%A	エンリッチメントに対して反応なく，多くの時間が不活発だった．
6月13日 午後	フサオマキザル （*Cebus apella*）	EX	果物を詰めた車輪を6個吊るし，干しブドウとイエローミールワーム甲虫の幼虫をつめた箱を5個ぶら下げる	72%O 20%M 4%NV 4%A	55%IE 21%SA 12%M 6%NV 3%F 2%I 1%O	31%A 25%I 17%M 14%O 9%NV 4%F	放飼場内に取り付けるとすぐに動物たちは両方の装置を使った．

出典：ベロオリゾンテ動物園環境エンリッチメント部門のインターンシップ学生が 2005 年 6 月に作成したレポートより．
EE：エンリッチメント，A：活動あり，I：活動なし，M：移動，F：採食，IE：エンリッチメント装置へ接触，SI：社会行動，V：発声，NV：観察外，O：その他行動．
訳者注："SA" については原書には説明がなかったが，"社会的攻撃" と思われる．

リッチメントを始める際には）ので，エンリッチメントを始める際には数種を対象とするのが望ましい（私の経験では，1 日に 4 種が開始時によい数だろう）．動物が異常行動に費やす平均時間などの行動データは，最初にエンリッチメントすべき動物種を選ぶのに有益なデータとなるだろう（Wallace 1997，Barber 2003，Kiley-Woethington et al. 2005）．

エンリッチメントスタッフ

動物園でエンリッチメントの代表を選出後に，そのチームの 1 員となる飼育係を選ばなければならない．この選定の過程では，動物園はその部門で何人の人間が働くのか，スタッフの動物に対する経験や知識，関心の高さや興味から，学生などの動物園以外のスタッフを受け入れるのかどうかについて考える必要がある．組織は，環境エンリッチメント部門に専念する飼育係をただ 1 人働かせるのではなく，全ての部門（哺乳類，鳥類，爬虫類，獣医）から飼育係を集めて，エンリッチメント装置の決定，実行，評価に関わるべきだろう．理想的な状況は，エンリッチメントだけを行う専門スタッフを雇うことであり，1 週間にそれぞれ放飼場がある 28 種の動物種に対応するのに 2 名スタッフがいれば十分である（1 日 4 種として）．

専用プログラムでは，エンリッチメントされる動物種の数はどんどん増加させるべきだし，数か月でそれぞれの動物が少なくとも 1 週間に 1 回はエンリッチメントの恩恵を受けるべきである．ボランティアやインターンの大学生（有給，無給にかかわらず）も，エンリッチメントに貢献することができる．スタッフの数は，その部門の責任者によって効率的に管理できる数にする．インターン学生やボランティアの選定には，飼育係の選定に使ったものと同じ評価基準が使えるだろう．成人ボランティアもまた，エンリッチメントを行ううえでよい助けになるだろう．エンリッチメントコーディネーターは，通常ボランティアやインターン学生の会議でエンリッチメントのアイデアについて自由に意見を出し合ったり，ある動物種のエンリッチメント装置の作成，実行，評価についてメンバー各々を促したりしなければならない．

環境エンリッチメントを行うために選ばれた全てのメン

バーが，特別な訓練を受ける必要がある．可能であれば，学生やボランティアは関係する会議やトレーニングコース，学術会議に参加するべきである．もし実行可能なら，目標や広報，財政の刺激が，飼育係や学生のやる気を引き出すだろう．

エンリッチメントの費用

わずかな例を除き，管理部によって計画された全ての改修や企画のための動物園の年間予算は十分でない．動物園の多くは行政の支援を受けており，行政の多くは素晴らしい動物園の価値についてまだ十分に理解していない（IUDZG/CBSG [IUCN/SSC] 1993）．

エンリッチメントを行う際に利用する素材としてリサイクル品が使える（箱やトイレットペーパーの芯，プラスチック用品など）．動物園には自然エリア（もしくは野生動物保護地区）や畑で，餌以外の食べ物を手に入れ，動物に与えることができる．砂場（奇蹄目の動物は，砂を食べると疝痛になるので避ける：Rich and Breuer 2002）や異なった採食時間，食べ物を隠す，放飼場の備品の付け替え，玩具，同種の仲間を見ることができるようにすることは，多くの動物種にとって，影響も大きく安価なエンリッチメントとなる（Young 2003）．加工されたエンリッチメント用具は，ペットショップやその他の店で購入できるが，できるだけ自然素材がよいだろう（プラスチック管の代わりに竹を使うなど）．人工素材は耐久性があり，掃除も簡単で，素材の構造を傷つけることもなく加工もしやすい（パズル餌箱用に塩ビ管に小さな穴をあけるなど）．人工的な装置は不自然に見えるかもしれないが，風景に隠したり，効果的に自然っぽくしたりもできる（Markowitz 1982，Maple et al. 1996）．除染が簡単で利用しやすく，耐久性があるのもまた，自然なエンリッチメント装置の特徴である．エンリッチメントの目的や表面的な見え方，動物がその装置から得られることに従って，最も良い装置を選ぶ必要がある．

エンリッチメント物品購入のための年間予算を立てるために，スタッフは使う用品を考え，最も適当な物を見つけなければならない．この予算は，初年度（前年度）に使ったエンリッチメント装置を集計し，現在の動物の要求数を比較することでつくりあげる．予算は，動物の生活を本当に豊かにするのに必要かを予想し，シミュレーションして考える．例えば，プラスチック管（塩ビ管），香草，ヨーグルト，ゼリー，おやつの果物，干しブドウ，ナッツ，様々な太さのロープ，プラスチック容器，プラスチック製の樽，イヌ用の骨，ペット用缶詰などのリストが必要である．エンリッチメントの予算の中には，非消耗品と消耗品両方を含めた 1 年間の物品全てを含める必要がある．最初の年の予算と購入リストは，動物園の事務から本当に必要なものなのか質問されるので最も難しいかもしれない．事務は費用対効果を分析し，エンリッチメント部門とその活動の重要性を判断するので，月例報告の作成も重要である．

動物園の販売計画や民間企業との研究協定同様，他の施設からの寄付もエンリッチメントを行ううえでの魅力的な資金となる（プラスチック容器や電話帳，カボチャやロープなどの寄付物品も）．動物園の広報宣伝部は，エンリッチメントの内容をよく把握し，その実行のためにより多くの資金を投入できるよう補佐しなければならない（Mason et al. 2003）．

エンリッチメントの研究

エンリッチメントの有効性は，科学的に示すべきである（第 6 章参照）．理想を言えば，スタッフは詳細な科学的手順を使って全てのエンリッチメント用具を評価するべきだが，動物の研究状況によっては，それは不可能なこともある〔例えば，常同行動の割合が高い動物はすぐにでもエンリッチメントすべきである（Garner 2005）〕．エンリッチメントを評価するために，スタッフは 3 段階で動物の行動を研究しなければならない．それは，放飼場へ遊具を導入する“前”と導入“中”と，その遊具を取り除いた“後”である．もし，エンリッチメント遊具を入れた際に良い変化があったならば，そのエンリッチメント用具はおそらく動物福祉の改善に効果があったと思われる（例えば異常行動が減少するなど）．動物の放飼場に用具を置いても異常行動の減少が見られなかった場合は，動物福祉を改善できなかったのかもしれない．つまり，動物がエンリッチメント用具に関心をもったかという単純な事実が，その用具が福祉を改善したかを意味するということではない（Ringdahl et al. 1997）．エンリッチメントの研究を行うには，行動研究に利用されてきた方法論や実験的手順に従わなければならない．これらは，実験の有効性や信頼性，再現性を高めるだろう（Altman 1974，Martin et al. 2007，Lehner 1996）．インターンの学生はエンリッチメント研究を実施する絶好の候補だろう．

エンリッチメント実施に対してたくさんの同意を得ておくことで，遅延やお役所的関与を最小限にし，安全なエンリッチメントにつながる．エンリッチメント研究事業が可能か評価する際に考えられる質問は，以下の通りである．

1. この事業を本当に必要とする動物種が選ばれているか．
2. 動物福祉の向上を目指してエンリッチメントが行われているか．

3. エンリッチメント案の安全性が確認されているか.
4. 群れにエンリッチメント用品を入れた時の競争を避けるために必要な数はいくつか.
5. 餌に関わるエンリッチメントの場合，栄養的な問題がないか.
6. 動物がエンリッチメント用具を使って放飼場から逃げてしまわないか.
7. 衛生的な状態でエンリッチメントできるか.
8. この事業を実行するために必要な費用はどれぐらいか.

これらの質問は，エンリッチメントの計画やその方法を評価する助けになるだろう．明らかに，エンリッチメント研究がエンリッチメントの目的への進行に対立するものであってはならない.

多くの動物園では，研究への財源は限定されたものだが，エンリッチメントはできるだけ自然で安いものであるべきである．高価な加工品を使ったものや動物の放飼場を大きく変更する必要のあるものは，動物園のスタッフに承認されるものでなければならない．もちろん，これが改築しない言い訳になってはいけない．粗末な放飼場は改築すべきである．クマや大型のネコ科動物にコンクリートの檻の中でボールなどの玩具を与えるよりは，新しいより自然な環境の中で飼育した方が，動物福祉はより改善されるだろう（Laidlaw 2000，Pitsko 2003）.

学生はそのプロジェクトが動物園のために重要であり，研究の遂行に責任をもつ必要があることに気づく必要がある．学生が動物園に関わる一環として，学生たちはレポートを書いたり，研究終了時に発表したりすることが望まれる．エンリッチメントチームの博士課程の学生は，科学的研究を調整する助けをしたり，統計的分析の助けとなるだろう.

行動データは，全て科学的に正確な方法で集め，企画書の方法やスケジュールに従わなければならない．結果は統計分析を行い〔こうした方法の企画では，時々サンプルサイズがあまりにも小さくて適当な分析ができないかもしれない．グラフィック分析や信頼区間分析，確率分析が最も適当かもしれない（Festing et al. 2002，Wehnrlt et al. 2003）〕，可能ならば査読付きの雑誌で発表するべきである．できるだけたくさんの研究者と結果について話し合うことが重要である.

動物の行動を研究している研究者は，データを収集するのに行動目録（その動物の行動パターンの目録）や，観察用紙，筆記用具，ストップウォッチが必要であることを知っている．より洗練された道具としては，特殊なソフトがインストールされた携帯用パソコン，距離測定装置，動作感知器などで，多くの動物園にとっては非常に高価なものである．特定の動物種を研究する際には，スタッフはデータの記録用に行動目録や観察用紙をつくる必要があるかもしれない（Martin et al. 2007，Lehner 1996）．行動目録の多くは，すでに行動関係の科学雑誌やインターネットで公開されており（本章の補遺参照），これを利用すれば異なった研究間でも比較することができる．動物園で飼育されているそれぞれの動物種の行動目録を作成するという手間を省くため，動物が行う最も一般的な行動を集めた万能な行動目録を作成することを提案する（表 15-2 参照）．同様に 1 〜 2 種類の万能な観察用紙を準備し，エンリッチメントの評価に利用するとよい（例えば単独飼育個体用のフォーカル観察用紙や群れ飼育動物用のスキャン観察用紙など）．より詳細に研究するためには，その動物種用の行動目録や観察用紙をつくっていく必要がある．万能な行動目録や観察用紙を使って収集したデータは，とても一般的なものではあるが，ある行動の持続時間を評価することができ，エンリッチメント装置の効果を測ることができるだろう.

エンリッチメントのライブラリー

研究者や動物園のスタッフは，文献を読んで科学的発見や方法から遅れないようにする必要がある．動物福祉や動物行動について書かれたたくさんの良い書籍がある（第 2 章，第 6 章，第 25 章，第 30 章参照）．査読付き学術雑誌や査読なし雑誌も，これらの目的にとても利用できる．異なった動物綱の生態学や生物学の基本的な本も役に立つ．補遺 15.1 にあげた書籍は不可欠なものであり，補遺 15.2 の雑誌は動物園によっては理想的な物だろう．補遺 15.3 は，情報収集やエンリッチメントのアイデアに役に立つウェブサイトを掲載した.

大学の図書館も相談次第では動物園のスタッフも利用できるかもしれないが，動物園にとって良い図書館とはならない．寄付で書籍を手に入れることもできるが，雑誌や科学誌を購入したり契約する必要もある．それらの購入予算は，エンリッチメント部門の年間予算に含めるべきである.

展示場でのエンリッチメント

動物の退屈を避けるためには，異なった刺激が必要となる．展示場に環境エンリッチメント装置を入れるには，2 つの異なる方法がある．①毎日その装置を入れる（動かせるもの），②展示用の改築や建設の際に設置する（設備などの動かせないもの）.

動かせる装置は，日々の活動の中で動物に提供する．餌

表 15-2　ベロオリゾンテ動物園の環境エンリッチメント部門で，動物に与えたエンリッチメント装置を評価するために使われている観察用紙と行動目録

環境エンリッチメント観察用紙										
日：			時間：		天気：					
反応：					放飼場 / 動物種：					
エンリッチメント装置：										
行動目録…A：活動あり，I：活動なし，M：移動，F：採食，IE：エンリッチメント装置へ接触，SI：社会行動，V：発声，AB：異常行動，NV：観察外，O：その他行動										
ベースライン（放飼場へエンリッチメント装置を導入前）										
時間	A	I	M	F	IE	SI	V	AB	NV	O
1										
2										
3										
4										
5										
6										
7										
8										
9										
10										
メモ：										

注：エンリッチメント導入中とエンリッチメント導入後の条件に同様の表が利用できるので，ここでは示さない．

や五感を刺激するもの，認知的なものがこのカテゴリーに入る．社会的刺激もエンリッチメントとなるが，他の動物を見たり触ったりできる（こうしたことが不可能でも，展示場に鏡を取り付けることで同種からの刺激となる）ことで（Heyes 1994，Luts et al. 2005），飼育動物にとっての社会的刺激（同種や異種，人との関係）が提供される（Crockett 1998，Young 2003）．生理的，社会的環境の変化は，エンリッチメントの２番目の種類であるが，これらは簡単に放飼場から取り出すことはできない．放飼場の形や大きさ，給水場，敷料の材質，エンリッチメントを行ううえでの基礎構造，止まり木，温度，湿度，混合種展示，同種の仲間（ある種においては）などがその例である．

エンリッチメント装置，道具，オプション

日々のスケジュールの中で使われるエンリッチメント用品の多くは，動かすことのできる分類になる．例えば，玩具，パズル，隠した餌，冷凍果実などの特別な餌，毛皮に包んだミートボール，異なる給餌器，枝や石を積み上げた山，鏡などである．動かすことのできる用品は，動物種に合わせてエンリッチメントをする．例えば，木の頂上に餌を置けば，野生での木登り行動を誘発させるだろう（Law 1993，Mallapur 1999）．

新奇な餌（通常は給餌しないもの）や，餌の与え方の変更（餌をばら撒く，隠す，パズル給餌器を使う，新しい与え方にする）は，実行が簡単で，狩猟行動（Williams et al. 1996）など野生での難しい餌の獲得（Poter 1993，LeBlanc 2000）を真似たものである．通常給餌の数分前には行ったり来たりする行動は増加するが（Hutchins et al. 1984，Mellen et al. 1998，Sandhaus 2004），隠れた餌を探したり狩りをする機会を設けると行ったり来たりする行動の量は減少する（Carlstead 1991，Williams et al. 1996，Cipreste 2001）．

感覚エンリッチメントは，触覚（玩具や素材：Lutz et al. 2005），嗅覚（匂い：Hadley 2000，Schuett et al. 2001），聴覚（録音した音や音楽：Wells 2004），視覚（放飼場の外の景色を見る：Tudge 1991，Mallapur 2001），味覚（食べ物や匂い：Baumans 2005）である．パズル餌箱は，霊長類でよく使われる，動物に学ぶ機会を与える認知装置であるが（Lutz et al. 2005），他の哺乳類で使われることはない（Shepherdson et al. 1989）．

エンリッチメント装置は，多くの動物種や個体が利用

するかもしれないが，これは病気の伝播につながり得る（Novak 1988）．つまり，動物に与える前に全ての用品を掃除，殺菌するべきである．公衆衛生は，オートクレーブや塩素系漂白剤への漬け置き，煮沸消毒，冷凍，アルコール，放射線，濾過などによって達成できる（微生物の増殖制御についての完全ガイドは Madigan et al. 2002 を参照）．人工物は，掃除や殺菌が簡単だが，自然素材でも掃除や殺菌できる．

新しいエンリッチメント装置を使った時には，動物や飼育係，来園者の安全を慎重に評価する必要がある．エンリッチメント装置を導入する前に，この章の最初に記載した質問に答えるべきである．完全な質問項目は Young（2003）によって示されている．

少なくとも週に2回，エンリッチメント装置を入れることで，予想できない環境がつくり出され，本来の行動に近づくだろう（Shepherdson et al. 1998）．夜行性の動物は，夜間にエンリッチメントをすべきである（Tardona 2000）．

展示場の改築と設計

古い展示場を改築したり，新しい展示場をつくったりする時には，新しい建築物がどのようにエンリッチメントの要求にかかわるか考える必要がある．一般的に，新しい放飼場の計画を作成するのは建築家だが，多くの専門分野にわたるチームが最善で，動物の要求に対する行動的知識をもった動物学者や，装飾や餌に使う植物の種類を推薦することができる植物学者を含めるべきである（Embury 1995）．園芸スタッフも，動物の生息地を再現する植物種を植えることにより景観を再現しなくてはならない．教育担当者は標識や道順，観覧場所の選定に協力し，教育的な物品全てを新施設に盛り込まなければならない．つま

図 15-2　改修されたニシローランドゴリラの放飼場．この放飼場は，自然な植栽，人工的な岩山，滝，洞窟をつくって景観が再現されている．（ブラジルのベロオリゾンテ動物園の 2004 年の写真，許可を得て掲載）

り，最終的な放飼場計画を明確にすることが重要である（Mitchell et al. 1990，Bitgood 2000）.

人工アリ塚や樹木，洞窟，天井給餌器，プール，滝，巣箱，避難場所といったエンリッチメント要素も，展示場改築時に取り込まなければならない．飼育係が装置を取り外したり掃除したりしやすいかなど，全ての構造物がエンリッチメントに関わるし，改築終了後に構造を変えることはとても難しいので，構築中に考えておくべきである．混合飼育の場合は，動物種それぞれに必要なものがあるので，動物種それぞれの逃げ場や障害物，複数の餌場が必要である（第13章参照）.

慣れにより，因果関係がないことを学んだ後は，中立的な刺激に対して動物の特定の行動反応は減少する（Young 2003）．永続的な構造物に慣れてしまうのを避けるため，スタッフはエンリッチメント装置の目新しさを持続させなければならない（Kuczaj et al. 1998）．私たちは，ロープや丸太，積み上げた石，鏡といったものを不定期に動かすことを推奨する．アリ塚や天井給餌器のような人工給餌装置は，動物の生活に張りを与えるため，毎日使うべきではない．

展示場改築計画の多くは，専門書などで手に入るので読むことをお薦めする．International Zoo Yearbook（wwww.blackwellpublishing.com/journal.asp?ref=0074-9664）では，改築と新築ということに大部分を割いている．私たちはまた，展示計画の情報がたくさん掲載されている建築家 Jon Coe のウェブサイト（www.joncoedesign.com）や北米動物園水族館協会のウェブサイト（www.aza.org）を閲覧することをお薦めする．

エンリッチメントの目的と合致した改築の例として，ブラジルのベロオリゾンテ動物園で単独飼育されていた雄のニシローランドゴリラ（*Gorilla gorilla gorilla*）の改修された放飼場があげられるだろう．2,100m^2 の新しい自然な放飼場は，複雑な地形で草におおわれ，樹木や倒木，竹林，様々な潅木やハーブ類，石が積み上げられた丘や洞窟，還流システムの滝や池といった地形からなっている．いくつかの樹木や植物は“電気柵”で保護されているが，その他はゴリラが登り，好きな植物や果物を食べることができるように保護されていない（図 15-2）．新しいゴリラの展示場が 2000 年 12 月にオープンするまで，単独飼育の雄ゴリラの生活の質の向上は見られなかった．図 15-3 は改修前の展示場であり，雄はしばしば吐き戻し行動（food regurgitation and reingestion：RR）などの異常行動を行っていた．また，古タイヤを持ち歩き，腹部や筋肉はよく発達していなかった．ゴリラを新しい放飼場に移動させた後は，吐き戻し行動は観察されなくなり，古タイヤもそれほど持ち歩かなくなった．また，腹部や筋肉はよく発達した．

効果的なエンリッチメントなど改修のためのアイデアを得る機会はたくさんある．毎年，動物園は古い放飼場を改修したり手を加えたりしている．北米動物園水族館協会が発行している『AZA Communiqué』（現在は『Connect』）の展示の部分で，たくさんの例が紹介されてきている（ウェ

図 15-3 ニシローランドゴリラの古い放飼場．
高さのあるコンクリートの壁にエンリッチメントとして丸太が渡されている．この放飼場では，成熟した雄ゴリラがはき戻し行動などの異常行動をしていた．（ブラジルのベロオリゾンテ動物園の1982年の写真，許可を得て掲載）

ブサイト www.aza.org/publications 参照）．動物園のデザイン会社 ZooLex のウェブサイト（www.zoolex.org）でも，世界中の動物園の展示場の改修例についての情報が掲載されている．残念なことに，全ての例が先進国からのものなので，資金不足が発展途上国の動物園での展示場の建築や改築を妨害しているように思える．

全ての改築で行動研究を行い，動物たちの生活で新しくて移動可能だったり，固定した装置の効果を判定しなければならない．私たちは，展示場の改築の前と後に集めたデータを行動学的に比較する方法を薦める．動かすことのできるエンリッチメント用具は，その素材や仕組みについて安全性や表面的な要素，目的を確認したうえで，新しい放飼場の動物のために予定を確認すべきだ．

まとめ

飼育動物の環境エンリッチメント部門で動物園が実行する重要性について，明確にしておくべきだろう．これらの動物たちの福祉のための環境エンリッチメントの利点は疑う余地がない（Young 2003）．私たちは，動物園が環境エンリッチメント部門をつくることを強く推奨し，その作成のためにまとめたガイドラインを提示する．

- 動物の要求や環境エンリッチメント部門構築の実現性について，分析を行う．
- エンリッチメント実施に対する施設の要求も分析する．
- エンリッチメント部門のトップを選出する．
- エンリッチメント部門推進についての会議を動物園職員（全ての部門を巻き込んで）が行う．
- エンリッチメントスタッフを選出する．
- 部門の年間予算を試算する必要がある．
- エンリッチメントの週間計画を準備する．
- エンリッチメントスタッフの講習会を実施する．
- エンリッチメント装置をつくり，使うとともにデータの収集と分析を行い，その後結果を発表する．
- エンリッチメントする動物の数は，全ての動物園の動物がエンリッチメントをされるまで増加させる．
- スタッフは，動物福祉の改善は静止した状態ではなく，常に関心を払い，進歩させていくことを念頭に置く．
- エンリッチメントは動物園の目標や使命に寄与しなければならない．

謝　辞

エンリッチメントに関わる活動を承諾し，支援してくださったベロオリゾンテ動物園の全ての関係者に対し感謝の意を表します．

補遺 15.1

エンリッチメントライブラリー用の推薦図書

Alcock, J. 2005. *Animal behavior: An evolutionary approach*. 8th ed. Sunderland, MA: Sinauer Associates (ISBN: 0878930051).
Appleby, M. C., and Hughes, B. O. 1997. *Animal welfare*. Oxford: CABI Publishing (ISBN: 0851991807).
Begon, M., Harper, J. L., and Townsend, C. R. 1996. *Ecology: Individuals, populations and communities*. 3rd ed. London: Blackwell Science (ISBN: 0632038012).
Broom, D. M., and Johnson, K. G. 1993. *Stress and animal welfare*. London: Kluwer Academic Publishers (ISBN: 0412395800).
Fraser, A. F., and Broom, D. M. 1996. *Farm animal behaviour and welfare*. 3rd ed. Oxford: CABI Publishing (ISBN: 0851991602).
Fowler, M. E., and Miller, R. E. 2003. *Zoo and wild animal medicine*. 5th ed. Philadelphia: W. B. Saunders (ISBN: 0721694993).
Gill, F. B. 1994. *Ornithology*. 2nd ed. New York: W. H. Freeman (ISBN: 0716724154).
Lehner, P. 1998. *Handbook of ethological methods*. Cambridge: Cambridge University Press (ISBN: 0521637503).
Manning, A., and Dawkins, M. S. 1998. *An introduction to animal behaviour* 5th ed. Cambridge: Cambridge University Press (ISBN: 0521578914).
Martin, P., and Bateson, P. 2007. *Measuring behaviour*. 3rd ed. Cambridge: Cambridge University Press (ISBN: 0521446147).
Moyle, P. B., and Cech, J. J. 2003. *Fishes: An introduction to ichthyology*. 5th ed. Upper Saddle River, NJ: Prentice Hall (ISBN: 0131008471).
Olney, P. J. S., Mace, G. M., and Feistner, A. T. C. 1994. *Creative conservation: Interactive management of wild and captive animals*. London: Chapman and Hall (ISBN: 0412495708).
Shepherdson, D. J., Mellen, J. D., and Hutchins, M. 1998. *Second nature: Environmental enrichment for captive animals*. Washington, DC: Smithsonian Institution Press (ISBN: 1560983973).
Tudge, C. 1991. *Last animals at the zoo: How mass extinction can be stopped*. Oxford: Oxford University Press (ISBN: 0192861530).
Vaughan, T. A., Ryan, J. M., and Czaplewiski, N. 1999. *Mammalogy*. 4th ed. Philadelphia: Saunders College Publishing (ISBN: 003025034X).
Young, R. J. 2003. *Environmental enrichment for captive animals*. Oxford: Blackwell Publishing (ISBN: 0632064072).
Zug, G. R., Vitt, L. J., and Caldwell, J. P. 2001. *Herpetology: An introductory biology of amphibians and reptiles*. 2nd ed. San Diego: Academic Press (ISBN: 012782622X).

補遺 15.2

エンリッチメントライブラリー用の推薦定期刊行物と雑誌

Animal Behaviour (Academic Press)
Animal Welfare (UFAW)
Applied Animal Behaviour Science (Elsevier Science)
Ethology (Blackwell Wissenschafts-Verlag Gmbh)
International Zoo News
International Zoo Yearbook (Blackwell Publishing)
The Shape of Enrichment
Zoo Biology (Wiley-Liss)

補遺 15.3

おすすめのウェブサイト

Animal Diversity Web (information about the biology of almost every living species): www.animaldiversity.ummz.umich.edu
Environmental Enrichment Ideas: www.enrichmentonline.org
Environmental Enrichment for Zoos and Aquarium Animals: www.nal.usda.gov/awic/enrichment/zooandaquariumenrichment.htm
Ethograms (ethograms of many animal species): www.ethograms.org
Jon Coe's Web site (ideas and real projects dealing with exhibit renovations): www.joncoedesign.com
The American Association of Zoo Keepers: www.enrich.org/aazk
The Association of Zoos and Aquariums: www.aza.org
The Shape of Enrichment: www.enrichment.org
Primate Enrichment Database: www.awionline.org/lab_animals/biblio/enrich.htm
Universities Federation for Animal Welfare: www.ufaw.org
ZooLex Zoo Design Organization: www.zoolex.org
Web of Science (search for scientific papers): isiknowledge.com
Many zoo Web pages contain enrichment ideas, such as the Honolulu Zoo (www.honoluluzoo.org) and the Oregon Zoo (www.oregonzoo.org).

文　献

Altmann, J. 1974. Observational study of behavior: sampling methods. *Behaviour* 49:227–67.
Baer, J. F. 1998. A veterinary perspective of potential risk factors in environmental enrichment. In *Second nature: Environmental enrichment for captive animals*, ed. D. J. Shepherdson, J. D. Mellen, and M. Hutchins, 277–301. Washington, DC: Smithsonian Institution Press.
Barber, J. C. E. 2003. Documenting and evaluating enrichment 101: Putting good science into practice. *Shape Enrich.* 12:8–12.
Baumans, V. 2005. Environmental enrichment for laboratory rodents and rabbits: Requirements of rodents, rabbits, and research. *ILAR J.* 46:162–70.
Bitgood, J. 2000. The role of attention in designing effective interpretative labels. *J. Interpretation Res.* 5:31–45.
Bitgood, S., Patterson, D., and Benefield, A. 1988. Exhibit design and visitor behavior: empirical relationships. *Environ. Behav.* 20: 474–91.
Carlstead, K. 1991. Husbandry of the fennec fox *Fennecus zerda*: Environmental conditions influencing stereotypic behaviour. *Int. Zoo Yearb.* 30:202–7.
Carlstead, K., Fraser, J., Bennett, C., and Kleiman, D. G. 1999. Black rhinoceros (*Diceros bicornis*) in U.S. zoos: II. Behavior, breeding success, and mortality in relation to housing facilities. *Zoo Biol.* 18:35–52.
Chamove, A. S., and Anderson, J. R. 1989. Examining environmental enrichment. In *Housing, care and psychological well-being of captive and laboratory primates*, ed. E. F. Segal, 183–202. Park Ridge, NJ: Noyes Publications.
Cipreste, C. F. 2001. Environmental enrichment for ocelots and jaguarundis. *Shape Enrich.* 10:5–7.
Coe, J. C. 2003. Steering the ark toward Eden: Design for animal well-being. *J. Am. Vet. Med. Assoc.* 223:977–80.
Crockett, C. M. 1998. Psychological well-being of captive nonhuman primates: Lessons from laboratory studies. In *Second nature: Environmental enrichment for captive animals*, ed. D. J. Shepherdson, J. D. Mellen, and M. Hutchins, 129–52. Washington, DC: Smithsonian Institution Press.
Embury, A. S. 1995. Planting for environmental enrichment at Melbourne Zoo. In *Proceedings of the 2nd International Conference on Environmental Enrichment*, 290–98. Copenhagen: Copenhagen Zoo.
Evans, R. 1994. Behavioral management part 1: Environmental enrichment. *San Antonio's News Zoo* 18:4–10.
Festing, M. F. W., and Altman, D. G. 2002. Guidelines for the design and statistical analysis of experiments using laboratory animals. *ILAR J.* 43:244–58.
Garner, J. P. 2005. Stereotypies and other abnormal repetitive behaviors: Potential impact on validity, reliability, and replicability of scientific outcomes. *ILAR J.* 46:106–17.
Grindrod, J. A. E., and Cleaver, J. A. 2001. Environmental enrichment reduces the performance of stereotypic circling behaviour in captive common seals (*Phoca vitulina*). *Anim. Welf.* 10: 53–63.
Hadley, K. 2000. Scent preferences of southern white rhinos. *Shape Enrich.* 9:1–3.
Hagenbeck, C. 1909. *Beasts and men: Being Carl Hagenbeck's experience for half a century among wild animals.* Trans. H. S. R. Elliot. New York: Longman Green.
Heyes, C. M. 1994. Reflections on self-recognition in primates. *Anim. Behav.* 47:909–19.
Hutchins, M., Hancocks, D., and Crockett, C. 1984. Naturalistic solutions to the behavioral problems of captive animals. *Zool. Gart.* 54:28–42.
IUDZG/CBSG (IUCN/SSC) (International Union of Directors of Zoological Gardens/Captive Breeding Specialist Group [International Union for Conservation of Nature/Species Survival Commission]). 1993. *The World Zoo Conservation Strategy: The role of the zoos and aquaria of the world in global conservation.* Illinois: Chicago Zoological Society.
Kiley-Worthington, M., and Randle, H. D. 2005. Assessing captive animals' welfare and quality of life. *Int. Zoo News* 52:324–32.
Kuczaj II, S. A., Lacinak, C. T., and Turner, T. N. 1998. Environmental enrichment for marine mammals at Sea World. In *Second nature: Environmental enrichment for captive animals*, ed. D. J. Shepherdson, J. D. Mellen, and M. Hutchins, 314–28. Washington, DC: Smithsonian Institution Press.
Laidlaw, R. 2000. *Gray wolf: A comparison of husbandry and housing standards.* Zoocheck Canada Inc. Report. Toronto, ONT: World Society for the Protection of Animals and Ontario Zoo Working Group.
Law, G. 1993. Cats: Enrichment in every sense. *Shape Enrich.* 1: 1–2.
LeBlanc, D. 2000. Gravity feeders for Old World fruit bats. *Shape Enrich.* 2:15–20.
Lehner, P. N. 1996. *Handbook of ethological methods.* Cambridge: Cambridge University Press.
Lutz, C. K., and Novak, M. A. 2005. Environmental enrichment for nonhuman primates: Theory and application. *ILAR J.* 46:178–91.
Madigan, M. T., Martinko, J. M., and Parker, J. 2002. *Brock biology of microorganisms.* Upper Saddle River, NJ: Prentice Hall.
Mallapur, A. 1999. Environmental influences on space utilization and the activity budget of captive leopards (*Panthera pardus fusca*) in five zoos in Southern India. Master's thesis, Saurashtra University, India.
———. 2001. Providing elevated rest sites for leopards. *Shape Enrich.* 10:1–3.
Maple, T. L., and Perkins, L. A. 1996. Enclosure furnishing and structural environmental enrichment. In *Wild mammals in captivity: Principles and techniques*, ed. D. G. Kleiman, M. E. Allen, K. Thompson, and S. Lumpkin, 212–22. Chicago: University of Chicago Press.
Margulis, S. W., Hoyos, C., and Anderson, M. 2003. Effect of felid

activity on zoo visitor interest. *Zoo Biol.* 22:587–99.

Markowitz, H. 1982. *Behavioral enrichment in the zoo*. New York: Van Nostrand Reinhold.

Martin, P., and Bateson, P. 2007. *Measuring behaviour: An introductory guide*. 3rd ed. Cambridge: Cambridge University Press.

Mason, B., and Carson, A. 2003. Development and marketing: The evolution. *AZA Commun.* 10:11–13.

Mellen, J. D., Hayes, M. P., and Shepherdson, D. J. 1998. Captive environments for small felids. In *Second nature: Environmental enrichment for captive animals*, eds. D. J. Shepherdson, J. D. Mellen, and M. Hutchins, 184–201. Washington, DC: Smithsonian Institution Press.

Mitchell, G., Herring, F., and Tromborg, C. 1990. The importance of sequence of cage visitation in a zoo. *Anim. Keep. Forum* 17: 374–83.

Novak, M., and Drewsen, K. 1988. Enriching the lives of captive primates: Issues and problems. In *Housing, care and psychological well-being of captive and laboratory primates*, ed. E. F. Segal, 161–82. Park Ridge, NJ: Noyes Publications.

Pitsko, L. E. 2003. Wild tigers in captivity: A study of the effects of the captive environment on tiger behavior. Master's thesis, Virginia Polytechnic Institute and State University.

Porter, B. 1993. The "spinning rake": Stimulating foraging behavior in bats. *Shape Enrich.* 2:15–20.

Rich, G. A., and Breuer, L. H. 2002. Recent developments in equine nutrition with farm and clinic applications. *AAEP Proc.* 48: 24–40.

Ringdahl, J. E., Vollmer, T. R., Marcus, B. A., and Roane, H. S. 1997. Analogue evaluation of environmental enrichment: The role of stimulus preference. *J. Appl. Behav. Anal.* 30:203–16.

Sandhaus, E. A. 2004. Variation of feeding regimes: Effects on giant panda (*Ailuropoda melanoleuca*) behavior. Master's thesis, Georgia Institute of Technology.

Schuett, E. B., and Frase, B. A. 2001. Making scents: Using olfactory senses for Lion enrichment. *Shape Enrich.* 10:1–3.

Shepherdson, D. J., Brownback, T., and James, A. 1989. A mealworm dispenser for the slender-tailed meerkat *Suricata suricatta* at London Zoo. *Int. Zoo Yearb.* 28:268–71.

Shepherdson, D. J., Mellen, J. D., and Hutchins, M. 1998. *Second nature: Environmental enrichment for captive animals*. Washington, DC: Smithsonian Institution Press.

Stoinski, T. S., Hoff, M. P., and Maple, T. L. 2001. Habitat use and structural preferences of captive western lowland gorillas: The effect of environmental and social variables. *Int. J. Primatol.* 22: 431–47.

Tardona, D. R. 2000. Exploring enrichment for nocturnal animals: Expect the unexpected. *Shape Enrich.* 9:6–8.

Tudge, C. 1991. A wild time at the zoo. *New Sci.* 5:26–30.

Vick, S. J., Anderson, J. R., and Young, R. 2000. Maracas for *Macaca*? Evaluation of three potential enrichment objects in two species of zoo-housed macaques. *Zoo Biol.* 19:181–91.

Wallace, K. 1997. Enrichment ideas? Propose it! *Shape Enrich.* 6: 10–12.

Wehnelt, S., Hosie, C., Plowman, A., and Feistner, A. 2003. *Zoo research guidelines: Project planning and behavioural observations*. London: British and Irish Association of Zoos and Aquariums.

Wells, D. L. 2004. A review of environmental enrichment for kenneled dogs, *Canis familiaris*. *Appl. Anim. Behav. Sci.* 85:307–17.

Williams, B. O., Waran, N. K., Carruthers, J., and Young, R. J. 1996. The effect of a moving bait on the behaviour of captive cheetahs (*Acinonyx jubatus*). *Anim. Welf.* 5:271–81.

Young, R. J. 1995. Designing environmental enrichment devices around species-specific behaviour. In *Proceedings of the 2nd International Conference on Environmental Enrichment*, 195–204. Copenhagen: Copenhagen Zoo.

———. 2003. *Environmental enrichment for captive animals*. Oxford: Blackwell Publishing.

16
海獣類の飼育管理における特別な配慮

Brian Joseph and James Antrim

訳：神田幸司

はじめに

海生哺乳類は温血動物(恒温動物)の中では独特なグループで，例外的な淡水種もあるものの，海をその生活の舞台としている．しかしながら，海生哺乳類は海で進化したわけではない．いくつかの異なる分類群から進化し，この6,000万年のうちにそれぞれ個別に陸から海へと進出していったのである（Williams 1999）．海生哺乳類の飼育の歴史については，Reeves and Mead（1999）が包括的で素晴らしいレビューをしている．本章では“海生哺乳類”という用語を，鯨類（クジラ・イルカ），鰭脚類（アザラシ・アシカ・セイウチ），海牛類（マナティ・ジュゴン），ラッコ，ホッキョクグマを指して使用する（Rice 1998）．

海生哺乳類は三次元環境である海中に住むことによって，陸上の哺乳類と生理，構造，行動などに非常に多くの違いがある．制限された環境で海生哺乳類をうまく飼育するために，それらの違いがとても重要である．海はほとんどの陸地よりも冷たく，さらに水の熱伝導率が空気よりも25倍も高い（Beckman 1963）ために，水中の温血動物はすぐに熱を失ってしまう．海生哺乳類は冷たい水中環境で体温を保つために，いくつかの適応をしていることでも特徴づけられる．絶えず浮力に支えられていることで巨大な体を実現したシャチやヒゲクジラのような大型の海生哺乳類は，陸上の哺乳類よりも大きな熱容量を保持している．ラッコという例外はあるものの，海生哺乳類は厚い脂肪層や毛皮，あるいはその両方におおわれている．血液循環は末梢の動脈が重要で，すなわち動脈は静脈に取り囲まれていて，血液が体深部に戻った時に温かさを保持できるようになっている（Scholander and Scheville 1955）．

適切に海生哺乳類を飼育するために飼育施設の設計や建築は，動物の生活や行動を維持できるように考慮すべきである．また動物の自然な行動が全てではなくとも，たいていは見られるようにすべきである（図16-1）．飼育施設は実用性に対して美しさも重視されなければならない．雑然としすぎると飼育が難しくなるばかりか，そこで暮らす動物にとっても危険である．われわれは飼育環境下のいかなる種のためにも自然環境の複雑さを再現することはできない．そのため本章の目的は，動物園水族館での海生哺乳類の飼育を成功させる主要な要素について理解していくことである．飼育施設の設計や建築は動物飼育の本質的な要素であるが，海生哺乳類の飼育を成功するために必要な飼育技術や方法の最も重要な3要素は，健全な環境の維持，適切な餌料，そして優れた予防医療プログラムの実施である．

米国農務省などの公的機関が，海生哺乳類の飼育に関する法令や規制を制定している（USDA 1979）．専門的な業界団体などの非政府組織も，海生哺乳類の飼育に関する独自の基準やガイドラインをつくっている（EAAM 2001，AMMPA 2004）．そのような規制や基準は常に最低限の必要事項を定めているものである．われわれの意見としては，最低限の基準でつくられた施設や飼育方法は海生哺乳類の健康や幸福を促進するものではなく，それで満足だと考えるべきではない．

図 16-1　適切に海生哺乳類を飼育するために，飼育施設の設計や建築では，動物の自然な行動がその施設で全てではなくとも，たいていは見られるようにすべきである．

施設設計

施設の設計や建築は，施工主の目標や目的ばかりでなく，動物の身体的，心理的，行動的要求を満たさなければならない（図 16-2）．動物園水族館の施設には 2 つの基本的な形態がある．1 つ目は展示のために一般に公開される部分であり，2 つ目は非公開の制限区域である．ほとんどの海生哺乳類の施設ではこの 2 つが連結していて，飼育動物を移動させる際には，輸送容器などは不要で，動物を物理的，化学的に拘束することなく，容易に移動できるようになっている．全ての海生哺乳類の飼育施設は水中観察がで

図 16-2　施設の設計や建築は，施工主の目標や目的ばかりでなく，動物の身体的，心理的，行動的要求を満たさなければならない．（写真提供 UNEXSO：ドルフィンエクスペリエンス，フリーポート，グランドバハマ．許可を得て掲載）

きるようにするべきで，それは一般の観覧のためだけでなく，飼育係が観察するためでもある．一般の公開部分は，常時観覧できるようにしたり，構造物があったり，プログラムを観覧する場所であったり，時間を決めた教育活動のためなど，様々な目的で設計することができる．非公開の区域についても，限られた目的のために設計されるのではなく，施設への動物の搬入，搬出，交尾，出産，育子，医療処置，検疫，あるいは展示しない動物の飼育等のために設計する．鯨類の非展示施設の重要な要素は二重底になった昇降床を伴う医療プールである．鯨類はその大きさ，力，動きのために，水深が深いところは動物に有利で，拘束しようとすると職員に危険が伴う．動物の物理的拘束を伴う医療行為を安全に実施するために，昇降床があれば，プールを排水せずとも水深を浅くすることができる．二重底の昇降床を塩化ビニル樹脂（PVC）かガラス繊維強化プラスチック（FRP）のグレーチングで作成すれば，設置にかかる費用は高価ではない．昇降装置には水圧，油圧，ケーブルなどによる昇降システムが使用されている．

良好な健康状態を促進するような飼育施設の設計や建築は，飼育環境の大きさや配置に対する配慮や施設を清潔な状態に保つ（無菌という意味ではない）ための配慮などが必要である．海生哺乳類が自由に動いて自然な行動をするためには十分な広さを必要とする．施設の表面仕上げは，固く，耐久性，防水性があって，容易に衛生的にでき，化学的，物理的ダメージに強いことが必要である．エポキシ塗装は海生哺乳類の飼育環境では優れている（Watts 1998）．海水の腐食性が高いため，建築中を通じて，FRP や PVC，SUS316 ステンレス鋼のような腐食に強い素材を使用することで，海生哺乳類の飼育施設の実質的な寿命を延ばすことができる（そして維持費を削減することにもなるだろう）．

表面塗装，アクリルやガラスパネル，電線や配管の固定具，露出している金属や留具，門扉，装飾のための擬岩や天然の岩まで，飼育下の海生哺乳類は，それらを調べてまわり，いじったり，傷つけたり，破壊したりする時間が豊富にある．彼らのそうした行動は，動物と飼育係の双方にとって，安全や生死に関わる重大な結果となる可能性がある．毒のある草，低木，木は海生哺乳類の飼育施設の周りの装飾には用いるべきではない．偶然に，あるいは故意にそのような植物を食べてしまうことによって，深刻な健康問題を引き起こし，あるいは死に至るかもしれないからである．また，海生哺乳類の飼育施設に隣接した場所で工事がある場合，掘削や盛り土に使用される土に含まれる空気，土壌，水中の病原体に動物がさらされるおそれがある．

環境と健康に関すること

海生哺乳類の飼育環境に異物が落ちたり入ったりしないように，プールサイドなどを整頓しておくには不断の注意が必要である．飼育環境に異物が入った場合はすぐに取り除かなければならない．海生哺乳類が飲み込んでしまう異物は，飼育施設自体の一部分であることがある（Sweeney 1990）．海生哺乳類は飼育環境中の異物を頻繁に拾い上げ，それで遊び，故意にあるいは偶然にその異物を飲み込んでしまう．鯨類の場合，飲み込んでしまった異物は小さくても，第一胃を越えて先へ進むことはめったにない．というのは第二胃への開口部がとても小さいからである．しかし異物は胃粘膜に物理的な損傷を与え，潰瘍の原因となる．もし硬貨が前胃で消化されれば，銅や亜鉛の中毒の原因となる．空気の入ったバレーボールやサッカーボールのような大きな異物は鯨類にとって致命的になり得る．動物がボールを口にくわえて水中に潜ると，ボールは浮力によって喉に入り込んでしまうかもしれない．そして咽頭口腔部の後部に引っかかり，致命的な呼吸停止を起こすおそれがある．小さな異物の場合吐き出すかもしれないが，別の飼育動物がまた飲み込むかもしれない．飼育係は海生哺乳類に危険な可能性がある遊具を決して与えるべきではない．例えば，小さなボール，尖ったもの，動物によって壊されて飲み込まれるようなものである．水中にぶら下がったロープや，プールの底に結ばれたロープには絡まって水死するおそれがある．

飲み込まれた異物は，内視鏡によって，その存在や場所を突き止めた後に，第一胃であれば手作業で取り除かなければならない．鯨類において，嘔吐を促すことは安全ではない．誤嚥性肺炎や食道の閉塞，心臓や気管への圧迫という結果により，死に至るかもしれない．

鰭脚類は異物を飲むことで大きな危険にさらされる．というのは胃から腸への開口部が大きく，異物が通り抜けてしまい，処置しなければ異物が腸にひっかかって，致命的な妨害になり得るからである．鰭脚類は鯨類よりも飲み込んだ異物を吐き戻そうとしないが，餌に吐剤のシロップを混ぜて与えることで，安全に嘔吐させることができる．この場合，鰭脚類が嘔吐した時に異物を回収するために，観察者をプールサイドにとどまらせておかなければならない．

陸上部分

デッキや乾燥した休憩エリアを最も効果的に消毒するには，0.5%以下に希釈した次亜塩素酸ナトリウム水溶液を使用すればよい．飼育係は閉鎖空間での塩素の使用を避けるべきである．塩素ガスが発生し，海生哺乳類と飼育係双方の眼，粘膜，気道上皮などを非常に刺激するからである．加えて，飼育係は塩素を使用する際は常に防護器具を使用するべきで，動物がいる場合には塩素を決して使用しないようにするべきである．残留塩素は動物を害さないように，チオ硫酸ナトリウムの飽和水溶液を使って中和，もしくは表面を徹底的に水洗しなければならない．

水　質

飼育係は，動物の健康を確保し促進するために，常に飼育環境の水質について注意しなければならない．清潔な動物園水族館の環境であっても，病原体は海よりも濃縮されている．海では動物の排泄物は絶えず膨大な水量に希釈され流されていくが，飼育環境ではそうでないからである．良好な水質は，適切な物理濾過，化学処理，継続的な監視，適切な管理記録によって維持することができる．哺乳類の水中展示における水質の管理についてはBoness（1996）とArkush（2001）が総説している．

循環方式

海生哺乳類の飼育においては現在，基本的に３種類の循環方式が使用されている（Arkush 1996，Reiderson 2003，Spotte 1991）．１つ目は開放式循環で，一般に施設がきれいな天然海水に隣接している場合に使用されている．開放式循環では，濾過済みの，もしくは濾過しない場合もあるが，天然海水が飼育施設を通過し，そして排出される．そのような循環では，自然環境の海水がつねに飼育環境に入ってくるので，管理できない汚染や混入を受けやすく，薦めることはできない．天然環境から流入する補給水は一般に濾過するべきで，使用前に化学処理もするべきであろう．次に半閉鎖式循環では，濾過済みの，もしくは濾過しないままの天然海水を，ある管理量だけ補給し，全体を通じて飼育水は再利用し，流入量から蒸発による減少分を差し引いた量だけ飼育水を放出している．３つ目の閉鎖式循環では，継続的に飼育水を再利用している．海岸の施設では，天然の湾や入り江を網で仕切って飼育しているところもある．半閉鎖式循環と，閉鎖式循環では，塩分濃度，アルカリ度，pHなどを維持することが難しい（Reiderson 2003）．

天然海水を利用できない飼育施設の多くは，人工海水による閉鎖式循環を採用している．人工海水は，水道水に塩化ナトリウムを2.5～3.5%になるように混ぜてつくる（Geraci 1986a）．われわれの経験では，微量なミネラルも混ぜる．閉鎖式循環では，蒸発やその他の水の損失を補うために淡水を加えることが重要である．閉鎖式循環では動物を飼育しているプールに循環水を戻す前に，化学処理はもちろん，濾過やプロテインスキマーを通じて水を再利用する必要がある．

水質検査

どのような循環方式を採用しているかにかかわらず，水をサンプリングして，頻繁に，定期的に，温度，pH，濁度，塩分濃度，アンモニア濃度，遊離塩素，全残留塩素，細菌，残留オゾン，必要ならば，全有機炭素（TOC）を検査するべきである．

水　温

海生哺乳類は広範囲の水温に適応する能力があるが，うまく飼育するためには比較的一定の水温であることが重要である．バンドウイルカ（*Tursiops truncatus*）について様々な飼育水温が提唱されてきたが，一般的に賛同されるところとして，摂氏20℃くらいがよい平均水温であろう．その他の海生哺乳類を飼育する最適温度範囲についても提唱されている（例：AMMPA 2004，Couquiaud 2005）．周囲の環境よりも低い，あるいは高い水温が必要とされている場合，水温調整をするために熱交換器を通すとよい．水温についてはGeraci（1986a）とSweeney and Semansky（1995）が論じている．

水温は海生哺乳類の行動と生理の両方に作用する．鯨類や他の海生哺乳類は低い水温で飼育すればするほど，多くの量の食物を消費する．また温かい水は多くの海生哺乳類に対して，明らかな生理学的ストレスになるようである．例えば，われわれの経験では，鯨類は温かい水で飼育すると貧血が多くなり，同時に血清中のいくつかの酵素の上昇，活動性の低下，食欲の減退などもみられる（Cornell et al. 1990）．

pHレベル

２つ目の物理学的指標として，pHがある．pHは様々な角度から水質に影響する．海には炭酸系溶液としてのpH緩衝作用があり，そのpHは約8.2程度である（Toorn

1987）．閉鎖式循環では，窒素老廃物が蓄積し，眼，気道，皮膚などを刺激するレベルにまでpHが上昇し得る．pHの維持は動物と飼育係が快適に過ごすために重要で，pHは遊離塩素の殺菌作用にも影響する．受容できるpHの範囲は7.5～8.2である（Geraci 1986a）．遊離塩素の殺菌効果は，この範囲では低い方が最大になる（Geraci 1986a）．しかし，われわれの経験では飼育係はpH7.6～7.8で眼の刺激について不満を訴えるようである．海生哺乳類の眼は粘液でよく守られているため，この範囲の低いところであっても刺激を受けていないようである（Geraci 1986a）．このpHの範囲の低いところでは，有害なクロラミンがすぐに形成される．水酸化ナトリウム，次亜塩素酸ナトリウム，炭酸水素塩を使用すると，動物と飼育係にとって快適な範囲内に，pHを上昇させることができる．

濁　度

濁度は水の透明さあるいは光学的透過度の指標である．飼育水は澄んで，薄い青色に見えるべきで，おおよそ，0.15～0.20NTU（比濁計濁度単位）ぐらいにすべきである．受容できる上限は0.45NTUである．濁度は粒子によってのみ影響を受けるのではなく，溶存酸素，オゾン，同伴ガス，循環系に含まれるその他の化学物質の影響を受ける（Case 1998）．

微量金属

飼育水の化学的構成は天然の海水に似せるべきで，天然の海水にはナトリウムと塩化物以外にも多くの金属が含まれている．海生哺乳類は微量金属をはじめ，その環境をうまく利用しているようである．海生哺乳類は海水を飲んでいるようだが，微量金属の吸収は口腔粘膜だけに限られているかもしれない（Manton 1986）．

塩　分

外洋の塩分濃度はおよそ3.5%であり，2.6%の塩化ナトリウムと0.9%の他の元素からなる（Turekian 1968）．塩分が低濃度だとイルカは浮かぶためにより多くのエネルギーを費やさねばならなくなる．これは病気のイルカや，傷を負っている場合や，新生子などにおいては特に重要である．バンドウイルカの場合，塩分濃度1%以下で一定期間飼育すると，可逆性はあるものの潰瘍を伴う表皮の壊死が起こり得る．鰭脚類は淡水で飼育すると，角膜の浮腫を発症する（Dunn et al. 1996）．

窒素老廃物

窒素老廃物の効果的な除去は，海生哺乳類の飼育水を適切に管理する際の重要な問題の1つである．海生哺乳類がその飼育環境を汚すスピードは驚くべきものである．体重136kgのイルカが，毎日6.6kgの餌を食べていると，1日当たり4ℓの尿と1.4kgの便をプールに排泄していると推定される（Ridgway 1972）．窒素老廃物ははじめに尿素としてプール内に排出される．尿素はすぐに無機化と呼ばれる過程を経て，アンモニアに変化する．アンモニアはほとんどの生物にとって有毒である．アンモニアが高濃度であるということは，塩素処理が不十分であるか，プロテインスキマーによる有機物の除去が不十分であることを示している．また窒素老廃物は，細菌や真菌にとってよい培地となってしまう．したがって窒素老廃物は開放式循環では海に流し去ることによって，閉鎖式循環ではプロテインスキマーによって除去することによって，あるいはどちらの循環でも老廃物を化学的に酸化することなどによって管理しなければならない（Manton 1986）．

大腸菌群の検査

総大腸菌群と糞便性大腸菌群の検査は様々な技術によって実施することができる．最も一般的な方法の1つが最確数法（MPN法）と呼ばれるもので，多管発酵法（MTF法）によってその値が得られる（American Public Health Association 2005）．総大腸菌群数や糞便性大腸菌群数を計測するために，MTFの代わりに，メンブランフィルターやマッコンキー寒天培地が用いられることがある．異なる方法で得られた結果は，直接比較することはできない（Spotte 1991）

全有機炭素

全有機炭素は便に含まれているもので，閉鎖式循環では老廃物を捨てるか，オゾンか塩素で酸化するか，プロテインスキマーで除去しない限り蓄積していく．有機炭素はクロラミンや他の化学物質と結合して，水を緑色や黄色に着色してしまう．

水の濾過と化学処理

海生哺乳類の飼育水質を維持するためには，濾過と化学処理が必須である．濾過と化学処理は多くの目的のために有用で，有機物の除去や酸化をしたり，微生物の成長を制限したり，比較的毒性のない環境を実現したり，水の透明度を維持したりする．水が透明であれば動物の観察が容易になることにもつながる．

物理濾過の目的は，飼育水の透明度を維持あるいは回復するために，水中の微粒物質を除去することである（Manton 1986）．濾過の種類は様々であるが（Boness 1996），最も一般的に使用される濾過方式は，圧力式濾過である．濾材には砂や砂利が用いられる．水の流れが高速であることと，逆洗の過程で砂中の細菌群集が失われることから，圧力式濾過では有機物の生物濾過はほとんど行われていない（Kinne 1976）．海生哺乳類を飼育する循環系の大部分は，2，3時間で1ターンできるようなポンプと濾過槽を備えるべきである．このための濾過槽は一般的に，760 ～ 1,900 ℓ / 時間 /m^2 の濾過能力となる．硫酸バンド（硫酸アルミニウム），PAC（ポリ塩化アルミニウム）のような凝集剤を使用することで，濾過の効果は増す．微粒子が濾材に捕らえられると濾過効率が増してくるが，濾材が微粒子で詰まってくると差圧が生じ，濾過流量が制限されてくるので，逆洗が必要となる．

飼育水の化学処理は殺菌と言われることもあるが，オゾンや塩素などで微生物を含む有機物を酸化することを意味する．海生哺乳類を飼育するプールの化学処理は，伝統的に人の遊泳用のプールでの化学処理の技術に基づいている（Manton 1986）．しかし必要な化学反応は通常海生哺乳類が飼育されているような水温では十分に達成されない．また動物の排泄物が塩素と結合し刺激的な化合物となるのだが，排泄がずっと継続されるために問題が生じてくる．海生哺乳類や飼育係が絶えず塩素にさらされていると，双方に健康問題を起こし得る．酸化剤としての塩素の使用は多くの施設で中止されてきているが，まだ使用している施設では，一般的に，全残留塩素を 1ppm 以下に維持し，遊離塩素をその半分に維持している（Reidarson 2003）．

オゾンには強力な毒性があり，眼，皮膚，呼吸器系を刺激するため，職員と動物がオゾンにさらされることがないように，最大の注意が必要である．オゾンは反応塔と呼ばれる垂直の円柱内で循環水に添加されたり，プロテインスキマーに酸化剤として添加されたり，あるいはオゾンスキマーなどで使用される．どの技術にしても，飼育プールに戻す前にオゾンを消失させるため，オゾン水の表面積を増やす散水かプラスチックやナイロンのリングの入った脱気塔を通過させる．効果的な殺菌剤であり，強力な酸化剤であるオゾンは，水中では不安定である．またオゾンは炭素の二重結合に作用することにより，脱色剤としての効果もある．オゾンは糞便性大腸菌，プランクトン，虫，あるいはウイルスに対して，塩素よりも効果的である．しかしながら，オゾンは，微生物が多く，濁度が高い状況では効果が減少する．オゾンは酸化還元電位が 600mV 以下であれば，塩素と違って殺菌剤として働く残留物が水中に残らない（Reiderson 2003）．オゾンは高濃度であると角膜，皮膚，呼吸器系に害を与えかねない（Reiderson 2003）．海生哺乳類の皮膚に通常の微生物相を維持することが好ましいため，プールに残留オゾンがないレベルに維持するのがよい（Ramos and RIng 1980）．Arkush（2001）は海生哺乳類の飼育における，オゾンの使用について詳細な考察をしている．

塩素処理は海生哺乳類を飼育するプールの殺菌に広く用いられている技術であるが，塩素の取扱いには相当な注意が必要である．塩素ガスは 10ppm で呼吸器系を著しく刺激し，1ppt の塩素ガスを5分間吸えば，致命的となる（Goodman and Gilman 1954）．塩素処理は真菌に対しては細菌に対してほど効果がない．塩素処理された水中での海生哺乳類の皮膚感染は，通常の有益な微生物相が破壊された結果かもしれず，皮膚から分泌される殺菌作用のある物質を失活させているのかもしれない（Geraci, St.Aubin, and Hicks 1986）．

塩素処理は水に次亜塩素酸ナトリウム（液体）か，二酸化塩素（気体）を添加することによって実施する．または海水を電気分解することによっても実施できる．しかし，塩素処理は，循環系から有機物を完全に除去できるわけではない．閉鎖式循環や半閉鎖式循環では，全有機炭素が時間とともに徐々に増え，餌として飼育水に入る炭素のうち約 7% がこの形で蓄積する．多くの施設では定期的に換水を実施することで，有機炭素の増加に対処している．

クロラミンは窒素老廃物と遊離塩素が結合したもので，海生哺乳類の粘膜に対して特に刺激的である．高濃度のクロラミンによって皮膚が剥けたり，角膜が青っぽくなったり，細目になったりする．クロラミンは pH が低いとさらに有害となる．遊離塩素は 0.2 ～ 2.0ppm の濃度で効果的な殺菌作用が得られる．殺菌作用の効果は水温，太陽光，pH，有機物の負荷などが増加すると減少する．

将来的には生物濾過が現在の機械的，化学的処理にとって代わるかもしれない．その際の循環濾過は魚類等の水質処理で用いられている，固定床バイオリアクターや散布濾過のようなものになるだろう（Wolff 1981）．散布濾過では，水はゆっくりと濾材の上を流れ，浮遊あるいは溶け込んだ有機物に対して微生物が作用する．散布濾過では次の3点が行われている．①溶解した有機物が無機化される．②有機物の微粒子が溶解し無機化されたり，凝集してバイオフィルムを合成することで除去される．③無機物がバイオフィルムと反応あるいは吸着したり，凝集して除去される．水は散布濾過槽から沈殿槽へとゆっくりと流れ，沈澱槽では凝集した粒子が沈澱できるくらい十分にゆっくりと水が流れる．底にたまった泥は集められて除去される．そしてオーバーフローによって透明な水を得ることができる（Toorn 1987）．生物濾過を通じて有機物を除去する流動床バイオリアクター，あるいはプロテインスキマーやオゾンスキマーのような新技術を追加していくことで，海生哺乳類の飼育における窒素化合物の管理は近年改良されてきている．生物濾過はゆっくりと機能するため，大量の空間を必要とする．このため生物濾過は，微粒子の大半や溶け込んだ窒素化合物を除去するための圧力式濾過やプロテインスキマーと組み合わせて使用されていくことだろう．オゾン処理は最終的に効果的な脱色剤や殺菌剤として使用が継続されることだろう．

屋内の海生哺乳類の施設では，十分な空気の濾過，回転率，適切な照明が必要である（Geraci 1986a）．自然界では，風媒の細菌や，塵粒子に乗ってくる真菌などに接する機会は飼育下に比べてほとんどない．換気が十分でない屋内施設で飼育されている海生哺乳類は，肺の真菌症により致命的なことが起きている（Joseph et al. 1986）．また屋内では適切なスペクトルと光周期を含む十分な照明が，ビタミンDの生合成に必要である（Kirby 1990）．そして，適切な照明は生殖周期にも影響するかもしれない（Geraci 1986a）．

行　動

動物園水族館の施設で，海生哺乳類にとっての健全な環境を維持するためには，訓練された人員による行動観察記録を継続することだけでなく，その種にとって適切な行動的刺激が必要である．トレーニングも行動的な刺激となり，また同種や別種の他の個体によって社会的な刺激が与えられるのと同じく，飼育係によっても行動的な刺激を与えられる．

Mellen and Ellis（1996）は海生哺乳類の飼育のためのトレーニングとその重要性について，素晴らしい議論を展開している（図16-3）．トレーニングと行動的な刺激は，動物管理の質を高めるのに役立つ．トレーニングは，血液，尿，胃液，噴気孔の細菌培養や糞便といった生理学的なサンプルの採材や，超音波画像診断などを容易にし，動物へのストレスを減少させる．加えてトレーニングは，飼育下の海生哺乳類の運動量を増加させ，健康を促進する．トレーナーは，プールの周囲を速く泳いだり，高いジャンプといった特定の行動をトレーニングすることができる．トレーニングはまた，海生哺乳類の飼育環境を多様化し，変化させる方法でもある．要するにトレーナーは海生哺乳類の社会的グループの一員にもなるし，環境を変化させる要素でもある．変動強化を用いたり，トレーニングされた行動の順序を変更したり，新しい行動に慣らしたり，トレーニングは海生哺乳類にとっての環境をより多様にし，刺激的にする．

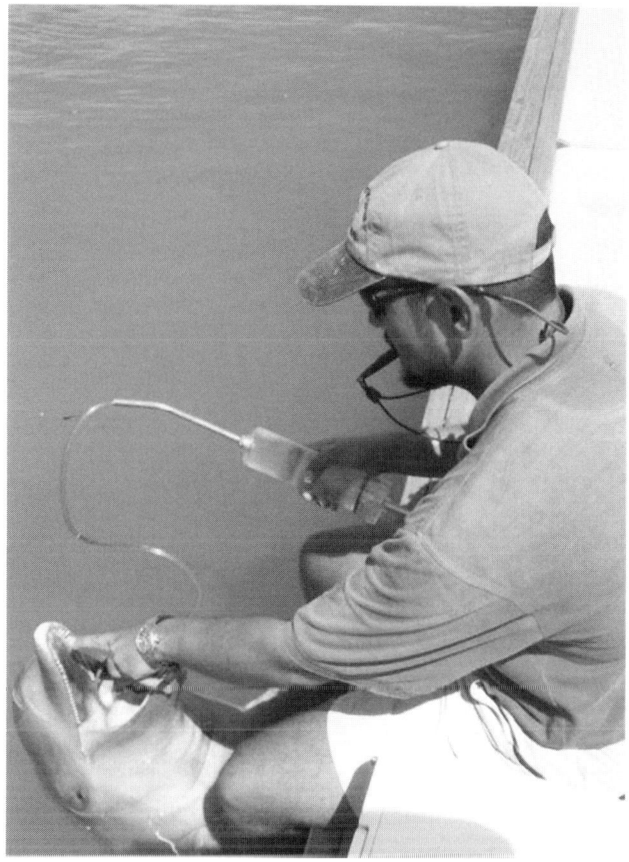

図16-3　トレーニングによって，胃液のような生理学的サンプルの採取が容易になる．

多くの海生哺乳類は，野生でも飼育下でも複雑な社会構造を営む．飼育下個体群を形成し，維持していく時，飼育係は自然にしている時の群れの構成，各個体の行動，群れの好みなどを考慮する必要がある（Cornell et al. 1987）．一般に，鯨類は社会的で，飼育下では同種，もしくは近縁の種と一緒に飼育することで，よりよく飼育できるようである．他方，全ての個体が行動的に同じということではない．過去に攻撃的であった個体を同種と飼育する時には細心の注意と，継続的な観察が必要である．

海生哺乳類のより良い飼育管理にとって，動物の社会的な階層や優劣関係は影響があり，重要なことである．優位な個体は，劣位の個体を給餌から追い出し，子を奪い取り，同種を深刻に傷つけたり，時には殺してしまうことさえあ

図 16-4 行動観察は，研究室での分析結果以上に海生哺乳類の健康に関する情報を与えてくれる.（写真提供 UNEXSO：ドルフィンエクスペリエンス，フリーポート，グランドバハマ．許可を得て掲載）

る．優位な個体の支配力の表現はとても微妙であることがあり，気づくことができるかどうかは技術のある職員の注意深い観察にかかっている．

行動観察や個人による不定期の観察は，研究室での分析結果以上に海生哺乳類の健康に関する情報を与えてくれることがある．飼育係は現在と過去を振り返って評価するために，日々の観察結果を個体別の飼育日誌に記録すべきである（図 16-4）.

海生哺乳類の個体間の争いごとは注目すべきで，性的な行動の前徴であったり，社会順序の変化を反映していたり，日々のルーチン作業や環境の変化への反応であったりすることがある．攻撃的な行動は全ての社会的な動物で普通の行動であるが，特に健康状態が良くない個体は，同種による攻撃行動の標的になる場合がある．正確な観察記録によって，行動と健康の変化を評価することができる．

飼育係は性的な行動について常に記録するべきである．分娩があってから驚くということはあってはならない．ほとんどの海生哺乳類は子を適切に世話するが，初めて出産する母獣には，特別の観察と注意が必要であろう．出産と，その後の母子関係の発達を容易にするために，攻撃的な個体，優位な個体，あるいは雄は，出産前に母獣の飼育環境から除いておくことが必要だろう．

病気の個体は，しばしば同種や飼育係から孤立する傾向があり，出産の近い雌も同様である．飼育係からの孤立や，飼育係に対する注意力の欠如等は行動的には重要な健康の指標である．

トレーニングにおいて，パフォーマンスの突然で劇的な低下等，通常の行動からの逸脱は，注意をひくことである．徐々にパフォーマンスが減退するのは，ゆっくりとした病気の始まりの徴候かもしれないし，トレーニングの拒否かもしれない．トレーナーはパフォーマンスの基準を定め，一定の評価ができるようにするべきである．鋭く詳細な観察と，その記録は，海生哺乳類の良い飼育管理の基礎である（図 16-5).

栄　養

野生では，海生哺乳類は季節によって，幅広く多様な餌を食べている．対して飼育下の海生哺乳類は，一般に，少ない種類の餌を与えられていて，その品質は入手した餌や取扱い方法にかかっている．飼育係は，餌のある種が入手できなくなる場合に備えて，多様な餌を与えておくべきである．餌の質や準備に対する適切な注意や，ビタミンやミネラルといったサプリメントは，病気の予防に役立つだろう．

飼育係やトレーナーは餌を扱う時に，石や釣り針，プラスチックの袋，あるいはその他の異物など動物が飲み込んでしまうかもしれない物が混入していないか入念に調べなければならない．針が混入している可能性があるので，針と糸で捕獲された魚を使用しないように強く言いたいが，サバやサケのように，網で捕獲された魚でも針が混入していることはあり得る．海生哺乳類と生きた魚を一緒に展示している施設もあり，あるいは海生哺乳類のエンリッチメントのために生きた魚を餌として与えている施設もある．

図 16-5　鋭く詳細な観察と，その記録は，海生哺乳類の良い飼育管理の基礎である．

この場合でもやはり飼育係はこれらの魚に針が入っていないかチェックすべきである．

魚の取扱いと保存

スタッフは漁獲から，海生哺乳類に魚を与える瞬間までの魚の取扱いと保存に相当の注意を払わないといけない．魚の冷凍貯蔵寿命は3つの要素に影響される．①梱包，②保存温度，③保管方法である．サバやニシンといった脂肪分の多い魚は，シシャモやキュウリウオといった脂肪分の少ない魚よりも早く品質が劣化する傾向がある．

群れをなすような魚の多くは，海生哺乳類に感染する寄生虫の中間宿主であることが多い．米国農務省が現在認めている冷凍温度は −18℃以下だが，多くの専門家が餌となる魚の中の寄生虫の卵やシストの数をかなり減らすために，−30℃以下にすることを薦めている（Gaucker 1982, Geraci 1986b）．

海生哺乳類の餌の品質は，人間の食物としても適合しているべきである．飼育係は餌を購入する前に，その魚が捕獲された時からの取扱い，梱包，保管が適切であったか確認するために，各出荷単位から，サンプルを取り寄せて注意深く解凍し，検査するべきである．魚は輸送中のいかなる時点でも解凍されてしまってはいけない．魚と箱が一緒に凍っているということは，一度解凍されて，再凍結したことを意味する．品質に少しでも疑問があれば，魚を廃棄すべきである．解凍は涼しい室内の空気中か，冷蔵庫（虫から守るため）か，急速解凍の場合冷たい流水中で行われるべきである（Ridgway 1972）．解凍に淡水を使うのであれば，ナトリウムの溶出を防ぐために，解凍後すぐに魚を水から取り出すべきである．細菌の繁殖は速いので，1，2時間後に使用するのであれば，魚は解凍後すぐにたくさんの氷で蓄をするか，もしくはコンテナの中で冷蔵するべきである．解凍した魚は使用するまでのあいだ，常に冷蔵か，氷冷するべきで，プールの底に放置してはならず，解凍後12時間以上経過したものは使用してはならない．

魚の品質の評価基準

海生哺乳類の餌として使用する全ての魚に対して，以下の基準の適用を推奨する．餌を購入する前に，サンプルを解凍し検査と評価をするべきである．検査の基準は，臭い，色，解凍した時の質感，皮膚やうろこの状態，眼の表面や水晶体，鰓，血の状態などである．品質の良い魚の臭いは様々に形容されるが，海藻，新鮮な魚，あるいは海のような臭いがすると言われる．品質の劣る魚の臭いは，簡単に認識でき，日に当てられて腐敗した魚のような臭い，アンモニア臭，酸敗した食べ物の臭いなどである．良い品質の魚は，一般的に輝き，色の縁がはっきりしており，光沢がある．品質の劣る魚は，どんよりして色あせ，ひどい粘液におおわれ，冷凍焼けのために，かすかに表面がざらついて見える．適切に保管され，取り扱われた魚は，引き締まり，弾力のある質感で，品質の良くない魚は，柔らかい．品質の悪い魚や，解凍しすぎた魚は，指で押すとくぼみができて戻らないことが多い．悪い魚に比べて，品質の良い魚では，鱗はほとんど脱落しておらず，悪い魚では皮膚が簡単に裂ける．

品質の良い魚の角膜の表面は，半透明から，透明であり，しわはわずかで，凸状である．窪んで，ひどくしわがよって，曇った角膜は品質の悪い魚のサインである．品質に関する疑問がわずかでもあれば，受け入れるべきではなく，動物の餌として使用するべきではない．

ビタミンとミネラルのサプリメント

魚の捕獲，輸送，保管の間に，ビタミンが消失するため，ビタミンとミネラルのサプリメントが必要である．細菌によって産出される酵素，チアミナーゼはチアミンを破壊し，特に保管が良くない場合に顕著である．チアミンのサプリメントは，魚 1kg あたり 200mg の割合で与えることが薦められている（Geraci 1986b，Reiderson 2003）．脂肪の多い魚ではビタミン E の破壊が急速に起き，特に，取扱いが悪かったり，不適当である場合は急速に破壊が進む．しかし，いずれにせよビタミン E は全ての冷凍魚中で時間とともに破壊されていく．鯨類は体内でビタミン C を合成することができないようで，バンドウイルカとカマイルカでビタミン C の欠乏が報告されている（Miller and Ridgway 1963，Reiderson 2003）．臨床のサインとしてはサプリメントで改善するような壊死性の口内炎，食欲不振，体重の減少などである（Miller and Ridgway 1963，Reiderson 2003）．

補　水

イルカが少量の海水を飲むという証拠もあるが，海生哺乳類はほとんどの水分を餌から得ている（Telfer, Cornell, and Prescott 1970，Ridgway 1972，Worthy 2001）．鰭脚類では，特に病気の個体で通常の量の餌を食べられない個体には，常に淡水が飲めるようにしておくべきである．セイウチは自然環境下では，氷を消化し，飼育下では淡水を飲むことが知られている．海生哺乳類の水分平衡について Worthy（2001）が幅広く議論している．

給　餌

日々の給餌と行動を記録することが，海生哺乳類の健康状態を把握するのに役立つ．給餌量，食欲，給餌中の行動や状態などに関する主観的，客観的コメントも記録するとよい．給餌やトレーニングは，飼育係と動物の関係を育み，精密な観察を可能にする．少ない量を何度も給餌することで，信頼できる給餌量に近づくことができ，しばしば 1 日の総給餌量を増やせる結果となる．海生哺乳類は，少なくとも 1 日に 3 回は給餌をするべきである．餌は単にプールに落とすのではなく，海生哺乳類の口の辺りか，ラッコの場合胸の辺りで与えてやる．近くで観察することで，動物が餌を食べているのか，単にあちこち運んでいるだけなのかが分かる．もし動物が餌をちぎったり，落としたりし始めたら，給餌を終わるべきである．この行動の原因は，給餌量の設定が多すぎるからかもしれず，管理者や獣医師が定期的に給餌の過程を見直すべきである．健康な海生哺乳類は，特に鯨類では，環境変化か生理学的な変化がなければ，めったに餌を落とすことはない．

海生哺乳類にとって，1 日に必要な餌の量は，様々な要素に依存する．例えば，餌の構成などである．ニシンやサバといった脂の多い魚に比べて，キュウリウオやシシャモといった魚は一般的に多くの量が必要である．しかし全ての魚種で脂肪の量は季節によって異なってくる．多くの施設では，消費した餌のカロリーを管理するために，日々のカロリー分析を使用している．運動量が多い場合や，水温が低い場合には，給餌量は多くなり，繁殖行動中や，水温が高い場合には，一般的に給餌量は少なくなる（Abel 1986）．妊娠中の食欲は増えるかもしれないし，増えないかもしれないが，特に授乳中には食欲は増加する．Geraci（1986b）と Ridgway（1972）は日々の給餌量の基本的な量について報告している．

ラッコは，年齢，水温，運動量に左右されるが，1 日に体重の 25 ～ 30% もの餌を消費する（Geraci 1986b,

Kenyon 1969). この値は与える餌のカロリーにもより，定期的な体重測定と，日々与える魚のカロリーの計算を通して，動物の体の状態を監視することが必要である．海生哺乳類の栄養とエネルギーについてはWorthy（2001）が詳しく論じている．

給餌の異常

健康な海生哺乳類，特に鯨類では，その環境，社会構造あるいは生理的な変化が無い限り，給餌ができないということはない．突然の食欲喪失は，急病による可能性もあるが，多くの場合は，病気が徐々に進行したことにより，食欲が減退したことを反映している．繁殖行動により，食性に変化が出ることがあるが，その場合他の行動や生理学的な変化もあるはずである．ほとんどの鯨類は，出産の6～8時間前に食欲がなくなるが，個体によっては，出産中も食べ続けるものもある．

大きな個体やより攻撃的な個体が，劣位の個体を威嚇する場合など，社会構造の変化が食欲を減退させることがある．もし一貫した給餌ができないようなら，飼育係は関心を払うべきで，丸1日食べない時にはすぐに原因を調べるべきである．

給餌道具の清掃

優先順位の高いこととして，スタッフは網，バケツ，調餌台，シンクなどを使用後すぐに清掃し，消毒するべきである．塩素を含んだ洗剤がこすり洗いに最適で，第四級アンモニウムや希釈した塩素は環境の表面の消毒に効果的である．冷凍庫や冷蔵庫のドアの取手，天井，床などは清掃の際に見過ごしやすい場所である．

予防医学

正しい予防医学は，海生哺乳類の飼育を成功させるための，3つ目の基礎的な要素である．予防医学の目的は，病気が生命を脅かすようになる前に予防したり，早期発見することである．予防医学は病的状態を減少させ，寿命を延ばし，飼育下の海生哺乳類の生活の質を向上させる．

検　疫

新着動物の厳しい検疫は絶対に必要である．新着動物が，飼育している動物達がもっていない新しい病気をもち込むことを避けるために，検疫期間中に検査や処置を実施するとよい．検疫の過程は，その新着動物の健康の履歴について何を知っているかによって左右される．他の動物園水族館から来た動物であれば，輸送前に検査をすることで，検疫期間は短くしてもよいだろう．しかし野生から来た動物，特にストランディングした海生哺乳類であれば，長い検疫期間と，より厳しい検査が必要である．検疫はまた，新着動物の行動の変化を観察する機会ともなる．

身体検査

定期的な身体検査は，海生哺乳類の予防医学の重要な構成要素である（図16-6）．健康な動物を検査しておくことで，病気に感染した時よりも多くのことが学べる．日常的な身体検査は，飼育係が動物の扱いや保定について学ぶ機会にもなる．取り扱う頻度が増すと，海生哺乳類は興奮しなくなり，より協力的になってくる．日常的な検査により，サンプルの採取，計測，超音波検査などを実施して基礎的な情報を得ることで，海生哺乳類のより良い飼育ができるだろう．前述したように，よく訓練された個体からは，多くのサンプルを定期的に得ることができる．

病気を隠す

海生哺乳類は，全ての野生動物と同じように，捕食者ば

図16-6　定期的な身体検査は，海生哺乳類の健康を維持するために重要な要素である．

かりでなく同種からも病気を隠す能力を発達させている．鯨類はしばしば思いやりのある動物だと思われているが，病気の個体は群れから追われたり，同種に殺されたりする場合もある（Joseph 私信）．飼育下の海生哺乳類では，臨床的な症状を呈する前に病気が進行しているかもしれない．このため定期的で詳細な観察の主観的，客観的な記録から得られる情報は臨床検査にも勝る．

結　論

本章の情報は海生哺乳類のより良い飼育のひな形として役立つことだろう．また，この情報は過去 40 年間の知識と経験の集積に基づいている．管理された環境下で海生哺乳類の飼育を成功させるための最も重要な要素は，よく設計され適切に建設された施設，適切で適合性のある社会構成を含む健康的な環境，適切な餌料，そして，優れた予防医学プログラムである．

文　献

Abel, R. S. 1986. Husbandry and training of captive dolphins. In *Research on dolphins*, ed. M. M. Bryden and R. J. Harrison, 183–87. Oxford: Clarendon Press.

AMMPA (Alliance of Marine Mammal Parks and Aquariums). 2004. *Standards and guidelines*. Alexandria, VA: Alliance of Marine Mammal Parks and Aquariums,

American Public Health Association. 2005. *Standard methods for the examination of water and wastewater*. 21st ed. Washington, DC: American Public Health Association.

Arkush, K. D. 2001. Water quality. In *CRC handbook of marine mammal medicine*, ed. L. A. Diefauf and F. M. D. Gulland, 779–90. Boca Raton, FL: CRC Press.

Beckman, E. L. 1963. Thermal protection during immersion in cold water. In *Proceedings of the 2nd Symposium on Underwater Physiology*, 2:247. Washington, DC: National Academy of Sciences/National Research Council.

Boness, D. J. 1996. Water quality management in aquatic mammal exhibits. In *Wild mammals in captivity: Principles and techniques*, ed. D. G. Kleiman, M. E. Allen, K. V. Thompson, and S. Lumpkin, 231–42. Chicago: University of Chicago Press.

Case, P. A. 1998. *Marine mammal water quality: Proceedings of a symposium*. Technical Bulletin no. 1868. Washington, DC: Animal and Plant Health Inspection Service, U.S. Department of Agriculture.

Cornell, L. H., Asper, E. D., Antrim, J. E., Searles, S. S., Young, W. G., and Goff, T. 1987. Progress report: Results of a long range captive breeding program, *Tursiops truncatus*. *Zoo Biol.* 6:41–53.

Cornell, L. H., Duffield, D. H., Joseph, B. E., Stark, B., and Perry, K. 1990. Hematology and serum chemistry values in the bottlenose dolphin. In *The bottlenose dolphin*, ed. S. Leatherwood and R. Reeves, 479–88. New York: Academic Press.

Couquiaud, L. 2005. A survey of the environments of cetaceans in human care. *Aquat. Mamm.* 31:3.

Dunn, J. L., Abt, D. A., Overstrom, N. A., and St. Aubin, D. J. 1996. An epidemiologic survey to determine risk factors associated with corneal and lenticular lesions in captive harbor seals and California sea lions. In *Proceedings of the 27th International Association for Aquatic Animal Medicine*, 100:1–2. Woods Hole, MA: International Association for Aquatic Animal Medicine.

EAAM (European Association for Aquatic Mammals). 2001. Web site: www.eaam.org

Gauckler, A. 1982. Cetaceans. In *Handbook of zoo medicine: Diseases and treatment of wild animals in zoos, game parks, circuses and private collections*, ed. H. G. Klös and E. M. Lang, 453. New York: Van Nostrand Reinhold.

Geraci, J. R. 1986a. Husbandry. In *Zoo and wild animal medicine*, ed. M. E. Fowler, 757–60. Philadelphia: W. Saunders.

———. 1986b. Nutrition and nutritional disorders. In *Zoo and wild animal medicine*, ed. M. E. Fowler, 760–64. Philadelphia: W. Saunders.

Geraci, J. R., St. Aubin, D. J., and Hicks, B. D. 1986. The epidermis of odontocetes: A view from within. In *Research on dolphins*, ed. M. M. Bryden and R. J. Harrison, 3–21. Oxford: Clarendon.

Goodman, L. J., and Gilman, A. 1954. *The pharmacological basis for therapeutics*. 2nd ed. New York: Macmillan.

Joseph, B. E., Cornell, L. H., Migaki, G., and Griner, L. 1986. Pulmonary aspergillosis in three species of dolphins. *Zoo Biol.* 5: 301–8.

Kenyon, K. W. 1969. *The sea otter in the Eastern Pacific Ocean*. North American Fauna, no. 68. Washington, DC: U.S. Department of the Interior.

Kinne, O. 1976. Cultivation of marine organisms: Water quality management and technology. In *Marine ecology*, vol. 3, part 1, ed. O. Kinne, 19–30. London: John Wiley and Sons.

Kirby, V. L. 1990. Endocrinology of marine mammals. In *Handbook of marine mammal medicine: Health, disease and rehabilitation*, ed. L. A. Dierauf, 303–51. Boca Raton, FL: CRC Press.

Manton, V. J. A. 1986. Water management. In *Research on dolphins*, ed. M. M. Bryden and R. J. Harrison, 189–208. Oxford: Clarendon Press.

Mellen, J. D., and Ellis, S. 1996. Animal learning and husbandry training. In *Wild mammals in captivity: Principles and techniques*, ed. D. G. Kleiman, M. E. Allen, K. V. Thomson, and S. Lumpkin, 88–99. Chicago: University of Chicago Press.

Miller, R. M., and Ridgway, S. H. 1963. Clinical experiences with dolphins and whales. *Small Anim. Clin.* 3:189–93.

Ramos, N. G., and Ring, J. R. 1980. The practical use of ozone in large marine aquaria. In *Ozone: Science and engineering*, 2:225–28. Oxford: Pergamon Press.

Reeves, R. R., and Mead, J. G. 1999. Marine mammals in captivity. In *Conservation and management of marine mammals*, ed. J. R. Twiss and R. R. Reeves, 412–36. Washington, DC: Smithsonian Institution Press.

Reidarson, T. H. 2003. Cetacea (Whales, dolphins, porpoises). In *Zoo and wild animal medicine*, ed. M. E. Fowler and R. E. Miller, 442–59. St. Louis, MO: Saunders.

Rice, D. W. 1998. *Marine mammals of the world: Systematics and distribution*. Lawrence, KS: Society for Marine Mammalogy.

Ridgway, S. H., ed. 1972. *Mammals of the sea: Biology and medicine*. Springfield, IL: Charles C. Thomas.

Scholander, P. F., and Schevill, W. E. 1955. Counter current heat exchange in the fins of whales. *J. Appl. Physiol.* 8:279.

Spotte, S. 1991. *Sterilization of marine mammal pool waters*. Technical Bulletin no. 1797. Washington, DC: Animal and Plant Health Inspection Service, U.S. Department of Agriculture.

———. 1992. *Captive seawater fishes: Science and technology*. New York: John Wiley and Sons.

Sweeney, J. C. 1990. Marine mammal behavioral diagnostics. In *Handbook of marine mammal medicine*, ed. L. A. Dierauf, 53–72. Boca Raton, FL: CRC Press.

Sweeney, J. C., Sweeney, J., and Semansky, T. 1995. Elements of successful facility design: Marine mammals. In *Conservation of endangered species in captivity: An interdisciplinary approach*, ed. E. F. Gibbons Jr., B. S. Durrant, and J. Demerest, 465–77. Albany: State University of New York Press.

Telfer, N., Cornell, L. H., and Prescott, J. H. 1970. Do dolphins drink

water? *J. Am. Vet. Med. Assoc.* 157:555.
Toorn, J. D. van der. 1987. A biological approach to dolphinarium water purification: I. theoretical aspects. *Aquat. Mamm.* 13: 83–92.
Turekian, K. K. 1968. *Oceans*. Englewood Cliffs, NJ: Prentice-Hall
USDA (U.S. Department of Agriculture). 1979. Specifications for the Humane Handling, Care, Treatment and Transportation of Marine Mammals. *USDA. 9 CFR*, chap. 1, subpart E–. Washington, DC: Animal and Plant Health Inspection Service, U.S. Department of Agriculture.
Watts, W. H. Jr. 1998. *Marine mammal water quality: Proceedings of a symposium*. Technical Bulletin no. 1868. Washington, DC: Animal and Plant Health Inspection Service, U.S. Department of Agriculture.
Williams, T. M. 1999. The evolution of cost efficient swimming in marine mammals: Limits to energetic optimization. *Philos. Trans. R. Soc. Lond. B Biol. Sci.* 354 (1380): 193–201.
Wolff, E. 1981. "Der tropfkorper," eine alternative zum herkommichen filter fur grosse aquarien. *Z. Kölner Zoo* 24:31–35.
Worthy, G. 2001. Nutrition and energetics. In *CRC handbook of marine mammal medicine*, ed. L. A. Diefauf and F. M. D. Gulland, 791–827. Boca Raton, FL: CRC Press.

17
動物園の園芸学

Merle M. Moore and Don Peterkin

訳：大平久子

はじめに

動物園，水族館および野生動物公園において園芸の科学と技法を実践するのは，動物園園芸学専門家の職務である．動物園園芸学協会（www.azh.org）は動物公園，動物園および水族館の園芸の進歩に専心的な非営利団体であり，主にランドスケープ・デザインとその管理に関与する北米の動物園の専門家の情報交換を支援している．米国以外では，ドイツ，英国，アイルランド，オランダおよびスカンジナビアで多数の地域的な動物園園芸団体が結成されている．これらの団体は定期的に会議を主催し，ネットワークの場を提供し，動物園，水族館および関連機関の動物園園芸学の進歩を促進し支援している．

動物園園芸学の専門職が動物飼育施設と飼育動物の福祉に与えている莫大な影響は，ZooLex Zoo Design Organization のウェブサイト（www.zoolex.org）を見ると一目瞭然である．ZooLex ギャラリーを検索したところ，メキシコシティ，チェコ共和国，ドイツ，南アフリカ，英国と，北米の 4 施設の最近の動物園飼育施設が詳細に紹介されていた．本章では，効果的にランドスケーピングされた飼育施設および施設内敷地の設計，設置および維持管理における動物園園芸師とそのスタッフの役割に焦点をあてる．

動物園園芸師は，新しい飼育施設を計画したり現存する飼育施設を一新する作業に関わる多様でクリエイティブなチームに欠かせない一員として，以下を実践し，全体的な飼育施設のテーマ，ランドスケープデザインおよび維持管理プロトコールの展開に貢献している．

- 全体の飼育施設テーマを支え強化すると同時に動物と来園者がもたらす影響に耐える植物とその適切な配置を推奨する．
- 建設場所に生えている植物を守り利用する方法を推奨し，飼育施設内の動物が触れることのできる植物を保護する方法や製品について助言する．
- その飼育施設に収容される動物種と個体数に適した植物養土を推奨する．
- 牧草地や飼育施設のランドスケープが長期間維持できるように，計画されている飼育施設の予定動物収容数や飼育管理の日常の話し合いに参加し貢献する．
- 必要に応じて散水システムのデザインに貢献する．
- 飼育施設の植物関連の備品および他のエンリッチメントに使用するものの種類および配置を推奨する．
- プロジェクトに関する全体のランドスケーピング予算の見積もりに貢献する．

次に，上記と平行して発生する動物園園芸師の役割は，継続していく維持管理プログラムを作成し飼育施設および動物園全体のランドスケープに使われる植物を健康に保っていくことを促進することである．動物園は，園内の植物を長期間育てる総合的な計画を展開するためにかなりの費用と労力を費やしている．そのような計画には，動物園園芸師が植える植物の選択と維持管理の指導用に用意したマニュアルを用いた，今後の，テーマに沿った美しい植栽を完成させる包括的なランドスケープ計画も組み入れるべきである．このような計画があると，動物園園芸師が定期的に動物園のランドスケープを再確認し，はじめに説明した意図を反映させながら必要に応じて変更を加えることが可能となる．

また動物園園芸師は，教育スタッフと協力して，飼育施設および全体のランドスケーピングをうまく利用して説明図，子供向けおよび成人向けの教育プログラム，保全プロジェクト，実演等で教育と保全のメッセージを伝えられるようにする．

ランドスケーピングが効果的になされている動物園飼育施設は動物に自然な行動を起こさせ，動物園の目標である繁殖を促し，大切な保全メッセージを来園者に伝わりやすくする．今日の動物園園芸師は，地球上の野生生物の長期保存のために最重要なものとして，生息環境とその維持の重要性を認めている．動物園園芸師が直面する課題は，その地域の生育状態に合った植物を用いて，動物が本来の自然環境の中にいるように感じるランドスケープをつくることである（図 17-1）．動物園管理者は，園芸師が有効で継続持続できる動物居住スペース・来園者イマージョン展示にするためのデザインの決定に加わる機会がもてるようにする責任を担っている．

効果的にデザインされうまく設置されたランドスケープは，時の経過とともに最終的には減価償却する建物や設備とは異なり，年を追ってその価値が高く評価される．動物園園芸師は，専門知識を提供し，動物園のランドスケープへの投資の継続管理を行って，この将来価値が最大限に高まるようにする．

全ての動物園に園内のランドスケープを構成する植栽を計画し，購入し，植栽し，かつ維持管理する専門の園芸師がいるのが理想的であるが，これは小さな動物園には実現できないかもしれない．しかし，本章中のガイドラインと推薦事項により，園内管理，委託管理にかかわらず，しっかりした動物園園芸を実行する体制が準備できるであろう．

計画とデザイン：動物園来園者のために“臨場感”をつくること

特定の動物園の地理的位置は，有効な動物居住スペース・来園者イマージョン展示をつくるための選択に多大な影響を与える．動物園のある場所の気候や環境条件が，飼育される動物の自然の生息地の気候や環境条件に非常に類似し

図 17-1　うまくランドスケープが施されたクマの居住スペース・来園者イマージョン展示（エメン動物園，オランダ）．（撮影：Merle Moore，許可を得て掲載）

ている場合，実際の生息地の条件や植物を複製再現できるかもしれない．そのような生物の気候に合った飼育施設では，植物は動物の自然の生息地で成長するものと同一であろう．植物に力を入れている動物園では，植物は適切な採取データを取り記録したうえで自然の生息地から実際に集められるかもしれないし，採取した植物から殖やされるかもしれない．ツーソンのアリゾナ・ソノラ砂漠博物館の山岳森林地帯展示施設は，そのようなアプローチの1例であろう．またカナダ西部のカルガリー動物園のカナディアンワイルド展示施設は，広範囲にわたる調査と“植物救済”作業により，カナダのアスペン温帯林地やロッキー山脈の一連の生息地や植物を複製再現したものである．

動物園の気候および環境条件が飼育動物の本来の生息地のものとは全く異なる場合は，生息地の環境を再現するのではなく，飼育動物の本来の生息地で成長するものに外観と生育特性が似ているもので，動物園のある地方の在来種またはその地方に適応した植物を選んで生息地に似た環境をつくることが必要である．デンバー動物園の広さ2haの霊長類の屋外パノラマ展示施設は，高度の高い生育条件でも成長できる植物を密に植えることにより達成されている．丈夫なマメ科の木や羽状複葉の低木は，様々な弱いアジア熱帯雨林の植物の代わりに用いられる．丈夫な竹，大きな観賞用の草，葉や花が大きく熱帯地方のものに見える多年生植物，色々な蔓性植物を使って短くても春から秋にかけて，“ジャングル”の環境を完成させる．デンバー動物園のプレデターリッジ展示施設は，これとは完全に対照的である．このプレデターリッジ展示施設では，在来種と外来種が混ざった草，棘のある低木，また南アフリカの高山であるドラッケンバーグ山のアフリカンデージーとアイスプラントを組み合わせ，ライオン，ハイエナ，リカオンの飼育施設をアフリカのサバンナの風景に似せている．

飼育施設が主に屋外か屋内かの割合は，その動物園の地理的位置によって決まる．いずれの飼育施設でもイマージョン技術を用いることは可能であろう．ただし，屋内飼育施設は，屋外飼育施設ではあまりみられない，大きな害を及ぼす可能性のある課題を抱えている．

まず第一の課題は，閉ざされた空間内の光の量と質である．生きた植物のある屋内飼育施設は，デザイン時に必ずエンジニアリング上で相反する目的にぶつかる．機械技師と冷暖房費を支払う管理者は，エネルギー節約型のデザインと建築材料を望む．逆に園芸師は，樹冠から下層植生まで全域に届く，できる限り強い光源を望む．また飼育係も，動物の健康と繁殖の成功を確実にするために，臨界レベルの全スペクトル光が届くことを望むだろう．あえて言うなら，設計チームの全員ができるだけ満足できるようにするにはどこかで妥協をしなければならない．

冷暖房費を大幅に節約しながら，屋内飼育施設に大量の光を供給する現代的デザイン技術と光沢材はある．ここでの課題は，植物の成長と開花を促すに十分な強さの光を飼育施設に供給できる建築材料を選択することである．最もとりやすい妥協点は，必然的に，経費を支払う者が期待するレベルではないものの，ある程度エネルギーを節約しながら，植物を育てる者が最適とみなす光量には達しないまでも，それに近い光を供給することである．全体的な結果として，植物種は望む数より少ないが，植物がうまく育つであろう飼育施設ができる．光源レベルが3229 lm/m^2以下になると，定期的に“使い捨て”の植物を購入できるだけの園芸予算があるかまたは支援できる温室設備がなければ，顕花植物がほとんどない飼育施設になってしまう．

できれば，自然光が飼育施設に上からも横からも入るようにする．光が入るのが飼育施設の上部のみの場合，植物は光を求めて長く伸び，折れてしまう．小さな飼育施設では，適切な植物を使用していると想定して，自然光の代わりに特別な全スペクトル光，すなわち植物の成長のためにバランスのとれた光スペクトルを供給する光源を使用してもよい．

屋内飼育施設で次に最も難しい条件は，植物の成長を支えると同時に，散水システムからの余剰水，また飼育施設の表面の動物の排泄物を洗い流す時やホース水を使って通路を洗浄する際に出た水を十分排出させるような育成用土を見つけることである．飼育施設は，建設時に植栽場所の下と舗装通路の端に排水システムを設置すると非常に有効である．植物の根域に過剰な水があると，特に光条件が良くない場合には丈夫な植物でも枯れてしまう．飼育施設の植栽を成功させるには，植栽床から余分な水を完全に取り除く排水システムが欠かせない．

屋内の植物の生育床には，軽い質感で少量の樹皮を混入した，ほとんどの場合土が入っていないミックスを表土の上に使用することが推奨される．根域の孔隙が最大になるようにするために，土なしのミックスに玉砂利を体積で10～15%を加えてもよいだろう．植栽場所を改装する場合は，必ず新しい土なしの生育床を入れ，古い生育床は取り除く．これは特に鳥糞により生育床の硝酸窒素レベルが短時間に上昇する鳥舎に言えることである．下層に排水システムを備えた植栽場所は，水が溜まることなく生育床から硝酸塩が濾しだされるので，生育床を入れ替える回数が少なくなる．小さなプランターや，生育床を何も使わないで生きているミズゴケを使った垂直の植物壁には，液体肥料を薄めて頻繁に施肥するとよい．

動物居住スペース・来園者イマージョン展示を効果的にするには，来園者側のスペースにも動物の自然の生息地の模写および擬態を施す必要がある．目標は，来園者を代用物を使って表現されている生態系に運び，擬態の野生環境の中で動植物を観賞してもらうことであり，これは，動物園は外来の動植物を単に都市環境に持ち込んだだけであるという見方を打ち消すものである．

動物舎に使用されている植物の多くは来園者エリアでも使用できる．またその他にも，動物飼育施設内ではおそらく枯れてしまうであろうが，全体のテーマを完成させるために重要な，興味深い植物が色々ある．例えば，飼育動物にとって大切な食物源である植物種は，その植物と飼育されている動物の関係を説明する解説板の近くに植えるとよい．同様に，先住民にとって食物，シェルター，織物の材料あるいは薬として重要な文化的な繋がりのある植物を利用して，生態系の健康がどのようにヒトの生活の充足に影響するかについてより理解してもらうために役立てることもできる．

飼育施設の来園者エリアに植栽することは，サービスエリアや建物，他の必要なインフラを隠しながら，飼育施設の風景をより良くするように視線をコントロールするためにも欠かせない．植物は，来園者と動物の間にバリアがあることを忘れさせて，来園者に親近感をもたせ，動物を見つけようという気持ちをもたせるのに有効である．特定の生態系内の動植物が適切に組み合わされれば，意味のある解釈と教育を促す可能性は最大となる．

維持可能なランドスケープが施された飼育施設の収容力

質の高いイマージョン展示をうまく維持することができる程度は，飼育施設の大きさと収容する動物の種類と数に直接比例する．何れにしても，動物園飼育施設の収容力あるいは動物の密度は自然生態系と比較した場合その何倍にもなる．一般に，スペースが大きく動物の大きさと数が小ければ小さいほど最初のランドスケープの概念を維持しやすい．反対に，最小スペースに大きく体重の重い草食動物が多数収容されている飼育施設は，うまく維持管理ができる見込みがほとんどない．あるスペースから別のスペースへ動物を入れ替えられるように飼育施設を重複して備えることが可能であれば，しっかりとした草地管理ができるし，飼育施設での生活が著しく改善するだろう．重要視するのは確実性と自然な外観であるが，実際に成功するかどうかは，擬態あるいは模写された環境に収容されている動物によるダメージから植物を回復させるための，集中的な管理実践に大きく依存している．

イマージョン展示をうまく維持管理するには，動物園園芸師はこの他にも多くの課題に直面する．相応しい植物種は，その殖やし方がほとんど知られていないため，一般の苗木販売店では取り扱われていないことが多い．どの程度栽培に適しているかに関する信頼できる情報もあまりない．カルガリー動物園のカナディアンワイルド展示施設の中の居住スペースの1つは，ウッドランドカリブー（*Rangifer tarandus caribou*）用にデザインされたもので，動物の自然の行動を説明する主な展示物として木を設置している．カリブーにとって木は，枝角を擦り付けたり食べたりする物であり，それにより樹皮は傷み枝葉の量が減少する．また，それぞれの木の根元周囲の土がぎっしり詰まるのも問題となる．結果として過度に利用された居住スペースとなっている．この状態を適切に説明できれば，この居住スペースはカリブーが生息する自然生態系の環境収容力について説明する機会として利用できる．

結局のところ，飼育施設が真の生態系に似ていれば似ているほど，意味をもった説明と教育の機会が多くなる．経験豊富な動物園園芸師は，イマージョン展示が長年抱えている問題を克服する維持管理法をデザインする知識と技術をもつ第一人者である．植物の成長についての基本的ニーズは，本章の後部で検討している．

現在のランドスケープの植物の保護と再配置

新しい飼育施設をデザインしたり，古い飼育施設を一新する際に，動物園園芸師が利用する価値ある資源のほとんどは現場にある植物である．完成した飼育施設の外観を劇的に変える，現場に存在する樹木，低木，草および他の植生を保存し利用することは，最も初期段階である概念をデザインする時点から高く優先されるべきである．建築士，一般および請負業者，および動物園園芸師は，最初の解体用機械あるいは建設用機械が現場に入るまでに協力して既存の植物を識別し保護する計画を立てることが必要である．そのプロジェクトにおける取り壊し段階および建設段階では，動物園園芸師は，保存すると指定した植物が破壊されようとする場合には工事請負者の作業を止める権限をもち，問題が解決できるようにすることが必要である．直接工事の影響を受けない場所は，機械を停めたり建築資材や化学物質を置く場所として使用されないように，また，土が詰りすぎたり既存の植物に害が及ばさないようにバリケードで囲っておく.

大木は，森林またはジャングルのテーマが考慮されていたり，陰が重要な考慮条件である飼育施設にとって大切な資源である．全米植樹祭財団（National Arbor Day Foundation）によれば，工事によるダメージは，害虫の発生と病気の流行をあわせた時よりも多くの樹木や植物を破壊する．1本の木の根は，少なくともその木の高さと等しい距離だけ木から水平に広がっているので，樹木の根は工事の間に最も頻繁にダメージを受ける部分である．樹木の健康を維持するためには，最低でも根系の50%を確実に保全しなければならない．工事によるダメージがこの条件を超えた場合，木の健康と活力が損なわれ，そのダメージを受けた木は，最終的には枯れてしまうが，これは成長の季節を何回か迎え，工事請負業者が現場を去ってからかなり後まで明らかにならないかもしれない.

根部へのダメージの上限を提示したが，かといって工事請負業者は現存する樹木の根の50%まではダメージを与えてもよいことにはならならず，これは極めて特別な状況下でのみ受け入れられることである．また，木が耐えられる根部へのダメージの程度は，その木の種類，樹齢，健康状態により様々である.根部へのダメージの許容レベルは，常に資格のある樹木医と相談して判断すべきである.

原則として，新しい構造物から1.5m以内の樹木は取り除く．3mより低く幹径が5cm未満の木は，園芸スタッフが植え替えることができるかもしれない．大木をうまく移植するには木鋤が必要であり，この作業は，特別な機材を有する請負業者に任せるのがよい.

樹木の健康を守るには，次の手段のいくつかあるいは全てが必要である.

1. プロジェクトの設計開発段階で，どの木を保存すべきかを決める前に，必要であれば資格のある樹木医のサービスを利用してプロジェクト現場内の樹木の健康状態と推定寿命を詳しく評価する.
2. 契約の中に樹木の保護に関するガイドラインを設定して，これに違反した場合には妥当な違約金を課す．違約金をカバーするために樹木保存保証金を工事請負業者に要求する.
3. 鋼製の支柱を地面に打ち込み，金網フェンスを張って樹木を保護する．これは1本ずつあるいはグループごとに行う.
4. 保存する樹木は通気を行い肥料を与える．移植する樹木は，取り壊しや工事に先立ってその1成長季節前に根を刈り込む.
5. 現場で工事作業が始まる前に，樹木医またはスタッフの園芸師が，動き回る機械によって破損されたり改修工事の妨げになるおそれのありそうな低く垂れた枝を取り除く．これらの枝の保存が重要な場合，樹木を保護するためのバリアをドリップラインの外まで広げる必要がある.
6. 沈泥用のフェンスを張り，工事場所の土が木の根域の上に流れて根系をおおい根への酸素を遮断することを防ぐ.
7. 幹から30cm離れたところから，少なくともドリップラインまで20～25cmの厚さになるよう木材チップで根をおおう（図17-2).
8. 現場で必需品や資材が置かれる場所または保管場所をはっきりと設計図上に指定し，これらの活動が樹冠の下で起こらないようにする．同様に，保存される木のすぐ近くに車や機械を停めることを制限する.

現存する樹木をうまく移植したり利用することができず，建設現場から撤去しなければならない場合，動物園スタッフは飼育施設備品として利用できるか評価する（図17-3)．1本の木として，あるいは部分的に，小道具や倒れ木，枝角を擦り付けたり匂いつけ行動用の丸太として利用できる．撤去した木はコンクリート暗渠部にほとんどそのままの形で立てて置き，幹の周りには大きな岩を置いたり砂利を敷いて霊長類の屋外飼育施設で自然の木登りができる場所として利用できる．撤去した木をその場所に安定させるためにセメントで固めるのではなく岩や砂利を使用すれば，幹が腐食し始めた時に入れ替えることができる．現場で成長している木をこれらの目的に利用する場合，それらを撤去する際には，計画を立てて，なるべく，枝をのこぎりで切ってしまい自然に倒れた木らしい外観を損ったりしないように注意する.

撤去される木で倒れ木として利用するには大きすぎるものは，切り倒して木材チップにする前に，ねじれている枝や“特徴のある”枝を切り取っておくのもよいだろう．そのような枝は鳥や爬虫類の飼育施設の止まり木用に使用できる．他の大木で，食用に適している種類の木の枝は，飼育係の所に運んで大型の草食動物に与えてもらってもよい．撤去した木からつくった木材チップは,マルチング(根覆い）に使用できる．空洞のある大枝も一部の飼育施設や動物には貴重なもので，危険な木が撤去される地方の森林や公園地区から入手できることもある.

植物の選択と入手

植物の選択と入手で最も重要なことは，新しい飼育施設

図 17-2　工事中の樹木の保護（デンバー動物園）．（撮影：Merle Moore，許可を得て掲載）

図 17-3　登る対象物としてゴリラの飼育施設に倒れ木を利用している（ブッシュガーデン，フロリダ州タンパ）．（撮影：Merle Moore，許可を得て掲載）

あるいは改装される飼育施設が生物気候設計か，あるいは生息地を模倣するものかということである．カルガリー動物園のカナディアンワイルドのような展示施設をつくるには，単に近隣の在来植物の苗木店へ出かけて，必要な植物を購入するだけでよいと思うかもしれないが，実際はそうではないことが多い．その動物の生息地でありふれている植物種でも，造園家や家庭でガーデニングを楽しむ人々が望むような装飾的な特性を欠く場合は，販売用には栽培されていないかもしれない．そのため，それらの植物類や珠芽（種子，茎，分根，鱗茎，塊茎など）は，野生から採集しなければならず，これには地主や関係政府機関からの許可が必要となる．次に生きている木を掘り出し，プロジェクトの現場へ移動させるか温室や苗木育成場所で種子を発芽させ，分根を定着させ，鱗茎や塊茎を植え，飼育施設に植えても生きられるまで十分大きく育てる．工事スケジュールによっては，プロジェクトのランドスケーピングの段階の何か月あるいは何年も先立って植物を採取，入手しなければならないこともある．その場合でさえ，生息地を再現する際に最も大切な植物種が，栽培にはあまり適さなかったり，移植の影響から回復するのが遅かったり，殖やすことが非常に困難であったり，希望の植栽場所の環境にあまり適さないこともある．

ある特定の生息地を模写するのではなく類似植物を選ぶ場合には，選択範囲は広くなる．その場合は，飼育動物の自然の生息地で見られる植物に外観が似ている植物を入手することに焦点を合わせる．

類似植物は，飼育施設を特定の生息地をモデルにした自然の風景に仕上げたいが，本来の生息地の植物が生育できない場所にある動物園で有効に利用できる．類似植物を利用する際には，植物学的な正確さではなく本物に似た外観に重きが置かれる（Hohn 1986）．

また，馴染みのない植物やエキゾチックな特徴のある植物（葉が大きかったり，変わった花が咲いたり実がなる）を使用することも1つの方法である．例えば，葉長が90cmにもなるグレートリーフ・マグノリア（*Magnolia macrophylla*）や，葉が非常に大きな2回羽状複葉であり小枝が太い節だらけのケンタッキーコーヒーの木（*Gymnodadus dioicus*）がある．アメリカタラノキ（*Aralia spinosa*）も大きな複葉をもち，木の全表面が棘でおおわれている．イタチハギ（*Amorpha fruticosa*）は，湿った土でも成育すると同時にアフリカのサバンナのアカシアの低木に似たきめの細かい羽状複葉をもっている．これと密接につながりがあり質感が似ているのはインディゴフェラ・ヘテランサ（*Indigofera heterantha*）であり，温暖および熱帯アフリカ，またアジアに固有の様々な植物やある種の砂漠に生える低木の擬態木になる．

動物の飼育施設に利用する植物類を選ぶ場合，毒性も考慮しなければならない重要な点である．国内外の動物園で飼育されている何種類もの動物と，イマージョン展示に利用可能な何千もの植物種を考えると，毒性の可能性は，特に草食動物を収容する飼育施設には重要で，動物を死に至らしめることもある．この問題を認識して，動物園園芸学会は，毒性植物と動物園でのそれらの使用に関する広範囲な研究に着手し，これらの共同研究で得られた情報を公開している．これは，動物園専門家が協力して働き，相互利益を得ている1例である．

理想的には，動物園内あるいは隣接した場所に苗木栽培室と温室施設用のスペースがあり，そこで特にイマージョン展示に植物を供給できるよう必要に応じて栽培することである．適切な補助設備があれば，生育期が短い地域や冬が寒い地域にある動物園でも，大きな容器を使って外来植物（パーム，バナナ，竹など）を育てて維持することが可能である．このように栽培した植物は，生育期に動物園内に移し，冬は温室に戻して越冬させる．温室があれば，園芸師は特に鳥類，爬虫類，両生類，そして水槽用品種の屋内飼育施設に生きた植物を使ってサポートする力をより発揮できるし，小さくそれほど高価でない植物を大量に購入し大きく育てて，将来の飼育施設のニーズに備えることもできる．

動物園飼育施設に適する植物，中でも特に樹木は，栽培業者には商品として標準以下あるいは価値のないものと見なされる木であることが多い．例えば，カルガリー動物園の北部森林展示施設の北部寒帯林の造成時には，動物園スタッフが栽培所を巡り，ホワイトスプルース（*Picea glauca*）林から商品として良質のものを採取した後に残った“不良品”を全て購入したのである．これらの木は幹が2本あったり不恰好であったが，健康な木であった．これらの木を植えたことで，完全に均整の取れた木を使用した時よりもはるかに本物らしい見栄えが完成しただけでなく，良質の木の価格よりもはるかに少ないコストで入手できたのである．このように地域の栽培所と協力することは，動物園園芸師にとって非常に大きなメリットとなる．

植物育成の基本

植物の生育に欠かせない条件，すなわち，十分な光，適切な用土，栄養素，水，そして草食動物の放牧やその他の動物による影響に耐性であることは自然環境でも動物園でも変わりはないが，新しいイマージョン展示は園芸師と動物園飼育係に多くの新しい課題をもたらし，また多くの新しい維持管理技術を必要とさせている．現在，植物は自然な外観を際立たせるように選ばれ管理されている．例えば，均等間隔を開けて列や格子状に植えるのではなく，群集で不規則に混ぜられることが多い．芝生は，成長し種子を実らせる在来種または外来種の草と入れ替える．自生の吸枝や実生は防止したり取り除いたりせず，つくり上げた生息環境の構成要素にする．枯れ木も，立っていようと倒れていようと飼育施設の構成要素となる．

動物園スタッフは，収容されている動物によるダメージから植物を回復させるために集中的な維持管理を実践する必要がある．しかし，一般に認められている園芸手法の多くは動物園園芸師が利用できないものであったり制限がされている．例えば，農薬は，害虫や病気の問題がどれほど深刻であっても使用することができない．散水や枝の剪定作業は，巣ごもり期や動物の居住場所を移動する計画がされている時や獣医スタッフが動物の健康状態を懸念している時を避けて計画しなければならない．肥料を投入する場合は，草食動物による摂取の危険性を考慮する必要がある．木の配置と枝の剪定も，動物の縄張りの性質やある程度のプライバシーの必要性を考慮しながらも，同時に来園者の視界を妨げないように行う．

これらの中で最も大きな課題は，ぎっしり固まることなく余分な水を素早く排出させる適切な用土を見つけることである．屋外飼育施設に適している選択肢と技術の1つはランドスケーピングが行われる全域の地下に，排水システムを広く設置し散水や自然雨からの余分な水を運び出す方法であり，これは特に体重の重い大型動物（有蹄類や厚皮動物など）の飼育施設のランドスケーピングや草を維持していくために重要である．また，飼育施設に勾配をつけ，ランドスケーピングを施した全範囲の中心に凸部を設け，周囲に“空溝”をつくって余分な水を集め分散させる方法もある．

成功の鍵は，運動場の下に用いられるものに似た用土を用いることのようである．これは砂を主とする用土で，水分と栄養素を保つように有機物をある程度加えたもので，このタイプの用土は速く乾き，栄養素を濾し出すので，植物を適切に維持するには散水システムと頻繁な施肥および化学物質散布プログラムが必要である．成功のもう 1 つの鍵は，根がしっかりと育つまで定着に十分な期間を与えることである（最低 4 ～ 6 か月，1 生育季節が与えられれば最良である）．これにより，上を歩かれても用土が動くのを最小限に止められる．地域の公園課やフットボール場，ゴルフ場の職員はそれらの場所に最も適した砂と有機物の配合を提案できるであろうし，それを元に，特定の飼育施設の必要条件を満たすよう変更すればよい．

固まりすぎた土は，生育期に 1 ～ 2 回通気を行うと非常に良い効果が得られる．使用する機械は，家庭の芝生用の小さなものより土壌から土の固まりを引っ張りだす商業用のエアレーターをトラクターに取り付けたものがよい．できた穴は堆肥や砂利，またはそれらを混ぜて埋める．また，最低でも通気を行うごとに現在の草に追い蒔きをすることが薦められる．草の種は比較的安価なので小規模から中規模の飼育施設では，生育期間は毎週または隔週ごとに追い蒔きをすることを考慮する．他の方法として，既存の土に 2.5 ～ 5cm の石を満遍なく混ぜてから，上に表土を 5cm になるように被せるか石灰を撒いて粘土状の土壌がほぐれるよう促す．

ゴツゴツした角のある 15 ～ 20cm の岩を，木のドリップラインまで，あるいはそのラインを越えた根域の上に敷きマルチング（根覆い）として使用してもよい．根域の土の固まり状態が激しい部分は，木を取り扱う請負業者に“土壌を破砕する”機械を用いて処置が必要な土壌に通気させる資材を注入してもらうと効果があるかもしれない．動物園スタッフは，巨石や倒木を用いて樹木の根系の上を動物が歩くのを防止する．これには他に電気を通した様々な“人工草”や“ワイヤー”，“人工蔓”を単独であるいは倒木や巨石と合わせて利用してもよい．

図 17-4　保護対策がとられていない木の樹皮をゾウが剥がしている（トレド動物園，オハイオ州）．（撮影：Merle Moore，許可を得て掲載）

有蹄類の飼育施設では，樹皮を食べられたり，摩擦による被害から樹幹を保護する（図 17-4 および図 17-5）．私たちは，樹皮を食べさせないようにするために十分小さい 2.5cm の格子状の，目立たない黒いビニールコーティングがされているフェンス用金網を幹の周囲に巻き，ワイヤーまたはプラスチックのクリップで固定している．他に，樹幹の周囲をチェーンリンクフェンス金網で包んだり，スチールバンドで木板を固定したり，特別に片面に樹皮を残したままカットしてある板をワイヤーで固定する方法もある．ただし，樹幹の締め付けや樹液の流れの遮断を防ぐために，防護資材を毎年チェックし，必要に応じて緩める．樹幹に電気を通した“人工蔓”を巻いたり，枝の先端に電気を通した“人工草”を設置することで動物が樹皮と外側の枝を食べることを防止できる．

図 17-5　大きな石と電気ワイヤーを用いてゾウの齧る行為から樹木を守っている（ノースカロライナ動物公園，アッシュボロ）.（撮影：Merle Moore，許可を得て掲載）

動物居住スペース・来園者イマージョン動物園のランドスケープの設置

請負業者および下請業者との作業

1.2ha 以上の大きな新しいまたは一新された飼育施設のランドスケーピングには，地域または遠隔の多数の仕入先からの相当な量の苗木が利用されることが多い．動物園には，大量の植物を保管する場所もなく，植栽まで適切なケアをする十分なスタッフもいないかもしれない．地域の苗木仕入先と契約して，動物園の“代理業者”として植物の受け入れ，保管，植栽まで段階を追ったケアを委託することは植物が適切にケアされ，植栽を行う段階にランドスケープスタッフがすぐに利用できることを保証する 1 つの方法である．

プロジェクトスタッフが植物の受け入れを担当することで，これに掛かる請負業者の経費を避けることができる．また，飼育施設の様々な部分の段階的な完成に合わせて植物の搬入を計画することができる．苗木店のこのサービスを利用すると，その経費をカバーするために植物の注文に少額の手数料が加えられるかもしれないが，一般に請負業者の経費よりは少額であり追加費用を支払ってもその価値はある．

大規模なランドスケーププロジェクトを始めるにあたっては，中心となり責任者であるプロジェクトスタッフは，最近完成した同様の飼育施設のある動物園を数園訪れて園芸師に会うことが薦められる．スタッフは，ランドスケーピング期間にどのような問題に直面し，どのように解決したかを直接に知ることができる．また，そのような訪問をすることで現在のプロジェクトが終わった後も長い間役立つネットワーク関係をつくり継続していくきっかけになる．

正確な記録と図面は大規模なランドスケーピングの成功にとって重要である．プロジェクトが展開するのにあわせて，スタッフは，議論，決定事項および所見をきちんと記録に収める．これらのノートは万一，納入業者，下請業者あるいは総合建設請負業者との間で議論が生じた場合，非常に貴重な情報源となり，また，プロジェクトが完成した後にメンテナンススタッフに渡す基礎データとなる．散水ラインの位置や下層土の状態などランドスケープの完成後には見えなくなるものについては，特に気をつけて十分な情報を集めておく．この目的には安価なデジタルカメラが便利である．

請負業者は，彼らの行動が既存の植生，特に樹木の健康に与える影響にあまり気づいていない．例えば，請負業者からすれば，狭い溝を支柱を使って安全な構造にするよりも，溝を広げるほうがかなり低コストであるが，ダメージを受ける木根の数は溝幅が増加するにつれて増加する．同様に，新しく敷くアスファルトの下の道路基盤に雑草が生えるのを防ぐため除草剤を混入することが一般化している地域があるが，アスファルトが根系を横切って敷かれる場合はこれにより樹木が枯れることがある．Nilsson (2003) は，ランドスケープ請負業者から，動物園スタッフと請負業者が協力してプロジェクトの目的を最も効果的に遂行することができるように，多くの提案が得られると述べている．

動物園園芸学会（Association of Zoological Horticulture：AZH）の専門家会員数は，動物公園，動物園，水族館のランドスケーピングやその維持管理のあらゆる面に関する実用的な知識や経験の巨大なプールがあることを表している．園芸師，樹木医，潅漑専門家，およびその他の動物園スタッフを会員にもつAZHは，様々な気候帯や飼育施設での実地の専門知識を1つにしている．AZH年次大会が開催され，AZH会員が集まってネットワーキング，トレーニング，また他機関の動物園園芸の訪問観察が行われている．動物居住スペース・来園者イマージョン展示を導入する，あるいは維持管理している動物園では，当該協会やその専門会員が提供する多くのリソースへのアクセスが得られるように，AZHの会員であるスタッフがいるべきである．

動物園のランドスケープの持続可能性：緑の将来を支える

現代の動物園が，今日の社会での重要な立場を維持していこうとするならば，地域コミュニティーの環境管理のリーダーとしての役割を果たすべきである．この，持続可能な世界をめざす動物園のコミットメントを明白に示す必要性は，園芸師を含む組織運営全般に及んでいる．幸いにも，従来から実施されている園芸法をより環境を考慮したものに定義し直すうえで，すさまじい進歩が遂げられた．

動物園のランドスケープに農薬を使用するのは，他のオプションが使い尽くされた場合の最後の手段であるべきである．最大の防衛は常に，健全な植物成長を維持するしっかりした園芸を行うことである．多くの場合で，化学物質に頼らなくても生物農薬を使用して十分に病害虫を予防することが可能である．与えられたプロジェクトに適する植物を選ぶ際には，病気や害虫問題の可能性を事前に評価し，可能であれば，これらの影響を高い確率で受けやすいとされている植物種をランドスケープから除去する．これ以外の全てが成功しなくても，動物居住スペース・来園者イマージョン展示では，病気が発生したり害虫が蔓延してもそれが小規模であれば著しく傷害を受けることはないだろう．実際にこれらが自然に発生した場合，興味を引く斬新な自然の説明メッセージにもなり得る．

動物園スタッフは，外来植物種を気づかないうちに導入する可能性に注意する必要がある．動物園で馴染みのない外来植物をランドスケープに使用することを考える場合，できれば数年間植物を植える小試験を含めたリリースを行い，当該地域でその植物種が侵襲性を現すかどうか判断することが推奨される．すでに侵襲性があると判明している植物類の使用は避けるべきである．

水の持続可能な利用は，動物園が取り組まなければならない重要になりつつある課題である．適切にデザインされた動物園のランドスケープは，植物を選び適切な園芸ケアを実践することにより，どれだけ大きく散水を続ける必要性を縮小あるいは除去することができるかを公衆に示す大変良い例となる．動物園では可能な限り，地域の生育条件によく適した耐乾性の植物を選択する．土壌を適切に準備し，マルチングを行うことでも植物を健康に保ちながら散水量を減らすことができる．細流潅漑や1日の中で最も涼しい時間に散水する自動システムの利用は，使用水量の削減に大いに貢献する．

コンポストプログラムにより，埋立地に搬送される有機性廃棄物の量が減りつつある．動物園園芸部は，埋立地に搬送される有機性廃棄物の量を減らし，土壌改良剤および自給肥料として栄養素に富んだ堆肥を再利用するという観点から，コンポストの有益性を示す指導的役割を果たすことができる．動物性肥料，寝わら，ランドスケープの廃材を組み合わせて利用すれば，良好なコンポストプログラムに理想的な原料となる．動物園は，廃棄物を減らすこの自然のプロセスの有益性を来園者に知らしめるべきである．中には，動物園の堆肥を小さな袋に入れて来園者に販売し収入を得ている動物園もある．

リサイクルは動物園園芸師にとって中心的な責務である．植物用の杭やプラスチック製の鉢，花壇用植物トレイやその他に毎日使用する多くの資材はリサイクルしたり再使用することができる．低い木や草，木の枝はマルチにして園内のあちこちに利用する．枯れ木は飼育施設のエンリッチメントとして使用することができる．ゴミの減量化は動物園で働く全員の中心的な責務なのである．

交流と教育における植物の役割

Pohlkowski（1991）は，イマージョン型動物園展示施設は，来園者が“ゲスト”であり動物は“ホスト”であるという概念を提示して，教育の機会を打ち出すことを示唆した．このタイプの飼育施設は，来園者の生き物に対する尊敬の念を深めることができ，個々の観察者に参加を求める．イマージョン型またはランドスケーピングされた飼育施設は，動物の自然な行動を観察しようと来園者に努力をさせる．イマージョン展示の目的は，注意を引きつけ好奇心を高めることで知的活動を促すことであり，その結果，観察者の心の中に記憶できるイメージをつくり出す．動物園の来園者は，彼ら自身の“生息地”，それがコロラド州デンバーのような都会でもアルバータ州カルガリーの中心街であっても，そこを離れて目の前で観察している動物や動物群の生息地に入ったと感じるだろう．飼育施設を構成する全ての要素が，この体験の“リアリズム”を高めることに貢献している．

アッシュボロにあるノースカロライナ動物公園の園長である Robert L. Fry は，1990 年の AZH 学会で次の考えを紹介した．

> 植物の関与なくしては，種の保存の総合プログラムはあり得ない．植物の大切な役割を実例で示したり説明することなくしては，自然環境を理知的に紹介することはできない．植物が動物と同等に重要であると見なされなければ，しっかりした動物教育関連プログラムはあり得ない．園芸師が，動物たちと共有する環境を表現する生きた植物コレクションを豊富に使って飼育施設に生命を吹き込むことなくしては，自然のものであると信じられる飼育施設はあり得ない．（Fry 1990）

Ertelt（1990）は，教育に最大限に生かせるように，自然を模写した飼育施設への着生植物（ラン類，シダ類，アナナス類，一部のサボテン類など）の適切な配置などの，動物園内で適切に植物を使用する複雑さについて説明している．動物園園芸師にとっての課題は，適切な植物を選ぶこと，選んだ植物の定着法と生育法を知ること，それらの生態，および原生地の動物との間に存在するであろう様々な相互関係を理解することである．設計の一段階としてこの情報を共有することによって，園芸師は，重要な教育および保全メッセージを伝える貴重な説明対象を提供すると同時に，飼育施設の本物らしさに重要な貢献ができる．また，来園者へ保全メッセージを伝えるためには，まず最初に彼らの想像力を引き込むことが必要で，動物園園芸師は，飼育施設内の動物，その動物たちの自然の生息環境，そしてこの生物多様性と相互に影響しあう先住民の間の大切な繋がりをつくるためにできるだけ多くの植物を取り入れるという重要な責任を負っている．これを実践することで，動物園園芸師は教育部のスタッフに生態系全体について公衆に解説する機会をふんだんに提供している．

「動物園の園芸が次第に重要視されているのは，4 つの基礎的要素を備えているからであり，それらは，美しい外観，生態学についての新しい理解，動物の行動に関するより深い見識，より高いレベルの社会教育を達成しようとする志である」（Hohn 1986）．動物と植物を相互に依存する生命体として展示し説明する新しい飼育施設を開発することは，私たちの生態系の現実の重要な原則を伝える手段なのである．動物園専門家として，私たちは，より博識な公衆に，彼ら自身も野生動物および自然環境の保全に重要な役割をもっていることを認識させるような飼育施設を提供しなければならない．動物園での園芸の実践は，動物園来園者が動物の生息地の存続と動物の生存，ひいては私たち自身の生存に欠かせないバランスをより完全に理解しやすくできるように発展を続けている．

文　献

Ertelt, J. B. 1990. Exploring an essential element in tropical habitat simulations: A diversity of epiphytic plants. In *Conference Proceedings* of the Association of Zoological Horticulture, 56–59. Seattle, WA: Heather Walek, Woodland Park Zoological Gardens.

Fry, R. L. 1990. Conference opening remarks. In *Conference Proceedings* of the Association of Zoological Horticulture, 1. Seattle, WA: Heather Walek, Woodland Park Zoological Gardens.

Hohn, T. C. 1986. Zoo horticulture: A rationale and overview of zoo plant collections and naturalistic exhibits. In *Conference Proceedings* of the Association of Zoological Horticulture, 95–104. Seattle, WA: Heather Walek, Woodland Park Zoological Gardens.

Nilsson, C. 2003. Making it work: A contractor's perspective. In *Conference Proceedings* of the Association of Zoological Horticulture, 16–18. Seattle, WA: Heather Walek, Woodland Park Zoological Gardens.

Pohlkowski, K. 1991. Design trends for zoo exhibits. In *Conference Proceedings* of the Association of Zoological Horticulture, 28–31. Seattle, WA: Heather Walek, Woodland Park Zoological Gardens.

18

動物園の展示デザインにおける持続可能な新たな方向

Jon Coe and Greg Dykstra

訳：横山卓志

はじめに

展示は動物園の生の声であり，動物に関して大変重要なわれわれのメッセージを公に伝える最良の手段である．

— Jon Coe（1996）

われわれはこの言葉が，本書の初版に展示デザインが紹介された時と同じく，今日でも真実であると信じている．後年，デザイン技術は動物園の展示に意義とモチベーションを与え，“ローテーション展示”や“ナイトサファリ”，“動物園らしくない（unzoo）アイデア”など，来園者に畏敬の念や楽しみを与える新たな方向へ驚くべき進歩を遂げてきた．テーマパークや動物トレーナー，人類学者，生態学者，教育者，園芸師，さらに持続可能性の専門家と協力して質を高めることで，動物園デザイナーは仕事の奥深さと活力を発展させてきた．これらの発展の中心は，共同や革新への熱狂へと広がり，Hancocks（第 11 章）に紹介されたイマージョンデザインという画期的な技術へとつながった．われわれは，これまでの章で紹介された革新に基づいて，さらに議論を続けようと思う．さらに，持続可能な，つまり“グリーンな（環境に配慮した）”動物園デザインという重要なテーマを紹介し，将来のさらなるデザイン機会について思索したいと思う．

この章は，読者〔飼育管理（飼育係），動物福祉（動物たち自身），教育，エンターテイメント（来園者）〕の関心に従って構成されている．

ランドスケープイマージョンの最新情報

イマージョンデザインの本質〔Coe 1985，Hancocks 2001（第 11 章）〕は，約 30 年前に紹介（Jones, Coe, and Paulson 1976）されてからほとんど変化していない．展示建設技術は，20 年前にニューヨークにあるブロンクス動物園のジャングルワールドが高く評価されたことで大いに発展した．今日，ブロンクス動物園のコンゴの展示は，園芸や展示性，マルチメディア，保全へのインスピレーションに優れている．本物のように見える人工林は，類人猿へのエンリッチメントの工夫であるだけでなく，身体的活動や社会的相互作用の場所も提供している．来園者は，ガラスのビジタートンネルでニシローランドゴリラ（*Gorilla gorilla gorilla*）との対面を楽しむことができ，動物園に来たゲストをゴリラの群れの真ん中に配置する構造になっている．“コンゴ”は，寒冷気候でのイマージョンデザインによる優れた効果を実証した．

プロジェクトの規模は成長を続け，顕著な例として米国のヘンリードーリー動物園，英国のエデンプロジェクト，スイスのチューリッヒ動物園，オランダのブルヘル動物園など，屋内のイマージョン展示においても大規模で複雑な複合体となっている．米国のシーワールドやブッシュガーデン，ディズニーアニマルキングダム，日本の天王寺動物園，シンガポール動物園，そしてオーストラリアの多くの動物園は，大規模で高等なイマージョン展示を創出した．

図 18-1　カナダのオンタリオのコクランにある The Polar Bear Conservation and Education Habitat では，子どもたちが巨大な強化ガラスで区切られたプールでホッキョクグマと泳ぐことができ，イマージョンデザインにさらなる深みをもたらしている．（写真：© Jean-Pierre Ouellette，許可を得て掲載）

イマージョンデザインが国際的に最良な実践の標準に達したことは明確で，世界中の動物園が憧れるまでになった（図 18-1）．北米動物園水族館協会（AZA）は毎年，優れた動物園展示を表彰しているが，ここ 20 年間の受賞はイマージョン展示が 90％を占め，最近の 3 つの展示賞はオーストラリア地域動物園水族館協会（ARAZPA，訳者注：現在は ZAA）が受賞している．

文化との融合

民族芸術や工芸品，建築，村でさえも，動物園の展示として再現することができる．これは，来園者の体験に興味深く文化的な一面を加え，しばしば人々と野生動物の関わりについて解説されている．この概念は Carl Hagenbeck（1909）によって初めて世に出された．この考え方が米国のテーマパークや動物園で再現されると，イマージョンデザインの拡張と評価され（1989），フロリダのディズニーアニマルキングダムのような，綿密に完成された前例のないレベルにまで発展した（Malmberg 1998）（図 18-2）．

ヨーロッパでは，オランダのアーネムにあるブルヘル動物園が砂漠にすむ動物の展示の一部として，米国南西部の先住民族のプエブロをつくったことで，文化との融合が再現された．またチューリッヒ動物園の Masoala Reinforest 展示では，マダガスカルの建築がよく再現されている．

図 18-2　フロリダのオーランドにあるディズニーアニマルキングダムでは，テナガザルの展示の一部に修理中の廃墟を再現した．自然と文化的要素を混合し，忘れられない場所という感覚を呼び起こしている．（写真：© J. Coe，許可を得て掲載）

最近，オーストラリアにあるメルボルン動物園の Trail of the Elephants で，素晴らしい文化イマージョン展示が現れた．2004 年 ARAZPA 展示賞を受賞したこの展示は，東南アジアの人々が野生のゾウや飼育されたゾウと築いた複雑な関係について解説している．そのデザインは一般によく受け入れられており，動物園の学習目標にも沿っていると評価されている（Fifield 2004）．文化の紹介は，今やイマージョン展示の定番になっている．

モダニスト（現代主義）の最新情報

イマージョンデザインは，初期のモダニストスタイルに取って代わるというよりむしろ，組み合わされるものである（Coe 1995a）．現代の建築材料や技術の利用を含め，この取り組みは，ほぼ全て非展示エリアで用いられ，耐久性，柔軟性，機能性に優れた展示における選択のスタイルでもある（図 18-3 参照）．フィラデルフィア動物園の PECO Primate Reserve における第一の目標は，大型

図 18-3　モダニストデザイン原理は，機能主義が最優先の場面で広く用いられる．動物園の動物飼育場所や，日本の京都大学霊長類研究所のような施設が典型的な例である．（写真：©J. Coe，許可を得て掲載）

類人猿と他の霊長類にとって，広くて利用しやすく，行動学的に豊かな屋内空間を年中提供することである（Baker 1999）．そのプロジェクトは，霊長類レスキューセンターに転用され，熱帯の廃製材所に似せることをテーマにしている．足場やクレーンなどの工業的な特徴によって，類人猿も飼育係も，垂直方向へ様々に変化する行動や動作を安全に行うことができる．飼育係は，動物の活動性が望ましいレベルに達し，素晴らしい繁殖成績を残していると報告している（Baker 私信）．

新たな方向性

デザインの新たな方向性は，動物福祉に関する発展に加え，飼育管理やエンリッチメント，教育，エンターテイメントなどの関連分野の進歩から生じた．

展示デザインと動物の飼育管理

適切にデザインされた施設は，動物のトレーニング，飼育管理，健康管理を支え，そのうえ動物福祉も改善することができる．われわれは，トレーニングやエンリッチメントなど，動物の行動管理の利用が増したことが，展示デザインにおける最も刺激的な新たな方向性を生み出したと考えている．それはまた，動物のローテーション展示や実演の基礎を形成し，動物園のエンターテイメントや教育とい

図 18-4　デザイナーが飼育係と動物の両方にとって十分機能する施設を設計するためには，オペラント条件づけや行動エンリッチメントなどの飼育管理方法をよく理解する必要がある．これはケンタッキーのルイヴィル動物園の施設である．（写真：©ルイヴィル動物園，許可を得て掲載）

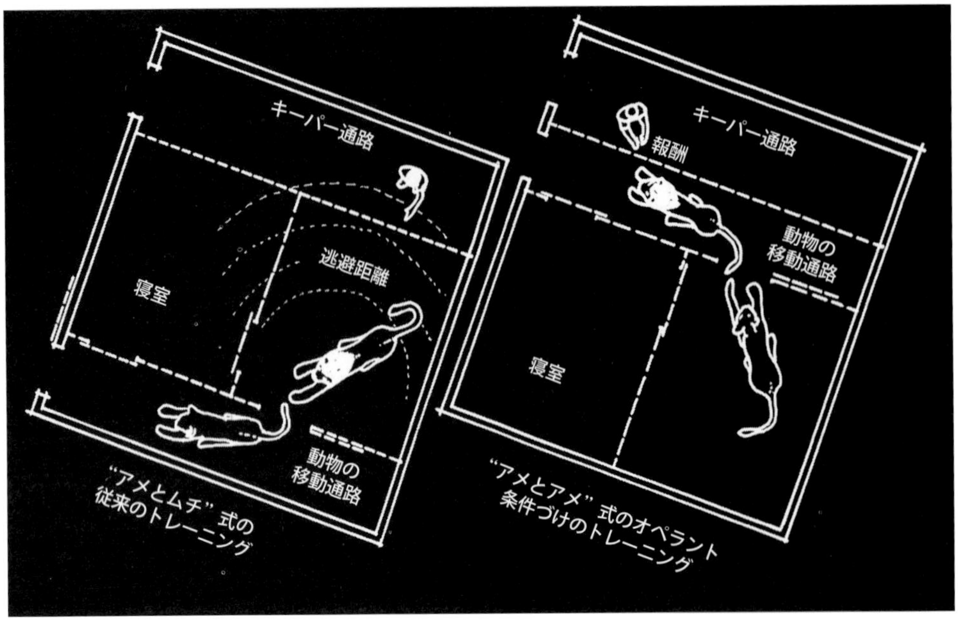

図 18-5　"アメとムチ" 式の従来の配置（左図）では，飼育係は反対側の壁に位置するゲートを通して動物を移動させる．"アメとアメ" 式の報酬に基づいたトレーニング（右図）では，トレーニングや報酬を容易にするためにゲートはスタッフ側にあるべきである．（図：© J. Coe，許可を得て掲載）

う目的を支持している．詳しくは，この章の後で述べる（図 18-4）．

トレーニング

報酬に基づいたトレーニング（Pryor 1985）や作業のためにデザインされた施設は，強制的な技術を用いる施設とは異なった配慮がなされるべきである（図 18-5）．正の強化が強調される前は，スタッフはよく動物に対して優位な立場を利用し，展示場や寝室から遠くに位置する移動ゲートを使わせていた．正の強化トレーニングのためにデザインされた施設では，逆の状況が利用されている．ここでは，動物の移動ゲートはキーパー通路の近くにあり，スタッフがトレーニングしたり，期待した行動に報酬を与えたりするのに便利になっている．キーパー通路は動物の通路と並行で，移動を垂直にし，可能な場合にはいつでも移動ゲートの両側に行けるようにしておくべきである．

ゾウなどの種における "直接飼育" 管理では，トレーニングは動物のエリアのどこででも行うことができる．周辺からの接近は不要で，一枚壁がよく用いられる．"間接飼育" 管理（Desmond and Laule 1991）では，トレーニングや相互作用はたいてい囲いの境界に沿って行われ，飼育係の接近が必要不可欠である．理想的なデザインの形状は，用いられる飼育管理方法に左右される．

ローテーション展示

展示スペース間で動物を循環あるいは交替させる概念は新しくはないが，最近は動物を信頼して移動させることが可能になり，複雑なローテーション展示も実用的になってきている（Coe 1995b，Steel 2004）．例えば，ケンタッキーのルイヴィル動物園では，ボルネオオランウータン（*Pongo pygmaeus*），フクロテナガザル（*Symphalangus syndactylus*），マレーバク（*Tapirus indicus*），バビルサ（*Babyrousa babyrussa*），そしてトラ（*Panthera tigris*）が 4 つの展示エリアでローテーションしている（図 18-6，

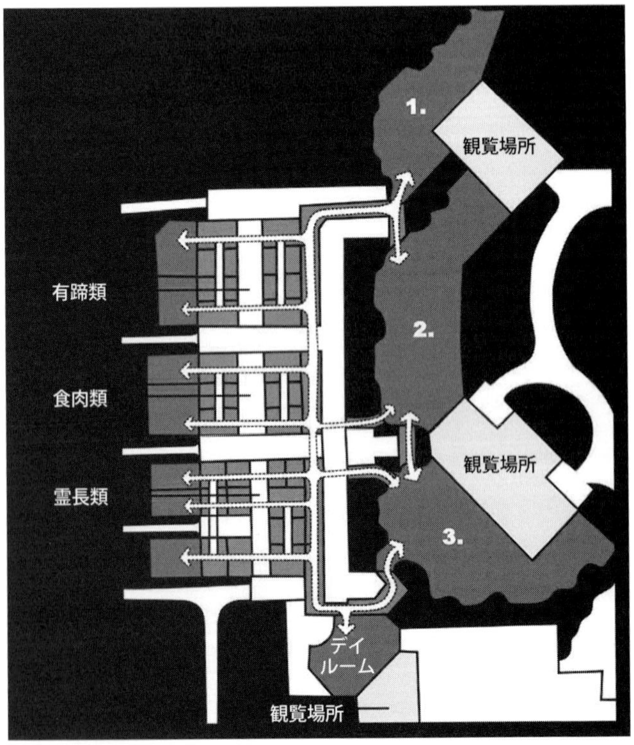

図 18-6　ケンタッキーにあるルイヴィル動物園の Islands 展示の計画では，4 つの展示エリアで多数の種を遠隔操作するために複雑な通路が設計されている．（図：© J. Coe，許可を得て掲載）

図 18-7 ルイヴィル動物園のIslands展示施設では飼育係がトラをオペラント条件づけで移動させる．飼育係の視界が良好で，様々なレベルで動物に接近できる点に注目．（写真：©ルイヴィル動物園，許可を得て掲載）

図 18-7）．ローテーションの順序，方向，継続時間は，新規性を最大にするために飼育係が毎日無作為に決めている（Herndon 1998）．相互に連結した多様なエリアを循環する動物は，単一の放飼場で飼育される動物と比較して，新たなスペースや前そのエリアにいた動物の痕跡など，より変化に富んだ環境に自由に出入りできる．長期的な行動分析によって，動物はこのタイムシェア状況によく反応し，ローテーションは動物の生活を豊かにしていたことが明らかになった（White et al. 2003）．

ワシントン州のタコマにあるポイントデファイアンス動物園水族館は，ルイヴィル動物園の展示と似た種を展示しているが，コツメカワウソ（*Aonyx cinerea*）とラングール（*Semnopithecus* spp.）を追加し，さらに大規模で複雑なローテーション展示となっている．どちらの動物園も，フクロテナガザルとバクのように，いくつかの種を同所的に展示しており，1日中変化を感じられるように別の種をグループに混合する計画も立てている．

病害対策の観点から，ローテーション展示の成功には，他の混合展示と同じく，しっかり隔離することや健康診断，清掃手順が欠かせない．

デザインや作業上の観点から，ローテーション展示は複雑で，建設や管理に比較的費用がかかる．柵や壁は，循環させる種の中で最も強く，要求の高い動物に適している必要がある．しかし，このような展示を扱うスタッフは，動物の活動量が増加し公へのアピールも増したと，この取り組みを強く支持している（Walczak 1995）．

展示デザインと動物福祉

前項では飼育管理の観点からトレーニングやエンリッチメント，ローテーション展示を述べたが，これらは動物園動物の福祉全体を向上させるための重要な進展である．良いデザインは，環境エンリッチメントや身体運動を促進し，動物のためになる．

環境エンリッチメント

イマージョン主張者（「自然な展示にすべきだ」）とエンリッチメント主張者（「変化に富み簡易に利用できる展示にすべきだ」）の間では，しばしば無駄な意見の不一致がある．Forthman-Quick（1984）は，イマージョン展示は本質的に動物の生活を豊かにするが，そのような展示はさらに補助的なエンリッチメントが必要であると結論を出した．Coe（2003）は，エンリッチメントの多くの特性は，慣れによってその魅力を徐々に失うことを指摘した．このように，適度なレベルの動物福祉を維持するために，絶えず補助的な戦略を探さなければならない．エンリッチメント特性をデザインする際には，以下を考慮することを提唱する（Coe 2006 参照）．

1. 特にイマージョン展示では，エンリッチメント特性は可能な限り自然に，あるいはテーマに沿った状態を維持する．Hancocks（第 11 章）が指摘しているように，なぜ見事に調整されたイマージョン展示に莫大なお金を費やし，商用玩具を投入することで公へのメッセージを弱めるのか．

2．太陽によって熱せられ，影によって冷える見晴台や，日向ぼっこや休息できる場所，水場，登れる場所など，動物が興味を持続する不変な特性を設置する．

3．つる性植物や爪とぎ，バランス丸太，若葉，本物あるいは人工の果実，簡単なおやつ運搬システムなど，変化に富み自然な特性を使うことで新規性を提供する．

4．冷暖房システム，おやつ運搬システム，プールや小川で動物を制御するウォータージェットや気泡など，隠れたエンリッチメントシステムを利用する（外観は問題ではない）．玩具ではなく動物の遊び行動が来園者に見えるように，人工玩具はロープでつないでおく．

5．他の全てが失敗した場合（特に人工的に見える展示では），市販製品を用い，展示に合う教育的なメッセージを適合させる．

6．ほとんどの動物園動物が多くの時間を過ごす非展示エリアでは，ありとあらゆるエンリッチメント特性を用いる．デザイナーは，エンリッチメントプログラムのために密な連携をとり，十分な収納や利用しやすさを提供するために，動物園スタッフと協力すべきである．

7．評価と改善に予算を組む．野生動物は自己更新する世界に暮らしている．動物園動物もわれわれにこのサービスを求めている．

図 18-8　あらゆる動物園動物は，高レベルな身体運動を維持するための機会を必要としている．これは，オーストラリアのニューサウスウェールズ州シドニーにあるタロンガ動物園で設計された，ゾウのための水中有酸素運動の例である．（図：© J. Coe，許可を得て掲載）

身体的適応度

ほとんどの動物園動物は，野生下の動物と比べて激しい身体活動が極度に限られている．オーストラリアのシドニーにあるタロンガ動物園では，隣接した岸を移動するトレーナーに従って，アジアゾウ（*Elephas maximus*）を長さ 60m，深さ 3m の“曲がりくねった川”（river meander）で泳がせる計画がある（図 18-8）．この激しくも負担が少ない水中有酸素運動は，ゾウの身体的適応度を高め，公にも印象的な展示になり得るだろう．ワシントンのシアトルにあるウッドランドパーク動物園では，インドサイ（*Rhinoceros unicornis*）に対して同様の案が計画されている．

ワシントン DC にあるスミソニアン国立動物園では，チーター（*Acinonyx jubatus*）による追跡行動を促すために動くルアー（おとり）を用いている．デザイナーは，あらゆる動物設備において運動を促進するための特性をつくり出すべきである．

図 18-9　ワシントン州シアトルにあるウッドランドパーク動物園の Northern Trail にいるクマは，自分で魚を捕る生業を取り戻している．（写真：© L. K. Sammons，許可を得て掲載）

選択と自己決定

デザインを通した動物福祉の発展における次の領域は，動物園動物がより多くの行動学的選択肢をもち，自己責任で関わりをもち（図 18-9），結果的には自己決定につながることかもしれない．Coe（1995c）は，最大数の選択肢をもつ生物は，最大の自由を手にすると提唱した．それゆえ，動物園動物に最大で妥当な数の選択肢を提供すべきである．また Coe は，人間の補助なしで数百万年も生き残り進化してきた動物たちは，適切なトレーニングをすれば，飼育係によって今日提供されている多くのサービスを動物自身で用意する能力があるかもしれないと論じている．例えば，赤外線センサーやマイクロチップ挿入などの一般的な遠隔検出装置によって，動物たちは自分でシャワーを浴び（図 18-10），ヒーターや扇風機，食料ディスペンサー，音，光，アロマ装置，飼育係の認めた扉を開閉することが可能になる（Coc 1996c）．

統合計画

われわれの経験では，展示デザインと建設はしばしば，行動トレーニングやエンリッチメントを含めた飼育管理手段のデザインより優先される．行動に基づいたデザインや運用管理（Coe 1997）は，動物福祉の向上という目的のもと，トレーニングやエンリッチメント，通常の飼育管理，新施設の管理を通した計画によるデザインを統合するための包括的な取り組みである．上述のルイヴィルやポイントデファイアンス動物園における新施設のデザインは，展示デザインではなく飼育管理上の計画を反映している．

展示デザインと教育

Hancocks（第 11 章）は，イマージョンデザインがもつ本来の教育的価値を指摘している．それは，その種が進化してきた生息環境を納得いくように表現した多感覚の背景の中で動物を知覚するという前提に基づいており，来園者が動物を単に物珍しさの対象として見るだけではなく，生

図 18-10　動物たちは物事を自分で行う機会をもつべきである．オハイオ州のコロンバス動物園にいるこのゾウは，単純な動作感知装置を作動させることでシャワーを操作する．（写真：© Grahm Jones，コロンバス動物園水族館，許可を得て掲載）

態学的な存在として動物の重要性をより正しく認識してもらうことができる．Bronwyn and Ford（1992）による評価でも，この取り組みは支持されている．

プレゼンテーション，理解，真の意味

教育と解説は Routman, Ogden, and Winsten（第 12 章）によって述べられているので，ここでは教育的戦略が実施され説明文が設置された全体的な景観のデザインについて注目する．

玄人が見れば，自然な，あるいは文化的な景観は意味や重要性であふれている．例えば生態学者は，動植物種や自然遷移の段階を識別し，土壌型やその下にある地質について学識ある推察ができ，生態群系やその土地の世界的な位置でさえ知ることができる．人類学者なら，地域の人々の現状や経済はもちろん，民族性やおそらく宗教的信仰まで認識できるだろう．そしてどちらの専門家も，地域の人々とそれを囲む景観の関係について議論できるだろう．

また，優れた動物園展示は真の意味に満ちあふれている．教育者や生態学者，行動学者などと協力し，展示環境全体に適切な形で，適切な意味を含ませることが，展示デザイナーの責任である．

能動的学習のための環境

今日の展示は，学習環境における選択の自由への積極的な関与を促している．オーストラリアのウェリビーオープンレンジ動物園は，Howard Gardner（1983）の多重知性コンセプトを活性化するために Lions on the Edge という展示を設計した．多重知性コンセプトとは，「意図的に喚起し，刺激的に織り交ぜた様々な情報を用いた」（Landells 2004）景観と屋内環境を設計することである（図 18-11）．

展示デザインとエンターテイメント

動物園を訪れる主な理由としてよく教育があげられるが，特に教育と組み合わされた時，われわれはエンターテイメントこそが来園を促す原動力であると信じている．Hagenbeck の複合動物園に始まったテーマパーク，サーカス，ドイツの公園などの 100 年前からあるものから，フロリダのシーワールド，ブッシュガーデン，ディズニーアニマルキングダム，香港のオーシャンパーク，インド

図 18-11　オーストラリアのヴィクトリア州にあるウェリビーオープンレンジ動物園の Lions on the Edge 展示は，多彩な思考を働かせることで能動学習への素晴らしい環境を提供している．（写真：©ウェリビーオープンレンジ動物園，許可を得て掲載）

ネシアのタマンサファリ，オーストラリアのシーワールドなど今日のリーダー的なものまで，どの施設も教育とエンターテイメントを融合させている．動物園と同様に，自然や野生動物により敬意を表せるようにプレゼンテーションも進歩している．

アンフィシアターと動物の実演

テーマパークやシンガポール動物園のような来園者の多い動物園は，巨大なアンフィシアター（階段式座席のある大講堂）をはじめ，人気のある展示の外に小型で階段状の座席や立ち見ゾーンを設けた施設を設計してきた．ショー会場は，来園者にとって大変ありがたい休息の機会を与え，動かない聴衆をメッセージに集中させることができる．オーストラリアの砂漠野生動物公園と米国のシーライフパークにあるアンフィシアターでは，印象的で自然な背景幕を取り入れている．

正の強化トレーニングは，海洋大水族館（オセアナリウム）や動物園の動物の実演において広く発展し，動物のローテーション展示はこの技術から進化した．この新しい方向性をもとに，カリフォルニアのサンフランシスコ動物園はかつて，動物がそれぞれの展示場から来園者に見える走路に沿って中央の実演アンフィシアターへ移動させるという計画を立てた．動物たちは，飛翔，ブラキエーション，歩行，泳ぎなど，それぞれの得意とする移動手段でやってくることができた（G. H. Lee 私信）．

スミソニアン国立動物園の現代風 O-line では，オランウータンは展示場から“Think Tank”と呼ばれる実演と解説の複合施設までの 150m を，園路の上空 10.6m にあるケーブルを渡ってやってくる（Gilbert1996）（図 18-12）．最近，日本の多摩動物公園でも同様の施設が公開された（Wako 私信）．オーストラリアのアデレード動物園では，頭上にタワーとロープを設け，オランウータンやフクロテナガザルが隣接するトラの展示場の上を通り過ぎたり休息したりしている．

生息地シアター

中規模や小規模なショー会場も，動物園で発展している．生息地シアターと呼ばれる概念を用いて，米国のアトランタ動物園では“Mr. Zuma”というテーマキャラクターをつくり，アフリカンサファリパークで猟区管理人の役割を演じている．Mr. Zuma はクロサイ展示場の外で“密猟者”（別の人が演じる）と対峙し，白熱した口論の後，密猟者を Elders’ Tree と呼ばれるミニシアターへ護送する．Mr. Zuma と密猟者は互いに言い分を述べ，聴衆は密猟者を有罪とするか釈放するか投票する．このようなテーマ会場は，イマージョン型展示エリアでの洞察に満ちた刺激的な実演

図 18-12　ワシントン DC のスミソニアン国立動物園にある O-Line は，来園者にエンターテイメントを，オランウータンには行動の選択肢と身体運動を提供している．（写真：© Jessie Cohen，スミソニアン協会，許可を得て掲載）

を通して，社会や保全などの複雑な問題を来園者に紹介することができる．

Ray Mendez は「ランドスケープを景観に，動物とスタッフを俳優にせよ」と述べている（Coe and Mendez 2005）．生息地シアターは，分散させ間近で実演することもできる．カリフォルニアのサンディエゴ野生動物公園の来園者は，無愛想に見える飼育係が少し離れた所に座っており，サファリキャンプを模した空間を巨大なニシキヘビが横切るところを目撃するだろう．Coe が観察した来園者の反応から判断すると，この活発でつながれていないヘビの光景は衝撃的であった．この例は，生息地展示がいかに単純で，費用がかからず，夢中になれるかを示している．

断続的なリニューアル

目新しさは入園者数に強い影響を与えるようで，新しく多様な展示やショー，その他の見ものによる断続的なリ

ニューアルがたいてい来園者増加と増収につながり，教育と保全の目標を支えることを動物園も学んでいる．この要素から，展示や他の施設の望ましい平均寿命について疑問をもつようになった．ここ 25 年間の展示哲学と技術の変化率を調べると，将来のプロジェクトの寿命は 20 年以下で計画されることを提案する．

話に基づいた展示は特に，実際の寿命が短いかもしれない．ウッドランドパーク動物園のゾウの展示では，1989 年に始まった当時は伝統的なゾウの木材運搬プログラムの話をしていた．今ではそのような運搬作業はほとんど廃れ，最近の話題は急速に産業化する世界における家畜ゾウと野生ゾウの保全についてである．これによって，展示テーマを木材運搬キャンプからゾウのサンクチュアリーや繁殖センターへ変化させてはどうかという議論が生じた．

展示を一新するもう 1 つの方法は，管理プログラムを追加，あるいは更新することである．コンピュータ用語を比喩として使うことで，展示の物質的な基礎構造を“ハードウェア”とみなすことができる．スタッフの訓練や飼育係の実演，行動エンリッチメント，相互作用特性などのような，頻繁な“ソフトウェアのアップデート”を行うことで，古い展示は新たな命を吹き込まれ，現代の問題を扱うことができる．

バックヤードツアー

バックヤード（behind -the- scenes）ツアーは，特別な扱いを受ける来園者の希望に加え，至近距離での動物との遭遇というエンターテイメント価値に基づいている．シーワールドはホッキョクグマの展示プールにバックヤードを設計した．小規模なものでは，アデレード動物園が新しい South East Asian Rainforest Stage の 2 つの展示の裏側に来園者施設を建設している．学校の団体客を含め，来園者はオランウータンやトラのトレーニングを見ることができ，近代動物園で動物を維持するための飼育管理について学ぶことができる．

ルイヴィル動物園とフィラデルフィア動物園は，どちらも動物のトレーニングを一般公開しており，トレーナーと動物の魅力的なやりとりは重要なイベントとなっている．舞台でのショーの代わりとして，ネバダ州ラスベガスのミラージュホテル & カジノにある広大なイルカの施設では，ほぼ絶えずバンドウイルカ（*Tursiops truncatus*）のトレーニングや行動学的エンリッチメント活動を一般公開している．

ナイトズー

ナイトズーは，エンターテイメントとイマージョン展示の側面を融合させた面白いデザインの方向性である．最も有名な例は，シンガポールナイトサファリである．従来の動物園とナイトズーの明白な違いは，「夜間の施設で，来園者が見えるものは全て光で制限されている」（Graetz and Coder 1993）という点である．これは，何が見えて何が隠れているか（何が照らされているかではない）だけではなく，観覧体験の全体的な質にも影響する．照明デザインは，一種の自然な舞台照明である．業務用の建物や障壁が暗闇に隠されればコスト削減につながるが，大規模な照明システムの展開や管理にはコストがかかる．

ナイトサファリは，日没時刻がほとんど変化せず，夜の気温が昼よりも快適な低緯度地域に最も適している．これらの気候帯では，文化的に夜の社会生活が活発なことが多く，ナイトズーはより多くの観衆を魅了し，有益なディナー会場や宵越しの設備なども提供することができる．

新たなナイトズーやナイトサファリは，インドやアラブ首長国連邦で考案されており，最近はタイのチェンマイでオープンした．いくつかの動物園は，来園者を増加させ，既存の施設を利用拡大するために，照明や夜のイベントエリアを追加している．もちろん，昼間開園の動物園が夜間開園への拡張を計画する際には，動物種の適合性，スタッフや管理コストの増加，入場料の変更が考慮されなければならない．

サファリパーク

野生動物サファリは，ますます多くの娯楽の場に関する着想を生み出している．ドライブスルー展示はアジアやオーストラリアで特によく見られる．これらの施設の多くは，サファリのようなテントで泊まるキャンプや，キャンプファイヤー体験，トーチライトウォーク，早朝のバードウォッチングなどを提供している．オーストラリアのウェリビーオープンレンジ動物園とアースサンクチュアリー，米国のフォッシルリム野生動物センターは，この風潮の良い例である（図 18-13）．アラブ首長国連邦のアルマハは，復元された 225km^2 の砂漠保護区の真ん中で贅沢な宿泊設備を提供している（G. Simkus 私信）．

グリーンデザイン

野生動物と，それを取り巻く自然環境を保護し維持するための 4 つの方法がある．①残存する手を付けられていない生態系の保護と保存．②破壊された生態系の復元と再導入．③動物園やサンクチュアリーで生き残っている野生動物個体群の維持．④もし取り除かれたら野生動物の生息地をおびやかす資源への人間の需要削減．しかし，持続可能なデザインとは，単なる資源の消費削減以上のことを意

図 18-13 オーストラリアのヴィクトリア州にあるウェリビーオープンレンジ動物園で行われているように，野生動物サファリの夜間体験を再現している動物園もある．（写真：©ウェリビーオープンレンジ動物園，許可を得て掲載）

味している．

> 結局，持続可能な景観の目標は文化の変換である．つまり，科学技術の順化，新たな環境倫理の出現，生活の質の新基準，人間だけでなくあらゆる生命を含んだ一体感の十分な広がりである（Thayer 1994）．

世界中の何億もの人々が動物園を訪れれば，動物園は手本を示して世界を動かすことができる．持続可能性は，保全や教育という動物園の使命と完全に一致している．

どれだけグリーンなのか

アメリカ緑の建築協議会のエネルギーと環境デザイン（LEED）プログラム（USGBC 2000）は，エネルギー，水，物質，立地，屋内環境の質，“グリーンな”革新という 6 つの重要なカテゴリーに注目し，高性能な緑の建築を認定するポイントベースの評価システムである．建築は，公認，銀，金，プラチナの 4 つの認定レベルで表彰される．他にも関連した取り組みがあり，いくつか例をあげると，オーストラリア，インド，スペイン，カナダ，日本に世界緑の建築協議会（World Green Building Council）や緑の建築協議会がある．これらは，建築とデザイン産業の変換の最前線である．国際標準化機構（ISO）14001 である環境マネジメントシステム基準（ISO 1995）は，環境政策や目標を満たす組織を支援し，ISO はこの目標に向け世界的に活動している．

デンマークのオールボー動物園や米国のノースカロライナ動物園など，少数の動物園は ISO14001 に基づいた環境マネジメントシステム（EMS）を設立した．われわれは今のところ認定を受けた動物園プロジェクトは知らないが，米国のいくつかの動物園には，LEED に登録されたプロジェクトある．

グリーンハート

> この進歩の多くは，環境害や被害，つまり有形で物質的な利益にかかるストレスを避けるという主に否定的な強調に過度に頼ってきており，個人やグループの経験よりも建築システムのレベルで変化すると私は信じている．しかし一方で私は，どうすれば人々が自然過程と多様性のつながりから有形で物質的で，かつ知的で感情的な利益を多く得られるかと，持続可能なデザインが不適当にみなされてきたと思っている．自然のもつ有形で感情的で知的な価値の最も広い領域である建築環境に取り込むことで，個人や開発者，立案者をより積極的に刺激しない限り，グリーン発展は十分な見込や将来性には達しないことを提案して私の結論とする．
> — Stephen Kellert（1999）

建築上，現在の持続可能性に関する動きは工学技術と材料技術を強調しすぎである．グリーンデザインの“グリーンハート”はどこにあるのか．自然な植物遷移を促進する建築や景観をデザインしたらどうなるだろうか．壁や屋根を，生きた居住環境や生物濾過器として事前に計画したらどうなるだろうか．現在，多肉植物やコケ，草本植物による“緑の屋根”が増えているが，もしこの気弱な段階が森林群落を支持し，支持されるような建築を創造したらどうなるだろうか（図 18-14）．野生のフクロウやコウモリ，リスが屋根裏に巣穴をつくることはあり得ないのだろうか．

動物園は，これらのアイデアの発展において密かな先駆者であった．屋根の上に生きた景観をもつ建築は約 100 年前に生まれた（Hagenbeck 1909）．米国のアリゾナソノラ砂漠博物館（1970 年代中ごろ）にある小型ネコの洞穴や，スミソニアン国立動物園（1980 年代中ごろ）にある管理教育施設や大型ネコの展示は，最近の例である．広大な屋内の“生きた壁”は，米国のセントラルパーク動物園やスミソニアン国立動物園のアマゾン展示，デンバー動物園で発達した．屋外の生きた壁は，米国のニューヨーク水族館，ウッドランドパーク動物園の Northern Trail，ブルックフィールド動物園の Wolf Wood，英国のブリストル動物園で発達した．動物園や水族館は現在，人道と生態学的原則に基づいた，新たな持続可能建築における発展の先駆をなそうとしている．

図 18-14　動物園には，持続可能なデザインを実証するためのユニークな機会と責任がある．はたして動物園のデザイン建築も，木がしているように，野生動物の生息地を提供し，大気中の炭素レベルを固定し，酸素とエネルギーを産生し，流水を処理することができるのだろうか．（図：© J. Coe, 許可を得て掲載）

グリーンな施設

キャンパスエコロジーは，動物園の施設に関する持続可能な再建築や管理のための 20 年あるいはそれ以上に及ぶ計画で，デンバー動物園によって採用された．米国の野生生物保全協会（Wildlife Conservation Society：WCS）も，将来の発展を指揮するためグリーン基本計画を展開した．オーストラリアのパース動物園は，作業や管理のあらゆるレベルでのグリーン構想を統合するため Sustainability Management Policy（パース動物園 2005）を制定した．

他の動物園も，敷地内を基本としたエネルギー使用を調べ始めている．米国のニューヨーク水族館は，電気負荷の 5 分の 1 を供給するため水素燃料電池技術を利用している．多摩動物公園，ニューヨークのシラキュースにあるロザモンドギフォード動物園，デンバー動物園，WCS は，堆肥，動物や飲食物サービスによる廃棄物の利用を含め，エネルギーを生み出すために再生可能なエネルギー資源を調査している．ドイツのハイデルベルク動物園とハイデルベルク市は，動物園動物や有機性廃棄物を利用したバイオガス熱電併給プラントを建設し稼働している（Energie-Cites 2005）．米国のロサンゼルス動物園は，全地区に及ぶ再生水システムから恩恵を受けている．

世界動物園水族館協会は，世界保全使命の核心として持続可能性をあげている（WAZA 2005）．

グリーンな将来

持続可能な環境デザインを実践し擁護する動物園や水族館は，手つかずの自然の保存，地域資源コラボレーション，都市の森林再生の肯定的な実証を何百万もの来園者に提供する．緑の屋根や生きた壁は酸素を生産し，雨水を集め，大気中の炭素レベルを固定し，廃棄物を再循環させる一方，人間や他の動物たちの生息環境を生み出す．動物園は，Thayer（1994）の「人間だけでなく，あらゆる生命との大きな一体感」という考え方を実現することができる．また動物園は，「建築環境における自然過程や多様性と関連して，われわれがいかに意義や満足のある生活を実現できるか」を説明するために，Kellert（1999）の助言に従うことで世界的なグリーンデザインの実践を促進することができる．

世界中の動物園水族館は，それぞれの特有の気候，文化，植生，動物の観点からグリーンデザインを解釈する必要があり，それこそが，新たなデザインの方向性の豊かな多様性につながっていくだろう．

評　価

動物園や水族館の展示は，動物や来園者，従業員にどれほど奉仕できるのだろうか．また，その多面的機能はどれほどよくまとまるだろうか．われわれの経験では，展示デザイナーは一般に自身のインスピレーションや直観，仕事や同僚から学んだ純粋な評価に頼っている．信頼性があり正当で，平等な評価は絶対にあり得ない．デザイナーは，環境エンリッチメントや行動学的管理，展示の解説など，デザインの一部に関して無関係に学ぶことができる．イマージョン展示にはかなり高額の支出が生じるにもかかわらず，われわれの認識ではイマージョン理論そのものに対する評価も1つに統合されていない．初期の評価では，注意深く演出された多次元のイマージョン展示体験を，単純で前もって準備された二次元の写真，あるいはわれわれが検査用に低水準のイマージョン展示とみなした使い古しのものに縮減しようとしていた．われわれは，相互参照が来園者，動物，スタッフ，保全活動のためになるという調査報告を知らない．ウッドランドパーク動物園（L. Sullivan 私信）は，新プロジェクトの本来の展示機能をまとめるためにFully Integrate Programを開発したが，今のところこれらの参照条件を用いて評価された受賞展示はない．

様々に制度化された調査プロジェクトは現在，動物園来園者における保全活動への基本的な意欲を調査しようとしている（J. Gwynne 私信）．デザイナーとしては，われわれは心からその結果を待っている．しかし現時点では，関連性が欠如し，まとまった評価は見識ある展示デザインへの唯一最大の制約であると考えている．

基本に戻る，自然に戻る

革新は，現在の動物園が基にしている基礎的な仮定という内省的な分析から生じるのかもしれない．Coe and Mendez（2005）は，あらゆる動物園は動物の収容と支配という方針を用いて発展してきたと指摘している．しかし，動物の魅力と報酬という原則に基づいた新たな動物園モデル“unzoo”が現れたらどうなるだろうか．本書の他の章では，動物の飼育管理や福祉の改善だけでなく，来園者の動物との出会いを改良するために，行動条件やエンリッチメント，報酬がどれほど有効か説明している．魅力や報酬は，檻やフェンスで囲うことに取って代わるのだろうか．ディズニーアニマルキングダムのキリマンジャロサファリでは，内部障壁をほとんど用いず，多彩なアフリカの有蹄類を管理するためにこれらの技術が多く使われている．ウォークスルーやドライブスルーモデルなら，多様な種がいる広大な囲いの中で，来園者をコースや遊歩道，林冠通路，あるいは乗り物の中に制限することができ，簡単に展

図 18-15　動物園は，強要し束縛するのではなく動物が魅了され報酬を得る“unzoo”に発展できるのだろうか．（イメージ写真：© Jon Coe デザイン，P/L，許可を得て掲載）

開できる．特に，地元の小型種を放し飼いで展示する場合には，この手法は特に有効である（図 18-15）．例えば，オーストラリアのヴィクトリアにあるアースサンクチュアリーの3施設は，捕食者対策の外周フェンスが1枚あるのみで，トリニダートのAsa Wright Wildlife Sanctuaryには全くフェンスがなく，来園者は様々な野生動物を間近で見ることができる．遠隔測定法や暗視ゴーグル，“bat finder”，監視カメラなどの野生動物の新たな調査道具は，サンクチュアリーや動物園における来園者の感覚を高める．

unzooモデルは，地元の気候によく適合した動物種にとって最も実用的であり，出入り自由な棲み処では，最小限の収容数と最大限の選択肢，強制しない自決権があり，様々な動物の展示の可能性を拡大することができる．これにより，自然認知における人間社会の影響と，動物園の建設と運営における環境の影響を減らし，従来の建物やインフラを大幅に削減することができる．この取り組みの主な結果として，対応するビジネス戦略の移行とともに，展示や保有する建物などの資本集約的な施設から，トレーニングや実演などの労働集約的な計画への移行があげられる．

動物輸入がますます困難になり，動物園の専門化が加速する中，unzooモデルへの発展は動物園の地域化という結果につながるかもしれない．熱帯や亜熱帯の動物園は暑い地域の生物群系の展示や保全に特殊化し，一方で温帯気候

の動物園はその地域の動物に特殊化することができる．あらゆる動物園は，よく知られた野生動物のように，地域の動物を魅力的に展示し，地域の動物との忘れられない出会いを提供することにさらなる重点を置くべきである．地域に密着し，かつ世界的なエコツーリズムの拡大によって，自然なままのサンクチュアリーは動物愛好家にとってより身近な場所になるだろう．

保全へのひらめき

もし展示が動物園や水族館の生の声であるなら，その声は何百万の来客に何を伝えるべきなのだろうか．

> 21 世紀の動物園において最も重要な機能は，保全活動を鼓舞することである．生きた動物の優れた展示は，人間と動物の間の強いつながりを生み出すことができ，これほど効果的なコミュニケーションツールは他に存在しない．間近で見た動物の秘めた力が，ハッとさせるようなメッセージを通して来園者をフィールドの保全活動へ直接結び付けることができれば，それは最善の展示と言えるだろう．これらは，デザイナーの気まぐれではなく，来園者に直接関係があると証明されたものに基づいて，感情と認識の要素を混合しなければならない（J. Gwynne 私信）．

保全のつながり

> フィールドの要素，展示の要素，そして教育の要素をもっているものが，最も効果的なプロジェクトである．
> — D. Jensen（2003）

ウッドランドパーク，アトランタ，ロサンゼルス，ルイヴィルやフィラデルフィアなどの動物園展示では，架空の域内研究や保全プロジェクトを模した展示を築いてきた．ブロンクスやデンバー，ルイヴィル，ポイントデファイアンスの動物園は，展示での寄付機器といった保全プロジェクトにかなりの資金を費やしてきた．現在，実際に行われている特有の域内プロジェクトとのつながりを表現する劇的な動きがある．ブロンクス動物園のコンゴの展示は，コンゴ地方の WCS プロジェクトに毎年 100 万ドル以上の寄付金を集めている（J. Gwynne 私信）．チューリッヒ動物園の Masoala Rainforest 展示は，マダガスカルのマソアラ国立公園へ募金協力している．アデレード動物園やインドネシアのタマンサファリ，オーシャンパークは現在，域内保全との連携を整えている．

まとめ

展示の進歩を夢見る動物園職員や，動物園デザインを専門に学んだ専門家にとって，今は活動する絶好の機会である．本書の情報範囲が示すように，多くの関係分野でこれほどの進展は今までには見られず，相乗効果や革新のための空前の機会が提供されている．多様な機会や目標を統合するためのより良い機会や優れたデザインの必要性は，今までになかったものである．

情報と専門技術が世界化するのと同様に，動物園デザインの中枢も移り変わっている．ヨーロッパやオーストラリア，ニュージーランドの動物園は現在，長年の保全プログラムを支持する素晴らしい展示を生み出している．長く伝統に縛られていた日本では（Wako 1993），大阪の天王寺動物園に世界レベルの展示が生まれている．アジアの特にインドや中国では，保全教育と支援活動のバランスをとる必要性と同時に，世界最大の動物園市場になるかもしれないものが生み出されようとしている．

動物園展示は，他の企画と協力して，新たな方向性と現行の方向性の双方で進化を続けている．先見の明のあるヒトやデザイナーにとっては，次の世界的な時代に対して，域内と域外における野生動物の福祉を進展させながら，文化的に多様な世界市場にいかに反応するかが課題になるだろう．

補遺 18.1

用語解説

動物園や博物館，テーマパーク，エンターテイメント，建築業界の間では，特殊な展示用語がある．この用語解説は，意味を統一し，これらの有益な慣例によるアイデアの統合を向上させるために設けた．

Content（内容）：意図的なコミュニケーション．これは基本的に，解説物が述べている内容である．動物園や水族館が，来園者に気づき，理解し，覚えて欲しい認識情報である（Coe 1982）．

Context（状況）：展示を見るヒトの知覚環境．これは，来園者が展示を体験している間に意識的あるいは無意識に目に入る展示の全てである（Coe 1982）．

Contextual exhibits（状況展示）：イマージョン展示の意味に似た博物館用語である．

Exhibit（展示）：教育的な場面では，この用語はよく展示の歴史的関係から博物館の展示デザインまで，様々な意味で用いられる．このように，よく定義された対象やディスプレイ，ディスプレイの集まりを表現するために使われる．

Exhibit（展示）：イマージョンデザインの文脈では，この用語はあらゆる環境状況を含む，さらに広い意味で用いられる．地面をおおうものから顧客と関わるテーマキャラクター，遠景の眺め，そしてもちろん動物の展示など，全てが含まれる．

Immersion exhibit（イマージョン展示）：ランドスケープイマージョンの短縮形．この用語は，自然景観だけでなく文化，農業などの設定にも適応できる．

Landscape immersion（ランドスケープイマージョン）：展示あるいは体験．「観念的に，来園者は自然生息地の特徴的な景観の中を，風景や雰囲気を味わいながら移動する．そうすることで，景観の中で，見えない障壁によって隔てられた動物たちが住んでいることに気づくことができる．このランドスケープイマージョンの成功は，もっぱら2つの要素によるものである．①計画された特徴的な景観が完全で正確であること．②障壁を隠し，遠近感を増し，光と影からなり，最も重要なことは動物の空間と来園者の空間が一体化するように，観覧場所と眺めが注意深く的確な位置に構成されていること」（Jones, Coe, and Paulson 1976）．

この用語は，自然な風景の広大さを表す landscape と，深く浸し込む，魅了するという意味の immersion という2つの言葉から生まれた（Webster's New Universal Unabridged Cictionary, 2nd ed）．

Message（メッセージ）：動物園の来園者が受け取り，記憶にとどめた真のコミュニケーション．この用語には，（認知）情報やコンセプト，来園者が実際に解説されている情報から得たアイデア，情景の（魅力的な）状態を通して感じたもの，来園者自身の娯楽や先入観，態度も含まれる（Coe 1982）．最も重要なメッセージは，来園者が記憶にとどめたものである．Serrell（1996）は，展示デザイン過程の最初の段階として，メッセージを明確で有限に定義することの重要性を強調している．メッセージは，全体の没入型環境を通して伝わるため，デザイナーや教育者，出資者らのチーム全体で意図したメッセージを作成するべきである．

Naturalistic（自然主義）：「自然との調和，あるいは自然の模倣」（Webster's New Universal Unabridged Cictionary, 2nd ed）．

Naturalistic と immersion という用語は，動物園展示に関する一般的な対話の中では区別せずに用いられる．しかし，デザイナーはこれらの用語を区別して利用し，特定の意味をめぐる混同は誤解を招くことがある．

イマージョンデザイン理論は，定義された一部の“自然を模倣すること”を重視し，高度に現実的な自然の擬態を求める．本物の木から型をとった人工木などがその例である．

自然主義デザインは，デザインを自然に“従う”，あるいは自然のように機能することを意味するようになった．加工した丸太や材木を用いてつくられた木のような構造がその例である．

Scenario（シナリオ）：意図されたテーマを実行するための自然な，あるいは文化的な設定案の概要．場面設定．焦げた丸太や露出した永久凍土，流れの速い網状流路などの例があり，これらは火事や霜，寒帯の景観を形成する洪水を意味しており，その土地固有の野生動物に出会う設定を提供している（ウッドランドパーク動物園の Northern Trail 展示）．

Storyline（ストーリー展開）：テーマ設定で構想された，物語や画像による一連のイベントや体験．ストーリー展開やストーリーボード，注釈の付いた一連のイラスト，CG 処理されたウォークスルーは映画産業で長く用いられたが，現在は動物園デザインにおいて，来園者の意図された体験を詳細に視覚化するために用いられている．

Sustainable（持続可能性）：1987 年の国連の環境と開発に関する世界委員会（ブルントラント委員会）の理念では，持続可能な開発とは「将来の世代のニーズを満たす能力を損なうことなく，今日の世代のニーズを満たす開発」であるとされている（Bruntland 1987）．

Theme（テーマ）：あらゆる説明や体験の主題，あらゆる特性が与える概念．1つの例は，アジアの村でのゾウとの生活である（メルボルン動物園）．遠く離れたインドサイのレスキューセンターを訪れたり（ウッドランドパーク動物園に提案），西アフリカにあるゴリラの調査キャンプを訪れたりすることもある（アトランタ動物園）．

文　献

Baker, A. J. 1999. PECO Primate Reserve in Philadelphia Zoo: Designing for animals and people. In *Annual Conference Proceedings*, 204–9. Silver Spring, MD. American Zoo and Aquarium Association.

Brownyn, B., and Ford, J. C. 1992. Environmental enrichment in zoos: Melbourne Zoo's naturalistic approach. *Thylacinus* 16: 12–17.

Bruntland, G., ed. 1987. *Our common future: The World Commission on Environment and Development*. Oxford: Oxford University Press.

Coe, J. C. 1982. Bringing it all together: Integration of context, content and message in zoo exhibit design. In *AAZPA Annual Conference Proceedings*, 268–74. Wheeling, WV: American Association of Zoological Parks and Aquariums.

———. 1985. Design and perception: Making the zoo experience real. *Zoo Biol.* 4:197–208.

———. 1995a. The evolution of zoo animal exhibits. In *The ark evolving: Zoos and aquariums in transition*, ed. C. M. Wemmer, 95–128. Front Royal, VA: Smithsonian Institution Conservation and Research Center.

———. 1995b. Zoo animal rotation: New opportunities from home range to habitat theatre. In *Annual Conference Proceedings*, 77–80. Wheeling, WV: American Zoo and Aquarium Association.

———. 1995c. Giving laboratory animals choices. *Lab Anim.* 2: 41–42.

———. 1996. What's the message? Education through exhibit design. In *Wild mammals in captivity: Principles and techniques*, ed. D. Kleiman, M. Allen, K. Thompson, S. Lumpkin, and H. Harris, 167–74. Chicago: University of Chicago Press.

———. 1997. Entertaining zoo visitors and zoo animals: An integrated approach. In *Convention Proceedings*, 156–62. Bethesda, MD: American Zoo and Aquarium Association.

———. 2003. Steering the ark toward Eden: Design for animal well-being. *J. Am. Vet. Med. Assoc.* 223:977–80.

———. 2006. Naturalistic enrichment: Ideas for integrating enrichment features with immersion landscapes and interpretation. In *ARAZPA Annual Conference Proceedings on CD.* Mosman, NSW: Australasian Regional Association of Zoological Parks and Aquaria.

Coe, J. C., and Mendez, R. 2005. The unzoo alternative. In *ARAZPA Annual Conference Proceedings on CD.* Mosman, NSW: Australasian Regional Association of Zoological Parks and Aquaria.

Desmond, T. J., and Laule, G. 1991. Protected contact elephant training. In *Annual Conference Proceedings*, 606–13. Silver Spring, MD: American Zoo and Aquarium Association.

Energie-Cités. 2005. Study Tour Heidelberg, www.energie-cites.org/documents/study_tour/heidelberg_en.pd.

Fifield, K. 2004. Education: The DNA of Zoos Victoria in the 21st Century. In *ARAZPA Annual Proceedings on CD.* Mosman, NSW: Australasian Regional Association of Zoological Parks and Aquaria.

Forthman-Quick, D. L. 1984. An integrative approach to environmental engineering in zoos. *Zoo Biol.* 3:65–78.

Gardner, H. 1983. *Frames of mind: The theory of multiple intelligences.* New York: Basic Books.

Gilbert, B. 1996. New ideas in the air at the National Zoo. *Smithsonian* 27:32–43.

Graetz, M., and Coder, S. 1999. Night safari four years after: A post occupancy review. In *Proceedings of the 5th International Symposium on Zoo Design*, 26–35. Paignton, UK: Whitney Wildlife Conservation Trust.

Hagenbeck, C. 1909. *Beasts and men.* London: Green and Co.

Hancocks, D. 2001. *A different nature: The paradoxical world of zoos and their uncertain future.* Berkeley and Los Angeles: University of California Press.

Herndon, J. 1998. The Islands exhibit: Multi-species, multi-solutions through training. *Proceedings addendum*, 22–29. Topeka, KS: American Association of Zoo Keepers.

ISO (International Organization for Standardization). 1995. *Specifications for an EMS.* Geneva: International Organization for Standardization.

Jensen, D. 2003. *Woodland Park Zoo strategic plan.* Seattle, WA: Woodland Park Zoo.

Jones, G. R. 1989. Beyond landscape immersion to cultural resonance. In *AAZPA Annual Conference Proceedings*, 408–14. Wheeling, WV: American Association of Zoological Parks and Aquariums.

Jones, G. R., Coe, J. C., and Paulson, D. R. 1976. *Woodland Park Zoo: Long-range plan, development guidelines and exhibit scenarios.* Jones & Jones for Seattle Department of Parks and Recreation. Reissued as Coe, J. C. 2004. *Woodland Park Zoo long-range physical development plan* (CLRdesign. Available from Woodland Park Zoo).

Kellert, S. R. 1999. Ecological challenge, human values of nature, and sustainability in the built environment. In *Reshaping the built environment: Ecology, ethos and economics*, ed. C. Kilbert, 39–53. New York: Island Press.

Landells, E. 2004. What on earth are multiple intelligences and do I have one? in *ARAZPA Annual Conference Proceedings on CD.* Mosman, NSW: Australasian Regional Association of Zoological Parks and Aquaria.

Malmberg, M. 1998. *The making of Disney's Animal Kingdom theme park.* New York: Hyperion.

Perth Zoo. 2005. Zoological Parks Authority: Sustainability Management Policy. Sustainability Web site of the Western Australian Government: www.sustainability.dpc.wa.gov.au/_view/publications/documents/PerthZoo.pdf.

Pryor, K. 1985. *Don't shoot the dog: The new art of teaching and training.* New York: Bantam Books.

Serrell, B. 1996. *Exhibit labels: An interpretive approach.* Walnut Creek, CA: Altamira Press, Sage Publications.

Steele, T. 2004. Designing larger exhibits without making them larger: The periodic access concept. In *Annual Conference Proceedings*, 1–8. Silver Spring, MD: American Zoo and Aquarium Association.

Thayer, R. 1994. *Gray world, green heart.* New York: John Wiley & Sons.

USGBC (US Green Building Council). 2000. *LEED Green Building Rating System Version 2.0.* Washington, DC: US Green Building Council.

Wako, K. 1993. A study of the history of zoological parks in Japan and the United States. Ph.D. diss., University of Tokyo.

Walczak, J. 1995. Multi-species rotation: A new concept for animal display and management at Louisville Zoo's New Islands Exhibit. In *Annual Conference Proceedings*, 543–44. Silver Spring, MD: American Zoo and Aquarium Association.

WAZA (World Association of Zoos and Aquariums). 2005. *Building a future for wildlife: The world zoo and aquarium conservation strategy.* Bern, Switzerland: World Association of Zoos and Aquariums.

White, B. C., Houser, L. A., Fuller, J. A., Taylor, S., and Elliott, L. L. 2003. Activity-Based exhibition of five mammalian species: Evaluation of behavioural changes. *Zoo Biol.* 22:269–85.

チーターの幼獣，スミソニアン国立動物園（ワシントン D.C.）.
写真：Jessie Cohen（スミソニアン国立動物園）. 複製許可を得て掲載.

第5部

保全と調査研究

イントロダクション

Devra G. Kleiman

訳：楠田哲士

第5部では，動物園界で行われている保全と研究，そして動物園による生息域内と生息域外の活動の大きな拡大と統合について焦点をあてている．特に，飼育下の哺乳類を人口統計学的かつ遺伝学的に長期にわたって管理するために，動物園が最近行っているテクニックについて有益かつ詳細な分析を行った．この10年間に，専門家たちは動物園個体群を管理しながら，その高度な知識を驚くほど蓄積し，国内，地域，そして国際的な連携を飛躍的に拡大させてきた．動物園は，これまでに多くの飼育下繁殖動物の再導入計画に関わり，そして，かなり多くの保全研究やフィールド活動を支援しながら，動物園の使命が真の保全の目標に益々近づいてきている．今や多くの施設が提携し，人間活動の拡大と環境悪化によって失われつつある生息環境の“ホットスポット（hotspot）”（コンサベーション・インターナショナル，CI）や“エコリージョン（ecoregion）”（世界自然保護基金，WWF）内の保護区への支援を行っている．動物園が関わる生息域内および生息域外のプログラムの発展において，研究の重要な役割が依然続いていることも確かである．

第5部は，本書の中で一番長い章（第19章）から始まっている．Ballou et al. による，遺伝的および人口統計学的個体群管理への最近のアプローチの詳細な分析である．この章の長さは，個体群管理の戦略における進歩を示す証拠でもある．筆者らは，はじめになぜ私たちが個体群を管理する必要があるのか，しなければならないのかを問い，そして次に，動物園個体群の人口統計学的かつ遺伝的な管理のための理論的かつ実質的な基盤を与えている．Ballou et al. は，私たちが維持したい様々な種を，その達成目標にいかに到達させるのか，その時々の状況をいかに評価するのか，そしてその種のマスタープラン（基本計画）に必要な動物種ごとの提言をどのようにつくっていくのかについて解説している．

Allard et al.（第20章）は，本書の初版出版以降，かなり拡大した動物園の共同事業の1つ，地域収集計画に，個体群管理の技術がどのように利用されてきたのかを考察している．そして，地域収集計画と単一組織の要望の間にある潜在的な葛藤と対立について説明している．動物園と地域の両方にとって，それぞれの動物種の役割，すなわち展示か研究か教育か，あるいは保全か，といったことが明確にされなければならない．

Carter and Kagan（第21章）は，各施設にとっての，あるいはもっと広く個体群を捉えた場合にも，余剰個体を扱うことの永続的な問題について説明している．例えば，動物業者へ余剰個体を売却するといった従来の方法についても述べている．そして，従来の考え方からの大きな変革を提案している．つまりそれは，動物園は誕生させた全ての動物に対して出生から死までの責任を負う，ということである．余剰動物問題を減らすためには，避妊や繁殖制限に関するさらなる調査研究を行わなければならない．そして，余剰動物のために，もっと質の高い非展示スペースを与えることや，複数の動物園で運営するリタイア施設を整備することを主張している．

再導入に関する Earnhardt の章（第 22 章）では，再導入計画において飼育下繁殖個体を使うことのコストと利益について述べ，また動物園がその計画にどのように貢献してきたのかということについても触れている．そして，再導入を目標として動物を増やしていく場合に，遺伝的および個体群統計学的に個体数管理を行うことや，計画の立案段階にコンピュータモデルを使用することについても説明している．個体群管理を行うのと同じように，飼育下個体群の中から動物を抽出してくる方法も洗練されつつある．Earnhardt は最後に，再導入した後のモニタリングの方法やモニタリングすることのメリットを述べて締めくくっている．

生息域内保全における動物園の関与について，Zimmermann の章（第 23 章）では，野生での調査研究や保全活動の支援に関する動物園全体の考え方や行動が変わってきていることについて述べている．多くの動物園の科学者や動物園は今，動物園が自身を保全組織だといえる必須条件として，生息域内での活動のポートフォリオを考えている．生息域外保全の限界は明らかで，動物園は特に大型哺乳類を中心とした多くの種を飼育するために，その施設を容易にもつことはできないし，インフラ整備もできない．飼育下での繁殖スペースも非常に限られている．その場所自体のコストも非常に高い．多くの動物園人は，“大使”であるゾウなどの大型の哺乳類を維持管理することで，来園者の考え方や行動を変えていくことにつながると考えている．しかし，そのような大きくてカリスマ性の高い哺乳類を飼育する大きくて費用のかかる施設を見た後に，来園者が実際に保全に貢献するようなことをしたり，持続可能な生活に変えようとしたりするという証拠はほとんどない．Zimmermann は，動物園が生息域内保全に直接的に貢献してほしいと考えており，そして最近ではその貢献の仕方も様々に増えてきていることを述べている．しかし，ほとんどの動物園が生息域内での調査研究や保全活動に投資する予算の割合は極めて低く，そのことについては本書の第 24 章で Maple and Bashaw が，そして本書の初版で元々 Kurt Benirschke が述べている．

Zimmermann は，動物園が生息域内保全の貢献者へと発展していくことを見据えている．フィールドのプログラムに動物園が直接資金を投じることから始め，生息域内保全プログラムを管理する動物園になり，そして，例えば Wildlife Conservation Society（野生生物保全協会）のように動物園を運営する保全組織になるまで．

Maple and Bashaw は，Zoo Biology などの学術雑誌において，動物園を基盤とする研究論文について分析した．また，『Wild Mammals in Captivity』の初版の出版以来，動物園を基盤とする調査研究の動向を知るために，「Basic Biosis」のデータベースを使って，動物園に関する研究論文を調べた．これまでのように行動学に関するものが最も多く，繁殖生物学，遺伝学，獣医学も目立った．ここ 10 年間の新たな研究分野として，行動管理やエンリッチメント，そして環境心理学が出てきている．哺乳類を対象とした研究に大きく偏っているのは以前と変わらない．Maple and Bashaw は，全ての動物園が科学者を雇用したり専門の施設や部門を設置したりするか，あるいは他の動物園や大学と共同研究を行うことを通して，調査研究を支援する必要があることを主張している．また，動物園の研究者は，査読制度のある雑誌にもっと論文を投稿しなければならないし，動物園を基盤とする研究者に，例えばもっと賞を与えることによって認知度を上げる必要があるとも述べている．

第 19 章　飼育下集団の人口学的・遺伝的管理
第 20 章　哺乳類の地域収集計画
第 21 章　余剰動物の管理
第 22 章　再導入における飼育下個体群の役割
第 23 章　域内保全における動物園の役割
第 24 章　動物園における研究の動向

19

飼育下集団の人口学的・遺伝的管理

Jonathan D. Ballou, Caroline Lees, Lisa J. Faust, Sarah Long, Colleen Lynch, Laurie Bingaman Lackey, and Thomas J. Foose (deceased)

訳：松村秀一

はじめに

集団管理の目的は，私たちが選んだ種の集団が当分の間利用でき，健康で，存続可能であることを確実にすることである．したがって，動物園が飼育下繁殖計画によって域外保全へ貢献するには，飼育下管理の慎重な立案が必要である．集団管理は保全の成功につながる．クロアシイタチ（*Mustela nigripes*），カリフォルニアコンドル（*Gymnogyps californianus*），グアムクイナ（*Rallus owstoni*），ロードハウクイナ（*Gallirallus sylvestris*），コヤカケネズミ（*Leporillus conditor*），コシアカウサビワラビー（*Lagorchestes hirsutus*）のような種を絶滅から救ったことは，切迫した絶滅のおそれに直面している種のニーズに応える，国際的な動物園全体の潜在能力を証明している．ゴールデンライオンタマリン（*Leontopithecus rosalia*），クロアシイタチ，モウコノウマ（*Equus caballus przewalskii*），フクロネコ（*Dasyurus geoffroyii*），ミミナガバンディクート（*Macrotis lagotis*）の野生生息集団を再確立するために，飼育下で生まれた個体の野生への再導入に成功したこともまた，保全における動物園の直接的な役割を証明している．これらの計画およびその他多くが，集団管理計画が成功裏に実行されたことを表している．

世界動物園水族館協会（WAZA 2005）によって作成された世界動物園水族館保全戦略は，この必要性を認識し，集団レベルの動物管理へさらに注目しそれを実行すること，そして真に存続可能な集団を確立することを呼びかけている．これは，生物学的にも組織としても困難な課題である．

生物学的にみて困難な課題のいくつかが，図 19-1 に表現されている．それは，仮説的ではあるものの，典型的でないわけではない，飼育下繁殖によって救われた 1 つの集団の歴史を表している．もともとの野生集団は，生息地の喪失，侵入種との競合，あるいは病気など，いくつかの理由で，数を減らしてしまったのかもしれない．野生生まれで生き残ったわずかな個体の一部もしくは全部が，創設フェーズの飼育下繁殖計画を確立するために捕獲されたのかもしれない．これらの創設個体がその種で最後に生き残った個体たちなら，彼らはそれらの種（例：クロアシイタチ）の遺伝的未来の全てを体現している．残念ながら，飼育下繁殖計画はわずかの個体から開始されることが多いので，最初から計画の遺伝的健全性が損なわれている．飼育管理法に関する基礎的な知識も欠けているかもしれない．だから，集団は最初のうちは小さいままであり，集団の遺伝的健全性がさらに損なわれる．繁殖の欠如が，その集団を絶滅に至らせさえするかもしれない（例：ハワイの

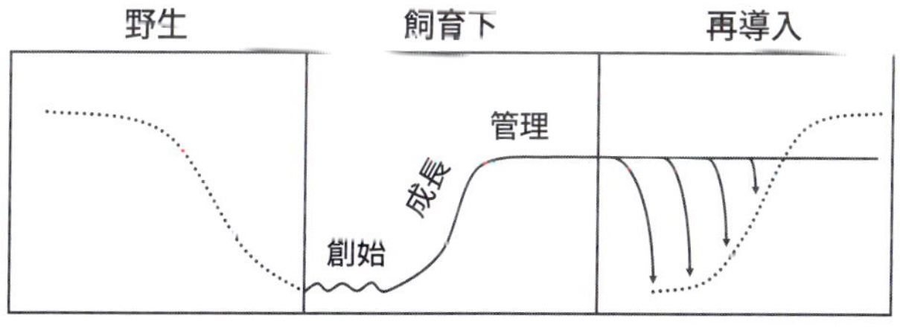

図 19-1　飼育下集団における事象の仮説的な歴史．

鳥のいくつかの種）．知識が得られるにつれて，繁殖はより信頼できるものになっていき，集団は成長フェーズに入る．集団の管理者は，利用可能な資源，集団の遺伝学的・人口学的ステータス，そして限られた飼育下の資源を争う類似種の飼育下繁殖の要求を基にして，集団サイズのターゲットを定めるだろう．集団は，管理フェーズの間，成長率をゼロに保たれ，安定した集団の確立を目指して維持されるだろう．そして，個体を野生に再導入することが選択肢の 1 つとなる集団もあるだろう（第 22 章を参照）．

飼育下集団にとっての全般的な人口学的ゴールは，突発的あるいは偶発的な出来事による絶滅を回避するのに十分なサイズまで，集団を可能な限りすみやかに大きくすることである．そして，必要な時に信頼できる繁殖を増進する（そして再導入計画のための余分な繁殖を可能とする）性年齢構造をもった集団を維持することである．ここで人口学的に難しい問題になるのは，利用可能な収容能力を超えず，かつ，動物園の展示を空にすることもない，安定した集団を維持することである．

こうした集団にとっての遺伝学的ゴールは，創始個体の遺伝的多様性を，長い間，可能な限り変わらないように保持し，その種にとっての遺伝的貯水池としてその集団が機能するようにすることである（そこから遺伝的多様性が野生に再導入されるかもしれない）．このゴールを達成することは，遺伝的多様性の消失，近親交配と近交弱勢，そして飼育への適応という難しい課題に立ち向かうことを意味する（Bryant and Reed 1999，Franham, Ballou, and Briscoe 2002）．管理戦略は，基本的にその飼育下集団の進化を止め，創始個体の遺伝的多様性の全ての側面を，長い間，可能な限り多く保持しようとする．

個々の動物園個体の集まりを，施設の境界を超えた生物学的な集団として管理することに関わる，組織上の困難な課題がある．国際的な動物園のコミュニティは，この追加的な責任に対して，協力的な集団管理努力を組織し調整する地域的な動物園協会とプログラムをつくることによって対応した．例えば，北米動物園水族館協会（AZA，米国とカナダに基礎を置く北米の動物園水族館協会）の種保存計画（Species Survival Plan：SSP），欧州動物園水族館協会（EAZA）の欧州絶滅危惧種計画（European Endangered species Programme：EEP），オーストラリア地域動物園水族館協会（ARAZPA）のオーストラリア種管理計画（Australasian Species Management Program：ASMP）である（Shoemaker and Flesness 1991，第 20 章，付録 3）．しかし集団管理の科学に基づく計画は，必ずしも個々の施設の要望と一致するとは限らない．管理フェーズにおいて集団成長率をゼロにするために必要とされるよりも多くの動物園が，繁殖を望むかもしれない．ある特定の個体を他の動物園に移すという，理想的な遺伝的管理の勧告は，その個体を保持したいという，所有している動物園の要望と衝突するかもしれない．飼育下繁殖集団の管理者は，科学と施設の希望との間のバランスを取ることに，絶え間なく苦労し続けている．

この章は，時として対立する，集団管理面でのニーズと施設の希望とを記述するわけではない．むしろ，長期的な遺伝的多様性の維持と人口学的な安全の確保にとって重大な諸側面（Ballou and Foose 1994）に集中しながら，飼育下集団の管理に関わる基礎的な原理，概念，そして技術を提示して概説する．この章は，まず，管理計画にとって必要な基礎的なデータから始め，続いて，飼育下集団の全体的な目的とゴールを記述する．私たちは，集団の現在のステータスを定義するために使われる遺伝学的，人口学的な特性を提示する．その後，集団管理に使われる基礎的な管理戦略について述べ，そして，どんな集団管理計画にとっても中心となる，動物個体ごとの勧告の基礎をなすより詳細な分析について述べる．私たちは，最後に，特に難しい問題（データが乏しい時にどのように進めるか，個体識別がされていない個体の集まりをどのように管理するか）について述べる．

集団管理の価値

飼育下集団を管理することには時間がかかり（データを維持し，勧告をつくる），費用がかかり（動物を移動する），そして時にはリスクを伴う（施設間の病気の伝播，動物へのストレス）．しかし，その利益は明白であり，それらを以下に概説する．

保全の価値を増す

集中的な管理は，集団が野生のカウンターパートの遺伝学的な特性を保持するのを助ける．これは，それらのもつ，必要が生じた時に再導入するための遺伝的貯水池として使われる価値を増す．

飼育下動物の利用可能性を確実にする

かつては数が多くて広く分布していた飼育下集団でも，その多くがその後につぶれてしまった．特に，小さな哺乳類や鳥類の集団においてそうである（Amori and Gippoliti 2003，図 19-2）．集団がつぶれるのには多くの理由があるが，個体の集合が 1 つの統合された集団とし

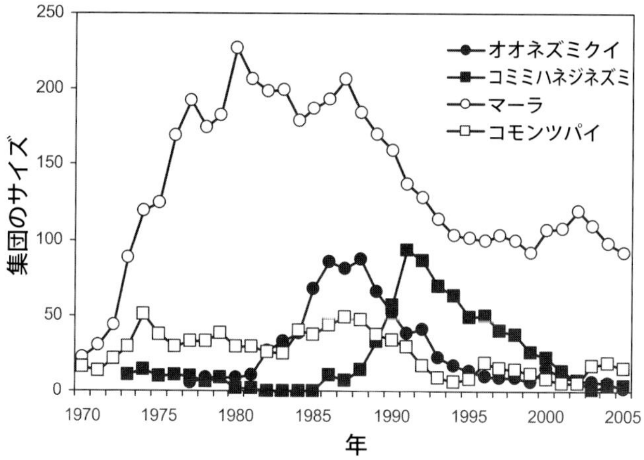

図 19-2　4 つの小型哺乳類種〔オオネズミクイ（*Dasyuroides byrnei*），コミミハネジネズミ（*Macroscelides proboscideus*），マーラ（*Dolichotis patagonum*），コモンツパイ（*Tupaia glis*）〕における飼育下集団の崩壊と縮小．

て管理されないためにつぶれたものが多い．その結果，欲しいと望んだ時に，利用できる個体がいなくなる．例えば，2004 年にキリン（*Giraffa camelopardalis*）の SSP が PMP（Population Management Plan：集団管理計画）に変わった時，勧告は強制的なものから任意のものに変わった（PMP の勧告は，SSP の勧告と対照的に，任意のものである）．その後の 2 年の間に，北米から移送されたキリンの半数を超える 35 頭が，AZA の集団の外に移動された．その結果，17 の施設がおよそ 50 頭のキリンを求める順番待ちリストができてしまった．それ以外の 6 つの施設が新たにキリンの展示を導入しようと望んだが，利用可能な動物がほとんどいないことが分かった．

動物福祉を改善する

集団管理は，近親交配を避けようとする．なぜなら，近親交配によって生まれた動物は，途方もなくたくさんの種類の病気に苦しむことが多いからだ．これらには，寿命の短縮，栄養失調（発育不良），代謝疾患，形態的な奇形，異常な出生時体重と成長，器官（眼，脳，脾臓，副腎，甲状腺）の形成異常，生殖器官の障害，気質の異常，免疫疾患，温度耐性の減少，そしてストレスへの感受性の増大が含まれる（Wright 1977，Frankham, Ballou, and Briscoe 2002）．理論上は，部分的にあるいは全く遺伝的に決定される形質はどんなものでも，近親交配によって質を落とすものの候補である（以下を参照）．動物福祉を考慮することは，それ自身で近親交配回避を奨励する十分な理由であるべきだが，さらにそのような多様な病気を治療するためのコストも存在する．例えば，Willis（私信）は，ミネソタ動物園の近親交配のソウゲンライチョウ（*Tympanuchus cupido attwateri*）は，非近親交配のものよりも著しく多い獣医学的な治療を受けていることを発見した．

分類学的な起源を確認する

飼育下繁殖計画は，正確な血統台帳データを確実にする努力を必要とするため，集団管理計画の中で働くことは，動物園が実際に彼らが求めていたものを受け取る機会を増加させる．キリンの SSP が 1990 年代初めに開始された時，血統台帳が編成され，初めて完全な家系図が利用可能となった．多くのキュレーターは，現存するキリンのおよそ 30% は亜種間雑種であるか，最小限しか系図をさかのぼれないことを発見して，驚き不快に感じた．さらに，1979 年～ 2000 年の間に，27 頭のキリンが，米国の動物園から日本の動物園に買われていった．これらはアミメキリン（*G. c. reticulata*）であるとされていたのだが，これらの動物が搬出された後に血統台帳を調べることにより，13 頭は亜種間雑種であることが分かり，それゆえ繁殖計画にとって無意味であることを彼らは発見して驚いた．血統台帳を精査しなかったことにより，これらの動物園はキリン 1 頭あたり 5 万ドルにのぼるコストを支払うこととなった．

動物園の空間を有効に管理する

集団管理は，私たちが長期にわたって維持しようと望んでいる種にとってだけでなく，より絶滅が危惧される種と空間を争っているありふれた種の集団をコントロールするためでもある．AZA の集団での例には，グレビーシマウマ（*Equus grevyi*）とアカカワイノシシ（*Potamochoerus porcus*）にとって利用可能な空間を増やすために，バーチェルサバンナシマウマ（*E. burchelli quagga*）とイボイノシシ（*Phacochoerus africanus*）の集団成長を制限することが含まれる．

規制の予期せぬ変更への緩衝

予期されず，それに対して準備されていなかった，輸入制限の規制ができると，集団が閉じてしまい，もし管理されなければ，絶滅に対して脆弱となり得る．例えば，オーストラリアは，病気への懸念から，2001 年に偶蹄類の輸入を全面停止したが，これまでのところ，クーズー（*Tragelaphus strepsiceros*），セーブルアンテロープ（*Hippotragus niger*），クビワペッカリー（*Pecari tajacu*）のオーストラリアにおける集団が絶滅し，他の種が減少するに至っている．人口学的に頑健で，協力して管理されている集団だけが，これらの制限を生き延びやすいだろう．自国産の分類群への似たような効果は，野生動物を収集することや負傷した野生動物を飼育下にとどめることに対する，政策的なあるいは態度の変化から生じ得る．動物園は，政策や規制におけるこれらの変更を切り抜けることができる必要がある．

野生から収集し移送するコストを減らす

計画は，移送の回数と距離を減らすこと，そして野生動物を収集する率を減らすようにデザインされる．したがって，収集のための旅，許可の申請，そして国際的取引の手配に要する時間とコストが削減される．

集団管理のためのデータ

飼育下繁殖計画の発展において最も重要なタスクは，集団の分析と管理のために必要な基礎的なデータを取り揃えることである．現存する，もしくは過去に存在していた飼育下集団ならば，データはいろいろな違った形ですでに取り揃えられているかもしれない．取り揃えられたデータの最も優れたソースは，血統台帳である．それは動物のID，性別，出自，出生と死亡の日付，そして施設間の移動に関する情報についての重要な情報を載せた，飼育下集団の年代記である（Glaston 1986，Shoemaker and Flesmess 1996，付録3も参照）．血統台帳が優れたデータソースとなるのは，血統台帳の管理者がデータを確認し編集することにより，質を向上させるからである．現在，1,150を超える地域的な血統台帳と145を超える国際的な血統台帳が存在している（ISIS 2007）．これらの大部分は，毎年配布されるISIS/WAZA Studbook Library CD-ROMに含まれるコンピュータ化されたデータベースとして利用可能である（ISIS/WAZA 2004）．

もし血統台帳が存在しないか，あるいは古くなっているのなら，もともとのソースから取り揃えてつくられなければならない．対象の個体をかつて所有していたか現在所有している全ての施設から，歴史的なそして現在のデータを収集すべきである．生きている個体間の血縁関係を決定し，重要な集団パラメータを推定するためには，歴史的なデータが決定的に重要である．

データソースとなり得るものは，以下の通りである．

国際種情報システム機構（ISIS）

国際種情報システム機構（International species information system：ISIS）は，動物のID，出生と死亡の日付，家系，そして移動についての情報を含む，コンピュータ化されたデータベースである（Flesness 2003，ISIS 2007，付録3）．ISISは，世界中の70以上の国の700を超える施設からデータを集めており，もし血統台帳が利用できない場合には，集団のデータを取り揃えるための最善の開始点である．ISISは，現在，単一の，ウェブベースの，世界的な動物学情報管理システム（Zoological Information Management System：ZIMS）を開発中である（Cohn 2006，ZIMS 2007，ISIS 2007）．これは，動物の生涯を通じた重要な事象についての，単一で途切れのない記録を，初めて提供するだろう．ZIMSは，世界中のほとんどの動物園で現在使用されている既存のISISの動物記録管理ソフトウェア（ARKS，SPARKS，MedARKS）を置き換えていくだろう．

国際動物園年鑑（IZY）

ロンドン動物学協会によって毎年出版される国際動物園年鑑（International Zoo Yearbook：IZY）は，1961年～1998年までに飼育下で繁殖した鳥類，哺乳類，爬虫類，両生類，そして魚類の年間リストを提供する．数と場所が示されているだけではあるが，これらの年間リストは，ある特定の分類群の個体をかつて所有したことのある施設を特定するために役に立つ．

施設での内部記録

施設内部のコレクション個体一覧の記録は，第一次のデータソースである．対象の個体をかつて所有していた，あるいは現在所有している施設が特定されたならば，それらの施設にコンタクトして，それらのコレクションの歴史，現状，そして詳細についての情報を求めることができる．

集団分析と管理のために，個々の動物に関して必要な基礎的データは以下の通りである．

- 個体識別記号：生涯にわたって身元を証明する単純な番号（例：血統台帳での番号）．このような識別を達成するためには，動物が施設間を移動した際に，異なる施設ごとに定められる一連の識別番号をリンクさせることが必要かもしれない．
- 性別
- 出生の日付と場所
- 死亡の日付と場所（死産と流産を記録することも必須である）
- 出自
- 養育の仕方（人工哺育，人工育雛）

もし動物が野生で捕獲されたものなら，

- 捕獲された日付と場所
- 捕獲時の推定年齢
- 他の野生捕獲個体との血縁関係の可能性（例：単一の巣や群れから捕獲された数頭の個体）
- 飼育下に移された時の日付と施設
- 飼育下を離れた日付あるいは追跡ができなくなった日付（例：野生への再導入，逃亡，動物業者への移管による追跡の停止）
- その動物が存在した諸施設，移動の日付と各施設でのローカル識別番号
- 死亡の状況と原因に関する情報
- 繁殖の状態（例：去勢された雄，繁殖終了後の雌，該当する日付とともに）
- 群れ構成（一緒に飼育された動物と期間）
- 繁殖の機会（動物が繁殖する機会を与えられたか否か，それはいつか）
- 過去の繁殖経験に関する情報（例：繁殖したことが証明されている個体）
- 刺青もしくは他の永続する識別マーク（例：トランスポンダーの番号）
- 死体の処分先と追跡番号（例：「カンザス大学博物館に送付，#12345」）
- その動物の繁殖，社会行動，飼育に影響するかもしれない雑多なコメント（例：通常でない行動もしくは表現型）

どんな種類のデータにも欠損もしくは不完全情報が存在し，動物の記録に関しても例外ではない．

1. 不明なデータもしくは欠損したデータを扱う時には，できるだけ多くの情報を記録するようにすべきである．しかし，欠損したもしくは不完全の情報を埋めるためにデータを決して創作するべきではない．
2. 両親の記録の不確かさは，特に群れの状況においては，よくある問題である．親である可能性のある個体は，もし可能ならば親である可能性の度合い（例：行動データに基づいて）とともに，全て記録すべきである．
3. 記録は，その動物の歴史についての不確かさの程度を正確に反映するべきである．管理のための勧告をつくる準備として集団を分析する際には，しばしば仮定が置かれる必要があるが，その際にいつも行われるのは，欠損もしくは不明のデータを仮定で書き換えた“分析用の”血統台帳をつくることである．しかし，これらの仮定を，公式の“真の”血統台帳へ決して移行させるべきではない．
4. 人口学的分析に必要とされる基本的なデータは，出生日，死亡日，そして繁殖日である．これらの事象，特に出生や死亡の日付の不確かさは，人口学的分析に深刻な影響を及ぼし得る．不明の日付がある（特に出生日が不明である）個体は，どれも分析から除かれるのが一般的である（ソフトウェアの中には，これらの動物を含むことを認めるものもある．しかし，年齢の分かっている動物での比率に比例した比率で含める）．情報に基づいて推定した場合は，可能な限りそのことを記録するべきである．
5. 遺伝学的分析に必要とされる基本的な情報は，両親が誰であるかということである．集団にとっての両親に関する情報の完全なセットが，その集団の系図を構成する．飼育下の系図は，両親に関する情報が不明であるか，あるいは欠損していることに悩まされる．多くの不明を含む系図（おおざっぱな基準として 15% を超える場合）では，系図分析が意味をなさなくなる．両親が不明な状態を解決しようと試みる，もしくは遺伝学的分析ができるように仮定を設けることには，かなり多くの努力を要する．これらの戦略については，以下のそれぞれの節で考察する．

ほとんどの分析は，アクセスと操作が容易であるように，コンピュータ化されたデータを必要とする．系図に関する標準的なフォーマットが開発されてきた（Shoemaker and Flesness 1996）．そして，コンピュータ化された血統台帳の管理と分析のための，多数のソフトウェアパッケージが現在利用可能，もしくはまもなく利用可能となる．その中には，単一個体群分析記録管理システム（Single Population Analysis and Record Keeping System：SPARKS）（ISIS 2004a），PopLink（Faust, Bergstrom, and Thompson 2006），動物学情報管理システム（ZIMS 2007）が含まれる（さらなる詳細については補遺 19.1 を参照）．

存続可能な集団を維持する：人口学

人口学的管理の目的は，その集団のゴールに依存する．保全上の懸念があるほとんどの集団にとっては，絶滅のリスクを軽減するために，十分なサイズの安定した集団を確立することがゴールである．その一方，管理された予測可能な率で絶滅へ向けて集団を小さくしていくことがゴールである集団もあるかもしれない．集団が直面する人口学的な面での主要なリスクは，小集団のダイナミクス，不安定な齢構造，そして不確かな繁殖である．

小集団のダイナミクス

小さな集団は，大きな集団よりも絶滅しやすい．それは単に小さいからでなく，ダイナミクスにおける相乗的な相互作用によって，“絶滅の渦”へと陥り得るからである（Gilpin and Soulé 1986，Shaffer 1987，Lande 1988，Vucetich et al. 2000，Lande, Engen, and Saether 2003，Drake and Lodge 2004，Fagan and Holmes 2006）．小さな集団が人口学的に脆い主要な理由の 1 つは，人口学的な確率性－個体レベルの繁殖，死亡率，子の性比におけるランダムなバラツキである．このバラツキは，集団が小さい時により拡大され,集団の人口動態率（死亡率や繁殖率）や性比を変動させる（Lande 1988，Lacy 2000a，Lande, Engen, and Saether 2003）．

人口学的な確率性に加えて，小さな飼育下集団は，生存と繁殖を低下させる近交弱勢によって，人口学的に脆くなるかもしれない．集団がこのようなダイナミクスにいつ陥りやすくなるかに関する厳密な限界値は存在しないが，集団あるいは特定の生活史段階が 20 ～ 100 個体の時（Goodman 1987，Lande 1988，Lacy 2000a，Morris and Doak 2002，Lande, Engen, and Saether 2003），もしくは有効集団サイズ（以下を参照）が 100 よりも小さくなった時（Keller and Waller 2002）であると，一般的には推定されている．

不安定な性年齢構造

何が集団の齢構造を不安定にするかについて厳密な定義は存在しないものの，人口学的な問題の前徴となるいくつかの状況があり，それには以下のものが含まれる．

- 一夫一妻種において，齢クラスまたは生活史段階（例：繁殖年齢にある全ての雌と雄のペア）での性比が大きく食い違う．このように性比が釣り合わないと，繁殖または一緒に収容することを目的として一夫一妻ペアを形成する際に困難を生じるかもしれない．
- 一夫多妻種または群れで飼われている種において，性比が不適切である．もし出生性比が等しいにもかかわらず一夫多妻の社会的な群れとして管理されるのなら，一方の性の余分な個体は単性グループもしくは単独管理し〔ゴリラ（*Gorilla gorilla*），アフリカゾウ（*Loxodonta africana*）とアジアゾウ（*Elephas maximus*），ヌー属（*Connochaetes*）やウォーターバック属（*Kobus*）やガゼル属（*Gazella*）などの有蹄類〕，長期的なスペースの必要性に備えなければならない．しかし，これらの余分な個体を，輸出したり，去勢したり，さもなくば繁殖プールから除外するよりも，集団にとっての将来の潜在的な繁殖個体として管理すべきである．将来，これらの個体が遺伝的にまたは人口学的に重要になり，集団の安定性を維持するために不可欠となるかもしれないからだ．
- 一番若い齢クラスの個体数が少ない．これらの個体が繁殖面で成熟する際に，十分な数の個体がおらず，集団を維持するための繁殖ペアが形成できないかもしれない．
- 繁殖齢クラスの個体数があまりに少ない．この結果，相対的に出生数が少なくなり，集団サイズが小さくなる．この要因は，飼育下集団から再導入の目的で動物を取り除く際に考慮されるべきだ．
- 一番高齢の齢クラスに個体が多い．これらの個体がその種の最大寿命に近いのであれば，近い将来に彼らが死亡し展示スペースを埋める必要性が生じることを，管理者は予期しておくべきかもしれない．

管理者は，将来の集団成長を見積もる人口学的モデルを使って，これらの問題の多くを検出することができる（以下を参照）．

繁殖の不確かさ

飼育されている種の繁殖生物学と，望んだ時に子を得るために必要な飼育管理法とを理解することは，よい集団管理にとって不可欠である．集団が最初の成長フェーズにある時には，少数の施設に集中するよりもむしろ，参加している施設の間で繁殖が広く割り振られているべきである．それは，主要な施設でランダムなカタストロフィ（例：病気，自然災害）が起きて，集団の潜在的な繁殖能力が一掃されるというリスクを緩和するためである．集団が一定のサイズで維持される必要があるフェーズに到達した時には,許容される繁殖数は厳しく制限されるだろう．例えば,トラの飼育下集団において，1 つの動物園は 12 ～ 15 年に 1 回だけ繁殖を推奨されるかもしれない．この間隔は，その動物園の職員は適切な繁殖管理の経験をもたないことを意味するかもしれない．管理者は，飼育管理法に関する貴重な情報を確実に普及するために，こうした仕事に関する集団としての経験をより広い管理計画の中で共有することについて，創造的に考える必要があるだろう．多くの飼育下繁殖計画は，飼育方法に関するマニュアル（およびそれ以外の管理手順）をもっている．例えば,トラの SSP は，1994 年に飼育管理法のマニュアルを出版した．それには，飼育管理法と獣医学的ケアについての情報だけでなく，どのようにトラを引き合わせ（繁殖させ）育てるかについての詳細が含まれている．このマニュアルは，5 か国語（ロシア語，中国語，タイ語，ベトナム語，インドネシア語）

に翻訳され，トラが生息している国々の動物園に配布された．

さらに，管理者は，個々の雌が確かに繁殖可能であり続けることに注意を払う必要があるかもしれない．とりわけ，集団の成長率をゼロに保っている時はなおさらである．いくつかの種において，雌がその生涯で繁殖可能な期間に繁殖可能であり続けるためには，その初期に繁殖することが必要であると示唆されている〔ゾウとサイ（*Rhinoceros*，*Ceratotherium*，*Dicerorhinus*，*Diceros*）：Hermes, Hildebrandt, and Göritz 2004，Hildebrandt et al. 2006，タスマニアデビル（*Sarcophilus harrisii*）のようなフクロネコ（C. Lees 私信），ライオン（*Panthera leo*）（B. Wiese 私信）〕．これらの例が例外なのかそれが普通なのかははっきりしないが，個々の計画管理者や科学的アドバイザーは，種がこのような効果の作用を受けやすいかどうかについて，注意深く考慮するべきである．管理者はまた，もし繁殖を制限するために避妊処置を用いるならば，避妊処置が取り除かれた際には雌は確実に繁殖に戻ることができることについても注意を払うべきである．北米のゲルディモンキーの集団は，元に戻せると信じられていた避妊法が雌を永久的に繁殖不能にした時に，深刻な人口学的崩壊を経験し，長期的な存続が脅威にさらされた．

存続可能な集団を維持する：遺伝学

遺伝的多様性を維持し，人口学的な確実性を保持することは，長期的な保全のための集団管理における主要なゴールである．遺伝的多様性の管理は，集団が飼育下にある間の遺伝的構成の変化を最小化し，もし動物が野生に再導入される機会が生じた際に，それらの動物が，飼育下集団を確立する際に用いられたもともとの創始個体の遺伝的特性を，可能な限りそのままに近い形で示すようにする（Lacy et al. 1995）．遺伝的な変異は適応進化の基盤でもあり，集団が環境の変化に適応する能力を維持できるよう，そのまま保持されなければならない．さらに，多くの研究が，普遍的ではないものの一般的な関係として，遺伝的変異と個体および集団の適応度の間に正の関係があることを示している（Hedrick et al. 1986，Allendorf and Leary 1986，Vrijenhoek 1994，Frankham 1995b，Saccheri et al. 1998）．さらに，近親交配に関する研究の多くが，飼育下と野生集団の双方において，有害な効果の証拠を示してきた（Ralls, Brugger, and Ballou 1979，Ralls, Ballou, and Templeton 1988，Lacy 1997，Crnokrak and Roff 1999，Keller and Waller 2002）．最後に，遺伝的多様性を維持することは，将来の管理策の選択肢を残しておくことであり，野生および飼育下集団が遺伝学的，人口学的に必要とするものについての知識が増加するにつれてますます重要になっていく，1つの戦略である．

遺伝的多様性とは何か

遺伝的多様性はいろいろな形をとる．それは半数体（ミトコンドリア DNA），二倍体，または倍数体でさえあり得る．遺伝的形質は，1つの遺伝子座のアリルに基づくことも可能だし，多数の遺伝子座のアリルに基づくことも可能である．したがって，遺伝的変異にはいくつかの異なった用語があり，異なったタイプがあることは，驚くべきことではない（詳細については，Frankham, Ballou, Briscoe 2002 を参照）．2つのよく見られる用語は，アリル多様度とヘテロ接合度である．アリル多様度は，集団中の特定の遺伝子座における異なるアリルの数である．ヘテロ接合度は，ある集団もしくは個体においてヘテロ接合状態である遺伝子座の割合である（Frankham, Ballou, Briscoe 2002）．ヘテロ接合である遺伝子座とは，2つのアリル（1つは母親から，もう1つは父親から継承）が異なっている（例：*AA* や *aa* ではなくて *Aa*）もののことである．その2つのアリルが同じ時には，その遺伝子座はホモ接合状態にあるという．遺伝的多様性は，個体においても集団においても測定することが可能である．アリル多様度は，集団が長期的に適応する能力にとって重要であるが，ヘテロ接合度はより直接的な個体の健康にとって重要である（Allendorf 1986）．

小さな集団（個体数が数百よりも小さい集団）においては，アリル多様度もヘテロ接合度も，遺伝的浮動の過程を通じて失われる．アリルは親から子へとランダムに伝えられる（それぞれの親は，各遺伝子座の2つのアリルのいずれかを 50% の確率で子に伝える）ので，全ての遺伝子座にわたって子が受け取るアリルは，親の世代のアリル変異の抽出標本に過ぎない．生まれた子の数が少なかった時には，子の遺伝的多様性は，両親のもつ遺伝的多様性を十分に反映しないかもしれない．偶然によってだけでも，子に伝えられないアリルがあるかもしれない．頻度を上昇させたり減少させたりするアリルもあるかもしれない．アリルの数と頻度におけるこれらの変化は，この標本抽出過程を通じたヘテロ接合度の変化と同様，遺伝的浮動と呼ばれる．

もう1つの用語，量的変異は，個体の全体的な適応度（例：繁殖成功と生存率，リッターサイズ）に関係する重要形質について当てはまる．単一の遺伝子座によって決定されるのではなく，これらの形質には多数の遺伝子座が関与する．量的形質は，遺伝的な違いと環境的な違いによって個体間に変異がある．量的形質における遺伝的変異の構成要素のうちで最も重要なものは，相加的遺伝変異と呼ばれる（Frankham, Ballou, and Briscoe 2002）．しかし，広範囲の研究と実験を行うことなしに，量的形質に見られる違いのうちで，環境効果ではなく相加的遺伝変異によるのはどのくらいかを決定するのは困難である（Frankham, Ballou, and Briscoe 2002）．都合の良いことに，全体的なヘテロ接合度と相加的遺伝変異は，だいたい同じ率で失われる．結果として，ヘテロ接合度の維持に基礎を置く管理戦略は，相加的遺伝変異の維持をも一般的に促進するだろう（Lande and Barrowclough 1987）．

遺伝的形質は，選択に関して有益，有害，もしくは中立的であり得る．したがって，選択は，遺伝的多様性の消失を遅らせることを促進することも潜在的に可能である．重要であることは疑いなく，重大な要因であることが示されてきたが（Frankham and Loebel 1992），飼育下集団で選択が果たす役割については，ほとんど分かっていない．変異は選択性である（選択圧によって影響される）こともあれば，選択に関して中立である（選択圧ではなくランダムな過程である遺伝的浮動によって影響される）こともあり得る（この問題についてのさらなる議論は，Lande and Baroowclough 1987，Lacy et al. 1995 を参照）．

遺伝的管理は，これらのレベル全ての遺伝的変異〔単一の遺伝子座の多様性，量的形質の多様性，選択を受けている遺伝子座とそうでない（しかし将来的には受けるかもしれない）遺伝子座における多様性〕を維持することに焦点を当てる必要がある．平均ヘテロ接合度は，この変異のほとんどを包括する単一の指標として最善のものに思える．それは遺伝的多様性の全体的な指針として用いられることが多い．なぜなら，それは理論的な考察に適しているし，アリル多様度の消失に関する単純で正確な指針となるからである（Allendorf 1986）．ほとんどの飼育下繁殖計画の遺伝学的なゴールは，現在，平均ヘテロ接合度の全体的なレベルの維持に基づいている．

集団の遺伝的な健全さへの主要な脅威は，遺伝的多様性の消失である．これは，集団サイズ（実際には有効集団サイズ，以下を参照）と時間の関数である．一般に，集団が小さければ小さいほど，消失は速い．そして，期間が長ければ長いほど，総消失量は多い（図 19-3）．それゆえ，遺伝的多様性を保全するための繁殖計画を立案中のヒトは，どれくらい多くの遺伝的多様性が必要であるか，そしてどのくらい長くそれを維持すべきか，という質問について検

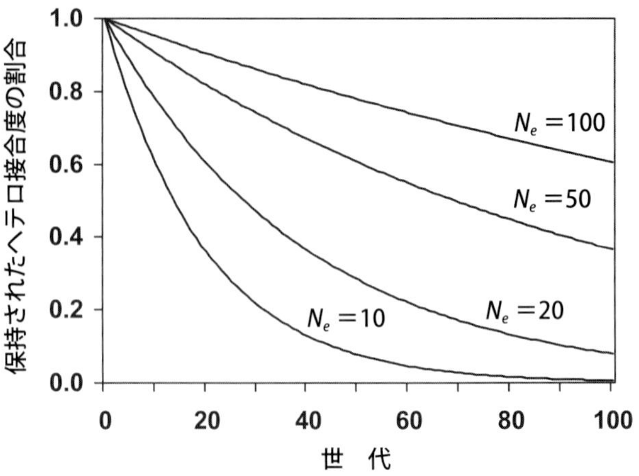

図 19-3　有効集団サイズ（N_e）が 10 ～ 100 の範囲の値を取る時に，ソース集団からのもともとのヘテロ接合度が 100 世代の間に保持される割合．

討しなければならない（後述の「人口学的なゴールを設定する」を参照）．

遺伝的多様性を測る

遺伝的変異は，生物体から DNA 試料（血液，組織，体毛，羽毛，骨，糞，その他）を収集し，利用可能な分子技術のうちの 1 つを用い，遺伝子座のセットに関してアリルの頻度あるいはヘテロ接合体の頻度を測ることによって，計測されるのが典型的である（技術の包括的な総説としては Schlötterer 2004 を参照）．この本を出版する時点でよく使われている技術には，マイクロサテライト，ミトコンドリア DNA のハプロタイプ，そして遺伝子の塩基配列そのものの分析も含まれる．

これらの技術のほとんどは，個体間の遺伝的な差異を識別する能力を共通してもっており，アリル多様度とヘテロ接合度についての情報を提供する．時間を追った多様性の変化も計測可能である．理想的な世界では，分子技術は創始個体の遺伝的多様性を識別し，何世代にもわたる個体の連続的なモニタリングを通じて，創始個体の遺伝的多様性全体を最大限保持する管理計画を導くために使うことができるだろう．

残念ながら，個体レベルの多様性をゲノム全体にわたって計測する分子分析は（まだ）存在しない．最も広範な研究でも，個体のゲノムを構成する何万もの遺伝子のうちの数十の遺伝子座を調べることができるだけである．数個の遺伝子座だけの多様性に基づいて管理しても，ゲノム全体の多様性に関する目的は達成されないだろう．なぜならそれでは，モニターされる遺伝子座では高い多様性を示すけ

れども，それ以外の全ての遺伝子座では多様性が失われた集団になってしまう傾向があるからだ（Slate et al. 2004, Fernandez et al. 2005）．

しかし，系図を用いることで，全ゲノムレベルの遺伝的多様性を管理することが可能である．系図が分かっている時には，個体間の親縁度（kinship）と近交係数を計算することにより，個体におけるゲノム全体で推定あるいは平均の多様性を，ソース集団に対する相対的な値として知ることができる．系図に基づく遺伝的多様性の推定値に基づく遺伝的管理は，遺伝的多様性を維持する点において分子に基づく方法よりも有効であることが研究によって示されている（例：Fernandez et al. 2005）．分子と系図とに基づく方法間の主要な違いは，分子の方法では，わずか数個の遺伝子座の多様性に関して，絶対的な真のレベルの推定値を得られるのに対し，系図に基づく方法では，ゲノム全体の平均的な多様性に関して，絶対的なレベルの多様性ではなくソース集団に対する相対的な値である統計的な計測値を得られることである．管理計画にとっての全般的なゴールはソース集団の遺伝的多様性を保つことなので，家系に基づく方法は非常に有効である．

集団管理の目的，ゴール，ターゲットを定める

集団管理における最も重要なステップの１つは，ある特定の種が飼育下繁殖計画をなぜ必要とするのか，その理由を定めることである．飼育下計画のゴールは，３つのレベルで述べることができる．最も高いレベルとしては，動物園展示のニーズを満たすように集団を維持するあるいは野生に放すのに十分な数の動物を生み出すというような，管理を適用する目的をはっきりさせる，幅広くて定性的な目標をもつだろう．ここでは，これらをその計画の目的と呼ぶ．２番目のレベルは，集団のゴールである．それは，計画の目的を，どれくらい多く（遺伝的多様性），どれくらい多数の（個体数），どれくらいの長さの間，という質問に答える，数量化可能な遺伝学的，人口学的な指標に翻訳する．これらは，その計画がその目的を達成するかどうかを決める，集団の特性である．３番目のレベルは，計画の諸パラメータについての一連のターゲットである．それは，計画が個々の動物を毎日あるいは毎年どのように管理するかによって直接的に影響され，長い間に集団のゴールが達成されるかどうかを決めるだろう．これらには，近親交配の最大レベル，年間の出生率，有効集団サイズ，新しい創始個体の導入率，そして世代時間（これらは全てこの章の別の場所で記述）が含まれるかもしれない．これらのターゲットは密接に相互作用しあうので，あるもののパフォーマンスにおける変化を，別のものの注意深い管理によって補えることが多い．結果として，これらは３つのレベルのうちで最も動的である．

集団の目的を定める

飼育下集団は，いくつもの目的に対して貢献することができる．目的が異なれば，管理のニーズ，管理の強さ，そしてゴールとターゲットも異なることになる．飼育下のコロニーを確立直後に再導入されることになっている集団では，何世代にもわたって飼育下にとどめられる運命にある集団に比べて，長期的な遺伝的多様性の維持についてそれほど心配する必要がないだろう．同様に，主として動物園での展示のために管理されている集団は，おそらく進化可能性を維持することよりも平均的な近親交配のレベルを管理することだけを求められるだろうから，それほど大がかりな遺伝的管理を必要としないだろう．一方，野外で絶滅し飼育下でのみ存在している種は，長期にわたる集中的な遺伝的，人口学的管理を必要とするだろう．

計画の目的を決定する前には，その集団がその目的を達成できるのかどうかを検討する分析，例えば，その集団の現在の人口学的，遺伝学的ステータスについての詳細な分析が実行されなければならない．ステータスは，現状の下でその集団が提案された目的を達成できるかどうか，そしてもし達成できないのならば，それを求められるものに近づけるどんな可能性があるのかを明らかにするだろう．例えば，現在，遺伝的多様性をほとんど残していない集団は，追加的な創始個体が得られない限り，長期的な保全保険計画の出発点としては役に立たないかもしれない．同様に，たった４個体で創始され近親交配が極度に進んだ集団は，野生地域に再導入する動物のソースとしては適さないかもしれない．

ZooRisk（Earnhardt et al. 2005）は，集団の現在の人口学的，遺伝的構造とこれまでの繁殖率，死亡率とを用いて，集団の飼育下での存続可能性を確率的にモデル化し分類するソフトウェアプログラムである．この分類は，①その集団の絶滅確率，②繁殖年齢グループの分布（例えば，その集団の繁殖ストックがわずか数か所の施設に限られているかどうかを決定），③現在，繁殖年齢にある動物の数（潜在的なペアが十分に存在するかを確認），④直前の世代における繁殖（これまでに繁殖に成功してきたかを決定），⑤開始時点と今後予測される遺伝的多様性，に基づく．この多面的なアプローチによる存続可能性評価は，集団にとってのリスクを増大させているかもしれない遺伝的，人口学

的，そして管理面の要因を特定するのに役立つ．そして，掲げようとしている目的を集団が達成できるのかを管理者が評価する際にとても役に立つ．

集団の特性に加えて，集団がそのゴールを達成する可能性に影響を与える実際面の制約がいくつか存在する．例えば，提案された計画の目的を満たすために十分な，飼育上の専門的技術や血統台帳管理者，計画の調整者，そして所有している施設からの適切な協力が存在するか．動物園のスペースが十分にあるか．動物園の似たような資源をめぐって競合する，他の分類群のニーズについても考慮されなければならない．地域的な，そして時には世界的なレベルでの動物園のスペースの分配を順位づけするフレームワークが，地域動物収集計画として世界中で発展してきた（第20章を参照）．

現在のステータス，実際上の考慮点，資源の利用可能性の分析に基づいて，計画の目的を修正することが必要になるかもしれない．集団の目的を定めることは，反復的な過程なのかもしれない．例えば，再導入計画を展開するのに十分なスペースがないあるいは飼育上の専門的技術が存在しないだけならば，集団を動物園でより長い期間保持することに目的を変更し，その間に十分な追加創始個体が獲得され，飼育上の専門的な技術が得られることを期待するかもしれない．

遺伝学的なゴールを設定する

遺伝学的なゴールを設定する際には，どのくらいたくさん，どのくらい長く，どのくらい多数の，が問われる．管理計画の時間スケールは様々であろう．野生に戻すことができるまでの間，飼育下集団を一時的に短期間維持することだけが必要な種もいるかもしれない．しかし，大部分とは言えなくても多くの種では，飼育下集団は長期間，しばしば数百年の間維持されなければならないだろう．

これらの集団にとって，大雑把ではあるが一般的な戦略は，ソース集団のヘテロ接合度の90%を200年間にわたって保持することである（Soulé et al. 1986）．この90%/200年ルールは，500～1000年の間と推定された，野生生物の生息地を減少させる人間集団の成長と発展が続く期間についての検討に由来していた．しかし，Soulé et al.（1986）は，人間集団の成長には今後150～200年の間である程度の安定化が予想されると述べ，飼育下集団の管理の時間枠として200年が理にかなうであろうと結論づけた．もともとのヘテロ接合度の90%を維持するという勧告は，10%の消失というのは，「直感的には，潜在的に有害なヘテロ接合度の消失と許容できる消失との間の範囲を表す」という著者らの間の合意（Soulé et al. 1986）に基づいていた．より最近になって，集団サイズのターゲットは200年ではなく100年という期間で定式化された．なぜなら，これにより，集団サイズがより小さく，より現実的になるからである（Foose et al. 1995）．もともとのヘテロ接合度の90%を100年間にわたって維持することが，より特異的で影響力のある指針がない集団にとっての出発点として，ここでは提唱される．

いったん遺伝学的なゴールが選択されれば，PM2000（Pollak, Lacy, and Ballou 2007）を用いて，集団の潜在的な成長率，有効サイズ，現在の遺伝的多様性のレベル，そして世代時間を考慮した時に，そのゴールを達成するために必要とされる動物の数を計算することができる（Soulé et al. 1986）．このように，遺伝学的なゴールは，どれくらい多数の，という人口学的な質問に答える，人口学的なゴールに直接的に翻訳されることができる．

人口学的なゴールを設定する

小さな集団は遺伝学的問題と同時に人口学的問題にさらされており，飼育下集団のゴールを確立する際には，人口学的な安全性に関する似たような質問，すなわち，どれくらい多数の，そしてどれくらい長く，が考慮されるべきである．遺伝的なリスクと同様，人口学的問題のリスクも，集団サイズと時間の関数である．集団が小さければ小さいほど，そして管理の時間が長ければ長いほど，リスクは大きくなる．したがって適切な質問は，ある特定の期間の間にある集団が存続する（すなわち絶滅しない）確率はどのくらいかである．もしくは，別の言い方をすれば，ある長い期間（例えば100年）に高い確率（例えば95%）で存続するために必要な集団サイズはどれくらいかである（Shaffer 1987）．もしくは，その代わりに，ありふれた展示種においては，地域的な展示のニーズを満たすために必要なサイズ，もしくはそれを超えるサイズの集団を，95%の確率で存続させるための補充率はどれくらいかである．たいていの場合，標準的な遺伝学的ゴールを達成するのに十分なサイズをもつ飼育下の集団は，当該期間に高確率で存続するのに十分なサイズをまたもっている．ZooRiskは，これが本当であるかどうかを評価するのを助ける．

ターゲットを設定する

PM2000（Pollak, Lacy, and Ballou 2007）やZooRisk（Earnhardt et al. 2005）のような分析プログラムは，遺伝学的，人口学的なゴールを，特定のターゲットへと変換する．それらは，集団が確実にゴールを満たすためにはどのような管理活動とターゲットの組合せが必要だろうか，もしくは，逆に，可能な範囲の管理活動の中で，考慮中の集団が達成可能なゴールは何かを探究するために用いられることが多い．最初のターゲットセットは，集団サイズに関するターゲットである場合が典型的である．PM2000のゴールモジュールを用いて，管理者がすでに設定した遺伝学的なゴールに到達するために必要な集団サイズを定めることができる．その遺伝学的なゴールは，集団の世代時間，有効集団サイズ，現在の集団サイズ，集団の成長率，創始個体の補充率，そして飼育下での環境収容力に依存する．それらの全てに対し，管理を通じて直接的に影響を与えることが可能である．

集団サイズの特定のターゲットが設定されたなら，ターゲットを満たすために，集団を成長させる，縮小させる（そしてどれくらい速く），もしくは同じサイズのままで保つ必要があるかを決定することができる．この決定により，望まれる成長率を満たす（もしくは集団成長をゼロにする）ために必要な出生数（もしくはその集団から取り除く必要がある動物の数）が定まる．

計画の重要なパラメータに関する一連の最初の現実的なターゲットが確立され，集団のゴールと目的が適切に改良されたならば，より詳細な管理戦略を作成することができる．計画のパフォーマンスは，集団のゴールとパラメータのターゲットの双方を参照して定期的に評価され，必要ならば修正がなされるべきである．これらの反復的なステップを通じて，計画の管理は，集団と計画のニーズに順応し続けることが可能である．

以下に示すのは，異なった目的をもつ計画を表現するいろいろなシナリオと，それぞれについて確立されるかもしれないゴールとターゲットの例である（Lees and Wilcken 2002，AZA 2007）．ゴールとターゲットは，管理されている集団独自の現実的なベンチマークを反映することが必要である．したがって，それらは計画と地域ごとに異なるだろう．

1. ありふれた展示種，教育と研究のための種

特　徴：種は野生状態で脅威にさらされておらず，動物園は，輸入，野生での収集，もしくはリハビリセンターを通じて定期的に入手可能である．繁殖には信頼性があり着実である．研究あるいは教育目的で動物園に存在する集団もまた，この計画カテゴリーに当てはまるだろう．それらの多くは比較的短期間のゴールをもち，遺伝的，人口学的管理の必要性がほとんどまたは全くない．

計画の目的：動物園の展示ニーズを満たすことができる，健康な集団を維持する．

管理戦略：望まない過剰個体を生じさせることなく，必要なサイズの人口学的に安定した集団を維持する．可能ならば近親交配を最小化する．供給状況をモニターし，必要ならば管理を強化する．

集団のゴールの例：25年間にわたって集団サイズを50に保つ．

ターゲットの例：近親交配を，$f = 0.25$より低く保つ．繁殖率は，次の5年間の出生をおよそ8個体/年に保つ．

2. 長期的な保全のために飼育下に置かれる絶滅危惧種

特　徴：閉ざされた，もしくは新しい創始個体がほとんど利用できない飼育下集団．繁殖には信頼性があり着実である．

計画の目的：長期間にわたって存続可能な集団を維持し，遺伝的多様性を保持する．

管理戦略：〔平均親縁度（mean kinship）の値を用いて理想的なペアをつくることで〕遺伝的多様性が最大限残るようにし，飼育下の環境収容力の限界と両立する，人口学的に安定な集団を維持する．

集団のゴールの例：遺伝的多様性の維持と計画の継続期間に焦点を当てる．一般的なゴールは，野生のもともとのヘテロ接合度の90%を100年間にわたって維持することだろう．

ターゲットの例：集団を250に維持する．次の年に30の出生を得る．世代時間を延ばすために最初の繁殖が起こる年齢を7歳に引き上げる．雌に対する雄の割合を増やすことでN_e/N比を引きあげる．

3. 自然の生息地に直ちに放すために増殖されている希少種

特　徴：創始フェーズから管理が適用される．野生からの補充は，もし可能な場合でも，限られていると思われる．繁殖には信頼性があり着実である．

計画の目的：放出するために個体を回収することが可能な，遺伝的に多様で，人口学的に頑健な集団を維持する．

管理戦略：初期成長を最大化し，創始個体の遺伝的多様性を保持するように繁殖を管理する．飼育下の環境収容力に応じて，リリースのために必要な回収個体を生みだせるよう繁殖を管理する．再導入が完了するまで，飼育下とリリース集団の双方の遺伝的多様性を保つ．リリース個体において近親交配を最小化する．飼育下と野生集団の双方において適切な齢構造を管理する．理想的には，集団を野生の環境にできる限り似ている飼育環境で管理する．

集団のゴールの例：野生のもともとのヘテロ接合度の95%を25年間にわたって維持する．（年あたり20個体を回収して放つことができるように）集団サイズを100に保つ．

ターゲットの例：繁殖率は，出生を40/年に維持する．近親交配を，f＝0.125もしくはそれより低く保つ．

4．飼育下ではまだ集団を維持できるほど繁殖ができない種

特徴：繁殖は信頼性に欠け着実でない．新しく飼育されるようになった種あるいは飼育方法がまだよく分かっていない種かもしれない．

計画の目的：人口学的に存続可能で遺伝的に健全な飼育下集団を管理するために必要な条件を確立する．

管理戦略：人口学的な安定性を保つために，飼育下でうまく繁殖できる個体の増殖を奨励する．繁殖がうまくいかない個体に対し飼育方法の研究と資源を集中する．技術がしっかりと確立されたならば，計画を記録して段階的に縮小する，あるいは他のカテゴリーの1つとして管理する．

集団のゴールの例：集団を決められた期間の間特定のサイズで保つことに焦点を当てる（例：5年間集団サイズを50に保つ，少なくとも85%の遺伝的多様性を残す）．

ターゲットの例：子の死亡率を20%より低くする．繁殖率は，およそ20/年に保つ．近親交配は0.125以下に維持する．可能な雌は全て繁殖させる．

これらのカテゴリーのどれにもうまく当てはまらない計画もあるだろう．記述された目的のいくつかにまたがるものもあるだろうし，どんな計画においても，目的とそれを支えるゴールは，周囲の状況の変動に応じて時間とともに変化するかもしれない．このことにもかかわらず，計画の目的をはっきりと認定し，その目的を支えるようにゴールとターゲットを設定することは，管理の成功にとっての鍵であり続ける．

集団の人口学的な状態を評価する

動物園と水族館の集団は，施設間に散らばっているのが典型的だが，動物は施設間を移動するので，生物学的な集団の基本的な定義に合致している．集団の状態を評価する最初のステップは，現在のサイズ，構造，分布を査定し，将来の集団管理に関係があるかもしれないこれまでの人口学的パターンを明らかにすることである．これらの分析は全て，血統台帳の中に収集されたデータに依存する．

集団のサイズと分布

血統登録データを用いて明らかにすることは簡単に思えるが，現在の集団サイズは，管理される集団がどのように定義されるかに依存する．1つの飼育下集団は，①全世界で飼育されているその種（および亜種）の全個体，②その地域で飼育されている全個体，③（SSPやEEPのような）地域管理計画に参加している一部施設の全個体，④地域管理計画に参加している一部施設の特定個体（例：個々の施設はその管理されている集団から除外された個体もしくは余剰の個体を所有しているかもしれない），を含むかもしれない．この後に続く分析（以下を参照）では，様々な理由で遺伝的に管理される集団から除外される動物がいること，しかし，これらの遺伝的に除外された個体は，依然として全体の集団の一部と見なされることにも留意しなければならない．したがって，それらの個体は，依然として最終勧告に含まれるだろう．なぜなら展示スペースを占めるからだ．

分析する時には，集団全体のサイズは，その集団が利用できるスペース（環境収容力），管理計画によって設定された集団サイズのターゲットの文脈で検討されることも多い．例えば，「オカピSSP集団サイズは，分析時点では，24施設に分散する80個体（37.43.0，すなわち雄37頭，雌43頭，不明0頭）であった．SSP管理グループは，集団サイズのターゲットを200と定めた」（Petric and Long 2006）．

性年齢構造

集団は，性別，年齢，出生地，病気の状況，それ以外の様々な表現型や遺伝型形質において異なる個体で構成される．背後にあるこの構造は重要である．なぜならこれらの形質は，ある個体が繁殖するもしくは死亡する可能性，そしてそれゆえ集団全体としての成長能力に影響を与えるからである．集団を視覚的に表現する方法として最も広く使われているのは，各性年齢クラスの個体数を図示する年齢ピラミッドである（図19-4）．年齢ピラミッドで特に注目すべき場所は，

- ピラミッドの基層，すなわち最も年齢の若い齢クラスの個体数．これらは，直近の年の繁殖のうちで生き残った子孫である．
- 繁殖齢クラスの個体（例：繁殖開始と終了の年齢で挟まれた，ピラミッドの中央部）．これらの個体は繁殖のためにペアにされ，これらの個体の性比（例：雌に対する雄の相対的な数）は，管理とペアや繁殖グループをつく

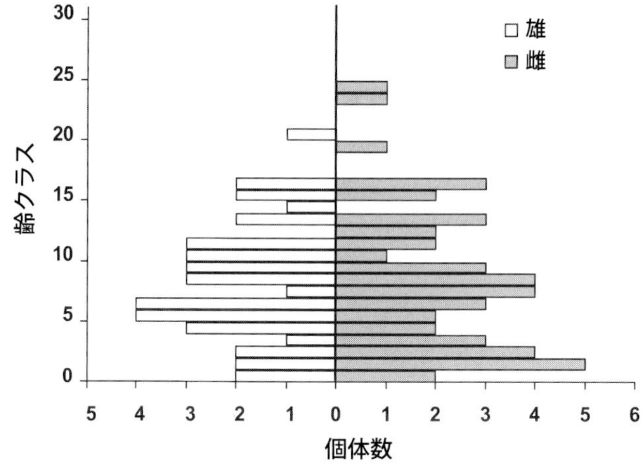

図 19-4　2006 年 3 月時点でのオカピ SSP 集団の年齢ピラミッド．

る能力に影響を与え得る．

・ピラミッドの最上部の個体．これらは集団の最高齢生存個体（しかし種の最長寿命よりも若いかもしれないことに留意）である．動物園で利用可能なスペースを死ぬまで占める非繁殖個体であることが多い．

年齢ピラミッドの構造を理解すると，集団の過去の成長パターンや将来の成長可能性がかなり明らかになる．若い個体からなる基層がしっかりした集団は，ふつう，成長している集団である（例：図 19-5a）．若い個体は繁殖齢クラスに進むので，これらの集団は，将来の繁殖に関して高い潜在能力をもつだろう．最も若い齢クラスに個体が少ない集団（例：上部が重い，図 19-5b）は，ふつう，減少中の集団である．これらの集団は，現在の繁殖個体が年をとり，より少数の繁殖個体によって置き換わられるにつれてさらに困難をかかえるかもしれない．なぜなら繁殖ペアをつくるあるいは集団を維持するのに十分な個体がいないかもしれないからである．

過去の人口学的パターン

集団サイズ

集団のこれまでの成長パターンを査定することは，その集団の将来的な成長能力を測るうえで重要である．最も一般的に行われるのは，性別（図 19-6a）や出自（図 19-6b）によってしばしば区別される，時間を追った集団サイズのセンサスグラフを用いることである．

これらのグラフは，集団成長の異なるフェーズ（図 19-1），飼育下での出生が野生捕獲個体の輸入を追い超して集団成長の着実なソースとなり始めた点〔1960 年代中頃のオカピ（*Okapia johnstoni*），図 19-6b〕，急激な成長もしくは減少のパターンのような，重要な傾向を示すことができる．急激な減少の時期に関しては，とりわけそれが集団管理の時期に起こったのなら，その原因が究明されるべきである．なぜならそれは，集団の存続可能性に対する深刻な脅威となり得るからだ．血統台帳に存在する人口データの中に，そのような減少の理由についての徴候を見出し得る（以下の「生命表」の項を参照）．しかし，最終的には，集団管理者は，その変化が計画されたものかそうでないのかを指し示さなければならないだろう．もし変化が計画されたものでないならば，管理者は，その変化には

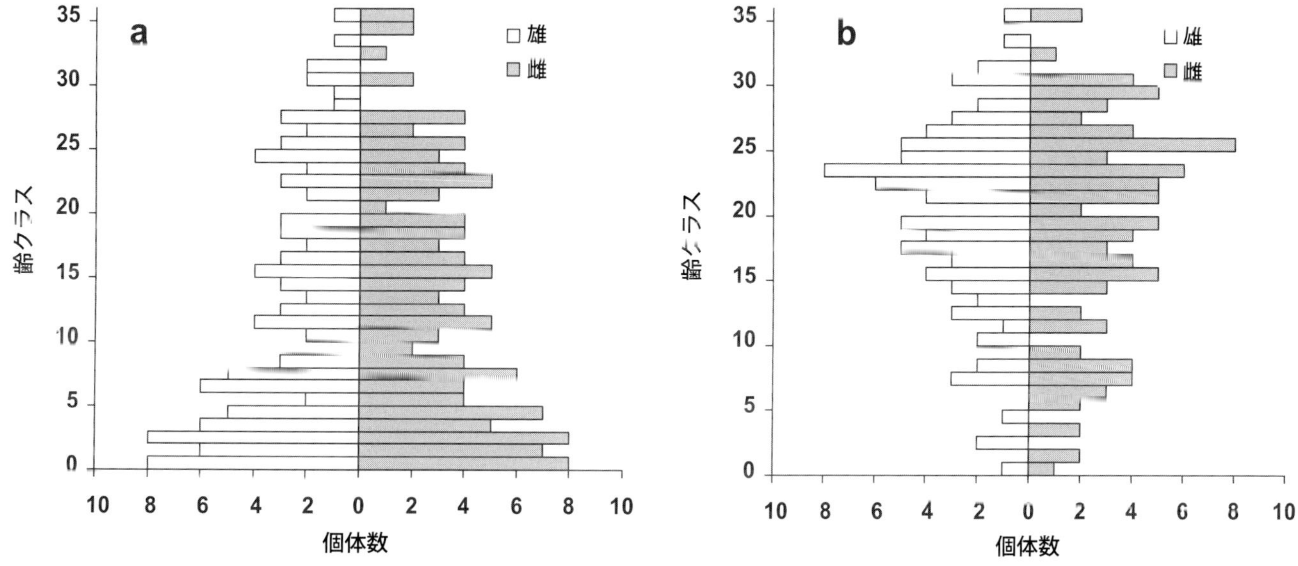

図 19-5　成長している（a）または縮小している（b）集団の齢構造の比較．

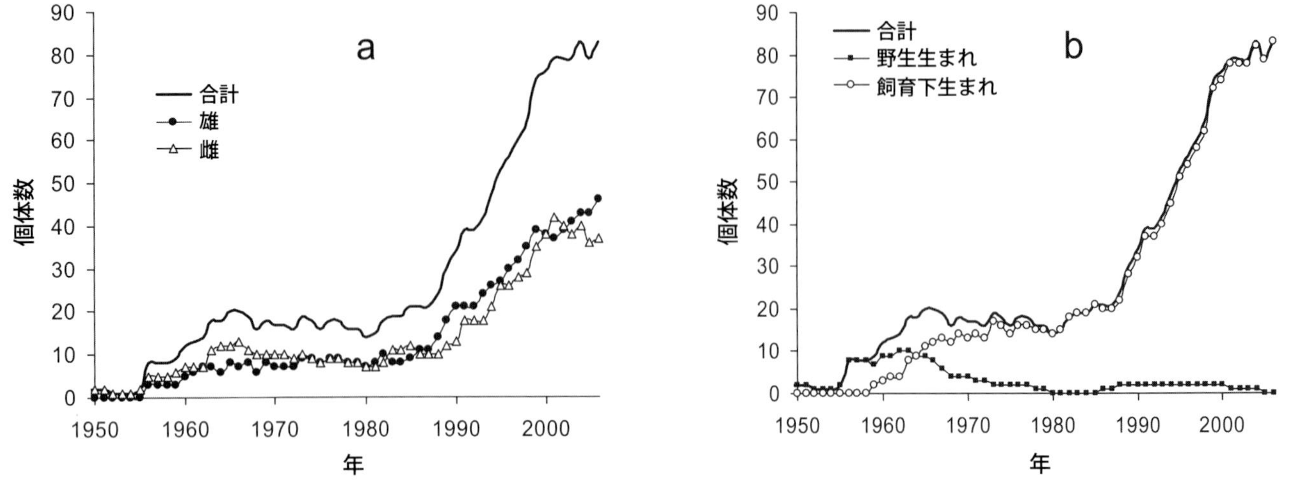

図 19-6　SSP のオカピのセンサス：性別別（a）と出自別（b）.

生物学的な原因（繁殖生物学もしくは集団構造上の限界，健康，獣医学的なケア，行動，飼育方法に関連する問題）があったのか，それとも管理の欠如もしくは失敗（協力の欠如，出生，死亡，老化の構造のモニタリングの失敗）に由来したのかを明らかにしようと試みるべきだろう．

集団成長率

集団サイズの変化率，それは集団が増加中か減少中かにかかわらず成長率と呼ばれるが，それは時間の関数（例：年当たりのパーセント）として表されるのが典型的である．集団サイズの変化には，2つの経路がある．内的なものとして出生と死亡から生じる，外的なものとして移入（輸入）と移出（輸出）から生じる．ある年から次の年の間の集団サイズの変化は以下の式で表される．

(19.1)　$$N_{t+1} = N_t + (B - D) + (I - E)$$

N は時刻 t または $t+1$ の時の集団サイズ，B は出生，D は死亡，I は移入，そして E は移出を表す．ほとんどの飼育下集団にとっては，移入と移出は低いのが典型的である．野生個体を飼育下に持ち込むこと，外来種を国境を越えて移送することを物流面，財政面，そして倫理面から考慮した結果，それでも，輸入は，飼育下集団を開始する時に重要であるし，集団が確立された後でも，（集団に新しい創始個体を導入することにより）遺伝的な健全性または（性比を調節したり繁殖年齢にある個体を持ち込むことにより）人口学的な安定性を改善するうえで，依然として重要な戦略である．たとえそうであっても，飼育下集団の管理者はたいていの場合，集団成長の内的な属性に主に焦点を合わせる．

時間を追った集団サイズを用いて，管理者は，λ（ラムダ）で表される歴史的な平均成長率，あるい変化率を計算することができる．$\lambda > 1.00$ の時，集団は増加する．$\lambda < 1.00$ の時，集団は減少する．$\lambda = 1.00$ の時，集団は定常状態にある．ラムダと 1.00 の間の差は，変化の大きさもしくは年間変化率を示す．$\lambda = 1.04$ は，集団が年間 4% で増加することを示し，$\lambda = .94$ は，年間の減少が 6% であることを示す．個々の年の λ は，以下のように計算される．

(19.2)　$$\lambda = \frac{N_t}{N_{t-1}}$$

数年間にわたる平均の λ は，それぞれの年の λ の幾何平均として計算される（Case 2000）．年間の λ および平均の λ は，SPARKS（ISIS 2004）と PopLink（Faust, Bergstrom, and Thompson 2006）のセンサスレポートの中に見つけることができる．例えば，オカピ SSP の雌集団は，1981 年～ 2006 年の間に，平均成長率 1.072（7.2% の増加）を示した（図 19-6a）．

生命表

集団の人口動態を分類する最も一般的な方法は，集団レベルの出生率，死亡率を見ることであるが，実際には，集団の成長は，これらの率の年齢特異的なパターンが集団構造とどのように相互作用するかによって決定される．多くの種において，雄と雌では，繁殖と死亡の年齢に関係したパターンが異なる．これらの違いは，生命表にまとめられるのが一般的である（Caughley 1977，Ebert 1999）．表 19-1 は，雌のオカピの AZA-SSP 集団についての生命表である（Petric and Long 2006）．

生命表は，それぞれの齢クラスの人口動態率（死亡率：Q_x，繁殖率：M_x，そしてそれらに関連する率）を表示する．雄と雌の率は，通常，別々にまとめられる．人口動

表 19-1　AZA SSP のオカピの雌の生命表

年齢	Q_x	P_x	l_x	M_x	V_x	E_x	リスク（Q_x）	リスク（M_x）
0	0.110	0.890	1.000	0.000	1.058	16.336	66.2	59.3
1	0.020	0.980	0.890	0.000	1.200	16.448	55.6	55.6
2	0.020	0.980	0.872	0.035	1.295	15.763	50.4	49.5
3	0.020	0.980	0.855	0.093	1.360	15.065	45.7	45.7
4	0.020	0.980	0.838	0.128	1.367	14.352	44.3	43.7
5	0.020	0.980	0.821	0.143	1.338	13.624	41.7	41.7
6	0.020	0.980	0.804	0.150	1.290	12.882	41.6	41.3
7	0.022	0.978	0.788	0.150	1.231	12.140	38.3	37.3
8	0.027	0.973	0.771	0.153	1.173	11.425	34.6	34.6
9	0.032	0.968	0.749	0.158	1.112	10.747	29.9	29.4
10	0.038	0.963	0.725	0.160	1.046	10.100	27.3	26.3
11	0.040	0.960	0.698	0.160	0.975	9.467	25.4	24.5
12	0.040	0.960	0.670	0.160	0.898	8.819	23.4	22.9
13	0.058	0.943	0.643	0.165	0.820	8.219	18.6	18.6
14	0.093	0.908	0.606	0.175	0.748	7.800	18.0	17.9
15	0.110	0.890	0.550	0.180	0.674	7.562	14.9	14.0
16	0.110	0.890	0.490	0.180	0.587	7.373	10.1	10.1
17	0.110	0.890	0.436	0.180	0.484	7.161	9.0	8.5
18	0.113	0.888	0.388	0.180	0.362	6.931	8.0	8.0
19	0.138	0.863	0.344	0.150	0.219	6.773	8.2	8.2
20	0.180	0.820	0.297	0.075	0.087	6.849	7.0	6.0
21	0.150	0.850	0.243	0.015	0.015	7.018	5.0	4.4
22	0.050	0.950	0.207	0.000	0.000	6.717	4.6	4.6
23	0.000	1.000	0.197	0.000	0.000	5.867	4.5	4.5
24	0.000	1.000	0.197	0.000	0.000	4.867	3.4	2.9
25	0.000	1.000	0.197	0.000	0.000	3.867	2.0	2.0
26	0.000	1.000	0.197	0.000	0.000	2.867	2.0	2.0
27	0.125	0.875	0.197	0.000	0.000	1.992	2.0	1.4
28	0.500	0.500	0.172	0.000	0.000	1.417	1.0	1.0
29	0.875	0.125	0.086	0.000	0.000	1.111	1.0	0.6
30	1.000	0.000	0.011	0.000	0.000	1.000	0.0	0.0
31	1.000	0.000	0.000	0.000	0.000	0.000	0.0	0.0

ソース：1981 年 1 月 1 日～ 2006 年 2 月 29 日の間を設定した人口学的フィルターデータに基づき，SSP 内の施設にいる個体に限定．
注：生命表のパラメータの定義に関しては，補遺 19.2 を参照
$r = 0.0559$，$\lambda = 1.0575$，$T = 9.34$，$N = 43.50$，N（20 年目）$= 132.99$

態率は，血統台帳からのデータを用いて，年齢特異的な出生と死亡という事象の記録と，それらの事象に関与する可能性のあった個体の数に基づいて計算される．血統台帳のデータは，一般に，一定の期間と地域と施設に関するフィルターを使って定義した一部のデータに限られる．飼育下集団の生命表をつくるために使われる特定のパラメータと計算法は，ソフトウェアプログラム（SPARKS，PM2000，ZooRisk，PopLink）によって多少異なるが，基本的な概念は全てのソフトウェアに当てはまる．

生命表は圧倒的な量のデータを表示する時もあるかもしれないが，集団管理者は集団の人口動態についての重要情報を表す特定の性質に焦点を合わせることができる（表 19-1）．

- 繁殖率の年齢特異的なパターン（M_x）は，繁殖可能な期間（例：M_x がゼロでない年齢，オカピでは 2 ～ 21 歳）を示すことができる．

  M_x のパターンはまた，繁殖のピークの期間（繁殖率が最も高い年齢，例：オカピでは 8 ～ 19 歳）を示すことができる．
- 死亡率の年齢特異的なパターン（Q_x）を調べると，新生子（初年度）死亡率（オカピの雌では 0.11 もしくは 11%）とその他の死亡率の異常な年齢依存的な突出が分

かる．

- 年齢特異的な死亡率が 1.0 に至る，もしくは $l_x = 0$ になった時は，それは一般に集団で観察された最長寿命である（オカピでは 30）．
- 累積生存率の年齢特異的なパターン（l_x）からは，寿命の中央値とも呼ばれる，生存の中央値（$l_x = 0.5$ となる年齢）が分かる．個体の半分がこの年齢の前に死亡し，個体の半分がそれより長く生きる（オカピの雌では 15 ～ 16）．
- リスクの列には，人口動態率の計算のもとになった標本数が示される．一般に，1 つの齢クラスで事象（死亡または繁殖）に関与する可能性のある個体が 30 よりも少なければ，その齢クラスについて計算された人口動態率は注意深く取り扱われるべきである．これは，オカピの雌の人口動態率では，9 歳齢クラス以降に起こる．

繁殖の失敗と高い死亡率の徴候は，直ちに調査されるべきである．医学的，栄養学的，生理学的，そして行動学的な理由に加えて，遺伝学的な理由（近交弱勢もしくは遠交弱勢）も検討されるべきである．

これらのパターンは，年齢特異的な人口動態率のグラフ（例：図 19-7）を見ることでも明らかにされることが多い．しかし，（雌のオカピの 12 歳齢クラス以降のように）人口動態率のカーブにギザギザの山と谷が含まれている時には，サンプルサイズが小さいことによるサンプリングエラーの可能性が示唆される．繁殖パターンに関するより詳細は，SPARKS と PopLink の繁殖レポートの中に見出すことができる．生存データの分析と解釈に関するより詳細は，SPARKS の Ages report と PopLink の Survival Tool の中に見出すことができる．

生命表は過去のデータから得られるが，将来の集団の傾向を見積もるために使われる（以下を参照）．このため，生命表がその集団の繁殖と死亡の真の能力を表していることが重要である．これらのデータを抽出するために使われるフィルターを定義するための一般的な戦略は，生命表を近代的な管理の行われた期間 — 管理計画が適切であった年（例：AZA の多くの集団に関しては，1980 年代から現在まで）もしくはその種について近代的な飼育方法が確立

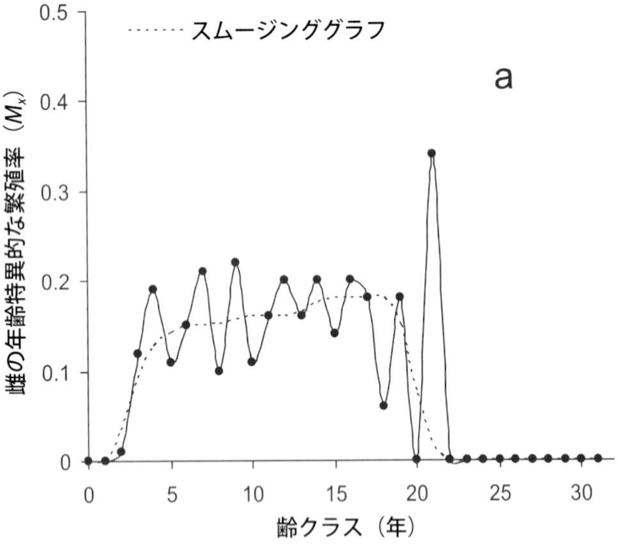

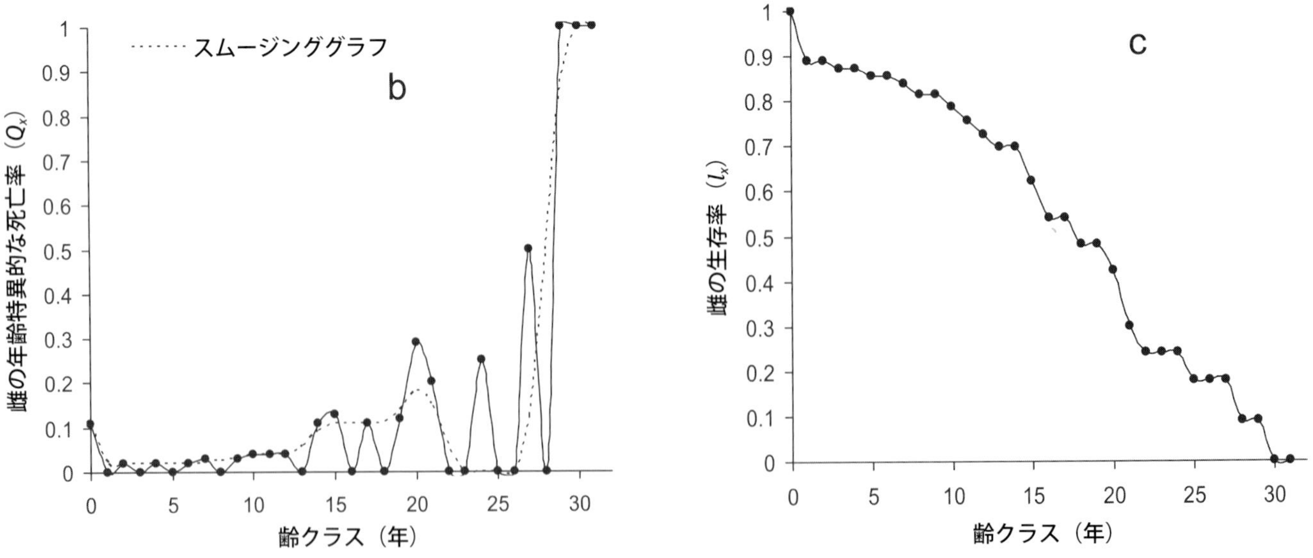

図 19-7　AZA SSP 集団における雌オカピの年齢特異的な繁殖率（a），死亡率（b），そして生存率（c）．1981 年 1 月 1 日～ 2006 年 2 月 29 日の間を設定した人口学的フィルターデータに基づき，SSP 内の施設にいる個体に限定．（a）と（b）では縮尺が異なることに留意．

された時に限ることである．一般的な開始点は，過去の集団が力強い内的成長を示す時（例：成長が輸入ではなく出生によって加速された時）である．しかし，フィルターを設定する時には，生命表の人口動態率に影響する付加的な項目についても考慮すべきである．

1. 生命表をつくるために用いられた血統登録データの量：集団によっては，信頼できる生命表をつくるために十分な最近のデータが存在しなかったり，信頼できる人口動態率を計算するために十分なサンプルサイズがない特定の齢クラスが存在するかもしれない．1つの齢クラスに30個体という限界値はやや恣意的な定義ではあるが，小さなサンプルサイズについての統計学的な慣行に部分的に基づいている（Lee 1980）．より最近になって，死亡率分析に使われるデータの質を定量化する試みがなされてきた．データの質に関するこのような手順は，PopLinkのSurvival Analysis Toolの中に見出すことができる．
2. 人口学的フィルターで設定された期間内の飼育管理の慣行：それぞれの種の栄養学的，行動学的，繁殖学的，医学的要求に関する飼育管理者の理解が進むにつれて，その種の人口動態率は変化しそうである．例えば，集団が飼育下に確立されて繁殖が散発的である時，繁殖率はとても低いだろう．もし栄養と飼育が完全なものとなっていなければ，死亡率はより高いだろう．生命表のいくつかの項目は，これらの変化の影響をより受けやすく思われる．これらには，幼子生存（例：人工哺育に関する哲学が変化した種），最大寿命（獣医学的知識と栄養面での慣行が改善された時），そして繁殖率（繁殖生物学に関する飼育管理面での知識が増大した時）が含まれる．また，もしサンプルサイズがすでに小さいなら，個別の施設における飼育の慣行が生命表の値にあからさまな影響を与えていないことに注意を払うべきである（例：その種の繁殖に成功したのがたった1つの施設だけなのに，小さなサンプルサイズのせいで繁殖率が高く見える，または，1つの施設におけるカタストロフィが死亡率の値をつり上げる）．
3. どの個体が事象に関与すると考えられているか：現在のソフトウェアの生命表の繁殖率の計算では，雄と物理的に隔たれていようが繁殖を防止するために避妊されていようが，全ての雌が繁殖に関与できるとみなしている．繁殖率のデータは，それゆえ，繁殖が積極的に追求されているかあるいは少数の個体もしくは施設に限定されているか，この区別を繁殖フィルターが反映するかどうかに大きく影響される．このため，繁殖率データは，一般的に，集団の真の繁殖能力（例：全ての個体が繁殖の状況下におかれた時に繁殖率はどれくらいになるか）を過小評価する．繁殖率が低いまたはゼロの時，特に一番高齢の齢クラス（例：オカピの雄の22～30歳）では，これらの率が繁殖面での老化（例えば，彼らが生物学的に繁殖不能）によるものなのか，あるいは配偶相手に接近不能なせいなのか，生命表からは判断することができない．将来的には，繁殖データをよりよく記録する（例えば，個体の繁殖機会をたどる）ことで，関与可能な個体数のより正確な値とより適切な繁殖率を計算することが可能になるだろう．
4. その種独特の生活史：一般に，長寿の種の正確な生命表をつくることはより困難である．なぜなら，そのような集団ではデータがよりゆっくり蓄積されるからだ．長寿の種では，しばしばサンプルサイズが小さく，特に最高齢の齢クラスではそうであり，そのことにより，最大寿命と生存曲線の他のパラメータを正確に見積もることが非常に困難になり得る．

データの質がとても悪い，もしくはその生命表がその種の生活史を代表しているとは考えられない時には，集団生物学者は，そのデータをそのまま用いるか，あるいは次のことができるかもしれない．①分析により多くのデータを含めるために，人口学的，地理的フィルターを拡大する（年を追加するまたは施設，地域を追加する）あるいは他の地域の血統台帳を用いる，②死亡率の計算と繁殖率の計算に，異なるフィルターを用いる（集団における繁殖は短期間に集中しているが，死亡率に関連する管理業務はより長期間安定であったならば，このことは適切かもしれない），③死亡率と繁殖率のデータをなめらかにし，変動をいくらか取り除く，④その種の基礎的な生活史のデータに基づいてデータを調整する（例：最初と最後の繁殖の年齢，リッターサイズ，最大寿命），⑤近縁の種や分類群（および遠縁ではあるが，似たような人口学的な率を示すことが期待できるだろう種）からのデータを用いる．それらはWAZA/ISIS血統台帳ライブラリで入手可能かもしれない．

生命表から計算される要約パラメータ

生命表の年齢特異的な人口動態率をパラメータに要約し，それを生命表がカバーする歴史的な時期の集団の人口学的な特徴を記述するために用いることも可能である．

集団成長率（λ，r）

私たちは，これまでに，観察された集団サイズから計算されるパラメータとしてλを説明した．生命表からも，その集団の成長率の期待値の推定値が計算可能である．生命表の人口動態率から計算される λ は，以下のオイラー方程式の解である．

(19.3)　　$1 = \sum \lambda^{-x} l_x M_x$

ここでは生命表の全ての齢クラスにわたって総和が取られる（Caughley 1977，Ebert 1999）．λ はそれぞれの性について別々に計算される．もし集団についての λ が報告されているなら，それは通常，雄と雌の率の平均である．

内的自然増加率（r）は，生命表から計算される，類似の成長率である．異なる点は，r が 1.00 でなく 0.00 を中心とすることである（例：$r < 0.0$ は減少中の集団を表し，$r > 0.0$ は増加中の集団を表す）．λ と r は，互いに以下のように求めることができる．

(19.4)　　$\lambda = e^r$　または　$r = ln(\lambda)$

生命表から計算される成長率は，推定された生存率と繁殖率が長期間安定であり，その集団は安定齢構造を示すという仮定に基づいている（Caughley 1977）．

λ は 2 つの異なった方法で（観察された N の変化からおよび生命表から）計算可能なので，1 つの集団が同じ期間に 2 つの λ の値をもつかもしれない．例えば，オカピの雌の 1981 年～ 2006 年までの観察された歴史的な λ は 1.072 であるのに対し，同じ時期について生命表から計算された λ は 1.0575 である（表 19-1）．もし集団の人口学的な特徴が変化しつつあったり，集団サイズの変化に輸入と輸出が寄与していたり，集団構造が安定齢構造と非常に異なっていたりすれば，2 つの値は異なるかもしれない．

世代時間（*T*）

世代時間は，子を生んだ全ての親の年齢の平均である．世代時間は動物が繁殖を開始する年齢ではない．それは，生命表の生存率と繁殖率の推定値から直接的に計算できる（Caughley 1977，Ebert 1999，Case 2000）．T はそれぞれの性について別々に計算される．もし T が集団全体について報告されているなら，それは通常，雄と雌の世代時間の平均である．世代時間は，飼育下の管理にとって重要である．なぜなら，それは遺伝的多様性が失われる率を決めるからだ．T が長ければ長いほど，時間が経つにつれてよりゆっくりと失われる．

安定齢構成（SAD）

安定齢構成（stable age distribution：SAD）は，もし生命表の生存率と繁殖率が時間経過によっても変化しないならば集団が到達すると考えられる，最終的な性年齢構造である（Caughley 1977）．もし集団が安定齢構成の状態にあるならば，集団および集団内の各齢クラスは，毎年同じ率で成長するだろう．SAD は理論的に重要な概念ではあるが，現実的にはほとんどの飼育下集団（とおそらく多くの野生集団）は，必ずしも安定齢構成の状態，もしくはそれに近い状態にない．集団の SAD からの逸脱は，年ごとに生まれる子の数，生存率，あるいは個体がまとまって持ち込まれたり持ち出されたりする輸入・輸出が確率的に変動することや，その他の偶然の事象によって生じる．もし集団が SAD に近い状態になければ，その成長は，生命表から計算される λ から大きく逸脱するかもしれない．

人口学に関する専門用語の定義は，補遺 19.2 に示した．

集団の遺伝学的状態を評価する

集団の遺伝学的な歴史は，図 19-8 に示したように表すことができる．どんな集団も，一定数の創始個体にまで遡ることができる．これらは，特定の野生集団，あるいはいくつかの異なる野生集団に由来する，野生捕獲個体かもしれない．それらの中には，それ以上血統をたどることができない個体もいるかもしれないが，それらは互いに非血縁である可能性がとても高そうである．いずれにしても，これらの最初の創始個体は，ソースまたはベース集団からの標本であると仮定される．そして，ゴールは，創始個体の遺伝的多様性を保持することにより，ソース集団の遺伝的

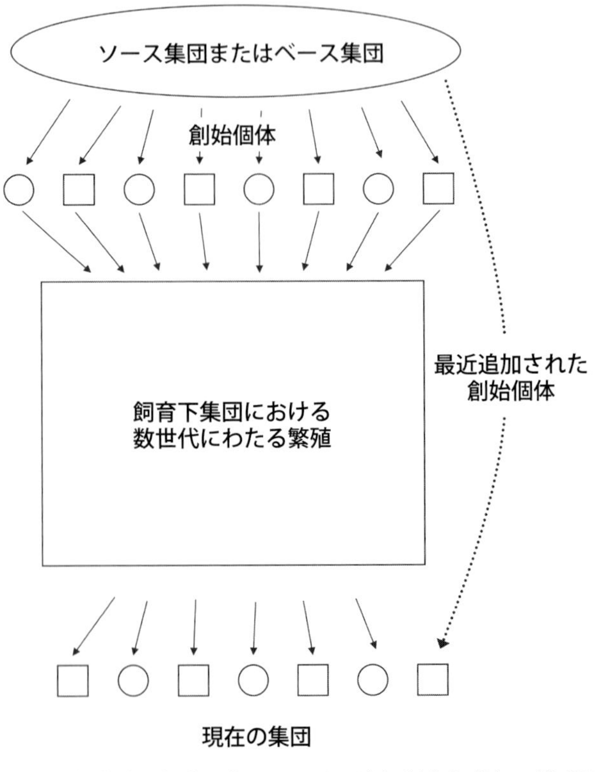

図19-8　仮説的な飼育下集団における遺伝学的な事象の模式図

構成を，可能な限り長い間変わらずに保持することである．

創始という事象と現在生存している集団との間には，数世代の繁殖が介在しているかもしれない．したがって，現在の集団の遺伝的特性は，以下の見地から記述することができる．

・どれくらい多くの創始個体が，現在の集団に遺伝子を貢献しているか（滅亡してしまった系統があるか）．
・それぞれの創始個体のゲノムのうちのどれくらいが，現在の集団まで残っているか．
・ソースもしくはベース集団の遺伝子プールのうちのどれくらいの割合が，現在の集団に保たれているか．

以下の節では，これらの質問に答えるために必要な概念を示す．

創始個体

創始個体とは，それが集団に加入した時に，野生と飼育下のどちらにも祖先個体が知られておらず，現存している集団に子孫をもっている個体のことである．だから，野生捕獲個体は，もしそれらが繁殖するならば（そしてそれらの両親が野生由来の不明個体ならば），通常は創始個体である．野生捕獲個体でも，それらが繁殖していなければ（まだ）創始個体ではない．なぜなら，飼育下集団に遺伝的に貢献していないからだ（図 19-9）．野生捕獲個体間の血縁関係が分かっているもしくは疑われる時（例：同じ巣穴から捕獲された数頭の子）には，それらの血縁関係を定義するために，仮説的な両親（もしくはそれ以外の祖先）を創造することが必要である．このような仮説的な祖先は，創始個体として定義される．

分子遺伝学的分析は，野生捕獲個体間の血縁関係，あるいは系図のない飼育下生まれの個体間の血縁関係を調べる場合にも役に立つ（Haig 1995，Haig, Ballou, and Derrickson 1990，Haig, Ballou, and Casna 1994，Ashworth and Amato 2004）．しかし，これらの技術は，最も近縁な関係（完全兄弟もしくは親子関係）のみを明らかにする解像度をもつのが典型的であり，役に立つためには広範な分子データに基づかなければならない．創始個体間の血縁度（relatedness）に関する情報が得られる時には，PM2000 ソフトウェアでは，これらのデータを創始個体の世代に適用する親縁度もしくは血縁度の行列として利用することができる．

創始個体の数は，遺伝的多様性を飼育下集団にもたらすために，ソース集団がどれほどうまくサンプリングされたかに関してのおおまかな指標となる．創始個体が多いということは，ソース集団がうまくサンプリングされたこと，

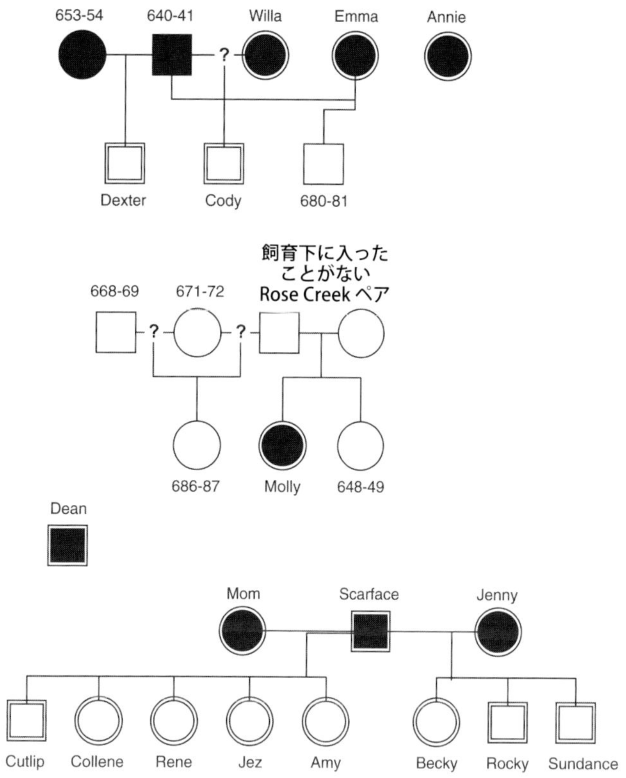

図 19-9 飼育下に持ち込まれた，最後に残った 18 頭のクロアシイタチの創始個体の特定（Ballou and Oakleaf 1989）．四角は雄，丸は雌．黒く塗り潰された記号は創始個体．クエスチョンマークは，不確かな親子関係を示す．二重線で囲まれた記号が，その時点での生存個体を表す．Willa，Emma，Annie，Mom，Jenny，Dean および Scarface は，野生で捕獲され，群れの中に祖先が知られておらず，互いに近縁であるとは考えられないので，創始個体として示されている．Molly は血縁個体をもつものの，それらは飼育下に入ったことがないあるいは子を残さずに死んだため，創始個体と見なされている．雌 653-54 と雄 640-41 は飼育下に入ったことがないものの，創始個体である．なぜなら，生存している Dexter が双方の子であり，Cody が雄 640-41 の子であるからである．

そしておそらくその遺伝的多様性の多くが保持されるよう管理できるだろうことを示している．

創始個体の貢献

創始個体による現在の集団に対する遺伝的な貢献は，同等でないのが典型的である．創始個体の貢献は，ある個体もしくは集団の遺伝子のうち，それぞれの創始個体に由来するもののパーセントである．計算は，それぞれの両親は（平均）50% の遺伝子を子孫に伝えるという，メンデルの法則の前提に基づく．それぞれの創始個体の現存個体に対する遺伝的な貢献は，それぞれの個体の系図を創始個体に遡るところまで作成し，メンデルの分離の法則を適用する

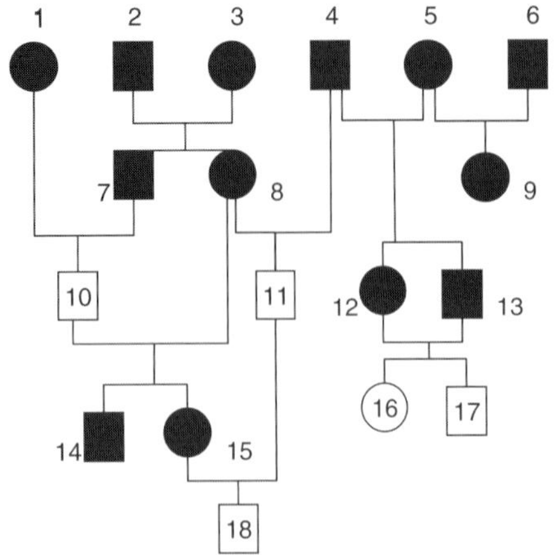

ID	性別	母親	父親	ステータス
1	雌	野生	野生	死亡した創始個体
2	雄	野生	野生	死亡した創始個体
3	雌	野生	野生	死亡した創始個体
4	雄	野生	野生	死亡した創始個体
5	雌	野生	野生	死亡した創始個体
6	雄	野生	野生	死亡した創始個体
7	雄	3	2	死亡
8	雌	3	2	死亡
9	雌	5	6	死亡
10	雄	1	7	生存
11	雄	8	4	生存
12	雌	5	4	死亡
13	雄	5	4	死亡
14	雄	8	10	死亡
15	雌	8	10	死亡
16	雌	12	13	生存
17	雄	12	13	生存
18	雄	15	11	生存

図 19-10　雄 3 頭と雌 3 頭で創始された集団の系図．四角＝雄，丸＝雌，白抜きの四角と丸＝生存中の個体．数字は，各個体の固有識別番号．系図に載っている個体は，その下に示されている．

ことによって計算することができる．系図の 1 つは，図 19-10 に示されている．

ある創始個体の現在の集団の遺伝子プールへの貢献（p_i）は，全ての現存個体に関して平均した貢献である（表 19-2）．系図のデータから創始個体の貢献を計算するアルゴリズムとコンピュータプログラムが利用可能である（Ballou 1983）．ほとんどの飼育下集団における創始個体の貢献は，個体間でかなりの偏りが見られる．それはふつう，集団の歴史の初期において，少数の創始個体が不釣り合いに多くの繁殖をするからである（図 19-11）．現時点でのアリル構成上で小さな比率を占める創始個体によって貢献された遺伝的多様性は，遺伝的浮動のために失われる危険性がとても高い．

表 19-2　図 19-10 の系図における各生存個体についての創始個体の貢献，および各創始個体のアリル保持

創始個体	生存個体					平均の貢献	保持
	10	11	16	17	18	p_i	r_i
1	.50	0	0	0	.13	.126	.500
2	.25	.25	0	0	.31	.162	.484
3	.25	.25	0	0	.31	.162	.487
4	0	.50	.50	.50	.25	.250	.803
5	0	0	.50	.50	0	.200	.612
6	0	0	0	0	0	0	0

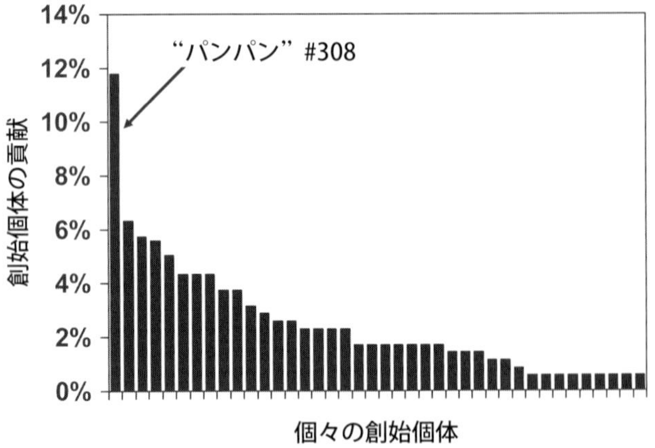

図 19-11　ジャイアントパンダ（*Ailuropoda melanoleuca*）の 2006 年度飼育下集団における創始個体の貢献．創始個体間で繁殖が不釣合いなため，分布が非常に偏っている．遺伝子プールの約 12% は，一番左に位置している 1 頭の多産の雄 #308（パンパン）に由来していた．

アリルの保持

さらなる遺伝的多様性の消失は，創始個体のアリルが遺伝的浮動によって集団から失われた時に起こる．遺伝的浮動の極端なケースは，しばしば系図におけるボトルネックと呼ばれる．それは，ある創始個体の遺伝的貢献が，わずか 1 個体もしくは数個体だけを通して伝えられる時に起こる．例えば，ある創始個体の遺伝子が次の世代に生き残る割合は，もしその創始個体が子を 1 個体だけしか残さない場合には 50%，2 個体の場合には 75%，などのようになる．ボトルネックは，もしある創始個体の 1 ～ 2 個体の子孫しか生き残って繁殖しなければ，飼育下繁殖の最初の世代で起こるかもしれない．しかし，そのようなボトルネックにより引き起こされる遺伝的浮動は，系図のどこでも起こり得るので，創始個体のアリルは徐々に失われていくことになる．創始個体の遺伝子から現存の集団につながる経路の数が多ければ多いほど，そのアリルはより失われにくい．それゆえ，たとえ集団の遺伝子プールの大部分

が特定の創始個体に由来する（すなわちその創始個体の貢献が大きい）場合であっても，それらの遺伝子はその特定創始個体の遺伝的多様性のわずか一部しか示していないかもしれない．

ある創始個体の遺伝子のうち現在の集団にまで残存しているものの割合は，遺伝子の保持（r_i）もしくは遺伝子の生存と呼ばれる．保持を計算する正確な方法が開発されたが（Cannings, Thompson, and Skolnick 1978），それはしばしばモンテカルロシミュレーション法により計算される〔遺伝子脱落法（遺伝子ドロッピング），MacCluer et al. 1986〕．遺伝子脱落法では，それぞれの創始個体に 2 個ずつ，互いに区別できるアリルを割り振る．アリルは，ランダムに，親から子へとメンデルの分離の法則に従って伝わっていく．各シミュレーションの後で，現存個体の間でのアリルの分布とパターンが調べられる（図 19-12）．シミュレーションは数千回繰り返され，それぞれの創始個体の保持は，その創始個体のアリルのうち現存の集団にまで生きのびたものの割合を，全シミュレーションに関して平均したパーセントとして計算される．図 19-10 に示されたサンプル系図における保持の推定値は，表 19-2 に示されている．創始個体 1 の保持はわずか 50% である．なぜなら，彼女の残した子孫はわずか 1 頭だけだからだ．一方，創始個体 4 の保持は，彼の遺伝子は現存の集団へ複数の経路をもっているので，もっと高い．創始個体ゲノムの生存は，創始個体の保持を全ての創始個体に関して総和を取ったものである．

遺伝子脱落分析は，創始個体の貢献についてのデータからは得られない，現存集団における創始個体アリルの分布についての情報を提供する．このことは，創始個体の貢献だけを用いると間違った結論に至りやすい，深くて複雑な系図に関して特によく当てはまる．

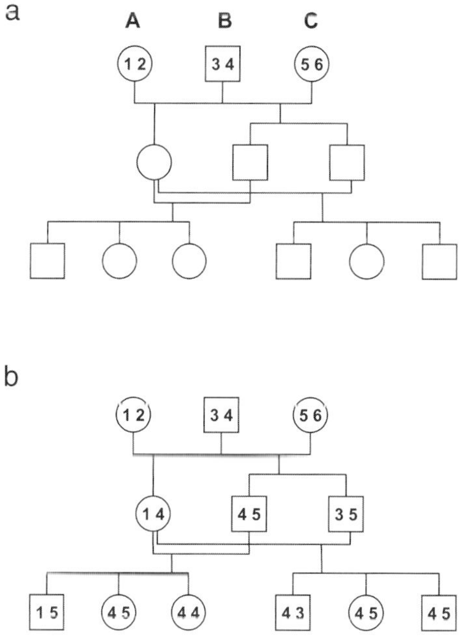

図 19-12　遺伝子脱落（ドロップ）分析．(a) 各創始個体には，2 つの固有なアリルが割り振られる．(b) アリルはその後，メンデルの分離の法則に従って，系図を通るにつれて“脱落”する．各アリルが子へ伝わる確率は 50% である．シミュレーションの最後に，生存している集団（最も下の行）におけるアリルのパターンと分布が調べられる．シミュレーションは数千回も繰り返され，アリル維持を計算するために，結果はシミュレーションに関して平均される．提示されているシミュレーションでは，創始個体 A からのアリル 2 と創始個体 C からのアリル 6 は消失してしまったことに留意．

創始個体ゲノム等価

創始個体の貢献の偏りと遺伝的浮動によるアリルの消失の双方が，創始個体の遺伝的多様性を失わせるので，創始個体の遺伝子プールへの貢献は期待されるよりも少ないかもしれない．Lacy（1989, 1995）は，創始個体の貢献の偏りと遺伝的浮動とが集団の遺伝的多様性に及ぼす複合効果を説明するために，創始個体ゲノム等価（f_g）の概念を導入した．f_g は，もし全ての創始個体が現存の集団において等しい比率を占めそれらのアリルが全て残っている場合の，現在の集団で観察される遺伝的多様性のレベルを得るために必要とされる創始個体の数である．それは以下のように計算される．

$$f_g = \frac{1}{\sum_{i=1}^{N_f} (p_i / r_i)} \qquad (19.5)$$

N_f は創始個体の数であり，p_i は創始個体 i の集団への貢献，r_i は創始個体 i の保持である．図 19-10 に表された筆者らのサンプル集団には 6 個体の創始個体がいるが，保持の問題と創始個体の貢献の偏りのせいで，わずか 2.8 の f_g しかない．本質的には，彼らは遺伝的には 2.8 個体の理想的な創始個体としてふるまう．f_g の値は，まだ生存している創始個体を分析から除いて計算されることが多い．生存している創始個体の保持は 100% であり，それらを含めることは，それらが繁殖に成功しないあるいはそれらの子孫が集団中に残らないかもしれないのに，それらのアリルが集団に獲得されたと仮定することである．現存の個体を除くことにより，その集団の遺伝学的ステータスがより現実的に要約される．とりわけ，遺伝子プールへ子孫を貢献しそうもない創始個体が多数存在する場合にはそうである．生存している創始個体を除いて計算した場合と含めて計算した場合の f_g の比較は，もし生存している創始個体全ての遺伝子が集団に保持され得た場合に，遺伝的管理が行い得る貢献を示す．

保持されている遺伝子多様度

遺伝子多様度（Gene diversity：*GD*）は，集団内のヘテロ接合度の期待値のレベルである．*GD* は，0～1 の間の値をとり，集団内の遺伝的多様性に関する主要な尺度である．飼育下繁殖の遺伝学においては，対象とする遺伝子多様度は，ソース集団のヘテロ接合度のうち現存の集団の中で残存しているものの割合である．

（19.6） $$GD_t = \frac{H_t}{H_0}$$

H_t は（時刻 t における）現在の集団のヘテロ接合度の期待値であり，H_0 はソース集団における（すなわち，時刻 0 における）ヘテロ接合度の期待値である．H_0 については推定不能なので，アリル脱落シミュレーションにより生成されたアリル頻度から，以下のように GD_t を計算することができる．

（19.7） $$GD_t = 1 - \sum_{i=1}^{2N_f} q_i^2$$

N_f は創始個体の数であり，q_i は現在の集団におけるアリル i の頻度である（Lacy 1989）．遺伝子多様度は，f_g から直接計算することもできる．

（19.8） $$GD_t = 1 - \frac{1}{2f_g}$$

平均近親交配度

近親交配とは，血縁個体間の交配である．もし両親 2 個体が血縁関係にあるならば，その子は近親交配の子である．両親の血縁がより近ければ近いほど，その子の近親交配の度合いはより強いだろう．ある個体の近親交配の度合いは近交係数（*f*）で測られる．それは，両親のそれぞれから同じアリル〔すなわち，相同（IBD：identical by descent）のアリル〕を受け取る確率である．図 19-13 は，父と娘の交配を示している．アリル“A”は，父から娘へ 50% の確率で受け渡される．彼が娘と交配する時，この雄はまた 50% の確率で子に“A”を受け渡す．同様に，もしその娘が“A”をもっているならば，彼女はまた 50% の確率で“A”を受け渡す．この近親交配の子は，父親と

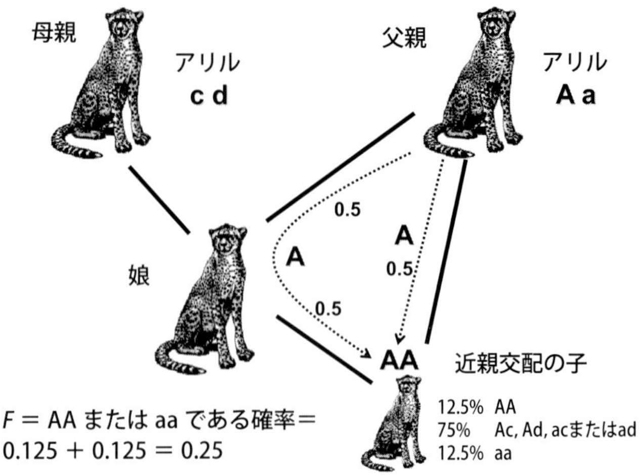

図 19-13 近親交配の例．
父親と娘の間の交配により，近交係数 $f = 0.25$ の子が生まれた．

母親の双方から“A”を継承する可能性を（確率 12.5% で）もっている．アリル“a”も同じ可能性をもつ．したがって，この近親交配の子は，“AA”または“aa”という形で，2 個のコピーアリルをもつ確率が 25% ある．近交係数は 0（両親に血縁関係がない）から 1.0 の間の値をとる．父娘間，母息子間，または全兄弟間の交配は，25% の近親交配度である．いとこの間の交配は，6.25% の近親交配度である．全兄弟間の交配を何世代にもわたって繰り返すと，子の近交係数が 1.0 になる．近交係数は，集団中の近親交配の影響を調べ，個体間の血縁の近さを判断するために使われる．近交係数を計算する方法は，Ballou（1983），Boyce（1983），そして Frankham, Ballou, and Briscoe（2002）にある．

自然状態では異系交配をする植物と動物（ヒトを含む）は全て，突然変異によって生じる有害劣性アリルをもっている．図 19-13 において，もし“a”がそのようなアリルであったなら，優性の“A”アリルで隠されるので，父親においては有害な問題を生じないだろう．しかし，近親交配の子では，その遺伝子座がホモ接合（aa）になり，それゆえそのアリルが発現する可能性が 12.5% ある．近交弱勢は，近親交配により動物の遺伝子に存在するこれらの有害劣性突然変異が隠されなくなった時に生じる．近親交配が起こる時にほとんどの種において有害な結果が予測され，一般的に観察されるのはそのせいである（Lacy 1997）．

平均の近親交配度は，現在の集団中の全個体に関する近交係数の平均であり，その集団の近親交配の全体的なレベルに関する良い指標である．

潜在的な遺伝的多様性

生存しているがまだわずか数頭しか子を残していない創始個体，あるいは集団中に子孫がいないがまだ繁殖可能な生存個体は，集団に対してまだ遺伝的多様性を貢献できる可能性をもっている個体である．生存しているがわずか数頭しか子を残していない創始個体は，追加の子孫を残すことにより，アリル保持（r_i）を増加させ，自らのゲノムが集団にもっと残るようにする可能性を持っている．式（19.5）と（19.8）は，いずれかの個体の r_i が増加しさえすれば，f_g と GD が同様に増加することを示す．集団中に血縁個体がいないもののまだ繁殖可能な個体は，創始個体になる可能性を残している（例：最近獲得された野生捕獲個体）．

集団の遺伝学的要約には，潜在的な創始者になり得る個体の数，そしてもし潜在的な創始個体や生存している創始個体が理想的に管理され繁殖した場合の GD と f_g の値が示されるべきである．

有効集団サイズ

遺伝子多様度の消失の程度と率は，集団サイズに依存する（図 19-2）．しかし，問題となるサイズは，単なる個体の数ではない．むしろ，それは遺伝学的に有効な集団サイズ（N_e）である．それは，ある世代から次の世代へと，集団が遺伝子多様度をどのくらいうまく維持するかの尺度である．遺伝子多様度は，世代当たり $1/(2N_e)$ の率で失われる．有効集団サイズが小さい集団では，有効集団サイズが大きな集団よりも速い率で遺伝子多様度が失われる．

N_e の概念は，選択，突然変異，移住がなく，全ての個体が無性生殖をし，次の世代へ同じ確率で貢献するという，理論的または理想的な集団の遺伝的特性に基づいている．この“理想的な”集団はよく理解されており，理想集団における時間経過に伴う遺伝的多様性の消失は，簡単に計算できる（Kimura and Crow 1963）．現実の集団は理想集団と大きく異なるが，その有効サイズを計算することによって理想集団と比較される．例えば，もし現実の 100 頭のトラ集団において，遺伝的多様性が 15 頭の理想集団と同じ率で失われるのなら，そのトラ集団の有効サイズは 15 である．厳密に定義するならば，ある集団の有効サイズは，当該集団と同じ率で遺伝的多様性を失う理論的に理想的な集団のサイズである（Wright 1931）．いったん有効集団サイズが計算されたなら，その集団が遺伝的多様性を失う率を推定することができる．

一般に，ある集団の有効サイズは，主として 3 つの特性に基づく．それは，繁殖個体の数，繁殖個体の性比，繁殖個体が一生の間に生む子の相対的な数（生涯ファミリーサイズ）である．一般に，繁殖個体数が多ければ，わずか数頭の繁殖個体よりも，親世代の遺伝的多様性のより多くの割合を伝えるだろう．繁殖個体の性比が大きく偏っているならば，より少ない性が子孫の遺伝的多様性に不釣合いに多く貢献するだろうから，遺伝的多様性の消失は大きいだろう．性比が等しいことが望ましいのは，性比が大きく偏っている場合よりも多数の繁殖個体が遺伝子プールに遺伝子を残すことが保証されるからだ．ファミリーサイズの違いもまた，遺伝的多様性の消失につながる．なぜなら，遺伝子プールにわずかもしくは全く貢献しない個体もいれば，たくさんの子孫をもつことで遺伝子プールにより多く貢献する個体もいるからだ．ある世代から次の世代へ受け渡される遺伝的多様性の量は，一般に，全ての繁殖個体が同数の子を残す（ファミリーサイズが等しく，ファミリーサイズの分散がゼロ）時に最大となる．

ある集団の有効サイズを最大化する管理手順が焦点を合わせるのは，繁殖に関与する個体の数を最大化し，繁殖個体の性比を等しくし，多くの動物の間で繁殖を交替で行わせそれぞれの繁殖グループまたはペアがほぼ同数の子を残すようにすることである．平均親縁度（以下に記述）を用いて集団を管理することもまた，有効集団サイズを最大化するのに有効な方法である．

有効集団サイズが分かれば，将来的にヘテロ接合度がどのくらいの速度で失われるかを予測することが可能である．それゆえ，N_e は集団の将来の遺伝学的ステータスに関する指標として役に立つ．有効集団サイズを推定する方法は多数存在する．血統台帳から推定され得る人口学的パラメータ（性比，ファミリーサイズの分散，集団サイズの変化等）に基づくものもある（Nunney and Elam 1994，Lande and Barrowclough 1987，Frankham, Ballou, and Briscoe 2002）．時間経過に伴う遺伝的多様性の変化を用いるものもある（Waples 1989）．しかし，これらの方法は全て，過去の傾向が将来の傾向を代表するという仮定を必要とする．それでもなお，この注意事項を理解するならば，N_e は集団がどのくらいうまく管理されてきたかについての一般的な尺度として役に立つ．それはまた，集団が将来の多様性をどのくらいうまく保持するか（集団レベルのゴールを発展させるために必要な尺度）を予測するために必要である．ソフトウェア（例：PM2000）では，飼育下集団の N_e は，時間を追った遺伝的多様性の変化だけでなく，系図と生活史（血統台帳）データに基づいて推定されるのが典型的である．

有効集団サイズはまた，センサスサイズに対する有効サイズの比（N_e/N）として表されるのがふつうである．理論的には，N_e は 0 から集団のセンサスサイズのおよそ 2 倍までの値を取り得る．しかし，それが N を超えることはまれである．飼育下のほとんどの種では，N_e/N は 0.15～0.40 までの値を取る（平均がおよそ 0.3）のが典型的である．低い方の値は等しくない性比で群れ飼育されている種（例：有蹄類の群れ），高い方の値は長寿で単婚のペアをつくる種（例：オカピ）で見られる．野生では，N_e/N 比は 0.11 に近い（Frankham 1995b）．

分子遺伝学的分析の利用

遺伝的変異の推定は，主には，集団間，分類群間の遺伝的な違いを特定するのに役に立つ．遺伝的な違いが大きいことは，1 つの種の中に進化的に重要な単位（evolutionary significant unit：ESU）が複数あることの証拠かもしれない．もし大きな違い（例：染色体の違い）が管理されている 1 つの集団の中に見つかった場合には，計画のゴールを再評価し，おそらくその集団を 2 つの単位に分けて管理することが必要かもしれない（Deinard and Kidd 2000）．異なる ESU からの個体の間の交配は，生存と繁殖の低下を招くかもしれない（異系交配弱勢）．異なる ESU が存在すると考えられた時には，管理者は，追加的な形態学的，行動学的，生物地理学的な分析を行い，集団の目的とゴールを再検討すべきである．

遺伝的変異のレベルはまた，集団の人口学的，遺伝学的な歴史についての情報を提供するかもしれない．しかし，もしも変異がほとんどもしくは全く見られない場合でも，遺伝的多様性を維持するというゴールを放棄すべきではない．分子分析はゲノムのとても小さな割合だけをサンプリングするので，調査されなかったけれども高度に機能的である遺伝子が存在するかもしれない．管理は，集団の長期的な適応度のために，どんなにわずかの遺伝的な変異であっても維持しようと努めるべきである．

遺伝学的要約表

表 19-3 は，ゴールデンライオンタマリンの飼育下繁殖計画の遺伝学的なステータスの要約を示す．40 の創始個体を元にして，ソース集団の遺伝子多様度の多く（96%）が保持されている．もし GD_i が 90% よりも低いなら（多くの飼育下集団において典型的に見られる），いくらかの懸念が生じる．80% よりも低い GD_i は，集団がその進化可能性の多くを消失してしまい，その保全上の価値が疑わしいことを示す．ゴールデンライオンタマリン集団では，その GD_i は，もし新しい集団が 13 頭の非血縁個体により確立された際に保持されるレベルの遺伝子多様度（すなわち，$f_g = 13$）を表している．何頭かの潜在的な追加創始個体（ブラジル当局に最近取り押さえられた野生から不法に捕獲されたタマリンで，まだ繁殖していないもの）が存在する．現在のアリル構成上で比率の小さい創始個体の繁殖を成功させることに加えて，それらを計画に加え可能な限りまで繁殖させれば，保持される遺伝子多様度を 98% まで，創始個体ゲノム等価を 32 まで引き上げられるだろう．潜在的な創始個体が多数存在することは，それらの繁殖を成功させることにより，遺伝的多様性を著しく上昇させる機会が存在するかもしれないことを示している．ゴールデンライオンタマリン集団では，平均の近親交配度は 3% と低い．集団管理者が集団内で許容する近親交配のレベルは様々である．近交弱勢の閾値を示す近親交配のレベルは存在しない．近交弱勢は，近親交配の度合いの一次関数であると考えられる（Frankham, Ballou, and Briscoe 2002）．しかし，多くの遺伝学者と個体群管理者は，近親交配のレベルが 0.125 を上回るならば，おそらく不安を感じるだろう．

表19-3　2007年1月1日時点でのゴールデンライオンタマリン国際集団の遺伝学的ステータスの要約

創始個体	40
潜在的な創始個体	8 追加可能
生存している子孫	448
保持されている GD_i	0.9624
潜在的に保持されている GD_i	0.9842
創始個体ゲノム等価（f_g）	13.31
潜在的な f_g	31.59
近親交配の平均（f）	0.0257

遺伝学用語の定義は，補遺 19.3 に示した．

一般的な管理戦略

十分な数の創始個体を得る：創始フェーズ

飼育下集団を開始する際に，どれくらい多くの創始個体が必要だろう．創始の際には，アリル多様度がヘテロ接合度よりもとても速く失われる（Allendorf 1986，Fuerst and Maruyama 1986）．それゆえ，第 1 の関心事はアリル多様度を確保することである．なぜなら，このためにはヘテロ接合度単独の場合よりも多くの創始個体をサンプリングすることが必要かもしれないからだ．しかし，ヘテロ接合度のサンプリングは，必要な有効サイズの下限を定める．N 個体の有効な創始個体は，平均でソース集団のヘテロ接合度の 100 − [1/(2N)] × 100% を保持する．一般的な目安は，ソース集団のヘテロ接合度の 95% をサンプリングしようと努めることである．このためには，少なくとも 10 個体の有効な創始個体が必要となる（Denniston 1978）.

アリル多様性を確保するために必要な創始個体の数は，ソース集団のアリル頻度に十分に依存する．Marshall and Brown（1975），Denniston（1978），そして Gregorius（1980）は，様々なアリル頻度分布の時に必要とされる有効な創始個体数について議論している．残念ながら，ソース集団におけるアリル頻度分布についての情報は利用不可能であることが多い．Marshall and Brown（1975）は，最もありそうなアリル分布に基づいてアリル多様度を効果的にサンプリングするのに適切な創始個体数を示し，たいていの場合 25 ～ 50 の有効な創始個体で十分であると結論づけられている．彼らは，集団の分布範囲にわたる遺伝的変異の潜在的な違いについて考慮する必要性を強調している．サンプリングされる遺伝的多様性のレベルを最適化するために，既知の遺伝的変異の地理的なパターンを補正し，利用しようと努める一方で，同時に ESU の地理的な境界の中にとどめることに努力するようなサンプリング戦略をとるべきである．

飼育下繁殖計画の開始時点においてのみ創始個体を集団に入れることは，必ずしも必要ではないし最適でもないだろう．もし可能ならば，野外からの移入個体を飼育下集団に定期的に組み込むべきである．遺伝的に最適な数の創始個体が得られなかったからといって，飼育下繁殖計画を確立する構想を取りやめにすることは正当化されない．しかし，野生で捕獲した個体を野生集団から取り除く前に，そのような取り去りが集団に与える潜在的な影響について，管理者は慎重に考えるべきだろう．

集団を可能な限り速く大きくする：成長フェーズ

遺伝的多様性は成長率が遅い時に失われる．なぜなら小さな集団では大きな集団よりも速い率で遺伝的多様性が失われるからだ．それゆえ，集団がターゲットサイズに到達するまで，管理者はそれを可能な限り早く増加させるべきである．このことは，時には遺伝的管理に妥協を強いることを意味する．2 つの主要な目的（集団の成長と遺伝的管理）は，必ずしも補完的ではない．集団の成長に過度に焦点を当てる（遺伝的管理を無視する）場合，ある 1 年の間に全ての繁殖を遂行するために，必然的に 1 頭もしくはごく少数のとても成功した雄だけを使うことになるかもしれない．これによってより多くの子が生まれ，それゆえより大きな集団サイズに至るかもしれないが，全てのもしくはほとんどの子孫が血縁関係にあることにもなるだろう．その結果，将来の近親交配によって，死亡率が高くて繁殖率が低い，大きいものの遺伝的に健全でない集団になってしまうかもしれない．

その一方で，遺伝的管理に過度の焦点を当てる（人口学を無視する）場合，必然的に最も子を残していない雄と雌だけに繁殖させる試みを伴い得るかもしれない．彼らが子を残していないのは，高齢や，繁殖や行動上の問題のせいであり，真の繁殖能力をほとんどもたないかもしれない．したがって，繁殖する個体の数と生まれる子の数は減少し，そして繁殖率があまりに低くて集団を維持することができないかもしれない．この戦略の結果，遺伝的には健全だけれども減少していく集団になってしまうだろう．

それゆえ集団管理は，人口学的管理と遺伝的管理の釣り合いをとることになる．十分な（だが最大ではない）繁殖を遺伝的に好ましい（だが理想的ではないかもしれない）個体の間で実現すること，それは集団成長と遺伝的管理の双方との妥協なのかもしれない．経験の不十分な雄雌がペアにされる時には繁殖面のロスがあり，十分な数の子孫を確実に得るためにすでに遺伝的に貢献しすぎたペアの繁殖を手配する時には遺伝的な妥協がある．これは，管理される集団全てが直面する困難な課題である．

遺伝的な問題の多くは，集団の歴史の初期に起因することが多い．例えば，直ちに繁殖に成功した施設は，子孫をあまり成功していない施設へ分散させる傾向がある．繁殖にあまり成功していない創始雄は，繁殖にはずみをつけるために極度に成功した雌とペアにされたり，あるいはその逆が行われる．その結果，修正するのが最も難しい遺伝的な問題が生じる．それは遺伝的にまれな系統とありふれた系統の連結である．これらの問題はその後の集団の歴史を通じて継続するだろうから，もし可能ならば回避するべきである．それにもかかわらず，もし集団が極度に小さいあるいは減少中ならば，遺伝的管理よりも成長により焦点を合わせることが常に適切である．

集団を環境収容力に達したところで安定させる：管理フェーズ

現在の集団サイズと成長率は，その集団が環境収容力に達しているか，あるいはいつ環境収容力に到達するかを明らかにする．もし集団が環境収容力に達している，もしくは到達しつつあるならば，集団を望ましい環境収容力において安定させるために，管理者は人口学的分析を用い，個体の除去（捕獲，間引き），繁殖の調節（避妊）によって繁殖率と生存率をどのように管理できるかを明らかにすることができる（Beddington and Taylor 1973）．この過程では，このような生存と繁殖のパターンの管理上の変更が集団サイズ，成長率，齢分布，そしてそれ以外の集団の特性にどのような影響を与えるかを明らかにするために，仮想分析（～だったらどうなるか）がかなり必要となるかもしれない．

集団をさらに分割することを考慮する

1つの集団を，その間での遺伝子流動（通常は個体の交換であるが，配偶子や胚の交換も潜在的に可能）が調節されているいくつかの分集団あるいはディーム（遺伝的な交配単位）に細分することは，輸送のコストや危険を減らし，管理のロジスティックスを単純化するなどの実践上の理由と同時に，病気やカタストロフィ，政治面での変化（Dobson and May 1986）に対する防衛策として有益である．それに加えて，選択がないもとでは，ランダムな遺伝的浮動により異なるディームでの異なるアリルの固定が促進され，それゆえ分割することにより全体としてより高いレベルのアリル多様度を維持されるという理論的な主張に基づけば，遺伝的な利益も生じるかもしれない．しかし，この主張を支える理論的な条件は，現実の集団では必ずしも存在しない．さらに，より小さく分割された集団は，小さくて遺伝的浮動が進化の過程を凌駕するので，それらは単一の集団よりも速く遺伝的多様性を失う一方で，それらが経験する，望ましくない飼育下への適応はより少ない〔すなわち，適応は，小集団内では大集団内よりもうまく働かない（Margan et al. 1998）〕．Margan et al.（1998）は，中程度のレベルの近親交配が蓄積するまでは地域集団を孤立したままにし，それから近親交配を減らすために地域間で動物を交換することを提唱した．これは，遺伝的多様性を保つと同時に飼育下への適応を減らす点で好都合である．しかし，飼育下集団における選択の役割はよく分かっておらず，意識的にせよ無意識的にせよ，同じようなタイプの選択によって各ディームで実際には同じようなアリルが固定され，それゆえ遺伝的多様性の全体的なレベルが減少するかもしれない．さらに，半孤立したより小さな集団にさらに分割されると，近交弱勢と人口学的確率性に対してより脆弱になるかもしれない（Drake and Lodge 2004）．

利用可能な繁殖技術を用いる

繁殖技術（例：精液／卵の採取と保存，胚の移植と凍結）は，遺伝的多様性の長期的な維持の面で飼育下繁殖計画を助ける有益な道具かもしれない．こうした技術は，創始個体とその直接の子孫が繁殖に関わる期間を効果的に延長すると同時に，野生と飼育下集団の間での生殖細胞の交換を促進することができる．世代時間を延ばすことで，より小さな集団においても適度なレベルの遺伝的多様性が維持でき，より多くの資源を困難な状況にある他種に残すことができる（Ballou and Cooper 1992）．集団へまだ貢献していない生存している創始個体は，生殖細胞の保存に関するまず第1の候補者として考慮すべきだ．また，人工授精は繁殖個体が遺伝子プールに貢献するのを補助することができる（クロアシイタチ，Wolf et al. 2000）．繁殖技術は，多くの野生動物にとってまだ利用可能ではないが，それは繁殖生物学者による研究の主要な焦点である（第32章）．

集団管理の勧告をつくる

たいていの飼育下繁殖計画において，集団のステータスは定期的に再調査され，そして管理者は，1年または2年ごとのマスタープランを作成するために，集団中の全個体についての勧告を作成もしくは更新する．これに関わるステップは，種を通してかなり標準的なものである．

ステップ1：集団サイズのターゲットを計算する

このステップについては，集団のゴールと目的を設定する時にすでに記述したが，ゴールを達成するために必要なターゲットサイズは，遺伝子多様度のレベルと集団の特性が変化するにつれて，時間を追って変化するだろう．

ステップ2：望ましい成長率を計算する

集団サイズのターゲットと現在の集団サイズとの間の差は，集団にとって望ましい成長率を計算するのを助ける．集団の管理者は，どれくらいの速さでターゲットサイズに向けて成長して（あるいは減少して）欲しいかを決めることが必要だろう．それは，遺伝的な考慮，生物学的な制約，スペースの利用可能性，そしてそれ以外の要因に依存するかもしれない．その次に，ゴールに到達するために，定められた期間を通じて必要とされる平均成長率を計算することができる．

もし望ましい成長率が負である（例えば，集団のターゲットサイズが現在のサイズよりも小さい）ならば，動物園の専門家は，その減少をどのように管理するかを注意深く考えることが必要である．もし最終ゴールが飼育下集団を段階的に消滅させることならば，繁殖を停止することが可能であり，動物が生涯を徐々に終えるにつれて自然に集団サイズが縮小していくだろう．逆に，もし最終ゴールが集団サイズを小さくするものの安定した集団をまだ維持することならば，集団管理者は集団の齢構造に悪い影響を与えないように注意を払う必要がある．繁殖の完全な停止は，将来の存続可能性を危うくするかもしれない．なぜなら，繁殖齢クラスを満たす若い個体がいなくなってしまうからだ．その結果，管理者は，将来の繁殖を確保するけれども現在のサイズを維持しない程度に毎年少しだけ出生が起こるような，緩やかな減少を目指すことが多い．

もし望ましい成長率が正であるならば，集団は，死亡，輸出よりも多くの出生，輸入を必要とするだろう．もし集団が過去に力強く成長していた（望ましい率もしくはそれより高率）のならば，人口学的ゴールを満たすことができそうに思われる．しかし，望ましい成長率は，過去に観察された成長率や前述した方法で生命表から計算された成長率よりもとても高いかもしれず，そのことは混乱を生じる可能性がある．そのような場合には，過去に観察された率はその期間の管理慣行を反映し，そして小さなサンプルサイズの影響を受けることが多いことを想起すると，その集団が望ましい成長率に達する生物学的な可能性を実際にもっているかを決めるのは難しくなる．もしそうならば，その集団がどのくらいの生物学的な可能性をもつのかを決めるために，私たちはどのように人口学的データを用いることができるのだろうか．

頻繁に用いられる方法の1つは，集団中の飼育下で生まれた個体だけを取り出し，その年間成長率を見ることである．これらの年間成長率は，管理者が，その集団が望ましい成長率にかつて到達したことがあるか，どのくらいの期間それより高い率が保たれたかを決めるのを助けることができる．もう1つの重要な戦略は，管理の変化の潜在的な影響を査定するために，生命表の人口動態率を検討し，単純な仮想モデリング（～だったらどうなるか）を行うことである．もし生命表の繁殖率が低い（繁殖年齢にある個体の大部分が繁殖する状況に置かれていなかった期間があったため）のならば，管理者は繁殖齢クラスの繁殖率を理にかなったレベルへと調整し，これらの変化が成長率の見積もりにどのくらいの効果を与えるのかを決定することができる．これらのレベルを設定することは非常に困難であることが多いが，あり得る管理行為の単純なシナリオ，例えば「もしそれぞれの雌が5年に1度繁殖したらどうなるか」あるいは「全ての雌が繁殖状況にあるがその半数だけが繁殖に成功するとしたらどうなるか」は，それらの管理行為の有効性を査定するのに役立つだろう．同様に，もし生命表の死亡率が高く，特定の管理慣行がそれを引き下げるかもしれないことが分かったならば，集団管理者はそれが成長率に与える効果について調べることができる．このような分析は，集団の現在の構造と潜在的な管理行為を仮定した時に望ましい成長率が達成可能であるかを決定するのを助け，また，研究と管理の努力をどこに費やすべきかを決定するのを助ける．AZAのアジアゾウSSPの管理へのこれらのタイプの分析の適用例は，Faust, Earnhardt, and Thompson（2006）と図19-14を参照していただきたい．

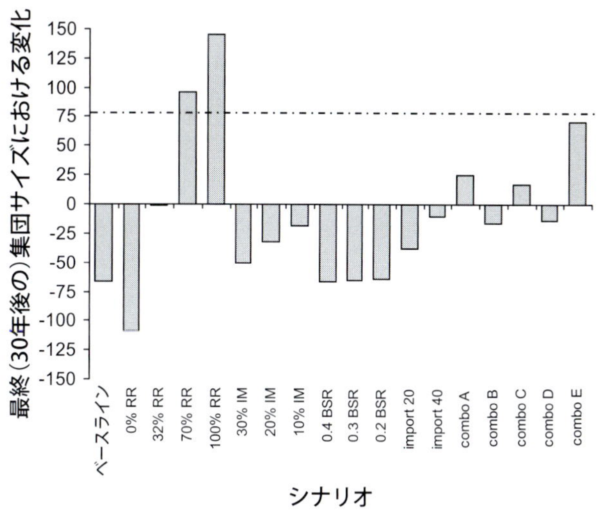

図19-14　異なるモデルシナリオを用いた場合のアジアゾウSSP集団の30年後の最終合計サイズにおける変化．

もし成長率が，集団が自己維持するのに不十分ならば，管理計画の焦点を繁殖学的，行動学的，あるいはその他の生物学的側面や，飼育管理上の側面の調査に移し，問題の解決に努めるべきである．

ステップ3：必要な出生と繁殖ペアの数を計算する

ある一定の期間に必要な出生数を決める際には，複数の人口学的，遺伝学的，そして管理面の要因を慎重に検討しなければならない．この分析は，望ましいターゲットサイズとそのサイズへの成長のための時間枠を，集団の齢構造と生命表中で区別された死亡率（これには必要とされる出生に関わる幼子死亡率が含まれる）に基づいて，来るべき年の間に予想される死亡数とに結びつける．このことにより，集団サイズのゴールを満たすために必要とされるであろう出生数について，決定論的な推定値が得られる．このような見積りは，短期間（0～10年）に関しては非常に正確であると思われる．長期的な見積りは，どのように集団が変化するかによって，非常に異なる結果になるかもしれない．

その後，望ましい数の子を得るために必要な繁殖ペアの数が，リッターサイズ，繁殖に成功するペアの割合，単に正しく履行されない繁殖の勧告がある確率などの要因によって決定されるだろう．例えば，ゴールデンライオンタマリンで繁殖を勧告されたペアの 25% が，その年の繁殖には成功しない．繁殖したもののうち，65% が年に 1 回繁殖し，35% が 2 回繁殖し，平均のリッターサイズは 1.9 である．それゆえ，80 の子を得るには 40 の繁殖ペアが必要である．

代替的な戦略の 1 つは，それぞれの繁殖ペアに対しそれらが選ばれた時に成功する確率を割り当て，成功確率の和が必要なリッター数になるように，十分な数の繁殖ペアを選ぶことである．例えば，数年間にわたって子を生むのに成功してきたペアは成功確率 0.9 とされる一方，動物の移動に伴って新たに確立された若いペアは成功確率 0.2 とされるかもしれない．これらの確率は，過去の繁殖の成功と失敗の分析に基づくこともできる．例えば，1992 年から 2001 年の間のアムールトラ SSP による 101 の繁殖勧告の分析により，1 年以内の繁殖成功の最大の予測変数は，繁殖を勧告された個体の現在の居住地（同じ施設であるか別の施設であるか）とこれまでの繁殖成功歴であることが分かった（Taylor-Holzer 2003）．同じ施設に居住していた勧告ペアと，双方がこれまでに繁殖経験のあるペア（必ずしもそのペアで繁殖している必要はない）は，87% の成功確率を示した．同じ施設にいるが少なくとも片方が未だ繁殖していない場合には 50% の成功確率だった．勧告された時点で別々の施設に居住していたペアは 1 年以内の成功確率が 14% だった．トラの SSP は，年ごとの繁殖の勧告をつくる際に，これらの確率を考慮に入れている（Traylor-Horzer 私信）．

理想的なゴールは，望ましい数の子を，可能な限り最善の遺伝的な組合せから得ることである．遺伝的に最善の選択肢の中からペアを組むだけでは十分な数の子が得られないかもしれないので，単純に人口学的な理由から遺伝的にはより好ましくないペアを組むことが必要かもしれない．それゆえ，繁殖のペアは，遺伝学，年齢，過去の繁殖経験，そして居住地を含む多くの要因に基づいて選ばれる．

ステップ 4：平均親縁度の値を計算する

繁殖のための個体を選ぶ時，集団中の遺伝子多様度を保存するうえでのそれらの遺伝的な重要性に応じて個体を順位付けすると便利である．現在のアリル構成上で大きな比率を占める創始個体から受け継いだアリルを保持している個体は，比率の小さな創始個体から受け継いだアリルを保持している個体ほどには遺伝的に価値が高くない．それぞれの個体について，遺伝的な価値に関する 2 つの尺度が計算される必要がある．それは平均親縁度とゲノム固有度である．

これらの計算をする前に，もはや繁殖しそうにない動物はデータセットから取り除かれるべきである．なぜなら，彼らは遺伝的に老化しておりもはや集団の遺伝学にとって無関係である．これには，不妊にされた個体，医学的な問題により衰弱した個体，行動上の理由で繁殖できない個体，あるいは繁殖を終えてしまった個体が含まれる．

個体の平均親縁度（mk_i）は，ある個体と集団中の全ての生存個体（その個体自身も含む）との間の親縁係数の平均である（Ballou and Lacy 1995）．

$$mk_i = \frac{\sum_{j=1}^{N} k_{ij}}{N} \qquad (19.9)$$

k_{ij} は個体 i と j との間の親縁係数であり，N は集団中の生存個体の数である（Ballou and Lacy 1995，Toro 2000）．親縁係数は，2 個体からランダムに取られた 2 つのアリルが，相同（identical by descent：IBD）である確率である（Crow and Kimura 1970）．それは個体間の遺伝的な類似性の尺度であり，彼らが生むであろう子の近交係数と同じである．まれなアリルを保持している個体は，その集団中に血縁個体をほとんどもたないので，低い値の mk をもつだろう．これに対し，多くの個体と共有するアリルをもつ個体は高い値の mk をもつだろう．個体を mk に応じて順位づけすることは，遺伝的に重要な動物を特定する迅速な方法である．

平均親縁度を最小化することは，保持されている遺伝子多様度を最大化することと直接的な関係がある．

$$GD_t = 1 - \overline{mk}. \qquad (19.10)$$

ここで $\overline{mk}$ は集団中の mk_i の平均である．このように，$\overline{mk}$ を最小化すれば，保持されている遺伝子多様度が最大化する．

平均親縁度戦略を用いて親縁度を最小化するようにデザインされた管理計画がうまくいくことは，コンピュータシミュレーション（Ballou and Lacy 1995）と実験的な繁殖（Montogomery et al. 1997，Toro 2000）により証明されてきた．図 19-10 に示されたサンプル系図の mk の値が表 19-4 に示されている．

ステップ 5：ゲノム固有度の値を計算する

遺伝的な重要性のもう 1 つの尺度がゲノム固有度であ

表 19-4　図 19-10 の系図における全ての生存個体間の親縁度係数

ID	10	11	16	17	18
10	0.500	0.063	0.000	0.000	0.188
11	0.063	0.500	0.125	0.125	0.328
16	0.000	0.125	0.625	0.375	0.063
17	0.000	0.125	0.375	0.625	0.063
18	0.188	0.328	0.063	0.063	0.578
mk =	0.150	0.228	0.238	0.238	0.244

注：平均親縁度（*mk*）の値は各個体の親縁度の平均であり，一番下の行に示されている．遺伝的に最も価値の高い個体は，平均親縁度が最も低い 10 番である．

り，それはある個体に所有されているある 1 つの遺伝子が固有である（すなわち他の生存個体の誰にも所有されていない）確率である．ゲノム固有度は，前に記述したアリル脱落分析を用いて計算され，これもまた遺伝的な重要性に応じて個体を順位づけするために使うことができる（Ballow and Lacy 1995，Ebenhard 1995，Thompson 1995）．

ゲノム固有度と平均親縁度は相関していることが多い．しかし，特定の系図の形状の時には，平均親縁度からは価値の高い個体がはっきりと特定されないのに，ゲノム固有度からは特定できることがある〔（両親の片方が現在のアリル構成上で大きな比率を占める創始個体から由来し，もう片方が比率の小さい創始個体から由来する子（Ballou and Lacy 1995）〕．遺伝的に重要な個体を選別する際には，まず平均親縁度が考慮され，その後に失われる危険度の高いアリルの所有者も繁殖勧告に確かに含まれていることを調べるためにゲノム固有度が調べられるのが典型的である．

ステップ 6：可能なペア全てに関して親縁係数を計算する

2 個体間の親縁係数は，彼らが生み出す個体の近交係数と同じである．親縁度は平均親縁度の値を計算するために用いられるので，それは子孫の近親交配のレベルを示す用途にも役立ち得る．

ステップ 7：平均親縁度の表を用いてペアリングを特定する

平均親縁度の表（表 19-5）は，ペアリングをつくる際に，親縁度の表（表 19-4）と併せて用いられることが多い．繁殖ペアを選ぶ際に遺伝学的に考慮することが 3 つある．関与する個体の平均親縁度，平均親縁度の違い，互いの親縁度である．理想的には，ペアの平均親縁度は低ければ低いほどよい．なぜなら，平均親縁度を最小化することは遺伝的多様性を最大化することに等しいからだ．その雄と雌の *mk* はまた，同じような値であるべきである．*mk* の値が異なる時には，生まれた個体は，まれなアリルとありふれたアリルの双方を保有する．もしこのことが頻繁に起こるのなら，ありふれたアリルから独立してまれなアリルの頻度を増加させることが難しい．最後に，近親交配度を低く保つために，ペアの親縁度が評価されるべきである．高度に近親交配の進んだ集団では（例：モウコノウマ，そこでは集団の平均近交係数が 0.30 を超える），近親交配を回避することが不可能である．一般的なルールは，子の近親交配度を集団の平均親縁度よりも低く保つことである（平均親縁度の半分より低くしている管理者もいる）．これは，閉ざされた集団が不可避的に近親交配の度合いを高めていくにつれて上昇していく，変動する目盛となる．これらの要因を考慮しながら，必要な数のペアがつくられるまで平均親縁度表が用いられる．

詳細な平均親縁度表と PM2000 を用いることに代わる手段は，MateRx というソフトウェアを用いることである．MateRx（Ballou 1999）は，集団中の可能な雄雌ペア全てについて，その繁殖がもつその集団にとっての相対的に遺伝的な利益または損失を表す単一の数量的な指数を算出する．この指数，配偶適切度指数（mate suitability index：MSI）は，それぞれのペアについて，両個体の平均親縁度の値，雄と雌の平均親縁度の違い，雄と雌の間の親縁度，そしてそのペアの祖先が不明である度合いを考慮することによって計算される．MSI の格付けは，1（とても有益である）から 6（とても有害である－もし人口学的な考慮が遺伝的多様性の保存を凌駕する場合においてのみペアリングが用いられるべきである）までの値を取る．MateRx は，ペアの遺伝学に関して知られている全てを単一の数字に濃縮することにより，ペアをつくる決定を単純化することを目的とする．MateRx は管理者が優れた繁殖ペアを確立するのは容易ではないが，有害なペアを（卵を取り除くことにより）やめさせることのできるコロニー性のペンギンのような種では役に立つ．それはまた，配偶者選択が必要な種で代替のペアを見つける際や，それほど徹底的には管理されていないあるいはそれほど協同的でない計画において優れた遺伝的管理を促進する際にも役に立つ．

ステップ 8：集団中の全ての動物について勧告をつくる

飼育下繁殖計画は，集団中の全ての個体について勧告を

表 19-5　マレーグマ（*Helarctos malayanus*）の欧米集団の一部についての平均親縁度

順位	雄					雌				
	血統台帳番号	平均親縁度	既知	年齢	場所	血統台帳番号	平均親縁度	既知	年齢	場所
1	136	0.0000	100.0	25	ROSTOV	125	0.0000	100.0	27	ROSTOV
2	175	0.0000	100.0	20	JIHLAVA	167	0.0000	100.0	20	FRANKFURT
3	182	0.0000	100.0	18	USTI	173	0.0000	100.0	21	HILVARENB
4	207	0.0000	100.0	13	BELFAST	176	0.0000	100.0	20	JIHLAVA
5	210	0.0000	100.0	16	TOUROPARC	179	0.0000	100.0	18	USTI
6	122	0.0245	100.0	27	BASEL	180	0.0000	100.0	18	USTI
7	206	0.0245	100.0	18	KOLN	181	0.0000	100.0	18	USTI
8	169	0.0368	100.0	20	OLOMOUC	134	0.0245	100.0	25	BASEL
9	204	0.0368	100.0	12	FRANKFURT	172	0.0368	100.0	20	OLOMOUC
10	145	0.0951	100.0	23	LODZ	191	0.0368	100.0	14	BELFAST
11	203	0.1311	50.0	12	MADRID Z	197	0.0397	87.5	13	LA PLAINE
12	205	0.1392	100.0	11	BERLIN TP	159	0.0429	100.0	21	ZAGREB
13	218	0.1444	100.0	3	HILVARENB	201	0.0491	100.0	12	MADRID Z
14	124	－	－	27	KYIV ZOO	214	0.0491	100.0	7	USTI
15	149	－	－	23	BERLINZOO	217	0.0491	100.0	3	OLOMOUC
16	164	－	－	21	MUNSTER	211	0.0511	75.0	7	KOLN
17						213	0.0511	75.0	7	KOLN
18						165	0.0736	50.0	20	HILVARENB
19						185	0.0736	50.0	17	PARIS ZOO
20						192	0.0798	50.0	14	KOLN
21						193	0.0798	50.0	14	KOLN
22						139	0.0951	100.0	24	LODZ
23						142	0.1189	100.0	24	BERLINZOO
24						174	0.1281	100.0	18	BERLIN TP
25						212	0.1311	50.0	7	MUNSTER
26						198	0.1331	100.0	13	BERLIN TP
27						160	－	－	21	TOUROPARC
28						178	－	－	25	SOFIAZOO
29						195	－	－	14	TOUROPARC

注：雄と雌は，平均親縁度に関して昇順で並べてある（ケルン動物園の Lydia Kolter 博士の御厚意による）．“既知”は，その個体の系図のうちで知られている割合（%）．0% が既知の個体に関しては，平均親縁度を計算できない．平均親縁度が 0.0 の個体は，まだ子を残していない創始個体（すなわち，潜在的な創始個体）である．

用意するのが普通である．繁殖の勧告に加えて，それ以外の勧告もなされることも多い．

- 繁殖を防ぐために個体を分離する，避妊する．
- 集団サイズを増加させるまたは集団の構造（年齢，性別）を改善するために，個体を輸入する．
- 集団サイズを減少させるまたは集団の構造を改善するために，個体を輸出する．
- 野生に放つ（再導入）ために，飼育下集団から個体を取り除く．
- 別の機会に繁殖させるために個体を維持する．
- 個体をその計画にとっての余剰個体（もはやその集団に必要としない）と位置づける．
- 繁殖面の評価を実施する（例えば，雌が性周期をもつかどうかを明らかにする，精子の質を調べる）．
- 将来使用するために，配偶子を収集して保存する．
- スペースを利用可能とするために個体を間引く（この管理の選択肢にはいくらか論議があり，めったに行われない地域もあれば十分に容認されている地域もある）．

これらの管理活動は，集団のサイズと構造を管理するために，そして究極的には，集団管理の長期的な人口学的，遺伝学的ゴールに到達することを保証するために用いることができる．

個別の困難な課題

新しい創始個体の管理

世代時間が短い種にとって，遺伝的浮動による遺伝子多様度の急速な消失を埋め合わせるほど動物園における集団サイズと成長率が十分に高くない時には，もし可能ならば定期的に創始個体を輸入することが，高い遺伝子多様度を維持するための代替的な戦略となるかもしれない．いくつかの種，とりわけリハビリテーションの努力を通じて定期的に利用可能となる種においては，遺伝的浮動と近親交配による遺伝的多様性の消失を完全に相殺し得る，新しい創始個体を集団に取り込む定期的な機会があるかもしれない．

新しい創始個体を加えることによる遺伝的な貢献は，その創始個体が繁殖に成功した場合の，集団内の遺伝的多様性の変化（上昇）として測ることができる．これは，現在の f_g に対し，追加した創始個体 1 頭につき $1f_g$ もしくはその一部を加え，それを前述の式を用いて遺伝子多様度に変換し直すことにより計算される．各創始個体が十分な数の子を残し集団に完全な f_g を貢献すると仮定することはおそらく現実的でない．Mansour and Ballou（1994）は，キンクロライオンタマリン（*Leontopithecus chrysomelas*）では，長い年月の間に一連の新しい創始個体により貢献された f_g の平均が，創始個体あたり $0.4f_g$ であったことを発見した．例えば，遺伝子多様度の 92% を保持している集団に，もし 4 頭の新しい創始個体が加えられたならば，それらはどの程度遺伝子多様度を押し上げるのだろうか．92% の遺伝子多様度は $6.25f_g$ に等しい．各創始個体が $0.4f_g$ ずつ貢献したと仮定すると，合計の f_g は $6.25f_g + (0.4f_g \times 4) = 7.85f_g$ である．これは，93.6% の保持されている遺伝子多様度と等しい．4 頭の創始個体を追加することで遺伝子多様度が 1.6% 上昇した．遺伝子多様度が低ければ低いほど，新しい創始個体を追加することでそれはより多く上昇するだろう．Odum（1994）は，集団中に各創始個体が理想的に代表されることを保証するために新しい創始個体がそれぞれ残すべき子の数を計算する新しい方法を提唱している．

新しい個体の輸入は，2 つの形をとり得る．1 回限りの大きな輸入と，より長い期間を通じたより少数の動物の一連の輸入である．検疫スペースの限界，新しい動物を吸収する能力，そして創始個体の現時点そして将来における利用可能性が要因に含まれる．PM2000 は，これらの様々なシナリオをモデル化し，ある特定の集団に新しい創始個体を輸入する際の最適な戦略を決定することを可能にしている．

創始個体が追加された時，それらの系統はまれであり，それらが子を生むまでは平均親縁度は 0.0 だろう．もし可能ならば，管理者は新しい創始個体を大きな比率を占める系統（平均親縁度の高い動物）とペアにすることを避けるべきである．なぜなら，このことでまれなアリルとありふれたアリルが子において結びついてしまい，それを後で正すことは困難だからである．しかし，新しい創始個体の遺伝的多様性を確保することを確実にするためには，繁殖に成功していることが知られている個体とペアにすることが必要かもしれない．もし何頭かの創始個体が利用可能ならば，それらを互いにペアにすることを考慮するべきである．もし新しい創始個体のペアがいくつか存在するならば，いくつかペアの組合せを変えてみることも可能かもしれない．これらの創始個体の子のさらなるペアをつくれば，輸入された個体の *mk* の値は，集団の残りの値に近づき始めるかもしれない．わずか数世代後には，この新しい系統は集団の主要部に取り込まれてしまうだろう．

移入と移出

地域間の，あるいは業者との間の移動は，よい集団管理に妥協を強いる状況を生じ得る．ある地域から他へと移動される動物は，搬出した地域の平均親縁度リストの下部からの動物であることが多い．受け入れる地域では，これらは創始個体として適切に扱われ，遺伝子はその集団にそのように組み込まれるかもしれない．しかし，もし後になって，ソースとなった地域が受け入れた地域から動物を輸入することに関心をもつならば，輸入個体候補が現在のソース集団に対してもつ関係について明らかにする，グローバルな集団分析が行われるべきである．このことは業者に送られる動物にも当てはまる．

適切な記録を維持していない業者へ動物を送ることは，それらの個体が別の動物園に送られ，その集団と関係しているということは分かっているがその関係が具体的にどのようなものか（系図）について分からない状態で，管理されている集団に再登場することになり得る．これは，有蹄類ではまれではない．それゆえ，管理されている集団を離れる全ての動物は，永続的に個体が識別されるように，トランスポンダー，焼印，もしくは入れ墨によって印をつけられるべきである．

別の地域から動物を受け入れることを計画している動物園は，利用可能な血統台帳（地域的なものと国際的なものの双方）とISISデータベースをいつも確かめるべきである．近い将来，ISIS動物園と血統台帳の各個体に関して単一の生涯にわたる記録を提供するZIMSも利用可能になるだろう．

不明な血統

個体識別の欠如と出自の不確かさは，人口学的分析と遺伝学的分析の双方を複雑にする．これは，群れで管理される（個々の雌親は識別されていないことが多い）種と，1頭以上の繁殖雄が雌へ接近でき父性が不確かな種でよく見られる問題である．集団の管理者は，出生日が分からない動物の繁殖率や死亡率を計算するために，人口学的なデータに関する仮定を開発するかもしれない．例えば，集団の最初の繁殖年齢の中央値は，雌が最初の繁殖をした（ことが分かった）時に，彼女の出生日を決めるために使うことができる．

分子遺伝学的分析は，不明の家系を解決するために用いられるかもしれないが，これは非常にお金がかかることも多いし，もし不明の祖先個体のサンプルがもはや利用不能である時には不可能である．祖先が分からない動物については，いくつかの選択肢がある．それらを集団から除外する，家系の分かっている部分だけを計算に用いる，あるいは家系に関する様々な仮定を置いて違いを比較する．いずれの場合でも，不明の両親を仮定された両親に置き換えることは，公式の血統台帳でなく，分析用の血統台帳でのみ行うべきである．

両親や祖先が不明の個体を，管理される集団から除外する

このアプローチは，該当する個体がほとんどおらず，それらが集団にとって他の点で重要でない場合にのみ，実用的である．そのような場合，決定を左右する要因は，個体の所有するアリルのうちの不明の祖先に由来するアリルのパーセントだろう．もし不明の祖先からのパーセントが小さいならば，それは許容できるかもしれない．不明の祖先をある程度もっているがアリルが比較的まれである祖先ももっている個体は，現時点での比率の小さい創始個体の貢献を永続きさせるために，集団中に保つことができるだろう．何をすべきかの決定には，遺伝的多様性を失うリスクと近親交配のリスクとの比較を伴うのが典型的である．動物を取り除くことは遺伝的多様性をもまた取り除くだろうが，それらを保っておき血縁関係がないと仮定することは，望まない近親交配を引き起こすかもしれない．しかし，祖先が不明の個体を除外する遺伝的なコストは，それらを除外せずに父性について正しくない仮定を設けるコストよりも大きい（Willis 1993）．

不明の個体を集団中に残しておく

PM2000ソフトウェアは，分かっている系図あるいはゲノムの部分についてのみ平均親縁度を計算するだろう（Ballou and Lacy 1995）．ここでもまた，これは系図のわずかな部分だけが不明の時（例えば20％未満）には適切である．系図のうちの不明の部分が増加するにつれて，遺伝的な計算が家系のより小さな部分に基づくようになるので動物間の関係についての推定値が信頼できなくなる．

もし疑問のある親子関係がわずか数個体に限られているのなら，可能な全ての組合せについて遺伝学的，人口学的分析を行い，あり得る範囲の結果を全て得る．もし結果が血統に関する仮定の影響をあまり受けないのなら，疑問のある親子関係は管理に関する決定にほとんど影響を与えないはずである．もし結果が影響を受けるのなら，系図について調査すべきである．代替的な戦略は，遺伝子多様度または近親交配の面で最悪のシナリオを，管理についての決定の基礎として選ぶことである．

系図分析において，潜在的な親候補の中から最も真の親でありそうな個体を用いる

この戦略を用いる際には，行動あるいは優劣関係を基礎に親について仮定を置くと間違えやすいことを自覚しなければならない．

全ての潜在的な親を凝集したものを表現する仮説的な親をつくる

もし潜在的な親候補が全て等しく真の親でありそうな場合には，遺伝学的分析のために“ダミーの”ID番号を与え，それを当該の子の父親（もしくは母親）とみなすことで，新しい平均的な仮説的な両親をつくることができる．仮説的な親における創始個体の貢献は，いろいろな親候補が真の両親である見込みと関連した確率によって重みづけすることにより，親候補における創始個体の貢献の平均として計算される．もし潜在的な親候補における創始個体の貢献がそれほど違わなければ，“平均的な”両親をつくることは最も適切だろう．もし潜在的な親の間での違いがとても大きい（とりわけ潜在的な親が創始個体である）場合には，他の選択肢が考慮されるべきである．近交係数は，その仮説的な親が，その配偶相手および集団の残りと血縁関係にないと仮定して計算される．たいていの場合，これは不明の両親の子孫の近交係数を過小評価するだろう．近親交配を避けるために，最悪のシナリオ，すなわち想定した両親間に最も濃い血縁関係があると仮定することもできるだろう．しかし，近親交配に関する最悪のシナリオは，ふつう，遺伝子多様度を維持するうえで優れた戦略ではない（Willis 1993）．そのかわり，想定した親の間に血縁関係がないと仮定することによって，遺伝子多様度を保持するうえで最善のシナリオを表す，別の一連の仮定と仮説的な家系をつくることができる（Willis 1993）.

個体識別なしに数世代にわたって群れが管理されてきた時に，仮説的な家系をつくる

大きな群れで保たれる種では，“ブラックボックス”集団がよくみられる．グレビーシマウマに関するAZA種保存計画は，創始個体の潜在性の少なくともいくらかを取り入れるために，最悪の場合を仮定した戦略を使った例である．この種では，個体の出自が記録されていない非常に大きな群れがいくつか存在した．しかし，かなりの有益な情報があった．それぞれの群れは，多くの創始個体（ふつうは1頭の雄親と数頭の雌親）によって確立された．それ以降に，限られた数の由来の分かる移入個体が群れに導入された．それぞれの群れでは，どの繁殖期にもたった1頭の雄親だけが存在した．群れに生まれた全ての子の出生日が記録されていた．

最初に，単一の創始雌が群れを確立したと仮定された．すなわち，全ての実際の雌は，ダミーID番号が割り振られた仮説的な創始雌に凝集された．そして，最初の数年間（あるいはその種の性成熟年齢と同じ長さの期間）に生まれた全ての子は，受胎の時に群れにいた雄とこの仮説的な雌の子であるとみなされた．この最初のコホートの後は，このペアの娘が成熟して父親と繁殖したと仮定された．それゆえ，1頭の仮説的なF_1雌がつくられた．この雌の両親は，群れの雄と仮説的な創始雌であった．それ以降は，群れに生まれた全ての子は，75%の遺伝子がこの創始雄に，そして25%の遺伝子だけが仮説的な創始雌に由来した．

このような戦略は，もし分かっている創始個体で群れが確立されたのならば非常に役に立つ．明らかに，この戦略は群れの実際の創始個体数と関与した遺伝的多様性を過小評価するだろう．多数の異なる繁殖個体が1頭の仮説的な親のもとに結合されたなら，近交係数は過大評価されるだろう．しかし，群れの中では，近交係数は相対的であり，血縁関係の濃い個体は血縁関係の薄い個体よりも高い近交係数をもつだろう．遺伝学的な分析に求められる条件を満たすために仮説的な親や創始個体がつくられる時，系図の中で両親の不明な個体は，それらの創始個体の貢献と近交係数の双方が分析上の血統台帳における仮説的なデータに基づいて計算されていることが分かるように，はっきりと区別されるべきだろう．

平均の親縁度を推定し家系の不明な一群の個体に仮説的な家系をつくる

ブラックボックス集団における家系をつくるより定量的なアプローチは，そのブラックボックスから出てくる個体の平均親縁度（average kinship）を推定することである．まず第1に，そのブラックボックスの創始個体となったもしくは遺伝的な入力をもたらしたと考えられる個体の数を推定し，これを創始個体由来の独自アリル数に変換する（Willis 2001）．例えば，もし1頭の創始雄と2頭の創始雌が分かっていたなら，3頭の創始個体が関与し，6つのアリルが貢献されている．もし2頭の雄と2頭の雌がいて，しかしそれらは血縁個体（兄弟と姉妹）であることが分かっていたなら，わずか4つのアリルだけが貢献されている．創始個体のアリルの数（A）から，ブラックボックス（N）から出現する動物たちの間の平均親縁度（$\bar{k}$）は以下のように計算される．

$$\bar{k} = \frac{2N - A}{2A\,(N - 1)} \qquad (19.11)$$

（Willis 2001の式10を修正）

その後で，出現する動物の祖先に関する仮説的な家系が，出現する動物が$\bar{k}$に最も近い（望ましい$\bar{k}$を正確に生じる家系をつくることはしばしば不可能）レベルの親縁度を持つようにしてつくることができる．表19-6は，特定のレベルの親縁度をもつ動物をつくりだすために使うことができる，ありふれた血縁構造のいくつかを示している（Willis 2001）.

例えば，もしブラックボックスが3個体により創始され（すなわち$A = 6$），このブラックボックスから出現する個体が10個体存在した（$N - 10$）のなら，上述の方程式からそれらの平均の親縁度は0.129だろう．10個体の間のこのレベルの親縁度は，それらが半兄弟であるとすることにより，最も近似して再現される（表19-6）．このアプローチを用いることに関するより詳細は，Willis

表19-6　血縁個体間の平均の親縁度が特定のレベルになる系図の構造

平均の親縁度（$\bar{k}$）	その平均の親縁度を生みだす系図の構造
0.375	全兄弟間に生まれた全兄弟
0.25	全兄弟（両親が共通）
0.1875	親の片方と祖父母の片方が共通
0.125	半兄弟（親の片方が共通）
0.0625	従兄弟（祖父母が共通）
0.03125	祖父母の片方が共通
0	非血縁

（2001）で得られる．

不完全な家系を取り扱うこれ以外の方法は，Lutaaya et al.（1999），Marchall et al.（2002），Cassell, Ademec, and Pearson（2003）の中に見つかる．

有害な形質と適応的な形質の管理

有害劣性アリルが相対的に高頻度であることは，少数個体により創始されたいくつもの飼育下動物集団の中で記述されてきた（Laikre 1999）．例として，タイリクオオカミ（*Canis lupus*）における視覚障害（Laikre, Ryman, and Thompson 1993 を参照），クマ類（*Ursus* sp.）におけるアルビノ（Laikre et al. 1996），アカギツネ（ギンギツネ，*Vulpes vulpes*）における歯茎の過形成（Dyrendahl and Henricson 1959 参照），アカエリマキキツネザル（*Varecia rubra*）における無毛症（Ryder 1988, Nobel, Chesser, and Ryder 1989 参照）があげられる．

通常は異系交配をする大きな集団では，有害なアリルのほとんどはまれであるのが典型的だろう（Frankham, Ballow, and Briscoe 2002）．しかし，集団が，飼育下集団を創始する際のようなボトルネックを通過する時，ボトルネックを生きのびた，以前にはまれだったアリルが頻度を大きく増加させるかもしれない．もしボトルネック前に低頻度だったアリルがボトルネックを生きのびるならば，その頻度はボトルネック後に少なくとも $1/(2N)$ まで上昇するだろう．ここで N はボトルネック時の動物の数である．ボトルネック後には，集団中に残存した有害劣性アリルが発現する可能性を，さらなる近親交配が上昇させるだろう．

多くの飼育下繁殖計画では種の近親交配がより進むので，私たちは有害アリルが発見される頻度が上昇することを予測する．有害アリルは全ての種において遺伝的多様性の自然な構成要素であり，その形質を示す動物を繁殖から除外する（すなわちそれを淘汰する）誘惑に駆られるだろう．集団管理者は，系図分析，獣医学的な検査，そしてそれ以外の種類の研究を通じて，観察される形質が本当に遺伝的に決定されることを，まず最初に確かめる必要がある．これが難しい場合もあるだろう．なぜなら，サンプルサイズが小さいかもしれないし，遺伝継承の様式が複雑かもしれないからである．第 2 に，その形質を淘汰する戦略の悪影響について理解することが重要である．Rall et al.（2000）と Laikre, Ryman, and Thompson（1993）は，形質を淘汰することが集団の全体的な遺伝的多様性に与える影響を注意深く評価した．遺伝的基盤が明らかになり，淘汰のもつ意味が評価されるまでは，飼育下繁殖計画は，淘汰戦略を自動的に強いることに非常に躊躇するべきである．

生物学者の中には，集団管理者が特定の形質あるいは適応形質を選択する，あるいは繁殖を促進するために飼育下繁殖計画において自然な配偶者選好を許すことを示唆するものもいる〔例：主要組織適合遺伝子複合体（MHC）の変異（Hughes 1991，Wedekind 2002）〕．生化学的な方法によって推定された個体のヘテロ接合度のレベルを基礎に，繁殖個体を選択することを推奨した生物学者もいる．以前述べたように，少数の遺伝子座におけるヘテロ接合度は，個体全体のヘテロ接合度を適切に表さないことが多い．それに加えて，知られているヘテロ接合の遺伝子座〔例：MHC 遺伝子座（Hughes 1991）〕を選択することは，サンプリングされていないヘテロ接合の遺伝子座を淘汰するかもしれないし，集団の遺伝的多様性の全体的なレベルを低下させるかもしれない（Haig, Ballou, and Derrickson 1990，Miller and Hedrick 1991，Gilpin and Wills 1991，Vrijenhowk and Leberg 1991）．特定の遺伝的マーカーあるいは表現的形質に対するどんな選択も，さらに遺伝的多様性を低下させ，近親交配を増加させる．なぜなら，選択は繁殖する動物の数を減らし，それゆえ有効集団サイズを小さくするからである（Lacy 2000b）．加えて，そのような選択の尺度は，飼育下環境への適応と野生状態での適応度の低下を促進するだろう（Margan et al 1998，Ford 2002，Kraaijeveld Smit et al. 2006）．

群れの管理

平均親縁度を最小化する戦略は，個体識別がされていない集団（例：群れをつくる種，魚の水槽，鳥のコロニー）においては，実際の役に立たないかもしれない．詳細な家系に関する情報が知られていない，特定の繁殖ペアを確実にコントロールすることができないような集団は，一般的に群れと呼ばれる．群れは，個体識別は可能であるがペア形成をコントロールすることができない種（例：いくつかのペンギン）から，個体を区別したり数えたりすることがどの生活史段階においても不可能である種（珊瑚，真社会性の昆虫）まで及ぶ．

群れの遺伝的管理は，発展途上の科学であり，頻繁には行われていない〔例外はポリネシアマイマイ属のマイマイ（Pearce-Kelly and Clarke 1995）〕．群れの管理に関して提唱されている方法には，次のようなものが含まれる．

有効集団サイズを最大化する

有効集団サイズを上昇させることに寄与する要因は，個体の導入，除去を通じて，操作することが可能である．そのような管理行為には，繁殖個体の性比を等しくする，雌あたりの生まれる子の数を等しくする，繁殖状況におかれる雄を頻繁に交替させる，一定の集団サイズを維持する，群れ間で個体を定期的に異動させることが含まれる（世代あたり4〜5の有効な移住個体）．例えば，Princeé（1995）は，群れ間で雄を交替させる，定期的で体系的な手順により，近親交配を最小化し N_e を最大化する計画を提唱した．どのくらい多くがやり遂げられるかは，特定の種が社会的，飼育管理上で要求するものに依存するだろう．

群れの平均親縁度

群れからなるメタ集団では，群れの平均の近親交配と平均親縁度の値（1つの群れからメタ集団中の全ての群れへの平均親縁度）は，群れサイズ（個体数）の変化，群れ間の移住，そして繁殖の性的様式〔例えば，自殖対単為生殖（Wang 2004）〕についての情報を用いて計算することができる．個体の平均親縁度とかなり似て，これらの計算により，どの集団が他の集団に移住者を送るあるいは移住個体を受け取るべきかを，管理者は特定することができる．この分野の研究は，継続中である．

集団構造の分子分析

群れからのサンプルの分子遺伝学的分析は，群れ間の遺伝的な分岐の尺度を計算するために用いることができる〔F_{st}，遺伝的距離（Frankham, Ballou, and Briscoe 2002）〕．その後，遺伝的な違いを減らすために動物を移動させることができる．この戦略には異論が多い，なぜなら，前述したように，それは遺伝的管理の基礎を少数の遺伝子座の多様性の維持におくけれども，ゲノムの残りの部分に関しては多様性を減らしそうだからである．

再導入の遺伝学

再導入のための個体を選ぶ際には，遺伝学を考慮するべきである（Ralls and Ballou 1992，Ballou 1992, 1997）．再導入計画の遺伝学的ゴールとして一般的なのは，飼育下集団に含まれる潜在的な遺伝的多様性の全てを，最終的には野生に放つことである（Earnhardt 1999）．再導入個体は，近親交配の個体であるべきではない．なぜなら，近親交配個体は，非近親交配個体よりも野生環境に対してうまく対処することができないかもしれないからである（Jiménez et al. 1994）．試験的な再導入の最中では，動物にとってのリスクが高いかもしれない時には，飼育下集団からの除去がその遺伝的多様性を低下させるであろう個体を選ばないよう，管理者は再導入個体を慎重に選ぶべきである（例：現時点で比率の小さい個体もしくは創始個体を放つべきではない，Russell et al. 1994）．しかし，再導入がより成功していくにつれて，飼育下集団から野生へ遺伝的多様性の構成要素の全てを移すために，高い遺伝的価値をもつ個体を放つことが許容される（Ballou 1992）．ソフトウェアMetaMK（Ballou 1999）とPM2000（Pollak, Lacy, and Ballou 2007）は，集団間を移動する個体を選ぶのを補助するだけでなく，再導入のための個体を選ぶのにも使われてきた（Rall and Ballou 1992）．

謝　辞

この章は，Tom Foose博士に捧げる．博士は動物園個体の集団管理についての科学の創始者の1人である．Kevin WellisとPeter Rigerには，資料をいただいたことに感謝する．Kathy Traylor-HolzerとKristen Leusには，原稿の初期バージョンを大いに改善させた広範囲のコメントをいただいたことに深く感謝する．

補遺 19.1

集団管理のためにデータを管理し分析するソフトウェアプログラム

ソフトウェア	開発者	主要な目的	特徴	ソース
ARKS	ISIS	個々の動物園の動物記録の管理	動物記録の管理およびいくつかの分析．複数種．	ISIS に加盟している動物園のスタッフならば利用可能．（ISIS 2004b）
SPARKS	ISIS	血統台帳記録の管理	血統台帳データの管理および人口学，遺伝学，センサス，繁殖に関する基礎的な分析．	ISIS に加盟している動物園のスタッフならば利用可能．（ISIS 2004）
GENES	R. C. Lacy	遺伝的管理	SPARKS から出力された系図を用いて，近交係数，平均親縁度，創始個体に関する統計を計算．ペア形成が集団の遺伝学に与える影響を評価．時代遅れ．	無料．SPARKS ソフトウェアと一緒に配布される．（Lacy 1993）
Demog	J. D. Ballou and L. Bingaman Lackey	人口学的分析	SPARKS から出力されたデータから生命表を計算するスプレッドシート．人口学的モデリングに限定．時代遅れ．	無料．（Ballou and Bingaman 1992）
PM2000	J. P. Pollak, R. C. Lacy, and J. D. Ballou	集団管理	系図分析および人口学的分析，集団ゴールの設定，遺伝的管理の勧告．SPARKS と PopLink から出力されたデータを用いる．	無料．R. C. Lacy のウェブサイトから利用可能．（Pollak et al. 2007） www.vortex9.ofg/home.html
PMx	J. P. Pollak, R. C. Lacy, and J. D. Ballou	集団管理	現在開発中である，PM2000 の更新版．群れの遺伝的管理や複数の親も含む．ブートストラップによる人口学的分析．	無料．R. C. Lacy のウェブサイトから利用可能．
MateRx	J. D. Ballou, J. Earnhardt, and S. Thompson	遺伝的管理	遺伝的管理を簡略化するために，集団中の可能なペア全てについて 1～6 のスコアを割り振る．PM2000 によってつくられたデータファイルを用い，PMx のモジュールとなる予定．	無料．PM2000 と一緒に配布される．（Ballou et al. 2001）
MetaMK	J. D. Ballou	遺伝的管理	2 つの集団間の個体の移動が遺伝的多様性に与える影響を評価．	J. D. Ballou のウェブサイトから利用可能．（Ballou 1999）
ZooRisk	J. M. Earnhardt, A. Lin, L. J. Faust, and S. D. Thompson	集団存続可能性分析	シミュレーションを用いて，飼育下集団のリスクの度合いを評価する．SPARKS もしくは PopLink データセットからのデータを使う．	www.lpzoo.org/zoorisk にて利用可能．（Ehardt et al. 2005）
PopLink	L. J. Faust, Y. M. Bergstrom, and S. D. Thompson	血統台帳記録の管理および分析	人口学的，遺伝的管理のために，人口学的データを維持，管理，出力するのを助ける．SPARKS データセット，ユーザーが入力したデータ，あるいは（将来的には）ZIMS データを使う．	www.lpzoo.org/poplink にて利用可能．（Faust, Bergstrom, and Thompson 2006）
Vortex	R. C. Lacy	集団存続可能性分析	SPARKS からの血統台帳情報を取り込み，遺伝的な基準に基づいてペアリングを決めるオプションの付いている PVA（集団存続可能性分析）モデリング．	無料．R. C. Lacy のウェブサイトから利用可能．（Lacy, Borbat, and Pollak 2007）
ZIMS	ISIS	全世界的な動物記録情報システム	現在開発中の，動物の飼育管理法，健康，血統台帳，病理学等に関する，全世界的なウェブベースの情報システム．ARKS, SPARKS，MedARKS に換わるものとして ISIS によって構築．	ISIS に加盟している動物園のスタッフならば利用可能になる予定．（ZIMS 2007）

補遺 19.2

人口学における定義

記号	用語	定義
x	齢クラス	個体の年齢を含む時間間隔．齢クラス 0 は，0 ～ 0.999 歳までの全ての個体を含み，齢クラス 1 は，1 ～ 1.999 歳までの全ての個体を含む．年齢は，他の用語（記号）の中で x で表される．
	年齢ピラミッド（または年齢分布）	集団の構造を様々な性年齢クラスの個体数あるいは割合パーセントという形で示したヒストグラム．
SAD	安定齢分布	各齢クラスの相対的な割合が安定であり（同じ率で変化），集団成長率が一定に保たれるような年齢分布．
M_x	性年齢特異的繁殖率	ある齢クラスの個体が生む同性の個体の数．繁殖率は，最初の繁殖年齢，最終繁殖年齢，最大繁殖年齢に関する情報を提供する．
Q_x	性年齢特異的死亡率	年齢の個体がその齢クラスにいる間に死亡する確率．$Q_x = 1 - P_x$
P_x	性年齢特異的生存率	年齢の個体がその次の齢クラス（＋ 1 歳）のはじめまで生存している確率．$P_x = 1 - Q_x$
l_x	性年齢特異的生存	新たに生まれた個体（すなわち 0 歳）が x 歳のはじめまで生存している確率．生存は，累積的な尺度である．すなわち，齢クラス 10 の生存は，出生から 10 歳に至るまでの全ての齢クラスの生存率に影響される． $l_x = \prod_{i=0}^{x-1} P_i$
r	内的変化率	集団サイズの，任意の瞬間における変化率．$r > 0$ ならば，集団は増加する．$r = 0$ ならば，集団は安定である．$r < 0$ ならば，集団は減少する．
λ	ラムダまたは集団増加率	ある年から次の年までの集団サイズの相対的な変化．λ は生命表の計算に基づくこともできるし（λ の期待値），観察された集団サイズの年次変動からも計算できる．$\lambda > 1.0$ ならば，集団は増加する．$\lambda = 1.0$ ならば，集団は安定もしくは維持される．$\lambda < 1.0$ ならば，集団は減少する．λ が 1.11 ならば，年あたり 11% 増加する．λ が 0.97 ならば，サイズが年当たり 3% 減少する．
E_x	性年齢特異的期待余命	齢クラスの個体が，その後生存できる平均の年数．
	期待余命の中央値 / 生存の中央値	$l_x = 0.5$ となる年齢．データセットの個体の半数がこの年齢までに死亡し，半数が生存している．これは，集団の生存パターンを記述するためにふつうに用いられる．
	最大寿命	分析の中で最も年齢の高いことが分かっている個体．それは，生存中でも死亡した個体でも構わない．この値は頻繁に変化するかもしれないので，大多数の個体がこの年齢まで生存すると仮定するのは正しくない（例えば，生存パターンを表す唯一の要約パラメータとして使用すべきではない）．
T	平均世代時間	ある世代の繁殖から次の世代の繁殖までの経過時間の平均．雌（あるいは雄）が子を生む平均年齢でもある．雄と雌は，異なる世代時間をもつことが多い．
V_x	性特異的繁殖価	x 歳の個体が，その年およびそれ以降に生む同性の子の数の期待値
	リスク（M_x，Q_x，その他性年齢特異的率に関する）	その齢クラスを経験した個体の数．この数は M_x や Q_x を計算する際に用いられる．すなわち，死亡した個体数または出生数を，その齢クラスの間に死亡するもしくは繁殖する可能性のあった個体数で割る．

補遺 19.3

遺伝学における定義

用語	記号	定義
ヘテロ接合度	H_o，H_e	ヘテロ接合度の観察値（H_o）：特定の形質あるいは遺伝マーカーに関してヘテロ接合である（2つの異なるアリルをもつ）個体の集団中での割合. ヘテロ接合度の期待値（H_e）：集団内でランダムに繁殖が起きていた場合にヘテロ接合であることが期待される個体の集団中での割合.
アリル多様度	A	一群の形質あるいは遺伝マーカーに関して，集団中に存在するアリル数の平均値.
遺伝子多様度	GD または H_t	H_e についての別の用語．遺伝的管理においては，野生もしくはソース集団のヘテロ接合度が分析中の集団において保持されている割合を指すことが多い.
創始個体ゲノム等価	f_g または FGE	生存中の子孫集団において観察される遺伝子多様度と同じ遺伝子多様度を示すであろう，アリルを失っていない創始個体（維持＝1）の数．同様に，子孫集団における遺伝子多様度と同じ遺伝子多様度を含む，ソース集団からの個体の数．集団の遺伝子多様度は，$1-[1/(2\times f_g)]$.
創始個体の保持	r_i	分析中の集団まで残っている，創始個体のゲノムの割合.
平均親縁度	mk_i	ある個体と，生存中の飼育下生まれの集団中の全個体（その個体自身も含む）との間の親縁係数の平均.
平均親縁度の平均	$\overline{mk}$	集団中の個体の平均親縁度の平均．集団の平均親縁度の平均は，子孫（飼育下生まれ）集団の遺伝子多様度の消失の創始個体に対する相対的な割合に等しい．平均親縁度の平均は，$1/(2\times f_g)$．保持されたの割合は $1-\overline{mk}$.
近交係数	f	ある遺伝子座における 2 つのアリルが，両親の共通祖先から受け継いだ相同（IBD）アリルである確率.
平均の近親交配度		集団中の全個体の近交係数の平均．集団の近交係数の平均は，ヘテロ接合度の観察値の，創始集団におけるヘテロ接合度の期待値に対する相対的な減少割合.

文　献

Allendorf, F. 1986. Genetic drift and the loss of alleles versus heterozygosity. *Zoo Biol.* 5:181–90.

Allendorf, F., and Leary, R. F. 1986. Heterozygosity and fitness in natural populations of animals. In *Conservation biology: The science of scarcity and diversity*, ed. M. E. Soulé, 57–76. Sunderland, MA: Sinauer Associates.

Amori, G., and Gippoliti, S. 2003. A higher-taxon approach to rodent conservation for the 21st century. *Anim. Biodivers. Conserv.* 26:1–2.

Ashworth, D., and Parkin, D. T. 1992. Captive breeding: Can genetic fingerprinting help? *Symp. Zool. Soc. Lond.* 64:135–49.

AZA (Association of Zoos and Aquariums). 2007. *AZA Regional Collection Handbook.* Silver Spring, MD: Association of Zoos and Aquariums.

Ballou, J. D. 1983. Calculating inbreeding coefficients from pedigrees. In *Genetics and conservation*, ed. C. M. Schonewald-Cox, S. M. Chambers, B. MacBryde, and L. Thomas, 509–20. Menlo Park, CA: Benjamin/Cummings.

———. 1992. Genetic and demographic considerations in endangered species captive breeding and reintroduction programs. In *Wildlife 2001: Populations*, ed. D. McCullough and R. Barrett. 262–75. Barking, UK: Elsevier Science.

———. 1997. Genetic and demographic aspects of animal reintroductions. *Suppl. Ric. Biol. Selvaggina* 27:75–96.

———. 1999. *MetaMK: Metapopulation Mean Kinship Analysis.* Washington, DC: Smithsonian National Zoological Park.

Ballou, J. D., and Bingaman, L. 1992. *DEMOG: Demographic Analysis Software.* Washington, DC: Smithsonian National Zoological Park.

Ballou, J. D., and Cooper, K. A. 1992. Application of biotechnology to captive breeding of endangered species. *Symp. Zool. Soc. Lond.* 64:183–206.

Ballou, J. D., Earnhardt, J., and Thompson, S. 2001. *MateRx: Genetic Management Software.* Washington, DC: Smithsonian National Zoological Park.

Ballou, J. D., and Foose, T. J. 1994. Demographic and genetic management of captive populations. In *Wild mammals in captivity: Principles and techniques*, ed. D. G. Kleiman, M. Allen, K. Thompson, and S. Lumpkin, 263–83. Chicago: University of Chicago Press.

Ballou, J. D., and Lacy, R. C. 1995. Identifying genetically important individuals for management of genetic diversity in captive populations. In *Population management for survival and recovery*, ed. J. D. Ballou, M. Gilpin, and T. J. Foose, 76–111. New York: Columbia University Press.

Ballou, J. D., and Oakleaf, R. 1989. Demographic and genetic captive-breeding recommendations for black-footed ferrets. In *Conservation biology and the black-footed ferret*, ed. U. S. Seal, E. T. Thorne, M. A. Bogan, and S. H. Anderson, 247–67. New Haven, CT: Yale University Press.

Beddington, J. R., and Taylor, D. B. 1973. Optimum age specific harvesting of a population. *Biometrics* 29:801–9.

Boyce, A. J. 1983. Computation of inbreeding and kinship coefficients on extended pedigrees. *J. Hered.* 74:400–404.

Bryant, E. H., and Reed, D. H. 1999. Fitness decline under relaxed selection in captive populations. *Conserv. Biol.* 13:665–69.

Cannings, C., Thompson, E. S., and Skolnick, M. H. 1978. Probability functions on complex pedigrees. *Adv. Appl. Prob.* 10:26–61.

Case, T. 2000. *An illustrated guide to theoretical ecology*. New York: Oxford University Press.
Cassell, B. G., Ademec, V., and Pearson, R. E. 2003. Effect of incomplete pedigrees on estimates of inbreeding and inbreeding depression for days to first service and summit mile yield in Holsteins and Jerseys. *J. Dairy Sci.* 86:2967–76.
Caughley, G. 1977. *Analysis of vertebrate populations*. New York: John Wiley and Sons.
Cohn, J. P. 2006. New at the zoo: ZIMS. *Bioscience* 56:564–66.
Crnokrak, P. and Roff, D. A. 1999. Inbreeding depression in the wild. *Heredity* 83:260–70.
Crow, J. F., and Kimura, M. 1970. *An introduction to population genetic theory*. New York: Harper and Row.
Deinard, A. S., and Kidd, K. 2000. Identifying conservation units within captive chimpanzee populations. *Am. J. Phys. Anthropol.* 111:25–44.
Denniston, C. 1978. Small population size and genetic diversity: Implications for endangered species. In *Endangered birds: Management techniques for preserving threatened species*, ed. S. Temple, 281–89. Madison: University of Wisconsin Press.
Dobson, A. P., and May, R. M. 1986. Disease and conservation. In *Conservation biology*, ed. M. E. Soulé, 345–65. Sunderland, MA: Sinauer Associates.
Drake, J. M., and Lodge, D. M. 2004. Effects of environmental variation on extinction and establishment. *Ecol. Lett.* 7:26–30.
Dyrendahl, S., and Henricson, B. 1959. Hereditary gingival hyperplasia of silver foxes. *Vet. Bull.* 29:658–59.
Earnhardt, J. M. 1999. Reintroduction programmes: Genetic trade-offs for populations. *Anim. Conserv.* 2:279–86.
Earnhardt, J. M., A. Lin, L. J. Faust, and S. D. Thompson. 2005. *ZooRisk: A Risk Assessment Tool*. Version 2.53. Chicago: Lincoln Park Zoo.
Ebenhard, T. 1995. Conservation breeding as a tool for saving animal species from extinction. *TREE* 10:438–43.
Ebert, T. A. 1999. *Plant and animal populations: Methods in demography*. San Diego: Academic Press.
Fagan, W. F, and Holmes, E. E. 2006. Quantifying the extinction vortex. *Ecol. Lett.* 9:1–60.
Faust, L. J., Bergstrom, Y. M., and Thompson, S. D. 2006. *PopLink Version 1.0*. Chicago: Lincoln Park Zoo.
Faust, L. J., Earnhardt, J. M., and Thompson, S. D. 2006. Is reversing the decline of Asian elephants in captivity possible? An individual-based modeling approach. *Zoo Biol.* 25:201–18.
Fernandez, J., Villanueva, B., Pong Wong, R., and Toro, M. A. 2005. Efficiency of the use of pedigree and molecular marker information in conservation programs. *Genetics* 170:1313–21.
Flesness, N. R. 2003. International Species Information System (ISIS): Over 25 years of compiling global animal data to facilitate collection and population management. *Int. Zoo Yearb.* 38: 53–61.
Foose, T. J., de Boer, L., Seal, U. S., and Lande, R. 1995. Conservation management strategies based on viable populations. In *Population management for survival and recovery*, ed. J. Ballou, M. Gilpin, and T. J. Foose, 273–94. New York: Columbia University Press.
Ford, M. 2002. Selection in captivity during supportive breeding may reduce fitness in the wild. *Conserv. Biol.* 16:815–25.
Frankham, R. 1995a. Conservation genetics. *Annu. Rev. Genet.* 29: 305–27.
———. 1995b. Effective population size/adult population size ratios in wildlife: A review. *Genet. Res.* 66:95–107.
Frankham, R., Ballou, J. D., and Briscoe, D. 2002. *Introduction to conservation genetics*. Cambridge: Cambridge University Press.
Frankham, R., and Loebel, D. A. 1992. Modeling problems in conservation genetics using captive *Drosophila* populations: Rapid genetic adaptation to captivity. *Zoo Biol.* 11:333–42.
Fuerst, P. A., and Maruyama, T. 1986. Considerations on the conservation of alleles and of genic heterozygosity in small managed populations. *Zoo Biol.* 5:171–80.
Geyer, C. J., Ryder, O. A., Chemnick, L. G., and Thompson, E. A. 1993. Analysis of relatedness in the California condors from DNA fingerprints. *Mol. Biol. Evol.* 10:1–89.
Gilpin, M. E., and Soulé, M. E. 1986. Minimum viable populations: Processes of species extinction. In *Conservation biology: The science of scarcity and diversity*, ed. M. E. Soulé, 19–34. Sunderland, MA: Sinauer Associates.
Gilpin, M. E., and Wills, C. 1991. MHC and captive breeding: A rebuttal. *Conserv. Biol.* 5:554–55.
Glatston, A. R. 1986. Studbooks: The basis of breeding programs. *Int. Zoo Yearb.* 25:162–67.
Goodman, D. 1987. The demography of chance extinction. In *Conservation biology: The science of scarcity and diversity*, ed. M. E. Soulé, 11–34. Sunderland, MA: Sinauer Associates.
Gregorius, H. 1980. The probability of losing an allele when diploid genotypes are sampled. *Biometrics* 36:643–52.
Haig, S. M. 1995. Genetic identification of kin in Micronesian kingfishers. *J. Hered.* 86:423–31.
Haig, S. M., Ballou, J. D., and Casna, N. J. 1994. Identification of kin structure among Guam rail founders: A comparison of pedigrees and DNA profiles. *Mol. Ecol.* 3:109–19.
Haig, S. M., Ballou, J. D., and Derrickson, S. R. 1990. Management options for preserving genetic diversity: Reintroduction of Guam rails to the wild. *Conserv. Biol.* 4:290–300.
Hedrick, P. W., Brussard, P. F., Allendorf, F. W., Beardmore, J. A., and Orzack, S. 1986. Protein variation, fitness and captive propagation. *Zoo Biol.* 5:91–99.
Hermes, R., Hildebrandt, T. B., and Göritz, F. 2004. Reproductive problems directly attributable to long-term captivity-asymmetric reproductive aging. *Anim. Reprod. Sci.* 82–83:49–60.
Hildebrandt, T. B., Göritz, F., Hermes, R., Reid, C., Dehnhard, M., and Brown, J. L. 2006. Aspects of the reproductive biology and breeding management of Asian and African elephants *Elephas maximus* and *Loxodonta africana*. *Int. Zoo Yearb.* 40:20–40.
Hughes, A. L. 1991. MHC polymorphism and the design of captive breeding programs. *Conserv. Biol.* 5:249–51.
ISIS (International Species Information System). 2004a. *SPARKS 1.54: Single Population Analysis and Record Keeping System*. Eagan, MN: International Species Information System.
———. 2004b. *ARKS: Animal Record Keeping System*. Eagan, MN: International Species Information System.
———. 2007. *International Species Information System database*, June, 1994. Rec. no. 790. Minneapolis: International Species Information System.
ISIS/WAZA (International Species Information System/World Association of Zoos and Aquariums). 2004. *ISIS/WAZA Studbook Library DVD*. Eagan, MN: International Species Information System.
Jiménez, J. A., Hughes, K. A., Alaks, G., Graham, L., and Lacy, R. C. 1994. An experimental study of inbreeding depression in a natural habitat. *Science* 266:271–73.
Jones, K. L., Glenn, T. C., Lacy, R. C., Pierce, J. R., Unruh, N., Mirande, C. M., and Chavez-Ramirez, F. 2002. Refining the whooping crane studbook by incorporating microsatellite DNA and leg-banding analyses. *Conserv. Biol.* 16:789–99.
Keller, L. F., and Waller, D. M. 2002. Inbreeding effects in wild populations. *Trends Ecol. Evol.* 17:230–41.
Kimura, M., and Crow, J. F. 1963. The measurement of effective population number. *Evolution* 17:279–88.
Kraaijeveld Smit, J. L., Griffiths, R. A., Moore, R. D., and Beebee, T. J C. 2006. Captive breeding and the fitness of reintroduced species: A test of the responses to predators in a threatened amphibian. *J. Appl. Ecol.* 43:360–65.
Lacy, R. C. 1989. Analysis of founder representation in pedigrees: Founder equivalents and founder genome equivalents. *Zoo Biol.* 8:111–23.
———. 1993. *GENES: A computer program for the analysis of pedi-*

grees and genetic management. Brookfield, IL: Chicago Zoological Society.

———. 1995. Clarification of genetic terms and their use in the management of captive populations. *Zoo Biol.* 14:565–77.

———. 1997. Importance of genetic variation to the viability of mammalian populations. *J. Mammal.* 78:320–35.

———. 2000a. Considering threats to the viability of small populations using individual-based models. *Ecol. Bull.* 48:39–51.

———. 2000b. Should we select genetic alleles in our conservation breeding programs? *Zoo Biol.* 19:279–82.

Lacy, R. C., Ballou, J., Starfield, A., Thompson, E., and Thomas, A. 1995. Pedigree analyses. In *Population management for survival and recovery*, ed. J. D. Ballou, M. Gilpin, and T. Foose, 57–75. New York: Columbia University Press.

Lacy, R. C., Borbat, M., and Pollak, J. P. 2007. *VORTEX: Population Viability Analysis Software, 9.72*. Brookfield, IL: Chicago Zoological Society.

Laikre, L. 1999. Hereditary defects and conservation genetic management of captive populations. *Zoo Biol.* 18:81–99.

Laikre, L., Andren, R., Larsson, H. O., and Ryman N. 1996. Inbreeding depression in brown bear *Ursus arctos*. *Biol. Conserv.* 76:69–72.

Laikre, L., Ryman, N., and Thompson, E. A. 1993. Heredity blindness in a captive wolf (*Canis lupus*) population: Frequency reduction of a deleterious allele in relation to gene conservation. *Conserv. Biol.* 7:592–601.

Lande, R. 1988. Genetics and demography in biological conservation. *Science* 241:1455–60.

Lande, R., and Barrowclough, G. 1987. Effective population size, genetic variation, and their use in population management. In *Viable populations for conservation*, ed. M. E. Soulé, 87–124. Cambridge: Cambridge University Press.

Lande, R., Engen, S., and Saether, B. 2003. *Stochastic population dynamics in ecology and conservation*. Oxford: Oxford University Press.

Lee, E. T. 1980. *Statistical methods for survival data analysis*. Belmont, CA: Lifetime Learning.

Lees, C., and Wilcken, J., eds. 2002. *ASMP principles and procedures*. Sydney, Australia: Australasian Regional Association of Zoological Parks and Aquaria.

Lutaaya, E., Misztal, I., Bertrand, J. K., and Mabry, J. W. 1999. Inbreeding in populations with incomplete pedigrees. *J. Anim. Breed. Genet.* 116:475–80.

MacCluer, J. W., VandeBerg, J. L., Read, B., and Ryder, OA. 1986. Pedigree analysis by computer simulation. *Zoo Biol.* 5:147–60.

Mansour, J. A., and Ballou, J. D. 1994. Capitalizing the ark: The economic benefit of adding founders to captive populations. *Neotrop. Primates* 2 (Suppl.): 8–11.

Margan, S. H., Nurthen, R. K., Montgomery, M. E., Woodworth, L. M., Lowe, E. H., Briscoe, D. A., and Frankham, R. 1998. Single large or several small? Population fragmentation in the captive management of endangered species. *Zoo Biol.* 17:467–80.

Marshall, D. R., and Brown, A. H. D. 1975. Optimal sampling strategies in genetic conservation. In *Crop genetic resources for today and tomorrow*, ed. O. H. Frankel and J. G. Hawkes, 53–80. Cambridge: Cambridge University Press.

Marshall, T. C., Coltman, D. W., Pemberton, J. M., Slate, J., Spalton, J. A., Guinness, F. E., Smith, J. A., Pilkington, J. G., and Clutton-Brock, T. H. 2002. Estimating the prevalence of inbreeding from incomplete pedigrees. *Proc. R. Soc. Biol. Sci. Ser. B* 269: 1533–39.

Miller, P. S., and Hedrick, P. W. 1991. MHC polymorphism and the design of captive breeding programs: Simple solutions are not the answer. *Conserv. Biol.* 5:556–58.

Montgomery, M. E., Ballou, J. D., Nurthen, R. K., England, P. R., and Briscoe, D. A. 1997. Minimizing kinship in captive breeding programs. *Zoo Biol.* 16:377–89.

Morris, W., and Doak, D. 2002. *Quantitative conservation biology: Theory and practice of population viability analysis*. Sunderland, MA: Sinauer Associates.

Nobel, S. J., Chesser, R. K., and Ryder, O. A. 1989. Inbreeding effects in a captive population of ruffed lemurs. *J. Hum. Evol.* 5:283–291.

Nunney, L., and Elam, D. R. 1994. Estimating the effective population size of conserved populations. *Conserv. Biol.* 8:175–84.

Odum, A. 1994. Assimilation of new founders into existing captive populations. *Zoo Biol.* 13:187–90.

Pearce-Kelly, P., and Clarke, D. 1995. The release of captive bred snails (*Partula taeniata*) into a semi-natural environment. *Biodivers. Conserv.* 4:645–63.

Petric, A., and Long, S. 2006. *Population analysis and breeding plan for okapi species survival plan*. Chicago: AZA Population Management Center.

Pollak, J., Lacy, R. C., and Ballou, J. D. 2007. *PM2000: Population Management Software, Version 1.213*. Brookfield, IL: Chicago Zoological Society.

Princeé, F. P. G. 1995. Overcoming constraints of social structure and incomplete pedigree data through low-intensity genetic management. In *Population management for survival and recovery*, ed. J. D. Ballou, M. Gilpin, and T. Foose, 124–54. New York: Columbia University Press.

Ralls, K., and Ballou, J. D. 1992. Managing genetic diversity in captive breeding and reintroduction programs. *Trans. 57th N. Am. Wildl. Nat. Resour. Conf.* 263–82.

Ralls, K., Ballou J. D., Rideout B. A., and Frankham R. 2000. Genetic management of chondrodystrophy in the California condor. *Anim. Conserv.* 3:145–53.

Ralls, K., Ballou, J. D., and Templeton, A. R. 1988. Estimates of lethal equivalents and the cost of inbreeding in mammals. *Conserv. Biol.* 2:185–93.

Ralls, K., Brugger, K., and Ballou, J. D. 1979. Inbreeding and juvenile mortality in small populations of ungulates. *Science* 206: 1101–3.

Russell, W. C., Thorne, E. T., Oakleaf, R., and Ballou, J. D. 1994. The genetic basis of black-footed ferret reintroduction. *Conserv. Biol.* 8:263–66.

Russello, M. A., and Amato, G. 2004. *Ex situ* population management in the absence of pedigree information. *Mol. Ecol.* 13:2829–40.

Ryder, O. A. 1988. Founder effects and endangered species. *Nature* 331:396.

Saccheri, I., Kuussaari, M., Kankare, M., Vikman, P., Fortelius, W., and Hanski, I. 1998. Inbreeding and extinction in a butterfly metapopulation. *Nature* 392:491–94.

Schlötterer, C. 2004. The evolution of molecular markers: Just a matter of fashion? *Nat. Rev. Genet.* 5:63–69.

Shaffer, M. 1987. Minimum viable populations: Coping with uncertainty. In *Viable populations for conservation*, ed. M. Soulé, 69–86. Cambridge: Cambridge University Press.

Shoemaker, A., and Flesness, N. 1996. Records, studbooks, and ISIS inventories. In *Wild mammals in captivity: Principles and techniques*, ed. D. G. Kleiman, M. E. Allen, K. V. Thompson, and S. Lumpkin, 600–603. Chicago: University of Chicago Press.

Slate, J., David, P., Dodds, K. G., Veenvliet, B. A., Glass, B. C., Broad, T. E., and McEwan, J. C. 2004. Understanding the relationship between the inbreeding coefficient and multilocus heterozygosity: Theoretical expectations and empirical data. *Heredity* 93: 255–65.

Soulé, M., Gilpin, M., Conway, W., and Foose, T. 1986. The Millennium Ark: How long a voyage, how many staterooms, how many passengers? *Zoo Biol.* 5:101–13.

Thompson, E. A. 1995. Genetic importance and genomic descent. In *Population management for survival and recovery*, ed. J. D. Ballou, M. Gilpin, and T. J. Foose, 112–23. New York: Columbia University Press.

Toro, M. A. 2000. Interrelations between effective population size and other pedigree tools for the management of conserved populations. *Genet. Res.* 75:331–43.

Traylor-Holzer, K. 2003. Using computer simulation to assess management strategies for retention of genetic variation in captive tiger populations. Ph.D. diss., University of Minnesota.
Vrijenhoek, R. C. 1994. Genetic diversity and fitness in small populations. In *Conservation genetics*, ed. V. Loeschcke, J. Tomiuk, and S. K. Jain, 37–53. Basel, Switzerland: Birkhäuser Verlag.
Vrijenhoek, R. C., and Leberg, P. L. 1991. Let's not throw the baby out with the bathwater: A comment on management for MHC diversity in captive populations. *Conserv. Biol.* 5:252–54.
Vucetich, J. A., Waite, T. A., Qvarnemark, L., and Ibarguen, S. 2000. Population variability and extinction risk. *Conserv. Biol.* 14:1704–14.
Wang, J. 2004. Monitoring and managing genetic variation in group breeding populations without individual pedigrees. *Conserv. Genet.* 5:813–25.
Waples, R. S. 1989. A generalized approach for estimating effective population size from temporal changes in allele frequency. *Genetics* 121:379–91.
WAZA (World Association of Zoos and Aquariums). 2005. *Building a future for wildlife: The world zoo and aquarium conservation strategy*. Bern, Switzerland: World Association of Zoos and Aquariums.
Wedekind, C. 2002. Sexual selection and life-history decisions: Implications for supportive breeding and the management of captive populations. *Conserv. Biol.* 16:1204–11.
Willis, K. 1993. Use of animals with unknown ancestries in scientifically managed breeding programs. *Zoo Biol.* 12:121–72.
———. 2001. Unpedigreed populations and worst-case scenarios. *Zoo Biol.* 20:305–14.
Wolf, K. N., Wildt, D. E., Vargas, A., Marinari, P. E., and Ottinger, M.A. 2000. Reproductive inefficiency in male black-footed ferrets (*Mustela nigripes*). *Zoo Biol.* 19:517–28.
Wright, S. 1931. Evolution in Mendelian populations. *Genetics* 16: 97–159.
———. 1977. *Evolution and the genetics of populations*. Vol. 3. Chicago: University of Chicago Press.
ZIMS. 2007. *Zoological Information Management System*. Eagan, MN: International Species Information System.

20
哺乳類の地域収集計画

Ruth Allard, Kevin Willis, Caroline Lees, Brandie Smith, and Bart Hiddinga

訳：亀田愛子

収集計画の原理：何故計画を立てるのか

協同収集計画は，動物園と水族館が所有する動物の個体数が長期的に存続するために必要不可欠である（Hutchins, Willis, and Wiese 1995）．収集計画の第一の目的は，園がもつ利用可能な敷地に生体コレクションを戦略的に配分することによって，そのコレクションの存続性と保全への関連性を高めることである．この敷地にあてがわれる分類群は，組織，地域，そして世界レベルの広範囲の保全目標を支援するため，慎重に選ばれている（Foose and Hutchins 1991）．世界動物園水族館協会（World Association of Zoos and Aquariums：WAZA）は既存加盟園館にまたがる22の管理地域を認定している（付録3も参照）．一部の地域では，その地域内の園で，どの種を優先するのか，個体数はどうするのか，そしてどのように管理するのかを，協同で判断を下している．個体群管理の目標と技巧についての議論の詳細はBallou et al.（第19章）が述べているが，本章で触れる北米動物園水族館協会（Association of Zoos and Aquariums：AZA）の区分を例とした基礎的な管理プログラムをBox 20.1に記した．本章では地域レベルの計画について着目するが，地域・施設・世界の3つのレベルは密接な相互関係にある．地域計画の勧告は，その施設の目標と制限によって通知されなければならないし，それと同様に，施設の計画を決めるにあたり，地域と世界レベルの計画手順の優先順位を考慮する必要がある．

歴史的に動物園と水族館は，園長/館長，キュレーター，後援者の個人的な興味と好みを反映し，なおかつ入手可能である種を飼育展示してきた（Thomas 1987, Diebold and Hutchins 1991）．これまで動物の移動は，長期的な目的に沿うこともなく，また，地域もしくは国際的な保全と管理への還元性について，時間をかけて評価・分析されることもなかった．生息地における急速な種の減少が起きている今，野生からの動物の収集に関する考え方，国際的な動物移動の規制強化，計画，そして協力は園管理の重要な要素となっている．それに加えて，現在発展中である小

Box 20.1 種の管理の分類

EAZA，ARAZPA，そしてAZAはそれぞれ，共同で種を管理するプログラムを設定している．各地域で活動する名称は違うものの，基礎的な定義と目的はかなり似通っている．ここに，現在遂行されている地域プログラムの種類の代表的な例として，AZAのプログラムについて説明する．

種保存計画（Species Survival Plan：SSP）は，血統登録書の維持を含めた，徹底的な遺伝的管理と人口統計学的管理を提供するプログラムである．施設の代表者と個体群管理アドバイザーとともに繁殖推奨案とその種のマスタープランの作成に当たる種別調整者によってSSPプログラムは仕切られている．SSP種を所有する全てのAZA加盟施設は，SSPパートナーシップおよびその工程に最大限に参加することが求められている．

個体群管理計画（Population Management Plan：PMP）はより控えめな管理を必要とする個体群の繁殖および移送に関わる推奨案を提供するプログラムである．目的は，個体群の持続性を高めることだが，SSPとは違い，従う義務のないプログラムである．PMPは血統登録書と個体群管理アドバイザーを必要とするプログラムである．

個体群生物学の分野が，独自運営する園のコレクションの危うさを明白にしている（例：Wiese, Willis, and Hutchins 1994）．長い時を経て，施設を中心とした取り組みが変わり始めている．多くの園は，その地域の動物園協会と協同で戦略的に計画を始めているが，それは他施設や，時には他地域との間で計画の調整をはかるためである（Hutchins, Willis, and Wiese 1995，Hutchins et al. 1998）．

地域収集計画はここ10年以上もの間，動物園の主要活動の1つである．それ以前より，計画は始められていたが（例：Phipps and Hopkins 1990，Foose and Hutchins 1991，Hutchins and Wiese 1991），1993年に策定された世界動物園保全戦略の中で，世界中の動物園が協同計画に携わるよう呼びかけがなされた（IUDZG and IUCN/SSP CBSG 1993）．この文書は地域の動物園協会に対して動物コレクションの調和の強化を，そして個々の動物園に対しては，敷地を絶滅危惧分類群に当てる方向へと移行するようにと，明確に保全を目指した役割について述べて，訴えたのである（Bruning 1990，Hutchins and Wiese 1991，Foose, Ellis-Joseph, and Seal 1992，Hutchins and Conway 1995）．文書内ではどのようにしてその目標へ到達すべきか，地域内および地域間の膨大な議論も記されていて（例：de Boer 1995，Hopkins and Stroud 1995，Hutchins, Willis, and Wiese 1995，Mallinson 1995，Robinson and Conway 1995），その先も議論は続くが，以降の頁では複数のアイデアと取り組み方法の収束地点が示されている．表20-1にオーストラリア地域動物園水族館協会（Australasian Regional Association of Zoological Parks and Aquaria：ARAZPA）のネコ科動物の地域収集計画を例としてあげる．これは，欧州動物園水族館協会（European Association of Zoos and Aquaria：EAZA）とAZA分類群諮問グループ（Taxon Advisory Group：TAG）の収集計画の基礎的な構造と似通っている．

哺乳類の地域収集計画は，特に大型の哺乳類の場合，時間を要する困難な作業である．長年生きてきた分類群の個体群はかなりの惰性を示す．移動は難しく，費用もかかるうえ，多くの園のコレクションの中でも最重要になり得ることから，必要な変更を遂げるには，相当な政治的技量を要することもある（Graham 1996）．これらの難点があるにもかかわらず，現在は，園が未来に向けて，遺伝的にも人口統計学的にも健全な主要種の個体群を多様にそろえるためには，効果的で戦略的な協同計画が施行されるべきということは，広く受け入れられている（Hutchins, Willis, and Wiese 1995，Allard and Hutchins 2001，Lees and Wilcken 2002，Smith et al. 2002）．さらに，協同収集計画は，野生からの動物収集を減らし，余剰個体とそれに関わる倫理的問題も減少させ（Koontz 1995，Graham 1996，第21章），許可手続を促し，在庫資源の効果的な活用を可能にさせ，そして地域動物園協会および会員による保全活動の効果を最大限に引き出してくれるのである．

国際的取り組み：異なる地域，同一の目標

地域収集計画は決して新しい発想というわけではないが，広範囲における戦略的協同収集計画の施行は，国際動物園コミュニティにおいて，牽引力をもたらしている．これは，園館コレクション管理の取り組み方が変わってきているという証拠である．本書の初版（Kleiman et al. 1996）では収集計画について全く触れられていないのに対し，現在は1つの章が丸々当てられているのである．

活発な地域収集計画を遂行している3つの地域は全て，計画の発展と実行の手段として，TAGを採用している．TAGとは，上位分類群（例：ネコ科，レイヨウ，原猿）に特化した専門家の集まりであり，通常は，そのTAGの傘下にある分類群の管理と保全に従事する園のキュレーター，園長，飼育係，そして，他園の職員によって構成される（Hutchins and Wiese 1991）．国際自然保護連合（International Union for Conservation of Nature：IUCN）の種保存委員会（Species Survival Commission：SSC）のような保全団体からの外部の専門家や大学の研究者が，TAGの助言者となることも多い．さらに，これら全てはどれだけの展示，繁殖，そして敷地があてがわれるべきなのかを分析するため，優先されるべき分類群を明確にしている．地域のTAGは個々に運営されているが，それぞれが情報を共有し，共通の目標に向かって適宜協力している．

動物園が協同の戦略的計画を立て始めるにつれて，根底にある目標は似通っているにもかかわらず，異なる地域が異なる課題と，それに対する解決策と取り組みを要していることが明らかとなった．

北米では，戦略的収集計画はAZAのMichael Hutchins，Kevin Willis，Robert Wieseによって，1995年に初めて詳細に発表された（Hutchins, Willis, and Wiese 1995）．この体制では収集計画者は，保全活動貢献の潜在能力，展示の必要性，教育および普及活動の目的，研究の優先順位を含む多数の要素に応じた分類群のランクづけをするために，明確に定義づけられた選択基準（表20-2）を発案および応用しているのである．それぞれの勧告種には定められた役割があり，新たな種を入手する場合には，選択手順に基づいて正当化されなければならない．収集管理におい

表 20-1　アジア産ネコ科のオーストラリア地域収集計画手順の要約

分類群	敷地配分（2000 年 1 月 1 日）		地域収集計画に対する勧告	目標とする個体群数	管理区分	勧告の根拠（抜粋のみ）
	現状	計画				
ライオン（インドライオンと他の亜種との雑種）*Panthera leo persica x Panthere leo spp.*	3	5	なし	0	消滅	この地域で維持できる大型の東南アジア産ネコは 1 種のみである．より優先度の高い種（スマトラトラ *Panthera tigris sumatrae*）に置換されるべきである．
アジアゴールデンキャット *Catopuma temminckii*	6	10	あり	20 以上	個体群管理計画	東南アジアというテーマの地理学的展示に用いられる小型ネコである．東南アジアは現地支援を行う優先度が高い．本種の展示により東南アジアのための支援を誘起し，生息域内保全について説明する機会が得られる．
スナドリネコ *Prionailurus viverrinus*	10	17	あり	20 以上	個体群管理計画	東南アジアというテーマの地理学的展示に用いられる中型ネコである．東南アジアは現地支援を行う優先度が高い．本種の展示により東南アジアのための支援を誘起し，生息域内保全について説明する機会が得られる．
ウンピョウ *Neofelis nebulosa*	2	8	あり	20 以上	個体群管理計画	東南アジアというテーマの地理学的展示に用いられる中型ネコである．東南アジアは現地支援を行う優先度が高く，本種の展示により東南アジアのための支援を誘起し，生息域内保全について説明する機会が得られる． 注：この分類群は良い創始個体が不足しているため，後に計画より除外された．状況は年ごとに再検討が行われている．
ペルシャヒョウ *Panthera pardus saxicolor*	8	9	なし	0	消滅	地域の個体群は存続可能性なし．良い創始個体の入手も不可能. より優先度の高い種に置換されるべき.
トラ（亜種間雑種）*Panthera tigris*	15	20	なし	0	消滅	地域で維持できる大型の東南アジア産ネコは 1 種のみ. 全てのトラはスマトラトラに置換されるべき.
スマトラトラ *Panthera tigris sumatrae*	15	35	あり	40 以上	個体群管理計画	東南アジアというテーマの地理学的展示に用いられる大型ネコである．東南アジアは現地支援を行う優先度が高い．本種の展示により東南アジアのための支援を誘起し，生息域内保全について説明する機会が得られる．
ユキヒョウ *Uncia uncia*	8	10	あり	20 以上	個体群管理計画	アジア産で保全の意義がある中型ネコである．個体群の存続を可能とするより多くの敷地を配分することが望ましい.

出典：2000 年度 ASMP 地域センサスと計画（the 2000 ASMP Regional Census and Plan）（Wilcken et al. 2000），2000 年度食肉目 TAG 活動計画（the 2000 Carnivore TAG Action Plan）（Walraven 2000），およびリスト上の分類群についての ASMP の計画概説（未発表）による．

注：オーストラリアの個体群管理計画（PMP）は，AZA の PMP と同等で動物園の展示動物の維持を主な目的としている．しかし，全ての PMP において戦略的計画が要求され，全ての勧告を遵守することは義務であり，ARZPA 加盟園館はそれを遵守することが求められる．さらに，PMP の中には個体ごとの高度な管理，低度の管理，群れによる管理など，管理の程度に違いがある．全てのネコ類の管理は個体ごとに最高度の管理がなされている．

て，常にある程度の余裕をもたせなければならないが，この取り組みは飼育下個体群全体の利益のため，展示と収容の敷地を最大限に確保するものである．

AZA の TAG は分類群の協同管理を勧告する地域収集計画（regional collection plans：RCP）を進めている．一部の TAG は 10 年近く独自に計画を進めてきたが，RCP の構造と工程に関する具体的な基準は，AZA の野生動物保全および管理委員会（Wildlife Conservation and Management Committee：WCMC）によって 1998 年に定められ，2000 年には『AZA 保全計画リソースガイド（AZA

表 20-2 AZA の種の選択基準

1. その種の保全状態
2. 飼育下個体群の存在とその生存能力
3. 他の地域捕獲プログラムの件数
4. 飼育技術
5. 創始個体となり得る個体の入手可能性
6. その種の域内保全もしくは生態系に与える影響の潜在的可能性
7. 再導入の見込み
8. 科学的 / 研究的可能性
9. 展示価値
10. 教育的価値
11. 分類的ユニーク性

注：AZA の種の選択基準は，その他の地域収集計画時の意思決定で用いられる基準と似通っている．

Conservation Programs Resource Guide)』内で公表された（AZA WCMC 2000）．この指針のもと，RCP は AZA WCMC に提出され，計画の構造，工程，そして勧告が評価される．WCMC が RCP を認めた際には，文書にまとめられ，AZA ウェブサイトを通して AZA 加盟園館に配布される．TAG は 3 年ごとに自身の RCP を更新し再提出する必要がある．

EAZA の TAG の方の工程は前者と似ているものの，若干非公式である．EAZA 加盟園館は 30 以上の国に散らばる 250 以上の施設を含んでいて，多数の言語と幅広い文化と経済背景をそこに有している．この体制は，許可申請の必要条件，飼育基準，輸送，交換の制限など，計画立案に際し影響を及ぼす様々な物流問題を多数引き起こしている．ここ数年，40 ある EAZA TAG の多くが地域収集計画を作成した．その頃，EAZA RCP は EAZA 内の動物収集管理に関わる全ての問題を監督する欧州絶滅危惧種計画（European Endangered Species Programme：EEP）委員会から正式な是認を受ける必要はなかったのである．草案と最終案は EAZA ウェブサイト上で公表され，必要に応じて更新されている．

一部の園は，地理的隔離と複雑な政治的制限，そして協同計画の必要性があり，特にオーストラリア地域で顕著である．この地域は，動物園自体の数が少なく，（固有種は）野生と（外来種は）海外の飼育下個体群から定期的な補給が必要なのである．このため，管理は費用がかかり，政策や検疫上の制約の変化に対して影響されやすい．より大きな規模で，より良く管理された個体群を目標とした協同計画を立案することは，その地域の動物コレクションの安定性と多様性を保つためにも，また園を法外に費用のかかる補給予算から解放するためにも必要不可欠である（Lees 2001）．オーストラリア地域の TAG は定期的に活動計画（action plans）を作成している．北米とヨーロッパの RCP と同様に，これらの計画書は優先分類群とその目標数をリストアップし，作成された計画の本質と基準，そして地域収集計画の目標を進展させるのに必要な活動の詳細についても説明している．現在の活動計画は施設の収集計画を促進するものとして，ARAZPA ウェブサイト上に公表されている．オーストラリア地域では飼育動物に関する記録保持システムと連動するオーストラリア地域動物種収集計画（REGional Animal Species Collection Plan：REGASP）というコンピュータ化されたシステムが，最も主要な収集計画である（Johnson 2003）．施設は，現在と計画中の収容種を REGASP に記録し，これらのデータを年ごとに提出している．提出されたデータは適切な TAG によって編集および評価される．まず，TAG は REGASP データを用いて，園の計画に対して，その地域の協定に基づいた原則と優先順位に合わせた勧告案を提供する．その園が後の計画立案の際に活かせるようにするためである．次に，TAG は REGASP を使用し，施設の展示類と動物種における新たな流行を見極めることで，可能な範囲で，これらが地域計画に組み込まれるようにしている．このようにして，施設および地域計画は，反復的に，また適応的に進展していくのである．これらは毎年，概略とともに『ASMP Regional Census and Plan（オーストラリア地域の種の管理プログラム 地域センサスと計画）』という文書として公表されていて，初号は 1990 年に出版されている（Phipps 1990）ネコ属の収集計画について表 20-1 にも示した通り，この文書は動物園が所有する全ての分類群，目標個体数，そしてその種に特化した地域収集勧告案について述べている．

全ての地域において，園館が収集計画に失敗することは，飼育個体を損失，限りある資源の非効率的な使用，そしてそれらに付随して引き起こされる信用の失墜に繋がり得る（Hutchins, Willis, and Wiese 1995）．多くの適切に管理された園館は，自身を消費者でなく，総生産者もしくは保存者であると自負する（Smith et al. 2002）．もし，動物収集が慎重に管理されていないのであれば，多くの飼育下個体群は存続しないであろう（Conway 1987，Quinn and Quinn 1933，Sheppard 1995）．現在，世界各国の主たる園館に浸透する保全倫理は，野生動物飼育の慎重な管理と収集計画が，将来の管理下の個体群を確保する主要な方法だと呼びかける．

地域収集計画はどのように発展してきたか

TAGは管理についての勧告案を出す前に，まず敷地利用率について査定を行う．ARAZPAのTAGは今現在の「ASMP Regional Census and Plan（ASMP地域センサスと計画）」（Jonson, Ford, and Lees 2005）を用いて，現在と今後の敷地を評価する．多くのAZAのTAGは敷地に関する調査票を作成，そして配布し，施設の会員がTAG分類群にあてがわれた保有地の現在と目標とする姿について報告する，という形をとっている．EAZAは，会員動物園の動物の保有状況と繁殖状況を定期的に調査し，結果をEAZAのTAG調査結果として公表している．それに加えて，TAGは国際種情報システム機構（International Species Inventory System：ISIS）（www.isis.org）が公開する情報も活用している．それぞれの取り組みは，TAGに対して，どれだけの敷地が分類群のために利用可能か大まかな様子を伝え，REGASPの情報を用いて，施設がどのような敷地の配分を望んでいるかを調査している．このようにすることで，TAGの収集計画勧告案は，施設の現在と将来の優先順位に基づいて策定されるため，より計画の実行が可能となるのである．

どの敷地が協同管理されるかを定めるために，TAGは関係する全ての分類群を査定する選択基準を立案している．「世界動物園保全戦略（World Zoo Conservation Strategy）」（IUDZG and IUCN/SSC CBSG 1993）の後，保全の必要性，動物園の能力，利用可能な敷地面積，そして潜在的な保全影響といった要素が，どの種を動物園が所有すべきか選択する際の基準として用いられている（表20-2を参照）．この取り組みに関して，地域による多様性が若干見られる．例えば，オーストラリア諸国では，ARAZPAがオーストラリア地域特有の動物相と東南アジア固有の動物相に対して配慮が高いように，地理的要素が集中的に考慮されている．

表20-2で示された指標は，勧告種を維持するのに必要な管理レベルに関して，一貫した方向性を示すように現在改良が行われている最中である．AZAのTAGはそれぞれの基準を融合するといったことは必要ではない．けれども計画者は，何故もしくはどのようにしてTAGの目標に到達できるか，具体的な取り組み方を伝えなければならない．例えば，北米で飼育されたオーストラリアの固有種は，輸入制限があるため，オーストラリアへの持込が許可されることは考えにくい（Allard 2000, 2004）．したがって，AZAの有袋目と単孔目のTAGは，選択基準に再導入の可能性についての記載がない．もし，AZAのTAGが特別な配慮を受けるに値すると判断するのであれば，彼らには特定の基準について検討する余地が与えられている．

ヨーロッパでは，状況は前述の2つの地域とかなり似ている．1990年中頃，EEP委員会はそれぞれのTAGが，各地の状況において最良な方法で地域収集計画に取り組むことを許可する，という決定を下した．結局のところ，意思決定の過程は，EAZAの魚類および水生無脊椎動物のTAGのように，数千もの分類群を扱うTAGと比較すると，ほんのわずかな種を扱うTAG（例：EAZAのサイのTAG）とは大きく異なるのである．地域収集計画発足から，おおよそ10年後の2005年，EAZAはそれぞれのTAGがRCPを立案する際にTAGから支持される必要のある内容と工程について概説する地域収集計画の標準形式（Standard Regional Collection Plan Format）を立ち上げた．この基準は，基本的には様々なEAZAのTAGが何年もかけて編み出してきた取り組み方法の蓄積である．それぞれは個別に発案されたものであるが，EAZAとAZAの方式は著しく似通っている．

協同繁殖/保全プログラムに勧告される分類群の優先順位リスト作成のために，種の選択基準をランキング方式，もしくは決定木分析と一緒に使用するのも可能である（Hutchins et al. 1998，Smith et al. 2002，Shoemaker, Smith, and Allard 2004）．決定木のような方法では，RCP利用者は計画者がどのようにして，その勧告案にたどり着いたかを知ることができ，またTAGの定める優先順位も明白である．全ての地域において，収集計画の勧告は通常，全体的な展示内容と加盟園館の保全の目標に最も貢献し，その地域の専門，関心，そして資源利用性を反映した種に焦点が置かれている（Hutchins, Willis, and Wiese 1995，Lees and Wilcken 2002，Shoemaker, Smith, and Allard 2004）．

同意された基準に基づいて，TAGがその地域収集で最も優先する種を定めると，利用可能な敷地内に適切と判断された分類群がいくつあてがうことができるか，あてがうべきなのかを，分析する必要がある．逆に何が最小存続可能個体群だと判断されるべきなのか，決定事項がいくつか必要になる．オーストラリア諸国では，園館数が少ないため，容認される供給率と最小閾値は20例までと決められている．そのため，例えばもしその地域の動物園が，小型ネコ属用に100の敷地をつくると予定しているとすると，最高5つの分類群が地域収集計画に推薦される．この数値は，在庫管理の予測補給率が実現可能か否かに応じて改定されるかもしれない．AZAのTAGは，最小閾値が提示されたことはないが，よく似た手順を踏んでいる．

地域計画の分類群が決定すると，次の手順は，どの程度のレベルでその分類群が管理されるのか，既存の分類群で置換するのはどれかを決めることである．種管理のカテゴリーを表す言葉は，その地域の動物園協会によって異なるが，基礎的なカテゴリーは一定である（Box 20.1）．その種がもつ現存のプログラムに対抗できる可能性によって，個体群管理により強く，もしくはわずかに勧告されたり，地域計画に新規で組み込まれたり，その計画から除かれたり，入手必要なしと判断されたりする．これらの管理に関する勧告案は，その地域の協会が保有する分類群に協会自身が適切だと思う投資と，将来の入手に必要と思われる投資が連動している．われわれは，管理された種は管理されなかったものよりも，未来に存続する可能性が高いと見ている．何故ならばより多くの施設が，優先種のために資源とエネルギーを費やしているからである（Smith and Allard 1999，Willis 1999）．多くの種が具体的に，一部廃止，もしくは入手の勧告はなしと定められているのに対し，一部の分類群は管理方法の勧告案が与えられておらず，これらの数字は施設の判断に一任されている．これらのカテゴリーに入る分類群は，現在の飼育コレクションに重要な役割はないどころか，実際は貴重な敷地をふさいでいて，管理プログラムを損ねているのである（Shoemaker 1997）．

優先順位とTAGの勧告案が異なるのに対し，意思決定における出資者の参入の重要性はどの地域においても通例である．TAGでは参加国の代表者が，会議やネットワーク上の討論を通して定期的にコミュニケーションをとっている．オーストラリア諸国では既存の地域計画の修正提案は，正式な発刊物にまとめられ，TAG会議前に流布された後，会議の場で決定されている．北米では，TAGは基本的に，会議の場で収集計画の発展について対処し，WCMCの認証を受ける前に，RCP最終稿をTAGのメーリングリストもしくはAZA会員のみが閲覧可能なウェブサイト上に，30日間の意見募集の期間を設けて提出しなければならない．ヨーロッパの場合，会員が意見を述べられる正式な期間も，EEP委員会の正式な承認すらもないものの，地域収集計画発案はAZAのTAGの手順と似てい

表 20-3　2005年REGASPによるスマトラトラに関する登録

園	現在の目録 雄	現在の目録 雌	現在の目録 性別不明	計画上の目録 雄	計画上の目録 雌	計画上の目録融通	実施計画
アデレード	1	1	0	2	2	0	CMP勧告に従う
オークランド	0	1	1	1	1	0	雄の入手
ビアーワ	2	1	0	1	2	7	入手
クーメラ	0	1	0	1	1	0	入手，CMPに従う
クロコダイルス	0	0	0	1	1	0	2007年より長期的入手
ダボ	1	1	0	1	1	0	地域計画に従う
ハミルトン	1	2	0	1	2	0	2005年より現状維持
メルボルン	1	1	0	1	1	2	地域計画に従う
モゴ	1	1	0	2	2	2	現状維持，スマトラ計画用の敷地は利用可
オラーナ	0	0	0	2	0	0	2005年に入手
パームグローブ	0	0	0	1	1	0	CMPに準じて，長期入手
パース	2	1	0	1	1	2	繁殖，2005年にCMPに従う
シドニー	2	2	0	0	2	0	CMPに従う
ウェリントン	1	1	0	1	1	0	2005年よりCMPに準じて新たな遺伝系統入手
ヤラルムラ	1	0	0	1	1	0	計画勧告に準じて入手
合計	13	13	0	17	19	13	

草案目標数：40以上
IUCNによる評価：絶滅危惧ⅠA類（CR），CITES附属書Ⅰ掲載種，VPC 3a
ASMP食肉目TAG：個体群管理計画，管理レベル1a
TAG注：全てのトラの敷地はスマトラトラに当てられるよう勧告されている．
出典：Johnson, Ford, and Lees 2005.

る．オーストラリア諸国におけるスマトラトラ（*Panthera tigris sumatrae*）を例として，表 20-3 に収集計画の手順を示す．

ある程度の資源は RCP 発案に必要不可欠である．現在利用可能な敷地と将来の敷地面積を査定する際，計画者が用いるのは，賛同する施設の現状と目標となる敷地分布の両者を評価する調査結果である．地域および国際血統登録書の情報と，国際種情報システム機構（International Species Inventory System：ISIS）のセンサスデータも，現在飼育下における種の個体数を推定する際に用いられる．野生における動物種の状況や保全の妥当性を査定するため，計画者は IUCN 専門家グループ，IUCN レッドリスト，絶滅のおそれのある野生動植物の種の国際取引に関する条約（Conservation on International Trade in Endangered Species of Wild Flora and Fauna：CITES）の資料，そして地域の指示（例：オーストラリア環境遺産省の環境・生物多様性保護法の定める絶滅危惧種リストや，米国魚類野生生物局の絶滅危惧種リスト）を考慮に入れている．RCP 立案者は，検討中の種の保全必要性を査定するために，IUCN 種保存委員会（SSC）に在籍する分類群諮問グループの行動計画，野生動物に関わる政府機関の回復計画，フィールドワークに携わる生物学者からの報告書，そしてその他関係する出版物の再調査も行っている．RCP 発案者は TAG メンバーの専門知識と，飼育マニュアルを含んだ関係する出版物を頼りに，動物飼育管理の情報を得ている．

地域収集計画の施行と再検討

ここまで述べられてきたように，様々な地域協会の取り組みで最も異なる部分は RCP の施行にある．EAZA と AZA の TAG は自身の計画をウェブサイト上に，もしくは何らかの集合場所にて，会員に伝えること，また施設収集計画発案の際は，施設は RCP と協議するよう求められている．施設収集計画では，現在と未来の施設敷地の活用法における優先順位を展開し，また既存および計画された収容施設について詳細な計画が述べられていることもある．EAZA と AZA の TAG は，自身の RCP 勧告案を情報交換を通して主に受動的な方法で紹介している．収集計画を立てる際，施設は RCP を用いるべきということは認識されているが，現在のところ，RCP 勧告への固執を必要とする施行や規制は存在していない．

オーストラリア諸国は敷地面積が限られているため（加盟園館数は 55．AZA は 200 以上，EAZA には 300 近い加盟園館が存在している），存続可能な個体数を維持しながら，多様性に富んだ展示を提供するという課題がより大きい．これらの競合する要求は常に一定のレベルで存在していて，地域の計画施行において持続性と多様性とのバランスをとる TAG による関与と，組織の計画で目新しさよりも持続性を優先する園による相互の関与が，オーストラリア地域における計画の実施の基本となる（Lees and Wilcken 2002）．これらのステップは，TAG が地域計画の外で運営する園を見極め，そのような園と一緒に解決策を直接的に探すことで，前述の反復的計画工程を経て試され，維持されている．

AZA の TAG は，最低 3 年ごとに収集計画の更新を求められている．EAZA では RCP の再検討および更新を最低 5 年に 1 度は行わなければならないが，実際は多くの TAG がそれよりも頻繁に更新を行っている．ARAZPA の TAG の場合，個体群が比較的小さく，状態も急速に変化することもあるため，地域計画は年ごとに再検討，そして更新されている．

地域収集計画とは，生きた文書である．TAG は，発案時に手元にある最高の情報をもとに勧告案を作成しているが，状況は変化するし，予期しない機会というものは訪れるものである．例えば，もしある種の個体数が減少していて，創始個体がいないようであれば，その種に関する計画は廃止の方向へ示されるであろう．けれども，政府によって多数の個体が予期しない形で押収されるようなことがあれば，一夜のうちにプログラムが 1 つ発案されてしまう．その逆もまた然りで，TAG がある種の個体数が十分に有されていて，管理が保証されていると定めても，その動物が繁殖しないのであれば，勧告案が認められても，個体群はいずれ途絶えてしまう．RCP を効果的に進めるのであれば，RCP は適宜柔軟なものであるべきである．

地域収集計画は機能するのか

1990 年代の初めより，EAZA の TAG は RCP を発展させ始め，計画の工程を能率化させ続けている．ARAZPA と AZA の TAG は 1990 年代より地域収集計画勧告案を発案し実施していて，彼らの地域収集計画は，地域レベルの収集計画が施設の決定に対してどのような影響を与えるかを明らかにする，という興味深い機会を生み出している．

標準化された地域収集計画の手順が，厳しい評価を受けるには，まだ新しいプログラム故，早すぎる．けれども，施設が TAG の勧告案に沿っているかどうかを評価するだけの情報は十分にある．われわれは，AZA の WCMC に認証を受けた手順と基準を用いて初版と第 2 版の RCP

を完成させたことのあるAZAのTAGを8つ見てきた（レイヨウ：Shurter 1999，Fisher 2005，クマ科：Moore 2000，Carter 2007，ハト目：Roberts and Wetzel 2000，Roberts 2005，ブッポウソウ目：Sheppard 1999, 2004，有袋類と単孔目：Allard 2000, 2004，新世界ザル：Baker 2000, 2005，ペンギン目：AZA Penguin TAG 1999，AZA Penguin TAG 2002，小型肉食動物：Lombardi 2001, 2005）．うち5つの計画は哺乳類，3つは鳥類のTAGで，合計110の種と亜種についての分析が行われた．

われわれは，初版RCPで管理が勧告される種の“現在の個体数”と第2版RCP上の“現在の個体数”を比較して，個体数の増減が起こったかどうか測定した．調査をした種全ては，両版において，個体群管理計画（Population Management Plan：PMP）もしくは種保存計画（Species Survival Plan：SSP）が勧告されている．次にわれわれはRCP初版に記された目標とする個体数と，第2版に記録されている現在の個体数を比較することで，目標が達成されているかどうかを調べた．第2版の個体数が目標の10%内に収まっているか，もしくは目標数に進展しているものについては，TAGの勧告案に従っていると考えられる．例えば，初版では個体数が50で，第2版では75，そして初版のRCP内において3年で個体数100を目指すと指令されているのであれば，これはTAGの勧告に従っているとみなされるのである．

調査を受けた種のうち60%はTAGの勧告に向かって進行していた．TAGは44～100%を“成功”と見なしている．つまり，最低ラインでは，TAG種の半分以下が勧告にそっていて，最高ラインでは全ての種がTAGの設定する目標に向けて進行しているということである．

勧告に従わない理由は様々である．例えば，予定されていた動物の輸入遅延，確率過程により管理されていた個体群の消滅，施設の中での優先順位の入れ替わりによる個体数や管理方法の大変動，繁殖すべき動物の繁殖失敗，避妊の失敗による余剰個体の誕生などがそうである．加えて，敷地調査結果が未完成（多くのTAGの調査は返答率100%に達していない）なので，もしある重要な施設が調査結果の提出を怠ると，その版のRCPは全データを掲載することにならない．施設の計画者が故意に勧告を無視してしまうという例も少数あれば，地域計画者が緊急な勧告案を十分に明瞭に理解してないということもある．同様にTAGによる勧告案が非現実的，もしくは実行が困難な場合ということもある．

分析結果から，個体群は50%以上のケースでAZAのTAGの目標に向けて進行しているので，地域収集計画は実際に機能していることを指し示している．全ての勧告案が従われているわけではないので，飼育個体数の存続性が協同計画に大きく左右される種についての勧告案作成時には，TAGはより強制的なものをつくるべきである，とこの結果は示唆している．TAGは単にRCPを発行して，TAGの収集目標を達成できるよう施設の手助けを待つだけ，というわけにはいかないため，施設と協同で将来へと優先すべき個体群確立を目指して活動する必要がある．一部のTAGは自身のRCPに“差し替え表（replacement table）”を追記するようになった（Lombardi 2005，Fisher 2005）．良き代案となる種を強調することで，これらの表は組織計画者の注目を，段階的に廃止すべき種や収集が勧告されない種から逸らしている．例えば，AZAのシカのRCPでは（Fisher 2005），もしある施設がアジアの動物を展示するのであれば，小型のシカを探しているのであれば，PMPで勧告されている通り，キョン（*Muntiacus reevesi*）の代わりにコンマエガミジカ（*Elaphodus cephalophus cephalophus*）を導入するべきである．

似た調査はオーストラリア諸国のいくつかのTAGに対して行われていて，地域収集計画実施の方向に全体的に向かっているという結果が示されている．REGASPの結果を通すと，協同に同意のもと設定された目標に向かって行われている実際の収集だけでなく，園が所有を計画する動物の方向性の変動を見極めることも可能である．ある同一の分類群において，施設計画は生体コレクションと比較すると，より説得力のある状態で地域優先事項の方向に動いている（保有している分類群の61%が地域の優先事項に向けて進展しているのに対し，施設計画では77%の分類群が進行している．調査には管理されている個体群，管理されていない個体群を含む）．このことから，動物園は地域収集計画に携わるが，おそらく実践的な問題により計画の進歩は遅れている．オーストラリア諸国では（研究の焦点である）外国産の哺乳類の場合，寿命が長いので分類群の置換は時間がかかるということ，海外の飼育下個体群から良好な遺伝系統を入手することの難しさ（しばしば，すでに過剰出現している系統のみが入手可能な状況），予定されている展示施設の改修や拡大のための資金供給の遅延など，多くの問題を含んでいるのである．

これらの調査は，RCP勧告案がどの程度従われているかを評価する初の試みというわけではない（Smith and Allard 1999，Searles 2004）．1999年，AZAのWCMCが新たな収集計画指針を交付して間もなく，Smith and Allard（1999）はRCP初版と第2版を完成させた2つの

TAGに目を向けた．彼らは施設がRCPの勧告に従っているかどうか調査を行い，本章ですでに述べられた方法とよく似た手順を用いて，60%の勧告案が従われていることを導き出した．彼らは自身が出した結論に，RCPで種を勧告する時，TAGは過去の実績と敷地調査傾向を考慮する必要がある，と記している．Searles（2004）はRCP初版に記された目標と，2004年1月現在の個体群情報の概略を比較し，調査された個体群の54%が「規定にそっている」と確定した．この調査ではSSPとPMPに加えて，管理下にある個体群も含んでいるため，Searlesの結果を，これまでにあげたAZAの調査結果と直接比較することは不可能である．

これまでいくつかのTAGが自身の種について独自に評価調査をしてきていたが，EAZA地域ではまだRCPの正式な調査は行われていない．例えば，EAZAの原猿類TAGの場合，勧告種の個体数が大きく増えているのに対し，非勧告種は大きく減少していることが調査よって明らかになったことから，RCPが明確に実施されていることがうかがえる．反対に，EAZAのオウム類TAGによる調査では，施設がRCPで提示された勧告案を実施していないことが指摘されている．根本的な原因は完全に明確ではないが，EAZA地域の大部分において，言葉の壁が計画実行の大きな障害となっていることは確実である．

これらの分析結果は，勧告案が部分的に従われていることを明らかにしながらも，TAGが継続的に自身のプログラムの方向性を評価する必要性，そして施設と直接に，また頻繁に連絡をとることで，優先すべき目標のためにTAGへの協力を意識しているかを確認することの必要性をも示している．最も重要なことは，RCP勧告案が実施されていない理由を見極めるため，各個体群の査定を行う必要があるということである．

今後の課題

地域の動物園協会は，地域収集計画にも記載されているように，地域プログラムの支援と施行の幅を拡大し続けるべきである．長期的持続の可能性を見せる個体群を管理できているのは，ほんの一部で（Conway 1987，Quinn and Quinn 1993，Sheppard1995），世界的には50%程度の個体群が，この目標を達成できそうなわずかな可能性を表している（Magin et al 1994）．国際レベルの協同計画は，飼育下個体群が狭い敷地で管理されていること，そして，より困難化している野生からの動物収集という問題点を解決してくれるかもしれない（Maguire and Lacy 1990, Hutchins, Willis, and Wiese 1995，Sheppard 1995，Hutchins et al. 1998，Allard 2000，Smith et al. 2002）．

IUCN-SSCの飼育下繁殖専門家グループ〔Captive Breeding Specialist Group：CBSG．現在はConservation Breeding Specialist Group（保全繁殖専門家グループ）〕によって立案された具体的な工程を含む国際協同収集計画は1990年代に導入されたものである（Foose, Ellis-Joseph, and Seal 1992，IUDZG and IUCN/SSC CBSG 1993，Hutchins, Willis, and Wiese 1995，Allard and Hutchins 2001）．出資者はこれらの継続不可能な工程を支援している．何故ならば，その当時，地域と施設の収集計画のメカニズムは十分に動物園文化に浸透していたからである．そのため，地域の施設の計画参加者さえも，自身の興味を十分に示すことができなかったのである．出資者からの確固たる支援なしには，トラやサイなど，ほんの一部の優先順位の高い個体群についてしか進められなかったのである．

地域計画は，現在いくつかの地域で良好に発展しているが，これは分類群にとって有益なことで，世界レベルの連携における新たな試みの踏み台となるだろう．現在，効果的な世界レベルの計画は特に，監督，方針，監視，そして定期的査定を行う組織体に依存している－ここで言う組織体とは，北米のAZAのWCMC，オーストラリア地域のASMP委員会，ヨーロッパのEEP委員会などと同意義のものである．現在，そのような組織体はWAZAの傘下に，地域間保全協同委員会（Committee on Inter-Regional Conservation Cooperation：CIRCC）という名で存在している．CIRCCは国際血統登録書の監視と査定を行う責務があり，飼育下個体群の効果的な地域間および世界管理のために規約の発案を行ってきた．これらの方向性に沿う世界的と地域間の計画と管理両方は，すでに現実のものである〔例：ゴールデンライオンタマリン（*Leontopithecus rosalia*），ポリネシアマイマイ，レッサーパンダ（*Ailurus fulgens*），スマトラトラのASMP/EEP協同管理では調整者を指名し，連合個体群の調査と勧告案を提案している〕．さらに重要なことは，全ての勧告種において，独自に存続可能な個体群を目指す各地域が，世界計画を活用して，余剰個体を減少できるという点である．世界戦略的計画は世界に散らばる管理敷地を分割するのに役立っている．

さらに多くのプログラムが発展するにつれて，効果的な世界規模の敷地分割を保証し，また個体群存続性を適宜高めるためには，国際計画は重要になってくる．

国際計画は全ての飼育種に必要というわけではなく，ましてや勧告されるものでもないが，一部の分類群については，その種を維持管理するため，また最大限に飼育敷地を活用するためには，最も効果的な方法である．

地域の違いと距離が計画を複雑化するのだが，ともに活動すれば，保持可能な種数を増やすことによって，一部の存律した飼育下個体群を飼育管理し，最大限の保全の成果をもたらすことができるようになるかもしれない．例えば，飼育下繁殖が有益な齧歯目の数がいくつかいたとしても，各地域には全種を管理できるだけの敷地はない（Riger 2004）．世界計画の施行では，どの地域が各々の優先する種と亜種を最もよく管理できるのか見極めることが可能である．ある地域の余剰個体が，他地域においては，展示需要を満たす可能性もあるのだから．この試みでは，確実にどの地域も，齧歯目の全ての優先種が持続可能な個体群の制定をしないようにするだけでなく，国際動物園コミュニティによる，世界規模の齧歯目の保全への参画を表すものである．

われわれがどれだけ，協同計画に努力を重ねても，全ての対象種で持続可能な個体群を管理するだけの敷地が，世界の園館には足りていない（Foose 1983，Soule et al. 1986，Conway 1986, 1987，Diebold and Hutchins 1991，Hutchins and Wiese 1991，Quinn and Quinn 1993，Willis and Wiese 1993，Sheppard 1995，Smith et al. 2002）．実際，Conway は 1987 年には 230 種を長期管理できるだけのスペースがあったと見積もっていた（Conway 1987）．園館のコレクション管理における今後の課題達成への 1 つの方法として，Conway の研究を再度見直すということがあげられる．Conway が発表した数値が現在も有効なのか見極め，CIRCC と地域の動物園協会とともに，世界規模の計画が必要不可欠な優先種リストの作成をするためである．各協会は固い公約を結ばねばならない．プログラムへの参加を正式とするため，覚書も必要となるかもしれない．この手順は，現在のステップから収集計画への進展を意味するのだが，将来に向けて，最も珍しく，最も人気のある種を園のコレクションとして未来に確保するために必要なことなのかもしれない．こうした考えを念頭に置きながら，国際動物園コミュニティは世界規模の計画に関わる資金と利益を査定する方法を発案しなければならない．例えば，Margan et al（1998）は個体群の一部が時折移動を行う場合，ある条件下では，全個体が 1 つの個体群に融合するよりも，遺伝的多様性を維持していることを，ミバエを用いて証明した．Kevin Willis（私信）は，管理下にある個体群の“協動係数”を定義づけることを目的とした研究を始めている．協働係数とは，管理個体群の遺伝的な媒介変数と人口統計学上の媒介変数の融合がもつ影響を説明するものである．最後に，ある 1 つの個体群管理方法もしくは収集計画の例が全ての分類群に対して適切であると仮定することはできないのだが，われわれは長期的な収集および保全目標に向けて，革新的な手法を考え出し続けなければならない．

結　論

歴史的に，一部の動物園専門家達は，大規模な協同収集計画によって，園館コレクションの多様性が失われ，「各動物園は他の動物園のクローンになる」と危惧してきた（Jones 1998, 260）．けれども，Willis が行った調査（1999）では，これらの心配は誇張されていると言う．現在と過去の AZA コレクションの分類多様性と，施設がその時の RCP で概説される勧告に従った場合に保持されるであろう多様性とを Willis は比較した．彼は自身の分析結果から，TAG の勧告案は分類群多様性に悪影響をもたらしていないことを示した．

この研究が示すのは，協同に働くことで，自律を犠牲にする必要はないということである．今後われわれが，主要動物種を持続可能なだけの個体数を確保するためには，収集計画は必要不可欠である，とますます多くの動物園専門家たちが同一の見解を述べている．加えて，TAG および施設の計画者の両者が，施設の決定事項はいくつかの力によって駆り立てられていることを認知している．例えば，ある施設が TAG の非勧告種を，その施設もしくは地域のシンボル的存在だから，という理由で保持しているかもしれない（例：ヨーロッパ圏内におけるユーラシアカワウソ）．全体的に見れば，分類群を展示するという意味で，ある程度の余裕を持たせるために，園のコレクションには十分なスペースがある．つまりこれは各園館は個体のニーズを満たす明確なコレクションを発展させる機会があるということである．すなわち，もし施設が長期的，戦略的かつ協同的に計画を立てていない場合，その施設がこれまで“全てのほんの一部”を多数所有していた状態から，飼育下個体群が徐々に減少するにつれて，本当にほんのわずかを所有するという状態まで移行していくのである（Hutchins, Willis, and Wiese 1995，Ballou and Foose 1996，Hutchins et al. 1998，Smith and Allard 1999）．RCP は，施設が余剰動物の繁殖数を減らしながら，勧告種の持続可能な個体群を維持管理できるように役立つべきである（Hutchins, Willis, and Wiese 1995，Sheppard 1995，Smith and Allard 1999，Allard 2000，Allard and Hutchins 2001，第 21 章）．

施設，地域，もしくは世界レベルであろうと，調和のある協同管理プログラムなしには，園館は自律した多様なコレクションを維持管理することはできないのである（考察についてはHutchins, Willis, and Wiese 1995，および同号の他の論文も参照）．TAGが慎重に計画を立てると，園館が飼育プログラムの中から，最もためになる種を選択する際に役立つのである（Soule et al. 1986，Hutchins, Willis, and Wiese 1995，Allard 2000，Smith et al. 2002，Shoemaker, Smith, and Allard 2004）．収集計画の発展と施行においては，われわれは現在も学習曲線という急な坂を登っている状態である．けれども，十分に施行される協同戦略的計画が，飼育下で管理される種の安定な確保と未来に向けて多様で興味を引く園館コレクションを促進することは明白である．

文　献

Allard, R. A. 2000. Beyond "Because we told you to . . .": Advantages of publishing an approved RCP. Paper presented at the American Zoo and Aquarium Association 2000 Annual Conference, Lake Buena Vista, FL, September 24–28, 2000.

Allard, R. A., ed. 2000. *North American Regional Collection Plan for marsupials and monotremes: 2000–2003*. Providence, RI: Roger Williams Park Zoo.

———, ed. 2004. *North American Regional Collection Plan for marsupials and monotremes: 2004–2007*. Providence, RI: Roger Williams Park Zoo.

Allard, R., and Hutchins, M. 2001. Collection planning. In *Encyclopedia of the world's zoos*, vol. 1, ed. C. Bell. Chicago: Fitzroy Dearborn.

AZA Penguin TAG (American Zoo and Aquarium Association Penguin Taxon Advisory Group). 1999. *North American Regional Collection Plan 1999–2001*. Detroit: Detroit Zoological Institute.

———. 2002. *North American Regional Collection Plan 2002–2004*. Silver Spring, MD: American Zoo and Aquarium Association.

AZA WCMC (American Zoo and Aquarium Association Wildlife Conservation and Management Committee). 2000. *AZA conservation programs resource guide*. Silver Spring, MD: American Zoo and Aquarium Association.

Baker, A., ed. 2000. *AZA New World Primate Taxon Advisory Group Regional Collection Plan*. Silver Spring, MD: American Zoo and Aquarium Association.

———. 2005. *AZA New World Primate Taxon Advisory Group Regional Collection Plan*. 2nd ed.. Silver Spring, MD: American Zoo and Aquarium Association.

Ballou, J. D., and Foose, T. J. 1996. Demographic and genetic management of captive populations. In *Wild mammals in captivity: Principles and techniques*, ed. D. G. Kleiman, M. E. Allen, K. V. Thompson, and S. Lumpkin, 263–84. Chicago: University of Chicago Press.

Bruning, D. 1990. How do we select species for conservation and breeding programs? In *AAZPA Annual Conference Proceedings*, 313–19. Wheeling, WV: American Association of Zoological Parks and Aquariums.

Carter, S., ed. 2007. *North American Regional Collection Plan for bears: 2007*. Silver Spring, MD: Association of Zoos and Aquariums.

Conway, W. G. 1986. The practical difficulties and financial implications of endangered species breeding programmes. *Int. Zoo Yearb.* 24 (25): 210–19.

———. 1987. Species carrying capacity in the zoo alone. In *AAZPA Annual Conference Proceedings*, 20–32. Wheeling, WV: American Association of Zoological Parks and Aquariums.

de Boer, L. E. M. 1995. Collection planning, the WZCS, and the time dilemma. *Zoo Biol.* 14:52–55.

Diebold, E., and Hutchins, M. 1991. Zoo bird collection planning: A challenge for the 1990's. In *AAZPA Eastern Regional Conference Proceedings*, 244–52. Wheeling, WV: American Association of Zoological Parks and Aquariums.

Fisher, T., ed. 2005. *AZA Cervid Advisory Group Regional Collection Plan*. Silver Spring, MD: American Zoo and Aquarium Association.

Foose, T. J. 1983. The relevance of captive populations to the conservation of biotic diversity. In *Genetics and conservation*, ed. C. M. Schonewald-Cox, S. M. Chambers, B. MacBryde, and W. L. Thomas, 374–401. Menlo Park, CA: Benjamin Cummings.

Foose, T. J., Ellis-Joseph, S., and Seal, U. S. 1992. Conservation assessment and management plans (CAMPs) progress report. *Species* 18:73–75.

Foose, T. J., and Hutchins, M. 1991. Captive action plans and fauna interest groups. *CBSG News* 2:5–6.

Graham, S. 1996. Issues of surplus animals. In: *Wild mammals in captivity: Principles and techniques*, ed. D. G. Kleiman, M. E. Allen, K. V. Thompson, and S. Lumpkin, 290–96. Chicago: University of Chicago Press.

Hopkins, C., and Stroud, P. 1995. Strategic collection planning from an Australasian viewpoint: Review of a paper by Michael Hutchins, Kevin Willis, and Robert J. Wiese. *Zoo Biol.* 14: 60–63.

Hutchins, M., and Conway, W. G. 1995. Beyond Noah's ark: Why we need captive breeding. *Int. Zoo Yearb.* 34:117–30.

Hutchins, M., Roberts, M., Cox, C., and Crotty, M. J. 1998. Marsupials and monotremes: A case study in regional collection planning. *Zoo Biol.* 17:433–51.

Hutchins, M., and Wiese, R. 1991. Beyond genetic and demographic management: The future of the Species Survival Plan and related AAZPA conservation efforts. *Zoo Biol.* 10:285–292.

Hutchins, M., Willis, K., and Wiese, R. 1995. Strategic collection planning: Theory and practice. *Zoo Biol.* 14:5–25.

IUDZG and IUCN/SSC CBSG (International Union of Directors of Zoological Gardens and International Union for Conservation of Nature Species Survival Commission Captive Breeding Specialist Group). 1993. *The world zoo conservation strategy: The role of zoos and aquaria of the world in global conservation*. Brookfield, IL: Chicago Zoological Society.

Johnson, K. 2003. *Regional Animal Species Collection Plan, Version 3.62*. Apple Valley, Minn.: International Species Information System.

Johnson, K., Ford, C., and Lees, C. 2005. *Australasian species management program: Regional census and plan*. 15th ed. Sydney: Australasian Regional Association of Zoological Parks and Aquaria.

Jones, M. 1998. Guest editorial. *Int. Zoo News* 45:258–60.

Kleiman, D. G., Allen, M. E., Thompson, K. V., and Lumpkin, S., eds. 1996. *Wild mammals in captivity: Principles and techniques*. Chicago, IL: University of Chicago Press.

Koontz, F. 1995. Wild animal acquisition ethics for zoo biologists. In *Ethics on the Ark: Zoos, animal welfare and wildlife conservation*, ed. B. G. Norton, M. Hutchins, E. F. Stevens, and T. L. Maple, 127–45. Washington, DC: Smithsonian Institution Press.

Lees, C. M. 2001. Sustainable populations: Size does matter. Paper presented at ARAZPA/ASZK Conference: Zoos as Ecotourism Destinations, New South Wales, Australia, 2001.

Lees, C., and Wilcken, J. 2002. *ASMP principles and procedures*. Sydney: Australasian Regional Association of Zoological Parks and Aquaria.

Lombardi, C., ed. 2001. *AZA Small Carnivore TAG Regional Col-*

lection Plan. Silver Spring, MD: American Zoo and Aquarium Association.

———. 2005. *AZA Small Carnivore TAG Regional Collection Plan*. 2nd ed. Silver Spring, MD: American Zoo and Aquarium Association.

Magin, C. D., Johnson, T. H., Groombridge, B., Jenkins, M., and Smith, H. 1994. Species extinctions, endangerment and captive breeding. In *Creative conservation: Interactive management of wild and captive animals*, ed. P. J. S. Olney, G. M. Mace, and A. T. C. Feistner, 3–30. London: Chapman and Hall.

Maguire, L. A., and Lacy, R. C. 1990. Allocating scarce resources for conservation of endangered subspecies: Partitioning zoo space for tigers. *Conserv. Biol.* 4:157–66.

Mallinson, J. C. 1995. Strategic collection planning: An international evolutionary process. *Zoo Biol.* 14:31–35.

Margan, S. H., Nurthen, R. K., Montgomery, M. E., Woodworth, L. M., Briscoe, D. A., and Frankham, R. 1998. Single large or several small? Population fragmentation in the captive management of endangered species. *Zoo Biol.* 17:467–80.

Moore, D., ed. 2000. *AZA Bear Regional Collection Plan 2000*. Silver Spring, MD: American Zoo and Aquarium Association.

Phipps, G. 1990. *Australasian species management program: Regional census and plan*. Sydney: Species Management Coordinating Council Inc.

Phipps, G., and Hopkins, C. A. 1990. Regional species management plan for Australasian zoos: Its establishment and implementation using the REGASP package. *Bull. Zoo Manag.*, no. 28. Sydney: Australasian Regional Association of Zoological Parks and Aquaria.

Quinn, H., and Quinn, H. 1993. Estimated number of snake species that can be managed by species survival plans in North America. *Zoo Biol.* 12:243–55.

Riger, P. 2004. *AZA Rodent, Insectivore, Lagomorph Taxon Advisory Group Regional Collection Plan*. Nashville: Nashville Zoo.

Roberts, H., ed. 2005. *AZA Columbiformes TAG Regional Collection Plan*. 2nd ed. Silver Spring, MD: American Zoo and Aquarium Association.

Roberts, H., and Wetzel, D., eds. 2000. *AZA Columbiformes TAG Regional Collection Plan*. Silver Spring, MD: American Zoo and Aquarium Association.

Robinson, J. G., and Conway, W. G. 1995. Babies and bathwater. *Zoo Biol.* 14:29–31.

Searles, S. 2004. The call of the Regional Collection Plan: Is anyone listening? Poster presented at the American Zoo and Aquarium Association Annual Conference, New Orleans, September 18–23, 2004.

Sheppard, C. 1995. Propagation of endangered birds in US institutions: How much space is there? *Zoo Biol.* 14: 197–210.

Sheppard, C., ed. 1999. *Coraciiformes TAG Regional Collection Plan*. Silver Spring, MD: American Zoo and Aquarium Association.

———, ed. 2004. *AZA Coraciiformes TAG Regional Collection Plan*. 2nd ed. Silver Spring, MD: American Zoo and Aquarium Association.

Shoemaker, A. H. 1997. Developing a Regional Collection Plan for felids in North America. *Int. Zoo Yearb.* 35:147–52.

Shoemaker, A. H., Smith, B., and Allard, R. 2004. 2003 Management plans for captive tapirs in North America. Presented at 2nd International Tapir Conference, Panama City, Panama, January 10–16, 2004.

Shurter, S., ed. 1999. *AZA Antelope Advisory Group Regional Collection Plan*. Silver Spring, MD: American Zoo and Aquarium Association.

Smith, B., and Allard, R. 1999. Regional collection planning: Lifeboat or dinghy. Paper presented at the American Zoo and Aquarium Association Annual Conference, Minneapolis, September 23–28, 1999.

Smith, B. R., Hutchins, M., Allard, R. A., and Warmolts, D. 2002. Regional collection planning for speciose taxonomic groups. *Zoo Biol.* 21:1–9.

Soulé, M. E., Gilpin, M., Conway, W., and Foose, T. 1986. The millennium ark: How long a voyage, how many staterooms, how many passengers? *Zoo Biol.* 5:101–13.

Thomas, W. D. 1987. Assembling the ark. *Zooview* 21:8–13.

Walraven, E. 2000. *ARAZPA 2000 Carnivore TAG Action Plan*. Mosman, Australia: Australasian Regional Association of Zoological Parks and Aquaria.

Wiese, R., Willis, K., and Hutchins, M. 1994. Is genetic and demographic management conservation? *Zoo Biol.* 13:297–99.

Willis, K. B., and Wiese, R. 1993. Effect of new founders on retention of gene diversity in captive populations: A formalization of the nucleus population concept. *Zoo Biol.* 12:535–48.

Willis, K. 1999. Recent history and future of taxonomic diversity in zoos: Will there be a mutiny over bounty? Paper presented at the American Zoo and Aquarium Association Annual Conference, Minneapolis, September 23–28, 1999.

21
余剰動物の管理

Scott Carter and Ron Kagan

訳：楠田哲士

はじめに

多くの生息地や種の減少に対し，動物園における余剰動物問題は，動物園という専門の域を出ると，つじつまの合わないことのように思える．それにもかかわらず，飼育下繁殖の成功によって，動物園の飼育許容範囲を超えてしまう．飼育可能な数（スペースや資源）を超えた時，それらの動物は余剰とみなされる．“余剰動物問題”は，動物園にとって重要な問題として長年続いてきたことで（Conway 1976，Lindburg 1991，Fiebrandt 2004 など），多くの段階で課題が残されている．

本章では，ただ単に余剰動物問題の管理上の検討事項や公的な課題を述べるのではない．動物園が現在広く行っている対応（生と死を受け入れ，動物園で生まれる全ての動物に責任をもつこと）の根本からの改変を提案する．動物園のスペースや資源が限られたものであるのは明らかである．私たちは次のことを主張する．①避妊や個体群管理に関する調査研究にもっと力を注ぎ，飼育下管理計画において収容することのできない不要な動物を減らすこと（第34 章を参照），②繁殖や展示にすぐに必要のない動物には，非展示の最適なスペースを与えるよう努力すること，③繁殖や展示に必要のない動物のリタイア施設を地域ごとに建設し支援を行うこと．飼育下動物に対するこれらの責任が，動物の保全と同等に果たされるべきである（第 2 章を参照）．

動物園界の中にいる者（例：Conway 1976，Lindburg and Lindburg 1995，Lewandowski 2003）も外にいる者（例：Pressman 1983）でさえも，余剰動物は動物園における繁殖計画の“成功の代償”であると考えてきた．しかし，余剰動物問題は，動物園が直面する問題で，公衆が最も過敏になる問題である（Lindburg 1991，Graham 1996）．動物園に関するマスコミ報道は，動物園が行う間引きなどに対して，ネガティブな面に注目させる（Zimmerman 2004）．そして，余剰動物の一部が移動動物園や名ばかりのサンクチュアリ，サーカス，研究施設，個人飼育者，ハンティング施設などの不審な所へ行き着いていることをマスコミが暴露している（例：Goldston 1999，Green 1999，Satchell 2001）．これらの報道は，動物園来園者や一般市民に不安をもたらし，専門家としての動物園に対するイメージを損なわせる．

“余剰動物”とは何か

共同的な飼育管理計画から起こる“遺伝的余剰”に直面する動物園は，早くから余剰動物問題へ対処しているにもかかわらず（例：Conway 1976，Lindburg 1991），動物園にとってこの問題は非常に大きなものになっている．動物園の保全の現状や，飼育下管理のレベルにかかわらず，動物が過剰になり動物園内の敷地利用を制限することになってきている．Lacy（1995）は，余剰動物を“計画の達成に必要のないもの”と定義している．

動物園には，“余剰”という言葉に 2 つの異なる意味もしくは使い方がある．1 つ目は，個体群管理者が使用する呼称で，長期間にわたる遺伝的・個体群統計的な管理が必要でない種の飼育下個体群を示し，2 つ目は，動物飼育施設が使用する，展示や繁殖にはもはや望まれない個々体に対する呼称だ．それぞれに使われる基準は異なる．個体群管理者は個体群の存続のための個体のもつ遺伝的寄与を第一とし，一方で飼育施設は個体の展示と飼育（飼育のためのコストも含めて）を第一としている．

重要なことは，個体群管理者にはないが，飼育施設には最終的に動物の処分に責任があるということだ．そのため飼育施設は，個体群管理者の指定とは無関係に，そして個体群や計画に対する潜在的な遺伝的価値以外の理由で，余剰動物を指定することができる．

個々の動物が，施設によって余剰動物に指定される要因には，動物の年齢，性別，そして身体的・行動的もしくは社会的状態があげられる（これらの全てが遺伝的余剰と呼ばれる要因にもなり得る）．さらに，繁殖の結果や，地域もしくは施設における収集計画の変化による飼育スペースの不足が，結果として余剰とされる要因になる可能性もある．

北米におけるシシオザル（*Macaca silenus*）は，飼育施設の収集計画の変更により余剰とされるようになった分かりやすい例である．マカク種保存計画（SSP）では，現在 22 施設に 120 頭のシシオザルを管理している．9 つの施設では収集計画が変更されたため，もはやその飼育（収容）が望まれなくなり，今となってはシシオザルは余剰と考えている（Carter 2004）．しかし，余剰と考えられているシシオザルのうちの数頭は，実際には個体群にとって遺伝的に価値がある．このように，飼育施設の優先事項は共同飼育管理計画の提案とは矛盾することがある．

余剰動物の起源

Conway（1976）と Lindburg and Lindburg（1995）の著書には，飼育下動物には，野生において個体群の大きさをコントロールする，捕食のような圧力がない，と記述されている．動物園動物の大部分は捕食や病気といった，ごく自然な死因から守られており，そして種の繁殖に成功している動物園では，飼育するためのスペースや物資量以上の動物を保有することになる可能性がある．

個体群管理

共同飼育管理計画のためのマスタープラン（基本計画）は，繁殖にとって遺伝的に重要であるとみなされる個体，そして個体群への寄与に関して必要ではない個体を見極める（第 20 章を参照）．ほとんどの遺伝子の表現型を有する個体はたいてい，個体群に必要とされるもの（個体群サイズや，個体群管理者が下す決定に用いる基準に依存する）にとって余剰であるとみなされる．飼育下で雄が生まれることは，特に一夫多妻制をとる哺乳類では，通常，長期的な個体群管理に必要な条件を超えてしまう．

マスタープランの立案中に経営陣や個体群管理者たちが用いる意思決定基準が変更された場合，個体群の需要に対して，今まで余剰とされていなかった動物が余剰動物になる可能性がある．例えば，北米動物園水族館協会のチンパンジー（*Pan troglodytes*）種保存計画（AZA SSP）の 2000 年～ 2001 年のマスタープランでは，遺伝子解析と繁殖の推奨の対象として，系統の少なくとも 75% が明らかになっている全ての個体が含まれていた（Fulk 2000）．これらの推奨によって子が産まれている．その後，異なる調整者と経営陣によるマスタープランでは，ある個体が遺伝子解析の対象に含まれるためには，その系統が 100% 明らかになっていることを必要条件とする，という異なる基準が使われた．そのため 2000 年～ 2001 年のマスタープランの結果として生まれた数個体は現在は分析対象外になり，繁殖に用いないこととされている．同様に，新規個体の導入は，かつて重要であった個体やそれらが産んだ子孫たちの遺伝的価値を低くする可能性があり，それによってかつて重要であった個体が個体群にとって余剰であるとみなされる可能性も大きくなる．個体群を管理するうえでの変化（特に輸入等のよる結果）は個体群管理の通常範囲で予想される要素である．

動物の赤ちゃんの魅力

動物園が保全組織として発展し，保全において飼育下繁殖の役割を担うということを積極的に売り出すのと同時に，ベビーを保全の成功と結び付けて，可愛らしいベビーを世間へアピールすることが特に行われてきた．保全とベビーが連動したマーケティングは，動物園が動物を繁殖させる強いモチベーションになっている．動物園の新しい展示は，赤ちゃん動物よりもより一般市民を引き付けるだろうということが立証されている一方で（Kasbauer 2004），動物園は新しいベビーを見せることを，人々に来園させるきっかけに利用している．

戦略的計画の立案

Hutchins, Willis, and Wiese（1995）は，世界・地域・施設ごとのレベルで飼育下個体群の戦略的計画を立てることを推奨している．動物のマネージメントの分野においてはまだ比較的新しいことであるが，地域そして施設レベルの両方で，戦略的計画を発展させ採用することに著しい進展がある（第 20 章を参照）．

地域収集計画（regional collection planning：RCP）では，長期的に十分な個体群サイズを維持できるように，限られた小数の種で重点的に取り組まれている（例：Conway 1976，Hutchins Willis, and Wiese 1995）．そのため飼育下のスペースの利用は，長期計画が最も必要とされる種のためになるよう調整されている．長期収集計画の過程，特にその初期段階で，飼育施設は種を“段階的に減らし”計画推奨種に置き換えようとすると同時に，余剰動物をつくり出している．しかし，地域の優先事項は変化する可能性があり，地域収集計画でも当初は嘱望されていた種でも後々，淘汰を推奨するようになるかもしれない．

地域収集計画の成功は，個々の施設の収集計画を進める際に，地域収集計画の推奨に従ってくれるかどうかにかかっている．このように，地域収集計画の過程において内在する欠点は，施設ごとの収集計画が推奨個体群を変更しないということを前提にした考え方にある．

施設ごとの収集計画の変化

動物園は，その組織の長が変わったり，新しい戦略計画やマスタープランが進展し実行されたりすることで，施設もコンセプトも時間の経過とともに進化している．ある施設に適した種（あるいは個体）やある運営方針にとって重要な種（あるいは個体）は変化していく．施設的な優先事項に関するこれらの変更は，計画されたその動物種の個体群の収容能力に強く影響する．

戦略計画が特にその初期の段階で，余剰動物が出るだろうということを認識していても，施設ごとや地域ごとの収集計画を非難することには絶対にならない．長期間，個体群管理をうまく進め，そして動物園が計画を実行していけることが極めて重要である．施設ごとや地域ごとの収集計画を統合することによって，個体群の需要にとって余剰動物の数を大幅に減らすことになり，共同飼育管理計画の効率性を高めることになるだろう．

余剰動物の従来の解決法

繁殖計画に含めることができない個体や展示できない個体を長期間飼育するための支出は，限られた資源の無駄遣いで，保全にとっても有害になると考えられてきた（Lacy 1995）．余剰動物の処分は，歴史的には各施設ごとに行われてきたもので，動物園もその処分を実行するために多くの手段を採ってきた．

余剰動物を減らす

可逆的な避妊法の発展は，余剰動物を減らす試みにおいて，重要な 1 つの解決法である（Proton, Asa, and Baker 1990，Asa, Proton, and Plotka 1996，Kirkpatrick 1996，第 34 章参照）．これらの技術を進歩させる必要性から，活発な研究も行われている（例：Porton, Asa, and Baker 1990，Raphael et al. 2003）．

今現在ある余剰動物をなくすために，動物園は従来的に，他園に個体を移動させたり，動物商に売却したり，“管理上の安楽殺”（もっと的確に言えば，間引き）を行ったり，動物園以外の施設に譲渡したり，少ない事例ではあるが，野生に放したりしている．

他の動物園への移動

不要な動物を認定動物園へ移動することは，通常望まれる処分方法である．適切な飼育と管理が標準的に保障されており，その移動は飼育施設にとっても，その対象となる種や個体にとってもたいていは良いことである．実際に，共同飼育管理計画において個体群管理者によって行われる移動の勧めは，地域内の認定動物園や動物園協会の会員施設の間での移動に主である．しかし，動物によっては，他園への移動が不可能な場合もある．

動物商への譲渡

動物商への動物の譲渡は，動物園から余剰動物を取り除く際に，かつてはごく普通のことだったが，この慣習はここ 10 年で劇的に減少している．Graham（1987）は，米国動物園水族館協会（AAZPA）のメンバーであった動物納入業者の数は減少していると報告している（1978 年の 30 社から 1987 年には 11 社にまで減少している）．近年の北米動物園水族館協会（AZA）の会員リストには動物取引業社の項には 4 社しか掲載されていない（Ballentine 2005）．おそらく動物園協会のメンバーではない多くの動物商が存在する一方で，AZA メンバーの動物商が減少していることは，動物商に動物を売ること自体が一般的に減少していることを示している．動物福祉を損なうような施設やそういった状況へ動物園動物を移動することに対するメディアの関心は，動物商への売却という慣習に焦点を当てている場合が多い（例：Goldston 1999，Green 1999，Satchell 2002）．動物園動物が最終的に，オークション，移動動物園，基準を満たしていない施設に行き着くという公になった事例が，こういった処分の手段を減らす大きな要因になってきたことは間違いない．

非展示施設での飼育

動物園のバックヤードにおける余剰動物の“倉庫的保管”

は，動物園が余剰動物を扱ううえでおそらく最も一般的な慣習であると，Lindburg（1991）は述べている．“倉庫的保管”ということは，動物たちが維持されている場所が，その動物にとって最適条件を満たしていないということを暗に言っているのであって，おそらくそれは間違いないことである．Lindburg（1991）とMaple（2003）はこの慣習は不十分で不適切であると考えている．一方，質の高い非展示施設の発展は，繁殖に参加しない余剰動物を責任をもって管理するための重要な要素であろう．

間引き

間引きを支持する者は，非常に多くの間引きを容認し，広範囲で利用することを主張するが（例：Graham 1987, 1996，Lacy 1995，Schürer 2004），哺乳類，特に大型種の間引きは，余剰動物を扱う際の最も物議を醸す方法の1つと考えられる（Graham 1996，Zimmerman 2004）．ドイツでは，個体群管理の体系的な方法であっても，間引きは禁止されている（Vogel 2004）．繁殖や展示に必要がないという理由で健康な動物を殺すことは，他の動物に対する資源を確保するため（Lacy 1995），もしくは動物福祉が損なわれるかもしれない状況に移されないようにするための，論理的かつ責任ある方法として，その正当性が主張されている（Graham 1987, 1996）．Lacy（1995）が間引きは人間の不快感〔例：動物の飼育担当者（飼育係）や特定の動物と関係を築いた者の不快感〕を最小にするために避けられていると述べている．そして，一般市民，メディア，従業員，運営団体からのプレッシャーも，動物園が間引き以外の処分方法を求める重要な要因になっている．また，Lacy（1995）は多くの飼育施設における間引きの決定と実行に関する矛盾を指摘している．例えば，有蹄類は霊長類よりも，ネズミ類やコウモリ類はネコ科動物よりも高頻度で間引かれている．

健康な動物の間引きに対する世論は，動物園における保全と動物福祉に関するメッセージが不変かつ，着実に強化されることを望んでいる．Graham（1996）が指摘しているように，動物園はよく動物にとっての保護区（サンクチュアリ）としてみられる．動物園は動物の誕生は宣伝するが，適者生存，捕食，死亡率といった教育的なメッセージは，新しい命の誕生を知らせる報道発表には通常加えない．また，動物園は一般的に，若い個体の数頭は殺されてしまうかもしれないということは来園者に伝えない．特に，Conway（1976）とLewandowski（2003）は，間引き等の動物の処分に関する方法への一層の支援を得るために，この問題に関しての多くの市民教育の必要性を主張している．しかし，Lindburg and Lindburg（1995）の述べる「動物の命を守ることと奪うこと，両方を主張する動物園から発せられるメッセージは，せいぜい困惑の原因にしかならない」が正しいように思えるのだ．

サンクチュアリへの移動

動物園動物を認可されたサンクチュアリに移すことは時折あったが，一般的には継続的に可能な解決法とは考えられない．動物園のように，サンクチュアリにも土地や資源に限界があり（時には動物園よりも資源が少ないこともある），私的に所有されている動物の居場所のために必要なスペースを余剰動物が占有し，たいてい他の動物たちはひどい状態に追いやられる．Maple（2003）は，動物園と同じ飼育基準をサンクチュアリで保障することができるとは限らないし，いくつかの非認可の“サンクチュアリもどき”は，適切な飼育をしているかどうか，繁殖や売却を控えているかどうか，といったことも不透明である．

他の解決方法

特に家畜や霊長類に関してそれぞれ，他国の共同飼育管理計画への譲渡，動物園以外の施設（例：個人のブリーダーや研究機関）への譲渡，そして野生へのリリースが，余剰問題の論議であげられている選択肢である．しかし，たいていのヒトが指摘しているように，これらの選択肢では適切な処置が与えられる可能性は限られており，いくつかの選択肢には福祉に関する著しい懸念がある．

パラダイムの変化

現代の余剰動物の理論を変えることが，“余剰動物問題”を解決する基礎になる．動物園生まれの動物の長期間の飼育を約束することは，動物の処分を取り巻く広報問題を解決する手助けにもなる．動物園における余剰動物の処分を含む動物福祉の問題への世論の批判は，動物園の重要な保全のイニシアチブやその実績を弱めてしまうことになる．

パラダイムのこのような変化と一致したその他のステップとして，戦略計画をさらに実現していくこと，動物園の全ての哺乳類をより注意深く管理して余剰を防ぐこと，非展示施設での飼育管理を質的に確約すること，そして地域のリタイアセンターを設立することなどがあげられる．

戦略計画の実行

共同管理，特に施設別・地域別の収集計画を統合することは，個体群を維持するために産み出される個体を減らすことに寄与できるし，そうすることによって寄与すべきである．地域収集計画で推奨された動物種を飼育する動物園において，他の飼育動物を整理するために，地域別・施設別の収集計画を統合することは，飼育管理に推奨されない動物を段階的に減らし，それが結果的に余剰動物の数を減らすことにつながるだろう．

余剰の回避

避妊は，確実な個体数管理のために重要な要素であり，余剰とされる動物の数を実質的に減らすことができる．飼育下繁殖計画において，避妊だけでは余剰動物をなくすことはできない．そして，Hildebrandt（2004）が述べているように，哺乳類の雌の繁殖を遅らせる（もしくは繁殖させない）ということの福祉的な効果を考えることも重要である（第 34 章参照）．しかし，個々の雌動物のニーズ，生まれた子によるニーズ，そして個体群としてのニーズのバランスを取るために，動物園界は避妊と人為的な繁殖操作に関する研究にもっと力を注がなければならない．

質の高い現場の施設と飼育管理に力を注ぐ

展示しない動物や繁殖に参加させない動物を施設内で質高く飼育管理することへの責任は，動物園生まれの動物を生まれてから死ぬまで飼育するという目標にむかって，動物園界全体が動くことにつながるだろう．保全と動物福祉のコストには，老齢個体，遺伝的に重要でない個体，その他の理由で必要とされない個体に対するより多くの非展示施設が含まれる．こういったコストを賄えるビジネスモデルを採用することが，現代のパラダイムを変化させる重要な第一歩である．

共同運営のリタイアセンター

Lindburg（1991）と Lindburg and Lindburg（1995）は，現代の動物園に典型の見て楽しい高額な展示ではなく，もっとコスト効率が高く，動物にとって最適な生活スペースを提供することが可能であると述べている．同様に Maple（2003）は，展示できない動物を引退させるなどの“ライフスパン計画”に動物園が動く必要があることを強調している．動物園生まれの動物に対して長期のケアを確実に行うために，地域ごとの“リタイアセンター”の発展が提案されている（Lindburg 1991，Kagan 2001，Maple 2003）．

結　論

“余剰動物問題”への対策については，ここでの提案を含め，何年も議論されてきたが，この問題は未だ解決されていないままである．誕生時の入念な計画立案からリタイア後の責任をもったケアまで，動物園の個体群に責任ある管理を保証することは，動物園動物の処分という問題を取り巻く，福祉や関連の諸問題の解決をも意味している．その動物の一生を通して責任をもって管理することは，個体であれ種であれ，その動物に対する倫理的な判断やその動物の専門的な取扱いの実証となる．

文　献

Asa, C. S., Porton, I., and Plotka, E. D. 1996. Contraception as a management tool for controlling surplus animals. In *Wild mammals in captivity: Principles and techniques*, ed. D. G. Kleiman, M. E. Allen, K. V. Thompson, and S. Lumpkin, 451–67. Chicago: University of Chicago Press.

Ballantine, J., ed. 2005. The 2005 AZA membership directory: An annual publication of the American Zoo and Aquarium Association. Silver Spring, MD: American Zoo and Aquarium Association.

Blakely, R. L. 1983. The alternatives and public relations: Surplus animal management; Problems and options. In *AAZPA Annual Conference Proceedings*, 292–93. Wheeling, WV: American Association of Zoological Parks and Aquariums.

Carter, S. 2004. *Macaque species survival plan: Population masterplans*. Detroit: Detroit Zoological Institute.

Conway, W. G. 1976. The surplus problem. In *AAZPA National Conference Proceedings*, 20–24. Wheeling, WV: American Association of Zoological Parks and Aquariums.

Fiebrandt, U. 2004. Ethical foreword: Positions of the Association of German Zoo Directors on ethic and legal issues related to the regulation of animal populations in zoos, such as animal transport and the killing of animals (21.09.2000). In *Reproductive management of zoo animals: Proceedings of the Rigi Symposium*, 74–76. Bern: World Association of Zoos and Aquariums.

Fulk, R. 2000. *Chimpanzee species survival plan Masterplan 2000–2001*. Asheboro: North Carolina Zoo.

Goldston, L. 1999. Animals to go. *San Jose Mercury News*, February 7–10.

Graham, S. 1987. The changing role of animal dealers. In *AAZPA Annual Conference Proceedings*, 646–52. Wheeling, WV: American Association of Zoological Parks and Aquariums.

———. 1996. Issues of surplus animals. In *Wild mammals in captivity: Principles and techniques*, ed. D. G. Kleiman, M. E. Allen, K. V. Thompson, and S. Lumpkin, 290–96. Chicago: University of Chicago Press.

Green, A. 1999. *Animal underworld: Inside America's black market for rare and exotic species*. New York: PublicAffairs™.

Hildebrandt, T. 2004. Childlessness makes zoo animals sick. In *Reproductive management of zoo animals: Proceedings of the Rigi Symposium*, 43–45. Bern: World Association of Zoos and Aquariums.

Hutchins, M., Willis, K., and Wiese, R. J. 1995. Strategic collection planning: Theory and practice. *Zoo Biol*. 14:5–25.

Kagan, R. L. 2001. Zoos, sanctuaries and animal welfare. Paper presented at AZA National Conference, September 2001.

Kasbauer, G. 2004. The correlation between visitor numbers and young animals. In *Reproductive management of zoo animals: Proceedings of the Rigi Symposium*, 60–64. Bern: World Association of Zoos and Aquariums.

Kirkpatrick, J. F. 1996. Ethical considerations for conservation research: Zoo animal reproduction and overpopulation of wild animals. In *The well-being of animals in zoo and aquarium sponsored research*, ed. G. M. Burghardt, J. T. Bielitzki, R. R. Boyce, and D. O. Schaeffer, 55–59. Greenbelt, MD: Scientists Center for Animal Welfare.

Lacy, R. 1991. Zoos and the surplus problem: An alternative solution. *Zoo Biol.* 10:293–97.

———. 1995. Culling surplus animals for population management. In *Ethics on the Ark: Zoos, animal welfare and wildlife conservation*, ed. B. G. Norton, M. Hutchins, E. F. Stevens, and T. L. Maple, 195–208. Washington, DC: Smithsonian Institution Press.

Lewandowski, A. H. 2003. Surplus animals: The price of success. *J. Am. Vet. Med. Assoc.* 223:981–83.

Lindburg, D. G. 1991. Zoos and the "surplus" problem. *Zoo Biol.* 10:1–2.

Lindburg, D. G., and Lindburg, L. 1995. Success breeds a quandary: To cull or not to cull. In *Ethics on the Ark: Zoos, animal welfare and wildlife conservation*, ed. B. G. Norton, M. Hutchins, E. F. Stevens, and T. L. Maple, 195–208. Washington, DC: Smithsonian Institution Press.

Maple, T. 2003. Strategic collection planning and individual animal welfare. *J. Am. Vet. Med. Assoc.* 223:966–69.

Porton, I., Asa, C., and Baker, A. 1990. Survey results on the use of birth control methods in primates and carnivores in North American zoos. In *AAZPA Annual Conference Proceedings*, 489–97. Wheeling, WV: American Association of Zoological Parks and Aquariums.

Pressman, S. 1983. Euthanasia: A humane surplus animal option. In *AAZPA Annual Conference Proceedings*, 294–301. Wheeling, WV: American Association of Zoological Parks and Aquariums.

Raphael, B., Kalk, P., Thomas, P., Calle, P., Doherty, J. G., and Cook, R. A. 2003. Use of melengestrol acetate in feed for contraception in herds of captive ungulates. *Zoo Biol.* 22:455–63.

Satchell, M. 2002. Cruel and usual: How some of America's best zoos get rid of their old, inform [sic] and unwanted animals. *U.S. News and World Report*, August 5.

Schürer, U. 2004. Position of the Association of German Zoo Directors on killing "surplus" animals. In *Reproductive management of zoo animals: Proceedings of the Rigi Symposium*, 79–81. Bern: World Association of Zoos and Aquariums.

Vogel, R. 2004. Legal provisions relevant to the reproductive management of zoo animals. In *Reproductive management of zoo animals: Proceedings of the Rigi Symposium*, 48–49. Bern: World Association of Zoos and Aquariums.

Zimmerman, U. 2004. Zoos and the media: A complicated relationship. In *Reproductive management of zoo animals: Proceedings of the Rigi Symposium*, 65–67. Bern: World Association of Zoos and Aquariums.

22
再導入における飼育下個体群の役割

Joanne M. Earnhardt

訳：尾形光昭

はじめに

世界中の多くの哺乳類個体群で個体群サイズの著しい減少，もしくは絶滅が起きている．保全生物学者は，種の絶滅を避けるため個体群の減少を招く危機を軽減する，あるいは再導入計画を通じ地域絶滅個体群の回復を図るといった広範な活動を展開している．再導入とは，野生捕獲個体もしくは飼育個体を本来の生息地へ放野することであり，特にその種が絶滅した地域において健全な個体群を再確立することである（IUCN/SSC RSG 1998）．本章では，絶滅危機回避を目的とした再導入計画における導入個体の供給源として，飼育下個体群を利用することについて検討する．

再導入計画における哺乳類

これまでに再導入された種の大半が哺乳類であるという事実が示すように，潜在的な候補者の中で，哺乳類は再導入に好んで用いられる動物群である．哺乳類は，野生下で一般的に見かけないにもかかわらず，Seddon, Soorae and Launay（2005）が示したように，再導入計画の 41% は哺乳類が対象で，そのうち主要な動物群は偶蹄目（29%），食肉目（24%），類人猿（15%）であった．移住（IUCN ガイドライン 1998 による定義では，保全目的で野生個体を本来の生息地から別の地域に移すことを意味する）に関しても，複数の研究が報告されている．Fischer and Lindenmayer（2000）は，移住の約 50% が哺乳類であることを明らかにした．また，Beck et al.（1994）による飼育下繁殖個体の再導入に関する初期の研究では，過去の 32% の再導入が哺乳類であり，45% は鳥類であった．しかし，北米動物園水族館協会（AZA）が現在管理している再導入計画は，38% が哺乳類で，31% が鳥類，23% が爬虫類である（AZA ReintroSAG 2005）．このように哺乳類が再導入において大きな割合を占めることは，哺乳類が再導入の良き候補者，もしくは保全の必要性が高い分類群であることを意味するかもしれないが，一方で政治的問題や分類学上の選り好みによるものかもしれない（Fischer and Lindenmayer 2000，Seddon, Soorae and Launay 2005）．

再導入の背景

対象となる種によらず，再導入は複雑で広範で高コストで，計画成功も不確かな仕事である（Kleiman 1996）．既存の再導入計画をメタ分析により調査したところ，大半の計画は“成功”とは分類できなかった．さらに Beck et al.（1994）は飼育下個体群を供給源とした計画が成功したケースは 11% だったことを明らかにした．文献調査から，Fischer and Lindenmayer（2000）はこれまで行われた移住について，26% が成功，27% は失敗，残り 47% は不明（もしくは不確かな解析データ）と分類した．しかし，再導入計画の成否を判定するのは難しい．なぜなら，再導入計画のゴールは計画ごとで異なるうえ，評価は評価方法に影響される．そして計画目的も開始当初の時代背景に影響されるためである（Sarrazin and Barbault 1996，Seddon 1999）．

再導入計画の成功確率を高めるために，計画への科学的手法の導入を推奨する目的から，IUCN（国際自然保護連合）は1998年に，再導入専門家グループ（RSG）を組織した．RSGのWebサイトからは，広範な分類群の再導入計画に関する報告を盛り込んだニュースレターが半年ごとに発行されている．RSGのガイドラインは，哺乳類の分類群（霊長類，大型類人猿やゾウ）に専門化したガイドラインにも取り入れられている（IUCN/SSC RSG 2006）．同様に，再導入に関するAZAの科学的アドバイザーグループ（ReintroSAG）は1992年にガイドラインを発表した．このガイドラインには「再導入は科学的であるべきで，適切な文献調査，学際的な参加者，検証可能な仮説と目標の立案，徹底した文書化，迅速な結果公表，独立した複数のレフェリーによる審査を伴ったものであるべき」と謳われている（AZA ReintroSAG 1992）．加えて，この2つのガイドラインは潜在的な計画目的，再導入に必要なコンディション，放野場所の検討，分類学的項目，適切な放野個体の供給源，社会経済上および法的な必要性，放野計画，健康管理，モニタリング活動に関しても言及している．

これらのガイドラインは再導入計画の基本原則を提供する一方で，独自に再導入のガイドラインを発表した研究者もいる．Kleiman（1989）のガイドラインは『Wild Mammals in Captivity』（1996）に掲載された．その中で彼女は，再導入計画の科学的，論理学的および管理上の要因に言及し，計画成功のためには“計画立案”と“評価”が重要であることを強調した．さらに全ての種や個体群に適用可能，もしくは適切な再導入計画はないことも指摘した．Miller et al.（1999）は，食肉目の再導入に関して生物学的考察に焦点を当てた．一方でReading and Miller（2001）では再導入における非生物学的側面（例えば再導入計画に対する利害関係者および一般社会の評価や姿勢）についても注目すべきだとした．再導入に関するシンポジウム報告書において，Stanley Price（1999）は哺乳類の再導入に関する総説を発表した．その中で，放野後のモニタリングに基づく順応的管理の必要性を強調した．さらに報告書では，理念，政治学，論理学，経済学，遺伝学に関する項目および個々の再導入例についても報告されている．

再導入生物学はまさに発展中の科学である．再導入生物学では，メタ分析の利用や仮説立案と対照比較試験を用いる実験的アプローチの利用が推奨されている．また供給個体群と再導入個体群の個体群動態に影響を与える要因を解明するために，シミュレーションモデルの利用も推奨されている（Sarrazin and Barbault 1996，Armstrong and Davidson 2006，Seddon, Armstrong and Maloney 2007）．

いくつかの再導入プログラムを比較することにより，計画成功や計画改善を目的とした仮説の生物学的要因（個体群統計学，遺伝学，行動学，危険の低減，生息環境の質）および非生物学的要因（政治学，社会学，論理学，法規および財政）が明らかにされた（Griffith et al.1989，Stanley Price 1989a，Beck et al. 1994，Wolf et al. 1996，Miller et al. 1999，Fischer and Lindenmayer 2000）．広範な文献からは，一般的および専門的な項目，戦略の成功事例や各プログラムの比較から得られる教訓等の重要な情報を得ることができるので，再導入プログラムの計画立案では，文献の再調査が行われるべきである．

再導入の成功に影響を及ぼす要因について分析が行われる一方で，以下に示す飼育下個体群に関連した要因には，あまり注意が払われてこなかった．

・飼育下個体を放野することの利益および不利益（病気のリスク，行動的および遺伝的な変化）
・再導入において動物園が貢献できること
・再導入個体用の飼育下繁殖計画の開発（遺伝学および個体群統計学を考慮した飼育下個体群管理）
・研究と計画立案におけるコンピュータモデルの利用
・飼育下個体群における特定個体の繁殖および放野に関する戦略（繁殖開始時期，繁殖個体数の目標設定，繁殖個体の選択）
・飼育個体の放野後のモニタリングの価値と方法

この章では哺乳類に焦点を当てているので，大部分の事例は哺乳類に関するものとなるが，大部分の項目は分類群に関係なく各動物の再導入に有効である．

供給源としての飼育下個体群

一般的に保全活動では，再導入の有効性に対して関心が集まる（Griffith et al 1989，Beck et al. 1994，Kleiman 1996，Fischer and Lindenmayer 2000）．しかし，飼育下個体群を将来的に再導入の供給源として利用する際は，もっと特定の事項（財政，個体群回復のスピードと回復可能性，病気，望まれない行動的および遺伝的変化）に関心が集まる（Snyder et al. 1996, Miller et al. 1999）．例えば，Snyder et al.（1996）は保全計画の資金と資源を，飼育下繁殖計画に向けることができると主張した（第23章も参照）．反対に，Conway（1995）は，飼育下繁殖計画に特化した基金があれば，飼育計画は保全計画と資金面で競合しないと主張した．

これらの議論はともかくとして，飼育下繁殖計画は複雑なうえに，資金を必要とする．例えば展示施設や非展示施設の建設，餌の供給，獣医診療，収集計画支援に対し，資金が必要となる．加えて，飼育下繁殖計画は，長い放野準備期間が必要となる．放野前に動物を捕獲し，さらにそれらを繁殖させる必要がある飼育繁殖に比べて，移住（野外の動物を捕獲し，他の場所へ放す）は野外個体群の回復過程を早めることができる．IUCN/SSC RSG ガイドライン（1998）では，ただ単にストック個体もしくは余剰個体の処理手段として，再導入を行うべきではないことを強調している．このように，再導入の供給個体群として飼育下個体群を利用する前に，それに伴う利益や不利益を評価する必要がある．

病気のリスク

感染症は生息環境にかかわらず一般的なものだが，飼育下繁殖個体を再導入に用いる際には感染症拡大の危険が高まる（Ballou 1993，Woodford 1993，Cunningham 1996，Griffith et al. 1993，Snyder et al. 1996，Lafferty and Gerber 2002）．病原体は，同種間もしくは異種間で伝搬する可能性があるが，ヒトから動物への感染も起こる（第 7 章参照）．さらに，感染経路として飼育個体から野生個体およびその逆経路（新規の放野個体が在来の伝染病に感染）が存在する．

感染症拡大は死亡率増加を引き起こすため，個体群縮小や個体群絶滅の危険性を高める．小集団（再導入では一般的）におけるリスクは，感染症媒介者および個体群密度の相互作用によるものと考えられる．例えば，高密度の小規模集団は，集団サイズは同程度だが低密度の集団に比べて伝染病の感染可能性が増加するため，伝染病の悪影響を受けやすいかもしれない（May 1988，Lafferty and Gerber 2002）．Woodford（1993）は，移住による感染を含む，様々な状況における感染症拡大の実例を報告した．

突発的な感染症拡大のリスクは，野外個体より飼育個体を放野する方が大きいと思われる（Snyder et al. 1996）．飼育下の脅威としては，特に高密度の生息環境，新たな病気を保有する動物との接触があげられる（Cunningham 1996; Snyder et al. 1996）．一方で，管理の行き届いた施設の飼育個体は獣医診療から恩恵を受けている．飼育動物の場合，健康管理や病気診断，それに対する適切な処置を受け，問題があればその個体を放野しないといった感染症拡大の防止策を立てることができる．

感染症拡大を最小限にする方法が多く提唱されている（Woodford and Kock 1991，Beck, Cooper, and Griffith 1993，Cunningham 1996，Miller, Reading, and Forrest 1996，Synder et al. 1996，Mathews et al. 2006）．IUCN/SSC RSG（1998）は，感染拡大防止に関する獣医学的指標を提示した．そこには，放野前の検査（病気のスクリーニング，予防，放野前の強制隔離など）が含くまれている．加えて IUCN ガイドラインでは，動物輸送時に不健康な動物，もしくは健康状態不明な動物との接触を避けることにより，感染の危険性を最小限にすることを推奨している．IUCN/SSC RSG（1998）が推奨するように，再導入個体群の成長に伴う病気のリスクを明らかにするために特に重要なのは，放野後のモニタリングと死亡個体の解剖である．これらの検査やスクリーニング，強制隔離，モニタリングや解剖は，再導入のコストや理論的な課題を増やすことになるが，これらの作業は全てもしくは部分的には実際の再導入でも行われる．例えば，ゴールデンライオンタマリン（*Leontopithecus rosalia*）の再導入計画は，強制隔離手順を取り入れた．隔離の際，再導入前の飼育個体の一般血液検査やマーモセットヘルペスウイルス検査が行われる（Ballou 1993）．しかし，個体群サイズ，動物供給元もしくは有益な診断等にかかわらず，病気のリスクは常に存在する．再導入計画ではこのリスクを考慮し，かつこのリスクを最小限にする必要がある．

飼育下繁殖個体の行動能力

飼育下繁殖個体は，同種の野生繁殖個体に比べ，放野後の生存力や繁殖力が劣るかもしれない．事実，飼育下個体群に比べ野生個体群を使った再導入計画の方が，成功確率が約 2 倍高い〔野外個体群 29%：飼育下個体群 15%（Griffith et al. 1989），野外個体群 31%：飼育下個体群 13%（Fischer and Lindenmayer 2000）〕．他にも多くの要因が飼育下個体群と野生個体群の違いを生み出すことに関与しているかもしれないが（例えば飼育下個体群の場合，再導入に使える個体数が限られる），飼育施設も哺乳類の行動に影響を与える（Carlstead 1996，第 25 章）野生で生き残るためには多くの技術が必要となる．例えば，方角定位や飛行技術，餌の探索，適切なねぐらの探索や捕食者の回避などである（Box 1991）．しかしこれらは，飼育下では必要ない能力である．ある動物種は，放野後に上記の技術を獲得できるかもしれない．また，飼育個体を再導入に使用する場合，生得的もしくは本能的な行動を示す個体の方が，順応性の高い個体よりも成功しやすいかもしれない（May 1990）．

飼育個体が野生で生き残るための行動能力を欠く場合，飼育下個体群を再導入計画の供給源とすることにより，計画成功の確率が減ることになるだろう．飼育個体における行動能力の欠如は，行動の発達機会を欠くか（Stoinski and

Beck 2004)，飼育環境への適応に伴う遺伝的変化によるものである(McPhee 2004，第 25 章).

行動能力の問題への対処法がいくつか存在する．Mathews et al.(2005)は，同種の野生個体の行動を元に，野生復帰に適した飼育下繁殖個体を選定するための行動試験を含む放野前の試験手順を示した．Beck(1995)は，飼育繁殖施設において，飼育動物を機会あるごとに野生環境や障害にさらすよう提唱した．Griffin Blumstein and Evans(2000)は，定期的に飼育下繁殖個体の対捕食者行動を訓練する必要があるとした．なぜなら，放野後の大きな死亡原因は捕食によるからである．

動物種によっては行動の融通性が高いため，野生下で適切な行動を獲得することができる．その場合，放野前のトレーニングプログラムにより放野後の生存率が高まるかもしれない(Beck et al. 1988，Biggins et al. 1999)．しかし，Stoinski and Beck(2004)によればゴールデンライオンタマリンにおける放野前の経験(移動，擬白然状況での食料探索)は，行動改善に全く寄与せず，また生存率にも影響を与えなかった．おそらく，放野前のトレーニングは成熟個体に対して行われた一方，重要な発達段階の個体には行われなかったためだ．管理者は，最適な放野手順を明らかにするために，事前テストを行う必要がある．さらに行動上の問題を解決するために順応的管理が必要となるかもしれない(Miller, Reading and Forrest 1996，Seddon Armstrong and Maloney 2007).

飼育下個体群における遺伝構成の変化

飼育環境への遺伝的適応により生じる行動上の問題は，行動発達機会の不足に伴う問題より，さらに重要かもしれない．ある種の行動形質は遺伝的形質のため，適応と関連し選択対象になりやすい(McDougall et al. 2006)．自然選択は飼育下でも起こる．飼育下での生存率と繁殖率を向上させる行動形質は，選択の結果，飼育下個体群内に維持される(Frankham and Loebel 1992，Arnold 1995，Carlstead 1996，Woodworth et al. 2002，Gilligan and Frankham 2003，McPhee 2004)．このような選択は非意図的である一方，全ての種で起こり得る(Frankham, Ballou, and Briscoe 2002，McDougall et al. 2006)．飼育下で適応した個体は，適応できなかった個体に比べてより多くの子孫を残す．選択の結果は，3，4 世代後に現れ，予想よりも早く進化が起こるかもしれない(Lacy 1994，Arnold 1995，Woodworth et al. 2002，Gilligan and Frankham 2003，Stockwell, Hendry, and Kinnison 2003，McDougall et al. 2006)．飼育下での適応は，飼育の初期段階で最も早く起きる．しかし，その後もペースを落としながら継続する．野生下で好まれる行動は飼育下個体群でも維持されるかもしれない．しかし，その頻度は飼育下では減少する．たとえ飼育下で成功した個体でも，野生下で適合しない行動形質をもつ個体を野生復帰に用いた場合，野生下での生存率や繁殖率が減少するかもしれない(Frankham et al. 1986，Lynch and O'Hely 2001，McPhee 2004，Mathews et al. 2005).

各世代の遺伝子構成は，前世代の遺伝子構成の抽出により生じるため，遺伝的浮動はランダム抽出過程を通じて，飼育下個体群の遺伝子構成を変化させる．遺伝的浮動により遺伝的多様性は減少する．この効果は，大集団よりも小集団で大きいものとなる(Lacy 1994，Ballou and Foose 1996，Frankham, Ballou, and Briscoe 2002，第 19 章)．多少の遺伝的変化は飼育下個体群では避けがたいかもしれないが，飼育下個体群の管理者は飼育開始初期の遺伝的変異を維持し，かつ進化的変化を最小限にとどめるように試みるべきである(Foose 1991，Arnold 1995，Frankham, Ballou, and Briscoe 2002)．遺伝的多様性に基づき各個体の優先順位を決定するような遺伝的管理により，飼育下個体群の(野生由来の)創始個体のもつ遺伝子頻度と，その後の飼育下個体群の遺伝子頻度を同程度に保つことができるかもしれない(Ballou and Foose 1996，Frankham, Ballou, and Briscoe 2002，第 19 章)．この遺伝的戦略では，野生復帰後の環境適応力を保つだけでなく，飼育環境に極度に適応した行動を示す個体の出現を最小限とすべきである．

もちろん，管理者は繁殖個体を十分に管理できるわけではない．なぜなら，全ての個体が飼育下由来とは限らないためである．最適な遺伝的管理は，実行不可能かもしれない．しかし遺伝的管理を活用することで，ランダム交配以上に遺伝的多様性を維持することは可能である(Earnhardt, Thompson, and Schad 2004)．もし飼育下繁殖計画のゴールを再導入と考えるなら，遺伝的管理は繁殖計画の開始当初から優先的に行われるべきである．

飼育下個体群を再導入に使用する場合，飼育個体の遺伝的変化を最小にする戦略を考える必要がある．第 1 に，世代時間を長くすることで一定時間における世代数を減らすことができる．その結果，自然選択や遺伝的浮動による集団の遺伝子頻度の変化を受けにくくなる(Gilligan and Frankham 2003)．例えば創始個体を F2 世代出現前に繁殖に用いたり，F3 世代出現前に F1 世代を繁殖に用いることで世代時間を長くできる．第 2 に，飼育下への定期的な野生個体の導入と野生個体の繁殖により飼育下個体群へ新たな遺伝子を導入するとともに，飼育環境における遺伝的変化を減少させることができる（Lynch and O'Hely 2001，Woodworth et al. 2002，Gilligan and Frankham 2003）．第3に，野生環境と類似した飼育環境を創出することにより，飼育下での方向性選択を弱めるとともに，遺伝的変化を最小限にできる可能性がある（Woodworth et al. 2002，Gilligan and Frankham 2003）．ある再導入プログラムでは，野生復帰環境に近似した（もしくはできる限り生態学的に同様の）飼育施設を建設した．この施設の飼育個体は繁殖に供され，その子孫は上記施設の環境に順応した後，放野された．例えば，クロアシイタチ（*Mustela nigripes*）において，野生環境にできる限り近似した飼育施設の飼育個体は，従来の飼育施設の個体に比べ，放野後の生存率が高かった（Miller, Reading, and Forrest 1996）．メキシコオオカミ（*Canis lupus baileyi*），ボンゴ（*Tragelaphus eurycerus isacci*），アラビアオリックス（*Oryx leucoryx*）の再導入計画では，on-site breeding facility approach（野生復帰現場に繁殖施設を建設する）が採用された（FWS 2006，Fort Worth Zoo 2006，Stanley Price 1989b）．ただしこの方法では，施設への移動および順応，また施設内での繁殖や子孫成熟などに時間を要するため，放野が遅れてしまう（Stanley Price 1989b）．

飼育下繁殖個体を用いた再導入計画は複雑なので，野生個体の移住による再導入計画に比較してより綿密な計画が必要になるかもしれない．しかし，飼育下繁殖個体による野生復帰の成功例（クロアシイタチ：Howard, Marinari, and Wildt 2003，アラビアオリックス：Stanley Price 1989b，ゴールデンライオンタマリン：Kleiman and Rylands 2002）を眺めれば，飼育下繁殖は保全における妥当な手段といえる．ある動物種がほぼ野生絶滅の状態にある場合，再導入個体の唯一の供給源は飼育下繁殖個体群である〔シフゾウ（*Elaphurus davidianus*）：Gordon 1991），モウコノウマ（*Equus caballus przewalskii*）：Slotta-Bachmayr et al. 2004〕．そして飼育施設は，保全生物学者が野生下の絶滅要因を解明する間の，野生個体群の避難場所ともなり得る．

整備された動物園の飼育個体は，再導入の供給源として有益である．動物園における飼育個体の年齢，性別，繁殖歴や家系図などの個体データは特に哺乳類において整備されている．そしてこれらのデータは標準的な電子データベース（スタッドブック）として保存されている．個体群管理者は，自ら定めた目的に照らしながら，定期的に個体群統計学的，遺伝学的特性の調査解析や調節を行う必要がある（Ballou and Foose 1996，第19章）．これらのデータとその解析結果は放野個体の選定に影響する．また，飼育下個体群では，病気のリスクや供給個体群のサイズおよび個体群構成も制御できる．保全生物学者は，飼育下繁殖と導入が絶滅危惧種の野生個体群回復の理想的手段ではないと考える一方で，飼育下個体群の利用を，多くの要素から構成される保全計画の一要素として扱っている（Lacy 1994，Miller, Reading and Forrest 1996，Morrison 2002）．

再導入における動物園の役割

管理体制の整った飼育下個体群は，管理に賛同する複数の動物園間で維持されることになる．全ての飼育下個体群は科学的な個体群管理により利益を得る．一方で，特に再導入個体群は，保全活動の改善を目的とした遺伝学および個体群統計学的管理に値する．この計画では，関係者間の高度な協力関係が必要となる．AZAが1980年代初頭に種保存計画（SSPs）を立ち上げた時点で，そのゴールは野生下における絶滅危惧種の保全活動であり，再導入は生息域内保全において動物園が貢献できる最良のオプションと考えられた（Foose et al. 1868，Wiese and Hutchins 1994）．しかし2004年時点では，全てのSSPプログラムのうち20%以下のプログラムしか，再導入をプログラム目的として採用していない（AZA ReintroSAG 2005）．保全計画にゴールは存在し，ある種の哺乳類では再導入が有効な手段であった．しかし，個体群管理者は飼育下繁殖計画と再導入が，動物種の回復にとって万能な解決策とは考えていない（Kleiman 1996，Miller, Reading, and Forrest 1996，Frankham, Ballou, and Briscoe 2002）．

動物園界は放野個体の提供（生息域内での繁殖計画で産まれた子孫を放野するプログラムも含む）等の様々な方法により，再導入計画に貢献できるかもしれない．再導入は広範で多様な側面をもつため，結果として動物園と他組織間の連携が促進される（Beck et al. 1994，Kleiman, Stanley Price and Beck 1994，Reading and Miller 2001）．初期の見事な連携事業として，ゴールデンライオンタマリンの再導入があげられる．この計画は，スミソニアン国立動物園が牽引し，ブラジル連邦機関，ブラジル環境・再生可能天然資源院（IBAMA，旧IBDF）も参加した．スミソニアン協会は30年以上の時間を費やし，そのうえ，社会生物学，集団生物学，獣医学，教育学，行政の専門家を派遣した．さらに，動物園，スミソニアン協会，その他協力的な動物園から多額の財政的援助も行われた（Kleiman and Rylands 2002）．動物園の専門分野（社会基盤や個体群管理）は，再導入における重要課題に取り組むために必要なため，動物園は再導入計画に大きく貢献することができる（Stanley Price 2005）．

再導入の供給源として利用可能な持続的飼育下個体群の創出

将来の再導入を視野に飼育下繁殖計画を始動する際，飼育下個体群の管理はその中心課題となる．飼育下個体群が再導入の供給源となる場合，その飼育下個体群は可能な限り最初に捕獲された野生個体群の遺伝子構成を保有する必要があるとともに，その後の繁殖と再導入に対して，適正な数の動物を供給する必要がある．持続可能な飼育下個体群の創出過程において，個体群は３つの典型的な段階を経て拡大する．

1．創始段階．施設で飼育．
2．拡大段階．繁殖数が死亡数を上回ることにより，個体群サイズが拡大する．
3．自己持続段階．望ましい個体群サイズが維持されている．

この３段階は，再導入の文脈で議論されるとともに，集団生物学の理論や手順と関連してくるだろう．

第1段階：飼育下個体群確立に向けた野生個体の捕獲

野生個体の捕獲により，飼育下個体群と野生個体群双方で個体群統計学的利益とコスト間の競合が起きる．小規模個体群ほど絶滅しやすいため，もし野生個体群が野外のある地域に存在する単一の小個体群であれば，その個体群から野生個体を捕獲することにより，個体数の壊滅的損失が起き，野外個体群の絶滅リスクは高まる（O'Grady et al. 2004）．一方，飼育下個体群の創始個体として大規模な野生個体群から多数の個体を捕獲しても，野生個体群にそれほど大きな影響はない．しかし，そもそも絶滅危惧種は少数しか生息しないため，種の管理者が必要とするのは，脆弱な野生小個体群由来の創始者個体となる．重要なのは各個体群の生存力なので，捕獲個体数を判断する際に様々なジレンマを抱えることになるかもしれない．

Tenhumberg et al.（2004）は，再導入の最適戦略を明らかにするためにコンピュータモデルを活用し，様々なリスク段階を考慮した飼育下と野生下の個体群サイズに関するトレードオフ解析を行った．この研究では，継続的な飼育下繁殖計画の実施，野生個体群回復にとって安定的な飼育下個体群が有効であることを仮定した．その結果，普遍的な戦略はないものの，以下の活動は，生物種の長期的な維持に貢献できる可能性があると判明した．①野生個体群への脅威の増加に伴い，より多くの野生個体を捕獲する．②もし野生個体群における雌の頭数が20頭を切ったなら，その個体群の全ての野生個体を捕獲する．③野生および飼育下個体群双方の個体数減少に伴い，飼育下繁殖計画に必要な野生個体数を増加する（Tenhumberg et al. 2004）．ある動物種の野生個体群が１つの個体群しか残っていない場合，個体群サイズが小さくかつ減少傾向にある個体群からの捕獲が遅れれば，それは危険な戦略となる．

新たな飼育下個体群の確立に必要な野生個体捕獲数は，飼育集団の遺伝的変異量にも影響を与える．一般的に，捕獲個体数が増えると飼育下個体群の遺伝的多様性（ヘテロ接合度の期待値：Allendorf 1986，Lacy 1995）が増加するとともに，野生個体群のまれな対立遺伝子を飼育下個体群に取り込める可能性が増加する（Frankham, Ballou, and Briscoe 2002）．野生個体を飼育下個体群の創始個体として使用する場合，10個体であれば野生個体群の遺伝的多様性を95%，25個体であれば98%保持できる（Allendorf 1986）．創始個体が20個体以上になると，20個体以下の場合に比べ，創始個体を増やした場合の利益増加が緩慢になる．

創始個体同士が非血縁であるとの仮定は，有効なアリル多様度を過大評価することになる（Allendorf 1986，Lacy 1994，Frankham, Ballou, and Briscoe 2002）．なぜなら，野外の小規模個体群は大規模個体群に比べ，個体群内の個体間の血縁がより濃い可能性があるためだ．１例として，グアムクイナ（*Rallus owstoni*）の飼育下個体群における近縁度（relatedness）の分子遺伝学的解析では，非血縁と考えられていた複数の創始者個体は，たとえ異なる巣から捕獲された個体であっても，かなり高い確率で血縁関係にあることが明らかにされた（Haig, Ballou, and Casna 1994）．このように，保全計画は野生の小規模個体群から多くの個体を捕獲する必要があるかもしれない（Foose et al. 1986）．その結果，野生個体群と飼育下個体群間における利益とコスト間での競合が増加することになる．

野生捕獲個体の中で，飼育下で繁殖して子孫を残すことができる（創始個体となれる）個体数は，捕獲個体数より少なくなるだろう（Lacy 1994）．アメリカアカオオカミ（*Canis rufus*）における保全計画は，捕獲後の生存率と繁殖率を最大限にすることに成功した．アメリカアカオオカミの繁殖計画は，計画当初から遺伝学，個体群統計学，動物飼育の専門知識を用い，14頭の野生捕獲個体の内12頭を創始個体とすることができた（AZA Conservation and Science 2006）．対照的に，チーターのSSPプログラム（野

表 22-1　再導入を計画のゴールに設定した 7 つの種保存計画（SSP）の個体群メトリック

種	*N*	Lambda	% GD	No. of Founders	FGE	捕獲日*	*T*	解析年
クロアシイタチ	309	1.80	86.99	7	3.84	1980 年代半ば	1.6	2005
メキシコオオカミ	307	1.12	82.41	7	2.84	1960 年代	5.4	2005
アメリカアカオオカミ	168	1.03	89.84	12	4.92	1970 年代	5.6	2005
アラビアオリックス	111	1.06	92.30	13	6.47	1960 年代	6.3	2005
アダックス	194	1.16	84.00	16	3.13	1960 年代	5.7	2005
シロオリックス	243	1.14	96.04	32	12.64	1960 年代	5.3	2004
ボンゴ	171	1.13	94.20	33	8.66	1960 年代	6.3	2004

引用元：AZA のウェブサイトに掲示された繁殖移動計画

注記：*N*＝解析年の飼育下個体群サイズ，Lambda＝潜在的個体群成長率，GD＝創始個体群に対する遺伝的多様性のパーセンテージ，No. of founders＝飼育下個体群で繁殖できた野外捕獲個体数，FGE＝創始者ゲノム相当分，T＝年あたりの平均世代時間
*大雑把な範囲

生復帰が目的ではない）では 422 頭が飼育されているが，2004 年時点で，83 頭の創始個体しか存在しない（Gerlach 私信）．飼育下における遺伝的多様性の維持は，たとえ創始個体数が類似していても，個体群間でばらつく．その理由は，創始個体の遺伝子が異なる頻度で各個体群内に維持されていくためである（表 22-1）．

創始個体以降の子孫数や世代数および個体群サイズの違いが，個体群管理プログラム間で遺伝的な違いを産み出す（Ballou and Foose 1996）．例えばアダックス（*Addax nasomaculatus*）の SSP 集団は創始個体が 16 頭であるが，2005 年時点で，創始個体が 13 頭のアラビアオリックスの SSP 集団より，遺伝的多様度が低くなっている（表 22-1）．

第 2 段階：飼育下個体群の拡大

個体群の成長（産子数が死亡数を上回る）にとって，飼育環境は適切なものでなくてはならない．たいてい（いつもではない）の場合，動物園水族館は創始段階から成長段階へと移行可能な飼育環境を整備する専門技術をもつ．その知識には，適切な飼育環境や群形成に関する飼育管理の知識や，各発達段階の死亡率を最小限とする獣医学的知識および健康維持と繁殖に必要な栄養学の知識が含まれる．しかし，たとえ最高の飼育技術を駆使しても，個体群が成長しないかもしれない．これは少数だが実際に飼育下の哺乳類個体群で起きたことである〔ミナミクロサイ（*Diceros bicornis minor*）（Wiese, Farst, and Foose 2000），ドリル（*Mandrillus leucophaeus*）（Earnhardt and Cox 2002）〕また，何とか個体群が成長したとしても，飼育技術が完璧なものとなるまでは，個体群の成長はゆっくりしたものになるかもしれない．長期間の個体群成長には，繁殖個体の生存率と繁殖率の向上が必要となる．急速な個体群拡大は，より緩慢な拡大に比べ遺伝的多様性を維持することができるため，管理者は高い繁殖率を追求すべきである（Lacy 1994）．なお第 2 段階では，飼育個体を放野に用いない（Lacy 1994）．

第 3 段階　自立した飼育下個体群の維持

飼育個体を放野に用いることで，飼育下個体群のサイズや個体群構成および遺伝子構成が変化する．たいていの飼育下個体群は監視可能なため，管理者はこれらの変化を制御できる．飼育下個体群確立時の捕獲と同様，放野個体の選抜戦略は飼育下個体群の遺伝子構成と個体群構成間の競合および飼育下個体群と放野個体群間のコストと利益に関する競合を生み出す．個体群生物学の基本原則から，このようなトレードオフや，最も効果的な放野個体の選抜策が見出されるかもしれないが，各種の決定は再導入計画に特有な理由にも依存するかもしれない．再導入個体を選定する期間中，飼育下個体群を自立的に維持することが典型的なゴールとなる．

研究および計画策定に向けたコンピュータモデル

コンピュータシミュレーションプログラムは，再導入計画における研究および計画策定の道具として価値あるものである．この際，量的シミュレーションには包括的なデータが必要となる．たいていの飼育下の哺乳類個体群はこの条件を満たしている．実際に絶滅危惧種を野生捕獲して実験する代わりに，コンピュータモデルを使うことで様々な管理戦略を試すことができるし，10 年先，50 年先もしく

はさらにその先まで，再導入計画の結果を得ることができる．再導入は高コストのうえに危険を伴うので，モデル〔例：個体群存続可能性分析（PVA）〕を利用することで，実際に再導入する前に，計画の量的評価を行うことができるし，計画目的に照らして最も効果的な戦略を知ることが可能になる（Miller, Reading,and Forrest 1996，Bustamante 1998，Seigel and Dodd 2000，Morris and Doak 2002，Slotta-Bachmayr et al. 2004，Seddon, Armstrong, and Maloney 2007）．IUCN/SSC RSG（1998）のガイドラインでは，年あたりの最適放野個体数や持続可能な再導入個体群の確立に必要な個体数の算出に対し，モデルを利用することを提案している．1 例として，Steury and Murray（2004）はオオヤマネコ（*Lynx canadensis*）の再導入計画において，再導入の総個体数，最適個体数および再導入時期を算出するためのモデルを確立した．同様に Saltz and Rubenstein（1995）はイスラエルに生息するペルシャダマジカ（*Dama dama mesopotamica*）とアラビアオリックスにおける繁殖の核となる集団から持続的最大繁殖数の決定と再導入個体群成長を図るためにモデルを用いた．これらのシミュレーションは，ダマジカでは再導入計画が完了するまで 8 ～ 11 年，アラビアオリックスでは 6 ～ 10 年かかると予想した．

ヒゲワシ（*Gypaetus barbatus*）の研究では，Bustamante（1998）はコンピュータシミュレーションを用いて，ヨーロッパの山々で繰り広げられている再導入計画を拡大した場合，飼育下個体群が危機的なまでに減少することを明らかにした．そして飼育下個体群を拡大することなく再導入率を高めるためには，孵化率を高めることが必要であることも明らかにした．このように，モデルを用いれば，再導入計画において典型的な個体群動態に影響を与える様々な要因を，ひとまとめにすることができる．これにより，管理者が単に自分の勘に頼っただけでは導き出すことができない再導入計画の成果を，計画実行前にあらかじめ知ることができる．

放野個体の選抜戦略

以降の項では，放野期間中の飼育下個体群動態に影響を与え，なおかつモデル解析により最良のものを評価できるような項目に関して議論していく．動物の放野戦略を作成する際，管理者は以下のことを考慮する必要がある．

- 飼育下個体群が適切な放野数を維持できるぐらい十分なほど大きくなるのはいつか．
- 飼育下個体群を維持しつつ，何頭を放野に使用することが可能か．
- 放野個体の選定において個体群統計学（年齢や性別）および遺伝学上の考慮すべき形質は何か．

飼育下個体群が放野可能なほど十分な大きさになるのはいつか

飼育下個体群を拡大することは，例えば，放野個体数の増加や飼育下個体群の縮小を回避できるため有益である．表 22-2 に仮想の数値を示す．50 頭の個体群では，個体群サイズを維持しながらでは 1 頭の子孫のみ放野に用いることができるが，300 頭の個体群では 50 頭の場合と同じ繁殖率と死亡率の場合，毎年 7 頭の子孫を放野用とすることができる．ただし，大きな個体群は維持コストがかかる．

動物種により世代時間が異なるため，一定の個体群サイズまで成長するのに要する時間は，動物種により異なるだろう．世代時間（初繁殖の平均年齢）が長ければ長いほど，一定の個体群サイズに到達するまでに時間を要する．例えば，メキシコオオカミは世代時間が長いため，クロアシイタチに比べて，個体群成長速度が遅くなるだろう（表 22-3）．

個体群統計学的なトレードオフ同様，放野前の時間が長

表 22-2 飼育下個体群サイズと仮想個体群における選抜用個体の繁殖数

個体群	仮想個体群サイズ	年間産子数		1 年生存数		飼育下個体群の維持（すなわち置換）に必要な数	選抜に利用できる数	
		1 腹産子数 = 1	1 腹産子数 = 3	1 腹産子数 = 1	1 腹産子数 = 3		1 腹産子数 = 1	1 腹産子数 = 3
1	50	4	11	3	8	2	1	6
2	100	8	23	5	16	3	2	13
3	200	15	45	11	32	6	5	26
4	300	23	68	16	47	9	7	38

注記：個体群の 1/4 が繁殖雌．繁殖雌の出生率 30%，出生後 1 年死亡率 30%，他の死亡率 3%．死亡個体は生存個体で置換．1 回ごとに固定値で算出．出力は四捨五入して整数とした．

表 22-3　種ごとの飼育下の平均世代時間

種	T	世代		N_0	N_{10}
		10 年	50 年		
クロアシイタチ	1.6	6.25	32.26	100	181
メキシコオオカミ	5.4	1.85	9.26	100	119
ボンゴ	6.3	1.59	7.94	100	116
クロサイ	15.9	0.63	3.14	100	106

（AZA2006 の SSP 繁殖移動計画データに基づく）
特定期間内における世代数と 10 年後の個体群サイズ．Lambda 値は 1.1.
注記：T ＝年あたりの平均世代時間，N ＝飼育下個体群サイズ．

表 22-4　放野による飼育下個体群サイズへの影響

年間選抜数	$N_{起点}$	$N_{5年後}$
12	100	105
14	100	92
16	100	79
18	100	66
20	100	53
22	100	40
24	100	27
26	100	15
28	100	2
30	100	全滅

放野 5 年後の個体群サイズを基に算出．個体群は表 22-2 の個体群 2 を使用．1 腹産子数は 3.
注記：N ＝飼育下個体群サイズ．

くなる場合，遺伝的なコストと利益のトレードオフが生じる．大集団は（小集団に比較して）より一層遺伝的多様性を保持しているはずである（Ballou and Foose 1996）．しかしすでに述べた通り，飼育下で世代を経るごとに，遺伝的変化のリスクも大きくなる．管理者はこのような遺伝学的トレードオフについてバランスを取らねばならない（Ballou and Foose 1996，Miller, Reading, and Forrest 1996，Ostermann, Deforge, and Edge 2001）.

何頭を選抜できるか

再導入計画期間中に多くの個体を放野することは，再導入計画の成功と密接に関連する（Griffith et al. 1989，Beck et al. 1994，Wolf, Garland, and Griffith 1998，Fischer and Lindenmayer 2000）．多数の個体を放野できる計画では，資金が潤沢で組織的な援助体制があり，なおかつ長期間にわたる放野活動を行える．これらは全て，再導入計画の成功に関連する要因だ．一般的に，小規模個体群はランダムな要因（個体群統計学上，遺伝学上および環境上の確率的な変動）により絶滅するおそれがある．さらに放野個体群はそもそも存続しにくい（Soule 1980，Foose 1991，Caughley1994，O'Grady et al. 2004）.

大部分の飼育下個体群は小規模であるため，多くの個体を放野に用いることは，管理者にとっては大きな賭けとなる．もし管理者が，一定時間内に拡大可能な個体群サイズを上回るほどに，動物を選抜するならば，そのような個体群は自律的に持続可能ではなくなる．RSG は将来も選抜個体を提供可能とするよう注意を促している（IUCN/SSC RSG 1998）.

表 22-4 より，年間の選抜数を 12 から 24 に倍増させると，5 年以内に飼育下個体群のサイズが 100 から 27 に減少することが分かる．しかし，個体群サイズが 200 個体の場合は 26 個体を選抜したとしても個体群サイズを維持できる（表 22-2）.

選抜数は，他の要因も考慮して調節しなければならない．例えば，行動は生存率や繁殖率に影響を与える．McPhee and Silverman（2004）は，非適応的な行動形質をもつ個体を放野することで生存数が減少することを考慮に入れた放野率の計算法を開発した．例えば，130 ～ 150 個体の飼育下マウス（野生個体ほど注意深い行動を示さない）を放野することは，野生型の行動を示す個体を 100 個体放野することと同等である（McPhee 2004）.

どの個体を選抜すべきか

特徴的な形質の個体を放野個体として選抜することで，その後の飼育下個体群の構成や，飼育下個体群の健常率および将来における個体群成長等が変化する．同様に，放野個体のもつ形質は将来における野生個体群の成長に影響する．選抜個体は個体群統計学，遺伝学，行動学的な形質等を考慮して選択される．個体群統計学（年齢および性別）と遺伝学（遺伝的近縁係数と近交係数）に関するデータは飼育下個体群の血統登録台帳データから得ることができるため，これらのデータは放野個体を決定する際の基礎データとして用いることができる．

個体の成長段階（新生子，幼獣，成獣）が，動物種の生活史（繁殖上の成熟年齢，生涯年齢，1 腹産子数）や行動パターン（分散や学習）と相互作用することで，将来の個体群成長に対する放野個体の貢献度に大きな影響を及ぼす．ある動物種では，若齢個体の代わりに成獣を放野することで，放野個体群が成長を速めることができる．生活史研究の観点から，哺乳類は“早い”生活史と“遅い”

表 22-5　早い種と遅い種の生活史パターンに関連する個体群統計学的形質

種のタイプ	繁殖	生活段階	寿命	個体群成長に最も影響を与える要因
早い	多産	早熟	短命	繁殖力
遅い	1頭，もしくは数頭の出産	遅い性成熟	長寿	生存力

引用元：Heppell,Caswell, and Crowder 2000，Oli and Dobson 2003.

生活史の種に分類できる（Heppell, Caswell, and Crowder 2000, Oli and Dobson 2003）（r-K 選択種と相同）．“遅い”種とは，性成熟までの期間が長く（表 22-5），成獣は繁殖などを通じて直ちに個体群成長に貢献できる（Sarrazin and Legendre 2000，Oli and Dobson 2003）．もし直近の目標が，飼育下個体群のさらなる拡大であれば，管理者は成獣を維持すべきだが，放野個体群の拡大が目的であれば，管理者は野外個体群の拡大を促進するために成獣を放野すべきである．Sarrazin and Legendre（2000）は個体群統計学的モデルの原則に基づき，遅い生活史のシロエリハゲワシ（*Gyps fulvus*）の放野における効果的な成長段階を明らかにした．遺伝学的要因を除き，個体群統計学的な要因のみを考慮に入れてモデルをつくる場合，再導入にとって最良なのは，成獣を放野することである．Seigel and Dodd（2000）は遅い生活史を有する種の再導入に関する，このような考えに疑問を投げかけた．なぜなら，この方法では補充までの期間が長すぎて，再導入が成功しないからだ．

長寿動物において選別個体の成長段階を決定する際，放野地点の環境も考慮する必要がある．一般的に飼育下の方が野生下に比べて長寿であるため，飼育下個体群の繁殖適期は野生下より長くなる．そのため成獣は野生個体群よりも飼育下個体群で価値が高いかもしれない．成獣と幼獣間で行動的な違いがみられる場合，その違いは個体群成長に影響を及ぼす可能性がある．成獣が幼獣より定住性が高く，放野後もその場にとどまる傾向が強い場合，成獣の方が生存率は高く，再導入はより一層成功しやすくなるだろう．Ostermann, Deforge, and Edge（2001）は，オオツノヒツジ（*Ovis canadensis*）では成獣（分散率が低い）を再導入した方が，1年子を用いた場合より成功率が高いことを示した．

個体群成長にとって成獣が重要となる種がいる一方で，幼獣の方が重要な種もいる．早期の成長段階から繁殖可能で多産な“早い”種では，幼獣を放野することは飼育下集団にとってマイナスである一方，放野個体群の成長は促進されることになる．基本的に，再導入の初期集団が高い繁殖率を示す年齢で構成されていれば，その集団は最終的に拡大できる（Caswell 1989）．加えて，若齢個体は成長中の個体群内に十分存在するため，より多くの若齢個体が利用可能となる．

若齢個体の行動が自身の生存率を改善できる場合，若齢個体を野生復帰させることは，その繁殖率によらず価値が高いかもしれない．例えば，発達過程における学習が重要な種では，若齢個体は野生復帰後に，より速く順応するとともに高い生存率と繁殖率を示す可能性がある（Gordon 1991, Stoinski and Beck 2004）．Kleiman et al.（1991）は，ゴールデンライオンタマリンの飼育下繁殖個体を野生復帰させた場合，若齢個体の方が，高齢個体に比べ，高い生存率を示すことを見出した．同様に，アジアノロバ（*Equus hemionus*）の成熟雌をイスラエルに再導入した Salts and Rubenstein（1995）の研究では，成獣の再導入では，高齢雌ほど雄を産む傾向が高く，また捕獲や輸送および再導入過程におけるストレスから繁殖しない可能性が示されたことから，成獣の再導入は個体群拡大を遅らせると仮定した．結果的に彼らは，若い亜成獣を再導入する方がよいと結論づけた．再導入に関連する要因は多様である一方，放野個体の成長段階は複数の要因のトレードオフで決定される．そのため，再導入戦略の最適な方法を見出すには，実験的アプローチが必要となる．

再導入個体の遺伝的形質（由来，飼育環境への適応，遺伝的多様性，近親交配等）も再導入個体群の存続に影響する（Frankham, Ballou, and Briscoe 2002）．遺伝的形質と行動および生存率の相互関係は，再導入計画における遺伝的形質の相対的な重要性を高める．生物個体は自身が生活する環境に適応できる．そのため再導入個体は再導入地点の環境へ事前適応した個体を遺伝的起源とし（Kleiman 1996，IUCN/SSC RSG 1998），なおかつ飼育世代をほとんど経験していない系統を用いることが望ましい（Ballou and Foose 1996）とされている．極端に近交係数が高い個体を再導入することは推奨できない．なぜなら，近交弱勢（近親交配に由来する有害な影響）は繁殖率と生存率を低下させるからである．Jimenez et al.（1994）は飼育下の近交マウスと非近交マウスをそれぞれ再導入した場合，近交マウスの死亡率が高いだけでなく，野生下では飼育下に比べて，その死亡率が一層高くなることを見出した．同様に Miller（1994）は，ストレス環境下（例：再導入された動物が新規の生息環境で遭遇する状況）では，近交弱勢の影響が大きくなることを見出した．

表 22-6　飼育下個体群の選抜個体に関する 2 つの遺伝的戦略間のトレードオフ

遺伝的戦略	選抜戦略の定義	飼育下個体群		放野個体群	
		利益	コスト	利益	コスト
A	飼育下個体群内の最も近縁な個体同士	遺伝的多様性の消失：少	—	放野個体数：大	近親交配の危険性：大 進化的潜在力：低下
B	最も非近縁個体	—	遺伝的多様性の消失：大	近親交配の危険性：小 進化的潜在力：向上	放野個体数：少

表 22-6 には，飼育下個体群と再導入個体群間の競合に基づき定義された 2 つの戦略が示されている〔Ballou（1997）と Earnhardt（1999）は他の遺伝的戦略も示している〕．飼育下繁殖データに基づく血統情報から，管理者は現個体群や創始個体群の遺伝的関係を算出できる（Ballou and Foose 1996，Miller, Reading, and Forrest 1996）．A 戦略では，飼育下個体群内の近縁個体が選抜される（表 22-6）．特定の系統が多くの子孫を残した結果，個体群内での存在感が増す場合，その系統の子孫を選抜することで，飼育下個体群の創始個体間価値が等しくなる．しかし，近縁個体を再導入することで，野外における近縁個体間の遭遇および繁殖機会が増加し（近親交配），その結果，再導入個体の遺伝的多様性や潜在的な適応能力が減少する．対照的に B 戦略は，少数の子孫しか残していない系統を選抜した場合で，この戦略は潜在的にネガティブな影響を含有している．なぜなら，少数子孫しか残していない創始者系統が消失することで，飼育下個体群内の多様な創始者系統を将来的に均一化してしまう可能性があるためだ．さらに，再導入個体が子孫を残さず死亡した場合，その個体の遺伝子を失うことにもなる．一般的に，遺伝的多様性が非常に高い個体（創始者と同程度）からなる集団は，生存率を高める．なぜなら，遺伝的多様性が高いことで再導入集団の自然環境への潜在的な適応能力が高まるからである．

実際の再導入計画では，これらの戦略を組み合わせて使用している．例えば，再導入後の生存が不確かな場合は A 戦略を用い，再導入後の生存と繁殖が確かなものとなった時点で B 戦略に移行した例があげられる〔ゴールデンライオンタマリン（Ralls and Ballou 1992），クロアシイタチ（Russell et al. 1994）〕．遺伝的なコストと利益は，全ての個体群間で共通ではないため，各個体群内における両者のトレードオフは，研究結果に基づきながら検討しなければならない（Haig, Ballou, and Derrickson 1990，Ballou 1997，Earnhardt 1999）．一方で，選抜戦略を明確にすることは，さらに複雑だ．例えば，遺伝学上の目標に基づいて選抜すれば個体群統計学上の意義を失いかねない．その逆も同様だ．

再導入後のモニタリング

選択された形質にかかわらず，再導入後の動物の反応に確固たるものはない．そのような反応は，信頼性が高く長期的で個体識別された放野後のモニタリングによってのみ知ることができる（Saltz and Rubenstein 1995，Miller, Reading and Forrest 1996，Ostermann, Deforge, and Edge 2001，Stoinski and Beck 2004）．再導入個体が野生下で生き延びて繁殖に成功することは，再導入計画に必須であるため，再導入後のモニタリングは管理者にとって利用可能な最重要手段の 1 つとなっている．放野個体の選抜/再導入の手順や動物福祉および行動的闘争を評価することは，繁殖率や生存率と同様に計画管理にとって必須と考えられている（Chivers 1991，Kleiman 1996，IUCN/SSC RSG 1998）．モニタリングデータから，管理者が再導入計画の分析を行う際に必須となる数値を得ることができる．例えば，再導入個体群の実際の死亡率は予測値より高い値なのか，飼育下個体群より高い値なのか，雌雄差や年齢差はあるか，同種の野生個体群と違いがあるか，繁殖率と死亡率のどちらが高いのか等である．モニタリングにより，再導入個体の死亡原因（加齢，捕食，餓死，闘争，病気等）を解明できるため，再導入計画の見直しや改善を考えている管理者にとって，必須な情報を得ることができる（Chivers 1991，Kleiman 1996，IUCN/SSC RSG 1998）．飼育下個体を再導入に用いることは再導入の不成功と関連がある（Griffith et al. 1989）．そのため再導入後のモニタリングは，飼育下個体の再導入において非常に価値がある．

再導入後のモニタリングから，野外における個体間の競合に関するデータを得ることができる（McDougall et al. 2006）．HELP（Habitat Ecologique et Liberte des Primates）は 34 頭のチンパンジー（*Pan troglodytes*）を，サンクチュアリから野生個体群の残る地域に再導入した（Goossens et al. 2005）．Farmer, Buchanan-Smith, and

Jamart（2006）は再導入個体の活動量と食物が野生個体と同様になることを見出した．このことは，再導入個体が，少なくとも行動面では野生環境へ適応可能であったことを示している．同様にBoyd and Bandi（2002）は，再導入されたモウコノウマの活動量から適応度を推定し，再導入個体が野生環境に順応できたと結論した．飼育下のスイフトギツネ（*Vulpes velox*）における再導入後のモニタリングデータから，再導入前に飼育されていた環境下で恐怖心に欠けていた個体は野生下で生き残ることが困難であることが判明し，そのような個体は再導入に適さないことが示された（Bremner-Harrison, Prodoho, and Elwood 2004）．

再導入後のモニタリングは，動物福祉の評価にも用いることができる．ただし再導入計画の主要な目的は，個体群レベルの保全であり，個体レベルの福祉ではない（Stanley Price 1991）．動物福祉の改善により，再導入個体が複雑な野生環境下で生き残る機会が増加すると考えられる．また，再導入個体の行動が野生下の同種と類似しているようならば，その個体の動物福祉は満たされていると考えられる（Carlstead 1996，以前のパラグラフも参照のこと）．

しかし，個体の動物福祉と再導入計画の目的は拮抗する可能性がある（Beck 1995）．飼育下個体を野外に再導入することで，飼育下ではほとんど存在しない危険にさらされることになる．例えば捕食や環境への挑戦，食糧不足，配偶者探索における困難，同種個体との危険な衝突などである．事実，飼育個体の方が経験豊かな野生下の同種よりも危険が高いため，再導入個体の動物福祉に関心が集まることになる（Beck 1995，Mathews et al. 2005）．

Kleiman（1996）は，再導入プログラムにおいて，再導入個体の福祉が重大な危機に陥るなどして再導入個体へ何らかの干渉が必要となった場合に備え，再導入ガイドラインの制御手順を整えておくことを勧めている．HELP計画では，再導入個体の観察により再導入個体が在来の同種個体から攻撃を受けたことが判明し，再導入個体に獣医学的な干渉が行われた（Goossens et al. 2005）．

まとめ

私たちは，個体群拡大や個体群維持を左右する要因を把握しきれていない．そのため飼育下個体群や再導入個体群を確立することは，集団生物学にとって非常に重要なテストとなる．２つの相互依存した個体群（供給個体群と再導入個体群）について，両者の確立と維持を目標とする場合，このテストは複雑なものとなる．これらの個体群における個体の特徴（年齢，性別，遺伝的背景）や個体群サイズおよび個体群構成は様々である．このことが，供給個体群と再導入個体群の間に特別な相互作用を生み出す．この状況の中，飼育繁殖管理者と再導入計画管理者は，再導入個体群の確立を成功させるためのトレードオフとして，どの程度のリスクを飼育集団が許容できるのか，頻繁に決定しなければならない．

再導入計画内の個体群管理において，要因間のトレードオフを解析するためには，コンピュータシミュレーションモデルが強力な手段となる．管理者が再導入計画の目的とゴールを設定するためには，この解析は再導入前に行うのが最善である．

本章では，飼育下哺乳類個体群の再導入計画に焦点を当てた．しかし本章で示された原理は他の分類群や，飼育下個体群以外の供給個体群の場合にも適用できる．再導入の成功は，高頻度の再導入とそれを可能とするための十分な供給個体を必要とする．そのため管理者は，長期間にわたる再導入個体の供給計画を立てなければならない．管理者は，たとえ野外個体群に問題がない場合でも，将来起こり得る大規模な個体群崩壊に備えて，飼育下個体群を維持する必要があるかもしれない．一方で，野外個体群が持続可能となった動物種の飼育下個体群維持の可否については，再導入計画の立案段階で適切な決定基準を設けておく必要がある．供給個体群と再導入個体群間の相互依存関係は，将来にわたって続く可能性がある．

謝 辞

本章はDr. Tom Fooseに捧げる．彼は，国際動物園委員会を野生集団および飼育集団の管理の基礎となる科学を追求する組織にした．彼は，ユーモアと情熱，そして厳しさをもって保全活動に尽力した．

公正な編集意見を提供してくれた，同僚および査読者（Doug Armstrong，Lisa Faust，Carrie Schloss，Ben Beck，匿名の査読者，Devra Kleiman）に感謝します．

文 献

Allendorf, F. W. 1986. Genetic drift and the loss of alleles versus heterozygosity. *Zoo Biol.* 5:181–90.

Armstrong, D. P., and Davidson, R. S. 2006. Developing population models for guiding reintroductions of extirpated bird species back to the New Zealand mainland. *N. Z. J. Ecol.* 30:73–85.

Arnold, S. J. 1995. Monitoring quantitative genetic variation and evolution in captive populations. In *Population management for survival and recovery*, ed. J. D. Ballou, M. Gilpin, and T. J. Foose, 295–317. New York: Columbia University Press.

AZA (Association of Zoos and Aquariums) Conservation and Science Web site. 2006. Species Survival Plans management plans. http://members.aza.org/departments/ConScienceMO/

SSPRecs/ (accessed July 2, 2006).
AZA ReintroSAG. 1992. Guidelines for reintroduction of animals born or held in captivity. http://www.aza.org/About AZA/reintroduction/ (accesssed December 21, 2005).
AZA ReintroSAG Web site. 2005. Lincoln Park Zoo. http://www.lpzoo.com/conservation/Population_Biology/reintroduction/index.htm (accessed December 21, 2005).
Ballou, J. D. 1993. Assessing the risks of infectious diseases in captive breeding and reintroduction programs. *J. Zoo Wildl. Med.* 24:327–35.
——— 1997. Genetic and demographic aspects of animal reintroductions. *Suppl. Ric. Biol. Selvaggina* 27:76–96.
Ballou, J. D., and Foose, T. 1996. Demographic and genetic management of captive populations. In *Wild mammals in captivity: Principles and techniques*, ed. D. Kleiman, M. Allen, K. Thompson, and S. Lumpkin, 263–83. Chicago: University of Chicago Press.
Beck, B. 1995. Reintroduction, zoos, conservation, and animal welfare. In *Ethics on the Ark: Zoos, animal welfare and wildlife conservation*, ed. B. G. Norton, M. Hutchins, E. F. Stevens, and T. L. Maple, 155–63. Washington, DC: Smithsonian Institution Press.
Beck, B., Castro, I., Kleiman, D. G., Dietz, J. M., and Rettberg-Beck, B. 1988. Preparing captive-born primates for reintroduction. *Int. J. Primatol.* 8:426.
Beck, B., Cooper, M., and Griffith, B. 1993. Infectious disease consideration in reintroduction programs for captive wildlife. *J. Zoo Wildl. Med.* 24:394–97.
Beck, B., Rapaport, L. G., Stanley Price, M. R., and Wilson, A. C. 1994. Reintroduction of captive-born animals. In *Creative conservation: Interactive management of wild and captive animals*, ed. P. J. S. Olney, G. M. Mace, and A. T. C. Feistner, 265–86. London: Chapman and Hall.
Biggins, D. E., Vargas, A., Godbey, J. L., and Anderson, S. H. 1999. Influence of prerelease experience on reintroduced black-footed ferrets (*Mustela nigripes*). *Biol. Conserv.* 89:121–29.
Box, H. O. 1991. Training for life after release: Simian primates as examples. In *Beyond captive breeding: Re-introducing endangered mammals to the wild*, ed J. H. W. Gipps, 111–23. Oxford: Clarendon Press.
Boyd, L., and Bandi, N. 2002. Reintroduction of takhi, *Equus ferus przewalskii*, to Hustai National Park, Mongolia: Time budget and synchrony of activity pre- and post-release. *Appl. Anim. Behav. Sci.* 78:87–102.
Bremner-Harrison, S., Prodoho, P. A., and Elwood, R. W. 2004. Behavioural trait assessment as a release criterion: Boldness predicts early death in a reintroduction programme of captive-bred swift fox (*Vulpes velox*). *Anim. Conserv.* 7:313–20.
Bustamante, J. 1998. Use of simulation models to plan species reintroductions: The case of the bearded vulture in southern Spain. *Anim. Conserv.* 1:229–38.
Carlstead, K. 1996. Effects of captivity on the behavior of wild mammals. In *Wild mammals in captivity: Principles and techniques*, ed. D. Kleiman, M. Allen, K. Thompson, and S. Lumpkin, 317–33. Chicago: University of Chicago Press.
Caswell, H. 1989. *Matrix population models*. Sunderland, MA: Sinauer Associates.
Caughley, G. 1994. Directions in conservation biology. *J. Anim. Ecol.* 63:215–44.
Chivers, D. J. 1991. Guidelines for re-introductions: Procedures and problems. In *Beyond captive breeding: Re-introducing endangered mammals to the wild*, ed J. H. W. Gipps, 89–99. Oxford: Clarendon Press.
Conway, W. 1995. Wild and zoo animal interactive management and habitat conservation. *Biodivers. Conserv.* 4:573–94.
Cunningham, A. A. 1996. Disease risks of wildlife translocations. *Conserv. Biol.* 10:349–53.
Earnhardt, J. M. 1999. Reintroduction programmes: Genetic trade-offs for populations. *Anim. Conserv.* 2:279–86.
Earnhardt, J. M., and Cox, C. 2002. Complete analysis and breeding plan for the drill SSP. *AZA population management center (PMC)*. Chicago.
Earnhardt, J. M., Thompson, S. D., and Schad, K. 2004. Strategic planning for captive populations: Projecting changes in genetic diversity. *Anim. Conserv.* 7:9–16.
Farmer, K. H., Buchanan-Smith, H. M., and Jamart, A. 2006. Behavioral adaptation of *Pan troglodytes troglodytes*. *Int. J. Primatol.* 27:747–65.
Fischer, J., and Lindenmayer, D. B. 2000. An assessment of the published results of animal relocations. *Biol. Conserv.* 96:1–11.
Foose, T. J. 1991. Viable population strategies for reintroduction programmes. In *Beyond captive breeding: Re-introducing endangered mammals to the wild*, ed. J. H. W. Gipps, 165–72. Oxford: Clarendon Press.
Foose, T. J., Lande, R., Flesness, N. R., Rabb, G., and Read, B. 1986. Propagation plans. *Zoo Biol.* 5:127–38.
Fort Worth Zoo Web site. 2006. http://www.fortworthzoo.com/conserve/here.html (accessed July 15, 2006).
Frankham, R., Ballou, J. D., and Briscoe, D. A. 2002. *Introduction to conservation genetics*. Cambridge: Cambridge University Press.
Frankham, R., Hemmer, H., Ryder, O. A., Cothran, E. G., Soulé, M. E., Murray, N. D., and Snyder, M. 1986. Selection in captive populations. *Zoo Biol.* 5:127–38.
Frankham, R., and Loebel, D. A. 1992. Modeling problems in conservation genetics using captive *Drosophila* populations: Rapid genetic adaptation to captivity. *Zoo Biol.* 11:333–42.
FWS (U.S. Fish and Wildlife Service). 2006. U.S. Fish and Wildlife Service Web site for Mexican wolf. http://www.fws.gov/ifw2es/mexicanwolf/index.shtml (accessed July 15, 2006).
Gilligan, D. M., and Frankham, R. 2003. Dynamics of genetic adaptation to captivity. *Conserv. Genet.* 4:189–97.
Goossens, B., Setchell, J. M., Tchidongo, E., Dilambaka, E., Vidal, C., Ancrenaz, M., and Jamart, A. 2005. Survival, interactions with conspecifics and reproduction in 37 chimpanzees released into the wild. *Biol. Conserv.* 123:461–75.
Gordon, I. J. 1991. Ungulate re-introductions: The case of the scimitar-horned oryx. In *Beyond captive breeding: Re-introducing endangered mammals to the wild*, ed. J. H. W. Gipps, 217–40. Oxford: Clarendon Press.
Griffin, A. S., Blumstein, D. T., and Evans, C. S. 2000. Training captive-bred or translocated animals to avoid predators. *Conserv. Biol.* 14:1317–26.
Griffith, B., Scott, J. M., Carpenter, J. W., and Reed, C. 1989. Translocation as a species conservation tool: Status and strategy. *Science* 245:477–80.
———. 1993. Animal translocations and potential disease transmission. *J. Zoo Wildl. Med.* 24:231–36.
Haig, S. M., Ballou, J. D., and Casna, N. J. 1994. Identification of kin structure among Guam rail founders: A comparison of pedigrees and DNA profiles. *Mol. Ecol.* 3:109–19.
Haig, S. M., Ballou, J. D., and Derrickson, S. R. 1990. Management options for preserving genetic diversity: Reintroduction of Guam rails to the wild. *Conserv. Biol.* 4:290–300.
Heppell, S. S., Caswell, H., and Crowder, L. B. 2000. Life histories and elasticity patterns: Perturbation analysis for species with minimal demographic data. *Ecology* 81:654–65.
Howard, J. G., Marinari, P. E., and Wildt, D. E. 2003. Black-footed ferret: Model for assisted reproductive technologies contributing to *in situ* conservation. In *Conservation biology: Reproductive science and integrated conservation*, ed. W. V. Holt, A. R. Pickard, J. C. Rodger, and D. E. Wildt, 147–65. Cambridge: Cambridge University Press.
IUCN/SSC RSG (International Union for Conservation of Nature/Species Survival Commission Re-Introduction Specialist Group). Web site. 2006. http://www.iucnsscrsg.org (accessed July 15, 2006).

IUCN/SSC RSG (International Union for Conservation of Nature/Species Survival Commission Re-Introduction Specialist Group). 1998. *Guidelines for re-introductions*. Gland, Switzerland: IUCN/SSC RSG.

Jiménez, J. A., Hughes, K. A., Alaks, G., Graham, L., and Lacy, R. C. 1994. An experimental study of inbreeding depression in a natural habitat. *Science* 266:271–72.

Kleiman, D. G. 1989. Reintroduction of captive mammals for conservation: Guidelines for reintroducing endangered species into the wild. *BioScience* 39:152–60.

———. 1996. Reintroduction programs. In *Wild mammals in captivity: Principles and techniques*, ed. D. Kleiman, M. Allen, K. Thompson, and S. Lumpkin, 297–314. Chicago: University of Chicago Press.

Kleiman, D. G., Beck, B. B., Dietz, J. M., and Dietz, L. 1991. Costs of a re-introduction and criteria for success: Accounting and accountability in the Golden Lion Tamarin Conservation Program. In *Beyond captive breeding: Re-introducing endangered mammals to the wild*, ed. J. H. W. Gipps, 125–42. Oxford: Clarendon Press.

Kleiman, D. G., and Rylands, A. B., ed. 2002. *Lion tamarins: Biology and conservation*. Washington, DC: Smithsonian Institution Press.

Kleiman, D. G., Stanley Price, M. R., and Beck, B. B. 1994. Criteria for reintroductions. In *Creative conservation: Interactive management of wild and captive animals*, ed. P. J. S. Olney, G. M. Mace, and A. T. C. Feistner, 287–303. London: Chapman and Hall.

Lacy, R. C. 1994. Managing genetic diversity in captive populations of animals. In *Restoration of endangered species: Conceptual issues, planning and implementation*, ed. M. L. Bowles and C. J. Whelan, 63–89. Cambridge: Cambridge University Press.

———. 1995. Clarification of genetic terms and their use in the management of captive populations. *Zoo Biol.* 14:565–78.

Lafferty, K. D., and Gerber, L. R. 2002. Good medicine for conservation biology: The intersection of epidemiology and conservation theory. *Conserv. Biol.* 16:593–604.

Lynch, M., and O'Hely, M. 2001. Captive breeding and the genetic fitness of natural populations. *Conserv. Genet.* 2:363–78.

Mathews, F., Moro, D., Strachan, R., Gelling, M., and Buller, N. 2006. Health surveillance in wildlife reintroductions. *Biol. Conserv.* 131:338–47.

Mathews, F., Orros, M., McLaren, G., Gelling, M., and Foster, R. 2005. Keeping fit on the ark: The suitability of captive-bred animals for release. *Biol. Conserv.* 121:569–77.

May, R. M. 1988. Conservation and disease. *Conserv. Biol.* 2:28–30.

———. 1991. The role of ecological theory in planning re-introduction of endangered species. In *Beyond captive breeding: Re-introducing endangered mammals to the wild*, ed. J. H. W. Gipps, 145–61. Oxford: Clarendon Press.

McDougall, P. T., Réale, D., Sol, D., and Reader, S. M. 2006. Wildlife conservation and animal temperament: Causes and consequences of evolutionary change for captive, reintroduced, and wild populations. *Anim. Conserv.* 9:39–48.

McPhee, M. E. 2004. Generations in captivity increases behavioral variance: Considerations for captive breeding and reintroduction programs. *Biol. Conserv.* 115:71–77.

McPhee, M. E., and Silverman, E. D. 2004. Increased behavioral variation and the calculation of release numbers for reintroduction programs. *Conserv. Biol.* 18:705–15.

Miller, B., Ralls, K., Reading, R. P., Scott, J. M., and Estes, J. 1999. Biological and technical considerations of carnivore translocation: A review. *Anim. Conserv.* 2:59–68.

Miller, B., Reading R. P., and Forrest, S. 1996. *Prairie night: Black-footed ferrets and the recovery of endangered species*. Washington, DC: Smithsonian Institution Press.

Miller, P. S. 1994. Is inbreeding depression more severe in a stressful environment? *Zoo Biol.* 13:195–208.

Morris, W. F., and Doak, D. F. 2002. *Quantitative conservation biology*. Sunderland, MA: Sinauer Associates.

Morrison, M. L. 2002. *Wildlife restoration: Techniques for habitat analysis and animal monitoring*. Washington, DC: Island Press.

O'Grady, J. J., Reed, D. H., Brook, B. W., and Frankham, R. 2004. What are the best correlates of predicted extinction risk? *Biol. Conserv.* 118:513–20.

Oli, M. K., and Dobson, F. S. 2003. The relative importance of life-history variables to population growth rate in mammals: Cole's prediction revisited. *Am. Nat.* 161:422–40.

Ostermann, S. D., Deforge, J. R., and Edge, W. D. 2001. Captive breeding and reintroduction evaluation criteria: A case study of peninsular bighorn sheep. *Conserv. Biol.* 15:749–60.

Pianka, E. R. 1970. On r & K selection. *Am. Nat.* 104:592–97.

Ralls, K., and Ballou, J. D. 1992. Managing genetic diversity in captive breeding and reintroduction programs. *Trans. 57th N. Am. Wildl. Nat. Resour. Conf.*, 263–82.

Reading, R. P., and Miller, B. 2001. Release and reintroduction of species. In *Encyclopedia of the world's zoos*, ed. C. E. Bell, 1053–57. Chicago: Fitzroy Dearborn.

Russell, W. C., Thorne, E. T., Oakleaf, R., and Ballou, J. D. 1994. The genetic basis of black-footed ferret reintroduction. *Conserv. Biol.* 8:263–66.

Saltz, D., and Rubenstein, D. I. 1995. Population dynamics of a reintroduced Asiatic wild ass (*Equus hemionus*) herd. *Ecol. Appl.* 5:327–35.

Sarrazin, F., and Barbault, R. 1996. Re-introductions: Challenges and lessons for basic ecology. *Trends Ecol. Evol.* 11:474–78.

Sarrazin, F., and Legendre, S. 2000. Demographic approach to releasing adults versus young in reintroductions. *Conserv. Biol.* 14:488–99.

Seddon, P. 1999. Persistence without intervention: Assessing success in wildlife re-introductions. *Trends Ecol. Evol.* 14:503.

Seddon, P., Armstrong, D. P., and Maloney, R. F. 2007. Developing the science of reintroduction biology. *Conserv. Biol.* 21:303–12.

Seddon, P., Soorae, P. S., and Launay, F. 2005. Taxonomic bias in reintroduction projects. *Anim. Conserv.* 8:51–58.

Seigel, R. A., and Dodd, C. K. 2000. Manipulation of turtle populations for conservation: Halfway technologies or viable options? In *Turtle conservation*, ed. M. W. Klemens, 218–38. Washington, DC: Smithsonian Institution Press.

Slotta-Bachmayr, L., Boegel, R., Kaczensky, P., Stauffer, C., and Walzer, C. 2004. Use of population viability analysis to identify management priorities and success in reintroducing Przewalski's horses to southwestern Mongolia. *J. Wildl. Manag.* 68:790–98.

Snyder, N., Derrickson, S., Beissinger, S. R., Wiley, J. W., Smith, T. B., Toone, W. D., and Miller, B. 1996. Limitations of captive breeding in endangered species recovery. *Conserv. Biol.* 10:338–48.

Soulé, M. E. 1980. Thresholds for survival: Maintaining fitness and evolutionary potential. In *Conservation biology: An evolutionary-ecological perspective*, ed. M. E. Soulé and B. A. Wilcox, 151–69. Sunderland, MA.: Sinauer Associates.

Stanley Price, M. R. 1989a. Reconstructing ecosystems. In *Conservation for the twenty-first century*, ed. D. Western and M. C. Pearl, 210–18. New York: Oxford University Press.

———. 1989b. *Animal re-introductions: The Arabian oryx in Oman*. Cambridge: Cambridge University Press.

———. 1991. A review of mammal re-introductions, and the role of the re-introduction specialist group of IUCN/SSC. In *Beyond captive breeding: Re-introducing endangered mammals to the wild*, ed. J. H. W. Gipps, 9–25. Oxford: Clarendon Press.

———. 2005. Zoos as a force for conservation: A simple ambition—but how? *Oryx* 39:109–10.

Steury, T. D., and Murray, D. L. 2004. Modeling the reintroduction of lynx to the southern portion of its range. *Biol. Conserv.* 117:127–41.

Stockwell, C. A., Hendry, A. P., and Kinnison, M. T. 2003. Contemporary evolution meets conservation biology. *Trends Ecol.*

Evol. 18:94–101.
Stoinski, T. S., and Beck, B. B. 2004. Changes in locomotor and foraging skills in captive-born, reintroduced golden lion tamarins. *Am. J. Primatol.* 62:1–13.
Tenhumberg, B., Tyre, A. J., Shea, K., and Possingham, H. P. 2004. Linking wild and captive populations to maximize species persistence: Optimal translocation strategies. *Conserv. Biol.* 18:1–11.
WAZA (World Association of Zoos and Aquariums). 2005. *Building a future for wildlife—The world zoo and aquarium conservation strategy.* Bern: World Association of Zoos and Aquariums.
Wiese, R. J., and Hutchins, M. 1994. *Species Survival Plans: Strategies for wildlife conservation.* Wheeling, WV: American Zoo and Aquarium Association.
Wiese, R., Farst, D., and Foose, T. 2000. *Breeding and transfer plan for Southern black rhinoceros.* Fort Worth, TX: Fort Worth Zoo.
Wolf, C. M., Garland, T., and Griffith, B. 1998. Predictors of avian and mammalian translocation success: Reanalysis with phylogenetically independent contrasts. *Biol. Conserv.* 86:243–55.
Wolf, C. M., Griffith, B., Reed, C., and Temple, S. A. 1996. Avian and mammalian translocations: Update and reanalysis of 1987 survey data. *Conserv. Biol.* 10:1142–54.
Woodford, M. H. 1993. International disease implications for wildlife translocations. *J. Zoo Wildl. Med.* 24:256–64.
Woodford, M. H., and Kock, R. A. 1991. Veterinary considerations in re-introduction and translocation projects. In *Beyond captive breeding: Re-introducing endangered mammals to the wild*, ed. J. H. W. Gipps, 101–10. Oxford: Clarendon Press.
Woodworth, L. M., Montgomery, M. E., Briscoe, D. A., and Frankham, R. 2002. Rapid genetic deterioration in captive populations: Causes and conservation implications. *Conserv. Genet.* 3:277–88.

23
域内保全における動物園の役割

Alexandra Zimmermann

訳：尾形光昭

はじめに

ユンナンハコガメ（*Cuora yunnanensis*）は徹底的な調査にもかかわらず，1906年以降，野外での生息記録がない．そのうえ飼育もされていない．サバクネズミカンガルー（*Caloprymnus campestris*）が最後に確認されたのは1935年で，この種も飼育下に存在しない．最後のカロライナインコ（*Conuropsis carolinensis*）はシンシナティー動物園で1918年に死亡した．最後のタスマニアオオカミ（*Thylacinus cynocephalus*）は1936年，オーストラリアのタスマニアにあるホバート動物園で死亡した．残念なことに，他にも782種がIUCN（国際自然保護連合）レッドリストの絶滅カテゴリーに記載された．一方で，選ばれし少数の種では，その未来が多少明るい．チーリシャスチョウゲンボウ（*Falco punctatus*），カリフォルニアコンドル（*Gymnogyps californianus*），シフゾウ（*Elaphurus davidianus*）はかつて絶滅の間際にあったが，現在では動物園のおかげで回復している．一方でマウンテンゴリラ（*Gorilla beringei*）は近絶滅危惧種（絶滅危惧ⅠA類）であるにもかかわらず，動物園で飼育されていない．ところが，飼育下のトラ（*Panthera tigris* spp.）は野生下より数が多い．要するに，生息域外保全の理論的根拠は不十分ということだ．飼育下繁殖は，アホロートル（メキシコサンショウウオ，*Ambystoma bombypellum*）を救うことはできるが，スマトラサイ（*Dicerorhinus sumatrensis*）の保全には適当ではないし，ハイイロクジラ（*Eschrichtitus robustus*）を飼育下繁殖により救うことなど不可能だ．そしてまた，動物園水族館がアホロートルやスマトラトラ，ハイイロクジラの生存を保証する役割を止めるものなど何もない．パラダイムシフトに関する問題はたった1つ，すなわち態度および行動の大規模な変化である．本章では，動物園が汎世界的保全活動を実行する際に直面する課題と好機を概説する．

進化する動物園の役割

私たちは，動物園に対し保全活動への参加を求めることに慣れてしまっている．そのため，この役割が動物園の進化に伴い比較的最近発展したとは想像し難い．文明の進歩に伴って人類が野生動物を展示用に飼育してきたことは，古くから記録されている．紀元前1490年，エジプトのHatshepsut女王は多くの野生動物を飼育していた．一方，紀元前1000年頃には中国のワン皇帝が大規模な見世物小屋的動物園を設立した．ギリシャでは動物生態の研究用に動物園が建てられ，13世紀にはおそらく英国初の動物園がHenry Ⅰ世により建設された（Anonymous 1998）．現代の動物園に類似した動物園は18世紀もしくは19世紀にシェーンブルン（1752年），ロンドン（1826年），フィラデルフィア（1859年）等に現れた（本書第11章参照）．

このように野生動物を飼育することは，疑いもなく人間社会の歴史の一部分であり，太古の食糧であり，そして世界中でヒトを惹きつけて止まないことでもある．アームチェアーに座って野生動物を観察できるような，初代の自然史関連テレビ番組やドキュメンタリーが放映されても，動物園の人気は衰えなかった．子供にとって，ゾウやトラを間近に見ることとテレビ画面を通じて見ることは，全く別の体験なのである．ただテレビのおかげで，動物福祉に関する世間の同情が増し，それとともに一般社会に受け入れられる動物飼育基準が変わった．このような基準は文化間で様々だが，前述の哺乳類と同じく，全般的には飼育動物の福祉を尊重する傾向にある（本書第 2 章参照）．

近年になり，自然環境破壊や絶滅危惧種が置かれている苦境に関して殺到するメッセージが，動物園に自身のもつ大きな社会的責任を自覚させるに至った．動物園の標準的な来園者に対し，良質な動物園の指標について問えば，動物福祉との回答が最も多く，次いで保全活動への貢献との答えが返ってくるだろう（Zimmermann 2000）．

動物園における保全活動は目新しいことではない．1945 年には早くも，少数の先進的な動物園で保全活動に関する考えが芽生え始めていた（Baratay and Hardouin-Fugier 2002）．1960 年代には，多くの動物園がノアの方舟としての役割を演じ始めた．ここで言うノアの方舟とは，生息環境などが悪化している間，絶滅危惧種の飼育繁殖を動物園で行うといったものである．この分野の開拓者となったのは，保全活動に関心のあった英国のチャンネル島にあるジャージー動物園とそのトラスト（現在は Durrell 野生生物保全トラスト）やフランクフルト動物学協会，ニューヨーク動物学協会（現，野生生物保全協会），ロンドン動物学協会，ワシントン DC のスミソニアン国立動物園，他少数の動物園であった．飼育下絶滅危惧種繁殖に関する第 1 回世界会議の席で，保全活動における動物園の役割の明確化に対する呼びかけが行われた時，ジャージー動物園創立者の Gerald Durrell は保全活動の要求に応えるためには，動物園同士が連携して生息域外保全を行うことが必要であると主張した．責任と資金の程度にばらつきはあるものの，多くの動物園の指導者たちはその呼びかけに応えた．そして考え方に変化が起こり始め，1993 年の地球サミット時に国際動物園長連盟（IUDZG，現在は世界動物園水族館協会）が，初めて世界動物園保全戦略を作成した（IUDZG/CBSG 1993）．

動物園はいかにして保全活動に貢献できるか

人類のほぼ半数は都市部に住んでいる（Miller et al. 2004）．そのため，動物園は自然界と都市部を結ぶ重要な役割ももつ．動物園の年間入園者数は非常に多い．例えば米国では，2000 年の AZA（北米動物園水族館協会）加盟施設の年間来園者数が，1 億 3,600 万人だった．この数字は野球，バスケット，ホッケー，サッカーの年間入場者数の合計より多い（Miller 2002）．世界動物園水族館協会（WAZA）は，世界の年間動物園入園者数が約 6 億人であると見積もった（WAZA 2005）．そのため動物園は，教育に対し潜在的および現実的に大きな責任を負い，そして数百万の人々に対する大きな影響力をもつ．最近では，動物園教育者の主要な課題は純粋な知識の普及ではなく，自然環境や保全活動に関する教育普及，ひいては多数の人々の行動を根本的な変化を鼓舞するような教育に移っている（Monroe and DeYoung 1993，Delapa 1994，第 12 章）．

残念ながら，当初われわれが信じていたほど保全教育が成功していないことが，動物園教育に関する研究から明らかにされた．動物園の教育効果を評価するのは難しいが，バルティモア国立水族館やニューヨーク市の米国自然史博物館および英国国内の複数の動物園における動物園教育に関する調査から，動物園教育が最小限の効果しか与えていないことが示されたのだった．来園者は知識を吸収したものの，それに基づいて行動を変化するまでには至らなかった（Adelman, Falk, and James 2000，Giusti 1999，Balmford et al. 2007）．同様のことは，ニュージーランドのハミルトン動物園の来園者調査でも示された．来園者は動物を見ることに関心がある一方，動物について学ぶことには特に関心がなかった（Ryan and Saward 2004）．

保全活動における動物園の総合的役割は複雑だ．保全における動物園の主な仕事は，生息域外活動として，飼育下での絶滅危惧種の繁殖と再導入および遺伝的に管理された保険的な集団を維持することである．加えて，幅広い年齢層に対する教育力および影響力をもち，基礎研究や普段接しにくい動物の動物薬の開発などに力を発揮する．動物園を舞台に行われる，行動学，動物学，遺伝学，繁殖学や栄養学的な研究は，動物福祉，動物取扱い，獣医学的知見，個体群管理等の基礎知識の進展を目的として行われるとともに，最終的には良質な繁殖計画の開発につなげることを目的としている．また，このような研究は野外での保全活動や研究にとっても，野外実験の方法開発や訓練として役立つものでもある．

動物園が批判および擁護される際には等しく，生息域内外の保全活動を結び付けることの重要性が引き合いに出される（例：Conway 1999，Hutchins 1999，Byers and Seal 2003）．特別な結び付きは，動物園から得られた知識の提供や，技術移転，研究方法の試行および保全活動の特定項目に関する教育など，変化に富んだ形をとることが可能だ．例えば，ゾウの繁殖生物学の研究はほとんどが動物園で行われており，そこで得られた知識は野生下でも同様に利用されている（Smith and Hutchins 2000）．また，飼育下で初めて確認されたゾウの超低周波によるコミュニケーションは，現在では野生ゾウの長距離移動時の個体間の調整法を理解するために使われている（Payne, Langbauer, and Thomas 1986）．またベリーズにおける野生ジャガー（*Panthera onca*）の調査手法は，英国で試験されたものだった．飼育下ジャガーの足跡が野生下のジャガーのコントロールとして使用され，チェスター動物園の飼育施設では，ブラシやテープにより体毛採取など様々な非侵襲的なサンプル収集法が試された．チューリヒ動物園ではマダガスカルをメインテーマにしたMasoalaホールが建設された．ホールは，来園者に対し教育とエコツーリズムが直接つながる機会となるようにデザインされていて，その結果スイスからMasoala地域へのツアーは2倍になった（Hatchwell and Rubel 2007）．

上述の動物園による貢献は，広い意味での保全活動だけではなく人類社会にとっても大変有益なものだが，動物園の保全活動への貢献は大部分が間接的だ．そこで多くの動物園に関係する研究者は，動物園が自身を保全活動組織あるいは保全活動を任務とする動物園となるために必須な，生息域内保全活動を動物園の貢献内容に加えようと考えている．生息域内保全に対する動物園の貢献がいかに重要であるかを理解するために，まず生息域外保全の限界を確認する必要がある．

生息域外保全の限界

哺乳類だけでも5,416種が知られており，その内20%が絶滅の危機に瀕している（IUCN 2004）．少数の哺乳類は生息域外保全の恩恵を被っている．しかし，その他の哺乳類および哺乳類以外の動物群では飼育下繁殖による保全活動には限界がある．まず飼育空間に限界があり，全ての絶滅危惧種を遺伝的に健全な“保険”集団として維持することはできない（Coway 1986，Soule et al. 1986，Rahbek 1993）．さらに，飼育下繁殖と生息域外保全の費用は高い．例えば，オーストラリア固有の動物を再導入目的に繁殖させると，平均6,546ドルが必要だと見積もられている（パース動物園 2000）．一方でチェスター動物園のような大きな動物園の餌代は，年間70万ドルを超える（NEZS 2005）．

絶滅危惧種を動物園で飼育し，野生に復帰させるという考えは，表明されるものの，実際に再導入される例は，極めて少ない．高等脊椎動物の再導入にかかる経費がべらぼうに高い（1種当たり年間50万ドル，Derrickson and Snyder 1992）こととは別に，再導入には厳格な“手順”と厳格な“査定”が求められる．再導入は，適切な生息環境が持続的に守られるうえに，種の減少原因が特定され，それが社会経済学や法律，獣医学および再導入後のモニタリング等の要求リストに沿い，制御できる，などの条件が揃った時に初めて考慮されるべきものである（Kleiman, Stanley Price, and Beck 1994，IUCN/SSC RSG 1995）．そのため哺乳類の保全計画では，再導入はそれほど頻繁に推奨されない（第22章を参照）．

以上のように，再導入には明らかに限界がある．しかし米国の再生計画に掲載されている64%の種では，飼育下繁殖が推奨されている（Tear et al. 1993）．このパラドックスは，保険集団と言う概念により説明ができる．それは，生息域外集団を将来の再導入を見越した集団ではなくて，野生動物を絶滅（EX）ではなく野生絶滅（EW）にとどめるための集団と捉える考えだ．

しかし，保険集団という考え方は十分精査する必要がある．もし動物園が，保険集団という考えに沿うならば，この考え方を動物収集の優先順位に明確に反映させなければならない．動物園の飼育種に関する調査研究から，この考え方について重要で批判的な議論が沸き起こっている．Balmford, Mace, and Leader-Williams（1996）は動物園が絶滅危惧種の飼育下繁殖を通じて保全活動に貢献したいと願うなら，動物園における飼育種の選択では，費用対効果を重視する必要があるとした．動物園動物の必要経費を集計した結果，年間の飼育経費は，動物の体積に応じて（無脊椎動物から大型哺乳類まで）高くなる傾向を見出した．この傾向は哺乳類内でも成立し，小型哺乳類は大型哺乳類に比べて安価な費用で飼育されていた．反対に繁殖率は体積に反比例している．以上のことから，動物園は小型種に繁殖努力を集中することで，高い個体群成長率を獲得できることになる（Balmford, Mace, and Leader-Williams 1996）．このように，飼育下繁殖は，保全を要する“小型種”にとって適切な方法だ．例えば，世界両生類アセスメントによる近年の両生類保全計画では，多数の両生類の優先的活動として，飼育下の保険集団を確立することが推奨されている（DAPTF 2005，Anonymus 2005）．Leader-Williams et al.（2007）はBalmford et al.（1996）による報告以降10年間で，繁殖計画はわずかしか小型種へ移行しておらず，小型種が再導入の標準となる潜在力は依然として弱いものであることを明らかにした．

飼育の正当化

上記の考えを受け入れたとしても，来園者にとってゾウやトラ，キリンのいない動物園は，ほとんど動物園とは呼べないということを忘れてはならない．動物園管理者は，一般人の期待と保全活動団体等からの要望という，相反する要求に直面することになる．そのため動物園は，来園者の関心を惹くものの，保全には直接結び付かないカリスマ的な動物を飼育している．そうして，来園者はお金を支払い，動物とそれらの保全に興味を惹かれるようになる．そのため，ほとんどの動物園は来園者の関心を惹くことで収入を得るには，大型動物を飼育する必要があると信じている．先進的な動物園は，このようにして得られた収入はもっと直接的な保全活動の資金源として転用することを，早くから訴え始めた．このように純粋な生息域外保全活動に関与しない大型動物は"大使"と呼ばれるようになった．動物園のゾウは再導入目的に繁殖させられることもなければ，移住が困難となるほど唐突な野生個体群の大量絶滅に備えた保険集団でもない．動物園のゾウたちは，来園者に彼らがおとなしく優しい動物であることを示し，大使としての旗振り役となっている．動物園でゾウに出会おう，われわれ人類の兄弟の野生下での運命を学ぼう，野外での保全活動に出資しよう，それが彼らからのメッセージだ．

要約すると，動物園が保全活動における任務を遂行するためには，様々な方法があるということだ．国際的調査では，90% 以上の動物園が保全活動上の任務を有していると回答している（Zimmmerman and Willkins 2007）．もし動物園がそのような任務を有するならば，動物園には説明責任が求められる．動物園の努力に対する成果，特に大勢の関心が集まる生息域内保全への貢献度について説明が求められる．

基金設立

動物園が生息域内保全に貢献できる最も確実な方法は"基金"を通じた支援で，動物園が保全活動に費やす支出合計額が重要だ．例えば，1997 年～ 2000 年までに英国（イングランド，アイリッシュ）の動物園では，500 万ユーロ（約 300 万ドル）が野外保全活動に支出された．（WAZA 2005）．基金の共同設立は，一層印象深い結果となった．欧州動物園水族館協会（EAZA）が開催を呼びかけた基金設立キャンペーンでは，キャンペーンテーマごとに年間 30 万ドル以上を集めることができた（大西洋熱帯雨林キャンペーン：28 万ユーロ，タイガーキャンペーン：2 年間で 75 万ユーロ強，Shellshock キャンペーン：37 万ユーロ，EAZA 2006）．

多くの動物園，特に大規模な動物園は，動物園以外の一般 NPO 以上に有利であり，動物園同士が共同で基金を設立している．ただし，科学的な基金からの資金獲得にはあまり強くない．ここでのジレンマは，資金提供者がしばしば，生息域内保全ではなく域外保全に関心があることだ．動物園での展示にかかるコストが高いことが動物園との関連が薄い保全生物学者を困惑させる．Web-of-life 基金により設立されたロンドン動物園のミレニアムコミッションの展示費用は，480 万ユーロだった（Miller 2002）．"スピリットオブジャガー"からの助成による，チェスター動物園のジャガーカーの費用は 180 万ユーロ，ブロンクス動物園の"トラの森"の費用は 850 万ドル，さらに同動物園の"コンゴの森"は 4,300 万ドルだ．保全生物学者はこのような高額なコストは野外における保全活動に費やすべきだと考えている．大多数の人々は直感的にこの考え方に賛同する．しかし実際には，基金や出資者にはそれほど融通性はない．資金提供者は目に見える形で自らの慈善活動に対するリターンを求めている．このような要望に，動物園は単純に対応している．例えば，スポンサー広告を動物園に掲示することで，数年間にわたり 100 万人単位の来園者が，広告を目にするかもしれない．ある英国の動物園の例だが，資金提供者は動物園スタッフによる生息域内保全における基金の重要性の説明を受けたにもかかわらず，動物園におけるトラの生息域外保全活動への基金利用を望んだ．対照的に，動物園は施設のみへの基金利用に困難を感じ始めている．資金提供者は動物園の発展とともに保全活動が進行することを確約するよう求める．"動物福祉"と"生息域内保全への志向"との間のバランスを取ることは，1 つの課題だ．そして，それは生息域内と域外保全活動への資金利用のバランスに関する問題でもある．

いくつかの動物園では収入額の内，比較的多くの金額を保全活動に用いている．しかし 1999 年の AZA の保全活動に関する年間支出額を調査した結果，保全に関する支出は全体金額の内，平均 0.1%（中央値 0.3%）であることが分かった．その中には飼育下での研究や野外での保全活動および人件費が含まれていた（Bettinger and Quinn 2000）．動物園収入の何割を生息域内保全に使用すべきかについては，議論のあるところだ．例えば，Kelly（1997）など複数の研究者は，収入の内 10% を研究や保全に向けるべきだとしている．しかし 2 つの懸念が，このような期待に待ったをかける．1 つ目の懸念は，ある動物園では保全活動の優先順位が高いが，動物園ごとで業務の優先順位は異なることだ．平均的な期待値を設定することは，ある動物園にとっては動物福祉の改善につながる．一方で，他の動物園はすでに期待値以上のレベルに達しているかもしれない．2 つ目の懸念は，支出金額に占める域内保全関連の経費算出が極めて困難なことである．野外活動の直接経費は算出が容易だが，動物園の域内保全および域外保全経費を集計することは事実上不可能だ．給料や勤務時間を計算することで，動物園獣医がアフリカにおける生息域内保全活動の援助に費やした時間を算出することはできる．しかし，トラの野外調査において有効な DNA 解析技術を動物園で開発した場合，その価値を評価することは，ほとんどの動物園関係者の数学的理解を超えてしまう．

潜在能力の確立と移転できる技術

動物園は，目に見えにくいが，生息域内保全において果たすことができる重要な役割がある．技術提供と潜在能力の確立である．動物園は様々な能力を有する人々を採用している．例えば，繊細かつ優先度の高い絶滅危惧種の飼育繁殖に長けた熟練飼育係や，野生動物の栄養学に卓越した知識を有する生物学者，電気柵を来園者からほとんど分からないように設置するための専門家，それから言うまでもなく獣医師，教育者，マーケットや基金設立，対外交渉や資金管理の専門家等である．これらの技術は保全活動に全て必要だ．特に，NGO 等，資金提供対象外となっている活動では必要となるものだ．

動物園が元来提供できるアドバイスや機材等は，保全活動にとって非常に価値あるものとなり得る．野生生物保全協会の野生獣医師プログラムやチェスター動物園飼育係の園外活動（飼育係が有給休暇を利用して，自分のもつ技術を保全活動に提供すること）が例としてあげられる．同様に，動物園の大きな役割として保全学者を教育することがあげられる．ジャージー動物園の国際トレーニングセンターや国立動物園の保全研究センターは，過去数十年間にわたってプロの保全科学者を輩出し，それらの多くは生息域内保全活動に携わっている．一方で，動物園もプロの野外保全科学者をスタッフとして雇う必要がある．そのためには，動物園が研究者にとって魅力的な職場になる必要がある（Hutchins and Smith 2003，Zimmermann and Wilkinson 2007）．

野外活動への移行

生息域外保全に限界があることが，次第に明らかになるにつれ，多くの動物園が生息域内保全に焦点を合わせ，それに努力するようになった．動物園を域内保全へと向かわせた最大の動機は，定められた役割への奉仕だと思われるが，国によっては法の要請に基づく場合もある．ヨーロッパでは，英国で 2003 年に法制化された，動物園における野生動物の飼育に関する EU 指令（1999/22/EC）により，教育，福祉，飼育記録，安全対策とともに，研究や訓練および情報交換もしくは生息域外保全による保全活動への貢献が動物園に求められている．しかしこの法律は，動物園による直接的な生息域内保全に対し，明確な法的根拠等を与えるものではない．結局のところ，動物園は域内保全に自発的に貢献するにとどまっている．しかし厳しい圧力により，動物園が域外保全に貢献することは，“良い動物園”を示す旗印となってきた．米国では魚類野生生物局は動物園に絶滅危惧種の採集を許可することで，生息域内保全に貢献できると期待している．

保全活動を実践することは金銭問題より大きい問題だ．多くの動物園では，保全活動を運営できる組織的余地は限られている．多くの動物園が，保全科学者を職員としてどんどん採用している．他のプロジェクトへの人的提供という支援活動から動物園自身がイニシアチブをとるような支援活動への移行は，未だ挑戦的な段階であり，そのような行為は，保全活動へ貢献する動物園と動物園を運営する保全組織との境界を曖昧にさせる（Zimmermann and Wilkinson 2007）．保全活動の“資金提供者”になることと，“活動リーダー”になることは大きく異なる．保全活動の大まかな順序は，“基金提供”から“活動援助”そして“活動牽引”と進んでいく．

野外へ

世界動物園保全戦略は，全ての動物園に対し，野外における保全活動への協力を増やすことを求めている（WAZA 2005）．多くの動物園ではこの推奨の先の段階へ進み，域内保全活動の牽引段階に達している．動物園の域内保全に関する国際的な調査では，回答園の 81% が，全ての動物園が域内保全に貢献すべきだと回答していた．同時に 67% の動物園が現段階よりもっと保全活動に貢献すべきと考えている一方で，現時点で域内保全が動物園にとって未熟な技術であると考えていた（Zimmermann and Wilkinson 2007）．

改善の余地は十分あるものの，最近は動物園の域内保全への関わりが積極的だ．AZA の 1992 年の報告では，米国国内の動物園水族館は 325 個の保全プログラムを援助していた．しかし 1999 年にはその数が 2 倍となった（Conway 1999）．ヨーロッパでは BIAZA（英国・アイルランド動物園水族館協会）が 2000 年に 177 個の（保全）プログラム（95 年比で 65% 増）を援助していた．もちろん，動物園用語の“援助”には純粋な資金援助や技術支援，助言，動物園自身の保全計画の管理等など様々な意味が含まれる．しかし重要なのは，一般的な傾向だ．

域内保全は，GDP の高い国の経済的余裕のある動物園だけが行えるものだろうか．そうとは限らない．動物園収入は，ある程度の制限要因ではある．しかし，近年は発展途上国の動物園も域内保全に取り組んでいる．このことはとても良いことだし，全世界的なパラダイムシフトの兆しでもある．

ラテンアメリカおよびカリブ地域の動物園における域内保全に関する調査から，印象深い数値が得られた．2001 年に WAZA が主催して，コスタリカ共和国サンジョセ市の Simon Bolivar 国立動物園で開催した，域内保全に関するワークショップにおいて，11 か国 56 個の域内保全プログラムに，動物園 16 園館が参加していることが報告された．同様にタテガミオオカミ（*Chrysocyon brachyurus*）の繁殖実績があるブラジルの Belo Horizonte 動物園は，飼育下の行動調査と併せて野生のタテガミオオカミの生態および行動調査を実施するとともに，協賛企業の現物支援により，このオオカミをフラッグシップとして用いた保全教育プログラムを実施している（Leite-Young, Coelho, and Young 2002）．インドを本拠地とした動物園外活動組織は，動物園館同士の連携を促し南アジアの域内保全組織の支援センターとして機能している（ZOO 2005）．

保全活動以外にも，生息域外の動物管理機関という側面をもつ動物園は，どのくらいの予算を域内保全に充てられるかという，厳しい制限に直面している．教育や動物福祉，保全活動の充実など多方面にわたる要望が動物園には寄せられる．そのため多くの動物園では，域内保全を専門に行う職員を採用することは容易ではない．Zimmermann and Wilkinson（2007）によれば，保全活動に専念できる職員を有する動物園は，調査した 190 園館の内，半数以下であった．

一方で，動物園は保全活動の良き協力者となりつつある．世界中には約 1 万の動物園があり，それぞれは頭文字による略称を用いた約 1 千の地域組織，例えば WAZA，EAZA，AZA，ARAZPA，PAAZAB，BIAZA，VDZ，AMACZOOA，SEAZA や DAZA（これらのフルネームは WAZA 2005 や本書の付録 3 を参照）に属している．これらの組織は域外活動や小個体群管理に関するコミュニケーションに優れた機能を有している．さらに近年，動物園は IUCN のような保全関連の管理機関の一員にもなっている．個々の動物園が保全組織と連携して行う保全活動とは別に，複数園館が連携した保全組織も存在する．優れた例として，“マダガスカルファウナグループ”があげられる．30 以上の動物園が参加した独立協会で，そこではマダガスカルの動物種の保全のために，各園館が資源と技術を提供し合っている（Sargent and Anderson 2003）．

活動の進展

本章では，域内保全における動物園の役割を大まかに解説した．動物園の域内保全における役割には，様々な階層がある．しかし，動物園自身が行う保全活動と他の組織が行う域内保全活動への資金提供を比較した場合，域内保全への貢献度において，両者は大差ない．問題は，動物園がもつ資源と能力の有効活用だ．Miller（2004）が指摘したように，動物園は自身の保全活動に対する説明責任を負うとともに，活動に対する技術的評価および影響評価に頻繁にさらされるべきである．

種および生息環境保全に関する動物園の影響評価は，未だ発展段階である．動物園の保全活動は大衆受けの行為である（Scott 2001）とか，表面的で効果がない（Hewitt 2000）等といった批判的な意見とバランスを保つために，動物園の保全活動への貢献について評価することを望む声は多い（Bators and Kelly 1998）．動物園が従事する保全活動に対する影響評価法および質的評価法の開発を初めて試みたところ，動物園による保全活動は実行可能とされた（Mace et al 2007）．

少数の動物園は，動物園の行う保全活動から，保全組織を運営する動物園に移行している．しかし大部分の動物園は道半ばだ．野生絶滅種のカリフォルニアコンドル（*Gymnogyps californianus*）やモーリシャスチョウゲンボウ（*Falco punctatus*），クロアシイタチ（*Mustela nigripes*），グアムクイナ（*Rallus owstoni*）の保全活動では，少なくとも部分的には動物園に感謝しなければならない（Snyder et al. 1996）．しかし，もし動物園が将来，ザトウクジラの保護や，野生動物の商取引の規制，危険な感染症の研究，野生動物と人間の間の紛争解決に寄与したいと思うなら，動物園にはパラダイムシフトが必要だ．動物園が真の保全組織となるためには，動物の展示価値を考慮しながら域外保全と域内保全の間でバランス良く優先順位を設けること，良質な保全活動に対し動物園の収入と技術を適正かつ有意義に提供すること，魅力を高め保全科学者を雇用すること，来園者や動物園に批判的な団体と動物園の保全活動に関して話し合うことが必要となる．

文 献

Adelman, L. M., Falk, J. H., and James, S. 2000. Impact of National Aquarium in Baltimore on visitors' conservation attitudes, behaviour and knowledge. *Curator* 43:33–61.

Anonymous. 1998. From zoo cage to modern ark. *Economist*, July 9, pp. 111–15.

———. 2005. Amphibian conservation summit declaration, Washington, DC, September 17–22, 2005.

Balmford, A., Leader-Williams, N., Mace, G., Manica, A., Walter, O., West, C., and Zimmermann, A. 2007. Message received? Quantifying the conservation education impact of UK zoos. In *Zoos in the 21st century: Catalysts for conservation?* ed. A. Zimmermann, M. Hatchwell, L. Dickie, and C. West, 120–38. Cambridge: Cambridge University Press.

Balmford, A., Mace, G. M., and Leader-Williams, N. 1996. Designing the Ark: Setting priorities for captive breeding. *Conserv. Biol.* 10:719–27.

Baratay, E., and Hardouin-Fugier, E. 2002. *Zoo: A history of zoological gardens in the west.* London: Reaktion.

Bartos, J. M., and Kelly, J. D. 1998. Rules towards best practice in the zoo industry: Developing key performance indicators as benchmarks for progress. *Int. Zoo Yearb.* 36:143–57.

Bettinger, T., and Quinn, H. 2001. Conservation funds: How do zoos and aquariums decide which project to fund? In *Annual Conference Proceedings*, 88–90. Silver Spring, MD: American Zoo and Aquarium Association.

Byers, O., and Seal, U. S. 2003. The Conservation Breeding Specialist Group (CBSG): Activities, core competencies and vision for the future. *Int. Zoo Yearb.* 38:43–53.

Conway, W. G. 1986. The practical difficulties and financial implications of endangered species breeding programmes. *Int. Zoo Yearb.* 24/25:210–19.

———. 1999. Linking zoo and field, and keeping promises to dodos. In *7th World Conference on Breeding Endangered Species: Linking zoo and field research to advance conservation*, ed. T. L. Roth, W. F. Swanson, and L. K. Blattman, 5–11. Cincinnati, OH: Cincinnati Zoo and Botanical Garden.

DAPTF (Declining Amphibian Populations Task Force). 2005. DAPTF guidelines and working procedures for the management of ex situ populations of amphibians for conservation. In *IUCN/SSC Declining Amphibian Populations Task Force (DAPTF) Ex Situ Conservation Advisory Group*, ed. K. Buley. www.open.ac.uk/daptf/docs/ex-situ-conservation.pdf (accessed September 25, 2005).

Delapa, M. 1994. Interpreting hope, selling conservation: Zoos, aquariums and environmental education. *Mus. News* (May–June): 48–49.

Derrickson, S. R., and Snyder, N. F. R. 1992. Potentials and limits of captive breeding in parrot conservation. In *New World parrots in crisis: Solutions from conservation biology*, ed. S. R. Beissinger and N. F. R. Snyder, 133–63. Washington, DC: Smithsonian Institution Press.

Durrell, L., and Mallinson, J. J. C. 1999. The impact of an institutional review: A change of emphasis towards field conservation programmes. *Int. Zoo Yearb.* 36:1–8.

EAZA (European Association of Zoos and Aquaria). 2006. *EAZA Annual Conservation Campaigns.* www.eaza.net/news/frameset_news.html?page=news (accessed August 1, 2006).

Giusti, E. 1999. *A study of visitor responses to the hall of biodiversity.* New York: American Museum of Natural History.

Hatchwell, M., and Rübel, A. 2007. The Masoala Rainforest: A model partnership in support of *in situ* conservation in Madagascar. In *Zoos in the 21st century: Catalysts for conservation?* ed. A. Zimmermann, M. Hatchwell, L. Dickie, and C. West, 205–19. Cambridge: Cambridge University Press.

Hewitt, N. 2000. Action stations: Zoo check is go. *Wildl. Times*, p. 17.

Hutchins, M. 1999. Why zoos and aquariums should increase their contribution to *in situ* conservation. In *Annual Conference Proceedings*, 126–39. Silver Spring, MD: American Zoo and Aquarium Association.

Hutchins, M., and Smith, B. 2003. Characteristics of a world-class zoo or aquarium in the 21st century. *Int. Zoo Yearb.* 38:130–41.

IUCN (International Union for Conservation of Nature). 2004. *The IUCN Red List of Threatened Species.* Gland, Switzerland: World Conservation Union.

IUCN/SSC RSG (International Union for Conservation of Nature/Species Survival Commission Re-Introduction Specialist Group). 1995. Guidelines for re-introductions. In *Re-Introduction Specialist Group: Species Survival Commission.* 11 pp. Gland, Switzerland: International Union for Conservation of Nature.

IUDZG/CBSG (International Union of Directors of Zoological Gardens/Conservation Breeding Specialist Group). 1993. *The world zoo conservation strategy: The role of zoos and aquaria of the world in global conservation.* Brookfield, IL: Chicago Zoological Society.

Kelly, J. D. 1997. Effective conservation in the twenty-first century: The need to be more than a zoo; One organisation's approach. *Int. Zoo Yearb.* 35:1–14.

Kleiman, D. G., Stanley-Price, M. R., and Beck, B. B. 1994. Criteria for reintroduction. In *Creative conservation: Interactive management of wild and captive animals*, ed. P. J. S. Olney, G. M. Mace, and A. T. C. Feistner, 287–303. London: Chapman and Hall.

Leader-Williams, N., Balmford, A., Linke, M., Mace, G., Smith, R. J., Stevenson, M. Walter, O., West, C., and Zimmermann, A. 2007. Beyond the ark: Conservation biologists' views of the achievements of zoos in conservation. In *Zoos in the 21st century: Catalysts for conservation?* ed. A. Zimmermann, M. Hatchwell, L. Dickie, and C. West, 236–56. Cambridge: Cambridge University Press.

Leite-Young, M. T., Coelho, C. M., and Young, R. J. 2002. Leaving the ark: Project lobo-guará (maned wolf) at Belo Horizonte Zoo, Brazil. *Int. Zoo News* 6:323–30.

Mace, G., Balmford, A., Leader-Williams, N., Manica, A., Walter, O., West, C., and Zimmermann, A. 2007. Measuring zoos' contributions to conservation: A proposal and trial. In: *Zoos in the 21st century: Catalysts for conservation?* ed. A. Zimmermann, M. Hatchwell, L. Dickie, and C. West, 322–42. Cambridge: Cambridge University Press.

Matamoros Hidalgo, Y. 2002. *In situ* conservation programmes of Latin American and Caribbean zoos. *WAZA Mag.* 4:8–11.

Miller, B., Conway, W., Reading, R., Wemmer, C., Wildt, D., Kleiman, D., Monfort, S., Rabinowitz, A., Armstrong, B., and Hutchins, M. 2004. Evaluating the conservation mission of zoos, aquariums, botanical gardens and natural history museums. *Conserv. Biol.* 18:86–93.

Miller, G. 2002. The last menageries. *New Sci.*, January 19, pp. 41–43.

Monroe, M., and DeYoung, R. 1993. Designing programs for changing behaviour. In *AAZPA Annual Conference Proceedings*, 180–87. Wheeling, WV: American Association of Zoological Parks and Aquariums.

NEZS (North of England Zoological Society). 2005. *Animal adoptions.* www.chesterzoo.org (accessed October 10, 2005).

Payne, K. B., Langbauer, W. R. Jr., and Thomas, E. 1986. Infrasonic calls of the Asian elephant (*Elephas maximus*). *Behav. Ecol. Sociobiol.* 18:297–301.

Perth Zoo. 2000. *Annual report 1999–2000.* Perth: Zoological Board of Western Australia.

Rahbek, C. 1993. Captive breeding: A useful tool in the preservation of biodiversity? *Biodivers. Conserv.* 2:426–37.

Ryan, C., and Saward, J. 2004. The zoo as ecotourism attraction: Visitor reactions, perceptions and management implications; The case of Hamilton Zoo, New Zealand. *J. Sustain. Tourism*

12:245–66.
Sargent, E. L., and Anderson, D. 2003. The Madagascar Fauna Group. In *The natural history of Madagascar*, ed. S. Goodman and J. Benstead, 1543–45. Chicago: University of Chicago Press.
Scott, S. 2001. Captive breeding. In *Who cares for planet Earth? The con in conservation*, ed. B. Jordan, 72. Brighton, UK: Alpha Press.
Smith, B., and Hutchins, M. 2000. The value of captive breeding programmes to field conservation: Elephants as an example. *Pachyderm* 28:101–9.
Snyder, N. F. R, Derrickson, S. R., Beissinger, S. R., Wiley, J. W., Smith, T. B., Toone, W. D., and Miller, B. 1996. Limitations of captive breeding in endangered species recovery. *Conserv. Biol.* 10:338–48.
Soulé, M. E., Gilpin M., Conway, W., and Foose, T. 1986. The millennium Ark: How long a voyage, how many staterooms, how many passengers? *Zoo Biol.* 5:101–14.
Tear, T. H., Scott, J. M., Haywood, P. H., and Griffith, B. 1993. Status and prospects for success of the Endangered Species Act: A look at recovery plans. *Science* 262:976–77.
WAZA (World Association of Zoos and Aquariums). 2005. *Building a future for wildlife: The World Zoo and Aquarium Conservation Strategy*. Bern, Switzerland: World Association of Zoos and Aquariums.
Zimmermann, A., and Wilkinson, R. 2000. *Visitor understanding of the role of zoos in conservation*. Unpublished report. Chester, UK: North of England Zoological Society.
———. 2007. The conservation mission in the wild: Zoos as conservation NGOs. In *Zoos in the 21st century: Catalysts for conservation?* ed. A. Zimmermann, M. Hatchwell, L. Dickie, and C. West, 303–21. Cambridge: Cambridge University Press.
ZOO (Zoo Outreach Organisation). 2005. *Zoo Outreach Organisation: About us*. www.zooreach.org/aboutzoo.htm (accessed November 26, 2005).

24
動物園における研究の動向

Terry L. Maple and Meredith J. Bashaw

訳：尾形光昭

はじめに

『Wild mammals in Captivity』の初版に掲載された「Current research activities in Zoos」と題した総説において，Hardy（1996）は今後発展が見込まれる動物園研究について述べている．その多くは，Conway（1969）が，すでに予言していたものである．彼は30年以上も前に，動物園の潮流が大きく変化していくことに気がついていた．ここでの話題は，過去30年間に論文として出版された米国の動物園の飼育下哺乳類の研究に関するものである．広い意味では米国内の動向と世界的な動向は大きく違わないと考えられる．本論文ではこの仮説を検証するために，他の国々についても情報を収集した．米国と世界各国を詳細に比較するのは本題ではないが，研究者が動物園で直面する問題は世界の動物園水族館で共通である．

動物園研究のトッピクス

研究分野

動物園研究の方向性を探る1つの方法は，1982年以降ニューヨークのWiley/Lissより出版されている『Zoo Biology』の内容を検証することである．1996年以降，『Zoo Biology』の内容に関する2つの総説が報告された．Wemmer, Rodden, and Pickett（1997）は，『Zoo Biology』出版以降の最初の15年間で，同雑誌に投稿された論文の約1/3は行動学，残り1/3は繁殖生物学，それ以外は発展途上の分野で，栄養学，疫学，分子遺伝学，個体群遺伝学や環境エンリッチメント等であることを明らかにした．このことはすでに複数の研究者により指摘されていた（Lindburg 1989, Kleiman 1992, Hosey 1997）．Anderson, Kelling, and Maple（2008）は『Zoo Biology』出版当初20年間の内容を調査し，大部分の論文が実験を伴わない実用的な行動学もしくは繁殖学に関連する研究であることを明らかにした．なお彼らの総説に引用された研究は，統計推理や高度な生物学的解析を用いた研究であった．一方で，方法論へ注目が集まりつつある状況について，Kuhar（2006）が以下のコメントを寄稿した．「これらのユニークな飼育下個体群に対し，適切な研究デザインの開発と統計技術の使用を継続することで，世界中の動物園水族館で行われている研究の科学的厳密性を高めることができる」．近年の『Zoo Biology（Vol. 26, 2007）』に関する総説では，繁殖生物学，行動学，栄養学がほぼ等しく掲載されていることが明らかにされている．

動物園水族館における科学的研究が，『Zoo Biology』以外の生物学雑誌へ投稿されるケースが増える傾向にある．他の生物学雑誌への投稿状況を調査するために，2005年9月28日付の『BasicBIOSIS』のデータベース（OCLC FirstSearch提供，Franklin & Marshall大学図書館経由でアクセス）を検索した．2001年～2005年9月1日までに，第一著者の所属名に動物園（Zoo），動物学（Zoological），保全協会（Conservation society）が含まれる論文を検索した．その結果，第一著者が動物学関連施設に所属する論文が251件見つかった．各論文の主要な研究内容について，各論文の要約やキーワードから分類すると，最もポピュラーだったのは行動研究（67 件，27%）であった．保全学や生態学も目立っており，両者ともに論文数は 62 件（25%）であった．

『Zoo Biology』と他の生物学雑誌の掲載内容の傾向は，大まかに一致していた．行動研究が最も多く，繁殖生物学や遺伝学，獣医学も目立っている．興味深いことに，『BasicBIOSIS』のデータベースで目立つ保全学や生態学は『Zoo Biology』ではあまり見かけなかった．これは『Zoo Biology』が，野外研究よりも，動物園，水族館で行われた研究を意識的に重要視しているためかもしれない．その結果，保全学や生態学は，より専門的な雑誌へ掲載される傾向があり，『Zoo Biology』への投稿も少ないのかもしれない．例えば，ニューヨークのブロンクス動物園（野生生物保全協会）に所属する科学者は野外保全活動や獣医学に携わっている．そのため，彼らの論文は（栄養学を除き）『Conservation Biology』で目にすることが多い．保全学や生態学に関連した論文 108 件の内，30 件は「保全（Conservation）」と名のつく雑誌（『Conservation Biology』を筆頭に）に掲載され，11 件は生態学雑誌（『Behavioral Ecology and Sociobiology』や『Journal of Animal Ecology』を筆頭に）に掲載された．加えて，21 件は特定分類群に関する雑誌（『Herpetological Review』や『Journal of Animal Ecology』）に掲載された．これらの分野に焦点を当てた雑誌は，『Zoo Biology』に比べ保全や生態学に関連した論文が掲載され，読者の関心を惹く可能性が高い．

研究対象の分類群

『Zoo Biology』発行以来 25 年，掲載内容は一貫して哺乳類に偏っている．Hardy（1996）は『Zoo Biology』発行からの 11 年間では，82% が哺乳類に関連する内容であることを明らかにした．Wemmer, Rodden, and Picket（1997）による分析では，掲載内容の 73% が哺乳類に偏っていることが示された．その原因として，歴史的に動物園の飼育動物が哺乳類に偏っていたことがあげられる．もちろん鳥類学者や爬虫両生類学者は動物園で優れた研究を行っている．しかし，それらは『Zoo Biology』ではなく，鳥類や爬虫両生類の専門誌に掲載されている．何故彼らが『Zoo Biology』へ投稿しないのか，理由は明らかではない．

他の雑誌に比べ，『Zoo Biology』における掲載論文の哺乳類への偏りが一般的ならば，『Zoo Biology』に偏った調査法では，哺乳類への偏重傾向を過大評価している可能性がある．しかし，『BasicBIOSIS』の要旨内容の調査結果からも，やはり哺乳類への明瞭な偏重が認められた．しかし，

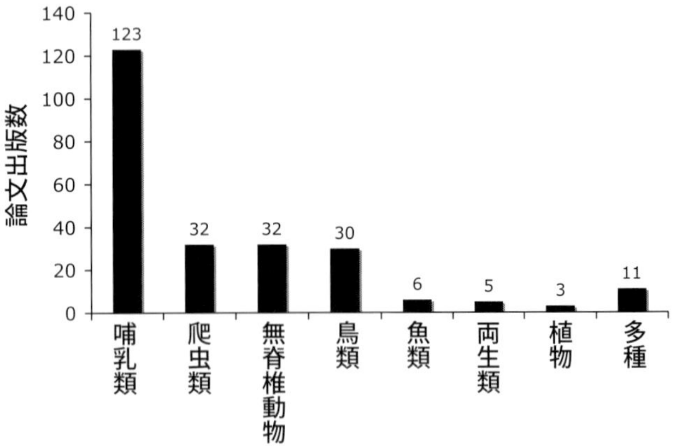

図 24-1　各分類群の論文出版数．調査対象は『BasicBIOSIS』で，筆頭著者が動物園もしくは動物学組織に所属する論文．

哺乳類以外の研究内容も確認された（図 24-1）．

『BasicBIOSIS』と『Zoo Biology』ともに哺乳類の中ではヒト以外の霊長類と食肉類に関するものが最も一般的で，調査対象の 60% であった．しかし，『Zoo Biology』の調査で最も一般的なのは霊長類，次が食肉類（図 24-2）であったのに対し，『BasicBIOSIS』では食肉類（35%），霊長類（25%）の順であった．3 番目に多いのは，『Zoo Biology』と『BasicBIOSIS』双方ともに偶蹄目で（11%）で，これら 3 群以外に 10% を超える分類群はなかった．『BasicBIOSIS』によれば翼手目（7%），奇蹄目（6%），齧歯目（6%），鯨目（3%），兎目（3%），長鼻目（1%）となっている．さらにヒトに関する研究も 5% あった．動物園において研究対象動物が，霊長類に顕著に偏っていることが報告されている（Lindberg 1989，Stoinski et al. 1998）．しかし，これは『Zoo Biology』を主な調査対象としたことに起因する過大評価なのかもしれない．他の雑誌も加えれば，食肉目と霊長目が同程度に研究対象となっていることが分かる．

『Zoo Biology』と他のデータベースについて，それぞれ調査手法が異なるため，その結果を直接比較することはできない．しかし近年の研究傾向として，霊長目から食肉目へ研究対象が移行している．1982 年〜 2002 年までの『Zoo Biology』では霊長目の研究が明らかに多い．一方，2001 年〜 2005 年までの『BasicBIOSIS』の調査では食肉目研究への偏重が見られた．動物園が生息域内保全へ貢献する機会が多くなったことが，食肉類の研究を増加させた可能性がある．なぜなら，大型食肉目は生態系全体の健全性を示すアンブレラ種として保全活動では利用されるためだ．同様に，環境エンリッチメント研究の増加により，飼育下食肉目の研究が目立つようになった．理由は，飼育下の食肉目は常同行動を起こすことが多いためだ．

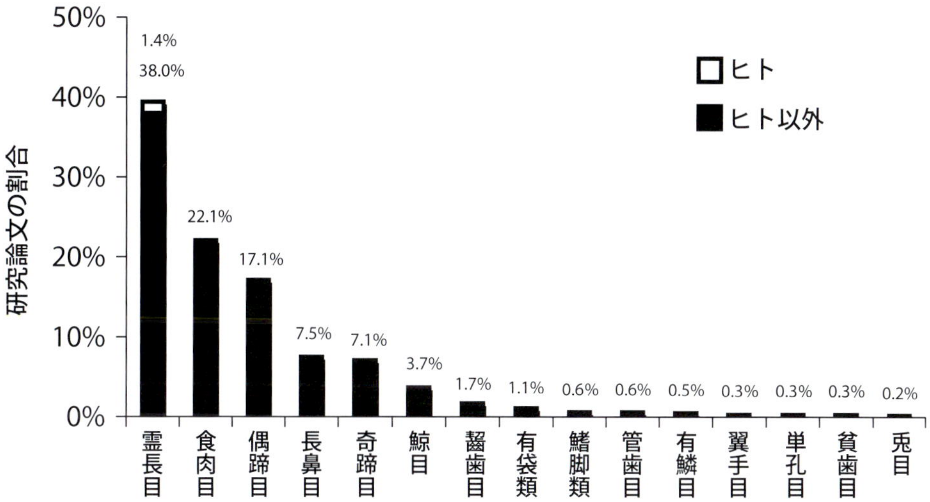

図 24-2 『Zoo Biology』（1982年～2001年出版分）に掲載された哺乳類各目の研究論文数.（Anderson et al. 2008）

動物園の専門家による哺乳類に偏った研究傾向は，他の雑誌においても明らかだ．例えば，『International Zoo Yearbook（IZY：国際動物園年鑑）』の40巻（2006）にはゾウとサイに関する生物学および行動に関する研究が16件寄稿されていた．さらに他の5件も哺乳類をテーマとした研究だった．同様に39巻は，55%が哺乳類に焦点を当てた研究だった．『IZY』は主に動物園水族館動物の展示デザインや動物の取扱いおよび管理に焦点を当てた雑誌で，つい最近まで外部委員による査読が行われていなかった．ドイツの『Der Zoologsche Garten』も同様で，これまでほとんど外部による査読制度を取り入れていなかった．そのため，『Zoo Biology』と掲載内容を比較するのは困難だ．ヨーロッパの発行雑誌は，『Zoo Biology』と比べて実用的な内容が多い．もっとも，『Zoo Biology』にも環境エンリッチメントに関する実用的で専門的な論文が数多く掲載されている．

実用的な動物園研究

近年発展の著しい研究分野として，“環境と行動（environment and behavior）”や“行動管理（behavioral management）”があげられる．両者ともに，科学者と動物管理者の有益な相互交流を示す良い例である．両者の学問的な起源について，前者が科学者と建築家やデザイナー間の，後者が実験科学者と獣医学および心理学者間の，活発なコラボレーション研究を起源とする．

環境と行動

動物行動調査やその理論的研究と自然環境デザイン研究の協働により，20世紀の終わりになって動物園施設は飛躍的に進化を遂げた（第11章，第18章）．動物園における社会心理学の確立につとめた初期の科学者（Robert Somer）たちは，動物園建造物を“ハード”と“ソフト”に分類した．Somerによれば1970年代の米国の動物園は機能的にも様式的にも“ハード”が優先で，そのようなハードの施設と群れ社会からの隔離が，強硬症の動物を生み出してしまった（Somer 1973,1974）．そして，このような“ハード”の動物園は，動物たちの好ましくない行動を来園者に見せる結果となった．

Somerは2005年にEnvironmental design and research associationに参加し，動物園と他のハード施設（空港や刑務所，精神病施設）を比較した．そして彼が1974年に『Tight Space』を出版以降30年間で，動物園建築が明らかにソフト建築へ移行していることを知った．Somerは，動物園および野外生物学者たちの成果に啓発された専門家の台頭と，動物行動研究上の成果を動物園建築へ応用することへの高まる期待が，この変化の原因であると考察した．新たに生息環境展示を始める際には，動物園デザイナーと野生生物の専門家が積極的に協働するのが望ましい．

現代の動物園建築は，動物園デザイナーと動物管理者および科学者の意見交換によりできあがっていく．科学はこのような建築を効果的に評価し，そして改善することができる．事後評価（POEs）では，新規の動物園建築の機能評価に際し，動物およびその飼育担当者（飼育係）や来園者など，適切な関係先からデータを得ることを認めている．しかし，残念ながら動物園に対する科学的POEsは，動物園建築と比べて発展が遅く，展示デザインにどの程度革新が起きているのかをほとんど把握することができない．これまでに少数の展示デザインに関するPOEsが『Zoo Biology』に掲載された（Willson et al. 2003）．POEsはこれまでの失敗を正し，デザイナーが目指すゴールに効果的に到達できる，新たな環境展示に向けた真の革新へとつながるステップとなる．もし，われわれが動物園施設や展示に真に批評的でなければ，動物福祉は発展しない（第２章）．

行動管理

動物園は，動物が肉体的にも精神的にも健全な状態であるように気を配ってきた．精神的健全性は，20世紀後半になってようやく注目が集まるようになった（Erwin, Maple and Mitchell 1979, Markowitz 1982, 本書第６章）．環境エンリッチメントとは次のように定義される．「最適な精神的および肉体的健全性に必要な環境刺激を与えることにより，飼育動物管理を質的に向上させる方法を見出すための動物取扱い基準」（Shepherdson 1998）．この環境刺激は展示デザインの革新と既存施設の改善によって与えられる．

エンリッチメントは科学的研究と様々に関連しながら発達してきた．Markowitzらは，給餌関連の技術開発に行動解析の原理を上手く適用した（Markowitz and LaForse 1987，Markowitz, Aday, and Gavazzi 1995）．給餌は動物の行動次第で行われる．動物がエンリッチメント装置に遭遇した時，動物自身が自動給餌装置を作動させることで，餌を得ることができる．Hutchinsらはそのような単純なオペラント条件的な見方を適用することに反対している．その代わりに動物の生息環境をモデルとしたエンリッチメントを提唱している．Forthman-Quick（1984）は，この問題に関する優れた総説を発表し，両者の対立を解消する方法を提唱している．しかし，動物園における環境エンリッチメントの必要性への認識が，動物管理担当者がその効果を測定することなく，飼育現場へエンリッチメントを早急に導入する結果を生んだ．たいていの場合，このようなエンリッチメントにより急激に行動変化を引き起こすことができる．しかし，それは一時的なものだ（Line, Morgan, and Markowitz 1991，Wells and Egli 2004）．動物園界におけるエンリッチメント傾倒が進行するほどに，科学者と動物管理者双方が，短期的および長期的なエンリッチメントの効果に関する評価の必要性に気づいた（Bloomsmith and Maple 1997）．2002年，米国動物園水族館協会（現，北米動物園水族館協会－AZA）はエンリッチメント基準を「Accreditation Guide and Standard（認定指針および認定基準）」に加えた．2005年版では以下のように推奨されている．

> 「正式なエンリッチメント…それは動物分類群にとって，適切な行動機会を促進するものである．[AC-39]
> 説明：エンリッチメントは現代の行動生物学の情報に基づき，以下の要素を含む必要がある．目標設定，計画性と適切なプロセス，履行，文書化およびその保管，評価，プログラム改善．（AZA 2005）」

このような基準に基づくエンリッチメントの包括的評価から，エンリッチメントと動物園科学の間のフィードバックが重要であることが示されている．全期間にわたるエンリッチメントの科学的な研究（Powell 1995）などにより，エンリッチメント評価は次第に科学的になりつつある．同様に，科学者による日々のエンリッチメント評価に利用可能な迅速な評価法も開発されている．

全てのエンリッチメント研究の基礎となり得る，単一の理論的展望は存在しないが（Tarou and Bashow 2007），いくつかの科学的知見がエンリッチメントの文献で応用され始めている（Swaisgood and Shepherdson 2007）．Markowitz et al.（1987, 1995）や Forthman and Ogden（1992），最近では Tarou and Bashaw（2007）が，行動解析と心理学に基づくオペラント条件づけを用いている．Hutchins, Hancocks, and Crockett（1984）は生態学と密接にリンクした自然史的なアプローチを用いた．Hughes and Duncan（1988）は行動上の必要性に焦点を当てた動物行動学的アプローチを用いている．一方で，Mason（1991）と Carlstead（1998）は，動物と環境間に生じるストレスや両者の異常な関係を強調している．どの理論的アプローチも，効果的なエンリッチメントプログラムの作成に貢献している．近年報告されているメタ分析では，どの理論的アプローチであっても，エンリッチメントの成功率に違いはなかった（Swaisgood and Shepherdson 2007）．反証可能な仮説とそのテストを含むような科学的手法は，エンリッチメント技術の改善と，エンリッチメント科学研究にとって有益だと考えられる（Bloomsmith and Maple 1997）．つまり，エンリッチメントとは動物園の管理職や飼育担当者および科学者が手に手を取りながら，その理論と応用を発展させていく分野ということだ．

エンリッチメントの基準の書となった『Second Nature』〔ポートランドワシントンパーク動物園（現，オレゴン動物園）がホストとなった世界会議の内容を元に作成されたものである〕には，エンリッチメント策の実行に必要な主要課題とガイドラインに関する，グローバルで包括的な総説が掲載されている．応用行動分析学の研究者は，動物園と研究室双方で，施設収容下の人間集団用に開発された研究手法を用いている（Bloomsmith, Marr, and Maple

2007). 行動管理計画は，“偶発性”と“統制”の両方の影響を被る動物の環境を改善するため，全ての既知のトレーニングとエンリッチメント技術が結合されている必要がある（本書の第 15 章と第 26 章）.

保全心理学

他に将来有望な研究として，「保全心理学」として知られる新たな学際的分野がある（Brook 2001，Saunders 2003）. この学問は，環境心理学や社会心理学と認知心理学や人間生態学（多様な人々の態度や行動および感情，そしてこれらが野生動物の良質な生活や野生動物の生存にいかに貢献できるかを調べる学問）を連携できる見込みがある分野である. この分野のもつ潜在力は大きいが，動物園水族館がこの分野の研究成果をどのように利用できるか予想することは難しい. もし動物園生物学において，人間(動物園来園者）が主要な調査対象となるならば，その際に必要となる具体的方法にとって，この分野は確かに有益となる. 保全心理学研究は利用者グループに関する野外調査（例，原住民とエコツーリスト）と動物園水族館，植物園および博物館利用者の行動調査をつなぐことにもなるだろう. ブルックフィールド動物園とブルックフィールド（シカゴ）およびイリノイの科学者達は, 保全心理学に関して, 心理学者との共同研究を開始するとともに，世界中へ活動を展開し続けている. ウェブ上で閲覧できる保全心理学研究の 31 雑誌は，同分野の科学者に研究発表の機会を与えている. しかし，この分野は未だに明確な内容の定義がなく，広範な分野ですでに普及している環境心理学との区別も明確ではない. もし多くの学術雑誌がこの分野に対し反応が良ければ，保全心理学には明るい未来が待っているかもしれない. Rabb and Saunders (2005) による総説では，飼育下野生動物との身近な触れ合いによる保全行動の醸成という，動物園特有の役割について調査している. そこでは動物園が動物に対する“配慮”と“責任”を普及することで，野生動物と人間をつなぐ機会を十分に与えているにもかかわらず，そのことに対する社会の理解は深くないと言うことが示された. しかし著者は，動物園の将来的役割として保全センターという側面に焦点を当てることで，動物園の努力を評価できる研究が将来的に行われるべきだと提案している.

動物園における研究への支援

Hardy (1996) は，いくつかの研究（Finlay and Maple 1986，Wemmer and Thompson 1995）をもとに，動物園管理者は自分の動物園で行われる研究を援助する傾向が強いことを明らかにした. 以下，研究の成功を左右する主要な支援項目をあげていく.

資金援助

Kurt Benirschke はその著書（Kurt Benirschke 1996）の中で，動物園が専門的な研究部門を設置し，多様な分野の科学者が同じ立場で研究できる環境を提供することを，強く推奨した. 彼の調査により，米国の国内工業部門では，予算の 3 ～ 5% が研究に充てられている一方で，動物園水族館ではそれよりはるかに少ないことが明らかとなった. Kurt Benirschke は，動物園における調査研究は付属品ではなく，動物園が野生下の絶滅危惧種の持続可能な個体群を確立する場合，必須な項目であると述べている. 研究に関連する専門部署やプログラムを有する動物園水族館も少数存在する. それらは概して注目を浴び，経済的にも恵まれ，豊富な専門技術を有し，そして有能な組織だ. 組織の実力は，研究専門部署の設立を支援する組織の信頼性を高めることに繋がる. サンディエゴ動物園協会の絶滅危惧種保全研究部門（現，保全研究所)，オーデュボン絶滅危惧種研究センター，シンシナティー動物園の絶滅危惧動物研究センター，ハッブズシーワールド研究所，スミソニアン国立動物園の動物園研究部門および保全研究部門（現在は保全科学部門に統合)，ニューヨーク野生生物保全協会など，よく知られた研究機関において，2000 年～ 2005 年にかけて，年間 7,500 万ドルが調査研究に投じられている（Kelling and Maple 2008).

一般社会が保全，教育および科学に一定の情熱を示し続ける限り，一般社会からの寄付が保全研究活動（大半が，世界中の遠隔地で行われている）の支援に回る見込みが高い. 一般的な投資基準として，寄付から支援を受けるプログラムは，運転資金の 5% を超える額を寄付に頼るべきではないとされる. しかしこの一般基準は Benirsche の提唱する投資基準を下回る. 動物園水族館が保全活動の優先順位を上げるほどに，保全に向ける予算を増やす必要があることに，専門家は気づき始めた（Miller et al. 2004). 例えば，野生生物保全協会では予算の 25% 以上を保全研究に費やしているが，この数値は専門的研究の実施に当たって望むべき基準値と考えられる. 保全活動は“研究”を基礎とする傾向が強い. そのため，保全活動におけるあらゆる支出の増加が, 研究人員や研究の優先度に影響を及ぼす.

動物園研究者と大学等の共同研究者は，寄付と内部投資に加え，外部資金への依存も増やしつつある. 外部資金獲得の競争は激しく，資金獲得は困難だが，米国政府や州，地方機関，および多数の私設財団や組織が，これまでに動物園へ研究助成を行っている．過去20年間に『Zoo Biology』に掲載された論文において，ほとんどの論文で外部の資金提供者に対し謝辞が述べられている．動物園研究における外部資金の拡大は印象深いが，たいていの動物園では内部助成で研究を行っているのが実情だ．外部資金獲得を拡大するためには，動物園水族館における研究実績を積み重ねる必要がある．動物園への外部資金の多くは公的資金ではなく，私設財団や個人の資金提供者によるものだ（Maple 2006）．

表 24-1　動物園水族館における研究プログラムのオプション

- 研究指導者の集約
- 研究調整者の集約
- キュレーターの主導権分散化
- 協力者の調達
- 付属施設化
- 独立施設化
- 特別協力

インフラ整備

動物園が大学関係者と専門的技術の共有を望む場合，研究体制に関する新たな制度と追加的責任を求められることになる．例えば，連邦政府の財政支援を受ける動物園は，組織内に動物実験委員会（Institutional Animal Care and Use Committee：IACUC）を立ち上げるか，大学機関との協力に関する既存の委員会を利用する必要がある．IACUCは大学で設置されているが，動物園での研究には馴染みがない．そのため各施設は各施設固有の事情に基づき，IACUCの内容を調整していかなければならない．科学上の義務や安全性および説明責任と同様に，組織化され，複雑かつ制御された研究プロセスも，動物園研究では不可避な潮流となっている．さらに，最近出版されたIACUCの指導書において，Bayneが環境エンリッチメントについて以下のように記載している．「実施機関はエンリッチメントの装置やプログラムに対し，極端に節約主義であってはならない．IACUCはこれらを監視する役割を担う必要がある」．動物園生物学者はこれらの分野で，有意義な研究を行っている．エンリッチメントに関する研究は，動物の心理的健全性を，今後連邦政府レベルで確認する一因となる．同時にエンリッチメント研究は動物園水族館が科学的な発見をし，その成果を監視するとともに発見に対し解釈をする準備を必要とする理由ともなる．

スタッフ支援

米国の動物園における研究方法は，施設間で異なる．このことは動物園研究の基準となる研究モデルがないことを示す．一方で，動物園が研究に資金投入を始めようとする場合，いくつかの研究モデルの中から望ましいものを選ぶことができる（表24-1）．近年の研究では，動物園研究の成功には，①主席管理職からの支援と，②専門的な科学者の２つが重要だと考えられている（Anderson, Bloomsmith, and Maple 近刊）．そのため，動物園の主席管理者による確固たる支援，重要な専門科学者達の業績は全ての動物園で強く望まれるべきものである．科学者がいかに動物園のリーダーシップを高く評価しているかを示す例として，最近名づけられた新種のマウスレムール（*Microcebus simmonsi*）があげられる．これはオマハヘンリー動物園園長Lee simmonsに敬意を表して名づけられた．彼の動物園からの支援が，新種発見に繋がったからだ（Louis et al. 2006）．

組織通達

AZAからSSPへの継続した貢献は，科学的なプログラムや協働作業の確立にとって大きな推進力となった．例えば，AZA幹部委員会は『Zoo Biology』と『Journal of the American Association of Zoo Veterinarians』を統合し，科学的調査や議論および科学的発見に基づく専門的な成果の掲載を役割とすることを明確に示した．AZA幹部委員会は保全科学におけるConway chairを設立した．これは推薦された職員のポジションで，前ニューヨーク動物学協会，ブロンクス動物園野生生物保全協会会長および野生生物保全公園園長であったWilliam G. Conwayに由来する．AZA所属の科学者および動物園に関連する外部科学者から構成される委員会は，科学書籍シリーズを刊行している（スミソニアン出版，現在は廃刊）．出版された書籍には，動物福祉や動物取扱い，行動エンリッチメントや環境倫理学などの記事が掲載されていた（Norton et al, 1995, Shepherdson, Mellen, and Hutchins 1998）．

AZA内部において科学的研究への参加熱が増すにつれて，動物園が合法的に動物を導入する前に，動物園の絶滅危惧種保全活動への参加に関する連邦政府法令の裏づけが必要となった．世界の各地域でも，地域動物園協会などが，教育や保全，動物園施設デザイン，動物園管理の進歩を促す科学的業務に従事している．世界動物園水族館協会（WAZA）が公表した“世界保全戦略”は，事実に立脚した非常に影響力のある文書だ．WAZAが主催する会合やプログラムは，動物園生物学や保全学および社会教育の科学基盤に対する役割の増大が反映された内容となっている．しかし，保全活動が国際協力的業務である一方，動物園内の研究は個々の園館で独自に実行され，地域間の共同研究はほとんど見られない．

科学的パートナーシップ

先にあげた研究モデルでは，共同研究が財政や基盤整備および人的な負担を軽減するのに有効なことが強調されていた．このような共同研究は増加中である．過去 20 年間の『Zoo Biology』の掲載論文でも，この手の共同研究が増えており，約半分が共同研究である．2001 年～ 2005 年の『BasicBIOSIS』内の動物園関連論文に関するわれわれの調査でも，共著者数の平均値は 3.5 人（中央値は 3 人）であった．モード値は 2 人：25% の論文は 2 人の共著ということになる．調査された論文の著者数は 1 ～ 18 人と様々だが，251 件の内 83% は複数著者による論文であった．

各園館のスタッフ間の共同研究に加えて，他機関が雇用する職員への動物園水族館の財政支援も増加している．これは，動物導入に当たりその動物種の保全活動への貢献を求めた，先の連邦政府法令により推奨されている．動物園水族館が，多数の動物種の導入を検討している場合，自身の組織内に研究機関を設立するよりも，外部の共同研究者の研究を支援する方が安上がりな可能性がある．この戦略を採用する際のリスクは，研究者の“質”と“生産性”を動物園水族館側が制御できないことだ．そのため，各園館は注意深く研究者の質や生産性を確認していく必要がある．動物園で行われた共同研究を知るには，『Zoo Biology』に掲載された論文の第一著者の所属を調べればよい．多くの場合，第一著者は大学の研究者であり，このことは動物園において行われる研究に対し大学機関が強い興味を抱いていることを示している．大学との共同研究は，研究に意欲をもつにもかかわらず質が高く専門的な研究スタッフを雇用できない動物園にとって，非常に妥当な研究モデルだ．動物園研究における内部努力と外部努力に関する費用対効果の分析には，動物園水族館が外部の共同研究者に提供した財政支援およびその成果を，直接的に評価する必要がある．

動物園と大学の関係

行動研究は，低予算でしかも日常業務に支障のない範囲で行うことができるため，行動研究に的を絞れば，小規模な動物園でも，資金不足や規模の小ささを克服できる（Kleiman 1992）．小規模動物園は，研究場所と研究目的を提供できさえすれば，信頼できる大学の共同研究者と学生に研究を委託することもできる．しかし，大学との共同研究が様々な科学的発見や研究の生産性向上に強く関与しているにもかかわらず，小規模動物園ほどその手の共同関係に積極的ではないことは驚くべきことだ（Finlay and Maple 1986）．

小規模動物園と共同研究している大学機関は，研究コストを分担することで，効率よい投資をすることになる．これまでの経験から，大学の学部長などはこの手の話を歓迎する．それは，動物園との共同研究を，学生が外部監督の指導の下，珍しい野生動物の研究に魅了される経験をもたせる機会，と見做しているためだ．各関係機関の一般的な投資は，関係機関が給料と利益を提供し，保全活動や科学研究に関連し，なおかつ関係機関への説明責任を全うできる質の高い助教や准教授等を雇用することだ．先進国の全ての動物園はこのような投資を行う余裕があり，各地域の大学との連携による研究により大きな利益を得ている．例えばデンバー動物園（コロラド）のウェブサイトにはデンバー動物園の科学者と共同する大学の科学的プロジェクトのリストが掲載されている．しかもこの動物園の科学者は，教育（実習）と大学院生指導の両面から，デンバー大学における生態学や進化学および保全生物学の隆盛に一役買っている．

動物園間の共同研究

小規模な動物園は類似した動物園館同士，もしくはより大きな動物園とのグループデータの収集により共同研究することができる．AZA の保全活動寄付金財団を通じ出資される保全科学助成金では，近年，保全研究目的の達成に向け，動物園同士が飼育動物を含め各園のコレクションにアクセスする権利を共有し，人的および経済的資源を園館同士が循環できる共同研究を対象としている．近年の他組織による研究の例としては Carlstead とその共同研究者によるクロサイ（*Diceros bicornis*）の繁殖にかかわる研究（Carlstead, Mellen, and Kleiman 1999a，Carlstead et al. 1999b）や Stoinski らによる，ローランドゴリラ（*Gorilla gorilla gorilla*）の雄の全頭調査があげられる．後者は 7 つの AZA 加盟園館の 80 頭の若雄に関するデータであるが，この収集には各園の協力と計画性が必要であった．協力園館にとっては，行動データ収集に伴うプロジェクトコーディネーターによるトレーニングや単独雄の行動に関する知識を深めることで利益を得ることができた．一方で，研究者は複数園館の協力により，サンプル数を増やすことができた．さらに，動物園の単独雄グループが飼育下における余剰雄の効率的な管理法であるかについて，一層正確に把握することができた．一方で，Carlstead et al.（1999a, 1999b）は，複数園館との共同研究によりクロサイの繁殖に悪影響を及ぼす飼育環境と飼育形態を特定できた．

同様に Dierenfield et al.（2005）はサイ科の栄養基準を定めることと，血中ミネラル濃度の量的評価を目的に，1982 年から 2000 年にかけて AZA 加盟園館のクロサイ凍結血清や凍結血漿を収集した．また Peterson et al.（2004）は，水族館と大学間の科学的かつ論理的共同研究として，Scleractinan サンゴ塊の輸送に関する研究を『Zoo Biology』に発表した．

動物園研究の発表

『Zoo Biology』

『Zoo Biology』は，1982 年以降継続的に出版され，現在は正式に AZA 所管の雑誌である．雑誌には独立した編集権があり，チーフエディタにより掲載論文は吟味され，他の科学雑誌同様の出版プロセスを経る．『Zoo Biology』は初の動物園科学者向けの雑誌であり，かつ厳格な査読を伴い随時出版されている雑誌だ．米国が出版元だが，世界中の動物園科学者の論文を受け入れている．2006 年出版の『Zoo Biology 25 巻 4 号』には米国国内の著者に加え，ドイツ，デンマーク，スイス，台湾からの著者による論文が掲載されている．

1982 年～ 2001 年まで，584 件の研究論文，165 件のブックレビューもしくはビデオレビュー，104 件の短報，64 件の会議報告と評論集，60 件の論説やコメント，35 件の技術報告，5 件の総説論文，紹介や序文，議論，回想録等を含むその他 11 件の論文が掲載された．この期間内の研究論文は，計 6,824 ページに及んだ．『Zoo Biology』設立者の予想通り『Zoo Biology』の発行により，動物園科学者の研究生産性が明らかに向上した．Hardy（1996）は，この雑誌が動物園の研究成果の公表と普及にとって重要であることを示した．さらに，Wemmer, Roden, and Pickett（1997）はこの雑誌の重要な役割として，動物園の飼育担当者や共同研究者にとって，参考文献の宝庫である点をあげている．

厳格な審査を伴う他の雑誌

Lindburg（1989），Chiszar, Murphy, and Smith（1993），Hosey（1997）は，それぞれ『Zoo Biology』の基本的な役割は，動物園施設の研究成果を動物園関係者に提示する場である，と定義した．このような“場”が必要な理由として，Hosey（1997）は『Journal of Animal Behavior』の 2 巻（1993 ～ 1994）に，動物園ベースの論文がわずか 3 本しか掲載されていないという事実をあげている．さらに Ord et al.（2005）は米国国内の 25 団体が発行する 25 種の行動学関連雑誌に，動物園関連論文が 1 本も掲載されていないことを明らかにした．このことは動物園研究における 2 つの一般的特徴を明確に示している．①動物園関係者は未だに，専門的な科学雑誌へ頻繁に投稿しないこと，②動物園は大学とは異なり研究の生産性を重視していないことの 2 点である．多様な査読付き雑誌に研究を掲載し，その結果得られる反響を大いに重視する姿勢は，動物園における研究が今後洗練されたものになるかについての良い指標となる．さらに，動物園管理者が雇用に当たって研究者を重要視するなら，動物園研究の生産性は向上するだろう．

後者については評価困難だが，『BasicBIOSIS』の調査では，前者に関しては改善に向かっていることが示された．2001 年～ 2004 年にかけて毎年，グループ研究の筆頭著者として動物園関係者が名を連ねる査読論文が平均 58.25 件，掲載された．68 種の雑誌に 251 件の論文が掲載された．例えば『Journal of Zoo and Wildlife Medicine』（26 件），『Folia Primatologica』（4 件），『Science』（4 件），『Nature』（8 件）が掲載された．おそらく動物園研究者は，動物行動学関連の雑誌にはそれほど投稿していない．それは，動物園研究が多様化し，投稿先が増えたためだ．他の大きな理由として，『Zoo Biology』の存在があげられる．先の雑誌編集者が論文掲載を拒否し，その代わりに『Zoo Biology』への投稿を推奨するためだ．また，動物園関連研究に対する先の雑誌の編集者の偏見も，『Zoo Biology』への掲載が多くなる一因かもしれない．

ヒューストンで開催された AZA（当時 AAZPA）動物園会議で行われた，動物園水族館における研究に関する協議を基に，国立科学アカデミーが 1975 年にコレクション論文を発行した．それ以降，動物園生物学の科学的側面が急速に強くなりだした（ILAR 1975）．

データの非科学的な普及

学術的な出版物以外に，動物園研究の成果は最低限の査読か査読のないニュースレター等の媒体を通じて，公表されている．このような出版物には利点と欠点がある．多くの人々は科学論文よりもニュースレターを好んで読むため，ニュースレター等の方が多様な人々に研究成果を伝えることができる．しかし査読なしの論文の場合，科学的正確性に疑問が残る場合がある．また，ニュースレター等に掲載された論文は，検索エンジンや図書館所蔵の対象外になってしまう，結果的に，論文へのアクセス機会を減らすことになる．科学者は動物園研究の信頼性を維持し改善するために，査読付雑誌へ論文を掲載すべきだが，自分の研究に対し潜在的に研究に興味をもつ人々へ，研究成果を広く周知するためには要約文をニュースレターに投稿することも考慮しなければいけない．『Giraffe』は国際キリンワーキンググループが発行するニュースレターで，査読付論文や現在進行形の研究の“要約”を掲載している．動物園水族館がウェブ上に簡易な研究報告を掲載し，より詳細な研究発表に注目を集めさせるケースが増えている．

挑戦，障害，機会

AZA の全国および地域委員会は，科学組織の特徴である公正で批評的かつオープンな議論を推奨するのではなく，むしろそれを抑える場合が多かった．動物園関係者は重要な事項を非公開の場で議論することが非常に多いと思われる．動物福祉や動物の権利に関する公開議論は市民権を獲得するには至っていない．しかし計画的に行えば，大勢が参加する公開シンポジウムやワークショップおよび講義を通じ，動物園関係者がこれらの議題等を公開の場で議論する機会をつくれるだろう．動物園研究者の活躍の場を増やすためにも，動物園関連の公開ミーティングを増やすことが望まれる．方舟の倫理（Norton et al. 1995）に刺激されて，AZA の会議で 1996 年に行われたような，“論点－対立点”論争形式により，科学的議論の場で，論点を改善できると，私たちは信じている．

動物園が飼育する動物種数の多さが，そのまま動物園研究の多様性に繋がることが理想的である．動物園は『Zoo Biology』での活動分野を拡大してきた．しかし研究対象の分類群や研究項目にはまだ拡大の余地が残されている．現在，研究の主流は哺乳類，特に食肉目と霊長目だが，これでは動物園の飼育種の多様性を反映するには不十分だし，他にも生態学的，行動学的，生化学的データが不足した多くの動物種が，研究対象として残されている．研究内容では行動学研究が優勢だが，この原因は行動研究の最低限の侵襲性と，比較的安価な研究費用によると思われる．しかし，動物園は生化学，形態学，分類学，繁殖学，環境条件や獣医学の研究にも適している．動物園関係者は，出版物ではなく，自身の日常業務を通じて，価値あるデータを比較的短時間で多く得ることができる．動物園関係者は動物の管理記録をレポートにすることで，同僚が実用化できる内容を普及することができる．さらに，このようなレポートにより，心理学や生物学的議論のみでは得ることができない知識を得ることができるとともに，作業仮説の欠落部分も埋めることができる（例：Bercovitch et al. 2004）．外部研究者と共同研究することで，動物に関する記録を外部研究者が利用できる機会ができると同時に，動物園関係者が研究の共著者になることができる．そのため，共同研究は動物園と研究者双方にとって，未解明な分類群に関する新たな調査研究の良い機会となる．

Anderson, Kelling, and Mapple（2008）は，『Zoo Biology』発行当初より 25 年間で，25% の論文のみで AZA 加盟の動物園が筆頭著者で，たった 6 動物園しか動物園関連研究論文に含まれていないことを明らかにした．われわれの『BasicBIOSIS』の調査では，2001 年～ 2005 年にかけて，動物園組織 41 機関が少なくとも 1 つの論文に掲載されていたことが判明した．毎年の機関数はほぼ一定で，2001 年～ 2004 年の 4 年間で 16 ～ 20 機関であった．しかしこの 41 機関の内，5 機関が 162 件の論文（65%）の筆頭著者に名を連ねる動物園で，その内訳は，野生生物保全協会（米国，54 件）サンディエゴ動物園絶滅危惧種保全研究部門（米国，30 件），動物園野生動物研究機関（ドイツ，29 件），ロンドン動物学協会（英国，28 件），スミソニアン国立動物園（米国，21 件）であった．各組織の出版数のモードは 1 で 2001 年～ 2005 年半ばまでの間，上記 41 機関中 21 機関が論文数 1 件であった．動物園研究にとって，経済的に豊かな組織が明らかに大きな役割を果たしている．同様に，AZA's Annual report on Conservation and Science（2005）の内容調査では，国立動物園とサンディエゴ動物園の発表数が突出していた．それ以外ではディズニーアニマルキングダムとセントルイス動物園のみが 2 桁の論文数で，頻繁に研究発表を行う動物園としてリストに上がったが，研究発表する動物園も次第に増えてきている．しかし悲しいことに，ほとんどの動物園が十分な研究資金を持たないうえ，動物園の潜在力を十分に生かせる研究に参加していない．われわれは Benirschke（1996）の以下の主張に賛同せざるを得ない．

> 「知識を増やすことなく繁殖させるだけでは，動物園において遺伝学や行動学もしくは栄養学的に十分な管理は望めないだろう．」

Benirschke（1996）は動物園内の優秀な科学者による専門的批評や，大学等の研究組織と動物園の連携強化についても論じた．最近まで，動物園は，動物生体解剖反対論者と生物医学研究反対者を恐れ，実験を伴う研究を認めたがらなかった．しかし Benirschke の以下の予想は強調するに値する．

「楽観的に見れば，動物園は研究全体を行うことではなく，研究組織にとって必須な機関となることで遅れを取り戻せるだろう」

動物園科学者は，動物園研究の優先順位を高くするため，研究内容を効果的に主張することを目的として組織化する必要がある．確立された科学原理を用いることにより，動物園管理において人口学や個体群生物学が支配的な見解となった時に，AZA の SSP プログラムの進展が可能となる．多くの魅力的な議論が，注目度と優先度の高い研究を推進するために流布している．しかしそれらの議論が，AZA 加盟の大部分の動物園で決定権をもつ責任職や委員会の注目を惹かないおそれがある．また，保全の財政的優先度が動物園関係者内で高くなるにつれて，研究支援は保全支援と競合することになるかもしれない（Miller et al. 2004）．しかし，動物園が保全活動の指導者を雇用するならば，結果として動物園は科学者の資格をもつ人物を雇用する機会にもなる．生息域内および域外における保全活動は，組織間のチームづくりの機会ともなる．

動物園研究の認知

動物園研究に携わる研究者や共同研究者である大学関係者が授与された，権威ある一流の賞やメダルに関する情報から，動物園研究の成功について，部分的に把握できる．受賞に関する情報を系統立てて把握することは困難だ．しかし，いくつかの特筆すべき事例から，動物園研究の厳密性や妥当性の拡充に伴い，動物園研究に対する認知が拡大傾向にあることが示唆される．Jeanne Altmann（現プリンストン大学，前ブロンクス動物園）と Frans de Waal（エモリー大学）の２人は，オランダのアルンヘムのボーア動物園に関する研究に長年従事した．職歴の大半を動物園研究とともに歩んだ，この２人の行動学者は，権威ある国立科学アカデミーより表彰された．さらに，Katherine Ralls は米国哺乳類研究者協会より Merriam 賞を受賞し，LaRoe 賞を保全生物学協会より受賞した．Devra Kleiman は保全生物学協会の優秀賞を受賞した．両者の受賞はともに，スミソニアン国立動物園で行われた科学・保全研究に対するのものだ．また興味深いことに，動物園関係者が３期連続で保全生物学協会の会長に選任されている（Deborah Jensen：シアトルのウッドランドパーク，John Robinson：野生生物保存協会，Georgina Mace：ロンドン動物学協会）．

学会や研究者協会以外の組織からも動物園科学者は表彰されている．Rolex 社のウェブサイトによると，動物園所属の研究者が競争率の高い Rolex 事業賞をこれまでに３回受賞している．1978 年，Bill Lasley が同賞を受賞した．彼は現在カリフォルニア大学の名誉教授だが，サンディエゴ動物園協会所属時代に，絶滅危惧鳥類の性判別法を開発することにより，絶滅危惧種の繁殖に貢献している．1996 年，ブエノスアイレス動物園の Norberto Luis Jácome は絶滅危惧種および希少種，特にアンデスコンドルの遺伝子保存に対する功績により，Rolex 賞を受賞した．最近では，野生生物保全協会所属の José Márcio Ayres（故人）がブラジルの熱帯雨林を舞台に，地域住民と協働で行った大規模コリドーの保護活動により，同賞を受賞した．野生生物保全協会も Rolex 受賞者の Rondey Jackson のユキヒョウに関する活動や，Nancy Lee Nash の仏教を基盤にした環境教育による，アジアおよび汎世界的保全活動を支援している．

これらに加え，動物園自身も保全学に優れた貢献をした研究者へ表彰している．サンディエゴ動物園協会賞のメダルは，動植物の知識拡大，動物の繁殖や生息環境保全等の促進，保全活動に関する一般社会への啓発活動等を通じて，保全活動に大きな影響を与えた人物に毎年授与される．スミソニアン国立動物園 100 周年となった 1989 年に，同動物園は Donald G. Lindburg の動物園生物学への功績に対し，100 周年メダルを授与した．彼は 2004 年にも米国霊長類学者協会から，優秀霊長類学者賞を授与されている．最近，ハワイ大学の David Karl の海洋微生物の研究に対しモントレー港水族館からデビッドパッカード賞が授与されている．

このような賞の登場によって，動物園生物学が著しく進展することが望まれる．現在，Wiley/Liss（『Zoo Biology』の出版社）と AZA は『Zoo Biology』掲載論文の年間大賞論文に 1,000 ドルを提供しているものの，科学的業績等に対し AZA が授与する賞は存在しない．一方で，AZA は Marlin Perkins 賞を２名の研究者に授与した．通常，この賞は動物園管理者に贈られるものだが，同賞受賞の基準に一部該当する研究者達の強力な“リーダーシップ”に対し，同賞を授与した．Ulysses S. Seal は IUCN（国際自然保護連合 / 種保存委員会）の保全繁殖専門家グループでリーダーシップを発揮し，個体群生物学を最先端の動物園事業へと導いた功績により，1991 年に同賞を受賞した．国際的には動物園獣医学および動物園感染症学の研究者として知られる Kurt Benirschke はサンディエゴ動物園協会の絶滅危惧種研究センターの創立者でもあり，1998 年に同賞を受賞した．近年，インディアナポリス動物園は動物保全活動に関する世界的で大規模な個人懸賞を設立し，動物保全活動に重要な貢献をした個人に対して２年ごとに 1,000 ドルを提供した．George Archibald は 2006 年に懸賞開始記念となった賞を受賞した．2008 年の受賞者は George B. Schaller で，野生生物保全協会の仕事に長年従事してきた優秀な自然科学者だ．この賞の授与は科学的業績に限定されるわけではない．しかしその受賞基準には，科学的な質の高さ，教育と一般社会関連プログラムとの協働関係が含まれている．

結　論

動物園職員は，もっと科学的研究に参加する必要がある．また研究に参加し，研究を支援する動物園が少なすぎる．おそらく多くの動物園では，積極的かつ十分に研究を支援する方法を見出せないのかもしれない．しかし，研究コストの節約法は多数存在し，研究部門が設立されている動物園では，他動物園に対し助言を行える専門家も数多く働いている．無視を決め込むことは，激増する科学プログラムへの対処とはならないし，組織的賛同も得られないだろう．動物園水族館はハイレベルな研究者を必要としているのだから，科学的に有能でトップレベルの人物を競って採用するようにならなければいけない．さらに，動物園水族館は競争的研究資金の獲得や査読付き雑誌への論文掲載，保全プログラムおよび科学プログラムのさらなる可視化を通じ，研究数が増加することを推奨しなくてはならない．リーダーシップこそ，研究成功の鍵となる．そのため，動物園水族館の責任職は，動物園水族館の研究強化と拡大に必要な負担を引き受けなければいけない．

動物園における研究内容は比較的一定している．実験を伴わない哺乳類の行動学や栄養学，遺伝学および繁殖学研究が目立つ．しかし動物園研究の視点は拡大しており，今日の動物園研究は一層計画的かつ正確で，最先端の統計技術に基づいたものである．洗練された研究計画と研究対象個体群の拡大により，研究成果の汎用性が高くなっている．優れた研究は競争率の高い科学雑誌にも掲載され，多くの外部資金を獲得できるようになるだろう．これらは全て実行可能である．なぜなら多くの組織で国内最高レベルの大学から博士レベルの才能をもつ人物を採用しているからだ．科学的に才能ある人物を採用し，その雇用を維持し，さらに彼らの業績を評価することにより，動物園が彼らの活躍の場となるよう情熱を掻き立てる必要がある．そのために，われわれは保全学的および科学的な視点を強化し続けなければいけない．

謝　辞

本総説の準備に当たって，ジョージアの保全学および行動学技術センター，アトランタ動物園，アトランタチャールズベリー基金，フロリダ大西洋総合大学内シュミット科学大学，パームビーチ動物園，フランクリン－マーシャル大学からの支援を受けた．

文　献

Anderson, U.S., Bloomsmith, M. A., and Maple, T. L. Forthcoming. Factors that facilitate research: A survey of zoo and aquarium professionals engaged in research.

Anderson, U. S., Kelling, A. S., and Maple, T. L. 2008. Twenty-five years of *Zoo Biology*: A publication analysis. *Zoo Biol.* 27: 444–57.

AZA (American Zoo and Aquarium Association). 2005. *Guide to accreditation of zoological parks and aquariums* (*and accreditation standards*). Silver Spring, MD: American Zoo and Aquarium Association.

Ballou, J. D., and Foose, T. J. 1996. Demographic and genetic management of captive populations. In *Wild mammals in captivity: Principles and techniques*, ed. D. G. Kleiman, M. E. Allen, K. V. Thompson, and S. Lumpkin, 263–83. Chicago: University of Chicago Press.

Benirschke, K. 1996. The need for multidisciplinary research units in the zoo. In *Wild mammals in captivity: Principles and Techniques*, ed. D. G. Kleiman, M. E. Allen, K. V. Thompson, and S. Lumpkin, 537–44. Chicago: University of Chicago Press.

Bercovitch, F. B., Bashaw, M. J., Penny, C. G., and Rieches, R. G. 2004. Maternal investment in captive giraffe. *J. Mammal.* 85: 428–31.

Bloomsmith, M. A., and Maple, T. L. 1997. Why enrichment needs science behind it: Addressing disturbance-related behavior as an example. In *Proceedings of the 3rd International Conference on Environmental Enrichment*, ed. V. J. Hare and K. E. Worley, 28–31. Orlando, FL: The Shape of Enrichment.

Bloomsmith, M. A., Marr, M. J., and Maple, T. L. 2007. Addressing nonhuman primate behavior problems through the use of operant conditioning: Is the human treatment approach a useful model? *J. Appl. Anim. Behav. Sci.* 102:205–22.

Brook, A. T. 2001. What is conservation psychology? *Popul. Environ. Psychol. Bull.* 27 (2): 1–2.

Carlstead, K. 1998. Determining the causes of stereotypic behaviors in zoo carnivores: Toward appropriate enrichment strategies. In *Second nature: Environmental enrichment for captive animals*, ed. D. J. Shepherdson, J. D. Mellen, and M. Hutchins, 172–83. Washington, DC: Smithsonian Institution Press.

Carlstead, K., Mellen, J., and Kleiman, D. G. 1999a. Black rhinoceros (*Diceros bicornis*) in U.S. zoos: I. Individual behavior profiles and their relationship to breeding success. *Zoo Biol.* 18:17–34.

Carlstead, K., Fraser, J., Bennett, C., and Kleiman, D. G. 1999b. Black rhinoceros (*Diceros bicornis*) in U.S. zoos: II. Behavior, breeding success, and mortality in relation to housing facilities. *Zoo Biol.* 18:35–52.

Chiszar, D., Murphy, J. B., and Smith, H. M. 1993. In search of zoo-academic collaborations: A research agenda for the 1990's. *Herpetology* 49 (4): 488–500.

Clubb, R., and Mason, G. 2003. Captivity effects on wide-ranging carnivores. *Nature* 425:473–74.

Conway, W. G. 1969. Zoos: Their changing roles. *Science* 161: 48–52.

Dierenfeld, E. S., Atkinson S., Craig, A. M., Walker, K. C., Streich, W. J., and Clauss, M. 2005. Mineral concentrations in serum/plasma and liver tissue of captive and free-ranging rhinoceros species. *Zoo Biol.* 24:51–72.

Erwin, J., Maple, T., and Mitchell, G., eds. 1979. *Captivity and behavior*. New York: Van Nostrand Reinhold.

Finlay, T. W., and Maple, T. L. 1986. A survey of research in American zoos and aquariums. *Zoo Biol.* 5:261–68.

Forthman, D. L., and Ogden, J. J. 1992. The role of applied behavior analysis in zoo management today and tomorrow. *J. Appl. Behav. Anal.* 25:647–52.

Forthman-Quick, D. L. 1984. An integrative approach to environmental engineering in zoos. *Zoo Biol.* 3:65–78.

Hardy, D. F. 1996. Current research activities in zoos. In *Wild mammals in captivity: Principles and techniques*, ed. D. G. Kleiman, M. E. Allen, K. V. Thompson, and S. Lumpkin, 531–36. Chicago: University of Chicago Press.

Hosey, G. R. 1997. Behavioural research in zoos: Academic perspectives. *Appl. Anim. Behav. Sci.* 51:199–207.

Hughes, B. O., and Duncan, I. J. H. 1988. The notion of ethological need, models of motivation and animal welfare. *Anim. Behav.* 36:1696–1707.

Hutchins, M., Hancocks, D., and Crockett, C. 1984. Naturalistic solutions to the behavioral problems of zoo animals. *Zool. Gart.* 54:28–42.

Kleiman, D. G. 1992. Behavioral research in zoos: Past, present, and future. *Zoo Biol.* 11:301–12.

Kuhar, C. W. 2006. In the deep end: Pooling data and other statistical challenges of zoo and aquarium research. *Zoo Biol.* 25:339–52.

ILAR (Institute of Laboratory Animal Resources). 1975. *Research in zoos and aquariums*. Washington, DC: National Academy of Sciences.

Lindburg, D. G. 1989. A forum for good news. *Zoo Biol.* 8:1–2.

Line, S. W., Morgan, K. N., and Markowitz, H. 1991. Simple toys do not alter the behavior of aged rhesus monkeys. *Zoo Biol.* 10: 473–84.

Louis, E. E., Coles, M. S., Andriantompohavana, R., Sommer, J. A., Engberg, S. E., Zaonarivelo, J. R., Mayor, M. I., and Brenneman, R. A. 2006. Revision of the mouse lemurs (*Microcebus*) of Eastern Madagascar. *Int. J. Primatol.* 27:347–89.

Maple, T. L. 1980. *Orang-utan behavior*. New York: Van Nostrand Reinhold.

———. 1995. Toward a responsible zoo agenda. In *Ethics on the Ark: Zoos, animal welfare, and wildlife conservation*, ed. B. G. Norton, M. Hutchins, E. F. Stevens, and T. L. Maple, 20–30. Washington, DC: Smithsonian Institution Press.

———. 2006. Tales of an entrepreneurial animal psychologist. *Observer* 19:11–13.

Markowitz, H. 1982. *Behavioral enrichment in the zoo*. New York: Van Nostrand Reinhold.

Markowitz, H., Aday, C., Gavazzi, A. 1995. Effectiveness of acoustic "prey": Environmental enrichment for a captive African leopard (*Panthera pardus*). *Zoo Biol.* 14:371–79.

Markowitz, H., and LaForse, S. 1987. Artificial prey as behavioral enrichment devices for felines. *Appl. Anim. Behav. Sci.* 18:31–43.

Mason, G. 1991. Stereotypies: A critical review. *Anim. Behav.* 41: 1015–37.

Miller, B., Conway, W., Reading, R. P., Wemmer, C., Wildt, D., Kleiman, D., Monfort, S., Rabinowitz, A., Armstrong, B., and Hutchins, M. 2004. Evaluating the conservation mission of zoos, aquariums, botanical gardens, and natural history museums. *Conserv. Biol.* 18:86–93.

Norton, B. G., Hutchins, M., Stevens, E. F., and Maple, T. L., eds. 1995. *Ethics on the Ark: Zoos, animal welfare, and wildlife conservation*. Washington, DC: Smithsonian Institution Press.

Ord, T. J., Martins, E. P., Thakur, S., Mane, K. K., and Borner, K. 2005. Trends in animal behaviour research (1968–2002): Ethoinformatics and the mining of library databases. *Anim. Behav.* 69:1399–1413.

Petersen, D., Laterveer, M., van Berhen, D., and Kuenen, M. 2004. Transportation techniques for massive *Scleractinian* corals. *Zoo Biol.* 23:165–76.

Powell, D. M. 1995. Preliminary evaluation of environmental enrichment techniques for African lions (*Panthera leo*). *Anim. Welf.* 4:361–70.

Rabb, G. B., and Saunders, C. D. 2005. The future of zoos and aquariums: Conservation and caring. *Int. Zoo Yearb.* 39:1–26.

Rolex Awards for Enterprise. www.rolexawards.com (accessed September 28, 2005).

Saunders, C. 2003. The emerging field of conservation psychology. *Hum. Ecol. Rev.* 10:137–49.

Shepherdson, D. J. 1998. Introduction: Tracing the path of environmental enrichment in zoos. In *Second nature: Environmental enrichment for captive animals*, ed. D. J. Shepherdson, J. D. Mellen, and M. Hutchins, 1–12. Washington, DC: Smithsonian Institution Press.

Shepherdson, D. J., Mellen, J. D., and Hutchins, M., eds. 1998. *Second nature: Environmental enrichment for captive animals*. Washington, DC: Smithsonian Institution Press.

Silverman, J., Suekow, M. A., and Murthy, S., eds. 2006. *The IACUC Handbook*. Boca Raton, FL: CRC Press.

Sommer, R. 1973. What do we learn at the zoo? *Nat. Hist.* 81:7, 26–27, 84–85.

———. 1974. *Tight spaces*. Englewood Cliffs, NJ: Prentice-Hall.

Stoinski, T. S., Lukas, K. E., Kuhar, C. W., and Maple, T. L. 2004. Factors influencing the formation and maintenance of all-male gorilla groups in captivity. *Zoo Biol.* 23:189–203.

Stoinski, T. S., Lukas, K. E., and Maple, T. L. 1998. Research in American zoos and aquariums. *Zoo Biol.* 17:167–80.

Swaisgood, R., and Shepherdson, D. 2007. Environmental enrichment as a strategy for mitigating stereotypies in zoo animals: A literature review and meta-analysis. In *Stereotypic animal behaviour: Fundamentals and applications to welfare*, 2nd ed., ed. G. Mason and J. Rushen, 255–84. Wallingford, U.K.: CAB International.

Tarou, L. R., and Bashaw, M. J. 2007. Maximizing the effectiveness of environmental enrichment: Lessons from the experimental analysis of behavior. *Appl. Anim. Behav. Sci.* 102:189–204.

Wells, D. L., and Egli, J. M. 2004. The influence of olfactory enrichment on the behaviour of captive black-footed cats, *Felis nigripes*. *Appl. Anim. Behav. Sci.* 85:107–19.

Wemmer, C., Rodden, M., and Pickett, C. 1997. Publication trends in *Zoo Biology*: A brief analysis of the first fifteen years. *Zoo Biol.* 16 (1): 3–8.

Wemmer, C., and Thompson, S. D. 1995. A short history of scientific research in zoological gardens. In *The ark evolving: Zoos and aquariums in transition*, ed. C. Wemmer, 70–94. Front Royal, VA: Smithsonian Institution Press.

Wilson, M., Kelling, A., Poline, L., Bloomsmith, M., and Maple, T. 2003. Post-occupancy evaluation of Zoo Atlanta's giant panda conservation center. *Zoo Biol.* 22:365–82.

子と一緒の雌ゴリラ，スミソニアン国立動物園（ワシントン D.C.）．
写真：Mehgan Murphy（スミソニアン国立動物園）．複製許可を得て掲載．

第6部

行　動

イントロダクション

Katerina V. Thompson

訳：田中正之

動物園が保全や教育にその潜在能力を十分に発揮するためには，動物園における動物の生存を確保するだけでは不十分である．私たちは動物を世話することで，動物同士の間で見られる行動の多様性を保持するための努力もしなければならない．もし飼育下の動物が正常な繁殖行動や養育行動を示せなかったら，飼育下繁殖のための努力も無駄に終わることになる．もし動物が正常な行動レパートリーを発達させられなかったら，繁殖の試みも失敗に終わることになる．行動の多様性を保持することは，動物園の管理者にとって，その力量を問われる難題である．飼育下の環境は，野生の哺乳類が進化してきた生息地とは異なっているからだ．しかもその差は目に見えるレベルから，微妙な違いまで様々である．この第6部では，動物園動物の行動の側面，特に飼育管理に関連するものについての概説を行う．そして，社会的および物理的環境を，行動の多様性保持のためにどのように最適化し得るかということを示す．最後には，行動研究のテクニックを紹介することで，将来の研究がさらに促進されることを期待したい．それらの研究が，飼育管理に関する将来を教えてくれるだろう．

最近，飼育動物の行動上の幸福さを促進するために，自然を模した展示が強調されている．それでも，飼育下の環境は野生の哺乳類の生息地を十分に再現したものとは言えない．野生と飼育下の間の環境の違いは，飼育下の哺乳類の行動に即時的にも，蓄積的にも影響を与えるだろう．そして，世代を重ねるにつれて，飼育下繁殖の哺乳類の行動は，野生生まれの同種個体の行動とは異なるものになっているかもしれない．第25章では，McPhee and Carlsteadが，飼育環境が行動に与える影響について詳しく調べている．彼らは飼育下の動物の自然な行動を保持することが彼らの幸せを維持し，繁殖のための努力を成功に導き，動物園の来園者に自然界の保全に対する理解を浸透させるために重要な事例を紹介している．

動物園の動物は，決して“野生”ではないし，かといって完全に家畜化されているわけでもない．種によっては取扱いのしやすさを高めるために，従来からトレーニングが行われてきた．例えば，ゾウや海生哺乳類などである．しかし，飼育下の哺乳類を管理するためのトレーニングプログラムを広く普及させることは，比較的新しく始められた努力である．今では，かつては麻酔を必要とした手続き（例えば，採血や削蹄，採精など）を達成するために，トレーニングが使えることが知られてきている．付け加えるなら，トレーニングプログラムは，哺乳類に認知的・社会的な刺激を与え，それが彼らの幸福に貢献することもある．第26章では，Mellen and MacPheeが，動物の学習について概説する．そして学習理論の基本的な原理がどのように飼育管理の向上に応用されるのか，飼育下の哺乳類の福祉の増進に役立てられるのかを示す．彼らは最後に助言として，持続可能なハズバンダリートレーニングプログラムを確立させることを薦めている．

第27章では，Swaisgood and Schulteが哺乳類の社会行動とコミュニケーションについて概説する．それらは飼育管理と関連しているからである．野生の哺乳類は，単独生活者から高い群居性まで，その社会構造に驚くべき多様さを見せる．ある種の動物の社会組織と，個体レベルの同種他個体に対する寛容度はある程度柔軟性があり，物理環境（食物や空間など）と社会環境（同種他個体の年齢や性別）の両方の影響を受ける．1つの種の自然な社会組織をまねることは有効な出発点である．しかし，Swaisgood and Schulteは，飼育管理者がその目的（教育，飼育下繁殖，再導入など）をはっきり示すことが何より重要であると強調する．動物園の環境でそれらの要因を最適化するには，自然な社会組織への調整が必要となるからである．

第28章は，Thomas, Asa, and Hutchinsによる妊娠と出産についての章である．第29章では，親による養育と行動発達について，Thompson, Baker, and Bakerが概説する．特に，哺乳類におけるそれらの活動の生理学的・行動学的側面を紹介する．何より不可欠なことは，典型的な行動上の変数を知り，正常な繁殖行動と養育行動を発現するための適切な飼育条件を提供することである．同様に不可欠なことは，正常な発達の過程を理解することである．初期発達は，哺乳類が成熟してからの行動上および繁殖上の能力（適性）に重大な影響を与えるからである．将来の保全の努力の結果は，生息域内および域外の協調した活動にかかっている．したがって私たちは，飼育下個体群が単純に遺伝的な多様性を維持するだけではなく，適切な行動レパートリーを維持することも保証しなければならない．動物の行動上の必要性に慎重に注意を向けることで，飼育下でも再導入された個体でも，より正常な行動を発現させることができるだろう．

行動研究を強調する一方で，Crockett and Haの第30章では，データの収集と分析方法について，どんな分野にでも使える秘訣を教えてくれる．そこで強調されるのは，研究上の疑問点を明確に系統立てること，データ収集のプロトコル（手順・計画）をつくること，データ記録のための適切な技術を選択すること，そして統計的解析を実施することである．ごく頻繁に起こることだが，ある行動パターンや生物学的な現象を説明しようとする時に，動物園では体系的なデータ収集をしなかったり，別な仮説を検証しなかったりする．このように科学的厳格さを欠いては，多くの動物園での研究プロジェクトの結果を一般化することは不可能である．むしろ，実験デザインや分析により慎重に注意を向けることで，私たちの努力の積み重ねが飼育管理や飼育動物の幸せを改善させることにつながっていくだろう．

25

飼育下の哺乳類において自然な行動を維持することの重要性

M. Elsbeth McPhee and Kathy Carlstead

訳：田中正之

はじめに

行動は，形態や生理と同様に，複雑な環境の中で進化し，その結果として，本来の生息地での個体の生存率や繁殖成功度を上げてきた．しかし，飼育下の哺乳類は，その動物が進化したのとは大きく異なる環境で生きている．環境への反応として，動物たちはその環境にうまく対処するように行動を調整し，その結果として，飼育下と野生の個体群間で遺伝型や表現型が違う形で現れる可能性がある（Darwin 1868，Price 1984, 1998，Lickliter and Ness 1990，McPhee 2003a, 2003b, 2004）．

その反応には3つのレベルがあると考えられる．1つ目は，個体がその行動を変えること．その個体独自の要求に即応することができる．例えば，採食のスケジュールを合わせる，同種個体の集団に従うなどである．2つ目は，野生よりも限定的な環境である飼育下で成長することによる変化である．その個体が将来起こる出来事に対する反応のしかたを学習し，変化させる可能性がある．これらの2つのレベルの変化は個体内で起こるもので，発達の過程で形成されるものである．3つ目の反応レベルは，多くの個体の変化によってできあがるもので，個体群レベルの変化として現れるものである．飼育下の個体群では，ある行動がその行動を示す個体の生存率を上げることがある．例えば，騒音に対する耐性などである．それらの行動は遺伝的に世代から世代へと受け継がれ，結果としてその飼育下個体群内にその形質が広まるかもしれない．その分布は，野生の個体群で見られる分布とは全く異なるものだろう．

動物園で働く生物学者にとっては，飼育下繁殖の哺乳類において，自然な行動を維持することが何にも増して重要なことである．それは，上記の3つのレベルの変化が，絶滅が危惧される種の，生息域外および域内の保全の努力を危うくするかもしれないからである．個々の動物が，野生で見られるのと同様の正常な，種特異的な行動を示すことは，潜在的な指標となるだろう．その動物の要求が満たされていて，飼育環境が適切であり，その動物が健康で幸福であることの指標である．展示動物が示す自然な行動は，動物園の来園者への標識でもある．つまり，その動物が野生で生きる同種の仲間の生きた代表であることの標識である．飼育下の動物が異常行動をするのを目にした来園者は，その動物が“不幸だ”と感じることだろう（McPhee et al. 1995, 未公表データ）．常軌を逸した行動が増加することは，展示における教育的メッセージの価値を落とすことになる（Altman 1998）．飼育下動物に対して，そのようなネガティブな経験をした来園者は，動物園がその種や生物多様性一般の保護における権威だという考えを否定するかもしれない．

これらのことに加えて，成長や発達の過程で自然な，種特異的な行動が形成されることは，その後の繁殖の成功の必要条件でもある．配偶者選択や求愛，交尾，子の養育などの繁殖行動は，飼育下の環境によって重大な影響を受ける（第27章，第29章を参照）．多くの哺乳類の種にとって，自然な繁殖行動の発達には，初期発達の間の正常な学習経験と，適切な社会で発達の過程を経ることが必要である．そのためにも，持続可能な飼育下個体群を維持する必要がある．飼育環境が行動発達に及ぼす影響は，全ての飼育下繁殖計画で真剣に考慮すべき問題である（Kleiman 1980，Carlstead and Sheperdson 1994）．

最後に，飼育下の個体群が野生の同種個体群を正確に代表しているかを考えてみる．全体としての特徴の分布は野生と飼育下で同様のはずである．飼育下個体群では，飼育下の環境に適応する行動を形成するための選択圧に，世代を超えてさらされている．その選択圧は，個体群内での行動の現れ方や行動傾向の分布を変え，その結果として飼育下の個体群は行動的にも形態的にも野生の個体群とは異なったものとなってしまうだろう．飼育下の個体群はこのようにして，野生の環境で生き残るための能力に欠けたものとして進化し，その限定的な能力のために，野生の個体群の回復には寄与しないかもしれない．

この章では，3つのレベル全ての行動変化を，様々な文脈で検討する重要性を議論する．その文脈とは，動物の個体レベルでの幸福，自然な繁殖行動の発達，飼育下個体群の行動の多様性である．そしてこれらの要素の域内・域外保全への関連のしかたについても議論する．

動物の幸福

全ての動物園が向き合うべき倫理的，操作的な重要課題に，動物の幸福を最適化することがある（第2章を参照）．心理的な幸福は個体レベルの現象である．というのは，この問題は，個々の動物が自身の置かれた環境の変化に対応し，その制約に反応する能力をどのように認識しているかにかかっているからである．Dawkins（2004, 2006）は以下のように提案している．動物の福祉が良いか悪いかを決定することは，2つの質問に答えることである．1つ目は，その動物が健康かということであり，もう1つはその動物が欲するものを得られているかということである．身体的な健康レベルの低さは，明らかに幸福度の低さを表す．しかし，その他の健康の尺度ではそう簡単にはいかない．例えば，採餌量の減少や免疫機能の減退を考えるとよい．行動科学者は，最近ますます，飼育下の動物のストレス反応に関心をもつようになってきた．動物の幸福と動物の健康を関連づけるためである．

動物は健康か？ ストレスを評価する

動物を身体的・行動的に健康に保つためには，ストレスの要求を動物が耐えられる範囲内に保たなければならない．慢性のストレスは，それが明らかな原因となって，飼育下の哺乳類の福祉レベルを低いものにする（Broom and Johnson 1993）．視床下部−下垂体−副腎皮質系の活性が，繰り返し起こる，もしくは慢性的に存在するストレッサーへの反応として長期にわたって高いままだと，生物学的な損失の大きな結果を招く．例えば，免疫応答の抑制作用や病気，組織の委縮，繁殖機能の減退，非適応的な行動などである（Engel 1967，Henry 1982，Bioni and Zannino 1997，Blecha 2000，Elsasser et al. 2000，Whay et al. 2003）．ストレスは動物にとって良くも悪くも作用する．どれくらい長くそのストレスが続いているか，どれくらい強いか，動物がその状況に反応する際にどれだけの選択肢があるかによって変わってくる（Ladewig 2000，McEwan 2002，Wielebnowski 2003）．

しかし，実際にストレスを測定して動物の健康との関連を調べた動物園での研究はほとんどない．ストレスはしばしば測定されるのではなく，直前に突然起こった事象との偶然の一致から推定される．例えば，Cociu et al.（1974）は，ブカレスト動物園のアムールトラ（*Panthera tigris altaica*）が，慣れない動物舎に順応できなかったために胃腸炎を患ったことを報告している．同様に，隣接する中庭を補修していたために高いレベルの騒音が延々と数か月も続いたことで，何頭かのトラが胃腸炎を発症したと考えられている．高められたグルココルチコイドレベルと，動物園で飼育される動物種のうちの生物学的損失の間の相関についてのより最近の直接的な証拠がある．Carlstead and Brown（2005）は，クロサイ（*Diceros bicornis*）の死亡率と，シロサイ（*Ceratotherium simum*）の繁殖の失敗は，副腎皮質からのストレスホルモン（グルココルチコイド）の分泌のばらつきの大きさに関係があるという証拠を提供した．彼らは1年にわたる糞中のコルチコイドレベルを調べた結果，高いばらつきを見出した．このことは，サイたちが（環境に）順応すること，または副腎活性の恒常性を保つことができなかったことを表していると解釈された．

同様に，グルココルチコイド濃度の平均値の高さは，ホッキョクグマ（*Ursus maritimus*）では脱毛との関連がみられ（Shepherdson 私信），ウンピョウ（*Neofelis nebulosa*）では同種他個体に対するトラウマや腫瘍，腎疾患，副腎皮質の組織病理との関連がみられた（Terio and Wielebnowski 私信）．

その原因を検討し，幸福や健康に対するストレスの有害な効果を減じるためには，動物園動物のストレス測定が必要となる．では，どうやって評価すればよいだろう．慢性の，または“悪い”ストレスを定義するなら，その1つは「環境の影響が生体の適応能力に重くのしかかるか，もしくは能力を超えている時，その結果として心理的・生物学的変化が起こり，これが人や動物に病気のリスクを警告する」(Cohen, Kessler, and Underwood Gordon 1997) というものである．このため，動物園動物のストレスを測定するには，少なくとも以下の3つの要因を評価し統合しなければならない．①環境条件と変化，②その変化に対する生理的・行動的反応，③健康，繁殖，病気の過程への生物学的な結果．今日の動物園では，ストレス評価は急速に成長している分野である．その結果この分野は，個々の動物から継続的に集められた生物学的データの統合が必要となる．というのも，個体によって，その年齢，性別，成育歴，パーソナリティ，生殖状態などの関数として，ストレッサーはそれぞれ異なって認識されるからである (Benus, Koolhaas, and van Oortmerssen 1987, Suomi 1987, Mason, Mendoza, and Moberg 1991, Cavigelli and McClintock 2003)．

物理的な環境や社会の中で起こる事象は飼育下の哺乳類にとってストレスの原因となるが，その程度は種によって異なる．Morgan and Tromborg (2007) は，飼育下哺乳類にストレス反応を引き起こす要因について，見事な総説を書いている．その要因には，音や音圧，捕食者や化学物質からの臭い刺激，空間の制約などが含まれている（第2章も参照）．不安定な社会集団 (DeVries, Lasper, and Detillion 2003) や不自然なほど高い個体密度，隠れ場所がないこと，臭い付けされた信号の除去，採食競合が生じること（状況），来園者との距離が近すぎて距離が取れないこと，等も問題となる (Glaston et al. 1984, Hosey and Druck 1987, Chamove, Hosey, and Schaetzel 1988, Thompson 1989)．複数の施設にまたがって74頭のウンピョウの調査をした Wielebnowski et al. (2002) は，来園者への展示の仕方，捕食者との距離の近さ，飼育係が頻繁に代わること，動物舎内の高さが足りないことなどの環境要因が，高い糞中コルチコイドレベルや異常行動と関連していることを見出した．同様に，放飼場の周囲で来園者に見られる場所の割合が高かったクロサイは，見られる場所が限られていた放飼場に暮らすクロサイと比べて，糞中のグルココルチコイドレベルが高かった (Carlstead and Brown 2005)．

ストレスをもたらす要因であるストレッサーに対する反応は，そのストレッサーによって様々だが，攻撃的な反応や防御的な反応と，神経内分泌上の反応とが組み合わされて起こることがある (Matteri, Carroll, and Dyer 2000, Moberg 2000)．生理的なストレス反応は，求愛や交尾，日常的な飼育業務といった通常の状況に対する一過的な反応をしても起こるが，より困難な（解決しなければならない）問題の結果として，より継続的に起こることもあるし，反応が変動することもある．そのため，ストレスを測定するためにまずしなければいけないことは，行動の変化と生理的な変化を対にすることである．次に，それを誘導する環境や社会事象を調べることである．糞中や尿中のグルココルチコイドを測定することは，動物園動物だけでなく野生動物においてもストレス反応を調べる主要な手段となっている．それは，このサンプル採集方法が非侵襲的であり，ある程度の幅の時間に起こったコルチコイド分泌の蓄積サンプルを代表するものだからである (Whitten, Brockman, and Stavisky 1988, Mostl and Palme 2002, 第33章)．逆に，正常状態で排出が拍動性のコルチコイドをコントロールしたり，概日リズムをコントロールしたりする目的で，血液サンプルからコルチコイドを測定しようとしたら，より厳密に統制された条件下で，頻繁なサンプル採取を行う必要がある．この方法によりストレスの基礎レベルや環境内のストレッサーと関連した変化を測定することができるが，実施にはより大きな困難を伴う．

行動は動物にとって，環境の変化に対する“防御の最前線”である．つまり，行動によって，動物が環境と相互に関わり，環境に反応し，環境をコントロールしていることを知ることができる (Mench 1998)．そのため，動物園動物のストレスを評価する時には，行動の変化はいつもモニターしておかなければならない．繰り返されるペーシング（往復歩行），攻撃行動，過剰な睡眠や不活動状態，恐怖による不安を示す行動などが増加したら，その動物がストレスを感じていることを示している．一群の社会で飼育されている飼育下のゴリラ (*Gorilla gorilla gorilla*) は，グルココルチコイドレベルの上昇，攻撃的ディスプレイの増加，けんかの増加によって，その期間に社会が不安定な状態であったことが示された (Peel et al. 2005)．Wielebnowski et al. (2002) は，ウンピョウにおいて，グルココルチコイドレベルの上昇が，抜毛，過剰なペーシング，身を隠す行動と相関していることを見出した．単独飼育されていた雄のオランウータン (*Pongo* spp.) では，飼育係が日誌で“機嫌が悪く”，動物舎内の移動をしなかったと書いている日には，日中のグルココルチコイドレベルが高かった (Carlstead 2006, 未発表データ)．動物園で飼育されているジャイアントパンダ (*Ailuropoda melanoleuca*) では，グルココルチコイドレベルと，移動（の比率），ドアをひっかく行動，騒音レベルの高さの間に正の相関が見られた (Owen 2004)．

反対に，正常な，もしくは中立的な行動の生起頻度の高さは，ストレスレベルの低い状態，おそらくは良い福祉の状態を示しているといえるだろう．ほとんど何もない不毛なケージに入れられているベンガルヤマネコ（*Felis bengalensis*）は，慢性的にグルココルチコイドレベルが上がり，常同的なペーシングの生起率も高かった．この個体が新しい環境に移り，複雑な構造物や植物があり，自分の身を隠せる機会を与えられると，上記のストレス反応が劇的に下がった．同様に，ケージの探索に使う時間が増えた（Carlstead, Brown, and Seidensticker 1993）．Falk の報告（Falk 私信）によると，ある動物園では，スライドドアを開放して，ホッキョクグマが室内でも屋外でも自分で居場所を選べるようにしてやると，常同的なペーシングが劇的に減少したという．あるシロサイは，飼育係から飼育環境に最も順応していると評価された．その元になったのは，どれくらいその飼育係に対して“友好的か”という評価だった．その飼育係のそばではリラックスしていないと評価されたサイと比べて，そのシロサイのグルココルチコイドの平均レベルは低かった（Carlstead and Brown 2005）．

動物は自らが欲するものを得られているか

動物園では，ストレスや異常行動がないことだけでは動物の幸福を保証する基準としては不十分だとされる．動物は潜在的に行動する欲求をもっている（第 6 章参照）．また，動物福祉科学は，その動物がどの行動を欲しているのか（例えば，狩猟なのか，採食のための探索なのか，遊泳なのか）を見極めようとしている．飼育下の哺乳類も，野生の個体と同じくらいに活発であるべきだ（第 2 章）．つまり，動物たちは高い動機づけレベルの行動を実行できなければならない．結果として，そのことが行動のある熟達レベルに到達するために必要となる場合にはなおさらだ．その熟達レベルは，その動物が養育されるプログラムの目標（例えば，野生への再導入，社会的生活，飼育下繁殖，人に従順であるようにプログラムされた動物，正常な行動を見せる展示動物）に必要となるものだからである．ある行動に対する動機づけのレベルは，季節や繁殖条件によって変わる．例えば，アメリカグマ（*Ursus americanus*）は，常同的なペーシングに季節的なパターンがある．彼らのペーシングは，繁殖シーズンか，冬眠前シーズンかによって，時間的にも空間的にも変わるのである．Carlstead and Seidensticker（1991）はこの結果を，そのクマが欲しているもの（繁殖の機会か採食の機会か）の変化を表していると解釈した．

動物が欲するものを得られているかどうかを確かめるアプローチとして，もっとも一般的なものの 2 つをあげよう．① 1 つ目は，環境の変容やエンリッチメントを用いて，実験的にネガティブな行動（例えば，常同行動，攻撃性，過剰な活動性）を減らし，活動レベルや行動の多様性を上げることである．②もう 1 つは，選択テストを行い，動物のどの行動に対する動機づけレベルが最も高いのかを調べることである．常同行動のようなネガティブな行動の説明としては，環境内で何か失われたものを求める欲求が，動物に，繰り返しの身体移動に向かう動機づけへ向かわせるとするものがある（Mason and Latham 2004 の総説と本書第 6 章を参照）．言い換えるなら，動物は，したいと欲する行動の表出方法を見つけられないということである．例えば，ある動物の活動時間配分を見ると，野生では採食が活動の大部分を占めている．採食や狩猟には，探索，獲得（収穫，捕獲，殺害）と食物を消費するというプロセスが含まれる（Lindburg 1998）．しかし，飼育下の動物は，上記プロセスのうち消費以外の機会をめったに得られない．しかも，しばしばそれは損なわれた経験であったりする．つまり，食物が複雑なもの（例えば，生の獲物の姿）から，ごく単純なかたち（例えば，処理された肉片）に変えられてしまっていたりする．そのような場合は，エンリッチメントとして餌の動物の屍体をそのままの形で与えるなどすると，食物を扱う時間が増し，常同的なペーシングに費やされる時間が減るだろう（Lindburg 1998，Mcphee 2002）．

選択テストは，動物が，喜びとして，快適さとして，満足感として何をしたいと“求めて”いるのかを，控えめではあるが教えてくれる．さらには，動物が，ふつうはただ受け取るだけの報酬よりも，（食物を得る仕事に）挑戦したり従事したりすることを好むことを証明してきた（Mench 1998）．多くの動物種は，ただで手に入る食物を得るよりも，食物のために働く（例えば，迷路を走る，レバーを押す等）ことを好む．同様に，動物は新規な環境や新規な物体を探索することが好きである．

動物の暮らす環境を変容させたり，餌を与える方法を変えたりすると，しばしばネガティブな行動が減り，活動性や行動の多様性が増す（総説として，Swaissgood and Shepherdson 2005 と本書第 6 章を参照）．Wiedenmayar（1996）は，飼育下のスナネズミ（*Meriones unguiculatus*）が常同的な穴掘り行動を発達させたのは，通常はスナネズミに穴掘りを止めさせる刺激が，飼育環境内に欠けていたからだという仮説を立てた．彼はウッドチップを敷いたケージでスナネズミの子を飼育した．人工の巣穴にはウッドチップを通ってアクセスできるようにしたところ，乾いた砂を敷いたケージで飼育されたスナネズミよりも，穴掘り行動が減った．砂では，掘ったトンネルを支えることができなかったことが要因の１つだったようだ．

飼育下にある動物の多くは，給餌時間の前に常同行動を示すことが多い．それは，どんな動物にとっても，採食や狩猟のような食物獲得と関連する行動を行うことに対する動機づけのレベルは高いからである．Winkelstraeter（1960）は，雌のオセロット（*Leopardus pardalis*）が，給餌時間前に円を描いて走り回ったと記述している．同様にジョフロイネコ（*Felis geoffroyi*）が給餌時間の前に２〜４時間もペーシングを続けたという報告もある（Carlstead 1998）．大型のネコ科動物の常同行動は，処理を施さない生きたままの形の餌を与えると減少する．その分，食物を扱う時間や，消費にかかる行動（うずくまる，忍び寄る，飛びかかる，飛び跳ねる，強く打つ，咬む，つかむ，食べる等）が増える（McPhee 2002，Bashaw et al. 2003）．アメリカグマでは，餌を放飼場中に散らせて撒いてやれば，給餌時間の前のペーシングが減り，探索や採食にかける時間が増えた（Carlstead, Seidensticker, and Baldwin 1991）．Gould and Bres（1986）は，飼育下のゴリラで吐き戻し行動をいくらか減らすことに成功した．彼らは，餌として枝付きの木の若葉を与えたのである．これにより，食物を扱ったり摂取に費やす時間が増えたのである．上記のような研究で重要とされているのは，食物のために“働く”機会を得ることによって，動物たちが利益を得ているということである（Markowitz 1982）．

もう１つの根本的な疑問は，動物が本来欲する，もしくは必要とするのに十分な広さの空間を動物園の放飼場で得られているのかということである．肉食動物やその他の広い行動範囲をもつ動物にとって，本来の行動圏の大きさで，飼育下で示すペーシングの程度を予測できる（Clubb and Mason 2003）．霊長類では，一般的に，ケージのサイズが小さいほど，個体が示す常同行動は多くなる（Paulk, Dienske, and Ribbens 1977，Prescott and Buchanan-Smith 2004）．動物が利用可能な領域の広さを増やしてやることで，時には常同行動が見られなくなったり，別な行動に変えることができる（Draper, and Bernstein 1963, Clarke, Juno, and Maple 1982）．

ある動物にとって，正確にどれだけの広さが必要なのかは分からない．特に，幸福度の最重要な要因は，空間の量よりも質だとされることが多いからである（Berkson, Mason, and Saxon 1963）．ホッキョクグマは，野生では全ての肉食動物の中で最も広い行動圏をもつ動物である．おそらく動物園でも最も広い空間を必要とするだろう．実際，どんな動物園が提供できる空間よりもさらに広い空間を必要とする．Shepherdson は，複数の施設でホッキョクグマの常同行動に関する調査を行った．その結果，エンリッチメントやトレーニングと，常同行動に費やす時間との間に負の相関がみられた．このことは，ホッキョクグマに何かすることを継続的に与えることで，空間の不足を補うことができることを示唆している（Shepherdson 私信）．Perkins（1992）と Wilson（1982）は，動物園で飼育される大型類人猿（ゴリラとオランウータン）の集団にとって，ケージの広さは活動性を高めるためのそれほど重要な要因になっていないことを見出した．むしろ，ケージ内に設けられた設備やエンリッチメントの数や種類の方が重要なようである．Odberg（1987）は，ヨーロッパヤチネズミ（*Myodes glareolus*）の行動を，小さいけれどエンリッチメントの施された環境と，広いけれど何もない環境で比較した．その結果，常同的な跳躍は前者の環境でより少ないことを見出した．同様にスナネズミの常同行動においても，空間の制約は直接の原因ではなかった（Wiedenmayer 1996）．このような証拠は，Hediger（1964）の言葉に信用を与えるだろう．Hediger は，この時すでに，飼育下の動物の制約された空間にとって，量よりも質の方が重要であると述べていた．

選択テストは，重労働の農作業を行う動物の福祉の研究では一般的な方法である．その目的は，動物が好む活動を得るために，どれほどの努力を，動物自らが費やすのかを決めることである．Dawkins（1990）は，消費者要求モデルを用いてきた．このモデルは，動物に“商品”を手に入れるために働くことを要求する経済学の理論を元にしている．例えば，Mason, Cooper, Clarebrough（2001）の研究では，アメリカミンク（*Mustela vison*）が，水浴用のプールに行くために錘のついたドアを押した．このために費やすエネルギー量（ドアの重さで換算）は，おもちゃや新奇物，別な寝床に行くためのエネルギー量より大きかった．プールに行けないようにすると，コルチコイドレベルが上昇する反応が見られた．この反応レベルは，食べ物を断った時と同じくらいのレベルだった．著者らは以下のように結論づけた．家畜化されたミンクは，水中での活動に対する高い動機づけレベルを維持している．この動機づけレベルは，たとえプールにアクセスできない飼育下の環境で 70 世代を経ても維持されていたのである．

選択テストの実験は，動物園動物では必ずしも一般的ではない．それは，２つの等価な選択肢を提示するのに十分な環境を標準化するのが難しいからである．しかし，動物舎の空間をいくつかのグリッドに分けて，空間の利用率を調べる研究によって，空間に関する動物の好みを評価することができる．行動も合わせて評価するとなお良い．例えば，Mallapur, Qureshi, Chellam（2002）がインドの動物園でヒョウ 14 頭を調べた研究では，全ての個体が，放飼場の隅っこのエリアで常同行動をし，来園者から最も離れた“裏側”エリアで休息をしていた．

さらに興味深いことが今後の研究により分かるかもしれない．それは，オペラント条件づけを使って，飼育下の動物を訓練する時の個体差に関することだ．つまり，行動の学習と実践は，食物報酬を得ることや飼育係との社会交渉するために働く動物の意欲の指標となり得る（第 26 章を参照）．たしかに，個体によっては，訓練に乗ってこなかったり，最も価値が高い報酬のためにしか動かなかったりする場合がある．

行動発達と繁殖

飼育下繁殖の動物で，自然な繁殖行動を維持することは，自立的な飼育下個体群をつくり上げるため，そしてその個体群内の遺伝的多様性を維持するためには，不可欠である．しかし歴史的には，多くの飼育下哺乳類が，繁殖に問題を抱えているか，もしくは繁殖が十分にうまくいっていない（Wielebnowski 1998）．共通する問題として，繁殖相手に求愛したり選んだりすることができない，交尾がうまくできない，子をうまく育てられないといった問題がある．この原因の一部は，個体が成長するにつれて，環境に対して正常な種独自の交渉ができないことにある．動物福祉の問題と同様に，発達の問題は個体レベルで観察される．

発達する生体とその周りの環境との相互作用は，生まれる前から始まっている．母親のホルモン状態は，胎子が成長する子宮内の環境に影響を与えるからである．妊娠中の母親のストレス経験が生後の子の行動に影響を与えるという報告は数多くある．新奇な環境（オープンフィールド）における情動性が増進する場合も（Ader and Blefer 1962），減少する場合もある（Thompson, Watson, Charlsworth 1962）．ラットの探索行動が変化したり（Archer and Blackman 1971），マウスの雄の子における攻撃や威嚇行動が減少したりする（Harvey and Chevins 1985）．妊娠の最終週に毎日ストレスにさらされた母親マウスが生んだ雄の子は，成熟時の交尾行動や射精反応が減少したという（Ward 1972）．これらの研究から，飼育環境に特異的な誕生前のストレッサーが，子の繁殖活性が減衰するといったかたちで，誕生後の行動を変化させることが示唆されている．

ほとんどの哺乳類では，母子関係は子の将来の発達，特に将来の防衛反応や繁殖行動に決定的に影響する（Cameron et al. 2005）．親子もしくは子同士の関係の微妙な面が，性的な好みや競合に影響しているかもしれない．ある研究者は，乳幼子期に起こる社会化の期間が延長することについて述べている（Aoki, Feldman, and Kerr 2001）．歪んだ母子関係のために，感情を健常に調整する能力，社会交渉能力，母性行動および性行動といった能力の発達に不可欠な特別の刺激が，若齢個体から奪われることになるかもしれない．子がまだ小さい時に，母親になめてもらえないと，雄のラットが成長した後に，性行動のパターンのタイミングに影響を与えることが明らかにされてきた．つまり，挿入のペースがゆっくりになり，射精までにより長い時間がかかったという（Moore 1984）．

仲間同士の関係も需要である．大型類人猿にとっては特にそうだ．Maple and Hoff（1982）は，若いゴリラが同種他個体とほとんど，もしくは全く接触する機会が得られないと，成熟してからしばしば性的機能に障害を示すことを見出した．飼育下の雌チンパンジー（*Pan troglodytes*）は，非血縁の乳幼子や乳幼子をもった他の母親と一緒に過ごす経験をもつと，そのような経験のない個体に比べて良い母親になるという（Hannah and Brotman 1990）．

ある動物が飼育下で成熟する時，その飼育環境に特異的な多くの要素が，その動物に影響を与えることになる．人と近距離で接触することにより，同じ種の野生で育った個体ではみられない様々な行動上の形質が生み出されることになるだろう．そのような影響の強さは，その動物の発達過程で人との接触がどこで起こったか，そしてどのくらい長く継続したかによって変わるだろう．人との接触が行動全般に及ぼす効果のうちで最も重大なものは，発達初期に，自然な母親の世話を受ける代わりに，人と接触すること（つまり人工哺育）である（第 29 章を参照）．Ryan et al.（2002）によるニシローランドゴリラの研究では，母親が育てた雌の子は，人工哺育の個体と比べて，より多くの子を産み，良い母親になる可能性が高いことが分かった．

発達初期での人との社会化は，種特異的な社会的技能にも影響を与えるかもしれない．その影響は良い方にも，悪い方にも両方起こり得る．早熟な子をもつ有蹄類の中では，親子刷り込み，つまり子が（母親とは似つかない物や個体ではなく）自分の母親を追随することの学習が，誕生後の 1 日か 2 日で起こるという（総説として，Bateson 1966，Hogan and Bolhuis 2005 を参照）．モルモット（*Cavia porcellus*）も，親子刷り込みの形質をもつ（Sluckin 1968，Hess 1973）．親子刷り込みの感受期のうちに母親を子から取り上げると，その結果，子の追従反応が人の養育者に対して誘発されるだろう．同様な現象は，ヒツジやヤギでも同様に見られる．それだけではなく，アメリカバイソン（*Bison bison*），シマウマ類（*Equus* spp.），アフリカスイギュウ（*Syncerus caffer*），ムフロン（*Ovis musimon*），ビクーナ（*Vicugna vicugna*）でも見られることが報告されている（Hediger 1964 参照）．Mellen and MacPhee（第 26 章）は，若い雄の有蹄類を訓練する時に注意を促している．それは，その雄たちが性成熟した時に，人に対して攻撃性を示す傾向があるからである．理想的には，飼育下生まれの哺乳類は，人を恐れない（飼い馴らされた状態）ようにするためだけに絞って人との社会化を行い，人は異種であるという認識はもち続けるようにすべきである．

繁殖上の欠陥の多くは，不適切な発達環境に由来する．そして残りは飼育下における機会の不足から起こる．野生では多くの哺乳類は配偶相手を選ぶことができる．その際の手がかりは化学的な嗅覚情報から，複雑な求愛ディスプレイまで多様である．このような手がかりによって，野生の個体は配偶相手を選択する．その結果として近親交配は減少し，病気への耐性が増進し，そして究極的には，子の生存や繁殖成功が最大化する（Grahn, Langefor, and von Schantz 1998）．多くの種では，遺伝的に類似性が低い配偶相手を選択するようなメカニズムを進化させてきた．このメカニズムにより，近親交配のリスクが下がり（Blouin and Blouin 1988），子の病気に対する抵抗力が増す．ハツカネズミは，主要組織適合遺伝子複合体（MHC）が遺伝的に類似していない配偶相手を好む．MHC とは免疫機能を担う一群の遺伝子で，上記の傾向によりハツカネズミは自分の子により強い免疫反応や病気への耐性を授けることになる（Penn and Potts 1999）．Grahn, Langefors, and von Schantz（1998）は，飼育下動物で，より大きな繁殖相手を選ぶことは，MHC の多様性を増加させることを通して，飼育下個体群の病気への耐性を強めることになるかもしれないと述べている．特に，彼らは飼育下の雄個体に雌に対するディスプレイを許し，雌の反応を繁殖決定の指針にすることを提案している．

しかし，飼育下の哺乳類は，いつも複数の繁殖相手候補を評価し，最も相応しい個体を選ぶ機会が与えられているわけではない．実際，繁殖相手の好みがどのように発達するのか，飼育下個体群でどのようにしてそれが失われるのかということは，ほとんど分かっていない．例えば，親近性が良い特徴になるか悪い特徴になるかは，種によって異なる．ある種では，見慣れない個体を繁殖相手として導入することで，攻撃レベルが高まる結果になる．Yamada and Durrant（1989）は，ウンピョウでは性成熟するまでペアで飼っている必要があることを発見した．性成熟後にペアが形成されると，雌に対する攻撃がひどくなり，雌が深刻な，もしくは致命的な怪我をすることもしばしばであった．雌のカンガルーネズミ（*Dipodomys heermanni arenae*）は，それ以前に接触経験のあった見慣れた雄個体に対しては，攻撃性が低くなり，反応性も良くなる（Thompson 1995）．反対に，チーター（*Acinonyx jubatus*）とシロサイでは，逸話的にであるが，新しく導入された，見慣れない相手と繁殖を行う確率が高いと言われている．

行動の多様性

動物の管理者は，どんなに小さな個々の変化でも，個体レベルよりもむしろ個体群レベルで，行動上の形質の発現に影響を与えているということにも気づかなくてはならない．飼育下での選択は様々な形で行動形質の発現に影響を与える可能性がある．しかし，飼育環境に関連する選択圧は，その種が本来進化してきた野生の環境における選択圧とは全く異なっている（Hediger 1964，Price 1970，Frankham et al. 1986，Soulé 1986，Soulé et al. 1986，Price 1998，Seidensticker and Forthman 1998）．つまり，飼育下という環境は，それが意図的であろうと偶然の産物であろうと，新たな選択圧を加える可能性があるということだ（Price 1970, 1998，Endler 1986）．その選択圧が世代を超えてかかり続けると，結果として，重要な生活史や行動形質に変化が起こる．そのような変化は，行動的，形態的，生理学的形質との間の機能的な関係に影響を与えることになる（McDougall et al. 2006）．行動の変化の裏側にある究極的なメカニズムを理解し，同定することは難しい．それは，異なる選択圧が互いに独立に起こるということはないからである．ある形質は，緩やかな選択を経験するかもしれない．その一方でまた別な形質はある方向に向けられた選択を経験するかもしれない．そのため，形質が全体的に発現することは，複雑な相乗効果の結果だ．この章の目的として，私たちは方向性をもった選択（定方向性選択）と緩やかな選択（選抜緩和）に焦点を当てることにしよう．

定方向性選択が起こるのは，形質の発現がその分布の端で起こることが有利に働く場合である（Endler 1986）．この場合は，発現する形質の平均がずれることになる．しかし平均の周りの分散は必ずしも変化しない（図 25-1a）．

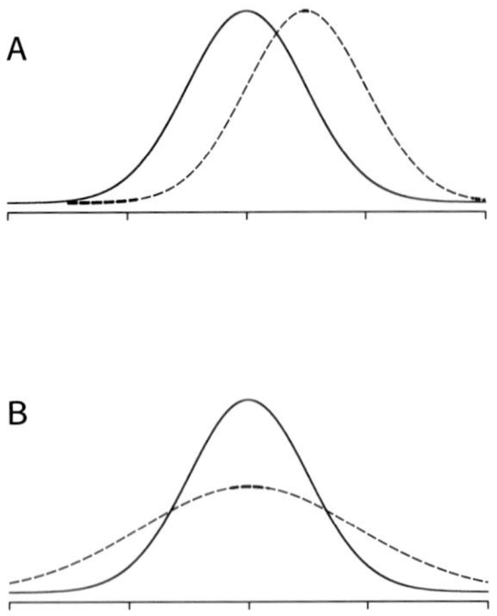

図 25-1　定方向性選択と選抜緩和．実線の曲線がある形質の元々の分布を表している．破線の曲線は分布がどのように変わったかを表している．(A) が定方向性選択．(B) が選抜緩和である．定方向性選択では，平均は移動するが，分布の形は変わらない．選抜緩和では，平均はそのまま同じだが，分布がより扁平になり，両端の値の確率も上がる．

例えば，多くの野生動物にとって，食物探索に費やす時間は捕食者回避とトレード・オフの関係にある．食物探索にかける時間が長いほど，より多くの食物を得られるが，捕食されるリスクが高まることになる．その一方で，食物探索の時間を減らすことは，捕食者に襲われる危険が低くなる一方で，同種でより広い資源をもつ個体に比べてより少ない資源しか得られないことになる．飼育下の環境ではこのトレード・オフはもはや存在しない．食物探索の機会を与えらえた動物は，食物探索に費やす時間を増やすかもしれない．そしてその結果として，食物探索と警戒のバランスを取り続けている個体と比べて，より健康な子をもち，より高い繁殖成功をしているのかもしれない．この場合，食物探索という形質は，一方的に増える方向に押し上げている．

選抜緩和が起こるのは，飼育条件がある行動形質が発現するのを許す時である．その行動形質は，野生では反対の選択性を示すものである．その結果，遺伝的にも表現型的にもその形質の変異の幅が大きくなる (Endler 1986，図 25-1b)．捕食者に対する反応に必要な時間を考えてみよう．野生なら，捕食者を見つけ，逃げるまでの時間は限られている．しかし，飼育下では捕食の危険がない場合がほとんどである．個体は知覚された脅威に対して，即座に反応することもできるし，反応しないこともできる．そのことは繁殖成功にはなんら影響しない．この場合，飼育環境における緩やかな選択圧が，反応時間の変異を増加させるという結果を招く．

飼育下の哺乳類に影響を与える個体群レベルの行動過程に関する数少ない研究の1つに，McPhee (2003a, 2003b, 2004) が，飼育下繁殖のシロアシネズミ (*Peromyscus polionotus subgriseus*) で定方向性選択と選抜緩和を調べたものがある．この研究から，野生の個体群がもっていた行動と形態の多様性は，飼育下で世代を経るにつれて，より大きくなることが分かった．これは主に選抜緩和によるものである．形質の変異幅は，巣穴 / 避難所の使用，活動性レベル，捕食者に対する反応時間，頭蓋骨の形などで統計的に有意な増加が見られた．私たちの知る限り，これは哺乳類において上記2つの仮説を明示的に調べた唯一の研究である．私たちはこの領域でさらに多くの研究が行われることを推奨する．それらの研究によって，形質間の連関が明らかになるだけでなく，種ごとのパターンや形質ごとのパターンも明らかにすることができるからである．

まずはじめに，行動形質の変異幅がこのように大きくなることは，飼育下で世代を経るにつれて遺伝的な変異幅が小さくなることを示した主要な文献とは反対のことを言っているように見えるかもしれない．この違いを解くために2つの見方が可能である．1つ目は，選択のかかる主要な形質は表現型であり (West-Everhard 2003)，小さな遺伝的変化が結果として大きな表現型の変化となる可能性がある．変化した表現型は次なる選択にかかるかもしれない (もしくは，かからないかもしれない)．2つ目の見方は，近親交配の結果として遺伝的な変異が減少するのは，自然選択の結果ではないとするものである．つまり，遺伝的変異の減少は，どの遺伝子が有効かということを基にしているのである．次に，近親交配の結果として発現する表現型に選択がかかるのであり，この過程は究極的には遺伝的変異を減らすように見えるかもしれない．

人為的な選択は，定方向性でも選抜緩和でも，意図的にも不注意によっても加えることが可能である．最も一般的な形の意図的人為選択は，家畜化である (Price 2002)．人は多くの動物種を家畜化しようとしてきた．しかし時には失敗に終わった．全ての動物が容易に家畜化できるわけではないのである．それは，ある行動的な特徴は家畜化に向いていても，他の特徴はそうではないからである．容易に家畜化できる種は，一般的に，大きな階層構造をもった社会集団で生活している．その集団内で雄は雌と密接な関係をもち，交尾は乱交的に行われる．子は早成性で，発達期間中に刷り込みの感受期を経験する．そのような種は一般的に多様な環境と多様な食性に適応することができ，高度に特殊化した条件を必要としない (Price 2002)．

家畜化の対象とされる種は，ある決まった結果（雌ウシでの1日の乳生産量増加，ネズミ狩猟犬の長くとがった鼻先など)を生み出すために強い選択圧を受ける．しかし，家畜化された個体群における行動上の変化の多くは，他の形態的または生理学的属性にかけられた選択の副産物である．例えば，ベリャーエフの有名なアカギツネ(ギンギツネ，*Vulpes vulpes*）の選択実験では，従順さだけを選択圧として何世代も選択をかけた結果，発情周期が年1回から2回になった（Belyaev and Trut 1975）．この変化に加えて，垂れた耳や巻いた尾など，家畜化された犬種に典型的に見られる表現型上の形質を示すようになった（Trut 1999）．たとえ家畜化されていない飼育下の個体群はこのような強い意図的な選択を経験していないとしても，意図しないなんらかの選択圧を受けるだろう．例えば，飼育下の哺乳類の気質は，定方向性選択によって形成されやすい（Arnold 1995，Franklham et al. 2000，McDougall et al. 2006）．飼育下では従順な個体は，同種のより攻撃的な個体よりも扱いがしやすく，移動させやすく，投薬もしやすい．人がコントロールする環境では，従順さは生存や繁殖の可能性を高めるように働くかもしれない．このことは，哺乳類の従順さや取り扱いのしやすさに関して，無意識の人為選択がかかる可能性がある．このような選択は，結果として飼育下個体群を野生の個体群よりも多様なものにするかもしれない．反対に，Kunzl et al.（2003）は家畜化されたモルモット（*Cavia aperea f. porcellus*）と，野生で捕獲した個体，飼育下繁殖だが特定の目的をもった選択を受けていない個体（*Cavia aperea*）の3つの群れ間で，行動や生理反応を比較した．その結果，野生で捕獲した個体と，飼育下で30世代の繁殖を経た個体の間で，有意な差は見られなかった．このことは，家畜化した動物をつくり出すには，特定の形質に関する目的志向的な選択が必要なことを示唆している．

保全が意味するもの

飼育下繁殖の個体にとって，自然な行動を維持することは，保全の努力が成功するために必要不可欠なことである．保全の努力とは，動物園の教育プログラムや，未来の生息地に飼育下繁殖の個体を再導入することなどで，この成功はひとえに動物が自然な行動をできるかどうかにかかっている．

来園者の経験

動物福祉的によい状態を維持することは，その動物自身にとって重要なだけでなく，動物園の来園者にとっても重要である．動物園は野生動物の展示を正当化するために，しばしば動物園とその動物種の教育的価値を強調する．ほとんどの人々にとって，そのような珍しい動物を生きた状態で見られるのは動物園だけであり，動物園で展示動物をよく見ることは，ほとんどの来園者の教育にもなるだろう（第12章を参照）．

動物園の来園者は，彼らが動物園に来た価値を，彼らが目にした動物の健康状態や“幸福度”に基づいて判断することがよくある（Wolf and Tymitz 1981）．一般的に，来園者は活発な動物がいる展示の前により長くいる傾向がある（Altman 1998，Margulis, Hoyos, and Anderson 2003）．しかし，その活発さが明らかに繰り返し起こる，異常行動の表れだった時，来園者はその動物が“不幸”で“退屈そう”であると感じる（McPhee 1995，未発表データ）．

自然をテーマにしたドキュメンタリー番組やその他のメディアの情報を通じて，来園者は，以前と比べてより多くの背景情報，例えば動物が野生でどのように振舞うかといった情報をもって動物園にやってくる．しかし，この知識は誤った期待をつくり上げてしまうおそれがある．自然番組では，しばしば，肉食動物が獲物を捕まえ，殺す様子を見せる．しかし，来園者が飼育下の肉食動物を目にする時，動物たちは寝ていることが多い（極めて自然な行動である）．来園者たちは，動物たちが“退屈”で，“何もすることがない”と考えてしまう（Wolf and Tymitz 1981，McPhee 1995，未発表データ）．

展示の形式も，来園者の自然な行動の認識に影響を与える．McPhee et al.（1998）はブルックフィールド動物園（米国イリノイ州シカゴ）の来園者800人を対象に調査を行った．屋外の何も設備のない岩屋，屋外の植栽の施された岩屋，屋内のランドスケープイマージョンが施された展示，屋外の従来からの檻の4つの展示施設前で調査を行った．その結果，来園者は，昔ながらの檻に入れられた動物と比べて，より自然らしい動物舎で観察した動物の方がより自然な行動をしていて，そのために“幸せ”だと感じることが分かった．動物の幸福度の認識は，動物園の展示における教育力にも大きな影響を与えることが分かった．行動が健康な動物を観察した来園者は，その種の生物学的重要性を理解し，保全の必要性を認識して立ち去る確率がより高くなる．これらのデータが示唆することは，動物の行動は，究極的には，その種の自然史や保全の価値だけでなく，その個体の健康状態や幸福度まで伝えてくれる最も強力なコミュニケーション・ツールだということである．

再導入

ほとんどの動物園動物は，野生の同種個体の代表として，その一生を動物園で過ごす．しかし，ごく一部の個体は，本来の生息地に放すために飼育される．それでも，重要な生活史や行動形質の変化のために，確立された飼育下個体群は野生再導入には不利なことが多い．再導入プログラムの評価が示すところによると，再導入個体の死亡原因の多くは，行動上の欠陥だという（Kleiman 1989，Yalden 1993，Miller, Hanebury, and Vargas 1994，Biggins et al. 1999，Britt, Katz, and Welch 1999）．ゴールデンライオンタマリン（*Leontopithecus rosalia*）が，初めてブラジルの沿岸の熱帯雨林に再導入された時，飼育下生まれの個体たちには，移動運動の技能が不足していた．彼らは（森林の三次元）空間に適応することができず，自然の食物や鳥以外の捕食者，捕食者ではないが危険な動物などを認識できなかった（Kleiman et al. 1990，Stoinski and Beck 2004）．同様に，マダガスカル島に再導入されたクロシロエリマキキツネザル（*Varecia variegata variegata*）も，捕食者を避けることができず，食物を見つけることができず，複雑な樹上環境に順応できず，適切な住処を認識できなかった（Britt, Katz, and Welch 1999）．1985年には，有名なクロアシイタチ（*Mustela nigripes*）を飼育下で繁殖させ，その子たちを野生に返すために捕獲された．初めて放野した飼育下繁殖のクロアシイタチの結果は，高い死亡率を示した．原因は捕食によるものだった．このことから，捕食者に対する能力が欠けていたと考えられる（Reading et al. 1997）．

これらの問題の多くは，個体が飼育環境で成長し成熟していることに根ざしている．だから，このような行動上の問題は動物を訓練することで排除できるかもしれない．野生に帰す前に，再導入個体に何らかの技能を訓練するのである．この分野の仕事のほとんどは，対捕食者反応に関する行動に対して行われてきた．オグロプレーリードッグ（*Cynomys ludovicianus*）の放野前訓練では，生きたクロアシイタチが提示されたり，生きたガラガラヘビ（*Crotalus viridis*）が提示されたり，アカオノスリ（*Buteo jamaicensis*）が提示されたりする．いずれの提示の際にも，同種個体の適切な警戒音声が再生されたが，その捕食者の提示時に関連した嫌悪刺激はなかった．この訓練は十分な効果をあげた．少なくとも再導入後の最初の1年の生存率を上げた（Shier and Owings 2006）．同様に，飼育下繁殖のステップケナガイタチ（*Mustela eversmanni*）に，捕食者の模型〔アメリカワシミミズク（*Bubo virginianus*）やアメリカアナグマ（*Txidea taxus*）など〕を，弱い嫌悪刺激と一緒に提示すると，対捕食者反応が高まることが分かった（Miller et al. 1990）．McLean, Lundie-Jenkins, and Jarman（1996）は，コシアカワラビー（*Lagorchestes hirsutus*）を，新奇な捕食者がいる時に警戒するように訓練した．ゴールデンライオンタマリンの野生再導入前訓練として，特に定位と移動に関する行動が訓練されたが，期待されたほどには生存率を上げることはできなかった（Kleinman 1989，Beck 1994，Beck et al. 2002）．しかし，飼育下繁殖の個体と野生で捕獲された経験豊かな個体をペアにすると，再導入個体の生存率が上がった（Keiman 1989）．

野生再導入前の訓練は，狩猟や食物探索の行動を確立するためにも行われる．例えば，アメリカアカオオカミ（*Canis rufus*）は，放野前に死骸や生きた獲物を与えられた．スイフトギツネ（*Vulpes velox*）には，自然の食物として，道路で轢死した獲物（有蹄類やビーバー）や，地元の養鶏場から提供された雛が与えられた（USFWS 1982とScott-Brown, Herrero, and Mamo 1986，Keiman 1989からの引用による）．再導入前に獲物に対する条件づけ訓練を受けたクロアシイタチは，獲物に経験がなかった個体と比べて，より効果的に獲物を探し出し，殺すことができた（Vargas and Anderson 1999）．

個体群レベルでは，選択によって，重要な行動形質の分布が個体群内でどの程度変化したかを理解する必要がある．そうすれば，再導入に関与する生物学者は，観察された変化を補償することができる．もし，単一もしくは複数の形質の分布が有意に変化してしまったら，個体群内で自然な行動を示す個体の比率も変わってしまうだろう．次に，導入した個体群での死亡率が上昇するだろう．野生の環境に適応した行動をとれる個体は少ないと考えられるからである．もし計画の目標が，100個体を野生に放すことなら，問題は，自然な行動の範囲内におさまる100個体を達成するために，何個体を放野する必要があるかである．この問題に，McPhee and Siverman（2004）は取り組んだ．彼らは，再導入率という概念をつくり出した．これは，再導入する個体群と野生の個体群における形質の変異を使って，目標数の個体が自然な行動を示すために必要な再導入個体の数を決める計算式である．例えば，McPhee（2003a, 2003b, 2004）は，シロアシネズミの行動と形態を測定し，捕食者が提示された時に巣穴に潜る時間，巣穴で避難している時間などの様々な形質の変異幅が有意に大きくなっていることを示した．このため，飼育下個体群の代表サンプルが野生に放されるとすると，その個体は，野生の個体群で見られる分布の中では平均よりも端に位置することになり，その結果として期待値よりも高い死亡率を示すことになる．これらのデータから，McPhee and Siverman（2004）は，シロアシネズミの再導入率を約 1.5 と算出した．これは，100 匹の野生型の行動を示すネズミを導入するためには，150 匹が放される必要があるということである．

結 論

この章では，3 つの点を強調した．そのいずれにおいても，飼育下の哺乳類の自然な行動を理解し，維持することが，繁殖計画を成功に導く鍵になる．飼育下の，または飼育下繁殖の哺乳類の行動が変化するのをよく目にするし，それらの変化が様々なレベルにわたって起こる．第 1 に，個体はその行動を飼育下の条件に順応させる．不適切な環境条件のために，長期にわたる，もしくは繰り返し起こるストレスにさらされると，飼育下の哺乳類の健康状態が悪化する．さらに，動物は，その種にとって適切な多様な行動をとることができる必要がある．そのため，動物園や水族館には，適切な展示デザイン，飼育管理方法，エンリッチメント・プログラムを通じて，多様な自然の行動をとれるように努める責任がある．第 2 に，個体が成長し成熟するにつれて，様々な行動が発現する．その行動は，個体の遺伝構成と飼育環境との相互作用の結果である．時には，そのような変化が，その個体の繁殖成功に強い負の効果を及ぼす可能性があり，このことは持続可能な生息域外個体群を維持する可能性に影響する．最後に，飼育下では，行動に，定方向性選択と選抜緩和を生じさせる可能性がある．これらの選択によって，将来の世代において，その行動の出現頻度が影響を受けることになる．そのため，個体の行動が変化すると，個体群内の形質の分布も世代を経るにつれて変化することになる．

動物園の主要な使命の 1 つが，保全教育である．これは，動物展示やアウトリーチ活動，生息地へのエコツアーの開催やツアーのコースづくり，展示用の図表などを通じて行われる（Hutchins, Willis, and Wiese 1995，第 12 章）．行動的に健康な飼育下繁殖の個体は，生息域内保全を促進する．これは主に，公衆の教育と，保全の重要性についての理解を浸透させることによる．多くの来園者にとって，動物園にいるほとんどの野生動物を見る機会は，動物園に来る以外にない．野生動物の良さを味わい，その自然史を理解するという観点で来園者が得るものは，主として動物園での来園者の経験次第である．何もない檻に入れられて異常行動を呈する動物を見るのか，自然を模した動物舎で行動的に健康な動物が，野生で自然にする行動をしているのを見るのかでは大きな違いがある．

動物園が避けては通れない，もう 1 つの保全上の義務がある．それは，生存可能な個体を本来の生息地に再導入することである．もし飼育下繁殖が保全のための有効な手段として使えるとしたら，飼育下の環境が発達的，遺伝的に行動にどの程度影響を与えるのか，もしその影響が有害だった時に，どのように対抗できるのかを理解しなければならない．しかし，より直近の課題としては，飼育下の動物で自然な行動を維持させる必要がある．動物福祉の観点から倫理的に解決すべき課題だからである．

文 献

Ader, R., and Blefer, M. 1962. Prenatal maternal anxiety and offspring emotionality in the rat. *Psychol. Rep.* 10:711–18.

Altman, J. D. 1998. Animal activity and visitor learning at the zoo. *Anthrozoos* 11:12–21.

Aoki, K., Feldman, M. W., and Kerr. B. 2001. Models of sexual selection on a quantitative genetic trait when preference is acquired by sexual imprinting. *Evolution* 55:25–32.

Archer, J., and Blackman, D. 1971. Prenatal psychological stress and offspring behavior in rats and mice. *Dev. Psychobiol.* 4:193–248.

Arnold, S. J. 1995. Monitoring quantitative genetic variation and evolution in captive populations. In *Population management for survival and recovery*, ed. J. D. Ballou, M. E. Gilpin, and T. J. Foose, 295–317. New York: Columbia University Press.

Bashaw, M. J., Bloomsmith, M. A., Marr, M. J., and Maple, T. L. 2003. To hunt or not to hunt? A feeding enrichment experiment with captive large felids. *Zoo Biol.* 22:189–98.

Bateson, P. P. 1966. The characteristics and context of imprinting. *Biol. Rev. Camb. Philos. Soc.* 41:177–220.

Beck, B. B. 1994. Reintroduction of captive-born animals. In *Creative conservation: Interactive management of wild and captive animals*, ed. P. J. S. Olney, G. M. Mace, and A. T. C. Feistner, 265–86. London: Chapman and Hall.

Beck, B. B., Castro, M. I., Stoinski, T. S., and Ballou, J. D. 2002. The effects of pre-release environments and post-release management on survivorship in reintroduced golden lion tamarins. In *Lion tamarins: Biology and conservation*, ed. D. G. Kleiman and A. B. Rylands, 283–300. Washington, DC: Smithsonian Institutions Press.

Belyaev, D. K., and Trut, L. N. 1975. Some genetic and endocrine effects of selection for domestication in silver foxes. In *The wild canids*, ed. M. W. Fox, 416–26. New York: Van Nostrand Reinhold.

Benus, R. F., Koolhaas, J. M., and van Oortmerssen, G. A. 1987. Individual differences in behavioural reaction to a changing environment in mice and rats. *Behaviour* 100:105–22.

Berkson, G., Mason, W. A., and Saxon, S. V. 1963. Situation and stimulus effects on stereotyped behaviors of chimpanzees. *J. Comp. Physiol. Psychol.* 56:786–92.

Biggins, D. E., Vargas, A., Godbey, J., and Anderson, S. H. 1999. Influence of prerelease experience on reintroduced black-footed ferrets (*Mustela nigripes*). *Biol. Conserv.* 89:121–29.

Bioni, M., and Zannino, L. G. 1997. Psychological stress, neuroimmunomodulation, and susceptibility to infectious diseases in animals and man: A review. *Psychother. Psychosom.* 66:3–26.

Blecha, F. 2000. Immune response to stress. In *Biology of animal stress: Basic principles and implications for animal welfare*, ed. G. P. Moberg and J. A. Mench, 111–21. Wallingford, UK: CABI Publishing.

Blouin, S. F., and Blouin, M. 1988. Inbreeding avoidance behaviors. *Trends Ecol. Evol.* 3:230–33.

Britt, A., Katz, A., and Welch, C. 1999. Project Betampona: Conservation and re-stocking of black and white ruffed lemurs (*Varecia variegata variegata*). In *7th World Conference on Breeding Endangered Species: Linking zoo and field research to advance conservation*, ed. T. L. Roth, W. F. Swanson, and L. K. Blattman, 87–94. Cincinnati: Cincinnati Zoo.

Broom, D. M., and Johnson, K. G. 1993. *Stress and animal welfare*. London: Chapman and Hall.

Cameron, N. M., Champagne, F. A., Fish, C., Ozaki-Kuroda, K., and Meaney, M. J. 2005. The programming of individual differences in defensive responses and reproductive strategies in the rat through variations in maternal care. *Neurosci. and Biobehav. Rev.* 29:843–65.

Carlstead, K. 1998. Determining the causes of stereotypic behaviors in zoo carnivores: Toward appropriate enrichment strategies. In *Second nature: Environmental enrichment for captive animals*, ed. D. J. Shepherdson, J. D. Mellen, and M. Hutchins, 172–83. Washington, DC: Smithsonian Institution Press.

———. 1999. Addressing and assessing animal welfare. In *AAZPA Annual Conference Proceedings*, 9–14. Wheeling, WV: American Association of Zoological Parks and Aquariums.

Carlstead, K., and Brown, J. L. 2005. Relationships between patterns of fecal corticoid excretion and behavior, reproduction, and environmental factors in captive black (*Diceros bicornis*) and white (*Ceratotherium simum*) rhinoceros. *Zoo Biol.* 24:215–32.

Carlstead, K., Brown, J. L., and Seidensticker, J. C. 1993. Behavioural and adrenocortical responses to environmental change in leopard cats (*Felis bengalensis*). *Zoo Biol.* 12:321–31.

Carlstead, K., and Shepherdson, D. J. 1994. Effects of environmental enrichment on reproduction. *Zoo Biol.* 447–58.

Carlstead, K., and Seidensticker, J. C. 1991. Seasonal variation in stereotypic pacing in an American black bear (*Ursus americanus*). *Behav. Process.* 155–61.

Carlstead, K., Seidensticker, J. C., and Baldwin, R. 1991. Environmental enrichment for zoo bears. *Zoo Biol.* 3–16.

Cavigelli, S. A., and McClintock, M. K. 2003. Fear of novelty in infant rats predicts adult corticosterone dynamics and early death. *Proc. Natl. Acad. Sci. U.S.A.* 100:16131–36.

Chamove, A. S., Hosey, G. R., and Schaetzel, P. 1988. Visitors excite primates in zoos. *Zoo Biol.* 7:359–69.

Clarke, A. S., Juno, C. J., and Maple, T. L. 1982. Behavioral effects of a change in physical environment: A pilot study of captive chimpanzees. *Zoo Biol.* 1:371–80.

Clubb, R., and Mason, G. J. 2003. Captivity effects on wide-ranging carnivores. *Nature* 425:473–74.

Cociu, M., Wagner, G., Micu, N. E., and Mihaescu, G. 1974. Adaptational gastro-enteritis in Siberian tigers. *Int. Zoo Yearb.* 14: 171–74.

Cohen, S., Kessler, R. C., and Underwood Gordon, L. 1997. Strategies for measuring stress in studies of psychiatric and physical disorders. In *Measuring stress: A guide for health and social scientists*, ed. S. Cohen, R. C. Kessler, and L. Underwood Gordon, 3–26. New York: Oxford University Press.

Darwin, C. R. 1868. *The variation of animals and plants under domestication*. Baltimore: Johns Hopkins University Press.

Dawkins, M. S. 1990. From an animal's point of view: Motivation, fitness and animal welfare (with commentaries). *Behav. Brain Sci.* 13:1–61.

———. 2004. Using behavior to assess welfare. *Anim. Welf.* 13: S3–S7.

———. 2006. A user's guide to animal welfare science. *Trends Ecol. Evol.* 21:77–82.

DeVries, A. C., Lasper, E. R., and Detillion, E. E. 2003. Social modulation of stress responses. *Physiol. Behav.* 79:399–407.

Draper, W. A., and Bernstein, I. S. 1963. Stereotyped behaviour and cage size. *Percept. Mot. Skills* 16:231–34.

Elsasser, T. H., Klasing, K. C., Filipov, N., and Thompson, F. 2000. The metabolic consequences of stress: Targets for stress and priorities of nutrient use. In *Biology of animal stress: Basic principles and implications for animal welfare*, ed. G. P. Moberg and J. A. Mench, 77–110. Wallingford, UK: CABI Publishing.

Endler, J. A. 1986. *Natural selection in the wild*. Princeton, NJ: Princeton University Press.

Engel, G. L. 1967. A psychological setting of somatic disease: The giving up-given up complex. *Proc. R. Soc. Med.* 60:553–55.

Frankham, R., Hemmer, H., Ryder, O., Cothran, E., Soulé, M. E., Murray, N., and Snyder, M. 1986. Selection in captive populations. *Zoo Biol.* 5:127–38.

Frankham, R., Manning, H., Margan, S. H., and, Briscoe, D. A. 2000. Does equalization of family sizes reduce genetic adaptation to captivity? *Anim. Conserv.* 4:357–63.

Glatston, A. R., Geilvoet-Soeteman, E., Hora-Pecek, E., and van Hooff, J. 1984. The influence of the zoo environment on social behavior of groups of cotton-topped tamarins, *Saguinus oedipus oedipus*. *Zoo Biol.* 3:241–53.

Gould, E., and Bres, M. 1986. Regurgitation and reingestion in captive gorillas: Description and intervention. *Zoo Biol.* 5: 241–50.

Grahn, M., Langefors, A., and von Schantz, T. 1998. The importance of mate choice in improving viability in captive populations. In *Behavioral ecology and conservation biology*, ed. T. Caro, 341–63. New York: Oxford University Press.

Hannah, A. C., and Brotman, B. 1990. Procedures for improving maternal behavior in captive chimpanzees. *Zoo Biol.* 9:233–40.

Harvey, P. W., and Chevins, P. F. D. 1985. Crowding pregnant mice affects attack and threat behavior of male offspring. *Horm. Behav.* 19:86–97.

Hediger, H. 1964. *Wild animals in captivity*. New York: Dover Publications.

Henry, J. P. 1982. The relation of social to biological processes in disease. *Soc. Sci. Med.* 16:369–80.

Hess, E. H. 1973. *Imprinting*. New York: Van Nostrand Reinhold.

Hogan, J. A., and Bolhuis, J. J. 2005. The development of behaviour: Trends since Tinbergen (1963). *Anim. Biol.* 55:371–98.

Hosey, G. R., and Druck, P. L. 1987. The influence of zoo visitors on the behaviour of captive primates. *Appl. Anim. Behav. Sci.* 18:19–29.

Hutchins, M., Willis, K., and Wiese, R. J. 1995. Strategic collection planning: Theory and practice. *Zoo Biol.* 14:5–25.

Kleiman, D. G. 1980. The sociobiology of captive propagation. In *Conservation biology: An evolutionary and ecological perspective*, ed. M. E. Soulé and B. A. Wilcox, 243–62. Sunderland, MA: Sinauer Associates.

———. 1989. Reintroduction of captive mammals for conservation: Guidelines for reintroducing endangered species into the wild. *BioScience* 39:152–61.

Kleiman, D. G, Beck, B. B., Baker, A., Ballou, J. D., Dietz, L., and Dietz, J. 1990. The conservation program for the golden lion tamarin, *Leontopithecus rosalia*. *Endanger. Species Updat.* 8: 82–85.

Künzl, C., Kaiser, S., Meier, E., and Sachser, N. 2003. Is a wild mammal kept and reared in captivity still a wild animal? *Horm. Behav.* 43:187–96.

Ladewig, J. 2000. Chronic intermittent stress: A model for the study of long-term stressors. In *Biology of animal stress: Basic principles and implications for animal welfare*, ed. G. P. Moberg and J. A. Mench, 159–70. Wallingford, UK: CABI Publishing.

Lickliter, R., and Ness, J. W. 1990. Domestication and comparative psychology: Status and strategy. *J. Comp. Psychol.* 104:211–18.

Lindburg, D. G. 1998. Enrichment of captive mammals through provisioning. In *Second nature: Environmental enrichment for captive animals*, ed. D. J. Shepherdson, J. D. Mellen, and M. Hutchins, 262–76. Washington, DC: Smithsonian Institution Press.

Mallapur, A., Qureshi, Q., and Chellam, R. 2002. Enclosure design

and space utilization by Indian leopards (*Panthera pardus*) in four zoos in southern India. *J. Appl. Anim. Welf. Sci.* 5:111–24.
Maple, T. L., and Hoff, M. P. 1982. *Gorilla behavior*. New York: Van Nostrand Reinhold.
Margulis, S. W., Hoyos, C., and Anderson, M. 2003. Effect of felid activity on visitor interest. *Zoo Biol.* 22:587–99.
Markowitz, H. 1982. *Behavioral enrichment in the zoo*. New York: Van Nostrand Reinhold.
Mason, G. J., Cooper, J., and Clarebrough, C. 2001. Frustrations of fur-farmed mink: Mink may thrive in captivity but they miss having water to romp about in. *Nature* 410:35–36.
Mason, G. J., and Latham, N. R. 2004. Can't stop, won't stop: Is stereotypy a reliable animal welfare indicator? *Anim. Welf.* 13: 57–70.
Mason, W. A., Mendoza, S. P., and Moberg, G. P. 1991. Persistent effects of early social experience on physiological responsiveness. In *Primatology today*, ed. A. Ehara, T. Kimura, D. Takenaka, and M. Iwamoto, 469–71. Amsterdam: Elsevier Sciences Publishers.
Matteri, R. L., Carroll, J. A., and Dyer, D. J. 2000. Neuroendocrine responses to stress. In *Biology of animal stress: Basic principles and implications for animal welfare*, ed. G. P. Moberg and J. A. Mench, 43–76. Wallingford, UK: CABI Publishing.
McDougall, P. T., Reale, D., Sol, D., and Reader, S. M. 2006. Wildlife conservation and animal temperament: Causes and consequences of evolutionary change for captive, reintroduced, and wild populations. *Anim. Conserv.* 9:39–48.
McEwan, B. S. 2002. Protective and damaging effects of stress mediators: The good and bad sides of the response to stress. *Metabolism* 51:2–3.
McLean, I. G., Lundie-Jenkins, G., and Jarman, P. J. 1996. Teaching an endangered mammal to recognise predators. *Biol. Conserv.* 75:51–62.
McPhee, M. E. 2002. Intact carcasses as enrichment for large felids: Effects on on- and off-exhibit behaviors. *Zoo Biol.* 21:37–48.
———. 2003a. Effects of captivity on response to a novel environment in the oldfield mouse (*Peromyscus polionotus subgriseus*). *Int. J. Comp. Psychol.* 16:85–94.
———. 2003b. Generations in captivity increases behavioral variance: Considerations for captive breeding and reintroduction programs. *Biol. Conserv.* 115: 71–77.
———. 2004. Morphological change in wild and captive oldfield mice *Peromyscus polionotus subgriseus*. *J. Mammal.* 85: 1130–37.
McPhee, M. E., Foster, J. S., Sevenich, M., and Saunders, C. D. 1998. Public perceptions of behavioral enrichment. Assumptions gone awry. *Zoo Biol.* 17:525–34.
McPhee, M. E., and Silverman, E. 2004. Increased behavioral variation and the calculation of release numbers for reintroduction programs. *Conserv. Biol.* 18:705–15.
Mench, J. A. 1998. Why it is important to understand animal behavior. *ILAR J.* 39:20–26.
Miller, B., Biggins, D., Wemmer, C., Powell, R., Calvo, L., Hanebury, L., and Wharton, T. 1990. Development of survival skills in captive-raised Siberian polecats (*Mustela eversmanni*) II: Predator avoidance. *J. Ethol.* 8:95–104.
Miller, B., Hanebury, L. R., Conway, C., and Wemmer, C. 1992. Rehabilitation of a species: The black-footed ferret (*Mustela nigripes*). In *Wildlife rehabilitation*, ed. D. Ludwig, 183–92. Edina, MN: Edina Printing.
Miller, B., Hanebury, D., and Vargas, A. 1994. Reintroduction of the black-footed ferret (*Mustela nigripes*). In *Creative conservation: Interactive management of wild and captive animals*, ed. P. J. S. Olney, G. M. Mace, and A. T. C. Feistner, 455–64. London: Chapman and Hall.
Moberg, G. P. 2000. Biological response to stress: Implications for animal welfare. In *Biology of animal stress: Basic principles and implications for animal welfare*, ed. G. P. Moberg and J. A. Mench, 1–21. Wallingford, UK: CABI Publishing.
Moore, C. L. 1984. Maternal contributions to the development of masculine sexual behavior in laboratory rats. *Dev. Psychobiol.* 17:347–56.
Morgan, K. N., and Tromborg, C. T. 2007. Sources of stress in captivity. *Appl. Anim. Behav. Sci.* 102:262–302.
Möstl, E., and Palme, R. 2002. Hormones as indicators of stress. *Domest. Anim. Endocrinol.* 23:67–74.
Odberg, F. O. 1987. The influence of cage size and environmental enrichment on the development of stereotypies in bank voles (*Clethrionomys glareolus*). *Behav. Process.* 14:155–76.
Owen, M. A., Swaisgood, R. R., Czekala, N. M., Steinman, K., and Lindburg, D. A. 2004. Monitoring stress in captive giant pandas (*Ailuropoda melanoleuca*): Behavioral and hormonal responses to ambient noise. *Zoo Biol.* 23:147–67.
Paulk, H. H., Dienske, H., and Ribbens, L. G. 1977. Abnormal behavior in relation to cage size in Rhesus monkeys. *J. Abnorm. Psychol.* 86:87–92.
Peel, A. J., Vogelnest, L., Finnegan, M., Grossfeldt, L., and O'Brien, J. K. 2005. Non-invasive fecal hormone analysis and behavioral observations for monitoring stress responses in captive western lowland gorillas (*Gorilla gorilla gorilla*). *Zoo Biol.* 24:431–46.
Penn, D. J., and Potts, W. K. 1999. The evolution of mating preferences and major histocompatibility complex genes. *Am. Nat.* 153:145–64.
Perkins, L. 1992. Variables that influence the activity of captive orangutans. *Zoo Biol.* 11:177–86.
Prescott, M. J., and Buchanan-Smith, H. M. 2004. Cage sizes for tamarins in the laboratory. *Anim. Welf.* 13:151–58.
Price, E. O. 1970. Differential reactivity of wild and semi-domestic deermice (*Peromyscus maniculatus*). *Anim. Behav.* 18:747–52.
———. 1984. Behavioral aspects of animal domestication. *Q. Rev. Biol.* 59:1–32.
———. 1998. Behavioral genetics and the process of animal domestication. In *Genetics and the behavior of domestic animals*, ed. T. Grandin, 31–65. San Diego, CA: Academic Press.
———. 2002. *Animal domestication and behavior*. New York: CABI Publishing.
Reading, R. P., Clark, T. W., Vargas, A., Hanebury, L. R., Miller, B. J., Biggins, D. E., and Marinari, P. E. 1997. Black-footed ferret (*Mustela nigripes*): Conservation update. *Small Carniv. Conserv.* 17: 1–6.
Ryan, S., Thompson, S. D., Roth, A. M., and Gold, K. C. 2002. Effects of hand-rearing on the reproductive success of western lowland gorillas in North America. *Zoo Biol.* 21:389–401.
Scott-Brown, J. M., Herrero, S., and Mamo, C. 1986. *Monitoring of released swift foxes in Alberta and Saskatchewan*. Final report. Unpublished report to the Canadian Fish and Wildlife Service, Edmonton, Alberta.
Seidensticker, J., and Forthman, D. L. 1998. Evolution, ecology, and enrichment: Basic considerations for wild animals in zoos. In *Second nature: Environmental enrichment for captive animals*, ed. D. J. Shepherdson, J. D. Mellen, and M. Hutchins, 15–29. Washington, DC: Smithsonian Institution Press.
Shier, D. M., and Owings, D. H. 2006. Effects of predator training on behavior and post-release survival of captive prairie dogs (*Cynomys ludovicianus*). *Biol. Conserv.* 132:126–35.
Sluckin, W. 1968. Imprinting in guinea-pigs. *Nature* 220:11–48.
Soulé, M. E. 1986. Conservation biology and the "real world." In *Conservation biology: The science of scarcity and diversity*, ed. M. E. Soulé, 1–12. Sunderland, MA: Sinauer Associates.
Soulé, M. E., Gilpin, M. E., Conway, W., and Foose, T. J. 1986. The millennium ark: How long a voyage, how many staterooms, how many passengers? *Zoo Biol.* 5: 101–13.
Stoinski, T. S., and Beck, B. B. 2004. Changes in locomotor and foraging skills in captive-born, reintroduced golden lion tamarins (*Leontopithecus rosalia rosalia*). *Am. J. Primatol.* 62:1–13.
Suomi, S. J. 1987. Genetic and maternal contributions to individ-

ual differences in rhesus monkey biobehavioral development. In *Perinatal development: A psychobiological perspective*, ed. N. Krasnegor, E. Blass, M. Hofer, and W. Smotherman, 397–420. New York: Academic Press.

Swaisgood, R. R., and Shepherdson, D. J. 2005. Scientific approaches to enrichment and stereotypies in zoo animals: What's been done and where should we go next? *Zoo Biol.* 24:499–518.

Thompson, K. V. 1995. Factors affecting pair compatibility in captive kangaroo rats, *Dipodomys heermanni*. *Zoo Biol.* 14:317–30.

Thompson, V. D. 1989. Behavioral responses of 12 ungulate species in captivity to the presence of humans. *Zoo Biol.* 8:275–97.

Thompson, W. R., Watson, J., and Charlsworth, W. R. 1962. The effects of prenatal maternal stress on offspring behavior in rats. *Psychol. Monogr.* 76:1–26.

Trut, L. N. 1999. Early canid domestication: The farm fox experiment. *Am. Sci.* 87:160–69.

USFWS (U.S. Fish and Wildlife Service). 1982. Red wolf recovery plan. Atlanta: U.S. Fish and Wildlife Service.

Vargas, A., and Anderson, S. H. 1999. Effects of experience and cage environment on predatory skills of Black Footed Ferrets (*Mustela nigripes*). *J. Mammal.* 80:263–69.

Ward, I. L. 1972. Prenatal stress feminizes and demasculinizes the behavior of males. *Science* 175:82–84.

West-Eberhard, M. J. 2003. *Developmental plasticity and evolution*. New York: Oxford University Press.

Whay, H. R., Main, D. C. J., Green, L. E., and Webster, A. J. F. 2003. Animal-based measures for the assessment of welfare state of dairy cattle, pigs, and laying hens: Consensus of expert opinion. *Anim. Welf.* 12:205–17.

Whitten, P. L., Brockman, D. K., and Stavisky, R. C. 1998. Recent advances in noninvasive techniques to monitor hormone-behavior interactions. *Yearb. Phys. Anthropol.* 41:1–23.

Wiedenmayer, C. 1996. Effect of cage size on the ontogeny of stereotyped behaviour in gerbils. *Appl. Anim. Behav. Sci.* 47:225–33.

Wielebnowski, N. 1998. Contributions of behavioral studies to captive management and breeding of rare and endangered mammals. In *Behavioral ecology and conservation biology*, ed. T. M. Caro, 130–62. Oxford: Oxford University Press.

———. 2003. Stress and distress: Evaluating their impact for the well-being of zoo animals. *J. Am. Vet. Med. Assoc.* 223:973–77.

Wielebnowski, N., Fletchall, N., Carlstead, K., Busso, J. M., and Brown, J. L. 2002. Non-invasive assessment of adrenal activity associated with husbandry and behavioral factors in the North America clouded leopard population. *Zoo Biol.* 21:77–98.

Wilson, S. F. 1982. Environmental influences on the activity of captive apes. *Zoo Biol.* 1:201–9.

Winkelstraeter, K. H. 1960. Das Betteln der Zoo-Tiere. Ph.D. diss., Hans Huber, Berlin.

Wolf, R. L., and Tymitz, B. L. 1981. Studying visitor perceptions of zoo environments: A naturalistic view. *Int. Zoo Yearb.* 21: 49–53.

Yalden, D. W. 1993. The problems of reintroducing carnivores. In *The proceedings of a symposium held by The Zoological Society of London and The Mammal Society: London, 22nd and 23rd November 1991*, ed. N. Dunstone and M. L. Gorman, 289–306. Oxford: Clarendon Press.

Yamada, J. K., and Durrant, B. S. 1989. Reproductive parameters of clouded leopards (*Neofelis nebulosa*). *Zoo Biol.* 8:223–31.

26

飼育管理のための動物の学習とハズバンダリートレーニング

Jill Mellen and Marty MacPhee

訳：田中正之

トレーニングと福祉

トレーニングは，動物の世話をするスタッフがその動物の福祉を向上させるのに用いる様々な手段の1つである．歴史的には，動物は展示場への出入りをトレーニングされてきた．そのことで，動物を間近に調べることができ，個体に食餌を提供し，世話のレベルを向上させる環境をつくり出すことができたのである．様々な行動をトレーニングすることで，物理的に捕まえたり，運搬したりする回数を最小限に減らすことができる．これにより，動物と飼育係の双方にとって危険を減らして安全に作業ができるようになる．動物はトレーニングによって，自らの意志で自分の治療に参加するようになる．さらに，トレーニングは動物園や水族館での動物の研究を容易にする．その結果，そのような研究から動物についての理解が進み，より良い世話をしてやれるようになる．おそらく，トレーニングは，動物にとって，ある程度の認知的な刺激にもなっている（Hediger 1950）．そのため，動物のエンリッチメントにもなっているかもしれない．

以下では，動物がどのようにして学習するかを説明する．次に，ハズバンダリートレーニングについて概説する．そして，動物園や水族館におけるトレーニングプログラムを計画し，実施する枠組みについて述べる．

動物の学習

全ての動物には，学習する能力があるようだ．例えば，野生の哺乳類は何を食べ，何を避けるべきかを学習する．どこで水を見つけ，どうやって安全な避難場所を見つけるかを学習する．“学習”とは，広義には，練習や経験の結果起こる行動の変化と定義できる（Dewsbury 1978）．この練習や経験を人が定義する時，その過程はトレーニングと呼ばれる．一般的に，動物ができる学習のタイプは以下の4つだと考えられている．①馴化，②古典的条件づけ，③オペラント（道具的）条件づけ，④複合条件づけである．

学習のタイプ

馴化とは，本来は反応を誘発する刺激が繰り返し提示されることによって，反応が弱まることをいう．例えば，インパラ（*Aepyceros melampus*）は放飼場内に新しく植えられた木に対して驚愕反応を示すだろうが，時間の経過とともにその反応は減少する．つまり，インパラは新しい木の存在に馴化したのである．動物の世話をする人間が，その環境への動物の馴化が進むように積極的に操作すると，その操作は脱感作と呼ばれる．つまり，負の作用のある，もしくは嫌悪的な事象と正の強化子を対にして提示することを，動物の嫌悪刺激に対する反応が弱まるまで続けることである．

古典的条件づけは，はじめは生理的な反応を引き起こすことのない中立刺激が，生理的な反応を引き起こすことのできる他の刺激と同時に提示することを繰り返すことによって，中立刺激が反応を引き起こす能力を獲得することをいう．最もよく知られている例は，Pavlov（1927）によるイヌの古典的条件づけの研究だろう．イヌは肉粉（無条件刺激：US）を与えられて，唾液を分泌する（無条件反応：UR）．この時，食物（肉粉）が与えられる直前にベルを鳴らす（条件刺激：CS）ことを繰り返す．食物の味とベルの音が対となって繰り返されると，ベルの音（CS）だけでも，食物の味刺激がなくても，唾液分泌を誘発できるようになる．これを条件反応（CR）という．

動物園でどんな古典的条件づけが起こっているだろうか．例えば，ある若いスナネコ（*Felis margarita*）は，カメラを構えた来園者に対して，はじめはなんの反応も示さないかもしれない（ここではカメラは，中立刺激である）しかし，もしスナネコのごく至近距離でカメラのフラッシュがたかれ，スナネコが驚いたとしたら，スナネコはカメラとフラッシュを結び付けるかもしれない（スナネコが驚いたのは無条件反応URである）．来園者がスナネコに向けてカメラを構えることと，フラッシュがたかれることが何度も繰り返されると，はじめは中立刺激のカメラが条件刺激（CS）になる．カメラが見えると示される驚愕反応は，条件反応（CR）となる．時間が経つにつれて，カメラを構えた来園者に対して，スナネコは驚愕反応を示すようになるかもしれない．たとえ，そのカメラがフラッシュをたかなくてもである．古典的条件づけの最も重要な特徴は，事象の流れは動物の行動になんら影響を受けないということである．カメラを構えた来園者に対して，スナネコが驚こうが驚くまいが．悪気のない来園者はスナネコにカメラを向けるのである．

古典的条件づけと対照的に，オペラント条件づけ，もしくは道具的条件づけは，動物の行動に大きく依存する．オペラント条件づけは，行動がその結果によって決まる類の学習である．この学習は，動物が環境に対して“操作をする”ことによって，望ましい結果を導くことから，オペラント条件づけと呼ばれる．行動は，その後に（正または負の）強化刺激が続けば，その強度を増し，罰（定義は表26-1を参照）が続けば弱められる．例えば，マンドリルをある特定の待機場所に入ることを訓練するとしよう．まず最初は，その場所に餌を置くことから始める．最終的には，マンドリルは，担当の飼育係がドアを開けるだけでその場所に移動することを学習する．そこで食べ物をもらえるからである．このマンドリルの行動（ある決められた待機場所に入ること）は，マンドリルが餌をもらうための道具として作用する．罰を与えることでトレーニングすることも可能である．例えば，マンドリルが間違った場所に入った時

表26-1　トレーニングに関する用語と定義

接近	行動上の目標に導く際の，一連の前進のなかの小さな1歩．「逐次接近による反応形成」の項を参照．
行動基準	強化を得るに足るだけのレベル，または行動に現れた反応．
ブリッジ刺激	行動基準（その接近のための過程も含む）を満たす正確なその一瞬を示す刺激．“ブリッジ（橋）”と呼ばれるように，被験体に正しく反応できたことを知らせる．しばしば，その途中での付加的な強化を知らせることもある（クリッカー，ホイッスル，声かけなどが用いられることが多い）．この刺激によって，正しい反応がなされたその時と，付加的な強化子が届けられるその時との間の隙間を“埋める（橋渡しする）”．弁別刺激 S^D（「弁別刺激または手がかり」の項参照）と，二次強化子の両方の役割を果たす．
捕捉（走査）	被験体によって制限される行動を配置する過程．行動を強化することによる刺激統制下で，その行動が自発的に起こっているように見える．
古典的条件づけ	学習の基本形の1つ．はじめは特定の反応を誘発しない中立的な事象が，その反応を引き起こすことのできる他の刺激（無条件刺激）と対になって繰り返し提示されることで，無条件刺激と同様の能力を獲得すること．このタイプの条件づけでは，被験体による自発的な選択は含まれない．反応は反射的なものであり（例：まばたきや唾液分泌），オペラント学習に依存しない．
条件刺激（CS）	最初は中立的な刺激が，繰り返し対提示された結果として，または刺激と反応の連合が学習された結果として，特定の反応を誘発するようになる．その時の刺激のこと．弁別刺激 S^D または手がかり刺激は条件刺激である．
連続強化	強化スケジュールの1つ．望ましい，もしくは正しい反応が起こるたびに毎回強化する．飼育係は，動物が新しい行動を学習する過程にある時，典型的に連続強化スケジュールを使う．
脱感作	負の，または嫌悪的な事象を，正の強化と対にすること．その事象の嫌悪的な性質がなくなるまで繰り返し提示される．結果としての行動は正の強化を用いることによって維持される．
弁別刺激（S^D）または手がかり刺激	ある行動に先行する刺激で，特定の反応が正しく生起すれば強化されることを知らせる働きをもつ．その結果，その刺激は一貫して特定の反応だけを誘発することになる．

（つづく）

表 26-1　トレーニングに関する用語と定義（つづき）

消去	ある行動に強化を伴わせないことによって，その行動が生起しないようにすること．
消去バースト	消去を伴わないことによる消去の過程において，当該の反応の頻度や強度が一時的に高まること．
般化	2つの刺激間の弁別をしないこと．動物はある特定の刺激に反応するように条件づけられると，よく似た刺激の前でも同じ反応をするようになるかもしれない．
馴化	ある刺激を繰り返し提示することで，はじめは特定の行動を起こしていたのに，その行動の生起頻度が下がったり消えたりすること．通常は反応する（つまり，避けたり，嫌悪的にふるまう）状況に対して，提示時間を延長したり，繰り返し提示したりすることで，動物を徐々に慣らす過程のことでもある．
両立し得ない行動	ある行動をすると，同時にもう1つ別な行動をするのは不可能なような状況におけるその行動のこと．
間欠強化	強化スケジュールの1つで，正しい反応をした時に毎回強化するのではないこと．連続ではない全ての強化スケジュール（つまり，変動比率，変動間隔，固定比率，固定間隔）のこと．
ジャックポットまたはボーナス	いつもより，またはいつも期待しているより大きな正の強化子．
強化の規模	ある行動に後続する強化の大きさや持続時間．
負の強化	嫌悪的な刺激を動物の環境から取り除くことで反応の生起確率を上げる過程．
観察学習	ある動物が，他個体の行動とその行為の結果を観察することから学習すること．
オペラント条件づけ	学習の中で，行動（の生起）がその結果によって決まるもの．ある行動は，（正または負の）強化が伴うと強められ，罰が伴うと弱められる．動物は環境を“操作”し，望ましい結果を導く．
一次強化子または無条件強化子	強化事象で，その強化特性（例えば，生物学的に必要なもの：食物，水，暖かさ，繁殖相手）を獲得するのに，学習や先行経験に依らないもの．
正の強化	ある行為，または反応に，被験者が欲する何かを随伴させる過程のこと．その結果として，その行動の生起頻度が高まる．
罰	ある行動の後に，刺激を加えたり，もしくは除いたりすることで，結果としてその行動の生起頻度が下がること．
回帰	学習の過程で，条件性の行動が以前の状態に戻ること．
強化子	ある行動と結びついて，その行動が再び生起する確率を上げる傾向をもつあらゆるもの（刺激を加える場合も，除く場合もどちらも含む）．
強化スケジュール	強化を行う条件や変数のこと．「連続強化」や「間欠強化」の項を参照．
二次強化子または条件性強化子	もともとは動物の行動にに何の影響も与えない事物（刺激）で，一次強化子やその他の条件性または確立された強化子とともに提示されることで強化力をもったもの．
選択的または分化強化	特定の行動を形成するために，特定の基準を満たす望ましい反応を強化すること．パフォーマンスを向上させるために，質の高い反応だけを選択的に強化すること．
逐次接近による反応形成	オペラント条件づけの方法の1つで，行動の最終ゴールを目指して，一度に少しずつ小さな歩みで行動を変容させていくこと．行動を小さな単位に分けて一度に1つずつ教えていき，望ましい行動が完成されるまで続けることで行動をつくり上げること．その一連の1歩1歩が中間のゴールになる．
刺激	生理的，もしくは行動的な反応を引き起こすあらゆるもの．条件性刺激の項を参照．
刺激統制	刺激は以下の3つの条件を満たせば，刺激統制下にあると言われる．①弁別刺激 S^D の後すぐに生起する．②正しい弁別刺激の後にだけ生起する．③別の S^D があっても生起しない．
迷信行動	ある行動をトレーニングしている間に生起する別な行動で，トレーニングされている行動とは直接関係がない．望ましい行動が強化される時に，無関係な行動もたまたま強化されたため，動物はトレーニングされている行動の必要な要素で，強化を受けるためには必要だと認識してしまったもの．
タイムアウト	やさしい部類の罰で，不適切な，もしくは望ましくない反応の直後に，強化を得る機会を取り除くこと

定義は以下の出典による：Blasko et al. 1978，Kazdin 1994，Mellen and Ellis 1996，Pryor 1995, 1999，Ramirez 1999，Reynolds 1975，Wilkes 1994．この用語のリストは，北米動物園水族館協会（AZA）の行動アドバイザー・グループと北米動物園飼育係連盟のトレーニング委員会によってつくられたもので，AZA のコース（ゾウ管理の原則，動物のエンリッチメントの管理とトレーニングプログラム，動物園水族館における動物飼育の発展）の教材でもある（許可を得て掲載）．

に，水を吹きかけるのである．罰は反応（ここでは，間違った場所に入ること）の生起確率を下げ，強化は反応（正しい場所に入ること）の生起確率を上げる．おそらく正の強化も罰も動物を移動させる際に用いることは可能だが，ほとんどの動物飼育のプロが，罰よりも報酬を用いるべきだと主張している．たいていの場合，報酬の方が効果的であるし，動物と飼育係の間にポジティブな関係をつくりやすいと考えられるからである．

初期の行動科学者たちは，全ての学習が上記のタイプの1つとして分類できると考えていた．しかし，既存の説明では分類できないような，別のタイプの学習が起こっていることがやがて明らかになった．複合学習という用語は，動物が学習すべき課題そのものではなく，付随的に行動方略を発展させたように見える学習行動を記述するために用いる．Harlow（1949）はこれを「学習するためにする学習」と呼んだ．彼は，アカゲザル（*Macaca mulatta*）にあるタイプの問題の解き方を教えた．そのサルは，類似した問題を解くための学習速度が，経験のないサルに比べて速かった．その他の複合学習の例には，潜在学習と観察学習がある．潜在学習とは，ある状況に対する経験もしくは親近性が，課題の学習を促進することである．例えば，ある迷路の中で遊ぶことを許されたラットは，のちにその迷路を使った学習課題で，未経験のラットと比べて速く走ることができた．観察学習は，他個体が問題を遂行するところを観察するだけで，その見ていた個体は問題を解決することができるというものである．フロリダ州オーランドのシーワールドでは，若いシャチ（*Orcinus orca*）が様々な行動のパフォーマンスを学習した．見る限り，同じプールにいたその個体の母親かまたは他の成獣を観察しただけで，多くの種類の行動パフォーマンスを学習した．観察学習はバンドウイルカ（*Tursiops truncatus*）の幼獣でも同様に見られている（L. Cornell 私信）．

トレーニングの用語

現代の動物のトレーニングのルーツは，実験心理学および比較心理学にある．心理学のこの領域の文献には，動物がどのようにして学習するのかが，馴化に始まり，古典的条件づけ，オペラント / 道具的条件づけ，そして複合学習について書かれている．この文献には，強化スケジュールや，学習やトレーニングにおける正の強化，負の強化，罰の役割についての知見が提供されている．ここで読者に大事なことを思い出していただきたい．これらの概念は，実験室では極めて明瞭で曖昧なところがないように見えるが，“現実世界”の状況ではそうはいかない．動物が家畜小屋への出入りを学習するのを見て，どのタイプの学習が起こっていたのか，その行動の学習において，正の強化，負の強化，罰のどれが効いていたのか確定することは，もっとずっと難しい．おそらく，動物はあらゆる方法で学習し，様々な組合せの強化を受けている．多くの新人飼育係が，専門用語の泥沼にはまってしまう．ここで私たちは提案する．飼育係は大きな概念を理解することに集中すればよい．一番大事なことは，トレーニングは動物が連合をつくる過程だということである．飼育係の仕事は，動物がこの連合をつくることを手助けしてあげることだ．

さらにややこしいのは，実験室よりもはるかに複雑な環境で働く飼育係たちが，トレーニングにおける微妙な違いを表すための独自の用語をつくり出してきたことである．学習とトレーニングに関する基本的な用語のリストは表26-1に示した．私たちのここでの提案は，トレーニングの概念を理解することが重要で，個々の用語や定義，その他に関連する業界用語（ジャーゴン）を細かに理解することではないということだ．

強化と罰の概念は，学習とトレーニングの理論を理解するうえで欠かすことはできない．強化とは（正の強化も負の強化もどちらも含む），ある行動の結果として起こる事象で，その行動が再び起こる確率を高めるものである．正の強化子（食べ物等）とは，手に入れようと求めたり，環境に加えたりしようとする魅力的な刺激である．負の強化子とは，避けられ，取り除かれるべき嫌悪的な刺激である．仮に動物が屋内施設に入り（要求されている行動），欲しい食べ物を与えたとしたら，この動物が屋内施設に入るようにトレーニングするために，正の強化子を用いていることになる．もし飼育係が屋外展示場にホースで水を撒いて，動物が屋内施設に入ってきたとしたら（動物は水にぬれるのを避けるものとする），負の強化を用いていることになる．どちらの方法でも，反応（屋内施設に入るという行動）の確率を高めている．

罰は2つの点で強化とは異なっている．1つ目は，望ましくない行動の後に起こるという点．2つ目は，望ましくない行動の頻度を減らす，もしくは抑制するという点である．動物に屋内施設に入るようにする上記の例を使うことにする．飼育係は動物に，いつも区画Aに入って欲しくて，区画Bには入って欲しくないとする．罰を用いるということは，動物が区画Bに入ったら，ホースで水を吹きかけることである．この動物はすでに“ミスを犯した（区画Bに入った）”のである．おそらく，動物は水をかけられることによって，別の機会に区画Bに入る確率が下がるだろう．ここでは，動物のトレーニングに罰を用いる例をあげたが，罰は動物と飼育係の関係を壊すおそれがあるし，罰の結果として動物が攻撃的になることも考えられる．

一般に，トレーニングを行う時に，“正の強化”テクニックしか用いないという人は多い．しかし，正の強化が唯一利用されているトレーニングテクニックだとは考えにくい．適切に用いれば，負の強化も罰も有効な手段である．例えば，飼育係はよく動物といっしょに動物舎の中まで“歩いていく”．つまり，動物の逃走距離を利用して，飼育係から離れるように移動する（そして動物舎の中に入る）ように促しているのである．これは負の強化を用いている例で，動物はやや嫌悪的な刺激（逃走空間の中に入った飼育係）から離れるように移動している．このことで，反応（動物舎に入る）の生起確率が上がるのである．同様に，飼育係は，トレーニング中に動物が攻撃的な態度を見せた時に，“タイムアウト”（利用可能な強化の機会がない状態）を用いることもある．これは，罰の例にあたる．その動物は飼育係に向けて攻撃性（望ましくない行動）を示した．この事実（この“悪事”が起こったこと）の後，飼育係は全ての強化の機会を取り除く反応をする．おそらく，このタイムアウトによって，トレーニング中に飼育係に向けられる攻撃が起こることは少なくなるだろう．

典型的には，トレーニングの最初の段階では，望ましい行動は，それが起こる度に連続して報酬が与えられる（正の強化を受ける）．例えば，ゾウが指示に従って足を上げると，ゾウは褒められたり，ニンジンをもらったりする．しかし，強化は反応のたびに毎回与えられなければならないものではない．ゾウが５回正しく足をあげるごとに一度の強化も可能である．これを，強化の固定比率（fixed ratio：FR）スケジュールと呼ぶ．決まった回数の反応の後に行動が強化される．強化スケジュールの別のタイプに，固定間隔（fixed interval：FI）スケジュールがある．これは，ある決まった時間が経過した後の最初の正しい反応が強化される．どちらの強化スケジュールでも，間隔または比率は飼育係によって“固定”されている．

強化スケジュールは，間欠的あるいは変動してもよい．間欠あるいは変動比率（variable ratio：VR）強化スケジュールは，例えばゾウの例では，５回正しい反応の後にゾウは強化されるが，次の機会には３回目でも，20回目でもよい．変動間隔（variable interval：VI）スケジュールでは，動物は２分経過後の最初の正しい反応で強化されるが，その次は５分後でも，１分後でもかまわない．

４種類の強化スケジュールのうち，変動比率スケジュールが最も学習の速度が速く，さらに重要なことは，行動が最もよく維持される．変動比率スケジュールを用いて学習した行動は，消去抵抗も最も強い．消去とは，行動を強化しないことで反応の生起確率や強さが減少することである．変動強化スケジュールである行動を学習した動物は，固定強化スケジュールで行動を学習した動物よりも，行動をより長く保持する傾向がある．変動する強化比率条件の下で学習した行動が消去に強いのは，いくつか理由がある．動物は，トレーニング中に強化されないことがあっても反応を続ける．また変動強化スケジュールと非強化の違いは，連続強化と非強化の違いよりもずっと小さい（Drickamer and Vessey 1986）．これらのことから，動物は反応を持続することを学習するのである．

食物や水，暖かさといった強化子は，一次強化子と呼ばれる．その強化力が即時的な生物学的結果を基盤としている（動物は，一次強化子で強化されることを前もって経験する必要がない）からである．ホイッスルのような刺激は，食べ物のような一次強化子と対にして繰り返し提示されて初めて，条件性強化子または二次強化子となる．例えば，海生哺乳類のトレーナーは，トレーニングにホイッスルや水中音を用いることが多い．望ましい行動を完了するとすぐ，飼育係はホイッスルや水中音を鳴らす（二次強化子）．この音を聞いた動物は飼育係のところに戻って来て，食べ物（一次強化子）を受け取る．トレーニングでは，ホイッスルの音やその他の二次強化子は，ブリッジ刺激，もしくはたんにブリッジと呼ばれることが多い．望ましい行動が起こった時間と一次強化子が与えられる時との間を橋のようにつなぐからである．

正の強化，負の強化，罰をそれぞれ使う時，飼育係は自分が何をしているか，そのトレーニングの進み具合を把握している必要がある．飼育係が，非効果的なやり方で，上記の技術を用いるおそれがあるからである．例えば，飼育係が攻撃を減らすためにタイムアウト（罰）を用いているならば，その飼育係はある程度長い期間にわたって，頻繁にタイムアウトを用いる必要があるかもしれない．もし動物が同じレベルの攻撃を見せているとしたら，タイムアウトが効果的に用いられなくなる絶好のチャンスである．その行動や，トレーニングとは両立し得ない行動を減らす別な技術が開発される必要があるだろう．

動物の学習の分野で働く人（例：Levine 1978）の中には，動物の“動機づけ”を，動機づけレベルの違いが学習の能力に影響を与えるかのように議論している人がいる．しかし，動機づけという用語は，被験者自身の状態を説明するものであり，学習プロセスについて何１つ新たな情報をもたらさない．動機づけは，刺激がなぜ異なる状況では異なる効果をもつのか，なぜ行動が目標に向かっているように見えるのかを説明してくれる．しかし，動機づけという用語は単なるラベルにすぎず，学習速度のばらつきを説明してはくれない．動物の動機づけの理解がどのようにトレーニングに影響を与えるかという例を取り上げて，以下で考えてみることにしよう．

種特異的な学習の制約

およそ 50 年の間，米国の心理学者のほとんどは，馴化と古典的条件づけ，そしてオペラント条件づけだけが，全ての生体内で起こる学習の形だと考えてきた．この見方では，上記タイプの学習に含まれるプロセスは，全ての種で同じだとも考えられていた．しかし，1960 年代に行われた数多くの批判的研究によって，この誤解は一掃された．多様な動物種での研究が増えるにつれ，全ての動物が同じことを学習できるわけではないことが明らかとなった．むしろ，学習やトレーニングにおいて，各個体はそれぞれに，学習のプロセスに大きな影響を及ぼし得るような本来の性質を備えているのである．B.F. Skinner の弟子である Breland and Breland（1961）は，そのことを証明した．彼らは，カーニバルでの動物ショーをつくり上げるために，オペラントの技術を用いたのである．彼らはニワトリに野球ゲームをすることを教え，アライグマ（*Procyon lotor*）にコインを貯金箱に入れることを教えた．はじめ，それらの動物は計画通りに演じて見せた．しかし，次第にニワトリはバットでボールを打つ代わりに嘴でつつくようになり，アライグマはコインを貯金箱に入れる代わりに，“しみったれのように”コイン同士をこすり合わせるようになった．Breland 夫妻は，この現象を“本能による漂流”と呼んだ．この動物たちは，自然界で典型的に見せるような行動をとっていたからである．

学習には 2 つの一般的な効果，もしくは制約がある．これらはトレーニングに直接影響するもので，議論する価値がある．どちらも，動物が本来もつ生物学上の性質に関するもので，動物のトレーニングの状況にもたらされるものである．最初は準備性（Seligman 1970）と呼ばれる概念である．この概念によれば，ある特定の遺伝的な性質によって，動物は何らかの学習をするように準備ができていたり，学習がしにくいようになっていたり，準備ができていなかったりする．これは自然界であろうが，飼育下のトレーニングであろうが同じである．一般に，動物は，種に典型的な行動を含む課題を学習する準備ができている．つまり，その課題は生物学的に適切だということである．例えば，シャチは，指示に従って水面上に飛び上がることを容易に覚える．その行動はシャチの自然な行動のレパートリーに含まれているからである．反対に，トレーニングする行動が，その動物の準備性に反する場合，トレーニングは極めて難しいものとなる．その種の自然史に反することだからである．これらの概念を適用すると，ある動物を小さな籠に入るように訓練することの難しさは，部分的にはその動物の自然な行動かどうかにかかっていることが分かる．オセロット（*Leopardus pardalis*）のような穴居性の種は，トムソンガゼル（*Eudorcas thomsonii*）のように主な防衛戦略が逃げることといった種に比べると，小さな暗い空間（捕獲オリ）に入るようにトレーニングすることは容易だろう．トムソンガゼルはオリに入ることに“反準備的”であったのに対して，オセロットはオリに入る“準備ができている”と言えるかもしれない．動物にとって準備ができていない行動の学習は，容易でも格別難しくもないだろうが，それなりの努力は必要だろう．鼻の上にボールを乗せてバランスを取ることは，カリフォルニアアシカ（*Zalophus californianus*）にとって通常の行動レパートリーには含まれていないが，適切な量の努力によって学習させることができる．これは，ふだんは環境内の新奇な物体を探索するのに用いられる触毛（鼻毛）を使うことの延長として組み入れられたからである．どんな学習課題でも，それを動物が学習できるかどうかは，その種の自然な行動傾向を反映した準備性から反準備性までの連続線上のどこにあるかによるのである．

学習における 2 つ目の制約は，動物の感覚世界，もしくは環境世界（Ümwelt：von Uexküll 1934）に関するものである．動物にとっての環境は，その個体が知覚する特定の刺激から成り立っている．動物はある課題における刺激を解釈できないために，その課題をうまくこなせないのかもしれない．例えば，色覚をもたない動物にとって，色は明らかに，その動物から行動を引き出す手がかりとしてはふさわしくない．効果的なトレーニングのためには，刺激はその動物が容易に知覚できる範囲内になければならない．Temple Grandin の 2 冊の著書（Grandin 1995, Grandin and Johnson 2005）には，家畜のウシがどのように環境を知覚し，その知覚がいかにヒトと異なっているかということについて，洞察に満ちた記述がある．彼女はヒトからすれば一見小さな環境の変化（ガチャガチャ音の鳴るチェーン，塀にかかった服，床の上の小さな物体）に，ウシが怯える様子を描写し，飼育係に“ウシの目”をもってウシの置かれた環境を見ることを勧めている．

このように，動物のトレーニングでは，種によってはその行動を学習するのに前もって適応しているが，別の行動は学習できない，もしくはできるとしてもたいへんな困難を伴うことを心に留めておかなければならない．それは，それぞれの種に特有の形態，感覚，その他の適応を含む自然史によるのである．

ハズバンダリートレーニング

ハズバンダリートレーニングの進化：実験室からプール，家畜小屋まで

1900年代初頭，E.L. Thorndike（1911）は，試行錯誤学習に関する研究書を出版した．その本で彼は，ネコとイヌが問題箱から脱出する様子を記述している．彼の研究は，学習における強化の役割を証明した．彼は，動物の学習に影響を与えた多くの動物心理学者の第1号である．Pavlovによる，実験室でのイヌの研究（Pavlov 1927）は，古典的条件づけの特徴を明らかにした．B.F. Skinnerによる，"スキナー箱"でのネズミの研究（Skinner 1938）は，オペラント条件づけに新たな知見を加えた．やがて，いつの間にかこれらの概念は，研究室の外に忍び出て利用されるようになった．"動物園生物学の父"と呼ばれることも多いHeini Hedigerは，トレーニングが認知的なレベルで動物を魅了していると認めていた．Hediger（1950, 1969）は，簡単なトレーニングの実践は動物にとって一種の"作業療法"のようなもので，それによって飼育下の退屈を紛らせると強く信じていた．彼がトレーニングという語を使う時には，飼育管理に関わらない行動を指すことが多かった．彼はこのタイプの行動を，"訓練された遊び"と認識していた．Breland and Breland（1961）は，オペラント条件づけの技術を，水生哺乳類からカーニバルの動物ショーまで，幅広い動物種を訓練するのに利用した．水生哺乳類の学習と認知については，1960年代～1970年代にかけて，大学や研究施設，水族館で研究が行われた．その研究でもオペラント条件づけが用いられた（例：Turner and Norris 1966，Harman and Arbeit 1973）．1970年代には海洋水族館と米国海軍がオペラント条件づけを利用して，イルカやその他の水生哺乳類をトレーニングしている（Defran and Pryor 1980参照）．Hal Markowitz（1982）はオペラント条件づけの技術を用いて，動物園の動物たちに様々な装置を使うトレーニングをした．この"行動工学"の装置によって，私たちは動物の学習の仕方について新たな知見を得たし，動物たちにはエンリッチメントを提供できた．1980年代半ばまでに，主として水生哺乳類の管理に用いられていたトレーニング技術は，その適用範囲を様々な分類群へと広げ，現在も広がり続けている．

その活用例を以下に示すことにしよう．フロリダ州オーランドにあるディズニーアニマルキングダムで飼育されているゴリラ（*Gorilla g. gorilla*）は，手に怪我をした．飼育係たちはこのゴリラがすでに学習している行動を基にして，可搬式のX線装置に手を置くことを教えた．このおかげで，不動化の必要なしにゴリラの手のX線撮影を済ませることができた（図26-1参照）．キリン（*Giraffa camelopardalis*）は，蹄の問題を長期的に管理できるようにするために，保定用エリアに入ることをトレーニングされている（Kornak 1999，Burgess 2004）．動物を集団で飼育している場合，給餌の際に動物が餌を争って攻撃的交渉が起こることがある．代替手段として，動物に他個体の近くで協力的に餌を食べることがトレーニングされた（Bloomsmith et al. 1992）．

大事なことなので何度も繰り返す．トレーニングは，飼育動物の日々の管理に用いる多くの手段のうちの1つにすぎない．もし動物が展示場に出ないとしたら，"問題"は，その動物のトレーニングが不適切だったというような単純なものではないかもしれない．動物が屋内の動物舎に入ってこないのは，その集団の優位個体の攻撃性のせいかもしれないし，動物舎に十分な空間がないからかもしれない．病気や怪我が原因かもしれない．飼育管理の問題の周囲にある多くの課題を注意深く見直すことで，たいていは複数の問題が明らかになる．そしてそれらには複数の解決策がある．それらの解決策の中の1つがハズバンダリートレーニングである（問題解決モデルについて詳しく知りたい場合は，Ramirez 1999またはColahan and Breder 2003を参照）．

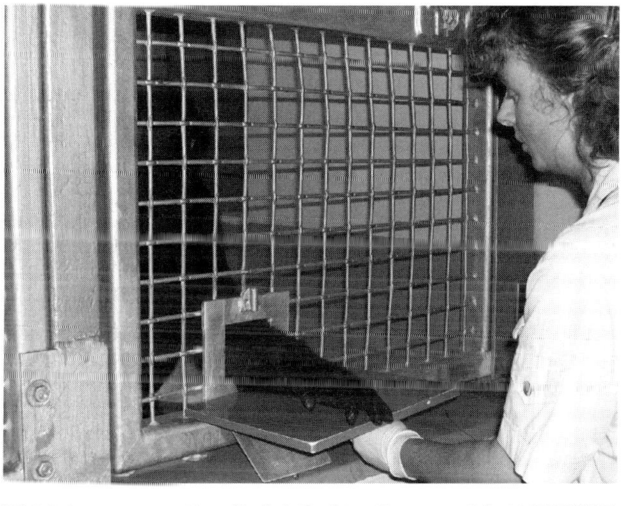

図26-1　ニシローランドゴリラ（*Gorilla g. gorilla*）は展示外区域で，X線装置を使うためのトレーニングを受けた．（写真提供：ディズニーアニマルキングダム，許可を得て掲載）

ハズバンダリートレーニングとは何か

本人が気づいているかどうかは関係なく，飼育係は，動物園や水族館の動物が何を学習するかに影響を与えている．言い換えるなら，飼育係は常にそのケアのもとで動物を教えたりトレーニングしたりしている．Ramirez（1999）はトレーニングを,簡単に“教えること”と定義している．私たちは自分たちが動物に何を教えるのかということを意識している時もある．意識的な努力によって，私たちは動物をトレーニングして，飼育管理や教育，研究，エンターテイメントといった目的に応じて多様な行動を見せることができる．しかし，私たちは自分たちの行動や，飼育管理のための日々の業務や，その他の飼育下の環境における刺激によって，無意識に動物の行動に影響を与える（トレーニングする）こともある．事実上，動物をケアするスタッフ（飼育係）は常にトレーニングをしているのであって，そのことを自覚する必要がある．ここでのトレーニングとは，全て連合（学習）である．最適な飼育環境をつくるために大事なことは，動物に，その幸せを増進させるような連合を探る機会を増やすことである．

様々な動物のトレーニング方法が開発され，適用できる種の数はどんどん増えてきている．そこで大事なことは，それぞれの種にとってどんな方法が適切で，最もうまくいくのかを見つけてやることである．飼育係の間でよくある誤解に，“トレーニングはトレーニングである”という見方がある．このような考え方は，学習の理論に関連する，行動主義心理学の文献からくるものである．20 世紀初頭の心理学者（例：Skinner 1938）は，学習のメカニズムは全ての動物で共通だという考え方(“学習は学習である”)を提唱した．しかし，比較心理学者や動物行動学者が 20 世紀を通して，多様な種の動物で学習を研究したことにより，学習に関する基本的な概念はよく似ているが，動物がどのように学習するかについてはその種の自然史が強く影響することが分かった．この章ですでに議論したように，“学習の制約”や“学習の準備性”と呼ばれる概念が見出されたのである（Dersbury 1978）．

効果的なトレーニングの要素

何らかの行動をトレーニングしたいとする．そのための最も効果的で適切な技術を選ぶには，多くの要因を考慮に入れておく必要がある．まずその動物の自然史，その個体の個体史，動物園におけるその動物コレクションの機能や役割，展示の制約，安全性などである．動物を訓練する者（トレーナー）は，トレーニングの準備や計画の一部を,“宿題”としてやっておかなければならない.動物のトレーナーの中でも，成功する人は，その動物の自然史，個体史，動物園のコレクションにおけるその動物の役割，施設のデザイン，安全性の問題への意識といった知識を利用して，トレーニングの計画を実行していく．その動物に何が強化力であり，何が嫌悪的かを知っておくこと．1 日の中で学習を最も受け入れやすい時間を知っておくこと．ストレスに関連する行動や快適な時に見せる行動を理解し，認識していること．全てのことは，動物と飼育係がトレーニングを成功に導くために必須のことである．

自然史とは

私たちは，トレーニングを行う動物の自然史について考慮に入れるべきである.そのことによって,その動物にとってどんな行動が最も学習しやすいのかを知り，トレーニング計画を準備することができる．飼育係は，動物がどこまでも柔軟で，なんでも学習可能だと思ってしまう失敗を犯しがちである．例えば，最近の動物トレーナーの集会での話であるが，ある参加者はこんなことを言った．「飼育係は無意識のうちにトレーニングしてしまっている．トムソンガゼルのような動物はすぐに逃げるものだ．脱感作の技術によって，逃走反応を除去することが可能かもしれないが，トムソンガゼルは逃げるよ！ 彼らは被捕食者で，危険を知覚したら逃げることを含めた一連の行動を進化させてきたんだ．人間がトレーニングによって逃走反応を取り除けるなんて考えるのは，合理的でもなければ適切でもない．逃走反応はその種に生得的に組み込まれたものなのだから．馴化や脱感作で逃走距離は縮めることができて，本質的には逃走しにくくできるかもしれないけれど．」

トレーニングは動物を管理するための一手段にすぎない．その目的のために，適切な行動のゴールを設定する仕方を理解しなくてはならない．そして知らずに，学習には向かない行動をトレーニングしようとして,動物(やスタッフ）を危険にさらさないようにしなくてはいけない．

最近では，数多くの動物管理プログラムや動物トレーニングプログラムが開発されている．それらは，動物の自然史を理解し，そのために動物の自然な行動を利用することに根ざす哲学や技術を取り入れている．例えば，“ウマにささやく人（horse whisperer）”として知られる著名なトレーナーの 1 人，John Lyons（1991）は，ウマをトレーニングする技術として，飼育者がウマのささいな手がかりの読み方を学習することと，飼育者がウマでも“読める”ボディランゲージを使うことをあげている．同様に，Temple Grandin は，家畜の（屠殺）処理システムをデザインしているが，それは家畜動物の心理的および物理的な必要性を理解することを基本にしている．そのシステムを取り入れた施設は最も人道的な施設と考えられている（Grandin 1995，Grandin et al. 1995）．

その種に適切なトレーニングの技術を選ぶことも重要である．例えば，イリノイ州シカゴのブルックフィールド動物園の飼育係は，アカキノボリカンガルー（*Dendrolagus matschiei*）のトレーニングに，はじめはブリッジ刺激として，トレーニング用の一般的なクリッカーを使った．初めてクリッカーの音を出した時，最初は落ち着いていたキノボリカンガルーが，展示エリアの最も高いところへ逃げていったのだった．その後の調べで分かったのは，そのクリッカーの音が，この種の警戒音と極めてよく似ていたことだった．トレーニング手順から，その特殊な側面を取り除いた後は，飼育係はキノボリカンガルーのトレーニングに成功した．さらに飼育係たちが学習したことがある．この樹上性の動物をトレーニングする時には，より高いところでした方が，そのセッションの成績がずっと良いということである（図 26-2）．

トレーニングに関連しそうな自然史についての質問の一覧を「補遺 26.1」にあげておいた．この情報を集めること（つまり，質問に答えること）が，トレーニングの計画をつくる過程で役立つことになるだろう．

個体史 / 動物のコレクション（展示種構成上）の制約

動物の初期の養育体験や社会の中での順位など，その動物の個体史は，環境への反応や新たな行動の学習のしやすさに大きな影響を与える．人工哺育個体と親によって養育された個体では，飼育係に対する反応が全く異なることがある．場合によっては，人工哺育個体をトレーニングすることは，トレーニングの目標を容易にするだろう（例えば，逃走反応を発現しないので，飼育係は動物に近づくことができる）．また別の場合では，人工哺育はトレーニングの妨げになるかもしれない．人工哺育では，性的に成熟した時に，飼育係に対して攻撃的になったり，飼育係と不適切な絆をつくってしまう個体がいる．また別な個体史の要因としては，トレーニング計画に影響を与えるかもしれない．その要因としては，その動物の集団内の社会的な立場，以前のトレーニングの経験や，トレーニングの施設やその一部での経験，人間（例えば，飼育係や獣医師など）との経験などがあげられる．

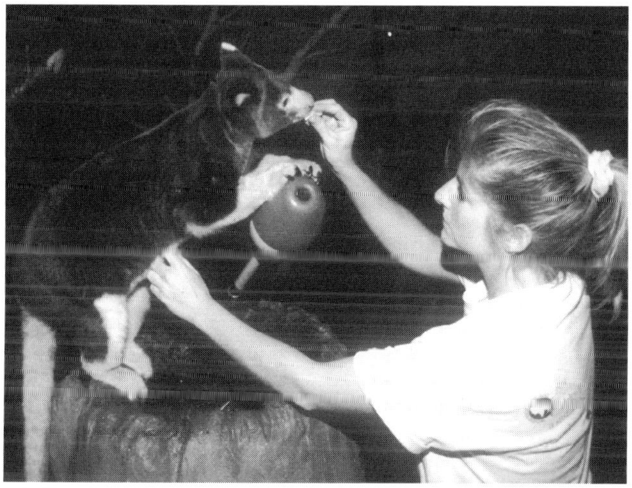

図 26-2　トレーニングは高いところでやることといった自然史の知識によって，アカキノボリカンガルーの口腔内チェックのトレーニングはうまくいった．（写真提供：Jim Schulz，シカゴ動物学協会．許可を得て掲載）

その動物（種）の機能，つまり展示動物の構成の中での“役割”も，トレーニングのタイプに影響を与える．これは，飼育係が動物とどの程度まで関わるのかということに通じる問題である．トレーナーと動物は，トレーニングのためにいつも近くにいたり，物理的に接触している必要はない．トレーナーが動物から離れて障壁の向こう側にいる場合も多い．種保存計画（species survival plan：SSP）のある動物種やその他の繁殖計画のある種では，繁殖のための計画がない種と比べると，離れて間接的に扱ったり，トレーニングの強度も強くない．飼育係や来園者が自由に連れ歩ける動物の役割は，障壁の向こう側に入れられて触れない動物とはずいぶん異なっている．

その動物の個体史をよく知っていて，動物園の動物種構成上の役割を知っていれば，最もよい環境を与えることで飼育係を支援することができる．「補遺 26.1」には，動物の個体史についての質問も含まれている．これらの情報は，トレーニングの計画を立てるうえで役に立つはずである．

施設のデザインと安全性

適切に設計された動物舎は，以下の 4 点を満たす．①動物，飼育係，来園者のいずれにとっても安全である（第 14 章も参照）．②その種にとって適切な行動を促し，動物は容易に，快適に移動することができる．③掃除，給餌，エンリッチメント，トレーニングといった動物の世話がしやすい．④来園者に動物が“よく / 良く”見える（Coe 1992，本書第 18 章，Laule 1995）．図 26-3a と図 26-3b は，飼育係が，大型のネコ科動物を安全にトレーニングできるように考案された設備である．ここでは，様々な飼育管理上および獣医学上の処置ができる．

動物にとっても飼育係にとってもうまく機能する設備は，トレーニングプログラムにとってプラスに働く．動物が快適な施設でのトレーニングは，時間が短くて済み，行動の維持もずっと容易である．例えば，ディズニーアニマ

図 26-3　(A)大型のネコ科動物（ヒョウ属 *Panthera*）用に，展示エリア外に特別に設けられた施設．(B)小さな引き戸を開けると，安全に後肢を見ることができる．この窓を通して，麻酔銃を使わずに注射を打ったり，直腸温を測ったり，採血をすることができる．（写真提供:ディズニーアニマルキングダム．許可を得て掲載）

ルキングダムで飼育されているコロブスモンキー（*Colobus guereza kikuyuensis*）は，待機場所に以下に述べる要素を加えることで移動がずっと簡単になった．つまり，止まり木や視覚的障壁を増やし，頭上を通るシュートをつくり，低順位個体のための空間を増やしたのである．

うまく設計された施設では飼育係は安全性を感じる．そういう施設では，動物の急な接近に思わず驚いて怯んでしまうことで，突進や攻撃的な行動を強化してしまうおそれも少ない．反対に，目の大きな金属メッシュ越しに類人猿と対する飼育係は，あらかじめ用心深くなっていて，動物が突然に動いた時にすぐ反応してしまうかもしれない．こうして実際には，動物がつかみかかったり攻撃的になったりすることを助長している可能性がある．

多くの動物舎では，動物と飼育係が安全にやりとりしやすいように設計されてはいない．トレーニングを始める時には施設を改修する必要があるかもしれない．この改修の範囲は，簡単で安く上がるものから，複雑で高くつくものまである．いくつか例をあげよう．①小さな目のメッシュを大きな目のメッシュの上に付けて，安全なトレーニングのための空間をつくった．②間仕切りと保定用の装置を加えて，飼育係が安全に動物に近づけるようにした．③小さなドア（または開口部）を間仕切りに付け加えて，飼育係が安全に動物の体の一部に触れられるようにした（図 26-3a と図 26-3b を参照）．

著書『Thinking in Pictures（邦訳：自閉症の才能開発）』の中で，Grandin（1995）は，たとえ施設が便利に設計されていたとしても，飼育係が動物の行動や必要とするものに対する感受性をもっていなかったとしたら，正しく使われることはないだろうと述べている．動物とともに働くことが，対決や根比べだと考えていたり，トレーニングには勝者と敗者がいると考えるような飼育係は，トレーニングプログラムが良いものでも，その可能性を最大限に引き出すことはできないだろうし，担当する動物に最善の世話を提供することはないだろう．

トレーニングのしかた

哺乳類のトレーニングといえば，歴史的には海生哺乳類かゾウに限られていた（Mellen and Ellis 1996 の総説を参照）．しかし，この章で示してきたように，トレーニングの技術は今や，哺乳類に幅広く適用することができるようになっている．ここからは，飼育係が行動をトレーニングする手順について説明することにしよう．まずはじめに，飼育係がトレーニングを始めるのに必要な“ツール（手段）”について説明する．次にハズバンダリートレーニングの例を取り上げる．トラが飼育係の指示によって保定用の檻に入ることをトレーニングする中で用いた手法について説明する．

トレーニングのしかた：
トレーニングで用いられる手段 / 技術

飼育係はトレーニングを始める前に，その背景となる知識を得て，効果的なトレーニングに必要な物は何かを理解しておかなければならない．その中には，トレーニングプランのつくり方，動物との良好な関係のつくり方を知ること，ベイティング（baiting），脱感作，逐次接近法，反応形成，ターゲットトレーニングといった言葉の意味を理解することも含まれる．

飼育係と動物の双方にとって安全で快適な環境をつくることが，トレーニング成功のために絶対必要な第 1 歩である．古い施設はトレーニングをするために設計されていないことが多いが，新しい施設の中にはこの目的のために特別に設計されたエリアがあるところもある．実際に，それらの施設の中には（例えば，デンバー動物園，ニューヨークのコロラド動物園とブロンクス動物園），ハズバンダリートレーニング用のエリアが展示用に公開されていて，来園者はトレーニングの様子を見ることができる．

多くの動物は飼育係と良好な関係を築き，接近も容易である．しかし，人間が近づくと，まず逃げるという動物もいる．この動物に飼育係の手から餌を取ることを教えることで，その傾向を抑えることができる．代わりに，（飼育係から離れた）別な場所に行って食物報酬を受け取ることをトレーニングすることもできる．動物を効果的にトレーニングするには，動物が欲しがるような正の強化を見つける必要がある．食べ物は最も一般的に用いられているが，それ以外のものでの強化も可能である．例えば，サイのトレーニングでは，腹部をこすったり，ひっかいたりすることで強化することも多い．食べ物を用いる時には，1 日の給餌量の全てまたはその一部が（たくさんの数に小分けされて），報酬の形で与えられる．時には，与え方を変えたり（例えば挽き肉で与えていたのを，肉の塊で与える），特別なものを日々の食事（例えば，鶏肉）に加えたりする必要がある．動物が食べるものは，全体として栄養のバランスがとれていなければならず，トレーニングの結果，肥満になったり，栄養学的に不完全になるようなことがあってはならない．

トレーニングされる行動が正確なタイミングを要する場合か，または動物との接触の機会が限られているために強化を与える際に遅れが生じる場合には，条件づけにブリッジ刺激（このプロセスについては後述）を使う必要がある．ブリッジ刺激のタイプを選ぶ場合には，明確で，一貫していて，飼育係に使いやすく，トレーニングを受ける動物に適切なものでなければならない．

全てのトレーニングには，目標となる行動を選ばなければならない．その行動は明らかに定義されなければならない．いったんトレーニングの目的を定めたら，その目標の行動に向けて，1 歩ずつ小さな歩みで進み続ければ，やがて目標に至るだろう．正しい反応，つまりふつうは目標とした行動に向けて徐々に近づいている行動は，選択的に強化される．一方，正しくない反応は無視されるか，または罰される．動物の反応が，躊躇なくある範囲に近づいたら，飼育係は次なる接近のプロセスに移る．このプロセスを，“反応形成（シェイピング）”という．私たちは，飼育係にそれぞれが目指す接近の形を書き留めておくことを薦める．つまり，トレーニングプランを立てることである．トレーニングプランは反応形成のプロセスのガイドとなるからである．残念ながら，動物はトレーニングプランを読むことはできないし，そのプロセスはいつも飼育係が当初想定していたように進むとは限らない．そのため，飼育係はトレーニングプランを動物に合わせて，いつでも変更しなければならない．また，動物がある段階を“飛ばし”たり，反対にいつまでもある段階に留まっているかもしれない．ある人には，このようなバラつきこそ動物のトレーニングの醍醐味と感じられていても，そうは感じられずにイライラする人もいるだろう．一番大事なことは，飼育係は柔軟に対応し，十分に準備をし，強化しようとしている行動に集中していることである．

動物に望ましい行動をするように促すトレーニングの技術はいろいろある．よく使われる技術の 1 つに，食べ物を使って，望むところまで動物を誘い出すというものがある．この技術は，ベイティングと呼ばれる．もう 1 つの技術は，はじめは動物に体の一部である物体に触れること

図 26-4　展示外エリアで，ターゲットを使ったトレーニングを受けるコツメカワウソ（*Aonyx cinerea*）．（写真提供：ディズニーアニマルキングダム．許可を得て掲載）

を教える．この物体は次に，動物をある方向へ動かしたり，動物に一定の姿勢を取り続けることをしやすくする．このやり方をとる時，この物体は“ターゲット”と呼ばれる．ターゲットは様々な形をとり得る．壁や床に描かれた点でもいいし，棒の先に付けた浮標でも良い．飼育係の手や足でもかまわない（図 26-4）．

トレーニングが進むと，動物は望ましい行動を見せ始め，ある種の刺激に対する行動をとるようになる．この刺激とは，ターゲットの存在であったり，飼育係が見えていることであったり，いつもトレーニングが行われる動物舎内のある場所であるかもしれない．現時点の刺激，もしくは“手がかり”は，その行動には十分なもので，新しい手がかりを使うにはまたトレーニングが必要になるかもしれない．訓練された行動の手がかりを変えるには，新しい手がかりが古い手がかりの前に提示されなくてはならない．何回も繰り返せば，動物は新しい手がかりと訓練された行動を連合するようになる．次に，古い手がかりを徐々に取り除く（“フェードアウト”させる）．その手がかりに対して，要求された行動が十分に信頼できるほど見られるようになれば，この行動は“刺激統制”下にあると考えることができる（詳しくは，表 26-1 を参照）．

行動の完了がトレーニングプロセスの最終段階ではない．典型的には，複数の飼育係がその動物に行動を要求できるようにする必要がある．私たちが提案するのは，ある特別な行動は，多くの飼育係が要求（して，その動物が）できるようになるまで，本当の意味でトレーニングされたとは言えないということである．トレーニングに人を追加することは，一から動物をトレーニングするのと同じくらい大変なことである．場合によっては，新しい飼育係は動物と良好な関係を築くだけでかなりの時間を要するだろう．複数のトレーナーを用いる時に大事なことは，一貫性である．新しい飼育係は，最初のトレーナーが用いたのと同じ手がかりを与えて，正しい行動基準を強化する必要がある．トレーニングした行動が退行するおそれがあるのは，新しい飼育係をトレーニングに加えたこのタイミングなのである．退行とは，条件づけた，もしくは訓練された行動が学習 / トレーニングの以前の状態に戻ることをいう．予想されていれば，退行は一時的なものとして対処可能である．飼育係は互いにコミュニケーションをとって，トレーニング中に互いを観察し，トレーニングの成功に必要な一貫した環境をつくり上げる必要がある．

動物の動機づけも，トレーニングの成功に影響を与える．トレーニングセッションのはじめに干しブドウをもらっていたサルは，セッションの半ばで別な強化子（食べ物）をもらった時に下に落とすか，受け取らなくなるかもしれない．いつもはとても注意深いイルカも，ある特別な時期（それがたまたま繁殖期だとしたら）にはトレーナーのことを完全に無視するかもしれない．体を掻いたりなでたりするような二次強化子が使えるかどうかは，動物と飼育係の間の関係次第である．例えばサイは，ある飼育係に掻いてもらう時には反応するが，他の飼育係では反応しないかもしれない．

強化の大きさや価値も（トレーニングの成功を左右する）要因の 1 つである．これは強化の規模と呼ばれる（表 26-1 を参照）．動物のある行動の成績は，強化の量やタイプが変わると弱まったり，または強まったりする．飼育係はいつも，動物が彼らに送っている信号に注意を払い．与える強化がその動物にとって“価値のあるもの”かどうかを評価する必要がある．

トレーニングの例：トラが手がかりに応じて自発的に保定檻の中に入る

トラ（*Panthera tigris*）を手がかり刺激に応じて自発的に保定檻に入るようにするトレーニングは，適切な作業環境（前記参照）をつくったうえで始まった．ここに記すトレーニングのシナリオは，金属製の溶接金網のような，動物と飼育係を物理的に隔てられるという意味で，“安全に接触できる”準備を整えたうえでの話である．飼育係はまず，トラと一緒に過ごす時間をつくることから始めた．そしてトラに給餌をし，エンリッチメントを与えることでトラとの間に良好な関係をつくり上げた．

やがて，トラは飼育係と良い出来事との関係を学習し，飼育係に自分から近づくようになった．つまり，飼育係がメッシュのドアの前に立つと，ドアに近づいて行くようになった．次に飼育係は，小さく切った肉片をメッシュ越しに落としたり，メッシュのドアの下から入れたりしてトラに給餌することを始めた．飼育係がメッシュのドアのところでうずくまる姿勢をとった．トラはやがて檻の前で落ち着いて肉片を食べるようになった．

飼育係は次に 0.6m の長さのグラスファイバー製の竿を肉用の竿として導入した．竿の先に肉片を付けることができ，安全にメッシュ越しにトラに肉を与えることができた．躊躇なしに竿の先に付けた肉片をトラが食べるようになると，飼育係はメッシュドアの前を動いていろいろなところから肉を与えた．やがて飼育係は立ち上がって，メッシュのどこからでもトラに肉を与えられるようになった．望ましい行動をつくり上げるために，次に飼育係は先に肉片を付けた竿でトラを誘い，いろいろなところへ歩かせることができた．動物（この場合はトラ）がある行動を学習するこの間に，飼育係は全ての正しい反応を強化した（連続強化スケジュール）．トラがこの行動を習得した後は，必ずしも毎回強化する必要はなくなった（間欠強化スケジュール）．

トレーニングの次の段階は，飼育係がトラを保定檻に入るようにトレーニングすることだ（図 26-3a，図 26-3b にうまくデザインされた保定檻の説明あり）．保定檻の第 1 の機能はトラに安全に接触できるようにすることである．トラに保定檻に入ることを促すために，飼育係は檻の入口近くで給餌をし，次には檻の中に肉片を放り入れた（改めて書くが，このトレーニングはトラと飼育係の間を頑丈な金属メッシュで隔てている）．トラが檻の中に放り入れられた肉片を 2 個以上食べるようになった時，飼育係は保定檻の前に立ち，竿を使って肉をトラに直接与え始めた．トレーニングのこの時点で，飼育係の目標は，手がかりに応じて全身を保定檻の中に入れることである（それは達成された !?）．次の段階は，保定檻のギロチンドアを閉めることである．このドアを閉めるために，飼育係はトラが檻の外にいる時に，ドアを開け閉めして落ち着いていることを強化した．次にトラはギロチンドアが閉まりかけの状態で檻の中に入ることをトレーニングされた．トラは檻の中で落ち着いていれば強化され，ドアは完全に開け放たれた．この技術により，トラは閉じ込められることなくドアの動きを経験した．次は，ドアが完全に閉まっても落ち着いていたら強化された．もしトラが緊張状態になれば，飼育係はすぐにドアを開けてトラを解放してやった．ここでの目標は，トラがドアが閉まっている間も落ち着いていることだからである．

トレーニングの誤用と乱用

道具と同様に，トレーニングも誤用され乱用されるおそれがある．行動の多くはトレーニング可能だが，飼育係はそれぞれ，その特別な行動をトレーニングすることが適切かどうかを評価すべきである．例えば，家畜の雄の子は，ハズバンダリートレーニングをし過ぎると，結果として飼育者の人間に刷り込まれてしまう．性成熟に達した時，この雄は初期のトレーニングの結果として，人間に対して攻撃行動を向けるようになった（J. Kalla 私信）．

さらに，家畜種の中には極端に驚きやすかったり，大集団で飼われている種もある．また，施設の設計の問題で，安全に接近することが困難な場合もある．飼育係は個体ごとにトレーニングを行うのにかける時間のコストと，そこから得られる利益を評価する必要があるだろう．これらの家畜が怪我をしたり病気になったりした時に，物理的または化学的な方法で不動化する（吹き矢で麻酔する等）ことと，動物が治療に協力してくれることの評価である．また，年 1 回のワクチン接種に応じるようにトレーニングする（自発的に出してくれた脚に手打ちで注射する）ことと，昔ながらの物理的な捕獲の手法を用いることの相対的価値を評価する必要もある．全ての飼育管理上および獣医学上の手続きには，必ずコストと利益がからみ，それに関連した複数の対処法がある．トレーニングはたくさんある対策のうちで解決策とみなせるものの 1 つにすぎない．ただし，全ての状況において，トレーニングが動物にとってベストの選択ということではない．

トレーニングプログラムの中で，強化子として余分な量の食物を与えたり，高カロリーな食物を与えていると，動物は食べ過ぎの状態になることもある．動物の摂餌量の合計は，完全でバランスが取れたものとして見積もられるべきである．飼育係はトレーニングへの動機づけレベルを上げようと給餌量を減らしがちだが，その時にも動物の栄養の必要量と体の構成を考慮する必要がある．強化子として食物を用いることは間違っていないが，そのことがストレスの元になったり，動物の体重が標準以下になるのはよくない．実際に，ほとんどの動物は動機づけレベルを上げるために給餌量を制限する必要はない．好みの食物を用いることで，ふつうは十分である．

飼育係は動物が学習する行動を自覚し，その行動に責任をもつ必要がある．場合によっては，飼育係は知らず知らずのうちに，望ましくない行動を強化していることがあるからである．例えば，ドアを叩くゾウに乾草（を固めて薄く延ばしたもの）を投げてやったことで，ゾウはドアを叩くと乾草が出てくると学習するかもしれない．この例では，飼育係も動物も，全く意図せずに，トレーニングされていることになる．

管理手法としてのトレーニングは，その他の動物の世話のための要素とうまく統合された時に，最も効果を発揮する．北米動物園水族館協会（AZA）の動物福祉委員会は，動物の世話を次の7つの要素にまとめている．獣医学的なケア，栄養，飼育管理，生息環境，研究，エンリッチメント，トレーニングである．これらの領域の1つ1つを前進させるプログラムをもち，かつ他の領域との統合（つまり，管理者と栄養学者が共同する，管理者と獣医師が共同する，など）されれば，その施設での動物の福祉は高められるだろう．ここで大事なことは，動物を世話するチーム内の効果的な仲間関係とコミュニケーションである（Barber and Mellen 2004）．

持続可能なハズバンダリートレーニングプログラムの開発

「あなたの施設にトレーニングプログラムがありますか？」という質問を受けたとしよう．動物園長や水族館長は，インスリンの注射を受けるようにトレーニングされた糖尿病のサルを思い出すかもしれない．そして，「はい．トレーニングプログラムがありますよ」と答えるだろう．しかし，サルをトレーニングした飼育係がその動物園を辞めたら，何が起こるだろう．サルに注射を打つ能力は，その飼育係とともになくなってしまったのではないか．人間の医者が彼 / 彼女のトレーニングプログラムの特徴を尋ねられたら，何と答えるだろうか．

ここでもポイントは，個々のトレーニングという事象が，トレーニングプログラムを構成しているわけではないということである．同様に，スタッフの立場（例えば，エンリッチメントトレーニングコーディネイター）を単に定めるだけでは，プログラムはできない．トレーニングとは違って，獣医師の治療や栄養管理のようなプログラムは，無計画に実施されたりはしない．獣医師の治療と栄養管理のプランは統合されたプログラムであり，あらかじめ定められた，一貫した方法で治療を受けたり，餌を与えられたりすることが期待されている．そこには園長，管理責任者，飼育係といった様々なレベルの人々の期待が込められている（Shepherdson and Carlstead 2000）．しかし，ほとんどの動物園でのトレーニングプログラムは統合されてもいなければ，持続可能な形も取れていない．つまり，数人の強い意欲をもった飼育係によって支えられているのである．そしてやがて，現在行われているトレーニングプログラムの中には，強いリーダーシップや方向性が示せないものも出てきた（「自分たちのゴールってどこだろう」）．小さな班に分かれてトレーニングを成功させている動物園や水族館は，成功したプログラムをもっていない．成功したプログラムとは，目標志向的で，持続可能で，日々の動物管理業務に統合されているものである．ちょうど獣医師による診察と適切な栄養管理が日々の管理業務に組み込まれているのと同じである．成功するハズバンダリートレーニングプログラムは3つの柱で支えられていると私たちは信じている．それぞれは重要な要素である．1つは強固な枠組み．もう1つはスタッフのトレーニング．そしておそらく最も決定的なものは，強いリーダーシップである（MacPhee and Mellen 2000）．

トレーニングプログラムをデザインする時，大事なことは，目的地に向かう地図を提供してくれる，そんなプロセスに従うことである．プロセスなり枠組みとは，動物園や水族館でトレーニングプログラムをつくり，維持するために用いるもので，それは以下のようなものである．この枠組みの目標は，様々な考えをもつ施設に，トレーニングプログラム開発を考えさせることである．プログラムごとに，展示する動物種，スタッフの構成，施設の設計が異なる．トレーニングについての単純な標準化されたアプローチ法はない．この枠組みは，AZA がつくった，動物エンリッチメントとトレーニングプログラムの管理コースの中で，重要な要素として教えられている．

枠組み

以下に示すのは，成功する（目標志向的で，持続可能な）ハズバンダリートレーニングプログラムを開発し維持するために用いられる枠組みである（図 26-5）．この枠組みは，それぞれの組織で，自分たちの必要性に合わせるように見直し，改善し，変更できるようなモデルとなっている．私たちはこれを，それぞれの構成要素の頭文字を取って，SPIDER モデルと呼んでいる（詳しくは MacPhee and Mellen 2002 を参照）．

動物をトレーニングする目標の設定（S）

時間と資源が限られている．その状況でトレーニングプログラムを開発する時，大事な最初の1歩は，意思決定者を定め，その人（達）が，その組織にとってのトレーニングの必要性に優先順位を付けることである．最初の目標は動物を確実に展示エリアに出し入れすることだろう．次のステップとしては，動物がトレーニングを受け入れそう

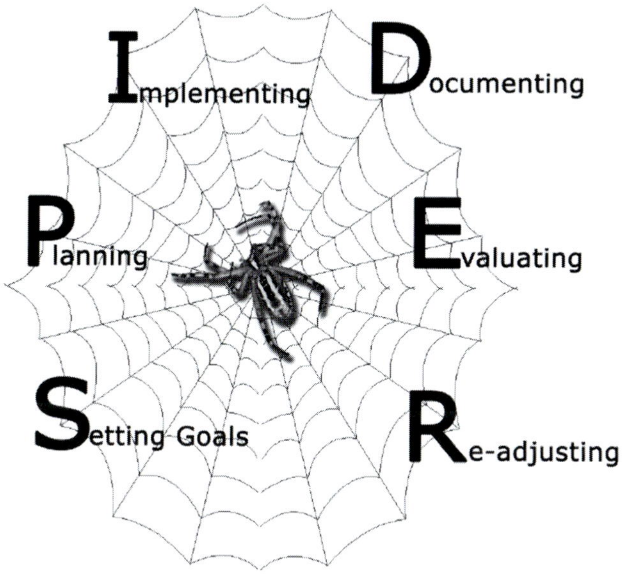

図 26-5　ハズバンダリートレーニングプログラムを開発し，維持するための枠組みを示した図．この枠組みは，Setting-goals（目標の設定），Planning（計画），Implementing（実行），Documenting（報告），Evaluating（評価），Re-adjusting（再調整），それぞれの構成要素の頭文字をとって SPIDER モデルと呼ばれることがある．（ディズニーアニマルキングダム提供．許可を得て掲載）

な獣医学的処置のリストをつくることに目標を定めてはどうだろう．ディズニーアニマルキングダムの開園当時，動物担当の職員（施設の管理者，動物学担当班長，飼育係，行動管理チーム，獣医師）は彼らの望む“トップ 10”リストを作成した．麻酔が難しいために，飼育管理上または獣医学上の処置をする際に動物を不動化させる必要はないと考えた．対象としたのは，例えば，ゾウ，オカピ，キリン，カバ，サイ，ワニ，何種類かの鳥だった．“トップ 10”リストによって，スタッフはそれらの動物について飼育管理上トレーニングすべき行動の優先順位を付けることができた．そして，トレーニングの計画を立てる時にスタッフ間で役割と責任の所在を確認することができた．特定のトレーニングの目標は，例えば，体重を量るために体重計の上に立つことであったり，触診や注射を許すことであったり，医学的な検査や生理学的研究のために血液や唾液，尿サンプルを採取することを許すことなどである．ディズニーアニマルキングダムで最初のゴリラの子が生まれた時，母親が抱いている間に，子に対する全ての予防接種を済ませることができた．ゴリラの子の母親は，メッシュドアの近くで子を抱き，注射を受けさせるようにトレーニングされていたからである．

トレーニングの計画を立てる（P）

トレーニングプログラムは，トレーニング計画の作成と承認のために，皆の意見を一致させるプロセスをとらなければならない．飼育係は，たいていの場合，これらの計画を始めるスタッフとなる．その計画には，トレーニングする行動（と，なぜその行動をトレーニングするのか）が記され，行動をシェイピングする 1 つ 1 つの段階が概説され，必要な物（例えば，ターゲットトレーニング用のターゲット，ブリッジ刺激用のクリッカー）が書かれていて，手がかりとトレーニングする行動の基準が説明されている．効果的な計画では，トレーニングする動物種に適切なトレーニング技術が選ばれる．計画は安全を旨として書かれ，逐次接近によるシェイピングからの飛躍が，動物にとって意味があるものになっている．飼育係が次にすることは，その計画を文書にして担当の班長に見てもらうことである．班長はその計画を見直し，承認を与える．担当の班長は，トレーニングに時間を割り振り，スタッフの役割分担を明確にすることを保証する．班長はこうすることでトレーニングを前に進めることができる．

トレーニングの実行（I）

実際のトレーニングで第 1 に考えるべきことは，一貫性である．これはトレーニングプログラムにとって最も重要な要素で，このプロセスによって，その計画に加わる全てのスタッフの役割と責任が定められる．理想的には，1 人の飼育係はその行動獲得プロセスを通して，1 つの特定の行動について働くのがよい．一度トレーニングをしたら，複数の飼育係がその行動を維持させられるようになるからである．動物によっては複数のトレーナーを許容するものもあるが，そうでないものもいる．複数の飼育担当者間で良好なコミュニケーションをとることが，トレーニングの成功には欠かせない．例えば，トレーニングした行動の手がかりと基準を文書に書いて残すことなどである．同様に大事なことは，トレーニングされる各行動の状態の記録である．うまくいっているのか，チャレンジ中なのかが記録されているべきである．

トレーニングの報告（D）

計画を立て，トレーニングを実践するのに適したプロセスをとっている動物園や水族館は多い．しかし，それぞれのトレーニングの結果の報告や，そのトレーニングプログラムが一般的に見て成功だったのかどうかの評価については，一貫していない．

文書の形でトレーニングの過程を説明できることは重要である．それによって，動物と飼育係両方の進展度合いを追跡できるからである．文書による記録は，トレーニングの過程の“組織による記憶”となる．このことで，飼育係は用いる強化子や日々のトレーニングの時間，必要な特別な技術（ベイティング，シェイピング等）について決めやすくなる．もしトレーニングしている行動が退行してしまったら，トレーニング計画と各トレーニングセッションの報告は，再びその行動をトレーニングする時の指針として使ったり，なぜその行動が消えてしまったのかを判断する指針として使える．トレーニングに関する報告文書は，同じ行動もしくはよく似た行動をトレーニングする飼育係にとっては資産となるだろう．またこの文書が新しい施設に移された時にはこのトレーニングの歴史が共有されることになるのである．

トレーニングセッションの記録様式は，ある程度の期間にわたるトレーニングの進捗を評価するのに必要な情報が何かによって決まる．文書には，日々のトレーニングを行った時間（時刻），飼育係の名前，トレーニング中の動物の様子，飼育係に向けられたあらゆる攻撃的行動の様子，反応潜時（つまり，手がかりを提示してから行動が起こるまでにかかった時間）の記録，用いた強化の記録，トレーニングの目標に向けた進度の評価（トレーニングに関する文書の例としては，Ramirez 1999，MacPhee and Mellen 2002 を参照）．

トレーニングの評価（E）

トレーニングの評価には，目標に向けた進捗状況についてのチームのメンバーに班長も加えた定期的なミーティングが含まれる．この他にも，日々の報告文書を見ること，ある程度の期間にわたる動物の行動の記録から傾向を読み取ることも含まれる．目標に向けた進展，攻撃性の変化，攻撃パターンが特定の飼育係と関連しているか，1 つの行動をトレーニングするのにどれだけの時間がかかっているかなどを読み取るのである．評価の目標としては，何が課題かということについて明確なアイデアを得ることと，これらのトレーニングを改善するのに役立ちそうな策を見つけることである．

トレーニングの再調整（R）

トレーニングの計画と報告文書，およびその記録から見られる傾向の評価を見直すことで，トレーニング計画を再調整することが必要なこともある．最重要課題は，安全性に問題がないか，目標に向けてトレーニングが進んでいるかを決めることである．スタッフの仕事の負担が大きいか，もしくは多くの資源（人・物・金等）を必要とするプログラムは，コスト的に効果があるとはいえない．ある期間にわたる傾向の文書（評価）を見直した後で，トレーニング計画は微調整を加えられる（つまり，再調整される）．そしてサイクルは続いていく（新しい目標の設定，修正された計画の作成，新しいトレーニングの実行，等）．

私たちが薦めるのは，飼育係や班長がその班のトレーニングプログラムを日々見直し，評価する時に，より広いスケールを用いることである．このような見直しのためにいくつかのよい質問がある．

- 自分たちのトレーニングの目標は何か．
- その目標のうちどれが達成されたか．
- どの目標が達成されていないか．
- 達成された目標について，何が成功の鍵となったか．
- 成功の障害になっているもので，皆に共通するものはあるか．

班の指導担当者は重要な役割を担っている．班長は動物を管理する手段としてのトレーニングの価値を信じていて，トレーニングに必要な技術・技能について明確な理解をもつものが当たる．班長は，ハズバンダリートレーニングプログラムの成功の鍵を握っている．

この枠組みを用いた結果，プログラムは前向きで全体を見渡したものになる．このプロセスは循環し，一定期間にわたるプログラムの持続を促し，プログラムを進歩させる．この枠組みは，規模によらずどんな組織でも機能するはずだが，特定の要素を達成する個別の方法となると話は変わる（組織による）．

スタッフのトレーニング

この枠組みを適切に用いたとしても，トレーニングプログラムの成功のためには，それを実行するに足る技能をもったスタッフがいなければならない．学習理論について書かれたものはあり余るほどある．多くの組織で行われている研修コースやそのテキストは，特定の種に限ったトレーニング計画についてのものであったり，特定の行動のトレーニングに限った話であったりする．しかし，トレーニングの方法についての本を読んだり，会議に出たり，DVD を見たりしても，動物の世話をするスタッフが，成功したトレーナーになるために必要な手段を全て手に入れることはできないだろう．動物のトレーニングは体得する技術であって，その習得のためには，自ら練習し，技術をもった指導者から指導を受け，技術の進歩についてフィードバックを受ける機会がなければならない．すでに論じたように，下手をすれば，動物のトレーニングは動物の幸福にとって有害なものにもなるのである．

リーダーは，あまり経験のないスタッフに適切な教示や支援をしないままに，動物をトレーニングをするように仕向けるべきではない．新しいトレーナーはオープンな雰囲気の学習環境が必要である．そのような環境でこそ，新人の技能は向上を続けるだろうし，その時に行っている動物のトレーニングが成功するように前向きな態度をもてるだろう．たとえ確立されたトレーニングプログラムであっても，新しいトレーナーをチームに組み入れるプロセスは，長い目で見た時に，プログラムを完全な形に保つのに必要なことである．トレーニング計画についての情報を新しいスタッフに引き継ぐためには注意が必要である．その時に，“組織の記憶”が失われることもあるからである．一貫性のないチームにかかると，動物は一貫性のない反応や行動をする．それは結果的に，動物のトレーニングの成績の一貫性のなさとして返ってくることになる．

多くの動物園や水族館は，コンサルタントに相談をして，トレーニングを自分たちの組織に取り入れようとする．すでに述べたようなトレーニングの枠組みは，園（館）長が決定を下すのを助けてくれる便利な手段となるだろう．それによって，園長らは彼らのプログラムがどこで最も助力を必要としているかを決めるのである．この枠組みは，“必要性の評価結果”として使えるだろう．この評価によって，コンサルタントの専門知識を最も有効に使うことができる．例えば，枠組みを適切に使えば，コンサルタントは，特定のトレーニングプロジェクトやその目標に向けた動物の進歩具合ばかりに集中しなくてもよくなり，スタッフやその知識の成長，トレーニング技術に関した能力の向上にも注力できるだろう．最も大事なことは，この枠組みによってコンサルタントがそこで働ける基盤ができ，彼らの努力が長期にわたり維持されると確信でき，彼らに支払う報酬がその組織にとって支払うだけの価値があると確信できることだ（MacPhee and Mellen 2000）．

結　論

動物福祉におけるトレーニングの効果は，いまだに証拠のない思索的なものだと思われており，議論は続いている．将来，研究によってトレーニングのスタイルが，コルチゾールの値や，行動，繁殖の機能，飼育下動物の福祉を評価する伝統的な方法，といったものに与える影響を評価できるようになるかもしれない．このような研究の結果，トレーニングされるべき行動の選択のしかたが改善され，それらの行動をトレーニングする方法もまた改善されることだろう．

ほとんどの組織では，ハズバンダリートレーニングを展示動物の日々の世話の一部として用いることに，より大きな注意を払うようになってきている．トレーニングされた行動やトレーニングされた動物は，成長し，進歩を続けるだろう．多くの組織での目標は，日々の動物の世話の統合的なパッケージとしてトレーニングを進めていくことである．しかし，ハズバンダリートレーニングは，動物管理に絶対必要な手段ではあるものの，私たちが飼育動物を管理し，彼らの福祉を向上させるために用いる多くの手段の1つにすぎないのである．動物管理で生じる問題を解決する手段には，捕獲して拘束することから，完全に動物の自発的な協力に頼ること，創造的な展示デザインをつくることまで様々ある．飼育下の動物管理における将来の目標には，動物のケアスタッフが，動物管理のための技能をもつだけではなくて，問題解決のための技能ももつようになることがある．そうしたら，彼らは，自分たちの動物管理のための技術のレパートリーの中から，動物を世話するのに適切な手段を，より効果的に選び出せるようになるかもしれない．

謝　辞

本稿執筆にあたり，情報や提案をいただいた，以下の方々に感謝いたします．Jackie Ogden 博士，Tammie Bettinger 博士，Chris Kuhar 博士，Randy Brill 博士，Diana Reiss 博士，Becky Grieser，Michelle Skurski，ChirsMazzella，Joe Chistman．本章は，1996年版の『Wild Mammals in Captivity』に掲載された Jill Mellen and Sue Ellis による『Animal Learning and Husbandry Training』（動物の学習とハズバンダリートレーニング）と，Marty MacPhee and Jill Mellen による『Animal Training』（2002）および彼らのウェブサイト（www.animaltraining.org）に掲載された情報を，許可を得てまとめ直したものである．

補遺 26.1

自然史と個体史をトレーニング計画の開発に用いること

ある動物の自然史と個体史を理解することは，個々の動物のトレーニングプログラムを開発する第1歩である．自然史，個体史，スタッフ構成，施設のデザインについての疑問は，トレーニングされる動物についての情報を集めるのに役に立つだろう．ウェブサイト www.animaltraining.org に掲載されたこのリストは全てを網羅しているわけではないが，これらの疑問に対する答えは，動物の飼育係が，その動物にとって最も適切な目標とトレーニング方法を定めて，発展させていくのに役立つことだろう．

1. この動物の個体史は分かるか．親によって養育された個体か，それとも人工哺育された個体か．この個体に行動上の問題はあるか．特有の癖はあるか．この個体は以前に行動のトレーニングを受けたことがあるか．もしあれば，その時の手がかり，基準，ブリッジ刺激，強化（食べ物も食べ物でないものも），用いられた強化スケジュールを示せ．可能ならば，以前の行動のトレーニングで用いられた技術を記せ．

　これらの質問の答えによって，飼育係は，個々の動物にとって最適なトレーニングの目標やトレーニング方法を選びだす指針を得ることができる．

2. この種は，生来的に樹上性の動物か，地上性の動物か．または水中環境で暮らすのか．それともその時々であちこちに場所を変えるのか．

　この答えによって，飼育係は，この動物がどんな風に環境内を移動するのか．どこが最も居心地が良いのか．トレーニングする行動を選ぶ時に想定される制約について知ることができる．例えば，キノボリカンガルー（樹上性の動物）は地面から離れることは簡単にトレーニングできるだろう．

3. この動物は温度や天気の変化にどのように反応するか．この動物にとって最適な温度は何度か．

　この答えによって，飼育係が，動物のこれらの行動（寒さや暑さへの反応）をどのように見ているかが分かる．また，飼育係には動物の行動を解釈し，適切に反応してもらいたいものである．

4. この種は，野生ではどの時間帯が最も活発か（昼行性か，夜行性か，それとも薄明薄暮性なのか）．1 日の中で，動物が最も飼育係を受け入れやすいと思える時間はあるか．

　動物が最も活発で最も飼育係を受け入れやすい時が，1 日の中でトレーニングに最適な時間である．プログラムの開始時点では特にそうである．動物の行動が一貫して同じになり，飼育係に対する反応性も一貫してきたら，トレーニングの時間は変更可能である．

5. この動物が気持ちよさそう / 落ち着いている時，その様子はどのようなものか．この種で最も怖がっている時の様子はどのようなものか．この動物がストレスを感じた時，どのように反応するか．

　この答えは，飼育係がこの動物の行動を解釈し，適切に対処するのに役立つだろう．これらのことを理解していて一番役に立つ状況は，飼育係が動物に新しい刺激に馴れさせようとする時である．ストレスがかかった時，怖がった時，もしくは落ち着いている時，その動物がどのような様子かを知っていれば，飼育係はその動物のトレーニングの次の段階に移れるかどうかを判断できるだろう．

6. この動物が主として用いる感覚は何か(例えば，視覚か，聴覚か，味覚か)．

　この疑問に対する答えは，飼育係がトレーニングに用いる手がかり，ブリッジ，ターゲットやその他の道具を選ぶ時に役に立つだろう．その種にとって最適な選択ができる．例えば，サイには聴覚手がかりの方が視覚手がかりよりも有効である（比較的視力が弱い）．場合によっては，新しい手がかりを導入する時に，馴化 / 脱感作が必要なことがある．聴覚的，もしくは視覚的手がかりの選択を誤ると，動物を怖がらせてしまうこともある．

7. この動物は，野生では社会でいるのが自然なのか，単独生活者なのか．この動物は社会集団で飼われるのか，それとも単独個体として飼われるのか．この種の主たる社会行動は何か．彼らはどのように振る舞うのか（例えば，攻撃，求愛，親和的行動）．この動物は社会集団から離されても平気なのか．分離した時にこの動物はどのように振る舞うのか．集団の残りの個体は，この個体が分離された時にどのように振る舞うのか．

　社会構造を理解し，飼育係がその構造に合わせることによって，飼育係はその個体による様々な反応を理解し，適切に対応できるようになる．そして，別のトレーニング技術を選ぶ際にも役に立つだろう．動物によっては，他の動物と一緒にトレーニングをすることで，快適さが増し，トレーニングの進捗にプラスになることがある．一方，他の動物では，他個体が一緒にいると注意が乱れて，トレーニングが進みにくくなることもある．

8. この動物は，現在，飼育係にどのように反応しているのか（飼育係が誘いかけた相互交渉の時と，計画外の相互交渉の時の両方を答えよ）．新しいスタッフに対してはどうか．獣医師に対してはどうか．来園者や客，初めて見る人に対してはどうか．どちらかの性別（男でも女でも）に対して目立った反応はあるか．

　動物が飼育係や周りで働くその他の人々に対してどのような反応を示すかを理解することで，現在のプログラムの中で存在する動物との関係を，どのようにテコ入れできるかを考えるための材料になる．もし動物が飼育係との間に良好な関係を築けていれば，この情報が助けとなって何らかの目標を達成できるかもしれない．関係によっては，特定の行動をトレーニングするためにあらかじめつくり上げられなければならないものもある.

9. この種は野生ではどんなものを食べているのか. この種はどうやって食物を手に入れて, どうやって処理するのか. この個体の通常の食事では何を食べているのか. この個体が最も欲しがる食物品目は何か. この動物の給餌のスケジュールはどうなっているか.

動物が食物にどのように反応するか, 食物をどのように処理するかを理解することで, 動物が見せる行動にを正しく解釈し, 適切に反応することができるだろう. その動物が最も好む食物品目を知ることは, 良質な正の強化を行うためにどんな食物を使うべきかという問題を考えるのに役に立つ.

10. 動物展示の構成において, その動物の果たす主な役割は何か (例えば, 繁殖か, 展示か, 教育プログラムか). この動物の1日のスケジュールは. 日々の飼育管理業務の中で, この動物にできるようになってほしい行動は何か.

それぞれの動物は展示構成の中で主な役割がある. それを知ることは, 適切な行動上の目標を立てて, 最も適切なトレーニングの技術を利用する時に役に立つ. 繁殖が主な役割の動物は, 現場での多くの仕事を必要とするトレーニング方法を採用するのに適しているとは言えない. 1日のスケジュールを知っておくことは, どんな行動目標を立ててトレーニングするのが適しているのか, 日々の世話に動物を協力させるのにどんな目標を立てるのがよいのかを決める時に役立つだろう. 動物が何を期待しているか, その期待がトレーニングの目標達成を助けられるのはどんな場面か, その期待が目標の達成を妨げるのはどんな場面か. 動物の1日のスケジュールを知っておくことは, そんなことの理解を助けてくれるだろう.

11. この種をモニターするのに必要な, 共通した医学的条件はあるか. トレーニングはこのモニタリングの助けになるか. 毎年の検診に必要な手続きはなにか. この個体には医学的な問題はあるか. 触られるのに最も敏感な体の部分はあるか. その手続きははどのくらいの頻度で行う必要があるか (例えば, 毎日インスリン注射をするのか, 年に1回ワクチンを注射するのか).

この質問に対する答えは, 飼育係が飼育管理上の目標を立て, 行動をトレーニングするのに役に立つ. この場合のトレーニングとは, 強い拘束や不動化に頼ることなく, 医学的な処置を許容するようになることである. そして, 個体ごとの必要性に対応するようなプログラムの目標をつくり上げることにも役立つだろう.

12. 処置を施すのに必要な特殊な装置や設備の設計について, 考慮されているか. 装置については全ての点について詳細に記述せよ (装置の見かけはどんなものか. どんな音が出るのか. どんな臭い, どんな感触がするのか).

これらの質問に対する答えによって, 飼育係はどんな追加訓練が必要かを知ることができ, 事前の準備ができる. このようなおおよその計算は, 処置に必要な装置に対して馴化のトレーニングが必要な設備と関連するかもしれない. 例えば, 動物が超音波を使った処置を受け入れるようにトレーニングされるには, 実際の処置の時には存在すると想定される装置や職員への馴化トレーニングも含まれることになる.

施設について考慮すべきこと:施設の多くはトレーニングの目標を想定して建設されてはいない. 質問13～17は, トレーニングプロジェクトを実行するうえで最も重要な, 施設の設計や改修を行う際に役立てることができるだろう. もしくは, 設備設計を考慮にいれたトレーニング計画を立てるのに役立てることができる.

13. 動物とのやりとりをする際に, 飼育係, 獣医師, そして動物にとって十分に安全な空間はあるか. その空間に動物は容易に入ることができるか.

14. 施設の設計が動物の個別の空間を侵害する原因になっていないか. 動物によっては, はじめの頃に飼育係と近接していることに非常に敏感になる. 初期のトレーニングが行われる場所が動物にとって快適なほど, トレーニングが成功する確率は高くなる. (トレーニングがうまくいけば), ふつうその後は, トレーニングを別の場所で行うこともできるようになる.

15. トレーニングを行う施設は, 動物同士が簡単に分かれられるようになっているか. 移動が簡単にできるか.

16. 動物舎内の備え付けの物体 (柱, 棚, ロープなど) の場所は, トレーニングの邪魔になったりしないか. 助けになることはあるか.

17. 施設は, 驚かしてしまうかもしれない場所や装置に馴化する (動けないように保定する機能のついた通路や可動ドアに馴れるなど) ための機会がもてるように設計されているか. 動物の予期しない錯乱を制限する手段はあるか (通行量の多い場所など).

職員に関して考慮すべきこと:18～20の質問は, トレーニングプログラムを支える人員配置計画を考えるのに役立てることができるだろう.

18. 誰がトレーニングを行うのか. 実際にトレーニングを行うのは何人か. どの程度の頻度でトレーニングを行うのか. いつ行うのか.

19．職員をどのようにしてトレーニングするか．新しい飼育係をどのようにしてトレーニングチームに組み入れるか．
20．現場での職員に加えて，トレーニングのためにさらに助けが必要なことがあるか（獣医師，獣医学の技術者，研修生など）．あるとしたら，どれくらいの頻度でか．
この他に考慮すべきことはあるか？

文　献

Barber, J., and Mellen, J. 2004. Enhancing the welfare potential of animals in zoos and aquariums. *AZA Commun.* (September): 14–17.

Blasko, D., Doyle C., Laule, G., and Lehnhardt, J. 1996. Training terms list. In *Principles of elephant management school.* Unpublished manuscript; 67 pp. St. Louis: American Zoo and Aquarium Association, Schools for Zoo and Aquarium Personnel.

Bloomsmith, M., Laule, G., Thurston, R., and Alford, P. 1992. Using training to moderate chimpanzee aggression. In *AAZPA Regional Conference Proceedings*, 719–22. Wheeling, WV: American Association of Zoological Parks and Aquariums.

Breland, K., and Breland, M. 1961. The misbehavior of organisms. *Am. Psychol.* 16:681–84.

Burgess, A. 2004. Training giraffe. In *The giraffe husbandry resource manual*, ed. A. Burgess, 127–38. Lake Buena Vista, FL: Disney's Animal Kingdom and AZA Antelope/Giraffe TAG.

Coe, J. 1992. Animal training and facility design: A collaborative approach. In: *AAZPA/CAZPA Regional Conference Proceedings*, 411–14. Wheeling, WV: American Association of Zoological Parks and Aquariums.

Colahan, H., and Breder, C. 2003. Primate training at Disney's Animal Kingdom. *J. Appl. Anim. Welf. Sci.* 6:235–46.

Defran, R., and Pryor, K. 1980. The behavior and training of cetaceans in captivity. In *Cetacean behavior: Mechanisms and function*, ed. L. Herman, 319–62. Malabar, FL: Krieger Publishing.

Dewsbury, D. 1978. *Comparative animal behavior.* New York: McGraw-Hill.

Drickamer, L., and Vessey, S. 1986. *Animal behavior: Concepts, processes, and methods.* Boston: Pridle, Weber, and Schmidt.

Grandin, T. 1995. *Thinking in pictures.* New York: Vintage Books.

Grandin, T., and Johnson, C. 2005. *Animals in translation: Using the mysteries of autism to decode animal behavior.* New York: Scribner.

Grandin, T., Rooney, M., Phillips, M., Cambre, R., Irlbeck, N., and Graffam, W. 1995. Conditioning a nyala (*Tragelaphus angasi*) to blood sampling in a crate with positive reinforcement. *Zoo Biol.* 14:261–73.

Harlow, H. 1949. The formation of learning sets. *Psychol. Rev.* 56: 51–56.

Hediger, H. 1950. *Wild animals in captivity.* London: Butterworths.

———. 1969. *Man and animal in the zoo.* London: Routledge and Kegan Paul.

Herman, L., and Arbeit, W. 1973. Stimulus control and auditory discrimination learning sets in bottlenose dolphins. *J. Exp. Anal. Behav.* 19:379–94.

Kazdin, A. 1994. *Behavior modification in applied settings.* Pacific Grove, CA: Brooks/Cole Publishing Company.

Kornak, A. 1999. The success of performing procedures using operant conditioning with giraffe in a restraint device. In *Proceedings of the 26th National Conference of the American Association of Zoo Keepers*, 124–28. Topeka, KS: American Association of Zoo Keepers.

Laule, G. 1995. The role of behavioral management in enhancing exhibit design and use. In *AZA Regional Conference Proceedings*, 83–88. Wheeling, WV: American Association of Zoological Parks and Aquariums.

Levine, S. 1972. Introduction and basic concepts. In *Hormones and behavior*, ed. S. Levine, 1–9. New York: Academic Press.

Lyons, J. 1991. *Lyons on horses: John Lyons' proven conditioned-response training program.* New York: Doubleday.

MacPhee, M., and Mellen, J. 2000. Framework for planning, documenting, and evaluating enrichment programs (and the director's, curator's, and keeper's roles in the process). In *AAZPA Annual Conference Proceedings*, 221–25. Wheeling, WV: American Association of Zoological Parks and Aquariums.

———. 2002. Animal training. www.animaltraining.org (accessed October 17, 2002).

Markowitz, H. 1982. *Behavioral enrichment in the zoo.* New York: Van Nostrand Reinhold.

Mellen, J., and Ellis, S. 1996. Animal learning and husbandry training. In *Wild mammals in captivity: Principles and techniques*, ed. D. Kleiman, M. Allen, K. Thompson, and S. Lumpkin, 88–99. Chicago: University of Chicago Press.

Pavlov, I. 1927. *Conditioned reflexes: An investigation of the physiological activity of the cerebral cortex.* Trans. G. V. Anrep. London: Oxford University Press.

Pryor, K. 1995. *On behavior.* North Bend, WA: Sunshine Books.

———. 1999. *Don't shoot the dog!* New York: Simon and Schuster.

Ramirez, K. 1999. *Animal training: Successful animal management through positive reinforcement.* Chicago: Ken Ramirez and Shedd Aquarium.

Reynolds, G. 1975. *A primer of operant conditioning.* Palo Alto, CA: Scott, Foresman.

Seligman, M. 1970. On the generality of laws of learning. *Psychol. Rev.* 77:406–18.

Shepherdson, D., and Carlstead, K. 2000. When did you last forget to feed your tiger? In *AAZPA Annual Conference Proceedings*, 227–29. Wheeling, WV: American Association of Zoological Parks and Aquariums.

Skinner, B. F. 1938. *The behavior of organisms: An experimental analysis.* New York: Appleton Century Crofts.

Thorndike, E. 1911. *Animal intelligence.* New York: Macmillan.

Turner, R., and Norris, K. 1966. Discriminative echolocation in a porpoise. *J. Exp. Anal. Behav.* 9:535–44.

Uexkull, J. von. 1934. *A stroll through the world of animals and men: A picturebook of invisible worlds.* Berlin: Springer-Verlag. Trans. C. H. Schiller in *Instinctive behavior: The development of a modern concept*, ed. C. H. Schiller (New York: International University Press, 1957).

Wilkes, G. 1994. *A behavior sampler.* North Bend, WA: Sunshine Books, Inc.

27

哺乳類の社会構成，配偶システムおよびコミュニケーション法の飼育管理への応用

Ronald R. Swaisgood and Bruce A. Schulte

訳：楠田哲士

はじめに

哺乳類の社会構成を理解することは，容易なことではない．自然界における不定期の観察では，真の社会構成やその社会変動の複雑さを表す微妙な行動の相互作用を見過ごすことになる（Kleiman 1980, 1994，Wielebnowski 1998）．動物は，多様な社会構成の形態を示し，一般的な生態や社会，個体群統計学的な条件に依存している（Lott 1991）．このことによって，飼育管理に関する非常に多くの疑問が生じる．

では，これらの社会形態のどれを，飼育管理に取り入れればよいのだろうか．自然界で起こっている様々な社会システムについて，特に，多くの動物園育ちの動物が自然界で起こっている多様な社会システムをほとんど知らない場合に，私たちはそれをどのように知ることができるだろうか．その指針として，常に自然を見続けることを目標とすべきであろうか，あるいは飼育下繁殖の目標を達成するために，自然が改善されるという状況があるのだろうか．繁殖を最大限にすることが常に最大の目標なのだろうか．動物福祉，保全教育，世論の認識にとって何が必要なのだろうか．これら全ての疑問を解消する 1 つの管理計画が必要なのだろうか

社会構成の変化や社会生態について述べた非常に多くのすばらしい総説があるが（Terborgh and Janson 1986, Lott 1991，Berger and Stevens 1996），私たちはそれをここで繰り返すことはしない．代わりに，ここでは飼育下における哺乳類の社会環境に関する問題解決とその管理について，実用的な部分に焦点を当てる．私たちは自然を真似る，もしくは少なくともそれを理解することが重要であるという前提で始めたが，あらゆる野生状態がベストであるという非常に単純な見方を勧めているわけではない（Veasey, Waran, and Young 1996 も参照）．たとえ野生状態をやみくもに真似たとしても，それは単一のものではなく，むしろ例外的な多様さや社会の柔軟さによって特徴づけられている．実際に，この柔軟さが動物たちに飼育下における多様な社会環境に適応するための要素となっている．例えば，必要に応じて多かれ少なかれ社会を形成するといったように（Berger and Stevens 1996）．さらに，最適な管理を行いたい場合にも，どのような方法を取るかは，管理戦略を計画する時に求める目標によって決まる．

野生での行動パターンや野生での“ニーズ”に関する情報は，動物福祉や繁殖を最適にする目的でのエンリッチメント計画や繁殖計画の立案時によく使われる．飼育下繁殖は，飼育下生まれの個体を野生にうまく再導入できた時，生息域内保全に貢献できたことになる．野生での研究が難しくほとんど理解されていない種について，基本的な知識の基盤をつくることは，生息域内での保全管理においても役立つ．どのような目標にせよ，飼育下繁殖計画の中で研究を行っている行動学者は，実験計画や仮説検証において自身の経験に最大限に引き出さなければならない．多くはこのような アプローチを非常に重視することが主張されて

きたが（Wielebnowski 1998，Swaisgood 2004），対立仮説を体系的に排除するような対照研究が特に欠けている．このアプローチが全面的に採用されるまで，多くの管理戦略は推論を頼りにするだろうし，多くの試行錯誤を通して，益々改善されていくことだろう．

飼育下繁殖計画の目標

飼育管理下にある動物種の社会構成のあり方は，いくつかの理由をもとに選ばれた結果である．その理由の 1 つ目として，たいていの場合，目標が攻撃性を最小限にすることか，幸福を最大限にすることにあるからだ．第 2 に，目標が繁殖を最大限にすることである時だろう．例えば，動物を繁殖させる性別および年齢の階級の正しい組合せを見つけることである．第 3 に，来園者の感じ方や保全教育の目標が，社会性のある飼育をすることへの決定に影響する可能性がある．例えば，自然を模倣した社会構成は，より保全のメッセージを伝えることになるかもしれない．なぜなら，それは動物をより野生に近い状態で展示し，動物に彼らの自然な行動レパートリーを行いやすくするからである．一方，そのような自然的な管理下では，攻撃性のレベルが高まりすぎるかもしれない．例えば，複雄群を管理する場合にはそうなるかもしれない．この場合，来園者がネガティブに受け止めることや動物福祉への関心が，保全教育等の目標を相殺してしまうかもしれない．第 4 に，もしその動物を野生に返すのであれば，目標は自然な社会構成を保つことになるだろう．最後に，社会構成は単に動物または空間の利用可能性のような理論的または経済的な制約の結果かもしれない．これは動物福祉と教育目標の両方に反するかもしれないが，もし将来の動物園が人間の娯楽のためのメナジェリー以上のものにならなければならないなら，避けなければならない．

動物の管理者が答えなければならない最初の重大な質問は，飼育下においてこの個体群を維持する目的は何か，ということである．究極的なものとしては，動物は野生個体を新たに供給するという明確な目的のために飼育されるかもしれない．このような個体は，その種が絶滅した地域へ，あるいは人為的要因により収容力以下になった現存個体数を増加させるために，再導入のための遺伝的なストックである（IUCN 1998）．それとは正反対に，動物園と水族館は，その種の長期的な展示や繁殖のために，それぞれの動物をより自然に近い状態の群れで飼育している．これらの個体は，科学的，教育的，娯楽的な利益を人間に提供しつつ，野生にいる同種の仲間の大使としての役目を果たしている．社会的な集団の飼育管理は，どの目的が重要であるかによって，全く異なるかもしれない．要するに，もし目標が飼育下個体を再導入させることであるなら，本来の行動を保持することが飼育管理の必須条件になるが（Rabin 2003），飼育下繁殖もしくは福祉を最大限にするためには，野生における基準から逸脱することも必要になるかもしれない．

もし飼育下において種を維持するという目的が，持続可能な飼育下個体群を確立するということであるならば，乗り越えるべき最初の障害は，動物を交配させ，子を産ませ，子孫を育てさせることである．彼らに“生得的なこと”をさせることが，本当の挑戦である．行動的な管理がうまくいかないような場合は，動物園は人工授精といった生殖補助技術に頼らなければならない（第 32 章を参照）．二次的な，しかし絶対的に必要な目標は，飼育下もしくは野生の個体数を持続するのに必要な遺伝的多様性の最適レベルを維持するために，適切なパートナーとの交配を促進することである（第 19 章を参照）．場合によっては，遺伝的多様性を野生個体からのさらなる輸入によって増大させることができるが，急速に減少している個体群にとってこのような移動は，個体群の存続を危うくするかもしれない．今日の飼育下繁殖計画は，将来の個体群が遺伝的に健全であるために十分な遺伝的多様性を保証するため，現存する飼育下個体群の遺伝的管理に頼っている（例えば，種保存計画）．実際には，少数の“繁殖経験のある個体”に過度に頼りすぎないように注意し，多くの創始個体を相対的に等しく遺伝的な代表にさせるようにしなければならない．動物園での繁殖は，たいていの場合，最適な異系交配（すなわち，関係が近すぎない個体の間での交配）を確実に行うために，慎重に管理されているが，選ばれたパートナーとの行動的な適合性を考慮することなく行われていることが多い（Lindburg and Fitch-Snyder 1994，Wielebnowski 1998，Swaisgood 2004）．さらに，単に平均近縁度だけに基づく血統登録簿からの繁殖管理は，必ずしも最適な遺伝的適合性を導くとは限らない．例えば，近年経験的に明らかになったこととして，その動物が“自由に交配相手を選択”できる状況を与えられた場合，子孫の遺伝的な生存能力を最大にする相手を選ぶかもしれない，ということが報告されている（Wedekind 2002，Drickamer, Gowary, and Wagner 2003）．

繁殖のための社会的環境の管理

社会構成は，個体間の社会的相互作用のパターンから発生する結果である（Lott 1991）．実際には，社会構成の分類は便利な指標であり，多様に観察されるグループパターンは，成熟した雄と雌の数（例えば，単独の雄，複数の雌のグループ），グループの血縁構成（例えば，母系制），子孫の残留（例えば，協力的な繁殖をする動物のような家族グループ），空間における個体の分布（例えば，縄張り制），社会的関係のタイプ（例えば，順位制）などのパラメーターによって定義されている．社会構成は種の特性と考えられることが多いが，この大まかな概念（単独性から高い社会性）は種内変異と矛盾することがあり，飼育管理にとって重要になるかもしれない（Kleiman 1980, 1994，Lott 1991）．社会構成の下位区分である配偶システムは，以下のように考えられている．

社会行動や社会構成の見方は，飼育管理にとって重要なものもあり，社会密度，性比，年齢－性別の構成，血縁構造も含まれる．飼育下の社会環境への最初のアプローチとして，生息地でみられる社会構成をまねることが多い．疑いなく，飼育下の繁殖の成功は，野生での社会構成に関する情報が調べられ利用されていることによって実現している（Kleiman 1980, 1994，Lindburg and Fitch-Snyder 1994，Wielebnowski 1998）．例えば，動物園は同じエリアの中で危険な武器を有する雄たちを一緒に飼育したがらないが，雄が野生で平和的なコアリション（雄だけでなる群れ）で一緒に暮らしているとしたら，これが適切で望ましい．そういう種もある〔例えば，雄チーター（*Acinonyx jubatus*）；Caro 1993〕．一方，雌チーターは野生では単独性で，他の雌と社会的に飼育されている雌は，攻撃性や興奮の行動的な指標が現れ，卵巣活動が抑制されることが，対照研究により示されている（Wielebnowski et al. 2002）．自然からの洞察は，乏しい飼育下繁殖を変えるために非常に重要である．例えば，ハネジネズミは，フィールドでの研究で，彼らがおそらく一夫一妻制であるということが指摘されるまでは，群れで飼育されていたため，繁殖に問題があった．ペア飼育されるようになって，繁殖が成功するようになった（Kleiman 1994）．

動物の社会生態学において長く知られている法則であるアリー効果（Allee et al. 1949）（訳者注：個体群密度の増加によってその個体群に属する個体の適応度が増加する現象）は，飼育下繁殖において単純で広範囲に及ぶ効果があるが，この概念は，繁殖のための動物の管理には意外に小さな役割しかなかった．アリー効果は，個体群の成長のための最適な集合の程度があるとしている．過疎もしくは過密は繁殖に反対の効果をもっているかもしれない．アリー効果の多くの考察は，社会生活の利益に焦点を当てているが，それは，いくつかのメカニズムを通して，同種のものを引きつける現象を増加させる（動物の定住パターンは，資源の分布に関する“理想的な自由な”分布とは一致せず，動物は積極的に同種のものの近くに定住することを好む）（Couchamp, Clutton-Brock, and Grenfell 1999，Stephens and Sutherland 1999）．アリー効果はその地形上での動物の分布に影響するので，このことも社会構成，特に配偶システムを決定するのに大きな役割をもつ．

飼育下繁殖のためのアリー効果の応用法は分かりやすい．それぞれの種に関して，私たちは最適な社会密度を見つけ，適切な社会環境で動物を維持管理する必要がある．わずかな回顧的分析から明らかにされているものの，この問いに対する実験的な仮説検証のアプローチは飼育下繁殖計画において非常に不十分である．このような研究の最も良い例の1つとして，比較的単独性の強いキツネザルで行われたものがある（Hearne, Berghaier, and George 1996）．マングースキツネザル（*Eulemur mongoz*）は，他のペアか雄たちの傍で飼育したペアは，同種がいない施設で飼育したものよりも，500% 高い繁殖率を示していた．それよりも効果は小さかったが，クロキツネザル（*E. macaco*）でも同様に効果が見られた．もちろん，血統登録上の繁殖記録に基づく回顧的な研究の不利な点は，どのような合図（例えば，嗅覚や視覚）がアリー効果の原因であったのかまでは知ることができない．フラミンゴは，鏡を取り入れることで求愛行動が増加するということを示した今や有名な研究があるが，このような実験的なアプローチの利点を強調する研究である（Pickering and Duverge 1992）．

社会構成に影響するいくつかの要因は，飼育下における私たちのコントロールの範囲を超えているかもしれない．多くの霊長類の社会的な群れの形成は，捕食と競争，特に群れ内の競争と群れ間の競争の力関係の中で発展してきた（Pazol and Cords 2005）．多くの施設では，互いに影響しあう複数の群れを飼育したり，離合集散を経たり，新しい群れをつくるために分散させることは難しい．このような種が，競合的相互作用（例えば，飼育下において，小さい集団内の相互作用と，場合によっては集団間の相互作用）の中でどのように変化に反応するかは，飼育施設の中だけでなく，生息地の縮小に直面している野生個体群の管理に対しても，密接な関係があるかもしれない．多くの哺乳類は，ある程度，性的な隔離がみられる（Ruckstuhl and Neuhaus 2005）．バイソンの雄は，冬に，雌よりも豊富に餌を食べ，そして別の場所で採食している（Mooring et al. 2005）．同じような理由のこのような社会構造の季節的変化を，飼育下で再現することは難しいが，同じ結果を達成することは可能である（すなわち，雌雄をその年の適切な時期に分離させることはできる）．飼育環境下における結果からメカニズムを見出すことは，科学的な研究領域であり，そして飼育管理や野生での管理に応用できる可能性がある．

多くの研究で自然界での状態は，飼育下繁殖のための手本になることが多いことが実証されているが，野生での事例に倣うことができない場合もある．例えば，繁殖能と遺伝的多様性を最大化するためにできる限り多くの個体で繁殖を成功させることが目標である飼育下では，自然に起こる繁殖抑制は望ましくないだろう（Anthony and Blumstein 2000）．繁殖抑制は，高度な社会性をもつ種において共通の絶対的な戦略（Blumstein and Armitage 1998），もしくは条件的な（例えば資源が限られている時のみ起こるというような）戦略になる（Goldizen 1988, Solomon and French 1996 の総説）．どちらの場合でも，動物の中には同種の他個体，普通は優位個体の存在下で繁殖の機会を捨てる動物がいる．そのメカニズムは，“社会的ストレス”や化学シグナルを含むいくつかの機構が介在した行動的（例えば，交尾の妨害）または生理的（例えば，生殖腺活動の阻害）なもののどちらかである．その結果として，繁殖抑制が引き起こされるため，資源や順位が相互作用していることがよくある．例えば雌では，資源を手に入れられるかどうかが，繁殖の成功に関係することがある．これは，出産を無事成功させることに影響するような限られた資源を，優位な雌が独占することができることが多いためである（Clutton-Brock 1989）．トナカイの優位雌は，冬の間，餌を入手しやすいため，繁殖の成功率が高い（Holand et al. 2004）．繁殖計画を進めるうえで，個体数の少ない動物の遺伝的貢献を均一化させることが目標である時，繁殖の成功率が一定でないことは通常好ましくないため，線形順位制を緩和することが望ましいだろう．タイリクオオカミ（*Canis lupus*）（Mech 1999, 2000），マーモセット科のサル（French 1997）のような主に優位なペアに繁殖が限定される動物では，下位個体（通常は子たち）を優位個体の抑制的な影響から分離することが，野生で一般的にみられる社会構造を再現するよりも，より公平な繁殖の機会をもたらすだろう．このような“自然な”事例に加えて，著しく高い社会的密度の副産物として繁殖抑制が起こる場合もある．われわれがここで示した見解とは逆に，遺伝的特性や繁殖能に影響するにもかかわらず，自然に起こる繁殖抑制を模倣するよう社会環境を管理することを主張する者もいる（Ganslosser 1995）．それに対して，自然のルールは飼育下繁殖計画の目標に一致する時にのみ，従うべきであるというのがわれわれの反論だ．

野生での事例をそっくり模倣することに対する別の問題は，たいていの場合，われわれが野生で何が起こっているのかということに対して限られた見識しか有していないことにある．これらの微妙な差異を知らないことは，特に，よく誤解され，飼育下での繁殖は難しいとされている単独性哺乳類に関して，不適切な飼育管理をもたらす可能性がある．例えば，先に述べたキツネザルのケーススタディでは，大半の施設ではマングースキツネザルを，最適とはいえない単一ペアの状態で飼育していた（Hearne, Berghaier, and George 1996）．なぜか．フィールド調査によると，この種は一夫一妻制が一般的であると提唱されているため，単一ペアでの飼育が標準となってしまった．しかし，どうも野生のキツネザルがペアで生活しているというのは，隔絶されたペアとして飼育するべきだという意味ではないらしい．単独性もしくは一夫一妻制の種を社会性の高い環境で飼育するのは通常望ましくないが，自然界において，同種間内で生じるコミュニケーションや交流の度合を過小評価してしまうことがよくあるのだ．実際に，単独性とは“非社会的”ということを意味するわけではなく（Yoerg 1999），多くの繊細だが重要な行程が，単独性の動物を結びつけていることを行動心理学者が発見している．例えば，縄張りをもつ脊椎動物の多くは，他から孤立して新しい縄張りを確立するよりも，他の同種がいる近くに棲み処をつくって生きることを好む（Stamps 1988, 2001）．したがって，ほとんどの単独性の種は，懇意の，それぞれ交流のあるコミュニティーにおいて，近隣の同種とともに生活している．飼育管理者は，単独性という意味を単純に解釈しないように気をつけるべきである．実際には，管理者は，程よいレベルの交流をもたらすような，種独特の飼育空間と飼育方法を，できれば動物間交流の空間的・時間的要素を操作した比較対象研究を通じて知っておかなければならない．ジャイアントパンダやカンガルーネズミ（*Dipodomys heermanni*）の交配を目的とした対応についてなど，いくつかの例を後述する．

時に，野生でみられる社会構成から逸脱したパターンに対しては，理論的根拠はあまり明確ではなく，試行錯誤することによってそこにたどり着く．例えば，ブラウンショウネズミキツネザル（*Microcebus rufus*）は，自然界では乱婚型の配偶システムをもっているにもかかわらず，ペアでの繁殖が最も適しているようである（Wrogemann and Zimmermann 2001）．野生におけるキツネザルの交配パターンについて私たちが完全に理解していない何かがあるのか．もしくは飼育環境への制限や制約に適応した柔軟な配偶システムの例なのだろうか．野生の社会構成と飼育環境下に適した社会構成との関係を明らかにするために，さらなる研究が必要だろう．

多くの場合，絶滅危惧種を繁殖させる方法として，様々なやり方がある．ジャイアントパンダ（*Ailuropoda melanoleuca*）のケースを取り上げてみると，繁殖の成功は2つの方法によって達成できる．1つは自然を真似ることで，もう1つは野生における状況とは変えることである（Swaisgood 2006）．ジャイアントパンダは，自然界では比較的単独傾向が強く，年1回の短い交尾期間以外に互いが遭遇することはめったにない（Schaller et al. 1985）．中国四川省の臥龍繁殖センターでは，この社会的相互作用とコミュニケーションのモデルを用いて，管理手法を開発した．それは，ジャイアントパンダをそれぞれ隔離したエリアで単独で飼育し，時々一時的なコミュニケーションのための機会を与えるというものである（以下参照）．対照的に，他の施設では，より社会的な状態で飼育してジャイアントパンダを繁殖させることに成功しており，そこではペアはほとんどの時間を一緒に飼育している（Kleiman 1984，Hoyo Bastien, Schoch, and Tellez Giron 1985）．後者の方法は，温厚な気性の個体では成功すると思われるが，個体によっては，過度の危害を与える攻撃につながる（Swaisgood et al. 2006）．臥龍では，より“自然な”戦略を使っており，世界で最もパンダの交配計画に成功していることは注目に値する．今やほとんどのパンダは自然交配し，その個体数は急激に増加しており，年間約5～15頭の子が生き残っている（Swaisgood et al. 2003, 2006）．“自然を真似る”というモデルがジャイアントパンダにとってはおそらく最良の方法であるが，最良の管理戦略は種によって様々である．例えば，非常に社会性の強いエジプトスイギュウの雌は，絶えず雄と一緒に飼育した場合，毎日短時間の接触が与えられた場合よりも，雄に強い性的興味を示し，繁殖行動が増加した（Abdalla 2003）．しかし，種レベルでの管理は大まかすぎることも多い．ジャイアントパンダの多様さから明らかになっているように，管理手法は個体同士や個々の状況に応じて変更できるようにすべきである．

配偶システムと配偶者選択：遺伝的管理の効果

飼育下繁殖計画にとって，配偶システムは社会構成の重要な要素である．配偶システムは性別ごとの配偶者数（例えば，一夫一妻，一夫多妻，一妻多夫），配偶者との間の遺伝的な関係（例えば，任意交配，近親交配，または異系交配），もしくはその2つの組合せ（Shuster and Wade 2003の12カテゴリーを参照，p. 368）のいずれかによって決定される．小さな個体群（野生と飼育下とも）において配偶システムを理解することは，保全のためにとても重要である（Parker and Waite 1997，Blumstein 1998，Creel 1998，Anthony and Blumstein 2000，Moller 2000，Wedekind 2002）．最も重要な意義は，配偶パターンが有効集団サイズ（N_e）と遺伝的なヘテロ接合度の維持に深く影響することである（第19章参照）．全ての個体が交配し，パートナーがランダムに選ばれる理想的な個体群において，集団サイズ（N）はN_eに近づく．少数の繁殖に成功する個体が好まれ，他の個体が繁殖に失敗して繁殖が偏った場合，N_eは実際のNの一部になってしまう．繁殖の偏りは，乱交型配偶システムでは最小，一夫一妻の配偶システムでは中程度，一夫多妻のシステムでは顕著になる傾向がある（N_eは劇的に減少する）（Parker and Waite 1997）．N_eが小さいと，遺伝的多様性と集団の持続性にとっては深刻である．ヘテロ接合性が失われるにつれて，近交弱勢の影響が増大し，通常は集団の生存力が低くなり，環境変動に対する集団感受性が高まることになる．

自然界における配偶システムの知識は，保全管理にとって重要である．配偶システムは種の特性として考えられることが多いが（Emlen and Oring 1977），実際に単一の種が，様々な社会的および生態的状況下で，複数のタイプの配偶システムを示す（Lott 1991）．この柔軟性は，生息域内および生息域外の管理にとって，良いことである．なぜなら，それらの影響している要因は，配偶システムを促進するために操作できるからである．これによって，個体ごとの繁殖への貢献が等しくなり，あるいは保全目標を達成することになる．小さな個体群における繁殖の偏りを減少させるより直接的な方法は，繁殖の機会を共有させることよりも，優占個体を取り除くことである．メタ個体群レベルでは，血統管理者は，その多すぎる代表個体を繁殖の推奨から外し，個々の施設では，その優位な個体を群れから外す（Alberts et al. 2002）．

配偶システムの中では，雌雄ともにそれぞれ違った配偶戦略をもち，それは有力な配偶者を見つけ，選び，獲得するためにとる行動として大まかには定義されている．自然界では，配偶戦略の主な決定要素は，許容する雌側の空間的および時間的な分布である（Emlen and Oring 1977）．一般的に，雄たちは社会的な群れにいる雌や予測可能な発情期をもつ雌を獲得するために直接競争する（Clutton-Brock 1989）．雄の優位なヒエラルキーは，この戦略に勝つという点で一般的である．しかし，雌が比較的単独性で広く散在している時，探索と“争奪競争”が雄の配偶戦略として特徴づけられる（Schwagmeyer 1995）．このような種では，少なくとも2つの要因が，雄の交配の成功に影響する．①大きな行動圏を占有することで，発情雌を獲得できるかもしれない．②闘争能力（例えば，体のサイズ）は，雄が雌の場所を探し当て，実際に交配できるかどうかを決定する（Sandell 1989，Fisher and Lana 1999）．しかし，空間的な防御と雌の囲い込みの戦略は連続しているもので，縄張り制と優位性が配偶戦略を決定することにおいて同時に働いている（Lacey and Wieczorek 2001）．定住している雄は有利かもしれないが，時に他の雄が競争によって，雌の獲得権を勝ち取るかもしれない．雌を獲得するための雄間の競争は，実際には，雌がその配偶相手を選ぶために果たす積極的な役割までを無効にすることはできない．雌は受動的に，勝った雄を配偶相手として許容するか，もしくは別の雄を選んである雄は受け入れないという選択をするかもしれない．間接的に選択する可能性もある（Wiley and Poston 1996）．例えば，雌が雄を集めるために自分の生殖状態を誇示し，競争を起こさせ，その中から積極的には選択せずに，最高の雄との交配を確保する（Cox and Le Boeuf 1977，Lott 1981）．

ほとんどの哺乳類は，一夫多妻である．したがって，雌が選択する側の性別になる傾向がある（Andersson 1994）．雌は，配偶時の贈り物や雄親としての世話といった，配偶者から遺伝子ではない重要な資源を獲得する種もあるが，哺乳類ではこれはまれな例である（Clutton-Brock 1991，Andersson 1994）．このように，遺伝的な利益は雄の選択メカニズムの進化に大きな役割を果たす．遺伝的利益は，子に利益を与える，任意の雌の好みに基づいているかもしれない．なぜなら，このことは反対の性を引きつけるが，生存上もしくは他の適応度の基準には影響しないからである（Fisher 1930）．対照的に，“良い遺伝子”仮説では，雌の好みというものは，生存力と関係する遺伝性の雄の形質であることが示されている（Hamilton and Zuk 1982，Andersson 1994，Zahavi and Zahavi 1997）．この仮説を支持することとして，雌の好みは状態に依存する形質に基づいており，それはより良い状態の雄で，より誇張された形態を表すということである．例えば，鳥の尾の長さや羽色，ヤケイの鶏冠のサイズ，シカの枝角のサイズがあげられる．これらの静的なディスプレーの維持は，エネルギー的にコストが大きく，コンディションの低い雄が高い生存能力をもっているように見えるのを防いでいる．このような生存能力のシグナルの表現は，効率的に資源を手に入れる雄の能力，他の雄との競争において資源を入手する権利を獲得する能力（競争能力）もしくはその土地の病原体への抵抗力を示している．このように，全体的な健康と活力に関連する，状態に依存したシグナルは，雄の遺伝的構成やその地域の条件が優勢であることを含む，多くの影響し合う要因の結果であるようだ．これらの形質が遺伝する程度まで，状態に依存するシグナルを誇張した雄に対する雌の好みは，子孫に高められた生存能力を与えるかもしれない．

配偶者選択は，保全繁殖のために重要な意義をもっている．それは，繁殖を完全に低下させ，さらに繁殖の偏りを悪化させることになるからである．その問題の厳密な性質は，どのように雌が（もしくは，まれに雄が）配偶者を選択するかに左右される．もし雌が雄のある性質に対して一定の基準を有する場合，もしそれらの基準を満たす雄がいなかった時，彼らは繁殖を完全に見合わせるかもしれない（Anthony and Blumstein 2000，Moller 2000）．サンプリング誤差という偶然によって，平均以上に高い基準をもつ雌，または平均以下の魅力しかもたない雄から小さな創始個体群が構成されることがあるかもしれない．もし雄が発するサインが状況に左右されるなら，飼育環境は問題を悪化させ，その発現を最大限にするために必要な条件を与えられないかもしれない．また，雌は一定の数の雄をサンプリングした後で，最適な雄と交配することを選択する，“最善の N（個体群サイズ）”というサンプリングルールを用いるかもしれない．この通りにいくと，飼育下の雌では，選択可能な雄の質にかかわらず，サンプリングを実行するために出会える雄が少なすぎて，配偶者として選択しないかもしれない．分からないのは，どのような状態で，これらの選択メカニズムが，飼育環境下で頻繁に見られるつがいの“不適合”の一因となるのかである．一般的に言えば，（不適合の要因にならないようにするには）より強力に性選抜された種（例えば，性的二形性または二色性に明らかなように），より大きなインパクト，そしてより大きな創始個体数である必要があるだろう（Moller 2000）．

配偶者に関する雌の好みが似通っている場合，雌が好む形質に関して高い評価を得た少数の雄が，ほとんどの配偶の機会を得て，N_e はさらに減少するだろう．これは，総合的な生きる力に関連した条件依存形質のケースで，全ての雌が，最も誇張された性的に選抜されたシグナルをもつ同じ雄を好むはずである．しかし，雌の選択は遺伝的な適合性にも基づいていて，その中で特定の対立遺伝子の組合せが子孫に高い適応度をもたらしている（Grahn, Langefors, and von Schantz 1998，Wedekind 2002）．最も基本的な例は近親交配の回避であり，それはヘテロ接合性を促進し，それに付随する適応に向けた，そして劣勢ホモ接合型の対立遺伝子が発現する可能性を低くするための肯定的な結果を導く（Frankham 1995）．病原体への耐性を統制する主要組織適合遺伝子複合体（MHC）において，ヘテロ接合体は，ある配偶者を選ぶ基準の特異的な標的となっていると思われる（Penn 2002）．ある動物種の雌は，MHC 遺伝子座上に自分とは異なる遺伝子をもつ雄と交配することを好み，そしてその MHC ヘテロ接合体をもつ子孫は高い適応性を獲得する．全ての雌が雄に対する同じ嗜好性を有する場合でも，遺伝的な適合性に基づいて，それぞれの雌が異なる雄を選択することになるので，繁殖の偏りはそれほど現れない．

保全活動においてはよくあることだが，実地への応用は，理論的な意義づけのずっと後になる（Swaisgood 2007）．行動生態学的な仮説を検証するために，配偶者選択を人為的に操作するということには長い歴史があるが（Andersson 1994），保全繁殖のために選択を操作するという事例はおそらくたった2つだけだろう．事例の1つは，絶滅の危機に直面したピグミースローロリス（*Nycticebus pygmaeus*）において，雌が，血統管理者による最適な異型交配計画に基づいて選ばれた特定の雄と交配することを促進するために，配偶者選択のための化学シグナルを人為的に操作していた（Fisher, Swaisgood, and Fitch-Snyder 2003b）．自然界において単独性傾向の強い本種の雌は，頻繁に遭遇する特定の雄の匂いによって，雄の質を評価することができるため，理論上，雌は嗅ぎ慣れた匂いの雄を好むはずだと考えられる．高い競争能力をもった雄だけが侵入者を排除することができ，エリアを独占して自分の匂いでそのエリアをいっぱいにし，この重要な評価の手がかりを誤魔化しようのないものにすることができるだろう（Gosling and Roberts 2001）．したがって，雄の匂いへの馴染みやすさは，雌が質の高い雄を選ぶ至近メカニズムであるかもしれない．この仮説の推論は，雌は，別の雄の匂いのマーキングを上書きする雄を好むはずだというものだ．これは完全なエリアの独占よりも印象は劣るが，それでも部分的な排除やパトロール，そして競争相手の匂いの上書きができなかった雄よりも，高い競争能力を有することを示している（Rich and Hurst 1999）．この理論を用いて，Fisher, Swaisgood, and Fitch-Snyder（2003b）は，ロリスの雌は，実験的に嗅ぎ鳴らされた匂いをもつ雄に対して，約10倍近い社会的な性的嗜好を示し，上書きされた匂いよりも，上書きした匂いに対して約2倍の選好性を示したことを明らかにした（Fisher, Swaisgood, and Fitch-Snyder 2003a）．

Roberts and Gosling（2004）は，雌のカヤネズミ（*Micromys minutus*）を使った同様の研究において，雄の匂いに対する雌の認識（親しみ）を増加させるために，雄の匂いを指示物質として用いた．これにより，ペアの親和性が高まり，この保全繁殖計画において雌による選好性の程度が増加した．しかし，私たちは，遺伝的に適合しない個体間でのペアリングを強いないように気をつけなければならない（Wedekind 2002）．実際には，配偶者を自由に動物に選ばせることにより，生存能力の高い子孫を得ることができる（Ryan and Altmann 2001，Gowaty, Drickamer, and Schmid-Holmes 2003）．しかし，創始個体の遺伝的多様性を保存することの方が個体の適応度が低いことの損失よりも重要であるような非常に小さな集団を扱う場合には，これは私たちが支払うべき代償であるかもしれない．保全にとっては，長期にわたる平均個体群適応度が最も重要になる．

最後に，かなり古い（常識でもある）2つの配偶戦略の考え方は，興味深い新しい理解のために，近年再び注目の対象となっている．その1つが，“美しさは見る人の目の中にある”ということである（Widemo and Saether 1999）．これは，個人の，時に特異的な好みは，多くの一般的不変の好み（例えば，コンディションに左右される形質）の影響にかかわらず，自然界において比較的共通であるという意味である．保全繁殖計画に関係している私たちにとってそれは，動物を繁殖させようとしている時に，理由が説明できないペアの不適合の問題に直面する時である．その不適合がこのような個人主義的な好みの結果である限り，相性のよい組合せを見つけるまで違ったペアリングを試し続けること以外に，私たちは頼みとする伝手をほとんどもっていない．もう1つの認識は，性的な衝突は，配偶行動の中で生来のものであるということである．従来の考え方は，“この一時的な結びつきは協和的な行動であり，雌雄は求愛期間の後に，彼らの遺伝子を伝える子孫をつくるという目標を共有するようになる”ということである（Arnqvist and Rowe 2005）．この著者らは，性別間のひどく相反する行動について詳述しており，適応度に対する結果が異なることによる行動的な不一致は，雌雄にとって負担でもあり，得でもある．例えば，雌が抵抗する雄のハラスメントは，怪我をさせるだけでなく死亡につながることさえある（LeBouef and Mesnick 1991）．ジャイアントパンダの求愛行動は，飼育下（Swaisgood et al., 2006）および野生（Z. Zhang and R. Swaisgood, 未発表データ）の両方において，交尾の前や交尾直後にエスカレートした攻撃を伴う．この生来の性的闘争は，動物にとって“自然に起こることをする”ということは，われわれが思っていたよりも，より一層難しいということを意味するのかもしれない．なぜ，飼育下のより一層危険の少ない状態という最適な状況下にあるにもかかわらず，交配に失敗するのかということを確かめるのは難しくない．さらに，私たちが見てきたように，これらの障害は経験や行動生態学的理論を応用することで乗り越えることができる．

コミュニケーションシステムと飼育下管理および飼育下繁殖

コミュニケーションとの関係なしに社会行動や配偶行動を議論することはできない．合図を送る行動と知覚する側の反応の組合せは，どれだけ多くの動物が，多くの社会的局面を乗り越えてきたのかということである．合図を送る行動によって縄張りが守られ，威嚇がなされ，闘争能力が探られて判断され，衝突が解決され，配偶者が探され選ばれて，生殖状態が誇示され評価され，社会的パートナーが認識されて，移動が調整され，群れの結束が達成され，そして無数の機能が供給される（Bradbury and Vehrenkamp 1998，Maynard Smith and Harper 2003，Searcy and Nowicki 2005）．合図を送る行動は，全ての既知の感覚〔聴覚，視覚，嗅覚，味覚，触覚，自己受容（自己刺激を感応する），振動，電気受容〕を利用するように進化してきた．シグナルは合図としてその進化史を始めた．合図を送る側に利益をもたらすコミュニケーションに定型化されるために，知覚する側はそれらの合図から情報を引き出すことによって，合図のための選択圧を生み出す（Guilford and Dawkins 1991，Owings and Morton 1998）．シグナルは本物である必要はなく，能力やその意図をだましているかもしれないが，そのだましは疑い深いチェックによって食い止められる．

飼育下の哺乳類において動物間の本来のコミュニケーションシステムは，今のところ過小評価されているが，それをモニタリングすることによって，飼育管理や繁殖を容易にすることができるかもしれない．状態依存性の性的選択シグナルは，栄養状態やストレス，そして全体的な状態に影響を受けやすく，動物の身体的な幸福の指標になるかもしれない．例えば，冴えない色や小さな攻撃器官は，ぼんやりと現れる問題の初期徴候のサインになるかもしれない．また，シグナルは感情の状態の率直なシグナルにもなり（Maestripieri et al. 1992，Weary and Fraser 1995），動物園という環境において，研究者が非侵襲的に，幸福状態のモニタリングや潜在的なストレスを明らかにすることができる．ほとんどの種において雌雄ともに，生殖状態や性的欲求を知らせるためにシグナルを用い，そのシグナルは，雌の繁殖期（Aujard et al. 1998，Wielebnowski and Brown 1998）または交配のための同居がうまくいくかどうか（Swaisgood et al. 2006）を判断するために使うことができる．不自然なシグナルの変化は，攻撃性のエスカレートの前兆になり，介入が必要になるかもしれないことを示す．例えば，雌のジャイアントパンダは，雄とペアリングさせた時，たいてい親和的な発声が始まるが，時間が経つにつれて，雄は通常，雌に対して身体的な抑制をするようになる．雌はまず，攻撃的な威嚇のレベルがより高くなりエスカレートしていく前は，攻撃性のシグナルと親和的なシグナルの両方を出すことによって躊躇を示すが，最終的には攻撃に入る（Kleiman and Peters 1990）．主に発声に基づいてつくられた決定樹（訳者注：ある意思決定が，その後の場合ごとにどのような結果になるかを木の枝の形で表した図）は，その変化を通して管理者の指針となり，傷害のリスクが大きくなりすぎる前に動物を分ける時期を決めるために発展してきたものである（Swaisgood et al. 2006）．同様に，攻撃性のシグナルは，不安定な社会グループにおいて，出産の開始や攻撃性の突発的な発生を予測するためにモニタリングすることができる（Koontz and Roush 1996）．

コミュニケーションは，飼育下動物を繁殖させるための努力の中でも，かなり顕著に重要な役割をもっている．カンガルーネズミの雌雄では，ケージ越しに隣接させて，長期的にコミュニケーションの機会を与えた場合，そのペアの親和性が向上する（Thompson, Roberts, and Rall 1995）．すでに述べたように，ネズミキツネザルは彼らが近くにいる時はよく繁殖し，おそらく同種間でコミュニケーションを交わしている（Hearne, Berghaier, and George 1996）．もちろん，単独を好む種にとっては，コミュニケーションの可能性がない状況のほうがより良いのかもしれない（Lindburg and Fitch-Snyder 1994，Koontz and Roush 1996）．残念ながら，動物園における研究では，繁殖や，あるいは他の関連するパラメーターを刺激する様々な知覚様式の役割やシグナル源を突き止めるためのシグナル“反応”の方法論を用いたものはほとんどない．

ケミカルコミュニケーションは，主要な行動学的メカニズムとして立証されており，あらゆる繁殖プロセスを促進する．そしてこれは性行動のために，事前に教えるために使われている（Lindburg and Fitch-Snyder 1994）．化学シグナルは春機発動期の開始を早め（Vandenbergh 1983），排卵を刺激し，雌の生殖器官内の精液の輸送を向上させ（Rekwot et al. 2001），雌の生殖状態を雄に合図し（Doty 1986，Taylor and Dewsbury 1990），両性の性的欲求を刺激する（Brown 1979，Johnston 1990，Rasmussen and Schulte 1998）．そのため，化学シグナルは，家畜種において繁殖を促進するのに利用されているのは不思議なことではなく，管理面で重要な役割を果たしている（Rekwot et al. 2001）．これは，動物園動物にも体系的に利用され始めたばかりである．

飼育環境における潜在的な問題は，もしかすると過小認識されていることで，重要なシグナルの知覚がバックグラウンドの刺激によっておおい隠されてしまっているかもしれない．このことは，交尾や求愛行動，そしてシグナルによって動くその他の機能に障害を生じさせているかもしれない（Koontz and Roush 1996）．飼育環境はおそらく（動物側の観点から）多くの騒音，光，臭気汚染の原因を含んでいる．イモリでは，殺虫剤がケミカルコミュニケーションを弱めて配偶者選択を妨害し，繁殖を低下させる（Park, Hempleman, and Propper 2001）．ソードテールフィッシュでは，農業廃水や下水の存在下において，種の認識という点で配偶者選択メカニズムが壊れ，結果的に同属種と交雑してしまう（Fisher, Wong, and Rosenthal 2006）．また哺乳類においても，高い嗅覚をもつ分類群は，化学的な汚染物質の影響を受けやすいに違いない．あまりに過剰な掃除は，他個体への（例えば，交尾のため），もしくは自己調節のための重要なシグナルであるかもしれない匂いを除去してしまうことになる．例えば，ある動物が自らのホームエリアを定め，自身の匂いをつけたフィールドをつくっている場合，その匂いを除去されたりおおい隠されたりすれば，ストレスの原因になるかもしれない（Eisenberg and Kleiman 1972）．光条件は，様々な分類群においてシグナルの判断に影響することが知られている（Endler 1992）．紫外線の不足した光条件は，いくつかの鳥類において，ストレスレベルを増加させ，配偶者の好みに影響を与える（Morgan and Tromborg 2007）．そして人工的な夜間照明は，多くの種の保全にとって，広範囲に及ぶ重大な結果を招くかもしれない（Rich and Longcore 2005）．動物を取り巻く騒音レベルは，効率の良い伝達に向けたシグナル設計の発展に顕著に影響する（Bradbury and Vehrenkamp 1998）．飼育動物は，様々な騒音にさらされ知覚していて，それを回避する反応をとる（Morgan and Tromborg 2007）．実際は，飼育環境における騒音がどのくらいコミュニケーションを妨げるのかについてはほとんど分かっていないが，海生哺乳類などでは，騒音がシグナルの探知を妨げることが示されている（McGregor, Peak, and Gilbert 2000）．シジュウカラ（*Parus major*）は，田舎の環境と比べて，都市ではより高いピッチで歌い，それはどうやらうるさい環境でのシグナル探知の問題に対抗しているようである（Slabbekoorn and Peet 2003）．さらなる研究によって，全ての知覚様式において“バックグラウンドのノイズ”が飼育下動物の福祉と繁殖に深刻な障害となっていることが明らかにされるかもしれない．

福祉のための社会環境の管理

動物の福祉は，飼育下における適切な管理戦略を決定する際に，何よりも重要な関心事として際立っている．飼育下におけるストレスと動物福祉に関する包括的な総説において，Morgan and Thomborg（2007）は，飼育下動物の環境における様々な感覚の要素（量，質，光周期，特別な匂いの有無，音の高低・周波数・音圧レベル，熱指数，床材のなめらかさ・柔らかさ・操作性）は，慢性的なストレス源になる可能性がある，と述べている．福祉を高めるために測定し，理解し，努力することは，多くの複雑さと警告に満ちたもので，非常に難しい作業であり（Mason and Latham 2004，Swaisgood and Shepherdson 2005, 2006，第2章），この話題は，私たちの現在の目的の範囲を超えている．例えば，グルココルチコイド（最も一般的なストレス尺度）は，いつも適した分かりやすいストレスの尺度であるわけではない（Hofer and East 1998，Cook et al. 2000，Sapolsky, Romero, and Munck 2000，第33章も参照）．潜在的に幸福が減少したことを示す行動的な尺度（例えば，攻撃性の高まり，Kuhar et al. 2003）は，ストレスの心理的な尺度とは関連がないかもしれない．興味深い例として，雌チーターは，社会的な飼育に対してグルココルチコイドの反応が明らかにされていないが，卵巣機能が損なわれたり，興奮を示す行動的指標が増大する（Wielebnowski et al. 2002）．グルココルチコイド分泌の季節的影響も，ストレスの内分泌学的測定の価値に影響し，混乱を招く要因になり得る（Owen et al. 2005）．ステレオタイプ（別の一般的な福祉の尺度．訳者注：動物が何の目的も方向性もなく同じ行動を繰り返すこと）は，現状の問題か，あるいは過去の最適とはいえない状態の古傷かのどちらかを示している可能性がある（Mason and Latham 2004，第25章）．エンリッチメントは，明らかにそれらの福祉の問題に取り組むための最善の方法であるが，驚くべきことにエンリッチメントの効果を十分に確かめた動物園での研究はほとんどない（Swaisgood and Shepherdson

2006，Mason et al. 2007，第 6 章，第 15 章参照）．私たちが“何が効果があり，何が効果がないのか”ということを完全に理解するにはまだまだ先の話だが，動物福祉の向上は動物園環境における大きな関心事である．

繁殖の場合と同様に，飼育管理者は，福祉を考える際のお手本として自然を見ることがあり，野生で観察された社会的環境を再現しようと努め，成功する場合が多い．実際，異常な社会的群れづくりは，飼育下哺乳類の幸福に負の影響を及ぼす主な要因の 1 つになる（Young 2003，Morgan and Tromborg 2007）．本来社会性のある動物が他個体から隔離されると，最悪なケースが起こることがある．適切な群れでの社会的な飼育は，その問題のいくらかを一変させることができる．Bloomsmith, Pazol, and Alford（1994）は，自然な群れの構成を反映した，様々な年齢と性別の個体がいる群れで育ったチンパンジー（*Pan troglodytes*）は，野生でみられる特有の，より多様な行動を示すことを見出した．種特有の行動の多様性自体が，心理的な幸福の指標としてみなされることが多い（Wemelsfelder et al. 2000，Rabin 2003）．1 つに，社会的飼育は雄と雌にとって違った結果をもつということを考える必要がある．例えば，社会的に隔離された雌の実験用ラットは，社会的な接触を回復させようという気になるのに対して，雄は自然な縄張り形成の結果としての社会的隔離と受け止めるようである（Hurst et al. 1998）．社会性のある種では，見慣れた同種の存在は，その環境にあるストレスになり得る変化を軽減する要素にもなる（Mendoza 1991，Schaffner and Smith 2005）．対照的に，社会性のない種では，同種のものが近くにいることが，潜在的なストレスであり，福祉を損なう原因になる（Lindburge and Fitch-Snyder 1994，Wielebnowski 1998）．

しかし，野生と比べて大いに異なる飼育環境は，本来の社会構造が，飼育下個体にとっての最善の福祉を常に保証するわけではない．典型的な年齢と性別の分布を反映した群れで動物を一緒にすることは，環境要因が野生のものから大いに異なっている場合に，その群れが適切な単位として機能しないかもしれない．Veasey, Waran, and Young（1996）は同様の指摘をしており，福祉の関心のために，飼育下において再現されるべきではない多くの自然の側面があることを主張している．時として，飼育下での研究は，野生における研究の結果を反映しない場合もあり，このことは野生のことから飼育下を推定することは簡単な問題ではないことを示している．McLeod et al.（1996）は，グルココルチコイドレベル（潜在的なストレスの指標）は，飼育下のオオカミにおいて社会的な順位と関係することを発見したが，ある面では実質的に，野生のオオカミとは異なっていた．飼育下では，闘争から逃れる能力が低下するため，野生での社会構造が適切ではなくなるかもしれない．飼育下では，比較的低コスト（競争があまりない）で高い利益（多産性）を可能にする社会構造をつくることができ，それは動物福祉を高めるかもしれない．

過度の攻撃性は，飼育下動物の幸福のための重大な障害になり得る．行動調査は，より良い機能とメカニズムの理解を与え，攻撃性を最小限にする方法を提案する．例えば，雌のセーブルアンテロープ（*Hippotragus niger*）は順位制を形成し，それは頻繁な攻撃行動を通して維持されている（Thompson 1993）．群れに導入された見慣れない個体は，際限のない攻撃対象になるようである（例えば，ある雌は群れから排除され 1 年後に死亡した）．1 つの解決策は，季節的に攻撃性の低い時期の間に群れに新しい雌を導入することである．他の解決策としては，導入前に（匂いのような）合図を通して新規個体に対する抵抗を慣れ親しみのあるものにしておくことである（Koontz and Roush 1996，第 5 章も参照）．

多くの場合，同じ管理戦略が福祉と繁殖の両方を高めるだろうが，他の目的においては，互いに相反するかもしれない．それぞれの重要な目的にとっての相対的なコストと利益は（他のことにも言えることだが），活動の方向を決める時には，よく考える必要がある（Bradshaw and Bateson 2000）．

社会的管理のケーススタディー

ジャイアントパンダの繁殖管理における
ケミカルコミュニケーションの役割

ジャイアントパンダは，保全繁殖計画において化学シグナルの潜在的な役割が強調されている興味深いケースである．自然界において単独生活者であるジャイアントパンダは，臭痕をつけた（マーキングした）場所を訪れ，そこを往復して互いに匂いのコミュニケーションを交わしている（Schaller et al. 1985）．定期的に顔を合わせる機会がないため，ジャイアントパンダは，繁殖期にコミュニケーションのために匂いと音を使っているようである．しかし，中国の臥龍などの飼育下繁殖センターでは，パンダは互いに無関心であったか，過度の攻撃性を示したため，半数以上が交配のための同居に失敗している（Zhang, Swaisgood, and Zhand 2004）．この問題は，多くの単独性の哺乳類にみられることで，短い繁殖期の間（ジャイアントパンダでは 1 年に 1 ～ 3 日）の親和行動や交尾行動に対して，ほとんど 1 年中行われている攻撃性や忌避から移行させる必要がある（Lindburg and Fitch-Snyder 1994）．Swaisgood et al.（2004）は，パンダの繁殖計画の問題（世界中で持続可能な状況にない）として，匂いコミュニケーションが不十分な状態の管理が繁殖の失敗に起因している，という仮説を立てた．

臥龍繁殖センターでの継続した研究では，様々な識別試験を使って，パンダの化学シグナル（尿および肛門生殖器腺の分泌物）の機能や動機づけについて調査した．それらの研究から，ジャイアントパンダは複雑なケミカルコミュニケーションシステムをもっているということが示された．パンダは化学シグナルを使って個体を識別でき（Swaisgood, Lindburg, and Zhou 1999），どのくらい長く匂いが環境中に残っているかを識別することができる（Swaisgood 未発表データ）．ジャイアントパンダは，シグナルを残した個体の年齢（White, Swaisgood, and Zhang 2003）や雌の生殖状態（Swaisgood et al. 2000, Swaisgood et al. 2002），性別（Swaisgood et al. 2000）（しかし，繁殖期の間にのみ性別を識別する，もしくは性別を識別することを動機づける：White, Swaisgood, and Zhang 2004）をも認識することができる．White, Swaisgood, and Zhang（2002）は，雄は優位性を示すために逆立ち姿勢にもなることを報告している．これらのそれぞれの化学シグナルに対する反応は，化学シグナルを検知する状況はもちろん，年齢・性別クラスや受け手側の生殖状態にも依存する．

しかし，パンダの化学シグナルの最も重要な機能は，おそらく性的関係に相手を誘引することである．雄は雌の匂い，特に発情している雌からの匂いで性的に興奮するようになり，雌は雄の匂いで性的に興奮するようになる．またこれらの匂いは，雄においては攻撃欲求を和らげる．この誘引効果を利用して，臥龍繁殖センターでは，雌雄間を行ったり来たりして“匂いのポストカード”を送ったり，互いの匂いにさらすために，一時的にそれぞれの空いている部屋に出入りさせ交換させたりすることによって，パンダの嗅覚環境を管理することを始めている（Swaisgood et al. 2004）．飼育係がこの管理を始めてすぐに，雌に発情徴候が見られるようになったため，交配のための同居前に数日から数週間，臭いに慣れさせる期間をつくっている．ある程度はこうした管理やエンリッチメント計画のようなその他の変化もあり（Swaisgood et al. 2001，Swaisgood et al. 2005），現在，臥龍繁殖センターは，パンダ繁殖施設の中では自然交配の成績が最も良い（Swaisgood et al. 2006）．

サイの繁殖計画における社会過程

サイの社会過程は，飼育下繁殖計画において果たす役割を示す良いケーススタディーである．クロサイ（*Diceros bicornis*）は，フィールドにおける観察によると，比較的社会性の少ない種であるが，シロサイ（*Ceratotherium simum*）の亜成体を中心とする雌は，長期的あるいは一時的なつながりを形成する（Owen-Smith 1988）．これらの異なる社会性は飼育下繁殖管理にどのように影響するのだろうか．クロサイにとって，他の雌の存在は，その繁殖に抑制的な影響をもつ傾向があり，本種は雌雄ペアで飼育することが推奨されている（Carlstead et al. 1999, Carlstead and Brown 2005）．自然界で繁殖抑制が起こる社会性の高いいくつか種とは異なり，クロサイの繁殖抑制現象は飼育下での人為的な影響であると思われる．これは，おそらく飼育下での社会的密度が高すぎることによるものと思われる．一方，シロサイの雌は，2 頭以上で飼育した場合に，より繁殖しやすくなる（Rawling 1979，Lindemann 1982，Fouraker and Wagener 1996，Wielebnowski 1998，Swaisgood, Dickman, and White 2006）．これらの基本的な種の繁殖のための必要条件が分かっているにもかかわらず，飼育下個体群は持続可能な状況にはない．病気，栄養，ストレスなどの複合要素が，飼育下クロサイの高い死亡率に関与していると思われる（AZA 2004）．また，雌雄ペア間の優劣関係も，ペアの相性や繁殖の成功には重要である（Carlstead et al. 1999）．さらに，雌雄が常に近くにいる，野生とは大きく異なった状況は，攻撃性やストレスの高まりに関係している．したがって，適切な繁殖のためには，雌雄の飼育場を分けて，雌の発情期に一緒するべきである．このような社会的要因は，来園者にさらされるといった飼育環境の他の側面にも影響を受けたり，動物福祉や繁殖に影響したり，死亡のリスクを高めたりするとも考えられる（Carlstead and Brown 2005）．このケースのように，生息域内での社会構成を考慮することや，飼育管理の詳細を評価することは，より良い飼育管理を進めることにつながるのである．

シロサイの保全繁殖計画がうまくいっていない原因は，よく分かっていない．創始個体（F_0 世代）の多くは，適切な飼育管理が行われ，よく繁殖しているが，飼育下生まれ（F_1）の雌での繁殖は極端に停滞している（Emslie and Brooks 1999，AZA 2004）．以前は個体群の成長が活発だった F_0 世代の雌の多くは，ここ 10 年の間で死亡もしくは繁殖年齢を超え，野生からのさらなる輸入や F_1 問題の解決がなければその危機から脱することができないような危機的な状況にある．多くの努力にもかかわらず，この問題はいまだ手に負えないままである．いくつかの内分泌研究が，繁殖の成功に影響する性周期の異常を明らかにしたが，この問題が F_1 世代の間に広まっているという証拠もない（Schwarzenberger et al. 1998，Patton et al. 1999，Brown et al. 2001）．サンディエゴ動物園のワイルドアニマルパークで 5 頭の F_1 および 6 頭の F_0 雌の行動研究と，シロサイ68頭の管理者らに対して国際的なアンケート調査が行われ，その結果，F_1 雌は，F_0 雌に匹敵するか，もしくはそれ以上によく正常な行動的発情徴候と性行動を示すことが明らかとなった（Swaisgood, Dickman, and White 2006）．同様に，雄は F_0 雌に対して性的な選択を示さなかった．しかし，雄との交尾を経験した雌の中では，出産率は F_0 世代で特に高く，F_1 の問題は交尾後にあることを示している．また，これらのデータは，母親もしくはより高齢の F_0 雌がより若い F_1 雌における繁殖を，行動的もしくは生理的に抑制するという，シロサイの飼育者の間で一般的であるその仮説を直接否定するものである．さらに，F_0 雌の存在は F_1 雌の繁殖を明らかに促進している．同じエリアで生活している F_1 雌と F_0 雌を比較することによって，Swaisgood et al.（2006）は，グループ間で異なっていた要因は飼育環境のみであり，したがって発達期の飼育環境が最終的な要因として強く結び付けられることを決定づけた．これらの仮説を調査することは，F_1 の繁殖に影響するか，あるいは影響しない社会的プロセスを決定づけるのに役立つが，さらなる研究において F_1 の繁殖障害の根本的原因であると思われる社会的環境を含む発達過程を調査することが必要だろう．

飼育下におけるゾウの管理

北米の飼育下のゾウは，自然界における社会構成を模した方法で飼育されているが，そこには大きな違いがある（Schulte 2000）．飼育下のゾウは一般的に小さな雌の集団で飼育されているが，それはわずかな数の成熟雌の集まりか，たいていは血縁関係のない成熟雌の集まりである．真の雌のリーダーは飼育下にはほとんどいないが，雌の優位関係は明白で，一般にはその体格と性格によって決まっている（Freeman, Weiss, and Brown 2004）．北米での成熟雄の飼育個体数は比較的少なく，また繁殖の場合を除いて雌雄は別々に飼育されている．多くの動物園で，ゾウの繁殖はそれほど成功しておらず，野生では子ゾウは母系集団の必須要素であるが，飼育下では子ゾウは珍しい．さらに，内皮性ヘルペスウイルスによる子ゾウの高い死亡率が，大いに懸念されている（Richman, Montali, and Hayward 2000，Ryan and Thompson 2001）．歴史的に見て，ゾウの飼育下個体群は持続可能な状況にはない（Sukumar 2003b）．北米では，繁殖率が劇的に増加しない限り，繁殖によっては維持できない（Olson and Wiese 2000，Wiese 2000，Hermes and Hildebrandt 2004）．

理想的には，飼育下のゾウは，繁殖だけでなく身体的および心的な幸福を最大限にするために，ゾウにとって適切な数と構成の家族単位（Fernando and Lande 2000，Vidya and Sukumar 2005），十分なスペースと豊かな環境（Stoinski, Daniel, and Maple 2000）を与えることで，比較的正常な行動レパートリーと一連の社会能力を示すようになる（Sukumar 2003a）．インドでは，飼い馴らされたゾウと野生ゾウとの交流が，使役ゾウのためのエンリッチメントとなるが，これは生息地でない地域では不可能である（Sukumar 2003b）．飼育下では，社会環境はより理想的な群れの構成を達成するために変えることができるが，エンリッチメントと同時に，社会的な変化はもしかすると崩壊してしまうかもしれない．ストレスや闘争を軽減するための導入の 1 つの方法は，ホルモンレベルと行動を記録しながら，完全に導入するまでに，接触機会を増やし続けることである（Burks et al. 2004）．Schmid et al.（2001）は，ムンスター動物園において，注意しながら導入を進めた場合，行動とコルチゾールレベルの変化は，比較的短期間（数か月間）であったことを報告している（第 5 章を参照）．どんな種でも飼育下では繁殖能力のある雄は限られているため，交配のために雌雄いずれかを他の施設へ移動させることがある．しかし，近年の人工授精の成功例によって，個体よりも精液を移動させることが望まれるようになってきている（Brown et al. 2004a）．

ゾウの飼育下繁殖にとって最大の障害の 1 つは，アジアゾウ（*Elephas maximus*）とそれよりさらに顕著にアフリカゾウ（*Loxodonta africana*）の雌で，性周期のない（フラットライニングとも呼ばれる）個体が多いことである（Brown 2000，Freeman 2005）．いくつかのフラットライニングは，生殖器疾患が，特に高齢個体においてその原因になっているが（Brown et al. 2004b），社会構成や行動の問題も原因である可能性がある（Freeman 2005）．一般的に，フラットライニングは高齢でより優位な雌に最も多い（Freeman, Weiss, and Brown 2004，Freeman 2005）．血縁構成はアフリカゾウを飼育下で維持していくために重要であるが，Archie et al.（2006）は，雌の順位制は年齢と体格を中心に決まるもので，遺伝的な関係はないことを明らかにしている．したがって，血縁関係のない社会集団をつくって飼育することは，一生の間の初期（10 ～ 15 歳）

図 27-1　フロリダ州ポークカントリーにある Ringling Bros. and Barnum & Bailey Center for Elephant Conservation のアジアゾウの親子．（Ringling Bros. and Barnum & Bailey Center for Elephant Conservation からの拡大写真，許可を得て掲載）

図 27-2　フロリダ州ポークカントリーにある Ringling Bros. and Barnum & Bailey Center for Elephant Conservation で生まれたアジアゾウの子．（Ringling Bros. and Barnum & Bailey Center for Elephant Conservation からの拡大写真，許可を得て掲載）

に確実に繁殖させることよりも，また成熟雄や，あるいは少なくとも匂いや声といった雄からの合図に極力さらし続けることよりも，問題は少ないのかもしれない（Schulte et al. 2007）．

フロリダ州ポークカントリーにある Ringling Bros. and Barnum & Bailey Center for Elephant Conservation では，センターが開設された 1995 年～ 2005 年までの間に，18 頭のアジアゾウの子が自然繁殖で誕生している（図 27-1，図 27-2）．昔から，アフリカゾウは飼育下繁殖の成功例が少なかったが，近年では，生殖補助技術（例：インディアナポリス動物園）や自然繁殖（例：Ozark Mountain foothills の Riddle's Elephant and Wildlife Sanctuary），そしてその 2 つを合わせた方法（例：フロリダ州オーランドのディズニーアニマルキングダム）で成功している（Riddle 2002，Hermes et al. 2007）．アジアゾウの個体群統計分析では，北米の飼育個体数を維持または増加させるには，出生率を増加させる必要があり，子ゾウの死亡率の減少や誕生する性比の選別などの他の補助的な戦略手法が求められている（Faust, Thompson, and Earnhardt 2006）．

再導入のための飼育下哺乳類の社会的管理

飼育下の哺乳類の大部分は，野生に戻されることはないが，多くの繁殖計画が野生における絶滅に対する予防手段，または野生個体数が増加を必要とする際の遺伝的ストックとして実施されている．飼育管理は，再導入が明確な目標ではない場合でも，必要になった場合に再導入を成功させるために構築しておくべきである．

最終的に，飼育下繁殖の遺伝的重要性やその試みの意義は，生息域内保全において役割を果たすために，飼育下繁殖個体が適当であるかどうかを判断することだろう．野生と比較して，飼育環境は，必要不可欠な生き残り能力を低下させ，異なった選択圧と発育上の結果を生み出す（Beck 1991, 1995，Hediger 1964，Price 1984, 1999，McPhee and Silverman 2004，第 25 章，第 22 章も参照）．このような非意図的な家畜化は，最終的に野生に戻す可能性のあるいかなる種においても避けられなければならない．野生での生活にとって準備不足の飼育下個体群は，野生個体群を回復させるためのストックとしては不十分であるだろうし，その部分を保全することの必要性が生じるべきである．

社会構成は，このシナリオに必要不可欠な要素である．仲間への接近や交尾戦略に影響するだけでなく，資源を最大限に利用したり，捕食圧に対処したり，そして生存に劇的に影響する生態系の他の側面に対処したするために，自然選択によって形成されてきたのである．実例として，大きな群れサイズは，捕食者に対する警戒のために有益であったり，一時的あるいは非常にまばらでも局所的に豊富な資源を探し当てるために有益であったりするかもしれない（Pulliam and Caraco 1984）．群れでの生活に順応しない飼育下の動物（例えば社会性の剥奪のため）は，大きな群れを形成したり，それに加わったりすることがなく，結果的に苦しむことになる．生き残りのための社会性の効果は，動物が新しい環境に対処する時に，特によく見られる．例えば，オグロプレーリードッグ（*Cynomys ludovicianus*）は，ある親しい個体のグループが捕獲されて新しい場所に一緒に移動させられた場合，リリースされる個体がランダムに選ばれた場合よりも，5 倍高い割合で生き残っている（Shier 2006）．

飼育下で，捕食者に対する行動を発達させるための社会集団の役割は，リリース後の成功に非常に重要である．例えば，対捕食者行動を示す成熟個体の存在下で，捕食者に対する訓練をした飼育下のオグロプレーリードッグは，その存在のない状況で訓練されたものよりも，より上手く捕食者に対する行動を発達させ，リリース後の生き残りが増加することが証明されている（Shier and Owings 2007）．しかし，特有の社会的に促進される生き残りスキルをもっていることは，時にリリース後の成功を保証するのに十分ではないこともある．Watters and Meehan（2007）は，リリースするグループにおける飼育下育ちの動物は，異なる社会的役割をする個体から構成すべきであるという証拠を示した．異なった社会行動のタイプ（例えば，攻撃的なタイプや従順なタイプ）を混ぜてつくったグループの方が安定し，リリース後は，より高い平均個体群適応度を獲得することがある．このように，飼育の目標は，その性質の基礎となる遺伝的多様性を維持するのと同様に，異なった行動のタイプを発達させるための，適切な身体的および社会的環境を提供すべきである．これらの例は，野生にリリースするつもりである場合に，その飼育動物の管理者が，非常に多くの社会構成の側面を考える必要があることを強調するものである．

まとめ：飼育下哺乳類の総体的な管理

複数の社会的プロセスが，飼育下哺乳類の管理に影響を与える．社会的な管理は，孤立状態では行えない．飼育環境の他の側面を統合的で全体論的な方法の中で，慎重に考える必要がある．飼育エリアのデザイン，エンリッチメント計画，そして幸福を高めるその他の方法が動物を繁殖させるために必要な条件であり，それらは社会的管理と相乗的に相互に影響し合う（Carlstead and Shepherdson 1994，Morgan and Tromborg 2007，Swaisgood 2007）．動物を飼育する目的が，教育，正しい理解，そして科学を通して野生動物を助けるためであろうと，直接野生に補充するためであろうと，質の高い環境は飼育動物の心理状態を向上させる．その管理戦略は，その飼育管理特有の目的を反映するために，その種の要求や，与えられた施設での個体の適性に合ったものであるべきである．飼育管理戦略を発展させるために，私たちは行動生態学的理論を知るべきであり，それは行動的なメカニズムが保全と福祉の目的のためにコントロールできるのか，ということに関して予測に富んでいる．

謝　辞

Bruce A. Schulte は南ジョージア大学とアメリカ国立科学財団（National Science Foundation：NSF）（DBI-02-17062）から，Ronald R. Swaisgood はサンディエゴ動物園協会から支援を受けた．ここに記して御礼申し上げる．本稿の初稿に対して，Dhaval Vyas，Dan Blumstein，Kaci Thompson，そして匿名のレビュアーから有益なコメントをいただいた．

文　献

Abdalla, E. B. 2003. Improving the reproductive performance of Egyptian buffalo cows by changing the management system. *Anim. Reprod. Sci.* 75:1–8.

Alberts, A. C., Lemm, J. M., Perry, A. M., Morici, L. A., and Phillips, J. A. 2002. Temporary alteration of local social structure in a threatened population of Cuban iguanas (*Cyclura nubila*). *Behav. Ecol. Sociobiol.* 51:324–35.

Allee, W. C., Emerson, A. E., Park, O., Park, T., and Schmidt, K. P. 1949. *Principles of animal ecology*. Philadelphia, PA: Saunders.

Andersson, M. 1994. *Sexual selection*. Princeton, NJ: Princeton University Press.

Anthony, L. L., and Blumstein, D. T. 2000. Integrating behaviour into wildlife conservation: The multiple ways that behaviour can reduce Ne. *Biol. Conserv.* 95:303–15.

Archie, E. A., Morrison, T. A., Foley, C. A. H., Moss, C. J., and Alberts, S. C. 2006. Dominance rank relationships among wild female African elephants, *Loxodonta africana*. *Anim. Behav.* 71: 117–27.

Arnqvist, G., and Rowe, L. 2005. *Sexual conflict*. Princeton, NJ: Princeton University Press.

Aujard, F., Heistermann, M., Thierry, B., and Hodges, J. K. 1998. Functional significance of behavioral, morphological, and endocrine correlates across the ovarian cycle in semifree ranging Tonkean macaques. *Am. J. Primatol.* 46:285–309.

AZA (American Zoo and Aquarium Association). 2004. *AZA Rhino Research Advisory Group: Five-year research Masterplan*. Silver Spring, MD: American Zoo and Aquarium Association.

Beck, B. B. 1991. Managing zoo environments for reintroduction. In *AAZPA Annual Conference Proceedings*, 436–40. Wheeling, WV: American Association of Zoological Parks and Aquariums.

———. 1995. Reintroduction, zoos, conservation, and animal welfare. In *Ethics and the Ark: Zoos, animal welfare, and wildlife conservation*, ed. B. G. Norton, M. Hutchins, E. F. Stevens, and T. L. Maple, 155–63. Washington, DC: Smithsonian Institution Press.

Berger, J., and Stevens, E. F. 1996. Mammalian social organization and mating systems. In *Wild mammals in captivity: Principles and techniques*, ed. D. G. Kleiman, M. E. Allen, K. V. Thompson, and S. Lumpkin, 344–51. Chicago: University of Chicago Press.

Bloomsmith, M. A., Pazol, K. A., and Alford, P. L. 1994. Juvenile and adolescent chimpanzee behavioral development in complex groups. *Appl. Anim. Behav. Sci.* 39:73–87.

Blumstein, D. T. 1998. Female preferences and effective population size. *Anim. Conserv.* 173–78.

Blumstein, D. T., and Armitage, K. B. 1998. Life history consequences of social complexity: A comparative study of ground-dwelling sciurids. *Behav. Ecol.* 9:8–19.

Bradbury, J. W., and Vehrenkamp, S. L. 1998. *Principles of animal communication*. Sunderland, MA: Sinauer Associates.

Bradshaw, E., and Bateson, P. 2000. Animal welfare and wildlife conservation. In *Behaviour and conservation*, ed. L. M. Gosling and W. J. Sutherland, 330–48. Cambridge: Cambridge University Press.

Brown, J. L. 2000. Reproductive endocrine monitoring of elephants: An essential tool for assisting captive management. *Zoo Biol.* 347–68.

Brown, J. L., Bellem, A. C., Fouraker, M., Wildt, D. E., and Roth, T. L. 2001. Comparative analysis of gonadal and adrenal activity in the black and white rhinoceros in North America by noninvasive endocrine monitoring. *Zoo Biol.* 20:463–86.

Brown, J. L., Göritz, F., Pratt-Hawkes, N., Hermes, R., Galloway, M., Graham, L. H., Gray, C., Walker, S. L., Gomez, A., Moreland, R., Murray, S., Schmitt, D. L., Howard, J., Lehnhardt, J., Beck, B., Bellem, A., Montali, R., and Hildebrandt, T. B. 2004a. Successful artificial insemination of an Asian elephant at the National Zoological Park. *Zoo Biol.* 23:45–63.

Brown, J. L., Olson, D. M., Keele, M., and Freeman, E. W. 2004b. Results of an SSP survey to assess the reproductive status of Asian and African elephants in North America. *Zoo Biol.* 23:309–21.

Brown, R. E. 1979. Mammalian social odors: A critical review. In *Advances in the study of behavior*, ed. J. S. Rosenblatt, R. A. Hinde, C. Beer, and M. C. Busnel, 10:103–62. New York: Academic Press.

Burks, K. D., Mellen, J. D., Miller, G. W., Lehnhardt, J., Weiss, A., Figueredo, A. J., and Maple, T. L. 2004. Comparison of two introduction methods for African elephants (*Loxodonta africana*). *Zoo Biol.* 23:109–26.

Carlstead, K., and Brown, J. L. 2005. Relationships between patterns of fecal corticoid excretion and behavior, reproduction, and environmental factors in captive black (*Diceros bicornis*) and white (*Ceratotherium simum*) rhinoceros. *Zoo Biol.* 24:215–32.

Carlstead, K., Fraser, J., Bennett, C., and Kleiman, D. G. 1999. Black rhinoceros (*Diceros bicornis*) in U.S. zoos: II. Behavior, breeding success, and mortality in relation to housing facilities. *Zoo Biol.* 18:35–52.

Carlstead, K., and Shepherdson, D. J. 1994. Effects of environmental enrichment on reproduction. *Zoo Biol.* 13:447–58.

Caro, T. M. 1993. Behavioral solutions to breeding cheetahs in captivity: Insights from the wild. *Zoo Biol.* 12:19–30.

Clutton-Brock, T. H. 1989. Mammalian mating systems. *Proc. R. Soc. Lond. B Biol. Sci.* 236:339–72.

———. 1991. *The evolution of parental care*. Princeton, NJ: Princeton University Press.

Cook, C. J., Mellor, D. J., Harris, P. J., Ingram, J. R., and Mathews, L. R. 2000. Hands-on and hands-off measurement of stress. In *The biology of animal stress: Basic principles and implications for animal welfare*, ed. G. P. Moberg and J. A. Mench, 123–46. Wallingford, UK: CAB International.

Courchamp, F., Clutton-Brock, T., and Grenfell, B. 1999. Inverse density dependence and the Allee effect. *Trends Ecol. Evol.* 14: 405–10.

Cox, C. R., and Le Boeuf, B. J. 1977. Female incitation of male competition: A mechanism in sexual selection. *Am. Nat.* 111: 317–35.

Creel, S. 1998. Social organization and effective population size in carnivores. In *Behavioral ecology and conservation biology*, ed. T. Caro, 246–65. Oxford: Oxford University Press.

Doty, R. L. 1986. Odor-guided behavior in mammals. *Experientia* 42:257–71.

Drickamer, L. C., Gowaty, P. A., and Wagner, D. M. 2003. Free mutual mate preferences in house mice affect reproductive success and offspring performance. *Anim. Behav.* 65:105–14.

Eisenberg, J. F., and Kleiman, D. G. 1972. Olfactory communication in mammals. *Annu. Rev. Ecol. Syst.* 3:1–32.

Emlen, S. T., and Oring, L. W. 1977. Ecology, sexual selection and the evolution of mating systems. *Science* 198:215–23.

Emslie, R., and Brooks, M. 1999. *African rhino status survey and conservation action plan*. Gland, Switzerland: International Union for Conservation of Nature.

Endler, J. A. 1992. Signals, signal conditions, and the direction of evolution. *Am. Nat.* 139:S125–S153.

Faust, L. J., Thompson, S. D., and Earnhardt, J. M. 2006. Is reversing the decline of Asian elephants in North American zoos possible? An individual-based modeling approach. *Zoo Biol.* 25:201–18.

Fernando, P., and Lande, R. 2000. Molecular genetic and behavioral analyses of social organization in the Asian elephant. *Behav. Ecol. Sociobiol.* 48:84–91.

Fisher, D. O., and Lara, M. C. 1999. Effects of body size and home range on access to mates and paternity in male bridled nailtail wallabies. *Anim. Behav.* 58:121–30.

Fisher, H. S., Swaisgood, R. R., and Fitch-Snyder, H. 2003a. Countermarking by male pygmy lorises (*Nycticebus pygmaeus*): Do females use odor cues to select mates with high competitive ability? *Behav. Ecol. Sociobiol.* 53:123–30.

———. 2003b. Odor familiarity and female preferences for males in a threatened primate, the pygmy loris, *Nycticebus pygmaeus*: Applications for genetic management of small populations. *Naturwissenschaften* 90:509–12.

Fisher, H. S., Wong, B. B. M., and Rosenthal, G. G. 2006. Alteration of the chemical environment disrupts communication in a freshwater fish. *Proc. R. Soc. Lond. B Biol. Sci.* 273:1187–93.

Fisher, R. A. 1930. *The genetical theory of natural selection*. Oxford:

Clarendon Press.
Fouraker, M., and Wagener, T. 1996. *AZA rhinoceros husbandry resource manual*. Fort Worth, TX: Fort Worth Zoological Park.
Frankham, R. 1995. Inbreeding and extinction: A threshold effect. *Conserv. Biol.* 9:792–99.
Freeman, E. W. 2005. Behavioral and socio-environmental factors associated with ovarian acyclicity in African Elephant. Ph.D. diss., George Mason University.
Freeman, E. W., Weiss, E., and Brown, J. L. 2004. Examination of the interrelationships of behavior, dominance status, and ovarian activity in captive Asian and African elephants. *Zoo Biol.* 23:431–48.
French, J. A. 1997. Regulation of singular breeding in callitrichid primates. In *Cooperative breeding in mammals*, ed. N. G. Solomon and J. A. French, 34–75. New York: Cambridge University Press.
Ganslosser, U. 1995. Behaviour and ecology: Their relevance for captive propagation. In *Research and captive propagation*, ed. U. Ganslosser, 148–67. Fürth, Germany: Filander Verlag.
Goldizen, A. W. 1988. Tamarin and marmoset mating systems: Unusual flexibility. *Trends Ecol. Evol.* 3:36–40.
Gosling, L. M., and Roberts, S. C. 2001. Scent-marking by male mammals: Cheat-proof signals to competitors and mates. *Adv. Study Behav.* 30:169–217.
Gowaty, P. A., Drickamer, L. C., and Schmid-Holmes, C. M. 2003. Male house mice produce fewer offspring with lower viability and poorer performance when mated with females they do not prefer. *Anim. Behav.* 65:95–103.
Grahn, M., Langefors, A., and von Schantz, T. 1998. The importance of mate choice in improving viability in captive populations. In *Behavioral ecology and conservation biology*, ed. T. Caro, 341–63. Oxford: Oxford University Press.
Guilford, T., and Dawkins, M. S. 1991. Receiver psychology and the evolution of animal signals. *Anim. Behav.* 42:1–14.
Hamilton, W. D., and Zuk, M. 1982. Heritable true fitness and bright birds: A role for parasites. *Science* 218:384–87.
Hearne, G. W., Berghaier, R. W., and George, D. D. 1996. Evidence for social enhancement of reproduction in two *Eulemur* species. *Zoo Biol.* 15:1–12.
Hediger, H. 1964. *Wild animals in captivity*. New York: Dover.
Hermes, R., Göritz, F., Streich, W. J., and Hildebrandt, T. B. 2007. Assisted reproduction in female rhinoceros and elephants: Current status and future perspectives. *Reprod. Domest. Anim.* 42 (Suppl. 2): 33–44.
Hermes, R., and Hildebrandt, T. B. 2004. Reproductive problems directly attributable to long-term captivity: Asymmetric reproductive aging. *Anim. Reprod. Sci.* 82:49–60.
Hofer, H., and East, M. L. 1998. Biological conservation and stress. *Adv. Study Behav.* 27:405–525.
Holand, Ø., Weladji, R. B., Gjøstein, H., Kumpula, J., Smith, M. E., Nieminen, M., and Røed, K. H. 2004. Reproductive effort in relation to maternal social rank in reindeer (*Rangifer tarandus*). *Behav. Ecol. Sociobiol.* 57:69–76.
Hoyo Bastien, C. M., Schoch, J. F., and Tellez Girón, J. A. 1985. Management and breeding of the giant panda (*Ailuropoda melanoleuca*) at the Chapultepec Zoo, Mexico City. In *Proceedings of the International Symposium on the Giant Panda*, ed. H. G. Klös and H. Frädrich, 83–92. Berlin: Zoologischer Garten.
Hurst, J. L., Barnard, C. J., Nevison, C. M., and West, C. D. 1998. Housing and welfare in laboratory rats: The welfare implications of social isolation and social contact among females. *Anim. Welf.* 7:121–36.
IUCN/SSC RSG (International Union for Conservation of Nature/Species Survival Commission Re-Introduction Specialist Group). 1998. *IUCN guidelines for re-introductions*. Gland, Switzerland: IUCN/SSC Re-introduction Specialist Group.
Johnston, R. E. 1990. Chemical communication in golden hamsters: From behavior to molecules to neural mechanisms. In *Contemporary trends in comparative psychology*. ed. D. E. Dewsbury, 381–409. Sunderland, MA: Sinauer Associates.
Kleiman, D. G. 1980. The sociobiology of captive propagation in mammals. In *Conservation biology: An evolutionary-ecological perspective*, ed. M. E. Soulé and B. A. Wilcox, 243–62. Sunderland, MA: Sinauer Associates.
———. 1984. Panda breeding. *Int. Zoo News* 31:28–30.
———. 1994. Mammalian sociobiology and zoo breeding programs. *Zoo Biol.* 13:423–32.
Kleiman, D. G., and Peters, G. 1990. Auditory communication in the panda: Motivation and function. In *Proceedings of the 2nd International Symposium on Giant Pandas*, ed. S. Asakura and S. Nakagawa, 107–22. Tokyo: Tokyo Zoological Park Society.
Koontz, F. W., and Roush, R. S. 1996. Communication and social behavior. In *Wild mammals in captivity: Principles and techniques*, ed. D. G. Kleiman, M. E. Allen, K. V. Thompson, and S. Lumpkin, 334–43. Chicago: University of Chicago Press.
Kuhar, C. W., Bettinger, T. L., Sironen, A. L., Shaw, J. H., and Lasley, B. L. 2003. Factors affecting reproduction in zoo-housed Geoffroy's tamarins (*Saguinus geoffroyi*). *Zoo Biol.* 22:545–59.
Lacey, E. A., and Wieczorek, J. R. 2001. Territoriality and male reproductive success in arctic ground squirrels. *Behav. Ecol.* 12: 626–32.
LeBouef, B. J., and Mesnick, S. 1991. Sexual behavior of male northern elephant seals. I. Lethal injuries to adult females. *Behaviour* 116:143–62.
Lindburg, D. G., and Fitch-Snyder, H. 1994. Use of behavior to evaluate reproductive problems in captive mammals. *Zoo Biol.* 13: 433–45.
Lindemann, H. 1982. African rhinoceroses in captivity. Ph.D. diss., University of Copenhagen.
Lott, D. 1981. Sexual behavior and intersexual strategies in American bison. *Z. Tierpsychol.* 56:97–114.
———. 1991. *Intraspecific variation in social systems of wild vertebrates*. Cambridge: Cambridge University Press.
Maestripieri, D., Schino, G., Aureli, F., and Troisi, A. 1992. A modest proposal: Displacement activities as an indicator of emotions in primates. *Anim. Behav.* 44:967–79.
Mason, G., Clubb, R., Latham, N., and Vickery, S. 2007. Why and how should we use environmental enrichment to tackle stereotypic behaviour? In Animal behaviour, conservation and enrichment, ed. R. R. Swaisgood. Special issue, *Appl. Anim. Behav. Sci.* 102:163–88.
Mason, G., and Latham, N. 2004. Can't stop, won't stop: Is stereotypy a reliable animal welfare indicator. *Anim. Welf.* 13:S57–S69.
Maynard Smith, J., and Harper, D. 2003. *Animal signals*. New York: Oxford University Press.
McGregor, P. K., Peak, T. M., and Gilbert, G. 2000. Communication behavior and conservation. In *Behaviour and conservation*, ed. L. M. Gosling and W. J. Sutherland, 261–80. Cambridge: Cambridge University Press.
McLeod, P. J., Moger, W. H., Ryon, J., Gadbois, S., and Fentress, J. C. 1996. The relation between urinary cortisol levels and social behavior in captive timber wolves. *Can. J. Zool.* 74:209–16.
McPhee, M. E., and Silverman, E. D. 2004. Increased behavioral variation and the calculation of release numbers for reintroduction programs. *Conserv. Biol.* 18:705–15.
Mech, L. D. 1999. Alpha status, dominance, and division of labor in wolf packs. *Can. J. Zool.* 77:1196–1203.
———. 2000. Leadership in wolf, *Canis lupus*, packs. *Can. Field-Nat.* 114:259–63.
Mendoza, S. P. 1991. Sociophysiology of well-being in nonhuman primates. *Lab. Anim. Sci.* 41:344–49.
Møller, A. P. 2000. Sexual selection and conservation. In *Behaviour and conservation*, ed. L. M. Gosling and W. J. Sutherland, 161–71. Cambridge: Cambridge University Press.
Mooring, M. S., Reisig, D. D., Osborne, E. R., Kanalakan, A. L., Hall,

B. M., Schaad, E. W., Wiseman, D. S., and Huber, H. R. 2005. Sexual segregation in bison: A test of multiple hypotheses. *Behaviour* 142:897–927.

Morgan, K. N., and Tromborg. C. T. 2007. Sources of stress in captivity. In Animal behavior, conservation and enrichment, ed. R. R. Swaisgood. Special issue, *Appl. Anim. Behav. Sci.* 102:262–302.

Olson, D. M., and Wiese, R. J. 2000. State of the North American African elephant population and predictions for the future. *Zoo Biol.* 19:311–20.

Owen, M. A., Czekala, N. M., Swaisgood, R. R., Steinman, K., and Lindburg, D. G. 2005. Seasonal and diurnal dynamics of glucocorticoids and behavior in giant pandas: Implications for monitoring well-being. *Ursus* 16:208–21.

Owen-Smith, N. 1988. *Megaherbivores: The influence of very large body size on ecology*. Cambridge: Cambridge University Press.

Owings, D. H., and Morton, E. S. 1998. *Animal vocal communication: A new approach*. Cambridge: Cambridge University Press.

Park, D., Hempleman, S. C., and Propper, C. R. 2001. Endosulfan exposure disrupts pheromonal systems in the red-spotted newt: A mechanism for subtle effects of environmental chemicals. *Environ. Health Perspect.* 109:669–73.

Parker, P. G., and Waite, T. A. 1997. Mating systems, effective population size, and conservation of natural populations. In *Behavioral approaches to conservation in the wild*, ed. R. Clemmons and J. R. Buchholtz, 243–61. Cambridge: Cambridge University Press.

Patton, M., Swaisgood, R., Czekala, N., White, A., Fetter, G., Montagne, J., and Lance, V. 1999. Reproductive cycle length in southern white rhinoceros (*Ceratotherium simum simum*) as determined by fecal pregnane analysis and behavioral observations. *Zoo Biol.* 18:111–27.

Patton, M., White, A. M., Swaisgood, R. R., Sproul, R. L., Fetter, G. A., Kennedy, J., Edwards, M., and Lance, V. 2001. Aggression control in a bachelor herd of fringe-eared oryx (*Oryx gazella*) with melengestrol acetate: Behavioral and endocrine observations. *Zoo Biol.* 20:375–38.

Pazol, K., and Cords, M. 2005. Seasonal variation in feeding behavior, competition and female social relationships in a forest dwelling guenon, the blue monkey (*Cercopithecus mitis stuhlmanni*), in the Kakamega Forest, Kenya. *Behav. Ecol. Sociobiol.* 58:566–77.

Penn, D. J. 2002. The scent of genetic compatibility: Sexual selection and the major histocompatibility complex. *Ethology* 108:1–21.

Pickering, S. P. C., and Duverge, L. 1992. The influence of visual stimuli provided by mirrors on the marching displays of Lesser Flamingos, *Phoeniconais minor*. *Anim. Behav.* 43:1048–50.

Price, E. O. 1984. Behavioral aspects of animal domestication. *Q. Rev. Biol.* 59:1–32.

———. 1999. Behavioral development in animals undergoing domestication. *Appl. Anim. Behav. Sci.* 65:245–71.

Pulliam, H. R., and Caraco, T. 1984. Living in groups: Is there an optimal group size? In *Behavioural ecology: An evolutionary approach*, 2nd ed., ed. J. R. Krebs and N. B. Davies, 122–47. Sunderland, MA: Sinauer Associates.

Rabin, L. A. 2003. Maintaining behavioral diversity in captivity for conservation: Natural behaviour management. *Anim. Welf.* 12: 85–94.

Rasmussen, L. E. L., and Schulte, B. A. 1998. Chemical signals in the reproduction of Asian (*Elephas maximus*) and African (*Loxodonta africana*) elephants. *Anim. Reprod. Sci.* 53:19–34.

Rawlings, C. G. C. 1979. The breeding of white rhinos in captivity: A comparative survey. *Zool. Gart.* 49:1–7.

Rekwot, P. I., Ogwu, D., Oyedipe, E. O., and Sekoni, V. O. 2001. The role of pheromones and biostimulation in animal reproduction. *Anim. Reprod. Sci.* 65:157–70.

Rich, C., and Longcore, T. 2005. *Ecological consequences of artificial night lighting*. Washington, DC: Island Press.

Rich, T. J., and Hurst, J. L. 1999. The competing countermarks hypothesis: Reliable assessment of competitive ability by potential mates. *Anim. Behav.* 58:1027–37.

Richman, L. K., Montali, R. J., and Hayward, G. S. 2000. Review of a newly recognized disease of elephants caused by endotheliotropic herpesviruses. *Zoo Biol.* 19:383–92.

Riddle, H. 2002. Captive breeding of elephants: Managerial elements for success. *J. Elephant Manag. Assoc.* 13 (2): 58–61.

Roberts, S. C., and Gosling, L. M. 2004. Manipulation of olfactory signaling and mate choice for conservation breeding: A case study of harvest mice. *Conserv. Biol.* 18:548–56.

Ruckstuhl, K., and Neuhaus, P. 2005. *Sexual segregation in vertebrates*. Cambridge: Cambridge University Press.

Ryan, K. K., and Altmann, J. 2001. Selection for mate choice based primarily on mate compatibility in the oldfield mouse, *Peromyscus polionotus rhoadsi*. *Behav. Ecol. Sociobiol.* 50:436–40.

Ryan, S. J., and Thompson, S. D. 2001. Disease risk and interinstitutional transfer of specimens in cooperative breeding programs: Herpes and the Elephant Species Survival Plans. *Zoo Biol.* 20:89–101.

Sandell, M. 1989. The mating tactics and spacing patterns of solitary carnivores. In *Carnivore behavior, ecology, and evolution*, ed. J. L. Gittleman, 164–82. Ithaca, NY: Cornell University Press.

Sapolsky, R. M., Romero, L. M., Munck, A. U. 2000. How do glucocorticoids influence stress responses? Integrating permissive, suppressive, stimulatory, and preparative actions. *Endocr. Rev.* 21:55–89.

Schaffner, C. M., and Smith, T. E. 2005. Familiarity may buffer the adverse effects of relocation on marmosets (*Callithrix kuhlii*): Preliminary evidence. *Zoo Biol.* 24:93–100.

Schaller, G. B., Hu, J., Pan, W., and Zhu, J. 1985. *The giant pandas of Wolong*. Chicago: University of Chicago Press.

Schmid, J., Heistermann, M., Ganslosser, U., and Hodges, J. K. 2001. Introduction of foreign female Asian elephants (*Elephas maximus*) into an existing group: Behavioural reactions and changes in cortisol levels. *Anim. Welf.* 10:357–72.

Schulte, B. A. 2000. Social structure and helping behavior in captive elephants. *Zoo Biol.* 19:447–59.

Schulte, B. A., Freeman, E. W., Goodwin, T. E., Hollister-Smith, J., and Rasmussen, L. E. L. 2007. Honest signaling through chemicals by elephants with applications for care and conservation. In Animal behaviour, conservation and enrichment, ed. R. R. Swaisgood. Special issue, *Appl. Anim. Behav. Sci.* 102:344–63.

Schwagmeyer, P. L. 1995. Searching today for tomorrow's mates. *Anim. Behav.* 50:759–67.

Schwarzenberger, F., Walzer, C., Tomasova, K., Vahala J., Meister, J., Goodrowe, K., Zima, J., Straub, G., and Lynch, M. 1998. Faecal progesterone metabolite analysis for non-invasive monitoring of reproductive function in the white rhinoceros (*Ceratotherium simum*). *Anim. Reprod. Sci.* 53:173–90.

Searcy, W. A., and Nowicki, S. 2005. *The evolution of animal communication: Reliability and deception in signaling systems*. Princeton, NJ: Princeton University Press.

Shier, D. M. 2006. Effect of family support on the success of translocated black-tailed prairie dogs. *Conserv. Biol.* 20:1780–90.

Shier, D. M., and Owings, D. H. 2007. Effects of social learning on predator training and postrelease survival in juvenile black-tailed prairie dogs (*Cynomys ludovicianus*). *Anim. Behav.* 73:567–77.

Shuster, S. M., and Wade, M. J. 2003. *Mating systems and strategies*. Princeton, NJ: Princeton University Press.

Slabbekoorn, H., and Peet, M. 2003. Birds sing at a higher pitch in urban noise: Great tits hit the high notes to ensure that their mating calls are heard above the city's din. *Nature* 424:267.

Solomon, N. G., and French, J. A., eds. 1996. *Cooperative breeding in mammals*. Cambridge: Cambridge University Press.

Stamps, J. A. 1988. Conspecific attraction and aggregation in territorial species. *Am. Nat.* 131:329–47.

———. 2001. Habitat selection by dispersers: Integrating proximate and ultimate approaches. In *Dispersal*, ed. J. Clobert, E. Danchin, A. A. Dhondt, and J. D. Nichols, 230–42. Oxford: Ox-

ford University Press.
Stephens, P. A., and Sutherland, W. J. 1999. Consequences of the Allee effect for behaviour, ecology and conservation. *Trends Ecol. Evol.* 14:401–5.
Stoinski, T. S., Daniel, E., and Maple, T. L. 2000. A preliminary study of the behavioral effects of feeding enrichment on African elephants. *Zoo Biol.* 19:485–93.
Sukumar, R. 2003a. Asian elephants in zoos: A response to Rees. *Oryx* 37:23–24.
———. 2003b. *The living elephants: Evolutionary ecology, behavior, and conservation*. New York: Oxford University Press.
Swaisgood, R. R. 2004. Captive breeding. In *Encyclopedia of animal behavior*, ed. M. Bekoff, 883–88. Westport, CT: Greenwood Press.
———. 2007. Current status and future directions of applied behavioral research for animal welfare and conservation. In Animal behaviour, conservation and enrichment, ed. R. R. Swaisgood. Special issue, *Appl. Anim. Behav. Sci.* 102:139–62.
Swaisgood, R. R., Dickman, D. M., and White, A. M. 2006. A captive population in crisis: Testing hypotheses for reproductive failure in captive-born southern white rhinoceros females. *Biol. Conserv.* 129:468–76.
Swaisgood, R. R., Lindburg, D., White, A. M., Zhang, H., and Zhou, X. 2004. Chemical communication in giant pandas: Experimentation and application. In *Giant pandas: Biology and conservation*, ed. D. Lindburg and K. Baragona, 106–20. Berkeley and Los Angeles: University of California Press.
Swaisgood, R. R., Lindburg , D. G., and Zhang, H. 2002. Discrimination of oestrous status in giant pandas via chemical cues in urine. *J. Zool.* (*Lond.*) 257:381–86.
Swaisgood, R. R., Lindburg, D. G., and Zhou, X. 1999. Giant pandas discriminate individual differences in conspecific scent. *Anim. Behav.* 57:1045–53.
Swaisgood, R. R., Lindburg, D. G., Zhou, X., and Owen, M. A. 2000. The effects of sex, reproductive condition and context on discrimination of conspecific odours by giant pandas. *Anim. Behav.* 60:227–37.
Swaisgood, R. R., and Shepherdson, D. J. 2005. Scientific approaches to enrichment and stereotypies in zoo animals: What's been done and where should we go next? *Zoo Biol.* 24:499–518.
———. 2006. Environmental enrichment as a strategy for mitigating stereotypies in zoo animals: A literature review and meta-analysis. In *Stereotypic animal behaviour: Fundamentals and applications to welfare*, 2nd ed., ed. G. J. Mason and J. Rushen, 255–84. Wallingford, UK: CAB International.
Swaisgood, R. R., White, A. M., Zhou, X., Zhang, G., and Lindburg, D. G. 2005. How do giant pandas respond to varying properties of enrichments? A comparison of behavioral profiles among five enrichment items. *J. Comp. Psychol.* 119:325–34.
Swaisgood, R. R., White, A. M., Zhou, X., Zhang, H., Zhang, G., Wei, R., Hare, V. J., Tepper, E. M., and Lindburg, D. G. 2001. A quantitative assessment of the efficacy of an environmental enrichment programme for giant pandas. *Anim. Behav.* 61:447–57.
Swaisgood, R. R., Zhang, G., Zhou, X., and Zhang, H. 2006. The science of behavioral management: Creating biologically relevant living environments in captivity. In *Giant pandas: Biology, veterinary medicine and management*, ed. D. E. Wildt, A. J. Zhang, H. Zhang, D. Janssen, and S. Ellis, 274–98. Cambridge: Cambridge University Press.
Swaisgood, R. R., Zhou, X., Zhang, G., Lindburg, D. G., and Zhang, H. 2003. Application of behavioral knowledge to giant panda conservation. *Int. J. Comp. Psychol.* 16:65–84.
Taylor, S. A., and Dewsbury, D. A. 1990. Male preferences for females of different reproductive conditions: A critical review. In *Chemical signals in vertebrates*, vol. 5, ed. D. W. Macdonald, D. Müller-Schwarze, and S. E. Natynczuk, 184–98. Oxford: Oxford University Press.
Terborgh, J., and Janson, C. H. 1986. The socioecology of primate groups. *Annu. Rev. Ecol. Syst.* 17:111–35.
Thompson, K. V. 1993. Aggressive behavior and dominance hierarchies in female sable antelope, *Hippotragus niger*: Implications for captive management. *Zoo Biol.* 12:189–202.
Thompson, K. V., Roberts, M., and Rall, W. M. 1995. Factors affecting pair compatibility in captive kangaroo rats, *Dipodomys heermanni*. *Zoo Biol.* 14:317–30.
Vandenbergh, J. G. 1983. *Pheromones and reproduction in mammals*. New York: Academic Press.
Veasey, J. S., Waran, N. K., and Young, R. J. 1996. On comparing the behaviour of zoo housed animals with wild conspecifics as a welfare indicator. *Anim. Welf.* 5:13–24.
Vidya, T. N. C., and Sukumar, R. 2005. Social organization of the Asian elephant (*Elephas maximus*) in southern India inferred from microsatellite DNA. *J. Ethol.* 23:205–10.
Watters, J. V., and Meehan, C. L. 2007. Different strokes: Can managing behavioral types increase post-release success? In Animal behaviour, conservation and enrichment, ed. R. R. Swaisgood. Special issue, *Appl. Anim. Behav. Sci.* 102:364–79.
Weary, D., and Fraser, D. 1995. Calling by domestic piglets: Reliable signs of need? *Anim. Behav.* 50:1047–55.
Wedekind, C. 2002. Sexual selection and life-history decisions: Implications for supportive breeding and the management of captive populations. *Conserv. Biol.* 16:1204–11.
Wemelsfelder, F., Jaskall, M., Mendl, M. T., Calvert, S., and Lawrence, A. B. 2000. Diversity of behaviour during novel object tests is reduced in pigs housed in substrate-impoverished conditions. *Anim. Behav.* 60:385–94.
White, A. M., Swaisgood, R. R., and Zhang, H. 2002. The highs and lows of chemical communication in giant pandas (*Ailuropoda melanoleuca*): Effect of scent deposition height on signal discrimination. *Behav. Ecol. Sociobiol.* 51:519–29.
———. 2003. Chemical communication in the giant panda (*Ailuropoda melanoleuca*): The role of age in the signaller and assessor. *J. Zool.* (*Lond.*) 259:271–78.
———. 2004. Urinary chemosignals in giant pandas: Developmental and seasonal effects on signal discrimination. *J. Zool.* (*Lond.*) 264:231–38.
Widemo, F., and Saether, S. A. 1999. Beauty is in the eye of the beholder: Causes and consequences of variation in mating preferences. *Trends Ecol. Evol.* 14:26–31.
Wielebnowski, N. 1998. Contributions of behavioral studies to captive management and breeding of rare and endangered mammals. In *Behavioral ecology and conservation biology*, ed. T. Caro, 130–62. Oxford: Oxford University Press.
Wielebnowski, N., and Brown, J. L. 1998. Behavioral correlates of physiological estrus in cheetahs. *Zoo Biol.* 17:193–210.
Wielebnowski, N., Ziegler, K., Wildt, D. E., Lukas, J., and Brown, J. L. 2002. Impact of social management on reproductive, adrenal and behavioural activity in the cheetah (*Acinonyx jubatus*). *Anim. Conserv.* 5:291–301.
Wiese, R. J. 2000. Asian elephants are not self-sustaining in North America. *Zoo Biol.* 19:299–310.
Wiley, R. H., and Poston, J. 1996. Indirect mate choice, competition for mates, and coevolution of the sexes. *Evolution* 50:1371–81.
Wrogemann, D., and Zimmermann, E. 2001. Aspects of reproduction in the Eastern Rufous Mouse Lemur (*Microcebus rufus*) and their implications for captive management. *Zoo Biol.* 20: 157–67.
Yoerg, S. I. 1999. Solitary is not asocial: Effects of social contact in kangaroo rats (Heteromyidae: *Dipodomys heermanni*). *Ethology* 105:317–33.
Young, R. J. 2003. *Environmental enrichment for captive animals*. Oxford: Blackwell Science.
Zahavi, A., and Zahavi, A. 1997. *The handicap principle*. Oxford: Oxford University Press.
Zhang, G., Swaisgood, R. R., and Zhang, H. 2004. Evaluation of behavioral factors influencing reproductive success and failure in captive giant pandas. *Zoo Biol.* 23:15–31.

28

飼育下における哺乳類の妊娠と出産の管理

Patrick Thomas, Cheryl S. Asa, and Michael Hutchins

訳：楠田哲士

はじめに

飼育下繁殖計画の成功に必須なものの1つが，種の繁殖に関する生物学と行動学に関する知識である（Kleinman 1975, 1980，Lasley 1980，Eisenberg and Kleinman 1977）．哺乳類の繁殖における最も重要な時期の1つは妊娠から出産に至る期間である．本章の目的は，哺乳類における妊娠と出産に関連した生理学的，行動学的要因を概説することである．種全体にわたってこれらに関する項目を概説するというよりは，様々な種の間でのいくつかの類似点と相違点について説明し，また動物園動物の管理と繁殖に密接な関係のある課題に焦点をあてている．

妊娠と出産の生理学

妊娠に関する生理学的な知識は飼育下動物の管理において重要であるが（Kleinman 1975，Lasley 1980），残念ながらほとんどの研究ではヒト，実験動物の齧歯類，家畜の有蹄類と食肉類が対象である．しかし，広く様々な野生動物種の妊娠に関する基本的な情報が，Hayssen, Van Tienhoven and Van Tienhoven（1993）と Lamming（1984）によって報告されている．さらに，妊娠と出産に関する一般的な情報は2つの資料（Knobil and Neill 1988, 1998）から得られるだろう．

受胎もしくは卵の受精は妊娠の開始である．ほとんどの哺乳類において，受精に続く主要な事象として，受精卵の子宮への輸送，黄体の維持を確かにする母体の妊娠認識，子宮内壁への受精卵の着床，そして胎盤形成が起こる．妊娠は，種に決まった期間を経て，出産すなわち子宮環境からの胎子の娩出によって終了する．

単孔類では，哺乳類の中で最も逸脱した繁殖様式が見られる．カモノハシ（*Ornithorhynchus anatinus*）は卵を産み抱卵する．もう1つの単孔類であるハリモグラ（*Tachyglossus aculeatus*）は最初の2～4週間は子宮内で抱卵し，産卵した後，育子嚢で抱卵する（Griffiths 1984）．

有袋類は単孔類とも真獣類とも違い，胎子が子宮内で過ごす時間が比較的短い．真獣類と比較して発生の早い段階で産まれる非常に小さな新生子（5mg～1g）は，母親の手助けなしで育子嚢まで登り自ら乳首に吸い付く（Tyndale-Biscoe 1973, 1984，Shaw 2006）．

母体の妊娠認識

もし排卵時に受精が起こらなかったら，ほとんどの哺乳類の雌は排卵周期を再開するか，発情休止期に入る．排卵の結果として形成される黄体は自然に退行するか，いくつかの種では，一時的なプロスタグランジン $F_{2\alpha}$（$PGF_{2\alpha}$）分泌によって黄体の消失が起こるようだ（Hendricks and Mayer 1977）．もし受精したら，黄体のステロイドホルモン産生，特にプロジェステロン分泌は妊娠を維持するために持続される．このように母体の器官は受精が起こったというシグナルを受け取らなければならず，そのようなシグナルの明白な出所は，形成された受精卵か受胎産物である．

今までに検出できている最も早い信号は，受精から1時間ほど後に母体の血清中に現れている（Nancarrow,

Wallace, and Grewal 1981）．受精卵によって放出された物質（Orozco, Perkins, and Clarke 1986，Nancarrow, Wallace, and Grewal 1981）は，母体の卵管と卵巣を通って早期妊娠因子（early pregnancy factor：EPF）の産生を刺激する（Morton et al. 1980）．EPF の免疫抑制作用は，母体の免疫監視機構による胚の拒絶防止に関与していることが示唆されている（Morton et al. 2000）．

母体血清中の EPF の存在は受精の確証となるだけではなく，妊娠前半に EPF が消失した場合には受精卵や胎子が消失したことを意味する（Morton, Rolfe, and Cavanagh 1982）．EPF の最初の分析法であるロゼット抑制試験（Rosette inhibition test：RIT）は正確ではあるが，日常的な使用には実用的ではない．初期の妊娠因子である ECF（early conception factor）の分析は EPF 分析の代替法で，RIT とは別で，異なる手法で EPF を測定する（Gandy et al. 2001）．しかし，偽陽性を示す傾向があり，信頼性が低い．

母体の妊娠認識に続いて，黄体形成ホルモン（LH），卵胞刺激ホルモン（FSH），プロラクチン（PRL），絨毛性性腺刺激ホルモン（CG）などのいくつかの性腺刺激性のホルモンが黄体の維持を担っている．しかし，種間で非常に多くのバリエーションがある．反芻家畜（ウシ，ヒツジ，ヤギ）では，10 日目から，21 ～ 25 日目の間に栄養膜で産生されるインターフェロン・タウが黄体退行を防ぐ因子であり，プロジェステロン分泌が維持される（Spencer and Bazer 2004）．しかし，妊娠中のブタでは，インターフェロン・タウではなく，受胎産物によって分泌されたエストラジオールが黄体退行を防いでいる（Spencer and Bazer 2004）．ブタの栄養膜からのインターフェロンは着床の時に働く．

着　床

胚は 1 つの細胞からなる受精卵から胚盤胞段階へと発生を進め，2 種類の組織になる．1 つは胎子に，もう 1 つは母体環境とのやり取りを安定させる栄養外胚葉になる．胚盤胞期の発達に続いて，胚は透明帯から出て子宮に接着することが可能な状態になる．着床遅延の起こる種では，胚盤胞はこの段階で維持され，特有の信号を受けるまで着床しない．子宮壁に接触する時，栄養外胚葉は子宮の上皮を崩壊させる酵素を分泌する合胞体栄養芽層を形成して増殖し，胚盤胞が子宮壁にそれ自体を埋め込むことを可能にする（Burdsal 1998）．着床する時期は種によって大きく異なるが，一般的に受精後 1 ～ 4 週の間に起こる．多くの種では絨毛性性腺刺激ホルモン（CG）のような性腺刺激性のホルモンが着床時かその前後で増加するか最初に現れる．

少なくとも霊長類では，CG は出産に備えた骨盤靱帯の弛緩に最も関連するホルモンであるリラキシンの分泌を刺激する．しかし，妊娠初期には，CG の役割には着床のための子宮内膜の準備である（Hayes 2004）．全ての種で着床のためにはプロジェステロンが必要とされるが，卵巣か胚盤胞いずれかから分泌されるエストラジオールも必要である（Paria, Song, and Dey 2001）．胚盤胞は子宮と同時に発達し，子宮がその種に適したタイミングで胚盤胞を受け入れられるよう準備される．これは 24 時間ほどの短い時間である（例：マウス）．

妊　娠

ほとんどの哺乳類では，妊娠状態をサポートするエストロジェンとプロジェスチンが主に卵巣から供給されるが，最近ではいくつかの動物種の胚盤胞はエストラジオールを分泌できるという証拠が示されている．多くの種では卵巣由来の黄体だけが妊娠の間のステロイドホルモンの産生に必要であるが（例：家畜のウシ，ヤギ，ブタ，イヌ，ネコ，マウス），他の種では胎子－胎盤ユニットがそれを補うか，胎子－胎盤ユニットが卵巣に代わってステロイドホルモンの供給源となる場合もある（例：ウマ，ヒツジ，霊長類）（Amoroso and Finn 1962，Van Tienhoven 1983 参照）．妊娠全体を通して，ステロイドの分泌パターンには種によって多くのバリエーションがある．一般的には妊娠初期にプロジェスチンが優勢で，妊娠後期にはエストロジェンが優勢になる．

妊娠中の卵巣の活動は一般的に黄体の機能によって制限されているが，いくつかの種ではこの時期に卵胞発育が見られる．これらの卵胞はおそらく副黄体が形成される前に排卵されるか，自然に黄体化するのだろう．いくつかの種では，妊娠後期に 1 つまたは複数の卵子が受精することも報告されている（Rollhauser 1949，Scanlon 1972，Martinet 1980）．

胚の消失

全ての交尾が受精につながるわけではないが，たとえ受精が成立したとしても胚の消失は驚くほど高い確率で起こる．受精後すぐに妊娠を調べた調査において，従来の方法（例：超音波検査）で妊娠診断される前の非常に初期の段階（最初の数日か数週間）でほとんどの消失が起こっていることが明らかにされている．妊娠期間中に起こる胚の消失理由は種によっても異なり，またその消失は検査方法によっては判断できないこともある．消失の理由としては，高温環境（Ryan et al. 1993，Wolfendon, Roth, and Median 2000），同腹子数が多い場合（Perry 1954），母体の年齢（Maurer and Foote 1971），精子年齢（Martin-DeLéon and Boice 1985），遺伝的異常（Murray et al. 1986），免疫応答（Erlebacher et al. 2004）などがあげられる．

出　産

妊娠は出産とともに終了する．出産は胎子からの信号によって引き起こされる一連の現象である．多くの種では，この信号が特定されていない．アカゲザル（*Macaca mulatta*），ヒツジ，ヤギでは，非常に詳しく研究されており，副腎皮質刺激ホルモン（ACTH）が胎子の下垂体から放出され，副腎からのコルチゾール分泌を刺激する．これは，胎盤でのステロイド代謝に働き，プロジェステロンの産生を抑制しエストロジェンを増加させる．このエストロジェンは，子宮において $PGF_{2\alpha}$ の放出を刺激し，下垂体後葉からのオキシトシン分泌を引き起こす．オキシトシンとともに，$PGF_{2\alpha}$ は子宮筋の収縮を刺激する（First 1979，Fuchs 1983，Challis and Olson 1988）．有袋類では，プロラクチンや，おそらく $PGF_{2\alpha}$ の一過性の上昇が，出産の開始に必要なプロジェステロンの減少の前に起こる（Tyndale-Biscoe, Hinds, and Horn 1988）．

妊娠期間の長さ

妊娠期間の長さは種によって決まっているが（Holm 1966），たとえ同じ種内であっても品種によってわずかに異なる妊娠期間を有する．カンガルー属（*Macropus*）の種間雑種は，親である２種のそれぞれの妊娠期間の中間の長さになり，これは遺伝的要素が強く関係していることを暗示している（Poole 1975）．

しかし，遺伝子型以外の要素が生来のパターンを調整するために働いていることもある（Racey 1981，Kiltie 1982）．例えば，繁殖季節の間に妊娠するタイミングは，妊娠の持続期間に影響する．ヒツジでは早期の交配によってより長い妊娠期間となり，ウマでは春に交配すると秋に交配するよりも長い妊娠期間になる（Campitelli, Carenzi, and Verga 1982，Van Tienhoven 1983）．いくつかの種では，雄の胎子は雌の胎子よりも長く母体内にいる傾向がある（Jainudeen and Hafez 1993）．また，高齢個体の方が若い個体よりも長い妊娠期間になる傾向がある．いくつかの哺乳類では，リッターサイズ（同腹子数）の増加は妊娠期間の短縮に関連している．実験動物のウサギを用いた研究では，妊娠期間の長さに対する同腹子数の影響は子宮容積による作用であることを示している（Csapo and Lloyd-Jacobs 1962）．

食餌中の栄養レベルによって，妊娠期間が短くなる場合（Terrill 1974）と，長くなる場合（Riopelle and Hale 1975，Verme and Ullrey 1984，Silk 1986）がある．いくつかの異温性のコウモリ（Racey 1973，Uchida, Inoue, and Kimura 1984）では，より暖かい温度では胚の成長が促進され，より低い温度では胚の成長が遅れる．すなわち，暖かい温度では出産が早まり，低い温度では出産が遅れることになる．

最も一般的に認知されている妊娠期間の長さに影響する現象は，着床遅延または胚の発育休止である．齧歯類，イタチ科の動物，カンガルー類で一般的でよく知られているが，何種かのコウモリ類，食肉目動物，鰭脚類でもみられる．胚の発育休止に影響する要因は種によって様々で，その要因には授乳，季節そして栄養といったものがあげられる．ホルモンによる発育休止の特別な調節機構は全ての種において解明されているわけではないが，一般にエストロジェン，プロジェステロン，プロラクチンが関与している（Renfree and Shaw 2000）．高等哺乳類において最も頻繁にみられるタイプである，絶対的発育休止（obligate diapause）は胚盤胞の発達の休止期のことで，全ての妊娠期において生じるものである．一方，条件的発育休止（facultative diapause）は授乳といった栄養的なストレスが多い状況で起こる休止期のことである（Wimsatt 1975，Renfree and Calaby 1981，Van Tienhoven 1983）．

胚の発育休止は，特にカンガルー類に頻繁にみられ（Shaw 2006），絶対的発育休止と条件的発育休止のどちらも起こる（Renfree 1981）．種によっては分娩前に発情が起こることがあるが，ほとんどのカンガルーでは受精は分娩後発情の際に起こる（Sharman, Calaby, and Poole 1966）．受精に続く胚の発育は新生子の授乳刺激によって遅延し，胚の発育は先に産まれた子の育子嚢内での生活が終わりに近いころに再開する．そして出産後，さらに次の排卵・受精が起こり，この新しい胚が条件的発育休止状態になる．したがって，カンガルーの雌は３頭の子を同時にもっていることになる．１頭は育子嚢から独立してはいるが，数か月間授乳を続けている子，もう１頭は育子嚢内の乳首にしっかり吸い付いてる子，そしてもう１頭は胚の状態で発育休止状態にいる子（胚）である．それぞれの乳腺は，異なる成長段階の授乳中の子に，それぞれ適した組成の乳を産出する．もし，育子嚢内の子がいつ失われたとしても，胚は着床遅延を終了して発育を始める（Renfree 1981，Stewart and Tyndale-Biscoe 1983）．

このテーマには，いくつかのバリエーションがある．有袋類の中には，さらに季節的な絶対的発育休止が起こる種もある．その他に，妊娠中から最も新しい子が育子嚢で育つ最終段階まで排卵が抑制され，胚の発育休止が授乳中ずっと続く種もある．胚の発育休止はカンガルー類の中で1種だけ，クロカンガルー（*Macropus fuliginosus*）でのみ起こらないことが知られている（Poole 1975 参照）．しかし，Tyndale-Biscoe（1968）は全ての有袋類の胚は発育休止を経験するが，カンガルー以外の種ではその期間はとても短期間であると強く主張している．さらに，Renfree（1981）と Vogel（1981）は，全ての哺乳類の胚は，ある程度の発育休止の可能性を有していると述べている．また，発育休止はいくつかの有袋類にとって，予測不能な環境下において，好条件な環境に変わった時に，より素早く反応できるようにしているのかもしれない（Low 1978）．

妊娠期間の延長の別の形は，異温性コウモリで最も多く説明されている発育遅延または発育停滞である（Bradshaw 1962，Fleming 1971）．これらの種では，冬眠による低い代謝率によって胚や胎子の成長が遅くなる．Bernard（1989）は，この現象の主要な効果は，繁殖周期を長くすることで夏の半ばに配偶子形成を始められ，出産と授乳はその夏の後，食料が豊富な時に起こることであると述べている．発育停滞は，ハリネズミ（*Erinaceus europaeus*）でもみられる（Herter 1965 参照）．

哺乳類は実際の出産のタイミングに関して，もし何らかの妨害を受けた場合，出産の最初の段階を延長することによって，かなり調整が可能である．このように，行動的な要因は妊娠期間に少なからず影響がある（後述の「出産のタイミング」と「分娩前の時期」の項を参照）．

出産間隔

種の生活史戦略は，その種の繁殖に関する潜在的能力を制限することがあり（Pianka 1970），それは多くの動物園動物において，妊娠期間だけでなく出産間隔（interbirth interval：IBI）によっても考えることができる．様々な要因が出産間隔に影響する可能性がある（表 28-1 参照）．全ての種がある要因に同じように反応するわけではなく，また同一種内でもいくつかのバリエーションがあるかもしれない．例えば，身体が脆弱な雌は出産間隔を長くする（Clutton-Brock, Guinness, and Albon 1982）か短くする（Berger 1986）という研究結果がある．

表 28-1 一部の哺乳類における出産間隔に影響する要因

要因	動物種	引用文献
季節や環境の要因	アメリカビーバー（*Castor canadensis*）	Patenaude and Bovet 1983
	シロイワヤギ（*Oreamnos americanus*）	Hutchins 1984
身体的状態	ウマ（*Equus caballus*）	Berger 1986
	アヌビスヒヒ（*Papio anubis*）	Bercovitch 1987
	アカシカ（*Cervus elaphus*）	Clutton-Brock, Guinness, and Albon 1982
授乳による無排卵	チンパンジー（*Pan troglodytes*）	Nadler et al. 1981
	ワタボウシタマリン（*Saguinus oedipus*）	French 1983
	カニクイザル（*Macaca fascicularis*）	Williams 1986
	ハヌマンラングール（*Semnopithecus entellus*）	Harley 1985
	ホエザル類（*Alouatta* spp.）	Glander 1980
	ショウガラゴ（*Galago senegalensis*）	Izard and Simons 1986
	マウンテンゴリラ（*Gorilla beringei*）	Stewart 1988
	アカシカ（*Cervus elaphus*）	Loudon, McNeilly, and Milne 1983
	ベニガオザル（*Macaca arctoides*）	Nieuwenhuijsen et al. 1985
先に産まれた子の喪失	ビントロング（*Arctictis binturong*）	Wemmer and Murtaugh 1981
	インドサイ（*Rhinoceros unicornis*）	Laurie 1979
先に産まれた子の性別	ドルカスガゼル（*Gazella dorcas*）	Kranz, Xanten, and Lumpkin 1983
	アカシカ（*Cervus elaphus*）	Clutton-Brock, Guinness, and Albon 1982
	アカゲザル（*Macaca mulatta*）	Simpson et al. 1981
初産年齢	トナカイ（*Rangifer tarandus*）	Adams and Dale 1998
	ドールシープ（*Ovis dalli*）	Heimer and Watson 1982

授乳中の無排卵状態は様々な哺乳類で報告されているが（Loudon, McNeilly and Milne 1983），霊長類の研究において授乳中の子が出産間隔に影響するという良いデータがある．Altmann, Altmann, and Hausfater（1978）によると，霊長類の出産間隔は主に３つの段階からなる．①出産後の無月経期，②１回以上の発情周期からなる周期の期間，③妊娠期である．出産後の無排卵期は妊娠時の残留物による効果と授乳刺激の両方によるもののようである．例えば，幼い子を失ったキイロヒヒ（*Papio cynocephalus*）の雌は１か月以内に周期性が回帰し，たいてい２回目の発情期に妊娠する．一方，産子とともにいる雌は 12 か月間の出産後無排卵期を経験することになり，一般的に 4 回目の周期までに妊娠することはない（Altmann 1980）．しかし，Burton and Sawchuk（1982）はバーバリーマカク（*Macaca sylvanus*）では，子を失うことと出産間隔には関係がないことを発見した．

新世界ザルでは，出産間隔と授乳の関係はもっとはっきりしない．ホエザル属（*Alouatta*）は出産間隔に対する授乳の影響が，旧世界ザルと同じようである（Glander 1980）．一方，ヨザル（*Aotus trivirgatus*）（Hunter et al. 1979）とマーモセット（Poole and Evans 1982）は授乳による影響がないようで，出産間隔は妊娠期間の長さとほぼ同じである．しかし，French（1983）はワタボウシタマリン（*Saguinus oedipus*）において授乳による影響を報告している．

より高いレベルの危機にある絶滅危惧種では，子を早い段階で引き離すことは，出産間隔を短くし繁殖数を増やすための管理戦略として用いることができる．しかし，もし早い段階で子を引き離すことによって，子自身の繁殖成功に必要な学習経験（すなわち社会化）が奪われるとしたら，それは現実的な戦略にはならない．

母体と胎子の栄養

Allen and Ullrey（2004）は野生動物における栄養と繁殖の関係に関するすばらしい総説を報告している．妊娠中の栄養と代謝という面で利用できる最も総括的な情報は，有蹄家畜，実験動物の齧歯類，ヒトの研究から得られている（Metcalfe, Stock, and Barron 1988）．一般的に，妊娠期には通常の餌より多くの量，もしくはより高い質が必要で，最後の３分の１の期間に特に必要とされる．一部の動物における妊娠にかかるエネルギーコストについては，Randolph et al.（1977）がまとめている．

特定のビタミンとミネラルの不足は，妊娠の維持と胎子の発育に同じように影響する．例えば，家畜のウシでは，ビタミン A，β-カロチン，ヨウ素，またはマンガンの摂取があまりにも少ないと，流産や胎子の奇形が生じることもある（Gerloff and Morrow 1980）．同様に，ネコ科動物の繁殖の成功率の低さは，食餌中の必須アミノ酸であるタウリンの不足に原因があると考えられている（Sturman et al. 1986）．リスザルの新生子では，葉酸を補充することで出生時の体重の増加につながる（Rasmussen, Thene, and Hayes 1980）．

妊娠中の栄養不良は，多くの種において胎子の再吸収や流産を招くことが知られている（Van Niekerk 1965, Thorne, Dean, and Hepworth 1976）．特にヒツジとヤギでは，妊娠後期とりわけ双子を妊娠している場合の栄養不良は，多くの場合ケトン症か妊娠中毒症を引き起こす（Pope 1972，Lindahl 1972，Church and Lloyd 1972）．図 28-1 は，母体の食餌と体組成の胎子へのいくつかの潜在的な影響についての概略をまとめている．

しかし，過食にも妊娠の抑制を含む有害な影響がある可能性がある．ヒツジやブタでは高カロリーの摂取，もしくは継続的な不断給餌は排卵率を増加させもするが（Pryor

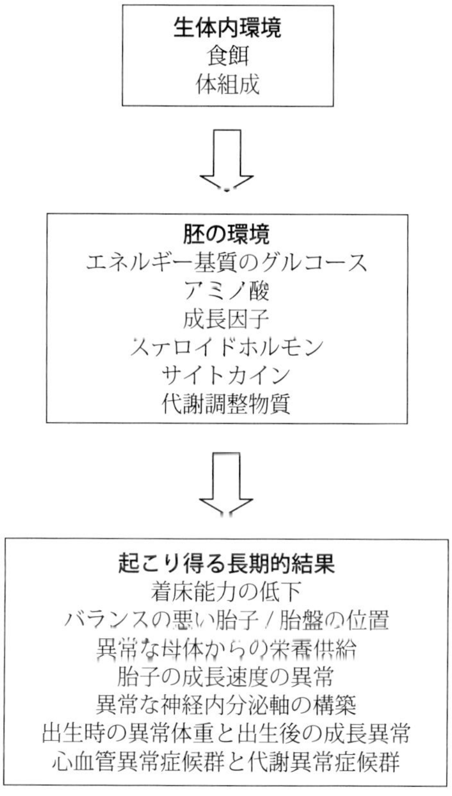

図 28-1 母体の食餌と体組成の胚への潜在的な影響と起こり得る長期的結果．（Fleming et al. 2004 より改変，許可を得て掲載）

1980，Flowers et al. 1989），着床前の胚の致死率も増加する（Hafez and Jainudeen 1974）．さらに，妊娠中のウシやヤギは，中でも複数の胎子がいて妊娠早期に過食した個体では，妊娠後期に妊娠中毒症にかかりやすい（Bruere 1980，Pryor 1980）．高栄養状態も低栄養状態も有害な影響があるという矛盾しているような結果は，もしかすると，適度なプロジェステロンレベルと関連した最大受胎率を明らかにすることによって解明できるかもしれない．プロジェステロン濃度は栄養状態に逆相関があるため，適度な給餌状態の場合にのみ，最適な妊娠状態がもたらされるのだろう（Parr et al. 1987）．

主に脂肪組織でつくられるホルモンであるレプチンは当初，摂食行動を調整する役割と脂肪の貯蔵をする役割がその特徴として説明されていた．最近，レプチンは妊娠と授乳のための母体のエネルギー要求量を調節していることが発見された．さらに，胎盤でもつくられるレプチンは胎子と胎盤の成長および発達を調節しているようである．レプチンレベルは食欲に影響するだけでなく，母体と新生子の両方においてエネルギー代謝と栄養の分配に影響している．

少なくともいくつかの種では母体の栄養状態が性比に影響する（Rosenfeld and Roberts 2004）．Trivers and Willard（1973）は一夫多妻制をとる種では，多くの雌は身体状態に関係なく繁殖するのに対して，雄は大きく，より攻撃的なものだけが繁殖する傾向にあるという仮説を立てた．最も良い身体状態にある母親がより多くの子（雄の子）を産むのは当然である（これはその息子らが高い資源配給量のほとんどの利益を得るだろうという理由からの推測である）．確かにこの仮説は，母系順位を継承するいくつかの霊長類において，息子よりも娘がより好まれるという特徴的な例外とともに，野生個体群のほとんんどの研究で支持されてきた（Clutton-Brock and Iason 1986の総説）．水分摂取の不足は食餌の摂取量の減少と栄養不足になり得る．さらに飲水制限は食餌の摂取とは無関係に配偶子形成を抑制する（Nelson and Desjardins 1987）．

妊娠診断

動物が出産するかどうか，またそれはいつなのかを予測することができるというのは，多くの場合，飼育管理者にとって重要なことである．例えば，出産前には群れのメンバーから離すべき雌がいる場合（後述の「社会的要因と妊娠の結果」を参照），いつ出産するのかを正確に知ることが望ましい．また，医療的なサポートや必要なら隠れ場を与える際にも役に立つ．動物園動物がいつも都合の良い時に出産するわけではなく，特に繁殖に関して強い季節性のピークを欠いている亜熱帯や熱帯に生息する種では，隠れられる場所を用意することが重要になるかもしれない．これらの動物がより穏やかな気候の地に移動された時，真冬を含む1年中いつでも出産する可能性がある（Frädrich 1987）．多くの哺乳類で出生時は体温調節機構を欠いているため，低体温症は死につながる．妊娠の早期発見で，管理者や飼育係が妊娠に伴う餌の変更の必要性を検討することができる（前述の「母体と胎子の栄養」を参照）．

動物園では糞中や尿中のホルモン代謝物の分析のような妊娠診断の非侵襲的な方法が通常好まれる．妊娠判定に有用なホルモン分析法はHodge, Brown, and Heistermann（第33章）によってまとめられている．しかし，これらの方法は多くの場合，数週間にわたって収集された複数のサンプルを必要とするため，X線や超音波といった検査法の方が実用的な場合もある．特に近年，動物園で広く利用可能になってきている超音波による画像化は，雌が妊娠しているかどうかを決定するのに利用できるだけでなく，どれくらいの数の胎子がいるのか，場合によっては在胎齢まで決定することができる（表28-2参照）．他の方法と同じく，ほとんどの研究は家畜種によるものであるが，それらの多くは近縁の野生動物種へのモデルとして利用することができる．超音波による画像化に関する基本情報は，Ginther（1995a）がまとめており，さらに詳細な情報は，ウマ（Ginther 1995b），ウシ（Ginther 1998），ブタ（Martinat-Botte et al. 2000），イヌとネコ（Barr 1990）から得ることができる．

哺乳類において，ホルモンの変化は最も優れた妊娠の早期指標になるが，サンプル収集や研究施設での検査はいつでも可能なわけではない．このような場合は他の手がかりに頼らなければならない．母体の外見の変化が妊娠の発見に使用できる場合がある．例えば，陰唇の膨張や色の変化はいくつかの霊長類で妊娠していることを示す（Wasser, Risler, and Steiner 1988）．

他にも，妊娠後期の身体的な徴候として，肥大して膨張した腹部や母体重の増加がある．胎子が子宮壁を押すことによって胎子の様々な部分が見て分かる場合もある（Jarman 1976，Rothe 1977）．胎子の動きはたいてい目視検査によっても分かる（Estes and Estes 1979）．動物によっては，体重の増加をモニタリングするために体重計に立たせるようにすることもできる．もし，動物をハンドリングしたり，保定したりすることができる時は，経直腸や腹部の触診によって妊娠を確認できることもある（Bonney

表 28-2　野生動物における超音波による妊娠診断

動物種	引用文献
アカゲザル（*Macaca mulatta*）	Tarantal and Hendrickx 1998
アカシカ（*Cervus elaphus*）	Bingham, Wilson, and Davies 1990
アジアゾウ（*Elephas maximus*）	Hildebrandt et al. 2000
アナグマ（*Meles meles*）	Macdonald and Newman 2002
アヌビスヒヒ（*Papio anubis*）	Fazleabas et al. 1993
アフリカゾウ（*Loxodonta africana*）	Hildebrandt et al. 2000
アラビアオリックス（*Oryx leucoryx*）	Vié 1996
ウンピョウ（*Neofelis nebulosa*）	Howard et al. 1996
オカピ（*Okapia johnstoni*）	Thomas, pers. Obs.
カニクイザル（*Macaca fascicularis*）	Tarantal and Hendrickx 1998
キリン（*Giraffa camelopardalis*）	Adams et al. 1991
クロサイ（*Diceros bicornis*）	Adams et al. 1991
ゲルディモンキー（*Callimico goeldii*）	Oerke et al. 2002
コモンマーモセット（*Callithrix jacchus*）	Oerke et al. 2002
ジャイアントパンダ（*Ailuropoda melanoleuca*）	Sotherland-Smith, Morris, and Silverman 2004
シロオリックス（*Oryx dammah*）	Morrow et al. 2000
スマトラサイ（*Dicerorhinus sumatrensis*）	Roth et al. 2004
ゼニガタアザラシ（*Phoca vitulina concolor*）	Young and Grantmyre 1992
チンパンジー（*Pan troglodytes*）	Hobson, Graham, and Rowell 1991
トナカイ（*Rangifer tarandus tarandus*）	Vahtiala et al. 2004
バビルサ（*Babyrousa babyrussa*）	Houston et al. 2002
バンテン（*Bos javanicus*）	Adams et al. 1991
バンドウイルカ（*Tursiops truncatus*）	Lacave et al. 2004
フェネック（*Vulpes zerda*）	Valdespino, Asa and Baumann 2002
フェレット（*Mustela eversmanni*）	Wimsatt et al. 1998
ブチハイエナ（*Crocuta crocuta*）	Place, Weldele, and Wahaj 2002
ヘラジカ（*Alces alces*）	Testa and Adams 1998
ベルーガ（*Delphinapterus leucas*）	Robeck et al. 2005
ミナミクロサイ（*D. b. minor*）	Radcliffe et al. 2001
ヤブノウサギ（*Lepus europaeus*）	Hacklander et al. 2002
フタコブラクダ（*Camelus bactrianus*）	Adams et al. 1991
リスザル（*Saimiri sciureus*）	Brady et al. 1998
ワタボウシタマリン（*Saguinus oedipus*）	Oerke et al. 2002

and Crotty 1979，Sokolowski 1980）．胎子の成長の様々な段階を触診によって知ることもできるが，それには経験が必要となる（Mahoney and Eisele 1978）．

X 線は妊娠診断に有用な方法である．ヒトでは，診療や歯科治療中における長期の繰返しの X 線被曝は染色体異常を生じさせる．そのため，Lasley（1980）は X 線は動物への診断手法としては避けるべきであると主張している．しかし，X 線画像は多くの種で妊娠判定にうまく使われてきている（Boyed 1971，Sokolowski 1980）．胎子の年齢や体重なども X 線画像化技術によって知ることができている事例もある（Ferron, Miller, and McNulty 1976, Ozoga and Verme 1985）．

この技術の大きな欠点は，特に大型種や危険が伴う種を扱う時に，通常母獣を不動化するか保定する必要があるということである．化学的不動化や物理的保定は胎子と母体の両方に危険が必然的に伴うが，定期的に超音波検査を受けさせるために動物をトレーニングすることによって，この問題を解決している例もある（Cornell et al. 1987 参照）．トレーニングは動物園でより一層当たり前になってきている（第 26 章）．

出産直前の身体的徴候

多くの哺乳類では，妊娠末期頃に乳腺や乳頭が肥大または膨張する．しかし，それまでに小さな子がいた雌では，乳腺や乳頭の腫脹がいつも妊娠や出産直前の確実な指標になるわけではない．いくつかの種では乳房の怒張に，色素沈着〔例：ディクディク（*Madoqua kirkii*），Hendrichs and Hendrichs 1971〕や，流動的な乳（Bonney and Crotty 1979, Styles 1982）あるいは透明な分泌液（Phillips and Grist 1975，Sloss and Duffy 1980）を伴う．乳管の先にロウ状の物質が現れることでも出産が迫っている徴候になるだろう．

野生と飼育下のイヌ科動物は，出産 1 週間前までに腹部が脱毛し，これにより乳頭が露出するため，Naaktgeboren（1968）はこの特徴が出産予測に使えるかもしれないと述べている．しかし，このような落毛は偽妊娠中にも同様に生じることがある．

出産に近づくにつれて，母獣の外陰部は肥大化したり膨張してくるか，陰唇が膨張し始め，粘液の排出を伴うことがある．しかし，この点は非常に様々で，種によって出産の直前まで腫脹がほんの少ししかみられないものもあれば，全くみられないものもある．イヌ，ウシ，ウマでは，出産の直前に骨盤靭帯が弛緩するため，尾根部が顕著に陥没したように見える．ゾウ，チンパンジー（*Pan troglodytes*），ヒヒでは，出産前の24時間以内に子宮頸部の開口部から粘液栓を排出する（Lang 1967，Mitchell and Brandt 1975）．齧歯類の中には出産開始を恥骨結合の分離によって予想することができるものもある（Kleiman 1972から引用したNaaktgeboren and Vandendriessche 1962）．

様々な種で出産間近には，陰門から羊膜嚢がはみ出ているのがみられる．同様に，突発的な尿漿膜の破裂と陰門からの多量の液体の排出（すなわち破水）は，出産が迫っていることのよい指標である．表28-3にはいくつかの動物の出産直前にみられる一般的な身体的徴候をまとめている．

出産のタイミング

出産が起こる実際の時間に影響している要因についてはほとんど分かっていない．いくつかの哺乳類〔例：オジロヌー（*Connochaetes gnou*）：Estes and Estes 1979，インパラ（*Aepyceros melampus*）：Jarman 1976〕は昼間に出産する傾向があるのに対して，それ以外の多くの動物は夜間もしくは早朝に出産する傾向がある．これは，光の少ない時間で，妨害が非常に少ない時間帯である．出産がよく起こる時間帯がばらばらな種もあり，出産ピークの時間帯はおそらく気候や照度，行動的なストレスなどによっても影響を受ける（Alexander, Dignoret, and Hafez

表28-3 いくつかの動物の出産間近の身体的徴候

徴候	種	引用文献
乳頭の肥大もしくは膨張	アフリカゾウ（*Loxodonta africana*）	Mainka and Lothrop 1980
	リカオン（*Lycaon pictus*）	Thomas et al. 2006
	コウモリの様々な種	Racey 1988
	バンドウイルカ（*Tursiops truncatus*）	tavolga and Essapian 1957
	ジャイアントパンダ（*Ailuropoda melanoleuca*）	Kleiman 1985
	ウマ（*Equus caballus*）	Waring 1983
	インパラ（*Aepyceros melanoleuca*）	Jarman 1976
	ニシローランドゴリラ（*Gorilla g. gorilla*）	Meder 1986
	ブタ（*Sus scrofa*）	Jones 1966
	オジロジカ（*Odocoileus virginianus*）	Townsend and Baily 1975
乳腺からの分泌物	アフリカゾウ（*Loxodonta africana*）	Styles 1982
	ウシ（*Bos taurus*）	Sloss and Duffy 1980
	イヌ（*Canis familiaris*）	Harrop 1960
	ヤマバク（*Tapirus pinchaque*）	Bonney and Crotty 1979
外陰部の肥大もしくは膨張	アフリカゾウ（*Loxodonta africana*）	Styles 1982
	リカオン（*Lycaon pictus*）	Thomas et al. 2006
	バンドウイルカ（*Tursiops truncatus*）	tavolga and Essapian 1957
	ウシ（*Bos taurus*）	Sloss and Duffy 1980
	ハーテビースト（*Alcelaphus buselaphus*）	Gosling 1969
	イヌ（*Canis familiaris*）	Harrop 1960
	ヤマバク（*Tapirus pinchaque*）	Bonney and Crotty 1979
	ナミチスイコウモリ（*Desmodus rotundus*）	Mills 1980
陰門からの液体（破水）	アフリカゾウ（*Loxodonta africana*）	Styles 1982
	イエネコ（*Felis catus*）	Hart 1985
	イヌ（*Canis familiaris*）	Hart 1985
	ウマ（*Equus caballus*）	Rossdale 1967
	ウェッデルアザラシ（*Leptonychotes weddellii*）	Stirling 1969
	オジロヌー（*Connochaetes gnou*）	Estes and Estes 1979
基礎体温の低下	ウシ（*Bos taurus*）	Ewbank 1963
	イヌ（*Canis familiaris*）	Concannon et al. 1977
	ウマ（*Equus caballus*）	Cross et al. 1992
	ヒツジ（*Ovis aries*）	Ewbank 1969
	ブタオザル（*Macaca nemestrina*）	Ruppenthal and Goodlin 1982

1974，後述の「分娩前の時期」の項を参照）．実験用ラットの出産時期は日長と食餌スケジュールの両方に影響を受ける（Bosc, Nicolle, and Ducelliez 1986）．出産時期に対する日長の影響は，松果体によってつくられるメラトニンによって調節されているかもしれないという実験結果がある（Bosc 1987）．

夜間の出産は，動物園の職員が常に動物を監視することができないため問題である．Jensen and Bobbit（1967）は研究施設のブタオザル（*Macaca nemestrina*）のコロニーで，出産時刻を夜間から昼間にずらす方法について説明している．同様の手法は，動物園の非展示の繁殖施設でも応用できるかもしれない．さらに家畜では，給餌スケジュールを変えることで日中の出産を増加させることができるという研究もある．例えば，ウシでは夜間給餌は日中の出産の割合を増加させるのに対して（Clark, Spearow, and Owens 1983），ヒツジでは朝の給餌で同様の効果がある（Conyou and Cobb 1986）．有線カメラとレコーダーを使うことで動物園の職員は非侵襲的にモニタリングすることができ，また妊娠個体の邪魔にならないよう夜間の出産の記録を取ることができる．

出産直前の行動的徴候

出産は，既知の妊娠期間か母体の外見変化を基に予想できることがある（前述の「出産直前の身体的徴候」の項を参照）．しかし，交尾をいつも確認できるわけではなく，妊娠期間も種間だけでなく同種の個体間でも幅がある（Kiltie 1982）．出産直前の身体的なサインもいつも現れるわけではないし，妊娠の最終段階でだけしか明らかにならないかもしれない．幸いにも多くの哺乳類の雌は出産前に特徴的な行動を示すため，ある程度の精度で飼育係は出産が迫っていることを予想することができる（Fraser 1968）．しかし，これらの行動パターンやその頻度は，種によっても，またその対象個体の中でも異なることがある．表 28-4 には，哺乳類の出産間近のいくつかの一般的な行動を示している．

出産のタイミング予測の正確さは，その対象種で起こり得る行動のバリエーションをどれだけ多く知っているかによる．例えば，ブタの雌は突然非活動的になったり，横向きに寝たり，腹部の収縮の徴候を見せたりしたら，10～90 分以内に出産するだろう（Signoret et al. 1975）．一方，妊娠しているバンドウイルカは，早くて出産の 3 か月前から，陣痛時に見られる身体の曲げ延ばし行動（力んでるような行動）をとることがある（Tavolga and Essapian 1957）．

残念ながら，種によっては〔例：ワオマングース（*Galidia elegans*）：Larkin and Roberts 1983，タテゴトアザラシ（*Phoca groenlandica*）：Stewart, Lightfoot, and Innes 1981〕，出産直前に明らかな徴候が見られず，突然出産したかのようになる．このような場合には，他の手がかりを基に予測しなければならない．

出産時に見られる事象

出産の特徴的な変化を段階ごとに分類しようとした者もいたが，それらは標準化できる程ではない．ここでは，出産を 3 つの明らかな時期（分娩前，分娩，分娩後）に分けた Kemps and Timmermans（1982）の分類法に従って説明する．分娩前の時期は最初の陣痛から出産直前までで，分娩期は出産そのもの，分娩後の時期とは出産から臍帯の切断と胎盤の排出までである．

分娩前の時期

母獣は出産の間，種や個体によって様々な姿勢をとる（例えば，横たわる，座る，寄りかかる，立ち上がる）．腹部の緊張（陣痛）は分かりやすい場合が多く，多くの動物種は，排尿や排便時に似た，しゃがんだ姿勢か中腰の姿勢をとる．通常，子宮収縮の頻度と強度はともに，分娩が進むにつれて増加する．コウモリの陣痛は規則的ではなく，3～6 回あるいはそれ以上の速い痙攣が，数秒～数分ごとに起こる（Wimsatt 1960，Tamsitt and Valdivieso 1966）．陣痛は，痛みを示す発声や呼吸困難もしくは呼吸促迫を伴うことがある（Hutchins 1984，Lawson and Renouf 1985）．

陣痛の長さは動物によって非常に幅があり，胎子の大きさや形，同腹子数，分娩中の問題（後述の「妊娠中と出産時に見られる異常」の項を参照），環境要因などの多くの要因によって影響を受ける．わずかな例外〔例：キタゾウアザラシ（*Mirounga angustirostris*），Le Boeuf, Whiting, and Gantt 1972〕はあるが，アザラシ類の出産は比較的速く，おそらくこれは胎子が紡錘形（ソーセージ状）であることによるものかもしれない（Stewart, Lightfoot, and Innes 1981）．ゼニガタアザラシ（*Phoca vitulina*）では，明らかな陣痛の開始から娩出までの平均時間はわずか 3.5 分間である（Lawson and Renouf 1985）．対照的に，多子分娩の種（通常，複数の子を出産する種）では，通常，陣痛は長くなる．例えばイヌでは，最初と最後の娩出の間の時間は 16 時間，ブタでは 24 時間にもなる（Pond and Houpt 1978，Hart 1985）．初産の雌では出産経験のある

表 28-4　哺乳類における出産間近の行動的徴候

行動	種	引用文献
そわそわする，歩き回る	アフリカゾウ（*Loxodonta africana*）	Styles 1982，lang 1967
	リカオン（*Lycaon pictus*）	Thomas, Pers. Obs.
	コウモリ類の様々な種	Wimsatt 1960
	アメリカビーバー（*Castor canadensis*）	Patenaudae and Bovet 1983
	コモンマーモセット（*Callithrix jacchus*）	Rothe 1977
	イヌ（*Canis familiaris*）	Hart 1985
	ジャイアントパンダ（*Ailuropoda melanoleuca*）	Kleiman 1985
	ゴールデンハムスター（*Mesocricetus auratus*）	Rowell 1961
	ウマ（*Equus caballus*）	Waring 1983
	ニシローランドゴリラ（*Gorilla g. gorilla*）	Nadler 1974
	ヤマバク（*Tapirus pinchaque*）	Bonney and Crotty 1979
	オジロジカ（*Odocoileus virginianus*）	Schwede, Hendrichs, and McShea 1993
不活発	シロアシネズミ類（*Peromyscus* spp.）	Layne 1968
	バンドウイルカ（*Tursiops truncatus*）	Tavolga and Essapian 1957
	ジャイアントパンダ（*Ailuropoda melanoleuca*）	Kleiman 1985
	コモンツパイ（*Tupaia belangeri*）	Martin 1968
生殖器を頻繁に触ったり，擦り付けたりする	フクロギツネ（*Trichosurus vulpecula*）	Veith, Nelson, and Gremmell 2000
	コークハーテビースト（*Alcelaphus buselaphus*）	Gosling 1969
	コモンマーモセット（*Callithrix jacchus*）	Rothe 1977
	イエネコ（*Felis catus*）	Hart 1985
	イヌ（*Canis familiaris*）	Hart 1985
	ジャイアントパンダ（*Ailuropoda melanoleuca*）	Kleiman 1985
	ベローシファカ（*Propithecus verreauxi*）	Richard 1976
	ラット（*Rattus norvegicus*）	Rosenblatt and Lehrman 1963
	アカカンガルー（*Macropus rufus*）	Tyndale-Biscoe 1973
	オジロジカ（*Odocoileus virginianus*）	Townsend and Baily 1975
同種への攻撃性の増加や同種からの孤立	リカオン（*Lycaon pictus*）	Thomas, Pers. Obs.
	クロキツネザル（*Eulemur macaco*）	Frueh 1979
	バンドウイルカ（*Tursiops truncatus*）	Tavolga and Essapian 1957
	コークハーテビースト（*Alcelaphus buselaphus*）	Gosling 1969
	ゴールデンハムスター（*Mesocricetus auratus*）	Wise 1974
	ウマ（*Equus caballus*）	Waring 1983
	シロイワヤギ（*Oreamnos americanus*）	Hutchins 1984
	オジロジカ（*Odocoileus virginianus*）	Townsend and Baily 1975
頻繁な排尿や排便	バンドウイルカ（*Tursiops truncatus*）	Tavolga and Essapian 1957
	オジロジカ（*Odocoileus virginianus*）	Townsend and Baily 1975
食欲不振	ジャイアントパンダ（*Ailuropoda melanoleuca*）	Kleiman 1985
営巣	イヌ科の様々な種	Hart 1985，Naaktgeboren 1968
	ジャイアントパンダ（*Ailuropoda melanoleuca*）	Kleiman 1985
	ゴールデンハムスター（*Mesocricetus auratus*）	Daly 1972
	ブタ（*Sus scrofa*）	Jones 1966
	ウサギ	Ross et al. 1963
	クロシロエリマキキツネザル（*Varecia variegata*）	Petter-Rousseaux 1964
呼吸困難，不規則呼吸，呼吸促迫	クロアシイタチ（*Mustela nigripes*）	Hillman and Carpenter 1983
	バンドウイルカ（*Tursiops truncatus*）	Tavolga and Essapian 1957
	ゴールデンハムスター（*Mesocricetus auratus*）	Rowell 1961
	シロイワヤギ（*Oreamnos americanus*）	Hutchins 1984

雌よりもより困難な出産になる．これはおそらく産道の相対的な大きさのせいだろう．

多くの哺乳類において，恐怖や不安の原因となる環境外乱（取り巻く環境からの妨害や撹乱）は出産過程を妨げることになる（Bontekoe et al. 1977）．例えば，あるイヌ科動物の雌では，分娩中の見慣れない同種の存在は子宮収縮を抑制する（Bleicher 1962，Naaktgeboren 1968）．同様に，Newton, Foshee, and Newton（1966）は，実験用マウスで，不慣れな環境で出産を強いられた場合，2回目と3回目の出産の間の時間が64～72％長かったことを明らかにした．Bontekoe et al.（1977）は環境外乱に関連したストレスは，ヒツジとウサギではおそらく妊娠期間の段階によって子宮の活動を刺激するか抑制するかどちらかであることを報告している．この著者らは，ストレスの多い状況下で陣痛が抑制される現象は，出産前に母親により好ましい環境へと移動する機会を与えるという点での適応であると推測している．

多くの動物種の雌は，出産するために遮断されて静かで守られた場所を探し求めるため，飼育下ではそのような適切な場所を提供すべきである．行動的なストレスを減らすため，給餌方法，日常的な掃除，そして飼育スタッフの変更はこの時は避けるべきである．有線カメラによるモニタでの監視は，妊娠中，出産中，出産直後の雌を妨害しないように観察する方法としてお勧めである．

図28-2　多くの有蹄類は一般的に起立状態のまま出産する．（写真：国立動物園のJessie Cohen，許可を得て掲載）

分娩期

母獣は出産中，種やその個体によって様々な姿勢を取る．ゾウやキリン（*Giraffa camelopardalis*）といった多くの有蹄類は一般的に立ったまま出産するが（Robinson et al. 1965，Styles 1982）（図28-2），横になって分娩する動物（Jones 1966）や，どちらの体勢でも分娩する動物もいる（例：シロイワヤギ，Hutchins 1984）．イヌ科動物やネコ科動物は一般的に横になって出産し，通常，頭部は後半身に向けられる（Fox 1966，Hart 1985）．通常上下逆さまにぶら下がっているヒナコウモリ科のコウモリは出産中は体勢を反対にする．尾は腹側に反るため，後脚と尻尾の間にある膜は産子を受け取る袋のような入れ物になる（Wimsatt 1960），しかし，他のコウモリは一般的に休息時の姿勢で出産することが知られている（Mills 1980，West and Redshaw 1987）．数種のカンガルーは，尾を両足の間から前方へ出した状態で，背中を支える垂直なもの（壁など）にもたれながら出産する（Tyndale-Biscoe 1973）．多くの霊長類はしゃがむか，座った状態で出産する（Rothe 1977，Kemps and Timmermans 1982，Beck 1984）．齧歯類は，一般的に出産時は，四つん這いか二足で猫背の姿勢をとる（Kleiman 1972，Patenaude and Bovet 1983）．

子が生まれ出てくる際の母獣による補助の度合いも，動物種間で様々である．例えば，カンガルー類では，雌は胎子が産道を出る時や育子嚢までの道を助けることはしない（Tyndale-Biscoe 1973）．他の哺乳類では，母親は子を精力的になめることで羊膜から自由になるのを助ける種もある．いくつかの例（霊長類：Hopf 1967，コウモリ：Wimsatt 1960）では，子は母親の身体の一部をつかみ，自身を引っ張り出すことによって自分自身の誕生を促進する．カンガルーの新生子は液体で満たされた羊膜に完全に包まれて出てくるが，自らのよく発達した前肢の爪を使ってその膜から出る．

分娩後の時期

産道から出ると同時に，胎子は子宮（胎内）の外側での生活を始める．しかし，臍帯が切断されるまでは物理的に母親から離されたことにはならない．多くの場合，臍帯は通常の出産過程で切断される．また，通常は歯で噛み切るか胎盤と一緒に食べることで，母親が積極的に臍帯を切る場合もある（Rothe 1977，Hart 1985）．

哺乳類では，生まれたばかりの子に対する母親の反応は，通常その子の行動次第である．活発で健康な新生子は，母親の関心を刺激する傾向があり，死産の子や，比較的不活発であったり，身体的に健康でない子は無視されることがある（Rothe 1977 参照）．子の発声が特に重要になっている種もある．実際，録音した子の声（助けが必要であることを示す音声）を再生することで，母性行動の誘発に効果があった種もある〔例：クロアシネコ（*Felis nigripes*）：Leyhausen and Tonkin 1966，コモンマーモセット（*Callithrix jacchus*）：Rothe 1975〕．この方法は，自分の子に対して無関心に振舞う母親の母性行動を刺激するための管理手段として，さらに研究を行う価値がある．

哺乳類の母親は一般的に，分娩中もしくは分娩直後に自分の子の方を向き，子を徹底的になめる（例：多くの食肉目：Ewer 1973，多くの有蹄類：Lent 1974，多くの霊長目：Brandt and Mitchell 1971，多くの翼手目：Wimsatt 1960，齧歯目：Patenaude and Bovet 1983）（図 28-3）．母親による新生子をなめる行動は，一般的に海生哺乳類では見られず（Ewer 1973），陸生哺乳類でも見られない種があることが報告されている（Lent 1974，Packard et al. 1987）．この行動に関していくつかの作用が提案されている．母の子なめによって新生子の動きを刺激したり，呼吸を促すことになり（Townsend and Baily 1975），新生子を清潔で乾いた状態に保つ助けになるため，より効果的な体温調節につながる（Ewer 1973，Lent 1974）．さらに，嗅覚と連動した母親による子なめは，母子の絆の発達に重要であると考えられているが（Ewer 1973，Gubernick 1981），出産の間の膣の刺激も，この絆形成に寄与していることが示唆されている（Keverne et al. 1983）．いくつかの種では，母親による新生子の会陰部のグルーミングが排尿や排便を促し，多くの哺乳類において，母親は自分の子の排泄物を食べる．この行動は臭いを消し去ることによって捕食される可能性を低くし，あるいは巣穴が汚れるのを防いでいる（Ewer 1973，Lent 1974）．

ほとんどの哺乳類（子ではなく卵を産む単孔類は例外）は，出産中か出産後に出産時の液体（羊水），胎膜，胎盤を排出する．出産から胎盤の排出までの時間はかなり幅がある．真獣類のいくつかの動物は，後産はたいてい無視するが，それ以外の動物では食べてしまうだろう．胎盤を食べる行動は，齧歯目（Patenaude and Bovet 1983），偶蹄目（Lent 1974），食肉目（Ewer 1973），翼手目（West and Redshaw 1987），ほとんどの霊長目（Brandt and Mitchell 1971）など様々な種で報告されている．胎盤を食べる行動は，一般的に海生哺乳類ではみられないが（Ewer 1973），ニュージーランドアシカ（*Phocarctos hookeri*）では胎盤の一部を摂取したことが報告されている（Marlow 1974 参照）．

図 28-3　哺乳類の雌は一般的に分娩中か分娩後すぐに子をなめ始める．この刺激は新生子にとっていくつかの役割を果たしている．（写真：Jessie Cohen, National Zoological Park，許可を得て掲載）

胎盤を食べることについては，いくつかの作用が考えられている（Kristal 1980）．胎盤，胎膜，羊水の摂取は，新生子が捕食されることにつながるかもしれない捕食者への臭いの手がかりを消し去ることになる（Ewer 1973，Lent 1974）．胎盤は栄養的価値をもつ可能性もある（Ewer 1973）．さらに胎盤は，ホルモンで満たされていて，それらは乳汁下降（搾乳刺激や吸乳によって乳腺内圧が上昇し乳汁が乳腺から押し出されること）の一助になっている可能性がある（Kristal 1980）．さらに Kristal（1980）は，胎盤には，母親がその後の妊娠過程の抑制に働く胎子性抗原に対する抗体の産生を防ぐ要素が含まれることを示唆している．しかし，胎盤を食べなくても，母親には何ら悪影響があるようには見えないことにも留意すべきである．

妊娠中や出産間近の母子に対する同種動物の行動

妊娠中や出産間近の雌は，通常と異なる行動や見た目，臭いなどによって，群れのメンバーからの非妊娠雌に対するものと比べ，異なった反応を引き出すかもれない．もちろんその反応の幅は，その種の社会構成に大きく左右される．これは種の社会構成によって，妊娠中や出産時にその場にいる同種の数やタイプが決まるからである（Eisenberg 1966，Spencer-Booth 1970，Caine and Mitchell 1979 参照）．例えば，比較的単独性の多い食肉目の動物は一般的に出産時や出産時近くは同種と交流せず（Ewer 1973），遭遇した場合には敵対することになる．しかし，社会性動物では妊娠中の雌や新生子は，攻撃的な行動から介助的な行動まで，様々な反応をとる．

社会性動物では，同種個体は単純に友好的な存在か，もの珍しそうにしている傍観者的な存在であるが，種によっては陣痛や出産時に手助けすることもある．出産自体を直接的に手助けすることはまれであるが，翼手目，有毛目（ナマケモノ，アリクイ），霊長目，齧歯目など，いくつかの分類群（目）で報告されている．例えば齧歯目では，トゲマウス類（*Acomys*）の雌が“助産”の行動を見せることが知られている（Piechocki 1975）．出産中，他の雌が周りに集まり，子が出てきたらその子をなめ，羊膜から自由になるのを助ける．同様に，一夫一妻制を取るプレーリーハタネズミ（*Microtus ochrogaster*）（McGuire et al. 2003）とアメリカビーバー（*Castor canadensis*）（Patenaude and Bovet 1983）では，雄と 1 歳の子が出産雌と新生子の周りに近く集まり，おそらく体温調節のために産まれてすぐの子をなめる．霊長類では，雄のマーモセットとタマリン（マーモセット科）は出産を手助けすることが知られている（Lamgford 1963 参照）．Ullrich（1970）は飼育下の雄のオランウータンも同様の行動を示したと述べている．しかし，オランウータンは比較的社会性のない動物であり（MacKinnon 1971），この行動はおそらく飼育下という状況での産物だったのだろう．McCrane（1966）は，飼育下のフタユビナマケモノ（*Choloepus didactylus*）が，出産中に子が母親の腹部に到達できるように助けたり，落下しないようにしたりする（身体を使って落下を妨ぐ）ことによって積極的に手助けしたといういくつかの事例を報告している．チスイコウモリでは，他のコロニーのメンバーが，出産雌の周りに群れて，膣から出た液体や誕生した子からの液体をなめ取る（Mills 1980）．

多くの社会性動物（例：群れを形成する有蹄類）では，雌は出産直前に孤立しようとする．群れからの孤立は，雌が互いに隣り合って出産する場合に生じる可能性のある不慮の“養子縁組”の発生を減らすことにつながる．生まれたての有蹄類は近くにいる雌なら誰でも近づき，混乱が生じる可能性が高い（Lent 1974）．群れから離れることによって，隠れた場所や近寄りにくい場所で出産できるため，捕食者からのリスクも最小限に減らせるかもしれない（Lent 1974，Jarman 1976，Hutchins 1984）．これら 2 つの要因はともに重要であるが，捕食者に対するリスク軽減が大きく影響していると思われる．事実，Lott and Galland（1985）は，開けた土地で生活するアメリカバイソン（*Bison bison*）の雌は通常群れ内で出産するが，うっそうとした場所で生活している雌は，通常単独で出産する．もう 1 つの考え方として，Hutchins（1984）は，母子は出産中と出産直後，他の同種動物による攻撃に対して特に無防備なため，孤立することによって母親はその危険性を低くしていると述べている．同種動物による母と新生子への攻撃は，飼育下と野生下の両方でいくつかの有蹄類で報告されている（Styles 1982，Hutchins 1984，Packard et al. 1990）．

霊長類では，雌や子たちは，新生子に対して，成熟雄よりも強い興味を示す（Caine and Mitchell 1979）．子を誘拐しようとする行動は，広く様々な種で報告されている（Mitchell and Brandt 1975，Silk 1980）．同様の行動は他の哺乳類でも観察されており，母親がその新生子を守ろうとするため，攻撃的な行動につながることがある（Bullerman 1976，Thomas et al. 2006）．その結果は，身体の大きさと母親の順位に大きく左右される．下位の雌の子はそのリスクが高い．場合によっては，誘拐された新生子は，母親からの世話がされないままの状態になってしまうかもしれない（Alexander, Signoret, and Hafez 1974）．

いくつかの種では，妊娠中，出産時，そして出産直後の雌は雄からの攻撃を受ける．有蹄類（Manski 1982，Hutchins 1984），鯨類（Tavolga and Essapian 1957，Amundin 1986），霊長類（Rothe 1977，Wallis and Lemmon）では，雄は出産時や出産直後の雌に積極的に求愛行動をとる．この行動は臭いや見た目の刺激が発情期と似ていることによって引き起こされるのだろう（Manski 1982，Hutchins 1984，Wallis and Lemmon 1986）．それらによるストレスから雌が子を見捨てる結果となった事例もある．子が雄に怪我をさせられることもある（McBride and Krizler 1951）．このようなケースでは，出産前に雌を引き離すことが望ましい．しかし，出産直後に発情が起こる種もあり〔例：オオマメジカ（*Tragulus napu*）：Davis 1965，アメリカナキウサギ（*Ochotona princeps*）：Severaid 1950〕，出産後数時間以内に交尾するのが普通である．

動物園の管理者にとって重要な決定事項は，出産前に雌を単独にさせるか群れの中に残すかどうかである．一般原則としては，出産時におけるその種の自然な社会環境を可能な限り再現するべきである（Kleiman 1980）．比較的単独性の高い種の場合では，同種の存在は出産過程を中断させたり，出産後の初期の母親によるケアを妨害したりするため，出産前には雌を分離しておくことが一番良いと思われる．同様に，社会的な種の雌は，他の群れメンバーによる攻撃，嫌がらせや干渉を防ぐために単独にすることが必要になるかもしれない．例えば，Izard and Simons（1986）は，出産前に単独にさせておくことによって，3種のガラゴで新生子の死亡率を減少させたことを報告している．野生下では，ガラゴの雌は昼間，通常群れの中で眠るが，出産前と，出産後にも時々，単独になろうとする．哺乳類の種によっては子殺しが一般的にみられ（Hausfater and Hrdy 1984），新生子は常に一定の危険にさらされている．特に，隠れたり逃げたりできる機会が少ない飼育下では顕著である．しかし，高い社会性をもつ種の妊娠中の雌は，単独にさせられることによってストレスを受け，その繁殖の成功に有害な影響が出るかもしれない（Kaplan 1972）．

妊娠中と出産時に見られる異常

動物園で飼育されているほとんどの哺乳類は，たまに問題が生じることもあるが，たいていは困難なく妊娠や出産に至る．妊娠中の母親と胎子に影響する全ての要因は十分に知られているわけではないが，特定の要因（例：不適切な栄養条件，過密状態，ストレス，不適切な設計の動物舎，怪我，病気）は母子ともに有害な影響を及ぼす（Benirschke 1967，Hafez and Jainudeen 1974）．ここからは妊娠と出産に関連する非常に一般的な問題のいくつか（表 28-5）を概説し，このような状態を避けたり改善したりするために使われる管理方法や臨床技術について簡潔に説明する．

逆子もしくは胎子の失位

より一般的に遭遇する出産障害の1つが“逆子”もしくは胎子の後頭後位である．昆虫食性のコウモリ（Wimsatt 1960）と鯨類（Essapian 1963，Tavolga and Essapian 1957）の特定の種にみられる明らかな例外はあるが，哺乳類は一般的に頭位で縦位の状態で胎子を出産し，身体は産道内で完全に広がっている．アザラシ類（Stewart, lightfoot, and Innes 1981）といくつかの哺乳類〔例：アカホソロリス（*Loris tardigradus*）：Kadam and Swayaamprabha 1980，様々な齧歯類：McGire et al. 2003）では，胎子は頭位と尾位でほぼ同率に生まれてくる．

いくつかの要因が胎位や分娩に影響を与えており，それによって逆子出産が起こる．母獣の産道の奇形や胎子の奇形は適切な位置合わせの妨げとなり（Hafez and Jainudeen 1974），分娩直前に過度に胎子が動いたり，分娩が始まる前に胎子が死んだりすることがある（Sloss and Duffy 1980）．

ほとんどの逆子出産では，母獣は自分自身で胎子を外に出すことができるが，通常の場合に比べて長くなるだろう．胎子失位に起因した難産のケースでは（後述の“難産”を参照），人間の介入が必要になるかもしれない．大型の哺乳類では，胎子を取り出すための臨床的な処置に鎮静や麻酔が必要となる．胎子を取り出すのに最も簡単で安全に行う方法は手で取り出すことである．小型の動物では，この方法は実用的でない場合がほとんどで，帝王切開が最良の代替法になる．もし胎子がすでに死亡している場合は，帝王切開の代わりに胎子切除術（胎子の外科的な切断と取り出し）を行うこともある．

難　産

難産とは，長引いた出産か，あるいは困難な出産のことで，通常，産道のいくつかの機能的欠陥か物理的妨害が起こっている．逆子出産とともに最も頻繁に起こる出産障害の1つである．いくつかの要因が難産の原因となる．1つは，産道での胎子失位が正常出産の妨げになる．他によくある難産の原因として，胎子骨盤の不均衡によるものがあり，これは胎子が母体の骨盤帯を通るのに大きすぎる場合に起こる．胎子骨盤不均衡の1つの徴候として，胎子が出てくる徴候がわずかか，全くない状態で，母獣が継続的に力んでいることがあげられる．たいてい膣周辺が乾いてしまう．胎子の有無は，会陰部の触診で確認可能である．また，産道の指診によって，子宮頸管拡張の度合を判断したり，存在するであろう先天的な異常を特定したりするために一般的に推奨される（Bennett 1980）．もし母体の状態が通常の出産と区別できなければ，窒息や外傷によってたいてい胎子は死亡してしまう．胎子骨盤不均衡のケースでは，胎子を取り出すのに通常，帝王切開か胎子切除が必要となる（Hubbell 1962，Sloss and Duffy 1980）．

表 28-5　哺乳類における一般的な妊娠と出産の異常

妊娠・出産の異常	種	引用文献
逆子	食肉目の様々な種	Law and Boyle 1983，Fox 1966
	霊長類の様々な種	Brandt and mitchell 1971
	有蹄類の様々な種	Norment 1980，Sloss and Duffy 1980
	アフリカゾウ（*Loxodonta africana*）	Hildebrandt et al. 2003
	アルパカ（*Lama pacos*）	Saltet et al. 2000
	アジアゾウ（*Elephas maximus*）	Klös and Lang 1982
	カリフォルニアアシカ（*Zalophus californianus*）	Klös and Lang 1982
	ウシ（*Bos taurus*）	Sloss and Duffy 1980
	イヌ（*Canis familiaris*）	Bennett 1980
	ゲラダヒヒ（*Theropithecus gelada*）	Hubbell 1962
	キリン（*Giraffa camelopardalis*）	Citino, Bush, and Phillips 1984
	グレビーシマウマ（*Equus grevyi*）	Smith 1982
	ピューマ（*Felis concolor*）	Peters 1963
胎子の吸収もしくは残存	フタコブラクダ（*Camelus bactrianus*）	Mayberry and Ditterbrandt 1971
	ウシ（*Bos taurus*）	Sloss and Duffy 1980
	ウマ（*Equus caballus*）	Roberts and Myhre 1983
	ブタ（*Sus scrofa*）	Pond and Houpt 1978
	霊長類の様々な種	King and Chalifoux 1986
流産	バンドウイルカ（*Tursiops truncatus*）	Miller et al. 1999
	チンパンジー（*Pan troglodytes*）	Soma 1990
	ウマ（*Equus caballus*）	Roberts and Myhre 1983
	シシオザル（*Macaca silenus*）	Calle and Ensley 1985
	トビイロホオヒゲコウモリ（*Myotis lucifugus*）	Wimsatt 1960
	ニシローランドゴリラ（*Gorilla g. gorilla*）	Benirschke and Miller 1982
死産	バンドウイルカ（*Tursiops truncatus*）	Amunden 1986
	ウシ（*Bos taurus*）	Sloss and Duffy 1980
	ジェフロイネコ（*Felis geoffroyi*）	Law and Boyle 1983
	ニシローランドゴリラ（*Gorilla g. gorilla*）	Randall, Taylor, and Banks 1984
	キタオットセイ（*Callorhinus ursinus*）	Bigg 1984
	ブタ（*Sus scrofa*）	Day 1980
	オジロジカ（*Odocoileus virginianus*）	Verme and Ullrey 1984

妊娠後期の子宮破裂は難産を引き起こすか，難産の結果によって起こる．子宮破裂は，外傷，胎子奇形，分娩中の子宮内圧，もしくはその他の様々な要因に起因する（Sloss and Duffy 1980）．もし子宮が出産中に破裂したら，母獣による力みは一般的にそこで終わる．もし出産開始の徴候がみられなければ，この問題の徴候に気がつくのが難しくなる．

難産の他の原因として，陣痛異常があげられる．これは様々な要因（例：栄養失調，妊娠中毒症，多胎子，過度の子宮負担，異常に大きい胎子，子宮頸部拡張不全：Sloss and Duffy 1980，Saltet et al. 2000 参照）に起因している可能性がある．たいてい陣痛異常と胎子骨盤不均衡は区別するのが難しいが，ほとんどの事例では母獣は同じ方法で処置される．多胎，特に通常は単胎である種では陣痛異常で難産になる可能性がある．子宮収縮は 1 子目が出てきた後に弱まるか止まる．2 頭同時に出てしまうこともある（Williams, Mattison, and Ames 1980）．母子を救うために人間の介入が必要とされるかもしれない．多くの事例では，少なくとも 1 頭はヒトの手で産道から取り出されている．オキシトシンが 1 子目の出産後に子宮収縮の刺激を助けるために投与されることがある．帝王切開が必要な場合もある．

胎子や胎盤の吸収や残留

胎子が死亡し，母体外に出なかった場合，妊娠は無期限に継続するかもしれない．妊娠期間が延長していく中で，胚または胎子は吸収されるか，ミイラ化するか，もしくは浸軟していくだろう．胎子期の死亡は，栄養失調，内分泌異常，大きい胎子，暑熱ストレス，授乳，免疫学的不適合，染色体異常，近親交配などの様々な要因に起因する（Hafez and Jainudeen 1974，後述の「流産」も参照）．胚または胎子が死亡した時，子宮内の液体は母体に素早く吸収される．胎子組織は分解され始め，何の感染症も起こらなければ，その過程は酵素によるものである．ウシとブタでは，もし胎子が妊娠6週目より前に死亡した場合，吸収はほぼ完遂する（Hafez and Jainudeen 1974，Sloss and Duffy 1980）．

胎子のミイラ化は様々な有蹄類で報告されている．それは，死亡した胎子の残留，胎盤液の吸収，その後の胎子細胞の脱水によって起こる．一般的に母体の疾患上の明らかな徴候はなく，またいくつかの種ではミイラ化した胎子は，正常妊娠期間を超えて数か月間もしくは数年間，母体への目に見える害なく保持される（Hafez and Jainudeen 1974）．

胎子の浸軟はミイラ化よりももっと深刻な状態である．それは重篤な子宮感染症を伴うからだ．浸軟は，妊娠雌の容体が急激に悪化したり，悪臭や血液を含む腟分泌物があったりした場合に疑われる（Sloss and Duffy 1980，Gahlot et al. 1983）．浸軟と診断した後は，子宮全体を空にしてから完全に洗浄し，子宮内への薬剤投与を行う．その後の感染症リスクを減らすために長期間作用する抗生剤を投与するべきである．

出産は厳密に言えば，胎盤を含む胎膜が母体から排出されるまで完遂しない．胎盤停滞は，広く様々な哺乳類で生じ，感染症や死を招く（Jordan 1965，Sloss and Duffy 1980）．一般的に，雌が高齢の場合や，妊娠が早期終了した場合あるいは異常に延長した場合に，胎膜が残留する傾向がある．胎膜の残留は外陰部からぶら下がった小さな組織片を見つけることで確認できることがある．しかし，たいていの場合，組織全体が腟内や子宮内に残るため，明確な徴候はなく，母獣の状態が悪化し始めた時にしかその診断ができない．実際に起こった場合は，手で胎膜を取り除くのが最良の解決法になる．これがうまくいきそうであれば，オキシトシンの投与が排出を促進する手助けとなる（Fox 1966，Sloss and Duffy 1980）．

流　産

成育可能な状態に達する前に，死亡した胎子もしくは生存している胎子が子宮から早期に娩出されることを自然流産と呼ぶ．流産はおそらく，遺伝的異常，発生奇形，ホルモン異常，感染症，疲労，外傷，薬物，胎子の大きさ，行動的ストレス，過密状態，そして不適切な栄養状態などの様々な要因から生じる（Medearis 1967，Kendrick and howarth 1974，Hafez and Jainudeen 1974，Johnston 1980参照，後述の「社会的要因と妊娠の結果」と前述の「母体と胎子の栄養」も参照）．子宮からの胎盤が早期に分離する胎盤早期剥離（abruptio placentae）として知られる現象は，胎子の死亡を引き起こし，また霊長類ではそれにより流産が起こることが知られている（Calle and Ensley 1985）．

レプトスピラ症は細菌性疾患で，多くの種で流産を引き起こす（Fowler 1993，Forrest et al. 1998）．動物園動物は，感染動物の尿や，その病気を保有する動物に直接接触することでこの病気になりやすい．宿主となる動物には，多くの小型の食肉目や齧歯目の動物が含まれる．この病気に特徴的な臨床症状はなく，ほとんどの流産が妊娠の最後の3か月間に起こる．もしこの病気が早期に診断された場合には，抗生物質療法で治療することができる．

胎子の自然娩出に関わる要因は，家畜でさえも未だによく分かっていない．Herrenkohl（1979）は，出生前にストレスにさらされた雌のラットでは，成熟後，ストレスにさらされなかったラットよりも多くの自然流産が起こることを発見した．また，流産は好ましくない周囲の環境条件や，胚の奇形への適応反応であると主張している研究者もいる（Carr 1967，Bernds and Barash 1979参照）．特に繁殖競争に関わるような社会的要因が関わっているのではないかという研究報告もある（後述の「社会的要因と妊娠の結果」を参照，Wasser and Barash 1983）．多くの哺乳類において早期流産の場合，その胚子はたいてい母親に食べられてしまうため，発見することは難しい（例:霊長類，King and Chalifoux 1986）．しかし，妊娠の最後の3か月間では，ウシの場合，血液の混ざった腟分泌物が認められるため，流産したであろうことを予測できることがある（Sloss and Duffy 1980）．流産の多くのケースで胎膜が残留することもあるため，母獣に抗生物質を投与することも重要である．抗生物質を使わずに済むケースもあるかもしれない．

死　産

ほとんどの出産が実際に目撃されるわけではないため，死産（周産期死亡とも呼ばれる）という表現は，死亡（出産前，出産中，もしくは出産まもなく死亡）が確認された全ての胎子に対してここでは使っている．妊娠期間中はいつでも，母親や胎子に影響する様々な内的・外的要因が死産に結びつく可能性がある．

通常1頭の子しか出産しない種において多胎出産が起

こった場合，死産になることがある（Williams, Mattison, and Ames 1980）．ある多子分娩の種（通常複数の胎子を有する種）では，死産の発生と同腹子数の間には正の相関がある（Pond and Houpt 1978）．死産は，栄養失調（Verme and Ullrey 1984），近親交配や先天性異常などの遺伝的要因（Sloss and Duffy 1980），難産や異常な胎位などの出産障害（Randall, Taylor, and Banks 1984），胎子の早期娩出（Bigg 1984），臍帯の断裂（Day 1980），梗塞（血流障害により組織が壊死した部分）や早期剥離による胎盤損傷（King and Chalifoux 1986），母体と胎子の感染症（King and Chalifoux 1986）にも起因する．死産の発生が胎子の性別に関連している種もあり，雄の胎子の場合，雌の胎子の場合よりも死産になりやすい（Sloss and Duffy 1980）．ブタでは，生まれてくる順番が死産の発生に何かしらの影響を及ぼしており，最後の３分の１で産まれてきた子が死産になる率が最も高い（Randall 1972）．

胎子奇形

奇形は通常，胚性期の胎子の発達異常によるもので，遺伝的そして発生的な異常，栄養失調，感染症，外傷，もしくは有害物質にさらされることに起因している（Fox 1966，Hutt 1967，Sloss and Duffy 1980）．多くの先天性異常が，家畜，動物園動物，野生動物で明らかになっている（包括的な総論として Hutt 1967 と Leipold 1980 を参照），わずかな奇形であれば，胎子の発育に深刻な妨げにはならないにもかかわらず，ほとんどの事例で奇形胎子は生き残ることはない．しかし，現代の動物園の目標の１つは飼育下で長期間，個体数を維持することである（Foose 1983）．この目標のために，好ましくないもしくは潜在的に有害と思われる形質を，意図的に排除することが必要な場合もある．したがって，もしその奇形が正常な機能を妨げるほど深刻なものである場合，奇形の子は人道的に安楽殺することになるかもしれない．

子宮脱・膣脱

膣の外転や脱出，もしくは膣を通って子宮頸部の脱出が起こることは家畜では珍しいことではなく（Fielden 1980，Sloss and Duffy 1980），齧歯類，ウサギ類，有蹄類などの様々な哺乳類でも報告されている（Wallach and boever 1983）．その診断は肉眼による検査で容易に可能である．脱出した部位の大部分（腸や膀胱が含まれることもある）は陰唇から飛び出てくる（Fielden 1980）．このような状態は，通常一度に多数の子を産む雌で妊娠期の後期に生じるが，霊長類でも見られるため，脱出症の傾向が遺伝するといういくつかの実証がある（Sloss and Duffy 1980）．一度発症した動物で再発する危険性はとても高い（Fielden 1980）．ほとんどの脱出症が一度に多くの子を産む雌にみられることから，膣の頻繁な拡張によって外転しやすくなるのかもしれない．

脱出症は通常，適切に元に戻ることはほとんどないため，獣医学的な介入が必要となる．ほとんどの場合，大型哺乳類では，処置前に鎮静や麻酔が必要になる．脱出した全ての組織は元の位置に戻す前に，完全にきれいにしなければならない．抗生物質を投与して，膣を正しい位置に縫合する（Fielden 1980）．

その他の問題

受胎と妊娠には，温度や湿度のような環境要因が様々なレベルで影響することが知られている．熱ストレスによる一時的な不妊症が家畜牛で最も広く報告されている（Ingraham, Gillette, and Wagner 1974）．受精後の低体温症は多くの種で胎子の発育に有害な影響となり，胚の死亡率を増加させることになる（Alliston and Ulberg 1961，Trujano and Wrathall 1985，Biggers et al. 1987）．湿度が低い場合，飼育下のブラウンショウネズミキツネザル（*Microcebus rufus*）の繁殖率は低くなる（Wrogemann and Zimmermann 2001）．したがって飼育下の哺乳類は，その種にとって適切な温度域と湿度域で管理されるべきである．この標準域からの外れると，繁殖の失敗を招くことになるかもしれない．

社会的要因と妊娠の結果

多くの社会的要因が妊娠の結果に影響する可能性がある（Wasser and Barash 1983）．例えばいくつかの社会性動物では，通常は優位な雌だけが繁殖し，繁殖を抑制された状態の下位の雌は優位の雌の子育てを助ける．Wasser and Barash（1983）は，この現象に対して reproductive despotism（繁殖学的抑圧）という言葉を使っている．この現象は，マーモセット類（Kleiman 1980，Carroll 1986，Savage, Ziegler, and Snowdon 1988），コビトマングース（*Helogale parvula*）（Rood 1980 参照），リカオン（*Lycaon pictus*）（Frame et al. 1979），タイリクオオカミ（*Canis lupus*）（Rabb, Woolpy, and Ginsburg 1967），ハダカデバネズミ（*Heterocephalus glaber*）（Jarvis 1991）などの集団生活する種で報告されている．多くの社会性のある種では，優位な雌が下位の雌よりも高い繁殖率を有する傾向がある〔例：ゲラダヒヒ（*Theropithecus gelada*），Dunbar

1980〕．このような違いは雌と雌の間の競争によるものであると考えられている（Dunbar and Sharman 1983）．

優位な雌は下位の雌に対して，発情周期の停止（Bowman, Dilley, and Keverne 1978，Huck, bracken, and Lisk1983），交尾の妨害，そして子殺しといった様々なメカニズムで繁殖を抑制させる（Hrdy 1979，Kleiman 1980）．しかし，優位な雌は正常な妊娠をも妨害するといういくつかの証拠がある．Wasser and Barash（1983）は下位の雌において，優位な雌との生活によるストレスは胎子の吸収，流産，死産を導くことを報告している．

見慣れない雄の存在も妊娠に有害な影響がある．齧歯類などのいくつかの哺乳類では，交尾してすぐの雌が見慣れない雄にさらされた時，着床が抑制され妊娠が妨げられる（Bruce 1960）．その雄が社会集団のなかで優位である場合は，この影響はもっと強くなる（Huck 1982）．見慣れない雄にさらされた後，着床後の妊娠が中断したことが報告されている（Kenny, Evans, and Dewsbury 1977）．同様に，Pereira（1983）と Mihnot, Agoramoorthy, and Pajpurohit（1986）は，キイロヒヒとハヌマンラングール（*Semnopithecus entellus*）の群れで数例の流産が起こり，状況証拠からその流産は攻撃的で高い順位の雄が新しく入ってきたことによるものと考えられている．さらに，Berger（1983）は野生馬において流産の頻度と雄による群れの乗っ取りの間に相関があることを発見した．妊娠雌は新しい雄との交尾を強いられ，流産はそれ自体のストレスか“社会環境の変化によるストレス”に起因する．

妊娠の妨害と流産の誘発は，雄の繁殖戦略として解釈されている．胎子を失った雌は早々に排卵し，長期間胎子を有する雌よりも，はるかに早く性的許容状態になる（Schwagmeyer 1979，Berger 1983，Pereira 1983）．いくつかの齧歯類では，交尾直後につがい関係を壊すと着床失敗の原因になる（Berger and Negus 1982，Norris 1985）．動物園動物の飼育管理において，これらの事実が意味することは明らかである．新しい個体をすでに確立されたグループに導入する際には細心の注意を払うべきで，雌が妊娠しているかもしれない場合には特に注意しなければならない．

社会的要因が出産の刺激もしくは遅延にとって重要であることが知られている．そのため妊娠の結果に影響する場合がある．例えば，キタオットセイ（*Callorhinus ursinus*）では多数の同種がいるという社会的刺激が分娩の引き金となっている．このような結集は従来の繁殖場の海岸に雌雄が集まってくる時に生じる（Bigg 1984）．Bigg（1984）は飼育下でみられる死産と流産の高い発生率は社会的要因が関連するかもしれないと述べている．実際，飼育下の個体では社会的環境がほとんど変化しない．このように，出産を引き起こすための適切なきっかけがないことが，飼育下で頻繁にみられる問題（早産，異常に長い妊娠期間）に結果としてつながっているのかもしれない．

要約と結論

妊娠の生理学的側面と行動学的側面の両方の知見が，どのように飼育下繁殖計画の成功への発展に寄与しているかを述べてきた．動物園の管理者にとって特に重要なことは，①妊娠の確定と出産時期の予測のためにホルモン，身体的，行動的な特徴を利用すること，②妊娠中の母親と新生子の特別な栄養および居住スペースを確保すること，③妊娠した後の結果への社会的な要因や行動的なストレスの影響を考慮すること，④妊娠と出産に伴う様々な異常を発見し治療することである．

ここで述べてきた情報が，動物の管理者にとって絶滅の危機に瀕した野生動物を繁殖させる努力の手助けになることを望んでいる．Poole and Trefethern（1978）が述べているように，「知識というものは，野生動物の種，個体，そして群れについて，その管理方法を決定するための必要不可欠な条件である．種や個体に関する情報がないなかで下された決定は，結果次第になり，最悪の場合，無知の行為になり得るし，せいぜい良くて運のいい成功である」．私たちの知識の現状を見直してみると，残念ながら，哺乳類の繁殖に関する理解は明らかに不足している．実際，この章で概説してきた一般的な原則の多くは家畜を基にした研究であり，したがって野生動物にはあてはまらない可能性もある．多くの野生動物の繁殖生物学に関する詳細な情報が緊急に求められている．

文　献

Adams, G. P., Plotka, E. D., Asa, C. S., and Ginther, O. J. 1991. Feasibility of characterizing reproductive events in large non-domestic species by transrectal ultrasonic imaging. *Zoo Biol.* 10:247–59.

Adams, L. G., and Dale, B. W. 1998. Timing and synchrony of parturition in Alaskan caribou. *J. Mammal.* 79:287–94.

Alexander, G., Signoret, J. P., and Hafez, E. S. E. 1974. Sexual and maternal behavior. In *Reproduction in farm animals*, 3rd ed., ed. E. S. E. Hafez, 222–54. Philadelphia: Lea and Febiger.

Allen, M. E., and Ullrey, D. E. 2004. Relationships among nutrition and reproduction and relevance for wild animals. *Zoo Biol.* 23:475–88.

Alliston, C. W., and Ulberg, L. C. 1961. Early pregnancy loss in sheep at ambient temperatures of 70° and 90°F as determined by embryo transfer. *J. Anim. Sci.* 20:608–13.

Altmann, J. 1980. *Baboon mothers and infants*. Cambridge, MA: Harvard University Press.

Altmann, J., Altmann, S. A., and Hausfater, G. 1978. Primate infant's

effects on mother's future reproduction. *Science* 201:1028–30.
Amoroso, E. C., and Finn, C. A. 1962. Ovarian activity during gestation, ovum transport, and implantation. In *The ovary*, 1st ed., ed. S. Zuckerman, 451–537. New York: Academic Press.
Amundin, M. 1986. Breeding the bottle-nosed dolphin at the Kolmarden Dolphinarium. *Int. Zoo Yearb.* 24/25:263–71.
Barr, F. 1990. *Diagnostic ultrasound in the dog and cat.* Oxford: Blackwell Scientific Publications.
Beck, B. 1984. The birth of a lowland gorilla in captivity. *Primates* 25:378–83.
Benirschke, K., ed. 1967. *Comparative aspects of reproductive failure.* Berlin: Springer-Verlag.
Benirschke, K., and Miller, C. J. 1982. Anatomical and functional differences in the placenta of primates. *Biol. Reprod.* 26:29–63.
Bennett, D. 1980. Normal and abnormal parturition. In *Current therapy in theriogenology*, ed. D. Morrow, 595–606. Philadelphia: W. B. Saunders.
Bercovitch, F. B. 1987. Female weight and reproductive condition in a population of olive baboons (*Papio anubis*). *Am. J. Primatol.* 12:189–95.
Berger, J. 1983. Induced abortion and social factors in wild horses. *Nature* 303:59–61.
———. 1986. *Wild horses of the Great Basin.* Chicago: University of Chicago Press.
Berger, P. J., and Negus, N. C. 1982. Stud male maintenance of pregnancy in *Microtus montanus. J. Mammal.* 63:148–51.
Bernard, R. T. F. 1989. The adaptive significance of reproductive delay phenomena in some South African Microchiroptera. *Mammal Rev.* 19:27–34.
Bernds, W., and Barash, D. P. 1979. Early termination of parental investment in mammals, including humans. In *Evolutionary biology and human social behavior*, ed. N. Chagnon and W. Irons, 487–506. North Scituate, MA: Duxbury.
Bigg, M. A. 1984. Stimuli for parturition in Northern fur seals (*Callorhinus ursinus*). *J. Mammal.* 65:333–36.
Biggers, B. G., Geisert, R. D., Wetteman, R. P., and Buchanan, D. S. 1987. Effect of heat stress on early embryonic development in the beef cow. *J. Anim. Sci.* 64:1512–18.
Bingham, C. M., Wilson, P. R., and Davies, A. S. 1990. Real-time ultrasonography for pregnancy diagnosis and estimation of fetal age in farmed red deer. *Vet. Rec.* 126:102–6.
Bleicher, N. 1962. Behavior of the bitch during parturition. *J. Am. Vet. Med. Assoc.* 140:1076–79.
Bonney, S., and Crotty, M. J. 1979. Breeding the mountain tapir at the Los Angeles Zoo. *Int. Zoo Yearb.* 19:198–200.
Bontekoe, E. H. M., Blacquiere, J. F., Naaktgeboren, C., Dieleman, S. J., and Williams, P. P. M. 1977. Influence of environmental disturbances on uterine motility during pregnancy and parturition in rabbit and sheep. *Behav. Process.* 2:41–73.
Bosc, M. J. 1987. Time of parturition in rats after melatonin administration or change of photoperiod. *J. Reprod. Fertil. Abstr. Ser.* 80:563–68.
Bosc, M. J., Nicolle, A., and Ducelliez, D. 1986. Time of birth and daily activity mediated by feeding rhythms in the pregnant rat. *Reprod. Nutr. Dev.* 26:777–89.
Bowman, L. A., Dilley, S. R., and Keverne, E. B. 1978. Suppression of oestrogen-induced LH surges by social subordination in talapoin monkeys. *Nature* 275:56–58.
Boyd, J. S. 1971. The radiographic identification of various stages of pregnancy in the domestic cat. *J. Small Anim. Pract.* 12:501.
Bradshaw, G. V. R. 1962. Reproductive cycle of the California leaf-nosed bat, *Macrotus californicus. Science* 136:645–46.
Brady, A. G., Williams, L. E., Hoff, C. J., Parks, V. L., and Abee, C. R. 1998. Determination of fetal biparietal diameter without the use of ultrasound in squirrel monkeys. *J. Med. Primatol.* 27:266–70.
Brandt, E. M., and Mitchell, G. 1971. Parturition in primates. In *Primate behaviour: Developments in field and laboratory research*, ed. L. A. Rosenblum, 178–223. New York: Academic Press.
Bruce, H. M. 1960. A block to pregnancy in the mouse caused by proximity of strange males. *J. Reprod. Fertil. Abstr. Ser.* 1:96–103.
Bruere, A. N. 1980. Pregnancy toxemia. In *Current therapy in theriogenology*, ed. D. A. Morrow, 903–7. Philadelphia: W. B. Saunders.
Bullerman, R. 1976. Breeding Dall sheep at Milwaukee Zoo. *Int. Zoo Yearb.* 16:126–29.
Burdsal, C. A. 1998. Embryogenesis, mammalian. In *Encyclopedia of reproduction*, vol. 1, ed. E. Knobil and J. D. Neill, 1029–31. San Diego: Academic Press.
Burton, F. D., and Sawchuk, L. A. 1982. Birth intervals in *M. sylvanus* of Gibraltar. *Primates* 23:140–44.
Caine, N., and Mitchell, G. 1979. Behavior of primates present during parturition. In *Captivity and behavior*, ed. J. Erwin, T. L. Maple, and G. Mitchell, 112–24. New York: Van Nostrand Reinhold.
Calle, P. P., and Ensley, P. K. 1985. Abruptio placentae in a lion-tailed macaque. *J. Am. Vet. Med. Assoc.* 187:1275–76.
Campitelli, S., Carenzi, C., and Verga, M. 1982. Factors which influence parturition in the mare and development in the foal. *Appl. Anim. Ethol.* 9:7–14.
Carr, D. H., 1967. Cytogenetics of abortions. In *Comparative aspects of reproductive failure*, ed. K. Benirschke, 96–117. Berlin: Springer-Verlag.
Carroll, J. B. 1986. Social correlates of reproductive suppression in captive callitrichid family groups. *Dodo* 23:80–85.
Challis, J. R. G., and Olson, D. M. 1988. Parturition. In *The physiology of reproduction*, vol. 1, ed. E. Knobil and J. D. Neill, 2177–234. New York: Raven Press.
Church, D. C., and Lloyd, W. E. 1972. Veterinary dietetics and therapeutic nutrition. In *Digestive physiology and nutrition of ruminants*, vol. 3, *Practical nutrition*, ed. D. C. Church, 308–29. Corvallis: D. C. Church, Department of Animal Sciences, Oregon State University.
Citino, S. B., Bush, M., and Phillips, L. G. 1984. Dystocia and fatal hyperthermic episode in a giraffe. *J. Am. Vet. Med. Assoc.* 185: 1440–42.
Clark, A. K., Spearow, A. C., and Owens, M. J. 1983. Relationship of feeding time to time of parturition for dry Holstein cows. *J. Dairy Sci.* 66 (Suppl. 1): 138.
Clutton-Brock, T. H., Guinness, F. E., and Albon, S. D. 1982. *Red deer: Behavior and ecology of two sexes.* Chicago: University of Chicago Press.
Clutton-Brock, T. H., and Iason, G. R. 1986. Sex ratio variation in mammals. *Q. Rev. Biol.* 61:339–74.
Concannon, P. W., Powers, M. E., Holder, W., and Hansel, W. 1977. Pregnancy and parturition in the bitch. *Biol. Reprod.* 16: 517–26.
Cornell, L., Asper, E. D., Antrim, J. E., Searles, S. S., Young, W. G., and Goff, T. 1987. Progress report: Results of a long-range captive breeding program for the bottle-nosed dolphin, *Tursiops truncatus* and *Tursiops truncatus gillii. Zoo Biol.* 6:41–53.
Cross, D. T., Threlfall, W. R., and Kline, R. C. 1992. Body temperature fluctuations in the periparturient horse mare. *Theriogenology* 37:1041–48.
Csapo, A. F., and Lloyd-Jacobs, M. A. 1962. Placenta, uterus volume, and the control of the pregnant uterus in rabbits. *Am. J. Obstet. Gynecol.* 83:1073–82.
Daly, M. 1972. The maternal behaviour cycle in golden hamsters. *Z. Tierpsychol.* 31:289–99.
Davis, J. 1965. A preliminary report on the reproductive behavior of the small Malayan chevrotain, *Tragulus javanicus* at New York Zoo. *Int. Zoo Yearb.* 5:42–44.
Day, B. N. 1980. Parturition. In *Current therapy in theriogenology*, ed. D. Morrow, 1064–67. Philadelphia: W. B. Saunders.
Dunbar, R. I. M. 1980. Determinants and evolutionary consequences of dominance among female gelada baboons. *Behav. Ecol. Sociobiol.* 7:253–65.

Dunbar, R. I. M., and Sharman, M. 1983. Female competition for access to males affects birth rates in baboons. *Behav. Ecol. Sociobiol.* 13:157–59.

Eisenberg, J. F. 1966. The social organization of mammals. *Handb. Zool.* 10:1–92.

Eisenberg, J. F., and Kleiman, D. G. 1977. The usefulness of behaviour studies in developing captive breeding programmes for mammals. *Int. Zoo Yearb.* 17:81–88.

Erlebacher, A., Zhang, D., Parlow, A. F., and Glimcher, L. H. 2004. Ovarian insufficiency and early pregnancy loss induced by activation of the innate immune system. *J. Clin. Investig.* 114: 39–48.

Essapian, F. S. 1963. Observations on abnormalities of parturition in captive bottle-nosed dolphins, *Tursiops truncatus*, and concurrent behavior of other porpoises. *J. Mammal.* 44:405–14.

Estes, R. D., and Estes, R. K. 1979. The birth and survival of wildebeest calves. *Z. Tierpsychol.* 50:45–95.

Ewbank, R. 1963. Predicting the time of parturition in the normal cow: A study of the pre-calving drop in body temperature in relation to the external signs of imminent calving. *Vet. Rec.* 75: 367–71.

———. 1969. The fall in rectal temperature seen before parturition in sheep. *J. Reprod. Fertil. Abstr. Ser.* 19:569–71.

Ewer, R. F. 1973. *The Carnivores*. Ithaca, NY: Cornell University Press.

Fazleabas, A. T., Donnelly, K. M., Mavrogianis, P. A., and Verhage, H. G. 1993. Secretory and morphological changes in the baboon (*Papio anubis*) uterus and placenta during early pregnancy. *Biol. Reprod.* 49:695–704.

Ferron, R. R., Miller, R. S., and McNulty, W. P. 1976. Estimation of the fetal death in the dog: Early radiographic diagnosis. *J. Med. Primatol.* 5:41–48.

Fielden, E. D. 1980. Vaginal prolapse. In *Current therapy in theriogenology*, ed. D. A. Morrow, 914–16. Philadelphia: W. B. Saunders.

First, N. L. 1979. Mechanisms controlling parturition in farm animals. In *Animal production*, ed. H. Hawk, 215–57. Montclair, NJ: Allanheld Osmun.

Fleming, T. H. 1971. *Artibeus jamaicensis*: Delayed embryonic development in a Neotropical bat. *Science* 171:402–4.

Fleming, T. P., Kwong, W. Y., Porter, R., Ursell, E., Fesenko, I., Wilkins, A., Miller, D. J., Watkins, A. J., and Eckert, J. J. 2004. The embryo and its future. *Biol. Reprod.* 71:1046–54.

Flowers, B., Martin, M. J., Cantley, T. C., and Day, B. N. 1989. Endocrine changes associated with dietary-induced increase in ovulation rate (flushing) in gilts. *J. Anim. Sci.* 67:771–78.

Foose, T. J. 1983. The relevance of captive populations to the conservation of biological diversity. In *Genetics and conservation*, ed. C. M. Schonewald-Cox, S. M. Chambers, B. MacBryde, and W. L. Thomas, 374–401. Menlo Park, CA: Benjamin/Cummings.

Forrest, L. J., O'Brien, R. T., Tremeling, M. S., Steinberg, H., Cooley, A. J., and Kerlin, R. L. 1998. Sonographic renal findings in 20 dogs with leptospirosis. *Vet. Radiol. Ultrasound* 39:337–40.

Fowler, M. E., ed. 1993. *Zoo and wild animal medicine*. Philadelphia: W. B. Saunders.

Fox, M. W. 1966. *Canine pediatrics, development, neonatal and congenital diseases*. Springfield, IL: Charles C. Thomas.

Frädrich, H. 1987. The husbandry of tropical and temperate cervids in the West Berlin Zoo. In *Biology and management of the Cervidae*, ed. C. Wemmer, 422–27. Washington, DC: Smithsonian Institution Press.

Frame, L. H., Malcolm, J. R., Frame, G. W., and Lawick, H. van. 1979. Social organization of African wild dogs *Lycaon pictus* on the Serengeti Plains, Tanzania (1967–1978). *Z. Tierpsychol.* 50: 225–49.

Fraser, A. F. 1968. *Reproductive behavior in ungulates*. New York: Academic Press.

French, J. A. 1983. Lactation and fertility: An examination of nursing and interbirth intervals in cotton-top tamarins (*Saguinus o. oedipus*). *Folia Primatol.* 40:276–82.

Frueh, R. J. 1979. The breeding and management of black lemurs at St. Louis Zoo. *Int. Zoo Yearb.* 19:214–17.

Fuchs, A. R. 1983. The role of oxytocin in parturition. In *Current topics in experimental endocrinology*, vol. 4, *The endocrinology of pregnancy and parturition*, ed. L. Martini and V. H. T. James, 231–65. New York: Academic Press.

Gahlot, T. K., Chouhan, D. S., Khatri, S. K., Bishnoi, B. L., and Chowdhury, B. R. 1983. Macerated fetus in a camel. *Vet. Med. Small Anim. Clinician* 78:429–30.

Gandy, B., Tucker, W., Ryan, P., Williams, A., Tucker, A., Moore, A., Godfrey, R., and Willard, S. 2001. Evaluation of the early conception factor (ECF™) test for the detection of non-pregnancy in dairy cattle. *Theriogenology* 56:637–47.

Gerloff, B. J., and Morrow, D. A. 1980. Effect of nutrition on reproduction in dairy cattle. In *Current therapy in theriogenology*, ed. D. A. Morrow, 310–20. Philadelphia: W. B. Saunders.

Ginther, O. J. 1995a. *Ultrasonic imaging and animal reproduction: Book 1. Fundamentals*. Cross Plains, WI: Equiservices Publishing.

———. 1995b. *Ultrasonic imaging and animal reproduction: Book 2. Horses*. Cross Plains, WI: Equiservices Publishing.

———. 1998. *Ultrasonic imaging and animal reproduction: Book 3. Cattle*. Cross Plains, WI: Equiservices Publishing.

Glander, K. E. 1980. Reproduction and population growth in free-ranging mantled howler monkeys. *Am. J. Phys. Anthropol.* 53: 25–36.

Gonyou, H. W., and Cobb, A. R. 1986. The influence of time of feeding on the time of parturition in ewes. *Can J. Anim. Sci.* 66: 569–74.

Gosling, L. M. 1969. Parturition and related behaviour in Coke's hartebeest, *Alcelaphus buselaphus cokei* Gunther. *J. Reprod. Fertil. Suppl.* 6:265–86.

Griffiths, M. 1984. Mammals: Monotremes. In *Marshall's physiology of reproduction*, 4th ed., vol. 1, *Reproductive cycles of vertebrates*, ed. G. E. Lamming, 351–85. Edinburgh: Churchill-Livingstone.

Gubernick, D. J. 1981. Parent and infant attachment in mammals. In *Parental care in mammals*, ed. D. J. Gubernick and P. H. Klopfer, 243–305. New York: Plenum Press.

Hacklander, K., Miedler, S. T., Beiglbock, C. H., Zenker, W., Dehnhard, M., and Hofer, H. 2002. Ultrasonography as a less invasive method to assess female reproduction and foetal development in European hares (*Lepus europaeus*). *Adv. Ethol.* 37:136.

Hafez, E. S. E., and Jainudeen, M. R. 1974. Reproductive failure in females. In *Reproduction in farm animals*, 3rd ed., ed. E. S. E. Hafez, 351–72. Philadelphia: Lea and Febiger.

Harley, D. 1985. Birth spacing in langur monkeys, *Presbytis entellus*. *Int. J. Primatol.* 6:227–42.

Harrop, A. E. 1960. *Reproduction in the dog*. Baltimore: Williams and Wilkins.

Hart, B. L. 1985. *The behavior of domestic animals*. New York: W. H. Freeman.

Hausfater, G., and Hrdy, S. B. 1984. *Infanticide: Comparative and evolutionary perspectives*. New York: Aldine.

Hayes, E. S. 2004. Biology of primate relaxin: A paracrine signal in early pregnancy? *Reprod. Biol. Endocrinol.* 2:36, doi: 10: 1186/1477-7827-2-36, http://www.rbej.com/content/2/1/36.

Hayssen, V., Van Tienhoven, A., and Van Tienhoven, A. 1993. *Asdell's patterns of mammalian reproduction*. Ithaca, NY: Cornell University Press.

Heimer, W. E., and Watson, S. M. 1982. Differing reproductive patterns in Dall sheep: Population strategy or management artifact? In *Proceedings of the Biennial Symposium of the Northern Wild Sheep and Goat Council* 2:288–306. Fort Collins, CO: Northern Wild Sheep and Goat Council.

Hendrichs, H., and Hendrichs, U. 1971. *Dikdik und elefanten*. Munich: Piper Verlag.

Hendricks, D. M., and Mayer, D. T. 1977. Gonadal hormones and uterine factors. In *Reproduction in domestic animals*, 3rd ed., ed. H. H. Cole and P. T. Cupps, 79–117. New York: Academic Press.

Herrenkohl, L. R. 1979. Prenatal stress reduces fertility and fecundity in female offspring. *Science* 206:1097–99.

Herter, K. 1965. *Hedgehogs*. London: Phoenix House.

Hildebrandt, T. B., Hermes, R., Pratt, N. C., Fritsch, G., Blottner, S., Schmidt, D. L., Ratanakorn, P., Brown, J. L., Rietschel, W., and Göritz, F. 2000. Ultrasonography of the urogenital tract in elephants (*Loxodonta africana* and *Elephas maximus*): An important tool for assessing male reproductive function. *Zoo Biol.* 19: 333–46.

Hildebrandt, T. B., Strike, T., Flach, E., Sambrook, B. S., Dodds, J., Lindsay, N., Göritz, F., Hermes, R., and McGowan, M. 2003. Fetonomy in the elephant. In *Proceedings*, 89–92. Atlanta: American Association of Zoo Veterinarians.

Hillman, C. N., and Carpenter, J. W. 1983. Breeding biology and behavior of captive black-footed ferrets, *Mustela nigripes*. *Int. Zoo Yearb.* 23:251–58.

Hobson, W. C., Graham, C. E., and Rowell, T. J. 1991. National chimpanzee breeding program: Primate Research Institute. *Am. J. Primatol.* 24:257–63.

Holm, L. W. 1966. The gestation period of mammals. *Symp. Zool. Soc. Lond.* 15:403–18.

Hopf, S. 1967. Notes on pregnancy, delivery, and infant survival in captive squirrel monkeys. *Primates* 8:323–32.

Houston, E. W., Hagberg, P. K., Fischer, M. T., Miller, M. E., and Asa, C. S. 2002. Monitoring pregnancy in babirusa (*Babyrousa babyrussa*) via trans-abdominal sonography at the St. Louis Zoological Park. *J. Zoo Wildl. Med.* 32:366–72.

Howard, J., Byers, A. P., Brown, J. L., Barrett, S. J., Evans, M. Z., Schwartz, R. J., and Wildt, D. E. 1996. Successful ovulation induction and laparoscopic intrauterine artificial insemination in the clouded leopard (*Neofelis nebulosa*). *Zoo Biol.* 15:55–69.

Hrdy, S. 1979. Infanticide among mammals: A review, classification, and examination of the implications for reproductive strategies of females. *Ethol. Sociobiol.* 1:13–40.

Hubbell, G. 1962. Birth of a gelada baboon, *Theropithecus gelada*, by cesarean section. *Int. Zoo Yearb.* 4:142.

Huck, U. W. 1982. Pregnancy block in laboratory mice as a function of male social status. *J. Reprod. Fertil.* 66:181–84.

Huck, U. W., Bracken, A. C., and Lisk, R. D. 1983. Female induced pregnancy block in the golden hamster. *Behav. Neural. Biol.* 39: 190–93.

Hunter, J., Martin, R. D., Dixson, A. F., and Rudder, B. C. C. 1979. Gestation and interbirth intervals in owl monkey (*Aotus trivirgatus griseimembra*). *Folia Primatol.* 31:165–75.

Hutchins, M. 1984. The mother-offspring relationship in mountain goats (*Oreamnos americanus*). Ph.D. diss., University of Washington.

Hutt, F. B. 1967. Malformations and defects of genetic origin in domestic animals. In *Comparative aspects of reproductive failure*, ed. K. Benirschke, 256–67. Berlin: Springer-Verlag.

Ingraham, R. M., Gillette, D. D., and Wagner, W. E. 1974. Relationship of temperature and humidity to conception rate of Holstein cows in subtropical climate. *J. Dairy Sci.* 57:476–81.

Izard, M. K., and Simons, E. L. 1986. Isolation of females prior to parturition reduces neonatal mortality in *Galago*. *Am. J. Primatol.* 10:249–55.

Jainudeen, M. R., and Hafez, E. S. E. 1980. Gestation, prenatal physiology, and parturition. In *Reproduction in farm animals*, 3rd ed., ed. E. S. E. Hafez, 247–383. Philadelphia: Lea and Febiger.

———. 1993. Sheep and goats. In *Reproduction in farm animals*, 3rd ed., ed. E. S. E. Hafez, 330–42. Philadelphia: Lea and Febiger.

Jarman, M. V. 1976. Impala social behaviour: Birth behaviour. *East Afr. Wildl. J.* 14:153–67.

Jarvis, J. U. M. 1991. Reproduction of naked mole-rats. In *The biology of the naked mole-rat*, ed. P. W. Sherman, J. U. M. Jarvis, and R. D. Alexander, 384–425. Princeton, NJ: Princeton University Press.

Jensen, G. D., and Bobbitt, R. A. 1967. Changing parturition time in monkeys (*Macaca nemestrina*) from night to day. *Lab. Anim. Care* 17:379–81.

Johnston, S. D. 1980. Spontaneous abortion. In *Current therapy in theriogenology*, ed. D. Morrow, 606–14. Philadelphia: W. B. Saunders.

Jones, J. E. T. 1966. Observations on parturition in the sow. *Br. Vet. J.* 122:420–26, 471–78.

Jordan, W. J. 1965. Retention of the placenta in some zoo animals. In *Proceedings of the 7th International Symposium on Diseases of Zoo Animals*, 7–13. Zurich: German Academy of Science Institute for Comparative Pathology.

Kadam, K. M., and Swayaamprabha, M. S. 1980. Parturition in the slendor loris (*Loris tardigradus lydekkerianus*). *Primates* 21: 567–71.

Kaplan, J. 1972. Differences in the mother-infant relations of squirrel monkeys housed in social and restricted environments. *Dev. Psychobiol.* 5:43–52.

Kemps, A., and Timmermans, P. 1982. Parturition behaviour in pluriparous Java macaques (*Macaca fascicularis*). *Primates* 23: 75–88.

Kendrick, J. W., and Howarth, J. A. 1974. Reproductive infection. In *Reproduction in farm animals*, 3rd ed., ed. E. S. E. Hafez, 394–406. Philadelphia: Lea and Febiger.

Kenny, A. M., Evans, R. L., and Dewsbury, D. A. 1977. Postimplantation pregnancy disruption in *Microtus ochrogaster*, *M. pennsylvanicus*, and *Peromyscus maniculatus*. *J. Reprod. Fertil. Abstr. Ser.* 49:365–67.

Keverne, E. B., Levy, F., Poindron, P., and Lindsay, D. R. 1983. Vaginal stimulation: An important determinant of maternal bonding in sheep. *Science* 219:81–83.

Kiltie, R. A. 1982. Intraspecific variation in the mammalian gestation period. *J. Mammal.* 63:646–52.

King, N. W., and Chalifoux, L. V. 1986. Prenatal and neonatal pathology of captive nonhuman primates. In *Primates: The road to self sustaining populations*, ed. K. Benirschke, 763–70. New York: Springer-Verlag.

Kleiman, D. G. 1972. Maternal behaviour of the green acouchi (*Myoprocta pratti* Pocock), a South American caviomorph rodent. *Behaviour* 43:48–84.

———. 1975. Management of breeding programs in zoos. In *Research in zoos and aquariums*, 157–77. Washington, DC: National Academy of Sciences.

———. 1980. The sociobiology of captive propagation. In *Conservation biology: An evolutionary-ecological perspective*, ed. M. E. Soulé and B. A. Wilcox, 243–61. Sunderland, MA: Sinauer Associates.

———. 1985. Social and reproductive behavior of the giant panda (*Ailuropoda melanoleuca*). In *Proceedings of the International Symposium on the Giant Panda*, ed. H. G. Klös and H. Frädrich, 45–58. Berlin: Zoologischer Garten.

Klös, H. G., and Lang, E. M. 1982. *Handbook of zoo medicine: Diseases and treatment of wild animals in zoos, game parks, circuses, and private collections*. New York: Van Nostrand Reinhold.

Knobil, E., and Neill, J. D. 1988. *The physiology of reproduction*. Vol. 1. New York: Raven Press.

———. 1998. *Encyclopedia of reproduction*. San Diego: Academic Press.

Kranz, K. R., Xanten, W. A., and Lumpkin, S. 1983. Breeding history of the Dorcas gazelles at the National Zoological Park, 1961–1981. *Int. Zoo Yearb.* 23:195–203.

Kristal, M. B. 1980. Placentophagia: A biobehavioral enigma. *Neurosci. Biobehav. Rev.* 4:141–50.

Lacave, G., Eggermont, M., Verslycke, T., Brook, F., Salbany, A., Roque, L., and Kinoshita, R. 2004. Prediction from ultrasono-

graphic measurements of the expected delivery date in two species of bottlenosed dolphin (*Tursiops truncatus* and *Tursiops aduncus*). *Vet. Rec.* 154:228–33.
Lamming, G. E., ed. 1984. *Marshall's physiology of reproduction*, 4th ed., vol. 1, *Reproductive cycles of vertebrates.* Edinburgh: Churchill Livingstone.
Lang, E. M. 1967. The birth of an African elephant at Basle Zoo. *Int. Zoo Yearb.* 7:154–57.
Langford, J. B. 1963. Breeding behavior of *Hapale jacchus* (common marmoset). *S. Afr. J. Sci.* 59:299–300.
Larkin, P., and Roberts, M. 1983. Reproduction in the ring-tailed mongoose. *Int. Zoo Yearb.* 22:188–93.
Lasley, B. L. 1980. Endocrine research advances in breeding endangered species. *Int. Zoo. Yearb.* 20:166–70.
Laurie, A. 1979. The ecology and behavior of the greater one-horned rhinoceros, *Rhinoceros unicornis*. Ph.D. diss., Cambridge University.
Law, G., and Boyle, H. 1983. Breeding the Geoffroy's cat at Glasgow Zoo. *Int. Zoo. Yearb.* 22:191–95.
Lawson, J. W., and Renouf, D. 1985. Parturition in the Atlantic harbor seal *Phoca vitulina concolor*. *J. Mammal.* 66:395–98.
Layne, J. N. 1968. Ontogeny. In *Biology of Peromysus* (*Rodentia*), ed. J. A. King, 148–53. Special Publication no. 2. Lawrence, KS: American Society of Mammalogists.
Le Boeuf, B. J., Whiting, R. J., and Gantt, F. 1972. Parental behavior of Northern elephant seal females and their young. *Behaviour* 43:121–56.
Leipold, H. W. 1980. Congenital defects of zoo and wild mammals: A review. In *The comparative pathology of zoo animals*, ed. R. J. Montali and G. Migaki, 457–70. Washington, DC: Smithsonian Institution Press.
Lent, P. C. 1974. Mother-infant relationships in ungulates. In *The behaviour of ungulates and its relation to management*, vol. 1, ed. V. Geist and F. Walther, 14–55. Morges, Switzerland: International Union for Conservation of Nature.
Leyhausen, P., and Tonkin, B. 1966. Breeding the black-footed cat, *Felis nigripes*, in captivity. *Int. Zoo Yearb.* 6:176–82.
Lindahl, I. L. 1972. Nutrition and feeding of goats. In *Digestive physiology and nutrition of ruminants*, vol. 3, *Practical nutrition*, ed. D. C. Church. Corvallis: D. C. Church, Department of Animal Science, Oregon State University.
Lott, D. F., and Galland, J. C. 1985. Parturition in American bison: Precocity and systematic variation in cow isolation. *Z. Tierpsychol.* 69:66–71.
Loudon, A. S. L., McNeilly, A. S., and Milne, J. A. 1983. Nutrition and lactational control of fertility in red deer. *Nature* 302:145–47.
Low, B. S. 1978. Environmental uncertainty and the parental strategies of marsupials and placentals. *Am. Nat.* 112:197–213.
Macdonald, D. W., and Newman, C. 2002. Population dynamics of badgers (*Meles meles*) in Oxfordshire, U. K.: Numbers, density and cohort life histories, and a possible role of climate change in population growth. *J. Zool.* 256:121–38.
MacKinnon, J. 1971. The orang-utan in Sabah today. *Oryx* 11: 141–91.
Mahoney, C. J., and Eisele, S. 1978. A programme of prepartum care for the rhesus monkey, *Macaca mulatta*: Results of the first two years of study. In *Recent advances in Primatology*, vol. 2, *Conservation*, ed. D. J. Chivers and W. Lane-Petter, 26–67. New York: Academic Press.
Mainka, S. A., and Lothrop, C. D. 1980. Reproductive and hormonal changes during the estrous cycle and pregnancy in Asian elephants (*Elephas maximus*). *Zoo Biol.* 9:411–19.
Manski, D. A. 1982. Herding and sexual advances toward females in late stages of pregnancy in addax antelope. *Zool. Gart.* 52: 106–12.
Marlow, B. J. 1974. Ingestion of placenta in Hooker's sea lion. *N. Z. J. Mar. Freshw. Res.* 8:233–38.
Martin, R. D. 1968. Reproduction and ontogeny in tree shrews with reference to their general behavior and taxonomic relationships. *Z. Tierpsychol.* 25:409–532.
Martin-DeLéon, P. A., and Boice, N. L. 1985. Sperm aging in the male after sexual rest: Contribution to chromosome anomalies. *Gamete Res.* 12:151–63.
Martinat-Botte, F., Renaud, G., Madec, P., Costiou, P., and Terqui, M. 2000. *Ultrasonography and reproduction in swine: Principles and practical applications.* Paris: INRA Editions.
Martinet, L. 1980. Oestrus behaviour, follicular growth, and ovulation during pregnancy in the hare (*Lepus europaeus*). *J. Reprod. Fertil. Abstr. Ser.* 59:441–45.
Maurer, R. R., and Foote, R. H., 1971. Maternal aging and embryonic mortality in the rabbit. *J. Reprod. Fertil. Abstr. Ser.* 25:329–41.
Mayberry, A. B., and Ditterbrandt, M. 1971. Note on mummified fetuses in a Bactrian camel at Portland Zoo. *Int. Zoo Yearb.* 11: 126–27.
McBride, A. F., and Kritzler, H. 1951. Observations on pregnancy, parturition, and postnatal behavior in the bottle-nosed dolphin. *J. Mammal.* 32:251–66.
McCrane, M. P. 1966. Birth, behaviour, and development of a hand-reared two-toed sloth. *Int. Zoo Yearb.* 6:153–63.
McGuire, B., Henyey, E., McCue, E., and Bernis, W. E. 2003. Parental behavior at parturition in prairie voles (*Microtus ochrogaster*). *J. Mammal.* 84:513–23.
Medearis, D. N. 1967. Comparative aspects of reproductive failure induced in mammals by viruses. In *Comparative aspects of reproductive failure*, ed. K. Benirschke, 333–49. Berlin: Springer-Verlag.
Meder, A. 1986. Physical and activity changes associated with pregnancy in captive lowland gorillas (*Gorilla gorilla gorilla*). *Am. J. Primatol.* 11:111–16.
Metcalfe, J., Stock, M. K., and Barron, D. H. 1988. Maternal physiology during gestation. In *The physiology of reproduction*, vol. 1, ed. E. Knobil and J. D. Neill, 2145–76. New York: Raven Press.
Miller, W. G., Adams, L. G., Ficht, T. A., Cheville, N. F., Payeur, J. P., Harley, D. R., House, C., and Ridgway, S. H. 1999. Brucella-induced abortions and infection in bottlenose dolphins (*Tursiops truncatus*). *J. Zoo Wildl. Med.* 30:100–110.
Mills, R. S. 1980. Parturition and social interaction among captive vampire bats *Desmodus rotundus*. *J. Mammal.* 61:336–37.
Mitchell, G., and Brandt, E. M. 1975. Behavior of the female rhesus monkey during birth. In *The rhesus monkey*, vol. 2, ed. G. H. Bourne, 232–45. New York: Academic Press.
Mohnot, S. M., Agoramoorthy, G., and Pajpurohit, L. S. 1986. Male takeovers inducing abortions in Hanuman langur, *Presbytis entellus*. *Primate Rep.* 14:208.
Morrow, C. J., Wolfe, B. A., Roth, T. L., Wildt, D. E., Bush, M., Blumer, E. S., Atkinson, M. W., and Monfort, S. L. 2000. Comparing ovulation synchronization protocols for artificial insemination in the scimitar-horned oryx (*Oryx dammah*). *Anim. Reprod. Sci.* 59:71–86.
Morton, H., McKay, D. A., Murphy, R. M., Somodevilla-Torres, M. S., Swanson, C. E., Cassady, A. I., Summers, K. M., and Cavanagh, A. C. 2000. Production of recombinant form of early pregnancy factor that can prolong allogenic skin graft survival time in rats. *Immunol. Cell Biol.* 78:603–7.
Morton, H., Rolfe, B., and Cavanagh, A. C. 1982. Early pregnancy factor: Biology and clinical significance. In *Pregnancy proteins: Biology, chemistry, and clinical application*, ed. J. G. Grundzinskas, 391–405. Sydney: Academic Press.
Morton, H., Rolfe, B. E., McNeill, L., Clarke, P., Clarke, F. M., and Clunie, G. J. A. 1980. Early pregnancy factor: Tissues involved in its production in the mouse. *J. Reprod. Immunol.* 2:73–82.
Murray, J. D., Moran, C., Boland, M. P., Nancarrow, C. D., Sutton, R., Hoskinson, R. M., and Scaramuzzi, R. J. 1986. Polyploid cells in blastocysts and early fetuses from Australian Merino sheep. *J. Reprod. Fertil. Suppl.* 30:191–99.

Naaktgeboren, C. 1968. Some aspects of parturition in wild and domestic Canidae. *Int. Zoo Yearb.* 8:8–13.
Nadler, R. D. 1974. Periparturitional behavior of a primiparous lowland gorilla. *Primates* 15:55–73.
Nadler, R. D., Graham, C. E., Collins, D. C., and Kling, O. R. 1981. Postpartum amenorrhea and behavior of great apes. In *Reproductive biology of the great apes*, ed. C. E. Graham, 69–81. New York: Academic Press.
Nancarrow, D. C., Wallace, A. L. C., and Grewal, A. S. 1981. The early pregnancy factor of sheep and cattle. *J. Reprod. Fertil. Suppl.* 30: 191–99.
Nelson, R. J., and Desjardins, C. 1987. Water availability affects reproduction in deer mice. *Biol. Reprod.* 37:257–60.
Newton, N., Foshee, D., and Newton, M. 1966. Parturient mice: Effect of environment on labor. *Science* 151:1560–61.
Nieuwenhuijsen, K., Lammers, A. J. J. C., de Neef, K. J., and Slob, A. K. 1985. Reproduction and social rank in female stumptail macaques (*Macaca arctoides*). *Int. J. Primatol.* 6:77–99.
Norment, C. J. 1980. Breech presentation of the fetus in a pregnant muskox. *J. Mammal.* 61:776–77.
Norris, M. L. 1985. Disruption of pairbonding induces pregnancy failure in newly mated Mongolian gerbils (*Meriones unguiculatus*). *J. Reprod. Fertil. Abstr. Ser.* 75:43–47.
Oerke, R. D., Heistermann, M., Kuderling, I., and Hodges, J. K. 2002. Monitoring reproduction in Callitrichidae by means of ultrasonography. *Evol. Anthropol.* 11:183–85.
Orozco, C., Perkins, T., and Clarke, F. M. 1986. Platelet activating factor induces the expression of early pregnancy factor activity in female mice. *J. Reprod. Fertil. Abstr. Ser.* 78:549–55.
Ozoga, J. J., and Verme, L. J. 1985. Determining fetus age in live white-tailed does by x-ray. *J. Wildl. Manag.* 49:372–74.
Packard, J. M., Babbitt, K. J., Hannon, P. G., and Grant, W. E. 1990. Infanticide in captive collared peccaries (*Tayassu tajacu*). *Zoo Biol.* 9:49–53.
Packard, J. M., Dowdell, D. M., Grant, W. E., Hellgren, E. C., and Lochmiller, R. L. 1987. Parturition and related behavior of the collared peccary (*Tayassu tajacu*). *J. Mammal.* 68:679–81.
Paria, B. C., Song, J., and Dey, S. K. 2001. Implantation: Molecular basis of embryo-uterine dialogue. *Int. J. Dev. Biol.* 45:597–605.
Parr, R. A., Davis, I. F., Fairclough, R. J., and Miles, M. A. 1987. Overfeeding during early pregnancy reduces peripheral progesterone concentration and pregnancy rate in sheep. *J. Reprod. Fertil. Abstr. Ser.* 80:317–20.
Patenaude, F., and Bovet, J. 1983. Parturition related behavior in wild American beavers *Castor canadensis*. *Z. Säugetierkunde* 48: 136–45.
Pereira, M. E. 1983. Abortion following the immigration of an adult male baboon (*Papio cynocephalus*). *Am. J. Primatol.* 4: 93–98.
Perry, J. S. 1954. Fecundity and embryonic mortality in pigs. *J. Embryol. Exp. Morphol.* 2:308–22.
Peters, J. C. 1963. Ruptured uterus in a puma. In *Proceedings of the 5th International Symposium on Diseases of Zoo Animals*, 80–81. Amsterdam: Royal Netherlands Veterinary Association.
Petter-Rousseaux, A. 1964. Reproductive physiology and behavior of the Lemuroidea. In *Evolutionary and genetic biology of the primates*, vol. 2, ed. J. Buettner-Janusch, 91–132. New York: Academic Press.
Phillips, I. R., and Grist, S. M. 1975. The use of transabdominal palpation to determine the course of pregnancy in the marmoset (*Callithrix jacchus*). *J. Reprod. Fertil. Abstr. Ser.* 43:103–8.
Pianka, E. R. 1970. On r- and K-selection. *Am. Nat.* 104:292–97.
Piechocki, R. 1975. The cricetid rodents. In *Grzimek's animal life encyclopedia*, vol. 2, *Mammals*, ed. B. Grzimek, 296–406. New York: Van Nostrand Reinhold.
Place, N. J., Weldele, M. L., and Wahaj, S. A. 2002. Ultrasonic measurements of second and third trimester fetuses to predict gestational age and date of parturition in captive and wild spotted hyenas, *Crocuta crocuta*. *Theriogenology* 58:1047–55.
Pond, W. G., and Houpt, K. A. 1978. *The biology of the pig*. Ithaca, NY: Cornell University Press.
Poole, D. A., and Trefethen, J. B. 1978. The maintenance of wildlife populations. In *Wildlife and America*, ed. H. P. Brokaw, 339–49. Washington, DC: Council on Environmental Quality.
Poole, T. B., and Evans, R. B. 1982. Reproduction, infant survival, and productivity of a colony of common marmosets (*Callithrix jacchus jacchus*). *Lab. Anim.* (*Lond.*) 16:88–94.
Poole, W. E. 1975. Reproduction in two species of grey kangaroos, *Macropus giganteus* Shaw and *M. fuliginosus* (Desmarest). II. Gestation, parturition, and pouch life. *Aust. J. Zool.* 23:333–53.
Pope, A. L. 1972. Feeding and nutrition of ewes and rams. In *Digestive physiology and nutrition of ruminants*, vol. 3, *Practical nutrition*, ed. D. C. Church, 250–60. Corvallis: D. C. Church, Department of Animal Sciences, Oregon State University.
Pryor, W. J. 1980. Feeding sheep for high reproductive performance. In *Current therapy in theriogenology*, ed. D. Morrow, 882–88. Philadelphia: W. B. Saunders.
Rabb, G. B., Woolpy, J. H., and Ginsburg, B. E. 1967. Social relationships in a group of captive wolves. *Am. Zool.* 7:305–12.
Racey, P. A. 1973. Environmental factors affecting the length of gestation in heterothermic bats. *J. Reprod. Fertil. Suppl.* 19:175–89.
———. 1981. Environmental factors affecting the length of gestation in mammals. In *Environmental factors in mammalian reproduction*, ed. D. Gilmore and B. H. Cook, 197–213. Baltimore: University Park Press.
———. 1988. Reproductive assessment in bats. In *Ecological and behavioral methods for the study of bats*, ed. T. H. Kunz, 31–44. Washington, DC: Smithsonian Institution Press.
Radcliffe, R. W., Eyres, A. I., Patton, M. L., Czekala, N. M., and Emslie, R. H. 2001. Ultrasonographic characterization of ovarian events and fetal gestational parameters in two southern black rhinoceros (*Diceros bicornis minor*) and correlation to fecal progesterone. *Theriogenology* 55:1033–49.
Randall, G. C. B. 1972. Observations on parturition in the sow. II. Factors influencing stillbirth and perinatal mortality. *Vet. Rec.* 90:183.
Randall, P., Taylor, P., and Banks, D. 1984. Pregnancy and stillbirth in a lowland gorilla. *Int. Zoo Yearb.* 23:183–85.
Randolph, P. A., Randolph, J. C., Mattingly, K., and Foster, M. M. 1977. Energy costs of reproduction in the cotton rat, *Sigmodon hispidus*. *Ecology* 58:31–45.
Rasmussen, K. M., Thene, S. W., and Hayes, K. C. 1980. Effect of folic acid supplementation on pregnancy in the squirrel monkey. *J. Med. Primatol.* 9:169–84.
Renfree, M. B. 1981. Embryonic diapause in marsupials. *J. Reprod. Fertil. Suppl.* 29:67–78.
Renfree, M. B., and Calaby, J. H. 1981. Background to delayed implantation and embryonic diapause. *J. Reprod. Fertil. Suppl.* 29:1–9.
Renfree, M. B., and Shaw, G. 2000. Diapause. *Annu. Rev. Physiol.* 62:353–75.
Richard, A. F. 1976. Preliminary observations on the birth and development of *Propithecus verreauxi* to the age of six months. *Primates* 17:357–66.
Riopelle, A. J., and Hale, P. A. 1975. Nutritional and environmental factors affecting gestation lengths in mammals. *Am. J. Clin. Nutr.* 28:1170–76.
Robeck, T. R., Monfort, S. L., Calle, P. P., Dunn, J. L., Jensen, E., Boehm, J., Young, S., and Clark, S. 2005. Reproduction, growth and development in captive beluga (*Delphinapterus leucas*). *Zoo Biol.* 24:29–50.
Roberts, S. J., and Myhre, G. 1983. A review of twinning in horses and the possible therapeutic value of supplemental progesterone to prevent abortion of equine twin fetuses the latter half of the gestation period. *Cornell Vet.* 73:257–64.
Robinson, H. G. N., Gribble, W. D., Page, W. G., and Jones, G. W. 1965. Notes on the birth of a reticulated giraffe. *Int. Zoo Yearb.*

5:49–52.
Rollhauser, H. 1949. Superfetation in the mouse. *Anat. Rec.* 105: 657–63.
Rood, J. P. 1980. Mating relations and breeding suppression in the dwarf mongoose. *Anim. Behav.* 28:143–50.
Rosenblatt, J. S., and Lehrman, D. S. 1963. Maternal behavior in the laboratory rat. In *Maternal behavior in mammals*, ed. H. L. Rheingold, 8–57. New York: John Wiley and Sons.
Rosenfeld, C. S., and Roberts, R. M. 2004. Maternal diet and other factors affecting offspring sex ratio: A review. *Biol. Reprod.* 71: 1063–70.
Ross, S., Sawin, P. B., Zarrow, M. X., and Denenberg, V. H. 1963. Maternal behavior in the rabbit. In *Maternal behavior in mammals*, ed. H. L. Rheingold, 94–121. New York: John Wiley.
Rossdale, P. D. 1967. Clinical studies on the newborn thoroughbred foal. I. Perinatal behaviour. *Br. Vet. J.* 123:470–81.
Roth, T. L., Bateman, H. L., Kroll, J. L., Steinetz, B. G., and Reinhart, P. R. 2004. Endocrine and ultrasonographic characterization of a successful pregnancy in a Sumatran rhinoceros (*Dicerorhinus sumatrensis*) supplemented with a synthetic progestin. *Zoo Biol.* 23:219–38.
Rothe, H. 1975. Influence of newborn marmoset's (*Callithrix jacchus*) behaviour on expression and efficiency of maternal and paternal care. In *Proceedings of the 5th International Congress of Primatology*, ed. S. Kondo, M. Kawai, A. Ehara, and K. Kawamura, 315–20. Basel: S. Karger.
———. 1977. Parturition and related behavior in *Callithrix jacchus* (Ceboidea, Callitrichidae). In *The biology and conservation of the Callitrichidae*, ed. D. G. Kleiman, 193–206. Washington, DC: Smithsonian Institution Press.
Rowell, T. E. 1961. The family group in golden hamsters: Its formation and break-up. *Behaviour* 17:81–93.
Ruppenthal, G. C., and Goodlin, B. L. 1982. Monitoring temperature of pigtail macaques (*Macaca nemestrina*) during pregnancy and parturition. *Am. J. Obstet. Gynecol.* 143:971–73.
Ryan, D. P., Prichard, J. F., Kopel, E., and Godke, R. A. 1993. Comparing early embryo mortality in dairy cows during hot and cool seasons of the year. *Theriogenology* 39:719–37.
Saltet, J., Dart, A. J., Dart, C. M., and Hodgson, D. R. 2000. Ventral midline caesarean section for dystocia secondary to failure to dilate the cervix in three alpacas. *Aust. Vet. J.* 78:326–28.
Savage, A., Ziegler, T. E., and Snowdon, C. T. 1988. Sociosexual development, pair bond formation, and mechanisms of fertility suppression in female cotton-top tamarins (*Saguinus oedipus oedipus*). *Am. J. Primatol.* 14:345–59.
Scanlon, P. F. 1972. An apparent case of superfoetation in a ewe. *Aust. Vet. J.* 48:74–79.
Schwagmeyer, P. L. 1979. The Bruce effect: An evaluation of male/female advantages. *Am. Nat.* 114:932–38.
Schwede, G., Hendrichs, H., and McShea, W. 1993. Social and spatial organization of female white-tailed deer, *Odocoileus virginianus*, during the fawning season. *Anim. Behav.* 45:1007–17.
Severaid, J. H. 1950. The gestation period of the pika, *Ochotona princeps*. *J. Mammal.* 31:356–57.
Sharman, G. B., Calaby, J. H., and Poole, W. E. 1966. Patterns of reproduction in female diprotodont marsupials. *Symp. Zool. Soc. Lond.* 15:205–32.
Shaw, G. 2006. Reproduction. In *Marsupials*, ed. P. Armati, C. Dickman, and I. Hume, 83–107. New York: Cambridge University Press.
Signoret, J. P., Baldwin, B. A., Fraser, D., and Hafez, E. S. E. 1975. The behaviour of swine. In *The behaviour of domestic animals*, ed. E. S. E. Hafez, 295–329. London: Bailliere-Tindell.
Silk, J. B. 1980. Kidnapping and female competition among captive bonnet macaques. *Primates* 21:100–110.
———. 1986. Eating for two: Behavioral and environmental correlates of gestation length among free-ranging baboons (*Papio cynocephalus*). *Int. J. Primatol.* 7:583–602.
Simpson, M. J. A., Simpson, A. F., Hooley, J., and Zunz, M. 1981. Infant-related influences on birth intervals in rhesus monkeys. *Nature* 290:49–51.
Sloss, V., and Duffy, J. H. 1980. *Handbook of bovine obstetrics*. Baltimore: Williams and Wilkins.
Smith, J. A. 1982. Cesarean section in a zebra. In *Proceedings of the Annual Meeting of the American Association of Zoo Veterinarians*, ed. M.E. Fowler, 71–73. New Orleans: American Association of Zoo Veterinarians.
Sokolowski, J. H. 1980. Normal events of gestation in the bitch and methods of pregnancy diagnosis. In *Current therapy in theriogenology*, ed. D. A. Morrow, 590–95. Philadelphia: W. B. Saunders.
Soma, H. 1990. Placental implications for pregnancy complications in the chimpanzee (*Pan troglodytes*). *Zoo Biol.* 9:141–47.
Spencer, T. E., and Bazer, F. W. 2004. Conceptus signals for establishment and maintenance of pregnancy. *Reprod. Biol. Endocrinol.* 2:49, doi: 10.1186/1477-7827-2-49, http://www.rbej.com/content/2/1/49.
Spencer-Booth, Y. 1970. The relationships between mammalian young and conspecifics other than mothers and peers. In *Advances in the study of behavior*, vol. 3, ed. D.S. Lehrman and E. Shaw, 120–94. New York: Academic Press.
Stewart, F., and Tyndale-Biscoe, C. H. 1983. Pregnancy and parturition in marsupials. In *Current topics in experimental endocrinology*, vol. 4, *The endocrinology of pregnancy and parturition*, ed. L. Martini and V. H. T. James, 1–33. New York: Academic Press.
Stewart, K. J. 1988. Suckling and lactational anoestrus in wild gorillas (*Gorilla gorilla*). *J. Reprod. Fertil. Abstr. Ser.* 83:627–34.
Stewart, R. E. A., Lightfoot, N., and Innes, S. 1981. Parturition in harp seals. *J. Mammal.* 62:845–50.
Stirling, I. 1969. Birth of a Weddell seal pup. *J. Mammal.* 50:155–56.
Sturman, J. A., Gargano, A. D., Messing, J. M., and Imaki, H. 1986. Feline maternal taurine deficiency: Effect on mother and offspring. *J. Nutr.* 116:655–67.
Styles, T. E. 1982. The birth and early development of an African elephant at the Metro Toronto Zoo. *Int. Zoo Yearb.* 22:215–17.
Sutherland-Smith, M., Morris, P. J., and Silverman, S. 2004. Pregnancy detection and fetal monitoring via ultrasound in a giant panda (*Ailuropoda melanoleuca*). *Zoo Biol.* 23:449–61.
Tamsitt, J. G., and Valdivieso, D. 1966. Parturition in the red fig-eating bat, *Stenoderma rufum*. *J. Mammal.* 47:352–53.
Tarantal, A. F., and Hendrickx, A. G. 1988. Use of ultrasound for early pregnancy detection in the rhesus and cynomolgus macaque (*Macaca mulatta* and *Macaca fascicularis*). *J. Med. Primatol.* 17:105–12.
Tavolga, M. C., and Essapian, F. S. 1957. The behavior of the bottlenosed dolphin (*Tursiops truncatus*): Mating, pregnancy, parturition, and mother-infant behavior. *Zoologica* 42:11–31.
Terrill, C. E. 1974. Reproduction in sheep. In *Reproduction in farm animals*, 3rd ed., ed. E. S. E. Hafez, 365–74. Philadelphia: Lea and Febiger.
Testa, J. W., and Adams, G. P. 1998. Body condition and adjustments to reproductive effort in female moose (*Alces alces*). *J. Mammal.* 79:1345–54.
Thomas, P. R., Powell, D. M., Fergason, G., Kramer, B., Nugent, K., Vitale, C., Stehn, A. M., and Wey, T. 2006. Birth and simultaneous rearing of two litters in a pack of captive African wild dogs (*Lycaon pictus*). *Zoo Biol.* 25:461–77.
Thorne, E. T., Dean, R. E., and Hepworth, W. G. 1976. Nutrition during gestation in relation to successful reproduction. *J. Wildl. Manag.* 40:330–35.
Townsend, T. W., and Baily, E. D. 1975. Parturitional, early maternal, and neonatal behavior in penned white-tailed deer. *J. Mammal.* 56:347–62.
Trivers, R. L., and Willard, D. E. 1973. Natural selection of parental ability to vary the sex ratio of offspring. *Science* 90–91.
Trujano, J., and Wrathall, A. E. 1985. Developmental abnormalities

in cultured early porcine embryos induced by hypothermia. *Br. Vet. J.* 141:603–10.

Tyndale-Biscoe, C. H. 1968. Reproduction and postnatal development in the marsupial, *Bettongia lesueuri* (Quoy and Gaimard). *Aust. J. Zool.* 16:577–602.

———. 1973. *Life of marsupials.* Melbourne: Edward Arnold (Australia).

———. 1984. Mammals: Marsupials. In *Marshall's physiology of reproduction*, 4th ed., vol. 1, *Reproductive cycles of vertebrates*, ed. G. E. Lamming, 386–454. Edinburgh: Churchill Livingstone.

Tyndale-Biscoe, C. H., Hinds, L. A., and Horn, C. A. 1988. Fetal role in the control of parturition in the tammar, *Macropus eugenii. J. Reprod. Fertil. Abstr. Ser.* 82:419–28.

Uchida, T. A., Inoue, C., and Kimura, K. 1984. Effects of elevated temperatures on the embryonic development and corpus luteum activity in the Japanese long-fingered bat, *Miniopterus schreibersi fuliginosus. J. Reprod. Fertil. Abstr. Ser.* 71:439–44.

Ullrich, W. 1970. Geburt und naturliche Geburtshilfe beim Orang-utan. *Zool. Gart.* 39:284–89.

Vahtiala, S., Sakkinen, H., Dahl, E., Eloranta, E., Beckers, J. F., and Ropstad, E. 2004. Ultrasonography in early pregnancy diagnosis and measurements of fetal size in reindeer (*Rangifer tarandus tarandus*). *Theriogenology* 61:785–95.

Valdespino, C., Asa, C., and Baumann, J. E. 2002. Ovarian cycles, copulation and pregnancy in the fennec fox (*Vulpes zerda*). *J. Mammal.* 83:99–109.

Van Niekerk, C. N. 1965. Early embryonic resorption in mares. *J. S. Afr. Vet. Med. Assoc.* 36:61–69.

Van Tienhoven, A. 1983. *Reproductive physiology of vertebrates.* 2nd ed. Ithaca, NY: Cornell University Press.

Veitch, C. E., Nelson, J., and Gemmell, R. T. 2000. Birth in the brush-tail possum, *Trichosurus vulpecula* (Marsupialia: Phalangeridae). *Aust. J. Zool.* 48:691–700.

Verme, L. J., and Ullrey, D. E. 1984. Physiology and nutrition. In *White-tailed deer: Ecology and management*, ed. L. K. Halls, 91–118. Harrisburg, PA: Stackpole Press.

Vié, J.-C. 1996. Reproductive biology of captive Arabian oryx (*Oryx leucoryx*) in Saudi Arabia. *Zoo Biol.* 15:371–81.

Vogel, P. 1981. Occurrence of delayed implantation in insectivores. *J. Reprod. Fertil. Suppl.* 29:51–60.

Wallach, J. D., and Boever, W. J. 1983. *Diseases of exotic animals: Medical and surgical management.* Philadelphia: W. B. Saunders.

Wallis, J., and Lemmon, W. B. 1986. Social behavior and genital swelling in pregnant chimpanzees (*Pan troglodytes*). *Am. J. Primatol.* 10:171–83.

Waring, G. H. 1983. *Horse behavior.* Park Ridge, NJ: Noyes.

Wasser, S. K., and Barash, D. P. 1983. Reproductive suppression among female mammals: Implications for biomedicine and sexual selection theory. *Q. Rev. Biol.* 58:513–38.

Wasser, S. K., Risler, L., and Steiner, R. A. 1988. Excreted steroids in primate feces over the menstrual cycle and pregnancy. *Biol. Reprod.* 39:862–72.

Wemmer, C., and Murtaugh, J. 1981. Copulatory behavior and reproduction in the binturong, *Arctictis binturong. J. Mammal.* 62:342–52.

West, C. C., and Redshaw, M. E. 1987. Maternal behaviour in the Rodrigues fruit bat, *Pteropus rodricensis. Dodo* 24:68–81.

Williams, R. F. 1986. The interbirth interval in primates: Effects of pregnancy and nursing. In *Primates: The road to self-sustaining populations*, ed. K. Benirschke, 375–85. New York: Springer-Verlag.

Williams, T. D., Mattison, J. A., and Ames, J. A. 1980. Twinning in a California sea otter. *J. Mammal.* 61:575–76.

Wimsatt, J., Johnson, J. D., Wrigley, R. H., Biggins, D. E., and Godbey, J. L. 1998. Noninvasive monitoring of fetal growth and development in the Siberian polecat (*Mustela eversmanni*). *J. Zoo Wildl. Med.* 29:423–31.

Wimsatt, W. A. 1960. An analysis of parturition in Chiroptera, including new observations on *Myotis l. lucifugus. J. Mammal.* 41:183–200.

———. 1975. Some comparative aspects of implantation. *Biol. Reprod.* 12:1–40.

Wise, D. A. 1974. Aggression in the female golden hamster: Effects of reproductive state and social isolation. *Horm. Behav.* 5:234–50.

Wolfendon, D., Roth, Z., and Meidan, R. 2000. Impaired reproduction in heat-stressed cattle: Basic and applied aspects. *Anim. Reprod. Sci.* 60–61:535–47.

Wrogemann, D., and Zimmermann, E. 2001. Aspects of reproduction in the eastern rufous mouse lemur (*Microcebus rufus*) and their implications for captive management. *Zoo Biol.* 20:157–68.

Young, J. S., and Grantmyre, E. B. 1992. Real-time ultrasound for pregnancy diagnosis in the harbour seal (*Phoca vitulina concolor*). *Vet. Rec.* 130:328–30.

29
飼育下の哺乳類における子の世話と行動発達

Katerina V. Thompson, Andrew J. Baker, and Anne M. Baker

訳：田中正之

はじめに

哺乳類の子は全て，なんらかの世話を受けなければ生きてはいけない．子がどれくらいの世話を受けるか，誰から受けるかは，個体発達やその種の社会，環境などの要因によって決まる．その結果として，子が親から受ける世話には，たとえ系統的に近縁な動物種の間でも，大きな多様性が見られる．また，ある環境で，繁殖上，または生存上で有利な立場をもたらす行動は，他の環境でも同様に機能するとは限らない．このような多様性のために，（動物の）管理者は以下の必要性を強く意識しなければならない．まず，自分が管理するそれぞれの動物種の自然な社会構造に精通していること．次に，その動物が進化してきた枠組みで，飼育下で見られる行動を評価すること．そして，それらに応じた管理を実施することである．

図 29-1　晩成性，早成性の哺乳類の子の特徴

晩成性	早成性
無毛かまばらに体毛がある程度	完全に体毛でおおわれている
感覚器系が未熟で，目や耳は閉じた状態	感覚器は十分に機能する
四肢を協調させた移動ができない（自力で移動できない）	協調的な身体移動が可能
自分で安定的に体温を維持できない	体温調節が可能
母親に全ての栄養を依存している	誕生後間もなく，ある程度の固形物は食べられる
例： メガネグマ （*Tremarctos ornatus*） アカカンガルー （*Macropus rufus*） コツメカワウソ （*Aonyx cinerea*）	例： オグロヌー （*Connochaetes taurinus*） サバンナシマウマ （*Equus burchelli*） マーラ （*Dolichotis patagonum*）

子が受ける世話の必要度は，誕生時の子の個体発達の程度によっても変わる．種によっては，極めて未熟な状態で生まれてくるし（晩成性），十分発達した状態で生まれてくる（早成性）種もある（表 29-1）．もちろん，晩成性と早成性は連続体の両端である．ほとんどの哺乳類は中間的な発達度で生まれる．どちらの傾向が優勢かによって，準晩成性といったり，準早成性と呼ばれたりする．

親による子の世話の一般的パターン

母親による世話

ほとんどの哺乳類では，母親が子の世話をする（Clutton-Block 1991）．全ての哺乳類の乳子は母親の乳で育つからというのが理由の 1 つである．母親は乳を与える以外にも様々な世話をする．例えば，以下のようなことである．巣をつくる．子の体を清潔にする．排尿や排便を促す．子を抱いて温める．同種個体から子を守る．捕食者から子を守る．多くの種において，母親は，離乳後もずっとこのような世話を与え続ける．安定した社会集団で暮らす動物にとっては，集団内で子が社会的立場を確立する時に，母親が重要な役割を果たすこともある（例えば，Cheney 1977）．また，集団内で他個体との交渉を和らげる時の役

割も重要かもしれない.

母性的な行動の始まりは，明確なホルモンレベルの変化によって解発される．この変化は出産の直前に起こり，子の存在に対して適切に反応できるように準備をさせる．鍵となるホルモンレベルの変化には，出産直前の黄体ホルモン（プロジェステロン）レベルの急激な低下，乳腺の発達と泌乳を促すプロラクチン値の上昇，大脳内部でのオキシトシン値の急激な増加を伴う．オキシトシンの増加は，まず子宮頸部の拡張によって解発され，出産後は乳子の乳首を吸う刺激によって起こる（Kendrick et al. 1991，Numan and Insel 2003)．出産の際に，（例えば，麻酔下であったり，帝王切開のために）膣から子宮頸管への刺激がないと，オキシトシンの分泌が阻害され，排出された胎盤を食べたり，子をなめたりする正常な母性行動が抑制されることがある．母親としての認識をもてないこともある（Levy et al. 1992, 1995)．初産の母親は，出産の際に健常なレベルのオキシトシンの増加を示さないことがある（Levy et al. 1995)．多くの種において，初産の母親が育子に成功する確率が相対的に低いことが知られているが，このことが理由の1つかもしれない．多くの哺乳類では，このホルモン（オキシトシン）による促進効果は，授乳期の攻撃性や，一般的に見られる子を守る際の母親の攻撃性の増加も招く．いつもはおとなしい雌でさえ，子がいる時には行動の予測ができないことがある．母親と生まれたばかりの子を扱う飼育係やその他の人々は，特に慎重になる必要がある．

ほとんどの地上性の有胎盤類では，母親は生まれたばかりの子をなめてきれいにし，排出された胎盤を食べる．なめることで子の体表面は乾き，体温調節の助けになる．また，なめることによる触覚刺激が呼吸（Ewer 1968）や，排尿，排便の開始を促すことにもなる（第28章を参照)．胎盤や羊水には，母親に鎮痛効果をもたらす物質が含まれている（Corpening, Doerr, and Kristal 2000)．これらの物質を摂取することで，母親はより完全に，子の世話に注意を集中できるのかもしれない．羊水をなめて，摂取することは，味覚や嗅覚の情報を母親にもたらすことにもなる．この情報は，後に母親が自分の子を同定する際の助けとなる（Hepper 1987，Levy and Poindron 1987)．

母親による子の認識に，嗅覚や聴覚的な手がかりが使われることは様々な種で報告されている．例えば，以下のような動物がある．齧歯類（Elwood and McCauley 1983)．コウモリ（Keiman 1969，Yalden and Morris 1975)．鰭脚類（Marlow 1975)．有蹄類（Lent 1974，Carson and Wood-Gush 1983)．このような認識メカニズムの存在が広く見られる社会性の種は，十分に発達して生まれてきて，母親と独立して移動できる．反対に，未熟な状態で生まれ，出産後しばらくは母親に運んでもらうか，もしくは隠れ処となる巣で過ごす種では，認識メカニズムがあまり見られない．母親による子の認識は，出産後の時間の中でゆっくりと育つのだろう．それらの種は，出産後，母子で濃密な接触の日々を送ることになるのだから．社会性の種の中には，出産の迫った雌が，出産の間は同種の個体から身を隠すことがある．いったん母子の絆が形成されると，母親は通常，自分の子ではない，他個体の子を遠ざける．しかし，飼育下の有蹄類では，通常は群れから離れる種の雌を隔離することができなかったために，他の雌から生まれた子を養子として取ろうとしたり，育子の妨害が起こる場合がある（Lent 1974，Read and Freuch 1980)．出産時のオキシトシンの分泌は，嗅覚による認識の発達に重要なようである（Levy et al. 1995)．

授乳は子の誕生後数分～数時間までの間に始まる．開始時期は種によって異なる．1度の出産で複数頭の子を産む種では，最初に生まれた子は，同腹の全ての子が生まれるまで授乳されないこともある．待ち時間が長くなっても，そのようなことが起こり得る．母親による世話の始まりが，内因性のホルモン分泌のプロセスでほとんど決まっているとしても，母親の子に対する反応性は，子自身が与える感覚刺激によって維持されている（Rosenblatt 1967，Harper 1981)．子が乳を吸うことは，その結果として母親に感覚刺激を与え，それによって乳汁の分泌が維持される．また，育てる子の数や大きさに応じて乳汁が生産されるため，乳を吸うことは乳汁を確保するうえでも役立っている．子が乳を分泌させるために用いる方法としては，前肢で乳腺をマッサージすることや（子ネコなど)，有蹄類にみられる乳房を頭で強く突くといったものがある（Ewer 1968, 1973)．ラットのように晩成性の程度の高い種でも，乳子は乳を吸う力強さを調整して，受け取る乳の量をコントロールできる（Hall and Williams 1983)．

乳子は体重に対する体表面積の比率が高い．このために乳子の多くは体温を一定に保つのに十分なエネルギーをもっておらず，外部の熱源を必要とする．ほとんどの晩成性の哺乳類と，早成性哺乳類のいくつかの種では，親の一方か，もしくは両親との接触を頻繁に行い，そのことで熱を得ている．巣の中で一緒に生まれた他の子との接触も，両親が不在の間は体温維持に役立っていることだろう．

母子の間に見られる初期の強固な絆は，子が成熟するにつれて弱まり，周りの環境に積極的に注意を向け始める．子が周りの環境を探索する際の自由度は，母親がその自由をどれだけ許すかによって，大きく異なる．母親の子に対する態度は，母親の出産経験によって変わるし，社会性の種では母親の順位の影響も受ける（Altmann 1980）．一般に，初産の母親は，いったん子を受け入れて世話を始めると，出産経験のある母親と比べて，子に対してずっと保護的になる（Carlier and Noirot 1965，Shoemaker 1979，Amundin 1986）．霊長類の母親で社会的順位の低い個体では，順位の高い個体と比べて，子の行動を制限する傾向がある．これはおそらく，群れの他の個体と自分の子との間の交渉が，どのように進むかをコントロールする力が弱いためだと考えられる（Altmann 1980）．

父親による世話

母親が子に対して行う世話は，授乳を例外とすれば，全て父親でもできるはずだ〔ただし，Francis et al.（1994）による，フルーツコウモリ（*Dyacopterus spadiceus*）の乳汁分泌に関する報告を参照〕．父親による世話には，即時的，物理的に子に影響を与える行動，例えば給餌，運搬，グルーミング，保護，子と遊ぶといった行動（直接的な世話，Kleiman and Malcolm 1981）を含める．また，子がいない時に行う行動が，子の生存確率を上げるようなもの，例えば隠れ処をつくって維持することや，対捕食者行動，妊娠中や授乳中の雌（母親）に餌を運ぶといった行動（間接的な世話，Kleiman and Malcolm 1981）も含める．

母親による直接的な世話が哺乳類に普遍的に見られるのに対して，父親による直接的な世話はまれにしか見られない．いつも決まって父親による直接的な世話が見られる哺乳類の種は，全体の5%未満しかない（Kleiman and Mlcolm 1981）．父親が手厚く世話をする種には，いくつかの共通な特徴が見られる．第一に，そのほとんどが一夫一妻のペア型の社会をつくり，雄の交尾の機会が限られているが，その代わりに，単独生活者や複雄複雌または単雄複雌の社会に比べて，生まれた子が自分の子である可能性が高いこと（Keiman 1977，Werren, Gross and Shine 1980，Wittenberger and Tilson 1980）．第二に，雄が手厚く直接的な世話をする種のほとんどが，晩成性の（つまり未熟な状態で生まれる）子をもうけることである．晩成性の子に対しては，父親が子や母親の福祉に実質的な効果を及ぼす機会が多くあるからである．ペア型の社会をつくる種でも，比較的早成性の子を産む種では，父親による世話はほとんど，または全く見られない〔例えば，ハネジネズミ（*Elephantulus rufescens*）：Rathbun 1979，キルクディクディク（*Madoqua kirkii*）：Komers 1996〕．

父親による世話は，分娩前の雌雄間の連合によって促進される．雄のジャガリアンハムスター（*Phodopus sungorous*）は，出産にも積極的にかかわることが知られている．雄は羊水をなめ，胎盤を食べる．このことが雄に世話を始めさせると考えられている（Jones and Wynn-Edwards 2000）．また，父親が実質的な世話をする種では，雄のホルモンバランスも顕著に変化する．つまり，テストステロンのレベルが下がり，母性行動の維持に必要なホルモンであるプロラクチンのレベルが上がるのである（Smale, Heideman, and French 2005，Ziegler 2000）．

親以外の群れ内個体による世話

多くの社会性哺乳類では，両親以外の個体も新生子や子の世話をする〔代理育子（alloparenting），Spencer-Booth 1970〕．代理育子行動は次のような様々な分類群で報告されている．霊長類のマーモセット科（Epple 1975，Box 1977，Hoage 1977）やコロブス亜科（Hrdy 1977，McKenna 1981），ゾウ（McKay 1973，Lee 1987），イヌ科（Mech 1970，Malcom and Marten 1982，Moehlman 1986），何種かのコウモリ（McCracken 1984），齧歯目（Sherman 1980，Hoogland 1981），鯨目（Caldwell and Caldwell 1977），マーモセットやコロブス以外の霊長類（Fairbanks 1990），イヌ科以外の食肉目（Rasa 1977，Rood 1978，Packer and Pusey 1983，Owens and Owens 1984）．一方，代理育子行動は以下の分類群では典型的でないか，もしくは報告されていない．単孔目，有袋目，貧歯目，ハネジネズミ科，登木目，兎目，食虫目と，ほとんどの齧歯目，鰭脚類（アシカ亜目），有蹄類（総説として，Riedman 1982，Gittleman 1985を参照）．

最も広く代理育子行動が見られる種では，その社会組織が単一の繁殖ペアとその子で構成されるのが典型的である〔マーモセット科：Epple 1975，Box 1977，Hoage 1977，コビトマングース（*Helogale parvula*）：Rasa 1977，Rood 1978，リカオン（*Lycaon pictus*）：Malcolm and Marten 1982〕．これらの種では，繁殖に関わらない雄や雌個体（"ヘルパー" と呼ばれる，Emlen 1984）は，繁殖ペアの年長の子である場合が典型的で，母親が示す子への世話の全てに参加する．世話には，運搬，保護，食物分配，その他，種によって異なる特異的な世話が含まれる．複数の繁殖雌が含まれる社会性の種の群れでは，母親以外の繁殖雌が代理育子をすることもある〔例えば，アフリカゾウ（*Loxodonta africana*）：Lee 1987，ミドリザル（*Chlorocebus aethiops*）：Fairbanks 1990，数種のコウモリ：McCracken 1984，ライオン（*Panthera leo*）：Schaller 1972，Packer and Pusey 1983，ハツカネズミ（*Mus musculus*）：Manning et al. 1995〕.

代理育子者は，その子と血縁関係にあることが多い．より若齢の血縁個体を世話することで，新生子と共有する遺伝子が次の世代に受け渡される確率を，代理育子者は上げられる可能性がある（Hamilton 1964）．代理育子行動は，“練習”の機会を与えることにもなるだろう．練習をすることで，将来，自分の育子を上手に行う確率を上げることになるだろう（Spencer-Booth 1970）．時には，自分の子でない子を世話することが不注意で起こることがある．自分の子の居場所や子の認識がうまくいかないためである．特に高密度で繁殖をする種で起こる〔例えば，コウモリ：McCracken 1984，キタゾウアザラシ（*Mirounga angustirostris*）：Riedman 1982，Riedeman and Le Boeuf 1982〕.

代理育子行動が多くの種で一般的に見られる一方で，一見世話に見える行動が時には子にとって有害な場合もあるということを認識することが大事である．未経験の雌は，子を適切には扱えないかもしれない．有蹄類や霊長類の中には，子の生存確率を下げる競合的干渉の1つの形として，成獣の雌による“誘拐”が見られる（Lent 1974，Mohnot 1980，Silk 1980）．霊長類のオナガザル亜科の成獣の雄では，他の雄による攻撃の“緩衝剤”として子を使うこともある（Deag and Crook 1971，Packer 1980）.

図 29-1　種によっては，ずっと抱いていることが子の世話に含まれる．（写真提供：Jessie Cohen，国立動物公園，許可を得て掲載）

世話をする個体との近接性

母親や他の世話をする個体が子との間で維持する空間的な関係には，種間の違いがかなりある．種によっては，子と常に接触している（図 29-1）．反対に，長い時間，子を放ったらかしにする種もある．それらの種は，4つの基本的なグループに分けられる．巣をつくるもの（巣づくり型），子を隠すもの（隠れ処型），子を運ぶもの（運搬型），子がついていくもの（追随型）である．巣をつくる種は，子を保護する巣穴や巣に子を置いておく．ホッキョクグマ（*Ursus maritimus*）は，常に母親が巣で子の世話をする（Kenny and Bickel 2005）．他種では給餌をしたり，世話をしたりするために間欠的に（間隔を置いて）母親が巣に戻る．子を隠すのは，有蹄類で広く見られる行動戦略である（Estes 1976，Ralls, Lundrigan, and Kranz 1987）．母子は間欠的に接触するが，巣をつくる種で見られる行動とは異なり，隠れ場所を母親が用意するのではなく，子が自ら選ぶ（Lent 1974，Leuthold 1977）．子を運搬する種では，初期の発達期間の間，子は母親と物理的に接触している．典型的には，子が母親の腹や背中の毛にしがみついている（例えば，ほとんどの霊長類，アリクイ，ナマケモノ，何種かのコウモリ）．有袋類では，誕生後しばらくの間，運ばれる子は母親の乳首の1つにしっかりとくっついている．その後，母親の袋の中に入るか，（袋のない種では）背中に乗って運ばれる．子が母親についていくのは，早成性の程度の高い種の特徴である．例えば有蹄類の何種か（Lent 1974，Ralls, Lundrigan and Krantz 1987）や，水生哺乳類の多くがそうである（Ewer 1968）．母親についていく子は，親とは独立に移動ができ，1日の活動を通して母親と密接な距離を保つことができる．

巣づくり型，隠れ処型，運搬型，追随型．これらはいずれも，生まれたばかりの弱い子を捕食者や事故から守るための異なる戦略だと解釈できる．それぞれが用いられる戦略は，子の早成性の程度だけでなく，多様な生態的，社会的要因によって変わる（表 29-2）．ほとんどの種はこのうちの1つの戦略を採るが，種によってはいくつかの戦略を混合したり，発達の時期によって異なる戦略を使ったりするものもいる．例えば，ほとんどの時間で自分の子を運ぶ原猿のいくつかの種では，時には子を“置いていく”ことがある．置かれた子は，母親が採食している間，

表 29-2　巣をつくる（巣づくり型），子を隠す（隠れ型），子を運ぶ（運搬型），子がついていく（追随型），それぞれの行動同戦略と関連した発達的，生態的，社会的要因

	巣づくり型	隠れ処型	運搬型	追随型	文献
誕生時の子の発達程度	晩成性	早成性	半早成性（例：霊長類）または高い晩成性（例：有袋類）	高い早成性	1，2，3
身体サイズ	通常は小型．大型の種もある．	追随型に比べて小型	はっきりした傾向は見られない	大型	2，4
生活場所	地上性または樹上性	地上性	樹上性，飛行型，地上性	地上性または水生	1，5
巣や隠れ処の利用可能性	あり	あり	なし	なし	2，6
行動圏の安定性	安定	安定	安定，もしくは遊動	遊動	4
1 回の産子数	多い	通常は 1	通常は 1，2	通常は 1	1，7

*1：Ewer 1968，2：Lent 1974，3：Nowak and Paradiso 1983，4：Lundrigan 未公表，5：Jolly 1972，6：Estes 1976，7：Rosenblatt 1976

木の枝にしがみついて放っておかれる（Charles-Dominique 1977，Lekagul and McNeely 1977，Pereira, Klepper, and Simons 1987）．

ある種が採用する行動戦略は，親による世話の時間配分に大きく影響する．常に母親と接触していられる運搬型と追随型の種では柔軟性が高い．その結果，多くの場合は運搬型より高頻度の授乳機会がある〔例えば，ムフロン（*Ovis musimon*）では 10 ～ 15 分ごとだが（Pfeffer 1967），チンパンジー（*Pan troglodytes*）では 1 時間に 2，3 回である（Clark 1977）〕．対照的に，巣づくり型や隠れ処型では，母親が巣に戻った時しか世話はされない．しかもそれはごく短く，頻度も低い．最も極端なパターンは，巣づくり型の種であるツパイに見られるもので，母親が 48 時間ごとに 1 度だけ巣に行って子の世話をする（Martin 1968，Lekagul and McNeely 1977）．

子殺し

自然界では，動物は他個体の繁殖成功度を犠牲にしてでも，自身の繁殖成功度を上げるように行動することが多い．子殺し，つまり未熟な同種他個体を殺すことは，上記のような利己的な繁殖戦術の中でも劇的な例の 1 つだろう（Hausfater and Hrdy 1984）．このため，飼育下における子殺しの事例は注意して扱わねばならない．必ずしも，物理環境それ自体に問題があったからというわけではなく，社会環境から予測された結果であったかもしれないのである．

自然界における子殺し

自然界では，母親による子殺しがふつうで，母親に依存する子を捨てる形をとる．進化理論で予測されるのは，母親による子の遺棄が起こるのは，現在の子の生存が難しいか，もしくは子の世話をし続けることが母親の生存を不利にする場合である（Packer and Pusey 1984）．子の遺棄によって，雌がその限られた資源を，より生き残る可能性が高いかもしれない将来の子に振り向けることができる．複数の子を産む種に特有なのは，産子数が 1 に下がれば，母親は子を遺棄するか，または授乳を止めることだ〔オポッサム：Hunsaker and Shupe 1977，ライオン：Packer and Pusey 1984，ヒグマ（*Ursus arctos*）：Tait 1980〕．

母親以外の雌による子殺しは，子殺しをする雌が将来産む子と競合するかもしれない個体を排除する意味があるかもしれない．ベルディングジリス（*Spermophilus beldingi*）（Sherman 1981 を参照）やオグロプレーリードッグ（*Cynomys ludovicianus*）（Hoogland 1985）では，移入雌が，元々いた雌の子を殺して縄張りを侵害しようとする．1 腹の子の死は，雌の縄張りの放棄を引き起こし，移入雌がそこに居場所を確保することができる．順位が上の雌個体が下位の雌の子を殺すことは，社会性の肉食動物の様々な種で見られる．リカオン，タイリクオオカミ（*Canis lupus*），コビトマングース，カッショクハイエナ（*Parahyaena brunnea*）などである（Packer and Pusey 1984 による総説を参照）．上記のうち，いくつかの種では，死んだ子の母親が，その後に優位雌の子の世話をする．したがって，優位雌にとっての利益は 2 倍になる．つまり，より多くの資源が自分の子のために利用可能になるうえに，自分の子の世話に使える雌が増えるのである．雌が非血縁個体の子を殺すことが報告されている種としては，この他に，ナミチスイコウモリ（*Desmodus rotundus*）（Wimsatt and Guerriere 1961 参照）とハムスター（*Mesocricetus* spp.）（Rowell 1961 参照）がある．

雄による子殺しは，野生では数多くの種で報告されてお

り，侵入してきた雄が元からいた雄を追い出した時によく起こる（Packer and Pusey 1984）．雌は子が離乳するまで発情が回帰しないため，母親に依存している子を殺すことで雌の発情回帰を早め，移入雄が雌とより早く交尾できるようになる．例えば，ハヌマンラングール（*Semnopithecus entellus*）では，1つのハーレムの繁殖雄が入れ替わった時，新しく来た雄は，それ以前の雄の最近の子を殺す（Hrdy 1979）．雄の子殺しは多くの哺乳類で報告されている．それに含まれるのは，齧歯類（Hrdy 1979，Labov 1984），ウマ科（Hrdy 1979），食肉目（Packer and Pusey 1984），霊長類（Hrdy 1977，Butynski 1982，Crockett and Sekulic 1984，Leland, Strusaker, and Butynski 1984，Collins, Busse, and Goodall 1984）である．雄の子殺しは飼育下では簡単に避けることができる．新しい雄の導入を，子が傷つけられるおそれのある時期が過ぎるまで延期すればよいだけである．例えば霊長類では，新しい雄は幼子がいる群れには導入すべきではない．幼子が成長してその印である毛が消えて，発達が次の段階に入るまで待つ必要がある．また，導入の過程では気をつけるべきである．

飼育下での子殺し

飼育下での子殺しの事例は，飼育下の不適切な社会的環境，または不適切な物理的環境に原因がたどられることが多い．その原因が明らか（例えば，極端な過密：Rasa 1979）な事例もあるが，社会環境のほんの些細な変更の結果として子殺しが起こったと思われる事例も多い．野生で単独生活をする種や同性の群れをつくる種では，子の育子期間中，動物舎内にいる雄は子殺しをするおそれがある〔シロサイ（*Ceratotherium simum*）：Lindemann 1982，ケープハイラックス（*Procavia capensis syriacus*）：Mendelssohn 1965〕．種によっては，雄が近くの動物舎にいる（しかし，分離されている）だけで，雌が子殺しをする危険がある〔例えば，メガネグマ（*Tremarctos ornatus*）：Peel, Price, and Karsten 1979，Aquilina 1981〕．逆に，一夫一妻のペア型社会をつくる種では，雄を“取り除く”と，雌が母性行動をしなくなったり，時には子殺しをする危険がある．例えば，雌のヤブイヌ（*Speothos venaticus*）は雄がいなければ，育子をしなくなる（Jantschke 1973，I. Porton 私信）．

母親による子殺しは，物理的環境が乱されたことへの反応として起こることもある．飼育下のタテガミオオカミ（*Chrysocyon brachyurus*）は，物理環境が乱されると，巣穴の間を子を連れて行き来する．他の巣穴が使えないと，子を殺してしまうこともある（Faust and Scherpner 1967，Brady and Ditton 1979）．母親による子殺しを引き起こすその他の攪乱要因には，出産前の雌を新しい動物舎に移動させること，大きすぎる騒音をきかせること，飼育をする人間による攪乱などがある．

飼育下で適切な育子行動を促す

特定の種における初期の行動発達のパターンや，母子の近接パターンを熟知することは，飼育下で適切な管理をするうえで極めて重要である．そのような知識をもつことによって，問題の徴候となる，正常な発達パターンからの逸脱に気がつけるのである．追随型の種で子が母親の近くにいないこと．運搬型の子が親から離れているのが見られること．巣づくり型の成獣が子を常に運んでいること．これらは全て心配の種である．ある種の生活史における初期発達過程についての知識があれば，展示デザインの担当者は，正常な発達パターンが表出できるために必要な特徴を，展示環境の中に提供することができる．例えば，隠れ処型の有蹄類はしばしば子の隠れ場所を変える．そのため，隠れ場所にできるような場所を複数用意してやり，いずれにも出入りできるようにしてやる必要がある．同様に，巣づくり型の種には，巣をつくるのに適切な場所を複数用意して選べるようにしてやる必要がある．ツパイは，巣をつくる場所を複数必要とする数多くの種の1つである．雌は子と別々に離れて休む習性があり，もし巣箱が2つよりも少ないと，しばしば子を殺してしまう（Martin 1968）．治療や新生子検診のほか，子にマーキングをするために一時的に母子を分離しなければならない時，初期発達における種間の違いを知っていれば，情報に基づいた管理上の決断をすることができる．間欠的な接触をする種の場合，母子が離れている平均的な時間が，子に与えるショックを最小にするアクセス時間として理想的である．母子が常に接触している種では，母親から子を離すことで，子はより大きなショックを受け，母子の間を裂いてしまうおそれがある．

母親としての能力を高めることは，動物園動物の飼育管理において，最も骨の折れる課題の1つと言えるだろう．しかし，自律的に持続可能な飼育下個体群の発展のために，また飼育下個体群内の遺伝的多様性維持のためにも，これは必要不可欠な課題である．育子の失敗は，母親による育子拒否，虐待，または子の食殺などの結果として起こる．そしてこのような育子の失敗は，動物園の多様な種に共通して見られる〔例えば，ゴリラ（*Gorilla g. gorilla*）：Nadler 1975，チーター（*Acinonyx jubatus*）：Lee 1992（McKewon 著）より引用，Laurenson 1993，ツチブタ（*Orycteropus afer*)：Goldman 1986〕. 心理的なストレスが，上記の母親としての失敗の主原因と考えられている．それはおそらく，野生の哺乳類のストレス軽減のための典型的行動のメカニズムが，動物園動物では通常不可能であったり（逃走など），一般的に飼育下では効果がなかったりする（攻撃など）からである．個体が経験するストレスのレベルは，物理的・社会的な環境や，それらの状況への個体の反応によって異なる．同種の個体でも，同じ状況で経験するストレスは異なる．遺伝的・発達的な違いがあるからである（例えば Joffe 1965，Suomi and Ripp 1983，第 25 章も参照）．動物園の管理者は，以下の 2 つの取り組みによって，適切な育子行動が起こる可能性を最大化することができるだろう．1 つ目は，出産時に，各個体に最適な社会的・物理的環境を与えること．2 つ目は，親として適切な世話を引き出すことを考えて準備した発達環境，そして動物園の施設に関連する日常的なストレス要因にうまく対処できるようにした発達環境を提供することである．

育子期間中の社会的・物理的環境が安定することは，時には決定的な要因となる．どちらの環境の変化も，時には動物園のスタッフから見てポジティブに見えることでさえ，少なくとも一時的には，動物にとってストレスとして経験されるかもしれない．フィラデルフィア動物園のアフリカジャコウネコ（*Civettictis civetta*）は，タイル張りのケージの床に，小さなひと山のウッドチップを入れてやったところ，半狂乱のようにペーシングを始めた．そして，そのウッドチップを全て取り除くまでペーシングをやめなかった（K. R. Kranz 私信）．Moseley and Carroll（1992）は，メガネグマの雌と 23 か月齢になるその雄の子とを出産前に隔離したところ，母親が非常な動揺を示し，結果的に育子に失敗したことを報告している．群れの構成，飼育管理の手続き，そして物理的な環境の変化，特に出産のために特別に必要となるこれらの変化（例えば，新しい巣箱や雄との隔離）は，先を見越して出産よりも十分に前から実施するべきである．そうすることで，妊娠中の母親が環境に順応することができる．物理的・社会的環境の全ての面は，親による育子のいかなる失敗の後でも，あらためて評価されるべきである．

物理的環境の最適化

母性行動を表出させるには，そのための素材を与えることが重要である．巣箱や巣穴は一般に，母親が子を運ばない晩成性の子をもつ種にとって必要である（例えば，単孔類や一部の有袋類，食肉類，食虫類，ウサギ類，ネズミ類，リス類，齧歯類，ブタ，ツチブタ，一部の原猿類）．種によっては，巣箱や巣穴に種特異的な特徴が重要となる（例えば，全体の寸法，区画分けされていること，入口の大きさ，入口の数，入口のトンネル）．そして，巣づくりする種にとって，落ち葉や麦わら，草，木の小枝，ペーパータオル，ティッシュペーパー，木毛（もくもう），かんなくずなどの適切な原材料が与えられることが最も重要事項となる．いくつかの種では巣箱や巣穴が複数あることが薦められるか，または必要とされている．それらの種では，成獣が子と離れて眠るか，もしくは巣から巣へ子を移動させるからである．複数の巣箱や巣穴を，そして様々な巣の材料を与えることは，用心深いアプローチであり，そのことで個体が選択できるようになる．そしてその個体は，巣のデザインや配置を将来的に変化させることができる（Baker, Baker, and Thompson 1996 の総説から引用）．

人間の存在や活動は，飼育環境における外部ストレスの中でも最も一般的なものである．人間が引き起こす環境の乱れは，ごく短時間でも，親の世話や子の生存に深刻な影響を与えることがある．Martin（1975）は，30 秒間の警報ベルを 1 回鳴らせただけで，彼の研究室で飼育していたツパイの育子パターンが 1 週間にわたって乱れ，隣接する齧歯類の群れでの乳子死亡率が相当程度上がったことと関連していたことを報告した．来園者の存在は，いくつかの飼育下の霊長類において，親和的行動を減少させ，攻撃的交渉を増加させることが示されている（Chamove, Hosey, and Schaetzel 1988，Fa 1989）．しかし，霊長類以外のデータは不足しているため，哺乳類全般に一般化することは難しい（Hosey 2000）．来園者に対する，ふだんの種に典型的な反応がどのようなものであれ，産後は来園者の存在によって育子行動が乱されやすくなる．展示中のワタボウシタマリン（*Saguinus oedipus*）では，非展示個体に比べて，母子の攻撃的交渉が高まり，両親が子を遠ざける傾向が高まる（Glatston et al. 1984）．ジャイアントパンダは，授乳期間中は周囲の雑音に特に敏感になり，個体によっては繁殖の成功を低下させたと考えられている（Owen et al. 2004）．相当数の逸話的証拠から，特に食肉類では，育子期間中ではない時と比べて高いレベルのプライバシーが与えられないと，子を過剰に何度も運搬したり，反対に育子放棄したり，食殺したりする傾向があることが示唆されている（Faust and Scherpener 1967，Roberts 1975，Brady and Ditton 1979，Peel, Price, and Karsten 1979，Paintiff and Anderson 1980，Aquilina 1981，Poglayen-Neuwall 987，Blomquist and Larsson 1990，Hagenbeck and Wünnemann 1992）．人目につかない非展示区域の隠れ場所が利用できないならば，出産後は一時的にでも展示場や動物舎への一般来園者の立ち入りを禁止にすべきだろう（例えば，Roberts 1975）．

子の誕生，特に人目をひく種の誕生は，通常の飼育作業にも変化を及ぼす場合が多い．そういうことでもなければ，めったに姿を見せない動物園職員が，非展示区域に現れることが増えるからである．産後の時期のガイドラインに従うことで，飼育係とそれ以外の動物園職員によるストレスの可能性を減じることができる．つまり，以下の３つである．①母親となった個体を隔離する以外は，産後の時期に飼育係の日常的な作業を変えないようにすること．②飼育スタッフを変更しないこと．③不必要な職員，特に定期的に訪れることのない職員が，非展示区域に立ち入ることを制限する，または排除すること．

社会的環境の最適化

一般的なルールとして，飼育下の社会的環境は野生のそれに近づけるべきである．飼育下の繁殖群を計画し管理する時には，野生での社会組織に関して，以下の基本的な３つの側面を考慮するべきである．

1. 雌が育子期間中に他の雌と関係をもつか．
2. 育子期間中に雄と雌が関係をもつか．
3. 社会的な種では，出産した雌が群れから離れた状態を求めるか．

雌の社会性

雌が一般的に単独性であったり，雄とペアをつくる種では，複数の雌を一緒に入れると，結果として子殺しが起こったり，繁殖成功率が低くなる可能性がある．例えば，コビトガラゴ（デミドフガラゴ，*Galago demidoff*）は，一夫一妻のペアとして飼育された時だけ，正常な母親としての育子行動を見せる．複数の雌と一緒に飼った時には，雌の子へのアクセス競合が激しくなり，子を人工哺育せざるを得なくなった（Dulaney 1987）．しかし，野生でペア型社会をつくる種の雌でも，食物と巣づくりの場所が豊富に与えられれば，雌が複数いる群れでも繁殖がうまくいくことがあった（例えば，ディクディク：Kleiman 1980）．反対に，社会性の種の雌を単独で飼育すると，母親として不適切な育子行動を見せるおそれがある．このことは，様々な飼育下の霊長類で報告されている．例えば，ゴリラ（Nadler 1980），ブタオザル（*Macaca nemestrina*）（Wolfheim, Jensen, and Bobbitt 1970），リスザル（*Saimiri sciureus*）（Kaplan 1972）などである．このような産後の母子を群れから隔離することの負の影響は，チンパンジーと，単独で出産するオランウータン（*Pongo pygmaeus*，*P. abelii*）では見られないようである（Miller and Nadler 1980）．

雄と雌の連合の程度

子の育子期間中，父親個体を家族の群れの中に置いておいてよいかどうかを決める時，自然状態における連合の時間的・空間的な側面を考慮することは極めて重要である．一般的に，野生での育子期間に，雄と雌が物理的に近接していることが通常であるなら，父親を飼育下の群れに置いておいても安全である．野生下で，雌が単独性であったり，同性同士の群れで暮らす種の場合は，雄は出産の前に雌から隔離するのが通常である．不幸なことに，多くの哺乳類は小型で夜行性である．そのため野生での彼らの社会構造はほとんど知られていなかったり，不明なままである．

多くの哺乳類では，雄と雌が独立して行動する社会構造を示す．雄と雌は行動圏を共有しているが，近接することはめったにない（このことはネコ科動物やクマ科動物では一般的である）．これらの種では，雄はたとえ自分の子であっても，子に対して非寛容的である．その他の種では，雄と雌は独立して動くが，互いに頻繁に出会う．これらの種の雄は，野生では子に対して高い寛容性を示すが，飼育下での父親個体の行動は一貫性がなく，予測不能である．このような種の中には，個々の雄は子に対して寛容であるが，文献では，雄による子殺しの例や，雄がいることで母親の世話が不適切になった例などの逸話があふれている（Baker, Baker, and Thompson 1996による総説から引用）．教科書的な説明として，雄を群れに置く試みが成功するかどうかを予測できる一般則はない．われわれとして推奨するのは，雄が子に対して寛容であるという説得力ある証拠がないならば，出産前に雄を取り除き，子が十分に大きくなって攻撃されにくくなってから，あらためて雄と会わせることである．野生と比べて飼育下で資源（例えば，空間，休息場所，巣をつくる場所）が限定されている時，社会性の種であっても，雄を母子から隔離する必要がある．雄が通常子の世話に加わらない種であれば特にそうである．

出産雌の隔離

雌が出産してその後しばらくの間，同種個体から離れて過ごすのが正常な種では，飼育管理者は出産する雌を短期間隔離することを考えるべきである．母親と生まれた子は，時には社会性の有蹄類でも，同種個体から隔離する．しかし，ほとんどの場合には，母子を群れの仲間と一緒にしておくことも可能である．同種個体による攻撃が続く時に限って，母子を取り除けばよい．

管理のための戦略

子とその他の同種個体（雌でも雄でも）が平和に共存できるようになる確率を上げるためにできることはいくつか

ある．雄を1頭だけ残すなら，その個体は父親に限るべきである. 前述のように，たとえ高い社会性をもつ種であっても，非血縁の雄は子殺しをする可能性が高い．放飼場を含めた飼育施設は十分な広さをとるべきである．そうすれば，子と新たに母親となった雌が，必ずしも他の個体と接触しなくてもよくなる．同じ理由から，飼育施設には（もしそうすることが適切な種なら）巣箱を余分に置き，視覚的障壁を設け，攻撃された個体が逃げ込める場所をつくるべきである．いかなる場合でも，どんな苦痛の徴候も見逃さないように，細心の注意を払って母子ペアを監視するべきである．

行動発達

若齢の哺乳類は，誕生から性成熟に達するまでの間に，大きな物理的・行動的な変容を遂げる．栄養と保護をほぼ母親に依存していた子から，社会集団を離れたり，社会集団に入っていくことのできるような, 自立した成獣になる．母親に依存している時期には，若齢の哺乳類は成獣の世界の要求から免れ，保護の下で成長と学習の機会を与えられる．子の頃の初期経験は，成獣になってからの行動や繁殖成功に大きな影響を与える．現在までの行動発達の調査からはっきり分かっているのは，未成熟の哺乳類は，成獣の行動を変える経験を受動的に受け取る存在というよりも，発達の過程で積極的に参加していく存在だということである．若齢の哺乳類は，発達の全ての段階を通して，生存のチャンスや成功を最大化させるような，一連の堂々たる行動戦略を見せる（Galef 1981，Bekoff 1986）．

哺乳類の行動発達は，典型的には，母親への依存の度合いや身体的な成熟度合に基づいて，3つの時期に大別できる（Jolly 1972）．アカンボウ期（infancy）は，誕生から離乳までの間を含み，母親への依存度が最大である時期を表す．離乳後，若齢個体はコドモ（juvenile）と呼ばれる．栄養面では独立しているが, 捕食者や同種個体からの攻撃, 物理的な障壁からの保護については，母親（または社会集団の中のその他の同種個体）にまだまだ依存していることが多い．発達の最後の段階はオトナ期である．これは，性成熟に達した後の時期のことである．コドモ期からオトナ期へ移行する間のことを，ワカモノ期と呼ぶ．

有胎盤類の哺乳類では，晩成性の乳子の初期発達において，まず感覚系の成熟と運動系の協調の発達が重要である（Happold 1976，Rosenblatt 1976，Ferron 1981）．運動技能と感覚系の発達の時期は，環境からの要求と密接に関連している．つまり，より複雑な環境に生きる種ほど成熟の速度が遅くなる（Ferron 1981）．Brainard（1985）やEisenberg（1981）によって，400種を超える哺乳類の発達の目安が表にまとめられている．

乳子にとって最初の仕事は，乳を吸うことである．このことを始めて，維持することが重要となる．種によっては，同腹の乳子との接触を維持することも重要な仕事になる（Rosenblatt 1976）．誕生時，晩成性の乳子は熱の刺激と触覚刺激に最も敏感である．その感覚を使って乳首を探し当て，母親は同腹の乳子との接触を維持するからである．乳子はどんな温度変化にも反応する．また，同腹の乳子との接触がなくなっても反応する．反応は発声による．この発声によって親の注意を向けさせるのである〔マウス：Ehret and Berndecker 1986，ナキウサギ（*Ochotona princeps*）：Whitworth 1984，齧歯類：DeGhett 1978〕．円を描くように這い回る反応をする種もある. このことで, たいていの場合は同腹の乳子との接触を取り戻せる．嗅覚手がかりへの感受性の高まりは，誕生して数日のうちに発達する．様々な状況への乳子の反応は，より特異的になっていく．この段階で，ラットの乳子は自分の母親（Leon 1975）や，同腹の乳子（Hepper 1983）の臭いを認識することを学習する．また，巣の場所についても学習する（Carr, Marasco, and Landauer 1979）．

初期発達の最終段階は，目が開いた時に始まる．この事象は，典型的に体毛の成長と一致しており，結果的に体温調整の能力と符号する．この後，乳子は授乳の開始に能動的な役割を果たすと考えられている．つまり，乳子は離れたところにいる母親を見つけ出し，乳をもらうために近づいていく（Walters and Parke 1965）．視覚の発達により，運動性が大きく向上し，探索が可能になり，同腹の乳子との交渉も増える．

独立のための発達

子が成熟するにつれ，母子関係の質が変わり，一般的な傾向として近接性が減る．初期発達の時期に常に接触しているのが当たり前だった種では，子が母親から離れて遠くへさまよい出す．そして，子が離れて行こうとするのを母親が制限しようとすることが減っていく〔有蹄類：Ralls, Lundrigan, and Kranz 1987，ウマ：Crowell-Davis 1986，ワタボウシタマリン：Cleveland and Snowdon 1984，アヌビスヒヒ（*Papio anubis*）：Nash 1978，キイロヒヒ（*Papio cynocephalus*）：Altmann 1978，アカゲザル（*Macaca mulatta*）：Hinde and Spencer-Booth 1967〕．接触が中程度の種の子は，母親がいない時に活動する傾向が高まる〔オジロジカ（*Odocoileus virginianus*）：Nelson and Woolf 1987，ナキウサギ：Whitworth 1984，ノロジカ（*Capreolus capreolus*）：Espmark 1969〕．霊長類（Hinde 1977，Altmann 1978，Nash 1978，Hauser and Fairbanks 1988）でも有蹄類（Espmark 1969，Lickliter 1984）でも，近接の維持のための子の側の責任が徐々に大きくなっていくのである．

親子の葛藤

子の独立性が育っていくこの期間に，母子間の葛藤が起こるのは正常なことだし，行動発達において期待される特徴である．母子間の葛藤は，子がそれぞれの親と半分ずつしか遺伝子を共有していないために起こることである．そのため，子の利益は，親の利益と完全には一致しない（Trivers 1974）．親子の対立は，親による世話の量や期間に関して起こり，親は特定の子に与える世話の総量を制限して，他の子の世話を増やそうとする．

最も広く知られている親子の葛藤の現れは，いわゆる離乳期の葛藤である．これには，個々の育子行為の持続時間や頻度，離乳が起こる年齢についての争いが含まれる．時には，離乳期の葛藤には，母親が子に対して向ける攻撃の増加を伴うことがある〔ナキウサギ：Whitworth 1984，オオツノヒツジ（*Ovis canadensis*）：Berger 1979a，ヒヒ：Nash 1978〕．

離乳と成獣と同様の採食への移行

成獣と同様の採食への移行は，哺乳類の初期発達における最も重要な道標と言えるだろう．種によっては，離乳は突然起こるものであり，高い確率で予測できる．例えば，ズキンアザラシ（*Cystophora cristata*）の子は，授乳期間が哺乳類の中でも最も短いことが知られている．彼らは，わずか誕生後３～５日で完全に離乳する（Bowen, Oftedal, and Boness 1985）．しかし，大多数の種では，離乳はゆっくりとしたペースで徐々に起こり，この過程で母乳の摂取量が減り，それに対応して固形食の消費量が増えていく（例えば，アフリカゾウ：Lee and Moss 1986，シカ科：Gauthier and Barrette 1985，ヒヒ：Nash 1978，Rhine et al. 1985）．

離乳は，母親と子の双方の努力を通して，最終的に達成される．母親は子が乳首に届かないような姿勢をとって，乳を飲むことをやめさせようとすることもある（ツパイ：Martin 1968）．また，しばしば乳を飲もうとするのを積極的に拒否する（ベルベットモンキー：Hauser and Fairbanks 1988，シカ科：Gauthier and Barrette 1985，ワタボウシタマリン：Cleveland and Snowdon 1984，ヒヒ：Nash 1978）．そのうえに，母親が子に食物を持ってきて，独立した採食を促すこともある〔ビーバー（*Castor canadensis*）：Patenaude 1983，ゴールデンライオンタマリン（*Leontopithecus rosalia*）：Hoage 1982，ドール（*Cuon alpines*）：Johnsingh 1982，ネコ：Leyhausen 1979〕．子が乳を吸おうとする試みを減らし，代わりの食物の方に興味を示すようになることで，離乳過程に貢献することもある．それは，子が成長して，自分で代わりの食物が取れるようになること（Roberts, Thompson, and Cranford 1988）や，母親の乳が子の成長を維持するには不十分になることなどで起こる（Galef 1981）．

ほとんどの乳子は，授乳が完全に停止するずっと前に，自分で適切に採餌ができるようになっている．例えば，アフリカゾウの子は，通常５歳になっても母親の乳を吸っている．しかし，わずか２歳で孤子になってしまった子は，固形食だけで生きていくことができる（Lee and Moss 1986）．さらに離乳の時期は，環境内で食物となる固形物の利用可能性に影響を受けやすいようである（ベルベットモンキー：Lee 1984，オオツノヒツジ：Berger 1979a）．飼育下では食物が豊富なため，野生の個体群と比べると数週間～数か月も早く離乳が起こることもある（Ewer 1973）．そのため，乳子が初めて栄養的に独立する時期を，行動を指標としてピンポイントで特定することは困難で，逸話や実験的手段を通じてしか決められないことも多い．

親の養育に依存している状態から，固形物食への移行することは，単純にある種類の食物を別の食物で代用するといったことよりもずっと複雑である．この過程には様々な要素が含まれる．例えば，乳子の消化器系が固形食を消化できるように備える特異的な行動を取ること，適切な食べ物と食べると毒になるものを見分ける学習をすること，狩猟のような食物獲得のための複雑な技能を身につけることなどである．

草食動物では，植物の消化のために，その動物の消化管内微生物の助けを借りなければならない．誕生時，子の消化器系には，植物の消化に必要な微生物はほぼ全くいない（Eadie and Mann 1970）．子は自分で微生物を消化管内に植えつけ，植物を消化し吸収できるようにならなくてはならない．この目的のために役に立つ行動には，母親の唇や舌をなめる行動がある．この行動の結果として，母親の唾液中の微生物が子に移動する（Hungate 1968）．また，母親の唾液がついた植物を食べること（ゾウ：Eltringham 1982），母親や他の成獣の糞を食べること（ウマ：Crowell-Davis and Houpt 1985，アフリカゾウ：Guy 1977）もある．コアラ（*Phascolarctos cinereus*）は，特殊な方法で消化のための微生物を母親から子へ受け渡す．約5か月齢の時，子の歯が萌出し始めるころ，母親は特殊な便を産生し始める．その便は，盲腸で半分消化された植物質でできている．コアラでは，盲腸で微生物による植物の消化が起こるのである．子のコアラはこの物質（糞）を2，3日間隔で1～6週間にわたって食べる．この後，子は自分で採食ができるようになる（Martin and Lee 1984，Thompson 1986）．

親，特に母親は，子が採食のための技能を獲得するうえで，重要な役割を果たすことが多い．そして，成熟する前に家族集団から分離された子には，悪影響が残り続ける．もはや授乳されていない子でさえ，食物の好みの獲得や，将来の生存や幸福のために重要な採食技能を磨くことにかけては，親に依存していることがある．特定の食物への好みは，同種の成獣から，観察や真似（Edwards 1976，Leuthold 1977，Provenzo and Balph 1987），または食物分配（Hoage 1982，Ruiz-Miranda et al. 1999）を通じて学習されるだろう．学習は，成獣の食肉類としての採食の発達に特に重要な役割を果たす．例えば，ネコ科の動物では，子はまず，母親が獲物を殺し，食べるところを観察する．次に，母親が捕えた獲物と関わることを始め，最終的に母親から独立して獲物を殺せるようにまで進歩するのである（Caro and Hauser 1992）．

未成熟な段階での母子の分離の結果として，異常な，または不完全な採食行動が見られることがある．食物の吐き戻しと食べ戻しは，飼育下のゴリラで広く一般的に見られるが，野生ではまず見られない．野生由来でも飼育下生まれでも，人の手で育てられたゴリラでは，飼育下生まれで実の母親に育てられた個体と比べて，吐き戻し・食べ戻しの発現率がずっと高い．このことは，この異常行動が少なくとも部分的には，初期の社会的発達において何かが欠落したことの結果だということを示唆している（Gould and Bres 1986）．獲物を捕える肉食動物では，初期発達における獲物を扱う経験の不足は，成獣になった時に生きている獲物を狩る能力の欠落，または狩ろうとする性向の欠落につながる（Adamson 1960, 1969，Leyhausen 1965，Ewer 1973）．

もし飼育下生まれの子を人工哺育せざるを得ないとしたら，できるだけ早く同種の成獣の元へ戻すことで，正常な採食戦略の発達につながるかもしれない．採食のための技能の正常な発達を導く飼育環境をつくることは，野生への再導入を目的と定めた時，特に重要になる．初期経験を奪われた動物は，自然な状況で採食に必要な能力を完全にもつことはないかもしれないからである．

遊　び

遊びは，哺乳類の子が見せる行動の中で，最も人目をひくものの1つである．そして，ほとんど全ての哺乳類の目（もく）（分類群）において，記述が見られる行動である（Fagen 1981）．霊長類，食肉類，有蹄類，齧歯類では特に生起頻度が高く，しかも凝った遊びが見られるようである．そして，遊びが徹底的に調べられてきたのもこれらの種である．理論家たちにとって，遊び行動の包括的な定義をつくることは極めて難しい作業である．遊びは極めて多様で，他のタイプの行動，例えば攻撃的闘争や獲物を捕まえる行動，捕食者を回避する行動などととてもよく似ているからだ（Fagen 1981，Martin and Caro 1985）．Martin and Caro（1985）は，遊びの様々な定義を総説した後に，遊びに最も特徴的なことは，“真剣な”行動パターンが最高潮に達する完了時点がないことだと結論づけた．例えば，遊びの闘争は怪我をするような結果にならないし，奪い合う資源へのアクセスに差がつくようなこともない．同様に，獲物を捕まえる遊びは，獲物を殺したり食べたりする要素を含まない．子が遊びから得る利益については，数多くの推測があるが，はっきりしたものはない．この領域の研究自体があまりされてきておらず，遊びの機能についてはまだ不明瞭なままなのである．最近になって増えてきた証拠が示唆することは，遊びは神経系の発達において恒久的な変化を生じさせる．そのために，身体的・情動的に困難な，予測しない事象に対しても，動物は適切に反応することができるということだ（Byers and Walker 1995，Spinka, Newsberry, and Bekoff 2001）．

子の遊びの特徴

遊びは一般的に3つの基本的なカテゴリーに分類される．物体遊び，身体移動遊び，社会的遊びである（Fagan 1981）．しかし，これらのカテゴリーは相互に完全に排他的なものではない．物体遊びと身体移動遊びはしばしば社会的文脈で起こるし，上記3タイプの遊びの全ての要素が1回の遊びのバウト中に見られることも多いからである．物体遊びでは，子の環境内にある物体の操作を繰り返し行う要素が含まれる．また，しばしば採食の際の行動や，生きた獲物を捕まえて取り扱う行動と組み合わさる．その一方で，より創意工夫に富む操作の多くは，成獣の行動レパートリーに明確に対応するものが見当たらない．身体移動遊びは，走る，ジャンプする，頭を振る，身体をひねるといった活発な身体運動で構成される．典型的には，捕食者回避の際に見られる行動と極めてよく似ている（Wilson and Kleiman 1974）（図29-2）．社会的遊びは，2個体以

図 29-2　アジアゾウの子が見せる身体移動遊び．（写真提供：Ringling Brothers and Barnum & Bailey Center for Elephant Conservation，許可を得て掲載）

上の相互交渉で，各個体の動きが他個体に向けられていて，かつ各個体の反応が他の個体の行為に影響を受けているものである（図 29-3）．社会的遊びの一般的な形には，闘争遊びを含む．これは真剣な闘争を真似たものである．他には，接近−撤退遊びも含まれる．これは，個体が交代で追いかけ，追いかけられる遊びである．

一般的に，個体の発達において，1 個体で行う遊び（物体遊びと身体移動遊び）の方が社会的遊びよりも先に現れる．また，一般的な傾向として，子が成長するにつれて，遊びの複雑さは増し，より相互に関連し合う遊びが増える．遊びの頻度，複雑さ，持続時間は，アカンボウ期とコドモ期がピークで，オトナ期になっても遊びは残るが，そのレベルは低くなる．飼育下の動物では特にその傾向が強い．成獣が見せるほとんどの社会的遊びは，自分の子か，年少の兄弟に対して行われる（Thompson 1996 による総説）．

遊びには，しばしば，遊びの信号のようなコミュニケーションを伴う．この行動は，ほとんど遊びの文脈でのみ見られる．これらの信号は，典型的には発声や表情を使って発せられ，ほとんど遊びバウトの間中，表出し続けられることもある．その特異性から，今起こっている社会的交渉が，本質的に遊びなのかどうかを見分ける便利な指標として使える．プレイフェイス（図 29-4）の特徴は，弛緩して大きく開かれた口角と，唇で歯が隠されていることで，ほぼ全ての哺乳類に見られる遊びの信号である．遊びの信号に加えて，遊びの誘いかけ行動として知られる特異的な行動が，社会的遊びのバウトの開始に伴われる傾向がみられる．遊びの誘いかけ行動には，大きく分けて 2 つのタイプがあるようである．① 1 つは，頭振り，身体の回転，転げ回ることや跳ねながら進むことといった身体運動．② 2 つ目は，蹴る，つねる，前肢で小突くといった，一瞬で突然の身体接触である．代表的な哺乳類で見られる遊びの信号や誘いかけについては，Thompson（1996）が記している．

遊びに見られる性差

雄の子は雌に比べて，社会的遊びをする頻度が高く，またその動きもより活発である．特に一夫多妻（ハーレ

図 29-3　哺乳類の社会的遊びの例．(A) オオカンガルー（*Macropus giganteus*）の子が母親とボクシングをしているところ（写真：Lee Miller, 許可を得て掲載）．(B) セーブルアンテロープ（*Hippotragus niger*）の子同士でネックレスリングをしているところ（写真：Katerina Thompson）．(C) オオフクロネコ（*Dasyurus maculatus*）がレスリングをして遊んでいるところ（写真：Lee Miller，許可を得て掲載）．

ム）型の社会をつくる種ではこの傾向が強い．このような社会では，成獣の雄は交尾相手を巡る競合状態において，攻撃的に他個体と関わらなければならないからである（Meaney, Stewart, and Beatty 1985）．成獣での攻撃的交渉の頻度に性差があまりない種では，コドモ期の遊びに性差は見られない〔ミーアキャット（*Suricata suricatta*）：Sharpe 2005，ペア型社会をつくるイヌ科の種：Bekoff 1974，Hill and Bekoff 1977，霊長類の中でペア型社会をつくる種：Stevenson and Poole 1982，単独生活者のイタチ科の種：Biben 1982a，単独生活をするネコ科の種：Lindemann 1955，Barrett and Bateson 1978〕．身体移動遊びの性差は，あまり一般的ではない（例えば，ゴリラ：Brown 1988，オオツノヒツジ：Berger 1979b）．しかし，時には雌の子の方が，このタイプの遊びをよく見せることもある（ウマ：Crowell-Davis, Houpt, and Kane 1987，ヒツジ：Sachs and Harris 1978）．

図 29-4　バウト中に見られたシマハイエナ（*Hyaena hyaena*）のプレイフェイス．（写真提供：Lee Miller，許可を得て掲載）

遊びに影響を及ぼす社会や環境内の要因

ある子が特定の個体と社会的遊びを始めようとする時，その相手の個体は多くの要因によって決定される．一般に，遊びは血縁個体間でよく起こるし，年齢の近い個体同士の間でよく起こる．遊びにはっきりとした性差が見られる種では，個体は性別によって積極的に選別を行う．または一方の性別の個体よりも，もう一方の性別の個体を求めるだろう．そのため，遊びは通常は大きな社会集団の方が起こりやすい．同じような年齢の未熟な個体の集団が含まれていることが多いからである．

遊びの頻度は，食物不足の時には深刻な影響を受ける（Baldwin and Baldwin 1976，Müller-Schwartze, Stagge, and Müller-Schwartze 1982). しかし, この効果は一時的なものに過ぎない. 実際には, 食物の質や量が好ましいレベルにまで戻れば, 遊びは“リバウンド”する. つまり反動で, 食物が欠乏する以前に見られていたよりも高い頻度で見られるようになる (ベルベットモンキー：Lee 1984, アカゲザル：Oakley and Reynolds 1976). この発見が示唆することは, 子は, 短期間の遊びの欠乏を, その後の遊びの頻度を増やすことで補償することができるということである. 要するに, 失った遊び時間を“取り戻す”のである. 遊びは, 温度が極端な時にも抑制されるようである (Rasa 1971, Oakley and Reynolds 1976, Crowell-Davis, Houpt, and Kane 1987).

遊びは, ある特殊な特徴をもった生息環境では, しばしば促進される. 何種かの有蹄類は, 草地の斜面, 砂だまりや雪原などで, 遊びが集中して起こる (Darling 1937, Altmann 1956, Berger 1980). クビワペッカリー (*Pecari tajacu*) は, 寝床の近くの, 使い込まれて, 臭いづけのされた“遊び場”を好む (Byers 1985). また, そういう場所で起こった遊びには, より多くの個体が集まり, 他の場所での遊びのバウトに比べて時間も長く続く. 砂を入れた箱では, 臭いづけ行動が頻繁に起こる. 飼育下のヒメマーラ (*Dolichotis salinicola*) の身体移動遊びでも好まれる場所である (Wilson and Kleiman 1974 参照). これらの場所が遊び場所として好まれる物理的な要因は, まだ分かっていない. しかし, もしかすると, 捕食者から比較的安全で, 怪我をする危険の小さい場所なのかもしれない.

当たり前かもしれないが, 病気の個体は, 健康な個体と比べて遊びが少ない (Fagen 1981). ということは, 遊びの不足は病気の最初の徴候の 1 つかもしれない. Gaughan (1983) の報告によると, 飼育下の雌のウンピョウの事例では, 対象となった他個体と比べて, 自分の子との遊びがほとんど見られなかった. この雌に見られた遊びの不足に観察者が気がついたのは, 倦怠症状や食欲不振といった, より顕著な病気の徴候が現れるよりもずっと前だった. 医学的検査の結果, この個体は深刻な病状だったことが分かった. 重度の寄生虫感染によっても, 同様に遊びが抑制されることがある〔オオツノヒツジ：Bennett and Fewell 1987, エルク (*Cervus canadensis nelsoni*)：Altmann 1952〕.

飼育下で遊びを起こさせる

飼育されるということは, 動物が直接触れる物理的・社会的環境に重大な変化を起こす. 遊びにもしばしば大きな影響を与える. 一般的には, 飼育下の動物の方が, 野生の同種で見られるよりも, 遊びが見られる頻度が高くなる. 例えば, Stevenson and Poole (1982) は, コモンマーモセット (*Callithrix jacchus*) を, ブラジルの野生個体群と研究施設の群れを対象に観察した. その結果, 飼育下では社会的遊びの頻度がずっと高くなることに気づいた. 飼育下の動物で遊びが高い比率で見られるのは, 食物資源が限られていないことと, 捕食者がいないためだとするのが一般的である (Shoemaker 1978).

特に成獣では, 飼育下で遊びが頻繁に見られるようである (Fagen 1981). Fagen (1981) は, このことは“赤ちゃん返り” (乳子的な状態への復帰) を表しているのではないかと示唆している. それは, 飼育下では必要なものがほとんど全て (乳子と同じように) 与えられるからである.

遊びは多くの社会的・物理的な環境要因によって影響を受けるため, 飼育下の個体で遊びが見られるか否かは, 飼育環境の適切さの指標としても使える. 観察の結果, “ほとんど遊びが見られない” ことが分かったおかげで, 少なくともある動物園では, 展示施設の土壌, 日陰の量, 寄生虫群による負荷などの適切さを再評価するための後押しとなった (Bennett and Fewell 1987).

飼育下の動物には, 遊ぶのに十分な機会が与えられることが望ましい. 遊んでいる動物は来園者の目に留まりやすいし, より長い時間, 来園者の注意をひきつけるだろう. また, いくつかの研究から明らかになったのは, 飼育動物が遊びに費やす時間を増やすような展示施設の改修をすると, 結果として異常行動が相当な割合で減少することだ (例えば, チンパンジー：Paquette and Prescott 1988). 遊びの経験が, ラットの発達初期の社会的剥奪による有害な影響を小さくすることも分かっている (Einon, Morgan, and Kibbler 1978, Potegal and Einon 1989).

飼育下の動物に遊びを引き起こすような物体や展示の改修について, 一部が表 29-3 にまとめてある. 遊びの最も重要な特徴は, 目新しさであり, 五感を刺激する力である (Kieber 1990, Paquette and Prescott 1988, Hutt 1967). 遊びに使う物を異なる動物舎間でローテーションさせることは, それぞれの物体への興味を維持するための非常に効果的な方法である (Kieber 1990, Paquette and Prescott 1988). もし, 自然な外観が展示の第一の目的ならば, 人工物の遊び道具は目についてしまう. この場合は, 置き場所を非展示エリアに限ればよい (Kieber 1990).

遊びの機能の不思議な本質は, 飼育下の環境に置かれた未熟な動物が, 適切な量と種類の遊びを経験できるかどうか評価することを, 極めて難しくしている. おそらく, 子の最適な発達を保証するための最も保守的なアプローチは, 自然の社会集団や本来の生息地の特徴をまねようとす

表 29-3　飼育下の哺乳類に遊びを引き起こす方法

分類群	展示の改修と付加	引き起こされた遊びのタイプ	引用文献
有蹄類	開けた場所	身体移動遊び	
	丘，傾斜面，岩場	身体移動遊び，社会的遊び	
食肉類	木製のボール，革製のボール，棒石，丸太，タイヤ，段ボール箱吊ロープ，プラスチック製水入れ(蓋は取り除く)，革製の骨型(骨ガム)，牛骨	物体遊び	Kieber 1990，Biben 1982b，Hediger 1968
	塩ビ管	身体移動遊び	Biben 1982a
サイおよびゾウ	厚板，切り株，木製ブロック	物体遊び	Hediger 1968
水生哺乳類	木製の浮遊物，中に魚を入れた氷の塊	物体遊び	Sanders 1987，Hediger 1968
サル類	木の枝を網状に絡めたもの，取付箇所が柔軟になっているもの，（ビール瓶などの）プラスチックケースを吊ったもの，ぶら下がりロープ	身体移動遊び	Clark 1990，Hutchins, Huncocks and Crockett 1978
	ナイロン製ボール	物体遊び	Requist and Judge 1985
大型類人猿	吊り下げたタイヤ	身体移動遊び	Paquett and Prescott 1988
	（つないでいない）タイヤ，ドンゴロス（粗麻袋），ゴム製餌桶（重い物），プラスチック製ドラム缶(半分に切ったもの)，麦わら，乾草，木の枝，ゴムボール	物体遊び	Cole 1987，Goerke, Fleming and Creel 1987，Cole and Ervine 1983，Sammarco 1981，Brent and Stone 1996

ることだろう．それによって，身体移動遊び，物体遊び，社会的遊びの機会は，野生の個体がもつ機会とできる限り近づけられる．飼育下の全ての未熟な個体には，激しい身体移動遊びをするのに十分な空間，多様な操作ができる物体，そして一緒に社会的遊びができる同種個体，願わくは歳の近い個体が与えられるべきである．より多様な遊びの経験をさせることは，飼育下の動物が生理的・行動的な欠陥をもつことを確実に避ける最善の方法である．

親の世話に及ぼす発達の効果

初期の誕生後経験

母親哺育と人工哺育

母親に育てられた動物は，人間の養い親に育てられた個体と比べて，自ら親として適切な行動を現す確率が高い．これはほとんど定説となっている（例えば，Kleiman 1980）．成熟してからの母親としての行動に人工哺育が悪い影響を与えることは，複数種の霊長類や実験動物で報告されている（アカゲザル：Harlow, Harlow, and Suomi 1971，Ruppenthal et al. 1976，ゴリラ：Ryan et al. 2002，実験用ラット：Thoman and Arnold 1968）．一方，Martin（1975）が報告するところによれば，人工哺育のコモンツパイ（*Tupaia belangeri*）やハイイロショウネズミキツネザル（*Microcebus murinus*）は，母親哺育の個体と比べて育子の成功率は変わらなかった．また，ある環境下では，人工哺育の個体の方が，成功率が高かった．これは，人による環境の乱れに対する反応性の低さが原因だと考えられた．

しかし，ほとんどの種では悲惨なほどにデータがない．文献では，文字通り，何百という数の人工哺育の報告があるのだが，人工哺育個体がその後に親になった時，どんな行動をとったかといった情報についてはほとんど公表されていない．一般に，1つの施設では，“母親哺育 対 人工哺育”を根拠に基づいて正当に比較するに足るだけの，十分な数のサンプルは得られない．しかし，複数の施設にまたがる調査や血統登録台帳を通して，情報が集められることはしばしばある．報告の少なさの原因の一部は，いくつかの種においては人工哺育個体が全く繁殖をしない可能性が高く，このために親としての行動に人工哺育が与える影響を評価する機会があまりないという事実にある．私たちはそう考えている．血統登録責任者の寄与は大きい．彼らが，人工哺育個体と母親哺育個体の間での繁殖や育子の成績の差に関して，データベースを分析し，血統台帳に載せてくれるとよい（例えば，ゴールデンライオンタマリン：Rettberg-Beck and Ballow 1988）．

人工哺育が，より扱いやすい従順な成獣をつくり出すと言われることもある（例えば，ダイカー：Barnes et al. 2002）．また，ある種や個体レベルでは乳子死亡率が低いことも言われている．しかし，本章のこれ以降は，ほとんどの場合に母親による育子の方が好ましいという仮定で書き進めることにする．

人工哺育以外の選択肢

母親を亡くした，または母親からの虐待，育子放棄，母親の病気などの理由で母親から離さなければならなかった子が出ることがある．このような場合に，ある程度の人間による干渉はやむを得ないことが多い．人工哺育を行う時，誕生から離乳までの過程全てにわたることがないように，数多くの方法が考案されてきている（Watts and Meder 1996）．

いくつかの事例では，生物学上の母親が，出産当初は子に対して反応せず，育子能力がないとみなされた場合，短期間の人工哺育の後に，子を戻すことができる．（例えば，オランウータン：Cole et al. 1979，Keiter, Reichard, and Simmons 1983，ツチブタ：Wilson, 1993）．母親を鎮静化させることで，子を受け入れやすくする方法が時おり報告されている〔キリン（*Giraffa camelopardalis*）およびラクダ（*Camelus dromedarius*）：Gandal 1961，オランウータン：Cole et al. 1979，マーゲイ（*Leopardus wiedii*）：Paintiff and Anderson 1980〕．方法としては，母親を産子と一緒に狭い空間に閉じ込めるというものがあるが〔キツネザル：Katz 1980，アカエリマキキツネザル（*Varecia rubra*）：Knobbe 1991，チーター：Laurenson 1993，ゴールデンライオンタマリン：A. J. Baker 私信〕，この方法では，子の虐待や子殺し（食殺）が起こるおそれもある．Zhang et al.（2000）の報告では，ジャイアントパンダの乳子を母親の元に戻す時に，事前に子の尿をしみこませたぬいぐるみを与えたという．ぬいぐるみを数週間，母親に与えると，その間に雌がぬいぐるみに対して母性行動を示し始めた．そうして子を無事に母親の元に戻すことができた．子を母親の元に戻す時にはいつでも，子が怪我を負うリスクと，必要な場合に動物園スタッフが介入する能力を事前に評価しておくことが必須である．

代替手段として，子を，同種の母親以外の雌に預けて育ててもらうという手もある（Baker, Baker, and Thompson 1996 による総説を参照）．この方法は，晩成性の子をもうけ，母親が子を識別する強力なメカニズムをもっていない種において，うまくいく可能性が最も高い．早成性の子をもうけ，初期に子との強力な絆を形成する種（例えば，有蹄類）では，養母がほとんど，または全く自分の子と接触をもたず，預けられた子と誕生後に時間を空けずに会っているならば，うまくいく可能性がある（ヒツジ：Smith, Van-Toller, and Boyes 1996，ウシ：Hudson 1977，ヤギ：Klopfer and Klopfer 1968）．または，実の子の糞や羊水を預けられる新生子に塗り付けておけばうまくいくこともある（Hart 1985）．ヒツジの子を預ける時に，鎮静剤を使うことで，養母の受け入れが促されることがある（Neathery 1971）．これは，家畜種の雌によその新生子を預けようとする時に，一考に値するかもしれない．

子を実の母親の元に置いておきながら，補助的な給餌をするということも時おり可能である．例えば，霊長類の母親で，授乳以外は子の世話をする場合である．また，生理的な問題や，同腹の子の数が多すぎるなどの理由で，母親が十分な量の母乳を与えられない場合にも適用できる．母親が子を抱きながら，補助給餌をすることを受け入れるように訓練することができるし（例えば，オランウータン：Fontaine 1979），子を一時的に離すという手段も取れる．子の方も，餌をもらうために飼育係のところに来るように訓練することで，離乳の完了前に社会集団に戻すこともできるようになる〔有蹄類：Read 1982，Mayor 1984，ベニガオザル（*Macaca arctoides*）：Chamove and Anderson 1982，クロザル（*Macaca nigra*）：Hawas et al. 1991〕．

人工哺育個体の管理

人工哺育された雌個体の母親としての能力について，最もよく調べられていて情報が豊かなのは，アカゲザルによるものである（Ruppenthal et al. 1976，Suomi and Ripp 1983）．それらの結果からは，人工哺育個体を発達の初期に同種個体の集団に入れてやることと，成獣になってからの期間と出産の間を通して社会集団の安定性を維持することの２つが，“母親のいない母親”による育子放棄や子の虐待が起こる危険性を大きく下げることが示されている．この結果は，おそらく哺乳類一般に提案されてよいだろう．そして，以下のような哺乳類の人工哺育に関する保守的なガイドラインを提案している．つまり，①子は仲間とともに社会的に育てられるべきだ（同種個体が望ましいが，さもなければ近縁種の個体でも可）．これは可能なかぎりいつもそうすべきで，たとえ施設間の個体の移動が必要な場合でもそうすべきである．種によっては，乳を吸う時に怪我をすることを避けるために，はじめは隔離する必要がある場合もある（ネズミキツネザル：Glatston 1992，ガゼル：Lindsay and Wood 1992）．単独生活をする種でも，同種との接触は，同腹の子たちや母親と離れて分散する歳までは続けるべきである．社会性の種では，最終的な目標は，安定した社会的単位集団，理想的には“自然な”群れを忠実に反映した集団に入ることである．

誕生後後期の経験

離乳後の社会化は，適切な母性行動の発達には極めて重要だと考えられる．離乳前に社会経験が不足している個体では特にそうである．Rogers and Davenport（1970）は，誕生後18か月以上母親と一緒にいたチンパンジーは，18か月以前に母親から離された子と比べて，自分の子を育てることに成功する確率が高いことを見出した．野生のニホンザル（*Macaca fuscata*）で，4歳以前に孤子になった個体は，孤子にならなかった個体と比べて，最初の子を誤ったやり方で扱ったり，育子拒否をしたりする確率が高い．ただし，2頭目以降の子では，孤子でない個体との間で成功率に差は見られない（Hasegawa and Hiraiwa 1980）．一般的に，成獣になる前の段階の個体に，自然の典型的な社会集団で得られるのと同じように，子や仲間，親，年長個体との交渉の機会を与えることが薦められる．

野生では，群れで暮らす種の多くで，雌が自分の出産よりも前に生まれたばかりの子と触れる機会がある．この機会を通じて，新生子から発せられる視覚的，嗅覚的，聴覚的刺激に慣れる（あるいは，恐れをなくす）ことができる．協同して繁殖する種，つまり霊長類と食肉類のほとんどの種（マーモセット類：Epple 1975，Box 1977，Hoage 1977，コビトマングース：Rood 1980，リカオン：Malcolm and Marten 1982）では，繁殖開始前の個体と成熟個体は，新生子に触れるだけでなく，授乳以外の子の世話の全てに参加する．飼育下の霊長類の研究（Hannah and Brotman 1990，Baker, Baker, and Thompson 1996，Kuhar et al. 2003，Leong, Terrell, and Savage 2004）から示唆されるのは，繁殖開始前の個体にとって，子を扱う経験は，自分の子を育てる時の成功率に大きく寄与していることである．Cornell et al.（1987）は，未経産のバンドウイルカ（*Tursiops truncatus*）も，子を育てている雌と一緒に飼育することで利益を得ることを示唆している．

子の間に人間の存在に馴れてしまうと，繁殖年齢になった時に飼育個体が経験するストレスが軽減されるだろう．この間に，飼育係と動物との間で培われた関係は，人間一般のような脅威に対する個体の知覚の仕方に影響を与えるだろう．Mellen（1988）は，母親に育てられた小型ネコに毎日手で触れることを，成獣になった時の恐怖を軽減するためのテクニックとして唱道している．また，Petter（1975）は，ネズミキツネザルで同様の手続きを提唱している．

母親としての経験

初めての子の育子に失敗することは，動物園ではよくあることで，そのことは，必ずしも2回目以降の子の育子に失敗することにはつながらない．雌の母親としての技能は，経験によって改善するのが典型的だからである．初産の雌や，以前に育子に失敗した経産の雌から，子を取り上げることを決断する時，考慮すべき点がいくつかある．

Baker, Baker, and Thompson（1996）は，数多くの種で未経産個体の育子成功率は相対的に低いことを見出した．特に代表的なのが，霊長類と食肉類である．このパターンは，飼育下だけでなく，野生の個体群でも見られる．多くの種では，飼育下の個体は，野生の個体と比べて初産年齢が早くなる傾向がある（例えば，ゴリラ：Harcourt 1987）．そのため，心理的・社会的な未成熟さ（つまり，出産歴効果とは独立な年齢効果）が，飼育下での初産雌の高い育子失敗率の追加的要因となる．年齢と出産歴の効果を分離するために，利用可能な記録（例えば，血統登録台帳の管理者によるもの）を分析することで，このような効果の体系的な分類学上の変異が明らかになる．そして，出産歴と，年齢，人工哺育か母親哺育かといった変数の潜在的な交互作用が解明されるだろう．このことは，管理者の予測を形成し，彼らの行為に指針を与えるのに有用だろう．

第2に，母性行動の多様性は予測されるものである．一見すると異常な行動も，子の生存を直接脅かすものでなければ寛容になるべきだ（例えば，Maple and Warren-Leubecker 1983）．初産の雌では特にそうである．

最後に，1個体の子での経験は，その子の育子が最終的に成功だったか否かは別にして，その後の子に対して適切な行動をとる確率を上げることがある．少なくとも2日間，子を保持することを許された“母親のいない母親”であるアカゲザルは，たとえその子を虐待したとしても，2日以下しか子との接触をもてなかった雌個体と比べて，次の子を育てる確率が高くなった（Ruppenthal et al. 1976）．

結　論

それぞれの哺乳類における親としての行動を理解し，自然な発達のコースを理解することは，飼育下個体群が，活力をもち，持続可能な状態であり続けることを保証するうえで，極めて重要である．私たちは今や，初期の発達（最も明白なのは社会的な発達）における欠落の影響は広く遠くまで及び，しばしばその個体の一生にわたる結果をもたらすことを知っている（第25章を参照）．飼育下生まれの子が有能な成体になることを保証する最もよい方法は，多様で広々とした物理的環境とほぼ野生と同然の社会環境で，自分の母親に育てられることである．母親による育子が不可能な時，他の選択肢を取る必要がある．望ましい順に，以下の通りである．①母乳の出る別の雌に預けて養母になってもらう．②社会集団から引き離すことなく子を人工哺育する．③同種の同世代の子と一緒に人工哺育する．人工哺育のために子を取り上げるより前に，動物園のスタッフは，様々なことを考慮しなければならない．1つは，新しい母親が得られる経験の価値を，子が受けるリスクと比べて計るということ．また，人工哺育が成功する確率や，人工哺育個体がその後に行動上の能力を得られる確率についても考慮すべきである．同様に，雌の経歴や年齢，子の性別，母親の経験の種特異的な価値，人工哺育が行動に及ぼす種特異的な影響などによっても，上記の要因は変わってくる．長期的に見て，母親の能力として得られるものが，1個体または一腹の子という短期的な損失に勝ることも多いだろう．しかし，多くの種では，情報に基づく決断をするために必要なデータが今でも不足しているのが現状である．

文　献

Adamson, J. 1960. *Born free*. London: Collins and Harvill Press.

———. 1969. *The spotted sphinx*. London: Collins and Harvill Press.

Altmann, J. 1978. Infant independence in yellow baboons. In *The development of behavior. Comparative and evolutionary aspects*, ed. G. M. Burghardt and M. Bekoff, 253–77. New York: Garland STPM Press.

———. 1980. *Baboon mothers and infants*. Cambridge, MA: Harvard University Press.

Altmann, M. 1952. Social behavior of elk, *Cervus canadensis nelsoni*, in the Jackson Hole area of Wyoming. *Behaviour* 4:116–43.

———. 1956. Patterns of herd behavior in free-ranging elk of Wyoming. *Zoologica* 11:65–71.

Amundin, M. 1986. Breeding the bottle-nosed dolphin (*Tursiops truncatus*) at the Komarden Dolphinarium. *Int. Zoo Yearb.* 24/25: 263–71.

Aquilina, G. D. 1981. Stimulation of maternal behavior in the spectacled bear (*Tremarctos ornatus*) at the Buffalo Zoo. *Int. Zoo Yearb.* 21:143–45.

Baker, A. J., Baker, A. M., and Thompson, K. V. 1996. Parental care in captive mammals. In *Wild mammals in captivity: Principles and techniques*, ed. D. G. Kleiman, M. E. Allen, K. V. Thompson, and S. Lumpkin, 497–512. Chicago: University of Chicago Press.

Baldwin, J. D., and Baldwin, J. I. 1976. The effects of food ecology on social play: A laboratory simulation. *Z. Tierpsychol.* 40:1–14.

Barnes, R., Greene, K., Holland, J., and Lamm, M. 2002. Management and husbandry of duikers at the Los Angeles Zoo. *Zoo Biol.* 21:107–21.

Barrett, P., and Bateson, P. 1978. The development of play in cats. *Behaviour* 66:106–20.

Bekoff, M. 1974. Social play and play soliciting by infant canids. *Am. Zool.* 14:323–40.

———. 1985. Evolutionary perspectives of behavioral development. *Z. Tierpsychol.* 69:166–67.

Bennett, B., and Fewell, J. H. 1987. Play frequencies in captive and free-ranging bighorn lambs (*Ovis canadensis canadensis*). *Zoo Biol.* 6:237–41.

Berger, J. 1979a. Weaning conflict in desert and mountain bighorn sheep (*Ovis canadensis*): An ecological interpretation. *Z. Tierpsychol.* 50:188–200.

———. 1979b. Social ontogeny and behavioral diversity: Consequences for Bighorn sheep, *Ovis canadensis*, inhabiting desert and mountain environments. *J. Zool. (Lond.)* 188:251–66.

———. 1980. The ecology, structure, and functions of social play in bighorn sheep. *J. Zool. (Lond.)* 192:531–42.

Biben, M. 1982a. Sex differences in the play of young ferrets. *Biol. Behav.* 7:303–8.

———. 1982b. Object play and social treatment of prey in bush dogs and crab eating foxes. *Behaviour* 79:201–11.

Blomquist, L., and Larsson, H. O. 1990. Breeding the wolverine *Gulo gulo* in Scandinavian zoos. *Int. Zoo Yearb.* 29:156–63.

Bowen, W. D., Oftedal, O. T., and Boness, D. J. 1985. Birth to weaning in four days: Remarkable growth in the hooded seal, *Cystophora cristata*. *Can. J. Zool.* 63:2841–46.

Box, H. O. 1977. Quantitative data on the carrying of young captive monkeys (*Callithrix jacchus*) by other members of their family groups. *Primates* 18:475–84.

Brady, C. A., and Ditton, M. K. 1979. Management and breeding of maned wolves (*Chrysocyon brachyurus*) at the National Zoological Park, Washington. *Int. Zoo Yearb.* 19:171–76.

Brainard, L. 1985. *Biological values for selected mammals*. Topeka, KS: American Association of Zoo Keepers.

Brent, L., and Stone, A. M. 1996. Long-term use of televisions, balls, and mirrors as enrichment for paired and singly caged chimpanzees. *Am. J. Primatol.* 39:139–45.

Brown, S. G. 1988. Play behavior in lowland gorillas: Age differences, sex differences, and possible functions. *Primates* 29:219–28.

Butynski, T. M. 1982. Harem male replacement and infanticide in the blue monkey (*Cercopithecus ascanius schmidti*) in the Kibale Forest, Uganda. *Am. J. Primatol.* 3:1–22.

Byers, J. A. 1985. Olfaction-related behavior in collared peccaries. *Z. Tierpsychol.* 70:201–10.

Byers, J. A., and Walker, C. 1995. Refining the motor training hypothesis for the evolution of play. *Am. Nat.* 146:25–40.

Caldwell, M. C., and Caldwell, D. K. 1977. Social interactions and reproduction in the Atlantic bottle-nosed dolphin. In *Breeding dolphins: Present status, suggestions for the future*, ed. S. H. Ridgeway and K. Benirschke, 133–42. Marine Mammal Commission Report no. MMC-76/07, Washington, DC.

Carlier, C., and Noirot, E. 1965. Effects of previous experience on maternal retrieving in rats. *Anim. Behav.* 13:423–26.

Caro, T. M., and Hauser, M. D. 1992. Is there teaching in nonhuman animals? *Q. Rev. Biol.* 67:151–74.

Carr, W. J., Marasco, E., and Landauer, M. R. 1979. Responses by rat pups to their own nest versus a strange conspecific nest. *Physiol. Behav.* 23:1149–51.

Carson, K., and Wood-Gush, D. G. M. 1983. Equine behaviour: I. A review of the literature on social and dam-foal behaviour. *Appl. Anim. Ethol.* 10:165–79.

Chamove, A. S., and Anderson, J. R. 1982. Hand-rearing infant stump-tailed macaques. *Zoo Biol.* 1:323–31.

Chamove, A. S., Hosey, G. R., and Schaetzel, P. 1988. Visitors excite primates in zoos. *Zoo Biol.* 7:359–69.

Charles-Dominique, P. 1977. *Ecology and behavior of nocturnal primates: Prosimians of equatorial West Africa*. New York: Columbia University Press.

Cheney, D. L. 1977. The acquisition of rank and development of reciprocal alliances among free-ranging baboons. *Behav. Ecol. Sociobiol.* 2:303–18.

Clark, B. 1990. Environmental enrichment: An overview of theory and application for captive non-human primates. *Anim. Keep. Forum* 17:272–82.

Clark, C. B. 1977. A preliminary report on weaning among chimpanzees of the Gombe National Park, Tanzania. In *Primate biosocial development*, ed. S. Chevalier-Skolnikoff and F. E. Poirier, 235–60. New York: Garland.
Cleveland, J., and Snowdon, C. T. 1984. Social development during the first twenty weeks in the cotton-top tamarin (*Saguinus o. oedipus*). *Anim. Behav.* 32:432–44.
Clutton-Brock, T. H. 1991. *The evolution of parental care.* Princeton, NJ: Princeton University Press.
Cole, M. 1987. How we keep our gorillas occupied. *Anim. Keep. Forum* 14:401–3.
Cole, M., Devison, D., Eldridge, P. T., Mehren, K. G., and Rapley, W. A. 1979. Notes on the early hand-rearing of an orang-utan *Pongo pygmaeus* and its subsequent reintroduction to the mother. *Int. Zoo Yearb.* 19:263–64.
Cole, M., and Ervine, L. 1983. Maternal behavior and infant development of the lowland gorillas at Metro Toronto Zoo. *Anim. Keep. Forum* 10:387–91.
Collins, D. A., Busse, C. D., and Goodall, J. 1984. Infanticide in two populations of savanna baboons. In *Infanticide*, ed. G. Hausfater and S. Hrdy, 193–215. New York: Aldine.
Cornell, L. H., Asper, E. D., Antrim, J. E., Searles, S. S., Young, W. G., and Goff, T. 1987. Progress report: Results of a long-range captive breeding program for the bottlenose dolphin, *Tursiops truncatus* and *Tursiops truncatus gillii*. *Zoo Biol.* 6:41–53.
Corpening, J. W., Doerr, J. C., and Kristal, M. B. 2000. Ingested bovine amniotic fluid enhances morphine antinociception in rats. *Physiol. Behav.* 70:15–18.
Crockett, C. M., and Sekulic, R. 1984. Infanticide in red howler monkeys (*Alouatta seniculus*). In *Infanticide*, ed. G. Hausfater and S. Hrdy, 173–215. New York: Aldine.
Crowell-Davis, S. L. 1986. Spatial relations between mare and foals of the Welsh pony (*Equus caballus*). *Anim. Behav.* 34:1007–15.
Crowell-Davis, S. L., and Houpt, K. 1985. Coprophagy by foals: Effect of age and possible functions. *Equine Vet. J.* 17:17–19.
Crowell-Davis, S. L., Houpt, K. A., and Kane, L. 1987. Play development in Welsh pony (*Equus caballus*) foals. *Appl. Anim. Behav. Sci.* 18:119–31.
Darling, F. F. 1937. *A herd of red deer.* London: Oxford University Press.
Deag, J. M., and Crook, J. H. 1971. Social behavior and agonistic buffering in the wild Barbary macaque, *Macaca sylvanus*. *Folia Primatol.* 15:183–200.
DeGhett, V. J. 1978. The ontogeny of ultrasound production in rodents. In *The development of behavior: Comparative and evolutionary aspects*, ed. G. M. Burghardt and M. Bekoff, 253–77. New York: Garland STPM Press.
Dulaney, M. W. 1987. Successful breeding of Demidoff's galagos at the Cincinnati Zoo. *Int. Zoo Yearb.* 26:229–31.
Eadie, M. J., and Mann, S. W. 1970. Development and instability of rumen microbial populations. In *Physiology of digestion and metabolism in the ruminant*, ed. A. T. Phillipson, 335–47. Newcastle-Upon-Tyne, UK: Oriel Press.
Edwards, J. 1976. Learning to eat by following the mother in moose calves. *Am. Midl. Nat.* 96:229–32.
Ehret, G., and Berndecker, C. 1986. Low-frequency sound communication by mouse pups (*Mus musculus*): Wriggling calls release maternal behaviour. *Anim. Behav.* 34:821–30.
Einon, D. F., Morgan, M. J., and Kibbler, C. C. 1978. Brief periods of socialization and later behaviour in the rat. *Dev. Psychobiol.* 11:213–25.
Eisenberg, J. F. 1981. *The mammalian radiations: An analysis of trends in evolution, adaptation, and behavior.* Chicago: University of Chicago Press.
Eltringham, S. K. 1982. *Elephants.* Dorset, UK: Blanford Press.
Elwood, R. W., and McCauley, P. J. 1983. Communication in rodents: Infants to adults. In *Parental behavior of rodents*, ed. R. W. Elwood, 127–49. New York: John Wiley.
Emlen, S. T. 1984. Cooperative breeding in birds and mammals. In *Behavioral ecology: An evolutionary approach*, ed. J. R. Krebs and N. B. Davies, 305–39. Oxford: Blackwell Scientific Publications.
Epple, G. 1975. Parental behavior in *Saguinus fuscicollis* sp. (Callithricidae). *Folia Primatol.* 24:221–38.
Espmark, Y. 1969. Mother-young relations and development of behavior in roe deer (*Capreolus capreolus* L.). *Viltrevy* 6: 462–540.
Estes, R. D. 1976. The significance of breeding synchrony in the wildebeest. *E. Afr. Wildl. J.* 14:135–52.
Ewer, R. F. 1968. *Ethology of mammals.* London: Plenum.
———. 1973. *The carnivores.* Ithaca, NY: Cornell University Press.
Fa, J. E. 1989. Influence of people on the behavior of display primates. In *Housing, care and psychological well-being of captive and laboratory primates*, ed. E. F. Segal, 270–90. Park Ridge, NJ: Noyes.
Fagen, R. 1981. *Animal play behavior.* New York: Oxford University Press.
Fairbanks, L. A. 1990. Reciprocal benefits of allomothering for female vervet monkeys. *Anim. Behav.* 40:553–62.
Faust, R., and Scherpner, C. 1967. A note on breeding of the maned wolf (*Chrysocyon brachyurus*) at Frankfurt Zoo. *Int. Zoo Yearb.* 7:119.
Ferron, J. 1981. Comparative ontogeny of behaviour in four species of squirrels (Sciuridae). *Z. Tierpsychol.* 55:192–216.
Fontaine, R. 1979. Training an unrestrained orang-utan mother *Pongo pygmaeus* to permit supplemental feeding of her infant. *Int. Zoo Yearb.* 19:168–70.
Francis, C. M., Anthony, E. L. P., Brunton, J. A., and Kunz, T. H. 1994. Lactation in male fruit bats. *Nature* 367:691.
Galef, B. J. 1981. The ecology of weaning: Parasitism and the achievement of independence by altricial animals. In *Parental behavior in mammals*, ed. D. J. Gubernick and P. H. Klopfer, 211–41. New York: Plenum.
Gandal, C. P. 1961. The use of a tranquilizer and diuretic in the successful management of two "reluctant zoo mothers." *Int. Zoo Yearb.* 3:119–20.
Gaughan, M. M. 1983. Play and infant development reflecting on mother-rearing in the captive snow leopard (*Panthera uncia*). In *AAZPA Regional Conference Proceedings*, 589–98. Wheeling, WV: American Association of Zoological Parks and Aquariums.
Gauthier, D., and Barrette, C. 1985. Suckling and weaning in captive white-tailed deer and fallow deer. *Behaviour* 94:128–49.
Gittleman, J. L. 1985. Functions of communal care in mammals. In *Evolution: Essays in honor of John Maynard Smith*, ed. P. J. Greenwood and M. Slatkin, 187–205. Cambridge: Cambridge University Press.
Glatston, A. R. 1981. The husbandry, breeding and hand-rearing of the lesser mouse lemur *Microcebus murinus* at Rotterdam Zoo. *Int. Zoo Yearb.* 21:131–37.
———. 1992. *The red or lesser panda studbook*, no. 7. Rotterdam: Royal Rotterdam Zoological and Botanical Gardens.
Glatston, A. R., Geilvoet-Soeteman, E., Hora-Pecek, E., and Hooff, J. A. R. A. M. van. 1984. The influence of the zoo environment on social behavior of groups of cotton-topped tamarins, *Saguinus oedipus oedipus*. *Zoo Biol.* 3:241–53.
Goerke, B., Fleming, L., and Creel, M. 1987. Behavioral changes of a juvenile gorilla after a transfer to a more naturalistic environment. *Zoo Biol.* 8:283–95.
Goldman, C. A. 1986. A review of the management of the aardvark (*Orycteropus afer*) in captivity. *Int. Zoo Yearb.* 24/25:286–94.
Gould, E., and Bres, M. 1986. Regurgitation and reingestion in captive gorillas: Description and intervention. *Zoo Biol.* 5:241–50.
Guy, P. R. 1977. Copropagy in the African elephant (*Loxodonta africana* Blumenbach). *E. Afr. Wildl. J.* 15:174.
Hagenbeck, C., and Wünnemann, K. 1992. Breeding the giant otter *Pteronura brasiliensis* at Carl Hagenbeck's Tierpark. *Int. Zoo Yearb.* 31:240–45.

Hall, W. G., and Williams, C. L. 1983. Suckling isn't always feeding, or is it? A search for developmental continuities. *Adv. Study Behav.* 13:219–54.

Hamilton, W. D. 1964. The genetical evolution of social behaviour. *J. Theor. Biol.* 7:1–51.

Hannah, A. C., and Brotman, B. 1990. Procedures for improving maternal behavior in captive chimpanzees. *Zoo Biol.* 9:233–40.

Happold, M. 1976. The ontogeny of social behaviour in four conilurine rodents (Muridae) of Australia. *Z. Tierpsychol.* 40:265–78.

Harcourt, A. H. 1987. Behaviour of wild gorillas *Gorilla gorilla* and their management in captivity. *Int. Zoo Yearb.* 26:248–55.

Harlow, H. F., Harlow, M. K., and Suomi, S. J. 1971. From thought to therapy: Lessons from a primate laboratory. *Am. Sci.* 59: 538–49.

Harper, L. V. 1981. Offspring effects upon parents. In *Parental care in mammals*, ed. D. J. Gubernick and P. H. Klopfer, 117–77. New York: Plenum Press.

Hart, B. L. 1985. *The behavior of domestic animals*. New York: W. H. Freeman.

Hasegawa, T., and Hiraiwa, M. 1980. Social interactions of orphans observed in a free-ranging troop of Japanese monkeys. *Folia Primatol.* 33:129–58.

Hauser, M. D., and Fairbanks, L. A. 1988. Mother-offspring conflict in vervet monkeys: Variation in response to ecological conditions. *Anim. Behav.* 36:802–13.

Hausfater, G., and Hrdy, S. B., eds. 1984. *Infanticide*. New York: Aldine.

Hawes, J., Maxwell, J., Priest, G., Feroz, L., Turnage, J., and Loomis, M. 1991. Protocols in hand-rearing a Celebes macaque (*Macaca nigra*) at the San Diego Zoo. *Anim. Keep. Forum* 18 (3): 95–96.

Hediger, H. 1968. *The psychology and behavior of animals in zoos and circuses*. New York: Dover.

Hepper, P. G. 1983. Sibling recognition in the rat. *Anim. Behav.* 31: 1177–91.

———. 1987. The amniotic fluid: An important priming role in kin recognition. *Anim. Behav.* 35:1343–46.

Hill, H. L., and Bekoff, M. 1977. The variability of some motor components of social play and agonistic behaviour in infant coyotes, *Canis latrans*. *Anim. Behav.* 25:907–9.

Hinde, R. A. 1977. Mother-infant separation and the nature of inter-individual relationships: Experiments with rhesus monkeys. *Proc. R. Soc. Lond. B Biol. Sci.* 196:29–50.

Hinde, R. A., and Spencer-Booth, Y. 1967. The behaviour of socially living rhesus monkeys in their first two and a half years. *Anim. Behav.* 15:183–200.

Hoage, R. J. 1977. Parental care in *Leontopithecus rosalia rosalia*: Sex and age differences in carrying behavior and the role of prior experience. In *The biology and conservation of the Callitrichidae*, ed. D. G. Kleiman, 293–305. Washington, DC: Smithsonian Institution Press.

———. 1982. Social and physical maturation in captive lion tamarins, Leontopithecus rosalia rosalia (*Primates: Callitrichidae*). *Smithson. Contrib. Zool.*, no. 354.

Hoogland, J. L. 1981. Nepotism and cooperative breeding in the black-tailed prairie dog (Sciuridae: *Cynomys ludovicianus*). In *Natural selection and social behavior*, ed. R. D. Alexander and D. W. Tinkle, 283–310. New York: Chiron Press.

———. 1985. Infanticide in prairie dogs: Lactating females kill offspring of close kin. *Science* 230:1037–40.

Hosey, G. R. 2000. Zoo animals and their human audiences: What is the visitor effect? *Anim. Welf.* 9:343–57.

Hrdy, S. B. 1977. *The langurs of Abu: Female and male strategies of reproduction*. Cambridge, MA: Harvard University Press.

———. 1979. Infanticide among animals: A review, classification, and examination of the implications for the reproductive strategies of females. *Ethol. Sociobiol.* 1:13–40.

Hudson, S. J. 1977. Multiple fostering of calves onto nurse cows at birth. *Appl. Anim. Ethol.* 3:57–63.

Hungate, R. E. 1968. Ruminal fermentation. In *Handbook of physiology*, vol. 5, *Alimentary canal*, ed. C. F. Cade, 2725–45. Washington, DC: American Physiological Society.

Hunsaker, D. II, and Shupe, D. 1977. Behavior of New World marsupials. In *The biology of marsupials*, ed. D. Hunsaker, 279–347. New York: Academic Press.

Hutchins, M., Hancocks, D., and Crockett, C. 1978. Naturalistic solutions to the behavioral problems of captive animals. In *AAZPA Annual Conference Proceedings*, 108–13. Wheeling, WV: American Association of Zoological Parks and Aquariums.

Hutt, C. 1967. Temporal effects on response decrement and stimulus satiation in exploration. *Br. J. Psychol.* 58:365–73.

Jantschke, F. 1973. On the breeding and rearing of bush dogs (*Speothos venaticus*) at Frankfurt Zoo. *Int. Zoo Yearb.* 13:141–43.

Joffe, J. M. 1965. Genotype and prenatal and premating stress interact to affect adult behavior in rats. *Science* 150:1844–45.

Johnsingh, A. J. T. 1982. Reproductive and social behaviour of the dhole, *Cuon alpinus* (Canidae). *J. Zool. (Lond.)* 198:443–63.

Jolly, A. 1972. *The evolution of primate behavior*. New York: Macmillan.

Jones, J. S., and Wynne-Edwards, K. E. 2000. Paternal hamsters mechanically assist the delivery, consume amniotic fluid and placenta, remove fetal membranes, and provide parental care during the birth process. *Horm. Behav.* 37:116–25.

Kaplan, J. 1972. Differences in the mother-infant relations of squirrel monkeys housed in social and restricted environments. *Dev. Psychobiol.* 5:43–52.

Katz, A. S. 1980. Management techniques to reduce perinatal loss in a lemur colony. In *AAZPA Regional Conference Proceedings*, 137–40. Wheeling, WV: American Association of Zoological Parks and Aquariums.

Keiter, M. D., Reichard, T., and Simmons, J. 1983. Removal, early hand rearing, and successful reintroduction of an orangutan (*Pongo pygmaeus pygmaeus* × *abelii*) to her mother. *Zoo Biol.* 2:55–59.

Kendrick, K. M., Keverne, E. B., Hinton, M. R., and Goode, J. A. 1991. Cerebrospinal fluid and plasma concentrations of oxytocin and vasopressin during parturition and vaginocervical stimulation in the sheep. *Brain Res. Bull.* 26:803–8.

Kenny, D. E., and Bickel, C. 2005. Growth and development of polar bear (*Ursus maritimus*) cubs at Denver Zoological Gardens. *Int. Zoo Yearb.* 39:205–14.

Kieber, C. 1990. Behavioral enrichment for felines in holding areas. In *AAZPA Regional Conference Proceedings*, 585–89. Wheeling, WV: American Association of Zoological Parks and Aquariums.

Kleiman, D. G. 1969. Maternal care, growth rate, and development in the noctule (*Nyctalus noctula*), pipistrelle (*Pipistrellus pipistrellus*), and serotine (*Eptesicus serotinus*) bats. *J. Zool. (Lond.)* 157:187–211.

———. 1977. Monogamy in mammals. *Q. Rev. Biol.* 52:39–69.

———. 1980. The sociobiology of captive propagation. In *Conservation biology: An evolutionary-ecological perspective*, ed. M. Soulé and B. Wilcox, 243–61. Sunderland, MA: Sinauer Associates.

Kleiman, D. G., and Malcolm, J. R. 1981. The evolution of male parental investment in mammals. In *Parental care in mammals*, ed. D. J. Gubernick and P. H. Klopfer, 347–87. New York: Plenum.

Klopfer, P. H., and Klopfer, M. S. 1968. Maternal imprinting in goats: Fostering of alien young. *Z. Tierpsychol.* 25:862–66.

Knobbe, J. 1991. Early resocialization of hand reared primates. In *AAZPA Regional Conference Proceedings*, 763–70. Wheeling, WV: American Association of Zoological Parks and Aquariums.

Komers, P. E. 1996. Obligate monogamy without paternal care in Kirk's dik dik. *Anim. Behav.* 51:131–40.

Kuhar, C. W., Bettinger, T. L., Sironen, A. L., Shaw, J. H., and Lasley, B. L. 2003. Factors affecting reproduction in zoo-housed geoffroy's tamarins (*Saguinus geoffroyi*). *Zoo Biol.* 22:545–59.

Labov, J. B. 1984. Infanticidal behavior in male and female rodents: Sectional introduction and directions for the future. In *Infanti*

cide, ed. G. Hausfater and S. Hrdy, 323–29. New York: Aldine.
Laurenson, M. K. 1993. Early maternal behavior of wild cheetahs: Implications for captive husbandry. *Zoo Biol.* 12:31–43.
Lee, A. R. 1992. *Management guidelines for the welfare of zoo animals: Cheetah.* London: Federation of Zoological Gardens of Great Britain and Ireland.
Lee, P. C. 1984. Ecological constraints on the social development of vervet monkeys. *Behaviour* 93:245–62.
———. 1987. Allomothering among African elephants. *Anim. Behav.* 35:278–91.
Lee, P. C., and Moss, C. J. 1986. Early maternal investment in male and female elephant calves. *Behav. Ecol. Sociobiol.* 18:353–61.
Lekagul, B., and McNeely, J. A. 1977. *Mammals of Thailand.* Bangkok: Sahakarnbhat.
Leland, L., Struhsaker, T. T., and Butynski, T. M. 1984. Infanticide by adult males in three primate species of Kibale National Forest, Uganda: A test of hypotheses. In *Infanticide*, ed. G. Hausfater and S. Hrdy, 151–72. New York: Aldine.
Lent, P. C. 1974. Mother-infant relationships in ungulates. In *The behaviour of ungulates and its relation to management*, vol. 1, ed. V. Geist and F. Walther, 14–55. Morges, Switzerland: International Union for Conservation of Nature.
Leon, M. 1975. Dietary control of maternal pheromone in the lactating rat. *Physiol. Behav.* 14:311–19.
Leong, K. M., Terrell, S. P., and Savage, A. 2004. Causes of mortality in captive cotton-top tamarins (*Saguinus oedipus*). *Zoo Biol.* 23:127–37.
Leuthold, W. 1977. *African ungulates: A comparative review of their ethology and behavioral ecology.* Berlin: Springer-Verlag.
Levy, F., Kendrick, K. M., Goode, J. A., Guevara-Guzman, R., and Keverne, E. B. 1995. Oxytocin and vasopressin release in the olfactory bulb of parturient ewes: Changes with maternal experience and effects on acetylcholine, gamma-aminobutyric acid, glutamate and noradrenaline release. *Brain Res.* 669:197–206.
Levy, F., Kendrick, K. M., Keverne, E. B., Piketty, V., and Poindron, P. 1992. Intracerebral oxytocin is important for the onset of maternal behavior in inexperienced ewes delivered under peridural anesthesia. *Behav. Neurosci.* 106:427–32.
Levy, F., and Poindron, P. 1987. The importance of amniotic fluids for the establishment of maternal behaviour in experienced and inexperienced ewes. *Anim. Behav.* 35:1188–92.
Leyhausen, P. 1965. Über die Funktion der relativen Stimmungshierarchie (dangestellt am Beispiel der phylogenetischen und ontogenetischen Entwicklung des Beutefangs von Raubtieren). *Z. Tierpsychol.* 22:412–94.
———. 1979. *Cat behavior.* New York: Garland STPM Press.
Lickliter, R. E. 1984. Hiding behavior in domestic goat kids. *Appl. Anim. Behav. Sci.* 12:245–51.
Lindemann, H. 1982. *African rhinoceroses in captivity.* Copenhagen: University of Copenhagen.
Lindemann, W. 1955. Über die Jugendentwicklung beim Luchs (*Lynx l. lynx* Kerr) und bei der Wildkatze (*Felis s. sylvestris* Schreb.). *Behaviour* 8:1–45.
Lindsay, N., and Wood, J. 1992. Hand-rearing three species of gazelle *Gazella* spp. in the Kingdom of Saudi Arabia. *Int. Zoo Yearb.* 31:250–55.
Malcolm, J. R., and Marten, K. 1982. Natural selection and the communal rearing of pups in African wild dogs (*Lycaon pictus*). *Behav. Ecol. Sociobiol.* 10:1–13.
Manning, C. J., Dewsbury, D. A., Wakeland, E. K., and Potts, W. K. 1995. Communal nesting and communal nursing in house mice (*Mus musculus domesticus*). *Anim. Behav.* 50:741–51.
Maple, T. L., and Warren-Leubecker, A. 1983. Variability in the parental conduct of captive great apes and some generalizations to humankind. In *Child abuse: The nonhuman primate data*, ed. M. Reite and N. G. Caine, 119–37. New York: Alan R. Liss.
Marlow, B. J. 1975. The comparative behavior of the Australasian sea lions (*Neophoca cinerea* and *Phocarctos hookeri*) (Pinnipedia: Otariidae). *Mammalia* 39 (2): 159–230.
Martin, P., and Caro, T. M. 1985. On the functions of play and its role in behavioral development. *Adv. Study Behav.* 15:59–103.
Martin, R. D. 1968. Reproduction and ontogeny in tree shrews (*Tupaia belangeri*), with reference to their general behaviour and taxonomic relationships. *Z. Tierpsychol.* 25:409–532.
———. 1975. General principles for breeding small mammals in captivity. In *Breeding endangered species in captivity*, ed. R. D. Martin, 143–66. London: Academic Press.
Martin, R. W., and Lee, A. 1984. *Possums and gliders.* Chipping Norton, N.S.W., Australia: Surrey Beatty.
Mayor, J. 1984. Hand-feeding an orphaned scimitar-horned oryx *Oryx dammah* calf after its integration with the herd. *Int. Zoo Yearb.* 23:243–48.
McCracken, G. F. 1984. Communal nursing in Mexican free-tailed bat maternity communities. *Science* 223:1090–91.
McKay, G. M. 1973. The ecology and behavior of the Asiatic elephant in southeastern Ceylon. *Smithson. Contrib. Zool.*, no. 125.
McKenna, J. J. 1981. Primate infant caregiving: Origins, consequences, and variability, with emphasis on the common langur monkey. In *Parental care in mammals*, ed. D. J. Gubernick and P. H. Klopfer, 389–416. New York: Plenum Press.
Meaney, M. J., Stewart, J., and Beatty, W. W. 1985. Sex differences in social play: The socialization of sex roles. *Adv. Study Behav.* 15:1–58.
Mech, L. D. 1970. *The wolf: The ecology of an endangered species.* New York: American Museum of Natural History.
Mellen, J. D. 1988. The effects of hand-raising on sexual behavior of captive small felids using domestic cats as a model. In *AAZPA Annual Conference Proceedings*, 253–59. Wheeling, WV: American Association of Zoological Parks and Aquariums.
Mendelssohn, H. 1965. Breeding Syrian hyrax (*Procavia capensis syriaca*) Schreber 1784. *Int. Zoo Yearb.* 5:116–25.
Miller, L. C., and Nadler, R. D. 1980. Mother-infant relations and infant development in captive chimpanzees and orang-utans. *Int. J. Primatol.* 2:247–61.
Moehlman, P. D. 1986. Ecology of cooperation in canids. In *Ecological aspects of social evolution*, ed. D. I. Rubenstein and R. W. Wrangham, 64–86. Princeton, NJ: Princeton University Press.
Mohnot, S. M. 1980. Intergroup infant kidnapping in hanuman langurs. *Folia Primatol.* 34:259–77.
Moseley, D. J., and Carroll, J. B. 1992. The maintenance and breeding of spectacled bears at Jersey Zoo. In *Management guidelines for bears and raccoons*, ed. J. Partridge, 87–93. Bristol, UK: Association of British Wild Animal Keepers.
Müller-Schwarze, D., Stagge, B., and Müller-Schwarze, C. 1982. Play behavior: Persistence, decrease, and energetic compensation during food shortage in deer fawns. *Science* 215:85–87.
Nadler, R. D. 1975. Determinants of variability in maternal behavior of captive female gorillas. *Symp. Int. Primatol. Soc.* 5:207–16.
———. 1980. Child abuse: Evidence from non-human primates. *Dev. Psychobiol.* 13:507–12.
Nash, L. T. 1978. The development of the mother-infant relationship in wild baboons (*Papio anubis*). *Anim. Behav.* 28:746–59.
Neathery, M. W. 1971. Acceptance of orphan lambs by tranquilized ewes (*Ovis aries*). *Anim. Behav.* 19:75–79.
Nelson, T. A., and Woolf, A. 1987. Mortality of white-tailed deer fawns in southern Illinois. *J. Wildl. Manag.* 51:326–29.
Nowak, R. M. and Paradiso, J. L. 1983. *Walker's mammals of the world.* Baltimore: Johns Hopkins University Press.
Numan, M., and Insel, T. R. 2003. *The neurobiology of parental behavior.* New York: Springer-Verlag.
Oakley, F. B., and Reynolds, P. C. 1976. Differing responses to social play deprivation in two species of macaque. In *The anthropological study of play: Problems and perspectives*, ed. D. F. Lancy and B. A. Tindall, 179–88. Cornwall, NY: Leisure Press.
Owen, M. A., Swaisgood, R. R., Czekala, N. M., Steinman, K., and Lindburg, D. G. 2004. Monitoring stress in captive giant pandas

(*Ailuropoda melanoleuca*): Behavioral and hormonal responses to ambient noise. *Zoo Biol.* 23:147–64.
Owens, D. D., and Owens, M. J. 1984. Helping behavior in brown hyenas. *Nature* 308:843–45.
Packer, C. 1980. Male care and exploitation of infants in *Papio anubis. Anim. Behav.* 28:512–20.
Packer, C., and Pusey, A. E. 1983. Male takeovers and female reproductive parameters: A simulation of oestrous synchrony in lions (*Panthera leo*). *Anim. Behav.* 31:334–40.
———. 1984. Infanticide in carnivores. In *Infanticide*, ed. G. Hausfater and S. Hrdy, 31–42. New York: Aldine.
Paintiff, J. A., and Anderson, D. E. 1980. Breeding the margay *Felis wiedi* at New Orleans Zoo. *Int. Zoo Yearb.* 20:223–24.
Paquette, D., and Prescott, J. 1988. Use of novel objects to enhance environments of captive chimpanzees. *Zoo Biol.* 7:15–23.
Patenaude, F. 1983. Care of the young in a family of wild beavers, *Castor canadensis. Acta Zool. Fenn.* 174:121–22.
Peel, R. R., Price, J., and Karsten, P. 1979. Mother-rearing of a spectacled bear cub (*Tremarctos ornatus*) at Calgary Zoo. *Int. Zoo Yearb.* 19:177–82.
Pereira, M. E., Klepper, A., and Simons, E. L. 1987. Tactics for care for young infants by forest-living ruffed lemurs (*Varecia variegata variegata*): Ground nests, parking, and biparental guarding. *Am. J. Primatol.* 13:129–44.
Petter, J. J. 1975. Breeding of Malagasy lemurs in captivity. In *Breeding endangered species in captivity*, ed. R. D. Martin, 187–202. London: Academic Press.
Pfeffer, I. 1967. Le mouflon de Corse (*Ovis ammon musimon* Schreber 1782) position systematique ecologie et ethologie comparees. *Mammalia* (Suppl.) 31:1–262.
Poglayen-Neuwall, I. 1987. Management and breeding of the ringtail or cacomistle *Bassariscus astutus* in captivity. *Int. Zoo Yearb.* 26:276–80.
Potegal, M., and Einon, D. 1989. Aggressive behaviors in adult rats deprived of playfighting experience as juveniles. *Dev. Psychobiol.* 22:159–72.
Provenzo, F. D., and Balph, D. F. 1987. Diet learning by domestic ruminants: Theory, evidence, and practical implications. *Appl. Anim. Behav. Sci.* 18:211–32.
Ralls, K., Lundrigan, B., and Kranz, K. 1987. Mother-young relationships in captive ungulates: Behavioral changes over time. *Ethology* 75:1–14.
Rasa, O. A. E. 1971. Social interaction and object manipulation in weaned pups of the Northern elephant seal *Mirounga angustirostris. Z. Tierpsychol.* 32:449–88.
———. 1977. The ethology and sociology of the dwarf mongoose. *Z. Tierpsychol.* 43:337–406.
———. 1979. The effects of crowding on the social relationships and behaviour of the dwarf mongoose (*Helogale undulata rufula*). *Z. Tierpsychol.* 49:317–29.
Rathbun, G. B. 1979. The social structure and ecology of elephant shrews. *Z. Tierpsychol.* (Suppl.) 20:1–76.
Read, B. 1982. Successful reintroduction of bottle-raised calves to antelope herds at St. Louis Zoo. *Int. Zoo Yearb.* 22:269–70.
Read, B., and Frueh, R. J. 1980. Management and breeding of Speke's gazelle (*Gazelle spekei*) at the St. Louis Zoo, with a note on artificial insemination. *Int. Zoo Yearb.* 20:99–105.
Renquist, D., and Judge, F. 1985. Use of nylon balls as behavioral modifier for caged primates. *Lab. Primate Newsl.* 24 (1). 1.
Rettberg-Beck, B., and Ballou, J. D. 1988. Survival and reproduction of hand-reared golden lion tamarins. In *1987 golden lion tamarin studbook*, ed. J. D. Ballou, 10–14. Washington, DC: National Zoological Park.
Rhine, R. J., Norton, G. W., Wynn, G. M., and Wayne, R. D. 1985. Weaning of free-ranging infant baboons (*Papio cynocephalus*) as indicated by one-zero and instantaneous sampling of feeding. *Int. J. Primatol.* 6:491–99.
Richardson, D. M. 1991. Guidelines for handrearing exotic felids. In *Management guidelines for exotic cats*, ed. J. Partridge, 116–17. Bristol, UK: Association of British Wild Animal Keepers.
Riedman, M. L. 1982. The evolution of alloparental care and adoption in mammals and birds. *Q. Rev. Biol.* 57:405–35.
Riedman, M. L., and Le Boeuf, B. J. 1982. Mother-pup separation and adoption in northern elephant seals. *Behav. Ecol. Sociobiol.* 11:203–15.
Roberts, M. S. 1975. Growth and development of mother-reared red pandas (*Ailurus fulgens*). *Int. Zoo Yearb.* 15:57–63.
Roberts, M. S., Thompson, K. V., and Cranford, J. A. 1988. Reproduction and growth in the punare (*Thrichomys apereoides*, Rodentia: Echimyidae) of the Brazilian Caatinga with reference to the reproductive strategies of the Echimyidae. *J. Mammal.* 69: 542–51.
Rogers, C. M., and Davenport, R. K. 1970. Chimpanzee maternal behaviour. In *The chimpanzee*, vol. 3, ed. G. H. Bourne, 361–68. Baltimore: University Park Press.
Rood, J. P. 1978. Dwarf mongoose helpers at the den. *Z. Tierpsychol.* 48:277–87.
———. 1980. Mating relationships and breeding suppression in the dwarf mongoose. *Anim. Behav.* 28:143–50.
Rosenblatt, J. S. 1967. Non-hormonal basis of maternal behavior. *Science* 156:1512–14.
———. 1976. Stages in the early behavioural development of altricial young of selected species of non-primate mammals. In *Growing points in ethology*, ed. P. P. G. Bateson and R. A. Hinde, 345–83. New York: Cambridge University Press.
Rowell, T. E. 1961. Maternal behaviour in non-maternal golden hamsters (*Mesocricetus auratus*). *Anim. Behav.* 9:11–15.
Ruiz-Miranda, C. R., Kleiman, D. G., Dietz, J. M., Moraes, E., Grativol, A. D., Baker, A. J., and Beck, B. B. 1999. Food transfers in wild and reintroduced golden lion tamarins (*Leontopithecus rosalia*). *Am. J. Primatol.* 48:305–20.
Ruppenthal, G. C., Arling, G. L., Harlow, H. F., Sackett, G. P., and Suomi, S. J. 1976. A ten-year perspective of motherless mother monkey behavior. *J. Abnorm. Psychol.* 85:341–49.
Ryan, S., Thompson, S. D., Roth, A. M., and Gold, K. C. 2002. Effects of hand-rearing on the reproductive success of western lowland gorillas in North America. *Zoo Biol.* 21:389–401.
Sachs, B. D., and Harris, V. S. 1978. Sex differences and developmental changes in selected juvenile activities (play) of domestic lambs. *Anim. Behav.* 26:678–84.
Sammarco, P. 1981. Great ape keeping at Lincoln Park Zoo. *Anim. Keep. Forum* 8:323–25.
Sanders, L. 1987. And how hot was it? *Anim. Keep. Forum* 14:345.
Schaller, G. B. 1972. *The Serengeti lion.* Chicago: University of Chicago Press.
Sharpe, L. L. 2005. Play fighting does not affect subsequent fighting success in wild meerkats. *Anim. Behav.* 69:1023–29.
Sherman, P. W. 1980. The limits of ground squirrel nepotism. In *Sociobiology: Beyond nature/nurture*, ed. G. W. Barlow and J. Silverberg, 505–44. Boulder, CO: Westview Press.
———. 1981. Reproductive competition and infanticide in Belding's ground squirrels and other animals. In *Natural selection and social behavior: Recent research and new theory*, ed. R. D. Alexander and D. W. Tinkle, 311–31. New York: Chiron Press.
Shoemaker, A. 1978. Observations on howler monkeys, *Alouatta caraya*, in captivity. *Zool. Gart.* 48:225–34.
———. 1979. Reproduction and development of the black howler monkey (*Alouatta caraya*) at Columbia Zoo. *Int. Zoo Yearb.* 19: 150–55.
Silk, J. B. 1980. Kidnapping and female competition among female bonnet macaques. *Primates* 21:100–110.
Smale, L., Heideman, P. D., and French, J. A. 2005. Behavioral neuroendocrinology in nontraditional species of mammals: Things the "knockout" mouse can't tell us. *Horm. Behav.* 48:474–83.
Smith, F. V., Van-Toller, L., and Boyes, T. 1966. The critical period in the attachment of lambs and ewes. *Anim. Behav.* 14:120–25.

Spencer-Booth, Y. 1970. The relationships between mammalian young and conspecifics other than mothers and peers: A review. *Adv. Study Behav.* 3:119–94.

Spinka, M., Newberry, R. C., and Bekoff, M. 2001. Mammalian play: Training for the unexpected. *Q. Rev. Biol.* 76:141–68.

Stevenson, M. F., and Poole, T. B. 1982. Playful interactions in family groups of the common marmoset (*Callithrix jacchus jacchus*). *Anim. Behav.* 30:886–900.

Suomi, S. J. 1981. Genetic, maternal, and environmental influences on social development in rhesus monkeys. In *Primate behavior and sociobiology*, ed. B. Chiarelli, 81–87. New York: Springer-Verlag.

Suomi, S. J., and Ripp, C. 1983. A history of motherless mother monkey mothering at the University of Wisconsin primate laboratory. In *Child abuse: The nonhuman primate data*, ed. M. Reite and N. G. Caine, 49–78. New York: Alan R. Liss.

Tait, D. E. N. 1980. Abandonment as a tactic in grizzly bears. *Am. Nat.* 115:800–808.

Thoman, E. B., and Arnold, W. J. 1968. Effects of incubator rearing with social deprivation on maternal behavior in rats. *J. Comp. Physiol. Psychol.* 65:441–46.

Thompson, K. V. 1996. Behavioral development and play. In *Wild mammals in captivity: Principles and techniques*, ed. D. G. Kleiman, M. E. Allen, K. V. Thompson, and S. Lumpkin, 352–71. Chicago: University of Chicago Press.

Thompson, V. D. 1986. Parturition and related behavior in the Queensland koala, *Phascolarctos cinereus*, at San Diego Zoo. *Int. Zoo Yearb.* 26:217–22.

Trivers, R. L. 1974. Parent-offspring conflict. *Am. Zool.* 14:249–64.

Walters, R. H., and Parke, R. D. 1965. The role of distance receptors in the development of social responsiveness. *Adv. Child Dev. Behav.* 2:59–96.

Watts, E., and Meder, A. 1996. Introduction and socialization techniques for primates. In *Wild mammals in captivity: Principles and techniques*, ed. D. G. Kleiman, M. E. Allen, K. V. Thompson, and S. Lumpkin, 67–77. Chicago: University of Chicago Press.

Werren, J. H., Gross, M. R., and Shine, R. 1980. Paternity and the evolution of male parental care. *J. Theor. Biol.* 82:619–31.

Whitworth, M. R. 1984. Maternal care and behavioural development in pikas, *Ochotona princeps*. *Anim. Behav.* 32:743–52.

Wilson, G. L. 1993. Exhibition and breeding of aardvarks at the Philadelphia Zoological Garden. *Anim. Keep. Forum* 20:209–15.

Wilson, S., and Kleiman, D. 1974. Eliciting play: A comparative study. *Am. Zool.* 14:331–70.

Wimsatt, W. A., and Guerriere, A. 1961. Care and maintenance of the common vampire in captivity. *J. Mammal.* 42:449–55.

Wittenberger, J. F., and Tilson, R. L. 1980. The evolution of monogamy: Hypotheses and evidence. *Annu. Rev. Ecol. Syst.* 11:197–232.

Wolfheim, J. H., Jensen, G. D., and Bobbitt, R. A. 1970. Effects of the group environment on the mother-infant relationship in pig-tailed monkey (*Macaca nemestrina*). *Primates* 11:119–24.

Yalden, D. W., and Morris, P. A. 1975. *The lives of bats.* New York: Demeter Press.

Zhang, G. Q., Swaisgood, R. R., Wei, R. P., Zhang, H. M., Han, H. Y., Li, D. S., Wu, L. F., White, A. M., and Lindburg, D. G. 2000. A method for encouraging maternal care in the giant panda. *Zoo Biol.* 19:53–63.

Ziegler, T. E. 2000. Hormones associated with non-maternal infant care: A review of mammalian and avian studies. *Folia Primatol.* 71:6–21.

30

行動に重点を置いた動物園でのデータ収集

Carolyn M. Crockett and Renee R. Ha

訳：桜木敬子

はじめに

動物園や関連施設の運営を継続的に進歩させていくためには，体系的な観察と記録が必須である．画期的な展示に改修した成果は，ちょっとした観察記録をするだけでも，適切な量的手法を用いて得られたデータで補強すれば格段に大きな価値をもつ．質的な調査だけでは何が本当に起こっているのか，不正確に推論がされかねないため，定量的な調査が重要である．動物園の展示における“成功”の多くは，偶然によるものであるかもしれない．たまたまぎりぎりの環境で生き延びられた動物の，たまたまうまくいった個体どうしの組合せだっただけかもしれないのである．体系的なデータ収集だけが，ある特定の運営上の決断が成功に寄与したかどうかを結論づけることができる．

この章は第 2 著者（Renee R. Ha）の専門知識のおかげで改訂することができた．著者は新しいデータ収集の技法を取り入れた動物園動物の行動についての授業を担当していたことがあり，また統計学を教えていたこともある．ここでは，経験の乏しい研究者が動物園動物の量的調査を自らデザインし実行できるような技術を概説する．またここでは行動観察による研究に重さを置くが，これらの手法が動物園の運営に関する他のデータを体系的に収集しようとする時にも応用できるような方法も提示する．方法論に関して詳細を知りたい研究者は，Bakeman and Gottman（1997），Martin and Bateson（1993），Altmann（1974, 1984），Lehner（1996），Sackett（1978b）といった研究を参照されたい．

本章は多くの話題をカバーしているため，読者にはあらかじめ節ごとの小見出しを読んで内容と構成について概観しておくことをお勧めする．

動物園における研究を計画する

動物園における研究の多くは，実験を伴わないものである．研究者は通常，動物の置かれた環境条件や集団内の個体を，統制されたやり方で操作することはできない．身体的な情報の収集（例えば身体計測や尿検体の採取等）は，日常的に行うには侵襲的すぎることもある．そのため，多くの研究が主として記述的であり，観察データに基づいたものとなる．情報は収集された後，しばらく時間をおいて，それが何を意味するか決定されることになる．こういった研究はたいてい，焦点が定まらない，時に一般化不能な結論が述べられているために，学術誌に掲載されることがない．このような運命は，データ収集を始める前に，研究における問いを明確にすることによって避けることができる．

研究上の問いの定式化

データ収集の方法は問い（question）次第なので，研究デザインにおける最初のステップは，問いを適切に定式化することである（Altmann 1974）．研究上の問いは，その動物の特定の生物学的側面や行動に対する関心から出てくるかもしれない．あるいは，研究によって調べる必要のある運営上の問題が発生したのかもしれない．通常，研究上の問いを明確にするためには予備的な観察が必要である

図 30-1　動物園における研究では，妊娠の行動的な指標に注目することもあるかもしれない．ニシローランドゴリラのニーナが，へその緒でつながったままの生後 1 時間の子，ズーリを支えている．（写真提供：Carol Beach，ウッドランドパーク動物園．許可を得て掲載）

(Lehner 1996)．動物園における研究上の問いは，例えば以下のようなものだろう．

1. 動物が活発な時の方が，客の関心は高いだろうか．例えば Margulis, Hoyos, and Anderson（2003）では，ネコ科動物の行動が来園者の関心に与える影響を評価している．
2. 動物園が余剰の雄個体どうしの攻撃を低減するためにできることは何か．例えば，性腺刺激ホルモン（GnRH）を使用することによって，体内のテストステロンのレベルを抑制し，結果として雄間の攻撃を低減することはできるだろうか．有蹄類の何種かにおける研究の例として，Penford et al.（2002）がある．
3. 妊娠に関してどのような行動的指標を特定できるだろうか．またそれらは身体的な特徴と相関しているだろうか．例：ニシローランドゴリラ（Meder 1986）（図 30-1）．
4. ネコ科動物において，日中食物が呈示される回数が多い方が，ペーシングは減るだろうか（Shepherdson et al. 1993）．

研究デザインの検討

独立変数と従属変数

研究上の問いを明確化したら，次のステップは独立変数と従属変数を決めることである．変数とは，異なる時点において異なる値をとる可能性があり，様々な条件によって変動する可能性のある，あらゆる属性（プロパティ）のことである．その値は以下の 4 つのタイプのうちの 1 つである．

1. 名義データ：カテゴリー的な，また多くの場合，量的ではなく質的な尺度に従っている．
2. 順序データ：カテゴリー的な，またそれらのカテゴリーが相対的に順序づけられるような尺度に従っている．
3. 間隔データ：原点を有しないが，あり得る値同士の間隔が全て等しくなるような絶対値を測ることによって収集される．
4. 比率データ：原点を有し，あり得る値同士の間隔が全て等しくなるような絶対値を測ることによって収集される（表 30-1）．

研究者がある属性を実験において操作したり，自然に変化する条件として記録したりする場合，それは独立変数と呼ばれる．独立変数と従属変数との明確な違いは，独立変数は予測変数だということである．従属変数は応答変数であり，観察者が実際に測定する値である．従属変数はしばしば結果変数とも呼ばれる（Ha and Ha 近日出版予定）．

独立変数の中には外気温や時間のように間隔変数であるものもあれば，性別や動物舎のタイプ（自然に近いものかコンクリートむき出しなのか等），身体の状態（妊娠しているか否か等）のように名義変数であるものもある．間隔変数を名義カテゴリーにまとめることができるということも重要である（例：朝・午後，暑い・暖かい・涼しい・寒い）．独立変数にはまた，ある集団の性年齢構成や，個体の行動が従属変数として扱われる場合のその個体の養育条件，給餌のスケジュール，ケージのサイズ等，様々なものが含まれ得る（図 30-2）．このように，利用することのできる正確で体系的な記録の重要性は明白である．さらに，関心のある独立変数があらかじめ分かっていれば，それらをデータ収集シートに明記し，データを記入していくことができる．

従属変数は攻撃の率や性行動，遊び等，行動に関する量を含むことができる（図 30-2）．また，食物の摂取量や体重等，物理的な量であることもあり得る．怪我や出産間隔の長さ，新生子の生存率等は，飼育日誌から得られる従属

表 30-1　測定尺度の属性の概括

尺度	順序	絶対値	等間隔	原点
名義	なし	なし	なし	なし
順序	あり	あることもあり	なし	なし
間隔	あり	あり	あり	なし
比率	あり	あり	あり	あり

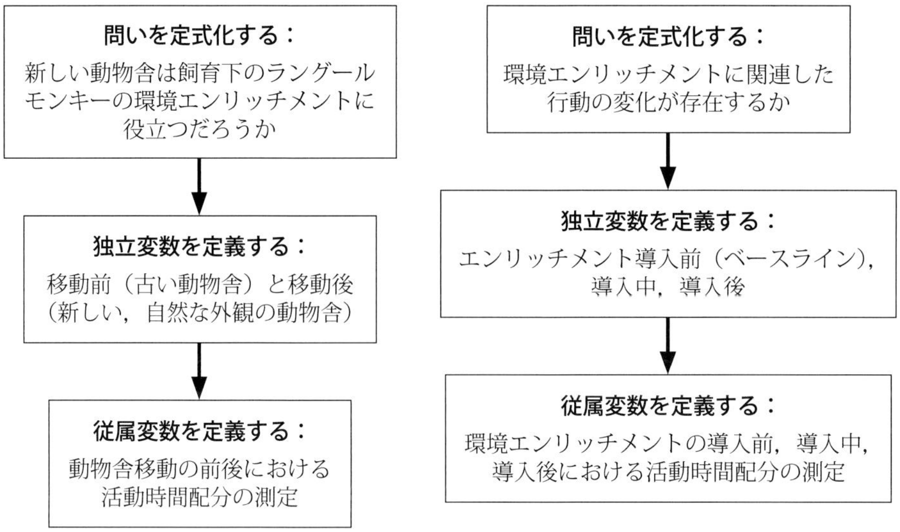
問いを定式化する：
新しい動物舎は飼育下のラングール
モンキーの環境エンリッチメントに
役立つだろうか
独立変数を定義する：
移動前（古い動物舎）と移動後
（新しい，自然な外観の動物舎）
従属変数を定義する：
動物舎移動の前後における
活動時間配分の測定
問いを定式化する：
環境エンリッチメントに関連した
行動の変化が存在するか
独立変数を定義する：
エンリッチメント導入前（ベースライン），
導入中，導入後
従属変数を定義する：
環境エンリッチメントの導入前，導入中，
導入後における活動時間配分の測定

図 30-2　独立変数と従属変数および２つの研究デザイン．（Little and Sommer 2002，Young 2003）

変数の例である．

対立仮説，交絡，バイアス

動物園における研究の多くが，その性質からして記述的である（何が起こっているか分からないので，それを知りたい）．しかし研究データは，あらかじめ帰無仮説や対立仮説が特定されている時に最もうまく統計的解析を施すことができる．帰無仮説は２つの変数の間のいかなる効果や関係も偶然によるものであるとする仮説，対立仮説は変数の間になんらかの効果や関係があるとする仮説である．

特定の仮説が定式化されようとされなかろうと，方法論は帰無仮説を棄却するのにふさわしいものでなければならない．例えばある研究者が，雄のほうが雌よりも，動物舎の上のほうにある枝を多く使うという仮説を立てるとする．ここで，雄のデータは朝収集し，雌のデータは午後収集するとする．さらに，これらのデータはたしかに，雄が上の方の枝を使う時間の割合が高いと示唆しているとする．しかしこのような状況では，この動物は性別にかかわらず，朝，上のほうの枝を多く使うのだという帰無仮説を棄却することができない．言い換えると，この研究では時間帯と性別が交絡しており，どちらの効果が結果につながっているのかを決定できない（この例では独立変数は性別と時間帯であり，従属変数は上の枝で過ごした時間の比率である）．

動物園における研究の共通の目的は，“展示設備（装置）”の追加や集団における個体の導入・喪失等，環境変化の結果として起こる行動の変化を特定することである．このような変化による効果を明瞭に評価するため，他の全ての要因は一定にしなければならない．このような統制を行うことは動物園では非常に困難なため，統制されていない外的な事象の全てに関してあり得る効果を考慮に入れて，結果の解釈がなされる必要がある．例えば，ある日動物舎に新しい木の枝が入れられ，数日後に出産があったとする．このような時，行動の変化や場所の利用の変化（従属変数）がこれらの要因（独立変数）のうちただ１つによる結果であるということを疑いの余地なく結論づけることはできないかもしれない．つまり，２つの独立変数が交絡しているのである．この交絡を解消するためには，木の枝を撤去してその後再導入し，実験的な操作を再現しなければならない．季節的な変化や天候の変化もまた，対象個体の行動に影響し結果の解釈を混乱させる可能性がある．これらの要因を体系的に記録し，その効果を評価できるようにする必要がある．このように，研究者は意図的な変化を考慮に入れるばかりでなく，動物の視点で環境に変化を及ぼし得る要因を明らかにしなければならない．

理想としては，新しい環境エンリッチメントの導入のような変化の影響は，ABA デザインに従うことが望ましい．ABA の A はベースライン，B はエンリッチメントが導入されている状況，最後の A はポストベースラインで，エンリッチメントの撤去後の状況を指す（Young 2003）（図 30-2）．このタイプのデザインは通常，新しい動物舎への反応といったことへの評価には使えない（Little and Sommer 2002）（図 30-2）．

普通，毎日 24 時間データを収集することは非現実的かつ費用も高額である．そのため，観察時間全体における一部のサンプル時間に基づいて行動が偏りなく推定できるよう，サンプリング方法が改良されてきた．偏りがないということは，観察されたことが，観察がなされていない時に起こっていることを代表しているということであり，研

表 30-2　サンプリング方法の概括

サンプリング方法	基礎となる記録	相互排他性	網羅性	利用に関して
アドリブサンプリング	行動変化	なし	なし	手書きのフィールドノート．予備観察，行動目録作成，予備調査．
連続サンプリング	行動変化	あり	なし	特定の行動の頻度，特に持続時間が短く頻度の低い行動．
		あり	あり	行動の開始から相対的な頻度が計算される時（表 30-3）．
		あり	あり	遷移時間（開始時間と終了時間が記録されている場合に持続時間を計算する）．開始時間・終了時間を利用して相互排他的な行動の時間配分を計算することができる．
スキャンまたは瞬間サンプリング	時間の点	あり [1]	あり	特に活動時間配分，行動パターン，集団における行動の同調に関し便利．通常，高い観察者間信頼性を得られる．事象よりも状態の記録をする際に適切（表 30-3）．
1-0 サンプリング	時間の間隔	あり [2]	あり	特殊な状況以外では推奨されない（本文参照）．

[1] 同時に生起する行動を記録し，後から相互排他的なカテゴリーに組み込むことができる．
[2] 各時間間隔において複数の相互排他的なカテゴリーを記録することができる．

究者が意図せずに自らの仮説に反するデータを捨てて仮説を裏づけるようなデータを記録していないということである．観察者バイアスについてはサンプリング方法についての節で詳述する（表 30-2 参照）．Lehner（1996）は，観察者によるエラー（様々な種類の記録間違いやコンピュータに関する間違い），観察者効果（観察者が存在することによって観察対象個体の行動に影響を与えてしまうこと），そして理解に関するエラー（対象個体の物理的な位置や属性が，他の個体よりもその個体を見えやすくあるいは見えづらくしてしまうこと）を含む観察者バイアスに加え，観察研究で起こり得る様々なエラーの元について述べている．

いつ，そしてどのような頻度でデータを収集するか

研究デザインにおいて最初に考慮すべきもう 1 つのことは，いつ観察するかということである．もし研究の問いが行動の日周変動に着目したものなのであれば，関心のある全ての時間帯においてサンプリングが行われなければならない（Brannian and Cloak 1985，Heymann and Smith 1999，Vickery and Mason 2004）．もし予備観察によって対象動物が暗期に活動的でないことが分かっているのであれば，サンプルからこれらの時間帯を外すことが現実的かもしれない．出産のように正確な時間を予測することが不可能に近い事象については，24 時間の観察が必須である（Robeck et al. 2005）．

発情周期に関連する行動や子の発達のように，日々の行動の変化を見たいのであれば，毎日の，あるいはそれに近い頻度での観察が必要である．もしデータ収集のための時間が限られているのであれば，毎日同じ時間に観察すれば時間帯による影響を排除することができる．しかし同時に，行動の日周変動がまず排除されているのでない限り，これを他の時間帯へ一般化することはできない．もし特定の行動に着目しているのならば，予備観察によってそれらの行動をいつ観察すればよいか決めることができる．例えば，予備観察によってアイベックスの遊び（着目している行動）の 95% が 5 時〜 7 時の間と 19 時〜 21 時 15 分の間に起こっていることが分かったのであれば，この時間帯に観察を行えばよい（Byers 1977）．

発達に関する研究のような長期的な研究の場合，妥当性のあるデータを提供しつつ時間的・財源的に現実的な方法をとるためにはどの程度観察を行わなければならないのか，という問題が生じる．Kraemer et al.（1977）は，サンプルに関するエラーとデータ収集にかかるコストを削減するべく，観察の間隔とタイミングを評価するための方法を提案した．身体データ（例：体重）のうち毎日測ることのできないものについては，週 1 回等なるべく等しい間隔で記録することが望ましい．体重は最後の給餌からなるべく等しい間隔で測定することが望ましい（Kawata and Elsen 1984）．

どの情報が重要か見極める

研究上の問いに答えるためにどのような情報が必要かを見極めるためには，当該のトピックや対象動物に関する文献を読んだり，予備観察を行ったりすることが必要となる．先行研究を知ることによって役立つ技術を学べるかもしれないし，同じような研究を繰り返さずに済むかもしれない．どのような行動に着目するのか，生物学的にどのような要因が重要なのかが決定されなければならない（Altmann 1984）．例えば，その行動が生起する頻度（例：1 時間ごとの率）が重要なのか，その時間帯のうちどれだけの時間

が特定の行動に費やされたか（観察時間における比率）が重要なのか，それともいったんその行動が始まった際にどれぐらいそれが持続するか（バウトの持続時間）が重要なのか（表 30-3，表 30-4 を参照）．求愛における相互交渉のように，行動のシークエンス（sequence，連鎖）が重要であるのかも見極める必要がある．シークエンスの記録および分析は，研究デザインを大いに複雑にする（Lener 1996，Bakeman and Gottman 1997）．

個々の動物を識別することが必須かどうか（例えば，社会的な相互交渉における行為者と行動の受け手とを記録する場合）も決定しなければならない．時に，性年齢クラスごとに個体をまとめても必要な情報を損なわない場合がある．もし個体識別が要求されるならば，各個体をマーキングすることも必要かもしれない（付録 2 を参照）．もし動物舎の場所利用が研究テーマならば，その施設の正確な見取り図や図面を手に入れなければならない．

表 30-3 行動データ収集に関連する用語

用語	定義
事象（event）	なんらかの行動の始まりまたは唯一の瞬間．瞬間的な行動．つかの間の行動(Sackett 1978a)．
状態（state）	それなりの持続時間のある行動（持続的行動），またはある瞬間におけるなんらかの行動．
持続時間（duration）	ある状態に費やされた時間．
遷移時間（transition time）	行動の始まりまたは終わりの時間．1つの状態から次の状態への移行．
頻度（frequency）	生起数．事象についても状態についても言える〔“バウト（bout）”を参照〕． 注意：遺伝学では遺伝子“頻度”は個体群における対立遺伝子の割合を指すが，その他の文脈では“頻度”は率（単位時間あたりの生起数：下記参照）を指す．
バウト（bout）	持続的行動の一度の生起，または行動のシークエンス（例：遊びのバウト）．
生起率（rate）	単位時間あたりの頻度（生起数）．サンプルの持続時間が分かっていることが必要．生起率は，常に同じ長さの時間をベースにして表すと（例：1時間ごとの頻度）解釈しやすい．
網羅的	行動の分類が全てを含んでいること．たとえ“目視不能”や“その他”だったとしても，対象個体が常になんらかの行動を取っているものとして記録される．
相互排他的	記録項目が重複しないこと．任意の項目のセットの中で，対象個体が決して2つ以上のことを同時に行っていると記録されない．

注：多くの定義が Altmann（1974）からの意訳である．

予備的な分析

はじめに考慮すべきことのうち，最後に述べるのは，後のデータ分析を視野に入れたデータ収集方法の計画である．いくらかデータを収集したら，予備的な分析をしてみるのがよい．提示した問いの全てに，本当にその方法で答えられるのかを見極めることが必要である．予備的な分析は，重要である．

研究プロジェクトのためにデータを収集する

どのようなデータを収集するか決定する

研究におけるデータを体系的に記録するためには，行動やその他の種類のデータを適切に定義しなければならない．観察者が当初の定義から“漂流”しないよう，そして他の研究者が同じ記録方法を用いることができるよう，記録される要素の正確な定義が述べられる必要がある．全てのことがなんらかの方法で定義されなければならないため，この作業の一部は，前段階における独立変数と従属変数の定義に引き続いて行われる．一般的に言って，非行動データのために記録項目を定義することのほうが，行動データのためにそれをするよりも単純である．動物の行動レパートリーの目録，または行動の一覧表や分類表と言われるものは，エソグラム（ethogram）とも呼ばれる．行動または非行動データの項目の作成にあたって丁寧に文献調査を行えば，すでに十分な項目が定義されているかどうか知ることができる．すでに存在する項目を利用すれば，研究者は似たようなものを再度つくってしまうことを避けられるだけでなく，先行研究を引用して論文の原稿を短くすることができる．またこのようにすれば，先行研究における結果と直接比較することが容易になる．

行動目録（エソグラム）

動物行動学（自然選択がいかに適応的な行動を形づくるかについての学問）の黎明期においては，行動目録は常に最初のステップであり，時にそれ自体が何年にもわたる研究の目的でもあった（Tinbergen 1951，Lorenz 1958）．行動を定義することは今も重要なステップであるが，その範囲およびそれがなされるにおいて必要となる詳細情報は，研究者の手元にある問いにかかっている．プロジェクトが最初に取り組むべき課題の1つは，研究対象に関して，適切に名づけられ，丁寧に定義づけられた行動のリストを作成することである．データ収集において泥沼にはまらな

表 30-4　行動データの分析に役立つ計算法

計　算	定　義
生スコア（raw score）	観察期間〔observation period, または追跡サンプリング期間（focal sample period）〕当たりの，補正されていない合計スコア（例：なんらかのサンプリング方法で記録された，行動ごとの総生起数）．全ての観察期間が同じであれば，そのまま統計的検定に利用できる．
補正されたまたは修正されたスコア	全てのスコアが等価になるよう重みづけされた生スコア（例：個体によってあるいは日によって観察期間が等しくない時に調整する）．
割合	小数によって表された分数，例：5/8 = 0.63．
確率	割合によって表される．例えば，ある研究結果で満月の期間中は平均で 8 頭のうち 5 頭の雌が発情することが示された場合，満月の期間中いずれかの雌が発情する確率は 0.63 である．
比率	割合と同じように計算されるが，トータルが 100% になるように 100 がかけられる（割合および確率のトータルは 1）．
範囲（range）	（頻度，持続時間，率，比率等において）最も高いスコアおよび最も低いスコア．
平均値（mean）	スコアの合計をサンプルサイズあるいはスコアの数（N）で割ったもの．
中央値（median）	スコアの中央に位置する値（スコアのうち半分はこれより高く，半分はこれより低い）．
分散	平均についてのスコアの偏差に関する尺度．標準偏差等のばらつき（エラー）の計算については，統計に関する一般的な本を参照のこと．
生起率（例：単独行動や社会行動の生起率）	頻度を観察時間（observation time）で割ったもの．
時間当たりの生起率（1 時間当たりの頻度）	頻度を小数で表された観察時間（hours of observation）で割ったもの．
相対頻度	ある 1 つの行動の頻度を，行動の変化の合計（行動の数の合計）で割ったもの．ランダムに選択した行動変化において特定の行動が観察される確率を示す．
バウト当たりの平均持続時間	ある行動の持続時間の合計を，その頻度で割ったもの．
時間当たりの平均持続時間（1 時間当たりある状態に何分費やされたか）	分で示されたある行動の持続時間を，小数で表された観察時間で割ったもの．
個体ごとの平均の率（または持続時間，比率）（例：集団全体の平均あるいは性年齢クラス内での平均）	全個体の平均値（あるいは持続時間や比率）の合計を，ある集団（またはその下位集団）における全個体数で割ったもの．
時間の比率（連続サンプリング）*	（行動の持続時間の合計を観察時間の合計で割ったもの）× 100．
時間の比率（スキャンサンプリング）*	（行動が記録された観察点の数を，観察点の合計で割ったもの）× 100．

*これらの比率が割合として表された時は，ランダムに選ばれた瞬間において任意の行動が見られる確率を示す．

いよう，その研究に本当に必要な行動が選択されなければならない（Hinde 1973）．

行動の記述には，経験的（empirical）および機能的（functional）という 2 種類の方法がある（Lehner 1996）．経験的な記述には身体の部位，動作，姿勢といった客観的なものを含み，機能的な記述には行動の目的に関する解釈を含む．一般的に，行動目録を作成する際にはまず客観的な名前と操作可能な定義を利用し，機能に関する主観的な推論を避けるべきである．例えば，多くのサルに共通するある表情を記述するにあたって，“口を開けてじっと見る”は“口を開けて脅迫する”よりも客観的である（図 30-3）．巣づくり等いくつかの行動の機能に関しては容易に共通見解が得られるかもしれないが，異なる種においては異なる記述がなされるべきである．ある程度経験を重ねると，研究者はいくつかの行動を“脅迫”や“威嚇”のようなさらに大きな機能的なカテゴリーにまとめることが適切であることに気づくだろう．これはデータ分析の最中に，あるいはその結果として，起こるかもしれない．行動の分類は明確な行動カテゴリーに限定されるかもしれない．一方，行動のシークエンスにあまり関心のない研究者は，“交尾”や“遊び”のように比較的予測可能なシークエンスを 1 つの行動単位として記録するかもしれない（G.P. Sackett 私信）．もし何種類もの行動が 1 つの行動カテゴリーに含まれているのであれば，各行動は行動目録において記述されなければならない．行動によっては，観察者の判断が非常に重要となる．例えば，サルにおける遊びと攻撃とを区

図 30-3 行動目録を作成するにあたっては，客観的な名前と操作可能な定義を利用すべきである．このシシオザルの成雄の口を開ける表情の機能は，定量的な調査から確かめられなければならない（写真提供：Joy Spurr，ウッドランドパーク動物園．許可を得て掲載．）

別するにあたって信頼に足る判断ができるようになるまでには，何時間もの観察が必要となるかもしれない．

動物園等で行われた行動目録に関する研究のいくつかは学術誌に掲載されている〔Byers 1977，Freeman 1983，Kleiman 1983，Stanley and Aspey 1984，Traylor-Holzer and Fritz 1985，Nash and Chilton 1986，Tasse 1986，Macedonia 1987，Merritt and King 1987，Margulis, Whitham, and Ogorzalek 2005（動物舎の利用の評価における，物理的配置の記録に関する記述を含む），White et al. 2003〕．シカゴのリンカーンパーク動物園によって運営されている AZA 行動アドバイザーグループ（北米動物園水族館協会）は，動物園動物の行動目録に関するウェブサイト（www.ethograms.org）を有している（Behavioral Advisory Group 2002）．

網羅的で相互排他的な記録カテゴリー

データの記録および分析のためには通常，カテゴリーを網羅的かつ相互排他的に定義することが有利である（いくつかのサンプリング方法においてはそれが必須である）．“網羅的”とは，たとえ“非活動的”“その他”“目視不能”等であっても，対象個体が必ずなんらかの行動をとっているものとして記録されるということである．相互排他的とは，対象個体が決して同時に２つ以上のことをしているとは記録されないということである．つまり，個体Sは“座っている”あるいは“グルーミングをしている”かもしれないが，その両方をしていることはないということである．記録方法は，“姿勢”よりも“動作”を記録する等，優先順位を決定するルールを含むべきである（Sackett 1978a）．例えば，トラは横になって前足をなめているかもしれないが，これはグルーミングをしていると記録されるべきであって，横になっていると記録されるべきではない．特定の記録方法（例：チェックシート）においては，相互排他的で網羅的なカテゴリーの組合せが複数含まれ得る．例えば，対象個体は同時に１つの行動，１つの場所，そして１つの近接関係（最も近くにいる個体と，その個体との距離）を記録され得る．

符　号

多くのサンプリング方法において，行動の記録にはアルファベットや数字を用いた符号を用いると便利である．記録されるべき行動の数に応じて，調査者は各行動を１～３つ程度の文字や数字で表すことができる．記録すべき行動と覚えなければならない符号がたくさんある時には，略語を使うことによって信頼性を高めることができる．例えばグルーミング（groom）は GR，接近（approach）は AP，とすることができる．あるいは１文字目あるいは１つ目の数字が一般的なカテゴリーを表し，２文字目あるいは２つ目の数字が特定の行動を表すということもできる．つまり例えば，locomotion-walk（身体移動・歩く）は LW，locomotion-climb は LC（身体移動・登る），handle-groom（手で触れる・グルーミング）は HG，handle-hit（手で触れる・叩く）は HH，というようにである（Bobbitt, Jensen, and Gordon 1964，Sackett, Stephenson, and Ruppenthal 1973，Astley et al. 1991，Lehner 1996）．

符号はまた，各個体，行為者と行動の受け手，場所を特定するのに利用することもできる．いずれコンピュータでそれらの符号を分析するのであれば，手持ちのコンピュータシステムあるいは既存のプログラムがそれらを処理できるか注意しておくべきである．もし符号化の方法が分析ソフトと相いれない場合，Microsoft Excel の“検索と置換”という機能で比較的簡単に符号を修正することができる．

サンプリング方法を選択する

サンプリング方法は，部分集合あるいはサンプル（例：

ある動物園において 200 時間観察されたライオン）に基づいて，母集団全体（例：飼育下の全ライオン）についての推定を行うにあたり用いられる．得られた推定値に偏りが出ないよう，これまでにサンプリング方法が改善されてきた（Altmann 1974）．研究プロジェクトは通常，記録し得るあらゆる事柄についてあらかじめカテゴリーを決めて行われるが，ある瞬間において，ある行動，個体，または場所が，他のことよりも興味深いということがあり得る．もし誰を，何を，いつを記録するのかということが完全に観察者の気まぐれに委ねられていたならば，観察者はあらかじめ重要であるとされた事柄を記録することを犠牲にして，特定の事象を記録してしまうかもしれない．これが，観察者バイアスの要点である．

表 30-2 では主なサンプリング方法があげられている．また表 30-3 では行動データの収集に関する定義，表 30-4 では便利な計算法があげられている．

観察の対象（“focus”）

もっとも一般的な追跡対象（focus）は，特定の個体（“focal animal”）である．その個体がとった全ての（観察の目的となる）行動が記録される．サンプリング方法の中には，対象個体（subject：S）が行動の受け手となるような全ての相互交渉も同時に記録されるものもある．S が行為者となる行動と受け手となる行動の両方を記録することは，相互交渉についてより完全な情報を得ることにつながるが，この方法はデータ分析の際に特に注意を要する．もし観察者が 1 度に 1 個体を追跡するならば，全ての対象個体の特徴が十分に表れてくるためには，総観察時間を増やしてそれらの対象個体がサンプルの中で十分に登場するようにしなければならない．観察者は研究の問いとサンプリング方法次第で，個体，集団の一部，集団全体，または行動を追跡対象とすることができる．

1. 特定の個体（focal animal）：集団全体または下位集団の中から選ばれる．Altmann（1974）が“個体追跡サンプリング（focal animal sampling）”と呼んだものはここでは“連続サンプリング”と呼んでいることに注意〔後述の「連続サンプリング」および Altmann（1984）を参照のこと〕．
2. 集団内の下位集団（focal subgroup）：例えば，“母子ペア”や“全ての雌”等．
3. 集団または集団の一部，見るのは一度に 1 個体ずつ（後述の「瞬間サンプリングおよびスキャンサンプリング」を参照）（Martin and Bateson 1993）．
4. 特定の行動の全生起数（Altmann 1974）または行動サンプリング（Maestripieri 1996）：攻撃，性行動，特定の表情等，特定の行動に注意を絞ってグループ全体を追跡する．
5. 行動のシークエンス（Altmann 1974，シークエンスサンプリング）：これは Byers（1977）によって効果的に使われた．

ランダムサンプリングとバランスのとれた観察

観察者バイアスを避けるため，各観察期間内で対象個体がサンプリングされる順番はランダムでなければならない（図 30-4）．ランダムサンプリング（観察期間内に各観察対象個体を観察する時間のランダムな抽出）は多くの統計の教科書の巻末に掲載されている乱数表か，Excel の RAND ( ) 関数を利用することによって行うことができる．簡単な方法として，小さなカードを複数枚用意し，1 枚ずつ各対象個体の名前を書いて，これをシャッフルする方法がある．カードをシャッフルしたら封筒に入れ，1 枚引く．全てのカードが引かれ，カードに書かれた個体の順番が記録されるまでこれを繰り返す．これは非復元抽出というやりかたで，各観察期間内に各対象個体が一度だけ観察されることになる．ランダムサンプリングは，観察期間の度に行われなければならない．またもし対象 A のカードが引かれ，A が見当たらなかったとしても，“目視不能”というカテゴリーに記録されるべきであることに注意が必要である．サンプル期間内に A が視界に現れる可能性もある．

観察の時間がランダムに選択される方法はあらかじめ決定される方法に比べ，他の偏りのもとを減らすことにもなる．しかし，行動の日周変化によって発生し得るエラーを消去すべく 1 日の各時間帯において何度も観察が行われるのでない限り，観察間のばらつきがなんらかの意味のある結果を隠してしまうこともあり得る．動物園という環境の性質と，その多くが動物園の職員や学生である観察者のスケジュールとを考えると，観察の時間がランダムになることは考えにくい．このような状況では，“バランスのとれた”ものにすることが最も重要となる．つまり，いくつかの時間ブロックのそれぞれにおいて，同じ数の観察期間を設定することである．もしいくつもの時間ブロックがサンプリングされるのにもかかわらず，観察が 1 日に 1 度なのであれば，何日も連続で同じ時間ブロックに観察をするのは避けなければならない．これによって，異常な気象条件等の要因による偏り（すなわち，気象と時間帯との交絡）を減らすことができる．以上のような偏りの危険性は，全ての対象個体が全ての時間ブロックにおいて毎日観察されるならば避けることができる．もし毎日観察することができないのであれば，3 日に 1 度等，観察を等間隔に行うことで“バランス”をとることができる．ただしこれ

図 30-4　観察者バイアスを避けるためには，ランダムな順番で図のパタスモンキー（*Erythrocebus patas*）のような対象個体を観察すべきである．（写真提供：Mark Frey, ウッドランドパーク動物園．許可を得て掲載．）

は，それと同じ周期をもつ行動サイクルがなければの話である．もし可能ならば，理想的な観察スケジュールを決定するための試験的な研究が行われるべきである（Kraemer et al. 1977, Thiemann and Kraemer 1984）．プロジェクトをスムーズに進めるうえでは，閉園後の入園に関する調整が必要な場合は特に，かなり前もって観察スケジュールを決めておくことが重要である．日常的な飼育管理のために当てられている時間帯は，プロジェクトの目的に関わるのでない限り避けるべきである．

データを記録するための基礎

本質的には，観察者が記録を始めるきっかけとなる事象は2種類ある．行動の変化か，時間の経過である（Sackett 1978a）．行動変化記録法ではその名の通り，通常はある行動の開始が記録されるが，現在の行動の終了や，2つの行動の間の推移時間が記録されることもある．行動変化記録法はたいてい，連続サンプリングと関連してくる．行動によっては1つの“バウト”（表 30-3 参照）からもう1つの“バウト”への遷移は不明瞭である．このような場合，行動分類は新しい行動の開始が記録されるべきできごとの定義を含まなければならない．例えば，新しいバウトが記録される前に経過しなければならない非活動状態の秒数や，“接近”が記録される前に到達しなければならない距離等である．

時間サンプリング記録法においては，観察者は観察間隔（観察における時間の間隔）の間の瞬間に起こっている行動を記録するか（スキャン，瞬間，または点サンプリング法），観察間隔中の各行動の生起の有無を記録することになる（1-0 サンプリング）．その際，観察間隔の終了を知らせるために，アラームのついたストップウォッチ等が利用される．これらの方法と，観察間隔の長さの選択に関わる要素について，以下に述べていく．

サンプリング期間

データ分析をしやすくするため，観察期間は均等なサンプリング期間（sample period）に分けるのが便利である．サンプリング期間には様々な種類があるが，一般的には第1サンプリング期間あるいは追跡サンプリング期間とは，特定の個体あるいは行動が観察の対象になっている時間の長さのことを言う．最も一般的な対象は個体であるから，観察期間内に観察されるべき個体数が多いほど，追跡サンプリング期間は短くなるか，サンプリングの期間全体が長くなる．しかし，追跡サンプリングの持続時間を長くすることはサンプル間のばらつきを減らすことにもなり，分析によっては有利となる．

簡単なのは，完全なデータ収集をすることのできる，基本の観察期間を定義することである．つまり，各個体がランダムな順で1度だけ観察されるようなものである．基本の観察期間が1時間であるとしよう．もし観察すべき個体が5頭いるのなら，紙をシャッフルしたり予想外の出来事に対処したり，サンプルの間で異なるデータを記録したりするための10分を除いて，追跡サンプリング期間は10分であるべきことになる．全ての時間サンプリング記録法において，そして連続サンプリングにおいては時間の経過を知っておくため，各追跡サンプル期間にはさらに短い時間間隔（観察間隔）を設定する．また2種類以上のデータを取らなければならない時は，これが可能になるような観察期間を設定しなければならない．対象が1個体しかいない時，または集団全体を同時に観察する時は，基本の観察期間は追跡サンプリング期間と同じとなる．また基本の観察期間の長さは疲労が限界に達するよりも短く設定されるべきである．周囲が騒がしい場合には特に，疲労は早く蓄積しがちである．追跡サンプリング期間は5分以上であるべきなので，もし集団が大きい場合には，1度の観察期間では全て終わらないかもしれない．

他の予定やプロジェクトの性質そのものによって，動物園の職員や学生によるプロジェクトには制限があるかもしれないが，データ分析と統計的検定のためには観察持続時間と観察サンプル数が各観察日において一定であることが望ましい．

サンプリング方法：その利用と限界

アドリブサンプリング

アドリブサンプリング（Altmann 1974）は伝統的なフィールドノートや予備調査に等しいものであり，一般的には量的調査に先立つ非体系的で非形式的な観察を含むものである．この方法はまれにしか起こらない事象を記録するのに適しており，しばしばデータシートのコメント欄の形をとる．

連続サンプリング

連続サンプリング（個体追跡サンプリング：Altmann 1974，連続リアルタイム計測：Sackett 1978a）では，特定の行動や相互交渉の開始時間（および持続時間，終了時間）が記録される．行動変化に着目するこの方法では通常，対象個体が開始した（場合によっては対象個体に向けられた）行動が記録されるが，追跡している特定の行動，行動のシークエンス，動物舎の場所利用等を記録することもできる．

連続サンプリングは常に，行動の頻度，生起率，（終了時間が記録されていれば）持続時間の計算を可能にする（表30-2を参照）．追跡対象個体の連続サンプリングは行動の最も完全な記録を可能にする方法であり，また何かを見落とすことなしに行動のシークエンスのデータを収集することができる唯一の方法である．多くの行動や個体が関わってくる場合，電子機器を利用して記録をとるのでない限り，連続データの分析には非常に時間がかかる．もしシークエンスが重要でないのなら，そしてコンピュータが利用されるのでないのなら，データ収集と分析を簡単にするため，紙ベースでチェックシートを作成するのがよい．もし最も関心のある行動が瞬間的なものや比較的頻度の低いものであるならば，選ぶべきは連続サンプリングである．もし行動の頻度を知りたいのなら，分析を簡単にするため，行動の始まりだけを記録すればよい．

瞬間サンプリングおよびスキャンサンプリング

瞬間サンプリングおよびスキャン（走査）サンプリング（Altmann 1974），あるいは点サンプリング（Dunbar 1976）は，観察者があらかじめ決められた観察間隔（例えば1分）の終わりに行動状態を記録する，時間サンプリングに基づいた方法である．偏りを避けるため，観察者はその瞬間に対象個体がしていたこと（継続中の行動であれ，ある程度持続する行動の始まりであれ，たまたまサンプリングの瞬間に起こった短い行動であれ）だけを記録しなければならない．

これらの方法においてよくある問題は，一瞥しただけでは特定の行動や個体を識別することが困難であるということである．効果的な解決策は，対象個体を例えばシグナルの後5秒間ほど見て，最後の瞬間に見られた行動を記録することである（Sackett 1978a）．この“5秒数える”方式は，15分の間隔でスキャンを行ったアカホエザル（*Alouatta seniculus*）のフィールド調査において大変うまく機能した（C.M. Crockett, 個人的データ）．間隔が短い（30秒以下の）時，観察者は数を数えずに記録すべき行動を早く決定したいがために，次のシグナルを今か今かと待ってしまいがちである．研究者によっては，あらかじめ決められた時間（例えば5秒）持続した最初の行動を記録する〔Mahler 1984，“持続（sustained）行動”〕が，これは瞬間的な行動を取りこぼすことにつながるため，避けるべきである（Clutton-Brock 1977）．もし主要な関心が“状態（state）”よりも瞬間的な“事象（event）”にあるのなら（表30-2および表30-3），連続記録のほうがふさわしい．

瞬間サンプリングは，追跡対象が単一の個体であって，一定の時間によって開始される記録方法を指している〔連続サンプリングを指すのにAltmann（1974）の“個体追跡サンプリング”という用語を避ける理由〕．スキャンサンプリングは集団または下位集団全体を記録するものなので，観察者は全ての個体の行動を記録するために，視覚的に“スキャン（走査）”しなければならない．集団をスキャンするためには“瞬間”では足りないが，観察者は各個体を最初に見た時に起こっていた行動状態のみを記録しなければならない．偏りを避けるため，必ず動物舎の左から右へ行うなど，スキャンは体系的な方法で行われなければならない．原理的に，そして一般的な用法として，“瞬間”

サンプリングと“スキャン”サンプリングは同等のものである．

スキャンサンプリングは，特定の活動に費やされた時間の比率や，動物舎の場所利用の比率等を推測するにあたって最も簡単な方法である（表 30-4）．したがってスキャンサンプリングは 1 日の活動周期（1 日の時間の関数としての行動の変動）の研究に特に適している．一方，この方法は社会的な相互交渉の記録にはあまり適していない．相互交渉はしばしばスキャンサンプルによっては記録することのできない，行動のシークエンスで起こるからである．スキャンサンプル間の間隔が非常に短いあるいは全観察時間が長いのでない限り，持続時間が短く頻度の低い行動は見落とされがちである．生起率およびバウトの持続時間はこの方法によっては計算できない．スキャンサンプリングの大きな利点は，それが比較的単純であるということである．選ぶべきものが比較的少なければ，経験の浅い観察者でもすぐに明確に定義された行動を記録することができるようになる．よって，観察者内および観察者間での信頼性も通常は高い．

スキャンサンプリングにおける観察間隔の長さは，多くの要因によって決定される．例えば，対象個体の活動レベル（どのくらい頻繁に行動を変えるか，そして記録される行動がたいていどのくらい長く続くか），集団サイズ（スキャンごとに何個体がスキャンされなければならないか），単一のサンプリング方法が採られるのか混合されるのか，統計的検定において時間的な自己相関が問題となるか否か，等である．一般的に言えば，観察間隔が短ければ短いほど，連続サンプリングで記録されるのに近いデータが収集できる．しかし，観察間隔が短いということは分析すべきデータが多いということである．特に持続時間の短い行動に関する連続サンプリングと組み合わされる場合（すなわち混合サンプリング方法の場合）には，比較的非活動的な動物においては長い観察間隔を設定するのが現実的である．食物の摂取や，動物舎の見取り図上にプロットされた動物の位置等，いくつかのタイプの情報に関しては，1 日 1 回の記録でもスキャンサンプルとして扱うことができる．統計の都合だけ考えると，1 日 1 回の記録は一般的に，時間的な自己相関の問題を避けることができる．

1-0 サンプリング

1-0 サンプリング（Altmann 1974）または修正頻度（modified frequency）（Sackett 1978a）においては，スキャンサンプリングにおけるのと同様，観察する時間の間隔（観察間隔）が設定される．しかし，観察間隔内で起こる各行動カテゴリーには，真の頻度に関係なく 1 というスコアが与えられる．例えば，ある観察間隔において 5 回観察された行動はやはり 1 と記録される．また，より長い時間持続する行動も，その始まりがいつであるかにかかわらず，それが起こっている最中であれば各観察間隔において 1 と記録される．よって，各観察間隔においては 2 つ以上の行動カテゴリーが記録されることがあり得る．

この方法においては真の持続時間，真の頻度，異なる活動に費やされた時間の真の比率を計算することができないため，Altmann（1974）はこれを利用すべきでないと述べている．それに応えて，様々なサンプリング方法で同じ事象を記録した場合の率や持続時間，比率の違いを比較する研究が数多く行われた（Dunbar 1976，Chow and Rosenblum 1977，Leger 1977，Sackett 1978a，Kraemer 1979，Tyler 1979，Rhine and Ender 1983，Suen and Ary 1984）．それらによれば，スキャンサンプリングと 1-0 サンプリング（いずれも時間サンプリングに基づいた方法）の結果はたいてい正の相関を示していたものの，真の行動の生起を反映する程度は，行動の生起率とバウトの持続時間に比例した観察間隔の長さに強く依存していた（Suen and Ary 1984）．もちろん，行動によって生起率やバウトの持続時間の平均は異なる．明確な率や活動時間配分よりも，特定の行動のバウトや変動が関心の対象である場合には，1-0 サンプリングの単純さはよいかもしれないが，その欠点には気をつけるべきである（Bernstein 1991）．

1-0 サンプリングは，他の方法を採用している研究と推定値を比較する際には避けるべきである．しかし，1-0 サンプリングは記録と分析が容易で観察者間の信頼性が高いため，多くの観察者が存在する場合あるいは他の研究との比較が重要でない場合には採用してもよい．とはいえ通常はスキャンサンプリングを利用した研究においても，きちんとした訓練とデータ収集デザインによって，同様に高い観察者間の信頼性を達成することが可能である．

1-0 サンプリングはまた，1-0 のレベルにおいてのみ正確であるような過去の記録を定量化するのに利用することもできる．例えば，なんらかの記録における生起または非生起（1-0）は，その日いた各個体の性行動や特定の食物の摂取，新しいケージの利用，新しい怪我等々に関し得点化して記録することができる．事象によっては，生物学的に 1-0 のレベルにおいて重要であったりする．例えば，雌が発情期に少なくとも 1 度は交尾をするかといったことや，動物が 1 日の間に少なくとも 1 度は摂餌をするかといったことである．このような，飼育係による記録の 1-0 での得点化は，雌のシシオザル（*Macaca silenus*）の

proceptive calling（性的な能動性・積極性を示す発声）における体系的なデータを補足するのに効果的に使われた．

データ記録方法

データを記録するには多くの方法があり，信頼性，簡便さ，コスト，データ起こしおよび分析に必要な時間といった点で違いがある．例えばオーディオ機器・ビデオ機器により記録されたデータは，記録するのにかかる時間の倍ほども，データ起こしの時間がかかる．しかし，新しい個体の導入のような予測のできない現在進行中の事象をビデオあるいはオーディオ機器により記録することは，素早く起こる相互交渉の記録を残しておくのに最も適した方法かもしれない．様々な方法によるデータへの変換が可能なデジタルファイルを作成できるビデオ撮影は，よい選択肢である．観察者が生起している行動を暗記した符号によって音声で入れておけば，データ起こしは容易になる．ノートパソコンやPDA（タブレット端末）は，符号化されたデータをキーボード，タッチスクリーン，音声認識ソフト，バーコードリーダー等によって入力することができるようプログラムしておくことができ，その後その機器自体によってあるいはデータを移動したパソコンによってデータを分析することができる（Forney, Leete, and Lindburg 1991，Grasso and Grasso 1994，Paterson, Kubicek, and Tillekeratne 1994，White, King, and Duncan 2002）．市販のソフトウェアを利用して，パソコンやPDA（図30-5）を行動の符号化および作表のためのシステムとして用いることができるようになる．これらには，The Observer, www.noldus.com/（Cronin et al. 2003，使用例を含む），EVENT（Ha 1991，Ha and Ha 2003，使用例を含む），JWatcher, www.jwatcher.ucla.edu/（Blumstein, Evans, and Daniel 2000）といったものがある．

大量のデータを収集する際には，コンピュータテクノロジーを利用しない手はない．そのような方法の利点として，データ収集において同時に2つ以上のデータを入力することができる点，“不可能な”入力を防ぐための安全策をプログラミングしておける点，データ入力エラーに起因するデータ起こしエラーをなくせる点等がある．しかし，多

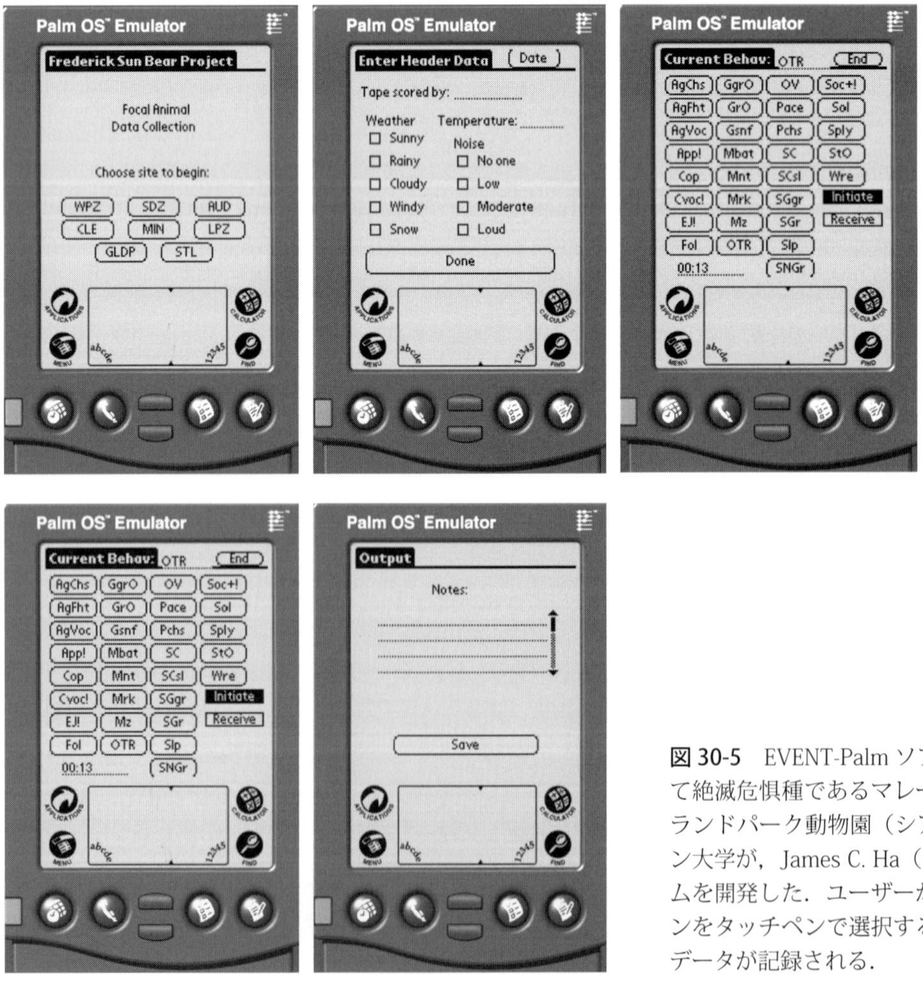

図30-5　EVENT-Palmソフトウェア．米国の6つの動物園において絶滅危惧種であるマレーグマのデータを収集するため，ウッドランドパーク動物園（シアトル）のCheryl Frederickとワシントン大学が，James C. Ha（1991）とともに特注でPDAのプログラムを開発した．ユーザーが符号化された行動を示す画面上のボタンをタッチペンで選択すると，後の分析のためにデータベースにデータが記録される．

くのプロジェクトにおいては手書きのデータシートでまったくもって十分であり，コストも低いため，観察初心者にとっての出発点として推奨される．

手書きの方法

多くの動物園における研究プロジェクトにおいて，コピー機で印刷されたデータシートはデータを記録するのに適切かつ安価な方法である．最終バージョンを採用する前に，予備的なバージョンを試してみるべきである．専門的に印刷されたノンカーボン紙（NCR）は，データ記録の複製が重要となる場合には良い選択肢である．

Hinde（1973）はデータシートの形式に関して多くの有益な提案をしている．実際に使用されたデータシートのサンプルが論文に含まれていることはあまりないが，いくつかの例外もある（Kleiman 1974，Price and Stokes 1975，Crockett and Hutchins 1978，Lehner 1996，Paterson 2001）．図 30-6 ～図 30-8 は，異なるサンプリング方法と目的に応じた“一般的な”データシートを示している．研究者が選択するデータシートの形式は，サンプリング方法，記録されるべき情報，対象個体の数，サンプリング期間の長さ，そして分析方法（コンピュータによるか否か）によって決まる．各シートはプロジェクト名（あるいは対象種）と日時，（もし関係があるなら）天候，観察者名，対象個体名，動物園内の位置，そしてプロジェクトに関連し独立変数となる可能性のあるその他の情報（例えば研究の段階や状態）を記入する空欄を設けるべきである．コメントを記入する欄があってもよい．

相互排他的であり網羅的であるような記録方法は，対象個体が①視界からいなくなった場合（分かるようであればどこにいるかも），または②定義されていない行動をとっている場合を記録するための，列，カテゴリー，または符号を要する．

一般的なデータシートの形式においては，行動が列の先頭に，観察時間が行の先頭に記される（図 30-6）．行動は，適切なセルにチェックを入れたり，社会的行動の受け手や対象個体の位置に関する符号を記入したりすることによって記録される．このような形式は時間サンプリング（図 30-6 左），および行動のシークエンスが重要でない場合の行動の頻度に関する連続サンプリング（図 30-6 右）に適している．図 30-6 の左のような形式が各間隔 2 個体以上をスキャンするために使用される時には，適切なセルに各個体を示す符号（ID コード）を記入しておけばよい．

連続的な行動のシークエンスを記録する際には，各行の最初の列に行動の開始時刻を記入して，行為者，行動，そ

時間サンプリングにおける一般的なデータシート

Date: 10/2/86　Species: LTM　Subject: Fred　Observer: CMC
Start Time: 0900 h　Enclosure: Out　Weather: Sun, 75

Interval:	Beh.1	Beh.2	Beh.3	Beh.4	Beh.5	Beh.6	Other	NotVis	Comments
0:00:15	1								
0:00:30	1								
0:00:45		1							
0:01:00						1			
0:01:15								1	
0:01:30								1	
0:01:45								1	
0:02:00				1					
0:02:15	1								
0:02:30	1								
0:02:45							1		
0:03:00			1						
0.03.15			1						
0:03:30			1						
0:03:45	1								
0:04:00	1								
0:04:15	1								
0:04:30		1							
0:04:45		1							
0:05:00	1								
TOTAL:	8	3	3	1	0	1	1	0	20
PERCENT:	40	15	15	5	0	5	5	15	100

コメント：記入されたデータシートはスキャンサンプリングの例である．

行動の頻度に関する一般的なデータシート

Date: 10/7/86　Species: LTM　Subject: Fred　Observer: CMC
Start Time: 1000 h　Enclosure: Out　Weather: Cloudy, 65

Minutes:	Beh.1	Beh.2	Beh.3	Beh.4	Beh.5	Beh.6	Beh.7	Beh.8	Comments
1									
2									
3	11			1					
4		1							
5									
6					11				
7								1	
8						111			
9	1		1						
10									
11									
12			11						
13				1					
14									
15							1		
16	1								
17	111			1					
18								1	
19								11	
20	1		11						
TOTAL:	8	1	5	3	2	3	1	4	= 27 onsets

コメント：行動の開始があった時間のみにチェックマークが記入されている．

図 30-6　左：時間サンプリングにおける，8 つの相互排他的かつ網羅的な行動カテゴリーの記録のためのデータシート．スキャンサンプリングにおいては，スキャンの瞬間に起こっている行動のセルにチェックマークを記入する．ここに示されているように，各行につきチェックマークは 1 つである．1-0 サンプリングにおいては，各時間において生起している全ての行動につき，一度だけチェックを入れる．右：連続サンプリングにおける，行動の頻度を記録するためのデータシート．行動の生起した時間の対応するセルにチェックを入れることによって，行動の開始が記録される．1 つのセルにいくつものチェックマークが記入されることもあるし，行によっては新しい行動が開始されなかったために 1 つもマークが入らないこともある．

行動のシークエンスを記録するためのデータシート（連続サンプリング）

Date: *10/7/86*　Species: *LTM*　Subject: *A*　Observer: *CMC*
Enclosure: *Indoor*　Weather: *Not applicable*
Start Time: *0900 h*

Time:	Behaviors coded in sequence	Comments
9:00:05	*A GR A*	*A grooms self*
9:00:45	*A WK*	*A walks*
9:01:00	*A AP B*	*A approaches B*
9:01:05	*A GR B*	*A grooms B*
9:03:10	*A LV B*	*A leaves B*
9:03:15	*A SI*	*A sits*
9:06:05	*A HH*	*A handles hay*
9:07:30	*A SI*	
9:09:10	*A AP B*	
9:09:15	*A GR B*	

行動のシークエンスを記録するためのデータシート（連続サンプリング）

Date: *10/7/86*　Species: *LTM*　Subject: *A*　Observer: *CMC*
Enclosure: *Indoor*　Weather: *Not applicable*
Start Time: *0900 h*

Minutes:	Behaviors coded in sequence	Comments
1	*A GR A, A WK*	
2	*A AP B, A GR B*	
3		
4	*A LV B, A SI*	
5		
6		
7	*A HH*	
8	*A SI*	
9		
10	*A AP B, A GR B*	

図 30-7　連続サンプリングにおける，行動のシークエンスの記録のためのデータシート．上：開始時刻を記録するためのデータシート（後に行動の持続時間を計算するためには行動の開始を記録しておく必要がある）．下：時間間隔内で記録するためのデータシート．

して行動の受け手の符号をそれらが生起した順番の通りに書いていけばよい（図 30-7 上）．あるいは，行動が生起した時間を示す行に行動を記録することができるよう，あらかじめ各時間の行を設けておけばよい（図 30-7 下）．相互排他的かつ網羅的な一連の行動が記録されていれば，持続時間を推定することができる．どれが“事象（event）”（例えば 1 秒の持続時間）でどれが“状態（state）”（様々な持続時間）かは，あらかじめ決定されている必要がある．次の行動の開始は，前の行動を終了させると推定される．この方法によって記録されたデータのデータ起こしは，コンピュータを利用しない限り手間と時間がかかる．

様々な種類のデータを記録するにあたって，見取り図を利用することが可能である．スキャンサンプリングを利用して，動物舎の見取り図に各個体の位置を符号化していく．その後，Kirkevold and Crockett（1987）が行ったように，見取り図上のプロット位置から個体間の距離や好む位置を計算することができる．個体の識別コードの隣に，単純な行動カテゴリーを記録できるようにしておくこともできる．見取り図を利用する方法は，分析にあたってどの場所が重要となるか最初の時点では明確でない場合に有効である．

データ記録のためのその他の形式としては，行列表を利用する方法がある．例えば，行動名のラベルを列に記入し，位置のラベルを行に記入する．一定の長さの観察において，各行列は単独の個体のものであってもよいし，識別のための符号が記録されるのであれば動物舎内の全個体のものであってもよい．行列表は，スキャンごとにチェックマークを記入することによってスキャンサンプリングに利用することもできるし，頻度のデータ（例えば場所ごとの行動）の連続記録に利用することもできる．特定の相互交渉を全て記録するためには，行為者を行の先頭に，行動の受け手を列の先頭に記入すればよい．連続サンプリングを利用する際には，特定の相互交渉（例えば押しのけ）が起こった時には必ず，適切なセルにチェックマークが記入されていくことになる（Lehner 1996）．

動物園で行われる研究においては，多くの場合 2 種類以上のデータが記録されなければならない．先述したように，連続サンプリングであってもスキャンサンプリングであっても，位置と行動に関するデータを同時に記録することができる．しかし，多くの場合には“混合”サンプリングが最も適切な方法である．この方法では，ページの左側の列にスキャンデータが記録され，右側に連続データが記録される（図 30-8）．“混合”サンプリングでは一般的に，位置，近接個体，スキャン時の一般的な行動カテゴリー，そして連続サンプリングを利用した頻度または相互交渉のデータが記録される．例えば，“社会的行動”というカテゴリーがスキャンサンプリングで記録され，特定の行動や行為者，行動の受け手が連続サンプリングで記録されるかもしれない．他に，連続サンプリングを用いて追跡対象個体をランダムな順番で観察し，その後追跡サンプリング期間の合間に全個体のスキャンデータ（例えばそれぞれの位置や一般的な活動等）を記録するという方法もあり得る．この方法は Stanley and Aspey（1984）によって使用された．

体系的なデータ収集は，特定の研究プロジェクトにおいて利用されるだけでなく，日々の動物の飼育管理に応用することもできる．体系的な記録は，情報の記録のためのスタンダードな方式を用いることによって容易になる．このような方式は飼育日誌の一部であるかもしれないし，特殊な事象のために作成されるものかもしれない．例えば Lindburg and Robinson（1986）は，動物の導入における状態や結果の記録のための体系的な記録の方式を開発した．たとえ PDA やノートパソコンが利用されるのであっても，研究者はデータ収集のレイアウトについて考える必

共通カテゴリー記録用の混合サンプリングデータシート

Date: *10/8/86*　Species: *Red panda*　Observer: *CMC*
Enclosure: *South*　Weather: *Cloudy, 55*
Start Time: *0800 h*

Interval	Subject	(Scan) LOCATION	(Scan) NEAR NEIGH.	Scan Sample Behavior: N.V.	SOC	STAT	MOVE	EAT	OTHER	Continuous frequency: GROOM	SEX	OTHER	Comments
0:00	A	*1*	*B*		*1*					*B*	*BB*		*2 mounts*
	B	*1*	*A*		*1*								
	C	*4*	*D*	*1*									*In den*
	D	*4*	*C*	*1*									*In den*
0:05	A	*2*	*B*				*1*						
	B	*1*	*A*			*1*							
	C	*3*	*B*				*1*					*1*	*Climbs tree*
	D	*4*	*B*	*1*									*Den*
0:10	A	*2*	*D*		*1*							*1*	*Bites D*
	B	*2*	*A*			*1*				*A*		*1*	*Plays w/D*
	C	*?*	*?*	*1*									
	D	*2*	*A*		*1*								
0:15	A	*1*	*B*			*1*							
	B	*3*	*D*		*1*								*Still play*
	C	*?*	*?*	*1*									
	D	*3*	*B*		*1*								*same bout*

図 30-8　混合サンプリングにおける，連続データとともに３つのスキャンカテゴリーを同時に得点化するためのデータシート．スキャンデータは各時間の始めに記録され，連続データは時間を通じて記録される．ここに示されたシートにおける観察期間の長さは20分間である．

NEAR NEIGH.：nearest neighbor（近接個体），N.V.：not visible（目視不能），SOC：social（社会行動），STAT：stationary（静止）を指す．

要がある．

データシートとコンピュータ分析

手書きで記録されたデータがSPSSあるいはSAS（Tabanick and Fidell 2001）といったソフトウェアで分析される際には，データシートは図30-6や図30-8のようなチェックシートの形であるよりも，図30-7の上のようなものであることが望ましい．これはコンピュータプログラムが，例えば行為者ごとの行動の頻度を計算するのに，クロス集計のような既成のプログラムを使うことができるからである．Microsoft Excelはクロス集計を行うのに便利なピボットテーブルという名の機能を備えている．より機能の多い新しいプログラムが常にリリースされているので，プログラムの購入前にそれが値段に見合った機能を備えているかを検討した方がよい．SYSTATバージョン11.0（Wilkinson 2004）のように，大学向けのサイトライセンスを通じて比較的安価に強力なプログラムを入手することができる．筆者の個人的な好みは，Macintosh用ならばData Desk〔Velleman 1997，最新版はバージョン6.2（2003）〕である．事前にExcelにデータファイルを入力しておく必要がある．Excelには，簡易的な統計分析の機能も組み込まれている．これらの機能を使うには，まずツールを選択し，その後アドインを選択し，分析ツールと分析ツール - VBAを選択する．ツールに戻ると，データ分析という名の新しいオプションが現れているはずである．ここで記述統計および推測統計の両方を行うことができる．

再現性と観察者内および観察者間の信頼性

研究プロジェクトで利用された方法は，最終的な報告や雑誌掲載論文を見た他の研究者が，そこでの記述に基づいて同じ技法を用いることができるよう定義されなければならない．よって行動の明瞭な定義は格別重要である．

観察者はデータ収集において日々一定でなければならない（観察者内信頼性）．よって，もし可能ならば予備的なデータ収集は“練習”として扱い，全く分析に利用しないか，明瞭なデータのみを利用すべきである．1つのプロジェクトにおいて2人以上の観察者がいる場合には，正式な観察者間信頼性のテストを行うことが推奨される．一般的な方法は，2人以上の人間が同時に同じ対象のデータを収集するというものである．その後記録されたデータを比較し，一致率を算出する．一般的な一致の算出方法は，

$$一致率（\%）=［一致 /（一致 + 不一致）］\times 100$$

である．エラーは個体識別，行動，行動のシークエンスなどについて起こり得る．新しい観察者によるデータが分析に利用される際には，方法論次第で，信頼性は85～95%程度に達しているべきである．

一致率は信頼性を計算するにあたって最も簡単な方法であるが，統計という観点からすると，指標としては最もあてにならない．観察者どうしの一致が純粋に偶然によるものである可能性を考慮していないため，観察者間での一致を過大評価することになるからである（Watkins and Pacheco 2000）．とはいえ，信頼性に関する指標はないよりもあったほうがよい．評価されることを知っていた観察者は，知らなかった観察者よりも有意に高い一致スコアを示した（Hollenbeck 1978）．多くの観察者を抱えることになるような大型プロジェクトでは，一致を計るための“基準”としてビデオ録画した“本物の”行動シークエンス

を利用してもよい．理想としては，観察者は繰り返し評価を受けるべきである．一般的に，多くの動物園におけるプロジェクトは1人の観察者によって行われており，この観察者が実践を重ねていくうちに信頼性が高まる．自ら発案し自らデザインしたプロジェクトのためにデータ収集をしている人は，本来的に信頼性が高いだろう．ただし，不明瞭な状況において“予期された”行動を記録してしまうという，観察者バイアスが出る危険性もある．Martin and Bateson（1993），Lehner（1996），Caro et al.（1979）は，信頼性に影響を与える様々な要因と，信頼性を評価するための技術について議論している．

観察者間信頼性の計測にあたって，現時点ではkappa統計量（κ統計量，κ値）（Cohen 1960）の利用が推奨されている（Bakeman and Gottman 1997）．もし観察者が2人しかいないならば，名義尺度に関するκ値〔あるいは両者が同じ行動の符号を選択する回数．例はWatkins and Pacheco（2000）より改変〕は手計算で行うのが簡単である．1人の観察者の観察記録を行に，もう1人の観察記録を列に配置し，それらをクロス集計することによって2人の観察者が記録した行動の符号が比較される．観察記録は一致することもあれば一致しないこともあるが，それらがどの程度一致しており，その値が偶然に一致する可能性よりも高いのかどうかを計算することができる．

$$\kappa\text{値} = \frac{P_0 - P_c}{1 - P_c}$$

$$P_0 = \text{実際の一致の割合} = \frac{\text{一致}}{\text{一致} + \text{不一致}}$$

$$P_c = \text{偶然に一致する割合} = \left(\frac{R_1 \times C_1}{N^2}\right) + \left(\frac{R_2 \times C_2}{N^2}\right) + \left(\frac{R_n \times C_n}{N^2}\right)$$

ここで

R_1＝行1における観察の合計

R_2＝行2における観察の合計

R_n＝最後の行における観察の合計

C_1＝列1における観察の合計

C_2＝列2における観察の合計

C_n＝最後の列における観察の合計

The Observer 5.0（Noldus 2005）というデータコーディングシステムは，Systat（Wilkinson 2004）やSPSSとともに，信頼性を計算するプログラムを備えている．オンラインのプログラム（例えば，http://department.obg.chuk/researchsupport/Cohen_ Kappa_data.asp）も手に入る．

観察者に関する高い信頼性は，各分析における尺度のレベルにおいてのみ必要となる．もし統計的検定において順位のみが分析されるのであれば（多くのノンパラメトリック的手法においてはそうである．詳細は以下参照），記録における観察者の信頼性は順位のレベルにおいてのみ正確である必要がある（Sackett, Ruppenthal, and Gluck 1978）．例えば観察者が，雄Aが雄Bよりもたいてい攻撃的であり，雄Bが雄Cよりもたいてい攻撃的であるということさえ正確に記録するのであれば，たとえいくつかの攻撃行動が見逃されたとしても，順位に関する統計的検定の結果が変わることはない．

データの提示と分析の方法

この章の目的は，動物園において収集されたデータを分析するにあたっての考慮事項や技法を紹介することである．必要となるあらゆるスキルを提供するものではないので，ここで紹介したより詳細な内容を含む文献とともに利用してほしい．データ分析に関するいくつかの側面は，データ記録方法の選択の前に検討されるべきである．繰り返しになるが，予備的な分析は重要である．データシートやデータ収集スケジュールの改良，データ照合の手順に関して示唆が得られる可能性がある．

データの照合

一般的な考慮事項と技法

データ照合の際（例えば観察者があるデータシートにおける合計を計算している時）には，2つのことを考慮に入れることが重要である．

1. 各対象個体または観察セッションに関するデータは，観察時間の長さに応じて同等に扱われなければならない．もし観察時間が異なるならば，生のスコアを生起率や生起の比率に変換することで同等にすることができる．ベースとして総観察時間（あるいは総スキャン数）を使うのか，あるいは対象個体を目視できた時間（または対象個体を目視できたスキャン数）を使うのかを決めたい．
2. 統計的検定において追跡サンプリング期間ごとの値が使われるのか，それとも他の時間ブロックが使われるのか決定されるまで，集計されたデータを全ての観察セッションにまたがってまとめるべきではない．どのような場合でも，観察期間が同じ長さでない場合，通常は各セッションまたは日が同等に扱われるのが望ましい．各対象個体が（もし必要なら，時間ブロックごとに）同じ時間だけ観察されるような観察スケジュールならば，多くの問題を避けられる．対象個体や観察日によって“目視不能”な時間が異なると，分析はややこしくなる．

元のデータシートからの照合，およびデータ起こしを容易にするため，集計表のデザインには注意が払われるべきである．もし可能ならば，データシートそのものに集計欄を設けるのがよい（図 30-6 参照）．集計表によっては，行列の形式をとっていることがある．Microsoft Excel のようなスプレッドシート形式のプログラムを利用すれば，集計を容易にすることができる．

連続個体追跡サンプリングに基づいた推定

追跡対象個体の交渉に関する行動を記録する際，観察者は対象個体 S が開始したあらゆる行動，および S に向けられたあらゆる行動を記録するかもしれない．この方法は観察時間を効率的に使うことができるものだが，いくつかのデータ分析においては特に注意を要する．*Si* が追跡対象個体であるサンプルと *Sj* が追跡対象個体であるサンプルにおいて，全ての相互交渉が記録される．表 30-5 に示されるように，それぞれのサンプル（*i* または *j*）または両方のサンプル（*i* および *j*）から，交渉の率の推定値を算出することができる（Altmann 1974）．

表 30-6 で集計された相互交渉のデータを検討してみよう．対象個体 I と対象個体 J の観察時間の合計がベースの時間として利用された場合，頻度の行列における各セルを，その個体の組合せにおける 1 時間ごとの交渉の生起率の有効な推定値を算出するのに利用することができる．この例では，個体 I と個体 J が追跡対象個体であった時に計 9 回 I が J をグルーミングし，個体 K が追跡対象個体であった時に 1 回 I が K をグルーミングしたこと，すなわち計 10 回 I によるグルーミングが観察されたことが分かる．I，J，K はそれぞれ 1 時間ずつ追跡対象個体として観察されているが，10 回のグルーミングを 3 時間で割って I のグルーミング率を 3.3 とすることはできない．J の追跡サンプリングにおいては，I と K の間の交渉が記録されないからである（例えば J が追跡対象個体であった 1 時間中に，I が K を 5 回グルーミングしたかもしれない）．個体ごとの平均の生起率を算出するには，まず組合せごとの生起率を計算し，それを合計して個体数で割らなければならない．交渉の生起率について他に考慮すべきことについては，Michener（1980）および Shapiro and Altham（1978）を参照されたい．

個体が視界にない場合の問題

Ralls, Kranz, and Lundrigan（1986）のように，対象個体を目視できた持続時間のみに基づいて行動の生起率や生起の比率の推定値を算出する場合，その動物が見えている時の行動が必ずしも全ての行動のランダムなサンプルではないということを考慮に入れる必要がある．視界にない時に，その動物における同じ行動の生起率が異なっていたり，異なる行動がとられていたりするかもしれない．動物園における多くの動物舎には屋内部分と屋外部分がある．観察者は屋内における行動が屋外におけるのと同様である，あるいは異なるものだと結論づける前に，両方での観察をすべきである．もし屋内と屋外での行動が同じならば，目視できた時間を使って生起率を算出することができる．その他に，対象個体がねぐらや巣箱などに入ったために見えな

表 30-5　交渉率の推定値

対象個体	サンプル持続時間	交渉の数	生起率
i	20 分（1/3 時間）	5	15/ 毎時
j	10 分（1/6 時間）	3	18/ 毎時
i＋j	30 分（1/2 時間）	8	16/ 毎時

表 30-6　個体 I，J，K の社会的グルーミング交渉

サンプル持続時間	追跡個体	交渉	頻度
60 分	I	I から J へ	5
		J から I へ	3
60 分	J	J から I へ	6
		I から J へ	4
60 分	K	K から I へ	5
		I から K へ	1
180 分＝3 時間			24

頻度の行列

グルーミングする個体	グルーミングされる個体 I	J	K	合計
I		9	1	10
J	9		0	9
K	5	0		5
計	14	9	1	24

時間ごとの生起率

グルーミングする個体	グルーミングされる個体 I	J	K	合計
I		4.5	0.5	5.0
J	4.5		0	4.5
K	2.5	0		2.5
個体ごとの平均グルーミング率				4.0

くなったが，その間ほとんど行動が生起していないということもあるかもしれない．このような場合，おそらく計算においてはサンプル時間の合計が使われるべきであり，“ねぐらの中”は１つの行動として記録されるべきであろう．似たところでは，自然を模した動物舎において動物が横になり，背の高い植物に隠れて見えなくなってしまったために“目視不能”と記録されることもあるだろう．この場合，“目視できた”時間を使って計算すると“活動的”な行動の実際の比率を過大評価することになるため，このような研究では“目視できなかった時間の比率”といった項目を結果の中に含むこととし，分析によっては“非活動的な時間の比率”と組み合わせて用いるべきであろう．対象個体が視界にない状態における観察時間の割合が高い場合，以上のことを考慮に入れて結果を解釈しなければならない．

統計的検定

全ての行動研究プロジェクトは，いくつかの記述統計を含む（例：表 30-4）．行動研究者はまた，仮説を検証し結論を導き出すために統計的検定を行う必要がある（Lehner 1996）．そうでなければ，結果は正当化されない可能性がある．統計的検定の目的は，「大きなグループからサンプリングされたほんのわずかな出来事において観察された違いが，その大きな集団における真の違いを代表すると確信をもって結論づけるために，その観察された違いがどの程度大きなものでなければならないのかを決定すること」（Siegel 1956）である．統計的検定は，十分に大きな違いが見出されれば帰無仮説が棄却される，といった形で行われる．例えば，２つのサンプルの平均値（例：２つの動物舎における攻撃行動の生起率の平均）が異ならない，という帰無仮説があるとする．帰無仮説の棄却は，２つのサンプルの平均が統計的に有意に異なる，ということを示唆する．

研究プロジェクトの結果が動物園や水族館における飼育管理に関する決定に適用される場合，研究における結論が統計的な基礎に基づいていることはさらに重要である．しかし，統計的に有意な差のみが決定に影響を与えるべきではない．なぜなら，真に重要なのは“効果量”，つまり効果の大きさだからである（Martin and Bateson 1993）．もし高額な費用をかけた動物舎の改良が統計的に有意な攻撃行動の減少につながったとしても，行動の変化が小さく怪我の減少が見られないならば動物園全体にそれを適用する価値はないかもしれない．逆に，ある個体においてはわずかな行動の変化しか見られないが，他の個体においては非常に大きな変化が見られ，統計的にはわずかな差しかなくとも大きな平均的効果が生まれるということもあり得る．

普通，エラー（ばらつき）に関する情報が含まれない限り，“有意な”差はグラフ化されたデータから視覚的に見つけることはできない．平均値をグラフ化し比較する際には，平均値の標準偏差を使うのが適切である．これは通常，標準誤差（SE）あるいは平均値の標準誤差（SEM）と呼ばれる．平均値の標準誤差は σ_n と表される．σ は値の標準偏差であり，n はサンプルサイズである．

$$\sigma_n = \frac{\sigma}{\sqrt{n}}$$

平均値のグラフから有意な差が分かるようにするためには，各グループにおいて± SE × 2 のエラーバーをつければよい（Streiner 1996）．記述統計においては常に，（平均値であれ中央値であれ）範囲（range）と標準誤差（または標準偏差）あるいはそのいずれか，そしてサンプルサイズを含むべきである．

パラメトリック検定とノンパラメトリック検定

パラメトリック検定は，平均やばらつきの尺度（分散あるいはその平方根である標準偏差）といった，サンプルが抽出された“母集団”に関する“パラメータ”についての推定に基づいている．これらのパラメータは，その検定が基づいている統計式に関する数学的な分布（“正規分布”等）を決定している．ノンパラメトリック検定は分布のタイプを問わずに適用可能であり，データが導き出された“母集団”に関する多くの推定を必要としない（Lehner 1996）．

統計の初心者はまず，どのような比較あるいはデータの種類に対して，どのような統計的検定が適切であるのかを学ばなければならない．経験とともに，徐々に統計のレパートリーを増やしていくべきである．統計を学ぶことは，外国語を学ぶことと似ている．使っているうちに慣れてくるのである．Siegel（1956）および Conover（1999）はほとんどのノンパラメトリック検定について詳細に述べており，Lehner（1996）は最も一般的なものについて十分で利用しやすい概略を提供している．さらに，Lehner（1996）はより動物園における研究に関係する例を用いている〔Brown and Downhower（1988）も参照のこと〕．読者の中には，本章で用いられている統計用語になじみのない方もあるかもしれない．Ha and Ha による教科書（近日出版予定）は，記述統計およびパラメトリック，ノンパラメトリック統計に関する良い入門書である．上級者向けの統計書には，生物学の例に重きを置いたものもある（Sokal and Rohlf 1995，Zar 1999）．Tabachnick and Fidell（2001）は多変量統計およびその計算をすることのできるコンピュータプログラムについて述べている．統計およびデータ分析についての理解を深めるにあたって，統計ソフトに関するマニュアルは特に役に立つ（Velleman 1997，Wilkinson 2004）．

表30-7は様々なノンパラメトリック統計をあげている．多くは電卓によってまたはExcelのスプレッドシートに数式を入力することによって比較的簡単にできる．これらの検定になじむために，論文を読んでどのような状況でどのような検定が利用されたか確認することも役立つであろう．分析の単位が何であったのか，検定を行うためにデータが具体的にどのように配置されたのかを見極めてみてほしい．ただし，不適切な検定を行った論文が学術誌に掲載されることもあるので注意が必要である．

パラメトリック検定（表30-8）は，等分散性や分布の正規性といった前提条件が満たされれば利用可能である（Ha and Ha 近日出版予定）．これらの前提条件がいずれも，小さな違反に対してであれば頑健であるということは重要である（Kirk 1994，Ha and Ha 近日出版予定）．パラメトリック検定はノンパラメトリック検定に対し“検定力”が高い，すなわち帰無仮説を棄却するのに必要な差が小さくて済むので，より望ましい．検定力はさらに，サンプルサイズが大きくなればなるほど高くなる．例えば2つの平均の間の差の大きさに関して，平均がより独立のデータポイントに基づいていれば，差の大きさは統計的に有意になる可能性が高い．場合によっては，多変量解析のために，あるいはサンプルサイズが異なることによってフリードマンの分散分析が不適切となるために，パラメトリック検定が必要となることもある（Lehner 1996，表30-7）．パラメトリック検定は，市販の多くの統計ソフト（例えばMicrosoft Excel，Minitab，SPSS，STATA，Systat，Data Task 等）によって行うことができる．

パラメトリック検定において比率や割合が利用される時にはまず，分布を標準化するためにデータを逆正弦変換するのがよい（Lehner 1996）．この変換はStanley and Aspey（1984）によって用いられた．変換はパラメトリック検定における前提条件の違反を修正するのに有用である．上級者はLehner（1996）やまたはZar（1999）を参照して平方根や対数変換に関する情報を得られたい．

ノンパラメトリック検定はパラメトリック検定の前提条件が満たされない時には代替法の1つであるが，順位の変換による検定力の低下は不利な材料として大きい．より検定力の高い代替法として，リサンプリング（再標本化），あるいはランダマイゼーション検定（確率化検定）が使用されるようになっている（Adams and Anthony 1996）．これらの検定ではランダムな分布をつくり出すために，コンピュータ上で生データのサンプリングを繰り返し（リサンプリングを行い）それに基づいた確率を計算する（Hayes 2000）．この技法は特に，分布の正規性が満たされていないが等分散性がほぼ満たされている時に有用であ

表30-7　一般的なノンパラメトリック検定

データの種類	統計的検定	使用例
名義－頻度	カイ自乗検定（連関性および適合度の検定）	Byers 1977，Izard and Simons 1986，Margulis, Hoyos, and Anderson 2003，Ralls, Brugger, and Ballou 1979
	G検定（多重分割表）	Crockett and Sekulic 1984
	二項検定	Izard and Simons 1986
順序－順位		
2サンプル		
独立	マン・ホイットニーの U 検定	Byers 1977，Freeman 1983，Kleiman 1983，Macedonia 1987，Vickery and Mason 2004
相関（対）	ウィルコクソンの符号付順位検定	Byers 1977，Freeman 1983，Kleiman 1980, 1983，Mallapur and Chellam 2002
	符号検定	Ralls, Brugger and Ballou 1979
	スピアマンの順位相関係数	Freeman 1983，Macedonia 1987，Margulis Hoyos, and Anderson 2003
3サンプル以上		
独立	クラスカル・ウォリスの一元配置分散分析	Margulis, Whitham and Ogorzalek 2003，Vickery and Mason
相関	フリードマンの二元配置分散分析	Nash and Chilton 1986

注：詳細およびより多数の検定についてはConover（1999），Siegel（1956），Lehner（1996），Zar（1999），Sokal and Rohlf（1995）を参照のこと．

表 30-8　適切なパラメトリック検定を選ぶ

グループ / 状態の数	デザインの種類*	前提条件（各番号の脚注参照）	使用する検定（Ha and Ha 近日出版予定）
1 サンプル	1 サンプル	1，2，4，5	1 サンプル z 検定
1 サンプル	1 サンプル	1，2，4	1 サンプル t 検定
2	対応なし（グループ間）	1，2，3	独立 t 検定
2	対応あり（グループ内）	1，2	ペア t 検定（相関 t 検定）
3 サンプル以上	対応なし（グループ間）	1，2，3	分散分析

注：前提条件は以下の通り．
1．データが間隔あるいは比率尺度に従っていること．
2．データが標準正規分布に従っていること．すなわち，(a) 母集団の生データが標準正規分布に従っていることが知られていること，あるいは (b) サンプルサイズが 30 以上であること，あるいは (c) 歪度と尖度の値がおおよそ −1.0 〜 +1.0 の間であること．
3．グループ間で分散が等しいこと．これを等分散性（Homogeneity of Variance, HOV）という．分散は 4 倍まで異なっていてもよい（4 倍異なっていても“等しい”とされる）．HOV をみつけるためには，大きい方の分散を小さい方の分散で割ればよい．
4．母集団の平均が分かっていること．
5．母集団の標準偏差が分かっていること．

* 1 サンプル t 検定では母集団のデータとサンプルとを比較する．これはもし野生下での実証データがあって，その平均を自らのデータの平均と比較したい場合には便利である．グループ内デザインは，同じ個体が複数回計測され（例えば，いくつかの従属変数において，前，最中，後，等），それゆえ個体が研究において自身のコントロールとしてはたらくものである．あるいはまた，比較されている個体のペアであってもよい．言い換えると，グループ内デザインはデータが独立であると推定できない時に有用である．それに対して独立の，あるいはグループ間のデザインは，計測が繰り返されない場合や関連性がない時に適切である（ウッドランドパーク動物園のゾウの採餌行動に対し，ポイントディファイアンス動物園水族館のゾウの採餌行動）．

る（Hayes 2000）．ランダムな分布を導き出すための様々な技法やソフトに関しては，Adams and Anthony（1996）および Crowley（1992）による総説を参照するとよい．これらの技法は特に，動物園における研究ではありがちな，データが特定の個体に関して繰り返されたサンプルである場合に有用である（例：Cantoni 1993）．

分析の単位

統計的検定を行うためには，分析の単位を決めなければならない．実験による研究の場合にはこれは明らかである（例：ラットがある課題を学習するまでにかかった試行数）．研究者が行動を定義するような研究の場合，問題はより複雑となる．分析の単位は行動の総生起数（頻度）や，1 時間ごとの生起率や，行動に費やした時間の比率かもしれないし，行動の全持続時間や，バウトの平均持続時間かもしれない．さらに，研究者は各対象個体の全体での“スコア”（総生起頻度，平均の生起率，持続時間等なんでも）が 1 つのデータポイントとなるのか，それとも各対象個体の観察期間または時間ブロックごとのスコア（例えば年齢）が 1 つのデータポイントとなり，ゆえにそれぞれのデータポイントが独立でないのか，決定しなければならない．もしかすると個体識別ができないために，各観察期間につきスコア（全個体の平均や合計等）が 1 つだけ存在する，ということになるかもしれない．適切な分析の単位は，使用される統計的検定の手法に依存する面もある．

検定法によっては，有意差を検出するための最低限のサンプルサイズが要求されることもある（Siegel 1956）．Freeman（1983）は繁殖に成功したユキヒョウ（*Uncia uncia*）のペアと成功しなかったペアとの差を比較するために，性別ごとにデータを分析してマン・ホイットニーの *U* 検定にかけた（図 30-9）．その研究におけるサンプルサイズ（成功したペア 3 つ，成功しなかったペア 5 つ）では，両側検定で有意差（0.05 以下の確率）が出るには逆転があってはいけなかった．言い換えると，3 つの成功ペアが全て 5 つの不成功ペアを順位で上回らないと（あるいは下回らないと），有意差は出なかった．

飼育下の動物の研究では，統計的検定にかけるためには個体数が少なすぎるために，対象個体それぞれにつきデータポイントを 1 つとすることができないことも多い．そのような場合，観察期間または時間ブロックごとの各対象個体のデータを 1 スコアとし，サンプルサイズ（および検定力）を上げることができる．これらのデータは繰り返しのあるデザインにおいても使えるし，（集団全体の行動に対し）ある個体の行動が条件ごとに（例えば新しい動物舎への移動後に）異ならなかったという帰無仮説の多重検定においても使うことができる．これはまた先述のランダマイゼーション検定の技法が適用され得る場面でもある．ある個体の複数のスコアを他の個体の複数のスコアとまとめて扱ってしまうと，第 1 種の過誤を犯す危険性がある．

図 30-9　繁殖に成功したユキヒョウのペアと成功しなかったペアとの行動の違いを見るために，マン・ホイットニーの *U* 検定が用いられた．ボリスは成功したペアの子である．（写真・Cathy Shelton，ウッドランドパーク動物園．許可を得て掲載）

第 1 種の過誤とは，帰無仮説が正しいのにもかかわらず棄却してしまうことである〔Machlis, Dodd, and Fentress 1985，"pooling fallacy（まとめてしまう誤り）"〕．このような誤りは個体内のばらつき（例えば同じ個体における観察間の違い）が個体間のばらつきよりも小さい時に起こり得る（Leger and Didrichson 1994）．検定力を保ちつつこのような問題を避けるには，①より複雑な手法（例えば繰り返しのあるデザイン）を採用する，②ばらつきの原因を具体的に探り，その結果を受けて分析の単位を決定する，③各個体および各観察期間が同等に扱われるよう，基本の観察期間における全個体の平均または合計を利用する，④例えばなんらかの変化に対する個体ごとの反応に関心があるならば，各個体のデータを別々に検定にかける，等の方法がある．

研究によって，分析の単位は異なっている．Byers（1977，図 4 および 5）は遊びという事象（イベント，event）が地面のタイプによって異なる率で生起したか知るために，ウィルコクソンの符号順位検定（Wilcoxon matched pairs test）を利用した．例えば，アイベックス（*Capra sibirica*）の子個体各々につき，斜面における“お尻”という遊びイベントの総生起数が，同じ個体の平地における“お尻”という遊びイベントの総生起数と対応づけられる．ここで，斜面と平地はそれぞれ動物舎の半分を構成していた．そうでなければ，対象個体ごとの遊びイベントの数は，それが生起した地面のタイプが動物舎において占める割合をかけて補正されなければならない．性別による行動の違いを比較するため，Freedman（1983）は交尾のあったユキヒョウの 8 ペアにおける各個体につき，特定の行動をとっていた時間（スキャンサンプリングによるデータから計算）を雄と雌とで対応づけた．各ペアが観察されていた期間の長さは異なっていたため，統計的検定には各ユキヒョウの期間全体における平均データ（比率）が使われた．Kleiman（1980）の図 50.4 では，性的に活発な雄のゴールデンライオンタマリン（*Leontopithecus rosalia*）が雌をグルーミングしていた全持続時間と，性的に活発でない雄が雌をグルーミングしていた全持続時間とが，観察時間ごとに対応づけられた．各観察セッションにつき雄 1 頭のスコアは 1 つであり，各トリオ（同じ動物舎で飼育されている雄 2 頭と雌 1 頭）のデータは別々に検定にかけられた．Nash and Chilton（1986）によるガラゴ（*Galago senegalensis*）（図 30-10）の研究では，子の観察セッションが 2 倍の長さだったのを除き，各個体は 3 つの“フェーズ”において同じ時間だけ観察された．得点化された各行動について分析されたデータは，頻度を半分にした（すなわち等価にするため補正された）子のデータを除き，フェーズごとの各個体の頻度の合計（すなわち“生の”スコア）からなっていた．ここにおける生の頻度は，時間ごとの率に変換してもよかっただろう．チンパンジー（*Pan troglodytes*）の発達に関する長期的な研究においては，1 頭の対象個体に関する 3 か月にわたる期間における週 3 回の観察の全てが，分析においては 1 つのデータポイントとしてまとめられた（Kraemer et al. 1982）．

統計に関するその他の考慮事項

独立性の問題

理論的には，統計的な分析のために，データポイント（例えば上で述べたような分析の単位）は独立であるべきである．例えば，ある個体における特定の行動の生起率は，他の個体におけるその行動の生起率とは無関係であるべきだし，ある行動タイプの生起が他の行動タイプの生起率

図 30-10　シアトルのウッドランドパーク動物園の夜行性動物館にいるショウガラゴ（*Galago senegalensis*）.（写真：Karen Anderson，許可を得て掲載）

に影響を及ぼすべきではない．現実には，相互的な社会行動の事例（多くの動物園における研究がそうである）などにおいて独立性の前提はたいてい崩れてしまう．そのような行動は普通，集団内の他個体の行動にも影響を及ぼすため, 本来的に相関がある可能性がある（G. P. Sackett 私信）．さらに，2 つ以上の相互排他的かつ網羅的な行動のセットが検定にかけられた時，1 つの検定結果は他の検定結果から独立ではない．もし行動が“社会的”“非社会的”というカテゴリーに分けられていたなら，条件によって社会的な行動は異ならなかったという帰無仮説が棄却された時，同時にそれは非社会的な行動における違いにも有意な差があったということになる（Sackett, Ruppenthal, and Gluck 1978）．このような理由から，より慎重に検定を行うため，確率水準に対する調整が行われることがある（Stanley and Aspey 1984）．幸運なことに，この問題を解決するような新しい技法がどんどん開発されてきている．上級者は独立性の前提に対する違反の取り扱いについて，モンテカルロ・シミュレーション，モデリング，リサンプリングといった技法を検討してほしい（Crowly 1992，Todman and Dugard 2000）．

時間的な自己相関

独立性に関するもう 1 つの側面が，時間的な自己相関，言い換えると，ある時点における行動の生起が次の時点でのその行動の生起に影響を与える可能性である. 明らかに，連続する時間的な点の間隔が短ければ短いほど，時間的な自己相関は起こりやすい．スキャンサンプリングあるいは瞬間サンプリングによるサンプルが比率に変換された場合は, このような問題は起こらない．短い間隔では一般的に，当該の行動に費やされた時間の真の比率に関する推定値はより正確なものとなる．しかし，偶然性解析（カイ自乗検定，当てはまりの良さに関する検定）においては，独立のデータポイントが要求される（Siegel 1956）．例えばもし，動物舎における様々な位置の利用の仕方を比較したいのならば，対象個体が各場所にいたと記録された回数を数えるというのが 1 つの方法である．しかし，このようにして得られた値は，もし時間的な点が自己相関していたならば（すなわちもし，その動物がある枝の特定の位置にいたことが，その前の時間にそこにいたことと独立の事実でないならば），カイ二乗検定で利用することはできない．

独立を前提とすることのできる時間域は行動，対象種等によって変わるので，一般的な法則といったものはない．適切な間隔は，データによって決定されなければならない．例えば，Janson（1984）は，野生のフサオマキザル（*Cebus apella*）の近接関係はたいてい 5 分間隔で自己相関しており，10 分間隔ということはあまりなく，15 分間隔ということは決してないということを発見した．よって，独立性の要求される分析においては 15 分間隔での記録のみが利用された．スキャンサンプリングにおける適切な時間間隔を選ぶために，連続サンプリングで試験的な研究を行うのもよい．この方法で, Slatkin（1975）がゲラダヒヒ（*Theropithecus gelada*）およびキイロヒヒ（*Papio cynocephalus*）の成雄について自己相関を調べたところ，相関が出る時間についてゲラダヒヒでは約 1 分，キイロヒヒでは 4，5 分と判明した．

Ketchum（1985）はウッドランドパーク動物園（シアトル）のユキヒョウによる動物舎の場所利用に関する研究を行った．スキャンサンプリングは 20 秒ごとという，高い自己相関が見られかねない時間間隔で行われた．動物舎内の位置は 4 つのカテゴリー（客からの見えやすさと，対象動物が視覚的に把握できる距離に基づく）に分けられ，各エリアにおいて過ごしていたスキャンサンプルのパーセンテージが計算された．これらのデータを，頻度（すなわち比率でない）のデータに加え独立性を要求するカイ二乗検定（当てはまりの良さの検定）で分析するために，比率に追跡サンプリング期間の数がかけられた．この計算によって，サンプリング期間ごとにランダムに一度だけ対象個体の位置を記録した場合とおおよそ同じ値が，補正された頻度として出てくる．サンプリング期間は最低２時間，たいていは１日以上離れていたので，これらの補正された頻度は独立であると認められた．予測頻度は，サンプリング期間数に各位置カテゴリーが占めていた動物舎内のエリアの比率をかけることで得られた〔この検定における予測頻度は，もしユキヒョウが各エリアをその利用可能性に応じて利用していたならば“予測”される値（すなわち，特に選好がなかった場合の値）である〕．

Lehner（1996）は２つの比率を比較する検定について述べている．しかし，もしこの検定がスキャンサンプリングによるデータに対して使われるなら，サンプリングの間隔は自己相関していてはならない．もし自己相関がありそうならば，単純だが統計的に慎重な解決策は，計算において観察期間の数を n として扱うことである．

独立性が要求される理屈は単純である．統計的検定の検定力はサンプルサイズの大きさに応じて高くなることを思い出してほしい．明らかに，スキャンサンプリングの間隔が近ければ近いほど，一定の観察期間におけるサンプル数は増える．サンプルサイズの増大は帰無仮説が棄却される可能性（そして第１種の過誤が犯される可能性）を高め，間隔の伸長は統計的な有意差が出る可能性を下げることになる．当然，有意差が出そうなサンプリング間隔を恣意的に選択することは妥当でない．その一方，比率に観察期間の数をかけるやり方は，真に独立な時間間隔がサンプル持続時間よりも短い場合には不必要に検定力を下げる．

各追跡サンプリング期間がデータポイントを供する時は常に，各セッションがその動物の行動に関する独立の推定値だということが前提となっている．これは，体系的な偏りが出ることのないよう観察期間は，バランスのとれた，あるいはランダムなものであることが重要である，ということをさらに強調する事実である．

独立性の前提に違反すると，特定の行動データに対し適用される一般的な統計的検定法の一部を利用できなくなる．Dunbar and Dunbar（1975）は独立性の前提に関していくつかの考慮事項と解決法を述べている．また，前述のランダマイゼーション検定に関する節も参照してほしい．

まとめ

動物園におけるデータ収集は，飼育下の動物に関する生物学的な基礎情報とともに，飼育管理に関する疑問への回答も与えてくれ得るものである．現在では研究は重要なものと位置づけられており，多くの動物園に広がっている（Finlay and Maple 1986，Leong, Terell, and Savage 2004，第 24 章）．例えば，環境エンリッチメントの及ぼす望ましい影響の評価が行われている（Mellen and Macphee 2001，第 26 章）．統計的検定であれ記述的統計であれ，データが最も有用であるためには，統計分析に耐えるように定量化されなければならない．さらに，観察者バイアス等のサンプリングエラーを避けるため，適切なサンプリング方法が採られなければならない．本章では主なサンプリング方法を概観し，データ分析のためのいくつかのヒントを提供した．

体系的なデータ収集は主に前もって体系的に考えておくことを要求するものであって，決して難しいものではない．以下のようなガイドラインが守られれば，プロジェクトはより成功しやすくなるだろう．

1. 具体的な研究上の問いを定式化する．
2. データ収集は単純なものにしておく．
3. データ収集のデザインを最終的に決定する前に，サンプルデータに関する予備的な分析をしておく．
4. データ収集をしている間にも，データの照合および分析を始める．
5. もし研究の結果が一般の関心を呼びそうであれば，学術誌に論文を投稿する．

謝　辞

本章の 1996 年版は，1986 年にウッドランドパーク動物園（シアトル）で行われた“Applying Behavioral Research to Zoo Animal Management（動物園動物の管理のための応用行動研究）”というワークショップに基づいたものであった．ワークショップは，ウッドランドパーク動物園に対する Institute of Museum Services（博物館サービス研究所）からの Conservation Grant（保全基金）という助成金に一部基づいて行われた．C. Kline は文献検索を手伝ってくれた．M. Hutchins のインスピレーションのおかげで，W. Karesh および Carolyn M. Crockett の助力を受けて，ワークショップを行うことができた．1996 年版においては J. Altmann，S. Lumpkin，R. Baldwin 各氏からのコメント，および G. Sackett，C. Janson らとの会話から得られたものが活かされた．本章の改訂の機会を与えてくださった D. Kleiman と K. Thompson，および建設的なコメントをいただいた 2 名のレビュアーに感謝する．本改訂版は Renee R. Ha の心理学の授業に参加している学生，Behavioral Studies of Zoo Animals，J. C. Ha らからの提言を含んでいる．Carolyn M. Crockett はワシントン大学の The National Primate Research Center から助成を受けた（NIH RR00166）．Renee R. Ha はワシントン大学の心理学部から助成を受けた．

文　献

Adams, D. C., and Anthony, C. D. 1996. Using randomization techniques to analyse behavioural data. *Anim. Behav.* 51:733–38.

Altmann, J. 1974. Observational study of behavior: Sampling methods. *Behaviour* 49:227–67.

———. 1984. Observational sampling methods for insect behavioral ecology. *Fla. Entomol.* 67 (1): 50–56.

Astley, C. A., Smith, O. A., Ray, R. D., Golanov, E. V., Chesney, M. A., Chalyan, V. G., Taylor, D. J., and Bowden, D. M. 1991. Integrating behavior and cardiovascular responses: The code. *Am. J. Physiol.* 261:R172–R181.

BAG (Behavioral Advisory Group, American Zoo and Aquarium Association). 2002. Ethograms, ethograms.org/. Silver Spring, MD: American Zoo and Aquarium Association; Chicago: Lincoln Park Zoo.

Bakeman, R., and Gottman, J. M. 1997. *Observing interaction: An introduction to sequential analysis*. New York: Cambridge University Press.

Bernstein, I. S. 1991. An empirical comparison of focal and ad libitum scoring with commentary on instantaneous scans, all occurrence and one-zero techniques. *Anim. Behav.* 42:721–28.

Blumstein, D. T., Evans, C. S., and Daniel, J. C. 2000. JWatcher. www.jwatcher.ucla.edu/. Los Angeles: UCLA; Sydney: Macquarie University.

Bobbitt, R. A., Jensen, G. D., and Gordon, B. N. 1964. Behavioral elements (taxonomy) for observing mother-infant-peer interaction in *Macaca nemestrina*. *Primates* 5:71–80.

Brannian, J., and Cloak, C. 1985. Observations of daily activity patterns in two captive short-nosed echidnas, *Tachyglossus aculeatus*. *Zoo Biol.* 4:75–81.

Brown, L., and Downhower, J. F. 1988. *Analyses in behavioral ecology: A manual for lab and field*. Sunderland, MA: Sinauer Associates.

Byers, J. A. 1977. Terrain preferences in the play behavior of Siberian ibex kids (*Capra ibex sibirica*). *Z. Tierpsychol.* 45:199–209.

Cantoni, D. 1993. Social and spatial organization of free-ranging shrews, *Sorex coronatus* and *Neomys fodiens* (Insectivora, Mammalia). *Anim. Behav.* 45:975–95.

Caro, T. M., Roper, R., Young, M., and Dank, G. R. 1979. Interobserver reliability. *Behaviour* 69:303–15.

Chow, I. A., and Rosenblum, L. A. 1977. A statistical investigation of the time-sampling methods in studying primate behavior. *Primates* 18:555–63.

Clutton-Brock, T. H. 1977. Appendix I: Methodology and measurement. In *Primate ecology*, ed. T. H. Clutton-Brock, 585–90. London: Academic Press.

Cohen, J. 1960. A coefficient of agreement for nominal scales. *Educ. Psychol. Meas.* 20 (1):37–46.

Conover, W. J. 1999. *Practical nonparametric statistics*. 3rd ed. New York: Wiley.

Crockett, C., and Hutchins, M., eds. 1978. *Applied behavioral research at the Woodland Park Zoological Gardens*. Seattle: Pika Press.

Crockett, C. M., and Sekulic, R. 1984. Infanticide in red howler monkeys (*Alouatta seniculus*). In *Infanticide: Comparative and evolutionary perspectives*, ed. G. Hausfater and S. B. Hrdy, 173–91. New York: Aldine.

Cronin, G. M., Dunshea, F. R., Butler, K. L., McCauley, I., Barnett, J. L., and Hemsworth, P. H. 2003. The effects of immuno- and surgical-castration on the behaviour and consequently growth of group-housed, male finisher pigs. *Appl. Anim. Behav. Sci.* 81 (2): 111–26.

Crowley, P. H. 1992. Resampling methods for computation-intensive data analysis in ecology and evolution. *Annu. Rev. Ecol. Syst.* 23: 405–47.

Dunbar, R. I. M. 1976. Some aspects of research design and their implications in the observational study of behavior. *Behaviour* 58:78–98.

Dunbar, R. I. M., and Dunbar, P. 1975. *Social dynamics of gelada baboons*. Basel: Karger.

Finlay, T. W., and Maple, T. L. 1986. A survey of research in American zoos and aquariums. *Zoo Biol.* 5:261–68.

Forney, K. A., Leete, A. J., and Lindburg, D. G. 1991. A bar code scoring system for behavioral research. *Am. J. Primatol.* 23:127–35.

Freeman, H. 1983. Behavior in adult pairs of captive snow leopards (*Panthera uncia*). *Zoo Biol.* 2:1–22.

Grasso, M. A., and Grasso, C. T. 1994. Feasibility study of voice-driven data collection in animal drug toxicology studies. *Comput. Biol. Med.* 24:289–94.

Ha, J. C. 1991. *EVENT-PC and EVENT-Mac Software*. Seattle: University of Washington Regional Primate Research Center.

Ha, R. R., and Ha, J. C. 2003. Effects of prey type, prey density and energy requirements on the use of alternative foraging tactics in crows. *Anim. Behav.* 66:309–16.

———. Forthcoming. *Integrated statistics for behavioral science*. Thousand Oaks, CA: Sage Publications.

Hayes, A. F. 2000. Randomization tests and the equality of variance assumption when comparing group means. *Anim. Behav.* 59:653–56.

Heymann, E. W., and Smith, A. C. 1999. When to feed on gums: Temporal patterns of gummivory in wild tamarins, *Saguinus mystax* and *Saguinus fuscicollis* (Callitrichinae). *Zoo Biol.* 18: 459–71.

Hinde, R. A. 1973. On the design of check sheets. *Primates* 14:393–406.

Hollenbeck, A. R. 1978. Problems of reliability in observational research. In *Observing behavior*, vol. 2: *Data collection and analysis methods*, ed. G. P. Sackett, 79–98. Baltimore: University Park Press.

Izard, M. K., and Simons, E. L. 1986. Isolation of females prior to parturition reduces neonatal mortality in *Galago*. *Am. J. Primatol.* 10:249–55.

Janson, C. H. 1984. Female choice and mating system of the brown capuchin monkey *Cebus apella* (Primates: Cebidae). *Z. Tierpsychol.* 65:177–200.

Kawata, K., and Elsen, K. M. 1984. Growth and feeding relationships of a hand-reared lowland gorilla infant (*Gorilla g. gorilla*). *Zoo Biol.* 3:151–57.

Ketchum, M. H. 1985. Activity patterns and enclosure utilization in the snow leopard, *Panthera uncia*. Master's thesis, University of Washington.

Kirk, R. E. 1994. *Experimental design: Procedures for the behavioral sciences*. 3rd ed. Belmont, CA: Brooks/Cole.

Kirkevold, B. C., and Crockett, C. M. 1987. Behavioral development and proximity patterns in captive DeBrazza's monkeys. In *Comparative behavior of African monkeys*, ed. E. L. Zucker, 39–65. New York: A. R. Liss.

Kleiman, D. G. 1974. Activity rhythms in the giant panda. *Int. Zoo Yearb.* 14:165–69.

———. 1980. The sociobiology of captive propagation. In *Conservation biology: An evolutionary-ecological approach*, ed. M.E. Soulé and B.A. Wilcox, 243–61. Sunderland, MA: Sinauer Associates.

———. 1983. Ethology and reproduction of captive giant pandas (*Ailuropoda melanoleuca*). *Z. Tierpsychol.* 62:1–46.

Kraemer, H. C. 1979. One-zero sampling in the study of primate behavior. *Primates* 20:237–44.

Kraemer, H. C., Alexander, B., Clark, C., Busse, C., and Riss, D. 1977. Empirical choice of sampling procedures for optimal research design in the longitudinal study of primate behavior. *Primates* 18:825–33.

Kraemer, H. C., Horvat, J. R., Doering, C., and McGinnis, P. R. 1982. Male chimpanzee development focusing on adolescence: Integration of behavioral with physiological changes. *Primates* 23 (3): 393–405.

Leger, D. W. 1977. An empirical evaluation of instantaneous and one-zero sampling of chimpanzee behavior. *Primates* 18:387–93.

Leger, D. W., and Didrichsons, I. A. 1994. An assessment of data pooling and some alternatives. *Anim. Behav.* 48 (4): 823–32.

Lehner, P. N. 1996. *Handbook of ethological methods*. Cambridge: Cambridge University Press.

Leong, K. M., Terrell, S. P., and Savage, A. S. 2004. Causes of mortality in captive cotton-top tamarins (*Saguinus oedipus*). *Zoo Biol.* 23:127–37.

Lindburg, D. G. 1990. Proceptive calling by female lion-tailed macaques. *Zoo Biol.* 9:437–46.

Lindburg, D. G., and Robinson, P. 1986. Animal introductions: Some suggestions for easing the trauma. *Anim. Keep. Forum* (January): 8–11.

Little, K. A., and Sommer, V. 2002. Change of enclosure in langur monkeys. Implications for the evaluation of environmental enrichment. *Zoo Biol.* 21:549–59.

Lorenz, K. 1958. The evolution of behavior. *Sci. Am.* 199 (December): 67–74.

Macedonia, J. M. 1987. Effects of housing differences upon activity budgets in captive sifakas (*Propithecus verreauxi*). *Zoo Biol.* 6:55–67.

Machlis, L., Dodd, P. W. D., and Fentress, J. C. 1985. The pooling fallacy: Problems arising when individuals contribute more than one observation to the data set. *Z. Tierpsychol.* 68:201–14.

Maestripieri, D. 1996. Gestural communication and its cognitive implications in pigtail macaques (*Macaca nemestrina*). *Behaviour* 133:997–1022.

Mahler, A. E. 1984. Activity budgets and use of space by South American tapir (*Tapiris terrestris*) in a zoological park setting. *Zoo Biol.* 3:35–46.

Mallapur, A., and Chellam, R. 2002. Environmental influences on stereotypy and the activity budget of Indian leopards (*Panthera pardus*) in four zoos in southern India. *Zoo Biol.* 21:585–95.

Margulis, S. W., Hoyos, C., and Anderson, M. 2003. Effect of felid activity on zoo visitor interest. *Zoo Biol.* 22:587–99.

Margulis, S. W., Nabong, M., Alaks, G., Walsh, A., and Lacy, R. C. 2005. Effects of early experience on subsequent parental behaviour and reproductive success in oldfield mice, *Peromyscus polionotus*. *Anim. Behav.* 69:627–34.

Margulis, S. W., Whitham, J. C., and Ogorzalek, K. 2003. Silverback presence and group stability in gorillas (*Gorilla gorilla gorilla*). *Folia Primatol.* 74:92–96.

Martin, P., and Bateson, P. 1993. *Measuring behaviour: An introductory guide*. 2nd ed. Cambridge: Cambridge University Press.

Meder, A. 1986. Physical and activity changes associated with pregnancy in captive lowland gorillas (*Gorilla gorilla gorilla*). *Am. J. Primatol.* 11:111–16.

Mellen, J., and MacPhee, M. S. 2001. Philosophy of environmental enrichment: Past, present, and future. *Zoo Biol.* 20 (3): 211–26.

Merritt, K., and King, N. E. 1987. Behavioral sex differences and activity patterns of captive humboldt penguins (*Spheniscus humboldti*). *Zoo Biol.* 6:129–38.

Michener, G. R. 1980. The measurement and interpretation of interaction rates: An example with adult Richardson's ground squirrels. *Biol. Behav.* 5:371–84.

Nash, L. T., and Chilton, S.-M. 1986. Space or novelty? Effects of altered cage size on *Galago* behavior. *Am. J. Primatol.* 10:37–49.

Noldus, L. P. J. J. 1991. The Observer: A software system for collection and analysis of observational data. *Behav. Res. Methods Instrum. Comput.* 23 (3): 415–29.

———. 2005. *The Observer*. Version 5.0. Wageningen, The Netherlands: Noldus Information Technology.

Paterson, J. D. 2001. *Primate behavior: An exercise workbook*. 2nd ed. Prospect Heights, IL: Waveland Press.

Paterson, J. D., Kubicek, P., and Tillekeratne, S. 1994. Computer data recording and DATAC 6, a BASIC program for continuous and interval sampling studies. *Int. J. Primatol.* 15 (2): 303–15.

Penfold, L. M., Ball, R., Burden, I., Jochle, W., Citino, S. B., Monfort, S. L., and Wielebnowski, N. 2002. Case studies in antelope aggression control using a GnRH agonist. *Zoo Biol.* 21:435–48.

Price, E. O., and Stokes, A. W. 1975. *Animal behavior in laboratory and field*. San Francisco: Freeman.

Ralls, K., Brugger, K., and Ballou, J. 1979. Inbreeding and juvenile mortality in small populations of ungulates. *Science* 206: 1101–3.

Ralls, K., Kranz, K., and Lundrigan, B. 1986. Mother-young relationships in captive ungulates: Variability and clustering. *Anim. Behav.* 34:134–45.

Rhine, R. J., and Ender, P. B. 1983. Comparability of methods used in the sampling of primate behavior. *Am. J. Primatol.* 5:1–15.

Robeck, T. R., Monfort, S. L., Calle, P. P., Dunn, J. L., Jensen, E., Boehm, J. R., Young, S., and Clark, S. T. 2005. Reproduction, growth and development in captive Beluga (*Delphinapterus leucas*). *Zoo Biol.* 24:29–49.

Sackett, G. P. 1978a. Measurement in observational research. In *Observing behavior*, vol. 2: *Data collection and analysis methods*, ed. G. P. Sackett, 25–43. Baltimore: University Park Press.

———, ed. 1978b. *Observing behavior*, vol. 2: *Data collection and analysis methods*. Baltimore: University Park Press.

Sackett, G. P., Ruppenthal, G. C., and Gluck, J. 1978. Introduction: An overview of methodological and statistical problems in observational research. In *Observing behavior*, vol. 2: *Data collection and analysis methods*, ed. G. P. Sackett, 1–14. Baltimore: University Park Press.

Sackett, G. P., Stephenson, E., and Ruppenthal, G. C. 1973. Digital data acquisition systems for observing behavior in laboratory and field settings. *Behav. Res. Methods Instrum. Comput.* 5 (4): 344–48.

Shapiro, D. Y., and Altham, P. M. E. 1978. Testing assumptions of data selection in focal animal sampling. *Behaviour* 67:115–33.

Shepherdson, D., Carlstead, K., Mellen, J. M., and Seidensticker, J. 1993. The influence of food presentation on the behavior of small cats in confined environments. *Zoo Biol.* 12:203–16.

Siegel, S. 1956. *Nonparametric statistics for the behavioral sciences*. New York: McGraw-Hill.

Slatkin, M. 1975. A report on the feeding behavior of two East African baboon species. In *Contemporary Primatology*, ed. S. Kondo, M. Kawai, and A. Ehara, 418–22. Basel: Karger.

Sokal, R. R., and Rohlf, F. J. 1995. *Biometry: The principles and practice of statistics in biological research*. 3rd ed. New York: Freeman.

Stanley, M. E., and Aspey, W. P. 1984. An ethometric analysis in a zoological garden: Modification of ungulate behavior by the visual presence of a predator. *Zoo Biol.* 3:89–109.

Streiner, D. L. 1996. Maintaining standards: Differences between the standard deviation and standard error, and when to use each. *Can. J. Psychiatry* 41:498–502.

Suen, H. K., and Ary, D. 1984. Variables influencing one-zero and instantaneous time sampling outcomes. *Primates* 25:89–94.

Tabachnick, B. G., and Fidell, L. S. 2001. *Using multivariate statistics*.

4th ed. New York: Allyn and Bacon.

Tasse, J. 1986. Maternal and paternal care in the rock cavy, *Kerodon rupestris*, a South American Hystricomorph rodent. *Zoo Biol.* 3:89–109.

Thiemann, S., and Kraemer, H. C. 1984. Sources of behavioral variance: Implications for sample size decisions. *Am. J. Primatol.* 7: 367–75.

Tinbergen, N. 1951. *The study of instinct*. Oxford: Oxford University Press.

Todman, J. B., and Dugard, P. 2000. *Single-case and small-n experimental designs: A practical guide to randomization tests*. Lawrence Erlbaum Associates.

Traylor-Holzer, K., and Fritz, P. 1985. Utilization of space by adult and juvenile groups of captive chimpanzees (*Pan troglodytes*). *Zoo Biol.* 4:115–27.

Tyler, S. 1979. Time-sampling: A matter of convention. *Anim. Behav.* 27:801–10.

Velleman, P. F. 1997. *Data desk: The new power of statistical vision*. Ithaca, NY: Data Description.

Vickery, S., and Mason, G. 2004. Stereotypic behavior in Asiatic black and Malayan sun bears. *Zoo Biology* 23:409–30.

Watkins, M. W., and Pacheco, M. 2000. Interobserver agreement in behavioral research: Importance and calculation. *J. Behav. Educ.* 10:205–12.

White, B. C., Houser, L. A., Fuller, J. A., Taylor, S., and Elliott, J. L. L. 2003. Activity-based exhibition of five mammalian species: Evaluation of behavioral changes. *Zoo Biol.* 22:269–85.

White, D. J., King, A. P., and Duncan, S. D. 2002. Voice recognition technology as a tool for behavioral research. *Behav. Res. Methods Instrum.* 34:1–5.

Wilkinson, L. 2004. *SYSTAT: The system for statistics*. Evanston, IL: SYSTAT.

Young, R. J. 2003. *Environmental enrichment for captive animals*. Oxford: Blackwell Science.

Zar, J. H. 1999. *Biostatistical analysis*. 4th ed. Upper Saddle River, NJ: Prentice-Hall.

母の背中に乗るオオアリクイの幼獣，スミソニアン国立動物園（ワシントン D.C.）．
写真：Mehgan Murphy（スミソニアン国立動物園）．複製許可を得て掲載．

第 7 部

繁　殖

イントロダクション

Devra G. Kleiman

訳：楠田哲士

繁殖管理は，動物園や繁殖センターで，その種を長期的に維持するための鍵になる．第 7 部では，繁殖生理学の知見や種の管理へのその応用について，過去 10 年間の進歩を解説する．

Asa（第 31 章）は，哺乳類の繁殖に関わる生理学的プロセスについて，脳と生殖器官が担う役割や，春機発動中に起こっている変化をはじめとするホルモンの相互作用などを詳細に説明している．また雄と雌に分けて，解剖形態学，内分泌学，ホルモンと行動の相互作用について説明している．季節（光周期，降雨，気温），栄養，社会性などの繁殖能力に影響する要因についても考察している．

野生動物の雄における繁殖生理学の研究は，1960 年代半ばの精液保存や人工授精（artificial insemination：AI）実施の初期の試み以来，かなり発展してきている．Spindler and Wildt（第 32 章）は，雄の繁殖機能の評価やコントロールに焦点をあてている．解剖形態学的な評価法や，性ホルモンおよび下垂体ホルモン測定をはじめとして，雄の受精能を評価することの限界や，雄の繁殖能力を評価するための様々な方法についての最新情報を解説している．Spindler and Wildt は，人工授精や長期的な精液凍結保存のために，精液を採取したり（例：電気射精法，人工腟法，マッサージ法），検査したりする方法の最新技術を紹介している．保存技術や人工授精技術の最近の進展とともに，絶滅危惧種の遺伝的多様性を保持するためのゲノムバンクの発展は，21 世紀にわたって生物多様性を保持するための将来性のある方法になる．

Hodges, Brown, and Heistermann（第 33 章）は，ホルモンすなわち生殖機能やストレスの非侵襲的な測定法の開発に関する野生動物でのこれまでの大きな進歩についてまとめている．現在では，血中，尿中，糞中，唾液中のホルモンレベルを測定することができ，またそれは動物園動物の福祉に対してマイナスの影響を与えることなく行うことができる．非侵襲的なホルモン測定法は，個体の福祉状態を評価し，そしてその展示環境を改善するための強力な手段の 1 つである．

動物園におけるいかなる飼育管理計画も，その主目的は繁殖を管理することにある．限られた飼育スペース内で，野放しに個体群を拡大させることは不可能であるからである．興味深いことに，動物園界はこの 10 年間，避妊法に比べれば，繁殖生理状態の測定，凍結保存技術，人工授精，そしてクローニングにも，非常に多くの努力と資源を投じてきた．しかし，まだ野生動物で利用可能な選択肢は限られている．

Asa and Porton は，雌雄それぞれに使われる様々な避妊技術，内分泌的あるいは物理的な避妊法や免疫避妊法について解説している．そして，可逆的な方法と不可逆的な方法とに分け，避妊計画を考える際に，雄を対象にするか雌を対象にするかで，その違いを説明している．Asa and Porton は，様々な避妊法（特に内分泌系を標的にした方法）の中でいずれを選ぶべきかを考察し，それぞれの個体のケースに最適な方法を選択するための助言を与えている．

全ての哺乳類は，雌雄それぞれでその生理学的な過程が基本的には似ている．しかし，ある動物種のことを別の動物種に当てはめて考えることは，それが非常に近縁な動物であったとしても難しい場合がある．ここの各章では，種差というものに留意しなければならいことを強調している．例えば，ある哺乳類の種の生理やその精子の構造がわずかな違いであっても，それが重要な場合があり，精液の採取や凍結保存には種ごとの手法が必要になる．雌の場合の生理の違いは，ある種ではいくつかの避妊法が可逆的であっても，別の近縁種では可逆的ではないかもしれない．飼育管理者は，新しい技術を試す場合に，好ましくない避妊法を使わないように注意しなければならない．

繁殖に関するここからの各章では，特に，社会性のある動物では，繁殖生理状態やその操作が行動にすぐに影響を与えるということを理解しておかなければならない．このことは全ての筆者が強調している．動物園動物の繁殖生理状態を変えてしまうことや，その繁殖に介入することは可能であるが，その個体の行動や群れの行動に影響を与え，それは動物福祉の面からもマイナスの影響となる．そして，動物園がその展示で伝えたいメッセージにも影響を与えることになる．

31
繁殖生理学

Cheryl S. Asa

訳：楠田哲士

はじめに

繁殖の過程を理解することは，適切かつ長期的な飼育下繁殖計画を立てるうえでの確かな基盤になる．今や飼育下で自然に繁殖する種でさえ，遺伝的な管理のためには人工授精などの生殖補助技術が求められてくる．また，そうしたことを野生動物に対して行う場合には，雄の生殖学のほか，排卵周期の調節機構や，時には排卵のコントロールについても，最低限の基礎知識が要求される．さらに，避妊による繁殖制限は最も効果的で安全であるが，適切な生殖段階において使用されなければならない．本章では，主に実験動物と家畜の多くの文献に基づいて，その生殖現象や繁殖生理学を概説し，野生動物の例についても可能な限り紹介するようにした．

春機発動

動物の生殖寿命（生殖可能な期間）は春機発動に始まる．春機発動は，複雑で未だ完全には解明されていない過程を経て，最終的に生殖能力を獲得するようになる．雄の春機発動は，初めての精子形成によって特徴づけられる．霊長類以外の種と一部の霊長類の雌の春機発動は，最初の排卵を意味し，月経のある霊長類では最初の月経，いわゆる初潮を意味する．春機発動の過程については，Plant（1998）と Foster and Ebling（1998）の総説が参照できる．それによると，雌雄とも春機発動期において，視床下部からの GnRH（gonadotropin-releasing hormone：性腺刺激ホルモン放出ホルモン）の分泌が顕著に増加し，これによって，脳下垂体前葉からのゴナドトロピンである LH（luteinizing hormone：黄体形成ホルモン）と FSH（follicle-stimulating hormone：卵胞刺激ホルモン）の産生を次々に刺激する．LH と FSH は，雌におけるそれらのホルモンの働きによって命名されたが，後に雄においても同じホルモンが産生されていることが判明し，これらのホルモンは雄において，卵巣ではなく精巣の標的細胞を刺激する働きをしていることが分かった．雌雄ともに，春機発動の発来を支配していると考えられるメカニズムとして，“ゴナドスタット仮説”があり，この仮説は，生殖腺のステロイドホルモンからの負のフィードバックに対する視床下部の感受性が低下することが，GnRH の分泌を促進させるというものである．これには種による違いがあり，また感受性の転換を説明するためのメカニズムはまだ分かっていない．興味深いことに，季節繁殖動物における毎年の生殖の開始は，春機発動の発来機構に非常によく似ている（Goodman et al. 1982）．

ホルモン動態における大きな変化が起こり，それによって生殖腺の活性化と発育，生殖細胞，そして種特異的な二次性徴をもたらすようになる．雄では，脳下垂体前葉からの LH，FSH，プロラクチン（PRL）に増加がみられ，精巣のライディッヒ細胞からのアンドロジェンは，精巣のほか，精嚢や前立腺などの副生殖腺の重量増加に関与する．こうした変化は精巣のセルトリ細胞の刺激に必要で，正常な精子の産生においてその開始と維持に関与する．ラットの雄の精子形成における最初の外見上の徴候は，ペニスの鞘である陰茎包皮の開裂である（Korenbrot, Huhtaniemi, and Weiner 1977）．これは他の種にも見られる．ホルモンに関する多くの過程は雌においても同様で，脳下垂体由来のLH，FSH，PRLと，卵巣由来のプロジェステロンとエストラジオールの濃度の上昇は，卵巣重量の増加に伴う．

副腎皮質ホルモンが，春機発動の発来に関与する種もあり，その過程はアドレナルケ（副腎皮質徴候発現）と呼ばれる．この過程には，副腎性のアンドロジェンであるデヒドロエピアンドロステロン（DHA，DHEA）やアンドロステンジオンの増加が見られる．正常な春機発動期の発来には，副腎皮質由来の最低限のコルチコステロンがあればよいが，副腎皮質刺激ホルモン（adrenal-corticotropic hormone：ACTH）（Hagino, Watanabe, and Goldzieher 1969）やグルココルチコイド（Ramaley 1976）といった過密状態などのストレス環境において増加するホルモンが過剰に存在すると，春機発動を遅延させることになる（Moltz 1975 参照）．

春機発動のタイミングに関与する因子の１つは，適切な体重に到達することである．しかし，絶対的な体重量というよりも栄養水準が非常に重要である．より高い栄養水準，もしくはその結果の成長率の増加が，多くの種において春機発動を促進させる．一方で，食餌制限は生殖機能の発達を妨げる可能性がある．栄養の程度や脂肪組織の蓄積に関与するホルモンであるレプチンは，春機発動期の発来に関わる（Clarke and Henry 1999，Zieba, Amstalden, and Williams 2005）．

特に霊長類では，春機発動後の初期の卵巣周期は不妊であることが多く，これは春機発動期不妊（思春期不妊）と呼ばれている（Spear 2000）．ウシでも春機発動後には，受胎率が低い（Byerley et al. 1987）．関連する現象として，春機発動期の初めての排卵が起こる前には，一般的に，排卵を伴わない卵胞発育や卵胞閉鎖が起こっている．これは，ラット（Dawson and McCabe 1951），ウシ（Schams et al. 1981），ヒツジなど多くの種において通常よく見られることである．

雄の生殖

一般的に，雄の生殖機構についての研究は雌よりも少なく，また入手できるほとんどの情報は実験動物と家畜の研究からのものである．野生動物の，特に雄の生殖現象に関する基礎的な知見は非常に少ない．Spindler and Wildt（第32章）は雄の生殖能力についての評価およびコントロールと，さらに生殖補助技術を用いた繁殖時におけるその役割について述べている．

解剖形態学

精巣は，精子形成と，テストステロンをはじめとするアンドロジェンの生合成と分泌の機能をもっている．精子形成は，精巣内に密集する精細管の中で行われ，その精細管はセルトリ細胞に支持されている．アンドロジェンを産生するライディッヒ細胞は，精細管同士の隙間に存在する．精子は精巣網から，精巣輸出管に入り，精巣上体管へと運ばれる．精巣輸出管と精巣上体の頭部は精巣分泌液（精巣漿液）を吸収し，精巣上体の体部は分泌腺として働くが，尾部の機能は比較的小さい．精子は精巣上体から精管を通り，副生殖腺液が添加され，陰茎の尿道から排出される（Setchell 1978，Austin and Short 1982 参照）．

哺乳類だけは，精巣が腹腔から陰嚢に降りる．しかし，その下降の程度は，分類上の目や科で異なり，実質的には精巣がほとんど移動しない種（単孔目，ハネジネズミ科のハネジネズミ，海牛目のジュゴンやマナティー，貧歯目のアリクイ類やナマケモノ類，長鼻目のゾウ類，岩狸目のハイラックス類）や，尾側の腹腔に移動する種（アルマジロ科のアルマジロ類．鯨目のクジラ類とイルカ類），腹壁まで移動する種（ハリネズミ科のハリネズミ類，モグラ科のモグラ類，アシカ科のいくつかのアシカ類），移動して肛門下のふくらみになる種（イノシシ科のブタ類，齧歯目，食肉目），はっきりとした嚢になる種（霊長目，反芻動物，多くの有袋類）などがある（Carrick and Setchell 1977）．ただ，これらの違いの機能や意味についてはまだ分かっていない（Bedford 1978 の考察を参照）．外部精巣（陰嚢）をもつ種では，精巣下降が起こらなかった場合（停留精巣），精子が減少したり精子形成できなかったりすることがある（Setchell 1978 参照）．しかし，テストステロンの産生は停留精巣あるいは精巣の温度上昇によって，ほとんど影響を受けない（Moore 1944，Glover 1955）．

ほとんどの種にとって精巣下降は永続的なものであるが，繁殖期にのみ下降する種もある．例えば，翼手目のコウモリ類（Eckstein and Zuckerman 1956），齧歯目のクマネズミ属，リス属およびシマリス属，霊長目のホソロリス属とポットー属（Van Tienhoven 1983 の中の Prasad 1974 より引用）．

副生殖腺は，たいてい精嚢腺と前立腺と尿道球腺からなり，これら全ての腺から精液の構成物質が分泌される．前立腺のみが，全ての哺乳類に共通して認められる．Van Tienhoven（1983）は哺乳類を広く調査し，様々な副生殖器の組合せについて報告している．

哺乳類の雄において，種に特異的と言える２つの形態学上の特徴があり，それは陰茎骨と陰茎棘である．骨の芯ともいえる陰茎骨は，5つの目（食虫目，翼手目，霊長目，齧歯目，食肉目）の動物に見られる（Long and Frank 1968，Patterson and Thaeler 1982，Dixson 1987，Ferguson and Lariviere 2004）．陰茎骨は交尾時の挿入を容易にし，尿道をまっすぐに保っているのかもしれない．

陰茎棘は，ラット（Beach and Levinson 1950），イエネコ（*Felis catus*）（Aronson and Cooper 1967 参照），フェレット（*Mustela putorius*），アメリカミンク（*M. vison*），アメリカテン（*Martes americana*），アライグマ（*Procyon lotor*）（Zarrow and Clark 1968 参照），ブチハイエナ（*Crocuta crocuta*），シマハイエナ（*Hyaena hyaena*），アードウルフ（*Proteles cristatus*）（Wells 1968 参照），ミナミモリジネズミ（*Myosorex varius*）（Bedford et al. 1998 参照）がもっており，交尾中の刺激を増加させ，おそらく交尾排卵動物の場合には雌の排卵を引き起こすのに非常に重要な役割をもっていると考えられる．

精巣の内分泌

性腺刺激ホルモン放出ホルモン（GnRH，LHRH とも呼ばれる）は，脳下垂体前葉を刺激し，FSH と LH の分泌を促進する．FSH は精子形成過程に必要なホルモンで，セルトリ細胞に働く．一方，LH はライディヒ細胞におけるアンドロジェン産生を促す．血中アンドロジェンは視床下部からの GnRH と下垂体からの LH の産生と分泌に対して，負のフィードバックを示す．これにより比較的安定したアンドロジェンレベルを保っている．テストステロンは成熟した精巣から分泌される代表的なアンドロジェンである．アンドロステンジオンは少量ではあるが，春機発動前や老齢期の雄で比較的目立つホルモンである．他のアンドロジェンには，デヒドロエピアンドロステロン（DHA または DHEA），ジヒドロテストステロン（DHT），アンドロステンジオール，アンドロスタンジオールなどがある（Setchell 1978）．アンドロジェンは精子形成の維持や副生殖器官，二次性徴（例：シカの枝角）や皮脂腺，交尾欲に必要不可欠である．

血中 DHEA は大部分が精巣ではなく副腎皮質由来である（Gandy and Peterson 1968）．大部分の DHT は副生殖腺や神経組織においてテストステロンの代謝によってつくられる（Setchell 1978, Milewich and Whisenant 1982, Martini 1982）．エストロジェンは精巣やその周辺組織において，テストステロンから芳香族化されてつくられる（Callard, Petro, and Ryan 1978）．

精細管はプロジェステロンをアンドロジェンに変えることができるが，間質のライディヒ細胞はそれよりもはるかに重要なアンドロジェン産生部位である（Christensen and Mason 1965，Hall, Irby, and deKretser 1969）．脳下垂体前葉からの性腺刺激ホルモンである LH は，精巣のアンドロジェン産生を刺激する（El Safoury and Bartke 1974）．15～30 分間隔のパルス状の LH 分泌により，テストステロンがパルス状に分泌される（ウシ：Katongole, Naftolin, and Short 1971，ヒツジ：Schanbacher and Ford 1976，イヌ：De Palatis, Moore, and Falvo 1978）．血中の LH やテストステロンを測定する場合は，日内リズムや季節変動に加えて，このパルス状分泌を考慮に入れておかなければならない．テストステロンの変化は，精巣サイズに相関するため，精巣の測定は生殖生理状態を評価したい場合や，採血が難しい場合に適している．

冬眠下のコウモリ（主にヒナコウモリ科とキクガシラコウモリ科）の雄は，いくつかの生殖機能の再活性化機構が独立しているようである．これらの種では，テストステロン上昇の数か月前に精子形成が起こるようである．テストステロンは，副生殖腺，精巣上体精子の貯蔵，交尾欲および交尾行動を最大限に刺激するために，精子形成期の終わりにピークに達する（Crichton 2000）．

テストステロンの分泌には他の要素も影響する．血中のテストステロンレベルは老齢の雄で通常低く（Chan, Leathem, and Esashi 1977），また麻酔によっても減少し，その減少が麻酔後数日間続くこともある（Setchell, Waites, and Lindner 1965，Cicero et al. 1977）．低栄養状態もアンドロジェン分泌に負の影響を与える〔ヒツジ：Setchell, Waites, and Lindner 1965，ケープハイラックス（*Procavia capensis*）：Millar and Fairall 1976，ウマ：Johnson et al. 1997〕．

精子形成

精子形成過程を網羅しようとすると，本章の紙幅を超えてしまうため，Setchell（1978），Phillips（1974），Austin and Short（1982）および Hess（1998）などの文献を参照してもらいたい．精子形成は FSH やテストステロンによって開始されるが，テストステロンのみで維持することが可能である．精子が精巣上体に入ると，そこで精子の成熟が完了し，射精されるまで保存される．射出されなかった精子は，ファゴサイトーシス（食作用）を受けたり，膀胱内へ入り尿とともに排泄される（Bedford 1979）．精巣上体精子の寿命は，種によって大きく異なり，家畜のウシでは 60 日間（White 1974），ヨーロッパモグラ（*Talpa europaea*）では最大で 3 か月間（Racey 1978），翼手目のコウモリ類では最大 10 か月間（Racey 1979）である．性行動は精子形成を増進させる．外気温の上昇は精子形成を阻害する．

全身もしくは局所的な X 線照射は，生殖細胞にダメージを与え，精子形成を大きく阻害する（Ellis 1970）．大量の照射によりダメージを受けた精子でも受精能はまだあるが，遺伝子の異常を誘導し，これにより完全な胚発生が妨げられる（Chang, Hunt, and Romanoff 1957）．高周波音波（超音波）は精巣へのダメージや不妊を引き起こす（Dumontier et al. 1977）．

栄養の欠乏は，直接的に，または LH 濃度の低下によって，精子形成能を低下させる．食餌制限は，目に見えない影響から，完全に精子形成が停止した状態に陥るまで様々で，これは動物種や食餌制限の程度によって異なる（Leathem 1975，Blank and Desjardins 1984）．Swanson et al.（2003）は，野生ネコ科動物において，低栄養と精子の形態に関係があることを発見した．これらのケースにおいて，アンドロジェン産生への影響はほとんどなかった．過剰給餌によって過度の肥満になった雄では，二次的な精子異常の発生が増加する．これは，おそらく陰嚢をおおう脂肪によって精巣温度が上昇することによるものだろう（Skinner 1981）．

アミノ酸，必須脂肪酸，亜鉛，ビタミン A，B，C および E の欠乏は，精子形成に悪影響を与えるが，影響を与えるポイントはそれぞれ異なる（Setchell 1978 の考察を参照）．さらに，大量の薬物も精巣組織に化学的な悪影響を与えることが示されている（Setchell 1978，Zaneveld 1996 参照）．

ホルモンと行動

アンドロジェンは，種特異的な一連の生殖行動に関与し，それは配偶者や縄張りを守るための攻撃性から，マーキング，求愛行動，交尾行動にまで及ぶ．アンドロジェンのみがシュウキを刺激するわけではなく，社会的要因もホルモンの増加を引き起こす．ヒツジでは，雌と同居している雄は，雌と同居していない雄よりも，血中テストステロン濃度が高く，より強い性行動や攻撃行動を示す（Illius, Haynes, and Lamming 1976）．同様に，縄張りをもつインパラ（*Aepyceros melampus*）の雄は，高いテストステロン値を示す（Illius et al. 1983）．テストステロン（LH やプロラクチンも）の急激な増加は，交尾行動によって引き起こされる〔ウサギ：Saginor and Horton 1968，ラット：Kamel and Frankel 1978，ジャイアントパンダ（*Ailuropoda melanoleuca*）：Bonney, Wood, and Kleiman 1981，アカゲザル（*Macaca mulatta*）：Katangole, Naftolin, and Short 1971〕．

交尾欲が低いと評価されたコブウシの雄において，性行動はテストステロンの上昇を引き起こしたが，高い交尾欲を示した雄ではそうではなかった（Bindon, Hewetson, and Post 1976）．マウスの雄では，同居している雌マウスを新しい別の雌マウスに変えると，テストステロンレベルの上昇がみられる（Macrides, Bartke, and Dalterio 1975）．ダマヤブワラビー（*Macropus eugenii*）の雄では，LH とテストステロンの季節的な上昇は，雌の存在下でのみ認められる（Catling and Sutherland 1980）．

雌の生殖

ここからは，哺乳類の雌の基本的な生殖現象について説明していく．それぞれの種は，子をつくるという共通の目標を達成するために，多様な戦略を進化させてきた．ここでは，こうした戦略についても紹介するよう努めた．卵巣周期における内分泌と細胞活動に関しては，Rowlands and Weir（1977），Hansel and Convey（1983），Adams（1999），Robker et al.（2000）が詳説している．種特異的な繁殖データについては，Hayssen, van Tienhoven, and van Tienhoven（1993）が概説している．

解剖形態学

雌の生殖系の主要な器官は，卵巣，卵管，子宮，子宮頸，腟，尿生殖洞である．子宮と腟の形態は，種間で著しい違いがある．原獣類（単孔目）は，対になった子宮をもち，これは腟にではなく尿生殖洞に開口し，尿生殖洞の終端は総排泄腔（クロアカ）である（Hughes and Carrick 1978）．後獣類（有袋類）は 2 つの子宮と 2 つの子宮頸と 2 つの腟（側腟）をもち，カンガルー属（*Macropus*）のカンガルーにように正中線上にも腟（中央腟）があるいくつかのバリエーションがある（Sharman 1976）．

真獣類（有胎盤哺乳類）の子宮は，形態学上，次の 4 つのグループに分けられている．①重複子宮：2 つの分かれた子宮角を持ち，それぞれの子宮頸によって 1 つの腟につながる（例：ウサギ）．②両分子宮：2 つの子宮角が 1 つの子宮頸の直前部でつながり，そして腟につながる（例：ウシ，ヒツジ，ブタ）．③双角子宮：2 つの子宮角が子宮体に開き，子宮体から 1 つの子宮頸と腟につながる（例：ウマ）．④単一子宮：子宮角がなく，1 つの子宮頸と腟につながる（例：多くの霊長類）．これらの 4 つのパターンの変則型として，ミユビナマケモノ属（*Bradypus*）のナマケモノがあり，単一子宮で1つの子宮頸をもつが，2つの腟をもっている．ココノオビアルマジロ属（*Dasypus*）のアルマジロは単一子宮であるが，1つの子宮頸が腟ではなく尿生殖洞につながる（Hafez 1970，van Tienhoven 1983）．

外部形態の特徴として，単孔類と有袋類では腹部に袋（育子嚢）がある．雄の陰茎骨に相当する雌の陰核骨は，多くの齧歯類と食肉類に存在する（Long and Frank 1968，Ewer 1973参照）．ブチハイエナ（*Crocuta crocuta*）の雌の生殖器は非常に変わっている．肥大した陰核は雄の陰茎と外見上見分けがつかず，繊維性の隆起（偽陰嚢）は陰嚢に非常によく似ている（Neaves, Griffin, and Wilson 1980）．

卵巣周期

雌の生殖周期に対して用いられている用語のうち，大部分は，その使用に制限がある．例えば，霊長類のみが月経周期をもつし，誘起排卵動物は，全く排卵を伴わない卵胞成長のサイクルをもつ（"排卵周期"という用語は不適切である）．そして，発情周期という用語は，生理学的な事象よりも行動的な事象を述べるのに使うほうがよい．"卵巣周期"という用語は最適で，卵胞成長やその発達に焦点をあてているため，先に述べたようなパターンを広く網羅している．卵胞は排卵することもあれば，閉鎖退行することもある．図31-1は哺乳類の雌における卵巣周期に関わる様々な周辺現象を示した模式図である．

ここからは，卵巣周期を構成する各ステージについて説明する．この構成は動物種によって様々である．図31-2～図31-5は，ラット，ウマ，ゴリラ（*Gorilla gorilla*），シマハイイロギツネ（*Urocyon littoralis*）の卵巣周期中の主な現象を示したものである．

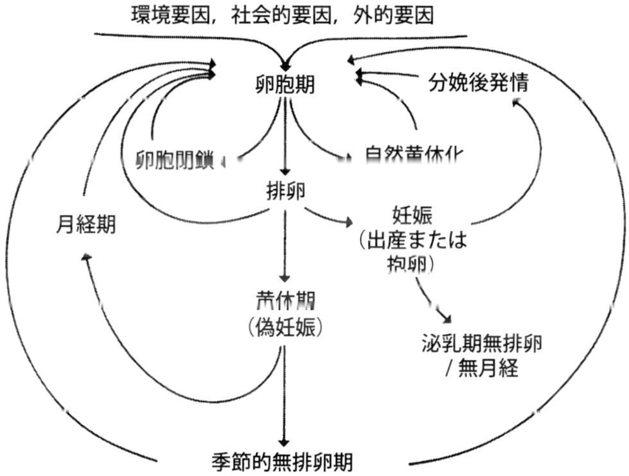

図31-1　哺乳類の雌における卵巣周期の様々な周辺現象を示した模式図．

卵胞期

卵胞期は，増殖期とも呼ばれ，子宮の発達に関係する．卵胞期は，1個または複数個の卵胞の成長と発育に特徴づけられ，卵胞の破裂と卵子の放出（排卵）が起こる．卵母

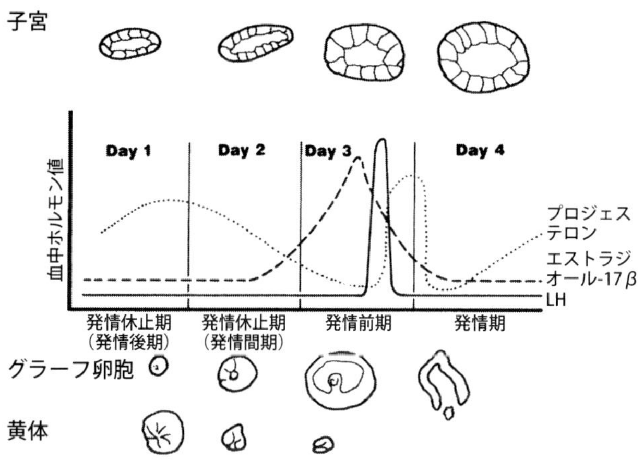

図31-2　実験動物のラットの発情周期．
血中ホルモン値と，子宮，グラーフ卵胞，黄体の変化を示す模式図．（Bentley, P. J. 1976. Comparative vertebrate endocrinology. Cambridge University Press. 許可を得て転載）

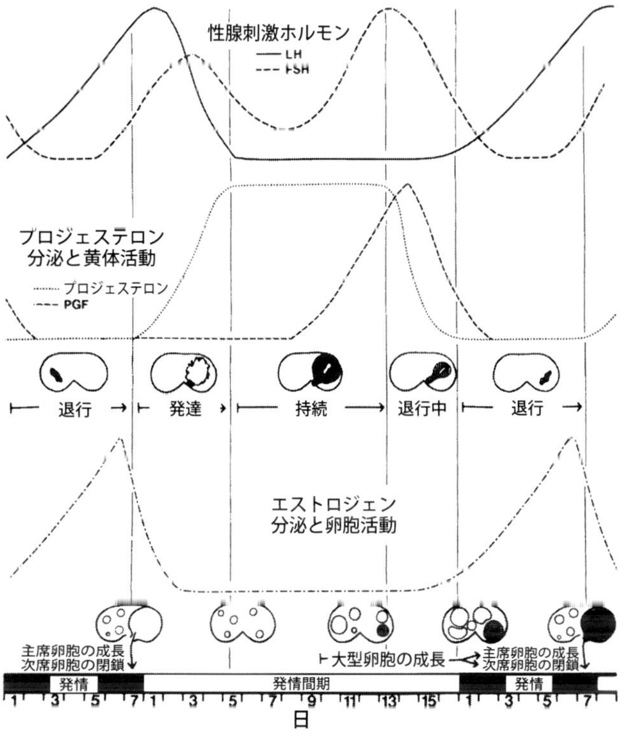

図31-3　ウマの発情周期．
血中ホルモン，主席卵胞・次席卵胞，黄体の変化．（Ginther 1979，筆者より許可を得て転載）

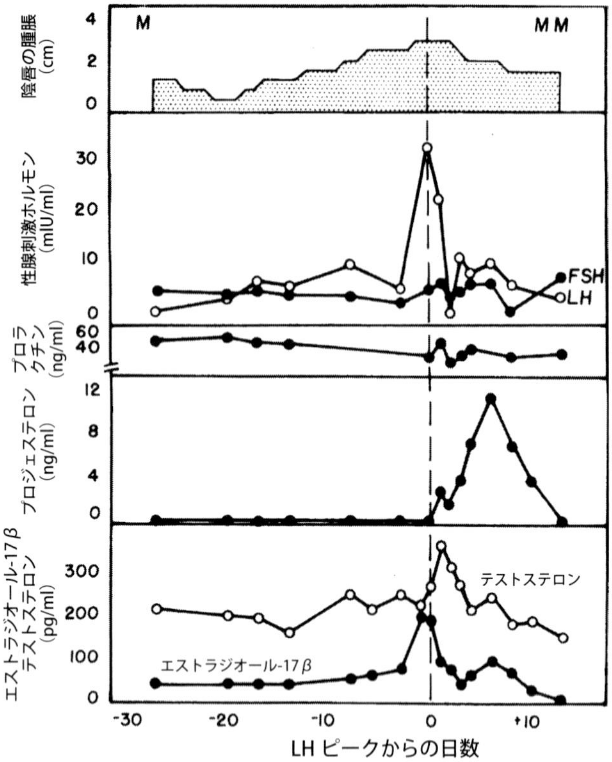

図 31-4　ローランドゴリラの月経周期.
血中ホルモンおよび陰唇膨張の変化と月経血の見られた日（M）.
（Nadler, R. D. 1980. Reproductive physiology and behabiour of gorillas. J. Reprod. Fertil. Suppl. 28: 79-89. ©Society for Reproduction and Fertility. 許可を得て転載）

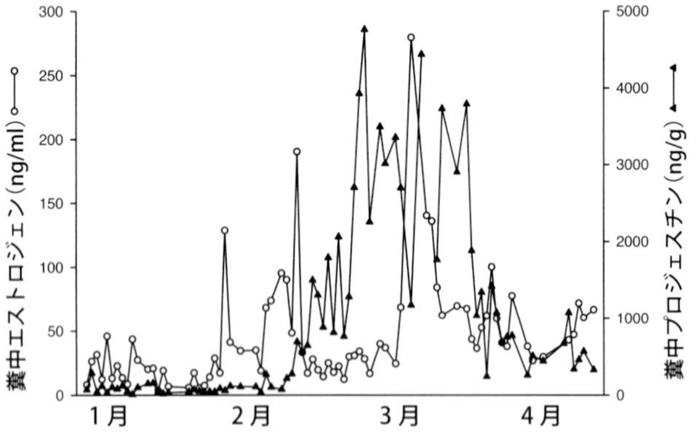

図 31-5　シマハイイロギツネにおける内分泌学的偽妊娠を含む排卵周期.

細胞と卵胞の成長は，卵胞液で満たされた卵胞腔をもつ成熟した三次卵胞（グラーフ卵胞）の中で最大になる．成熟卵胞のサイズは一般的にその動物の体重に相関するが，明らかな例外として，ヒナコウモリ科のコウモリとビスカッチャ（*Lagostomus maximus*）の卵胞は著しく大きい（Rowlands and Weir 1984）.

必ずしも全ての発育卵胞が排卵に至るのではなく，大部分は閉鎖または退行する（Adams 1999）．下垂体ホルモンである FSH（follicle-stimulating hormone：卵胞刺激ホルモン）は，その名前が示す通り，卵胞の成長を刺激し，さらにステロイドホルモン（主にエストロジェン）の産生と分泌を刺激する．別の下垂体ホルモンである LH（luteinizing hormone：黄体形成ホルモン）も，卵胞からステロイドホルモンを産生する働きをもつ．2 細胞理論によると，卵巣ステロイドホルモンの合成は，排卵前卵胞の内莢膜が，LH の影響下で，コレステロールをアンドロジェンに変換する．そして，これが顆粒膜細胞に運ばれ，FSH によってアンドロジェンからエストロジェンへの芳香族化が促進される（Fortune 1981）．特に排卵前の期間には，卵巣はエストロジェンに加え，主にテストステロンやアンドロステンジオンなどのアンドロジェンも分泌している.

卵胞の顆粒膜細胞から分泌されるエストロジェンは，多くの機能をもつ．雄の場合とは異なり，エストロジェンは正のフィードバックと負のフィードバックのどちらの効果ももつ．これらのフィードバック機構によって FSH の分泌が阻害されるが，排卵直前には LH 分泌が促進される．また，エストロジェンは，陰唇の膨張，会陰部の膨大や発赤，発情前期における血様の子宮排出物などの種特異的な発情徴候をもたらす(表 31-1 参照)．さらに,エストロジェンは求愛行動や交尾行動といった一連の行動にも関与している.

卵胞期は，妊娠していない雌の卵巣周期に特徴的な期間だが，卵胞発育は妊娠初期〔ウマ：Squires et al. 1974，ネコ：Schmidt, Chakraborty, and Wildt 1983，チンチラ（*Chinchilla lanigera*）：Weir 1973，アジアゾウ（*Elephas maximus*）:Perry 1953〕や妊娠後期〔ヤブノウサギ（*Lepus europaeus*）：Martinet 1980，Flux 1967，アカオヒキコウモリ（*Molossus rufus*）：Rasweiler 1988〕にも起こる．着床遅延期間の初期の排卵はアメリカミンク（*Mustela vison*）では一般的に起こるが，その着床遅延中の受精卵も 80 ～ 90% が出産に至る（Hansson 1947，Enders and Enders 1963）.

排　卵

排卵プロセスはまだ完全には明らかにされていない．卵胞破裂を説明する様々なメカニズムとして，卵胞内の圧力の上昇や，酵素，血管分布，筋肉活動，生化学環境などの変化があげられる．排卵後の卵子数はそれぞれの種に特異的である．大型哺乳類は一卵性であることが多く，1 回の発情期ごとに 1 つの卵子を排卵する．一方，中型や小型の哺乳類では多排卵であることが多い．多排卵の種で

表 31-1　卵胞期の外部徴候とそれがみられる動物種

動物種	引用文献
活動性の増加	
ウシ（*Bos taurus*）	Kiddy 1977
アフリカスイギュウ（*Syncerus caffer*）	Williams et al. 1986
ヒトコブラクダ（*Camelus dromedarius*）	Ismail 1987
陰唇または会陰の腫脹	
アメリカモモンガ（*Glaucomys volans*）	Sollberger 1943
ウマ（*Equus caballus*）	Ginther 1979
ヒトコブラクダ（*Camelus dromedarius*）	Ismail 1987
アライグマ（*Procyon lotor*）	Whitney and Underwood 1952
アメリカテン（*Martes americana*）	Enders and Leekley 1941
オコジョ（*Mustela erminea*）	Gulamhusein and Thawley 1972
ヨーロッパケナガイタチ（*M. putorius*）	Hammond and Marshall 1930
アカギツネ（*Vulpes vulpes*）	Mondain-Monval et al. 1977
フェネック（*V. zerda*）	Valdespino et al. 2002
ヤブイヌ（*Speothos venaticus*）	DeMatteo et al. 2006
オオガラゴ（*Otolemur crassicaudatus*）	Hendrickx and Newman 1978
アカエリマキキツネザル（*Varecia rubra*）	Karesh et al. 1985
クロシロエリマキキツネザル（*Varecia variegata*）	Boskoff 1977
ボルネオメガネザル（*Tarsius bancanus*）	Wright, Izard, and Simons 1986
タラポアン（*Miopithecus talapoin*）	Rowell 1977
ゲラダヒヒ（*Theropithecus gelada*）	Dunbar and Dunbar 1974
チャクマヒヒ（*Papio ursinus*）	Saayman 1972
マントヒヒ（*P. hamadryas*）	Hendrickx 1967
アヌビスヒヒ（*P. anubis*）	Hendrickx and Kraemer 1969
キイロヒヒ（*P. cynocephalus*）	Hendrickx and Kraemer 1969
アカゲザル（*Macaca mulatta*）	Czaja et al. 1977
カニクイザル（*M. fascicularis*）	Nawar and Hafez 1972
ブタオザル（*M. nemestrina*）	Bullock, Paris, and Goy 1972
チンパンジー（*Pan troglodytes*）	Nadler et al. 1985
ゴリラ（*Gorilla gorilla*）	Nadler 1980
子宮性出血（月経ではない）	
イヌ（*Canis familiaris*）	Evans and Cole 1931
タイリクオオカミ（*C. lupus*）	Seal et al. 1979
アライグマ（*Procyon lotor*）	Whitney and Underwood 1952
腟粘液の分泌	
アカハネジネズミ（*Elephantulus rufescens*）	Lumpkin, Koontz, and Howard 1982
ヒトコブラクダ（*Camelus dromedarius*）	Ismail 1987

は，卵子数は産子数と同じになる．例外はハネジネズミ類（Macroscelididae）（Tripp 1971）やビスカッチャ（Weir 1971a）などで，それぞれ最大 120　000 個もの卵子を排卵するが，1 産あたり 2 頭の子を産むだけである．他の例外としてはテンレック（*Tenrec ecaudatus*）があり，どの卵胞も 1 個以上の卵子を含んでいる（Nicoll and Racey 1985）．

単孔類は哺乳類の中ではとても珍しく，排卵され受精した卵子は，卵管と子宮部を通る間に卵殻が形成される．そして，卵は体外（腹部）の育子嚢で温められる（Hill 1933，Hill 1941）（訳者注：育子嚢をもつのはハリモグラ類のみ．カモノハシは産卵後，巣で抱卵する）．有袋類の妊娠に伴う特徴的な生殖周期については，Thomas, Asa, and Hutchins（第 28 章）によって述べられている．

哺乳類の雌は交尾排卵型（交尾排卵動物）か自然排卵型（自然排卵動物）かのどちらかに分けられ，これらは排卵に交尾刺激が必要かどうかの違いである．しかし，交尾排卵型に分類されるいくつかの種でも交尾刺激なしで排卵することもある〔例：ミンク：Sundqvist, Amador, and Vartke 1989，ライオン（*Panthera leo*）：Schmidt et al. 1979〕．表 31-2 は，交尾排卵動物のリストである．

典型的な自然排卵動物では，交尾または腟や子宮頸部への刺激が，子宮を収縮させたり（ラット：Toner and Adler 1986），排卵を早めたりする（ブタ：Signoret, du

表 31-2　誘起排卵動物

動物種	引用文献
トガリネズミ目	
ブラリナトガリネズミ（*Blarina brevicauda*）	Pearson 1944
ミズトガリネズミ（*Neomys fodiens*）	Price 1953
ヨーロッパジネズミ（*Crocidura russula*）	Hellwing 1973
ジャコウネズミ（*Suncus murinus*）	Dryden 1969
ヨーロッパトガリネズミ（*Sorex araneus*）	Brambell 1935
トウブモグラ（*Scalopus aquaticus*）	Conaway 1959
齧歯目	
ジュウサンセンジリス（*Spermophilus tridecemlineatus*）	Foster 1934
イツスジヤシリス（*Funambulus pennantii*）	Seth and Prasad 1969
ヨーロッパヤチネズミ（*Myodes glareolus*）	Westlin and Nyholm 1982
アカキノボリヤチネズミ（*Arborimus longicaudus*）	Hamilton 1962
キタハタネズミ（*Microtus agrestis*）	Breed and Clarke 1970
カリフォルニアハタネズミ（*M. californicus*）	Greenwald 1956
サンガクハタネズミ（*M. montanus*）	Cross 1972
ハタネズミ（*M. ochrogaster*）	Richmond and Conaway 1969
アメリカハタネズミ（*M. pennsylvanicus*）	Clulow and Mallory 1970
アメリカマツネズミ（*M. pinetorum*）	Kirkpatrick and Valentine 1970
タウンゼンドハタネズミ（*M. townsendii*）	MacFarlane and Taylor 1982
アメリカクビワレミング（*Dicrostonyx groenlandicus*）	Hasler and Banks 1973
クマネズミ（*Rattus rattus*）	Aron, Asch, and Roos 1966
兎目	
アナウサギ（*Oryctolagus cuniculus*）	Walton and Hammond 1929
ヤブノウサギ（*Lepus europaeus*）	Hediger 1950
カンジキウサギ（*L. americanus*）	Rowlands and Weir 1984
オグロジャックウサギ（*L. californicus*）	Rowlands and Weir 1984
トウブワタオウサギ（*Sylvilagus floridanus*）	Rowlands and Weir 1984
食肉目	
イエネコ（*Felis catus*）	Dawson and Friedgood 1940
ヨーロッパケナガイタチ（*Mustela putorius*）	Marshall 1904
アメリカミンク（*M. vison*）	Hansson 1947
イイズナ（*M. nivalis*）	Deanesly 1944
アライグマ（*Procyon lotor*）	Whitney and Underwood 1952
偶蹄目	
フタコブラクダ（*Camelus bactrianus*）	Chen, Yuen, and Pan 1985
ヒトコブラクダ（*C. dromedarius*）	Marie and Anouassi 1986
ラマ（*Lama glama*）	England et al. 1969
アルパカ（*L. pacos*）	Fernandez-Baca, Madden, and Novoa 1970

Mesnil du Buisson, and Mauleon 1972）．家畜のウシでは，排卵の LH サージは，雄が射精するまでに起こるため，交尾刺激と関係があると考えられている．フタコブラクダ（*Camelus bactrianus*）の排卵は，雄の精液中のある因子によって起こることが報告されている（Chen, Yuen, and Pan 1985）．

Jöchle（1973, 1975）は，自然排卵動物の多くが，交尾刺激や，また同居などの外部刺激に対して鋭敏に反応することから，条件的交尾排卵動物（facultative induced ovulators）に分類すべきだと主張している．このメカニズムはいくつかの種では主流であるため，この分け方は有用である（Milligan 1982 の総説を参照）．

排卵に対する直近のホルモン刺激は，LH サージである．自然排卵動物においてはエストロジェンの正のフィードバックが，また交尾排卵動物では交尾刺激が LH サージを引き起こす．少なくともラットにおいては，副腎皮質からのプロジェステロンが，LH の誘導に関係している（Mann, Korowitz, and Barraclough 1975）．イヌ（Concannon, Hansel, and Visek 1975）やいくつかの齧歯類〔例：モルモット（*Cavia porcellus*）（Joshi, Watson, and Labhsetwar 1973）〕の卵巣からのプロジェステロン分泌は，排卵直前に上昇し始める．アカゲザルでは，排卵前の少量のプロジェステロンとその代謝物の 1 つである 20α-ヒドロキシプロジェステロンは，卵胞ではなく卵巣の間質細胞から分泌されることが報告されている（Resko et al. 1975）．しかし，多くの種では，プロジェスチン（黄体ホルモン）は黄体組織から分泌され，排卵後の黄体期に特徴的なホルモンである．

交尾と受精

雌の発情や性行動は，排卵前または排卵時のステロイドホルモンの存在によって発現する．各ホルモンの存在と作用機序は種によって様々で，例えば，多くの種ではエストロジェンが単独で性行動を発現させるが，プロジェステロンがエスロトジェンと協働して発情行動を誘起させる種もいる．いくつかの齧歯類〔ラット：Powers 1970，ハムスター（*Mesocricetus auratus*）：Ciaccio and Lisk 1971，モルモット：Frank and Fraps 1945〕とイヌ（Concannon, Hansel, and Visek 1977）では，プロジェステロンの分泌に先行するエストロジェンが，性的な許容を引き起こす．ウマやウシでは，エストロジェン単独で性行動の全てを発現させているが，プロジェステロンを加えると，その反応が大きく強まる（Asa et al. 1984，Melampy et al. 1957）．ほぼ同じように，実験用ラットにおいて，GnRH はエストロジェンと協働してより強く性行動を発現させる（Moss and McCann 1973）．排卵前の期間に増加するテストステロンなどのアンドロジェンも，雌の性行動を誘起していると考えられている（ラットとネコ：Whalen and Hardy 1970，ウサギ：Beyer, Vidal, and Mijares 1971，ウシ：Katz, Oltenacu, and Foote 1980）．

ヒツジ（Robinson, Moore, and Binet 1956）やダマジカ（*Dama dama*）（Asher 1985 参照），オジロジカ（Harden and Moorhead 1980），ヘラジカ（*Alces alces*）（Simkin 1965 参照），エルク，アカシカ（Morrison 1960），シフゾウ（*Elaphurus davidianus*）（Curlewis, Loudon, and Coleman 1988 参照）などの秋に繁殖する有蹄類は，発情行動を誘起するために，プロジェステロンがエストロジェンに先行して分泌されなければならないようであるが，それ以降は異なる．すなわち，最初の排卵には明確な性行動が伴わないか，あるいは卵胞成長の波が見られない．しかし，最初のプロジェステロン産生期間は，次の周期のエストロジェン分泌に対する準備につながる．

これまでに調査された全ての種において，プロジェステロン単独では，性行動が阻害される．そして，黄体期には性行動が抑制されることになる．しかし，プロジェスチン系の避妊薬の投与は，発情行動を伴うこともあり，これは，効果のある最少投与量ではまだ，いくつかの卵胞発育が起こり，それによって性行動が発現しているのかもしれない（Croxatto et al. 1982）．よく似た例として，いくつかの種（例，ウマ：Asa, Goldfoot, and Ginther 1983）では，妊娠前期に卵胞発育が起こり，発情徴候がみられる．

キタオポッサム（*Didelphis virginiana*）（Hartmann 1924 参照），食虫類の数種（Eadie 1948），ネズミ科（Baumgardner 1924），リス科（Koprowski 1992 参照），ポケットマウス科（Daly, Wilson, and Behrends 1984），多くの霊長類（Dixson and Anderson 2002 の総説），食肉目ではハクビシン（*Paguma larvata*）（Jia et al. 2002）など多くの種で，交尾後にゼラチン状の精液からなる膣栓が，雌の膣内に残される．キクガシラコウモリ類やヒナコウモリ類では，膣栓は雄の尿道腺からの分泌物で構成される（Oh, Mori, and Uchida 1983）．しかし，その膣栓の外層は，少なくとも数種においては，剥離した膣上皮からつくられている（Oh et al. 1983）．膣栓のほか，イヌ科動物の交尾時の物理的なロック（コイタルロック）やベニガオザル（*Macaca arctoides*）における行動的なロックは，配偶者ガードや精子の漏出防止，あるいは精子輸送の促進の役目を果たしているのかもしれない（Voss 1979，Adler 1978）．また，交尾刺激の応答として放出されるオキシトシン（Gwatkin 1977）やエピネフリン（Fuchs 1972）は子宮収縮を刺激し，子宮収縮は精子輸送の助けになっている．膣栓の別の機能として，膣栓部に溜まった精子を徐々に放出させているとも考えられている（Voss 1979）．膣栓はゆっくり溶け，ロックとしての機能は，種特異的な時間経過後か，あるいは雌が直接外すことで終了する（Koprowski 1992.）．

一般的に交尾は排卵と同時期に起こる．アカゲザルの場合，精子は最大 72 時間（Dukelow and Bruggeman 1979），ラマ類やラクダ類では 120 時間（Stekleniov 1968：Thibault 1973 からの引用），ウマは 5 日間（Bain 1957），イヌでは 12 日間（Doak, Hall, and Dale 1967），フクロネコ（*Dasyurus viverrinus*）（Hill and O'Donoghue 1913 参照）とチャアンテキヌス（*Antechinus stuartii*）（Selwood and McCallus 1987 参照）では 2 週間，雌の体内で生存することが報告されている．雌の生殖道内での精子の保存は，ヒナコウモリ科では一般的で（Crichton 2000），アブラコウモリ属の *Pipistrellus ceylonicus* の 16 日間（Gopalakrishna and Mdhaven 1971 参照）からヤマコウモリ属の *Nyctalus noctula* の 198 日間（Racey 1973 参照）と様々である．

黄体期

排卵に続く黄体期は，黄体組織の発達と内分泌活動に特徴づけられる．霊長類では分泌期と呼ばれ，これは子宮の現象からみた言い方である．有蹄家畜では，発情休止期と呼ばれ，発情期と発情期の間の期間を指す．本章では黄体期（luteal phase）という用語を使うが，関連する現象の中で，黄体の活動が優勢な期間ということである．

卵胞の破裂と卵子の放出に続き，卵胞は黄体（corpus luteum：CL，多くの種ではその特徴的な色から yellow body と呼ぶこともある）に変換される．黄体は，妊娠に向けた子宮や乳腺の準備に必要となるプロジェステロンの主要な産生場所である．プロジェステロンは黄体期の主要な血中ホルモンであるが，種によってはエストロジェンの増加もみられる〔ウシとヒツジ：Hanse, Concannon, and Lukaszewska 1973，ハヌマンラングール（*Semnopithecus entellus*）：Lohiya et al. 1988, チンパンジー（*Pan troglodytes*）：Graham et al. 1972, ニシゴリラ（*Gorilla gorilla*）：Nadler 1980〕．ヨザル（*Aotus trivirgatus*）（Bonney, Dixson, and Fleming 1979 参照）やコモンマーモセット（*Callithrix jacchus*）（Preslock, Hampton, and Hampton 1973 参照）の排卵周期は独特で，エストロジェン濃度とプロジェステロン濃度の曲線がほとんど重なり合っているため，ステロイドホルモンの測定では卵胞期と黄体期の判断がつかない．

黄体の形成はほとんどの種において，排卵に続いて自然に進行する．しかし，いくつかの齧歯類では，他の種において排卵に交尾刺激が必要なように，黄体形成に交尾刺激が必要である．そのため，ラット（deGreef, Dullaart, and Zeilmaker 1977），マウス（Rowlands and Weir 1984），ハムスター（Anderson 1973）の排卵は自然排卵型であるが，不妊生殖周期において交尾がなければ，卵胞期に続く黄体期がない．もちろん生殖力のある交尾では妊娠をもたらすが，不妊交尾においても黄体期に入ることがあり，これが偽妊娠と呼ばれている．多くのイヌ科動物では，妊娠期間とほぼ同様の持続的な黄体機能（偽妊娠）を自然に示し，また交尾排卵動物では不妊交尾のあとにみられる（第28章参照）．

種にもよるが，LH，プロラクチン，あるいはエストロジェンは黄体刺激的に働く，言い換えれば黄体機能を支えるホルモンである．もし妊娠が維持されなければ，黄体の退行が考えられる．少なくともウシ（Beal, Milvae, and Hansel 1980），ヒツジ（Flint and Hillier 1975），ウマ（Douglas and Ginther 1976），モルモット（Illingrorth and Perry 1973），ラット（Pharriss and Wyngarden 1969）では，黄体退行は受動的なものではなく，子宮から分泌されるプロスタグランジン $F_{2\alpha}$ の働きによるものである．

月経期

月経期は多くの霊長類でみられる特徴で，この期間の比較的低いホルモン濃度に伴って血液様の子宮排出物が認められる（表 31-3）．実際，月経血の排出は黄体期のエ

表 31-3 月経期の外部徴候がみられる動物種

動物種	引用文献
翼手目	
ナミチスイコウモリ（*Desmodus rotundus*）	Quintero and Rasweiler 1974
パラスシタナガコウモリ（*Glossophaga soricina*）	Rasweiler 1972, 1979
タンビヘラコウモリ類（*Carollia* spp.）	Rasweiler and de Bonilla 1992
長脚目	
ハネジネズミ属（*Elephantulus* sp.）	van der Horst and Gillman 1942
登木目	
ツパイ類（*Tupaia* sp.）（可能性）	Conaway and Sorenson 1966
霊長目	
フサオマキザル（*Cebus apella*）	Wright and Bush 1977
アカゲザル（*Macaca mulatta*）	Nadler, Collins, and Blank 1984
ブタオザル（*M. nemestrina*）	Krohn and Zuckerman 1937
ニホンザル（*M. fuscata*）	Nigi 1975
クロザル（*M. nigra*）	Mahoney 1970
チャクマヒヒ（*Papio ursinus*）	Gillman and Gilbert 1946
キイロヒヒ（*P. cynocephalus*）	Hendrickx and Kraemer 1969
アヌビスヒヒ（*P. anubis*）	Zuckerman 1937
マントヒヒ（*P. hamadryas*）	Zuckerman and Parkes 1932
ゲラダヒヒ（*Theropithecus gelada*）	Matthews 1953-1956
ウーリーモンキー属（*Lagothrix* spp.）	Hafez 1971
ボルネオオランウータン（*Pongo pygmaeus*）	Nadler, Collins, and Blank 1984
チンパンジー（*Pan troglodytes*）	Nadler et al. 1985
ゴリラ（*Gorilla gorilla*）	Nadler et al. 1979

ストロジェンとプロジェステロンの退行の結果として生じる（Shaw and Roche 1980 の総説を参照）．月経はこれまで，旧世界ザルと類人猿に限定されるものと考えられてきたが，オマキザル属（*Cebus*），クモザル属（*Ateles*），ホエザル属（*Alouatta*）などの種でもわずかな出血がみられている．しかし，リスザル（*Saimiri sciureus*）（Clewe 1969），コモンマーモセットやワタボウシタマリン（*Saguinus oedipus*）ではみられない（Hodges and Eastman 1984 参照）．2つの原猿類，アカホソロリス（*Loris tardigradus*）（Rao 1927 参照）とメガネザル属（*Tarsius*）の種（Catchpole and Fulton 1943）では出血がみられる．しかし，Izard and Rasmussen（1985）は，その後の調査で，アカホソロリスの排卵周期中において出血がみられなかったことを報告している．

旧世界ザルや類人猿においても，個体によっては月経血がみられなかったり〔ゴリラ：Nalder 1980，ベニガオザル：Stenger 1972，リバンナセンキー（*Chlorocebus pygerythrus*）：Else et al. 1986，ブルーモンキー（*C. mitis*）：Rowell1970〕，スワブでしか確認できない個体もある〔サバンナモンキー：Hess, Hendrickx, and Stabenfeldt 1979，ブルーモンキー：Else et al. 1985〕．

オヒキコウモリ類やヘラコウモリ類の月経は，旧世界ザルとよく似ていて，子宮内膜の崩壊と，月経血を伴う剥離が起こる（Rasweiler and Badwaik 2000）．しかし，イヌ科動物の出血は，生理学的には月経とは異なるものである．この子宮血の流出は，発情前期の間にみられ，発情期まで続くこともある．これは，エストロジェンやプロジェステロンの退行に伴うものではなく，エストロジェンの刺激に応答したものである（Asa 未発表データ）．

無排卵期および泌乳期の無排卵

無排卵期または発情休止期は，卵巣ステロイドホルモン濃度が比較的低レベルか，もしくはゼロレベルであるという点で月経期に似ている．簡単に言うと，生殖活動が全くない時期である．性行動は，無排卵期には通常みられず，またジャコウネズミ（*Suncus murinus*）（Dryden and Anderson 1977），ウマ（Asa et al. 1980），ベニガオザル（Slob et al. 1978）を除いて卵巣を除去した場合においてもほとんど生じない．

多くの種が無排卵の季節をもつ（後述の「環境要因」の項を参照）．その他，無排卵は新生子の育子によっても起こる．後者の現象は，霊長類では泌乳期無月経といい，霊長類以外の種に対しては，泌乳期無排卵または泌乳期無発情という．泌乳期無排卵は，霊長類以外の種では一般的な現象ではない．出産後すぐに排卵する種も多く，これを分娩後発情という．

授乳は多くの種で卵胞発育を抑制する（例：ラット：Taya and Greenwald 1982，ハムスター：Greenwald 1965，ウシ：Short et al. 1972，ブタ：Peters, First, and Cassida 1969，ヒツジ：Kann and Martinet 1975，アカゲザル：Weiss et al. 1976）．泌乳期無排卵は，高濃度のプロラクチンによるものと考えられ，これは乳生産を伴い，GnRH や LH 分泌を抑制する（Friesen 1977）．

生殖機能の老化

多くの種では，生殖機能が年齢とともに徐々に減退していく．しかし生殖機能の完全な停止は，いくつかの旧世界ザルと類人猿，鯨類，家畜でしか報告されていない．野生下の動物では生殖機能の完全な停止が起こらないため，これは多くの種で飼育下での寿命が野生下の場合よりも延びたことによるものと考えられる．しかし，マッコウクジラ（*Physeter catodon*），コビレゴンドウ（*Globicephala macrorhyncus*）（Marsh and Kasuya 1984），マダライルカ（*Stenella attenuata*）（Perrin, Coe, and Zweiffel 1976 参照）およびコビトイルカ（*Sotalia fluviatilis*）（Rosas and Monteriro-Filho 2002 参照）からのデータは，排卵の停止が一生の中の遅い時期に起こることを示しており，これはおそらく最後の子が春機発動に達するまでの期間に関係がありそうだ．ゾウでも同様の可能性があるが，まだ明らかになっていない．

卵巣周期のモニタリング方法

多くの身体的および生理学的変化は卵巣の変化に伴うものである．例えば，陰唇の膨張，会陰部の発赤，血液の排出があげられる．表 31-1 のリストは，これらの変化を示したもので，大部分は非侵襲的に観察することができるものである．排卵前の時期には，活動レベルの増加や膣からの非出血性の粘液排出がみられる．膣粘膜の視覚的な変化の観察は，ほとんどの齧歯類といくつかの種では有効である（引用文献は表 31-4 を参照）．膣粘膜は繁殖の時期（繁殖季節を通しての場合もあれば，発情期のみの場合もある）を除いては膣をふさいでいる．

卵巣周期の各ステージを反映する膣細胞の変化は，膣スメアまたは膣洗浄により検査でき，このテクニックは非常に様々な種で検証されている（表 31-4）．基礎体温の低下は，少なくともいくつかの霊長類では排卵に伴って起こる．従来の方法で基礎体温を日常的に測定することは，多くの場合，非現実的であるが，基礎体温を測定しデータ送信できる機器を体内に埋め込み，それを遠隔的に読み取ることもできる（表 31-4）．他にも，卵胞発育と排卵をモニタリ

表 31-4　卵巣周期のモニタリング方法と調べられた動物種

動物種	引用文献
繁殖期の腟粘膜の開口	
ネズミ亜目とリス亜目	Rowlands and Weir 1984
ヨーロッパモグラ（*Talpa europaea*）	Matthews 1935
排卵前の時期の腟粘膜の開口	
ヤマアラシ亜目（ヌートリア *Myocastor coypus* を除く）	Weir 1974
ショウガラゴ（*Galago senegalensis*）	Darney and Franklin 1982
オオガラゴ（*Otolemur crassicaudatus*）	Hendrickx and Newman 1978
ハイイロショウネズミキツネザル（*Microcebus murinus*）	Perret 1986
クロシロエリマキキツネザル（*Varecia variegata*）	Boskoff 1977
腟細胞像	
ヒメウォンバット（コモンウォンバット）（*Vombatus ursinus*）	Peters and Rose 1979
ハナナガネズミカンガルー（*Potorous tridactylus*）	Hughes 1962
シロオビネズミカンガルー（*Bettongia lesueur*）	Tyndale-Biscoe 1968
オオミミハリネズミ（*Hemiechinus auritus*）	Munshi and Pandey 1987
ヨーロッパトガリネズミ（*Sorex araneus*）	Brambell 1935
ジャコウネズミ（*Suncus murinus*）	Sharma and Mathur 1976（Dryden 1969 と論議）
ラット	Long and Evans 1922
ゴールデンハムスター（*Mesocricetus auratus*）	Orsini 1961
モルモット（*Cavia porcellus*）	Stockard and Papanicolau 1917
アカホソロリス（*Loris tardigradus*）	Ramaswami and Kumar 1962
オオガラゴ（*Otolemur crassicaudatus*）	Eaton, Slob, and Resko 1973
メガネザル類（*Tarsius* spp.）	Catchpole and Fulton 1943
ワオキツネザル（*Lemur catta*）	Evans and Goy 1968
クロシロエリマキキツネザル（*Varecia variegata*）	Boskoff 1977
リスザル（*Saimiri sciureus*）	Gould, Cline, and Williams 1973
フサオマキザル（*Cebus apella*）	Wright and Bush 1977
ハヌマンラングール（*Semnopithecus entellus*）	Lohiya et al. 1988
ボンネットモンキー（*Macaca radiata*）	Kanagawa et al. 1973
アカゲザル（*M. mulatta*）	Parakkal and Gregoire 1972
カニクイザル（*M. fascicularis*）	Mehta et al. 1986
アヌビスヒヒ（*Papio anubis*）	Hendrickx 1967
マントヒヒ（*P. hamadryas*）	Zuckerman and Parkes 1932
パラスシタナガコウモリ（*Glossophaga soricina*）	Rasweiler 1972
イエネコ（*Felis catus*）	Shille, Lundstrom, and Stabenfeldt 1979
チーター（*Acinonyx jubatus*）	Asa et al. 1992
イヌ（*Canis familiaris*）	Gier 1960
タイリクオオカミ（*Canis lupus*）	Seal et al. 1979
アカギツネ（*Vulpes vulpes*）	Bassett and Leekley 1942
フェネック（*V. zerda*）	Valdespino, Asa, and Bauman 2002
ヤブイヌ（*Speothos venaticus*）	DeMatteo et al. 2006
カッショクハイエナ（*Parahyaena brunnea*）	Ensley et al. 1982
基礎体温	
ヒメウォンバット（コモンウォンバット）（*Vombatus ursinus*）	Peters and Rose 1979
ハヌマンラングール（*Semnopithecus entellus*）	Lohiya et al. 1988
アカゲザル（*Macaca mulatta*）	Balin and Wan 1968
チンパンジー（*Pan troglodytes*）	Graham et al. 1977
ボルネオオランウータン（*Pongo pygmaeus*）	Asa et al. 1994

ングする方法としてよく使われるようになってきているのが，超音波検査である．糞中や尿中のホルモン測定の方法も改良され，エストロジェンやプロジェステロンの代謝物濃度を様々な種で非侵襲的に調査することができる（第33章を参照）．

生殖能力に影響を与える要因

環境要因

温帯に生息する多くの種は，環境条件に合わせた季節的な繁殖戦略をもっている（Bronson 1989 参照）．Negus and Berger（1972）は，これらの種を条件的季節繁殖動物と絶対的季節繁殖動物に分類している．条件的季節繁殖動物は，予測不能な環境下に生息する動物で，それに有利な条件に適応する．例えば，砂漠において不規則な降雨でも植物が生長するように．絶対的季節繁殖動物は，予測可能な環境下に生息する動物で，毎年変わらない時期に子の生存に有利な条件が起こる．

光周期

絶対的季節繁殖動物に使われている最も一般的で直接的な合図は，光環境を変化させることである．光周期に感受性のある種は，長日繁殖動物と短日繁殖動物の２つに分けられる．それぞれ，日長が長くなってくる春に繁殖を行うか，日長が短くなってくる秋に繁殖を行うかの違いである．季節繁殖性のほとんどの哺乳類は長日繁殖動物で，有蹄類は主な例外動物である．長日繁殖動物も短日繁殖動物も共通して，環境が最も好ましい春か夏に出産する．そのため，交尾期のタイミングは妊娠期間の長さによる．

光情報は上頸神経節を経て松果体によって処理される．光周期の影響は，明期から暗期への相対的な変化に応答するメラトニンによって調節されている（Goldman and Nelson 1993 参照）．しかし，インパラ（Murray 1982）やオグロヌー（*Connochaetes taurinus*）（Sinclair 1977）は，発情期や排卵が満月の間に起こることから，月の位相（満ち欠け）に応答しているようである．その影響を調節していると考えられる要因には，光強度や重力の変化もある．

温　度

暑すぎたり，寒すぎたりする極限環境では，生殖機能が抑制される（Piacsek and Nazian 1981，Thatcher and Collier 1980，Newsome 1973 参照）．極限環境の影響は，松果体の機能の異常によるものかもしれない（Urry et al. 1976）．

降　雨

光周期の変化が少ない特に熱帯地域では，多くの種の繁殖季節は雨季である．これには，条件的季節繁殖動物〔ヒメミユビトビネズミ（*Jaculus jaculus*）：Ghobrial and Hodieb 1973）も絶対的季節繁殖動物（アカゲザル：Eckstein and Kelly 1966）も含まれる．しかし，降雨自体ではなく，降雨の結果生じる植物の栄養分が刺激になっている可能性が高い．

栄　養

少なくとも草食動物にとって，その栄養状態は，植物の生長にかかわる降雨や光環境，温度の変化と関係している．また食肉類では，そうした環境の変化の影響は二次的なものである（Bronson 1989 参照）．生殖機能に対する栄養の影響に関する研究のほとんどは，餌のカロリーや蛋白質レベルに関することや，ボディーコンディションの調査に焦点を当てたものである．他の生殖に関わる研究は，家畜に対するものがほとんどである．一般的に，求愛や交尾のための栄養要求量は，健康維持のための栄養要求量と差がない．

飢餓または慢性の栄養失調はLH 濃度を抑え，雌雄とも生殖を妨げる．事実多くの種において，LH 濃度は，グルコースやその他の代謝状態の指標（例：反芻動物における揮発性脂肪酸）に伴って変化する．脂肪細胞からのレプチンは，代謝状態と生殖系の間の橋渡しの役目を担っている（Zieba, Amstalden, and Williams 2005）．生殖能力は，脂肪消費の増加や総合的な栄養摂取によって増進されることがあり（Williams 1998），特に栄養不足の反芻動物に影響を与える．これは自然環境で多くの季節繁殖動物が直面する状態と似ている（Pope 1972，Ransom 1967）．蛋白質や他の栄養素（ミネラル，ビタミン，必須脂肪酸など）の特別な要求量は動物種によって様々である．

サンガクハタネズミ（*Microtus montanus*）（Berger, Negus, and Rowsemitt 1987）やウサギ（Gooding and Long 1957）では，発芽中の植物に含まれる化合物が，生殖を刺激すると考えられている．一方，クローバーなどのマメ科植物などに含まれるエストロジェン様の作用をもつクメストロールという物質は，性腺刺激ホルモンの分泌を妨げることで生殖を阻害する（Leavitt and Wright 1965）．また，エストロジェン様活性をもち，多量に存在する場合に卵巣活動を妨げる可能性がある化合物は，クローバーの他にオオムギ（*Hordeum vulgare*），エンバク（*Avena sativa*），リンゴ（*Pyrus malus*），サクランボ（*Prunus avium*），ジャガイモ（*Solanum tuberosum*），ヒヨコマメ（*Cicer arietinum*）から見つかっている（Hafez and Jainudeen 1974）．水分不足も生殖に有害な影響を与える（Nelson and Desjardins 1987，Lidicker 1973）．大豆原料の食品は，種によっては雌の生殖を妨げ（Axelson et al. 1984，Setchell et al. 1987），アカゲザルの雄において攻撃性の増大や親和行動の減少と関係がある（Simon et al. 2004）．

社会的要因

社会的な相互作用も，生殖機能を促進または抑制させる働きがある．その多くは嗅覚コミュニケーションの化学物質（一般的にはフェロモンという）を通してのものである．順位の相互作用や個体密度の変化は生殖を抑制することに働くが，近因の知覚的様相についてはまだ多くの場合で解明されていない．

プライマーフェロモン

哺乳類の化学的コミュニケーションは行動や生理的な応答を引き起こす．後者はプライマーフェロモンと呼ばれるもので，様々な経路によって生殖を調節する（Vandenbergh 1988）．齧歯類と霊長類の多くは，他の雌や家族のメンバーからのフェロモン刺激が，雌の生殖活動を抑制する（French 1997，Vandenbergh 1988）．様々な齧歯類において，同性または異性からの刺激によって，卵巣状態の同調が誘発されたり，卵巣周期の長さが変化したりする．一方，春機発動期や繁殖季節の最初の卵巣周期の開始は，様々な齧歯類，有蹄類，霊長類において，成熟雄の存在によって促進される（Vandenbergh 1988）．アメリカマツネズミ（*Microtus pinetorum*）（Schadler 1981）とマウス（Parkes and Bruce 1962）の妊娠期間の終了は，強い雄もしくはその尿にさらされることによって生じる．非季節繁殖性のヤギでは，雄の存在下で排卵発生率の上昇がみられる（Chemineau 1983）．ハイイロジネズミオポッサム（*Monodelphis domestica*）（Fadem 1987 参照），クイ（*Galea musteloides*）（Weir 1971b 参照），ケープタテガミヤマアラシ（*Hystrix africaeaustralis*）（Van Aarde 1985 参照），おそらくシマハイイロギツネ（*Urocyon littoralis*）（Asa et al. 2007）の雌では，雄の存在が発情行動や卵巣活動を（単に向上させるだけではなく）引き起こすが，そのメカニズムはフェロモンによるものだけではないかもしれない．

社会的影響

社会的に下位にあることは，多くの種において春機発動の遅れや排卵の抑制をもたらす（Bronson 1989 参照）．この抑制は，高いコレステロール値に関連している場合もある．しかし，比較的高い副腎皮質活動が，社会的に上位であることに関係している種もあれば，下位にあることに関係している種もある（例：Creel et al. 1997，Abbott et al. 2003）．下位の雌の繁殖力が低いことは，資源の利用権が低いことによるのかもしれない．

主に齧歯類〔ハツカネズミ（*Mus musculus*）：Christian 1980，シカネズミ（*Peromyscus maniculatus*）：Terman 1973〕の実験では，高い生息密度は繁殖力の低下を引き起こすことが報告されている．生息密度を生理的な応答に変換するメカニズムは，過密さに比例する攻撃性や副腎皮質応答のレベルを増加させているかもしれない．副腎のストレス応答と繁殖の関係の例外としては，フクロネコ科の有袋類であるアンテキヌス属（*Antechinus*）の雄があげられ，副腎重量と副腎ステロイドホルモンのレベルが交尾直後に増加し，死につながるかのようである．

社会集団の中での孤立個体は，過密状態になくても，高いコルチゾール濃度や，低い繁殖成功率を示す〔例：ハイイロショウネズミキツネザル（*Microcebus murinus*）：Perret and Predine 1984〕．雌のチーターは，他の雌と同居した場合，無発情を示す（Wielebnowski et al. 2002）．一方，一般的な群居性のイエネズミの社会的な孤立個体は繁殖の可能性が低下する（Rastogi, Milone, and Chieffi 1981）．同様に，アヌビスヒヒ（*Papio anubis*）とチャクマヒヒ（*P. ursinus*）では，社会的孤立により卵胞期が長くなり，他のヒヒと社会的接触をもつ雌よりも長い周期をもつようになる．しかし，群れから孤立させたチャクマヒヒの雌では，会陰部の腫脹の期間が長くなる（Howard-Tripp and Bielert 1978）のに対して，アヌビスヒヒの雌では短くなる（Rowell 1970）．

ストレス

ストレスの原因や種類にかかわらず，視床下部－下垂体－副腎皮質系を刺激する因子は，繁殖を妨げる可能性がある（Rivier and Rivest 1991）．しかし，急激なストレスに対する応答は，慢性的なストレスに対するものと異なり，特にいくつかの種の雄では，急激なストレッサーが実際に性ホルモンを刺激する（Welsh, Kemper-Green, and Livingston 1998）．この矛盾は，急性ストレスと慢性ストレスの調節機構が異なり，それぞれエピネフリンとグルココルチコイドが関係していることによるものかもしれない．しかし，副腎で調節されるストレッサーは，一般的に生殖機能に負の影響を与える．

まとめ

私たちはまだ，ほんのわずかの種の生殖現象を理解し始めたに過ぎない．家畜や実験動物の生殖機能を操作することができるようになるまでに，何十年もの研究が必要だった．私たちの飽くなき研究によってさらなる種の生殖現象が明らかにされ，生殖というテーマの多様さを発見することになるだろう．野生動物の繁殖に効果的な飼育管理を行うためには，私たちはこの多様さを認識し，そして管理計画の基礎としての生物学的な基盤を構築することにもっと時間と資源を割かなければならない．

文　献

Abbott, D. H., Keverne, E. B., Bercovitch, F. B., Shively, C. A., Mendoza, S. P., Saltzman, T., Snowdon, C. T., Ziegler, T. E., Banjevic, M., Garland, T. Jr., and Sapolsky, R. M. 2003. Are subordinates always stressed? A comparative analysis of rank differences in

cortisol levels among primates. *Horm. Behav.* 43:67–82.
Adams, G. P. 1999. Comparative patterns of follicle development and selection in ruminants. *J. Reprod. Fertil. Suppl.* 54:17–32.
Adler, N. T. 1978. Social and environmental control of reproductive processes in animals. In *Sex and behavior*, ed. T. E. McGill, D. A. Dewsbury, and B. D. Sachs, 115–60. New York: Plenum Press.
Anderson, L. L. 1973. Effects of hysterectomy and other factors of luteal function. In *Handbook of physiology*, sec. 7, *Endocrinology*; vol. 2, pt. 2, ed. R. O. Greep, 69–86. Washington, DC: American Physiological Society.
Aron, C. Asch, G., and Roos, J. 1966. Triggering ovulation by coitus in the rat. *Int. Rev. Cytol.* 20:139–72.
Aronson, L. R., and Cooper, M. L. 1967. Penile spines of the domestic cat: Their endocrine-behavior relations. *Anat. Rec.* 157:71–78.
Asa, C. S., ed. 1991. *Biotelemetry applications for captive animal care and research*. Silver Spring, MD: American Association of Zoological Parks and Aquariums Symposium.
Asa, C. S., Bauman, J. E., Coonan, T. J., and Gray, M. M. 2007. Evidence for induced estrus or ovulation in a canid, the island fox (*Urocyon littoralis*). *J. Mammal.* 88:436–40.
Asa, C. S., Fischer, F., Carrasco, E., and Puricelli, C. 1994. Correlation between urinary pregnanediol glucuronide and basal body temperature in female orangutans, *Pongo pygmaeus*. *Am. J. Primatol.* 33:275–81.
Asa, C. S., Goldfoot, D. A., Garcia, M. C., and Ginther, O. J. 1980. Sexual behavior in ovariectomized and seasonally anovulatory mares. *Horm. Behav.* 14:46–54.
———. 1984. The effect of estradiol and progesterone on the sexual behavior of ovariectomized mares. *Physiol. Behav.* 33:681–86.
Asa, C. S., Goldfoot, D. A., and Ginther, O. J. 1983. Assessment of the sexual behavior of pregnant mares. *Horm. Behav.* 17:405–13.
Asa, C. S., Junge, R. E., Bircher, J. S., Noble, G., and Plotka, E. D. 1992. Assessing reproductive cycles and pregnancy in cheetahs (*Acninonyx jubatus*) by vaginal cytology. *Zoo Biol.* 11:139–51.
Asher, G. W. 1985. Oestrous cycle and breeding season of farmed fallow deer, *Dama dama*. *J. Reprod. Fertil.* 75:521–29.
Austin, C. R., and Short, R. V. 1982. *Reproduction in mammals*, bk. 1: *Germ cells and fertilization*. 2nd ed. Cambridge: Cambridge University Press.
Axelson, M., Sjövall, J., Gustafsson, B. E., and Setchell, K. D. R. 1984. Soya: A dietary source of the non-steroidal oestrogen equol in man and animals. *J. Endocrinol.* 102:49–56.
Bain, A. M. 1957. Estrus and infertility of the Thoroughbred mare in Australia. *J. Am. Vet. Med. Assoc.* 131:179–85.
Balin, H., and Wan, L. S. 1968. The significance of circadian rhythms in the search for the moment of ovulation in primates. *Fertil. Steril.* 19:228–43.
Bassett, C. F., and Leekley, J. R. 1942. Determination of estrum in the fox vixen. *N. Am. Vet.* 23:454–57.
Baumgardner, D. J., Hartung, T. G., Sawrey, D. K., Webster, D. G., and Dewsbury, D. A. 1982. Muroid copulatory plugs and female reproductive tracts: A comparative investigation. *J. Mammal.* 63:110–17.
Beach, F. A., and Levinson, G. 1950. Effects of androgen on the glans penis and mating behavior of male rats. *J. Exp. Zool.* 114: 159–68.
Beal, W. E., Milvae, R. A., and Hansel, W. 1980. Oestrous length and plasma progesterone concentrations following administration of prostaglandin F2a early in the bovine oestrous cycle. *J. Reprod. Fertil.* 59:393–96.
Bedford, J. M. 1978. Anatomical evidence for the epididymis as the prime mover in the evolution of the scrotum. *Am. J. Anat.* 152: 483–508.
———. 1979. Evolution of sperm maturation and sperm storage function of the epididymis. In *The spermatozoon*, ed. D. W. Fawcett and J. M. Bedford, 7–21. Baltimore: Urban and Schwarzenberg.
———. 1998. Minireview: Mammalian fertilization misread? Sperm penetration of the eutherian zona pellucida is unlikely to be a lytic event. *Biol. Reprod.* 59:1275–87.
Bentley, P. J. 1976. *Comparative vertebrate endocrinology*. Cambridge: Cambridge University Press.
Berger, P. J., Negus, N. C., and Rowsemitt, C. N. 1987. Effect of 6-methoxybenzoxazolinone on sex ratio and breeding performance in *Microtus montanus*. *Biol. Reprod.* 36:255–60.
Beyer, C., Vidal, N., and Mijares, A. 1971. Probable role of aromatization in the induction of estrous behavior by androgen in the ovariectomized rabbit. *Endocrinology* 87:1386–89.
Bindon, B. M., Hewetson, R. W., and Post, T. B. 1976. Plasma LH and testosterone in zebu crossbred bulls after exposure to an estrous cow and injection of synthetic GnRH. *Theriogenology* 5:45–60.
Blank, J. L., and Desjardins, C. 1984. Spermatogenesis is modified by food intake in mice. *Biol. Reprod.* 30:410–15.
Bonney, R. C., Dixson, A. F., and Fleming, D. 1979. Cyclic changes in the circulating and urinary levels of ovarian steroids in the adult female owl monkey (*Aotus trivirgatus*). *J. Reprod. Fertil.* 56:271–80.
Bonney, R. C., Wood, D. J., and Kleiman, D. G. 1981. Endocrine correlates of behavioural oestrus in the female giant panda (*Ailuropoda melanoleuca*) and associated hormonal changes in the male. *J. Reprod. Fertil.* 64:209–15.
Boskoff, K. J. 1977. Aspects of reproduction in ruffed lemurs (*Lemur variegatus*). *Folia Primatol.* 28:241–50.
Brambell, F. W. R. 1935. Reproduction in the common shrew (*Sorex araneus* Linnaeus). 1. The oestrous cycle of the female. *Philos. Trans. R. Soc. Lond. B. Biol. Sci.* 225:1–50.
Breed, W. G., and Clarke, J. R. 1970. Ovulation and associated histological changes in the ovary following coitus in the vole (*Microtus agrestis*). *J. Reprod. Fertil.* 22:173–75.
Bronson, F. H. 1989. *Mammalian reproductive biology*. Chicago: University of Chicago Press.
Bullock, D. W., Paris, C. A., and Goy, R. W. 1972. Sexual behaviour, swelling of sex skin and plasma progesterone in the pigtail macaque. *J. Reprod. Fertil.* 31:225–36.
Byerley, D. J., Stargmiller, R. B., Berardinelli, J. G., and Short, R. E. 1987. Pregnancy rates of beef heifers bred either on puberal or third estrus. *J. Anim. Sci.* 65:645–50.
Callard, G. V., Petro, Z., and Ryan, K. J. 1978. Conversion of androgen to estrogen and other steroids in the vertebrate brain. *Am. Zool.* 18:511–23.
Carrick, F. N., and Setchell, B. P. 1977. The evolution of the scrotum. In *Reproduction and evolution*, ed. J. N. Calaby and C. H. Tyndale-Biscoe, 165–70. Canberra: Australian Academy of Science.
Catchpole, H. R., and Fulton, J. F. 1943. The oestrous cycle in *Tarsius*: Observations on a captive pair. *J. Mammal.* 24:90–93.
Catling, P. C., and Sutherland, R. L. 1980. Effect of gonadectomy, season, and the presence of female tammar wallabies (*Macropus eugenii*) on concentrations of testosterone, luteinizing hormone, and follicle-stimulating hormone in the plasma of male tammar wallabies. *J. Endocrinol.* 86:25–33.
Chan, S. W. C., Leathem, J. H., and Esashi, T. 1977. Testicular metabolism and serum testosterone in ageing male rats. *Endocrinology* 101:128–33.
Chang, M. C., Hunt, D. M., and Romanoff, E. B. 1957. Effects of radiocobalt irradiation of rabbit spermatozoa in vitro on fertilization and early development. *Anat. Rec.* 129:211–29.
Chemineau, P. 1983. Effect on oestrus and ovulation of exposing creole goats to the male at three times of the year. *J. Reprod. Fertil.* 67:65–72.
Chen, B. X., Yuen, Z. X., and Pan, G. W. 1985. Semen-induced ovulation in the bactrian camel (*Camelus bactrianus*). *J. Reprod. Fertil.* 74:335–39.
Christensen, A. K., and Mason, N. R. 1965. Comparative ability of seminiferous tubules and interstitial tissue of rat testes to synthesize androgens from progesterone-4-C in vitro. *Endocrinol-*

ogy 76:646–56.
Christian, J. J. 1980. Endocrine factors in population regulation. In *Biosocial mechanisms of population regulation*, ed. M. Cohen, R. Malpass, and H. Klein, 55–116. New Haven, CT: Yale University Press.
Ciaccio, L. A., and Lisk, R. D. 1971. The role of progesterone in regulating the period of sexual receptivity in the female hamster. *J. Endocrinol.* 50:201–7.
Cicero, T. J., Bell, R. D., Meyer, E. R., and Schweitzer, J. 1977. Narcotics and the hypothalamic-pituitary-gonadal axis: Acute effects on luteinizing hormone, testosterone and androgen-dependent systems. *J. Pharmacol. Exp. Ther.* 210:76–83.
Clarke, I. J., and Henry, B. A. 1999. Leptin and reproduction. *Rev. Reprod.* 4:48–55.
Clewe, T. H. 1969. Observations on reproduction of squirrel monkeys in captivity. *J. Reprod. Fertil. Suppl.* 6:151–56.
Clulow, F. V., and Mallory, F. F. 1970. Oestrus and induced ovulation in the vole, *Microtus pennsylvanicus*. *J. Reprod. Fertil.* 23: 341–43.
Conaway, C. H. 1959. The reproductive cycle of the eastern mole. *J. Mammal.* 40:180–94.
Conaway, C. H., and Sorenson, M. W. 1966. Reproduction in tree shrews. In *Comparative Biology of Mammals*, ed. I. W. Rowlands, 471–92. London: Academic Press.
Concannon, P. W., Hansel, W., and Visek, W. J. 1975. The ovarian cycle of the bitch: Plasma estrogen, LH and progesterone. *Biol. Reprod.* 13:112–21.
Creel, S., Creel, N. M., Mills, M. G. L., and Monfort, S. L. 1997. Rank and reproduction in cooperatively breeding African wild dogs: Behavioral and endocrine correlates. *Behav. Ecol.* 8:298–306.
Crichton, E. G. 2000. Sperm storage and fertilization. In *Reproductive biology of bats*, ed. E. G. Crichton and P. H. Krutzsch, 295–320. San Diego: Academic Press.
Cross, P. C. 1972. Observations on the induction of ovulation in *Microtus montanus*. *J. Mammal.* 53:210–12.
Croxatto, H., Díaz, S., Pavez, M., Miranda, P., and Brandeis, A. 1982. Plasma progesterone levels during long-term treatment with levonorgestrel silastic implants. *Acta Endocrinol.* 101:307–11.
Curlewis, J. D., Loudon, A. S. L., and Coleman, P. M. 1988. Oestrous cycles and the breeding season of the Pére David's deer hind (*Elaphurus davidianus*). *J. Reprod. Fertil.* 82:119–26.
Czaja, J. A., Robinson, J. A., Eisele, S. G., Scheffler, G., and Goy, R. W. 1977. Relationship between sexual skin colour of female rhesus monkeys and midcycle plasma levels of oestradiol and progesterone. *J. Reprod. Fertil.* 49:147–50.
Daly, M., Wilson, M. I., and Behrends, P. 1984. Breeding of captive kangaroo rats, *Dipodomys merriami* and *D. microps*. *J. Mammal.* 65:338–41.
Darney, K. J. Jr., and Franklin, L. E. 1982. Analysis of the estrous cycle of the laboratory-housed Senegal galago (*Galago senegalensis senegalensis*): Natural and induced cycles. *Folia Primatol.* 37:106–26.
Dawson, A. B., and Friedgood, H. B. 1940. The time and sequence of the preovulatory changes in the cat ovary after mating or mechanical stimulation of the cervix uteri. *Anat. Rec.* 76:411–29.
Dawson, A. B., and McCabe, M. 1951. Interstitial tissue of the ovary in infantile and juvenile rats. *J. Morphol.* 88:543–64.
Deanesly, R. 1944. The reproductive cycle of the female weasel (*Mustela nivalis*). *Proc. Zool. Soc. Lond.* 114:339–49.
deGreef, W. J., Dullaart, J., and Zeilmaker, G. H. 1977. Serum concentrations of progesterone, luteinizing hormone, follicle stimulating hormone and prolactin in pseudopregnant rats: Effect of decidualization. *Endocrinology* 101:1054–63.
de Jong, C. E., Jonsson, N., Field, H., Smith, C., Crichton, E. G., Phillips, N., and Johnston, S. D. 2005. Collection seminal characteristics and chilled storage of spermatozoa from three species of free-range flying fox (*Pteropus* spp.). *Theriogenology* 64:1072–89.
DeMatteo, K. E., Porton, I. J., Kleiman, D. G., and Asa, C. S. 2006. The effect of the male bush dog (*Speothos venaticus*) on the female reproductive cycle. *J. Mammal.* 87 (4): 23–32.
De Palatis, L., Moore, J., and Falvo, R. E. 1978. Plasma concentrations of testosterone and LH in the male dog. *J. Reprod. Fertil.* 52:201–7.
Dixson, A. F. 1987. Baculum length and copulatory behavior in primates. *Am. J. Primatol.* 13:51–60.
Dixson, A. F., and Anderson, M. J. 2002. Sexual selection, seminal coagulation and copulatory plug formation in primates. *Folia Primatol.* 73 (2–3): 63–69.
Doak, R. L., Hall, A., and Dale, H. E. 1967. Longevity of spermatozoa in the reproductive tract of the bitch. *J. Reprod. Fertil.* 13:51–58.
Douglas, R. H., and Ginther, O. J. 1976. Concentration of prostaglandins F in uterine venous plasma of anesthetized mares during the estrous cycle and early pregnancy. *Prostaglandins* 11:251–60.
Dryden, G. L. 1969. Reproduction in *Suncus murinus*. *J. Reprod. Fertil. Suppl.* 6:377–96.
Dryden, G. L., and Anderson, J. N. 1977. Ovarian hormone: Lack of effect on reproductive structures of female Asian musk shrews. *Science* 197:782–84.
Dukelow, W. R., and Bruggeman, S. 1979. Characteristics of the menstrual cycle in non-human primates. II. Ovulation and optimal mating time in macaques. *J. Med. Primatol.* 8:79–90.
Dumontier, A., Burdick, A., Ewigman, B., and Fahim, M. S. 1977. Effects of sonication on mature rat testes. *Fertil. Steril.* 28:195–204.
Dunbar, R. I. M., and Dunbar, P. 1974. The reproductive cycle of the gelada baboon. *Anim. Behav.* 22:203–10.
Eadie, W. R. 1948. Corpora amylacea in the prostatic secretion and experiments on the formation of a copulatory plug in some insectivores. *Anat. Rec.* 102:259–67.
Eaton, G. G., Slob, A., and Resko, J. A. 1973. Cycles of mating behaviour, oestrogen and progesterone in the thick-tailed bushbaby (*Galago crassicaudatus crassicaudatus*) under laboratory conditions. *Anim. Behav.* 21:309–15.
Eckstein, P., and Kelly, W. A. 1966. A survey of the breeding performance of rhesus monkeys in the laboratory. *Symp. Zool. Soc. Lond.* 17:91–112.
Eckstein, P., and Zuckerman, S. 1956. Morphology of the reproductive tract. In *Marshall's physiology of reproduction*, vol. 1, pt. 1, ed. A. S. Parkes, 43–155. London: Longmans, Green and Company.
Ellis, L.C. 1970. Radiation effects. In *The testes III*, ed. A. D. Johnson, W. R. Gomes, and N. L. VanDemark, 333–76. New York: Academic Press.
El Safoury, S., and Bartke, A. 1974. Effects of follicle-stimulating hormone and luteinizing hormone on plasma testosterone levels in hypophysectomized and in intact immature and adult rats. *J. Endocrinol.* 61:193–98.
Else, J. G., Eley, R. M., Suleman, M. A., and Lequin, R. M. 1985. Reproductive biology of Sykes and blue monkeys (*Cercopithecus mitis*). *Am. J. Primatol.* 9:189–96.
Else, J. G., Eley, R. M., Wangula, C., Worthman, C., and Lequin, R. M. 1986. Reproduction in the vervet monkey (*Cercopithecus aethiops*): II. Annual menstrual patterns and seasonality. *Am. J. Primatol.* 11:333–42.
Enders, R. K., and Enders, A. C. 1963. Morphology of the female reproductive tract during delayed implantation in the mink. In *Delayed implantation*, ed. A. C. Enders, 129–39. Chicago: University of Chicago Press.
Enders, R. K., and Leekley, J. R. 1941. Cyclic changes in the vulva of the marten (*Martes americana*). *Anat. Rec.* 79:1–5.
England, B. G., Foote, W. C., Matthews, D. H., Cardozo, A. G., and Riera, S. 1969. Ovulation and corpus luteum function in the llama (*Lama glama*). *J. Endocrinol.* 45:505–13.
Ensley, P. K., Wing, A. E., Gosenk, B. B., Lasley, B. L., and Durrant,

B. 1982. Application of noninvasive techniques to monitor reproductive function in a brown hyaena (*Hyaena brunnea*). *Zoo Biol.* 1:333–43.

Evans, C. S., and Goy, R. W. 1968. Social behaviour and reproductive cycles in captive ring-tailed lemurs (*Lemur catta*). *J. Zool. (Lond.)* 156:181–97.

Evans, H. M., and Cole, H. H. 1931. An introduction to the study of the oestrous cycle in the dog. *Mem. Univ. Calif.* 9:65–118.

Ewer, R. F. 1973. *The carnivores*. Ithaca, NY: Cornell University Press.

Fadem, B. H. 1987. Activation of estrus by pheromones in a marsupial: Stimulus control and endocrine factors. *Biol. Reprod.* 36: 328–32.

Ferguson, S. H., and Lariviere, S. 2004. Are long penis bones an adaptation to high latitude snowy environments? *Oikos* 105:255–67.

Fernandez-Baca, S., Madden, D. H. L., and Novoa, C. 1970. Effect of different mating stimuli on induction of ovulation in the alpaca. *J. Reprod. Fertil.* 22:261–67.

Flint, A. P. F., and Hillier, K. 1975. Prostaglandins and reproductive processes in female sheep and goats. In *Prostaglandins and reproduction*, ed. S. M. M. Karim, 271–308. Lancaster, UK: MTP Press.

Flux, E. C. 1967. Reproduction and body weights of the hare, *Lepus europaeus pallus*, in New Zealand. *N. Z. J. Sci.* 10:357–401.

Fortune, J. 1981. Bovine theca and granulosa cells interact to promote androgen and progestin production. *Biol. Reprod.* 24:39A.

Foster, D. L., and Ebling, F. J. P. 1998. Puberty, nonprimate mammals. In *Encyclopedia of reproduction*, ed. R. Knobil and J. D. Neill, 142–52. San Diego: Academic Press.

Foster, M. 1934. The reproductive cycle in the female ground squirrel *Citellus tridecemlineatus* M. *Am. J. Anat.* 54:487–511.

Frank, A. H., and Fraps, R. M. 1945. Induction of estrus in the ovariectomized golden hamster. *Endocrinology* 37:357–61.

French, J. A. 1997. Proximate regulation of singular breeding in callitrichid primates. In *Cooperative breeding in mammals*, ed. N. G. Solomon and J. A. French, 34–75. Cambridge: Cambridge University Press.

Friesen, H. G. 1977. Prolactin. In *Frontiers in reproduction and fertility control*, pt. 2, ed. R. O. Greep and M. A. Koblinsky, 25–32. Cambridge, MA: MIT Press.

Fuchs, A. R. 1972. Uterine activity during and after mating in the rabbit. *Fertil. Steril.* 23:915–23.

Gandy, H. M., and Peterson, R. E. 1968. Measurement of testosterone and 17-ketosteroids in plasma by the double isotope dilution derivative technique. *J. Clin. Endocrinol. Metab.* 28:949–977.

Ghobrial, L. I., and Hodieb, A. S. K. 1973. Climate and seasonal variations in the breeding of the desert jerboa, *Jaculus jaculus*, in the Sudan. *J. Reprod. Fertil. Suppl.* 19:221–33.

Gier, H. T. 1960. Estrous cycle in the bitch, vaginal fluids. *Vet. Scope* 5:2–9.

Gillman, J., and Gilbert, C. 1946. The reproductive cycle of the chacma baboon with special reference to the problems of menstrual irregularities as assessed by the behaviour of the sex skin. *S. Afr. J.Med. Sci.* 11:1–54.

Ginther, O. J. 1979. *Reproductive biology of the mare: Basic and applied aspects*. Cross Plains, WI: Equiservices.

Glover, T. D. 1955. Some effects of scrotal insulation on the semen of rams. In *Proceedings of the Society for the Study of Fertility*, vol. 7, ed. R. G. Harrison, 66–75. Oxford: Blackwell.

Goldman, B. D., and Nelson, R. J. 1993. Melatonin and seasonality in mammals. In *Melatonin: Biosynthesis, physiological effects and clinical applications*, ed. H. S. Yu and R. J. Reiter, 225–52. New York: CRC Press.

Gooding, C. D., and Long, J. L. 1957. Some fluctuations within rabbit populations in Western Australia. *J. Aust. Inst. Agric. Sci.* 23: 334–45.

Goodman, R. L., Bittman, E. L., Foster, D. L., and Karsch, F. J. 1982. Alterations in the control of luteinizing hormone pulse frequency underlie the seasonal variation in estradiol negative feedback in the ewe. *Biol. Reprod.* 27:580–89.

Gopalakrishna, A., and Madhavan, A. 1971. Survival of spermatozoa in the female genital tract of the Indian vespertilionid bat, *Pipistrellus ceylonicus chrysothrix* (Wroughton). *Proc. Indian Acad. Sci. B.* 73:43–49.

Gould, K. G., Cline, E. M., and Williams, W. L. 1973. Observations on the induction of ovulation and fertilization in vitro in the squirrel monkey (*Saimiri sciureus*). *Fertil. Steril.* 24:260–68.

Graham, C. E., Collins, D. C., Robinson, H., and Preedy, J. R. K. 1972. Urinary levels of estrogen and pregnanediol and plasma levels of progesterone during the menstrual cycle of the chimpanzee: Relationship to the sexual swelling. *Endocrinology* 91:13–24.

Graham, C. E., Warren, H., Misner, J., Collins, D. C., and Preedy, J. R. K. 1977. The association between basal body temperature, sexual swelling, and urinary gonadal hormone levels in the menstrual cycle of the chimpanzee. *J. Reprod. Fertil.* 50:23–28.

Greenwald, G. S. 1956. The reproductive cycle of the field mouse, *Microtus californicus*. *J. Mammal.* 37:213–22.

———. 1965. Histological transformation of the ovary of the lactating hamster. *Endocrinology* 77:641–50.

Gulamhusein, A. P., and Thawley, A. R. 1972. Ovarian cycle and plasma progesterone levels in the stoat, *Mustela erminea*. *J. Reprod. Fertil.* 31:492–93.

———. 1974. Plasma progesterone levels in the stoat. *J. Reprod. Fertil.* 36:405–8.

Gwatkin, R. B. L. 1977. *Fertilization mechanisms in man and mammals*. New York: Plenum Press.

Hafez, E. S. E. 1970. Female reproductive organs. In *Reproduction and breeding techniques for laboratory animals*. ed. E. S. E. Hafez, 74–106. Philadelphia: Lea and Febiger.

———. 1971. *Comparative reproduction of non-human primates*. Springfield, IL: C. C. Thomas.

Hafez, E. S. E., and Jainudeen, M. R. 1974. Reproductive failure in females. In *Reproduction in farm animals*, 3rd ed., ed. E. S. E. Hafez, 351–72. Philadelphia: Lea and Fibiger.

Hagino, N., Watanabe, M., and Goldzieher, J. W. 1969. Inhibition by adrenocorticotrophin of gonadotrophin-induced ovulation in immature female rats. *Endocrinology* 84:308–14.

Hall, P. F., Irby, D. C., and deKretser, D. M. 1969. Conversion of cholesterol to androgens by rat testes: Comparison of interstitial cells and seminiferous tubules. *Endocrinology* 84:488–96.

Hamilton, W. J. III. 1962. Reproductive adaptations of the red tree mouse. *J. Mammal.* 43:486–504.

Hammond, J., and Marshall, F. H. A. 1930. Oestrus and pseudopregnancy in the ferret. *Proc. R. Soc. Ser. B.* 105:607–30.

Hansel, W., Concannon, P. W., and Lukaszewska, J. H. 1973. Corpora lutea of the large domestic mammals. *Biol. Reprod.* 8:222–45.

Hansel, W., and Convey, E. M. 1983. Physiology of the estrous cycle. *J. Anim. Sci.* 57:404–24.

Hansson, A. 1947. The physiology of reproduction in mink (*Mustela vison* Schreb.). *Acta Zool.* 28:1–136.

Harder, J. D., and Moorhead, D. L. 1980. The development of corpora lutea and plasma progesterone levels associated with the onset of the breeding season in the white-tailed deer (*Odocoileus virginianus*). *Biol. Reprod.* 22:185–91.

Hartmann, C. G. 1924. Observations on the motility of the opossum genital tract and the vaginal plug. *Anat. Rec.* 27:293–303.

Hasler, J. F., and Banks, E. M. 1973. Ovulation and ovum maturation in the collared lemming (*Dicrostonyx groenlandicus*). *Biol. Reprod.* 9:88–98.

Hayssen, V., van Tienhoven, A., and van Tienhoven, A. 1993. *Asdell's patterns of mammalian reproduction*. Ithaca, NY: Cornell University Press.

Hediger, H. 1950. *Wild animals in captivity*. Trans. G. Sircom. London: Butterworths.

Hellwing, S. 1973. Husbandry and breeding of white-toothed shrews. *Int. Zoo Yearb.* 13:127–34.

Hendrickx, A. G. 1967. The menstrual cycle of the baboon as determined by the vaginal smear, vaginal biopsy, and perineal swelling. In *The baboon in medical research*, vol. 2., ed. H. Vagtborg, 437–59. Austin: University of Texas Press.

Hendrickx, A. G., and Kraemer, D. C. 1969. Observations on the menstrual cycle, optimal mating time and pre-implantation embryos of the baboon, *Papio anubis* and *Papio cynocephalus*. *J. Reprod. Fertil. Suppl.* 6:119–28.

Hendrickx, A. G., and Newman, L. M. 1978. Reproduction of the greater bushbaby (*Galago crassicaudatus panganiensis*) under laboratory conditions. *J. Med. Primatol.* 7:26–43.

Hess, D. L., Hendrickx, A. G., and Stabenfeldt, G. H. 1979. Reproductive and hormonal patterns in the African green monkey (*Cercopithecus aethiops*). *J. Med. Primatol.* 8:237–81.

Hess, R. 1998. Spermatogenesis, overview. In *Encyclopedia of Reproduction*, ed. E. Knobil and J. D. Neill, 539–45. San Diego: Academic Press.

Hill, C. J. 1941. The development of the Monotremata. V. Further observations on the histology and secretory activities of the oviduct prior to and during gestation. *Trans. Zool. Soc. Lond.* 25:1–31.

Hill, J. P. 1933. The development of Monotremata. II. The structure of the egg-shell. *Trans. Zool. Soc. Lond.* 21:443–76.

Hill, J. P., and O'Donoghue, C. H. 1913. The reproductive cycle in the marsupial *Dasyurus viverrinus*. *Q. J. Microsc. Sci.* 59:133–74.

Hirshfield, A. N., and Flaws, J. A. 1998. Reproductive senescence, nonhuman mammals. In *Encyclopedia of reproduction*, ed. E. Knobil and J. D. Neill, 239–44. San Diego: Academic Press.

Hodges, J. K., and Eastman, S. A. K. 1984. Monitoring ovarian function in marmosets and tamarins by the measurement of urinary estrogen metabolites. *Am. J. Primatol.* 6:187–97.

Howard-Tripp, M. E., and Bielert, C. 1978. Social contact influences on the menstrual cycle of the female chacma baboon (*Papio ursinus*). *J.S. Afr. Vet. Assoc.* 49:191–92.

Hughes, R. L. 1962. Reproduction in the macropod marsupial *Potorous tridactylus* (Kerr). *Aust. J. Zool.* 10:193–224.

Hughes, R. L., and Carrick, F. N. 1978. Reproduction in female monotremes. *Aust. Zool.* 20:233–53.

Illingworth, D. V., and Perry, J. S. 1973. Effects of oestrogen administered early or late in the oestrous cycle, upon the survival and regression of the corpus luteum of the guinea pig. *J. Reprod. Fertil.* 33:457–67.

Illius, A. W., Haynes, N. B., and Lamming, G. E. 1976. Effects of ewe proximity on peripheral plasma testosterone levels and behavior in the ram. *J. Reprod. Fertil.* 48:25–32.

Illius, A. W., Haynes, N.B., Lamming, G. E., Howles, C. M., Fairall, N., and Millar, R. P. 1983. Evaluation of LH-RH stimulation of testosterone as an index of reproductive status in rams and its application in wild antelope. *J. Reprod. Fertil.* 68:105–12.

Ioannou, J. M. 1983. Female reproductive organs. In *Reproduction in New World primates*, ed. J. Hearn, 131–59. Lancaster, UK: MTP Press.

Ismail, S.T., 1987. A review of reproduction in the female camel (*Camelus dromedarius*). *Theriogenology* 28:363–71.

Izard, M. K., and Rasmussen, D. T. 1985. Reproduction in the slender loris (*Loris tardigradus malabaricus*). *Am. J. Primatol.* 8: 153–65.

Jia, Z., Duan, E., Jiang, Z., and Wang, Z. 2002. Copulatory plugs in masked palm civets: Prevention of semen leakage, sperm storage, or chastity enhancement. *J. Mammal.* 83:1035–38.

Jöchle, W. 1973. Coitus induced ovulation. *Contraception* 7:523–64.

———. 1975. Current research in coitus-induced ovulation: A review. *J. Reprod. Fertil. Suppl.* 22:165–207.

Johnson, L., Blanchard, T. L., Varner, D. D., and Scrutchfield, W. L. 1997. Factors affecting spermatogenesis in the stallion. *Theriogenology* 48:1199–1216.

Joshi, H. S., Watson, D. J., and Labhsetwar, A. P. 1973. Ovarian secretion of oestradiol, oestrone, and 20-dihydroprogesterone and progesterone during the oestrous cycle of the guinea pig. *J. Reprod. Fertil.* 35:177–81.

Kamel, F., and Frankel, A. I. 1978. Hormone release during mating in the male rat: Time course, relation to sexual behavior, and interaction with handling procedures. *Endocrinology* 103:2172–79.

Kanagawa, H., Hafez, E. S. E., Mori, J., Kurosawa, T., and Kothari, L. 1973. Cyclic changes in cervical mucus and LH levels in the bonnet macaque (*Macaca radiata*). *Folia Primatol.* 19:208–17.

Kann, G., and Martinet, J. 1975. Prolactin levels and duration of postpartum anestrus in lactating ewes. *Nature* 257:63–64.

Karesh, W. B., Willis, M. S., Czekala, N. M., and Lasley, B. L. 1985. Induction of fertile mating in a red ruffed lemur (*Varecia variegata rubra*) using pregnant mare serum gonadotropin. *Zoo Biol.* 4:147–52.

Katongole, C. B., Naftolin, F., and Short, R. V. 1971. Relation between blood levels of luteinizing hormone and testosterone in bulls and the effects of sexual stimulation. *J. Endocrinol.* 50:456–66.

Katz, L. S., Oltenacu, E. A. B., and Foote, R. H. 1980. The behavioral responses in ovariectomized cattle to either estradiol, testosterone, androstenedione, or dihydrotestosterone. *Horm. Behav.* 14: 224–35.

Kiddy, C. A. 1977. Variation in physical activity as an indication of estrus in dairy cows. *J. Dairy Sci.* 60:235–43.

Kirkpatrick, R. L., and Valentine, G. L. 1970. Reproduction in captive pine voles, *Microtus pinetorum*. *J. Mammal.* 51:779–85.

Koprowski, J. L. 1992. Removal of copulatory plugs by female tree squirrels. *J. Mammal.* 73:572–76.

Korenbrot, C. C., Huhtaniemi, I. T., and Weiner, I. 1977. Preputial separation as an external sign of pubertal development in the male rat. *Biol. Reprod.* 17:298–303.

Krohn, P. L., and Zuckerman, S. 1937. Water metabolism in relation to the menstrual cycle. *J. Physiol.* 88:369–87.

Leathem, J. H. 1975. Nutritional influences on testicular composition and function in mammals. In *Handbook of physiology*, sec. 7, *Endocrinology*; vol. 5, *Male reproductive system*, ed. R. O. Greep and E. B. Astwood, 225–32. Washington, DC: American Physiological Society.

Leavitt, W. W., and Wright, P. A. 1965. The plant estrogen, coumestrol, as an agent affecting hypophyseal gonadotropic function. *J. Exp. Zool.* 160:319–28.

Lidicker, W. Z. Jr. 1973. Regulation of numbers in an island population of the California vole, a problem in community dynamics. *Ecol. Monogr.* 43:271–302.

Lohiya, N. K., Sharma, R. S., Puri, C. P., David, G. F. X., and Anand Kumar, T. C. 1988. Reproductive exocrine and endocrine profile of female langur monkeys, *Presbytis entellus*. *J. Reprod. Fertil.* 82:485–92.

Long, C. A., and Frank, T. 1968. Morphometric variation and function in the baculum, with comments on correlation of parts. *J. Mammal.* 49:32–43.

Long, J. A., and Evans, H. M. 1922. The oestrous cycle of the rat and its associated phenomena. *Mem. Univ. Calif.* 6:1–148.

Lumpkin, S., Koontz, F., and Howard, J. G. 1982. The oestrous cycle of rufous elephant shrew, *Elephantulus rufescens*. *J. Reprod. Fertil.* 66:671–74.

MacFarlane, J. D., and Taylor, J. M. 1982. Nature of estrus and ovulation in *Microtus townsendi* (Bachman). *J. Mammal.* 63:104–9.

Macrides, F., Bartke, A., and Dalterio, S. 1975. Strange females increase plasma testosterone levels in male mice. *Science* 189: 1104–6.

Mahoney, C. J. 1970. Study of the menstrual cycle in *Macaca irus* with special reference to the detection of ovulation. *J. Reprod. Fertil.* 21:153–63.

Mann, D. R., Korowitz, C. D., and Barraclough, C. A. 1975. Adrenal gland involvement in synchronizing the preovulatory release of LH in rats. *Proc. Soc. Exp. Biol. Med.* 150:115–20.

Marie, M., and Anouassi, A. 1986. Mating-induced luteinizing hormone surge and ovulation in the female camel (*Camelus dromedarius*). *Biol. Reprod.* 35:792–98.

Marsh, H., and Kasuya, T. 1984. Changes in the ovaries of the short-finned pilot whale, *Globicephala macrorhynchus*, with age and reproductive activity. In *Reproduction in whales, dolphins, and porpoises*, ed. W. E. Perrin, R. L. Brownell, and D. P. DeMaster, 311–55. Reports of the International Whaling Commission. Cambridge: International Whaling Commission.

Marshall, F. H. A. 1904. The oestrous cycle of the common ferret. *Q. J. Microsc. Sci.* 48:323–345.

Martinet, L. 1980. Oestrous behaviour, follicular growth and ovulation during pregnancy in the hare (*Lepus europaeus*). *J. Reprod. Fertil.* 59:441–45.

Martini, L. 1982. The 5a-reductase of testosterone in the neuroendocrine structures: Biological and physiological implications. *Endocrinol. Rev.* 3:1–25.

Matthews, L. H. 1935. The oestrous cycle and intersexuality in the female mole, *T. europaea*. *Proc. Zool. Soc. Lond.* 347–83.

———. 1953–1956. The sexual skin of the gelada baboon (*Theropithecus gelada*). *Trans. Zool. Soc.* 28:543–52.

Mehta, R. R., Jenco, J. M., Gaynor, L. V., and Chatterton, R. T. Jr. 1986. Relationships between ovarian morphology, vaginal cytology, serum progesterone, and urinary immunoreactive pregnanediol during the menstrual cycle of the cynomolgous monkey. *Biol. Reprod.* 35:981–86.

Melampy, R. M., Emmerson, M. A., Rakes, J. M., Hanka, L. J., and Eness, P. G. 1957. The effect of progesterone on the estrous response of estrogen-conditioned ovariectomized cows. *J. Anim. Sci.* 16:967–75.

Milewich, L., and Whisenant, M. G. 1982. Metabolism of androstenedione by human platelets: A source of potent androgens. *J. Clin. Endocrinol. Metab.* 54:969–74.

Millar, R., and Fairall, N. 1976. Hypothalamic, pituitary and gonadal hormone production in relation to nutrition in the male hyrax (*Procavia capensis*). *J. Reprod. Fertil.* 47:339–41.

Milligan, S. R. 1982. Induced ovulation in mammals. *Oxf. Rev. Reprod. Biol.* 4:1–46.

Möller, A. P. 1989. Ejaculate quality, testes size and sperm production in mammals. *Funct. Ecol.* 3:91–96.

Moltz, H. 1975. The search for the determinants of puberty in the rat. In *Hormonal correlates of behavior*, vol. 1, ed. B. E. Eleftheriou and R. L. Sprott, 35–154. New York: Plenum Press.

Mondain-Monval, M., Dutourne, B., Bonnin-Laffargue, M., Canivenc, R., and Scholler, R. 1977. Ovarian activity during the anoestrus and the reproductive season of the red fox (*Vulpes vulpes* L.). *J. Steroid Biochem.* 8:761–69.

Moore, C. R. 1944. Hormone secretion by experimental cryptorchid testes. *Yale J. Biol. Med.* 17:203–16.

Morrison, J. A. 1960. Ovarian characteristics of elk of known breeding history. *J. Wildl. Manag.* 24:297–307.

Moss, R. L., and McCann, S. M. 1973. Induction of mating behavior in rats by luteinizing hormone-releasing factor. *Science* 181:177–79.

Munshi, S., and Pandey, S. D. 1987. The oestrous cycle in the large-eared hedgehog, *Hemiechinus auritus* Gmelin. *Anim. Reprod. Sci.* 13:157–60.

Murray, M. G. 1982. The rut of impala: Aspects of seasonal mating under tropical condition. *Z. Tierpsychol.* 59:319–37.

Nadler, R. D. 1980. Reproductive physiology and behaviour of gorillas. *J. Reprod. Fertil. Suppl.* 28:79–89.

Nadler, R. D., Collins, D. C., and Blank, M. S. 1984. Luteinizing hormone and gonadal steroid levels during the menstrual cycle of orangutans. *J. Med. Primatol.* 13:305–14.

Nadler, R. D., Graham, C. E., Collins, D. C., and Gould, K. G. 1979. Plasma gonadotropins, prolactin, gonadal steroids, and genital swelling during the menstrual cycle of lowland gorillas. *Endocrinology* 105:290–96.

Nadler, R. D., Graham, C. E., Gosselin, R. E., and Collins, D. C. 1985. Serum levels of gonadotropins and gonadal steroid including testosterone, during the menstrual cycle of the chimpanzee (*Pan troglodytes*). *Am. J. Primatol.* 9:273–84.

Nawar, N. M., Hafez, E. S. E. 1972. Reproductive cycle of the crab-eating macaque (*Macaca fascicularis*). *Primates* 13:43–56.

Neaves, W. B., Griffin, J. E., and Wilson, J. D. 1980. Sexual dimorphism of the phallus in spotted hyaena (*Crocuta crocuta*). *J. Reprod. Fertil.* 59:509–13.

Negus, N. C., and Berger, P. J. 1972. Environmental factors and reproductive processes in mammalian populations. In *Biology of reproduction: Basic and clinical studies*, ed. J. T. Velardo and B. Kaspoons, 89–98. Third American Congress on Anatomy, New Orleans. Bowling Green, OH: Pan American Association of Anatomy.

Nelson, R. J., and Desjardins, C. 1987. Water availability affects reproduction in deer mice. *Biol. Reprod.* 37:257–60.

Newsome, A. E. 1973. Cellular degeneration in the testes of red kangaroos during hot weather and drought in central Australia. *J. Reprod. Fertil. Suppl.* 19:191–201.

Nicoll, M. E., and Racey, P. A. 1985. Follicular development, ovulation, fertilization and fetal development in tenrecs (*Tenrec ecaudatus*). *J. Reprod. Fertil.* 74:47–55.

Nigi, H. 1975. Menstrual cycle and some other related aspects of Japanese monkeys (*Macaca fuscata*). *Primates* 16:207–16.

Oh, Y. K., Mori, T., and Uchida, T. A. 1983. Studies on the vaginal plug of the Japanese greater horseshoe bat, *Rhinolophus ferrumequinum nippon*. *J. Reprod. Fertil.* 68:365–69.

Orsini, M. W. 1961. The external vaginal phenomena characterizing the stages of the estrous cycle, pregnancy, pseudopregnancy, lactation and the anestrous hamster, *Mesocricetus auratus* Waterhouse. In *Proceedings of the Animal Care Panel*, vol. 11, ed. N. R. Brewer, 193–206. Chicago: Animal Care Panel.

Parakkal, P. F., and Gregoire, A. T. 1972. Differentiation of vaginal epithelium in the normal and hormone-treated rhesus monkey. *Biol. Reprod.* 6:117–30.

Parkes, A. S., and Bruce, H. M. 1962. Pregnancy-block in female mice placed in boxes soiled by males. *J. Reprod. Fertil.* 4:303–8.

Patterson, B. D., and Thaeler, C. S. 1982. The mammalian baculum: Hypotheses on the nature of bacular variability. *J. Mammal.* 63:1–15.

Pearson, O. P. 1944. Reproduction in the shrew (*Blarina brevicauda* Say). *Am. J. Anat.* 75:39–93.

Penfold, L. M., Monfort, S. L., Wolfe, B. A., Citino, S. B., and Wildt, D. E. 2005. Reproductive physiology and artificial insemination studies in wild and captive gerenuk (*Litocranius walleri walleri*). *Reprod. Fertil. Dev.* 17:707–14.

Perret, M. 1986. Social influences on oestrous cycle length and plasma progesterone concentrations in the female lesser mouse lemur (*Microcebus murinus*). *J. Reprod. Fertil.* 77:303–11.

Perret, M., and Predine, J. 1984. Effects of long-term grouping on serum cortisol levels in *Microcebus murinus* (Prosimi). *Horm. Behav.* 18:346–58.

Perrin, W. F., Coe, J. M., and Zweiffel, J. R. 1976. Growth and reproduction of the spotted porpoise, *Stenella attenuata*, in the offshore eastern tropical Pacific. *Fish. Bull.* 74:229–69.

Perry, J. S. 1953. The reproduction of the African elephant, *Loxodonta africana*. *Philos. Trans. R. Soc. B. Biol. Sci.* 237:93–149.

Peters, D. G., and Rose, R. W. 1979. The oestrous cycle and basal body temperature in the common wombat (*Vombatus ursinus*). *J. Reprod. Fertil.* 57:453–60.

Peters, J. B., First, N. L., and Cassida, L. E. 1969. Effects of pig removal and oxytocin injections on ovarian and pituitary changes

in mammilectomized postpartum sows. *J. Anim. Sci.* 28: 537–41.
Pharriss, B. B., and Wyngarden, L. J. 1969. The effect of prostaglandin F2a on the progesterone content of ovaries from pseudopregnant rats. *Proc. Soc. Exp. Biol. Med.* 130:92–94.
Phillips, D. M. 1974. *Spermiogenesis*. New York:Academic Press.
Piacsek, B. E., and Nazian, S. J. 1981. Thermal influences on sexual maturation in the rat. In *Environmental factors in mammal reproduction*, ed. D. Gilmore and B. Cook, 214–31. Baltimore: University Park Press.
Plant, T. M. 1998. Puberty in non-human primates. In *Encyclopedia of reproduction*. ed. E. Knobil and J. D. Neill, 135–42. San Diego: Academic Press.
Pope, A. L. 1972. Feeding and nutrition of ewes and rams. In *Digestive physiology and nutrition of ruminants, practical nutrition*, ed. D. C. Church. Corvallis: D. C. Church, University of Oregon.
Powers, J. B. 1970. Hormonal control of sexual receptivity during the estrus cycle of the rat. *Physiol. Behav.* 5:95–97.
Prasad, M. R. N. 1974. Mannliche geschlechtsorgane. In *Handbuck der zoologie*, vol. 9, no. 2, ed. J. G. Helmcke, D. Stark, and H. Wermuth, 1–150. Berlin: Walter de Gruyter.
Preslock, J .P., Hampton, S. H., and Hampton, J. K. Jr. 1973. Cyclic variations of serum progestins and immuno-reactive estrogens in marmosets. *Endocrinology* 92:1096–1101.
Price, M. 1953. The reproductive cycle of the water shrew, *Neomys fodiens bicolor*. *Proc. Zool. Soc. Lond.* 123:599–621.
Quintero, F., and Rasweiler, J. J. 1974. Ovulation and early embryonic development in the captive vampire bat, *Desmodus rotundus*. *J. Reprod. Fertil.* 41:265–73.
Racey, P. A. 1973. The viability of spermatozoa after prolonged storage by male and female European bats. *Period. Biol.* 75:201–5.
———. 1978. Seasonal changes in testosterone levels and androgen-dependent organs in male moles (*Talpa europaea*). *J. Reprod. Fertil.* 52:195–200.
———. 1979. The prolonged storage and survival of spermatozoa in Chiroptera. *J. Reprod. Fertil.* 56:391–402.
Ramaley, J. A. 1976. Effects of corticosterone treatment on puberty in female rats. *Proc. Soc. Exp. Biol. Med.* 153:514–17.
Ramaswami, L. S., and Kumar, T. C. 1962. Reproductive cycle of the slender loris. *Naturwissenschaften* 49:115–16.
Ransom, A. B. 1967. Reproductive biology of white-tailed deer in Manitoba. *J. Wildl. Manag.* 31:114–22.
Rao, C. R. N. 1927. On the structure of the ovary and the ovarian ovum of *Loris lydekkerianus*. *Q. J. Microsc. Sci.* 71:57–74.
Rastogi, R. K., Milone, M., and Chieffi, G. 1981. Impact of socio-sexual conditions on the epididymis and fertility in the male mouse. *J. Reprod. Fertil.* 63:331–34.
Rasweiler, J. J. 1972. Reproduction in the long-tongued bat, *Glossophaga soricina*. I. Preimplantation development and history of the oviduct. *J. Reprod. Fertil.* 31:249–62.
———. 1979. Early embryonic development and implantation in bats. *J. Reprod. Fertil.* 56:403–16.
———. 1988. Ovarian function in the captive black mastiff bat, *Molossus ater*. *J. Reprod. Fertil.* 82:97–111.
Rasweiler, J. J., and Badwaik, N. K. 2000. Anatomy and physiology of the female reproductive tract. In *Reproductive biology of bats*, ed. E. G. Crichton and P. H. Krutzsch, 157–220. San Diego: Academic Press.
Rasweiler, J. J., and de Bonilla, H. 1992. Menstruation in short-tailed fruit bats (*Carollia* spp.). *J. Reprod. Fertil.* 95:231–48.
Resko, J. A., Koering, M. J., Goy, R. W., and Phoenix, C. H. 1975. Preovulatory progestins: Observations on their source in rhesus monkeys. *J. Clin. Endocrinol. Metab.* 41:120–25.
Richmond, M., and Conaway, C. H. 1969. Induced ovulation and oestrus in *Microtus ochrogaster*. *J. Reprod. Fertil. Suppl.* 6: 357–76.
Rivier, C., and Rivest, S. 1991. Effect of stress on the activity of the hypothalamic-pituitary-gonadal axis: Peripheral and central mechanisms. *Biol. Reprod.* 45:523–32.
Robinson, T. J., Moore, N. W., and Binet, F. E. 1956. The effect of the duration of progesterone pretreatment on the response of the spayed ewe to oestrogen. *J. Endocrinol.* 14:1–7.
Robker, R. L., Russell, D. L., Yoshioka, S., Sharma, S. C., Lydon, J. P., O'Malley, B. W., Espey, L. L., and Richards, J. S. 2000. Ovulation: A multi-gene, multi-step process. *Steroids* 65:559–70.
Rosas, F. C. W., and Monteiro-Filho, E. L. A. 2002. Reproduction of the estuarine dolphin (*Sotalia guianensis*) on the coast of Paraná, southern Brazil. *J. Mammal.* 83:507–15.
Rowell, T. E. 1970. Baboon menstrual cycles affected by social environment. *J. Reprod. Fertil.* 22:321–38.
———. 1977. Reproductive cycles of the talapoin monkey (*Miopithecus talapoin*). *Folia Primatol.* 28:188–202.
Rowlands, I. W., and Weir, B. J. 1977. The ovarian cycle in vertebrates. In *The ovary*, 2nd ed., vol. 2, *Physiology*. ed. S. Zuckerman and B. J. Weir, 217–73. New York: Academic Press.
———. 1984. Mammals: Non-primate eutherians. In *Marshall's physiology of reproduction*, 4th edition, vol. 1, *Reproductive cycles of vertebrates*, ed. G. E. Lamming, 455–658. Edinburgh: Churchill Livingstone.
Saayman, G. S. 1972. Effects of ovarian hormones upon the sexual skin and mounting behaviour in the free-ranging chacma baboon (*Papio ursinus*). *Folia Primatol.* 17:297–303.
Saginor, M., and Horton, R. 1968. Reflex release of gonadotropin and increased plasma testosterone concentration in male rabbits during copulation. *Endocrinology* 82:627–30.
Schadler, M. H. 1981. Postimplantation abortion in pine voles (*Microtus pinetorum*) induced by strange males and pheromones of strange males. *Biol. Reprod.* 25:295–97.
Schams, D., Schallenberger, E., Gombe, S., and Karg, H. 1981. Endocrine patterns associated with puberty in male and female cattle. *J. Reprod. Fert. Suppl.* 30:103–10.
Schanbacher, B. D., and Ford, J. J. 1976. Seasonal profiles of plasma luteinizing hormone, testosterone and estradiol in the ram. *Endocrinology* 99:752–57.
Schmidt, A. M., Nadal, L. A., Schmidt, M. J., and Beamer, N. B. 1979. Serum concentrations of oestradiol and progesterone during the normal oestrous cycle and early pregnancy in the lion (*Panthera leo*). *J. Reprod. Fertil.* 57:267–72.
Schmidt, P. M., Chakraborty, P. K., and Wildt, D. E. 1983. Ovarian activity, circulating hormones, and sexual behavior in the cat. II. Relationships during pregnancy, parturition, lactation and the postpartum estrus. *Biol. Reprod.* 28:657–71.
Schomberg, D. W., Jones, P. H., Erb, R. E., and Gomes, W. R. 1966. Metabolites of progesterone in urine compared with progesterone in ovarian venous plasma of the cycling domestic sow. *J. Anim. Sci.* 25:1181–89.
Seal, U. S., Plotka, E. D., Packard, J. M., and Mech, L. D. 1979. Endocrine correlates of reproduction in the wolf. I. Serum progesterone, estradiol and LH during the estrous cycle. *Biol. Reprod.* 21:1057–66.
Selwood, L., and McCallum, F. 1987. Relationship between longevity of spermatozoa after insemination and the percentage of normal embryos in brown marsupial mice (*Antechinus stuartii*). *J. Reprod. Fertil. Suppl.* 79:495–503.
Setchell, B. P. 1978. *The mammalian testis*. Ithaca, NY: Cornell University Press.
Setchell, B. P., Waites, G. M. H., and Lindner, H. R. 1965. Effect of undernutrition on testicular blood flow and metabolism and the output of testosterone in the ram. *J. Reprod. Fertil.* 9: 149–62.
Setchell, K. D. R., Gosselin, S. J., Welsh, M. B., Johnston, J. O., Balistreri, W. F., Kramer, L. W., Dresser, B. L., and Tarr, M. J. 1987.

Dietary estrogens: A probable cause of infertility and liver disease in captive cheetahs. *Gastroenterology*. 93:225–33.

Seth, P., and Prasad, M. R. N. 1969. Reproductive cycle of the female five-striped Indian palm squirrel, *Funambulus pennanti* (Wroughton). *J. Reprod. Fertil.* 20:211–22.

Sharma, A., and Mathur, R. S. 1976. Histomorphological changes in the female reproductive tract of *Suncus murinus sindensis* (Anderson) during the oestrus cycle. *Folia Biol.* (*Krakow*) 24: 277–84.

Sharman, G. B. 1976. Evolution of viviparity in mammals. In *Reproduction in mammals*, vol. 6, ed. C. R. Austin and R. V. Short, 32–70. Cambridge: Cambridge University Press.

Shaw, S. T. Jr., and Roche, P. C. 1980. *Menstruation*. Oxford Reviews of Reproductive Biology 2:41–96. Oxford: Oxford University.

Shille, V. M., Lundstrom, K. E., and Stabenfeldt, G. H. 1979. Follicular function in the domestic cat as determined by estradiol-17B concentrations in plasma: Relation to estrous behaviour and cornification of exfoliated vaginal epithelium. *Biol. Reprod.* 21: 953–63.

Short, R. E., Bellows, R. A., Moody, E. L., and Howland, B. E. 1972. Effects of suckling and mastectomy on bovine postpartum reproduction. *J. Anim. Sci.* 34:70–74.

Signoret, J. P., du Mesnil du Buisson, F., and Mauleon, P. 1972. Effect of mating on the onset and duration of ovulation in the sow. *J. Reprod. Fertil.* 31:327–30.

Simkin, D. W. 1965. Reproduction and productivity of moose in northwestern Ontario. *J. Wildl. Manag.* 30:121–30.

Simon, N. G., Kaplan, J. R., Hu, S., Register, T. C., and Adams, M. R. 2004. Increased aggressive behavior and decreased affiliative behavior in adult male monkeys after long-term consumption of diets rich in soy protein and isoflavones. *Horm. Behav.* 45: 278–84.

Sinclair, A. R. E. 1977. Lunar cycle and timing of mating season in Serengeti wildebeest. *Nature* 267:832–33.

Skinner, J. D. 1981. Nutrition and fertility in pedigree bulls. In *Environmental factors in mammal reproduction*, ed. D. Gilmore and B. Cook, 160–68. Baltimore: University Park Press.

Slob, A. K., Wiegand, S. J., Goy, R. W., and Robinson, J. A. 1978. Heterosexual interactions in laboratory-housed stumptail macaques (*Macaca arctoides*). Observations during the menstrual cycle and after ovariectomy. *Horm. Behav.* 10:193–211.

Sollberger, D. E. 1943. Notes on the breeding habits of the eastern flying squirrel (*Glaucomys volans volans*). *J. Mammal.* 24:163–73.

Spear, L. P. 2000. The adolescent brain and age-related behavioral manifestations. *Neurosci. Biobehav. Rev.* 24.417–63.

Squires, E. L., Douglas, R. H., Steffenhagen, W. P., and Ginther, O. J. 1974. Ovarian changes during the estrous cycle and pregnancy in mares. *J. Anim. Sci.* 38:330–38.

Stekleniov, E. P. 1968. Des particularites anatomo-morpologiques de la structure et des functions physiologiques des trompes de Fallope chez camelides (genaes *Lama* et *Camelus*). In *6eme Congress internationale insemination artificiale*, 1:71–74. Paris.

Stenger, V. G. 1972. Studies on reproduction in the stump-tailed macaque. In *Breeding primates*, ed. W. I. B. Beveridge, 100–104. Basel: Karger.

Stockard, C. R., and Papanicolau, C. N. 1917. The existence of a typical oestrous cycle in the guinea pig with a study of its histological and physiological changes. *Am. J. Anat.* 22:225–83.

Sundqvist, C., Amador, A. G., and Bartke, A. 1989. Reproduction and fertility in the mink (*Mustela vison*). *J. Reprod. Fertil.* 85: 413–41.

Swanson, W. F., Johnson, W. E., Cambre, R. C., Citino, S. B., Quigley, K. B., Brousset, D. M., Morais, R. N., Moreira, N., O'Brien, S. J., and Wildt, D. E. 2003. Reproductive status of endemic felid species in Latin American zoos and implications for ex situ conservation. *Zoo Biol.* 22:421–42.

Taya, K., and Greenwald, G. S. 1982. Mechanism of suppression of ovarian follicular development during lactation in the rat. *Biol. Reprod.* 27:1090–1101.

Terman, C. R. 1973. Reproductive inhibition in asymptotic population of prairie deermice. *J. Reprod. Fertil. Suppl.* 19:457–64.

Thatcher, W. W., and Collier, R. J. 1980. Effects of climate on bovine reproduction. In *Current therapy in theriogenology*, ed. D. A. Morrow, 301–9. Philadelphia: Saunders.

Thibault, C. 1973. Sperm transport and storage in vertebrates. *J. Reprod. Fertil. Suppl.* 18:39–53.

Toner, J. P., and Adler, N. T. 1986. Influence of mating and vagicocervical stimulation on rat uterine activity. *J. Reprod. Fertil.* 78: 239–49.

Tripp, H. R. H. 1971. Reproduction in elephant shrews (Macroscelididae) with special reference to ovulation and implantation. *J. Reprod. Fertil.* 26:149–59.

Tyndale-Biscoe, C. H. 1968. Reproduction and post-natal development in the marsupial, *Bettongia lesueur* (Quay and Gaimard). *Aust. J. Zool.* 16:577–602.

Umezu, M., Masaki, J., Sasada, H., and Ohta, M. 1981. Mating behaviour of a bull and its relationship with serum LH levels in a group of oestrous cows. *J. Reprod. Fertil.* 63:467–70.

Urry, R. L., Dougherty, K. A., Frehn, J. L., and Ellis, L. C. 1976. Factors other than light affecting the pineal gland: Hypophysectomy, testosterone, dihydrotestosterone, estradiol, cryptorchidism and stress. *Am. Zool.* 16:79–90.

Valdespino, C., Asa, C. S., and Bauman, J. E. 2002. Ovarian cycles, copulation and pregnancy in the fennec fox (*Vulpes zerda*). *J. Mammal.* 83:99–109.

Van Aarde, R. J. 1985. Reproduction in captive female cape porcupines (*Hystrix africae-australis*). *J. Reprod. Fertil.* 75:577–82.

Vandenbergh, J. G. 1988. Pheromones and mammalian reproduction. In *The physiology of reproduction*, vol. 3. ed. E. Knobil and J. Neill, 1679–96. New York: Raven Press.

van der Horst, C. J., and Gillman, J. 1942. A critical analysis of the early gravid and premenstrual phenomena in the uterus of *Elephantulus, Macaca*, and the human female. *S. Afr. J. Med. Sci.* 7:134–43.

van Heerdt, P. F., and Sluiter, J. W. 1965. Notes on the distribution and behaviour of the noctule bat (*Nyctalus noctula*) in the Netherlands. *Mammalia* 29:463–77.

Van Tienhoven, A. 1983. *Reproductive physiology of vertebrates*, 2nd ed. Ithaca, NY: Cornell University Press.

Voss, R. 1979. Male accessory glands and the evolution of copulatory plugs in rodents. *Occas. Pap. Zool. Univ. Mich.* 689:1–27.

Walton, A., and Hammond, J. 1929. Observation of ovulation in the rabbit. *Br. J. Exp. Biol.* 6:190–204.

Weir, B. 1971a. The reproductive organs of the plains viscacha, *Lagostomus maximus*. *J. Reprod. Fertil.* 25:365–73.

———. 1971b. Evocation of oestrus in the cuis, *Galea musteloides*. *J. Reprod. Fertil.* 26:405–8.

———. 1973. The induction of ovulation and oestrus in the chinchilla. *J. Reprod. Fertil.* 33:61–68.

———. 1974. Reproductive characteristics of hystricomorph rodents. *Symp. Zool. Soc. Lond.* 34:265–301.

Weiss, G., Butler, W. R., Dierschke, D. J., and Knobil, E. 1976. Influence of suckling on gonadotropin secretion in the postpartum rhesus monkey. *Proc. Soc. Exp. Biol. Med.* 153:330–31.

Wells, M. E. 1968. A comparison of the reproductive tracts of *Crocuta crocuta*, *Hyaena hyaena* and *Proteles cristatus*. *East Afr. Wildl. J.* 6:63–70.

Welsh, T. H. Jr., Kemper-Green, C. N., and Livingston, K. N. 1998. Stress and reproduction. In *Encyclopedia of reproduction*, ed. E. Knobil and J. D. Neill, 662–74. San Diego: Academic Press.

Westlin, L. M., and Nyholm, E. 1982. Sterile matings initiate the breeding season in the bank vole, *Clethrionomys glareolus*: A field and laboratory study. *Can. J. Zool.* 60:387–416.

Whalen, R. E., and Hardy, D. F. 1970. Induction of receptivity in female rats and cats with estrogen and testosterone. *Physiol. Behav.* 5:529–33.

White, I. G. 1974. Mammalian semen. In *Reproduction in farm animals*, ed. E. S. E. Hafez, 101–22. Philadelphia: Lea and Fibiger.

Whitney, L. F., and Underwood, A. B. 1952. *The raccoon.* Orange, CT: Practical Science Publishing Company.

Wielebnowski, N. C., Ziegler, K., Wildt, D. E., Lukas, J., and Brown, J. L. 2002. Impact of social management on reproductive, adrenal and behavioural activity in the cheetah (*Acinonyx jubatus*). *Anim. Conserv.* 5:291–301.

Willett, E. L., and Ohms, J. I. 1957. Measurement of testicular size and its relation to production of spermatozoa by bulls. *J. Dairy Sci.* 40:1559–70.

Williams, G. L. 1998. Nutritional factors and reproduction. In *Encyclopedia of reproduction*, ed. E. Knobil and J. D. Neill, 412–22. San Diego: Academic Press.

Williams, W. F., Osman, A. M., Shehata, S. H. M., and Gross, T. S. 1986. Pedometer detection of prostaglandin F2a-induced luteolysis and estrus in the Egyptian buffalo. *Anim. Reprod. Sci.* 11: 237–41.

Wright, E. M. Jr., and Bush, D. E. 1977. The reproductive cycle of the capuchin (*Cebus apella*). *Lab. Anim. Sci.* 27:651–54.

Wright, P. C., Izard, M. K., and Simons, E. L. 1986. Reproductive cycles in *Tarsius bancanus*. *Am. J. Primatol.* 11:207–15.

Zaneveld, L. J. D. 1996. Male contraception: Nonhormonal approaches. In *Contraception in wildlife*, bk. 1, ed. P. N. Cohn, E. D. Plotka, and U. S. Seal, 20–71. Lewiston, NY: Edwin Mellen Press.

Zarrow, M. X., and Clark, J. H. 1968. Ovulation following vaginal stimulation in a spontaneous ovulator and its implications. *J. Endocrinol.* 40:343–52.

Zieba, D. A., Amstalden, M., and Williams, G. L. 2005. Regulatory roles of leptin in reproduction and metabolism: A comparative review. *Domest. Anim. Endocrinol.* 29:166–85.

Zuckerman, S. 1937. The duration and phases of the menstrual cycle in primates. *Proc. Zool. Soc. Lond.* 315–29.

Zuckerman, S., and Parkes, A. S. 1932. The menstrual cycle of the primates. V. The cycle of the baboon. *Proc. Zool. Soc. Lond.* 139–91.

32

雄の繁殖：評価，治療，生殖補助および生殖コントロール

Rebecca E. Spindler and David E. Wildt

訳：堀　達也

はじめに

雄の繁殖生理を理解することは，野生動物の繁殖を最も効果的に進めるために重要である．十分に研究されている動物種では，文献報告のあるこれらの動物種の“正常な”雄の繁殖生理に関する研究は有益である．しかし，不妊症の病因は一般的にはあいまいなままである．これは，家畜や実験動物では，繁殖行動を治療して改善させることよりも，不妊となる原因をもつ疑わしい雄個体を取り除くことの方がかなり経済的であるからである．その結果として，ヒトで行われている研究が，生殖能力の低い雄動物の繁殖に取り組むために多くの情報を与えてくれる．

動物園動物の雄における生殖活動を巧みに扱うためのアプローチ方法を詳細に示した科学的論文は限られている．多くの研究は，特定の動物種の精液を評価したもの，そして主にテストステロンと黄体形成ホルモン（LH）という血中ホルモンの基準濃度を明らかにしたものである．次に述べる2つの主な理由によって，そのような研究を推進する必要がある．まず1つ目は，“正常な”雄の繁殖学的特徴を理解することは，やや不妊の個体や疑わしい個体を同定したり治療したりするために必要であるからである．2つ目は，生殖補助技術，特に人工授精や生殖子の凍結保存は，野生動物の保護増殖や遺伝的な管理のための可能性をもっており（Pukazhenthi and Wildt 2004），これらのアプローチの成功は，雄の繁殖生理の完全な理解に基づいているからである．

この章は，雄の繁殖に影響を与えると考えられている因子に関する情報を与え，雄の生殖活動を評価し，操作するための戦略について述べている．もっと詳細を理解するためには，Sherins and Howards（1985）による初期の価値ある報告と同様に，『Campell's Urology』（Goldstein 2002，Schlegel and Hardy 2002，Sigman and Jarow 2002）および『Physiology of Reproduction』（Kerr et al. 2006，Malpaux 2006，O'Donnell et al. 2006，Stocco and McPhaul 2006）の最新版の文献を読むことを推奨する．これら全ては本章を執筆するうえで参考にしたものである．哺乳類は（生物分類学的に密接に関連したものでさえ）種特異性を示し，個体群レベルでさえ特有の繁殖学的・内分泌学的な基準をもつため，雄の繁殖の研究もしくは操作に関する，ある動物種における成功例は，別の種では修正が必要とされるだろう（もしくはそれでも完全に失敗するかもしれない）．しかし，これらの評価的概念かつ治療法の概念は，飼育下の多くの動物に対して，効果的で汎用な適用性を，無理のない範囲内で有しておくべきである．

雄の生殖機能のコントロール

精巣は，精子を生産しホルモンを分泌するが，これらの機能は解剖学的には区分されている（Amann 1986，Kerr et al. 2006）．間質細胞（ライディッヒ細胞）は下垂体ホルモンであるLHによる影響を受けており，テストステロ

ンとエストラジオールをそれぞれ産生する．精巣の大部分（90%）は，精子形成が行われている精細管から構成されている．セルトリ細胞は散らばっており，内腔の細管の基底部から延びている．セルトリ細胞に近接したところで精粗細胞は分裂して精母細胞を形成し，やがて精子細胞を形成する．セルトリ細胞は，生殖細胞の発育のために必要な他の下垂体ホルモンである卵胞刺激ホルモン（FSH）と密接に関連している．精子形成は，精細管上皮において直接的に FSH とテストステロンによって支配されている．

精巣機能は，視床下部（性腺刺激ホルモン放出ホルモンである GnRH を分泌），下垂体（性腺刺激ホルモンとして知られている FSH および LH を分泌）および精巣からなる複雑なフィードバックシステムを介して支配されている（O'Donnell et al. 2006，Stocco and McPhaul 2006 参照）．GnRH は不連続な拍動により視床下部から放出され，下垂体から FSH と LH の分泌を引き起こす．LH の産生は即時的で拍動的であるが，FSH の放出はもっと弱く静的である．血中の性ステロイドホルモン（主にテストステロンであるが，エストラジオールも）は GnRH の分泌と GnRH への下垂体の感受性に影響を与えることによって FSH と LH を調節している．精巣の活性が減退すれば，その結果として低レベルのステロイドホルモンが視床下部や下垂体への負のフィードバックを軽減して，GnRH，FSH および LH 分泌およびステロイドホルモン産生を増加させる．下垂体の FSH 放出はまた，蛋白複合体であるインヒビンによって抑制される（McLachlanet al. 1987，Plant et al. 1993）．これは，レセプターに結合するが FSH 分泌を引き起こさないアクチビン（FSH 分泌を誘起する）と同様である（Moore, Krummen, and Mather 1994）．インヒビンはまた，FSH-β mRNA 量を減少させることによって FSH 産生を抑制するように働くかもしれない（Clarke et al. 1993，Attardi and Winters 1993，Burger et al. 2001）．

このフィードバックシステムは，栄養，ストレスおよび季節に加えて，嗅覚，聴覚および視覚の刺激に影響されるため，男性学における評価においては，季節性といったものから飼育下だからこそ誘因されるストレスといった，潜在的な不安因子を考慮しなければならない．

雄の生殖評価の制約

最も正確で一貫した雄の生殖能力の評価には，繁殖歴や身体的健康状態と同様に，精液性状を評価することが必要とされる．血液，尿または糞中のホルモン濃度の測定と体外での精子の機能的能力の測定といった検査も必要になるだろう．おそらく最も効果的である繁殖学的な健康状態の評価は，似通った環境で飼育されている同年齢の生殖力のある同種の雄個体と疑わしい雄個体を比較することである．大多数の“正常な”個体群からのデータと比較しない限り，繁殖歴がない個体におけるたった 1 回の評価結果には限られた価値しかない．運動性があり異常がほとんどなく，かなりの数の精子を含む射精を行うことが証明されている繁殖個体は，一般的に生理的に正常な個体として分類される．しかし，生殖力が証明されているか証明されていない雄個体から無精子の射精（生存精子がいない）があったとしても，1 回では不妊症とは診断できない．生理的に障害のある雄を疑うためには，繁殖季節中に行われる少なくとも 1 回の検査を含む最低 3 回の評価結果が必要である．

雄の評価

経歴および身体検査

①年齢，②繁殖の季節性，③疾患，病気，外傷，④飼育環境，⑤栄養，⑥妊娠させた回数や子孫，⑦交尾欲，⑧近縁の親類における繁殖，⑨毒性物質の暴露の記録（例えば，殺虫剤や重金属）のようなデータを集めることは，雄の繁殖評価における重要な最初の段階である．精子は精巣上体に存在するよりも早い段階で精巣内で発育を始めているため，これらの情報は精子形成サイクルの中で考慮されなければならない．

不妊の原因を同定するために行われた身体検査では，あらゆる身体の形態や生殖器の異常に関する検査が必要である．例えば，強靭な後肢や体幹は雄動物の体重を支えるため，そして交尾中の突き出しに必須なものある．しかし，精巣が無傷な状態であることと，その大きさと張りは，繁殖検査において最も重要な要素である．陰嚢内にある左右の精巣を移動させたりいじったりすることで，癒着を調べることが可能である．各精巣の長さと幅の測定値（cm）（実験用ノギスを使用）から公式［容積＝0.524×幅（cm）^{2}×長さ（cm）］を用いて精巣容積に変換することができる（Howard et al. 1983）．下垂陰嚢をもつ動物種では，これらに替わる方法として陰嚢の円周（scrotal circumference：SC）を柔軟性のあるテープで測定することが可能である（Ott 1986）．精巣の容積 / 大きさを診療記録（カルテ）の一部として測定しておけば，長期的には同一個体内や，生殖力が証明された繁殖雄個体と不妊を経験した雄個体といった別個体間で比較することができる．

ヒトや家畜牛の雄では，精巣容積は遺伝性が高く，精子の生産や生殖力と大いに関連があるため，重要な検査項目となっている（Sherins and Howards 1985，Larson 1986，Ott 1986，Sigman and Jarow 2002）．

ほとんどの季節繁殖動物において精巣の大きさは明確に変動する．例えば，クロアシイタチ（*Mustela nigripes*）では，季節的な精巣機能の再開は，繁殖季節の開始を示す重要な指標の1つである（Wolf et al. 2000a，Wolf et al. 2000b）．アカゲザル（*Macaca mulatta*）では，繁殖季節には精巣の大きさは非繁殖季節と比較して2倍になる（Wickings et al. 1986）．アカシカ（*Cervus elaphus*），エルドジカ（*Rucervus eldii*）およびメリノヒツジ・コリデールヒツジ（*Ovis aries*）の概年における研究では，最も大きいSC値をもつ雄個体は，群れの仲間と比較して最も性状の良い射出精子であった（Haigh et al. 1984b，Monfort et al. 1993a，Perez et al. 1997，Zamiri and Khodaei 2005）．しかし精巣容積の変化は，わずかか，もしくは曖昧であることもある．実際いくつかの生物分類群においては，精巣容積と精液性状にはほとんど関係がない（Wildt, Brown, and Swanson 1998）．診断的な見地からすると，“繁殖季節”に雄の精巣が小さい（低形成）もしくは柔軟である場合，性腺機能が損なわれていることが多い．ライディッヒ細胞の活性は多くの場合は保持されており，性衝動や雄らしさの徴候はめったに影響されない（Sherins and Howards 1985）．

片側性潜在精巣（1つの精巣が腹腔内に保持されているもの）は，動物園飼育下のタテガミオオカミ（*Chrysocyon brachyurus*）（M. Rodden 私信），ジャガー（*Panthera onca*）（R. E. Sphindler and R. Morato 個人的データ），野生のフロリダパンサー（*Puma color coryi*）（Roelke, Martenson, and O'Brien 1993），チーター（*Acinonyx jubatus*）（Crosier et al. 2007），フロリダクロクマ（*Ursus americanus*）（Dunbar et al. 1996），クロアシイタチ（S. Wisely and J. G. Howard 私信），ジャイアントパンダ（*Ailuropoda melanoleuca*）の生息域外の個体群（Howard et al. 2006）において報告されている．これらの雄は身体的にも行動学的にも正常に成熟することが多い．ほとんどの動物種では，生殖を行うのに陰嚢精巣は1つで十分である．不妊の要因となる両側性の潜在精巣は，片側性潜在精巣よりもあまり一般的ではない．潜在精巣は遺伝的性質であるため（Palmer 1991），潜在精巣の雄は繁殖計画に使用するべきではない．

精巣の健全性，均質性および血流量は，超音波画像検査（エコー検査）を使って非侵襲的に評価できる（Foresta et al. 1998，Souza et al. 2005，Hildebrandt et al. 2006）．精巣の嚢胞性病変，瘢痕組織の形成および実質の変性は，エコーによるそれらの独特な特徴によって同定できるが（Hildebrandt et al. 2006），これらの異常と全体的な生殖力との間の関連性は未だよく分かっていない．反対に，精巣内の血流量により吸引やバイオプシーするうえでの精子の回復を予想することができる．血流量が多い領域は，生殖補助技術を用いた繁殖のための精子回収の最適な部位を示すだろう（Foresta et al. 1998，Souza et al. 2005）．

いくつかの動物種では精巣上体の全体を触診することが可能である．炎症，線維症，腫瘍，膿瘍または精子肉芽腫によって引き起こされた精巣上体の過形成は，精巣からの精子の流れを塞いでしまうことがある．閉塞による無精子症は超音波診断装置を用いて検出することが可能であり，これは繁殖計画において雄動物を選択する前に行うことが推奨されている（Hildebrandt et al. 2006）．

多くの動物種の解剖学的構造は，直接観察するか，陰茎や外部生殖器の触診によって確認できる．陰茎や包皮被覆の異常な発育は，膣への進入を妨げるような遺伝疾患である遺残小帯（または癒着）をもたらす（フロリダパンサーやチーターで記録されている）．同様に，陰茎の線維腫や血管腫は交尾を妨げる．包茎は，陰茎の突出を抑制する包皮の異常な締付けであり，オセロット（*Leopardus pardalis*）やジャガーで報告されている（Swanson et al. 2003，Spindler 個人的データ）．これらの異常は時折り身体的外傷の結果として起こることがあり，外科的または非外科的方法によって治療が行われる（Wohlfarth 1990，Dominguez et al. 1996，Zampieri et al. 2005）．しかしこの状態は遺伝的な要因に起因するため，そのような個体は繁殖に使用するべきでない．より大型の動物種では，副生殖腺や雄性生殖路の周りの外観を，直腸を介して触診することが可能である．精管膨大部，精嚢腺，前立腺の異常は炎症から生じ，不妊をもたらす．

内分泌学的診断

ホルモンは繁殖を成功させるために必須な調整物であるので，内分泌学は重要である．性ステロイドは主な関心の対象であるが，副腎のグルココルチコイドもまた，副腎の活性やその繁殖における影響の指標として関心が高い．血液よりも，尿中や糞中におけるホルモン代謝物の非侵襲的な評価は，身体検査中にだけ利用できるだけでなく，野生動物の内分泌状態の長期にわたる非侵襲的な評価を行うことにも使える．現在，飼育下と野生下の個体/個体群の両方において，この技術の適用性を示したすばらしい総説がある（Monfort 2003, Pickard 2003, 本書第 33 章を参照）.

性成熟の開始（Ginther et al. 2002），季節性（Morai et al. 2002，Morato et al. 2004b，Pereira, Duarte, and Negrao 2005），社会状態との関連性（Bales et al. 2006）およびストレス刺激の反応性（Wasser et al. 2001，Morato et al. 2004a）のような基礎的な繁殖学的特徴を特定するために，雄に着目した研究が急速に増加している．ホルモンの正常な分泌（または排泄）パターンは変動するため，ホルモン分析において最も必要なことは，おそらく長期にわたるサンプリングを行うことだろう．雄動物のホルモンの測定値は，射出精子の特性と合わせて考える時や，その種の生理的性状の基準をつくるのに使用される時に，最も価値あるものになる．血液を同時に採取することで，尿や糞では正常に測定できない蛋白ホルモンを評価する機会を与える．

テストステロン

体液中や糞尿中のテストステロンの測定は，雄の性成熟，下垂体の性腺刺激ホルモンの不足，ライディッヒ細胞の活性障害，間質細胞腫瘍の存在および交尾欲欠如の原因を同定するために役に立つ．血中テストステロンは，①縄張りもしくはペアを守る野生のインパラ（*Aepyceros melampus*），ミナミシロサイ（*Ceratotherium simum simum*）およびコアラ（*Phascolarctos cinereus*）では，単独性で縄張りをもたない雄個体に比べて高い（Illius et al. 1983，Cleva, Stone, and Dickens 1994，Kretzschmar, Ganslosser, and Dehnhard 2004），②マストを示す雄アジアゾウ（*Elephas maximus*）で上昇する（Jainudeen, Katongole, and Short 1972，Niemuller and Liptrap 1991），③野生のブレスボック（*Damaliscus pygargus phillipsi*）では，精巣の大きさに相関がある（Illus et al. 1983）が，コアラでは関連性がない（Cleva, Stone, and Dickens 1994），④野生のチーターと飼育下のチーターでは同レベルである（Wildt et al. 1987a），⑤トラ（*Panthera tigris*）およびアラビアオリックス（*Oryx leucoryx*）では性成熟と関連している（Wildt et al. 1987b，Mialot et al. 1988，Ancrenaz et al. 1998），⑥野生のブチハイエナ（*Crocuta crocuta*）では雌雄間で同レベルあるが（Racey and Skinner 1979，Frankm Smith, and Sisk 2003），成熟雄では社会的な変化の中で低下する（Holelamp and Sisk 2003），⑦生物分類上で近縁のネコ科動物の種間で顕著に異なる（Wildt et al. 1988），⑧多くの動物種で季節によって変化する（Stockkan, Hove, and Carr 1980，Bubenik et al. 1982，Schams and Barth 1982，Sempere and Lacroix 1982，Haigh et al. 1984a，Brown et al. 1991a, 1991c，Monfort et al. 1993a, 1993b）.

多くの動物種において，血中テストステロンと精液性状との関連性は明確であるが，より高いテストステロン値をもつ雄個体が必ずしも良い性状の精子を射出するとは限らない（Abdel Malak and Thibier 1982，Resko 1982，Gould 1983，Wildt et al. 1984，Noci et al. 1985，Brown et al. 1991b）. Pukazhenthi, Wildt, and Howard（2001）が，奇形精子症（生産する精子の 60% 以上が異常な精子）と診断されたネコは，正常なネコよりも血中テストステロン濃度が低いことを明らかにしたように，テストステロンと多形性の精子（構造的に異常である精子）の割合には逆相関がみられることもあり，これはネコ科動物では一般的なことである．奇形精子は卵母細胞に進入することはできないが，それらの受精率への影響は知られていない．

ホルモン刺激に反応する精巣機能は，合成 GnRH 製剤を雄に投与することによって最も効果的に評価できる．麻酔の誘起後，GnRH を 25 ～ 100μg 投与する前後で 15 ～ 30 分間隔で（2 ～ 3 時間）採血を行う．正常な雄個体では，GnRH は下垂体の LH 放出を刺激し，その結果，15 ～ 90 分以内に血清中のテストステロンの検知可能な上昇を引き起こす．テストステロンの上昇がみられない場合は，下垂体またはライディッヒ細胞の異常を示している．GnRH 投与は雄のチーター，ライオン，ヒョウ（*Panthera pardus*），トラ，ウンピョウ（*Neofelis nebulosa*），ブチハイエナ，アフリカゾウ，インパラ，アフリカスイギュウ（*Syncerus caffer*），ウッドチャック（*Marmota monax*），ダマヤブワラビー（*Macropus eugenii*），ヒト以外の霊長類において，血清中のテストステロン値の急速な上昇を誘起する（Wildt et al. 1984, 1986b, 1987b，Lindeque, Skinner, and Millar 1986，Blank 1986，Wickings, Marshall, and Nieschlag 1986，Brown et al. 1988, 1989, 1991a, 1991b, 1991c，Concannon et al. 1998，Dloniak et al. 2004，Herbert et al. 2004）.

FSH と LH

霊長類といくつかの実験動物において，血清中の FSH 上昇は生殖細胞の枯渇または生殖子無形成の個体の特定に役立っており（Gould and Kling 1982，Freischem et al. 1984，Stanwell-Smith et al. 1985），精子数の少なさにも関連している（Bruno et al. 1986）．同様の研究は，他の動物種では少ない．なぜなら，①これまで FSH には関心が寄せられなかったこと，②技術的に分析が難しいこと，③その分泌の極端な変動によって動態がノイズのように見えるためである．

FSH の heterologous assay（ある動物種のための測定系を別種の動物に使う分析法）は，ヒョウ（Brown et al. 1988, 1989），ライオン（Brown et al. 1991b），ベンガルヤマネコ（*Felis bengalensis*）（Howard and Wildt 1990），アフリカスイギュウ（Brown et al. 1991a），インパラ（Brown et al. 1991c），エルドジカ（*Rucervus eldii*）（Monfort et al. 1993b）において，その血清から，種の基準となるデータを提供するために開発されている．

それに対し，マレーグマ（*Helarctos malayanus*），シロサイ，カマイルカ（*Lagenorhynchus obliquidens*）（T. Robeck 個人的データ），バンドウイルカ（*Tursiops truncatus*），シャチ（*Orcinus orca*）（Kretzschmar, Ganslosser, and Dehnhard 2004，Schwarzenberger et al. 2004，Robeck et al. 2005，Robeck and Monfort 2006）といった動物種では，尿中 LH を明確に検出できることが最近明らかになっている．研究では今のところ雌の排卵の検出に焦点が当てられている．血中 LH と雄の不妊との関係はよく分かっていないが，無精子症のチーターにおける血中 LH 値は正常雄個体の数値の 2 倍であったことが報告されている（Wildt et al. 1984）．

LH の評価は，動物種間で顕著に異なるホルモンの拍動的分泌パターンによって惑わされる（Lincoln and Kay 1979，Wickings, Marrshall, and Nieschlag 1986，Brown et al. 1989, 1991a, 1991b）．そのため動態の正確さを反映させるためには，サンプリング頻度が十分でなければならない（Wildt et al. 1986b, 1988，Brown et al. 1988, 1989, 1991a, 1991b, 1991c）．エルドジカでなされていたように（Monfort et al. 1993a, 1993b），対象動物はカテーテルの導入時，もしくは連続した採血の間，完全に意識があるように行動的に条件づけされなければならないため，現実的には拍動性の性腺刺激ホルモンの活性を理解することは難しい．

雄動物の繁殖状態を評価するためのより実行可能な検査法は，テストステロンの反応性を測定するために使われる方法と同様の方法（上記参照）を利用することで，GnRH 投与後の血中 FSH および LH を分析する方法である．GnRH は，ネコ科動物，アフリカゾウ，ライオン，アフリカスイギュウ，インパラ，エルドジカ，ウッドチャック，ダマヤブワラビー，ヒト以外の霊長類といった様々な動物種の雄個体において，血清中の LH の急激な上昇を誘発する（Wildt et al. 1984, 1986b, 1987b，Wickings, Marshall, and Nieschlag 1986，Brown et al. 1988, 1989, 1991a, 1991b, 1991c，Monfort et al. 1993b，Concannon et al. 1998，Herbert et al. 2004）．もし GnRH を 25～100 μg 筋肉内または静脈内に投与後 60 分以内に血清中 LH が上昇しない場合，下垂体に異常がある可能性がある．

エストロジェン

雄個体において，血中または尿中・糞中のエストロジェン濃度をモニタリングすることは，セルトリ細胞腫またはセミノーマを診断するうえで有益である．例えば，この腫瘍をもつイヌは，正常な個体よりも 2 ～ 5 倍高い血中エストラジオール -17 β を産生する（Nachreiner 1986）．しかし，全てのセルトリ細胞腫がエストロジェンを産生するわけでなく，エストラジオール -17 β 以外のエストロジェンを分泌することもある．そのためこのような場合には，幅広い交叉性をもつ抗体を用いて，排泄されたホルモン代謝物を測定するのが良いかもしれない．

副腎皮質ホルモン

副腎のグルココルチコイド（ストレスホルモン）を測定することは，雄の繁殖能力における環境の影響を評価するために，有益なアプローチ方法である．十分研究された動物種では，慢性的なグルココルチコイドの上昇は GnRH-LH 拍動的分泌を抑制することが分かっている（Smith et al. 2003）．副腎ホルモンパターンは動物種間で明確に異なっていると思われ，それは同じ科の動物種間でさえ異なっている（Wildt et al. 1984, 1987b, 1988，Brown et al. 1991b）．緊張（不安・混乱）の結果としてのコルチコイド放出の急速な増加は，速やかに正常な基底値まで戻り（Wildt et al. 1984），雄の繁殖機能上への明らかな負の影響は有していない．正常な下垂体機能は，副腎からのグルココルチコイド放出を引き起こす合成副腎皮質刺激ホルモン（ACTH）剤を用いて検査することができる．オグロヌー（*Connochaetes taurinus*），クーズー（*Tragelaphus strepsiceros*）およびライオンでは，麻酔下の電気刺激でも，外因性の ACTH を投与した後と同程度の副腎応答を引き起こすことはない（Schiewe et al. 1991）．野生動物種において，雄の生殖力への慢性ストレスの長期的な影響についてはほとんど分かっていない．

甲状腺ホルモン

雄の繁殖機能と甲状腺ホルモンの関連性には諸説あるが，甲状腺ホルモンは性腺刺激ホルモン（Chandrasekhar et al. 1985）およびステロイドホルモンの代謝，精子形成および男性における生殖力を変化させることが分かっている（Krassas and Pontikides 2004）．

雄の繁殖行動に関連する不妊症

種々の異常行動は，雌との交尾を妨げ，雄の繁殖成績を悪くすることになるかもしれない．このような障害は，ホルモンが起源となっているかストレスが関係していると考えられる．成熟期において“非繁殖個体”とみなされた飼育下の雄のジャイアントパンダの中には，もっと後年で交尾することを学ぶため，いくつかの交尾行動は生まれつきのものでなく，学ぶことで身に付くことが示唆されている（Shang, Swaisgood, and Zhang 2004）．

精液採取技術

性行動は精液性状に影響を与えるため，生殖力の評価のために計画された雄個体は，精液採取の３～７日前に雌個体から離すべきである．またその評価には，ストレスを受けた後，ワクチン投与後，もしくは寄生虫治療の後も避けるべきである．野生動物種における精液採取の方法は，電気刺激法，用手法，人工腟法または死後個体からの回収である．電気刺激法の技術は，ほとんど訓練を必要とせず動物が麻酔下にある間に実施できるため，最も一般的に使用されているアプローチ方法である．死後，生存精子は，精巣上体や精管からの回収によって 72 時間までは得られる可能性がある．

電気射精法

電気射精法は，マウスからゾウまでの 90 種以上の動物において精液採取のために使用されている．Howard（1993）と Citino（2003）は，代表的な動物種の参考値

表 32-1　電気射精法の記録のある動物種

一般名	学名	参考文献
バンテン	*Bos javanicus*	McHugh and Rutledge 1998
クロアシイタチ	*Mustela nigripes*	Curry et al. 1989; Wolf et al. 2000b
クロサイ	*Diceros bicornis*	Schaffer et al. 1998
ブレスボック	*Damaliscus pygargus phillipsi*	Howard et al. 1981
ボンゴ	*Tragelaphus eurycerus*	Wirtu et al. 2005
バンドウイルカ	*Tursiops truncatus*	Schroeder and Keller 1989
フクロギツネ	*Trichosurus vulpecula*	Rodger, Cousins, and Mate 1991
アフリカスイギュウ	*Syncerus caffer*	Brown et al. 1991a
ドルカスガゼル	*Gazella dorcas*	Howard et al. 1981; Howard et al. 1984
チーター	*Acinonyx jubatus*	Wildt et al. 1987a; Wildt et al. 1983
ウンピョウ	*Neofelis nebulosa*	Wildt et al. 1986a
エランド	*Taurotragus oryx*	Merilan et al. 1978
エルドジカ	*Rucervus eldii thamin*	Monfort et al. 1993a
アジアゾウ	*Elephas maximus*	Portas et al. 2007
アフリカゾウ	*Loxodonta africana*	Howard and Wildt 1990
ジャイアントパンダ	*Ailuropoda melanoleuca*	Spindler et al. 2004; Howard et al. 2006
クーズー	*Tragelaphus strepsiceros*	Schiewe et al. 1991
インパラ	*Aepyceros melampus*	Brown et al. 1991c
インドサイ	*Rhinoceros unicornis*	Schaffer et al. 1998
コアラ	*Phascolarctos cinereus*	Johnston et al. 1998
ヒョウ	*Panthera pardus*	Wildt et al. 1988
ベンガルヤマネコ	*Felis bengalensis*	Howard et al. 1983
ライオン	*Panthera leo*	Brown et al. 1991b; Wildt et al. 1987c
シシオザル	*Macaca silenus*	Wildt 1985
アジアノロバ（オナガー）	*Equus hemionus onager*	Howard et al. 1981
モウコノウマ	*Equus przewalskii*	Durrant 1990
アカゲザル	*Macaca mulatta*	Harrison 1980
シロオリックス	*Oryx dammah*	Morrow et al. 2000
スペックガゼル	*Gazella spekei*	Merilan, Read, and Boever 1982
スプリングボック	*Antidorcas marsupialis*	Merilan, Read, and Boever 1982
ダマヤブワラビー	*Macropus eugenii*	Paris et al. 2005b
トラ	*Panthera tigris*	Wildt et al. 1987b
シロサイ	*Ceratotherium simum*	Schaffer et al. 1998
オジロヌー	*Connochaetes gnou*	Schiewe et al. 1991

を示している．表 32-1 には，さらなる例をリストにあげている．家畜の精液採取のために製造されている電気刺激装置は，動物園動物種への使用も可能である．残念ながら，研究によって刺激の電流，頻度，電圧および波形が異なり標準化されていないため，刺激の必要条件を比較評価することは難しい．使用される電気刺激装置は，正確に電圧と電流を監視する計器を有すべきである．電気刺激法に麻酔を併用する場合，単胃動物においては 12 ～ 24 時間，複胃動物では 72 時間は採食を控える必要がある．キシラジン（Rompun），ジアゼパム（Valium），メデトミジン（Domitor）およびアセチルプロマジン（アセプロマジン，acepromazine）などのファノチアジン誘導体のような特定の鎮静薬は，尿道筋を緩め，射出精液に尿の混入を引き起こすことがある．

麻酔をせずに押さえつけて行う雄の陰茎の直接的な電気刺激は，射精の反応を引き起こす．これはサルやある種のイヌ科動物において効果があるが，このアプローチ方法は動物園で使用されるには人道的でなく，実用的ではない．繁殖生物学者は，動物を外科手術レベルまで麻酔を行い，銅またはステンレス鋼の電極がリング状または縦方向に表面に配置されている直腸プローブを用いることを好む．適切な体腔の刺激だけが起こるので，縦の電極の使用が好まれる．直腸プローブの適切な直径は，一般に正常な糞便の大きさぐらいであり，それは電極と近接する直腸組織の間にちょうど良い具合に接触させる大きさである．

Howard, Bush, and Wildt（1986）と Howard（1993）は，電気刺激法のための一般的な手順を詳細に述べている．不思議なことに，採取の容易さと精液性状は，近縁な動物種間でも異なっている．例えば，非常に良好な精液性状は，サバンナシマウマ（*Equus burchelli*）や家畜馬のような種よりも，モウコノロバやモウコノウマのような特定のウマ科動物からの方が簡単に得られる（Howard, Bush, and Wildt 1986，Durrant 1990）．同様に，タイリクオオカミ（*Canis lupus*）や，様々なキツネ類（Graham et al. 1978），リカオン（*Lycaon pictus*）およびタテガミオオカミ（Hermes et al. 2001）からも電気刺激法による射出精液が得られているが，イヌでは電気刺激法よりも用手法による精液採取のほうが容易であり，質に関してはそうではないものの，量としては用手法のほうがより多く精液を得ることができる（Ohl et al. 1994）．電気刺激射精が行われた他の動物種としては，キリン（*Giraffa camelopardalis*），特定の有袋類〔アカカンガルー（*Macropus rufus*），ネズミカンガルー（*Potorous tridactylus apicalis*），フクロアナグマ（*Isoodon macrourus*），フクロネコ類〕がある（Howard et al. 1986，Rodger and Pollitt 1981）．様々な動物種における雄の独自の生殖路の解剖学的構造が，家畜用に設計され市販されている道具を使うことを困難にしていることに疑いの余地はない．そのため，有益な研究分野として，射精を妨げてしまう可能性のある麻酔の手順を改変することと同様に，新しい電極や刺激技術をつくり出すことがあげられる．例えば，サイにおいて電気刺激法による精液採取は従来成功していなかったが，新しい技術的なアプローチによって克服されている（Hermes et al. 2005）．

直腸プローブによる電気射精法は，正しく使用されれば安全である．数千に及ぶ精液サンプルが，野生動物から外傷や死を引き起こすことなく回収されている．動物の交尾欲や繁殖における電気射精の影響についてはほとんど分かっていないが，血中テストステロン値には影響なく（Wickings, Marshall, and Nieschlag 1986），雄は処置の数日以内に雌とすぐに交尾が可能であることが分かっている（Wildt et al. 1993）．電気射精が行われた雄個体はその後に子を産ませているため，受精力は正常であるといえる．例えば，野生のフロリダパンサーや飼育下のチーターは，電気刺激が行われた数日後に雌と交尾しているのが観察されており，これらの雌はその後健康な子を産んでいる（Wildt et al. 1993）．

人工腟と用手法

人工腟（artificial vigina：AV）は一般に家畜に使用されている．雄を台雌または組み立て式のダミーにマウントさせ，採取装置に陰茎を向けさせる．雄は訓練を必要とし，動物取扱者（ハンドラー）が怪我をする危険性が常にある．それにもかかわらず，フタコブラクダ（*Camelus bactrianus*），トナカイ（*Rangifer tarandus*），アカシカ，アルパカ（*Lama pacos*），チンパンジー（*Pan troglodytes*），ゴリラ（*Gorilla gorilla*），エルドジカ，シフゾウ（*Elaphurus davidianus*）およびチーターから人工腟を用いた精液採取に成功している（Watson 1978，Durrant, Schuerman, and Millard 1985，Gould, Martin, and Warner 1985，Durrant, Yamada, and Millard 1989，Marson et al. 1989）．精液採取のための手による陰茎への刺激は，タテガミオオカミ，ホッキョクギツネ（*Vulpes lagopus*），アカギツネ（ギンギツネ，*V. vulpes*），シンリンオオカミといった特定のイヌ科動物や，様々な海生哺乳類で成功している（Keller 1986，Farstad, Fougner, and Tones 1992，Robeck and O'Brien 2004，D. E. Wildt and D. Schmidt 私信）．人工腟による採取法が用いられるのは，①雄個体からの繰り返しの精液サンプルが必要とされる場合，②ハンドラーの怪我を防ぐための，新しい技術もしくはトレーニングが有用である場合が考えられる．人工腟を用いて採取された精液は，電気射精法よりも量は少ないが，液量あたりの精子数は多い．

死後および去勢後の精子回収

精子は，暖めたメディウム（培養液）で精管や精巣上体尾部を潅流することによって，死後に採取することも可能である．専門家は，潅流する前に組織を 50℃に維持すること，そして死後できるだけすぐに潅流することを勧めている．組織は氷の表面に直接さらされたり，輸送中に凍結されないようにするべきである．精巣上体精子の最初の精子活力は乏しいことがあるが，適切なメディウムもしくは精液希釈液で希釈し，そして 21 ～ 37℃下で温置することによって改善できる．この技術は，予期せず死亡してしまった雄個体からの精子の保存を行うことを可能にする（Wildt et al. 1986c，Herrick, Bartels, and Krisher 2004）．精巣上体精子の凍結保存の成功例は，イベリアアカシカ（*Cervus elaphus hispanicus*），ニホンジカ（*Cervus nippon*），ブレスボック，アフリカスイギュウ，スプリングボック，オジロヌーで報告されている（Comizzoli et al. 2001，Herrick, Barteles, and Krisher 2004）．イヌとスペインアイベックスでは，凍結された精巣上体精子を用いて生存子が得られている（Klinc et al. 2005; Santiago-Moreno et al. 2006）．

精液検査

雄個体において受胎率が低いと診断を行う前に，正常な生殖力をもつ対象種の射出精液の基準の最低ラインを知ることが必要である．この情報は知られていないか，あるいはヒトを含むほとんどの哺乳類でせいぜい推定値に留まっている．しかし，生殖力が証明された繁殖個体の射出精液における様々な因子の範囲は，動物園動物を含む多くの動物種で徐々に決定されつつある．もし個体数が多ければ，同種の他個体と比較することは，多産であるかということを含む対象個体の生殖状態の情報を与えることになる．

徹底的な精液解析には，サンプル採取された後すぐに数値化された射出量と pH とともに，複数の要素の審査と一貫した方法が必要とされる．射出精液のうちの一定量（普通約 10μl）を用いて，37℃下で精子活力（%）や精子の前進性が評価される（0 ～ 5 段階を基にした主観的な前進性の評価．0：運動性や動きをもたないもの，1：やや左右に動くが前進性はない，2：中程度に左右に動いて，時々ゆっくり前進するもの，3：左右に動き，ゆっくりと前進するもの，4：しっかりと前進するもの，5：速くしっかりと前進するもの）．検査者は最低でも 4 つの顕微鏡視野を検査する（× 400）．

熱，寒さ，採取容器への化学物質の混入のような様々な環境の影響は，精子活性を悪くする可能性がある．精子濃度が高い時は，活力を評価する前に適切なメディウムで精子を希釈することが非常に重要となる．運動性をもつ精子が渦巻きながら密集する様は，明らかにサンプルが濃いことを意味するが，個々の細胞は同定できないため，細胞の運動性や速度を正確に測定することができない．特定の生物分類群，特に有袋類では，球形の細胞（前立腺体）が密に詰め込まれた精液を生産するため，精子活性の評価を困難にさせることから，メディウムで希釈することが必要となる（Roger and Hughes 1973，Rodger and White 1975, 1978，Wildt et al. 1991，Johnston et al. 1997）．多くの霊長類，齧歯類および有袋類の精液は射精後すぐに凝固することから，取扱いや評価が困難である．これらの種のいくつかから得た射精物の凝塊は，37℃の一般的な生理食塩水内でインキュベートするか，1 ～ 2% のトリプシンかプロナーゼといった酵素を添加することにより軟化することができる（Howard, Bush, and Wildt 1986，Wildt 1986）．

時間ごと複数回行う精子生存率の評価（例えば，30 ～ 60 分間隔で数時間）によって，不妊に結びつく急速な精子活性の喪失を検出することができる（Soderberg 1986，Pusch 1987）．体外での精子活性の低下の中には，尿の混入が原因であることがあり，精液の色を観察することや，市販の pH 試験紙を使って pH を観察することによって検出することができる．尿の混入は，有蹄類の精液の pH を上昇させる（アルカリ化する）が，食肉類では精液の pH を低下させる．

ネコ科動物の精液における希釈していない精液は，体外で 5 時間までは精子活力を維持する．以下の方法により，これらの動物種や他の動物種で新鮮な精子の活性を著しく改善することができる．①組織培養メディウムで精液を希釈し，②低速の遠心分離によって精漿を除去し（300 × g，10 分間）（Howard et al. 1983），③遠心分離後に，精子ペレットの上に培養メディウムを入れて“スイムアップ”させる（Makler et al. 1984, Howard and Wildt 1990，Howard et al. 1990）．パーコール勾配を通して精液を通過させることは，動かない精子と構造的に異常な精子を閉じこめることができ（Ericsson, Langevin, and Nishino 1973，Tang and Chan 1983，O'Brien and Roth 2000），精子活力と精子の形態を改善するが，回収したフラクションにおける精子濃度を下げてしまう（Brandeis and Manuel 1993）．

最近では，コンピュータによる精液解析（computer-assisted semen analysis：CASA）が，精子の運動性の割合，泳いでいる弯曲性や速度，直線前進性，形態の客観的な指標を与えるための可能性を示している（Lenzi 1997, Verstegen, Iguer-Ouda, and Onclin 2002）．しかし，CASAは精子の受精能力を予測することにおいて，目で見る従来の精子活力の評価と変わらない（Krause and Viethen 1999）．そして，コンピュータ解析のための精液の準備に付随した希釈方法は，精子活性の特性を変化させる（Smith and England 2001）．さらに，コンピュータの設定は，動物種を超えて標準化することができず，それゆえ特別な型の精子を検出する能力は限られているだろう（Holt, Holt, and Moore 1996，Smith and Englan 2001）．ほとんどの動物園にとってCASAは高価すぎて，単純で直接的な顕微鏡による評価を，この高い技術のCASAに置き換えることは難しい．

精子濃度の人による測定は，市販の赤血球アッセイキット（1：200の希釈率）と血球計算盤を利用することが可能である．もしくは自動血球計算器や分光光度計のような自動計算装置を使って測定することもできるが，これらの方法は不正確である．特に精子数が1千万/ml以下である時や，精液が異質の細胞や他の細胞片を含んでいる時に不正確となる．精子の形態は，いくつかの動物種において正確な受精力を予測する因子となる（Bostofte, Serup, and Rebbe 1982, Freischem et al. 1984）．精子の形態は，0.3%のグルタルアルデヒドで射出精液の一部を固定し，少なくとも100個の精子を検査することによって評価される．精子形態の分類は，様々な形態学的欠陥のある細胞を分類する（多型）．精子の唯一の機能は，卵母細胞へDNAを運ぶことであり，頭部サイズの異常，もしくはミトコンドリア鞘，鞭毛の変異，またはアクロソームの異常といった，あらゆる構造的な異常が重要となる．アクロソーム（精子の頭帽）は，受精過程に絶対必要であり，正常では核に密接に付着している．アクロソーム部分の欠陥は，普通，小胞形成や細胞の境界における不規則性，または膜が緩いものとして表現される（図32-1）．これらの異常の中には，精子の卵母細胞への進入と受精を不可能にしている．

ある種においては，多くの場合，報告された射出精液の検査値にはかなりの範囲がある．この相違のいくつかは研究間での技術や主観的な評価の違いによるものである．しかし，射精量，精子濃度および精子活力の割合は，動物種間で大いに異なり，1頭の個体からの射精間でさえ大いに異なることがある．それゆえ，雄の生殖力を評価する時は，時間を追って各精液データを蓄積することが重要である．生殖機能不全が疑われる雄への電気射精法による採精は，生殖力の状態の最終決定がなされる前に，3～4週間間隔で少なくとも3回は行われるべきである．

検査する人は，射出精液の状態を評価するために1つの精液の特徴のみを使用するべきではない．従来から，前進性の精子活性と精子の形態に関する重要性は不十分であったと思われる．異常な細胞が優勢な場合は，性的未成熟，内分泌機能異常，もしくは精巣の精細管上皮の変性による変化を示していることがあり，これは不妊と強く関連している（Rogers et al. 1983，Pukazhenthi, Wildt, and Howard 2001）．奇形精子症をもった個体は多形性である割合が高いが，①生産率の増加，②精子形成中の生殖細胞の喪失（アポトーシス）の減少（Neubauer et al. 2004）により，より多くの精子が射出される．O'Brienらは，ネコ科動物におけるこの特徴を，遺伝的変数の喪失（近親交配）と結びつけている（Wyrobek 1979，O'Brien et al. 1983, 1985，Wildt et al. 1983, 1987c, 1988）．これらの構造的な奇形細胞は，体外でかなり危険な状態になることが分かっているが，全動物の受精力における奇形精子の影響はあまり明らかではない．雌のチーターの中には，70%の異常精子を生産している雄個体との1回の交配だけでも常に妊娠するものもいる．対照的に，インドライオン

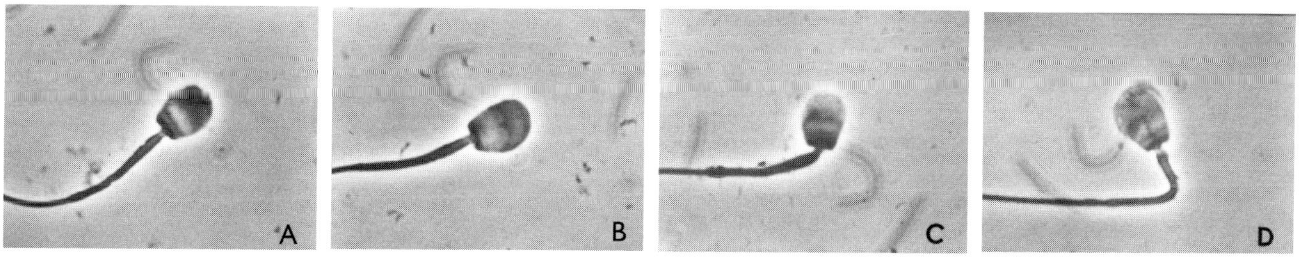

図32-1　クロアシイタチの精子のアクロソームの完全性．
（A）無傷，（B）障害を受けたもの，（C）欠損したもの，（D）先体膜を失ったもの．（Santymire et al. 2006 転載許可済）

（*Panthera leo persica*）は，約65%の多形精子を生産することが知られており，低受胎率と高い死産の発生率に関連していることが知られている（Wildt et al. 1987c）．同様に，少なくとも1頭の雄フロリダパンサーは異常な数の多形精子を生産するが（射精ごとに90%以上），発情期の雌と繰り返し交尾をしたが妊娠しなかった（Miller et al. 1990）．このように，奇形精子は受精に関係しないことは確かであるけれども，いくつかの動物種では受精力を損なわず，比較的高い数の精子の欠陥に耐性を示している．生理的な観点からすると，重度の奇形精子の精液を生産しているにもかかわらず，1回の交配により妊娠する能力をもっていることから，チーターは，普通でない効果的な繁殖特性をもつ可能性がある．

精巣の生検

精子形成機能は，精巣の生検（バイオプシー）を行い評価されることがある．顕微鏡下で生検した細胞要素を解析することは，無精子症の精巣やそれらが生産する精子を識別するだろう．精子減少症の雄個体において，後天性の不妊症の原因やその重篤度を同定することや，予後を考えることが可能である．しかし，正常な精巣の精細管でさえ，有意な数の変性精子を含むことがあるため，生検材料において精子形成を定量することは，精巣ごとの精細管の切片における精子細胞の球形の核を数えることで行われる（Amann 1986）．

組織サンプルは，麻酔下で陰嚢領域を外科的に準備した後に得られる．Cohen et al.（1984）は，評価を上手く行うためには回収される組織があまりに少ないかもしれないが，針生検〔訳者注：穿刺吸引生検，FNA（fine-needle aspiration）生検ともいう〕の使用を報告している．より直接的なアプローチとしては，陰嚢，精巣鞘膜，白膜を通して，精巣実質の中に2～3mm切開を行うために，超微細な手術用メスを使って行われるものがある．陰嚢壁の頸部を適度に締め付け，切開部を通して精巣表面の上で組織を外転させる．サンプルは手術用メスで精巣から“削り取られ”，グルタルアルデヒドかカルノフスキー，ブアン，ツェンカーの固定液に浸される（Amann 1986）．精細管壁や細胞の染色体のパターンを歪めてしまうため，精巣組織の固定にホルマリンは使用しない．生検部分の全層を縫合した後に，予防措置としての抗生物質の投与を行うことを推奨する．私たちはライオン，アフリカスイギュウ，インパラにおいてこのアプローチ方法を使用し，組織生検の回収に成功した．

生検と組織検査は，後天的な不妊症の動物における精巣の変性の重篤度を評価するために使用することができる．例えば，ゴリラの精巣組織の検査では，明らかな精巣萎縮，変性および精細管の線維症を示していたことがあった（Dixson, Moore, and Holt 1981，Foster and Rowley 1982）．ゴナドトロピン欠乏症，腫瘍，炎症または血管の疾患，潜在精巣，薬物および遺伝性疾患といった，精巣内の細胞構造を乱す多くの因子がある．

一般に雄の生殖腺の生検は，手順が注意深く行われ，最低限の量の組織が回収され，精巣上体部分が傷つけられないのであれば安全とみなされる．しかし，両側精巣生検を行った男性や雄イヌで，精子濃度や精子活性の一時的な減少が報告されている．これは精子抗体形成の結果であることもあるが，生検を行った男性やイヌにおいて，精子を不動化させたり精子を凝集させたりする抗体を血中から検出した報告はない（Burke 1986）．受精力の低下は，おそらく一時的なものだろう（Cosentino et al. 1986）．

精液の生化学的特徴

精液の生化学的成分は，精巣上体と副生殖腺に関連する部分を反映している．射精の節制，性的興奮および精子濃度における変化は精液の構成成分を変えてしまうため，このような精液を雄の受精力の評価に用いる有用性は限られている．

雄の不妊症の分類および病因

雄における不妊の原因の究明に関する包括的記述は，古いものと最近の総説を利用することができる（Morrow, Baker, and Burger 1986，Goldstein 2002，Schlegel and Hardy 2002，Sigman and Jarow 2002）．

熱

精巣を体内の温度まで暖めると一次精母細胞にダメージを与え，その後の精子濃度と精子活力を減少させる．急速な熱障害（30秒ほどの短いもの）でさえ，5週間ほどの長期間の精子減少症を引き起こす．高熱，陰嚢皮膚炎または精巣/精巣上体の炎症は，全て精巣細胞内の温度を増加させる．いくつかの動物種における解剖学的構造（例えば，小さな陰嚢や被毛をもつゴリラ）や熱のある床に座ることは，熱が誘起する精巣のダメージを引き起こす（Gould 1983）．このタイプのダメージは，普通，精巣が低温にさらされれば可逆的である．

栄養不足

栄養失調（不十分なカロリー摂取）は，アカゲザルにおいてLHおよびテストステロンの分泌パターンに影響をもたらし（Lado-Abeal, Veldhuis, and Norman 2002），マーモセット（*Callithrix jacchus*）（Tardif and Jaquish 1994）やスイギュウ（*Bubalus bubalis*）（Oswin-Perera 1999）では性成熟を遅らせ，生殖能力を減少させる．また，胎子や新生子に供給される総エネルギーはもっと後年における繁殖機能の維持において重要であるようである（Borwick et al. 1997）．しかし，動物園動物はまれに，与えられている総エネルギーが不十分であり，それよりも一般的なのは，特定の栄養成分の欠乏である．栄養の欠乏が，動物園動物，特に雄動物の繁殖活動に影響を与えるということを証明している報告（データ）はほとんどない．しかし，筋肉部の肉（ミネラルやビタミンが乏しい）のみを給餌されていたネコ科動物で，性状の乏しい射出精液を生産することが明らかとなっている（Swanson et al. 1995）．多くの症例において，骨，獣の死体およびビタミン / ミネラル添加を含む食餌が与えられた場合，精液性状は著しく改善する．栄養と繁殖の間の関係は様々であり多面的であるので，不妊の原因となる1つの栄養素を特定することは難しいと思われる．

亜鉛が欠乏した食餌を与えられたウシ，ラット，ヒトにおいて，血中テストステロンと精子細胞数の減少と精細管の萎縮がみられている（Prasad et al. 1996，Hamdi, Nassif, and Ardawi 1997）．子宮内で亜鉛欠乏にさらされた雄個体は，一般的に誕生時の低体重と不適切な繁殖行動を含む異常な成熟を経験する（Gordon et al. 1982，Black 2001）．低カルシウム血症は，勃起不全，精子形成の減少および受精低下の原因となる（Andonov and Chaldakov 1991，Stricker 1999，Mills, Chitaley, and Lewis 2001）．マンガンの欠乏は，ラットとウサギ（*Oryctolagus cuniculus*）において精巣の変性を引き起こし，低い性的衝動や不妊を引き起こす（Kuhlman and Rompala 1998）．セレニウム量が低い場合，無精子や運動性がない，もしくは形態的に異常な精子といった結果になる可能性がある（Wu et al. 1979, Olson et al. 2004）．マグネシウムは，精子の生産には必須であり（Kiss and Kiss 1995），ビタミンD欠乏は，雄の性成熟の開始時期や生殖力の遅延を引き起こす（Halloran and DeLuca 1979）．

アラキドン酸は，正常な精子形成にとって必須であり（McDonald et al. 1984），短鎖からアラキドン酸生産を促進する脱飽和酵素がないため，ネコ科動物には与えなければならない（Rivers, Sinclair, and Crawford 1975）．精子と卵子の相互関係は，精子膜における脂質の構成成分に密接に依存している．それゆえ，多価不飽和脂肪酸は繁殖において重要な役割を果たしている．しかし，血清中の過度の多価不飽和脂肪酸値は，卵巣の機能を妨げることが知られているものの（Grummer 1995），雄の繁殖における過度の多価不飽和脂肪酸による影響は知られていない．

内分泌障害

ヒトにおいて，男性不妊症の主なホルモン性の原因は，生殖腺の欠陥であり，低ゴナドトロピン性の性腺機能不全をもたらす（もしくは，内因性性腺刺激ホルモン濃度が低く，同様に精巣機能が貧弱になる）（Sherins and Howards 1985）．この障害はアメリカミンク（*Mustela vison*）（Tung et al. 1984）において確認されており，おそらく他の哺乳類でもあるだろう．性成熟前の雄個体は性成熟に到達できず，成熟したものでは交尾欲が低く，雄の性的特徴が少なかったり，精子形成の欠如がみられる．

食餌の汚染と環境毒性物質

食餌の汚染もしくは，清掃作業や有害生物の除去作業を介して，動物園動物が環境毒性物質にさらされる可能性がある．出生前後に水銀や多塩素化ビフェニルへ暴露されると，雄胎子の雌性化を引き起こす．これはおそらくフロリダパンサーにおいてみられている（Facemire, Gross, and Guillette 1995）．Ackerman et al.（1999）は，銅の混入はインパラにおける精子奇形の割合を増加させることに関連していることを報告している．殺真菌薬または殺虫剤であるジブロモクロロプロパンは，男性における精巣萎縮，無精子症および精子減少症と関連がある（Whorton and Foliart 1983）．また，精液性状は高濃度の鉛やカドミウムと同様に，アセトン，テトラクロロエチレン，エチレングリコールおよび芳香族の炭化水素を含む広範囲の有機物質によって害されると考えられている（Baillie, Pacey, and Moore 2003）．環境エストロジェンの胎子への影響は，雄の生殖管の発達に影響を与えることがある（McLachlan and Dixon 1977）．

核型の異常

ヒトでは，核型の異常は様々な精巣障害に関連している．男性では，余分なX染色体の存在（クラインフェルター症候群，XXY）は普通，無精子症を引き起こし，さらにLHおよびFSHの上昇およびテストステロン濃度の低下をもたらす（Resko 1982）．そして余分なY染色体（XYY

症候群）は，無精子症または精子減少症を引き起こす．

動物園で飼育されている哺乳類では，染色体の異常と繁殖活動の関係に関する情報はほとんどない．キルクディクディク（*Madoqua kirkii*）の個体群は，２つの異なる核型である細胞タイプａまたはｂをもっている．血縁調査は，２つの細胞タイプを示す動物は，ケニアの異なる地域の地理的起源であることを示している．細胞タイプａのディクディクは 46 個の染色体の二倍体の数を有するが，細胞タイプｂの雄と雌はそれぞれ 47 個と 46 個の染色体を有している．２つの遺伝子型は，F1（雑種第一世代）の子を生産するために交雑し，生殖力を低下させている．細胞タイプａとｂの雄は，良好な性状の精液を生産するが，雑種（ab の雄）の射出精液中には未成熟な精子しかない．組織学的な解析では，減数分裂活性があることは示唆しているが，精子形成（精子の成熟）はなく，精細管や精巣上体中に成熟精子がない(Howard et al. 1989)．これらの結果は，繁殖プログラムの開始前に野生動物種の個体群の基礎となる遺伝子を理解することの重要性を例示している．

近親交配

動物園のような小さな個体群では，血縁関係のない交配相手となる可能性は非常に低く，世代を経るごとにさらに減少していく（Taylor 2003）．新しい創始個体（ファウンダー）の遺伝子の導入なしでは，いずれはあらゆるつがいの遺伝的な相補性が，対立遺伝子を共有してしまうだろう．そしてそれは，劣性の有害な対立遺伝子を増加させることになる．

雄の繁殖学的な特徴は，以前にアフリカライオンとインドライオン（Wildt et al. 1987c），そしてフロリダパンサー（Barone et al. 1994）で報告されたように，特に精子の形態や機能という点において，近親交配に特に敏感であると考えられる．興味深いことに，フロリダパンサー（ピューマの亜種）とテキサスのピューマの他の亜種の１世代の異系交配で，精子の特性が改善されたという結果が得られている（J. G. Howard 私信）．エドミガゼル（*Gazella cuvieri*）では，同型接合性と異常精子の割合の間に正の相関がある（Gomendio, Cassinello, and Roldan 2000）．徹底的な遺伝学的管理計画を固守することと，血縁のない個体だけを交配させることは，正常な雄の繁殖機能を確保するための最も効果的な手段である．

構造的異常

精子の生産，成熟，流出入を妨げる解剖学的異常には，精索静脈瘤，管の閉塞，射精機能不全，虚血，精巣炎および精巣上体炎が含まれる．これらの中には，もし外科的手術，抗生物質，抗炎症薬または交感神経作動薬，そして抗ヒスタミン薬が処置されれば，症状を反転させられるかもしれないものがある（Sherins and Howards 1985）．感染症（例：ブルセラ症）が原因で精巣炎を患う雄は，繁殖に使用するべきではない．

薬物と放射線

長期間のステロイド投与やニトロフラトインのような抗生物質は精子形成を停止させるが，野生動物の治療に一般的に使用される多くの薬物は雄の繁殖機能を害すことはない．麻酔は，一時的に視床下部－下垂体－性腺軸における活性を抑制することがある．悪性疾患を治療するために使用される化学療法薬は，生殖細胞に影響を与える．精上皮内では細胞分裂が急速に起こるため，精巣はかなり放射線感受性が高く，治療中は生殖器部位の適切な保護が必須である．

雄の不妊症のホルモン治療

ホルモン治療は，次にあげる２つのタイプの雄の不妊症に使用されている．①低ゴナドトロピン性性腺機能低下症（すなわち，内因性性腺刺激ホルモン値が下限値以下で性腺機能が乏しい），②特発性の不妊症（すなわち，原因不明の繁殖の失敗）である（詳細は Sherins and Howards 1985 と Wickings, Marchall, and Nieschlag 1986 を参照）．

生殖補助技術の価値

原因不明の雄の不妊症の治療は不確実であてにならない．そのため生殖補助技術（assisted reproductive techniques：ART）がヒトの分野や，畜産業界では特に遺伝的に価値のある個体の生産数の増加のためにかなり普及している（Loskutoff 2003，Thibier 2000，Skakkebaek et al. 2000）．野生哺乳類の繁殖に関する基礎的知見の欠如は，動物園動物種への ART の応用を妨げている（Wildt et al. 2003）．しかし，精液の凍結保存（semen cryopreservation），人工授精（artificial insemination：AI），生体外胚形成（in vitro embryo production：IVP），および胚移植（embryo transfer）は，いくつかの動物園動物で成功しており，特にその動物に非常に近縁な家畜を“モデル”として実施されている（Wildt et al. 1986c，Loskutoff and Betteridge 1992）．

AI は比較的簡便であり，例えばチーター（Howard et

al. 1997)，クロアシイタチ（Howard, Marinari, and Wildt 2003）およびジャイアントパンダ（Howard et al. 2006）では期待されたペアで性的相性が合わないことがよくあるため，最も効果的な生殖補助技術であり，遺伝的な管理計画においても適している．またAIは，例えばゾウ（Hildebrandt et al. 1998）やシャチ（Robeck et al. 2004）のように，繁殖を行う施設間で個体を動かすことが極端に難しい状況で，生殖子の輸送を行う時にも役に立つ．私たちが知る限りでは，近年，霊長類や海生哺乳類において，雌の数を増やすために，性選別した精子のAIが進歩してきているが（O'Brien et al. 2005，J. K. O'Brien and T. R. Robeck 私信），AIは不妊症（精子減少症）と診断された野生雄との間で子をつくることには使われていない．AIは技術的に，採取，処理，精子の注入からなるが，子が常に生産できるようになるまでには，注意を要する種特異的な多くの問題がある．例えば，新鮮精液に必要なメディウム液の種類や保存する温度は，動物種によっても，同じ科の中でさえも異なっている．おそらく最も難しい局面は，AIを行うタイミングで，子宮頸管または子宮の中深く精子を注入する際に，時に曲がりくねった経路に関する知識と同様に，雌の発情と排卵の正確な時期の明確な知識を必要とする．

IVP技術は，自然交配やAIで必要とされるよりももっと少ない精子数で成功させることができるため，精子減少症の個体からの子をつくるための試みとして，または雄個体の死後から精子を回収した場合においても最適である．生体外胚形成は，多くの野生動物種で成功している．例えば，マントヒヒ（*Papio hamadryas*），アカゲザル，マーモセット，ゴリラ，ヨーロッパヤマネコ（*Felis silvestris*），アムールトラ，オセロット，カラカル（*Caracal caracal*），アルメニアアルガリ（*Ovis ammon gmelinii*），スイギュウ，ガウル（*Bos gaurus*），アカシカ，ラマ（*Lama glama*）（Donoghue et al. 1990，Loskutoff 1998，Pope et al. 1997，Pope and Loskutoff 1999，Pope 2000，Swanson and Brown 2004）があげられる．少量の精子が，囲卵腔〔透明帯（卵子を保護的におおっている）と内細胞質膜との間の領域〕または直接細胞質への注入に必要とされる．しかし，野生動物種における胚発生についての基礎的知識が欠如しているため，AIとは異なり，これらの胚の技術は遺伝的に管理されている動物園の個体群では使用されていない（Pukazhenthi and Wildt 2004）．

注目すべき進歩は，野生動物の精子の凍結保存の分野である（Holt et al. 2003）．一般に，生存精子が回収されれば，それから凍結融解後に普通～良好な生存率が得られるであろう．クロアシイタチ（Howard, Marinari, and Wildt 2003, Santymire et al. 2006）やアカオオカミ（Goodrowe et al. 1998）は例外である．精子の凍結保存およびAIは，地理的に離れている場合や行動的な適合性の問題を解決することができる．さらに，動物福祉やストレスに関する問題が大きくなっているため，動物の輸送に代わる方法として凍結精子によるAIの利用はもっと多くなるだろう．

雄の繁殖における季節の影響

多くの野生哺乳類において，季節はライフサイクルの中で非常に重要な活動（食物摂取，移動および繁殖）をコントロールしており（Malpaux 2006），その結果，生存の機会が最大の時に子が生まれるということを確かなものとしている．多くの場合，光周期は生殖活動の開始と終了を調節している因子として働いている．自然の生息地で自由に生活している雄は，人工的な光周期と食餌が典型的である飼育下の雄よりも，もっと大きな変化のある視床下部－下垂体－精巣軸を示すだろう．

Malpaux（2006）は，家畜と野生動物種の両方における精巣機能の季節的な様相を分類して要約している．一方，Lincoln, Andersson, and Hazlerigg（2003）は，活動のメカニズムに関する優れた概要を提供している．自然生息地では通常，雄は雌が許容可能になる数週間前に十分な性的能力のレベルに達し，交尾が成功するであろう十分な期間，その生殖能力を持続する（Lincoln 1981）．

季節による精巣の機能的な変化を示した，様々な種における多数の研究がある．例えば，ハタネズミ（*Microtus agrestis*）（Grocock and Clarke 1975），モグラ（*Talpa europaea*）（Racey 1978），ジャワマングース（*Herpestes javanicus auropunctatus*）（Gorman 1976），ヤブノウサギ（*Lepus europaeus*）（Lincoln 1974），ケープハイラックス（*Procavia capensis*）（Millar and Glover 1970），ウンピョウ（Wildt et al. 1986b），トラ（Byers et al. 1990），ジャガー（Morato et al. 2004b），オセロット，マーゲイ（*Leopardus wiedii*），ジャガーネコ（タイガーキャット）（*Leopardus tigrinus*）（Morai et al. 2002），ブレスボック，クーズー，スプリングボックおよびインパラ（Brown et al. 1991c, Skinner 1971），ハーテビースト（*Alcelaphus buselaphus*）（Skinner, van Zyl, and van Heerden 1973），アフリカスイギュウ（Brown et al. 1991c），ダマヤブワラビー（Paris et al. 2005b），アカゲザル（Zamboni, Conaway, and Van Pelt 1974）およびシャチ（Robeck and Monfort 2006）である．テストステロンの季節的な上昇は，性的な活動，攻

撃性および精巣の大きさの増加に関連しており，これらの因子は雌の周期性の開始期と完全に一致している．

クマ，ネコ科動物，有蹄類は，通常自然界では季節繁殖動物であるが，北米の動物園で飼育されている雄個体からの電気射精では，1 年を通して生存精子の採取が可能である（Howard, Bush, and Wildt 1986）．対照的に，齧歯類（Concannon et al. 1996），イタチ科（Sundqvist, Lukola, and Valtonen 1984），大型イヌ科動物（Koehler et al. 1998）では，満足いく性状をもつ精子は繁殖季節中にだけ回収できる．飼育環境は，雄と雌の繁殖行動のピークの同調性に影響を与えるかもしれない．飼育下の雌ウンピョウは，12 月後半から 2 月まで発情行動を示す（Wildt et al. 1986a，1986b）が，雄は 6 月または 7 月に活性のある精子を最大量生産する．このデータは，ウンピョウの雌雄間の繁殖行動のピークに，生理的なずれが生じていることを示しており，これはおそらく，飼育環境に対する，雌雄で異なる適応の結果としてのものだろう．

雄の繁殖と攻撃性の抑制

多くの繁殖に関する研究は，雄の生殖能力を抑制することよりも，改善することに向けられている．しかし，動物園の管理プログラムは遺伝的多様性と最適な個体数を維持するために，繁殖をコントロールする方法も必要となる．繁殖技術が向上し，動物の収容スペースがより制限されるようになると，余剰動物（特に雄）の扱いはこれからも続く挑戦となるだろう（第 21 章参照）．

特に密集して飼育されている場合，雄は雌よりも攻撃的になる傾向があるため，怪我を避けるためにも雄の攻撃性の管理が頻繁に必要となる．ホルモンの産生を抑制することは，飼育下の雄の攻撃性を管理するための実行可能なアプローチ方法である．Asa and Porton（2004）（第 34 章参照）は，雄の繁殖を抑制する方法について述べている．簡潔に言うと，雄の避妊のための 2 つの基礎的なアプローチ方法がある．①精巣の機能を遮断すること，そして ②精子の体内での移送を妨げることである．テストステロンの産生や活性を減少させるような避妊の多くの方法が，雄の攻撃性を減少させることに効果がある．

これからに向けて

本質的な進歩は，ここ最近 10 年間で雄（雌と同様に）の哺乳類の生理学を理解することでなされており，動物園における野生動物の繁殖を成功させるための先行条件として必要なこととなっている．これは，侵襲的な方法を通して生理的データを集めることや，尿中や糞中のホルモンのモニタリング法の急速な進歩を通じて，生理学的データの収集が簡単になったことが要因になっている部分がある（第 33 章参照）．これらの侵襲的，非侵襲的方法の併用は，生殖補助技術による繁殖の改善を含め，健康管理と繁殖管理を向上させることになる．この成功の多くは，学際的な協力の増加によるものでもある．“規範的な”実例からのデータがない場合は，不妊症例を同定したり治療したりすることがほとんどできないため，動物園では動物からそれらのデータを引き続き収集していく必要がある．そのため，私たちは多くの哺乳類における雄の繁殖に関するできる限りのデータを集めて，もっと文献報告していかなければならない．

要望の増加や非侵襲的であるという点から，雄における尿や糞を介した内分泌状態のモニタリング，特に副腎のストレスと生殖腺のホルモンのパターンの間の関係を検査することにもっと努力を向ける必要がある．主な疑問である「飼育環境は，哺乳類の雄の繁殖を危うくしているのか」については，答えられていないままである．もしそうであるならば，尿中や糞中のホルモンを行動の徴候と関連させて測定を行うことはできるのか．そして環境を修正することによって危うくなった繁殖を元に戻すことはできるのだろうか．

私たちには，動物園動物における雄の不妊症の実態についての情報が足りない．それゆえに，それらのどの症例も特徴づけて報告し，例えば，栄養や遺伝のような雄の繁殖を成功させるための因子を混乱させている可能性や，行動的に性的な相性が合わない原因を調べることが必要である．これからの動物園での研究では，若い雌個体を増加させるために精子の性別を区別すること，そして飼育環境において生まれた子の性比に関する研究について重視するべきである．重要な関連研究領域として，単性の群れで飼育されている雄の攻撃性を抑制することがあげられる．最後に，“データ提供者”，“精子提供者”として短期間捕獲した野生個体を含む，野生下の雄からも莫大な繁殖に関するデータを集めることが可能となったことから，より多くの野生の雄個体に関する研究を推奨する．少なくともチーターという 1 つの動物種では，アフリカの野生個体から採取した精子が凍結保存されて大陸間で輸送され，北米の動物園において AI によって子を産ませるために使用されており（Wildt et al. 1997），この成功は野生と飼育下のチーターからの基礎データの収集に基づいたものである．このように，チーターのモデルを他の哺乳類に広げることや，メタ個体群管理を通して生息域内外の野生動物を維持することに対してどのような繁殖研究が寄与できるのかを示すことが，優先度の高い研究であると私たちは考えている．

謝　辞

この章の多くの項で貴重なコメントと写真を提供してくださった JoGayle Howard，Budhan Pukazhenthi，Karen Steinman，そして Janine Brown に御礼申し上げる．

文　献

Abdel Malak, G., and Thibier, M. 1982. Plasma LH and testosterone responses to synthetic gonadotrophin-releasing hormone (GnRH) or dexamethasone-GnRH combined treatment and their relationship to semen output in bulls. *J. Reprod. Fertil.* 64: 107–13.

Ackerman, D. J., Reinecke, A. J., Els, H. J., Grobler, D. G., and Reinecke, S. A. 1999. Sperm abnormalities associated with high copper levels in impala (*Aepyceros melampus*) in the Kruger National Park, South Africa. *Ecotoxicol. Environ. Saf.* 43:261–66.

Amann, R. P. 1986. Reproductive physiology and endocrinology of the dog. In *Current therapy in theriogenology*, ed. D. Morrow, 532–38. Philadelphia: W. B. Saunders.

Ancrenaz, M., Blanvillain, C., Delhomme, A., Greth, A., and Sempere, A. J. 1998. Temporal variations of LH and testosterone in Arabian oryx (*Oryx leucoryx*) from birth to adulthood. *Gen. Comp. Endocrinol.* 111:283–89.

Andonov, M., and Chaldakov, G. 1991. Role of Ca21 and cAMP in rat spermatogenesis-ultrastructural evidences. *Acta. Histochem. Suppl.* 41:55–63.

Asa, C. S., and Porton, I. J., eds. 2004. *Wildlife contraception: Issues, methods and applications*. Baltimore: Johns Hopkins University Press.

Attardi, B., and Winters, S. J. 1993. Decay of follicle-stimulating hormone-beta messenger RNA in the presence of transcriptional inhibitors and/or inhibin, activin, or follistatin. *Mol. Endocrinol.* 7:668–80.

Baillie, H. S., Pacey, A. A., and Moore, H. D. 2003. Environmental chemicals and the threat to male fertility in mammals: Evidence and perspective. In *Reproductive science and integrated conservation*, ed. W. V. Holt, A. R. Pickard, J. C. Rodger, and D. E. Wildt, 57–66. Cambridge: Cambridge University Press.

Bales, K. L., French, J. A., McWilliams, J., Lake, R. A., and Dietz, J. M. 2006. Effects of social status, age, and season on androgen and cortisol levels in wild male golden lion tamarins (*Leontopithecus rosalia*). *Horm. Behav.* 49:88–95.

Barone, M., Roelke, M., Howard, J., Anderson, A., and Wildt, D. 1994. Reproductive characteristics of male Florida panthers: Comparative studies from Florida, Texas, Colorado, Chile and North American zoos. *J. Mammal.* 75:150–62.

Black, R. E. 2001. Micronutrients in pregnancy. *Br. J. Nutr.* 85:193–97.

Blank, M. S. 1986. Pituitary gonadotropins and prolactin. In *Reproduction and development*, ed. W. R. Dukelow and J. Erwin, 17 61. New York: Alan R. Liss.

Borwick, S. C., Rhind, S. M., McMillen, S. R., and Racey, P. A. 1997. Effect of undernutrition of ewes from the time of mating on fetal ovarian development in mid gestation. *Reprod. Fertil. Dev.* 9:711–15.

Bostofte, E., Serup, J., and Rebbe, H. 1982. Relation between morphologically abnormal spermatozoa and pregnancies obtained during a twenty-year follow-up period. *J. Androl.* 5:379–86.

Brandeis, V. T., and Manuel, M. T. 1993. Effects of four methods of sperm preparation on the motile concentration, morphology, and acrosome status of recovered sperm from normal semen samples. *J. Assist. Reprod. Genet.* 10:409–16.

Brown, J. L., Bush, M., Packer, C., Pusey, A. E., Monford, S. L., O'Brien, S. J., Janssen, D. L., and Wildt, D. E. 1991b. Developmental changes in pituitary-gonadal function in free-ranging lions (*Panthera leo*) of the Serengeti Plains and Ngorongoro Crater. *J. Reprod. Fertil.* 91:29–40.

Brown, J. L., Goodrowe, K. L., Simmons, L. G., Armstrong, D. L., and Wildt, D. E. 1988. Evaluation of pituitary-gonadal response to GnRH, and adrenal status, in the leopard (*Panthera pardus japonesis*) and tiger (*Panthera tigris*). *J. Reprod. Fertil.* 82: 227–36.

Brown, J. L., Wildt, D. E., Phillips, L. G., Seidensticker, J., Fernando, S. B. U., Miththapala, S., and Goodrowe, K. L. 1989. Ejaculate characteristic, and adrenal-pituitary-gonadal interrelationships in captive leopards (*Panthera pardus kotiya*) isolated in the island of Sri Lanka. *J. Reprod. Fertil.* 85:605–13.

Brown, J. L., Wildt, D. E., Raath, J. R., de Vos, V., Howard, J. G., Janssen, D. L., Citino, S. B., and Bush, M. 1991a. Impact of season on seminal characteristics and endocrine status of adult free-ranging African buffalo (*Syncerus caffer*). *J. Reprod. Fertil.* 92: 47–57.

Brown, J. L., Wildt, D. E., Raath, C. R., de Vos, V., Janssen, D. L., Citino, S., Howard, J. G., and Bush, M. 1991c. Seasonal variation in pituitary-gonadal function in free-ranging impala (*Aepyceros melampus*). *J. Reprod. Fertil.* 93:497–505.

Bruno, B., Francavilla, S., Properzi, G., Martini, M., and Fabbrini, A. 1986. Hormonal and seminal parameters in infertile men. *Andrologia* 18:595–600.

Bubenik, G. A., Morris, J. M., Schams, D., and Claus, A. 1982. Photoperiodicity and circannual levels of LH, FSH, and testosterone in normal and castrated male white-tailed deer. *Can. J. Physiol. Pharmacol.* 60:788–93.

Burger, L. L., Dalkin, A. C., Aylor, K. W., Workman, L. J., Haisenleder, D. J., and Marshall, J. C. 2001. Regulation of gonadotropin subunit transcription after ovariectomy in the rat: Measurement of subunit primary transcripts reveals differential roles of GnRH and inhibin. *Endocrinology* 142:3435–42.

Burke, T. J. 1986. Testicular biopsy. In *Small animal reproduction and infertility*, ed. T. J. Burke, 140–46. Philadelphia: Lea and Febiger.

Byers, A. P., Hunter, A. G., Seal, U. S., Graham, E. F., and Tilson, R. L. 1990. Effect of season on seminal traits and serum hormone concentrations in captive male Siberian tigers (*Panthera tigris*). *J. Reprod. Fertil.* 90:119–25.

Chandrasekhar, Y., D'Occhio, M. J., Holland, M. K., and Setchell, B. P. 1985. Activity of the hypothalamo-pituitary axis and testicular development in prepubertal ram lambs with induced hypothyroidism or hyperthyroidism. *Endocrinology* 117:1645–51.

Citino, S. 2003. Bovidae (except sheep and goats) and Antilocapridae. In *Zoo and wild animal medicine*, ed. M. E. Fowler and R. E. Miller, 649–74. St. Louis: W. B. Saunders.

Clarke, I. J., Rao, A., Fallest, P. C., and Shupnik, M. A. 1993. Transcription rate of the follicle stimulating hormone (FSH) beta subunit gene is reduced by inhibin in sheep but this does not fully explain the decrease in mRNA. *Mol. Cell. Endocrinol.* 91:211–16.

Cleva, G. M., Stone, G. M., and Dickens, R. K. 1994. Variation in reproductive parameters in the captive male koala (*Phascolarctos cinereus*). *Reprod. Fertil. Dev.* 6:713–19.

Cohen, M. S., Frye, S., Warner, R. S., and Leiter, E. 1984. Testicular needle biopsy in the diagnosis of infertility. *Urology* 24:439–42.

Comizzoli, P., Mermillod, P., Cognié, Y., Chai, N., Legendre, X., and Mauget, R. 2001. Successful in vitro production of embryos in the red deer (*Cervus elaphus*) and the sika deer (*Cervus nippon*). *Theriogenology* 55:649–59.

Concannon, P. W., Roberts, P., Graham, L., and Tennant, B.C. 1998. Annual cycle in LH and testosterone release in response to GnRH

challenge in male woodchucks (*Marmota monax*). *J. Reprod. Fertil.* 114:299–305.
Concannon, P. W., Roberts, P., Parks, J. Bellezza, C., and Tennant, B. C. 1996. Collection of seasonally spermatozoa-rich semen by electroejaculation of laboratory woodchucks (*Marmota monax*), with and without removal of bulbourethral glands (*Marmota monax*). *Lab. Anim. Sci.* 46:667–75.
Cosentino, M. J., Sheinfeld, J., Erturk, E., and Cockett, A. T. 1986. The effect of graded unilateral testicular biopsy on the reproductive capacity of male rats. *J. Urol.* 135:155–58.
Crosier, A., Marker, L., Howard, J. G., Pukazhenthi, B., Henghali, J. N., and Wildt, D. E. 2007. Ejaculate traits in the Namibian cheetah (*Acinonyx jubatus*): Influence of age, season, and captivity. *Reprod. Fertil. Dev.* 19:370–82.
Curry, P. T., Ziemer, T., Van der Horst, G., Burgess, W., Straley, M., Atherton, R. W., and Kitchin, R. M. 1989. A comparison of sperm morphology and silver nitrate staining characteristics in the domestic ferret and the black footed ferret. *Gamete Res.* 22: 27–36.
Dixson, A. F., Moore, H. D. M., and Holt, W. V. 1980. Testicular atrophy in captive gorillas (*Gorilla gorilla*). *J. Zool.* 191:315–22.
Dloniak, S. M., French, J. A., Place, N. J., Weldele, M. L., Glickman, S. E., and Holekamp, K. E. 2004. Non-invasive monitoring of fecal androgens in spotted hyenas (*Crocuta crocuta*). *Gen. Comp. Endocrinol.* 135:51–61.
Dominguez, J. C., Anel, L., Pena, F. J., and Alegre, B. 1996. Surgical correction of a canine preputial deformity. *Vet. Rec.* 138: 496–97.
Donoghue, A. M., Johnston, L. A., Seal, U. S., Armstrong, D. L., Tilson, R. L., Wolf, P., Petrini, K., Simmons, L. G., Gross, T., and Wildt, D. E. 1990. In vitro fertilization and embryo development in vitro and in vivo in the tiger (*Panthera tigris*). *Biol. Reprod.* 43:733–44.
Dunbar, M. R., Cunningham, M. W., Wooding, J. B., and Roth, R. P. 1996. Cryptorchidism and delayed testicular descent in Florida black bears. *J. Wildl. Dis.* 32:661–64.
Durrant, B. S. 1990. Semen characteristics of the Przewalski's stallion (*Equus przewalskii*). *Theriogenology* 33:221.
Durrant, B. S., Schuerman, T., and Millard, S. 1985. Noninvasive semen collection in the cheetah. In *AAZPA Annual Meeting Proceedings*, 564–67. Wheeling, WV: American Association of Zoological Parks and Aquariums.
Durrant, B. S., Yamada, J. K., and Millard, S. E. 1989. Development of a semen cryopreservation protocol for the cheetah. *Cryobiology* 26:542–43.
Ericsson, R. J., Langevin, C. N., and Nishino, M. 1973. Isolation of fractions rich in human Y sperm. *Nature* 246:421–24.
Facemire, C. F., Gross, T. S., and Guillette, L. J. J. 1995. Reproductive impairment in the Florida panther: Nature or nurture? *Environ. Health Perspect.* 4:79–86.
Farstad, W., Fougner, J. A., and Tones, C. G. 1992. The optimum time for single artificial insemination of blue fox vixens (*Alopex lagopus*) with frozen-thawed semen from silver foxes (*Vulpes vulpes*). *Theriogenology* 38:853–65.
Foresta, C., Garolla, A., Bettella, A., Ferlin, A., Rossato, M., and Candiani, F. 1998. Doppler ultrasound of the testis in azoospermic subjects as a parameter of testicular function. *Hum. Reprod.* 13:3090–93.
Foster, J. W., and Rowley, M. J. 1982. Testicular biopsy in the study of gorilla infertility. *Am. J. Primatol.* 1:121–25.
Frank, L. G., Smith, E. R., and Davidson, J. M. 1985. Testicular origin of circulating androgen in the spotted hyaena *Crocuta crocuta*. *J. Zool.* 207:613–15.
Freischem, C. W., Knuth, U. A., Langer, K., Schneider, H. P., and Nieschlag, E. 1984. The lack of discriminant seminal and endocrine variables in the partners of fertile and infertile women. *Arch. Gynecol.* 236:1–12.
Ginther, A. J., Carlson, A. A., Ziegler, T. E., and Snowdon, C. T. 2002. Neonatal and pubertal development in males of a cooperatively breeding primate, the cotton-top tamarin (*Saguinus oedipus oedipus*). *Biol. Reprod.* 66:282–90.
Goldstein, M. 2002. Surgical management of male infertility and other scrotal disorders. In *Campbell's urology*, 8th ed., ed. P. C. Walsh, A. B. Retik, E. D. Vaughan, and A. J. Wein, 1532–88. Philadelphia: W. B. Saunders.
Gomendio, M., Cassinello, J., and Roldan, E. R. 2000. A comparative study of ejaculate traits in three endangered ungulates with different levels of inbreeding: Fluctuating asymmetry as an indicator of reproductive and genetic stress. *Proc. R. Soc. Lond. B Biol. Sci.* 267:875–82.
Goodrowe, K. L., Hay, M. A., Platz, C. C., Behrns, S. K., Jones, M. H., and Waddell, W. T. 1998. Characteristics of fresh and frozen-thawed red wolf (*Canis rufus*) spermatozoa. *Anim. Reprod. Sci.* 53:299–308.
Gordon, E. F., Bond, J. T., Gordon, R. C., and Denny, M. R. 1982. Zinc deficiency and behavior: A developmental perspective. *Physiol. Behav.* 28:893–97.
Gorman, M. L. 1976. Seasonal changes in the reproductive pattern of feral *Herpestes auropunctatus* (Carnivora: Viverridae), in the Fijian Islands. *J. Zool.* 178:237–46.
Gould, K. G. 1983. Diagnosis and treatment of infertility in male great apes. *Zoo Biol.* 2:281–93.
Gould, K. G., and Kling, O. R. 1982. Fertility in the male gorilla: Relationship to semen parameters and serum hormones. *Am. J. Primatol.* 2:311–16.
Gould, K. G., Martin, D. E., and Warner, H. 1985. Improved method for artificial insemination in the great apes. *Am. J. Primatol.* 8: 61–67.
Graham, E. F., Schmehl, M. K. L., Evenson, B. F., and Nelson, D. S. 1978. Semen preservation in non-domestic mammals. *Symp. Zool. Soc. Lond.* 43:153–73.
Grocock, C. A., and Clarke, J. R. 1975. Spermatogenesis in mature and regressed testes of the vole (*Microtus agrestis*). *J. Reprod. Fertil.* 43:461–70.
Grummer, R. R. J. A. S. 1995. Impact of changes in organic nutrient metabolism on feeding the transition dairy cow. *J. Anim. Sci.* 73:2820–33.
Haigh, J. C., Cates, W. F., Glover, G. J., and Rawlings, N. C. 1984a. Relationships between seasonal changes in serum testosterone concentrations, scrotal circumference and sperm morphology of male wapiti (*Cervus elaphus*). *J. Reprod. Fertil.* 70:413–18.
———. 1984b. Relationships between seasonal changes in serum testosterone concentrations, scrotal circumference, and sperm morphology of male wapiti (*Cervus elaphus*). *J. Reprod. Fertil.* 70:413–18.
Halloran, B. P., and DeLuca, H. F. 1979. Vitamin D deficiency and reproduction in rats. *Science* 204:73–74.
Hamdi, S. A., Nassif, O. I., and Ardawi, M. S. M. 1997. Effect of marginal or severe dietary zinc deficiency on testicular development and functions of the rat. *Arch. Androl.* 38:243–53.
Harrison, R. M. 1980. Semen parameters in *Macaca mulatta*: Ejaculates from random and selected monkeys. *J. Med. Primatol.* 9: 265–73.
Herbert, C. A., Trigg, T. E., Renfree, M. B., Shaw, G., Eckery, D. C., and Cooper, D. W. 2004. Effects of a gonadotropin-releasing hormone agonist implant on reproduction in a male marsupial, *Macropus eugenii*. *Biol. Reprod.* 70:1836–42.
Hermes, R., Göritz, F., Maltzan, J., Blottner, S., Proudfoot, J., Fritsch, G., Fassbender, M., Quest, M., and Hildebrandt, T. B. 2001. Establishment of assisted reproduction technologies in female and male African wild dogs (*Lycaon pictus*). *J. Reprod. Fertil.* 57:315–21.
Hermes, R., Hildebrandt, T. B., Blottner, S., Walzer, C., Silinski, S., Patton, M. L., Wibbelt, G., Schwarzenberger, F., and Göritz, F. 2005. Reproductive soundness of captive southern and northern white rhinoceroses (*Ceratotherium simum simum, C.s. cottoni*):

Evaluation of male genital tract morphology and semen quality before and after cryopreservation. *Theriogenology* 63:219–38.
Herrick, J. R., Bartels, P., and Krisher, R. L. 2004. Post-thaw evaluation of in vitro function of epididymal spermatozoa from four species of free-ranging African bovids. *Biol. Reprod.* 71: 948–58.
Hildebrandt, T. B., Brown, J. L., Göritz, F., Ochs, A., Morris, P., and Sutherland-Smith, M. 2006. Ultrasonography to assess and enhance health and reproduction in the giant panda. In *Giant pandas: Biology, veterinary medicine and management*. ed. D. E. Wildt, A. Zhang, H. Zhang, D. L. Janssen, and S. Ellis, 410–39. Cambridge: Cambridge University Press.
Hildebrandt, T. B., Göritz, F., Pratt, N. C., Schmitt, D. L., Quandt, S., Raath, J., and Hofmann, R. R. 1998. Reproductive assessment of male elephants (*Loxodonta africana* and *Elephas maximus*) by ultrasonography. *J. Zoo Wildl. Med.* 29:114–28.
Holekamp, K. E., and Sisk, C. L. 2003. Effects of dispersal status on pituitary and gonadal function in the male spotted hyena. *Horm. Behav.* 44:385–94.
Holt, C., Holt, W. V., and Moore, H. D. M. 1996. Choice of operating conditions to minimize sperm subpopulation sampling bias in the assessment of boar semen by computer-assisted semen analysis. *J. Androl.* 17:587–96.
Holt, W. V., Abaigar, T., Watson, P. F., and Wildt, D. E. 2003. Genetic resource banks for species conservation. In *Reproductive science and integrated conservation*, ed. W. V. Holt, A. R. Pickard, J. C. Rodger, and D. E. Wildt, 267–80. Cambridge: Cambridge University Press.
Howard, J. G. 1993. Semen collection and analysis in carnivores. In *Zoo and wild animal medicine II*, ed. M. Fowler, 390–99. Philadelphia: W. B. Saunders.
Howard, J. G., Brown, J. L., Bush, M., and Wildt, D. E. 1990. Teratospermic and normospermic domestic cats: Ejaculate traits, pituitary-gonadal hormones and improvement of spermatozoal motility and morphology after swim-up processing. *J. Androl.* 11:204–15.
Howard, J. G., Bush, M., de Vos, V., and Wildt, D. E. 1984. Electroejaculation, semen characteristics and serum testosterone concentrations of free-ranging African elephants (*Loxodonta africana*). *J. Reprod. Fertil.* 72:187–95.
Howard, J. G., Bush, M., and Wildt, D. 1986. Semen collection, analysis and cryopreservation in nondomestic mammals. In *Current therapy in theriogenology*, ed. D. Morrow, 1047–53. Philadelphia: W. B. Saunders.
Howard, J. G., Marinari, P. E., and Wildt, D. E. 2003. Black-footed ferret: Model for Assisted Reproductive Technologies contributing to in situ conservation. In *Reproductive sciences and integrated conservation*, ed. W. V. Holt, A. R. Pickard, J. C. Rodger, and D. E. Wildt, 249–66. Cambridge: Cambridge University Press.
Howard, J. G., Pursel, V. G., Wildt, D. E., and Bush, M. 1981. Comparison of various extenders for freeze-preservation of semen from selective captive wild ungulates. *J. Am. Vet. Med. Assoc.* 179:1157–61.
Howard, J. G., Raphael, B. L., Brown, J. L., Citino, S., Schiewe, M. C., and Bush, M. 1989. Male sterility associated with karotypic hybridization in Kirk's dik dik. In *Annual Meeting Proceedings*, 58–60. Atlanta: American Association of Zoo Veterinarians.
Howard, J. G., Roth, T., Swanson, W., Buff, J., Bush, M., Grisham, J., Marker-Kraus, L., Kraus, D., and Wildt, D. 1997. Successful intercontinental genome resource banking and artificial insemination with cryopreserved sperm in cheetahs. *J. Androl.* P-55:123.
Howard, J. G., and Wildt, D. E. 1990. Ejaculate-hormonal traits in the leopard cat (*Felis bengalensis*) and sperm function as measured by in vitro penetration of zona-free hamster ova and zona-intact domestic cat oocytes. *Mol. Reprod. Dev.* 26:163–74.
Howard, J. G., Wildt, D. E., Chakraborty, P. K., and Bush, M. 1983. Reproductive traits including seasonal observations on semen quality and serum hormone concentrations in the dorcas gazelle. *Theriogenology* 20:221–34.
Howard, J. G., Zhang, Z., Li, D., Huang, Y., Zhang, M., Hou, R., Ye, Z., Li, G., Zhang, J., Huang, S., Spindler, R., Zhang, H., and Wildt, D. E. 2006. Male reproductive biology in giant pandas. In *Giant pandas: Biology, veterinary medicine and management*, ed. D. E. Wildt, A. Zhang, H. Zhang, D. L. Janssen and S. Ellis, 159–97. Cambridge: Cambridge University Press.
Illius, A. W., Haynes, N. B., Lamming, G. E., Howles, C. M., Fairall, N., and Millar, R. P. 1983. Evaluation of LH-RH stimulation of testosterone as an index of reproductive status in rams and its application in wild antelope. *J. Reprod. Fertil.* 68:105–12.
Jainudeen, M. R., Katongole, C. B., and Short, R. V. 1972. Plasma testosterone levels in relation to musth and sexual activity in the male Asiatic elephant, *Elephas maximus*. *J. Reprod. Fertil.* 29:99–103.
Johnston, S. D., O'Boyle, D., Frost, A. J., McGowan, M. R., Tribe, A., and Higgins, D. 1998. Antibiotics for the preservation of koala (*Phascolarctos cinereus*) semen. *Aust. Vet. J.* 76:335–38.
Johnston, S. D., O'Callaghan, P., McGowan, M. R., and Phillips, N. J. 1997. Characteristics of koala (*Phascolarctos cinereus adustus*) semen collected by artificial vagina. *J. Reprod. Fertil.* 109: 319–23.
Keller, K. V. 1986. Training of the Atlantic bottlenose dolphins (*Tursiops truncates*) for artificial insemination. *Int. Assoc. Aquatic Anim. Med.* 14:22–24.
Kerr, J. B., Loveland, K. L., O'Bryan, M. K., and de Kretser, D. K. 2006. Cytology of the testis and intrinsic control mechanisms. In *Physiology of reproduction*, ed. J. Neill, 827–948. New York: Academic Press.
Kiss, S. A., and Kiss, I. 1995. Effect of magnesium ions on fertility, sex ratio and mutagenesis in *Drosophila melanogaster* males. *Magnes. Res.* 8:243–47.
Klinc, P., Majdic, G., Sterbenc, N., Cebulj-Kadunc, N., Butinar, J., and Kosec, M. 2005. Establishment of a pregnancy following intravaginal insemination with epididymal semen from a dog castrated due to benign prostatic hyperplasia. *Reprod. Domest. Anim.* 40:559–61.
Koehler, J. K., Platz, C. C. Jr., Waddell, W., Jones, M. H., and Behrns, S. 1998. Semen parameters and electron microscope observations of spermatozoa of the red wolf, *Canis rufus*. *J Reprod Fertil.* 114:95–101.
Krassas, G. E., and Pontikides, N. 2004. Male reproductive function in relation with thyroid alterations. *Best. Pract. Res. Clin. Endocrinol. Metab.* 18:183–95.
Krause, W., and Viethen, G. 1999. Quality assessment of computer-assisted semen analysis (CASA) in the andrology laboratory. *Andrologia* 31:125–29.
Kretzschmar, P., Ganslosser, U., and Dehnhard, M. 2004. Relationship between androgens, environmental factors and reproductive behavior in male white rhinoceros (*Ceratotherium simum simum*). *Horm. Behav.* 45:1–9.
Kuhlman, G., and Rompala, R. 1998. The influence of dietary sources of zinc, copper and manganese on canine reproductive performance and hair mineral content. *J. Nutr.* 128:2603–5.
Lado-Abeal, L., Veldhuis, J., and Norman, R. 2002. Glucose relays information regarding nutritional status to the neural circuits that control the somatotropic, corticotropic and gonadotropic axes in adult male rhesus macaques. *Endocrinology* 143:403–10.
Larson, L. L. 1986. Examination of the reproductive system of the bull. In *Current therapy in theriogenology*, ed. D. A. Morrow, 101–16. Philadelphia: W. B. Saunders.
Lenzi, A. 1997. Computer-aided semen analysis (CASA) 10 years later: A test-bed for the European scientific andrological community. *J. Androl.* 20:1–2.
Lincoln, G. A. 1974. Reproduction and "March madness" in the brown hare, *Lepus europaeus*. *J. Zool.* 174:1–14.
———. 1981. Seasonal aspects of testicular function. In *The testis*, ed.

H. Burger and D. de Kretser, 255–302. New York: Raven Press.

Lincoln, G. A., Andersson, H., and Hazlerigg, D. 2003. Clock genes and the long-term regulation of prolactin secretion: Evidence for a photoperiod/circannual timer in the pars tuberalis. *J. Neuroendocrinol.* 15:390–97.

Lincoln, G. A., and Kay, R. N. 1979. Effects of season on the secretion of LH and testosterone in intact and castrated red deer stags (*Cervus elaphus*). *J. Reprod. Fertil.* 55:75–80.

Lindeque, M., Skinner, J. D., and Millar, R. P. 1986. Adrenal and gonadal contribution to circulating androgens in spotted hyaenas (*Crocuta crocuta*) as revealed by LHRH, hCG and ACTH stimulation. *J. Reprod. Fertil.* 78:211–17.

Loskutoff, N. M. 1998. Biology, technology and strategy of genetic resource banking in conservation programs for wildlife. In *Gametes: Development and function*, ed. A. Lauria, F. Gandolfi, G. Enne, and L. Gianaroli, 275–86. Rome: Serono Symposia.

———. 2003. Role of embryo technologies in genetic management and conservation of wildlife. In *Reproductive science and integrated conservation*, ed. W. V. Holt , A. R. Pickard, J. C. Rodger, and D. E. Wildt, 183–94. Cambridge: Cambridge University Press.

Loskutoff, N. M., and Betteridge, K. J. 1992. Embryo technology in pets and endangered species. In *Gametes: Development and function*. ed. A. Lauria, F. Gandolfi, G. Enne, and L. Gianoroli, 235–48. Rome: Serono Symposia.

MacDonald, M. L., Rogers, Q. R., Morris, J. G., and Cupps, P. T. 1984. Effects of linoleate and arachidonate deficiencies on reproduction and spermeogenesis in the cat. *J. Nutr.* 114:719–26.

Makler, A., Murillo, O., Huszar, G., Tarlatzis, B., DeCherney, A., and Naftolin, F. 1984. Improved techniques for separating motile spermatozoa from human semen. II. An atraumatic centrifugation method. *J. Androl.* 7:71–78.

Malpaux, B. 2006. Seasonal regulation of reproduction in mammals. In *Physiology of reproduction*. ed. J. Neill, 2231–82. New York: Academic Press.

Marson, J., Gervais, D., Meuris, S., Cooper, R. W., and Jouannet, P. 1989. Influence of ejaculation frequency on semen characteristics in chimpanzees (*Pan troglodytes*). *J. Reprod. Fertil.* 85:43–50.

McHugh, J. A., and Rutledge, J. J. 1998. Heterologous fertilization to characterize spermatozoa of the genus *Bos*. *Theriogenology* 50:185–93.

McLachlan, J. A., and Dixon, R. L. 1977. Toxicologic comparisons of experimental and clinical exposure to diethylstilbestrol during gestation. *Adv. Sex Horm. Res.* 3:309–36.

McLachlan, R. I., Robertson, D. M., de Kretser, D., and Burger, H. G. 1987. Inhibin: A non-steroidal regulator of pituitary follicle stimulating hormone. *Bailliere's Clin. Endocrinol. Metab.* 1: 89–112.

Merilan, C. P., Read, B. W., and Boever, W. J. 1982. Semen collection procedures for wild captive animals. *Int. Zoo Yearb.* 22:241–44.

Merilan, C. P., Read, B. W., Boever, W. J., and Knox, D. 1978. Eland semen collection and freezing. *Theriogenology* 10:265–68.

Mialot, J. P., Thibier, M., Toublanc, J. E., Castanier, M., and Scholler, R. 1988. Plasma concentration of luteinizing hormone, testosterone, dehydroepiandrosterone, androstenedione between birth and one year in the male dog: Longitudinal study and hCG stimulation. *Andrologia* 20:145–54.

Millar, R. P., and Glover, T. D. 1970. Seasonal changes in the reproductive tract of the male rock hyrax, *Procavia capensis*. *J. Reprod. Fertil.* 23:497–99.

Miller, A. M., Roelke, M. E., Goodrowe, K. L., Howard, J. G., and Wildt, D. E. 1990. Oocyte recovery, maturation and fertilization in vitro in the puma (*Felis concolor*). *J. Reprod. Fertil.* 88: 249–58.

Mills, T., Chitaley, K., and Lewis, R. 2001. Vasoconstrictors in erectile physiology. *Int. J. Impot. Res.* 5:29–34.

Monfort, S. L. 2003. Non-invasive endocrine measures of reproduction and stress in wild populations. In *Reproductive science and integrated conservation*, ed. W. V. Holt, A. R. Pickard, J. C. Rodger, and D. E. Wildt, 147–65. Cambridge: Cambridge University Press.

Monfort, S. L., Brown, J., Bush, M., Wood, T., Wemmer, C., Vargas, A., Williamson, L., Montali, R., and Wildt, D. 1993a. Circannual interrelationships among reproductive hormones, gross morphometry, behaviour, ejaculate characteristics and testicular histology in Eld's deer stags (*Cervus eldii thamin*). *J. Reprod. Fertil.* 98:471–80.

Monfort, S. L., Brown, J. L., Wood, T. C., Wemmer, C., Vargas, A., Williamson, L. R., and Wildt, D. E. 1993b. Seasonal secretory patterns of basal and GnRH-induced LH, FSH and testosterone secretion in Eld's deer stags (*Cervus eldii thamin*). *J. Reprod. Fertil.* 98:481–88.

Moore, A., Krummen, L. A., and Mather, J. P. 1994. Inhibins, activins, their binding proteins and receptors: Interactions underlying paracrine activity in the testis. *Mol. Cell. Endocrinol.* 100: 81–86.

Morai, R. N., Mucciolo, R. G., Gomes, M. L., Lacerda, O., Moraes, W., Moreira, N., Graham, L. H., Swanson, W. F., and Brown, J. L. 2002. Seasonal analysis of semen characteristics, serum testosterone and fecal androgens in the ocelot (*Leopardus pardalis*), margay (*L. wiedii*) and tigrina (*L. tigrinus*). *Theriogenology* 57: 2027–41.

Morato, R. G., Bueno, M. G., Malmheister, P., Verreschi, I. T., and Barnabe, R. C. 2004a. Changes in the fecal concentrations of cortisol and androgen metabolites in captive male jaguars (*Panthera onca*) in response to stress. *Braz. J. Med. Biol. Res.* 37:1903–7.

Morato, R. G., Verreschi, I. T., Guimaraes, M. A., Cassaro, K., Pessuti, C., and Barnabe, R. C. 2004b. Seasonal variation in the endocrine-testicular function of captive jaguars (*Panthera onca*). *Theriogenology* 61:1273–81.

Morrow, A. F., Baker, H. W., and Burger, H. G. 1986. Different testosterone and LH relationship in infertile men. *J. Androl.* 5:310–15.

Morrow, C., Wolfe, B., Roth, T., Wildt, D., Bush, M., Blumer, E., Atkinson, M., and Monfort, S. 2000. Comparing ovulation synchronization protocols for artificial insemination in the scimitar horned oryx (*Oryx dammah*). *Anim. Reprod. Sci.* 59:71–86.

Nachreiner, R. F. 1986. Laboratory endocrine diagnostic procedures in theriogenology. In *Current therapy in theriogenology*, ed. D. A. Morrow, 17–20. Philadelphia: W. B. Saunders.

Neubauer, K., Jewgenow, K., Blottner, S., Wildt, D. E., and Pukazhenthi, B.S. 2004. Quantity rather than quality in teratospermic males: A histomorphometric and flow cytometric evaluation of spermatogenesis in the domestic cat (*Felis catus*). *Biol. Reprod.* 71:1517–24.

Niemuller, C. A., and Liptrap, R. M. 1991. Altered androstenedione to testosterone ratios and LH concentrations during musth in the captive male Asian elephant (*Elephas maximus*). *J. Reprod. Fertil.* 91:139–46.

Noci, I., Chelo, E., Saltarelli, O., Donati Cori, G., and Scarselli, G. 1985. Tamoxifen and oligospermia. *Arch. Androl.* 15:83–88.

O'Brien, J., and Roth, T. 2000. Functional capacity and fertilizing longevity of frozen-thawed scimitar-horned oryx (*Oryx dammah*) spermatozoa in a heterologous *in vitro* fertilization system. *Reprod. Fertil. Dev.* 12:413–21.

O'Brien, J., Stojanov, T., Heffernan, S. J., Hollinshead, F. K., Vogelnest, L., Maxwell, W. M., and Evans, G. 2005. Flow cytometric sorting of non-human primate sperm nuclei. *Theriogenology* 63: 246–59.

O'Brien, S. J., Roelke, M. E., Marker, L., Newman, A., Winkler, C. W., Meltzer, D., Colly, L., Evermann, J., Bush, M., and Wildt, D. E. 1985. Genetic basis for species vulnerability in the cheetah. *Science* 227:1428–34.

O'Brien, S. J., Wildt, D. E., Goldman, D., Merril, C. R., and Bush, M. 1983. The cheetah is depauperate in genetic variation. *Science* 221:459–62.

O'Donnell, L., Meacham, S. J., Stanton, P. G., and McLachlan, R. I. 2006. Endcorine regulation of spermatogenesis. In *Physiology of reproduction*, ed. J. Neill, 1017–70. New York: Academic Press.
Ohl, D. A., Denil, J., Cummins, C., Menge, A. C., and Seager, S. W. J. 1994. Electroejaculation does not impair sperm motility in the beagle dog: A comparative study of electroejaculation and collection by artificial vagina. *J. Urol.* 152:1034–37.
Olson, G. E., Winfrey, V. P., Hill, K. E., and Burk, R. F. 2004. Sequential development of flagellar defects in spermatids and epididymal spermatozoa of selenium-deficient rats. *Reproduction* 127: 335–42.
Oswin-Perera, B. 1999. Reproduction in water buffalo: Comparative aspects and implications for management. *J. Reprod. Fertil.* 54:157–68.
Ott, R. S. 1986. Breeding soundness examination of bulls. In *Current therapy in theriogenology*, ed. D. A. Morrow, 125–36. Philadelphia: W. B. Saunders.
Palmer, J. M. 1991. The undescended testicle. *Endocrinol. Metab. Clin. N. Am.* 20:231–40.
Paris, D. B., Taggart, D. A., Shaw, G., Temple-Smith, P. D., and Renfree, M. B. 2005a. Birth of pouch young after artificial insemination in the tammar wallaby (*Macropus eugenii*). *Biol. Reprod.* 72:451–59.
Paris, D. B., Taggart, D. A., Shaw, G., Temple-Smith, P. D., and Renfree, M. B. 2005b. Changes in semen quality and morphology of the reproductive tract of the male tammar wallaby parallel seasonal breeding activity in the female. *Reproduction* 130: 367–78.
Pereira, R. J., Duarte, J. M., and Negrao, J. A. 2005. Seasonal changes in fecal testosterone concentrations and their relationship to the reproductive behavior, antler cycle and grouping patterns in free-ranging male Pampas deer (*Ozotoceros bezoarticus bezoarticus*). *Theriogenology* 63:2113–25.
Perez, R., Lopez, A., Castrillejo, A., Bielli, A., Laborde, D., Gastel, T., Tagle, R., Queirolo, D., Franco, J., Forsberg, M., and Rodriguez-Martinez, H. 1997. Reproductive seasonality of corriedale rams under extensive rearing conditions. *Acta. Vet. Scand.* 38: 109–17.
Pickard, A. R. 2003. Reproductive and welfare monitoring for the management of ex situ populations. In *Reproductive science and integrated conservation*, ed. W. V. Holt, A. R. Pickard, J. C. Rodger, and D. E. Wildt, 132–46. Cambridge: Cambridge University Press.
Plant, T. M., Winters, S. J., Attardi, B. J., and Majumdar, S. S. 1993. The follicle stimulating hormone-inhibin feedback loop in male primates. *Hum. Reprod.* 2:41–44.
Pope, C. E. 2000. Embryo technology in conservation efforts for endangered felids. *Theriogenology* 53:163–74.
Pope, C. E., Dresser, B. L., Chin, N. W., Liu, J. H., Loskutoff, N. M., Behnke, E. J., Brown, C., McRae, M. A., Sinoway, C. E., Campbell, M. K., Cameron, K. N., Owens, O. M., Johnson, C. A., Evans, R. R., and Cedars, M. I. 1997. Birth of a western lowland gorilla (*Gorilla gorilla gorilla*) following in vitro fertilization and embryo transfer. *Am. J. Primatol.* 41:247–60.
Pope, C. E., and Loskutoff, N. M. 1999. Embryo transfer and semen technology from cattle applied to nondomestic artiodactylids. In *Zoo and wildlife medicine*, ed. M. E. Fowler and R. E. Miller, 597–604. Philadelphia: W. B. Saunders.
Portas, T. J., Bryant, B. R., Göritz, F., Hermes, R., Keeley, T., Evans, G., Maxwell, W. M. C., and Hildebrandt, T. B. 2007. Semen collection in an Asian elephant (*Elephas maximus*) under combined physical and chemical restraint. *Aust. Vet. J.* 85:425–27.
Prasad, A. S., Mantzoros, C. S., Beck, F. W., Hess, J. W., and Brewer, G. J. 1996. Zinc status and serum testosterone levels of healthy adults. *Nutrition* 12:344–48.
Pukazhenthi, B., and Wildt, D. E. 2004. Which reproductive technologies are most relevant to studying, managing and conserving wildlife? *Reprod. Fertil. Dev.* 16:33–46.
Pukazhenthi, B., Wildt, D., and Howard, J. 2001. The phenomenon and significance of teratospermia in felids. *J. Reprod. Fertil.* 57: 423–33.
Pusch, H. H. 1987. The importance of sperm motility for the fertilization of human oocytes in vivo and in vitro. *Andrologia* 19: 514–27.
Racey, P. A. 1978. Seasonal changes in testosterone levels and androgen-dependent organs in male moles (*Talpa europaea*). *J. Reprod. Fertil.* 52:195–200.
Racey, P. A., and Skinner, J. D. 1979. Endocrine aspects of sexual mimicry in spotted hyaenas *Crocuta crocuta*. *J. Zool.* 187: 315–26.
Resko, J. A. 1982. Endocrine correlates of infertility in male primates. *Am. J. Primatol.* 1:37–42.
Rivers, J. P. W., Sinclair, A. J., and Crawford, M. A. 1975. Inability of the cat to desaturate essential fatty acids. *Nature* 258:171–73.
Robeck, T. R., and Monfort, S. L. 2006. Characterization of male killer whale (*Orcinus orca*) sexual maturation and reproductive seasonality. *Theriogenology* 66:242–50.
Robeck, T. R., and O'Brien, J. K. 2004. Effect of cryopreservation methods and pre-cryopreservation storage on bottlenose dolphin (*Tursiops truncatus*) spermatozoa. *Biol. Reprod.* 70:1340–48.
Robeck, T. R., Steinman, K. J., Gearhart, S., Reidarson, T. R., McBain, J. F., and Monfort, S. L. 2004. Reproductive physiology and development of artificial insemination technology in killer whales (*Orcinus orca*). *Biol. Reprod.* 71:650–60.
Robeck, T. R., Steinman, K. J., Yoshioka, M., Jensen, E., O'Brien, J. K., Katsumata, E., Gili, C., McBain, J. F., Sweeney, J., and Monfort, S. L. 2005. Estrous cycle characterisation and artificial insemination using frozen-thawed spermatozoa in the bottlenose dolphin (*Tursiops truncatus*). *Reproduction* 129:659–74.
Rodger, J. C. 1978. Male reproduction: Its usefulness in discussions of Macropod evolution. *Aust. Mammal.* 2:73–80.
Rodger, J. C., Cousins, S. J., and Mate, K. E. 1991. A simple glycerol-based freezing protocol for the semen of a marsupial *Trichosurus vulpecula*, the common brushtail possum. *Reprod. Fertil. Dev.* 3:119–25.
Rodger, J. C., and Hughes, R. L. 1973. Studies of the accessory glands of male marsupials. *J. Zool.* 21:303–20.
Rodger, J. C., and Pollitt, C. C. 1981. Radiographic examinations of electroejaculation in marsupials. *Biol. Reprod.* 24:1125–34.
Rodger, J. C., and White, I. G. 1975. Electroejaculation of Australian marsupials and analyses of the sugars in the seminal plasma from three macropod species. *Reproduction* 43:233–39.
———. 1978. The collection, handling and some properties of marsupial semen. In *Artificial breeding of non-domestic species*, ed. P. F. Watson, 289–301. London: Academic Press.
Roelke, M. E., Martenson, J. S., and O'Brien, S. J. 1993. The consequences of demographic reduction and genetic depletion in the endangered Florida panther. *Current Biol.* 3:340–50.
Rogers, B. J., Bentwood, B. J., Van Campen, H., Helmbrecht, G., Soderdahl, D., and Hale, R. W. 1983. Sperm morphology assessment as an indicator of human fertilizing capacity. *J. Androl.* 4: 119–25.
Santiago-Moreno, J., Toledano-Diaz, A., Pulido-Pastor, A., Gomez-Brunet, A., and Lopez-Sebastian, A. 2006. Birth of live Spanish ibex (*Capra pyrenaica hispanica*) derived from artificial insemination with epididymal spermatozoa retrieved after death. *Theriogenology* 66:283–91.
Santymire, R. M., Marinari, P. E., Kreeger, J. S., Wildt, D. E., and Howard, J. G. 2006. Sperm viability in the black footed ferret (*Mustela nigripes*) is influenced by seminal and medium osmolality. *Cryobiology* 53:37–50.
Schaffer, N., Bryant, W., Agnew, D., Meehan, T., and Beehler, B. 1998.

Ultrasonographic monitoring of artificially stimulated ejaculation in three rhinoceros species (*Ceratotherium simum*, *Diceros bicornis*, *Rhinoceros unicornis*). *J. Zoo Wildl. Med.* 29:386–93.

Schams, D., and Barth, D. 1982. Annual profiles of reproductive hormones in peripheral plasma of the male roe deer (*Capreolus capreolus*). *J. Reprod. Fertil.* 66:463–68.

Schiewe, M. C., Bush, M., de Vos, V., Brown, J. L., and Wildt, D. E. 1991. Semen characteristics, sperm freezing and endocrine profiles in free-ranging wildebeest (*Connochaetes taurinus*) and greater kudu (*Tragelaphus strepsiceros*). *J. Zoo Wildl. Med.* 22: 58–72.

Schlegel, P. N., and Hardy, M. 2002. Male reproductive function. In *Campbell's urology*, 8th ed., ed. P. C. Walsh, A. B. Retik, E. D. Vaughan, and A. J. Wein, 1435–74. Philadelphia: W. B. Saunders.

Schroeder, J. P., and Keller, K. V. 1989. Seasonality of serum testosterone levels and sperm density in *Tursiops truncatus*. *J. Exp. Zool.* 249:316–21.

Schwarzenberger, F., Fredriksson, G., Schaller, K., and Kolter, L. 2004. Fecal steroid analysis for monitoring reproduction in the sun bear (*Helarctos malayanus*). *Theriogenology* 62:1677–92.

Sempere, A. J., and Lacroix, A. 1982. Temporal and seasonal relationships between LH, testosterone and antlers in fawn and adult male roe deer (*Capreolus capreolus L.*): A longitudinal study from birth to four years of age. *Acta. Endocrinol.* 99:295–301.

Sherins, R. J., and Howards, S. S. 1985. Male infertility. In *Campbell's urology*, ed. P. C. Walsh, R. E. Gittes, A. D. Perlmutter, and T. A. Stamey, 640–97. Philadelphia: W. B. Saunders.

Sigman, M., and Jarow, J. P. 2002. Male infertility. In *Campbell's urology*, 8th ed., P. C. Walsh, A. B. Retik, E. D. Vaughan, and A. J. Wein, 1475–531. Philadelphia: W. B. Saunders.

Skakkebaek, N. E., Leffers, H., Rajpert-De Meyts, E. R., Carlsen, E., and Grigor, K. M. 2000. Should we watch what we eat and drink? Report on the International Workshop on Hormones and Endocrine Disrupters in Food and Water: Possible impact on human health. *Trends Endocrinol. Metab.* 11:291–93.

Skinner, J. D. 1971. The effect of season on spermatogenesis in some ungulates. *J. Reprod. Fertil. Suppl.* 13:29–37.

Skinner, J. D., van Zyl, J. H., and van Heerden, J. A. 1973. The effect of season on reproduction in the black wildebeest and red hartebeest in South Africa. *J. Reprod. Dev. Suppl.* 19:101–10.

Smith, R. F., Ghuman, S. P., Evans, N. P., Karsch, F. J., and Dobson, H. 2003. Stress and the control of LH secretion in the ewe. *Reprod. Suppl.* 61:267–82.

Smith, S. C., and England, G. C. 2001. Effect of technical settings and semen handling upon motility characteristics of dog spermatozoa measured using computer-aided sperm analysis. *J. Reprod. Fertil.* 57:151–59.

Snyder, R. J., Bloomsmith, M. A., Zhang, A., Zhang, Z., and Maple, T. L. 2006. Consequences of early rearing on socialization and social competence of the giant panda. In *Giant pandas: Biology, veterinary medicine and management*, ed. D. E. Wildt, A. Zhang, H. Zhang, D. L. Janssen, and S. Ellis, 334–52. Cambridge: Cambridge University Press.

Soderberg, S. F. 1986. Infertility in the male dog. In *Current therapy in theriogenology*, ed. D. A. Morrow, 544–48. Philadelphia: W. B. Saunders.

Souza, C. A., Cunha-Filho, J. S., Fagundes, P., Freitas, F. M., and Passos, E. P. 2005. Sperm recovery prediction in azoospermic patients using Doppler ultrasonography. *Int. Urol. Nephrol.* 37: 535–40.

Spindler, R. E., Huang, Y., Howard, J. G., Wang, P. Y., Zhang, H., Zhang., G., and Wildt, D. E. 2004. Acrosomal integrity and capacitation are not influenced by sperm cryopreservation in the giant panda. *Reproduction* 127:547–56.

Stanwell-Smith, R., Thompson, S. G., Haines, A. P., Jeffcoate, S. L., and Hendry, W. F. 1985. Plasma concentrations of pituitary and testicular hormones of fertile and infertile men. *Clin. Reprod. Fertil.* 3:37–48.

Stocco, D. M., and McPhaul, M. J. 2006. Physiology of testicular steroidogenesis. In *Physiology of reproduction*, ed. J. Neill, 977–1016. New York: Academic Press.

Stokkan, K. A., Hove, K., and Carr, W. R. 1980. Plasma concentrations of testosterone and luteinizing hormone in rutting reindeer bulls (*Rangifer tarandus*). *Can. J. Zool.* 58:2081–83.

Stricker, S. 1999. Comparative biology of calcium signaling during fertilization and egg activation in animals. *Dev. Biol.* 211: 157–76.

Sundqvist, C., Lukola, A., and Valtonen, M. 1984. Relationship between serum testosterone concentrations and fertility in male mink (*Mustela vison*). *J. Reprod. Fertil.* 70:409–12.

Swanson, W., and Brown, J. L. 2004. International training programs in reproductive sciences for conservation of Latin American felids. *Anim. Reprod. Sci.* 82–83:21–34.

Swanson, W., Johnson, W. E., Cambre, R. C., Citino, S. B., Quigley, K. B., Brousset, D. M., Morais, R. N., Moreira, N., O'Brien, S. J., and Wildt, D. E. 2003. Reproductive status of endemic felid species in Latin American zoos and implications for ex situ conservation. *Zoo Biol.* 22:421–41.

Swanson, W., Wildt, D., Cambre, R., Citino, S., Quigley, K., Brousset, D., Morais, R., Moreira, N., O´Brien, S., and Johnson, W. 1995. Reproductive survey of endemic felid species in Latin American zoos: Male reproductive status and implications for conservation. *Proc. Am. Assoc. Zoo Vet.* 1:374–80.

Tang, L. C. H., and Chan, S. Y. W. 1983. Use of albumin gradients for isolation of progressively motile human spermatozoa. *Singapore J. Obstet. Gynaecol.* 14:138–42.

Tardif, S., and Jaquish, C. 1994. The common marmoset as a model for nutritional impacts upon reproduction. *Ann. N. Y. Acad. Sci.* 709:214–15.

Taylor, A. C. 2003. Assessing the consequences of inbreeding for population fitness: Past challenges and future prospects. In *Reproductive science and integrated conservation*, ed. W. V. Holt , A. R. Pickard, J. C. Rodger, and D. E. Wildt, 67–81. Cambridge: Cambridge University Press.

Thibier, M. 2000. *The 1999 statistical figures for the world-wide embryo transfer society: A data retrieval committee report*. Savoy, IL: International Embryo Transfer Society.

Tung, K. S., Ellis, L. E., Childs, G. V., and Dufau, M. 1984. The dark mink: A model of male infertility. *Endocrinology* 114:922–29.

Verstegen, J., Iguer-Ouada, M., and Onclin, K. 2002. Computer assisted semen analyzers in andrology research and veterinary practice. *Theriogenology* 57:149–79.

Wasser, S. K., Hunt, K. E., Brown, J. L., Crockett, C., Bechert, U., Millspaugh, J., Larson, S., and Monfort, S. L. 2001. A generalized fecal glucocorticoid assay for use in a diverse array of nondomestic mammalian and avian species. *Gen. Comp. Endocrinol.* 120:260–75.

Watson, P. F. 1978. A review of techniques of semen collection in mammals. *Symp. Zool. Soc. Lond.* 43:97–126.

Whorton, M. D., and Foliart, D. E. 1983. Mutagenicity, carcinogenicity and reproductive effects of dibromochloropropane (DBCP). *Mutat. Res.* 123:13–30.

Wickings, E. J., Marshall, G. R., and Nieschlag, E. 1986. Endocrine regulation of male reproduction. In *Reproduction and development: Comparative primate biology*, ed. W. R. Dukelow and J. Erwin, 149–70. New York: Alan R. Liss.

Wildt, D. E. 1985. Reproductive technologies of potential use in the artificial propagation of non-human primates. In *The lion-tailed macaque: Status and conservation*, ed. P. G. Heltne, 171–94. New York: Alan R. Liss.

———. 1986. Spermatozoa: Collection, evaluation, metabolism,

freezing, and artificial insemination. In *Reproduction and development: Comparative primate biology*, ed. W. R. Dukelow and J. Erwin, 171–94. New York: Alan R. Liss.

———. 1997. Genome resource banking: Impact on biotic conservation and society. In *Tissue banking in reproductive biology*, ed. A. M. Karow and J. Critser, 399–439. New York: Academic Press.

Wildt, D. E., Brown, J. L., Bush, M., Barone, M. H., Cooper, K. A., Grisham, J., and Howard, J. G. 1993. Reproductive status of cheetahs (*Acinonyx jubatus*) in North American zoos: The benefits of physiological surveys for strategic planning. *Zoo Biol.* 12: 45–80.

Wildt, D. E., Brown, J. L., and Swanson, W. F. 1998. Cats. In *Encyclopedia of reproduction*. ed. E. Knobil and J. Neill, 497–510. New York: Academic Press.

Wildt, D. E., Bush, M., Goodrowe, K. L., Packer, C., Pusey, A. E., Brown, J. L., Joslin, P., and O'Brien, S. J. 1987c. Reproductive and genetic consequences of founding isolated lion populations. *Nature* 329:328–31.

Wildt, D. E., Bush, M., Howard, J. G., O'Brien, S. J., Meltzer, D., Van Dyk, A., Ebedes, H., and Brand, D. J. 1983. Unique seminal quality in the South African cheetah and a comparative evaluation in the domestic cat. *Biol. Reprod.* 29:1019–25.

Wildt, D. E., Bush, M., O'Brien, S. J., Murray, N. D., Taylor, A., and Graves, J. A. 1991. Semen characteristics in free-living koalas (*Phascolarctos cinereus*). *J. Reprod. Fertil.* 92:99–107.

Wildt, D. E., Donoghue, A. M., Johnston, L. A., Schmidt, P. M., and Howard, J. G. 1992. Species and genetic effects on the utility of biotechnology for conservation. In *Biotechnology and the conservation of genetic diversity*, ed. H. D. M. Moore, W. V. Holt, and G. M. Mace, 45–61. Oxford: Clarendon Press.

Wildt, D. E., Ellis, S., Janssen, D. L., and Buff, J. L. 2003. Toward more effective reproductive science for conservation. In *Reproductive science and integrated conservation*, ed. W. V. Holt, A. R. Pickard, J. C. Rodger, and D. E. Wildt, 2–20. Cambridge: Cambridge University Press.

Wildt, D. E., Howard, J. G., Chakraborty, P. K., and Bush, M. 1986b. Reproductive physiology of the clouded leopard: II. A circannual analysis of adrenal-pituitary-testicular relationships during electroejaculation or after an adrenocorticotropin hormone challenge. *Biol. Reprod.* 34:949–59.

Wildt, D. E., Howard, J. G., Hall, L. L., and Bush, M. 1986a. Reproductive physiology of the clouded leopard: I. Electroejaculates contain high proportions of pleiomorphic spermatozoa throughout the year. *Biol. Reprod.* 34:937–47.

Wildt, D. E., Meltzer, D., Chakraborty, P. K., and Bush, M. 1984. Adrenal-testicular-pituitary relationships in the cheetah subjected to anesthesia/electroejaculation. *Biol. Reprod.* 30: 665–72.

Wildt, D. E., O'Brien, S. J., Howard. J, G., Caro, T. M., Roelke, M. E., Brown, J. L., and Bush, M. 1987a. Similarity in ejaculate-endocrine characteristics in captive versus free-ranging cheetahs of two subspecies. *Biol. Reprod.* 36:351–60.

Wildt, D. E., Phillips, L. G., Simmons, L. G., Chakraborty, P. K., Brown, J. L., Howard, J. G., Teare, A., and Bush, M. 1988. A comparative analysis of ejaculate and hormonal characteristics of the captive male cheetah, tiger, leopard, and puma. *Biol. Reprod.* 38:245–55.

Wildt, D. E., Phillips, L. G., Simmons, L. G., Goodrowe, K. L., Howard, J. G., Brown, J. L., and Bush, M. 1987b. Seminal-endocrine characteristics of the tiger and the potential for artificial breeding. In *Tigers of the world: The biology, biopolitics, management and conservation of an endangered species*, ed. R. L. Tilson and U. S. Seal, 255–79. Park Ridge, NJ: Noyes.

Wildt, D. E., Rall, W. F., Critser, J. K., Monfort, S. L., and Seal, U. S. 1997. Genome resource banks: Living collections for biodiversity conservation. *Bioscience* 47:689–98.

Wildt, D. E., Schiewe, M., Schmidt, P., Goodrowe, K., Howard, J., Phillips, L., O'Brien, S., and Bush, M. 1986c. Developing animal model systems for embryo technologies in rare and endangered wildlife. *Theriogenology* 25:33–51.

Wirtu, G., Pope, C. E., Cole, A., Godke, R. A., Paccamonti, D. L., and Dresser B. L. 2005. Sperm cryopreservation in tragelaphine antelopes. *Reprod. Fertil. Dev.* 18:166.

Wohlfarth, E. 1990. Persistence of the preputial frenulum in boars. *Berl. Munch. Tierarztl. Wochenschr.* 103:406–9.

Wolf, K. N., Wildt, D. E., Vargas, A., Marinari, P. E., Ottinger, M. A., and Howard, J. G. 2000a. Reproductive inefficiency in male black-footed ferrets (*Mustela nigripes*). *Zoo Biol.* 19:517–28.

Wolf, K. N., Wildt, D. E., Vargas, A., Marinari, P. E., Kreeger, J. S., Ottinger, M. A., and Howard, J. G. 2000b. Age dependent changes in sperm production, semen quality and testicular volume in the black-footed ferret (*Mustela nigripes*). *Biol. Reprod.* 63:179–87.

Wu, A. S., Oldfield, J. E., Shull, L. R., and Cheeke, P. R. 1979. Specific effect of selenium deficiency on rat sperm. *Biol. Reprod.* 20:793–98.

Wyrobek, A. J. 1979. Changes in mammalian sperm morphology after X-ray and chemical exposures. *Genetics* 92:105–19.

Zamboni, L., Conaway, C. H., and Van Pelt, L. 1974. Seasonal changes in production of semen in free-ranging rhesus monkey. *Biol. Reprod.* 11:251–67.

Zamiri, M. J., and Khodaei, H. R. 2005. Seasonal thyroidal activity and reproductive characteristics of Iranian fat-tailed rams. *Anim. Reprod. Sci.* 88:245–55.

Zampieri, N., Corroppolo, M., Camoglio, F. S., Giacomello, L., and Ottolenghi, A. 2005. Phimosis: Stretching methods with or without application of topical steroids? *J. Pediatr.* 147:705–6.

Zhang, G., Swaisgood, R., and Zhang, H. 2004. An evaluation of behavioral factors influencing reproductive success and failure in captive giant pandas. *Zoo Biol.* 23:15–31.

33
繁殖とストレスの内分泌モニタリング

Keith Hodges, Janine Brown, and Michael Heistermann

訳：足立 樹，楠田哲士

はじめに

多くの飼育下の野生哺乳類は徹底的に管理されている．このような状況において，生殖状態をモニタリングする手法は，多くの種の繁殖成功率を高めようとする試みを大きく飛躍させることができるようになった．さらに詳しくいえば，排卵や妊娠といった繁殖生理の鍵となる事象をモニタリングするための客観的で確実な方法は，自然交配を管理するうえで一般的な実用法を見出すだけでなく，補助的または人工的な手法による繁殖の促進を目指した取り組みのための基礎となる．

また，動物福祉も飼育下で野生哺乳類を管理する時の重要な管理上の論点となる（第 2 章を参照）．それゆえにストレス（とその原因となる状況と行為）の回避は，動物園の総合的な管理体制の面でとても重要であるが，近年まで，動物園動物のストレスを生理学的に評価することは難しかった．

本章では，飼育下の野生哺乳類における生殖状態とストレスをモニタリングするために有効な，内分泌状態を基準とした方法を紹介する．この方法には血液中のホルモンの測定が含まれるが，われわれは非侵襲的なサンプル収集を基にした方法に重点をおくことにする．それとともに，主要な哺乳類群を対象に，生殖状態とストレスの定量のために尿中と糞中のホルモン分析法を用いた研究について，参考文献の一覧を一部であるが紹介する．このデータベースの大部分は，本書の第 1 版が出版された 1996 年以降に行われた研究からのものである．

生理状態を評価するための内分泌学的方法

一般論

ホルモンの分析は，繁殖に関連したものとストレスに関連したものを軸として，その生殖状態をモニタリングするための間接的な方法の中で最も正確なものである．しかし，ホルモンから得られたデータを正しく解釈するには，少なくともその対象種の生理機能の多少の知識が必要とされる．ホルモン分析を基にしたモニタリング方法はまず，生理学的な基礎情報（ホルモンの代謝，分泌と排泄のパターン）を提供し，それは後の実用を左右する．繁殖機能と副腎機能の内分泌には，種間に特定の基礎的な共通性があるが，自然界におけるものとの相違，パターンの相違，そして分泌されたホルモンや排泄されたホルモンのレベルの相違は，ある種から別の種への結果の外挿を困難にしたり，もしかすると誤った解釈を導いたりするかもしれない．

ホルモンは血液，唾液，尿，そして糞を含む様々な生体マトリックス（試料）中に存在し，定量（測定）することができる．どの試料をサンプルに用いるかは，必要な情報の種類，分析技術，ステロイドホルモンの代謝や排泄経路の種差，そして特に長期間の継続的なサンプリングが必要な場合のようなサンプル採取の実用性，などといったことによる．一般的に，動物に接触する必要のないサンプル収集上の利点から，多くの場合，尿と（最近では）糞の分析に基づいた非侵襲的なアプローチが好まれる．

ホルモン分析

ホルモンとそれらの代謝物の定量は通常，ホルモン特異性またはホルモングループ特異性をもつ抗体を用いた免疫学的手法を使った手順で行われる．主に2つの免疫学的測定法（イムノアッセイ法）が利用できる．1つは放射免疫測定（ラジオイムノアッセイ：RIA）法で，これは放射性標識されたホルモンを競合するトレーサーとして定量過程に用いる．そして酵素免疫測定（エンザイムイムノアッセイ：EIA）法では，酵素またはビオチンで標識されたものが用いられる．EIA法は非アイソトープ実験であるため，放射性物質の使用や廃棄処理に関連する問題を回避でき，またそれほど高価でもない．さらに，測定の最終段階は色の変化によるため，定量化は容易で，それほど高価でない機器で可能である．そのため，EIA法は高度な実験設備をもたない動物園等の施設により適している．

全てのイムノアッセイ法は非常に繊細であるため，初期のセットアップや日常的に実施する中で分析精度を慎重に評価しなければならない．それには4つの評価基準がある．感度（検出されるホルモンの最低量），精再現性（アッセイ内およびアッセイ間での再現性），精度（サンプル内のホルモン量を正確に検出する能力），そして特異性である．最後の特異性には2つの要素がある．抗体そのものの特異性の度合いと，干渉物質の影響の可能性（マトリックス効果）であり，これらはコントロールする必要がある．もし必要なら，サンプルの精製過程を追加することにより除去するか，ホルモンを除去したサンプルで標準物質を準備する必要がある．抗体の特異性に関して言えば，主要な代謝物が分かっている場合や，種間の比較に興味がある場合には，高い特異性を有するアッセイが有用である．しかし，排泄されたサンプル（特に糞）は非常に多くの代謝物を含むことから，特異的な測定で成功させることは難しい場合が多く，また少ない量の代謝物しか検出できない抗体を用いた場合には有用ではないだろう．グループ特異的アッセイでは，構造の似通ったいくつかの代謝物に交叉反応する抗体を使用する．個々の代謝物の相対的な存在量の情報は必要ないことから，幅広い種のアッセイに適用できるという利点があり（Heistermann and Hodges 1995，Heistermann, Palme, and Ganswindt 2006，Schwarzenberger et al. 1996a，Wasser et al. 2000を参照），したがってホルモン代謝物における種の特異性の問題を克服することにつながる．しかし，構造的には関連していても生理学的には性質が異なる物質から同様の測定値が得られてしまうという問題が起こることを回避するために，注意を払う必要がある（例えば，糞の分析において，副腎由来と精巣由来のアンドロジェンで同様の数値が得られることがある）．

よくある質問の1つが，人用の市販のイムノアッセイキットを野生動物種に使うことができるのか，ということである．それに対する答えは簡単ではない．なぜならその有効性は，種，ホルモン，そしてサンプルによって違うからである．例えば，キットは多くの種の血清中のステロイドホルモンを測定するのには有用であるが，尿や糞ではそうではないことが多い．hCG（ヒト絨毛性性腺刺激ホルモン）とhLH（ヒト黄体形成ホルモン）のキットは，ほとんどの大型類人猿の尿や血清ではうまくいくが，通常，他の種ではうまくいかない．その有用性をしっかり確認することなく市販のキットを使うべきではない．

サンプル採取と保存

血　液

ほとんどのホルモンの測定に関して，血清や血漿を使用することができる．ステロイドホルモンは通常，測定前にサンプルからの抽出作業が必要である．しかし，現在では多くのアッセイキットにおいて，アッセイ前のサンプルの前処理が必要ない．サンプルの凍結－融解の繰り返しは，蛋白質ホルモンではダメージを与えるため，避ける必要がある．

唾　液

多くの動物は，正の強化や褒美の餌を利用したトレーニングによって，唾液サンプルを採取できるようになる．大型動物では，直接容器に数mlの唾液を集めることもできるが（例：Gomez et al. 2004），小型の動物では，綿棒などの吸水性のあるものを使う必要があるかもしれない．動物に何か噛むものを与えることも，唾液サンプルを集めるためのもう1つの方法である．サンプルは採取後，冷凍保存する必要があり，ほとんどのアッセイでかなり面倒な抽出手順が必要となる．いくつかの企業では，マトリックスの影響による問題を回避するための唾液に特化したアッセイ法を開発している．

尿

サンプルは，排尿途中（一般的ではない）に採取したり，獣舎床の排水溝に置いた容器から回収したり，ピペットやシリンジを使って床から吸引して採取できる．もし可能なら，サンプルは細胞片等を取り除くため遠心分離すべきである．0.2mlという少ない量でほとんどのアッセイに十分であり，通常1ml以上採取する必要はない．サンプルは冷凍保存し，繰り返しの凍結・融解を避け，漏出の予防措置としてなるべく2つに分けて保存しておくべきである．

糞

糞サンプルは床から直接採取する．分析の目的では，一般的に親指の爪ほどの量で十分である（訳者注：動物の種類や糞の状態，分析方法などにより異なる）．繊維質の割合の高いサンプルの場合は，それよりも多くの採取が必要になるかもしれない〔例：サイ（シロサイ *Ceratotherium* 属，クロサイ *Diceros* 属，インドサイ *Rhinoceros* 属，スマトラサイ *Dicerorhinus* 属），ゾウ（アフリカゾウ *Loxodonta* 属，アジアゾウ *Elephas* 属），ジャイアントパンダ *Ailuropoda melanoleuca*〕．ステロイドホルモンは糞中には不均等に存在しているので，サンプルは容器に移し替える前に手袋をして，あるいはヘラを使って均質にすべきである（Brown et al. 1994b，Wasser et al. 1996，Millspaugh and Washburn 2003）．糞の処理や保存方法は，糞中ステロイドホルモン代謝物濃度の差に影響し，その反応は種特異的である（例：Terio et al. 2002，Hunt and Wasser 2003，Galama, Graham, and Savage 2004，Millspaugh and Washburn 2003）．このことに関連して，糞サンプルは単純に−20℃で冷凍保存することが長期的にステロイドホルモンを保存するのに最も効果的な方法であり，アルコール溶媒でサンプルを保存することより優先されるべきである．実際，エタノールによる長期保存は，たとえサンプルが凍っていたとしても，糞中ステロイドホルモン濃度に顕著な変化が起こり得る（Khan et al. 2002，Hunt and Wasser 2003）．国によっては，糞の輸入には，病原体を殺すための特別な処置（例えば，高圧滅菌器，ホルマリン，酢酸，エタノール，水酸化ナトリウム）が求められるだろう．そしてこれはステロイドホルモン量に影響を及ぼす可能性がある（Millspaugh et al. 2003）．

尿と糞の両者で，排泄源（どの個体か）が分かっているサンプルを採取すること，そして水やいかなる種類の洗浄剤の混入がないのはもちろん，相互のコンタミ（糞への尿の混入，その逆も同様）を避けることが最も重要なことである．しかし，尿サンプルが過度に希釈されていない限りは，クレアチニン指標によって水分の違いを計算すべきである．例えば，尿がしみ込んだ雪を使って，野生ウマのステロイドホルモンが測定されている（Kirkpatrick, Shideler, and Turner 1990）．

いくつかのホルモン（例えば，テストステロンやグルココルチコイド）では，分泌に日周期パターンがあるため，サンプル採取の時間は変動要因となり，コントロールしておく必要がある．血液と尿で日周変化の重要性はかなり明らかであるが，糞の通過速度が比較的早い体の小さな特定の動物種（例えば，マーモセット類：Sousa and Ziegler 1998，齧歯類：Cavigelli et al. 2005）の糞でも注目に値する．このように，どこに排便しようとも，可能なら，サンプルは毎回だいたい同じ時刻に採取するべきである．

Hodges and Heistermann（2003）は，生理機能をモニタリングするためのホルモンデータを得るために，尿と糞の分析を利用するにあたっての実際的な側面（例えば，サンプリング頻度，サンプルの前処理，結果の解釈など）について述べている．

様々な生物試料中のホルモン測定

血　液

血液中のホルモン測定は実験動物や家畜の生理機能をモニタリングするための研究方法として，おそらく今も最も有益で広く利用されている．サンプルの前処理に関連する問題が少ないこと（例えば，複雑な抽出や加水分解の必要が少ない），濃度の補正が必要ないこと，リアルタイムのホルモン状態を反映すること（タイムラグはないか，または少ない），短期間の内分泌変化をモニタリングできる可能性があること，などがその使用上の利点としてあげられる．しかし，ほとんどの動物園動物では，採血のために捕獲や保定が必要で，日常的な（繰り返しの，定期的な）手段としてこの方法は実用的ではない．それでもやはり，血液採取が適している状況がある．それは，適当な代替手段がない場合や，静脈穿刺による危険やストレスが少なくて済むようなハズバンダリートレーニングや訓練のレベルが十分である場合である．例えば北米では，アジアゾウとアフリカゾウの生殖状態を血中プロジェスチン測定によって日常的にモニタリングしていたり（Brown 2000），これらの種の血中の下垂体ホルモン，副腎ホルモン，卵巣ホルモンの動態が多くの研究から明らかにされている（Kapustin et al. 1996，Carden et al. 1998，Brown 2000，Brown, Wemmer, and Lehnhardt 1995，Brown et al. 1999，Brown, Walker, and Moeller 2004）．長期的な血液のサンプリングは，サイ（Berkeley et al. 1997，Roth et al. 2001, 2004），ベアードバク（*Tapirus bairdii*）（Brown et al. 1994a 参照），ベルーガ（*Delphinapterus leucas*）（Robeck et al. 2005a），ガヤル（ミタン，*Bos frontalis*）（Mondal, Rajikhoa, and Prakash 2005 参照），ヤク（*Bos grunniens*）（Sarkar and Prakash 2006 参照），アジアスイギュウ（*Bubalus bubalis*）（Mondal and Prakash 2004 参照），ラクダ（Bravo et al. 1991 参照），ネコ科動物（Brown

2006 の総論を参照）を含む多くの野生動物の発情期と妊娠期のステロイドホルモンと蛋白質ホルモンのモニタリングに使われてきた．さらに，血液のサンプリングは，非侵襲的モニタリング技術の妥当性を確認するための一環として，血中ホルモンと排泄物中ホルモンの動態が一致しているかどうかを示すのに使われることも多い（例：Brown et al. 1995，Berkeley et al. 1997，Heistermann, Trohorsch, and Hodges 1997，Goymann et al. 1999，Walker, Waddell and Goodrowe 2002）.

唾　液

唾液中にもごく微量のステロイドホルモンが含まれており，高感度のイムノアッセイ法を用いることで測定することができる．ホルモンは受動拡散によって唾液中に入るため，その濃度は唾液の流量による影響を受けない（例：Riad-Fahmy et al. 1982）．唾液中のステロイドホルモン濃度は，通常は血中濃度よりもとても薄い．これは唾液中にはステロイドホルモンの非結合型のものしか存在しないためである．状況によっては，唾液の採取ができ，非侵襲的手法ともいえる．女性，家畜，イヌにおいては有用であることが証明されているが（例：Negrão et al. 2004，Queyras and Carosi 2004），野生動物で唾液中のホルモンの分析を行った研究はわずかしかない．繁殖に関わるステロイドホルモンのモニタリングがサイにおいて報告されているが（Czekala and Callison 1996，Gomez et al. 2004），唾液中のホルモン分析を行った研究のほとんどがストレスに関連した副腎活動を評価するための唾液中のコルチゾール分析に関するものである（例：Ohl, Kirschbaum, and Fuchs 1999，Lutz et al. 2000，Cross and Rogers 2004）．しかし，他の研究では，唾液を用いた分析は血中濃度と唾液中濃度の間に相関がないことから，繁殖機能を評価するための有用性には限界があることが報告されている（Atkinson et al. 1999，Fenske 1996）．インドサイ（*Rhinoceros unicornis*）での研究では，いくつかのエストロジェンとプロジェスチンの RIA と EIA で芳しくない結果が得られたのに対して，人の唾液用に設計された市販の分析キットでは有効な結果が得られている．このように，唾液中の生物学的免疫活性が検出できないことは，分析上のマトリックス効果によるものかもしれない．最近の研究では，バンドウイルカ（*Tursiops truncatus*）において液体クロマトグラフィー・マススペクトロメトリー（質量分析法）を使って，唾液中のテストステロンを測ることに成功している（Hogg, Vickers, and Rogers 2005）.

尿

1980 年代初頭，尿中ホルモンの分析方法の開発の主な目的は，動物園動物の管理へのより科学的な情報の導入と，対象種の効率的かつ調整された繁殖計画を確立するために高まる意識（と需要）によるものだった．尿中ホルモン分析は，既存の血液のサンプリングで必要とされる侵襲的な処置に対する最も可能性のある代替手段とされていた．1980 年初頭から中盤に行われた多くの研究（Hodges 1985，Lasley 1985，Heistermann, Möstl, and Hodges 1995 を参照）の結果，尿中ホルモンの分析方法の中でも，作業手順の簡略化，感度，精度という点で大きな進歩があった．その後の方法とそれに続く応用法は，野生動物やその他の脊椎動物の分類群において，繁殖と最近ではストレスに関する生理機能の比較可能な膨大なデータベースを生み出した．

ほとんどの尿サンプルは単回の排泄によるものか，不完全な 24 時間採取によるものであることから，尿の濃度と量の違いを補正するためにクレアチニン測定が利用されている．クレアチニン補正の使用には一定の限界があるが，ホルモン / クレアチニン比と 24 時間の排出率には高い相関があり（例：Hodges and Eastman 1984），この方法によって多様な種のホルモン動態を得ることに成功している．

尿中のほとんどのステロイドホルモンは，硫酸抱合体かグルクロン酸抱合体として存在している．尿中ステロイドホルモンにおける初期の分析方法では，分析前に加水分解と溶媒抽出という面倒な手順が含まれていたが，その後の非抽出分析法の導入によって，ほとんどの種において，抱合化したステロイドホルモンを直接測定することができるようになり，この手法は飛躍的に簡略化された（例：Shideler et al. 1983，Lasley et al. 1985，Hodges and Green 1989，Heistermann and Hodges 1995）．効率が悪いとされる加水分解の必要性を回避し，抱合化したステロイドホルモンを直接分析することは，それまでの抽出方法で得られていたよりも，さらに有用なホルモン情報をもたらすという付加的な利点がある（例：Shideler et al. 1983，Lasley and Kirkpatrick 1991）.

排出速度（これはホルモンの種類と動物種によって変化する）とサンプリング頻度によるが，分泌（とそれによる血中ホルモン量の変化）と尿中でのその検出には一定のタイムラグがある．ステロイドホルモンの産生・分泌から，排泄された尿中への出現までのタイムラグは短くて 2 時間だが（例：Bahr et al. 2000），たいていの場合，6 ～ 14 時間である（Czekala et al. 1992，Brown, Wemmer, and

Lehnhardt 1995，Monfort et al. 1995, 1997，Busso et al. 2005）．したがって具体的には，尿中ホルモンの排泄パターンの変化は通常数時間前に起きた生理現象を反映しており，尿中ホルモン動態を解釈する場合はこれを考慮しなければならない．

ほとんどの尿を基にした分析がステロイドホルモンの測定として行われているが，性腺刺激ホルモン（下垂体性の黄体形成ホルモン，卵胞刺激ホルモン，いくつかの種では絨毛性性腺刺激ホルモン）も同様に尿中に排出されている．このような全てのペプチドホルモン（βサブユニット）の構造は種特異的であるため，野生動物の研究でよく行われる異種間の分析をする時の抗体の選択には注意しなければならない．特に用途の広いウシ LH に対するモノクローナル抗体は，hCG と eCG と同様に，多様な哺乳類の LH と高い交叉反応性を示し（Matteri et al. 1987），霊長類（Ziegler, Matteri, and Wegner 1993，Shimizu et al. 2003a），海生哺乳類（Robeck et al. 2004, 2005b），サイ（Stoops, Pairan, and Roth 2004）などの多くの野生動物の卵巣周期中の尿中 LH 動態を明らかにするために使われている．尿中プロラクチン（Ziegler et al. 2000a，Soltis, Wegner, and Newman 2005），絨毛性性腺刺激ホルモン（Munro et al. 1997，Shimizu et al. 2003a，Tardif et al. 2005），FSH（Shimizu et al. 2003a，Shimizu 2005）もいくつかの野生動物で測定されている．ただし，重要な補足説明として，血中で蛋白質ホルモンが同定されたとしても，それらが必ずしも尿中で測定可能であるというわけではない．蛋白質ホルモンはおそらく排出前に構造的に変化するか，顕著な量は排出されないかもしれないからである．

糞

多量のステロイドホルモンは，尿中への排出に加えて糞中にも排泄される．実際，いくつかの哺乳類では（例：多くのネコ科動物：Shille et al. 1990，Brown et al. 1994a, Graham and Brown 1996），糞中への排泄のほうが主である．特に，ラジオメタボリズム（放射性同位体を用いて代謝を測定する方法）による研究によって，糞と尿へのステロイドホルモンの排泄経路に関する重要な相対的データが得られている．これらの研究から，異種間だけでなく，同じ種内でのホルモンの種類の間でも（排泄経路に）大きな違いがあることが明らかになった．このように，例えば霊長類の中では，リスザル（*Saimiri sciureus*）ではエストロジェンとプロジェステロン代謝物の両方が主に（70%）糞を介して排泄されるが（Moorman et al. 2002），ワタボウシタマリン（*Saguinus oedipus*）や新世界ザルではエストロジェンのほとんど（92%）が尿を介して排泄され（Ziegler et al. 1989），プロジェスタージェンは糞中に排出される（95%）（Ziegler et al. 1989）．同様に，スマトラサイ（*Dicerorhinus sumatrensis*）（Heistermann et al. 1998 参照）とアフリカゾウ（*Loxodonta africana*）（Wasser et al. 1996）ではともに，エストロジェンは主として尿中に排泄され，プロジェスタージェンの大部分は糞中に排泄される．

糞を用いた分析の主な利点の 1 つが，群れで生活する動物や自然界で生活する動物からのサンプル採取が比較的容易なことである．一般的に動物を分ける必要がなく，したがって，飼育係は群れの物理的混乱を避けることができ，社会的関係性を維持することができる．ほとんどの状況において，糞のサンプリングは野生下での長期的研究のための唯一の実行可能な選択肢である（尿の採取の成功例があるが）．このように，糞の分析方法への関心が，この 5 ～ 10 年で増加している理由となっている．

直接（非抽出で）分析できることが標準となっている尿の分析とは異なり，糞中のステロイドホルモンの測定では分析前の抽出作業が必要となる．多数の抽出法があり，どれを選択するかはある程度，測定するホルモンの種類，サンプルの保存方法，そして個人の好みによる（Heistermann, Tari, and Hodges 1993，Shideler et al. 1994，Schwarzenberger et al. 1996b，Palme and Möstl 1997，Whitten et al. 1998，Moreira et al. 2001）．一般的に，5 ～ 20% の水を含む有機溶媒（エタノール，メタノール：95 ～ 80%）での抽出によってステロイドホルモンの回収は良好である．多くの種でステロイドホルモンが遊離状態（非抱合型）で糞中に排出される．しかし，ネコ科動物（Brown et al. 1994b, 1995）やマーモセット（Ziegler et al. 1996）などのいくつかの分類群の種では，ホルモンが主に抱合化した状態で糞中に排出され，多くの場合それらは，抱合化したものやそれと交叉反応するものを直接定量する抗体を使用して測定することができる．しかし，糞の抽出作業のあとに加水分解を行うことで結果が良くなる場合もある（Ziegler et al. 1996）．

糞サンプルはその濃度と水分含量がかなりばらばらで，これは通常，排泄された新鮮な糞の一部分の湿重量，もしくは凍結乾燥後の乾燥粉末重量のどちらかを使って単位重量（グラム）あたりのホルモン量で表すことによって調整する必要がある（例：Hodges and Heistermann 2003）．腸の通過時間はクリアランス率に加えられ，それは糞と尿を用いた測定を比較した時，タイムラグ（ホルモン分泌から排泄までの時間）を著しく増加させる．糞の分析に関連するタイムラグはより長く，種間，種内ともに様々（例：6 ～ 48 時間以上）である．さらに，餌や健康状態，ストレスレベルなどの種々の要因が，腸の通過時間に影響する．ラジオメタボリズムによる研究では，データが得られている多くの大型哺乳類で，ステロイドホルモンは血中に現れてから 24 ～ 48 時間後に糞中に排泄されることが示されているが（Schwarzenberger et al. 1996a の総説を参照），ヒツジ（Palme et al. 1996），イエネコ（Brown et al. 1994a），そして小型のコモンマーモセット（*Callithrix jacchus*）（4～8 時間：Bahr et al. 2000，Möhle et al. 2002）では 20 時間以下というそれより短い時間であるといわれている．そのため，ホルモンのタイムラグと対象種に関する知識が，生理状態に関連するホルモン量の変化を正しく解釈するために重要である．

補足的に行う生物学的な妥当性の確認作業は，排泄物中のホルモン測定（特に糞中ホルモン）が正確に生理状態を反映していることを示すのに通常望ましい．卵巣活動を分析するために，発情行動，排卵の時期，または妊娠開始期と同時に起こると予測される代謝物濃度の上昇・下降を実証することが有用である．もう 1 つの方法として，生理学的な変化（とその結果生じる分泌）とホルモン代謝物の排泄との因果関係は，ホルモン産生を刺激する薬剤〔例：性腺刺激ホルモン放出ホルモン（GnRH），副腎皮質刺激ホルモン（ACTH）〕の投与によっても立証することができる．

雌における非侵襲的な生殖状態の評価

長い間，特に 1980 年代と 1990 年代初め，野生動物の繁殖機能をモニタリングするために，尿中のホルモン分析が一般的な方法だった．その分析法は全ての主要な哺乳類の分類群に広く適用され，動物園動物の管理面で即効性のある実用的価値からはかけ離れていたものの，雌の繁殖周期を比較するという面で多くの基礎情報をもたらした（例：表 33-1 を参照）．

尿中ホルモンのモニタリングは迅速で安価ではあるが，尿サンプルの採取が難しい場合もある．糞の採取は，労力や，サンプル処理のためのコストが高かったりという避けられない短所があるが，比較的採取が容易なことから，動物園では，現在はほとんどの動物で雌の繁殖機能の評価のために，糞中に排出されたエストロジェンとプロジェスタージェン代謝物が分析されている（表 33-2）．

表 33-1 と表 33-2 には，主に飼育下で行われた（霊長類は例外）研究をまとめてあるが，尿（特定の状況下で），糞ともに，野生下の動物のホルモン状態に関して多くの有用なデータをもたらすことができる．例えば，尿中のホルモン分析は野生状態のサバンナモンキー（*Chlorocebus pygerythrus*）（Andelman et al. 1985 参照）とチンパンジー（*Pan troglodytes*）（Deschner et al. 2003 参照）の雌の生殖状態のモニタリングに有用であった．野生状態のリカオン（*Lycaon pictus*）（Creel et al. 1997），ミーアキャット（*Suricata suricatta*）（Moss et al. 2000），アメリカバイソン（*Bison bison*）（Kirkpatrick et al. 2001）およびクロサイ（*Diceros bicornis*）（Garnier et al. 1998）において，発情周期中と妊娠中の糞中ホルモンの変化が測定されている．糞中のステロイドホルモン測定は，オオツノヒツジ（*Ovis canadensis*）（Schoenecker, Lyda, and Kirkpatrick 2004），アカシカ（*Cervus elephus*）（Stoops et al. 1999，Garrott et al. 1998）およびヘラジカ（*Alces alces*）（Berger et al. 1999）といった様々な有蹄類において，単一サンプルでの妊娠診断の実例を与えてくれた．Monfort（2003）は野生状態の動物の尿と糞の研究の総説を提示している

雄における非侵襲的な生殖状態の評価

雄の哺乳類で精巣の内分泌活動を明らかにすることは，雄の繁殖機能と繁殖能力の評価の重要な手段である（第 32 章を参照）．テストステロン（精巣から分泌される主要なアンドロジェン）の分泌は大きなパルス状であり，そのため血中のテストステロン濃度は数時間または数分で著しく変化し，単一の（または不定期な）サンプルを基にした場合の内分泌状態の解釈は難しい．したがって，尿中や糞中に排泄されたテストステロンの分解産物（代謝物）の分析を基にした非侵襲的な研究方法は，全体像（尿や糞によって得られた測定値は何時間もかけて累積された分泌量を示す）だけでなく，雄の精巣内分泌活動の長期的な情報を手に入れたい時にも有用である．しかし，これまでのところ，テストステロンの代謝，排泄経路，排泄された代謝物の種類に関する情報は限られたものしかない（ネコ：Brown, Terio, and Graham 1996；霊長類：Möhle et al. 2002，Hagey and Czekala 2003；アフリカゾウ：Ganswindt et al. 2002, 2003）．これらの研究では，テストステロンの代謝は非常に複雑で種特異性があり，通常テストステロンそのものは量的な重要性は低いが（実際には，テストステロンが糞中には存在しない種もある），結果として，多量の代謝物が排泄されていることが明らかにされている．近縁種であっても，排泄されたアンドロジェン代謝物の形にはかなりのバリエーションがあり（例：Hagey and Czekala 2003），そのため，精巣活動の指標としての

表 33-1　野生哺乳類の卵巣機能と妊娠のモニタリングに役立つ内分泌動態の情報が得られる尿中ホルモン分析を用いた研究例

動物種	卵巣周期，排卵	妊娠
霊長目		
キツネザル科		
アカハラキツネザル（*Eulemur rubriventer*）		Gerber, Moisson, and Heistermann 2004
スクレータークロキツネザル（*Eulemur flavifrons*）		Gerber, Moisson, and Heistermann 2004
サンビラノジェントルキツネザル（*Hapalemur occidentalis*）		Gerber, Moisson, and Heistermann 2004
マーモセット科		
コモンマーモセット（*Callithrix jacchus*）	Nivergelt and Pryce 1996	Nivergelt and Pryce 1996
ウィードマーモセット（*Callithrix kuhlii*）	French et al. 1996	French et al. 1996
ピグミーマーモセット（*Cebuella pygmaea*）	Carlson, Ziegler, and Snowdon 1997	
セマダラタマリン（*Saguinus fuscicollis*）	Heistermann and Hodges 1995	Heistermann and Hodges 1995
ジェフロイタマリン（*Saguinus geoffroyi*）	Kuhar et al. 2003	
ゴールデンライオンタマリン（*Leontopithecus rosalia*）	Monfort, Bush, and Wildt 1996	
キンクロライオンタマリン（*Leontopithecus chrysomelas*）	De Vleeschouwer, Heistermann, and Van Elascker 2000，French et al. 2002	
ゲルディモンキー（*Callimico goeldii*）	Pryce, Schwarzenberger, and Doebeli 1994	Jurke et al. 1994
オマキザル科		
フサオマキザル（*Cebus apella*）	Carosi, Heistermann, and Visalberghi 1999	
サキ科		
シロガオサキ（*Pithecia pithecia*）	Shideler et al. 1994，Savage et al. 1995	Shideler et al. 1994，Savage et al. 1995
ダスキーティティ（*Callicebus moloch*）	Valleggia et al. 1999	Valleggia et al. 1999
クモザル科		
ウーリークモザル（*Brachyteles arachnoides*）	Ziegler et al. 1997	
アカホエザル（*Alouatta seniculus*）	Herrick et al. 2000	Herrick et al. 2000
ジェフロイクモザル（*Ateles geoffroyi*）	Campbell et al. 2001	Campbell et al. 2001
オナガザル亜科		
トンケアンモンキー（*Macaca tonkeana*）	Thierry et al. 1996，Aujard et al. 1998	Thierry et al. 1996
ニホンザル（*Macaca fuscata*）	Fujita et al. 2001	
アカゲザル（*Macaca mulatta*）	Gilardi et al. 1997	
カニクイザル（*Macaca fascicularis*）	Shideler et al. 1993a，Shimizu et al. 2003a ,b	Shideler et al. 1993a
ヒヒ類（*Papio* ssp.）		French et al. 2004
フクロウグエノン（*Cercopithecus hamlyni*）	Ialeggio et al. 1997	
コロブス亜科		
ハヌマンラングール（*Semnopithecus entellus*）	Heistermann, Finke, and Hodges 1995	
ビエシシバナザル（ユンナンキンシコウ）（*Rhinopithecus bieti*）	He et al. 2001	He et al. 2001
アビシニアコロブス（*Colobus guereza*）	Harris and Monfort 2003	
テナガザル科		
シロテテナガザル（*Hylobates lar*）	Nadler, Dahl, and Collins 1993	
ヒト科		
チンパンジー（*Pan troglodytes*）	Deschner et al. 2003，Shimizu et al. 2003a	Shimizu et al. 2003a
ボノボ（ピグミーチンパンジー）（*Pan paniscus*）	Heistermann, Palme, and Ganswindt 1996，Jurke et al. 2000	Heistermann, Palme, and Ganswindt 1996
ローランドゴリラ（*Gorilla gorilla*）	Bellem, Monfort, and Goodrowe 1995	Bellem, Monfort, and Goodrowe 1995
オランウータン科		
ボルネオオランウータン（*Pongo pygmaeus*）	Asa et al. 1994，Shimizu et al. 2003b	

（つづく）

表 33-1 野生哺乳類の卵巣機能と妊娠のモニタリングに役立つ内分泌動態の情報が得られる尿中ホルモン分析を用いた研究例(つづき)

動物種	卵巣周期，排卵	妊娠
奇蹄目		
サイ科		
シロサイ（*Ceratotherium simum*）	Hindle, Möstl, and Hodges 1992	
クロサイ（*Diceros bicornis*）	Hindle, Möstl, and Hodges 1992	
インドサイ（*Rhinoceros unicornis*）	Stoops, Parian, and Roth 2004	
スマトラサイ（*Dicerorhinus sumatrensis*）	Heistermann et al. 1998	
ウマ科		
グレビーシマウマ（*Equus grevyi*）	Asa et al. 2001	Ramsay et al. 1994
グラントシマウマ（*Equus burchelli*）		Ramsay et al. 1994
ハートマンヤマシマウマ（*Equus zebra*）		Ramsay et al. 1994
モウコノウマ（*Equus przewalskii*）		Ramsay et al. 1994
バク科		
バク類（*Tapirus* spp.）		Ramsay et al. 1994
長鼻目		
アフリカゾウ（*Loxodonta africana*）	Heistermann, Trohorsch, and Hodges 1997, Fiess, Heistermann, and Hodges 1999	Fiess, Heistermann, and Hodges 1999
アジアゾウ（*Elephas maximus*）	Niemüller, Shaw, and Hodges 1993, Czekala et al. 2003b	Niemüller, Shaw, and Hodges 1993, Brown and Lehmhardt 1995
偶蹄目		
ウシ科		
アメリカバイソン（*Bison bison*）	Kirkpatrick, Bancroft, and Kincy 1992	Kirkpatrick, Bancroft, and Kincy 1992
ドールシープ（*Ovis dalli*）	Goodrowe et al. 1996	Goodrowe et al. 1996
ギュンターディクディク（*Madoqua guentheri*）	Robeck et al. 1997	Robeck et al. 1997
ラクダ科		
ラマ（*Lama glama*）	Bravo et al. 1993	Bravo et al. 1993
アルパカ（*Lama pacos*）	Bravo et al. 1993	Bravo et al. 1993
シカ科		
エルドジカ（*Rucervus eldii*）	Monfort, Arthur, and Wildt 1990, Hosack et al. 1997	Monfort, Arthur, and Wildt 1990
ヘラジカ（*Alces alces*）	Monfort, Brown, and Wildt 1993	Monfort, Brown, and Wildt 1993
シフゾウ（*Elaphurus davidianus*）	Monfort, Martinet, and Wildt 1991	Monfort, Martinet, and Wildt 1991
キリン科		
オカピ（*Okapia johnstoni*）	Schwarzenberger et al. 1999	Schwarzenberger et al. 1999
貧歯目		
アリクイ科		
コアリクイ（*Tamandua tetradactyla*）	Hay et al. 2000	
食肉目		
イヌ科		
リカオン（*Lycaon pictus*）	Monfort et al. 1997	Monfort et al. 1997
マングース科		
コビトマングース（*Helogale parvula*）	Creel et al. 1992, 1995	Creel et al. 1992, 1995
クマ科		
ジャイアントパンダ（*Ailuropoda melanoleuca*）	Monfort et al. 1989, Czekala et al. 2003a, Steinman et al. 2006	Monfort et al. 1989, Steinman et al. 2006
鯨目		
イルカ科		
バンドウイルカ（*Tursiops truncatus*）	Robeck et al. 2005b	
シャチ（*Orcinus orca*）	Robeck et al. 2004	
齧歯目		
ハツカネズミ（*Mus musculus*）	deCatanzaro et al. 2003, 2004, Muir et al. 2001	deCatanzaro et al. 2003, 2004

表 33-2　野生哺乳類の卵巣機能と妊娠のモニタリングに役立つ内分泌動態の情報が得られる糞中ホルモン分析を用いた研究例

動物種	卵巣周期，排卵	妊娠
霊長目		
キツネザル科		
マングースキツネザル（*Eulemur mongoz*）	Curtis et al. 2000	Curtis et al. 2000
アカビタイキツネザル（*Eulemur rufus*）	Oster and Heistermann 2003	Oster and Heistermann 2003
インドリ科		
ベローシファカ（*Propithecus verreauxi*）	Brockman et al. 1995，Brockman and Whitten 1996	Brockman et al. 1995，Brockman and Whitten 1996
ロリス科		
ピグミースローロリス（*Nycticebus pygmaeus*）	Jurke, Czekala, and Fitch-Snyder 1997	Jurke, Czekala, and Fitch-Snyder 1997
マーモセット科		
コモンマーモセット（*Callithrix jacchus*）	Ziegler et. al 1996	
ワタボウシタマリン（*Saguinus oedipus*）	Ziegler et. al 1996	
ゲルディモンキー（*Callimico goeldii*）	Pryce, Schwarzenberger, and Doebeli 1994	
ゴールデンライオンタマリン（*Leontopithecus rosalia*）	French et al. 2003	French et al. 2003
オマキザル科		
フサオマキザル（*Cebus apella*）	Carosi, Heistermann, and Visalberghi 1999	
リスザル（*Saimiri sciureus*）	Moorman et al. 2002	Moorman et al. 2002
サキ科		
シロガオサキ（*Pithecia pithecia*）	Shideler et al. 1994	Shideler et al. 1994
クモザル科		
ジェフロイクモザル（*Ateles geoffroyi*）	Campbell et al. 2001，Campbell 2004	Campbell et al. 2001
ウーリークモザル（*Brachyteles arachnoides*）	Ziegler et. al 1997，Strier and Ziegler 1997	Strier and Ziegler 1997
オナガザル科		
カニクイザル（*Macaca fascicularis*）	Shideler et al. 1993b，Engelhardt et al. 2004	Shideler et al. 1993b
ニホンザル（*Macaca fuscata*）	Fujita et al. 2001	
シシオザル（*Macaca silenus*）	Heistermann et al. 2001	
スーティーマンガベイ（*Cercocebus atys atys*）	Whitten and Russell 1996	
キイロヒヒ（*Papio cynocephalus*）		Wasser 1996
コロブス亜科		
ハヌマンラングール（*Semnopithecus entellus*）	Heistermann, Finke, and Hodges 1995，Ziegler et al. 2000b	Ziegler et al. 2000b
アカアシドゥクラングール（*Pygathrix namaeus*）	Heistermann, Ademmer, and Kaumanns 2004	
テナガザル科		
シロテテナガザル（*Hylobates lar*）	Barelli et al. 2007	
ヒト科		
チンパンジー（*Pan troglodytes*）	Emery and Whitten 2003	
ボノボ（ピグミーチンパンジー）（*Pan paniscus*）	Heistermann et al. 1996，Jurke et al. 2000	Heistermann et al. 1996
ローランドゴリラ（*Gorilla gorilla*）	Miyamoto et al. 2001，Atsalis et al. 2004	
奇蹄目		
サイ科		
シロサイ（*Ceratotherium simum*）	Schwarzenberger et al. 1998b，Brown et al. 2001	Patton et al. 1999
クロサイ（*Diceros bicornis*）	Berkely et al. 1997，Brown et al. 2001	Schwarzenberger et al. 1996b，Brown et al. 2001
インドサイ（*Rhinoceros unicornis*）	Schwarzenberger et al. 2000	Schwarzenberger et al. 2000
スマトラサイ（*Dicerorhinus sumatrensis*）	Heistermann et al. 1998，Roth et al. 2001	Roth et al. 2001

（つづく）

表33-2　野生哺乳類の卵巣機能と妊娠のモニタリングに役立つ内分泌動態の情報が得られる糞中ホルモン分析を用いた研究例(つづき)

動物種	卵巣周期，排卵	妊娠
ウマ科		
グレビーシマウマ（*Equus grevyi*）	Asa et al. 2001	Asa et al. 2001
チャップマンシマウマ（*Equus burchelli antiquorum*）		Skolimowska et al. 2004b
モウコノウマ（*Equus przewalskii*）	Scheibe et al. 1999	
ウマ（*Equus caballus*）	Barhuff et al. 1993	Palme et al. 2001，Skolimowsa, Janowski, and Golonka 2004a
長鼻目		
アフリカゾウ（*Loxodonta africana*）	Wasser et al. 1996，Fiess et al. 1999	Fiess, Heistermann, and Hodges 1999
偶蹄目		
ウシ科		
アメリカバイソン（*Bison bison*）	Kirkpatrick, Bancroft, and Kincy 1992，Matsuda et al. 1996	Kirkpatrick, Bancroft, and Kincy 1992
オオツノヒツジ（*Ovis canadensis*）		Borjesson et al. 1996，Schoenecker, Lyda, and Kirkpatrick 2004
モロッコダマガゼル（*Nanger dama mhorr*）	Pickard et al. 2001	Pickard et al. 2001
セーブルアンテロープ（*Hippotragus niger*）	Thompson, Mashburn, and Monfort 1998，Thompson and Monfort 1999	
シロオリックス（*Oryx dammah*）	Morrow and Monfort 1998，Morrow et al. 1999，Shaw et al. 1995	
ラクダ科		
ビクーナ（*Vicugna vicugna*）	Schwarzenberger, Speckbacher, and Bamberg 1995	
シカ科		
ヘラジカ（*Alces alces*）	Schwartz et al. 1995	Schwartz et al. 1995
シフゾウ（*Elaphurus davidianus*）	Li et al. 2001	Li et al. 2001
プーズー（*Pudu puda*）	Blanvillain et al. 1997	
ニホンジカ（*Cervus nippon*）	Hamasaki et al. 2001	Hamasaki et al. 2001
キリン科		
キリン（*Giraffa camelopardalis*）	del Castillo et al. 2005	del Castillo et al. 2005，Dumonceaux, Bauman, and Camilo 2006
オカピ（*Okapia johnstoni*）	Schwerzenberger et al. 1993, 1999	Schwerzenberger et al. 1993, 1999
カバ科		
カバ（*Hippopotamus amphibius*）	Graham et al. 2002	Graham et al. 2002
貧歯目		
アリクイ科		
オオアリクイ（*Myrmecophaga tridactyla*）	Patzl et al. 1998	Patzl et al. 1998
食肉目		
イヌ科		
ホッキョクギツネ（*Vulpes lagopus*）	Sanson, Brown, and Farstad 2005	Sanson, Brown, and Farstad 2005
フェネック（*Vulpes zerda*）	Valdespino, Asa, and Bauman 2002	Valdespino, Asa, and Bauman 2002
タテガミオオカミ（*Chrysocyon brachyurus*）	Velloso et al. 1998	Velloso et al. 1998
アメリカアカオオカミ（*Canis rufus*）	Walker, Waddell, and Goodrowe 2002	Walker, Waddell, and Goodrowe 2002
リカオン（*Lycaon pictus*）	Monfort et al. 1997	Monfort et al. 1997
ネコ科		
チーター（*Acinonyx jubatus*）	Czekala et al. 1994，Brown et al. 1996b	Czekala et al. 1994; Brown et al. 1996b
ウンピョウ（*Neofelis nebulosa*）	Brown et al. 1995b	Brown et al. 1995b
オセロット（*Leopardus pardalis*）	Moreira et al. 2001	
マヌルネコ（*Felis manul*）	Brown et al. 2002	Brown et al. 2002
トラ（*Panthera tigris*）	Graham et al. 1995	Graham et al. 1995
イタチ科		
クロアシイタチ（*Mustela nigripes*）	Brown 1997，Young, Brown, and Goodrowe 2001	Brown 1997，Young, Brown, and Goodrowe 2001
ラッコ（*Enhydra lutris*）	Larson, Casson, and Wasser 2003，Da Silva and Larson 2005	Larson, Casson, and Wasser 2003，Da Silva and Larson 2005

（つづく）

表33-2　野生哺乳類の卵巣機能と妊娠のモニタリングに役立つ内分泌動態の情報が得られる糞中ホルモン分析を用いた研究例（つづき）

動物種	卵巣周期，排卵	妊娠
マングース科		
ミーアキャット（*Suricata suricatta*）	Moss, Clutton-Brock, and Monfort 2001	Moss, Clutton-Brock, and Monfort 2001
クマ科		
マレーグマ（*Helarctos malayanus*）	Schwerzenberger et al. 2004	Schwerzenberger et al. 2004
エゾヒグマ（*Ursus arctos lasiotus*）	Ishikawa et al. 2002	
ジャイアントパンダ（*Ailuropoda melanoleuca*）	Steinman et al. 2006	Steinman et al. 2006
レッサーパンダ科		
レッサーパンダ（*Ailurus fulgens*）	MacDonald, Northrop, and Czekala 2005	Spanner, Stone, and Schultz 1997; MacDonald, Northrop, and Czekala 2005
齧歯目		
キノボリヤマアラシ科		
ヤマアラシ（*Erethizon dorsana*）	Bodgan and Monfort 2001	Bodgan and Monfort 2001
ネズミ科		
ハツカネズミ（*Mus musculus*）	deCatanzaro et al. 2004，Muir et al. 2001	
鯨目		
セミクジラ（*Eubalaena glacialis*）		Rolland et al. 2005

尿中と糞中のアンドロジェン測定の妥当性の確認は，雄の生殖状態の分析に使う前に不可欠である．この点において，デヒドロエピアンドロステロン（DHEA）のような精巣外網（例：副腎）由来のアンドロジェンから生じた代謝物が同時に測定されてしまうことが，霊長類の雄の生殖腺の状態を評価するうえで，糞を用いた測定を用いる時に問題となる可能性がある（Möhle et al. 2002）．

未だに比較的限られてはいるが（雌に関する研究に比べて），雄の生殖腺機能を評価するための非侵襲的な内分泌的手法の使用は，この数年間で著しい増加を見せており（表 33-3），その大部分は実験方法の確実性の向上によるものである．表 33-3 に掲載されている霊長類の多くの研究は野生下で行われたものであるが，一方ほとんどの霊長類以外の種における研究は飼育下動物のものである．霊長類以外の種における研究のほとんどでアンドロジェン測定のために糞サンプルを用いている．霊長類以外の種でなぜ尿に関するデータがこれほど少ないのかは明らかではないが，ネコ科動物に関しては，ほぼ全てのアンドロジェン代謝物が糞中に排泄されることが知られている（Brown, Terio, and Graham 1996）．

表 33-3　野生哺乳類の雄の繁殖活動の評価に役立つ内分泌情報が得られる尿中および糞中のホルモン分析を用いた研究例

動物種	尿中ホルモン分析	糞中ホルモン分析
霊長目		
インドリ科		
ベローシファカ（*Propithecus verreauxi*）		Brockman et al. 1998，Kraus, Heistermann, and Kappeler 1999
キツネザル科		
アカビタイキツネザル（*Eulemur rufus*）		Ostner, kappeler, and Heistermann 2002
ワオキツネザル（*Lemur catta*）		Cavigelli and Pereira 2000，Von Engelhardt, Kappeler, and Heistermann 2000，Gould and Ziegler 2007
マーモセット科		
コモンマーモセット（*Callithrix jacchus*）	Möhle et al. 2002	Möhle et al. 2002，Castro and Sousa 2005
ウィードマーモセット（*Callithrix kuhlii*）	Nunes et al. 2002，Ross, French, and Patera 2004	
ゴールデンライオンタマリン（*Leontopithecus rosalia*）		Bales et al. 2006
ワタボウシタマリン（*Saguinus oedipus*）	Ziegler et al. 2000c	
オマキザル科		
フサオマキザル（*Cebus apella*）		Lynch, Ziegler, and Strier 2002

（つづく）

表 33-3　野生哺乳類の雄の繁殖活動の評価に役立つ内分泌情報が得られる尿中および糞中のホルモン分析を用いた研究例（つづき）

動物種	尿中ホルモン分析	糞中ホルモン分析
クモザル科		
ジェフロイクモザル（*Ateles geoffroyi*）		Morland et al. 2001
マントホエザル（*Alouatta palliata*）		Cristóbal-Azkarate et al. 2006
オナガザル科		
ニホンザル（*Macaca fuscata*）		Barrett et al. 2002
カニクイザル（*Macaca fascicularis*）	Möhle et al. 2002	Möhle et al. 2002
チャクマヒヒ（*Papio ursinus*）		Beehner et al. 2006，Bergman et al. 2006
オランウータン科		
ボルネオオランウータン（*Pongo pygmaeus*）	Maggioncalda, Sapolsky, and Czekala 1999	
ヒト科		
チンパンジー（*Pan troglodytes*）	Möhle et al. 2002，Muller and Wrangham 2004	Möhle et al. 2002
ピグミーチンパンジー（*Pan paniscus*）	Sannen et al. 2003，Dittami et al. 2007	
ローランドゴリラ（*Gorilla gorilla*）	Stoinski et al. 2002	
マウンテンゴリラ（*Gorilla beringei*）	Robbins and Czekala 1997	
奇蹄目		
サイ科		
シロサイ（*Ceratotherium simum*）		Brown et al. 2001，Kretzschmar, Ganslosser, and Dehnhard 2004
ウマ科		
グレビーシマウマ（*Equus grevyi*）	Chaudhuri and Ginsberg 1990	
グラントシマウマ（*Equus burchelli*）	Chaudhuri and Ginsberg 1990	
長鼻目		
アフリカゾウ（*Loxodonta africana*）	Ganswindt et al. 2002	Ganswindt et al. 2002，Ganswindt, Heistermann, and Hodges 2005
偶蹄目		
ウシ科		
オオツノヒツジ（*Ovis canadensis*）		Pelletier, bauman, and Festa-Bianchet 2003
アメリカバイソン（*Bison bison*）		Mooring et al. 2004
シカ科		
エルドジカ（*Rucervus eldii*）	Monfort et al. 1995	
ベイサオリックス（*Oryx beisa callotis*）		Patton et al. 2001
パンパスジカ（*Ozotoceros bezoarticus*）		Pereira, Duarte, and Negrão 2005
シフゾウ（*Elaphurus davidianus*）		Li et al. 2001
ニホンジカ（*Cervus nippon*）		Hamasaki et al. 2001
食肉目		
イヌ科		
タテガミオオカミ（*Chrysocyon brachyurus*）		Velloso et al. 1998
アメリカアカオオカミ（*Canis rufus*）		Walker, Waddell, and Goodrowe 2002
リカオン（*Lycaon pictus*）		Monfort et al. 1997
ネコ科		
ジャガー（*Panthera onca*）		Morato et al. 2004a, 2004b
オセロット（*Leopardus pardalis*）		Morais et al. 2002
マヌルネコ（*Felis manul*）		Brown, Terio, and Graham 1996a, 2002
ヨーロッパオオヤマネコ（*Lynx lynx*）		Jewgenow et al. 2006
スペインオオヤマネコ（*Lynx pardinus*）		Jewgenow et al. 2006
ハイエナ科		
ブチハイエナ（*Crocuta crocuta*）		Dloniak et al. 2004
イタチ科		
クロアシイタチ（*Mustela nigripes*）		
マングース科		
ミーアキャット（*Suricata suricatta*）		Moss, Clutton-Brock, and Monfort 2001
クマ科		
エゾヒグマ（*Ursus arctos lasiotus*）		Ishikawa et al. 2002
マレーグマ（*Helarctos malayanus*）		Hesterman, Wasser, and Cochrem 2005

（つづく）

表 33-3　野生哺乳類の雄の繁殖活動の評価に役立つ内分泌情報が得られる尿中および糞中のホルモン分析を用いた研究例（つづき）

動物種	尿中ホルモン分析	糞中ホルモン分析
レッサーパンダ科		
レッサーパンダ（*Ailurus fulgens*）		Spanner et al. 1997
齧歯目		
チンチラ科		
チンチラ（*Chinchilla lanigera*）	Busso et al. 2005	Busso et al. 2005
ネズミ科		
メクラネズミ（*Spalax ehrenbergi*）	Gotterich et al. 2000	
ハツカネズミ（*Mus musculus*）	Muir et al. 2001	Muir et al. 2001
スナネズミ（*Meriones unguiculatus*）		Yamaguchi et al. 2005

ストレスの非侵襲的な評価

ほとんど（全てではないが）のストレス要因が副腎からのコルチゾールやコルチコステロンといったストレスホルモンの放出増加を誘導することから，一般的にグルココルチコイドの産生量がストレスの生理学的な（内分泌の）尺度として使われている．血中グルココルチコイド濃度が指標として採用されてはいるが，血液のサンプリングそのものの侵襲的本質（それ自体がストレス反応を誘発しかねない）が，野生動物へのこの方法の適用を制限している．

グルココルチコイドの代謝と排泄経路に関する比較情報は限られている（Palme et al. 2005 の総説を参照）．それにもかかわらず，尿中に排泄されたコルチゾールそのものの測定が，様々な飼育下動物のストレス生理のモニタリングに用いられてきた（表 33-4）．しかし，糞中のグルココルチコイド代謝物の測定はそれほど簡単にはいかない．この研究手法は最近増えてきているが（表 33-4），方法的な面とデータの解釈の両方に数々の混乱要因があり，その有用性を限定し続けている．例えば，ほとんどの種では実際には糞にはグルココルチコイドそのものはなく，一般的なコルチゾールやコルチコステロン分析法の利用は，多くの場合，糞中のグルココルチコイド排出量を測定するのには適していない（いくつかの種ではうまく利用されていることもある．Wasser et al. 2000，Heistermann et al. 2006 参照）．糞中グルココルチコイド代謝物全体を対象として測定できるグループ特異的アッセイが適しており，少なくとも，多量に存在する代謝物のいくつかは検出しやすくなり，また異種間における実用の可能能が高い（例：Palme et al. 2005，Heistermann et al. 2006）．しかし，これらの分析法を使うにあたって，いかなる対象種に関しても，どの代謝物がどれくらい識別されていて，それらの相対量はどれくらいなのかを知ることは難しい．また，グループ特異的アッセイ法は，構造的に類似したテストステロン代謝物と交叉反応する可能性があることが明らかになっており（イヌ：Schatz and Palme 2001；アフリカゾウ：Ganswindt et al. 2003；チンパンジー：Heistermann, Palme, and Ganswindt 2006），それは実際のグルココルチコイドの測定量と混同することがあり，誤った結果の解釈を導くことになる（例：アフリカゾウのマスト中のグルココルチコイド産生の測定；Ganswindt et al. 2003）．さらに，グルココルチコイド産生の季節的変化，生殖状態や身体の状態，性別，年齢，社会的地位，そして食餌などといった多くの生物学的要因の全てがグルココルチコイド量に影響することがあり，ストレスを評価する目的で糞中のグルココルチコイド測定量を解釈する時にさらなる注意が求められる（von der Ohe and Servheen 2002，Touma and Palme 2005，Millspaugh and Washburn 2003）．

さらに，全てのストレス因子が，グルココルチコイド産生量の増加を生じさせる視床下部−下垂体−副腎皮質系（HPA）の亢進を介してもたらされるわけでない．グルココルチコイドの評価に関する逆の結果（言い換えれば，ストレスを多く感じた状況でグルココルチコイド量の上昇が見られない）は，必ずしもその動物がストレス下にないということであったり，その研究によって悪い影響を受けていない，ということにはならない．したがって，下垂体ホルモンのプロラクチン（尿中では測定可能だが，糞中ではできない）の測定によって，哺乳類のストレス状態に関する有益な補足的情報が得られるかもしれない．哺乳類では，プロラクチンは主に乳汁分泌（授乳）の開始や維持に関わっているが，ストレスに応答して増加することがよくある（例：Eberhart, Keverne, and Meller 1983，Maggioncalda et al. 2002）．

カテコールアミンも環境ストレスや心理社会的ストレスに対する応答として放出され，血漿や尿中で測定することができる（Dantzer and Mormede 1983，Dimsdale and

表 33-4　野生哺乳類の副腎活動の評価に役立つ内分泌情報が得られる尿中および糞中のホルモン分析を用いた研究例

動物種	尿中ホルモン分析	糞中ホルモン分析
霊長目		
キツネザル科		
ワオキツネザル（*Lemur catta*）		Cavigelli 1999
アカビタイキツネザル（*Eulemur rufus*）		Ostner, Kappeler, and Heistermann 2007
インドリ科		
ベローシファカ（*Propithecus verreauxi*）		Fichtel et al. 2007
マーモセット科		
コモンマーモセット（*Callithrix jacchus*）	Torii et al. 1998，Bahr et al. 2000	Heistermann, Palme, and Ganswindt 2006
ウィードマーモセット（*Callithrix kuhlii*）	Smith and French 1997	
ヒゲエンペラータマリン（*Saguinus imperator subgrisescens*）	McCallister, Smith, and Elwood 2004	
ゴールデンライオンタマリン（*Leontopithecus rosalia*）		Bales et al. 2006
ワタボウシタマリン（*Saguinus oedipus*）	Ziegler, Scheffler, and Snowdon 1995	
ゲルディモンキー（*Callimico goeldii*）	Jurke et al. 1995，Dettling et al. 1998	
オマキザル科		
リスザル（*Saimiri sciureus*）	Soltis, Wegner, and Newman 2003	
フサオマキザル（*Cebus apella*）		Boinski et al. 1999，Lynch, Ziegler, and Strier 2002
クモザル科		
クロクモザル（*Ateles fusciceps rufiventris*）	Davis, Schaffner, and Smith 2005	
オナガザル科		
カニクイザル（*Macaca fascicularis*）	Crockett et al. 1993	Wasser et al. 2000，Heistermann, Palme, and Ganswindt 2006
ブタオザル（*Macaca nemestrina*）	Crockett, Shimoji, and Bowden 2000	
シシオザル（*Macaca silenus*）	Clarke, Czekala, and Lindburg 1995	
バーバリーマカク（*Macaca sylvanus*）		Heistermann et al. 2006
ヒヒ類（*Papio* ssp.）	French et al. 2004	Wasser et al. 2000，Beehner and Whitten 2004
アカアシドゥクラングール（*Pygathrix namaeus*）		Heistermann, Ademmer, and Kaumanns 2004
オランウータン科		
ボルネオオランウータン（*Pongo pygmaeus*）	Maggioncalda, Sapolsky, and Czekala 1999	
ヒト科		
チンパンジー（*Pan troglodytes*）	Bahr et al. 2000，Muller and Wrangham 2004	Whitten et al. 1998，Heistermann, Palme, and Ganswindt 2006，Reimers, Schwarzenberger, and Preuschoft 2007
ローランドゴリラ（*Gorilla gorilla*）	Bahr et al. 1998，Stoinski et al. 2002	Heistermann, Palme, and Ganswindt 2006
マウンテンゴリラ（*Gorilla beringei*）	Robbins and Czekala 1997	
奇蹄目		
サイ科		
シロサイ（*Ceratotherium simum*）		Wasser et al. 2000，Turner, Tolson, and Hamad 2002
クロサイ（*Diceros bicornis*）		Brown et al. 2001，Turner, Tolson, and Hamad 2002
ウマ科		
ウマ（*Equus caballus*）		Möstl et al. 1999，Merl et al. 2000
長鼻目		
アフリカゾウ（*Loxodonta africana*）	Brown, Wemmer, and Lehnhardt 1995a，Ganswindt et al. 2003	Ganswindt et al. 2003，Ganswindt, Heistermann, and Hodges 2005
アジアゾウ（*Elephas maximus*）	Brown, Wemmer, and Lehnhardt 1995a	
偶蹄目		
ウシ科		
ジェレヌク（*Litocranius walleri*）		Wasser et al. 2000
シロオリックス（*Oryx dammah*）		Wasser et al. 2000

（つづく）

表 33-4　野生哺乳類の副腎活動の評価に役立つ内分泌情報が得られる尿中および糞中のホルモン分析を用いた研究例（つづき）

動物種	尿中ホルモン分析	糞中ホルモン分析
シカ科		
エルドジカ（*Rucervus eldii*）	Monfort, Brown, and Wildt 1993	
アカシカ（*Cervus elaphus*）		Millspaugh et al. 2001，Creel et al. 2002
ミュールジカ（*Odocoileus hemionus*）	Saltz and White 1991	
アカシカ（*Cervus elaphus*）		Huber, Palme, and Arnold 2003
ノロジカ（*Capreolus capreolus*）		Dehnhard et al. 2001
キリン科		
オカピ（*Okapia johnstoni*）		Schwarzenberger et al. 1998a
食肉目		
イヌ科		
リカオン（*Lycaon pictus*）		Monfort et al. 1998
タイリクオオカミ（*Canis lupus*）		Creel et al. 2002，Sands and Creel 2004
ネコ科		
チーター（*Acinonyx jubatus*）		Terio, Citino, and Brown 1999，Jurke et al. 1997
ウンピョウ（*Neofelis nebulosa*）		Wielebnowski et al. 2002，Young et al. 2004
ジャガー（*Panthera onca*）		Morato et al. 2004a
ベンガルヤマネコ（*Felis bengalensis*）	Carlstead et al. 1992，Carlstead, Brown, and Seidensticker 1993	
マングース科		
コビトマングース（*Helogale parvula*）	Creel et al. 1992，Creel, Creel, and Monfort 1996	
ハイエナ科		
ブチハイエナ（*Crocuta crocuta*）		Goymann et al. 1999
イタチ科		
クロアシイタチ（*Mustela nigripes*）		Young, Brown, and Goodrowe 2001，Young et al. 2004
フェレット（*Mustela putorius*）	Schoemaker et al. 2004	
クマ科		
ジャイアントパンダ（*Ailuropoda melanoleuca*）	Owen et al. 2004，2005	
ハイイログマ（*Ursus arctos horribilis*）		Hunt and Wasser 2003
兎目		
ウサギ科		
アナウサギ（*Oryctolagus cuniculus*）		Cabezas et al. 2007
ヤブノウサギ（*Lepus europaeus*）	Teskey-Gerstl et al. 2000	Teskey-Gerstl et al. 2000
齧歯目		
チンチラ科		
チンチラ（*Chinchilla lanigera*）	Ponzio et al. 2004	Ponzio et al. 2004
ネズミ科		
ハツカネズミ（*Mus musculus*）	Touma et al. 2003	Touma et al. 2003
ドブネズミ（*Rattus norvegicus*）	Eriksson et al. 2004，Brennan et al. 2000	Eriksson et al. 2004，Cavigelli et al. 2005
ヤチネズミ（*Myodes gapperi*）		Harper and Austad 2000

Ziegler 1991，Hjemdahl 1993，Hay et al. 2000）．もしサンプルが正確に採取され，分析されて，解釈できれば，カテコールアミンのデータは交感神経副腎活動の重要な情報になるが，分析上の問題がよく起こる．HPA 機能に関する他の研究方法として，副腎皮質刺激ホルモン（ACTH）や副腎皮質刺激ホルモン放出ホルモン（CRH）の投与による下垂体副腎皮質反応に伴う変化の評価やデキサメタゾン抑制試験がある（Hay et al. 2000）．われわれにはこれらの技術のどれが野生動物に有効かは分からない．しかし，飼育下で動物を管理することに対しての懸念が高まっていることを考えれば，動物園において，ストレスを客観的に評価するために，生理学的測定はもちろん，行動学的な方法と組み合わせた，より総合的な研究手法が必要である．

謝 辞

文献検索にご協力いただいた A. Ganswindt に感謝する．

文 献

Andelman, S., Else, J. G., Hearn, J. P., and Hodges, J. K. 1985. The non-invasive monitoring of reproductive events on wild Vervet monkeys (*Cercopithecus aethiops*) using urinary pregnanediol-3alpha-glucuronide and its correlation with behavioural observations. *J. Zool.* (*Lond.*) 205:467–77.

Asa, C. S., Bauman, J. E., Houston, E. W., Fischer, M. T., Read, B., Brownfield, C. M., and Roser, J. F. 2001. Patterns of excretion of fecal estradiol and progesterone and urinary chorionic gonadotropin in Grevy's zebra (*Equus grevyi*): Ovulatory cycles and pregnancy. *Zoo Biol.* 20:185–95.

Asa, C. S., Fischer, F., Carrasco, E., and Puricelli, C. 1994. Correlation between urinary pregnanediol glucuronide and basal body temperature in female orangutans, *Pongo pygmaeus*. *Am. J. Primatol.* 34:275–81.

Atkinson, S., Combeles, C., Vincent, D., Nachtigall, P., Pawloski, J., and Breese, M. 1999. Monitoring of progesterone in captive female false killer whales, *Pseudorca crassidens*. *Gen. Comp. Endocrinol.* 115:323–32.

Atsalis, S., Margulis, S. W., Bellem, A., and Wielebnowski, N. 2004. Sexual behavior and hormonal estrus cycles in captive aged lowland gorillas (*Gorilla gorilla*). *Am. J. Primatol.* 62:123–32.

Aujard, F., Heistermann, M., Thierry, B., and Hodges, J. K. 1998. The functional significance of behavioral, morphological, and endocrine correlates across the ovarian cycle in semi-free ranging Tonkean macaques. *Am. J. Primatol.* 46:285–309.

Bahr, N. I., Palme, R., Möhle, U., Hodges, J. K., and Heistermann, M. 2000. Comparative aspects of the metabolism and excretion of cortisol in three individual non-human primates. *Gen. Comp. Endocrinol.* 117:427–38.

Bahr, N. I., Pryce, C. R., Döbeli, M., and Martin, R. D. 1998. Evidence from urinary cortisol that maternal behavior is related to stress in gorillas. *Physiol. Behav.* 64:429–37.

Bales, K. L., French, J. A., McWilliams, J., Lake, R., and Dietz, J. M. 2006. Effects of social status, age, and season on androgen and cortisol levels in wild male golden lion tamarins (*Leontopithecus rosalia*). *Horm. Behav.* 49:88–95.

Barelli, C., Heistermann, M., Boesch, C., and Reichard,U. H. 2007. Sexual swellings in wild white-handed gibbon females (*Hylobates lar*) indicate the probability of ovulation. *Horm. Behav.* 51:221–30.

Barkhuff, V., Carpenter, B., and Kirkpatrick, J. F. 1993. Estrous cycle of the mare evaluated by fecal steroid metabolites. *J. Equ. Vet. Sci.* 13:80–83.

Barrett, G. M., Shimizu, K., Bardi, M., and Mori, A. 2002. Fecal testosterone immunoreactivity as a non-invasive index of functional testosterone dynamics in male Japanese macaques (*Macaca fuscata*). *Primates* 43:29–39.

Beehner, J. C., Bergman, T. J., Cheney, D. L., Seyfarth, R. M., and Whitten, P. L. 2006. Testosterone predicts future dominance rank and mating activity among male chacma baboons. *Behav. Ecol. Sociobiol.* 59:469–79.

Beehner, J. C., and Whitten, P. L. 2004. Modifications of a field method for fecal steroid analysis in baboons. *Physiol. Behav.* 82:269–77.

Bellem, A. C., Monfort, S. L., and Goodrowe, K. L. 1995. Monitoring reproductive development, menstrual cyclicity, and pregnancy in the lowland gorilla (*Gorilla gorilla*) by enzyme immunoassay. *J. Zoo Wildl. Med.* 26:24–31.

Berger, J., Testa, J. W, Roffe, T., and Monfort, S. L. 1999. Conservation endocrinology: A noninvasive tool to understand relationships between carnivore colonization and ecological carrying capacity. *Conserv. Biol.* 13:980–89.

Bergman, T. J., Beehner, J. C., Cheney, D. L., Seyfarth, R. M., and Whitten, P. L. 2006. Interactions in male baboons: The importance of both males' testosterone. *Behav. Ecol. Sociobiol.* 59:480–89.

Berkeley, E. V., Kirkpatrick, J. F., Schaffer, N. E., Bryant, W. M., and Threlfall, W. R. 1997. Serum and fecal steroid analysis of ovulation, pregnancy, and parturition in the black rhinoceros (*Diceros bicornis*). *Zoo Biol.* 16:121–32.

Blanvillain, C., Berthier, J. L., Bomsel-Demontoy, M. C., Sempere, A. J., Olbricht, G., and Schwarzenberg, F. 1997. Analysis of reproductive data and measurement of fecal progesterone metabolites to monitor the ovarian function in the Pudu, *Pudu puda* (Artiodactyla, Cervidae). *Mammalia* 61:589–602.

Bodgan, D., and Monfort, S. L. 2001. Longitudinal fecal estrogen and progesterone metabolites excretion in the North American porcupine (*Erethizon dorsatum*). *Mammalia* 65:73–82.

Boinski, S., Swing, S. P., Gross, T. S., and Davis, J. K. 1999. Environmental enrichment of brown capuchins (*Cebus apella*): Behavioral and plasma and fecal cortisol measures of effectiveness. *Am. J. Primatol.* 48:49–68.

Borjesson, D. L., Boyce, W. M., Gardner, I. A., DeForge, J., and Lasley, B. 1996. Pregnancy detection in bighorn sheep (*Ovis canadensis*) using a fecal-based enzyme immunoassay. *J. Wildl. Dis.* 32:67–74.

Bravo, P. W., Stabenfeldt, G. H., Fowler, M. E., and Lasley, B. L. 1993. Ovarian and endocrine patterns associated with reproductive abnormalities in llamas and alpacas. *J. Am. Vet. Med. Assoc.* 15:268–72.

Bravo, P. W., Stewart, D. R., Lasley, B. L., and Fowler, M. E. 1991. The effect of ovarian follicle size on pituitary and ovarian responses to copulation in domesticated South American camelids. *Biol. Reprod.* 45:553–59.

———. 1996. Hormonal indicators of pregnancy in llamas and alpacas. *J. Am. Vet. Med. Assoc.* 15:2027–30.

Brennan, F. X., Ottenweller, J. E., Seifu, Y., Zhu, G., and Servatius, R. J. 2000. Persistent stress-induced elevations of urinary corticosterone in rats. *Physiol. Behav.* 71:441–46.

Brockman, D. K., and Whitten, P. L. 1996. Reproduction in free-ranging *Propithecus verreauxi*: Estrus and the relationship between multiple partner matings and fertilization. *Am. J. Phys. Anthropol.* 100:57–69.

Brockman, D. K., Whitten, P. L., Richard, A. F., and Schneider, A. 1998. Reproduction in free-ranging male *Propithecus verreauxi*: The hormonal correlates of mating. *Am. J. Phys. Anthropol.* 105:137–51.

Brockman, D. K., Whitten, P. L., Russell, E., Richard, A. F., and Izard, M. K. 1995. Application of fecal steroid techniques to the reproductive endocrinology of female Verreaux's sifaka (*Propithecus verreauxi*). *Am. J. Primatol.* 36:313–25.

Brown, J. L. 1997. Fecal steroid profiles in male and female black-footed ferrets exposed to natural photoperiod. *J. Wildl. Manag.* 61:4–11.

———. 2000. Reproductive endocrine monitoring of elephants: An essential tool for assisting captive management. *Zoo Biol.* 19:347–67.

———. 2006. Comparative endocrinology of domestic and nondomestic felids. *Theriogenology* 66:25–36.

Brown, J., Bellem, A. C., Fouraker, M., Wildt, D. E., and Roth, T. L. 2001. Comparative analysis of gonadal and adrenal activity in the black and white rhinoceros in North America by noninvasive endocrine monitoring. *Zoo Biol.* 20:463–86.

Brown, J., Citino, S. B., Shaw, J., and Miller, C. 1994a. Circulating steroid concentrations during the estrous cycle and pregnancy in the Baird's tapir (*Tapirus bairdii*). *Zoo Biol.* 13:107–18.

Brown, J., Graham, L. H., Wu, J., Collins, D., and Swanson, W. M. 2002. Reproductive endocrine responses to photoperiod and

exogenous gonadotropins in the Pallas' cat (*Otocolobus manul*). *Zoo Biol.* 21:347–64.
Brown, J., and Lehnhardt, J. 1995. Serum and urinary hormones during pregnancy and the peri- and postpartum period in an Asian elephant (*Elephas maximus*). *Zoo Biol.* 14:555–64.
Brown, J., Schmitt, D. L., Bellem, A., Graham, L. H., and Lehnhardt, J. 1999. Hormone secretion in the Asian elephant (*Elephas maximus*): Characterization of ovulatory and anovulatory LH surges. *Biol. Reprod.* 61:1294–99.
Brown, J., Terio, K. A., and Graham, L. H. 1996a. Fecal androgen metabolite analysis for non-invasive monitoring of testicular steroidogenic activity in felids. *Zoo Biol.* 15:425–34.
Brown, J., Walker, S. L., and Moeller, T. 2004. Comparative endocrinology of cycling and noncycling Asian (*Elephas maximus*) and African (*Loxodonta africana*) elephants. *Gen. Comp. Endocrinol.* 136:360–70.
Brown, J., Wasser, S. K., Wildt, D. E., and Graham, L. H. 1994b. Comparative aspects of steroid hormone metabolism and ovarian activity in felids, measured non-invasively in feces. *Biol. Reprod.* 51:776–86.
Brown, J., Wemmer, C. M., and Lehnhardt, J. 1995a. Urinary cortisol analysis for monitoring adrenal activity in elephants. *Zoo Biol.* 14:533–42.
Brown, J., Wildt, D. E., Graham, L. H., Byers, A. P., Collins, L., Barrett, S., and Howard, J. G. 1995b. Natural versus chorionic gonadotropin-induced ovarian responses in the clouded leopard (*Neofelis nebulosa*) assessed by fecal steroid analysis. *Biol. Reprod.* 53:93–102.
Brown, J., Wildt, D. E., Wielebnowski, N., Goodrowe, K. L., Graham, L. H., Wells, S., and Howard, J. G. 1996b. Reproductive activity in captive female cheetahs (*Acinonyx jubatus*) assessed by faecal steroids. *J. Reprod. Fertil.* 106:337–46.
Busso, J. M., Ponzio, M. F., Dabbene, V., de Cuneo, M. F., and Ruiz, R. D. 2005. Assessment of urine and fecal testosterone metabolite excretion in *Chinchilla lanigera* males. *Anim. Reprod. Sci.* 86:339–51.
Cabezas, S., Blas, J., Marchant, T. A., and Moreno, S. 2007. Physiological stress levels predict survival probabilities in wild rabbits. *Horm. Behav.* 51:313–20.
Campbell, C. J. 2004. Patterns of behavior across reproductive states of free-ranging female black-handed spider monkeys (*Ateles geoffroyi*). *Am. J. Phys. Anthropol.* 124:166–76.
Campbell, C. J., Shideler, S. E., Todd, H. E., and Lasley, B. L. 2001. Fecal analysis of ovarian cycles in female black-handed spider monkeys (*Ateles geoffroyi*). *Am. J. Primatol.* 54:79–89.
Carden, M., Schmitt, D., Tomasi, T., Bradford, J., Moll, D., and Brown, J. L. 1998. Utility of serum progesterone and prolactin analysis for assessing reproductive status in the Asian elephant (*Elephas maximus*). *Anim. Reprod. Sci.* 53:133–42.
Carlson, A. A., Ziegler, T. E., and Snowdon, C. T. 1997. Ovarian function of pygmy marmoset daughters (*Cebuella pygmaea*) in intact and motherless families. *Am. J. Primatol.* 43:347–55.
Carlstead, K., Brown, J. L., Monfort, S. L., Killens, R., and Wildt, D. E. 1992. Urinary monitoring of adrenal responses to psychological stressors in domestic and nondomestic felids. *Zoo Biol.* 11:165–76.
Carlstead, K., Brown, J. L., and Seidensticker, J. 1993. Behavioral and adrenocortical responses to environmental changes in leopard cats (*Felis bengalensis*). *Zoo Biol.* 12:321–31.
Carosi, M., Heistermann, M., and Visalberghi, E. 1999. Display of proceptive behaviors in relation to urinary and fecal progestin levels over the ovarian cycle in female tufted capuchin monkeys. *Horm. Behav.* 36:252–65.
Castro, D. C., and Sousa, M. B. C. 2005. Fecal androgen levels in common marmoset (*Callithrix jacchus*) males living in captive family groups. *Braz. J. Med. Biol. Res.* 38:65–72.
Cavigelli, S. A. 1999. Behavioural patterns associated with faecal cortisol levels in free-ranging female ring-tailed lemurs, *Lemur catta*. *Anim. Behav.* 57:935–44.
Cavigelli, S. A., Monfort, S. L., Whitney, T. K., Mechref, Y. S., Novotny, M., and McClintock, M. K. 2005. Frequent serial fecal corticoid measures from rats reflect circadian and ovarian corticosterone rhythms. *J. Endocrinol.* 184:153–63.
Cavigelli, S. A., and Pereira, M. E. 2000. Mating season aggression and fecal testosterone levels in male ring-tailed lemurs (*Lemur catta*). *Horm. Behav.* 37:246–55.
Chaudhuri, M., and Ginsberg, J. R. 1990. Urinary androgen concentrations and social status in 2 species of free-ranging zebra (*Equus burchelli* and *E. grevyi*). *J. Reprod. Fertil.* 88:127–33.
Clarke, A. S., Czekala, N. M., and Lindburg, D. G. 1995. Behavioral and adrenocortical responses of male cynomolgus and lion-tailed macaques to social stimulation and group formation. *Primates* 36:41–56.
Creel, S., Creel, N. M., Mills, M. G. L., and Monfort, S. L. 1997. Rank and reproduction in cooperatively breeding African wild dogs: Behavioral and endocrine correlates. *Behav. Ecol.* 8:298–306.
Creel, S., Creel, N. M., and Monfort, S. L. 1996. Social stress and dominance. *Nature* 379:212.
Creel, S., Creel, N. M., Wildt, D. E., and Monfort, S. L. 1992. Behavioural and endocrine mechanisms of reproductive suppression in Serengeti dwarf mongooses. *Anim. Behav.* 43:231–45.
Creel, S., Fox, J. E., Hardy, A., Sands, J., Garrott, B., and Peterson, R. O. 2002. Snowmobile activity and glucocorticoid stress responses in wolves and elk. *Conserv. Biol.* 16:809–14.
Creel, S., Monfort, S. L., Marushka-Creel, N., Wildt, D. E., and Waser, P. M. 1995. Pregnancy increases future reproductive success in subordinate dwarf mongooses. *Anim. Behav.* 50:1132–35.
Cristóbal-Azkarate, J., Veà, J. J., Asensio, N., and Rodríguez-Luna, E. 2006. Testosterone levels of free-ranging resident mantled howler monkey males in relation to the number and density of solitary males: A test of the challenge hypothesis. *Horm. Behav.* 49: 261–67.
Crockett, C. M., Bowers, C. L., Sackett, G. P., and Bowden, D. M. 1993. Urinary cortisol responses to five cage sizes, tethering, sedation, and room change. *Am. J. Primatol.* 30:55–74.
Crockett, C. M., Shimoji, M., and Bowden, D. M. 2000. Behavior, appetite and urinary cortisol responses by adult female pig-tailed macaques to cage size, cage level, room change, and ketamine sedation. *Am. J. Primatol.* 52:63–80.
Cross, N., and Rogers, L. J. 2004. Diurnal cycle in salivary cortisol levels in common marmosets. *Dev. Psychobiol.* 45:134–39.
Curtis, D. J., Zaramody, A., Green, D. I., and Pickard, A. R. 2000. Non-invasive monitoring of reproductive status in wild mongoose lemurs (*Eulemur mongoz*). *Reprod. Fertil. Dev.* 12:21–29.
Czekala, N. M., and Callison, L. 1996. Pregnancy diagnosis in the black rhinoceros (*Diceros bicornis*) by salivary hormone analysis. *Zoo Biol.* 15:37–44.
Czekala, N. M., Durrant, B. S., Callison, L., Williams, M., and Millard, S. 1994. Fecal steroid hormone analysis as an indicator of reproductive function in the cheetah. *Zoo Biol.* 13:119–28.
Czekala, N. M., MacDonald, E. A., Steinman, K., Walker, S., Garrigues, N. W., Olson, D., and Brown, J. L. 2003a. Estrogen and LH dynamics during the follicular phase of the oestrous cycle in the Asian elephant. *Zoo Biol.* 22:443–54.
Czekala, N. M., McGeehan, L., Steinman, K., Li, X. B., and Gual-Sil, F. 2003b. Endocrine monitoring and its application to the management of the giant panda. *Zoo Biol.* 22:389–400.
Czekala, N. M., Roocroft, A., Bates, M., Allen, J., and Lasley, B. L. 1992. Estrogen metabolism in the Asian elephant (*Elephas maximus*). *Zoo Biol.* 11:75–80.
Dantzer, R., and Mormede, P. 1983. Stress in farm animals: A need for reevaluation. *J. Anim. Sci.* 57:6–18.
Da Silva, I. M., and Larson, S. 2005. Predicting reproduction in captive sea otters (*Enhydra lutris*). *Zoo Biol.* 24:73–81.
Davis, N., Schaffner, C. M., and Smith, T. E. 2005. Evidence that zoo visitors influence HPA activity in spider monkeys (*Ateles geof-*

froyii rufiventris). *Appl. Anim. Behav. Sci.* 90:131–41.

deCatanzaro, D., Muir, C., Beaton, E. A., and Jetha, M. 2004. Noninvasive repeated measurement of urinary progesterone, 17 beta-estradiol, and testosterone in developing, cycling, pregnant, and postpartum female mice. *Steroids* 69:687–96.

deCatanzaro, D., Muir, C., Beaton, E., Jetha, M., and Nadella, K. 2003. Enzymeimmunoassay of oestradiol, testosterone and progesterone in urine samples from female mice before and after insemination. *Reproduction* 126:407–14.

Dehnhard, M., Clauss, M., Lechner-Doll, M., Meyer, H. H. D., and Palme, R. 2001. Noninvasive monitoring of adrenocortical activity in Roe deer (*Capreolus capreolus*) by measurement of fecal cortisol metabolites. *Gen. Comp. Endocrinol.* 123:111–20.

del Castillo, S. M., Bashaw, M. J., Patton, M. L., Rieches, R. R., and Bercovitch, F. B. 2005. Fecal steroid analysis of female giraffe (*Giraffa camelopardalis*) reproductive condition and the impact of endocrine status on daily time budgets. *Gen. Comp. Endocrinol.* 141:271–81.

Deschner, T., Heistermann, M., Hodges, J. K., and Boesch, C. 2003. Timing and probability of ovulation in relation to sex skin swelling in wild chimpanzees, *Pan troglodytes verus. Anim. Behav.* 66:551–60.

Dettling, A., Pryce, C. R., Martin, R. D., and Doebeli, M. 1998. Physiological responses to parental separation and a strange situation are related to parental care received in juvenile Goeldi's monkeys (*Callimico goeldii*). *Dev. Psychobiol.* 33:21–31.

De Vleeschouwer, K., Heistermann, M., and van Elsacker, L. 2000. Signalling of reproductive status in female golden-headed lion tamarins (*Leontopithecus chrysomelas*). *Int. J. Primatol.* 21: 445–65.

Dimsdale, J. E., and Ziegler, M. G. 1991. What do plasma and urinary measures of catecholamines tell us about human response to stressors? *Circulation* 83:36–42.

Dittami, J., Katina, S., Möstl, E., Erikson, J., Machatschke, I. H., and Hohmann, G. 2007. Urinary androgens and cortisol metabolites in field-sampled bonobos (*Pan paniscus*). *Gen. Comp. Endocrinol.* DOI:10.1016/j.ygcen.2007.08.009.

Dloniak, S. M., French, J. A., Place, N. J., Weldele, M. L., Glickman, S. E., and Holekamp, K. E. 2004. Non-invasive monitoring of fecal androgens in spotted hyenas (*Crocuta crocuta*). *Gen. Comp. Endocrinol.* 135:51–61.

Dumonceaux, G. A., Bauman, J. E., and Camilo, G. R. 2006. Evaluation of progesterone levels in feces of captive reticulated giraffe. (*Giraffa camelopardalis reticulata*). *J. Zoo. Wildl. Med.* 37: 255–61.

Eberhart, J. A., Keverne, E. B., and Meller, R. E. 1983. Social influences on circulating levels of cortisol and prolactin in male talapoin monkeys. *Phys. Behav.* 30:361–69.

Emery, M. A., and Whitten, P. L. 2003. Size of sexual swellings reflects ovarian function in chimpanzees (*Pan troglodytes*). *Behav. Ecol. Sociobiol.* 54:340–51.

Engelhardt, A., Pfeiffer, J.-B., Heistermann, M., van Hooff, J. A. R. A. M., Niemitz, C., and Hodges, J. K. 2004. Assessment of female reproductive status by male long-tailed macaques (*Macaca fascicularis*) under natural conditions. *Anim. Behav.* 67:915–24.

Eriksson, E., Royo, F., Lyberg, K., Carlsson, H. E., and Hau, J. 2004. Effect of metabolic cage housing on immunoglobulin A and corticosterone excretion in faeces and urine of young male rats. *Exp Physiol.* 89:427–33.

Fenske, M. 1996. Saliva cortisol and testosterone in the guinea pig: Measures for the endocrine function of adrenals and testes. *Steroids* 61:647–50.

Fichtel, C., Kraus, C., Ganswindt, A., and Heistermann, M. 2007. Influence of reproductive season and rank on fecal glucocorticoid levels in free-ranging male Verreaux's sifakas (*Propithecus verreauxi*). *Horm. Behav.* 51:640–48.

Fiess, M., Heistermann, M., and Hodges, J. K. 1999. Patterns of urinary and fecal progestin and estrogen excretion during the ovarian cycle and pregnancy in the African elephant (*Loxodonta africana*). *Gen. Comp. Endocrinol.* 115:76–89.

French, J. A., Bales, K. L., Baker, A. J., and Dietz, J. M. 2003. Endocrine monitoring of wild dominant and subordinate female *Leontopithecus rosalia. Int. J. Primatol.* 24:1281–300.

French, J. A., Brewer, K. J., Schaffner, C. M., Schalley, J., Hightower-Merritt, D., Smith, T. E., and Bell, S. M. 1996. Urinary steroid and gonadotropin excretion across the reproductive cycle in female Wied's black tufted-ear marmosets (*Callithrix kuhli*). *Am. J. Primatol.* 40:231–45.

French, J. A., de Vleeschouwer, K., Bales, K., and Heistermann, M. 2002. Lion tamarin reproductive biology. In *Lion tamarins: Biology and conservation*, ed. D. G. Kleiman and A. B. Rylands, 133–56. Washington, DC: Smithsonian Institution Press.

French, J. A., Koban, T., Rukstalis, M., Ramirez, S. M., Bardi, M., and Brent, L. 2004. Excretion of urinary steroids in pre- and postpartum female baboons. *Gen. Comp. Endocrinol.* 137:69–77.

Fujita, S., Mitsunaga, F., Sugiura, H., and Shimizu, K. 2001. Measurement of urinary and fecal steroid metabolites during the ovarian cycle in captive and wild Japanese macaques, *Macaca fuscata. Am. J. Primatol.* 53:167–76.

Galama, W. T., Graham, L. H., and Savage, A. 2004. Comparison of fecal storage methods for steroid analysis in black rhinoceros (*Diceros bicornis*). *Zoo Biol.* 23:291–300.

Ganswindt, A., Heistermann, M., Borragan, S., and Hodges, J. K. 2002. Assessment of testicular endocrine function in captive African elephants by measurement of fecal androgens. *Zoo Biol.* 21:27–36.

Ganswindt, A., Heistermann, M., and Hodges, J. K. 2005. Physical, physiological, and behavioral correlates of musth in captive African elephants (*Loxodonta africana*). *Physiol. Biochem. Zool.* 78:505–14.

Ganswindt, A., Palme, R., Heistermann, M., Borragan, S., and Hodges, J. K. 2003. Non-invasive assessment of adrenocortical function in the male African elephant (*Loxodonta africana*) and its relation to musth. *Gen. Comp. Endocrinol.* 134:156–66.

Garnier, J. N., Green, D. I., Pickard, A. R., Shaw, H. J., and Holt, W. V. 1998. Non-invasive diagnosis of pregnancy in wild black rhinoceros (*Diceros bicornis minor*) by faecal steroid analysis. *Reprod. Fertil. Dev.* 10:451–58.

Garrott, R. A., Monfort, S. L., White, P. J., Mashburn, K. L., and Cook, J. G. 1998. One-sample pregnancy diagnosis in elk using fecal steroid metabolites. *J. Wildl. Dis.* 34:126–31.

Gerber, P., Moisson, P., and Heistermann, M. 2004. Comparative studies on urinary progestogen and estrogen excretion during pregnancy in Lemuridae; *Eulemur macaco flavifrons, Eulemur rubriventer*, and *Hapalemur griseus occidentalis. Int. J. Primatol.* 25:449–63.

Gilardi, K. V. K., Shideler, S. E., Valverde, C. R., Roberts, J. A., and Lasley, B. L. 1997. Characterization of the onset of menopause in the rhesus macaque. *Biol. Reprod.* 57:335–40.

Gomez, A., Jewell, E., Walker, S. L., and Brown, J. L. 2004. Use of salivary steroid analysis to assess ovarian cycles in the Indian rhinoceros. *Zoo Biol.* 23:501–12.

Goodrowe, K. L., Smak, B., Presley, N., and Monfort, S. L. 1996. Reproductive, behavioral, and endocrine characteristics of the Dall's sheep (*Ovis dalli dalli*). *Zoo Biol.* 15:45–54.

Gottcrich, A., Zuri, I., Barel, S., Hammer, I., and Terkel, J. 2000. Urinary testosterone levels in the male blind mole rat (*Spalax ehrenbergi*) affect female preference. *Physiol. Behav.* 69:309–15.

Gould, L., and Ziegler, T. E. 2007. Variation in fecal testosterone levels, inter-male aggression, dominance rank and age during mating and post-mating periods in wild adult male ring-tailed lemurs (*Lemur catta*). *Am. J. Primatol.* 69:1–15.

Goymann, W., Möstl, E., van't Hof, T., East, M. L., and Hofer, H. 1999. Noninvasive fecal monitoring of glucocorticoids in spotted hyenas, *Crocuta crocuta. Gen. Comp. Endocrinol.* 114:340–48.

Graham, L. H., and Brown, J. L. 1996. Cortisol metabolism in the domestic cat and implications for developing a non-invasive measure of adrenocortical activity in non-domestic felids. *Zoo Biol.* 15:71–82.

Graham, L. H., Goodrowe, K. L., Raeside, J. I., and Liptrap, R. M. 1995. Non-invasive monitoring of ovarian function in several felid species by measurement of fecal estradiol-17ß and progestins. *Zoo Biol.* 14:223–37.

Graham, L. H., Webster, T., Richards, M., Reid, K., and Joseph, S. 2002. Ovarian function in the Nile hippopotamus and the effects of Depo-Provera (TM) administration. *Reproduction* 60:65–70.

Hagey, L. R., and Czekala, N. M. 2003. Comparative urinary androstanes in the great apes. *Gen. Comp. Endocrinol.* 130:64–69.

Hamasaki, S., Yamauchi, K., Ohki, T., Murakami, M., Takahara, Y., Takeuchi, Y., and Mori, Y. 2001. Comparison of various reproductive states in sika deer (*Cervus nippon*) using fecal steroid analysis. *J. Vet. Med. Sci.* 63:195–98.

Harper, J. M., and Austad, S. N. 2000. Fecal glucocorticoids: A non-invasive method of measuring adrenal activity in wild and captive rodents. *Physiol. Biochem. Zool.* 73:12–22.

Harris, T. R., and Monfort, S. L. 2003. Behavioral and endocrine dynamics associated with infanticide in a black and white colobus monkey (*Colobus guereza*). *Am. J. Primatol.* 61:135–42.

Hay, M., Meunier-Salaun, M. C., Brulaud, F., Monnier, M., and Mormede, P. 2000. Assessment of hypothalamic-pituitary-adrenal axis and sympathetic nervous system activity in pregnant sows through the measurement of glucocorticoids and catecholamines in urine. *J. Anim. Sci.* 78:420–28.

He, Y. M., Pei, Y. J., Zou, R. J., and Ji, W. Z. 2001. Changes of urinary steroid conjugates and gonadotropin excretion in the menstrual cycle and pregnancy in the Yunnan snub-nosed monkey (*Rhinopithecus bieti*). *Am. J. Primatol.* 55:223–32.

Heistermann, M., Ademmer, C., and Kaumanns, W. 2004. Ovarian cycle and effect of social changes on adrenal and ovarian function in *Pygathrix nemaeus*. *Int. J. Primatol.* 25:689–708.

Heistermann, M., Agil, M., Büthe, A., and Hodges, J. K. 1998. Metabolism and excretion of oestradiol-17ß and progesterone in the female Sumatran rhinoceros (*Dicerorhinus sumatrensis*). *Anim. Reprod. Sci.* 53:157–72.

Heistermann, M., Finke, M., and Hodges, J. K. 1995. Assessment of female reproductive status in captive-housed Hanuman langurs (*Presbytis entellus*) by measurement of urinary and fecal steroid excretion. *Am. J. Primatol.* 37:275–84.

Heistermann, M., and Hodges, J. K. 1995. Endocrine monitoring of the ovarian cycle and pregnancy in the saddle-back tamarin (*Saguinus fuscicollis*) by measurement of steroid conjugates in urine. *Am. J. Primatol.* 35:117–27.

Heistermann, M., Möhle, U., Vervaecke, H., van Elsacker, L., and Hodges, J. K. 1996. Application of urinary and fecal steroid measurements for monitoring ovarian function and pregnancy in the bonobo (*Pan paniscus*) and evaluation of perineal swelling patterns in relation to endocrine events. *Biol. Reprod.* 55: 844–53.

Heistermann, M., Möstl, E., and Hodges, J. K. 1995. Non-invasive endocrine monitoring of female reproductive status: Methods and applications to captive breeding and conservation of exotic species. In *Research and captive propagation*, ed. U. Gansloßer, J. K. Hodges, and W. Kaumanns, 36–48. Erlangen: Filander Verlag GmbH.

Heistermann, M., Palme, R., and Ganswindt, A. 2006. Comparison of different enzymeimmunoassays for assessment of adrenocortical activity in primates based on fecal samples. *Am. J. Primatol.* 68:257–73.

Heistermann, M., Tari, S., and Hodges, J. K. 1993. Measurement of faecal steroids for monitoring ovarian function in New World primates, Callitrichidae. *J. Reprod. Fertil.* 99:243–51.

Heistermann, M., Trohorsch, B., and Hodges, J. K. 1997. Assessment of ovarian function in the African elephant (*Loxodonta africana*) by measurement of 5α-reduced progesterone metabolites in plasma and urine. *Zoo Biol.* 16:273–84.

Heistermann, M., Uhrigshardt, J., Husung, A., Kaumanns, W., and Hodges, J. K. 2001. Measurement of faecal steroid metabolites in the lion-tailed macaque (*Macaca silenus*): A non-invasive tool for assessing ovarian function. *Primate Rep.* 59:27–42

Herrick, J. R., Agoramoorthy, G., Rudran, R., and Harder, J. D. 2000. Urinary progesterone in free-ranging red howler monkeys (*Alouatta seniculus*): Preliminary observations of the estrous cycle and gestation. *Am. J. Primatol.* 51:257–63.

Hesterman, H., Wasser, S. K., and Cochrem, J. F. 2005. Longitudinal monitoring of fecal testosterone in male Malayan sun bears (*U. malayanus*). *Zoo Biol.* 24:403–17.

Hindle, J. E., Möstl, E., and Hodges, J. K. 1992. Measurement of urinary oestrogens and 20-dihydroprogesterone during ovarian cycles of black (*Diceros bicornis*) and white (*Ceratotherium simum*) rhinoceroses. *J. Reprod. Fertil.* 94:237–49.

Hjemdahl, P. 1993. Plasma catecholamines: Analytical challenges and physiological limitations. *Bailliere's Clin. Endocrinol.* 7:307–53.

Hodges, J. K. 1985. The endocrine control of reproduction. *Symp. Zool. Soc. Lond.* 54:149–68.

Hodges, J. K., and Eastman, S. A. K. 1984. Monitoring ovarian function in marmosets and tamarins by the measurement of urinary estrogen metabolites. *Am. J. Primatol.* 6:187–97.

Hodges, J. K., and Green, D. G. 1989. A simplified enzyme immunoassay for urinary pregnanediol-3-glucuronide: Applications to reproductive assessment of exotic species. *J. Zool.* (*Lond.*) 219: 89–99.

Hodges, J. K., and Heistermann, M. 2003. Field endocrinology: Monitoring hormonal changes in free-ranging primates. In *Field and laboratory methods in primatology*, ed. J. M. Setchell and D. J. Curtis, 282–94. Cambridge: Cambridge University Press.

Hogg, C. J., Vickers, E. R., and Rogers, T. L. 2005. Determination of testosterone in saliva of bottlenose dolphins (*Tursiops truncatus*) using liquid chromatography-mass spectrometry. *J. Chromatogr. B* 814:339–46.

Hosack, D. A., Miller, K. V., Marchinton, R. L., and Monfort, S. L. 1997. Ovarian activity in captive Eld's deer (*Cervus eldi thamin*). *J. Mammal.* 78:669–74.

Huber, S., Palme, R., and Arnold, W. 2003. Effects of season, sex, and sample collection on concentrations of fecal cortisol metabolites in red deer (*Cervus elaphus*). *Gen. Comp. Endocr.* 130:48–54.

Hunt, K. E., and Wasser, S. K. 2003. Effect of long-term preservation methods on fecal glucocorticoid concentrations of grizzly bear and African elephant. *Physiol. Biochem. Zool.* 76:918–28.

Ialeggio, D. M., Ash, R., Bartow, S. T., Baker, A. J., and Monfort, S. L. 1997. Year-round urinary ovarian steroid monitoring in a clinically healthy captive owl-faced guenon (*Cercopithecus hamlyni*). In *Proceedings*, 232–34. Atlanta: American Association of Zoo Veterinarians.

Ishikawa, A., Kikuchi, S., Katagiri, S., Sakamoto, H., and Takahashi, Y. 2002. Efficiency of fecal steroid hormone measurement for assessing reproductive function in the Hokkaido brown bear (*Ursus arctos yesoensis*). *Jpn. J. Vet. Res.* 50:17–27.

Jewgenow, K., Naidenko, S. V., Göritz, F., Vargas, A., and Dehnhard, M. 2006. Monitoring testicular activity of male Eurasian (*Lynx lynx*) and Iberian (*Lynx pardinus*) lynx by fecal testosterone metabolite measurement. *Gen. Comp. Endocrinol.* 149:151–58.

Jurke, M. H., Czekala, N. M., and Fitch-Snyder, H. 1997. Non-invasive detection and monitoring of estrus, pregnancy and the postpartum period in pygmy loris (*Nycticebus pygmaeus*) using fecal estrogen metabolites. *Am. J. Primatol.* 41:103–15.

Jurke, M. H., Czekala, N. M., Lindburg, D. G., and Millard, S. E. 1997. Fecal corticoid metabolite measurement in the cheetah (*Acinonyx jubatus*). *Zoo Biol.* 16:133–47.

Jurke, M. H., Hagey, L. R., Jurke, S., and Czekala, N. M. 2000. Monitoring hormones in urine and feces of captive bonobos (*Pan paniscus*). *Primates* 41:311–19.

Jurke, M. H., Pryce, C. R., Doebeli, M., and Martin, R. D. 1994. Noninvasive detection and monitoring of pregnancy and the postpartum period in Goeldi's monkey (*Callimico goeldii*) using urinary pregnanediol-3-alpha-glucuronide. *Am. J. Primatol.* 34:319–31.

Jurke, M. H., Pryce, C. R., Hug-Hodel, A., and Doebeli, M. 1995. An investigation into the socioendocrinology of infant care and postpartum fertility in Goeldi's monkey (*Callimico goeldii*). *Int. J. Primatol.* 16:453–74.

Kapustin, N., Critser, J. K., Olsen, D., and Malven, P. V. 1996. Nonluteal estrous cycles of 3-week duration are initiated by anovulatory luteinizing hormone peaks in African elephants. *Biol. Reprod.* 55:1147–54.

Khan, M. Z., Altman, J., Isani, S. S., and Yu, J. 2002. A matter of time: Evaluating the storage of fecal samples for steroid analysis. *Gen. Comp. Endocrinol.* 128:57–64.

Kirkpatrick, J. F., Bancroft, K., and Kincy, V. 1992. Pregnancy and ovulation detection in bison (*Bison bison*) assessed by means of urinary and fecal steroids. *J. Wildl. Dis.* 28:590–97.

Kirkpatrick, J. F., Kincy, V., Bancoft, K., Shideler, S. E., and Lasley, B. L. 2001. Oestrous cycle of the North American bison (*Bison bison*) characterized by urinary pregnanediol-3-glucuronide. *J. Reprod. Fertil.* 93:541–47.

Kirkpatrick, J. F., Shideler, S. E., and Turner Jr., J. W. 1990. Pregnancy determination in uncaptured feral horses based on steroid metabolites in urine-soaked snow and free steroids in feces. *Can. J. Zool.* 68:2576–79.

Kraus, C., Heistermann, M., and Kappeler, P. 1999. Physiological suppression of sexual function of subordinate males: A subtle form of intrasexual competition in sifakas (*Propithecus verreauxi*). *Physiol. Behav.* 66:855–61.

Kretzschmar, P., Ganslosser, U., and Dehnhard, M. 2004. Relationship between androgens, environmental factors, and reproductive behavior in male white rhinoceros (*Ceratotherium simum simum*). *Horm. Behav.* 45:1–9.

Kuhar, C. W., Bettinger, C. L., Sironen, A. L., Shaw, J. H., and Lasley, B. L. 2003. Factors affecting reproduction in zoo-housed Geoffroy's tamarin (*Saguinus geoffroyi*). *Zoo Biol.* 22:545–59.

Larson, S., Casson, C. J., and Wasser, S. 2003. Noninvasive reproductive steroid hormone estimates from fecal samples of captive female sea otters (*Enhydra lutris*). *Gen. Comp. Endocrinol.* 134:18–25.

Lasley, B. L. 1985. Methods for evaluating reproductive function in exotic species. *Adv. Vet. Sci. Comp. Med.* 30:209–28.

Lasley, B. L., and Kirkpatrick, J. F. 1991. Monitoring ovarian function in captive and free-ranging wildlife by means of urinary and fecal steroids. *J. Zoo Wildl. Med.* 22:23–31.

Lasley, B. L., Stabenfeldt, G. H., Overstreet, J. W., Hanson, F. W., Czekala, N. M., and Munro, C. 1985. Urinary hormone levels at the time of ovulation and implantation. *Fertil. Steril.* 43:861–67.

Li, C. W., Jiang, Z. G., Jiang, G. H., and Fang, J. M. 2001. Seasonal changes of reproductive behavior and fecal steroid concentrations in Pere David's deer. *Horm. Behav.* 40:518–25.

Lutz, C. K., Tiefenbacher, S., Jorgensen, M. J., Meyer, J. S., and Novak, M.A. 2000. Techniques for collecting saliva from awake, unrestrained, adult monkeys for cortisol assay. *Am. J. Primatol.* 52:93–99.

Lynch, J. W., Ziegler, T. E., and Strier, K. B. 2002. Individual and seasonal variation in fecal testosterone and cortisol levels of wild male tufted capuchin monkeys, *Cebus apella nigritus*. *Horm. Behav.* 41:275–87.

MacDonald, E. A., Northrop, L. E., and Czekala, N. M. 2005. Pregnancy detection from fecal progestin concentrations in the red panda (*Ailurus fulgens fulgens*). *Zoo Biol.* 24:419–29.

Maggioncalda, A. N., Czekala, N. M., and Sapolsky, R. M. 2002. Male orangutan subadulthood: A new twist on the relationship between chronic stress and developmental arrest. *Am. J. Phys. Anthropol.* 118:25–32.

Maggioncalda, A. N., Sapolsky, R. M., and Czekala, N. M. 1999. Reproductive hormone profiles in captive male orangutans: Implications for understanding developmental arrest. *Am. J. Phys. Anthropol.* 109:19–32.

Matsuda, D. M., Bellem, A. C., Gartley, C. J., Madison, V., King, W. A., Liptrap, R. M., and Goodrowe, K. L. 1996. Endocrine and behavioral events of estrous cyclicity and synchronization in wood bison (*Bison bison athabascae*). *Theriogenology* 45:1429–41.

Matteri, R. L., Roser, J. F., Baldwin, D. M., Lipovetsky, V., and Papkoff, H. 1987. Characterization of a monoclonal antibody which detects luteinizing hormone from diverse mammalian species. *Domest. Anim. Endocrinol.* 4:157–65.

McCallister, J. M., Smith, T. E., and Elwood, R. W. 2004. Validation of urinary cortisol as an indicator of hypothalamic-pituitary-adrenal function in the bearded emperor tamarin (*Saguinus imperator subgrisescens*). *Am. J. Primatol.* 63:17–23.

Merl, S., Scherzer, S., Palme, R., and Möstl, E. 2000. Pain causes increased concentrations of glucocorticoid metabolites in horse feces. *J. Equ. Vet. Sci.* 20:586–90.

Millspaugh, J. J. 2004. Use of fecal glucocorticoid metabolite measures in conservation biology research: Considerations for application and interpretation. *Gen. Comp. Endocrinol.* 138:189–99.

Millspaugh, J. J., and Washburn, B. E. 2003. Within-sample variation of fecal glucocorticoid measurements. *Gen. Comp. Endocrinol.* 132:21–26.

Millspaugh, J. J., Washburn, B. E., Milanick, M. A., Slotow, R., and van Dyk, G. 2003. Effects of heat and chemical treatments on fecal glucocorticoid measurements: Implications for sample transport. *Wildl. Soc. Bull.* 31:399–406.

Millspaugh, J. J., Woods, R. J., Hunt, K. E., Raedeke, K. J., Brundige, G. C., Washburn, B. E., and Wasser, S. K. 2001. Fecal glucocorticoid assays and the physiological stress response in elk. *Wildl. Soc. Bull.* 29:899–907.

Miyamoto, S., Chen, Y., Kurotori, H., Sankai, T., Yoshida, T., and Machida, T. 2001. Monitoring the reproductive status of female gorillas (*Gorilla gorilla gorilla*) by measuring the steroid hormones in fecal samples. *Primates* 42:291–99.

Möhle, U., Heistermann, M., Palme, R., and Hodges, J. K. 2002. Characterization of urinary and fecal metabolites of testosterone and their measurement for assessing gonadal endocrine function in male nonhuman primates. *Gen. Comp. Endocrinol.* 129:135–45.

Mondal, M., and Prakash, B. S. 2004. Changes in plasma growth hormone (GH) and secretion patterns of GH and Luteinizing hormone in buffalos (*Bubalus bubalis*) during growth. *Endocr. Res.* 30:301–13.

Mondal, M., Rajkhowa, C., and Prakash, B. S. 2005. Secretion patterns of luteinizing hormone in growing mithuns (*Bos frontalis*). *Reprod. Biol.* 5:227–35.

Monfort, S. L. 2003. Non-invasive endocrine measures of reproduction and stress in wild populations. In *Reproduction and integrated observation science*, ed. D. E. Wildt, W. Holt, and A. Pickard, 147–65. Cambridge: Cambridge University Press.

Monfort, S. L., Arthur, N. P., and Wildt, D. E. 1990. Monitoring ovarian function and pregnancy by evaluating excretion of urinary oestrogen conjugates in semi-free-ranging Przewalski's horses (*Equus przewalskii*). *J. Reprod. Fertil.* 91:155–64.

Monfort, S. L., Brown, J. L., and Wildt, D. E. 1993. Episodic and seasonal rhythms of cortisol secretion in male Eld's deer (*Cervus eldi thamin*). *J. Endocrinol.* 138:41–49.

Monfort, S. L., Bush, M., and Wildt, D. E. 1996. Natural and induced ovarian synchrony in golden lion tamarins (*Leontopithecus rosalia*). *Biol. Reprod.* 55:875–82.

Monfort, S. L., Dahl, K. D., Czekala, N. M., Stevens, L., Bush, M., and Wildt, D. E. 1989. Monitoring ovarian function and pregnancy in the giant panda (*Ailuropoda melanoleuca*) by evaluating urinary bioactive FSH and steroid metabolites. *J. Reprod. Fertil.* 85:203–12.

Monfort, S. L., Harvey-Devorshak, E., Geurts, L., Williamson, L. R.,

Simmons, H., Padilla, L., and Wildt, D. E. 1995. Urinary androstanediol glucuronide is a measure of androgenic status in Eld's deer stags (*Cervus eldi thamin*). *Biol. Reprod.* 53:700–706.

Monfort, S. L., Martinet, C., and Wildt, D. E. 1991. Urinary steroid metabolite profiles in female Pere David's deer (*Elaphurus davidianus*). *J. Zoo Wildl. Med.* 22:78–85.

Monfort, S. L., Mashburn, K. L., Brewer, B. A., and Creel, S. R. 1998. Fecal corticosteroid metabolites for monitoring adrenal activity in African wild dogs (*Lycaon pictus*). *J. Zoo Wildl. Med.* 29: 129–33.

Monfort, S. L., Wasser, S. K., Mashburn, K. L., Burke, M., Brewer, B. A., and Creel, S. R. 1997. Steroid metabolism and validation of noninvasive endocrine monitoring in the African wild dog (*Lycaon pictus*). *Zoo Biol.* 16:533–48.

Mooring, M. S., Patton, M. L., Lance, V. A., Hall, B. M., Schaad, E. W., Fortin, S. S., Jella, J. E., and McPeak, K. M. 2004. Fecal androgens of bison bulls during the rut. *Horm. Behav.* 46: 392–98.

Moorman, E. A., Mendoza, S. P., Shideler, S. E., and Lasley, B. L. 2002. Excretion and measurement of estradiol and progesterone metabolites in the feces and urine of female squirrel monkeys (*Saimiri sciureus*). *Am. J. Primatol.* 57:79–90.

Morais, R. N., Mucciolo, R. G., Gomes, M. L. F., Lacerda, O., Moraes, W., Moreira, M., Graham, L. H., Swanson, W. F., and Brown, J. L. 2002. Seasonal analysis of seminal characteristics, serum testosterone and fecal androgens in the ocelot (*Leopardus pardalis*), margay (*L. wiedii*) and tigrina (*L. tigrinus*). *Theriogenology* 57: 2027–41.

Morato, R. G., Bueno, M. G., Malmheister, P., Verreschi, I. T. N., and Barnabe, R. C. 2004a. Changes in the fecal concentrations of cortisol and androgen metabolites in captive male Jaguars (*Panthera onca*) in response to stress. *Braz. J. Med. Biol. Res.* 37:1903–7.

Morato, R. G., Verreschi, I. T. N., Guimaraes, M. A. B. V., Cassaro, K., Pessuti, C., and Barnabe, R. C. 2004b. Seasonal variation in the endocrine-testicular function of captive jaguars (*Panthera onca*). *Theriogenology* 61:1273–81.

Moreira, N., Monteiro-Filho, E. L. A., Moraes, W., Swanson, W. F., Graham, L. H., Pasquali, O. L., Gomes, M. L. F., Morais, R. N., Wildt, D. E., and Brown, J. L. 2001. Reproductive steroid hormones and ovarian activity in felids of the *Leopardus* genus. *Zoo Biol.* 20:103–16.

Morland, R. B., Richardson, M. E., Lamberski, N., and Long, J. A. 2001. Characterizing the reproductive physiology of the male southern black howler monkey, *Alouatta caraya*. *J. Androl.* 22: 395–403.

Morrow, C. J., and Monfort, S. L. 1998. Ovarian activity in the scimitar-horned oryx (*Oryx dammah*) determined by faecal steroid analysis. *Anim. Reprod. Sci.* 53:191–207.

Morrow, C. J., Wildt, D. E., and Monfort, S. L. 1999. Reproductive seasonality in the female scimitar-horned oryx (*Oryx dammah*). *Anim. Conserv.* 2:261–68.

Moss, A. M., Clutton-Brock, T. H., and Monfort, S. L. 2001. Longitudinal gonadal steroid excretion in free-living male and female meerkats (*Suricata suricatta*). *Gen. Comp. Endocrinol.* 122: 158–71.

Möstl, E., Meßmann, S., Bagu, E., Robia, C., and Palme, R. 1999. Measurement of glucocorticoid metabolite concentrations in faeces of domestic livestock. *J. Vet. Med. Ser. A* 46:621–32.

Muir, C., Spironello-Vella, E., Pisani, N., and deCatanzaro, D. 2001. Enzyme immunoassay of 17 beta-estradiol, estrone conjugates, and testosterone in urinary and fecal samples from male and female mice. *Horm. Metab. Res.* 33:653–58.

Muller, M. N., and Wrangham, R. W. 2004a. Dominance, aggression and testosterone in wild chimpanzees: A test of the "challenge hypothesis." *Anim. Behav.* 67:113–23.

———. 2004b. Dominance, cortisol and stress in wild chimpanzees (*Pan troglodytes schweinfurthii*). *Behav. Ecol. Sociobiol.* 55: 332–40.

Munro, C. J., Laughlin, L. S., Illera, J. C., Dieter, J., Hendrickx, A. G., and Lasley, B. L. 1997. ELISA for the measurement of serum and urinary chorionic gonadotropin concentrations in the laboratory macaque. *Am. J. Primatol.* 41:307–22.

Nadler, R. D., Dahl, J. F., and Collins, D. C. 1993. Serum and urinary concentrations of sex hormones and genital swelling during the menstrual cycle of the gibbon. *J. Endocrinol.* 136:447–55.

Negrão, J. A., Porcionato, M. A., de Passille, A. M., and Rushen, J. 2004. Cortisol in saliva and plasma of cattle after ACTH administration and milking. *J. Dairy Sci.* 87:1713–18.

Niemüller, C. A., Shaw, H. J., and Hodges, J. K. 1993. Non-invasive monitoring of ovarian function in Asian elephants (*Elephas maximus*) by measurement of urinary 5β-pregnanediol. *J. Reprod. Fertil.* 99:617–25.

Nivergelt, C., and Pryce, C. R. 1996. Monitoring and controlling reproduction in captive common marmosets on the basis of urinary oestrogen metabolites. *Lab. Anim.* 30:162–70.

Nunes, S., Brown, C., and French, J. A. 2002. Variation in circulating and excreted estradiol associated with testicular activity in male marmosets. *Am. J. Primatol.* 56:27–42.

Ohl, R., Kirschbaum, C., and Fuchs, E. 1999. Evaluation of hypothalamo-pituitary-adrenal activity in the tree shrew (*Tupaia belangeri*) via salivary cortisol measurement. *Lab. Anim.* 33:269–74.

Ostner, J., and Heistermann, M. 2003. Endocrine characterization of female reproductive status in wild red-fronted lemurs (*Eulemur fulvus rufus*). *Gen. Comp. Endocrinol.* 131:274–83.

Ostner, J., Kappeler, P., and Heistermann, M. 2002. Seasonal variation and social correlates of testosterone excretion in red-fronted lemurs (*Eulemur fulvus rufus*). *Behav. Ecol. Sociobiol.* 52: 485–95.

———. 2007. Androgen and glucocorticoid levels reflect seasonally occurring social challenges in male red-fronted lemurs (*Eulemur fulvus rufus*). *Behav. Ecol. Sociobiol.* DOI 10.1007/s00265-007-0487-y.

Owen, M. A., Czekala, N. M., Swaisgood, R. R., Steinman, K., and Lindburg, D. G. 2005. Seasonal and diurnal dynamics of glucocorticoids and behavior in giant pandas. *Ursus* 16:208–11.

Owen, M. A., Swaisgood, R. R., Czekala, N. M., Steinman, K., and Lindburg, D. G. 2004. Monitoring stress in captive giant pandas (*Ailuropoda melanoleuca*): Behavioral and hormonal responses to ambient noise. *Zoo Biol.* 32:147–64.

Palme, R., Entenfellner, U., Hoi, H., and Möstl, E. 2001. Faecal oestrogens and progesterone metabolites in mares of different breeds during the last trimester of pregnancy. *Reprod. Domest. Anim.* 36:273–77.

Palme, R., Fischer, P., Schildorfer, H., and Ismail, N. M. 1996. Excretion of infused ^{14}C-steroid hormones via faeces and urine in domestic livestock. *Anim. Reprod. Sci.* 43:43–63.

Palme, R., and Möstl, E. 1997. Measurement of cortisol metabolites in faeces of sheep as a parameter of cortisol concentration in blood. *Z. Säugetierkunde* 62:162–67.

Palme, R., Rettenbacher, S., Touma, C., El-Bahr, S. M., and Möstl, E. 2005. Stress hormones in mammals and birds: Comparative aspects regarding metabolism, excretion, and noninvasive measurement in fecal samples. *Ann. N. Y. Acad. Sci.* 1040:162–71.

Patton, M. L., Swaisgood, R. R., Czekala, N. M., White, A. M., Fetter, G. A., Montagne, J. P., Rieches, R. G., and Lance, V. A. 1999. Reproductive cycle length and pregnancy in the southern white rhinoceros (*Ceratotherium simum simum*) as determined by fecal pregnane analysis and observations of mating behavior. *Zoo Biol.* 18:111–27.

Patton, M. L., White, A. M., Swaisgood, R. R., Sproul, R. L., Fetter, G. A., Kennedy, J., Edwards, M. S., Rieches, R. G., and Lance, V. A. 2001. Aggression control in a bachelor herd of fringe-eared oryx (*Oryx gazella callotis*), with melengestrol acetate: Behavioral and endocrine observations. *Zoo Biol.* 20:375–88.

Patzl, M., Schwarzenberger, F., Osmann, C., Bamberg, E., and Bartmann, W. 1998. Monitoring ovarian cycle and pregnancy in the giant anteater (*Myrmecophaga tridactyla*) by faecal progestagen and oestrogen analysis. *Anim. Reprod. Sci.* 53:209–19.

Pelletier, F., Bauman, J., and Festa-Bianchet, M. 2003. Fecal testosterone in bighorn sheep (*Ovis canadensis*): Behavioural and endocrine correlates. *Can. J. Zool.* 81:1678–84.

Pereira, R. J. G., Duarte, J. M. B., and Negrão, J. A. 2005. Seasonal changes in fecal testosterone concentrations and their relationship to the reproductive behavior, antler cycle and grouping patterns in free-ranging male Pampas deer (*Ozotoceros bezoarticus bezoarticus*). *Theriogenology* 63:2113–25.

Pickard, A. R., Abaigar, T., Green, D. I., Holt, W. V., and Cano, M. 2001. Hormonal characterization of the reproductive cycle and pregnancy in the female Mhorr gazelle (*Gazella dama mhorr*). *Reproduction* 122:571–80.

Ponzio, M. F., Monfort, S. L., Busso, J. M., Dabbene, V. G., Tuiz, R. D., and Fiol de Cuneo, M. 2004. A non-invasive method for assessing adrenal activity in the chinchilla (*Chinchilla lanigera*). *J. Exp. Zool.* 3:218–27.

Pryce, C. R., Schwarzenberger, F., and Doebeli, M. 1994. Monitoring fecal samples for estrogen excretion across the ovarian cycle in Goeldi's monkey (*Callimico goeldii*). *Zoo Biol.* 13:219–30.

Queyras, A., and Carosi, M. 2004. Non-invasive techniques for analysing hormonal indicators of stress. *Ann. Ist Super. Sanità* 40:211–21.

Ramsay, E. C., Moran, F., Roser, J. F., and Lasley, B. L. 1994. Urinary steroid evaluations to monitor ovarian function in exotic ungulates. 10. Pregnancy diagnosis in Perissodactyla. *Zoo Biol.* 13:129–47.

Reimers, C., Schwarzenberger, F., and Preuschoft, S. 2007. Rehabilitation or research chimpanzees: Stress and coping after long-term isolation. *Horm. Behav.* 51:428–35.

Riad-Fahmy, D., Read, F., Walker, R. F., and Griffiths, K. 1982. Steroids in saliva for assessing endocrine function. *Endocr. Rev.* 4: 367–95.

Robbins, M. M., and Czekala, N. M. 1997. A preliminary investigation of urinary testosterone and cortisol levels in wild male mountain gorillas. *Am. J. Primatol.* 43:51–64.

Robeck, T. R., Fitzgerald, L. J., Hnida, J. A., Turczynski, C. J., Smith, D., and Kraemer, D. C. 1997. Analysis of urinary progesterone metabolites with behavioral correlation in Guenther's dik-dik (*Madoqua guentheri*). *J. Zoo Wildl. Med.* 28:434–42.

Robeck, T. R., Monfort, S. L., Cale, P. P., Dunn, J. L., Jensen, E., Boehm, J. R., Young, S., and Clark, S. T. 2005a. Reproduction, growth and development in captive beluga (*Delphinapterus leucas*). *Zoo Biol.* 24:29–49.

Robeck, T. R., Steinman, K., Gearhart, S., Reidarson, T. R., McBain, J. F., and Monfort, S. L. 2004. Reproductive physiology and development of artificial insemination technology in killer whales (*Orcinus orca*). *Biol. Reprod.* 71:650–60.

Robeck, T. R., Steinman, K. J., Yoshioka, M., Jensen, E., O'Brien, J. K., Katsumata, E., Gili, C., McBain, J. F., Sweeney, J., and Monfort, S. L. 2005b. Estrous cycle characterisation and artificial insemination using frozen-thawed spermatozoa in the bottlenose dolphin (*Tursiops truncatus*). *Reproduction* 129:659–74.

Rolland, R. M., Hunt, K. E., Kraus, S. D., and Wasser, S. K. 2005. Assessing reproductive status of right whales (*Eubalaena glacialis*) using fecal hormone metabolites. *Gen. Comp. Endocrinol.* 142:308–17.

Ross, C. N., French, J. A., and Patera, K. J. 2004. Intensity of aggressive interactions modulates testosterone in male marmosets. *Physiol. Behav.* 83:437–45.

Roth, T. L., Bateman, H. L., Kroll, J. L., Steinetz, B. G., and Reinhart, P. R. 2004. Endocrine and ultrasonographic characterization of a successful pregnancy in a Sumatran rhinoceros (*Dicerorhinus sumatrensis*) supplemented with a synthetic progestin. *Zoo Biol.* 23:219–38.

Roth, T. L., O'Brien, J. K., McRae, M. A., Bellem, A. C., Romo, S. J., Kroll, J. L., and Brown, J. L. 2001. Ultrasound and endocrine evaluation of the ovarian cycle and early pregnancy in the Sumatran rhinoceros (*Dicerorhinus sumatrensis*). *Reproduction* 121:139–49.

Saltz, D., and White, G. C. 1991. Urinary cortisol and urea nitrogen responses in irreversibly undernourished mule deer fawns. *J. Wildl. Dis.* 27:41–46.

Sands, J., and Creel, S. 2004. Social dominance, aggression and fecal glucocorticoid levels in a wild population of wolves, *Canis lupus*. *Anim. Behav.* 67:387–96.

Sannen, A., Heistermann, M., van Elsacker, L., Möhle, U., and Eens, M. 2003. Urinary testosterone metabolite levels in bonobos: A comparison with chimpanzees in relation to social system. *Behaviour* 140:683–96.

Sanson, G., Brown, J. L., and Farstad, W. 2005. Noninvasive fecal steroid monitoring of ovarian and adrenal activity in farmed blue fox (*Alopex lagopus*) females during late pregnancy, parturition and lactation onset. *Anim. Reprod. Sci.* 87:309–19.

Sarkar, M., and Prakash, B. S. 2006. Application of sensitive enzymeimmunoassays for oxytocin and prolactin determination in blood plasma of yaks (*Poephagus grunniens, L.*) during milk let down and cyclicity. *Theriogenology* 65:499–516.

Savage, A., Lasley, B. L., Vecchio, A. J., Miller, A. E., and Shideler, S. E. 1995. Selected aspects of female white-faced saki (*Pithecia pithecia*) reproductive biology in captivity. *Zoo Biol.* 14: 441–52.

Schatz, S., and Palme, R. 2001. Measurement of faecal cortisol metabolites in cats and dogs: A non-invasive method for evaluating adrenocortical function. *Vet. Res. Commun.* 25:1–17.

Scheibe, K. M., Dehnhard, M., Meyer, H. H. D., and Scheibe, A. 1999. Noninvasive monitoring of reproductive function by determination of faecal progestagens and sexual behaviour in a herd of Przewalski mares in a semi-reserve. *Acta Theriol.* 44:451–63.

Schoemaker, N. J., Wolfswinkel, J., Mol, J. A., Voorhout, G., Kik, M. J. L., Lumeij, J. T., and Rijnberk, A. 2004. Urinary glucocorticoid excretion in the diagnosis of hyperadrenocorticism in ferrets. *Domest. Anim. Endocrinol.* 27:13–24.

Schoenecker, K. A., Lyda, R. O., and Kirkpatrick, J. 2004. Comparison of three fecal steroid metabolites for pregnancy detection used with single sampling in bighorn sheep (*Ovis canadensis*). *J. Wildl. Dis.* 40:273–81.

Schwartz, C. C., Monfort, S. L., Dennis, P., and Hundertmark, K. J. 1995. Fecal progesterone concentration as an indicator of the estrous cycle and pregnancy in moose. *J. Wildl. Manag.* 59: 590–83.

Schwarzenberger, F., Fredriksson, G., Schaller, K., and Kolter, L. 2004. Fecal steroid analysis for monitoring reproduction in the sun bear (*Helarctos malayanus*). *Theriogenology* 62:1677–92.

Schwarzenberger, F., Kolter, L., Zimmerman, W., Rietschel, W., Matern, B., Birher, P., and Leus, K. 1998a. Faecal cortisol metabolite measurement in the okapi (*Okapia johnstoni*). *Adv. Ethol.* 33:28.

Schwarzenberger, F., Möstl, E., Palme, R., and Bamberg, E. 1996a. Faecal steroid analysis for non-invasive monitoring of reproductive status in farm, wild and zoo animals. *Anim. Reprod. Sci.* 42:515–26.

Schwarzenberger, F., Patzl, M., Francke, R., Ochs, A., Buiter, R., Schaftenaar, W., and Demeurichy, W. 1993. Fecal progestagen evaluations to monitor the estrous cycle and pregnancy in the okapi (*Okapia johnstoni*). *Zoo Biol.* 12:549–59.

Schwarzenberger, F., Rietschel, W., Matern, B., Schaftenaar, W., Bircher, P., Van Puijenbroeck, B., and Leus, K. 1999. Noninvasive reproductive monitoring in the okapi (*Okapia johnstoni*). *J. Zoo Wildl. Med.* 30:497–503.

Schwarzenberger, F., Rietschel, W., Vahala, J., Holeckova, D., Thomas, P., Maltzan, J., Baumgartner, K., and Schaftenaar, W. 2000. Fecal progesterone, estrogen, and androgen metabolites for noninvasive monitoring of reproductive function in the female Indian rhinoceros, *Rhinoceros unicornis*. *Gen. Comp. Endocrinol.* 119:

300–307.

Schwarzenberger, F., Speckbacher, G., and Bamberg, E. 1995. Plasma and fecal progestagen evaluations during and after the breeding-season of the female vicuna (*Vicuna vicuna*). *Theriogenology* 43: 625–34.

Schwarzenberger, F., Tomasova, K., Holeckova, D., Matern, B., and Möstl, E. 1996b. Measurement of faecal steroids in the black rhinoceros (*Diceros bicornis*) using group-specific enzyme immunoassays for 20-oxo-pregnanes. *Zoo Biol.* 15:159–71.

Schwarzenberger, F., Walzer, C., Tomasova, K., Vahala, J., Meister, J., Goodrowe, K. L., Zima, J., Strauß, G., and Lynch, M. 1998b. Faecal progesterone metabolite analysis for non-invasive monitoring of reproductive function in the white rhinoceros (*Ceratotherium simum*). *Anim. Reprod. Sci.* 53:173–90.

Shaw, H. J., Czekala, N. M., Kasman, L. H., Lindburg, D. G., and Lasley, B. L. 1983. Monitoring ovulation and implantation in the lion-tailed macaque (*Macaca silenus*) through urinary estrone conjugate evaluations. *Biol. Reprod.* 29:905–11.

Shaw, H. J., Green, D. I., Sainsbury, A. W., and Holt, W. V. 1995. Monitoring ovarian-function in scimitar-horned oryx (*Oryx dammah*) by measurement of fecal 20-alpha-progestagen metabolites. *Zoo Biol.* 14:239–50.

Shaw, H. J., Ortuno, A. M., Moran, F. M., Moorman, E. A., and Lasley, B. L. 1993. Simple extraction and enzyme immunoassays for estrogen and progesterone metabolites in the feces of *Macaca fascicularis* during non-conceptive and conceptive ovarian cycles. *Biol. Reprod.* 48:1290–98.

Shaw, H. J., Savage, A., Ortuno, A. M., Moorman, E. A., and Lasley, B. L. 1994. Monitoring female reproductive function by measurement of fecal estrogen and progesterone metabolites in the white-faced saki (*Pithecia pithecia*). *Am. J. Primatol.* 32:95–108.

Shideler, S. E., Czekala, N. M., Kasman, L. H., and Lindburg, D. G. 1983. Monitoring ovulation and implantation in the lion-tailed macaque (*Macaca silenus*) through urinary estrone conjugate measurements. *Biol. Reprod.* 29:905–11.

Shideler, S. E., Shackleton, C. H. L., Moran, F. M., Stauffer, P., Lohstroh, P. N., and Lasley, B. L. 1993a. Enzyme immunoassays for ovarian steroid metabolites in the urine of *Macaca fascicularis*. *J. Med. Primatol.* 22:301–12.

Shideler, S. E., Savage, A., Ortuno, A. M., Moorman, E. A., and Lasley, B. L. 1994. Monitoring female reproductive function by measurement of fecal estrogen and progesterone metabolites in the white-faced saki (*Pithecia pithecia*). *Am. J. Primatol.* 32:95–108.

Shideler, S. E., Ortuno, A. M., Moran, F. M., Moorman, E. A., and Lasley, B. L. 1993b. Simple extraction and enzyme immunoassays for estrogen and progesterone metabolites in the feces of *Macaca fascicularis* during non-conceptive and conceptive ovarian cycles. *Biol. Reprod.* 48:1290–98.

Shille, V. M., Haggerty, M. A., Shackleton, C., and Lasley, B. L. 1990. Metabolites of estradiol in serum, bile, intestine and feces of the domestic cat (*Felis catus*). *Theriogenology* 34:779–94.

Shimizu, K. 2005. Studies on reproductive endocrinology in non-human primates: Application of non-invasive methods. *J. Reprod. Dev.* 51:1–13.

Shimizu, K., Douke, C., Fujita, S., Matauzawa, T., Tomonaga, M., Tanaka, M., Matsubayashi, K., and Hayashi, M. 2003a. Urinary steroids, FSH and CG measurements for monitoring the ovarian cycle and pregnancy in the chimpanzee. *J. Med. Primatol.* 32:15–22.

Shimizu, K., Udono, T., Tanaka, C., Narushima, E., Yoshihara, M., Takeda, M., Tanahashi, A., van Elsacker, L., Hayashi, M., and Takenaka, O. 2003b. Comparative study of urinary reproductive hormones in great apes. *Primates* 44:183–90.

Skolimowska, A., Janowski, T., and Golonka, M. 2004a. Estrogen concentrations in the feces and blood of full-blood and Polish horse mares during pregnancy. *Med. Weter.* 60:96–99.

Skolimowska, A., Janowski, T., Krause, I., and Golonka, M. 2004b. Monitoring of pregnancy by fecal estrogen measurement in sanctuary and zoological Equidae. *Med. Weter.* 60:857–60.

Smith, T. E., and French, J. A. 1997. Psychosocial stress and urinary cortisol excretion in marmoset monkeys (*Callithrix kuhli*). *Physiol. Behav.* 62:225–32.

Soltis, J., Wegner, F. H., and Newman, J. D. 2003. Adult cortisol response to immature offspring play in captive squirrel monkeys. *Physiol. Behav.* 80:217–23.

———. 2005. Urinary prolactin is correlated with mothering and allomothering in squirrel monkeys. *Physiol. Behav.* 84:295–301.

Sousa, M. B., and Ziegler, T. E. 1998. Diurnal variation on the excretion patterns of fecal steroids in common marmoset (*Callithrix jacchus*) females. *Am. J. Primatol.* 46:105–17.

Spanner, A., Stone, G. M., and Schultz, D. 1997. Excretion profiles of some reproductive steroids in the faeces of captive Nepalese red panda (*Ailurus fulgens fulgens*). *Reprod. Fertil. Dev.* 9:565–70.

Steinman, K. J., Monfort, S. L., McGeehan, L., Kersey, D. C., Gual-Sil, F., Snyder, R. J., Wang, P., Nakao, T., and Czekala, N. M. 2006. Endocrinology of the giant panda and application of hormone technology to species management. In *Giant pandas: Biology, veterinary medicine and management*, ed. D. E. Wildt, A. Zhang, H. Zhang, D. L. Janssen, and S. Ellis, 198–230. Cambridge: Cambridge University Press.

Stoinski, T. S., Czekala, N., Lukas, K. E., and Maple, T. L. 2002. Urinary androgen and corticoid levels in captive male Western lowland gorillas (*Gorilla g. gorilla*): Age-related and social group-related differences. *Am. J. Primatol.* 56:73–87.

Stoops, M. A., Anderson, G. B., Lasley, B. L., and Shideler, S. E. 1999. Use of fecal steroid metabolites to estimate the pregnancy rate of a free-ranging herd of tule elk. *J. Wildl. Manag.* 63:661–65.

Stoops, M. A., Pairan, R. D., and Roth, T. L. 2004. Follicular, endocrine and behavioural dynamics of the Indian rhinoceros (*Rhinoceros unicornis*) oestrous cycle. *Reproduction* 128: 843–56.

Strier, K. B., and Ziegler, T. E. 1997. Behavioral and endocrine characteristics of the reproductive cycle in wild muriqui monkeys, *Brachyteles arachnoides*. *Am. J. Primatol.* 42:299–310.

Tardif, S. D., Ziegler, T. E., Power, M., and Layne, D. G. 2005. Endocrine changes in full-term pregnancies and pregnancy loss due to energy restriction in the common marmoset (*Callithrix jacchus*). *J. Clin. Endocrinol. Metab.* 90:335–39.

Terio, K. A., Brown, J. L., Moreland, R., and Munson, L. 2002. Comparison of different drying and storage methods on quantifiable concentrations of fecal steroids in the cheetah. *Zoo Biol.* 21:215–22.

Terio, K. A., Citino, S. B., and Brown, J. L. 1999. Fecal corticoid metabolite analysis for non-invasive monitoring of adrenocortical function in the cheetah (*Acinonyx jubatus*). *J. Zoo Wildl. Med.* 30:484–91.

Teskey-Gerstl, A., Bamberg, E., Steineck, T., and Palme, R. 2000. Excretion of corticosteroids in urine and faeces of hares (*Lepus europaeus*). *J. Comp. Physiol. B Biochem. Syst. Environ. Physiol.* 170:163–68.

Thierry, B., Heistermann, M., Aujard, F., and Hodges, J. K. 1996. Long-term data on basic reproductive parameters and evaluation of endocrine, morphological, and behavioral measures for monitoring reproductive status in a group of semi-free ranging Tonkean macaques (*Macaca tonkeana*). *Am. J. Primatol.* 39: 47–62.

Thompson, K. V., Mashburn, K. L., and Monfort, S. L. 1998. Characterization of estrous cyclicity in the sable antelope (*Hippotragus niger*) through fecal progestagen monitoring. *Gen. Comp. Endocrinol.* 112:129–37.

Thompson, K. V., and Monfort, S. L. 1999. Synchronisation of oestrous cycles in sable antelope (*Hippotragus niger*). *Anim. Reprod. Sci.* 57:185–97.

Torii, R., Moro, M., Abbott, D. H., and Nigi, H. 1998. Urine collection in the common marmoset (*Callithrix jacchus*) and its applicability to endocrinological studies. *Primates* 39:407–17.

Touma, C., and Palme, R. 2005. Measuring fecal glucocorticoid metabolites in mammals and birds: The importance of validation. *Ann. N. Y. Acad. Sci.* 1046:54–74.

Touma, C., Sachser, N., Möstl, E., and Palme, R. 2003. Effects of sex and time of day on metabolism and excretion of corticosterone in urine and feces of mice. *Gen. Comp. Endocrinol.* 130:267–78.

Turner, J. W., Tolson, P., and Hamad, N. 2002. Remote assessment of stress in white rhinoceros (*Ceratotherium simum*) and black rhinoceros (*Diceros bicornis*) by measurement of adrenal steroids in feces. *J. Zoo Wildl. Med.* 33:214–21.

Valdespino, C., Asa, C. S., and Bauman, J. E. 2002. Estrous cycles, copulation, and pregnancy in the fennec fox (*Vulpes zerda*). *J. Mammal.* 83:99–109.

Valeggia, C. R., Mendoza, S. P., Fernandez-Duque, E., and Mason, W. A. 1999. Reproductive biology of female titi monkeys (*Callicebus moloch*) in captivity. *Am. J. Primatol.* 47:183–95.

Velloso, A. L., Wasser, S. K., Monfort, S. L., and Dietz, J. M. 1998. Longitudinal fecal steroid excretion in maned wolves (*Chrysocyon brachyurus*). *Gen. Comp. Endocrinol.* 112:96–107.

von der Ohe, C. G., and Servheen, C. 2002. Measuring stress in mammals using fecal glucocorticoids: Opportunities and challenges. *Wildl. Soc. Bull.* 30:1215–25.

Von Engelhardt, N., Kappeler, P., and Heistermann, M. 2000. Androgen levels and female social dominance in *Lemur catta*. *Proc. R. Soc. Lond. B Biol. Sci.* 267:1533–39.

Walker, S. L., Waddell, W. T., and Goodrowe, K. L. 2002. Reproductive endocrine patterns in captive female and male red wolves (*Canis rufus*) assessed by fecal and serum hormone analysis. *Zoo Biol.* 21:321–35.

Wasser, S. K. 1996. Reproductive control in wild baboons measured by fecal steroids. *Biol. Reprod.* 55:393–99.

Wasser, S. K., Hunt, K. E., Brown, J. L., Cooper, K., Crockett, C. M., Bechert, U., Millspaugh, J. J., Larson, S., and Monfort, S. L. 2000. A generalized fecal glucocorticoid assay for use in a diverse array of nondomestic mammalian and avian species. *Gen. Comp. Endocrinol.* 120:260–75.

Wasser, S. K., Papageorge, S., Foley, C., and Brown, J. L. 1996. Excretory fate of estradiol and progesterone in the African elephant (*Loxodonta africana*) and patterns of fecal steroid concentrations throughout the estrous cycle. *Gen. Comp. Endocrinol.* 102: 255–62.

Whitten, P. L., and Russell, E. 1996. Information content of sexual swellings and fecal steroids in sooty mangabeys (*Cercocebus torquatus atys*). *Am. J. Primatol.* 40:67–82.

Whitten, P. L., Stavisky, R. C., Aureli, F., and Russell, E. 1998. Response of fecal cortisol to stress in captive chimpanzees (*Pan troglodytes*). *Am. J. Primatol.* 44:57–69.

Wielebnowski, N. C., Fletchall, N., Carlstead, K., Busso, J. M., and Brown, J. L. 2002. Non-invasive assessment of adrenal activity associated with husbandry and behavioral factors in the North American clouded leopard population. *Zoo Biol.* 21:77–98.

Yamaguchi, H., Kikusui, T., Takeuchia, Y., Yoshimura, H., and Mori, Y. 2005. Social stress decreases marking behavior independently of testosterone in Mongolian gerbils. *Horm. Behav.* 47:549–55.

Young, K. M., Brown, J. L., and Goodrowe, K. L. 2001. Characterization of female reproductive cycles and adrenal activity in the black-footed ferret (*Mustela nigripes*) by fecal hormone analysis. *Zoo Biol.* 20:517–36.

Young, K. M., Walker, S. L., Lanthier, C., Waddell, W. T., Monfort, S. L., and Brown, J. L. 2004. Noninvasive monitoring of adrenocortical activity in carnivores by fecal glucocorticoid analyses. *Gen. Comp. Endocrinol.* 137:148–65.

Ziegler, T. E., Carlson, A. A., Ginther, A. J., and Snowdon, C. T. 2000c. Gonadal source of testosterone metabolites in urine of male cotton-top tamarin monkeys (*Saguinus oedipus*). *Gen. Comp. Endocrinol.* 118:332–43.

Ziegler, T. E.. Hodges, J. K., Winkler, P., and Heistermann, M. 2000b. Hormonal correlates of reproductive seasonality in wild female Hanuman langurs (*Presbytis entellus*). *Am. J. Primatol.* 51: 119–34.

Ziegler, T. E., Matteri, R. L., and Wegner, F. H. 1993. Detection of urinary gonadotropins in Callitrichid monkeys with a sensitive immunoassay based upon a unique monoclonal antibody. *Am. J. Primatol.* 31:181–88.

Ziegler, T. E., Santos, C.V., Pissinatti, A., and Strier, K. B. 1997. Steroid excretion during the ovarian cycle in captive and wild muriquis, *Brachyteles arachnoides*. *Am. J. Primatol.* 42:311–21.

Ziegler, T. E., Scheffler, G., and Snowdon, C. T. 1995. The relationship of cortisol levels to social environment and reproductive functioning in female cotton-top tamarins, *Saguinus oedipus*. *Horm. Behav.* 29:407–24.

Ziegler, T. E., Scheffler, G., Wittwer, D. J., Schultz-Darken, N., Snowdon, C. T., and Abbott, D. H. 1996. Metabolism of reproductive steroids during the ovarian cycle in two species of callitrichids, *Saguinus oedipus* and *Callithrix jacchus*, and estimation of the ovulatory period from fecal steroids. *Biol. Reprod.* 54:91–99.

Ziegler, T. E., Sholl, S. A., Scheffler, G., Haggerty, M. A., and Lasley, B. L. 1989. Excretion of estrone, estradiol, and progesterone in the urine and feces of the female cotton-top tamarin (*Saguinus oedipus oedipus*). *Am. J. Primatol.* 17:185–95.

Ziegler, T. E., Wegner, F. H., Carlson, A. A., Lazaro-Perea, C., and Snowdon, C. T. 2000a. Prolactin levels during the periparturitional period in the biparental cotton-top tamarin (*Saguinus oepidus*): Interactions with gender, androgen levels, and parenting. *Horm. Behav.* 38:111–22.

34
余剰動物対策のための避妊

Cheryl S. Asa and Ingrid J. Porton

訳：栁川洋二郎

はじめに

動物園が絶滅危惧種保全のための収集を担う方舟として機能しているという考えは，この10年間でより一般的なものへと発展してきた．世界動物園水族館協会（WAZA）および地域動物園協会は，域内・域外保全を統合的に実施すること，また市民の保全に対する意見の最も信頼に足る代弁者となることにおいて，動物園が重要な役割をもつ施設となることを目指している．遺伝資源として飼育下個体群を維持することは，特定の分類群においては今日でも動物園における飼育管理の目的の1つとして残っている．しかし，保全に関する問題や動物倫理について教育すること，保全に関わる調査研究の主導，または調査研究への参加，野外における保全活動のための資金を収集することは，動物園の役割として遺伝資源の保存と同等かあるいはそれよりも重要である．飼育下で種を維持することの長期的な目標にかかわらず，将来的に遺伝学的，個体群統計学的，行動学的に健全な個体群を維持するためには繁殖計画を施設間で協力して実施する必要がある．

北米動物園水族館協会（AZA）の種保存計画（Species Survival Plan：SSP）や欧州動物園水族館協会（EAZA）の欧州絶滅危惧種計画（European Endangered Species Programme：EEP）など，地域的に管理された繁殖計画は1980年代初頭に発足し，1990年代に拡大した（第20章参照）．AZAの分類群諮問グループ（Taxon Advisory Groups：TAGs）という概念は，個々の種の繁殖計画をより上位の分類学的レベルにおいて統合して実施することが，動物園で収集された限られた資源と保全という目的の間でバランスをとるのに必要であるという認識から生じた．長年，小規模飼育下個体群を飼養管理していると，そこに内在する様々な限界を経験することになり，動物園の職員は特に飼育スペースが限られているという現実に直面する．今日，動物園において，実現可能な数々の繁殖計画を制限している最も大きな要因は，適切な飼育施設が十分にないことである．そのため，個々の飼育スペースがとても重要な意味をもっており，遺伝的に同一の個体を無制限に繁殖させることや，1つの種において飼育下個体群の維持に必要な数以上に増やすことは，個体数が十分でない種やその他の種の飼育スペースを奪うことになる．飼育下の動物は野生の同種と比較すると個体数増加を規制する要因がほとんどない状態であり，この避けがたい現実が動物の飼育者や動物園の運営者にとっては飼育下個体群の管理を行ううえで重責となっている．どのように個体数増加を管理するかは実質的，哲学的また倫理的な議論を引き起こす問題である．動物園の飼育管理者が実施可能な選択肢としては主に雌雄の分離飼育，可逆的な避妊，不可逆的な避妊，安楽殺，繁殖計画に関与しない施設への余剰個体の移送などである．可逆的な避妊が実行可能で現実的な選択肢であるためには，その有効性や安全性に関する情報を動物園関係者が利用できるということが重要である．

現在利用されている避妊方法の調査

ほとんどの避妊法に関する研究や開発は人間や伴侶動物に適用するため，もしくは野生動物や野生化動物の個体群管理のために行われてきた．一方，伝統的に動物園動物学者たちにとっては飼育動物が繁殖することは，その個体が心身ともに健康であることの最大の指標であるとみなされ（Hediger 1954，Curtis 1982），繁殖を妨げることは繁殖計画に反することであると考えられてきた．実際，繁殖を制限しなければいけないということは，繁殖管理の1つの方法としてではなく，飼育スペースの増加（Perry, Bridg-water, and Horscman 1975）や法律上の繁殖制限の緩和（Curtis 1982）で解決するような問題であると認識されてきた．可逆的な避妊は1970年代中旬にU.S. Sealによって，限られた飼育下の生息環境において，より遺伝的に健全な飼育下個体群をつくり出す方法の1つとしてその重要性が認識され提唱された（Seal et al. 1976）．その後，避妊の重要性が徐々に動物園関係者の間で広く認められるようになってきたものの，動物園で飼育されている哺乳類の多様性に考慮した避妊方法に関する情報は不足していた（Knowles 1986）．これを受けてAZAは避妊技術の有効性や安全性に関する情報の収集と普及のため，またさらなる代替技術の調査研究の調整と推奨のため，避妊特別委員会（Contraceptive Task Force）を設置した（Wemmer 1989）．最初の避妊技術に関する調査結果は霊長類と食肉類に関するもので，100施設以上に送付された．事業の重要性からAZAはこの特別委員会を常設委員会とすることを決定し，避妊アドバイザリーグループ（Contraception Advisory Group：CAG）が設置され，これは1999年にAZA野生動物避妊センター（AZA Wildlife Contraception Center）に統合された．現在は哺乳類全般を網羅する調査報告が世界中の500を超える施設に毎年送付されており，避妊技術の実施結果は避妊データベースに入力されている．このデータベースには2005年の段階で250種以上における20,000件以上の記録が収録されている．

避妊データベースに加え研究報告や現在試行中の避妊技術の情報に基づき分類群特異的に推奨される避妊方法が考案され，これについては毎年再検討と改訂が行われている．長年の調査，改訂により，推奨される方法についての文章は膨大な量となっており，現在はより多くの人にインターネットを通じて配布され，AZA野生動物避妊センターのウェブサイト（www.stlzoo.org/contraception）では，最新の避妊技術を参照することが可能である．避妊技術の実施に関わる問題や技術の選択と適用に関するさらに詳細な情報についてはAsa and Porton（2005）を参照のこと．

繁殖コントロールの方法

雌における避妊技術のターゲット

繁殖に関わる事象のカスケード（訳者注：引き金となる事象から，次々と多くの反応が引き起こされる現象）は雌雄ともに視床下部で産生，分泌される性腺刺激ホルモン放出ホルモン（gonadotropin releasing hormone：GnRH）から始まる．GnRHの分泌は下垂体前葉における卵胞刺激ホルモン（follicle-stimulating hormone：FSH）と黄体形成ホルモン（luteinizing hormone：LH）の2つの性腺刺激ホルモンの分泌を刺激する．これらの名前は卵巣における効果に基づいて命名されているが，FSH，LHともに雄においてもテストステロンの産生や精子形成に関与している（図34-1）．

卵巣ではFSHは卵胞を刺激しエストラジオールの分泌を促す．エストラジオールは外陰部の腫脹，腟内の細胞構成変化や頸管粘液の分泌量・粘稠性の変化を引き起こすとともに発情行動を発現させる．エストラジオールの分泌量が閾値を超えるとLHサージ（訳者注：LHが一過性に大量かつ急激に放出される現象）が誘起されこれにより排卵が生じる．排卵後，卵胞の細胞はプロジェステロンを分泌し，これにより子宮が妊娠可能な状態へと変化する．エストラジオールとプロジェステロンの比率も，胚の着床や妊

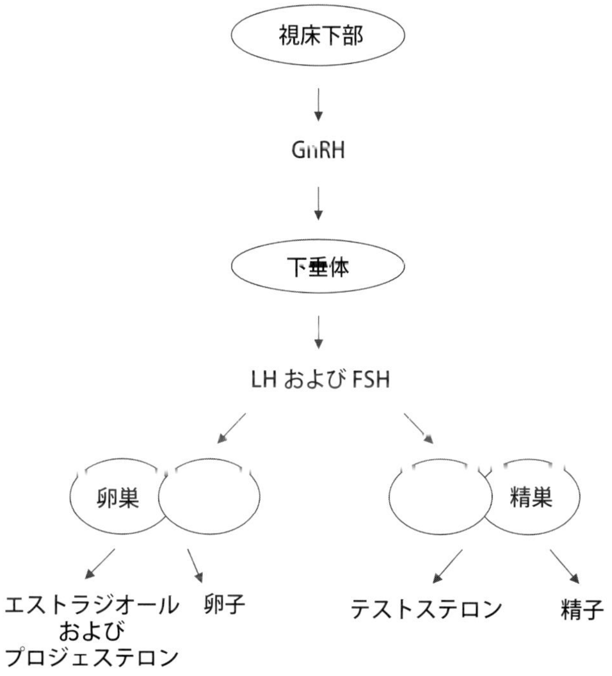

図34-1　性ホルモンの産生母地とその標的器官の概観．

娠維持に影響を及ぼす．

これらの内分泌過程はテストステロン，エストラジオール，プロジェステロンなどの性ホルモンの負のフィードバック（訳者注：フィードバックとは生体反応のカスケードにおける最終産生物・分泌物によって上流の反応が制御される現象であり，その中で負のフィードバックとは上流の反応過程が抑制または阻害される事象のこと）により主に制御されている．そのためGnRHや性腺刺激ホルモンの抑制は，性ホルモンの産生を妨げるのと同時に，卵胞の発育，排卵，精子形成などを妨げる．

雌ではプロジェステロンとエストロジェンの変化が精子や卵子の移送，胚の着床，妊娠の維持に重要である．

排卵後，卵子は卵管内を子宮との接合部に向けて移動していく．交尾が行われた場合，精子は最初に子宮頸管を通過して子宮内を卵管との接合部に向け移動し，卵子の外側に存在する保護膜である透明帯（zona pellucida：ZP）の通過を試みる．透明帯の通過に成功した場合は受精が起こり，その後は種特異的な時間が経過したころ受精卵が子宮に移送され子宮内膜に着床する．現在実施可能な避妊方法のほとんどがホルモンの合成や分泌の過程を妨げることで，排卵，精子形成，卵子や精子の移送，着床などの生殖事象や過程のうち１つもしくはそれ以上を制御しようとする一方，透明帯ワクチン（ZPワクチン）は受精を直接妨害する．

雌における可逆的避妊法

ステロイドホルモン：プロジェスチン

雌では雄と比べると，避妊方法にかなり多くの選択肢がある．プロジェスチンのほとんどが合成物質であり（表34-1），十分量を投与するとLHの分泌に対する負のフィードバック作用により排卵を妨げ，同時に頸管粘液の粘稠性を増すことで精子の通過を阻害したり，卵子や精子の移送や胚の着床を妨げたりすると考えられる（Brache, Faundes, and Johannson 1985，Diczfalusy 1968）．排卵抑制のためにはそれ以外の効能が発現するよりも高用量の投与が必要であるため（Croxatto et al. 1982），適切に処置されなかった個体では排卵が生じる可能性がある（Brache et al. 1990）．プロジェスチンは卵胞の発育を完全に抑制するわけではないため，卵胞から分泌されるエストラジオールが発情徴候や発情行動を引き起こす．それゆえ，これらの発情指標を避妊の効果判定には利用できない．

動物園において最も一般的に使用されてきた避妊方法はU.S. Sealが1970年代中頃に紹介した酢酸メレンゲストロール（melengestrol acetate：MGA）のインプラント（訳者注：シリコンなどのカプセル内にホルモン剤を封入した徐放剤のことで，通常皮下に挿入することで薬効を長期間にわたって持続させる．また，徐放剤を挿入すること）であり（Seal et al. 1976），現在も使用されている．MGAのような合成プロジェスチンはほぼ全ての哺乳類に有効であることが証明されている．MGAは市販のMGAを含有する有蹄類用飼料（Mazuri, Purina Mills社）や液状のMGA剤（Wildlife Pharmaceuticals社）を飼料に添加し摂取させることで投与することも可能である．ただしこれらの方法の欠点は個体が必要量の飼料を毎日摂取しているかを確認しなくてはならないことである．

動物園において２番目に多く利用されている避妊法はDepo-Provera（酢酸メドロキシプロジェステロン）であり，原猿亜目，クマ類，鰭脚類などの季節繁殖動物，キリンやカバなど麻酔の実施に問題がありインプラントを入れることが困難な種などですぐ使用できる一時的な避妊法

表34-1　現在避妊薬として利用可能な合成プロジェスチン

合成プロジェスチン	製品名	製造元，販売元
酢酸メレンゲストロール	MGA implants	Wildlife Pharmaceuticals社
	MGA in feed（Mazuri）	Purina Mills LLC社
	MGA200もしくは500 Pre-mix	Pfizer社
	MGA liquid	Wildlife Pharmaceuticals社
酢酸メゲストロール	Ovaban tablets	Schering-Plough社
	Ovarid tablets（欧州）	
アルトレノゲスト	Regu-mate oral solution	Hoechst-Roussel社
酢酸メドロキシプロジェステロン	Depo-Provera injections	Pfizer社
プロリジェストン	Delvosteron injections（欧州）	Intervet社
レボノゲストレル	Norplant implants	Wyeth-Ayerst社
	Jadelle implants（欧州）	
エトノゲストレル	Implanon implants	Organon社

として好んで使用されている．また，レボノルゲストレル（Norplant）はMGAのインプラントよりも大幅にサイズが小さいため，時に選択される．

さらに別の合成プロジェスチンである酢酸メゲストロールの錠剤（Ovaban，Ovarid，Megace）がクマ類や他の食肉類で使用されている．ウマ科の動物は例外的にMGAによる避妊が有効ではない．しかし，ウマの発情同期化に使用されており（Jöchle and Trigg 1994），合成プロジェスチンの中で唯一効果を示すアルトレノゲスト（Reg-mate，Hoechst-Roussel社）は，高用量必要と思われるが避妊法として有効なはずである．

合成プロジェスチンは各々グルココルチコイドやアンドロジェンの受容体に対する親和性が異なり（Duncan et al. 1964，Fekete and Szeberenyi 1965，Kloosterboer, Vonk-Noordegraff, and Turpijn 1988），これが副作用をもたらす原因となっている（Sloan and Oliver 1975，Selman et al. 1997）．Depo-Proveraの主成分である酢酸メドロキシプロジェステロン（medroxyprogesterone acetate：MPA）はコルチゾールの濃度を変化させてしまうため（Seal et al. 1976），MPAよりもMGAが選択され使用されている．MPAのさらなる問題点としてはアンドロジェン様の作用を示すことであり，その効果は特に発達の過程において形態学的に強い影響を与える天然アンドロジェンのデヒドロテストステロンと同等である．現在利用可能なプロジェスチンの中では，Norplantのプロジェスチン成分であるレボノゲストレルがアンドロジェン受容体に対する親和性が最も高く，その脂質や循環器への影響から健康を害する可能性があると考えられている（Sitruk-Ware 2000）．

いくつかの種ではプロジェスチンの添加は妊娠維持に効果的に作用するが（Diskin and Niswender 1989），その一方で特に妊娠初期における胚の吸収に関わっている動物もあることが知られている（Shirley, Bundren and McKinney 1994，Ballou 1996）．プロジェスチンは子宮平滑筋の収縮を抑制することが知られており，分娩を阻害することがオジロジカ（*Odocoileus virginianus*）で報告されている（Plotka and Seal 1989）．しかし，霊長類ではプロジェスチンを処方しても正常に分娩が起こる（Porton 1995）．この相違は用量もしくは種差であると考えられる（Zimbelman et al. 1970，Jarosz and Dukelow 1975，Plotka and Seal 1989，Shirley, Bundren, and McKinney 1995）．一般的に霊長類以外の全ての種では分娩開始前にプロジェステロン濃度の減少が観察され，これはプロジェステロンの子宮筋層への収縮抑制効果を覆すためであると考えられる．しかし，プロジェスチンは母乳の生産を阻害することもなければ，幼獣の成長や発達に悪影響がないことが報告されているため（WHO 1994a, 1994b），通常，泌乳中の雌や成長期の若齢個体にとって安全なようである．

ステロイドホルモン：エストロジェン

エストロジェンは卵胞の発育を効果的に抑制するため，その結果，排卵を阻害することができる．しかし，避妊目的の用量を投与した場合，多くの種で副作用が報告されており，その最も深刻なものは癌である（Gass, Coats, and Graham 1964，Santen 1998）．エストロジェン・ジエチルスチルベストロール（DES），メストラノール，安息香酸エストラジオール，シピオン酸エストラジオールは誤って交配してしまったイヌにおいて着床阻害の目的で使用されてきた．しかし，それらの薬は子宮疾患，骨髄抑制，再生不良性貧血，卵巣腫瘍などを引き起こす傾向があるため，避妊用の化合物としては不適切である（Bowen, Olson, and Behrendt 1985）．

ステロイドホルモン：エストロジェンとプロジェスチンの組合せ

プロジェスチンを同時に使用することで，例えば霊長類における子宮内膜への過度な刺激など，いくつかのエストロジェンによる副作用は軽減できる．しかし，食肉類ではプロジェスチンはエストロジェンの効果を軽減せず，むしろ相乗的であり，この組合せはより子宮疾患や泌乳器疾患を誘引する（Brodney and Fidler 1966，Asa and Porton 1991）．イヌ科においてプロジェスチン単体による避妊法を体内のエストロジェン濃度が上昇している発情前期に開始した場合，上記のような相乗効果が現れるため，この処置をする場合は発情期が始まって十分に時間が経ってから実施すべきである．発情休止期に処置を始めた場合，数年間処置が続いても合成プロジェスチンによる副作用は最小限のものとなる（Bryan 1973）．この方法はこの数十年間の使用実績によって安全であることが欧州では証明されている（W. Jöchle私信）．

現在米国では人間での使用が認可されているエストロジェンとプロジェスチン合剤の経口避妊薬が50以上存在し，これらは様々な組合せと割合で混合されている（PDR 2005）．エチニル・エストラジオールは最も一般的なエストロジェンの形であるが，メストラノールの使用は少ない．ノルエチンドロンは最も一般的なプロジェスチン含有物であり，その他のプロジェスチン含有物としてはレボノルゲストレル，デソゲストレル，ノルゲストレル，ノルゲスチメート，二酢酸エチノジオールなどがあげられる．人間用の経口避妊の投薬計画は，28日の月経周期を模倣することを意図して考案されており，21 日間の処置後，7 日間偽薬の投与もしくは経口薬の中止により月経に似た消退出血〔訳者注：エストロジェン，プロジェステロンなど性ホルモンの濃度低下（消退）により子宮内膜から生ずる出血のこと〕が起こる．エチニル・エストラジオールと MGA を含有するシリコンのインプラントによる持続的作用は，ジェフロイクモザル（*Ateles geoffroyi*）において子宮内膜の過形成が生じたため，この組合せを使った研究は中止された（Porton, Dean, Asa, Plotka, and Rayne 未発表データ）．しかし，最近の人間におけるデータによると，合剤の最大 6 か月間の持続的投与により子宮内膜の不活性化が生じるようである（Kwiecien et al. 2003）．

ステロイドホルモン：アンドロジェン

テストステロンと合成アンドロジェンのミボレノン（Cheque Drops：Pharmacia and Upjohn 社）は双方とも有効な避妊薬であるが〔イヌ：Simons and Hamner 1973，Sokolowski and Geng 1977，ネコ：Burke, Reynolds, and Sokolowski 1977，タイリクオオカミ（*Canis lupus*），ヒョウ（*Panthera pardus*），ジャガー（*P. onca*），ライオン（*P. leo*）：Gardner, Hueston, and Donovan 1985〕，陰核肥大，外陰部からの分泌物，たてがみの発達（ライオン），マウンティング，攻撃性の増加などの雄化の効果が観察されている．ミボレノンをイヌに投与することは許可されているが，ネコでは認められていないうえに，肝機能不全や泌乳中の雌には禁忌であり，雌胎子が雄化することがあるので妊娠中の雌にも禁忌である．野生動物種にミボレノンを投与するのは，何よりも攻撃的になる可能性があるため推奨しない．

GnRH 類縁体

視床下部から分泌される GnRH の合成類縁体は，天然ホルモンの作用を阻害する拮抗薬にも，天然ホルモンと同様の効果（この場合は刺激）を標的組織にもたらす作動薬にもなり得る．拮抗薬は避妊の目的にしてはより理にかなった選択であるが，作動薬と比較しても相当値段が高いうえに短時間しか作用せず，安全性も低いためその適応の幅は制限される（Vickery et al. 1989）．拮抗薬とは対照的に GnRH 作動薬を投与すると，最初，数日間の急性期が存在し，その間 LH と FSH 双方の分泌が刺激された場合は発情と排卵が生じる（Bergfield, D'Occhio, and Kinder 1996，Maclellan et al. 1997）．インプラントやマイクロスフィア（訳者注：高分子物質に薬物を内包させ，局所での薬物の持続的放出を狙ったもので，その内の粒子径が数 μm 程度の球状の製剤）などの長時間作用型の製剤により継続投与すると，LH および FSH 産生細胞における GnRH 受容体発現量の減少による FSH 分泌やパルス状の LH 分泌が阻害され（Huckle and Conn 1988），慢性期状態となる．GnRH 作動薬は卵胞発育を直接妨げることも可能である（Parborell et al. 2002）．動物における GnRH 作動薬の効果は卵巣摘出後の状態と同様であるが，インプラントやマイクロスフィア内のホルモンが枯渇した際には元の状態に戻る．

GnRH 投与時の急性期における発情と排卵の抑制方法に関する試験がイヌで行われてきた．合成プロジェスチンである酢酸メゲストロールの経口薬（Ovaban もしくは Ovarid, Schering-Plough 社）をインプラント挿入直前から挿入後 1 週間まで投与することで，発情前期および発情期の発現の阻害に成功している（Wright et al. 2001）．

いくつかの GnRH 作動薬が利用可能であるが（表 34-2），これらは人間における前立腺癌や性早熟症に対する治療薬として使用されていることもあり，かなり高額である．酢酸レイプロリド（Lupron Depot injection, TAP Pharmaceuticals 社）は動物園や水族館において，様々

表 34-2　現在利用可能な GnRH 作動薬および拮抗薬

製品名	一般名	製造元，販売元
作動薬		
Suprelorin implant	デスロレリン	Peptech Animal Health 社
Lupron Depot injection	酢酸レイプロリド	TAP Pharmaceuticals 社
Viadur Implant	酢酸レイプロリド	Bayer 社
Zoladex implant	ゴセレリン	Astra Zeneca 社
Synarel nasal spray	ナファレリン	Searle 社
Profact Depot injection	ブセレリン	Aventis 社
Decapeptyl Depot	酢酸トリプトレリン	Ferring 社
拮抗薬		
Cetrotide	セトロレリックス	Serono 社
Antagon	ガニレリックス	Organon 社

な動物種で使われてきた．デスロレリンのインプラント（Suprelorin, Peptech Animal Health社，オーストラリア）は，AZAによる手配により米国で使用可能であり，様々な動物種で有効性が示されている〔イヌ：Trigg et al. 2001，ネコ：Munson et al. 2001，ウシ：D'Occhio et al. 2000，ライオン，ヒョウ，チーター（*Acinonyx jubatus*），フェネック（*Vulpes zerda*），リカオン（*Lycaon pictus*）：Bertschinger et al. 2001, 2002〕．デスロレリン・インプラントを抜去するか内部のホルモンが枯渇すれば，その繁殖性は回復するうえ，病変の発生も報告されていない．

免疫避妊：透明帯ワクチン

透明帯（zona pellucida：ZP）蛋白による免疫付与により，精子が哺乳類の卵母細胞もしくは卵子をおおう糖蛋白のZPへの結合を可逆的に阻害する抗体を獲得する．最初の処置としてはZP蛋白をアジュバント（訳者注：免疫反応を増強するために抗原に加える物質．免疫増強剤）とともに少なくとも2回，およそ1か月間隔で投与しなければならない．これに続き季節繁殖動物では1年に1回，周年繁殖動物の場合はより頻繁に追加免疫をする必要がある．

ブタ透明帯（PZP：porcine ZP）は幅広い種の有蹄類やいくつかの食肉類で有効であることが示されており（Kirkpatrick et al. 1996），妊娠中もしくは泌乳中に投与しても安全で，さらに短期間の使用であればその効果は可逆的である．しかし，オジロジカや野生化したウマ（*Equus caballus*）において5年かそれ以上の処置を続けた長期間使用例では卵巣障害が生じる確率が上昇した（Kirkpatrick et al. 1997）．永久的に卵巣に障害を生じる可能性があるため，この方法は遺伝的に価値のある個体やその他避妊の可逆性が重要である場合には不適切な方法である．

ZPワクチンの接種の結果，永久的に不妊となる場合は，その効果が透明帯のみではなく卵母細胞やそれを取り囲む顆粒層細胞にまで及んでいると考えられている（Vande Voort, Schwoebel, and Dunbar 1995）．このような卵巣組織に対する傷害はイヌにおいては短期間の使用でも生じることがあるため，PZPワクチンは食肉類では推奨されない．

ワクチンの効果が精子の侵入を防ぐことに限られ卵巣活動を妨げなければ，発情行動を伴った卵巣周期は継続する．例えば，オジロジカやいくつかの種では受胎の失敗により通常よりも繁殖期が長くなり，発情行動を伴う発情周期の繰り返しが観察された（McShea et al. 1997）．繁殖活動が継続することは阻害されるよりはより自然であるため望ましいことであるかもしれないが，その結果，攻撃性の増加や社会構造の崩壊が特に妊娠が成立しないことによって生じることもある．

ZPワクチンのさらなる問題点はこのワクチンの効果が完全フロインドアジュバント（訳者注：アジュバントのうち鉱物油と界面活性剤の混合物である不完全フロインドアジュバントに抗酸菌の死菌を混合し抗原性をさらに増強させたもの）とともに接種することで最も効果を得られるが，接種部位で抗原抗体反応を生じ，ツベルクリン皮内接種試験において非特異的な反応を引き起こすことである．このような副作用はネコ科動物ではより深刻で，全身的な病変を引き起こすこともある．現在は他のアジュバントを使用し，これらの望まざる作用に対処することに成功しており，さらなるアジュバントの開発と試験も実施されている．

免疫避妊：GnRHワクチン

GnRHに対する免疫付与はGnRH類縁体とほぼ同様の機序で繁殖過程を阻害することができる（Hodges and Hearn 1977, Miller, Rhyan, and Killiann 2003）．この有効性には幅があり，また性成熟前に処置を施された雌個体において永久的な機能障害が観察されていることから，その可逆性は様々な要因の中でも特に年齢に依存しているようである（Brown et al. 1995）．米国で認可されているイヌの良性前立腺過形成に対する治療薬として使用されるGnRHワクチンであるCanine Gonadotropin Releasing Factor Immunotherapeutic（Pfizer Animal Health社）の避妊に対する有効性は未だ検証されていない．Pfizer Animal Health社から販売されているブタ用（Improvac）とウマ用（Equity）の他の2つのGnRHワクチンは，オーストラリアや他のいくつかの国で認可されているが米国では使用できない．これら2つの製品は厳密には雄用に販売されているが，雌でも同様に効果があるだろう．

避妊用器具：子宮内避妊器具

子宮内避妊器具（Intrauterine Devices：IUDs）は主として着床阻害という局所における子宮への物理的効果により妊娠成立を阻害する．銅イオンは殺精子作用があり，避妊の効果を上げるため，ほとんどの製品には銅メッキが施されている．IUDは人間では骨盤炎症性疾患と関係があるとされているが，統計学的に感染のリスクが上昇するのは挿入後最初の4か月間のみである（Lee et al. 1983）．IUDの後部のフィラメントは感染リスクとは無関係であるが（Triman and Liskin 1988），感染予防のための抗生物質の使用，未使用にかかわらず挿入時における無菌操作への配慮が感染を防ぐために重要である．また，IUDは泌乳中の雌に理想的な方法である（Diaz et al. 1997）．

人間用に販売されているIUD（表34-3）は，特に類人猿〔ボルネオオランウータン（*Pongo pygmaeus*）：

表 34-3　現在利用可能な子宮内避妊器具

製品名	構造	製造元
ParaGard T 380	銅のワイヤーが巻かれたポリエチレン製のT字型棒	Ortho-McNeil Pharmaceuticals 社
Mirena	レボノゲストレルを放出するシリコンに包まれたポリエチレン製のT字型棒	Berlex 社

Florence, Taylor, and Busheikin 1977，チンパンジー（*Pan troglodytes*）：Gould and Johnson-Ward 2000〕，もしくは他の霊長類〔アカゲザル（*Macaca mulatta*）：Mastrioanni, Suzuki, and Watson 1967〕など，子宮の大きさや形状が人間と類似の種であれば利用可能である．様々なIUDがウシ（Turin et al. 1997），ヒツジ（Ginther, Pope, and Casida 1966），ヤギ（Gadgil, Collins, and Buch 1968）で試され，その有効性が示されたが，発情周期が抑制される事例もあったため，これがどのように作用しているのかについては疑問である．最近開発されたイヌ用のIUD（Biotumer Afgentina SA）は，限られた事例の中ではあるが安全かつ有用であることが確認されている（Nagle and Turin 1997，Volpe et al. 2001）．

雌における永久的避妊法

卵巣の摘出は卵子だけでなく，エストラジオールやプロジェステロンといった性ステロイドホルモンの源を取り除いてしまうため，排卵も起こらず発情行動も示さなくなる．卵巣摘出術（もしくは卵巣子宮摘出術）は大手術となるが，個体のホルモン状態やステロイドホルモンによる避妊が深刻な副作用をもたらしかねない場合において望ましい方法であろう．例えば食肉類では内因性の性ホルモンが子宮の感染や腫瘍の発生に関与している．類人猿のような長寿の動物における卵巣摘出に伴う骨密度の低下の可能性を示唆するデータは現在存在しない．イヌやネコでは卵巣子宮摘出が一般的であるが，イヌにおいて卵巣摘出と卵巣子宮摘出の２つの方法を比較した研究では，予測された副作用の発生率に違いはなかった（Okkens, Kooistra, and Nickel 1997）．

卵管結紮，卵管の切除や通過阻害などは，性ホルモンが病変と関わりがない種において１つの選択肢となる．結紮部位を子宮角ではなく卵管にすることは，イヌ科の動物では重要である．子宮角を結紮してしまうと，発情周期中のホルモン刺激による子宮内膜からの分泌物が結紮部位から先端までの子宮角に貯留してしまうからである（Wildt and Lawler 1985）．

行動に対する効果

数十年間にも及ぶ野生動物に対する避妊試験の中で，動物の行動に焦点を当てた研究は少ない．卵巣摘出術やGnRH作動薬の最も明白な効果は生殖活動がなくなることである．プロジェスチンも発情を抑制するかもしれないが，典型的な例としては高容量投与した場合のみである．プロジェスチンとエストロジェンの組合せは発情行動に関連した卵胞の発達を阻害するので，群れ内の社会的な相互関係に影響を与える可能性がある．IUDや多くのPZPワクチンは発情周期に影響を及ぼさないとされている．

これまでの研究によると，プロジェスチンの使用は情緒の変化（MPA：Sherwin and Gelfand 1989）や沈うつ（MPA：Civic et al. 2000），倦怠感（Evans and Sutton 1989）と関連があるとされている．しかし，マントヒヒ（*Papio hamadryas*）（Portugal and Asa 1995），ロドリゲスオオコウモリ（*Pteropus rodricensis*）（Hayes, Feistner, and Halliwell 1996），ゴールデンライオンタマリン（*Leontopithecus rosalia*）（Ballou 1996），キンクロライオンタマリン（*Leontopithecus chrysomelas*）（DeVleeschouwer et al. 2000），ライオン（Orford 1996）の社会集団における研究では，数頭もしくは全ての雌において酢酸メレンゲストロール（MGA）が処方されていたにもかかわらず，その行動や群れの個体間相互作用に有意な効果は認められなかった．しかしMGA類似の他のプロジェスチンである酢酸メゲストロールを投与されたネコはおとなしくなったと報告されている（Remfry 1978）．

雄における避妊技術のターゲット

精子生産におけるいくつかの基本的な要因を理解することにより，避妊方法の選択肢やその実施のタイミングについて説明しやすくなる．性成熟時や，精子を継続的に生産していない季節繁殖動物種の繁殖期開始時において，精巣では精子形成の開始にFSHが必要である．また，LHは主にテストステロンの産生を刺激し，その後精子形成を刺激し維持する役割がある．テストステロンは複数の標的組織をもち，特にシカの角やライオンのたてがみのような種特異的な二次性徴や筋肉の発達に関与するほか，攻撃性，縄張り意識，求愛行動，交配を調節する脳の領域にも作用する．

精子形成は全ての種において性成熟時に開始する．いくつかの種では精子形成は死ぬまで続くが，繁殖期以外では完全に休止する，もしくは活動が低下する種もいる．精子形成過程の開始から成熟精子を初めて射精するまでに要する時間は，ほとんどの哺乳類において6～8週である．さらに，成熟した精子は雄の生殖器官内で数週間生存することができるため，精管切除した雄でもすでに生産されていた精子が生殖器官から消滅するか，もしくは変性することで不妊になるまでの術後6～8週間は生殖能力があると考えられている．このため，処置した雄が雌に近づくことができるようにするまでには，生殖能力がなくなるまで十分な時間を置かなければならない．

全ての精子生産を阻害することは困難であり，精子生産を終始阻害することはなおさらである．そのため避妊の技術革新の焦点は雌へと集中している．しかし，精子形成の開始以降，途中で停止させるよりは，繁殖期の始まりにおける精子形成の再開を阻害することのほうがいくらか簡単であると考えられる．仮にそうであれば季節繁殖動物の雄における避妊はやや実際的であるといえる．季節繁殖動物種の雄の避妊を計画する時には，少なくとも繁殖期の2か月前から処置を始めることでより成功率が上がる．

雄における可逆的避妊法

GnRH 作動薬

雄における GnRH 作動薬の LH や FSH 分泌に対する作用は雌と同様で，これに加え初期はテストステロン分泌を上昇させその後は長期的に抑制する．イヌではデスロレリンの使用により無精子症にすることに成功しており，これはおそらくテストステロン分泌抑制によるものであると考えられている（Trigg et al. 2001）．チーターやリカオンではデスロレリンの投与により，精巣サイズは減少しテストステロン分泌や精子形成は抑制される．他のイヌ科野生動物種の雄では GnRH 作動薬の投与では十分な結果が得られてはいないが〔タイリクオオカミ，アメリカアカオオカミ（*Canis rufus*），ヤブイヌ（*Speothos venaticus*）：Bertschinger et al. 2001, 2002〕，もっと高用量で繰り返し投与すべきであり，繁殖期が進行すればなおさらである．いくつかの霊長類〔シシオザル（*Macaca silenus*），マンドリル（*Mandrillus sphinx*）：未発表データ〕の雄の結果によると，GnRH 作動薬による GnRH 受容体の発現量減少には雄イヌや雌動物で観察されるよりも数週多く必要なようである．

GnRH 作動薬はたとえ極端に高用量用いたとしても，ウシ（D'Occhio and Aspden 1996）やウマ（Brinsko et al. 1998），その他試験が行われた偶蹄目〔アカシカ（*Cervus elaphus*）：Lincoln 1987，コブウシ（*Bos indicus*）：D'Occhio and Aspden 1996，ジェレヌク（*Litocranius walleri*），シロオリックス（*Oryx dammah*），ドルカスガゼル（*Gazella dorcas*）：Penfold et al. 2002，ダマヤブワラビー（*Macropus eugenii*）：Herbert et al. 2004〕においてテストステロン分泌や精子形成の阻害には効果を示さなかった．これらの種では GnRH はパルス状の LH 分泌を阻害することはできたが，LH やテストステロンの分泌を完全には阻害することができなかったため（D'Occhio and Aspden 1996），精子形成および雄の生殖行動を引き起こすのに十分なテストステロン濃度が維持された．

Lupron Depot の使用は様々な種で成功しているが，その有効性に関するデータはわずかしか発表されておらず，その多くは雄の海生哺乳類における記録である（Calle 2005）．

GnRH ワクチン

GnRH は雌雄ともに作用を示すホルモンであるため，片方の性別用に開発された GnRH ワクチン製品はもう一方の性でも効果を示すはずである．雌の項で記した通り，Canine Gonadotropin Releasing Factor Immunotherapeutic（Pfizer Animal Health 社）はイヌの良性前立腺過形成の治療薬として米国において認可されているが，その避妊に対する有効性に関しては雌雄ともに検証されていない．Pfizer Animal Health 社から販売されているブタ用（Improvac）とウマ用（Equity）の他の2つの GnRH ワクチンは，オーストラリアや他のいくつかの国で認可されているが米国では使用できない．

雄における永久的避妊法

雄の去勢は精巣下降が起こらないもしくは部分的にしか下降しない種（鰭脚類，鯨類，ゾウ）以外では簡単な避妊法である．しかしテストステロン濃度の減少により，ライオンのタテガミの消失やシカの角の季節変化の阻害など二次性徴への影響が生じることが考えられる．去勢後，特に交配歴がある雄においては，交尾欲の減少が仮にあったとしてもとてもゆっくりである．去勢に伴うテストステロンの減少の結果，攻撃性は低下するが，学習した行動パターンは残ってしまう．

精管切除術は二次性徴や雄性的行動を残したい場合の選択肢となる．精管切除術は本来可逆的であるが，回復後に高い妊娠率を得るためには高度な顕微手術の技術が必要である（Silber 1989a, 1989b；DeMatteo et al. 2006）．精管切除からの回復術の成功率は，切除する際に元に戻すことを念頭に実施することで向上される．永久的な避妊となってしまう主な理由の1つとしては，精管を閉塞した後に精巣上体や精巣内の圧力が上昇してしまうことが関わっている．精巣側の精管を閉塞せず開放しておく技術は，内圧上昇に伴う障害を減少させ，回復手術成功の可能性を高める（Silber 1979, Shapiro and Silber 1979）．

精子通路の永久的な閉塞は，精巣上体尾部や輸精管への硬化剤の注入でも実施可能である（Freeman and Coffey 1973，Pineda et al. 1977，Pineda and Dooley 1984）．この場合，精巣上体への処置の方が注入の際に精路内腔を何度も通過するため成功率が高いが，不可逆的であることを考慮しなければならない．精路の部分的な硬化は，硬化部分の切除と再吻合を行うことで可逆的な避妊という観点からより適切ではあるが，精子の通過阻害という点では確実ではない．

交尾排卵動物でプロジェステロンの有害な作用に敏感な種（例えば食肉類）では，交尾後，相手の雌は偽妊娠状態となりプロジェステロン濃度が上昇することで，結果的に子宮や乳腺における病変を誘引するため，このような動物の雄の精管切除術は禁忌である．イヌ科の動物でさえも自然排卵後のプロジェステロン濃度が上昇した偽妊娠状態は，子宮における病変を引き起こす．このため，妊娠を伴わない発情周期を繰り返させるような避妊方法は避けるべきであり，これには単純な雌雄の分離飼育や雄のみの避妊も含まれる．

行動に対する効果

GnRH 作動薬もしくは GnRH ワクチンのテストステロン分泌抑制が生じる効果的な範囲内での投与では，これらの処置による行動への効果は去勢を実施した場合と同様である．事実，GnRH 作動薬は雄において避妊と攻撃性のコントロールの両方の目的で使用されてきている．

薬剤の投与方法

現在，利用可能な薬剤投与方法はインプラント，注射，錠剤や液体懸濁液である．インプラントの利点は 1 回の作業につき比較的長期間ホルモンの効果を得ることができることである．ステロイドは直ちにシリコンから拡散するため，インプラントによる投与に適している．しかし，新素材のインプラントは GnRH のようなペプチドの放出も調整できるようになっている．例えばデスロレリンのインプラントは融点が低い脂質と界面活性剤生物製剤を用いた素材でできている（Trigg et al. 2001）．

インプラントの問題点としては体内での紛失や移動，破損の可能性があり，除去したい時に不可能になることである（例：デスロレリン・インプラント）．インプラントの体内での紛失の可能性は，挿入の際に無菌的にこれを実施することで，最低限に抑えられる．MGA インプラントは挿入前にガス滅菌し完全にガスを抜くべきである．これは感染や残留ガスがインプラントの紛失を招くからである．一方，デスロレリンや他の市販されているインプラントはすでに滅菌済みの状態で販売されている．また，社会性を有する種にインプラントを用いる場合，インプラント挿入後の個体は切開創が癒えるまでその部位の毛繕いをされないようにするために，群れから分離して個別に飼育するべきである．Norplant やデスロレリンなどの小さなインプラントは，そのサイズが小さいことや套管針という太く大きな針で挿入されるため切開創がなく毛繕いにより触れられることがないという理由から体内で紛失することが少ない傾向にある．これと同様な結果が注射後にインプラントを形成する新しい酢酸ロイプロリド（Wildlife Pharmaceuticals 社）でも予想されている．皮下に挿入されたシリコン製インプラントの紛失は奇蹄目ではよくあることであり（Plotka et al. 1988），今後も研究が必要である．

MGA インプラントに X 線非透過性の物質や ID マイクロチップを加えたりすることでインプラントの存在確認や所在のモニタリングが容易になる．また体内での移動を防ぐために MGA インプラントは筋肉に縫合されることもある．しかし，このような改良はホルモンの放出率が変化してしまうため，Norplant のようなシリコンチューブ製のものは推奨されないし，デスロレリンのような硬質なものでは不可能である．

注射可能な持続性製剤はペプチドホルモンかステロイドホルモンのどちらかを放出するよう処方されている（Lupron-Depot；Depo-Provera）．効果の持続時間は用量や種によって変化する．ワクチンもまた注射によって投与される．吹き矢や麻酔銃を用いることで注射剤を離れた場所にいる動物へ投与することは可能であるが，用量の全量を投与できたかは必ずしも確かではないうえにその確認のしようもない．

デスロレリンのような生分解性のインプラントの欠点は，Norplant や MGA インプラントのようにどちらかと言えば除去しやすいものとは異なり，少々もろく，取り扱う際に破損しやすいことである．これまで報告されてきたとおり，効果の持続時間が種や個体によって様々であることに加え，デスロレリン・インプラントは除去できないことが大きな欠点となっている．不妊状態からの回復の時期は，効果の持続時間が個体によって大幅に異なるため持続性製剤でもワクチンでも調整することができない．ただ注射剤が利用しやすいことや，GnRH 作動薬の安全性が高いことは状況次第で避妊からの回復時期が調整できることよりも重要であるかもしれない.

ショーで使われている海生哺乳類のように毎日接触もしくは取り扱えるように訓練された哺乳類では経口投与は比較的簡単な方法である. 経口薬のデメリットは一般的に毎日投与しなくてはならないことであるが, これは通常飼料に混ぜて投与することが可能である. この場合, 飼料摂取の有無の確認はとても重要であるが, 多くの場合難しく, 類人猿では特に困難である.

有効性と可逆性

避妊の有効性と可逆性の評価は容易であるように思われる. 避妊処置中には妊娠もせず出産もしないで, 処置の中止後は妊娠して出産するはずだからである. しかし, 個体差が激しいうえにたとえ避妊処置を施されたことがない雌でも数多くの要因が受胎, 妊娠維持, 出産の可否に影響するため, 避妊処置の評価は実際にはとても複雑である.

雌において避妊処置の有効性に主に影響を与える要因としては, ①避妊処置が始まる前に妊娠していたかどうか, ②効果発揮までの時間 (すなわち処置開始から妊娠阻害開始までの時間), ③インプラントや IUD が所定の場所にとどまっているか, 注射薬が投与されているか, 療法食または錠剤が摂取されているか, などがあげられる.

避妊効果の持続時間には回復までの時間が関係している. 一般的に経口プロジェスチン剤は毎日摂取しなければ適切な避妊効果は得られず, 1 日, 2 日摂取しなかっただけでも妊娠することもある. この迅速な繁殖性の回復はプロジェスチンが完全に卵胞発育を抑制できないことに起因していると考えられている (Broome, Clayton, and Fotherby 1995, Alvarez et al. 1996).

実際, このような反応は多くの産業動物における発情同期化プロトコールの基礎となっている (Adams, Matteri, and Ginther 1992). 対照的にエストロジェンを含んだ避妊用経口薬の組合せの場合, 卵胞発育や排卵が正常に再開するためには, 1 週間の休薬期間ですら不十分である (Mall-Haefeli et al. 1988). Depo-Provera や Lupron Depot などの注射用持続性製剤や, MGA や Norplant, Suprelorin などのインプラントの有効性持続期間は大幅に変動する.

薬物の放出動態は個体によって異なるため, 避妊効果の有効期間を正確に予測することは不可能である. そのため, 推定された幅のある有効期間を頼りに予測を立てざるを得ない. ワクチンの作用機序は持続性製剤やインプラントとはかなり異なるものの, ワクチンの有効期間の長さも個体の免疫応答の違いにより変動する.

インプラントの有効性持続期間について誤解があると, その可逆性に関して誤った結論を導くことがある. 推奨されるインプラント交換のタイミングというのはいつも慎重を期したものであり, 当該種において有効性が観察された期間のうち最短のものに基づいている. しかし, インプラントの有効性はその最短の期間よりも長く持続するかもしれない. このような場合予想に反して不妊状態から回復しないため, その避妊方法が可逆的ではないかもしれないという誤った結論導くかもしれない. (De Vleeschouwer et al. 2000, DeMateo, Porton, and Asa 2002, Cheui et al. 2007).

繁殖の過程には指標となり得る異なる様々な事象が存在するため, 不妊状態からの回復時期はいろいろな方法で知ることができる. 避妊処置をしていない雌でも, 長年雄と同居させても妊娠しないこともある. そのため, 避妊処置後の妊娠率の比較は, 避妊処置前の繁殖履歴のみでなく, 避妊処置をしておらず少なくとも年齢と産歴が同じ雌の妊娠率とも行われなければならない. 避妊方法以外にも, 産歴, 年齢, 健康状態, 体重, 季節, 社会的地位, そしてもちろん雄の繁殖性もしくはペアの遺伝的不適合など様々な要因が, 排卵や妊娠成立に対し影響を及ぼしている.

避妊処置の可逆性に直接的に関わっている要因として, 錠剤などの投薬中止もしくはインプラントの除去後, 薬剤が体内から排除されるまでの時間も含まれる. Depo-Provera や Lupron Depot などの持続性製剤の薬効成分が体内から排除されるまでの時間は個体間でかなり異なる. 例えば女性において, 最後に Depo-Provera を投与してから初回排卵までの期間は 6 週間～ 2 年であった (Schwallie and Assenzo 1974, Nash 1975, Ortiz et al. 1977). 個体間の免疫応答は大幅に異なるため, PZP などのワクチンの場合も, 上記と同様, 回復までの期間の個体差は大きい. そして実際にはいくつかの種や数年間処置を施されていた個体では可逆的でないこともある.

通常, 薬剤が体内から排除されたかは判定が困難であるため, 性ホルモンの測定, 超音波検査, 発情の外部徴候観察による卵巣周期の再開の把握から間接的に繁殖活動の再開を評価する. 妊娠診断により受胎が確認されれば, たとえその後出産にまで至らずとも繁殖性が回復したと判断される. 繁殖性の回復後でもそれ以前の避妊処置の影響により意図しない妊娠損失が生じる可能性はあるが, 多くの実験動物や家畜, 人間など早期妊娠診断が可能な種におけるデータによると避妊処置を一度も受けたことがない雌であっても胚死滅の自然発生率は 20 ～ 66% である（Perry 1954，Smart et al. 1982，Wilmut, Sales, and Ashworth 1985，McRae 1992）．そのため，避妊処置中止後の初回妊娠までの実際的な期間は，繁殖性の回復の判定基準を健康な子の産出とした場合と比べ短くなるであろう．

妊娠や分娩が起きるには非常に多くの要因が影響しているが，不妊状態からの回復の最も保守的な判定基準は子を産むことである．不妊状態からの回復について，それまでの繁殖歴や交配のために接近させるまでの時間など，詳細な飼養管理に関する情報を加味した研究はこれまでに 2 つしかない（ゴールデンライオンタマリン：Wood, Ballou, and Houle 2001，トラ：Chuei et al. 2007）．ゴールデンライオンタマリンにおいて，MGA インプラントの除去後，75% の雌が 2 年以内に繁殖し，この繁殖率はこれまで一度も MGA インプラントによる避妊処置を施されたことのない対照群と変わらなかった（Wood, Ballou, and Houle 2001）．しかし，トラではインプラント除去後 5 年以内に 63% しか繁殖しなかった．この違いは種による管理方法の違いによるものであると考えられる．両種において，推奨挿入期間である 2 年を超えてインプラントを挿入していた個体ではかなり繁殖率が低く，このことからも MGA の実際の有効期間は 2 年以上あることが示されている．

雄では射出精液中の精子の存在により，精子形成の阻害による不妊状態からの回復を確認することができる．精子通過に要する時間は，年齢や社会的地位，季節繁殖動物では季節などが影響する．精子形成の再開後も成熟精子が最終的に輸精管に放出されるまでの時間は種特異的であり，多くの哺乳類においておおよそ 6 ～ 8 週である．そのため，避妊処置を中止したり効果が切れたりしても，すぐに精液中に精子が確認できるようになるわけではない．

適切な避妊方法の選択

特定の個体への最も適切な避妊方法の選択は，有効性，安全性，可逆性，投薬方法，行動への影響，年齢，健康状態，個体の繁殖状態そして失敗の因果関係など様々な要因を考慮して行われるべきである（雌は表 34-4，雄は表 34-5 参照）．動物の一生におけるどの段階であるか，飼養管理の状況や目的の違いによって，適切な避妊方法というのは異なってくる．

動物園や水族館では多種多様な哺乳類を飼育しているため，利用できる避妊方法が全ての種で試されたわけではない．それゆえ，ある避妊方法が特定の種に対し有効か否かという基本的な疑問がわくのはもっともである．MGA インプラントのようにこれまで長きにわたり使用されてきた歴史をもち，かつ様々な種でその有効性が証明されてきた避妊方法は，特に対象動物がすでに有効性が示された種と分類学的に近縁であった場合，これを明白な根拠として推奨される．

限られた種において効果を発揮する避妊用製品は，新たに試す種においても有効であるかもしれないが，その効果を示す投与量や有効性の持続時間は異なる可能性があることを念頭に実施すべきである．有効性に関する情報は，費用はかかるが計画性のある調査試験によって，もしくは AZA の避妊データベースに収集され共有されている事例を分析することによって得ることができる．そのため動物の管理者は，避妊処置したにもかかわらず予定外に妊娠した場合，情報が限られた避妊方法では有益な情報となることを考えなければならない．

避妊方法の安全性については，致死性の疾患，治療可能な疾患，繁殖不能状態などになるリスクが増加するものな

表 34-4　雌における避妊方法の選択

避妊方法	発情行動への効果	泌乳期の使用	妊娠中の使用	性成熟前の使用
プロジェスチン	異常な発情徴候を示す可能性あり	可	妊娠初期は多分安全だがほとんどの種で妊娠末期での使用不可	ウシでは安全
エストロジェン＋プロジェスチン	偽薬期間中に発情様徴候	不可	不可	情報なし
GnRH 作動薬	投与初期に発情抑制	泌乳が活発になれば安全	不可	ネコでは安全
PZP ワクチン	不可	可	可	可
IUD（プロジェスチンなし）	不可	不可	不可	情報なし

表 34-5　雄における避妊方法の選択

目的	方法	可逆性
精子形成とテストステロン産生の阻害	去勢	なし
	GnRH 作動薬	あり
	GnRH ワクチン	あり
精子形成の阻害（テストステロン産生は阻害されない）	精管切除	潜在的にあり

のか，また，寿命を縮め得るものであるかということを明確にしなければならない．一般的に，正確な情報を集積するのは難しくまた時間を要するため，管理者は個体の福祉，群れの健全性，施設としての目標などを考慮しつつ，異なる避妊方法による全ての起こり得る結末について考えを巡らせる必要がある．

“避妊”という用語は，可逆性のある繁殖制限のことを特に指し示すため，その可逆性が大きな注目点となる．しかし，可逆性それ自体は微妙なものであり，いつ不妊状態から回復するかは個体によって大幅に違うので繁殖計画の内容によっては利用できない．可逆性はおそらく時間依存的に変化するものであると考えられる．例えば，X年間避妊をしていた場合，不妊状態からの回復の可能性はかなり減少し，またこの期間というのは分類群によって異なるものであろう．

どのような方法で避妊を実施するかは繁殖制限における基本的な問題であり，管理者は飼育施設，スタッフ，実施予定の個体のことを考慮してこれを選択する必要がある．避妊用の錠剤を毎日与えるという方法は，管理者が施設のデザイン，個体の行動を考え，成功すると確信した場合のみ選択するべきである．注射による避妊薬の投与は，捕獲できる場合，シュート（訳者注：動物を追い込んで運動を制限または保定をするために動物の身体の幅程度に設置された囲い）やスクイズケージ（訳者注：壁の一面が可動式となっており，スペースを狭くすることで運動を制限し保定することができる檻）で保定できる場合，もしくは投与できるよう訓練されている場合において成功の可能性が高い．不動化や手術が必要な避妊方法は，キリンや海生哺乳類などいくつかの種では他の方法より危険性が高い．MGAなどの避妊用インプラントはある種では有効かつ安全である一方，他の種もしくは特定の個体においてはインプラントの紛失およびそれによる避妊効果の低下が生じる可能性が受け入れがたいほど高い場合がある．避妊用注射薬の有効性はとても高いが，スタッフが適切なタイミングで注射を実施できるという保証がない場合は，他の方法を用いる方がよいだろう．最終的に，確実に実施できると証明された避妊方法を用いることが，実際に避妊を実施する際には有効である．そのため飼育管理者はある特定の状況下でどの投薬方法が最適かを評価しなければならない．

飼育管理者は避妊方法を選択する時には，個体の年齢，健康状態そして遺伝的重要性について考慮すべきである．性成熟に至る前の動物の繁殖を阻害することは，展示的な価値がある，飼育スペースが限られている，もしくは生まれた群れに残ることで個体が社会的な利益を得られる，といった点から非常に望ましい．しかし残念なことに，性成熟前の避妊処置に関するデータは少ししかない．それらの限られた報告は，ウシ（Schul et al. 1970），雄のキョン（*Muntiacus reevesi*）（Stover, Warren, and Kalk 1987），そして雌イヌ（Bigbee and Hennessy 1977）である．これらの報告ではプロジェスチンが使用されたが，避妊処置の中止以降繁殖に成功しており，これによりプロジェスチンによる避妊方法は性成熟以前に実施しても処置中止後の繁殖の過程に影響を及ぼさないことが見て取れる．高齢の個体もしくは何かしらの疾患をもつ個体において繁殖制限が必要である場合，特定の避妊方法が健康上どのような影響をもたらす可能性があるかということが，避妊方法を選択するうえで決定的な要因となる．例えばプロジェスチンは糖尿病の動物には禁忌である．いくつかの種では避妊処置を雄に実施したにもかかわらず，雌において生理学的に負の影響を及ぼすことになることもある．例えば，雄の精管切除のみを実施したヒヒの群れでは，性成熟した雌が毎月発情し，同時に性皮の性的腫脹を繰り返すこととなった．この不自然な状況は，繰り返し性皮が大きく，重くなったため，雌ヒヒの背部損傷へとつながることとなった（私信）．食肉類のうちいくつかの種では，精管切除した雄との同居により雌は妊娠せずに発情周期が回帰するため，内因性の雌性ステロイドホルモンに繰り返し暴露されることとなり，これが子宮病変を引き起こす（Asa, Porton, and Calle 2005）．遺伝的に重要な個体の繁殖を一時的に制限させなければならない場合は，飼育管理者は個体の年齢にかかわらず可逆性もしくは不妊状態からの回復に要する期間が定かではない方法を選択肢に取り入れるべきではない．

多くの場合，飼育管理者が意図的に妊娠雌を避妊することはない．しかし，例外もある．マーモセット科の種では雌の分娩後発情が観察されるが，父親が育子において重要な役割を担っているため雄の分離飼育を選択することができない．そのためマーモセット科の動物では切開創を出産前に治癒させるため，また分娩後発情の発現の防止のため，妊娠中にMGAのインプラントが施される．妊娠雌に対しての非意図的な避妊は，飼育スタッフによって交尾行動が観察されず，その個体の繁殖が求められていない場合に生じる．それゆえ飼育管理者は対象動物において避妊処置の実施によりマイナスの結果を引き起こす可能性が潜在的に存在することに注意しなければならない．例えば，ある種ではプロジェスチンは子宮平滑筋の収縮を減弱もしくは抑制し，分娩を阻害する．このような例はヒト以外の霊長類では報告がないが，有蹄類ではプロジェスチン処置された個体における難産が報告されている（Plotka and Seal

1989，Patton, Jöchle, and Penfold 2005）．

避妊処置に対する行動学的影響は，個体および社会的グループを単位として評価されるべきである．避妊処置はその個体もしくはその周囲の個体の繁殖に影響を及ぼすものであるため，その影響は多面的であり，慎重に考えて実施されるべきである．雌の繁殖能力を維持したまま妊娠を阻害するには，雌雄を分離飼育する，交尾行動の抑制の有無にかかわらず避妊処置を実施する，もしくは片方の性別（典型的には雄）を不妊化することで達成することができる．単独行動者として分類されている種では，分離飼育は繁殖制限として無難な方法であるように見えるが，同種と特に問題なく同居している例は数多い．もし社会的な関わりが個体の生活を豊かにしていたとしたら，もしくは同居させることで複雑かつ充実した生息環境となっているのであれば，分離飼育は適切な選択肢とは言えないかもしれない．個体を社会的集団から分離することは，それが繁殖期の期間中もしくは発情中のみであっても複数の点で問題がある．例えば，有蹄類の繁殖可能な雄を社会的集団から離してしまう場合，雄が雌の集団に刺激を与えられる環境であり，雄の不在が雌の間で社会的闘争を引き起こすことがない場合は容認できる選択肢である．複数の雌に雄１頭もしくは数頭といった構成の霊長類の群れから雄を分離させてしまうことは，雄の不在時や復帰時にグループ内の社会的関係性を変化させてしまうため，あまりよい繁殖制限の選択肢とは言えない．また，同様なことが発情中の雌を移動させることでも生じる．当該雌の社会的地位やグループ内での役割にもよるが，短期間の分離飼育であっても残りの雌同士で内部闘争が生じる，もしくは移動された雌がグループに戻ってきた際に攻撃を受ける危険性がある．さらに，マーモセットやリカオンのようにつがいを形成する種や雄が育子に大きく関わっているような種では，雌雄の分離飼育は賢いやり方ではない．一方，雌雄のグループを形成するまでの短期間もしくは長期間における雌雄の分離飼育は，その種，もしくはその個体の社会的ニーズと合致するなら良好な選択肢であるかもしれない．

飼育管理者は性行動を抑制する，もしくは抑制しない避妊方法を選択するにあたり，そこには賛否両論があることをよく考えるべきである．PZP ワクチンや精管切除，卵管結紮，IUD などのいくつかの方法は，妊娠を阻害するが性ホルモン分泌もしくは性行動の発現に対しては干渉しない．いくつかのステロイドホルモンによる避妊方法は，霊長類で観察されるような性的受容性や性的腫脹などの発情徴候の発現を完全には阻害しないような用量で投与されているかもしれない．飼育管理者は飼育動物の一連の行動のレパートリーを余すところなく引き出すために努力しているため，性行動を抑制しない避妊方法を選択することが好まれる．これは，適切な性行動を習得するのに学習が一役担っている種ではなおさらである（例：青年期における雄チンパンジーの交尾行動，King and Mellen 1994）．しかし一方で，性成熟に至った健康な野生動物の雌では，通常，受胎する前に数回の発情周期を繰り返す，また，初回妊娠以降は一定の間隔で妊娠，泌乳，育子のサイクルを繰り返すのが典型的である．そのため，雌が種固有の繁殖期，もしくは年間を通して交尾許容する状態は異常であるというだけでなく，それ自体が社会的グループの崩壊や不必要な闘争を引き起こすことにも繋がりかねない．上記のような影響の防止に加えて，性行動を抑制するような避妊方法は，しばしば子がその生まれた群れ内にとどまることができるため，適切な飼育施設が限られている場合に有用である．一般的に未成熟個体は飼育下では野生下よりも若齢時に性成熟に至るため，若齢個体が生まれ育った群れから移動するより前に社会的にも成熟することから，行動学的学習という面から利益を得る可能性もある．

今日まで避妊が個体やその社会的行動にどのような影響を与えるかについては，限られた情報しかなかった．行動の発現に関わっている非常に多くの交絡因子（訳者注：原因だと予測している因子と，結果となる因子の両方に関わりをもつ因子）が，近い将来に避妊効果を幅広く一般化するために必要である避妊の有無による比較調査の実施を不可能にしている．

第１の要因として，避妊の代替法が多く存在することがあげられる．例えば Depo-Provera もしくは MGA を用いて避妊した場合，どちらとも合成プロジェスチンであるが，個々の雌の行動学的反応が，もう一方でも同様であるとして外挿することができない．Depo-Provera に含有されるプロジェスチンである酢酸メドロキシプロジェステロンは，抗エストロジェン作用があり，アンドロジェン受容体に容易に結合するため，数例の雌では攻撃性の増加につながった（Labrie et al. 1987，Sherwin and Gelfand 1989，避妊データベース未発表データ）．避妊処置によるわずかな行動の変化に気がつくためには，とても注意深く，かつよく訓練された飼育担当者の存在が重要である．

２つ目の要因として，社会的集団は個体から成り立っているということがあげられる．そのため，その群れ特有の発達や社会的履歴，年齢，性別，繁殖学的地位や類縁同士の繋がりは，全てのグループにおいて異なり，これが各グループの社会的な動態に貢献している．最後に，スペースおよびその構造や複雑性といった飼育環境と，飼育スタッフが行う飼育管理方法がともに，さらなる群れの関係性やグループの行動に影響を与える要因としてあげられる．そのため上記のような様々な要因を理解するうえで最適な立場にある動物の飼育管理者が，避妊データベースや公開された症例報告の閲覧，もしくは調査を開始したり，調査へ参加したりすることを通じてその知見を同僚たちと共有することが，行動に与える影響について考えるうえで重要である．

避妊・動物福祉・職業倫理

今日，認定動物園および水族館は，これまでで一番大きな課題に直面している．すなわち，飼育下個体群を遺伝的に多様で人口統計学的に安定した状態を維持すること，より大きく複雑な展示飼育施設を設計することで個体の行動学的および社会学的要求を満たすこと，種にとって適切な社会的グループを形成できるよう飼育すること，野生動物の保全と動物福祉に対する取り組みとその率先的な役割をモデル化し来園者に対し教育を行うこと，そして余剰個体を移送できる適切な施設が限られている厳しい現状の中で上記の目標を達成すること，などが求められている．WAZA，AZA や EAZA 等の地域動物園協会は，動物の管理，収集，対処において会員を指導するための職業上の基準を制定した．AZA の対処例を調査してみると時代とともに基準がどのように変わってきたかが分かる（AZA 2000，Xanten 2001）．しかしこの問題については未だなお幅広く異なる見解が存在し，意見の一致をみない（Lindburg 1991，Lacy 1995，Wagner 1995，Glatston 1998，Green 1999，Margodt 2000，本書第 21 章）．余剰個体の取扱い方針はもっと分類群特有のものにすべきか．適切な飼育管理の質というのを誰が定義するのか．安楽殺は共同管理の繁殖計画から個体を外すための手段として好ましいか．動物園動物学者の中には，繁殖の阻害が飼育動物の生活において重要かつその質を高める要素を奪うことになると信じている者もいる．また，余剰個体の出産を阻害するよりは，新生子が分散を開始するような年齢に至った際に安楽殺する方が動物福祉の観点における目標に合致するという考えをもつ動物園職員もおり，それは北米よりも欧州で多い（Holst 1998，Wiesner and Maltzan 2000，McAlister 2001）．避妊処理は余剰動物の数を減少させる方法としては最も責任が重い方法である，という Lacy（1995）の意見は，AZA 内で広く認められている．余剰動物問題にどう対処すべきかに関しては，その道徳上の問題は解決しておらず，無制限な繁殖は全く防ぎようがない状態である．避妊技術は絶対に完璧な解決策とはならないが，多くの場合，飼育下個体群の成長を抑える最適な選択肢である．それゆえ，避妊方法の有効性，安全性，可逆性に関する調査の継続，および新たな避妊技術の開発は，飼育スタッフが飼育下個体群管理や動物福祉などの目標を達成できるよう幅広い選択肢を確保するために動物園が担うべき責任である．

文　献

Adams, G. P., Matteri, R. L., and Ginther, O. J. 1992. Effect of progesterone on ovarian follicles, emergence of follicular waves and circulating follicle-stimulating hormone in heifers. *J. Reprod. Fertil.* 96:627–640.

Alvarez, F., Brache, V., Faundes, A., Tejada, A. S., and Thevenin, F. 1996. Ultrasonographic and endocrine evaluation of ovarian function among Norplant® implant users with regular menses. *Contraception* 54:275–79.

Asa, C. S., and Porton, I. 1991. Concerns and prospects for contraception in carnivores. In *Proceedings*, 298–303. Atlanta: American Association of Zoo Veterinarians.

———, eds. 2005. *Wildlife contraception: Issues, methods, and applications*. Baltimore, MD: Johns Hopkins University Press.

Asa, C. S., Porton, I. J., and Calle, P. P. 2005. Choosing the most appropriate contraceptive. In *Wildlife contraception: Issues, methods, and applications*, ed. C. S. Asa and I. J. Porton, 83–95. Baltimore, MD: Johns Hopkins University Press.

AZA (American Zoo and Aquarium Association). 2000. *AZA accession/de-accession policy*. Silver Spring, MD: American Zoo and Aquarium Association.

Ballou, J. D. 1996. Small population management: Contraception of golden lion tamarins. In *Contraception in wildlife*, bk. 1, ed. P. N. Cohn, E. D. Plotka, and U. S. Seal, 339–58. Lewiston, NY: Edwin Mellen Press.

Bergfield, E. G. M., D'Occhio, M. J., and Kinder, J. E. 1996. Pituitary function, ovarian follicular growth, and plasma concentrations of 17-estradiol and progesterone in prepubertal heifers during and after treatment with the luteinizing hormone-releasing hormone agonist deslorelin. *Biol. Reprod.* 54:776–82.

Bertschinger, H. J., Asa, C. S., Calle, P. P., Long, J. A., Bauman, K., DeMatteo, K., Jöchle, W., Trigg, T. E., and Human, A. 2001. Control of reproduction and sex related behaviour in exotic wild carnivores with the GnRH analogue deslorelin. *J. Reprod. Fertil. Suppl.* 57:275–83.

Bertschinger, H. J., Trigg, T. E., Jöchle, W., and Human, A. 2002. Induction of contraception in some African wild carnivores by downregulation of LH and FSH secretion using the GnRH analogue deslorelin. *J. Reprod. Fertil. Suppl.* 60:41–52.

Bigbee, H. G., and Hennessy, P. W. 1977. Megestrol acetate for postponing estrus in first heat bitches. *Vet. Med. Small Anim. Clinician* 72:1727–30.

Bowen, R. A., Olson, P. N., and Behrendt, M. D. 1985. Efficacy and toxicity of estrogens commonly used to terminate canine pregnancy. *J. Am. Vet. Med. Assoc.* 186:783–88.

Brache, V., Alvarez-Sanchez, F., Faundes, A., Tejada, A. S., and Cochon, L. 1990. Ovarian endocrine function through five years of continuous treatment w/ Norplant® subdermal contraceptive implants. *Contraception* 41:169–77.

Brache, V., Faundes, A., and Johansson, E. 1985. Anovulation, inadequate luteal phase and poor sperm penetration in cervical mucus during prolonged use of Norplant implants. *Contraception* 31:261–73.

Brinsko, S. P., Squires, E. L., Pickett, B. W., and Nett, T. M. 1998. Gonadal and pituitary responsiveness of stallions is not down-

regulated by prolonged pulsatile administration of GnRH. *J. Androl.* 19:100–109.
Brodney, R. S., and Fidler, I. J. 1966. Clinical and pathological findings in bitches treated with progestational compounds. *J. Am. Vet. Med. Assoc.* 149:1406–15.
Broome, M., Clayton, J., and Fotherby, K. 1995. Enlarged follicles in women using oral contraceptives. *Contraception* 52:13–16.
Brown, B. W., Mattner, P. E., Carroll, P. A., Hoskinson, R. M., and Rigby, R. D. G. 1995. Immunization of sheep against GnRH early in life: Effects on reproductive function and hormones in ewes. *J. Reprod. Fertil.* 103:131–35.
Bryan, H. S. 1973. Parenteral use of medroxyprogesterone acetate as an antifertility agent in the bitch. *Am. J. Vet. Res.* 34:659–63.
Burke, T. J., Reynolds, H. A., and Sokolowski, J. H. 1977. A 180-day tolerance-efficacy study with mibolerone for suppression of estrus in the cat. *Am. J. Vet. Res.* 38:469–76.
Calle, P. P. 2005. Contraception in pinnipeds and cetaceans. In *Wildlife contraception: Issues, methods, and applications*, ed. C. S. Asa and I. J. Porton, 168–76. Baltimore, MD: Johns Hopkins University Press.
Chuei, J. Y., Asa, C. S., Hall-Woods, M., Ballou, J., and Traylor-Holzer, K. 2007. Restoration of reproductive potential following expiration or removal of melengestrol acetate contraceptive implants in tigers (*Panthera tigris*). *Zoo Biol.* 26:275–88.
Civic, D., Scholes, D., Ichikawa, L., LaCroix, A. Z., Yoshida, C. K., Ott, S. M., and Barlow, W. E. 2000. Depressive symptoms in users and non-users of depot medroxyprogesterone acetate. *Contraception* 61:385–90.
Croxatto, H., Díaz, S., Pavez, M., Miranda, P., and Brandeis, A. 1982. Plasma progesterone levels during long-term treatment with levonorgestrel silastic implants. *Acta. Endocrinol.* 101:307–11.
Curtis, L. 1982. Husbandry of mammals. In *Zoological parks and aquarium fundamentals*, ed. K. Sausman, 245–55. Wheeling, WV: American Association of Zoological Parks and Aquariums.
DeMatteo, K. E., Porton, I. J., and Asa, C. S. 2002. Comments from the AZA Contraception Advisory Group on evaluating the suitability of contraceptive methods in golden-headed lion tamarins (*Leontopithecus chrysomelas*). *Anim. Welf.* 11:343–48.
DeMatteo, K. E., Silber, S., Porton, I., Lenahan, K., Junge, R., and Asa, C. S. 2006. Preliminary tests of a new reversible male contraceptive in bush dogs (*Speothos venaticus*): Open-ended vasectomy and microscopic reversal. *J. Zoo Wildl. Med.* 37: 313–17.
De Vleeschouwer, K., Van Elsacker, Heistermann, M., and Leus, K. 2000. An evaluation of the suitability of contraceptive methods in golden-headed lion tamarins (*Leontopithecus chrysomelas*), with emphasis on melengestrol acetate (MGA) implants: (II) Endocrinological and behavioural effects. *Anim. Welf.* 9:385–401.
Díaz, S., Zepeda, A., Maturana, X., Reyes, M. V., Miranda, P., Casado, M. E., Peralto, O., and Croxatto, H. B. 1997. Fertility regulation in nursing women. *Contraception* 56:223–32.
Diczfalusy, E. 1968. Mode of action of contraceptive drugs. *Am. J. Obstet. Gynecol.* 100:136–63.
Diskin, M. G., and Niswender, G. D. 1989. Effect of progesterone supplementation on pregnancy and embryo survival in ewes. *J. Anim. Sci.* 67:1559–63.
D'Occhio, M. J., and Aspden, W. J. 1996. Characteristics of luteinizing hormone (LH) and testosterone secretion, pituitary responses to LH-releasing hormone (LHRH) and reproductive function in young bulls receiving the LHRH agonist deslorelin: Effect of castration on LH responses to LHRH. *Biol. Reprod.* 54:45–52.
D'Occhio, M. J., Fordyce, G., White, T. R., Aspden, W. J., and Trigg, T. E. 2000. Reproductive responses of cattle to GnRH agonists. *Anim. Reprod. Sci.* 60–61:433–42.
Duncan, G. L., Lyster, S. C., Hendrix, J. W., Clark, J. J., and Webster, H. D. 1964. Biologic effects of melengestrol acetate. *Fertil. Steril.* 15:419–32.
Evans, J. M., and Sutton, D. J. 1989. The use of hormones, especially progestagens, to control oestrus in bitches. *J. Reprod. Fertil. Suppl.* 39:163–73.
Fekete, G., and Szeberényi, S. 1965. Data on the mechanism of adrenal suppression by medroxyprogesterone acetate. *Steroids* 6: 159–66.
Florence, B. D., Taylor, P. J., and Busheikin, T. M. 1977. Contraception for a female Borneo orangutan. *J. Am. Vet. Med. Assoc.* 171: 974–75.
Freeman, C., and Coffey, D. S. 1973. Sterility in male animals induced by injection of chemical agents into the vas deferens. *Fertil. Steril.* 24:884–90.
Gadgil, B. A., Collins, W. E., and Buch, N. C. 1968. Effects of intrauterine spirals on reproduction in goats. *Indian J. Exp. Biol.* 6: 138–40.
Gardner, H. M., Hueston, W. D., and Donovan, E. F. 1985. Use of mibolerone in wolves and in three *Panthera* species. *J. Am. Vet. Med. Assoc.* 187:1193–94.
Gass, G. H., Coats, D., and Graham, N. 1964. Carcinogenic dose-response curve to oral diethylstibestrol. *J. Natl. Cancer Inst. (Bethesda)* 33:971–77.
Ginther, O. J., Pope, A. L., and Casida, L. E. 1966. Local effect of an intrauterine plastic coil on the corpus luteum of the ewe. *J. Anim. Sci.* 25:472–75.
Glatston, A. R. 1998. The control of zoo populations with special reference to primates. *Anim. Welf.* 7:269–81.
Gould, K. G., and Johnson-Ward, J. 2000. Use of intrauterine devices (IUDs) for contraception in the common chimpanzee (*Pan troglodytes*). *J. Med. Primatol.* 29:63–69.
Green, A. 1999. *Animal underworld*. New York: Public Affairs.
Hayes, K. T., Feistner, A. T. C., and Halliwell, E. C. 1996. The effect of contraceptive implants on the behavior of female Rodrigues fruit bats, *Pteropus rodricensis*. *Zoo Biol.* 15:21–36.
Hediger, H. 1964. *Wild animals in captivity*. New York: Dover.
Herbert, C. A., Trigg, T. E., Renfree, M. B., Shaw, G., Eckery, D. C., and Cooper, D. W. 2004. Effects of a gonadotropin-releasing hormone agonist implant on reproduction in a male marsupial, *Macropus eugenii*. *Biol. Reprod.* 70:1836–42.
Hodges, J. K., and Hearn, J.P. 1977. Effects of immunisation against luteinising hormone-releasing hormone on reproduction of the marmoset monkey (*Callithrix jacchus*). *Nature* 265:746–48.
Holst, B. 1998. Ethical costs in feeding and breeding procedures. In *EEP yearbook 1996/97*, ed. F. Rietkerk, S. Smits, and M. Damen, 453–54. Amsterdam: European Association of Zoos and Aquaria, European Endangered Species Programme.
Huckle, W. R., and Conn, P. M. 1988. Molecular mechanism of gonadotropin-releasing hormone action: I. The GnRH receptor. *Endocr. Rev.* 9:379–86.
Jarosz, S. J., and Dukelow, W. R. 1975. Effect of progesterone and medroxyprogesterone acetate on pregnancy length. *Lab. Anim. Sci.* 35:156–58.
Jöchle, W., and Trigg, T. E.1994. Control of ovulation in the mare with Ovuplant™, a short-term release implant (STI) containing the GnRH analogue deslorelin acetate: Studies from 1990–1994. *J. Equine Vet. Sci.* 14:632–44.
King, N. E., and Mellen, J. D. 1994. The effects of early experience on adult copulatory behavior in zoo-born chimpanzees (*Pan troglodytes*). *Zoo Biol.* 13:51–59.
Kirkpatrick, J. F., Turner, J. W. Jr., Liu, I. K. M., and Fayrer-Hosken, R. 1996. Applications of pig zona pellucida immunocontraception to wildlife fertility control. *J. Reprod. Fertil. Suppl.* 50:183–89.
Kirkpatrick, J. F., Turner, J. W. Jr., Liu, I. K. M., Fayrer-Hosken, R, and Rutberg, A. T. 1997. Case studies in wildlife immunocontraception: Wild and feral equids and white-tailed deer. *Reprod. Fertil. Dev.* 9:105–10.
Kloosterboer, H. J., Vonk-Noordegraff, C. A., and Turpijn, E. W. 1988. Selectivity in progesterone and androgen receptor binding of progestagens used in oral contraceptives. *Contraception* 38:325–32.

Knowles, J. M. 1986. Wild and captive populations: Triage, contraception, and culling. *Int. Zoo Yearb.* 24/25:206–10.

Kwiecien, M., Edelman, A., Nichols, M. D., and Jensen, J. T. 2003. Bleeding patterns and patient acceptability of standard or continuous dosing regimens of a low-dose oral contraceptive: A randomized trial. *Contraception* 67:9–13.

Labrie, C., Cusan, L., Plante, M., Lapointe, S., and Labrie, F. 1987. Analysis of the androgenic activity of synthetic "progestins" currently used for the treatment of prostate cancer. *J. Steroid Biochem. Mol. Biol.* 28:379–84.

Lacy, R. 1995. Culling surplus animals for population management. In *Ethics on the Ark*, ed. B. G. Norton, M. Hutchins, E. F. Stevens, and T. E. Maple, 187–94. Washington, DC: Smithsonian Institution Press.

Lee, N. C., Rubin, G. L., Ory, H. W., and Burkman, R. T. 1983. Type of intrauterine device and the risk of pelvic inflammatory disease. *Obstet. Gynecol.* 62:1–6.

Lincoln, G. A. 1987. Long-term stimulatory effects of a continuous infusion of LHRH agonist on testicular function in male red deer (*Cervus elaphus*). *J. Reprod. Fertil.* 80:257–61.

Lindburg, D. G. 1991. Zoos and the "surplus" problem. *Zoo. Biol.* 10:1–2.

Maclellan, L. J., Bergfield, E. G. M., Fitzpatrick, L. A., Aspden, W. J., Kinder, J. E., Walsh, J., Trigg, T. E., and D'Occhio, M. J. 1997. Influence of the luteinizing hormone-releasing hormone agonist, Deslorelin, on patterns of estradiol-17_ and luteinizing hormone secretion, ovarian follicular responses to superstimulation with follicle-stimulating hormone and recovery and in vitro development of oocytes in heifer calves. *Biol. Reprod.* 56:878–84.

Mall-Haefeli, M., Werner-Zodrow, I., Hulser, P. R., Rabe, T., and Kiesel, L. 1988. Oral contraception and ovarian function. In *Female contraception*, ed. B. Runnebaum, T. Rabe, and L. Kiesel, 97–105. Berlin: Springer-Verlag.

Margodt, K. 2000. *The welfare ark*. Brussels: VUB University Press.

Mastroianni, L. Jr., Suzuki, S., and Watson, F. 1967. Further observations on the influence of the intrauterine device on ovum and sperm distribution in the monkey. *Am. J. Obstet. Gynecol.* 99: 649–60.

McAlister, E. 2001. Ethics. In *Encyclopedia of the world's zoos*, vol. 1., ed. C. E. Bell, 429–31. Chicago: Fitzroy Dearborn.

McRae, A. C. 1992. Observation on the timing of embryo mortality in ranch mink (*Mustela vison*). In *Proceedings of the 40th Annual Meeting of the Canada Mink Breeders Association*, 35–48.

McShea, W. J., Monfort, S. L., Hakim, S., Kirkpatrick, J. F., Liu, I. K. M., Turner, J. W. Jr., Chassy, L., and Munson, L. 1997. The effect of immunocontraception on the behavior and reproduction of white-tailed deer. *J. Wildl. Manag.* 61:560–69.

Miller, L., Rhyan, J., and Killian, G. 2003. Evaluation of GnRh contraceptive vaccine using domestic swine as a model for feral hogs. In *Proceedings of the 10th Wildlife Damage Management Conference*, ed. K. A. Fagerstone and G. W. Witmer, 120–27. Fort Collins, CO: National Wildlife research Center.

Munson, L., Bauman, J. E., Asa, C. S., Jöchle, W., and Trigg, T. E. 2001. Efficacy of the GnRH-analogue deslorelin for suppression of the oestrous cycle in cats. *J. Reprod. Fertil. Suppl.* 57:269–73.

Nagle, C. A., and Turin, E. 1997. Contraception in bitches by nonsurgical insertion of an intrauterine device (IUD). *Vet. Argent.* 14:414–20.

Nash, H. A. 1975. Depo-Provera: A review. *Contraception* 12:377–93.

Okkens, A. C., Kooistra, H. S., and Nickel, R. F. 1997. Comparison of long-term effects of ovariectomy versus ovariohysterectomy in bitches. *J. Reprod. Fertil. Suppl.* 51:227–31.

Orford, H. J. L. 1996. Hormonal contraception in free-ranging lions (*Panthera leo* L.) at the Etosha National Park. In *Contraception in wildlife*, bk. 1, ed. P. N. Cohn, E. D. Plotka, and U. S. Seal, 303–20. Lewiston, NY: Edwin Mellen Press.

Ortiz, A., Hiroi, M., Stanczyk, F. Z., Goebelsmann, U., and Mishell, D. R. Jr. 1977. Serum medroxyprogesterone acetate (MPA) concentration and ovarian function following intramuscular injection of Depo-MPA. *J. Clin. Endocrinol. Metab.* 44:32–38.

Parborell, F., Pecci, A., Gonzalez, O., Vitale, A, and Tesone, M. 2002. Effects of a gonadotropin-releasing hormone agonist on rat ovarian follicle apoptosis: Regulation by epidermal growth factor and the expression of Bcl-2-related genes. *Biol. Reprod.* 67:481–86.

Patton, M. L., Jöchle, W., and Penfold, L. M. 2005. Contraception in ungulates. In *Wildlife contraception: Issues, methods, and applications*, ed. C. S. Asa and I. J. Porton, 149–67. Baltimore: Johns Hopkins University Press.

PDR. 2005. *Physicians' desk reference*. 56th ed. Montvale, NJ: Medical Economics Co., Thompson Healthcare.

Penfold, L. M., Ball, R., Burden, I., Jöchle, W., Citino, S. B., Monfort, S. L., and Wielebnowski, N. 2002. Case studies in antelope aggression control using a GnRH agonist. *Zoo Biol.* 21:435–48.

Perry, J. S. 1954. Fecundity and embryonic mortality in pigs. *J. Embryol. Exp. Morphol.* 2:308–22.

Perry, J., Bridgwater, D. D., and Horseman, D. L. 1975. Captive propagation: A progress report. In *Breeding endangered species in captivity*, ed. R. D. Martin, 361–77. London: Academic Press.

Pineda, M. H., and Dooley, M. P. 1984. Surgical and chemical vasectomy in the cat. *Am. J. Vet. Res.* 45:291–300.

Pineda, M. H., Reimers, T. J., Faulkner, L. C., Hopwood, M. C., and Seidel, G. E. Jr. 1977. Azoospermia in dogs induced by injection of sclerosing agents into the caudae of the epididymides. *Am. J. Vet. Res.* 38:831–38.

Plotka, E. D., Eagle, T. C., Vevea, D. N., Koller, A. L., Siniff, D. B., Tester, J. R., and Seal, U. S. 1988. Effects of hormone implants on estrus and ovulation in feral mares. *J. Wildl. Dis.* 24:507–14.

Plotka, E. D., and Seal, U. S. 1989. Fertility control in deer. *J. Wildl. Dis.* 25:643–46.

Porton, I. 1995. Results for primates from the AZA contraception database: Species, methods, efficacy and reversals. In *Proceedings of the Joint Conference AAZV/WDA/AAWV*, 381–94. East Lansing, MI: American Association of Zoo Veterinarians.

Portugal, M. M., and Asa, C. S. 1995. Effects of chronic melengestrol acetate contraceptive treatment on perineal tumescence, body weight, and sociosexual behavior of Hamadryas baboons (*Papio hamadryas*). *Zoo Biol.* 14:251–59.

Remfry, J. 1978. Control of feral cat populations by long term administration of megestrol acetate. *Vet. Rec.* 28:403–4.

Santen, R. 1998. Biological basis of the carcinogenic effects of estrogen. *Obstet. Gynecol. Surv. Suppl.* 53:18S–21S.

Schul, G. A., Smith, L. W., Goyings, L. S., and Zimbelman, R. G. 1970. Effects of oral melengestrol acetate (MGA®) on the pregnant heifer and on her resultant offspring. *J. Anim. Sci.* 30:433–37.

Schwallie, P. C., and Assenzo, J. R. 1974. The effect of depomedroxyprogesterone acetate on pituitary and ovarian function, and the return of fertility following its discontinuation: A review. *Contraception* 10:181–97.

Seal, U. S., Barton, R., Mather, L., Oberding, K., Plotka, E. D., and Gray, C. W. 1976. Hormonal contraception in captive female lions (*Panthera leo*). *J. Zoo Anim. Med.* 7:1–17.

Selman, P. J., Mol, J. A., Rutterman, G. R., van Garderen, E., van den Ingh, T. S. G. A. N., and Rijnberk, A. 1997. Effects of progestin administration on the hypothalamic-pituitary-adrenal axis and glucose homeostasis in dogs. *J. Reprod. Fertil. Suppl.* 51:345–54.

Shapiro, E. I., and Silber, S. J. 1979. Open-ended vasectomy sperm granuloma and post-vasectomy orchalgia. *Fertil. Steril.* 32: 546–50.

Sherwin, B. B., and Gelfand, M. M. 1989. A prospective one-year study of estrogen and progestin in postmenopausal women: Effects on clinical symptoms and lipoprotein lipids. *Obstet. Gynecol.* 73:759–66.

Shirley, B., Bundren, J. C., and McKinney, S. 1995. Levonorgestrel as a post-coital contraceptive. *Contraception* 52:277–81.

Silber, S. J. 1979. Epididymal extravasation following vasectomy as a

cause for failure of vasectomy reversal. *Fertil. Steril.* 31:309–15.
———. 1989a. Pregnancy after vasovasostomy for vasectomy reversal: A study of factors affecting long-term return of fertility in 282 patients followed for 10 years. *Hum. Reprod.* 4:318–22.
———. 1989b. Results of microsurgical vasoepididymostomy: Role of epididymis in sperm maturation. *Hum. Reprod.* 4:298–303.
Simmons, J. G., and Hamner, C. E. 1973. Inhibition of estrus in the dog with testosterone implants. *Am. J. Vet. Res.* 34:1409–19.
Sitruk-Ware, R. 2000. Progestins and cardiovascular risk markers. *Steroids* 65:651–58.
Sloan, J. M., and Oliver, I. M. 1975. Progestogen-induced diabetes in the dog. *Diabetes* 24:337–44.
Smart, Y. C., Fraser, L. S., Roberts, T. K., Clancy, R. L., and Cripps, A. W. 1982. Fertilization and early pregnancy loss in healthy women attempting conception. *Clin. Reprod. Fertil.* 1:177–84.
Sokolowski, J. H., and Geng, S. 1977. Biological evaluation of mibolerone in the female beagle. *Am. J. Vet. Res.* 38:1371–76.
Stover, J., Warren, R., and Kalk, P. 1987. Effect of melengestrol acetate on male muntjac (*Muntiacus reevesi*). In *Proceedings of the 1st International Conference on Zoological and Avian Medicine*, 387–88. Oahu, HI: American Association of Zoo Veterinarians.
Trigg, T. E., Wright, P. J., Armour, A. F., Williamson, P. E., Junaidi, A., Martin, G. B., Doyle, A. G., and Walsh, J. 2001. Use of a GnRH analogue implant to produce reversible long-term suppression of reproductive function in male and female domestic dogs. *J. Reprod. Fertil. Suppl.* 57:255–61.
Triman, K, and Liskin, L. 1988. Intrauterine devices. *Popul. Rep.* 16:1–31.
Turin, E. M., Nagle, C. A., Lahoz, M., Torres, M., Turin, M., Mendizabal, A. F., and Escofet, M. B. 1997. Effects of a copper-bearing intrauterine device on the ovarian function, body weight gain and pregnancy rate of nulliparous heifers. *Theriogenology* 47: 1327–36.
VandeVoort, C. A., Schwoebel, E. D., and Dunbar, B. S. 1995. Immunization of monkeys with recombinant complimentary deoxyribonucleic acid expressed zona pellucida proteins. *Fertil. Steril.* 64:838–47.
Vickery, B. H., McRae, G. I., Goodpasture, J. C., and Sanders, L. M. 1989. Use of potent LHRH analogues for chronic contraception and pregnancy termination in dogs. *J. Reprod. Fertil. Suppl.* 39: 175–87.
Volpe, P., Izzo, B., Russo, M., and Iannetti, L. 2001. Intrauterine device for contraception in dogs. *Vet. Rec.* 149:77–79.
Wagner, F. 1995. The should or should not of captive breeding: Whose ethic? In *Ethics on the Ark*, ed. B. G. Norton, M. Hutchins, E. F. Stevens, and T. E. Maple, 209–14. Washington, DC: Smithsonian Institution Press.
Wemmer, C. 1989. Animal contraceptive task force formed. *AAZPA Newsl.* 30 (9): 16.
WHO (World Health Organization). Task Force for Epidemiological Research on Reproductive Health. 1994a. Progestogen-only contraceptives during lactation. I. Infant growth. *Contraception* 50:35–54.
———. 1994b. Progestogen-only contraceptives during lactation. II. Infant development. *Contraception* 50:55–68.
Wiesner, H., and Maltzan, J. 2000. Population control in Bavarian zoos. In *Proceedings of the European Association of Zoo and Wildlife Veterinarians*, 77–81. Paris: European Association of Zoo and Wildlife Veterinarians.
Wildt, D. E., and Lawler, D. F. 1985. Laparoscopic sterilization of the bitch and queen by uterine horn occlusion. *Am. J. Vet. Res.* 46:864–69.
Wilmut, I., Sales, D. I., and Ashworth, C. J. 1986. Maternal and embryonic factors association with prenatal losses in mammals. *J. Reprod. Fertil.* 76:851–64.
Wood, C. W., Ballou, J. D., and Houle, C. S. 2001. Restoration of reproductive potential following expiration or removal of melengestrol aetate contraceptive implants in golden lion tamarins (*Leontopithecus rosalia*). *J. Zoo Wildl. Med.* 32:417–25.
Wright, P. J., Verstegen, J. P., Onclin, K., Jöchle, W., Armour, A. F., Martin, G. B., and Trigg, T. E. 2001. Suppression of the oestrous responses of bitches to GnRH analogue deslorelin by progestin. *J. Reprod. Fertil. Suppl.* 57:263–68.
Xanten, W. A. Jr. 2001. Disposition. In *Encyclopedia of the world's zoos*, vol. 1, ed. C. E. Bell, 368–71. Chicago: Fitzroy Dearborn.
Zimbelman, R. G., Lauderdale, J. W., Sokolowski, J. H., and Schalk, T. G. 1970. Safety and pharmacologic evaluations of melengestrol acetate in cattle and other animals: A review. *J. Am. Vet. Med. Assoc.* 157:1528–36.

Lioness yawning（ライオンのあくび），スミソニアン国立動物園（ワシントン D.C.）.
写真：Mehgan Murphy（スミソニアン国立動物園）. 複製許可を得て掲載.

付　録

イントロダクション

Devra G. Kleiman

訳：楠田哲士

動物園動物を効果的に管理していくうえで，動物園で記録を保管することは必須事項になる．体測値や体重の変化を追跡していくことは，動物の健康や福祉の状態，繁殖状態をモニタリングするために必須であるが，研究者にとっての哺乳類生物学に関する重要な情報源ともなる．獣医学的管理，繁殖記録，動物園間での個体の貸し借り，剖検記録といった全てにおいて，正確かつ一貫した個体識別が必要になる．Lundrigan（付録 1）は哺乳類を計測する際の基本的な方法を説明している．Kalk and Rice（付録 2）は，様々な個体識別技術について，単純に生まれつきの外見的特徴や刺青（タトゥー）による記録法から，トランスポンダー（PIT タグ）など動物園で徐々に普及してきている最近の方法までを解説している．そして，様々な技術のその適性や，様々な哺乳類の種においての有用性についても考察している．Bingaman Lackey（付録 3）は，血統登録の歴史やその用途，記録システムのために必要な基礎データについて概説し，また地域動物園協会のリストを掲載している．この 10 年間で，記録管理システムの利用は爆発的に拡大し，動物園における哺乳類個体群の非常に組織的な管理がなされてきている．このことは，Bingaman Lackey が述べている．さらに，新しい動物学情報管理システム（ZIMS：Zoological Information Management System）ソフトなどの国際種情報システム機構（ISIS：International Species Information System）が提供するサービスやソフトウェアについて概説している．付録の最後で Kenyon（付録 4）は，動物園の専門家に有益な最新の文献目録を掲載し，本書で取り扱った分野ごとに整理している．ここでは，図書，雑誌，学協会などを一般的なものから非常に専門的なものまでリストアップしている．驚かされることに，この文献目録の 25％近くはインターネットウェブサイトである．このことは，『Wild Mammals in Captivity』の初版が出版されてから起こった，情報アクセスへの大きな変化を意味している．

付録 1　哺乳類の標準的計測方法
付録 2　個体識別とマーキング方法
付録 3　記録，血統登録簿，地域動物園協会および ISIS
付録 4　飼育下管理に関する図書，雑誌，ウェブサイトの紹介

付録 1
哺乳類の標準的計測方法

Barbara Lundrigan

訳：村田浩一，渡辺靖子

はじめに

動物園等の飼育施設では，動物から有用な測定データを入手できる機会が多くある．そのようなデータは，同種の野生動物からは容易に入手できない．しかし，そういった重要な機会は有効利用されていないことも多い．というのも，動物園の個々人がデータ収集に消極的であったり，既存のデータと比較したり，他の研究者が利用できるような技術を標準化していなかったりするためである．

一般にフィールド生物学者は，一連の計測を行いデータ収集している．その目的は，個体識別のためであったり，環境変化もしくは遺伝的変化による形態や体格への影響調査のためであったりする．また，他の生物学的側面（例：食性，繁殖率，代謝率，群れの大きさ，寿命）と体型との関係性に係る研究に活用されている．

飼育下動物の場合も，上記と同様に，標準体型の計測データの収集目的は，個体識別のためや環境変化もしくは遺伝的変化による形態と体格への影響調査のためであり（ただし，これらは食餌内容，動物収容施設の規模，繁殖形態といった飼育管理が影響する），進化生物学者と野生生物学者が研究に利用する．飼育施設が体部の計測値へ交絡作用を及ぼすと考えられるため，進化生物学者と野生生物学者はこのデータを過剰評価すべきではないだろう．多くの場合，同種の野生生物からの計測は難しい．さらに，飼育下動物は野生では不可能な，同一個体での測定を重ねることが可能である．このような長期的データ収集は，飼育下動物の管理変化の評価に用いられ，成長と発育の基準を確立するうえで必要不可欠となる．

この章では，北米の哺乳類学者が大型～小型哺乳類を簡便に計測するために用いている標準的計測法を解説する．また，将来的な参考データや比較データになるように，飼育下動物の計測においても同様の方法を推奨したい．ここでは，哺乳類学者が最重要とみなし，かつ詳細情報が記載された参考文献がある計測方法のごく一部を紹介する．

哺乳類の計測

全ての計測は，メートル法で行うべきである．測定値の桁数に関して特に取り決めはないが，Ansell（1965）は様々なサイズの哺乳類における標準的な測定値の記載法について考えを述べている．すなわち，「一般的に，小型哺乳類（15kg 未満）の体重はグラム単位で示すか，小数点 1 桁のキログラム数で示す．計測単位は概ねミリメートルである．大型哺乳類（15kg 以上）の体重は概ねキログラム単位で表し，計測単位はミリメートルかセンチメートルである」としている．

計測と同時に記録すべきことはいくつかあり，学名，性，個体識別番号（動物園での番号もしくは採集者番号），計測日，死亡日（分かる場合は場所も併記），繁殖ステージ（妊娠や泌乳期など），標本のおよその状態（生きているのか最近死んだのか，腐敗しかけているのか），計測精度に影響を与えるダメージ（尾の骨折とか耳の欠損とか）といった情報である．飼育下動物の場合，可能ならば出生日と採集場所も記す．

陸生小型哺乳類の計測

小型哺乳類（つまり体重が 15kg 未満）に関しては有用な情報がある．それらには，Peterson（1965，コウモリのみ），Nagorsen and Peterson（1980），Hall（1981），Handley（1988，コウモリのみ），Skinner and Smithers（1990），Martin, Pine and DeBlase（2001）らによる研究結果が含まれている．基本用具としては，定規，ノギスあるいは分割コンパス，メトリック体重計が必要である．

小型哺乳類における標準的な外部計測は，全長（total length：TL），尾長（tail length：T），後肢（足）長（hind foot length:HF），耳長（ear length:E）そして体重（weight: wt）の 5 つに対して行われる（図 A1-1 参照）．これらに加え，コウモリでは耳珠長（tragus length:TR）と前腕長（forearm length：FA）の 2 か所を測定する（図 A1-2）〔北米以外の哺乳類学者は，全長の代わりに頭長と体長の合計（頭胴長: head plus body length:HB）を測ることもある〕．計測データを記録するために，多くの採集者は略語と－（ダッシュ）を用いて 1 つ 1 つの計測値を分けて表す〔例：TL102 － T45 － HF11（c.u.）－ E35 － TR14 － FA44〕．体重は標準単位に従う（例：wt ＝ 15g）．

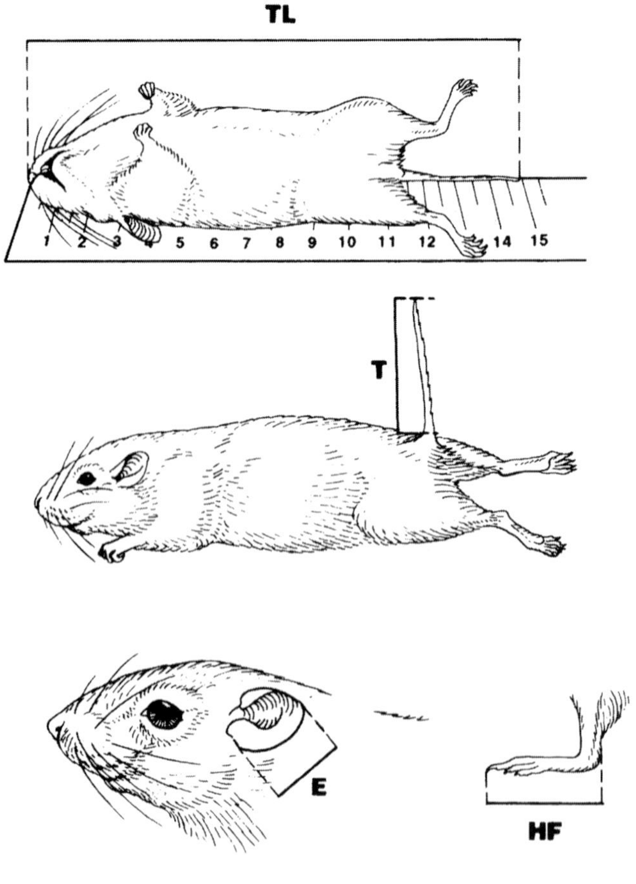

図 A1-1　小型哺乳類の標準的な外部計測．
TL：全長，T：尾長，HF：後肢（足）長（c.u.：爪を含む），E：耳長．（Martin, Pine, and DeBlase 2001 を改変）

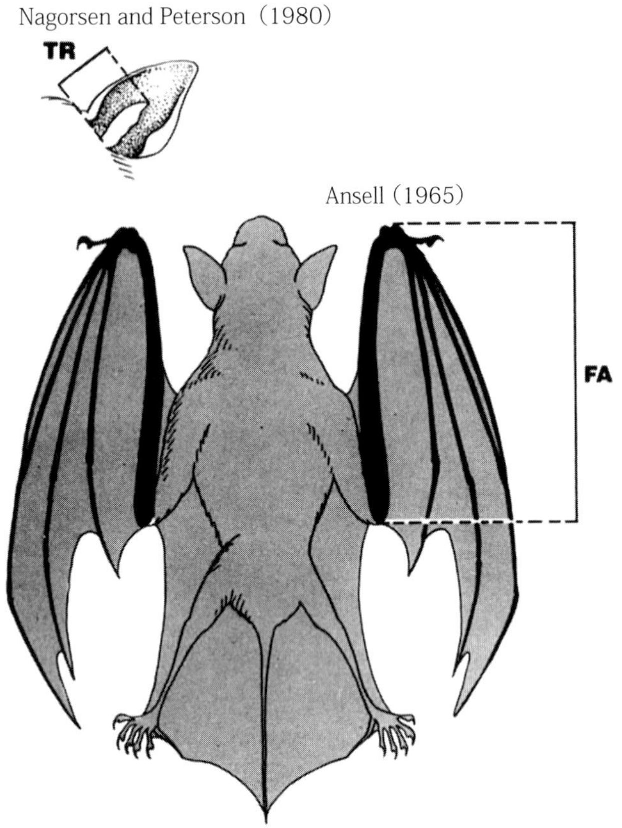

図 A1-2　コウモリの標準的な外部計測．
FA：前腕長，TR：耳珠長．（Ansell 1965，Nagorsen and Peterson 1980 を改変）

全長（TL）

定規の平面上に動物を仰臥姿勢で静置する．鼻は前方に伸ばして，体幹と尾は定規に対して平行にするが，無理に引き伸ばさないようにする．吻端から尾端まで測定し，尾端より長い毛の長さは計測しない．他の方法としては，軟らかな板の上に胴体を置き，ピンを吻先端と尾端の位置に挿し，その後，体を退けて，ピン間の距離を測る．もし，動物を静置できない場合，背側正中線上の吻端から尾端までを体軸に沿って測る．その時は“体の曲線に沿った計測（Along Curves）”とラベルに表記しておく．

尾長（T）

まず，動物を伏臥姿勢にし，尾を体に対して 90 度持ち上げる．尾端からはみ出した毛は除外して，尾の付け根から垂直方向に定規で測定する．動物種によっては，尾の付け根の位置が分かり難い種もいるので〔例：カナダカワウソ（*Lontra canadensis*）〕，その場合は肛門の中心から測定して“T M/A”と表記しておく.

後肢（足）長（HF）

爪先を伸ばし,片肢を優しく定規の平面に対して保定し,踵骨（かかと）から爪先までの最長距離を測る．哺乳類学者は，必ずしもこの計測では爪までを含めないので，爪を含めた計測（cum unguis：c.u.）か含めていない計測（sine unguis：s.u.）なのかを表記しておく必要がある.

耳長（E）

ノギス，コンパスまたは定規を使い，耳開口部下の切れ込みの付け根から耳介（外耳）の縁の最先端までを測る．その時，耳の先端より長い毛は測らない.

耳珠長（TR）

耳珠は葉状の組織で，ほとんどのコウモリの耳の基部から突出している．ノギス，コンパス，または定規を使い，耳珠の根本（耳につながる部分）からその先端までを測定し，耳珠の先端部よりも長い毛は測らない.

前腕長（FA）

翼を折りたたみ，ノギス，コンパスまたは定規を使い，翼の背側表面を尺骨端（肘）から手根骨（手首）までの最長部位を測定する.

体重（wt）

多くの野外採集者は，バネ式体重計（例：Pesola brand）を使って小型哺乳類の体重を測る．このタイプの体重計は，軽量で，安価で，扱いやすい．一方，デジタル秤はバネ式に比べて重いが，より正確な数値が得られる．ca.（circa）の略称は，およその体重であることを示す時に使用する.

陸生大型哺乳類の計測

陸生大型哺乳類(体重が 15kg 以上)の計測に関する情報は，Ansell(1965)，Sachs(1967, 有蹄類のみ)，Nagorsen and Peterson（1980）から得られる．基本的に必要な用具は，2 本の真っ直ぐな固い棒，柔軟なメタル製巻尺，太い糸玉（巻尺の長さを超える距離の測定用），大型ノギスもしくはコンパスそして計量器具である.

小型哺乳類における記録と同様に，大型哺乳類も標準的な外部計測法（全長，尾長，後肢長，耳長，体重）によって記録される（図 A1-3）．これらに加えて，有蹄類では肩高（shoulder height：SH）と腋窩胸囲（axillary girth：AG）の 2 か所が通常計測され，他の大型哺乳類でも測定されることがある.

全長（TL）

仰臥または横臥姿勢で動物を静置し，鼻部を前方に伸ばし，背部は自然でリラックスした状態にする．尾部は背中

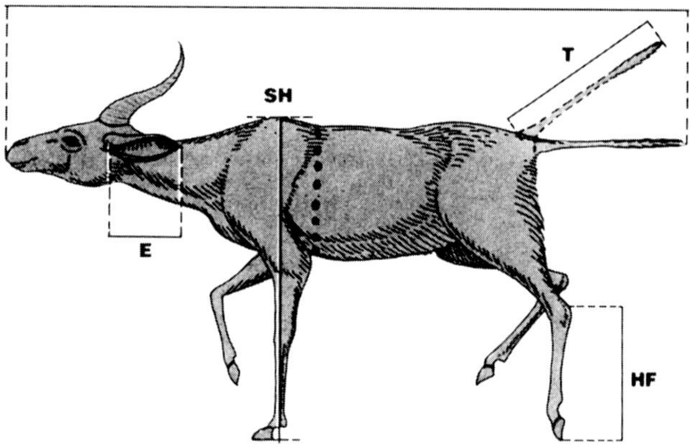

図 A1-3　大型哺乳類の標準的な外部計測.
最上位の実線：全長，T：尾長，HF：後肢長（c.u.：蹄を含む），E：耳長，SH：肩高長，破線：腋窩胸囲.（Ansell 1965 より引用）

の中心線にそってまっすぐに伸ばす．1 本目の棒を吻端に当てながら体の長軸に対して垂直に立てる．2 本目の棒を尾端（尾端よりも長い毛は除外する）に当て，やはり体の長軸に対して垂直に立てる．体の真上にある棒から棒までの直線距離を巻尺で測定する．もし動物の反応が強かったり，何らかの理由で安静を保てなかったりした場合は，背中線を測定する．すなわち，背部の曲線に沿って吻端から後頭部を経て尾端までを測る．常に“点から点まで”もしくは“体の曲線に沿って”計測した方法であることを記す.

尾長（T）

背部の体表に対して 90 度（有蹄類では 30 ～ 40 度，Ansell 1965）の位置に尾を保持し，巻尺を用いて尾の付け根（基部）から尾端までを測定する．尾端より毛がはみ出している場合は，それを除いて測定する．種によっては尾の付け根の特定が難しいことがある〔例：ツチブタ（*Orycteropus afer*）〕．その場合は，肛門の中心部から測定し“T M/A”と表記する.

後肢長（HF）

足（趾）先が直線状に伸びるように後肢を保持し，大きなノギスかコンパスで踵骨（かかと，飛節）から最長の爪先（もしくは蹄端）までを測る．哺乳類学者は，必ずしも測定時に爪(または蹄)を含めるわけではない．したがって，測定法を表記することが必須となる．爪（または蹄）を含める場合は c.u.（cum unguis），含めない場合は s.u.（sine unguis）と表記しなければならない.

耳長（E）

小型哺乳類の場合と同様.

肩高（SH）

立位の動物の場合，肩高は肩部（または，き甲）の最も

高い地点から前肢の足底（もしくは蹄）までの距離である．もし動物が横臥している場合には，その肢を自然な状態で保持し，1 本の棒を肩部（または，き甲）の一番高い点に体の長軸に対して垂直に立て，2 本目の棒を前肢の足底（もしく蹄）に当て体の長軸に対して垂直に立てる．そして，体の直上で棒から棒までの距離を巻尺で測る．

腋窩胸囲（AG）

腋窩胸囲の計測は，死亡直後に体が膨満するため，生体か新鮮な死体でのみ行うべきである．巻尺を使って，前脚後部の体周囲を手早く測る．巻尺が体を 1 周できない場合には，背中から胸部の中心までを測定し，“腋窩胸囲の半分（Half Axillary Girth）”とラベルに表記する．

体重（wt）

大型哺乳類の体重記録は，測定される機会が少ないため特に貴重である．一部の飼育下動物は（例：多くの霊長類や一部の食肉類），誘導したり訓練することで，床面体重計に自ら乗るようにできる．超大型哺乳類には，特別な道具が必要となる（例：スミソニアン国立動物園ではゾウを測定するためにトラック用重量計を借用している）．大きな死体なら分割して測定することもあるが，体液の流出で真の体重より軽くなってしまう．超大型哺乳類の計測技術については，Schemnitz and Glies（1980）を参照のこと．

海生哺乳類の計測

海生哺乳類（鰭脚類・鯨類・海牛類）は，陸生哺乳類と基本的に体の構造が異なるので，やや異なる外部計測器具一式が必要となる．陸生大型哺乳類用と同じ器具も使用する．

鰭脚類の計測

鰭脚類（オットセイ，アシカ，セイウチ）の計測に関する最適な情報は，米国哺乳類学会海生哺乳類委員会（American Society of Mammologists Committee on Marine Mammals，1967）が推奨しているものである．鰭脚類に対しては，5 か所の標準的な外部測定部位がある（図 A1-4）．

標準体長：鰭脚類の標準体長は，大型陸生動物の全長と同義で，測り方も同様である．もし動物の反応が強かったり，何らかの理由で安静を保てなかったりした場合は，仰臥姿勢で吻端から尾端までを背部，側部，腹部いずれかの曲線にそって測定し，“曲線長（Curvilinear Length）”と表記する．

前鰭の前面長：鰭（ひれ）を体に対して直角に保持し，巻尺，ノギスもしくはコンパスを使用して，鰭前方の基部から第一指の爪先まで，もしくは鰭を十分に伸展させた状態で測る．

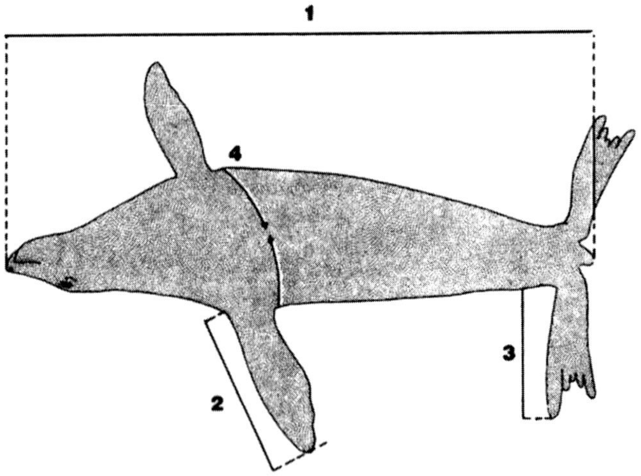

図 A1-4　米国哺乳類学会海生哺乳類委員会による鰭脚類の標準的な外部計測．
1：標準体長，2：前鰭の前面長，3：後鰭の前面長，4：腋窩胸囲．
（海生哺乳類委員会 1967 より引用）

後鰭の前面長：鰭を体に対して直角に保持し，巻尺，ノギスもしくはコンパスを使用して，鰭前方の基部から第一指の爪先まで，もしくは鰭を十分に伸展させた状態で測る．

腋窩胸囲：鰭脚類における腋窩胸囲は，陸生大型哺乳類と同義で，測定方法も同様である．

体重：多くの飼育下鰭脚類は，床面体重計に乗るように訓練できる．大きな死体は分割して測定できるが，海生哺乳類委員会（Committee on Marine Mammals，1967）は 10% の体液の損失を考慮する必要があると提言している．

鯨類の計測

鯨類（クジラ，イルカ，ネズミイルカ）の計測に関する最適な情報は，米国哺乳類学会海生哺乳類委員会（1961）が推奨しているものである．この委員会は，小型鯨類で推奨される外部計測の詳細リストを提供している．最重要な 13 か所に対する計測法は以下のとおりである（図 A1-5）．

最初に，体の長軸と平行な直線上で 7 か所を測定し，“体軸”とラベルに表記する．それぞれの計測では，測定したい箇所の両端（基準点）に棒を身体の長軸に対して垂直に立て，その間の距離を計測する．そして，身体の長軸に対して 2 本の棒のラインが平行になるように側方から調整し，棒の間の直線距離を測る．

最初に計測する 7 か所の基準点は，頭部の前方で下顎は除かれる．この部分は，通常，上顎前端であるので，以下では“上顎先端”として示す．種によっては〔例：マッコウクジラ（*Kogia sima*）〕，この表記が該当しないこともある．その場合，重要なことは，下顎を除いて，頭部先端で計測することである．

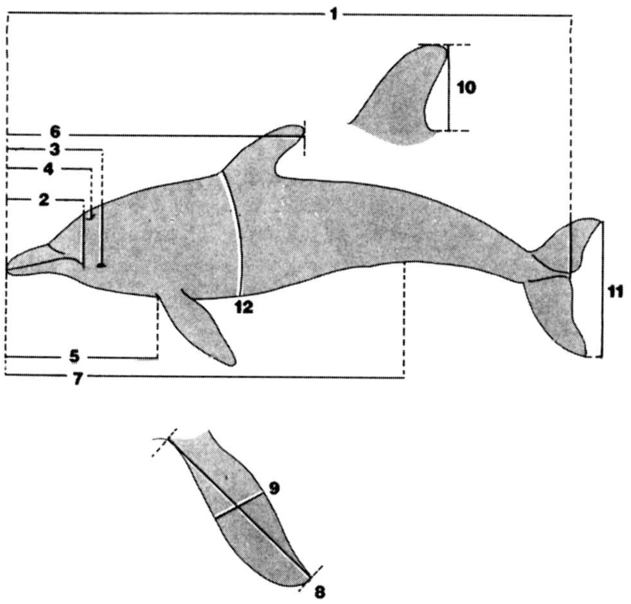

図 A1-5　米国哺乳類学会海生哺乳類委員会による鯨類の標準的な外部計測.（海生哺乳類委員会 1961 より引用）

1. 全長：上顎先端から尾にある V 字型の切れ込みまで（切れ込みがない場合は尾の中央部）
2. 上顎先端から口角まで
3. 上顎先端から眼の中心まで
4. 上顎先端から噴気孔の中心まで（もしくは 2 つある場合にはその真ん中）
5. 上顎先端から鰭の前方基部まで
6. 上顎先端から背鰭先端まで
7. 上顎先端から肛門の中心まで

他の計測部位（胴囲と体重を除いて）については，巻尺，ノギスもしくはコンパスを用いて，点から点までを直線的に測定する.

8. 鰭の長さ；鰭の前方基部から先端まで
9. 鰭幅：鰭の長軸に対して直角をなす鰭の最大幅
10. 背鰭高：背鰭の基部からその先端まで
11. 尾鰭幅：尾鰭両端間の幅
12. 最大胴囲長：体の最大幅を示す地点における周囲長．その点は，上顎先端からの（体軸にそった）距離で示される．体の下に巻尺を通せない場合は，背部と腹部の中心間の距離を測定し，"最大胴囲長の半分" とラベルに表記する.
13. 体重：鰭脚類と同様に測定.

海牛類の計測

海牛類（ジュゴンとマナティー）の計測に関する情報は，極めて少ない．Domning（1977）は，ジュゴン（*Dugong dugon*）について行った外部計測の詳細なリストを提供し，Murie（1874, 1885）は，アメリカマナティー（*Trichechus manatus*）に関する同様のリストを提供している．鯨目に対する多くの標準的な外部計測法は，海牛類にも適用できる．海牛類の計測に際しては，全長，鰭長と幅，最大胴囲，尾幅，体重の計測を（最低限）行うべきである.

歯の計測

歯列の計測は，標準的な外部計測では検討されないが，その値は大きさの指標として有用である．通常測定されるのは，上部（上顎）の歯列である.

上顎歯列の歯槽長

ノギスかコンパスを用いて，顎骨と近接している犬歯の前方表面から，顎骨と近接している最後臼歯の後方表面までの片側を計測する.

臼歯列の歯槽長

計測方法は，上顎歯列長の場合と基本的に同様．ただ，異なるのは犬歯を含めずに，第一前臼歯（前臼歯がない場合は，第一大臼歯）を起点として計測する.

考　察

データの有効性

分析に供せる場合に限り，計測結果は有用となる．データは即座に検索できるよう保管すべきで，そのためには，同一種に関する膨大なデータを公表しておくか，そうでなければ活用できるようにしておくべきである．哺乳類に対する標準的な計測方法は，いくつかの情報源に蓄積されている．例えば，Walker's Mammals of the World（Nowak 1999），The New Encyclopedia of Mammals（Macdonald 2001），Grizimek's Animal Life Encyclopedia（Hutchins et al. 2003），the American Society of Mammalogists Mammalian Species accounts（ASM 1969 －現在，www.science.smith.edu/depatments/Biology/VHAYSSEN/msi/msiaccounts.html），そして the Animal Diversity Web（Myers 2001，animaldiversity.ummz.umich.edu/site/accounts/information/Mammalia.html）などがあげられる.

フィールドの生物学者が採集した動物は，通常，博物館に提供され，そこで登録されて，その動物に関するデータとともに将来的な研究のために保管される．一方，動物園等の動物飼育施設では，博物館と正式に連携していないことが多い．飼育中に死亡した動物は，通常，焼却され，関連データは研究者が利用し難いファイルに綴じられてしまう．研究指向がある飼育施設の 3 つの重要目標は，標準化された計測値の収集，内部および外部の研究者が容易に利用できるデータの保管，そして価値ある標本を博物館収蔵品として提供することである．

測定値の利用

飼育下動物から得られた形態学的計測結果は，野生で捕獲された同種の値と大きく異なることがある．そのような差異は，飼育下での近親交配の増加，飼育下動物と野生動物との栄養的な差異，もしくは物理的環境の差異が影響している可能性がある．しかし，どのような問題があったとしても，標本から得られる情報の有効利用を考慮すべきである．管理目的の観点から，飼育環境の影響評価に利用できるため，野生と飼育下との差異はそれだけで興味深い．しかし，飼育下動物から得られたデータを同一種の野生に外挿するのは，両者間の差異が潜在的な誤差要因となる．表現型の可逆性や飼育が体型へ影響を与えることをよりよく理解しておくことが，その場合は有用となる．

謝　辞

本原稿の初期段階において Stephen Dobson，Susan Lumpkin，Philip Myers そして Laura Abraczinskas の有用なご指摘に謝意を表する．

文　献

American Society of Mammalogists (ASM). 1969–present. *Mammalian species*. Lawrence, KS: Allen Press.

Ansell, W. F. H. 1965. Standardisation of field data on mammals. *Zool. Afr.* 1 (1): 97–113.

Committee on Marine Mammals, American Society of Mammalogists. 1961. Standardized methods for measuring and recording data on the smaller cetaceans. *J. Mammal.* 42 (4): 471–76.

———. 1967. Standard measurements of seals. *J. Mammal.* 48 (3): 459–62.

Domning, D. 1977. *Observations on the myology of* Dugong dugon (*Muller*). Smithsonian Contributions to Zoology, no. 226. Washington, DC: Smithsonian Institution Press.

Hall, E. R. 1981. *The mammals of North America*. New York: John Wiley and Sons.

Handley, C. O. 1988. Specimen preparation. In *Ecological and behavioral methods for the study of bats*, ed. T. H. Kunz, 437–57. Washington, DC: Smithsonian Institution Press.

Hutchins, M., Kleiman, D. G., Geist, V., and McDade, M., eds. 2003. *Grzimek's animal life encyclopedia*. 2nd ed. Vols. 12–16, Mammals I–V. Farmington Hills, MI: Gale Group.

Macdonald, D., ed. 2001. *The new encyclopedia of mammals*. Oxford: Oxford University Press.

Martin, R. E., Pine, R. H., and DeBlase, A. F. 2001. *A manual of mammalogy with keys to families of the world*. New York: McGraw-Hill.

Murie, J. 1874. On the form and structure of the manatee (*Manatus americanus*). *Trans. Zool. Soc. Lond.* 8 (3): 127–202.

———. 1885. Further observations of the manatee (*Manatus americanus*). *Trans. Zool. Soc. Lond.* 11 (2): 19–48.

Myers, P. 2001. Mammalia. Animal Diversity Web site: animaldiversity.ummz.umich.edu/site/accounts/information/Mammalia.html.

Nagorsen, D. W., and Peterson, R. L. 1980. *Mammal collectors' manual: A guide for collecting, documenting, and preparing mammal specimens for scientific research*. Life Sciences Miscellaneous Publications. Toronto: Royal Ontario Museum.

Nowak, R. M. 1999. *Walker's mammals of the world*. 6th ed. Vols. 1 and 2. Baltimore: Johns Hopkins University Press.

Peterson, R. L. 1965. *Collecting bat specimens for scientific purposes*. Toronto: Royal Ontario Museum.

Sachs, R. 1967. Liveweights and body measurements of Serengeti game animals. *East Afr. Wildl. J.* 5:24–27.

Schemnitz, S. D., and Giles, R. H. Jr. 1980. Instrumentation. In *Wildlife management techniques manual*, ed. S. D. Schemnitz, 499–505. Washington, DC: The Wildlife Society.

Skinner, J. D., and Smithers, R. H. N. 1990. *The mammals of the southern African subregion*. Pretoria, South Africa: University of Pretoria Press.

付録2

個体識別とマーキング方法

Penny Kalk and Clifford G. Rice

訳：村田浩一，渡辺靖子

はじめに

動物展示が，特にインタープリテーションや教育プログラムと関連している場合，その重要性を増している一方で，動物園もまた，減少する地球上の野生生物資源の保全を試みるうえで欠かせない存在になっている（Conway 1967, 1969, Campbell 1978, Bendie 1981）．したがって，飼育下哺乳類の収集では，多様な種の動物を少数ずつ維持することから，少ない種類の動物の個体数を増やすことに重点が移ってきている．野生個体数の減少に加えて野生動物の輸出入に関する制限規則もあり，新しい動物を入手することが以前より困難になったことで，飼育施設での繁殖の重要性がさらに高まっている．

その結果，動物園動物の管理が著しく強化されることとなった．この管理強化に関する技術と概念は，本書の他の章で主に述べている．そういった活動，つまり正確な記録の保持，適切な医療的介助，繁殖計画における遺伝学的応用，飼育下個体群動態の分析などのほぼ全てが，正確かつ継続的な個体識別の適否に懸かっている．この付録２の目的は，この個体識別を達成するために利用可能な技術を概説することであり，Jarvis（1968），Twing（1975）および Ashton（1978）らが過去に行ったような，技術の包括的レビューを提示しようとしているわけではない．むしろ，利用可能な個体識別技術の説明と，動物園での運用面から見た利点と欠点の評価を読者に示すことに重きを置いている．動物園動物の管理者が，特定のニーズに最適な個体識別技術を選択し，それらを効果的に適用できるよう，ここでの内容を利用されることを望む．

自然な表徴

様々な種において，個体は自然な表徴から区別できる．その表徴とは，毛皮の色や柄（斑点，まだら模様，縞，顔面の模様），隆線，しわ，色素沈着，皮膚のひだ，洞毛など遺伝的な身体的特徴である．個体識別に適した特徴の例としては，トラ（*Panthera tigris*）の顔面模様（Schaller 1967），ライオン（*Panthera leo*）の洞毛（口ひげ）の根本の斑点の並び方（Pennycuick and Rundnai 1970），インドサイ（*Rhinoceros unicornis*）の皮膚のひだ（Laurie 1978），グレビーシマウマ（*Equus grevyi*）の腹側の縦縞（私見），そして霊長類に見られる様々な特徴（Ingram 1978）があげられる．他には，大きな傷跡や角の欠損など，動物の生活の中で生じた後天的特徴もある．枝角のサイズや形，小さな傷や傷跡といった一時的な特徴は，一般に個体識別には用いられないが，短期的にであれば識別に用いられることもある．

こういった特徴が個体識別に適しているか否かは，その特徴の性質や認識したい動物の種類や個体数によって大きく異なる．小規模集団の場合，人間を区別する場合と同様に，身体的特徴（例：性，年齢，体格，模様）だけではなく行動にも留意する，ゲシュタルト効果（“Gestalt” impression）によって認識されることもある．この手法の最大の利点は，一度それぞれの個体を認識できれば，その後は即座に識別を実施できる簡便性と迅速性である．問題点は，観察者独自の手法であるため普及が難しく，さらに記憶に依存しているため信頼性にも乏しい．動物の頭数が増えるほど，各個体を認識するまでの過程が困難で時間を要するものとなる．

したがって，ゲシュタルト効果を採用するのであれば，同時に他の独特な特徴も取り入れる必要があるだろう．そして，これらの特徴を他人も利用しやすい方法で永久記録として残す必要がある．識別対象の個体を全く知らない人でも記録を取ることが可能で，かつその記録を使って正確に全個体を識別できることが理想である．そういった記録には一般的に，記述，写真，スケッチの３つの方法が使用される．記述とは特定の表徴を簡潔に書き記す手法であり，１～２個の特徴から個体識別を行う際に有用である．写真は，シマウマ類（*Equus* spp.）やキリン（*Giraffa camelopardalis*）のように，大きめで複雑な体表の模様をもつ動物に適する．スケッチは，個体の特徴を絵で描き込むための動物全体（または動物の体の一部分）の輪郭の線図を含む書類を，基準形式として最初に用意しておくと役立つ場合が多い．スケッチに簡単な記述を加えると，さらに有用となることもある．

個体識別に適した特徴を選択するための２つの基本的な方法がある．1つ目は，それぞれの動物につき1～2個の，その群れの全他個体から区別できるような目立った特徴を観察することである．原則として，他の個体をその特徴についてよく審査し，それが間違いなくその個体のみに独特な特徴であることを確認する必要がある．独特な特徴が確認されたら，その各個体に独特な特徴を記録するだけでよい．時には，特徴的な行動もこの識別法に用いられることがある．

２つ目の方法は，各個体のいくつかの表徴の状態を記録し，それぞれの個体にとって独特な表徴の組合せを確立することである．この方法は，自然個体群に対して最もよく用いられている．各表徴が観測される頻度から，それらの表徴を併せもった個体が，特定の個体数の群れの中で２回以上観察されてしまう確率の算出が可能である．その確率が高すぎる場合は，表徴の組合せにさらに別の特徴を加えなければならない．この手法の実施に関する詳細は，Pennycuick and Rundnai（1970），Pennycuick（1978），Hailey and Davies（1985）の論文を参考にしてほしい．この方法の長所は，基本的には個体数に上限なく，大きな群れに対して実施できる点である．半自然的な環境で維持されている飼育下繁殖計画対象の大規模個体群において，この手法の有効性が証明できることだろう．これまで，こういった情報処理は手間が掛かり過ぎるために，動物園で飼育されているほとんどの動物に対して日常的に実施することはできなかった．しかし，デジタル画像やノートパソコン，携帯情報端末（PDA）等の発達により，こういった大量のデータ処理を伴う作業も現場で迅速に実施できるようになった．

マーキング法

多くの種は個体識別に適した表徴を持たないので，個体識別のためにマーキング（標識付け）を施す必要がある．動物園動物に使用される理想のマーキング法には以下に示す６つの特徴がある．

1. 動物が死ぬまで永久に残ること．
2. 遠くから（最短でも，その動物の逃走開始距離から）判読でき，保定せずに個体識別が可能であること．
3. その施設に金銭的負担にならないほどに，安価であること．
4. 倫理的，社会的理由から，人道的な（苦痛を与えない）手法であること．
5. マーキングされた動物の外見が損なわれるのを避けるために，目立たないものであること．
6. 動物へのストレスを最小限にするために，迅速で簡便に実施できること．

残念ながら，これらの基準全てが当てはまるマーキング法は未だ存在しない．したがって，これらの基準のうち１つ以上に該当する方法を，多くの手法の中から選ばなければならない．それぞれの不足部分を互いに補完できるよう，２つの方法を組み合わせて選ぶことが非常に多い．動物園において，近年頻繁に使用されるマーキング法を以下に示す．米国で使用されているマーキング材料と道具の一部は，表 A2-1 と表 A2-2 に示すとおりである．英国における同様の資料に興味がある読者は，Twigg（1975）と Ashton（1978）を参考にしてほしい．

新生子に対しては，可能な限り早期にマーキングすることが望ましいが，マーキングを実施すべき時期も含めた制限がいくつかある．例えば，有蹄類では，母子関係が構築されるまでの時間を確保しなければならない．ニューヨークのブロンクス動物園では，新生子がまだ容易に用手捕獲できる24～48時間後が適当であると考えている（この時，同時に新生子期の獣医学的検査を行っている）．霊長類の場合，新生子がしばしば単独で動き回るようになるまで，マーキングするのを待つことを推奨している．皮膚を傷つけるようなマーキング法を用いる場合には，マーキング部位を予め十分にアルコール消毒し，毛が生えているなら余分な毛を刈って感染症の予防に努める．使用する道具や装

表 A2-1　哺乳類のマーキング機材の供給元

社名	トランスポンダー	耳標	入墨	耳刻	凍結烙印	一時的なマーキング
American Veterinary Identifi cation Devices	×					
Biomark, Inc.	×					
Bio Medic Data System	×					
Biosonics	×					
C. H. Dana		×	×		×	×
Digital Angel Corporation	×					
Edwards Agri-Sales, Inc.		×	×	×	×	×
Electronic ID, Inc.	×					
Handheld Computer Applications, Inc.	×					
Home Again	×					
InfoPet Identifi cation Systems, Inc.	×					
Kyro Kinetics Associates, Inc.					×	
Nasco		×	×	×	×	×
Nasco-Modesto		×	×	×	×	×
National Band & Tag Co.	×	×	×	×	×	×
Omaha Vaccine			×	×	×	×
Stone Manufacturing and Supply			×	×	×	

表 A2-2　哺乳類のマーキング機材の供給元の連絡先

AVID American Veterinary Identifi cation Devices
3185 Hamner St
Norco, CA 92860
800-336-2843
www.avid.com

Biomark, Inc.
703 S. Americana Blvd.
Boise, ID 83702
208-275-0011
www.biomark.com

Bio Medic Data Systems, Inc.
1 Silias Road
Seaford, DE 19973
800-526-2637 or 302-628-4100
302-628-4110 fax
www.bmds.com

Biosonics
3670 Stone Way North
Seattle, WA 98103
206-634-0123
206-634-0511

C. H. Dana Company, Inc
Hyde Park, VT 05655
800-451-5197

Digital Angel Corporation
490 Villaume Avenue
South St. Paul, MN 55075
800-328-0118; 651-552-6301
www.digitalangel .com

Edwards Agri-Sales, Inc.
721 Ballentine Road
Menominee, WI 54751
800-235-2038

Electronic ID, Inc.
3575 S. Nolan River Road
Cleburne, TX 76033
800-842-8725 or 817-517-7190
817-641-7991
www.Electronicidinc.com
eidl@aol.com

Handheld Computer Applications, Inc.
4220 Dayton Boulevard, Suite A
Chattanooga, TN 37415
423-870-5918
423-875-6301 fax
www.Chattanooga.net/HHCA/rf.html
brucew@chattanooga.net

HomeAgain
PO Box 2014
East Syracuse, NY 13057
866-738-4324
www.homeagainid.com

InfoPet Identifi cation Systems, Inc.
517 W. Travelers Trail
Burnsville, MN 55337
612 890 2080
612-890-2084
info@infopet.biz
www.infopet.biz

Kyro Kinetics Associates, Inc.
PO Box 12490
Tucson, AZ 85732
520-293-5448

Nasco
901 Janesville Avenue
PO Box 901
Fort Atkinson, WI 53538
800-558-9595
920-568-5600
www.eNASCO.com
custserv@eNASCO.com

Nasco-Modesto
4825 Stoddard Road
Modesto, CA 95352
800-558-9595
209-545-1600
www.eNASCO.com
modestocs@enasco.com

National Band and Tag Co.
721 York Street
PO Box 72430
Newport, KY 41072
800-261-2035
800-261-8247
www.nationalband .com
tags@nationalband .com

Omaha Vaccine
11143 Mockingbird Dr.
Omaha, NE 68137
800-367-4444
800-242-9447
www.omahavaccine.com

Stone Manufacturing and Supply
1212 Kansas Avenue
Kansas City, MO 64127
816-231-4020
816-241-3336
www.stonemfg.net
cust.serv@stonemfg.net

着標識も事前に消毒しておくこと．

確立済みのマーキング法

ここでは，動物園で使用されることの多い標準的なマーキング法を紹介する．

トランスポンダー（PIT タグ）

この 10 年の間に，動物園において取り入れられてきたマーキング法のうち，最も目覚ましい発展を遂げたのはトランスポンダーである．PIT タグ（passive integrated transponders），無線周波数識別機器（radio frequency identification devices：RFID），または単にマイクロチップとも呼ばれるトランスポンダーは，一部の動物園で副次的な発展途上の手法として使われていたマーキング法であったが，今では多くの動物園で主要なマーキング法として使われるまでに発展した．ブロンクス動物園のマーキングはトランスポンダーが主であり，コウモリや小型哺乳類，齧歯類，多くの霊長類をマーキングするには唯一の方法となっていることも多い．さらに，米国や州の監督機関においても，トランスポンダーを哺乳類の永久識別の主要方法として認識するようになった．

トランスポンダーは，筒状のガラス製カプセルにコイル状のアンテナが入ったごく小さなマイクロチップである．トランスポンダー自体は内部に動力源をもたない．低周電波を発するリーダー（読取器）をかざすと，トランスポンダーが特定の周波数に共振し，それをリーダーが受信して数桁の英数字を表示する．この英数字のコードは 340 億通りの組合せが可能であり，製造過程でそれぞれのトランスポンダーに固有のコードが予めプログラムされる．

トランスポンダーのサイズは，幅 2mm ×長さ 10mm（だいたい米粒のサイズ）から幅 3.5mm ×長さ 32mm まで様々である．トランスポンダーが大きいほど，スキャン可能距離は長くなる．現在利用可能なトランスポンダーのスキャン範囲はかなり限られており，2mm × 10mm のトランスポンダーでは 8cm 未満（Fagerstone and Johns 1987，Thomas et al. 1987，Schooley, Van Horne, and Burnham 1993）で，3.5mm × 32mm のトランスポンダーでは約 16cm までが読取可能範囲である．大型トランスポンダーは，その大きさが多くの動物に適しておらず，スキャン可能範囲もほんの数 cm しか変わらないため，2mm × 10 ～ 12mm の小型トランスポンダーの使用を推奨している．

トランスポンダーは製造過程で殺菌した注射器に封入されており，動物の皮下または筋肉内に注射する形で埋め込まれる．ブロンクス動物園の哺乳類では，皮下に埋め込まれている．トランスポンダーの埋め込み前後の両方で，正常に機能していることを確認する必要がある．埋め込み部位はアルコールで清潔にしてから，皮膚のたるみを親指と人差指で引き伸ばし，皮膚を露出させるために毛は避ける（施術部位の毛を剃ることは推奨しない）．埋め込み針は先端の刃面（ベベル）を上向きで，皮膚表面に対し約 45 度の斜角に構え，皮膚を貫通させる．その後，針を皮膚に対してほぼ水平に向け，トランスポンダーを皮下に注射する．そして，注意して針を引き抜き，埋め込み部位を指で約 30 秒間圧迫する．必要であれば，チップは挿入部位から離れた位置へ物理的に移動させることもできる．その後，埋め込みの成功と，そのトランスポンダーの特有コードを確認するために，埋め込み部位をリーダーを用いてスキャンする．まれに針が傷口を残す場合があるが，その際，傷口を Nexaband のような皮膚用接着剤でふさぐとよい．トランスポンダーのコードだけでなく，埋め込み部位も正確に記録すること．

この手技が適切に実施された場合，感染症やトランスポンダーの施術部位からの体内移動といった問題は起らないはずである（Fagerstone and Johns 1987，Thomas et al. 1987，Ball et al. 1991）．1987 年以来，ブロンクス動物園では 2,000 頭以上の哺乳類で ID トランスポンダーの埋込みを行ったが，チップの移動や感染症関連の健康上の問題は発生していない．

トランスポンダーは，約 5% の確率で機能しないことがあるが，その理由は皮下での保持不能や故障である（Schooley, Van Horne, and Burnham 1993，Taylor, Emerson, and Wagner 1993，Harper and Batzli 1996，Braude and Ciszek 1998，Rogers, Hounsome, and Cheeseman 2002）．皮下で保持されたまま，機能不良になったり読取りが散発的になったりすることもあり得るが（Schooley, Van Horne, and Burnham 1993，Rogers, Hounsome, and Cheeseman 2002），トランスポンダーが機能しない原因の多くは皮下での保持不能である（Schooley, Van Horne, and Burnham 1993，Taylor, Emerson, and Wagner 1993，Harper and Batzli 1996，Braude and Ciszek 1998，Rogers, Hounsome, and Cheeseman 2002）．Scooley, Van Horne and Burnham（1993）は，皮下で保持されなかったトランスポンダーのほとんどが，装着後 10 日以内に検知されなくなったことを確認した．トランスポンダーの紛失は，挿入部位から離れた場所へ移動させたり，外科用接着剤で挿入穴を閉鎖す

ることで軽減できる（Braude and Ciszek 1998）.

異なる企業の製造するトランスポンダーチップでも，次第に互換性をもつようになってきている. 現在, 多くのチップが125kHzで機能しており，メーカーが互換性のあるリーダーを生産しているが，一部の古いチップは400kHzで機能している．ある個体を施設から移動させた時に，そのトランスポンダーに互換性がなければ，永久IDとしてのトランスポンダーの有用性が大幅に低下する．トランスポンダー機器の標準化に向けた継続的な指向は，この識別法を有用にするために決定的な要素である.

トランスポンダーのスキャン範囲が限られていることから，埋め込み部位を標準化するか明確に記録すること，またはその両方が重要である．ブロンクス動物園では，大型哺乳類は左耳の根元，中型～小型哺乳類は肩甲骨間の背中線より左側に埋め込むのが通例である．例外として，スローロリス（*Nycticebus coucang*）やケープハイラックス（*Procavia capensis*）のような皮膚の厚い種においては，素早く肩に埋め込むことが困難であるため左臀部に埋め込む.

動物園では，トランスポンダーの限定的なスキャン範囲を補うために様々な方法が取られている．デンバー動物園では，スキャンする時にトランスポンダーを埋め込んだ部位を飼育係へ向けるように多くの動物を訓練している（D. Leeds 私信）. 同様に，ブロンクス動物園のマーモセットもスキャナーをかざしている間，決まった場所に座っておくように訓練されている（C. Wilson 私信）．トランスポンダーをスキャンする低周波は，金属を除いたほとんどの物体を貫通することができる．そのため，サンディエゴ動物園では動物を木製，もしくはプラスチック製のケージに入れ，トランスポンダーをスキャンしている（C. Simerson 私信）.

トランスポンダーによる識別の主な欠点を以下に記す.

1. 機器が高価であること．トランスポンダーの基本セットには埋め込み器具，スキャナー（読取器），充電器，持運びケースが含まれており，約$800の費用がかかる. 個々のトランスポンダーのチップの値段は$5～9と幅があり，仕入れ業者や購入個数により上下する．PITタグは最も高価なマーキング技術ではあるものの，ここ10年で価格は下がっている．一方，機能は向上してきている.
2. トランスポンダーは遠距離からの判読ができないこと. スキャンするには，個々の動物を訓練したり，ケージに入れたり，保定したりする必要がある.
3. トランスポンダーは約5%の割合で機能しないこと. 丁寧なチップの挿入，つまり挿入穴から十分遠くにチップを埋め込むことで，トランスポンダーの紛失率は減るはずである. 他の手法を組み合わせず, トランスポンダーのみを使用する場合は，2か所にトランスポンダーを埋め込むとよいだろう.

トランスポンダーIDチップは永久的な識別を保証し，人道的で，全く目立たない手法である.

耳標付け

畜産業により発展した様々な耳標は，多くの野生有蹄類においても有用である．耳標には，実に様々な大きさや色があり，番号が書かれていたりトランスポンダーが埋め込まれていたりするものもある．C. H. Dana and Nasxoのカタログ（表A2-2参照）に，多くの耳標に関する詳しい情報が掲載されている．典型的なプラスチック製耳標（Roto tag，All Flex，DuFlex）は前後のパーツで構成されており，前後で色が異なる場合もある．一方のパーツに突起物（ポスト）が付いており，耳標を付ける際に耳に穴を開けられるよう先端が鋭利になっている．もう一方のパーツには突起物を受ける穴があり，装着すると2つのパーツがしっかりとはまり，1つに組み合わさる．装着には，2つのパーツがきちんとはまる位置に配置し，耳に穴を開けて突起物を穴に差し込むのに十分な力をこめるための特別な道具を用いる．番号入りの様々な大きさの金属製耳標もある．これら金属製の耳標は，中心が空洞になっているリベットをペンチで平らにすることで固定される．齧歯類やコウモリの識別に，幼魚に装着するために設計された小型の金属耳標が使用されたこともあり（Twigg 1975，Stebbings 1978），Le Boulenge-Nguyen and Le boulenge（1986）はこれらの動物のマーキングに外科用創傷クリップを利用した．一般的には，感染症を引き起こす可能性が低いという理由から，プラスチック製耳標が好まれる.

耳の薄い幼獣においては，耳標は耳介の下半分，起始部周辺のような軟骨が最も厚い部分に装着するとよい．一方で，成長した大型有蹄類では，耳の部位によっては穴を開けることが困難な場合もある．この場合，耳の薄い部分に耳標付けするか，もしくは清潔な外科用メスで耳標を付ける部位を事前に切っておくなどすることも必要であろう. 有蹄類においては，年齢にかかわらず，太い血管のある場所に穴を開けないように注意を払わなければならない.

遠くからでも判読でき，かつ人目に付かないような耳標は，状況に従って選択することになる．例えば，7.5cm × 7cmの大型で番号入りの黒い耳標は，アメリカバイソン（*Bison bison*）やヤク（*Bos grunniens*）のような耳が毛でおおわれた大型のウシ科動物では全く目立たないが，比較的毛の少ないガウル（*Bos gaurus*）では非常に目に付く．小さい番号入り耳標ほど人目には付かないのだが，遠くからだと判読できない可能性がある．

複数の耳標付けシステムを合わせることが可能である．赤と青や白と緑のような色の組合せを独特にすることで，それぞれの動物を識別することができる．青と緑や黄色とオレンジのように，色褪せた場合に識別が困難な2色の使用は可能な限り避けるべきである．また，耳標周囲の耳の色と対照的な色を選ぶ方がよい〔例えばトムソンガゼル（*Eudorcas thomsonii*）の耳の内側に装着する場合，黒色を避ける〕．番号入りの耳標を使う場合は，耳標周囲に対して目立たない色でもよい．ブロンクス動物園では耳標が装着されている側が性別を表しており，雌は左耳，雄は右耳に耳標が装着されている．他の耳標システムとして，ひと目でその個体の年齢が認識できるように，毎年異なる色の耳標を使用する方法もある．両耳に異なる色の耳標を付けることで可能な色の組合せの種類が増えるのだが，片耳の耳標を紛失してもその動物が識別できるように，同色の耳標を両耳に付けることもある．

正しく使用されれば，耳標は理想的なマーキング法の基準の多くを満たしている．かなりの遠距離から“判読”が可能であること（特に双眼鏡を用いた場合に）．安価で，素早く，さらに使用方法が簡便であること．装着に伴う外傷はごく小さいものであること．そして，一般の人々は通常耳標のことを気に留めないこと．耳標の最大の問題点は，永久的ではないことである．耳標がちぎれたり，前後のパーツが外れて落下したりすることで紛失してしまう可能性がある．また，新生獣に成獣用の大きさの耳標を付けることで，問題が生じることもある．組織が成熟するまで耳標の装着を待つことで，この問題を緩和することができる．例えば，ブロンクス動物園におけるヒマラヤタール（*Hemitragus jemlahicus*）の耳標装着は，新生子期の獣医学的検査の間(トランスポンダーを埋め込む時期にあたる)ではなく，6～8週齢で行っている．

入墨（刺青）

畜産業で発達した入墨は，動物園動物や野生動物のマーキング方法として広く用いられているもう1つの手法である．入墨は，動物の皮膚の表面に傷を付け，インクを擦り込むことで付けられる．その傷が治癒してもインクは皮膚の中に残り，何年経っても確認できる．通常，入墨するのに容易かつ判読しやすいという理由から，毛が少ない部位，もしくは全く生えていない部位が施術部位として選択される．一般的には耳介の内側，口唇の内側，大腿の内側，胸部，肢の裏や，（コウモリなどの）翼飛膜や尾膜などが入墨部位となる．

入墨は，小型のバッテリー式電動ニードルもしくは入墨ペンチで施される．これらのペンチには丈夫な針を文字や数字の形に並べた様々なサイズの交換用の部品が取り付けてあり，ペンチを握ると，それらの針が皮膚に穴を開ける．ペンチを取り外してから，開けた穴に入墨用のインクを擦り込む．入墨ペンチは効果的かつ容易に扱える一方で，入墨する場所の正面だけではなく，裏面にもペンチが接する必要がある．ペンチは耳や翼飛膜の入れ墨には非常に有効である．しかし，小さな耳に入墨することで，多大な損傷や萎縮を引き起こすこともある〔例：フクロモモンガ（*Petaurus breviceps*）〕．他の部分では，ペンチで挟むのに十分なだけ皮膚を引っ張ることができる部位ならば，入墨ペンチを使用することが可能である．入れ墨ペンチが使用できない場合，番号や文字を書き込むためには入墨用電動ニードルが用いられるが，有効な入墨を行うには訓練が必要である．ドリルの電源を入れ，ニードルの先端をインクに浸し，ドリルを皮膚面にしっかりと押し付けることで入墨される．

実用面で，入墨は安価で比較的持続性があり，人道的な観点から一般的に受け入れられやすく，それほど目立つものでもない．しかし，入墨は遠くからの判読が困難であり，動物種によってはその刻印が時間の経過とともに薄れてしまう可能性もある．例えば MacNamara et al.（1980）によれば，ウオクイコウモリ（*Noctilio leporinus*）の飛膜に施した入墨は，10年以上判読可能な状態で残った一方，ウマヅラコウモリ（*Hypsignathus monstrosus*）ではたった数か月後に消失している．若齢動物に入墨をすると，動物の成長とともに文字や数字は大きくなり，より判読しやすくなることもあるが，同時にインクが拡散されてやや不鮮明にもなる．以下の手順を踏むことで，入れ墨の持続性が長くなるはずである．

1. 比較的毛が薄い部位を選ぶか，しっかりと毛を剃る，または刈る．
2. 油分や脂肪分を取るために，アルコールで選定部位を徹底的に清潔にする．
3. インクを塗る前に，アルコールを完全に乾かす．
4. 緑色のインクが多くの動物の耳に対して対照色であり，長期にわたって最も判読可能であることが証明されているため，緑色のインクを用いる〔ブラックバック（*Antilope cervicapra*）のような有蹄類の耳介内側の黒色部には，白いインクの使用が好ましく思われるが，有効性の証明はなされていない〕.

5. インクは，入墨用器具を使用する前後の両方で施術部位に塗る．針穴を開けた後は，最低 1 分間十分にインクを擦り込む
6. 入墨する際には，動物を針で傷つけたり手振れが生じたりするのを防ぐために，動物をしっかりと保定する．
7. 針が完全に皮膚を刺入するように，入墨ペンチ針の反対側に十分な緩衝材が置かれていることを確認する．

耳　刻

哺乳類は，耳介辺縁部に U 字あるいは V 字型に切込み（耳刻）を入れることで，永続的なマーキングを施すことが可能である．耳刻を施すには，切込みを入れるために製造された，専用の耳刻器を用いる．1 ～ 4 か所の切込みで，1 ～ 99 までの番号を表すことが可能である（図 A2-1，Schmidt 1975）．図に表記のない番号は，2 つの数の和で表される（例：1 ＋ 4 ＝ 5，20 ＋ 70 ＝ 90）．したがって，片方の耳介に 3 つ以上の切込みをつくる必要はない．4（もしくは 40）を表す耳刻を入れる際，7（もしくは 70）と区別可能であるかを確認しながら注意深く耳刻する必要がある．逆に 7（もしくは 70）を耳刻する場合も同様の注意が必要である．この問題の解決策として，小型哺乳類の場合には 3 か所にのみ（1，2，4 と 10，20，40）耳刻を入れる手法がある（C. R. Schmidt 私信）．セマダラタマリン（*Saguinus fuscicollis*）のように，耳介辺縁部が不規則な形状をしていて，耳刻の判読が困難な動物もいる．Schmidt（私信）によると，ヨーロッパと北米の耳刻システムでは，1 ～ 9 と 10 ～ 90 の耳刻を施す耳介の左右が逆である（例えば，ヨーロッパでは 12 と読まれる耳刻が，北米では 21 と読まれる）．図 A2-1 は北米の方法を示している．

図 A2-1　数字コード化のための耳刻部位．
コードする数字は，片耳につき 1 か所または 2 か所の耳刻の，両耳の和で表される．例えば，（40 ＋ 10）＋（2 ＋ 7）＝ 59．

耳刻を施す前に耳介をアルコールで清潔にし，長毛の哺乳類の場合は耳刻部位の被毛を刈っておく．切込みの大きさは，耳介の大きさと構造，耳介辺縁部の被毛量，また耳刻の判別に求められる距離により異なる．時間経過により傷口が治癒したり，被毛が存在する場合には切込みの内側に被毛が伸びたりして，耳刻の輪郭が不明瞭になる．したがって，必要最小限の切込みの大きさを判断するためには経験が必要となる．Schmidt（1975）は，ビクーナ（*Vicugna vicugna*）には長さ 7mm の切込みを推奨している．また，成獣に耳刻をすると大量出血の可能性があるが，直接的な圧迫，塩基性硫酸鉄溶液のような凝固剤（Moncel's solution），止血剤や VersaClips® で出血を少量に留めることができる（Carnio and Killmar 1983）．

耳刻は永続的なものではあるが，後々起こり得る怪我で耳介辺縁部にくぼみが生じ，切込みが不明瞭になる可能性もある．遠距離から常に判読可能とは限らないが，安価で目立たない手法と言える．耳刻は人道的見地からは好まれない可能性がある．この方法，もしくは他の手法であっても，動物を傷つけることで感染症や病原体に暴露されるリスクがある．

首　輪

首輪は，野生動物と家畜動物の両者においてマーキングに利用されてきた．多種多様な首輪が製造されているが（Twigg 1975，Stonehouse 1978，Day, Schemnitz and Taber 1980），一般的な首輪として，色で符号化したもの，着色したもの，数字や記号を刻印したものなどがある．

首輪の最大の利点は識別が容易であることであり，また安価で人道的でもある．一方，首輪は（長寿動物では）永続的な使用が不可能な場合が多く，加えて非常に目立つ．これらの理由から，首輪は調査対象の動物に対しては有用だが，展示動物への使用は適さない．イヌ用首輪のチェーンを用いてアルミニウムと銅の管の部分を符号化した首輪が，サンディエゴ野生動物公園のハヌマンラングール（*Semnopithecus entellus*）に対して使用されている（R. Massena 私信）．同様に，ブロンクス動物園でも子イヌ用

のナイロン網製首輪を，非展示のワオキツネザル（*Lemur catta*）のマーキングに用いている．

首輪を装着するには注意が必要である．つまり，気道を圧迫しない程度の緩みと，落下しない程度の密着性が求められる．どのタイプの首輪であっても，摩耗や皮膚への食込みなどを定期的に点検すべきである．

一時的なマーキング

染色（例:Nyanzol），脱色，色付き粘着ビニールテープ，クレヨン / チョーク，染色スプレー，そしてペイントボールを 15m の距離まで狙い打てる銃などは，一時的に動物にマーキングを施すのに便利な道具である．角や枝角に絵の具で着色したり粘着テープを用いて目印を付けたり，体表に直接塗布することも可能である．これらのマーキングの多くは 1 か月も持続しないが，獣医師の治療や輸送の際には役に立つ．特定部位の毛を刈ることも一時的なマーキングに適している．ヒトの髪染め（例:Lady Clairol）は，毛が生え変わるまで視認可能な印を残すため，鰭脚類に対して使用されており（J. L. Dunn 私信），この方法は他の動物種にも応用が可能である．

検討段階のマーキング法

この項目では，動物園での使用は見込まれるものの，まだ広くは用いられていないマーキング法を解説する．

凍結烙印

凍結烙印は永続的にマーキングが可能な技術で，馬主（The Morgan Horse 1982）や畜主（Newton 1978）の間で使用されている．この技術は，新生子マウス（*Mus musculus*）からアフリカゾウ（*Loxodonta africana*）まで，様々な大きさの哺乳類に使用されている（表 A2-3 参照）．しかし，将来が期待されるこの識別法は，動物園業界においてはまだ発展途上の段階である．実際，飼育下にある野生動物のマーキング法の調査（Jarvis 1968，Ashton 1978，Carnio and Killmar 1983）でも，凍結烙印については触れられていない．

凍結烙印は小さく複雑なマーキングが可能である．耳介に烙印を施す間，耳介を支えるために堅い裏打ちをあてがうことでマーキング可能である．マーキングは文字や数字，その他の記号から構成される．Pienaar（1970）と Farrell and Johnston（1973）は，直角や直線の記号を用いた数

表 A2-3　凍結烙印技術のまとめ

冷却材	動物種	暴露時間	出典
ドライアイスとアルコール（−70℃）	アフリカゾウ	2 × 2 分	Pienaar 1970
	ウシ（成獣）	30 秒	Farrell, Kroger, and Winward 1966
	乳牛（＞ 18 か月齢）	30 秒	Farrell, Hostetler, and Johnson 1978
	肉牛（＞ 18 か月齢）	35 秒	Farrell, Hostetler, and Johnson 1978
	乳牛（9 ～ 18 か月齢）	25 秒	Farrell, Hostetler, and Johnson 1978
	肉牛（9 ～ 18 か月齢）	30 秒	Farrell, Hostetler, and Johnson 1978
	乳牛（4 ～ 8 か月齢）	20 秒	Farrell, Hostetler, and Johnson 1978
	肉牛（4 ～ 8 か月齢）	25 秒	Farrell, Hostetler, and Johnson 1978
	乳牛（2 ～ 3 か月齢）	15 秒	Farrell, Hostetler, and Johnson 1978
	肉牛（2 ～ 3 か月齢）	20 秒	Farrell, Hostetler, and Johnson 1978
	乳牛（＜ 2 か月齢）	10 秒	Farrell, Hostetler, and Johnson 1978
	肉牛（＜ 2 か月齢）	15 秒	Farrell, Hostetler, and Johnson 1978
	オジロジカおよびミュールジカ	20 ～ 30 秒	Day 1973
	オジロジカ	20 ～ 25 秒	Newsom and Sullivan 1968
	イヌ（成獣）	10 秒	Farrell, Kroger, and Winward 1966
	イヌ（成獣）	4 ～ 10 秒	Farrell and Johnston 1973
	イヌ（子獣）	3 ～ 6 秒	Farrell and Johnston 1973
	ウォンバット	30 ～ 45 秒	Dierenfeld（私信）
	ネコ	10 秒	Farrell, Kroger, and Winward 1966
	キツネリス	25 ～ 40 秒	Hadow 1972
	アバートリス	25 ～ 40 秒	Hadow 1972

（つづく）

表 A2-3　凍結烙印技術のまとめ（つづき）

冷却材	動物種	暴露時間	出典
ドライアイスとアルコール	ラット	20 ～ 35 秒	Hadow 1972
	マウス（成獣）	20 ～ 35 秒	Hadow 1972
	マウス（3 ～ 6 日齢）	7 ～ 10 秒	Hadow 1972
	デグー	28 秒	Rice and Kalk 1991
	マーラ	18 秒	Rice and Kalk 1991
	ムフロン	12 秒	Rice and Kalk 1991
	シフゾウ	30 秒	Kalk（未発表）
	モウコノウマ	30 秒	Kalk（未発表）
液体窒素（−195℃）	ウマ（成獣）	約 20 秒	Farrell, Hostetler, and Johnson 1978
	乳牛（> 18 か月齢）	20 秒	Farrell, Hostetler, and Johnson 1978
	肉牛（> 18 か月齢）	25 秒	Farrell, Hostetler, and Johnson 1978
	乳牛（13 ～ 18 か月齢）	15 秒	Farrell, Hostetler, and Johnson 1978
	肉牛（13 ～ 18 か月齢）	20 秒	Farrell, Hostetler, and Johnson 1978
	乳牛（10 ～ 12 か月齢）	12 秒	Farrell, Hostetler, and Johnson 1978
	肉牛（10 ～ 12 か月齢）	17 秒	Farrell, Hostetler, and Johnson 1978
	乳牛（6 ～ 9 か月齢）	10 秒	Farrell, Hostetler, and Johnson 1978
	肉牛（6 ～ 9 か月齢）	15 秒	Farrell, Hostetler, and Johnson 1978
	乳牛（2 ～ 5 か月齢）	7 秒	Farrell, Hostetler, and Johnson 1978
	肉牛（2 ～ 5 か月齢）	12 秒	Farrell, Hostetler, and Johnson 1978
	乳牛（< 2 か月齢）	5 秒	Farrell, Hostetler, and Johnson 1978
	肉牛（< 2 か月齢）	10 秒	Farrell, Hostetler, and Johnson 1978
	ウシ（2 ～ 10 週齢）	10 秒	Macpherson and Penner 1967a
液体窒素	ポニー（成獣）	35 秒	Farrell, Hostetler, and Johnson 1978
	ヒツジとヤギ（成獣）	約 20 秒	Farrell, Hostetler, and Johnson 1978
	アシカ	18 ～ 20 秒	Ensley（私信）
	アザラシ（14 か月齢）	7 秒	Macpherson and Penner 1967b
	アザラシ（2 か月齢）	5 秒	Macpherson and Penner 1967b
	イヌ（成獣）	8 秒	Farrell, Hostetler, and Johnson 1978
	ビーバー（6 ～ 10 か月齢）	20 秒	Zurowski 1970
	ビーバー（成獣）	2 × 20 秒	Zurowski 1970
	ウォンバット	20 秒	Dierenfeld（私信）
	ムフロン	8 秒	Rice and Kalk 1991
フロン 12（−30℃）	ウマ	9 秒	Farrell, Farrell, and Patterson 1974
	カッショクキツネザル（幼体）	6 ～ 8 秒	Miller, Berglund, and Jay 1983
	コビトマングース	5 ～ 8 秒	Rood and Nellis 1980
	ラット	10 秒	Lazarus and Rowe 1975
	マウス	4 ～ 10 秒	Lazarus and Rowe 1975
フロン 22（−41℃）	ウマ	6 秒	Farrell, Farrell, and Patterson 1974
液化石油ガス（LPG）（−42℃）	イヌ	5 ～ 6 秒	Farrell, Farrell, and Patterson 1974

注記：学名については，適切な文献を参照のこと．

値システムを開発し，記号の向きを変えたり下線を加えたりすることで，全ての整数の表現が可能となっている（図 A2-2）．また，Farrell は数字を記号化するために“解剖学的ドット（anatomical dot）”方式も確立した（表 A2-3，Farrell, Milleson, and Reynolds n.d.）．

凍結烙印は，毛嚢内部のメラノサイト（メラニン細胞）を永久的に破壊する温度まで皮膚を冷やすことで施される．その結果，烙印部位での被毛発育は以後，色素が欠落する（つまり，被毛が白色になる）．皮膚の冷却は，砕いたドライアイスと 95% アルコール（エタノール，メタノールまたはイソプロピルアルコール）の混合物，もしくは液体窒素に浸して冷却した烙印器具を，皮膚に暴露することで行う．Rise and Kalk（1991）は，ドライアイスとアルコールによる冷却の方が，烙印が明瞭に現れる温度の幅（露

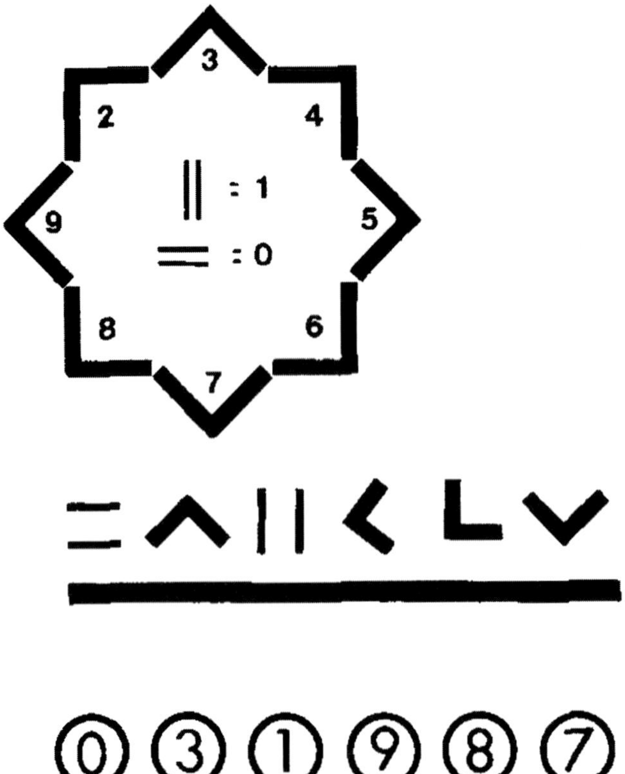

図 A2-2　凍結烙印のための角度コード（The angle code）．
直角記号と平行線の向きが 1 桁の整数を表しており，下の例のような数字になる．（出典：Farrell and Johnston 1973）

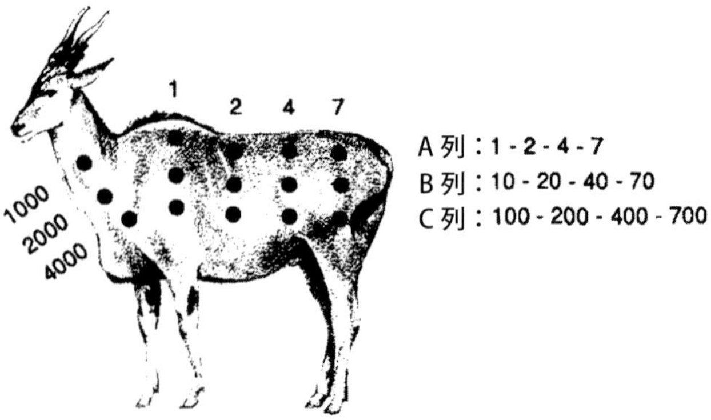

図 A2-3　凍結烙印のための解剖学的ドットコード方式（Anatomical dot code system）．耳刻（図 A2-1）のように，コードする数字は印の合計で表される．（出典：Farrell, Milleson, and Reynolds 発行年不明）

出寛容度：exposure latitude）が広いため，より良い烙印となることを確認した．その他，フロンもしくは液化石油を皮膚に暴露させることで凍結する方法もある（Farrel, Farrel and Patterson 1974）が，オゾン層破壊の可能性を考慮するとフロンの使用は推奨できない．

一般的な凍結烙印は銅製器具で施され，黄銅やブロンズが使用されることもある（焼印の器具は適さない；Farrell, Hostetler, and Johnson 1978）．烙印器具の溝は最低 2 ～ 3cm の深さが必要であり，これを適した容器（ドライアイスとアルコールには発泡スチロール，また液体窒素にはウレタンまたは断熱加工の金属容器）の中に溜めた冷却剤に浸す．冷却剤の沸騰が収まり，烙印器具から一筋の気泡が立つようになれば，烙印の温度は冷却材の温度に達している．烙印を施す部位は，あらかじめ毛を刈りアルコールで湿らせておく．Farrel, Hostetler, and John（1978）は，ドライアイスとアルコールで烙印する際には，目の細かい薄刈り用バリカン刃（no.40 Oster または E8-1-SUR Sunbeam）を，液体窒素を使用する時には目の粗い厚刈り用バリカン刃（no.10 Oster または 83-84AU Sunbeam）を推奨している．烙印器具は通常，器具が均一に接触するように，臀部や肩部のような肉付きの良い部位に当てる（均一に接触しなければ，烙印が歪んだり途切れたりする）．器具を当てる暴露時間は種によって大きく異なる（表 A2-3）．暴露時間が長すぎると，メラノサイトだけではなく毛嚢が破壊されるため，烙印が傷跡になってしまい不明瞭になる可能性がある．暴露時間が短いと，烙印が付かないか，付いたとしてもむらが生じるおそれがある．

器具を離した直後には，冷却された皮膚は凍ったように見える．凍結した組織が溶けるにつれて，烙印は消えて発赤・腫脹が生じる．この腫脹が 1 ～ 2 日間残存した後，烙印の形をした水泡が生じる．約 3 週間後，被毛と表皮が剥がれ落ち，皮膚面が露出した烙印が残る．その動物の発毛周期によるが，1 ～ 3 か月で白い毛が生えるはずである．

凍結烙印の主な欠点は，以下の通りである．

1. 多種多様な動物に対する適切な冷却剤と烙印器具の暴露時間が，未だ確定していない．
2. 確実な保定が烙印の質を高めるため，烙印を暴露している間，押印対象の動物を適切に保定する必要がある．
3. 商業的に販売される器具で施される烙印は，往々にして動物園動物には巨大で目立ち過ぎる．
4. 冷却剤保管に必要な機材の取扱いに手間が掛かる．

この凍結烙印の技法がより洗練されれば，これらの問題点は軽減されるはずである．Farrell によって確立された記号（Farrell and Johnston 1973）を上手く利用すれば，動物園の来園者からは自然な模様に見えることだろう．圧力を加えた冷却材や液化石油の応用技術が確立されれば，大きな機材を扱う必要もなくなるかもしれない．

凍結烙印は，理想的なマーキングの基準の多くを満たす可能性をもっている．さらに，凍結烙印は永続的で，遠距離からも判読でき，疼痛も生じないと考えられる．これは，急激な皮膚の凍結が局部麻酔の役割を果たし（Farrell and Johnston 1973），約 4 週間にわたって神経終末を不活化するためである（Farrell, Hostetler, and Johnson 1978）．またドライアイスとアルコールの混合物やフロン冷却材は安価である．

特徴の転写

人間に対して用いられている皮膚隆線（例：指紋）の記録のように，その個体の独特な形態的特徴を永久記録として紙などの媒体に残すことも可能である．Phillips-Conroy, Jolly, and Nystrom（1986）は，霊長類の皮膚紋理（手形と足形）の記録方法の概要について報告している．彼らは，粉末のグラファイト（黒鉛）を皮膚表面に少量塗布し，幅広のセロハンテープをその上に押し付けた後，ラベル記入済みの索引カードに貼り付ける方法を推奨している．Solis and Maala（1975）は，オーロックス（*Bos taurus primigenius*）やアジアスイギュウ（*Bubalus bubalis arnee*）の皮膚模様（鼻紋）のインク転写の方法を説明している．ウマの額のつむじ（逆毛）など，被毛の生え方の描写も可能である．Baclig（1952）は，ウマのつむじがよく見られる 23 か所の位置を記録している．The Morgan Horse（1984）には，逆毛の位置を図示する方法が示されている．

上記の特徴は永続的な手法であるものの，遠距離からは識別不可能である．転写物の採取に使用する道具に費用はあまり掛からないが，たいていの動物は動きを止めるために保定が必要であるため，作業には時間を要する．この手法は人道的見地から反対の余地はなく，生得的特徴を利用しているため人目に付くという問題もない．以上のことから，特徴を転写する手法は，長期的な個体識別情報の記録には有効だが，日々の個体識別には適さない．

まとめと結論

どんな状況にも適した普遍的な手法がないため，多様な動物識別法が使用される結果となっている．各手法には長所と短所があり，対象の動物種や使用される状況に応じて最適な手法が選択される．表徴による識別は，特徴が見分けやすくて飼育個体数の少ない動物群に適している．全哺乳類に対して使用可能であるトランスポンダーが，ここ 10 年の間にマーキング技術として広く採用されるようになってきた．トランスポンダーと入墨は，理想的なマーキング法の多くの基準を満たしているが，トランスポンダーチップの方がより耐久性に優れているため，入墨に置き代わりつつある．現時点では，トランスポンダーと入墨のどちらも遠距離からの判読が困難なため，耳標などの他の手法と組み合わせた使用例が多い．凍結烙印の機材の問題が克服できれば，動物園でも広く応用が可能となるはずである．

凍結烙印は，鰭脚目や鯨目のような種には，最も適した手法でもあるかもしれない．これらの動物は，耳標を鰭や尾に装着することが可能ではあるものの，凍結烙印以外の方法でのマーキングが困難である（Norris and Pryor 1970，J. L. Dunn 私信）．また，コウモリもマーキングするのが難しい動物である．

動物園動物の飼育における多くの観点から，マーキング法に関する体系的な研究が切望される．というのも，マーキング法の大半は当事者の主観的評価に基づいて採用・実施されているため，その手法の実際の効果の評価に，個人の偏見といった主観的要素が入り込んでしまうためである．優れたマーキング法の重要な基準が永続性であるため，研究には長期的な取り組みが必要となる．

凍結烙印の熱力学や生理学については，さらなる研究を進める価値がある．烙印器具の暴露時間は，家畜を用いた試験で体の大きさとの相関性が示唆されているものの，同一種内でも無視できない幅がある（表 A2-3 を参照）．動物園という環境下において，様々な年齢のあらゆる動物種に対して凍結烙印試験を実施することは非現実的である．適切な暴露時間を予測するためには，凍結烙印に影響を与える様々な要因の体系的研究が必要となる．その要因とは，体毛の密度，皮膚の厚さ，毛嚢の構造，皮下脂肪の厚み，烙印器具の幅，外気温などを含む．これらの要因は，凍結烙印によって生じる組織学的変化の知識も考慮に加えて，暴露時間を判断するための熱力学モデルに組み込むことができるだろう．

謝　辞

本章に掲載されているマーキング技術に関する知識を提供していただいた，P. Farrell，J. Holland，D. Leeds，C. Simerson そして C. Wilson など多くの人々に感謝する．

文　献

Ashton, D. G. 1978. Marking zoo animals for identification. In *Animal marking*, ed. B. Stonehouse, 24–34. Baltimore: University Park Press; London: Macmillan.

Baclig, A. F. 1952. Cowlicks in horses. *Philippine Agric.* 35:186–95.

Ball, D. J., Argentieri, G., Krause, R., Lipinski, M., Robinson, R. L., Stoll, R. E., and Visscher, G. E. 1991. Evaluation of a microchip

implant system used for animal identification in rats. *Lab. Anim. Sci.* 41:185–86.
Bendiner, R. 1981. *The fall of the wild: The rise of the zoo.* New York: E. P. Dutton.
Braude, S., and Ciszek, D. 1998. Survival of naked mole-rats marked by implantable transponders and toe-clipping. *J. Mammal.* 79: 360–63.
Campbell, S. 1978. *Lifeboats to Ararat.* New York: Times Books.
Carnio, J., and Killmar, L. 1983. Identification techniques. In *The biology and management of an extinct species: Pere David's deer*, ed. B. B. Beck and C. Wemmer, 39–52. Park Ridge, NJ: Noyes.
Conill, C., Caja, G., Nehring, R., and Ribo, O. 2000. Effects of injection position and transponder size on the performances of passive injectable transponders used for the electronic identification of cat. *J. Anim. Sci.* 78:3001–9.
Conway, W. G. 1967. The opportunity for zoos to save vanishing species. *Oryx* 9:154–60.
———. 1969. Zoos: Their changing roles. *Science* 163 (3862): 48–52.
Day, G. I. 1973. Marking devices for big-game animals. *Ariz. Game Fish Dep. Res. Abstr.* 8:1–7.
Day, G., Schemnitz, S. D., and Taber, R. D. 1980. Capturing and marking wild animals. In *Wildlife management techniques manual*, ed. S. D. Schemnitz, 61–88. Washington, DC: Wildlife Society.
Fagerstone, K. A., and Johns, B. E. 1987. Transponders as permanent identification markers for domestic ferrets, black-footed ferrets, and other wildlife. *J. Wildl. Manag.* 51 (2): 294–97.
Farrell, R. K., Farrell, B. P., and Patterson, L. L. 1974. Direct evaporative freeze marking of animals. *West. Vet.* 2:15–22.
Farrell, R. K., Hostelter, R. I., and Johnson, J. B. 1978. Freeze marking farm animals. *PNW Bull.* 173:1–8.
Farrell, R. K., and Johnston, S. D. 1973. Identification of laboratory animals: Freeze marking. *Lab. Anim. Sci.* 23:107–10.
Farrell, R. K., Kroger, L. M., and Winward, L. D. 1966. Freeze-branding of cattle, dogs, and cats for identification. *J. Am. Vet. Med. Assoc.* 149:745–52.
Farrell, R. K., Milleson, B., and Reynolds, G. E. n.d. Report of the Technical Committee on the Health of Horses Confined under the Wild Horse Program. Manuscript. 16–18.
Hadow, H. 1972. Freeze-branding: A permanent marking technique for pigmented mammals. *J. Wildl. Manag.* 36:645–49.
Hailey, A., and Davies, P. M. C. 1985. "Fingerprinting" snakes: A digital system applied to a population of *Natrix maura*. *J. Zool. (Lond.)* 207:191–99.
Harper, S. J., and Batzli, G. O. 1996. Monitoring use of runways by voles with passive integrated transponders. *J. Mammal.* 77: 364–69.
Ingram, J. 1978. Primate markings. In *Animal marking*, ed. B. Stonehouse, 169–74. Baltimore: University Park Press; London: Macmillan.
International Union for Conservation of Nature/Captive Breeding Specialist Group. Working Group on Permanent Animal Identification. 1991. Final report on transponder system testing and product choice as a global standard for zoological specimens. *CBSG News* 2 (1): 3–4.
Jarvis, C., ed. 1968. Survey of marking techniques for identifying wild animals in captivity. *Int. Zoo Yearb.* 8:384–408.
Laurie, A. 1978. The ecology and behaviour of the greater one-horned rhinoceros. Ph.D. diss., Cambridge University.
Lazarus, A. B., and Rowe, F. P. 1975. Freeze-marking rodents with a pressurized refrigerant. *Mammal Rev.* 5:31–34.
Le Boulenge-Nguyen, P. Y., and Le Boulenge, E. 1986. A new ear-tag for small mammals. *J. Zool. (Lond.)* 209:302–4.
MacNamara, M. C., Doherty, J. G., Viola, S., and Schacter, A. 1980. The management and breeding of hammer-headed bats, *Hypsignathus monstrosus*, at the New York Zoological Park. *Int. Zoo Yearb.* 20:260–64.
Macpherson, J. W., and Penner, P. 1967a. Animal identification I. Liquid nitrogen branding of cattle. *Can. J. Comp. Med. Vet. Sci.* 31:271–74.
———. 1967b. Animal identification II. Freeze branding of seals for laboratory identification. *Can. J. Comp. Med. Vet. Sci.* 31: 275–76.
Miller, D. S., Berglund, J., and Jay, M. 1983. Freeze-mark techniques applied to mammals at the Santa Barbara Zoo. *Zoo Biol.* 2: 143–48.
The Morgan Horse. 1982. AMHA voluntary permanent identification program. *Morgan Horse* 42 (12): 31–32.
———. 1984. Cowlicks: Voluntary ID method for Morgans. *Morgan Horse* 44 (4): 116–20.
Newsom, J. D., and Sullivan, J. S. 1968. Cryo-branding Ca marking technique for white-tailed deer. *Proceedings of the 22nd Annual Conference, Southeastern Association of Game and Fish Commissioners*, 128–33. New Orleans, LA: Southeastern Association of Game and Fish Commissioners.
Newton, D. 1978. Freeze branding. In *Animal marking*, ed. B. Stonehouse, 142–44. Baltimore: University Park Press; London: Macmillan.
Norris, K. S., and Pryor, K. W. 1970. A tagging method for small cetaceans. *J. Mammal.* 51:609–10.
Pennycuick, C. J. 1978. Identification using natural markings. In *Animal marking*, ed. B. Stonehouse, 147–59. Baltimore: University Park Press; London: Macmillan.
Pennycuick, C. J., and Rudnai, J. 1970. A method of identifying individual lions, *Panthera leo*, with an analysis of the reliability of identification. *J. Zool. (Lond.)* 160:497–508.
Phillips-Conroy, J. E., Jolly, C. J., and Nystrom, P. 1986. Palmar dermatoglyphics as a means of identifying individuals in a baboon population. *Int. J. Primatol.* 7:435–47.
Pienaar, U. 1970. A lasting method for the marking and identification of elephants. *Koedoe* 13:123–26.
Rice, C. G., and Kalk, P. 1991. Evaluation of liquid nitrogen and dry ice-alcohol refrigerants for freeze marking three mammal species. *Zoo Biol.* 10:261–72.
Rogers, L. M., Hounsome, T. D., and Cheeseman, C. L. 2002. An evaluation of passive integrated transponders (PITs) as a means of permanently marking badgers (*Meles meles*). *Mammal Rev.* 32:63–65.
Rood, J. P., and Nellis, D. W. 1980. Freeze marking mongooses. *J. Wildl. Manag.* 44:500–502.
Schaller, G. B. 1967. *The deer and the tiger.* Chicago: University of Chicago Press.
Schooley, R. L., Van Horne, B., and Burnham, K. P. 1993. Passive integrated transponders for marking free-ranging Townsend's ground squirrels. *J. Mammal.* 74:480–84.
Schmidt, C. R. 1975. Captive breeding of the vicuña. In *Breeding endangered species in captivity*, ed. R. D. Martin, 271–83. London: Academic Press.
Solis, J. A., and Maala, P. 1975. Muzzle printing as a method for identification of cattle and caraboas. *Philippine J. Vet. Med.* 14: 1–14.
Stebbings, R. E. 1978. Marking bats. In *Animal marking*, ed. B. Stonehouse, 81–94. Baltimore: University Park Press; London: Macmillan.
Stonehouse, B., ed. 1978. *Animal marking.* Baltimore: University Park Press; London: Macmillan.
Taylor, L., Emerson, C., and Wagner, J. L. 1993. Implantable microchips as a means of identifying infant nonhuman primates. In *AAZPA Regional Conference Proceedings*, 248–53. Wheeling, WV: American Association of Zoological Parks and Aquariums.
Thomas, J. A., Cornell, L. H., Joseph, B. E., Williams, T. D., and Dreischman, S. 1987. An implanted transponder chip used as a tag for sea otters. *Mar. Mamm. Sci.* 3 (3): 271–74.
Twigg, G. I. 1975. Marking mammals. *Mammal Rev.* 5:101–16.
Zurowski, W. 1970. Marking beavers. *Acta Theriol.* 15:520–23.

付録3

記録，血統登録簿，地域動物園協会およびISIS

Laurie Bingaman Lackey

訳：冨澤奏子

緒　論

野生動物は100年以上にわたって，動物園において，飼育下に置かれてきた．しかしその飼育記録が維持されるようになったのは比較的最近のことで，その内容も現代の飼育管理に必要とされるものに比べてかなり少ないものだった．野生動物は無制限に存在するものであり，必要があればいくらでも捕獲できるものだと考えられていた．20世紀初頭，ごく少数の古参の動物園だけが，緻密な個体データを作成していた．しかしたとえ記録が存在していたとしても，非常に不完全なものだった．例えば，北米の動物園で45年間も飼育されていたあるカリフォルニアコンドル（*Gymnogyps californianus*）のデータには，少なくともその記録上は性別が記入がされたことが一度もなかった．

今日，多くの動物園において1950年～1960年頃の詳細な記録を得るのは非常に困難を極める作業である．しかし，当時飼育されていた個体が，今日の飼育下個体群における遺伝的基礎となるファウンダーである可能性もある．また，現在の飼育下個体間の関係の不確実性を解決することができるかもしれない．こうした状況は近年大きく改善されており，今後さらに改善されていく必要がある．同時代に存在した動物園における種保全計画は，個体記録の質に非常に依存している．

記録の保存

あらゆる動物園の飼育管理計画において，記録保存は欠くことのできないものである．現在，多くの飼育下個体群が野生下での絶滅に対する“保険”個体群となっている．野生個体群の減少は，現在の飼育下個体の子孫が，将来における動物園の展示個体の大部分を占めるであろうことを意味している．州間での，あるいは国際的な動物の移動，疾病モニタリング，および固有種対策において，現在のものよりもさらに厳格な規則が制定されたとしても，簡単に得ることができない種もある．現在飼育されているあらゆる種およびその将来の子孫が，将来の展示個体への唯一の可能性であり，これらを維持するためには非常に慎重に管理をしていく必要がある．

1990年にISISに登録されていた哺乳類のうち，飼育下繁殖個体は全体の2/3だった（ISIS 1990）．2007年には，その割合が89%にまで上昇している（ISIS 2007）．永続的な記録システムにおいて個体識別がなされている個体の記録は，自分たちが何を飼育していて，その血統状況がどのようになっているのかを把握できる唯一のものである．

1974年以前，あるいは国際種情報システム機構（ISIS）が設立される以前の記録保存の基準は，その当時から多くの国における取締機関が，州間あるいは国際的な動物のやりとりに関する正確な記録や書類の保存を求めていたにもかかわらず，現在と大きく異なるものだった．多くの場合において，園長，キュレーターあるいは飼育担当者といった人々が，各個体の重要データを知っていたにもかかわらず，誰も記録していなかった．加えて，こうした文書化されていない“データ”の正確性は時が経てば経つほど薄れていき，人事異動により失われていった．動物園における決まった形での記録保存手順もなく，大規模な機関では，部署ごとにデータが維持され，同一機関内で多くの矛盾を生んでいた．

基準を最適な形で使用するためには，たとえ飼育期間が数日だけだったとしても，各機関においてそれぞれの個体記録を公式に登録し，完全に個体を識別する，特にその個体がどこから来たのかということに注意を払いつつ文書化すべきである．これには他機関から来たものや一般の方々から受け取ったもの，園館内で生まれたもの，野生下で捕獲されたものも含まれる．さらに，全ての飼育下繁殖個体については，十分に成長したのか，死産だったのか，出生直後に死亡したのか，流産あるいは早産だったのかなどのその後の状態についても全て含む必要がある．そのようなデータから，近親交配や管理手法から生じる問題の最初の徴候を得ることができるかもしれない．同じような理由から，クラッチサイズ，生殖能力，孵化割合なども，卵生種においては記録しておくべき情報である．

重要なデータ

個体識別情報：どの個体にも唯一無二の登録番号をつけ，動物園の飼育動物を個体識別できるようにしておかなければならない．登録番号は電子化を考慮し，全て数字で表すべきである．可能な場合はこれらの数字を連続したものにすべきである．すなわち，最初にデータに加えた個体１番から現在の個体まで，２，３，４，５…というように数字を振っていくのである．アルファベットを使用したり，数字ではない文字を使用することは推奨しない．なぜならばそれが混乱を招くことがあるからだ〔例：アルファベットのＯ（オー）と数字の０（ゼロ），Ｂと８〕．種名，性別，年齢などの情報を登録番号に記号化して含むことも，多くの場合望ましくない．厳密に年代順に数字を維持しようとすることも避けるべきである．古く昔，まだ紙と鉛筆で記録をしていた頃には，データから簡単に動物を見つけるために，そのようなやり方が必要不可欠だったが，現代のパソコンによるシステムでは様々な手段でデータを取り扱うことが可能なため，問題はない．

性　別：全個体の性別が記録されなければならない．たとえまだ性別が不明な場合であっても，不明であるということを記録するのである．外科的手段において，あるいは各種分析において性別が確認された際には，それが行われた日付や用いられた方法とともにそれを記録しなければならない．性別が不正確に決定されていたことが分かった場合は，その修正を記録する．この場合，これまでの記録を決して削除してはならない．

両親の記録：飼育下繁殖個体の場合，その個体が現在飼育されている施設で生まれた場合も，そうでない場合も，その個体の父親と母親の登録番号と飼育機関を記録しなければならない．こうすることにより，家系を調べる必要が出た際に，簡単に家系図を作成することができる．血統登録簿が存在する分類群においては，同様の理由のため，両親の血統登録番号も記録しておくべきである．

親である可能性のある個体が複数存在する場合（例えば群れで飼育されている場合など），可能性をもつ個体を全て記録しなければならない．分かっている場合には，その個体の ID とともに，例えば“現在の群れの父親”，“優勢雌”あるいは“世話をしているところを確認”なども併せて記録する．

年　齢：個体が飼育機関に移動してきた際の年齢を記録しなければならない．またその際，それが正確に分かっているものなのか，推定のものなのかも併せて記載する．実際の出生日が分かっている場合は，必要不可欠な情報はそれだけである．推定日である場合は，体の大きさや毛色などについても記述する．合理的な推定が不可能な場合は，その推定期間を数年間に広げ，現在のライフステージを示す（例：幼獣）．年齢に関するデータは，飼育下個体群における個体群統計学的分析に必要不可欠なものである．

起源と来歴：飼育機関において出生あるいは孵化をしてコレクションに加えられた個体の場合，そのことを記録しなければならない．少し前にも書いたが，どのような状態で死亡したとしても，繁殖に関するあらゆる出来事を全て文書化しておくことが非常に重要である．

別の機関から個体が移動してきた場合には，その個体がどこからいつ来たのかを記録しなければならない．可能な場合は前飼育機関においてその個体に割り当てられていた登録番号およびその他の個体識別情報を常に記録しておくことが，極めて重要である．また，動物業者やブローカー，輸送業者など，この個体を扱ったであろう人々についても記録しておくことが重要である．なぜならば個体の起源や個体識別情報を確認できる唯一の手掛かりとなる可能性があるからである．

可能な場合は，個体の地理学的起源に関するデータや，野生捕獲個体なのか飼育下繁殖個体なのかといったことについても常に記録されるべきである．飼育下の血統からその先祖の野生捕獲個体までさかのぼることができたなら，各機関は自分たちがどのような個体を維持しているのかを知ることができる．純血種と交雑種が両方とも飼育されている場合に，こうした情報は特に重要である．交雑種の若い個体であれば，その父親と母親の外観上中間に位置し，容易に識別できるかもしれない．他の種の若い個体において，その両親のどちらからも容易に識別できない場合，多くの世代を経て，純血種の個体との識別が本当に不可能になってしまうこともある．

他の場所への移動：輸送先と輸送日は記録すべきである．双方の機関が個体の送付，受取を確認し，後の個体の追跡に使用するためにも，可能な場合は，輸送先機関における登録番号や個体識別情報も併せて記録すべきである．

死亡によりコレクションから外れた場合は，死亡状況や死因，検死で明らかになったことなどを記録しなければならない．博物館や教育施設，その他の機関へ死体を送付する場合には，機関名および登録番号を記録する．部位のみの場合は，それも含めて記録する（皮膚，頭蓋骨，骨格など）．

付加的データ：ある分類群においては，以下のデータが非常に重要である．個体識別および管理の双方に共通する極めて重要なものとして，トランスポンダー，刺青，タグ，バンドなどの種類およびそれらを体のどの部位につけているか，“Twiga”などのような愛称，収容場所（交配相手である可能性のある個体や，疾病伝播への手掛かりとなる），地域および国際血統登録番号などがあげられる．行動学的考慮事項について記載することも重要であり，特にどのような環境で育てられたのか（つまり，親によるものか，人工か）については記しておくべきである．国際，国内，県内におけるあらゆる証明書番号や，各地方における個体の移動に関する許可番号なども，後々参照しやすいように記載しておくべきである．

血統登録簿

歴　史

過去に保存されていた記録の内容は，通常乏しいものではあったが，1つだけ重要な例外があった．国際および地域血統登録簿の編集および維持管理である．1791年にJames Weatherbyによって書かれた『The General Stud Book for the Thoroughbred Horse』（サラブレッドの一般血統登録簿）が，世界初の血統登録簿である．本書には387頭の雌ウマの血統が記載されており，ファウンダーである3頭の種ウマ（ダーレーアラビアン，ゴドルフィンアラビアン，バイアリーターク）から全個体がどのように派生しているかが記されていた．この血統登録簿は現在もWeatherbyとその息子たち，英国ジョッキークラブ事務局長によって出版され続けている．

1930年，ヨーロッパバイソンの亜種カフカスバイソン（*Bison bonasus caucasicus*）が絶滅した．それはリトアニアバイソン（*B. b. bonasus*）が1922年にポーランドで密猟によって絶滅に追い込また数年後のことだった（Slatis 1960）．このままなんの配慮もなされないままでは，ヨーロッパの残りの野生ウシ科動物の飼育下個体群が，同様の運命を迎えてしまうであろうことをおそれたヨーロッパの動物園の園長たちは，Heinz Heck Sr.が第一次世界大戦後に取得したデータを用いて国際血統登録簿を1924年に作成した（Mohr 1968）．この血統情報は1932年に初めて発行され（von der Gröben），動物園界で特別に考案された初めての血統登録簿となった．1959年には，同様に野生絶滅に至ったモウコノウマ（*Equus przewalskii*）の血統登録簿がMohrによって発行された．1965年以降，血統登録簿は動物園で暮らす絶滅の危機に瀕した種の管理において欠かすことのできないものとなった．

定　義

動物園界における血統登録簿基準が，各個体の一生涯における様々な出来事を全て追跡し，その日付を記録していくようになっていることは，幸運なことであり，特筆すべきことである．家畜の血統登録には通常この手の内容は含まれていない．この重要な記録を追加することで，動物園の血統登録簿には，小個体群の遺伝学的および個体群統計学的管理に必要不可欠なデータが最低限含まれることになる．

血統登録簿と台帳は同じものではない．血統登録簿は数字で各個体を識別し，それらが死亡するまで全ての出来事を追跡していくものである．一方，台帳は様々な場所における飼育動物一覧の要約のみであったり，個体を識別していなかったり，死亡情報を含んでいなかったりする．その結果，台帳のデータ品質や実用性は，血統登録簿のものと比べ著しく劣ったものとなる．

血統登録簿の保持には，飼育下における対象種の歴史をカバーする血統および個体群統計学的データの編集が含まれる．本業務には個々の個体を識別し，永久的に以下のデータを各個体に記録することが含まれる．

- 野生下での捕獲場所，野生下から到着した日
- 同時に捕獲された他個体との間における，可能性のある関係性
- 両親および出生日（飼育下繁殖個体の場合）
- 性別

・後の法的所有者（owner）および物理的所有者（holder）への輸送日
・上記機関の住所および連絡先情報
・登録番号や愛称，トラスポンダー番号，タグなど，各飼育施設において付けられた重要な個体識別情報
・死亡日および死亡理由

いくつかの血統登録簿には育成時の技術や近親交配の度合いなどといった追加情報が含まれている．国際血統登録簿は毎年更新され，3 年おきに全データが再発行されなければならない．地域血統登録簿の基準はこれよりも厳しい場合もあるが，各地域によって異なる．

飼育下個体群サイズ，繁殖率および参加園館数が種によって大幅に異なるため，血統登録業務は単純で簡単なものから，膨大な量の困難だがやりがいのあるものまで多岐に及ぶ．血統登録簿には動物学的配慮を用いた状態で飼育されていない動物（多くの種が私的な施設や個人のブリーダーによって飼育および管理がなされている）のデータが含まれることもあり，数多くの人々とコミュニケーションをとらねばならない．E メールの出現によりこの経過は劇的に簡単になった．

全血統登録簿を電子化することにより，質の向上，発行および配布時の効率化，個体群の精緻な遺伝学的，個体群統計学的分析が可能となる．調整された個体群管理には，血統登録簿データを用いた大規模な個体群統計学的および遺伝学的分析が必要である．ISIS によって開発された SPARKS（単一個体群分析記録管理システム）を血統登録簿および個体群分析に用いることが推奨されている．これまでに記録された不十分で断片的であった血統登録内容が，全て完全に電子化されているのである．

調整および始動

血統登録簿が初めてつくられる場合，その対象種は多くの場合，絶滅の危機に瀕しているか，あるいは野生絶滅の状態にある．現在の血統登録簿には，野生下ではどこにでもいるものであっても，それを飼育下にもってくることは滅多にない，あるいは完全に不可能である種を対象としているものもある．同様に，初期の血統登録簿はサイズが大きく，カリスマ性のある種を選ぶ傾向にあったが，今日では小さめでカリスマ性のない種にも同レベルでの取扱いがされるようになっている．哺乳類，鳥類，爬虫類，両生類，魚類，無脊椎動物においてそれぞれ血統登録簿が維持されている．最初の血統登録簿は世界レベルでの管理がされていたが，現在血統登録簿の多くは各地域レベルで増加している，もしくは 1 つの地域内の飼育下個体群のみを含むものとなっている．

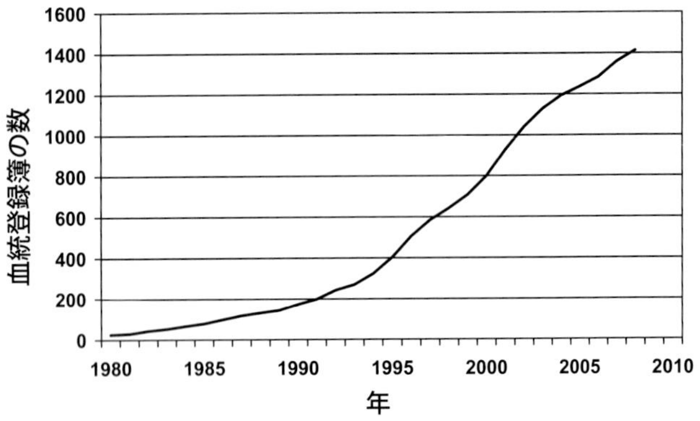

図 A3-1　1990 年以降出版された血統登録簿の数の伸び率．

2009 年現在，56 か国にある 380 の動物学機関に所属する 850 人の血統登録担当者により約 1,480 の血統登録簿が発行されている（図 A3-1）．哺乳類 502 種，鳥類 295 種，両生爬虫類 134 種，魚類および無脊椎動物 28 種，合計 810,000 個体のデータがこれに含まれている．多くの種においては国際血統登録簿が存在し，複数の地域で血統登録簿が発行されている．これらのうち 175 の血統登録簿が現在アーカイブ状態にある（訳者注：以前のものが保管されているのみで，現在は更新されていないという状況である）．つまり，もう血統登録簿が必要ない，あるいは記録すべき個体が飼育下に存在しないというものである．

世界において，国際血統登録簿は IUCN（国際自然保護連合）および WAZA（世界動物園水族館協会，以前は IUDZG：国際動物園長連盟，www.waza.org）の後援の元，コーディネーター（初期は Peter Olney，その後を Chris West，Peter Dollinger が引き継ぎ現在は Dave Morgan．訳者注：2012 年 10 月から Jenny Gray に変更されている）によって監督されている．IUCN の血統登録簿における使命は CBSG（IUCN の種保存委員会の 1 つである保全繁殖専門家グループ，www.cbsg.org）により開発され，体現されている．国際血統登録簿はこれらの組織から公的に承認を得る必要がある．

地域動物園協会：血統登録簿の維持は，世界中の様々な地域動物園協会によってさらに管理されており，これらの協会が国際血統登録事務局と各地域の血統登録担当者の連絡係を務めている．国際的な参加者による血統登録簿の新規開設を手伝うべく，これらの協会の多くが新規血統登録簿作成準備の際に，種の選定，申請手続，請願要求，基準策定に対する助言を行うための文書を作成している．

血統登録簿の形式基準や発行スケジュールは多くの経験を元につくられている．血統登録簿の保持や種の管理につ

いて，さらなる情報が欲しい場合は，各地域の協会に連絡すべきである．

2008 年 12 月現在，30 以上もの地域協会が存在する．

- アフリカー PAAZAB：African Association of Zoos and Aquaria（アフリカ動物園水族館協会，www.paazab.com）
- オーストラレーシアー ARAZPA：Australasian Regional Asso-ciation of Zoological Parks and Aquaria（www.arazpa.org.au）〔訳者注：現在は ZAA に変更になっている．ZAA（Zoo and Aquarium Association，オーストラリア地域動物園水族館協会，www.zooaquarium.org.au）〕
- オーストリアー OZO：Austrian Zoo Association（オーストリア動物園協会，www.ozo.at）
- ブラジルー SZB：Sociedade de Zoológicos do Brasil（ブラジル動物園協会，www.szb.org.br）
- Britain and Ireland ─ BIAZA：British and Irish Asso-ciation of Zoos and Aquariums（英国・アイルランド動物園水族館協会，www.biaza.org.uk/）
- カナダー CAZA：Canadian Association of Zoos and Aquaria（カナダ動物園水族館協会，www.caza.ca）
- 中国ー CAZG：Chinese Association of Zoological Gardens（中国動物園協会，www.cazg.net）
- コロンビアー ACOPAZOA：Colombian Association of Zoos and Aquariums（コロンビア動物園水族館協会，http://acopazoa.org/）
- チェコ共和国およびスロバキア：Union of Czech and Slovak Zoos（チェコおよびスロバキア動物園連合，www.zoopark.cz/ucsz）
- デンマークー DAZA：Danish Association of Zoological Parks and Aquaria（デンマーク動物園水族館協会，www.dazaportal.dk）
- ヨーロッパー EAZA：European Association of Zoos and Aquaria（欧州動物園水族館協会，www.eaza.net）
- ヨーロッパー EUAC：European Union of Aquarium Curators（欧州水族館キュレーター連合，www.euac.org）
- フランスー ANPZ：Association Nationale Française des Parcs Zoologiques（フランス国立動物園協会，ウェブサイトなし）
- ドイツー VDZ：German Federation of Zoo Directors（ドイツ動物園長連合，www.zoodirektoren.de）
- インドー CZAI：Central Zoo Authority of India（インド中央動物園管理局，www.cza.nic.in）
- インドネシアー IZPA：Indonesian Zoological Parks Association（インドネシア動物園協会，ウェブサイトなし）〔訳者注：通常英語名称の IZPA ではなく，インドネシア語名称の PKBSI（Perhimpunan Kebun Binatang Se-Indonesia）で呼ばれる．また，PKBSI にはウェブサイトもある．http://pkbsi.izaa.org/〕
- イタリアー UIZA：Italian Union of Zoos and Aquaria（イタリア動物園水族館協会，www.uiza.org）
- 日本ー JAZA：Japanese Association of Zoos and Aquariums（日本動物園水族館協会，www.jaza.jp）
- 中南米ー ALPZA：Latin-American Zoo and Aquarium Association（中南米動物園水族館協会，www.alpza.com）
- マレーシアー MAZPA：Malaysian Association of Zoological Parks and Aquaria（マレーシア動物園水族館協会，www.mazpa.org.my）
- メソアメリカー AMACZOOA：Mesoamerican and Caribbean Zoo and Aquaria Association（メソアメリカおよびカリブ動物園水族館協会，www.amaczooa.org）
- メキシコー AZCARM：Mexican Association of Zoos and Aquariums（メキシコ動物園水族館協会，www.azcarm.com.mx）
- 中東ー MEZA：Middle East Zoo Association（中東動物園協会，ウェブサイトなし）
- オランダー NVD：Dutch Zoo Federation（オランダ動物園連合，www.nvdzoos.nl）
- 北米ー AZA：Association of Zoos and Aquariums（北米動物園水族館協会，www.aza.org）
- ロシアおよび東ヨーロッパー EARAZA：Eurasian Regional Association of Zoos and Aquariums（ユーラシア地域動物園水族館協会，www.zoo.ru）
- 南アジアー SEAZARC：South Asian Zoo Association for Regional Cooperation（南アジア地域動物園協会，www.zooreach.org）
- 東南アジアー SEAZA：Southeast Asian Zoo Association（東南アジア動物園水族館協会，www.seaza.org）
- スペインおよびポルトガルー AIZA：Iberian Association of Zoos and Aquaria（イベリア動物園水族館協会，www.aiza.org.es）
- スウェーデンー SAZA（SDF）：Swedish Association of Zoological Parks and Aquaria（スウェーデン動物園水族館協会，www.svenska-djurparksforeningen.nu/）
- スイスー Zooschweiz：Swiss Association of Scientific Zoos（スイス科学動物園協会，www.zoos.ch）
- 台湾ー TAZA：Taiwan Aquarium and Zoological Park Association（台湾動物園水族館協会，ウェブサイトなし）
- ベネズエラー FUNZPA：National Foundation of

Zoological Parks and Aquaria（国立動物園水族館基金，www.funpza.org.ve）

調整下での管理

現在，血統登録簿は，個々の種の血統登録簿としてだけではなく，高レベルでの管理を調整する手段として，数多くの飼育下管理プログラムが成長するためのデータベースとしての役目を果たしている．TAG（分類群諮問グループ：Taxon Advisory Group）は，各個体群における個体数のバランスをとろうとしている．そうすることで最適な数の種をうまく管理することが可能になるかもしれないからだ．例えば，トラの一亜種に多くのスペースを割くために，別亜種のトラにおいて成功しているプログラムを邪魔すべきではない．同様に，トラ管理計画はその他の大型ネコ科動物の計画に必要なスペースを取り込むべきではない．TAG は多くの場合，科レベルでの計画を立てる．つまり，アンテロープ，ネコ科動物，霊長類，ペンギン，オウム，ヘビ，トカゲなど，各主要地域計画ごとに TAG が存在するのである．

ISIS

国際種情報システム機構（ISIS：International Species Information System）は，飼育下個体のデータを蓄積する際に中心的存在，適切な情報源，および動物学的個体記録の改善が必要であるという広範囲における認識に起因するものである．1973 年，Ulysses S. Seal と Dale G. Makey はそのようなシステムを開始すべきだと提案した．開発のための基金が助成金提供機関および基金より集められ，コンピュータシステムが構築され，世界中の主要動物園に招待状が送付された．ISIS は 1974 年に，北米の 51 園館およびヨーロッパの 4 園館が参加し，その運営を開始した．運営が開始されてまもなく，IUDZG（現在の WAZA）は ISIS を承認した．ISIS 加盟機関のネットワークは着実に広がっており，1979 年には 100 機関，1990 年には 400 機関，2009 年 7 月現在では 835 機関まで増加している．

今日，ISIS は加盟機関によって選出された国際的な理事により管理されている国際的非営利団体である．6 大陸，80 か国に位置する 835 の機関（アフリカ 22 機関，東南アジア 16 機関，インド 63 機関，オーストラレーシア 37 機関，中南米 22 機関，ヨーロッパ 364 機関，日本 12 機関，中東 11 機関，北米 288 機関）が ISIS に加盟している．また，表 A3-1 に示すように 22,939 グループ，2 万個体が登録されている（ISIS 2008）．

表 A3-1　2008 年 12 月現在の ISIS に登録されている動物のグループと個体数

	グループ数	個体数
哺乳類	6,251	914,459
鳥類	7,553	995,698
爬虫類	2,951	285,768
両生類	863	78,620
魚類	4,160	25,774
陸生無脊椎動物	684	10,760
水生脊椎動物	477	3,859
合計	22,939	2,314,938

ISIS は IUCN や CITES（絶滅のおそれのある野生動植物の種の国際取引に関する条約）をはじめとする数多くの国内および国際管理当局に認められている．ISIS は世界的な保全機関全 10 機関の 1 つであり，生物多様性保全情報システム（BCIS：Biodiversity Conservation Information System，www.biodiversity.org）をともに組織する IUCN のプログラムの 1 つでもある．これらの機関に共通する目的は以下の通りである．生物多様性に関するデータおよび情報へのアクセスを促進することにより，環境に配慮した意思決定および活動を支援する．ISIS の主要な運営は，加盟機関の年会費で賄われている．ソフトウェアやサービスの向上などは，助成機関や私的財団による支援を受けている他，加盟機関からの寄付によって行われている．

ISIS と動物学的記録

ISIS におけるデータ収集は 1974 年に始まり，標準化されたデータ一式が動物園において作成および郵送された．手書きのデータが ISIS に到着した後，メインフレームコンピュータに入力され集約された．多くの標準化された報告書が印刷され，ISIS から加盟機関に郵送された．こうしたやり方で，10 年間で 100 万以上のものがつくられ，機関内の動物学的記録の品質向上および標準化改善に相当に寄与した．

1985 年初頭，ISIS は紙の代替となる方法を開発した．ARKS（Animal Records Keeping System：個体記録管理システム）と呼ばれるこのソフトウェアは各動物学機関にあるデスクトップ PC を用いて，機関内の記録を管理するためにデザインされたものである．ARKS を用いて，機関内で使用可能な報告書の作成および分析をすることができる他，関連性のあるデータを自動的に集約し，定期的にデータを提出することにより，ISIS におけるオートメーション化に参加できるようになっていた．ARKS による分類学的報告書を用いることにより，多くの機関において血統登録簿作成への参加が非常に容易なものとなった．全 ISIS 加盟機関が現在 ARKS を使用しており（訳者注：すでに加盟機関の中には ZIMS に移行し，ARKS を使用していないところもある），2001 年には紙を用いた管理手法が廃止されている．ARKS はコンピュータ技術の発展とともにバージョンアップしており，現在の最新バージョンは ARKS4 である．ARKS4 では以下の 16 の言語が使用可能である．英語，フランス語，ドイツ語，スペイン語，イタリア語，ポルトガル語，チェコ語，スロバキア語，ハンガリー語，ロシア語，ノルウェー語，スウェーデン語，デンマーク語，ドイツ語，ウクライナ語．

ISIS は共有の飼育動物一覧の作成や遺伝学的および個体群統計学的個体群管理に必要不可欠である，各機関における個体データを集約することに焦点を当てている．また，同様のデータが，対象種数こそ少なくはなるものの，血統登録簿においても集約されている．栄養学的，行動学的データは個々の機関レベルで集約されてはいるが，まだ標準化された形式で共有されてはいない（訳者注：ZIMS ではこれらも標準化され，記録対象となっている）．

動物園において個体識別ができない状況にある個体および群れのデータも収集され，発信されている（例：コウモリのコロニー，魚の群れ，昆虫の群れ）．群れのデータに比べて個体データは，はるかに強力な管理ツールとなることから，ISIS ではできる限り動物を個体として識別し，記録することを強く推奨している．

個体が別機関へ移動した場合には，通常，新しい飼育機関において新しい登録番号が付けられる（個体 ID）．ISIS ではこのそれぞれの個体 ID をつなぎ合わせることで，個体の履歴を集約している．それゆえ，新しく動物が導入された場合には，前飼育機関で飼育されていた際の個体 ID を ISIS に報告することが，正しいデータを維持していくためには必須なのである．

ISIS が提供するサービス

ISIS の主要機能は参加機関間における共有記録に基づく情報を提供することにある．現時点（2010 年）での主要サービスを以下に述べる．

ISIS ウェブサイト：このウェブサイト（www.isis.org）は，ISIS 加盟機関がデータベース上のあらゆる動物の個体報告書や血統報告書にアクセスするためのものである Species Holdings（飼育動物一覧）には，現在 ISIS 加盟機関において飼育されている動物が分類群ごとに，各機関ごとに掲載されている．その他に，多くのデータ品質関連報告書が存在し，個々に収集された記録内容の改善，特に機関間でのデータの矛盾解消に利用可能である．詳細な検索ツールもあるため，全データベースを対象として様々な条件に基づく検索を自由に行うことが可能である（訳者注：現在これらは全て ZIMS に移行済）．

ARKS4（Animal Records Keeping System, version 4：個体記録管理システム，バージョン 4）：これは非常に強力な個体記録管理ソフトウェアであり，現場での個体管理に使用されている．各機関において飼育されている様々な種に関する記録，維持管理，分析を行うことができる．ARKS4 には非常に多くの報告書が存在する（個体，分類群，飼育動物一覧，動物移動記録，機関内近親交配，年齢ピラミッド，生命表，機関内血統記録，繁殖履歴，兄弟姉妹，収容場所など）．それだけではなく，関連データの収集および送信によって自動的に ISIS データベースに各機関のデータが集約されるようになっている．こうしたデータは全て ISIS ウェブサイトを介して（訳者注：現在は ZIMS を介して），全 ISIS 加盟機関に共有される．

ISIS 個体参照 DVD：この DVD には ISIS データベース上の 200 万近くの個体に関する履歴および血統情報が含まれている．ISIS 加盟機関には半年ごとに DVD が送付されている（訳者注：ZIMS の使用が開始されている現在，DVD の送付は行われていない．常に最新のデータが ZIMS 上で見られるからである．本 DVD はインターネットが現在のように普及していない状態においては非常に有益なものであった）．

MedARKS（動物医療記録管理システム）：ARKS に付属する医学的記録システムである MedARKS は 1992 年にリリースされた．一般的な医学的データに加えて，寄生虫学，治療，処方箋，麻酔，冷凍保存，臨床検査，病理学に関するデータを記録するためのものである．MedARKS は現在 500 以上の機関で使用されている．

ISIS 飼育下の野生動物における生理学値域参照 CD：本 CD は数年おきに発行されるものであり，その内容として，ISIS において維持管理されている血液学，体温，体重，ホルモン値のデータベースに由来する 5,300 ページ近くの参照値が含まれる．2002 年版には MedARKS を用いて収集された 1,105 種における 111,000 サンプルの記録が 148 機関によって提供されている．データ対象が存在している場合には，性別や年齢別に参照値が計算されている．

SPARKS（Single Population Analysis and Records Keeping System：単一個体群分析記録管理システム）：この強力なソフトウェアは，数多くの機関で飼育されている，ある特定の種の情報を記録することを目的とした血統登録簿の維持管理および出版に用いられている．また，調整種管理プログラムに欠かせない個体群統計学的および遺伝学的分析も行うことができる．SPARKSは，ISISおよび血統登録簿情報源の間におけるデータ交換をより効果的に行うために重要なツールであり，Glatston（1986）などによってその使用が推奨されている．

部分的な血統登録簿：ISISに登録されている分類群には，SPARKS形式の擬似血統登録簿が存在する．これにはISISに記録されている分類群における全個体の出生，移動，死亡情報が記載されている．もちろんこの情報はISIS加盟機関によって提出された情報のみに限られており，概して1～2か月前のデータである．公式血統登録簿が存在しない飼育下個体の95%においては，これが唯一の情報源であり，飼育下における血統関係の追跡や遺伝学的および個体群統計学的分析を行うための国際的なデータはこれしか存在していない．公式血統登録簿の新規作成時には，ISISの情報はすでに蓄積されていることから，これが出発点として非常に良いものとなる．

血統登録簿ライブラリー：ISIS/WAZA血統登録簿および飼育管理マニュアルDVDは，1996年から発行されている．多くの血統登録簿担当園館において，血統登録簿の主要出版手法として使われており，これにより250万米ドル以上の印刷費および郵送費が節約されている．2008年版には約1440もの地域および国際血統登録簿と235以上の飼育管理マニュアルおよび関連情報，ならびに飼育下個体データおよび個体群管理関連参考文献が含まれている．

EGGS：EGGSは，ARKSおよびSPARKSにおける卵生種の記録保存，孵卵管理およびコレクション記録の拡大を支援するためのものである．

REGASP（Regional Animal Species Collection Plan：地域収集計画）[*]：REGASPは機関内コレクション管理ソフトウェアであり，オーストラリア地域動物園水族館協会の許可を得てISIS加盟機関に配布されている．各園館は，飼育種およびその個体数を記入するとともに，将来の希望飼育種およびその個体数も併せて記入するようになっている．各園館においてこのデータを入力後，グローバル計画データの中央データベースに送付し，そこに全てのREGASPユーザーがアクセスできるようになっている（訳者注：現在はオンラインベースになっているので，状況が異なる）．各REGASP使用機関は，他機関からの収集計画に直接アクセスすることができる他，ユーザーは個体の移動や新規導入を調整することが可能になっている．

ZIMS（Zoological Information Management System：動物学情報管理システム）：ZIMSはISISの次世代ソフトウェアである．30年間の動物学的データ標準を再考察し，包括的な，統合された，常に最新の，ウェブベースの動物学情報管理システムを作成すべく，最初のシステム開発が2002年に開始された．ISISは世界中の約500名の動物学専門家とともに，現在ISISソフトウェアにおける全機能を一体化させ，改良を続けている．

ZIMSでは，これまでの各飼育機関ごとに新しいIDを登録する方法に代わって，各個体に一生涯唯一無二の個体識別番号が割り当てられるようになった．これにより，各個体を卵生あるいは胎生の最初のステージから（出生前から），一生を終えるまで追跡することが可能となるうえ，死亡後の剖検，病理学的記録，博物館における死体保存情報までを全て記録することが可能である．さらに，血統登録担当者のデータ収集が自動で行われるようになるため，血統登録担当者が各園館からのデータを再入力する手間が省かれ，これまで以上にデータ品質やその分析に力を入れることができるようになる．水族館においては，水質や環境管理システムパラメータを追跡でき，群れに関する情報を効果的に扱うことが可能となる．

ZIMSは現代の獣医学的，疫学的ニーズにも適っており，各徴候を基にした診断および治療を可能にする．個体群管理，栄養，行動，エンリッチメントなどの追加情報にアクセスすることにより，管理者および研究者が最適な飼育管理基準を設定するうえで役立つデータウェアハウスの条件設定を行うことも可能である．

ZIMSプロジェクトは，この種のものとしては最大規模の国際ウェブベースのプロジェクトである．データベースは2010年春には使用可能となる見込みである（訳者注：2013年5月現在，すでにZIMSは世界中の500機関以上で使用されている）．

要　約

各個体の記録は常に重要であるが，個体群存続のために飼育下繁殖に依存している多くの動物園個体群に対する迅速な保全を行う際には，さらにその重要性が増す．血統登録簿およびISISのメカニズムの双方が，このような必要性を満たしている．

ISISが行っている，各飼育機関からの包括的な個体データ収集は，分類群ごとにデータ収集を行う血統登録簿の取

[*]訳者注：現在はCPO（collection plan online：コレクション計画オンライン）に名称が変更されている．

り組みを補完するものである．ISIS がその可能性，対象範囲，データ交換およびサービスを広げていくことにより，公式血統登録簿との相互作用，情報伝達およびデータ交換が改善されるであろう．この交換は相互に有益なものでなければならず，飼育下個体群管理および国際的な動物保全を安定したものにするために継続されるべきである．

文　献

Glatston, A. R. 1986. Studbooks: The basis of breeding programmes. *Int. Zoo Yearb.* 24/25:162–67.

ISIS (International Species Information System). 1990. Species distribution report for 31 December 1990. Apple Valley, MN: ISIS.

———. 2008. Specimen Reference DVD for 31 December 2008. Eagan, MN: ISIS.

Mohr, E. 1959. Das Urwildferd. *Neue Brehm Buch.* no. 249.

———. 1968. Studbooks for wild animals in captivity. *Int. Zoo Yearb.* 8:159–66.

Slatis, H. M. 1960. An analysis of inbreeding in the European bison. *Genetics* 45:275–87.

von der Gröben, G. 1932. Das Zuchtbuch. In *Ber. int. Ges. Erhalt. Wisents* 5.

付録 4

飼育下管理に関する図書，雑誌，ウェブサイトの紹介

Kay Kenyon Barboza and Linda L. Coates

訳：松村亜裕子

はじめに

後述の解説付きの本，雑誌，ウェブサイトの資料一覧は，本書の各章で紹介されている情報を補足し発展するよう作成されている．包括的なものではないが，飼育下哺乳類コミュニティー内の異なる関心の度合と異なる専門性に応じた，権威あるバランスのとれた選り抜きの資料を提示している．

本書の構成に従って，参考図書は以下の項目に分類されている.「総合資料」,「飼育下哺乳類の倫理と動物福祉」,「基礎的な哺乳類の管理」,「栄養」,「展示」,「保全と調査研究」,「行動」,「繁殖」．図書がデジタル形式でも利用できる場合は，ウェブサイトの項でオンライン上でのアドレスを提示してある．いくつかの書籍の内容は他の項目と関連しているかもしれないので，リスト全体に目を通すことをお勧めする．

雑誌の一覧は飼育下哺乳類の情報に関して最も適切で権威のあるものを示している.ほとんどが簡単に利用可能で，多くがオンライン上で見つけることができる．図書館にもおそらく所蔵のものがあるだろう．

ウェブサイトのアドレスは変更されている可能性があるが，この一覧に選ばれたものはほとんど変更されないと思われる．ウェブサイトのセクションは以下のような項目に分割されている．「一般的な哺乳類に関する情報とファクトシート」,「哺乳類の種と科に関する情報」,「一覧と参照情報」,「法規と規則」,「ハズバンダリー」,「エンリッチメント」,「獣医療」,「栄養」,「展示」,「保全」,「組織」．重ねて申し上げるが，ウェブサイトの内容は重複している．

総合資料

Allen, G. A. 1938-40. *The mammals of China and Mongolia.* 2 vols. (*Natural history of Central Asia*, vol. 11.) New York: American Museum of Natural History.

現在までに英語で出版されているこの地方（中国，モンゴル）の哺乳類相を扱っているただ 1 つの信頼のおける完璧なもの．

Alterman, L., Doyle, G. A., and Izard, M. K., eds. 1995. *Creatures of the dark: The nocturnal prosimians.* New York: Plenum Press. 571 pp.

生活史，分類，飼育下の行動，社会構成，運動能力（移動動作），そして保全について網羅している．

Armati, P., Dickman, C. R., and Hume, I., eds. 2006. *Marsupials.* New York: Cambridge University Press. 373 pp.

有袋類の進化と分類，遺伝，繁殖と哺育，栄養と消化，神経系システムと免疫リンパ系，生態と生活史，行動，保全，管理について網羅している．

AZA *Annual Conference Proceedings* and *Regional Conference Proceedings*. Silver Spring, MD: Association of Zoos and Aquariums.

それぞれの巻には，動物園と水族館の職員によって発表された地方学会，年次総会両方の論文（の要旨）を掲載している．テーマとして，動物行動学，ハズバンダリー，動物福祉，エンリッチメント，動物園経営（管理），展示，保全，研究がある．

Balfour, D., and Balfour, S. 1991. *Rhino.* Cape Town: Struik. 176 pp.

5 種のサイに関する良質な基本的内容の総説．

Corbet, G. B., and Hill, J. E. 1991. *A world list of mammalian species.* 3rd ed. New York: Oxford University Press. 243 pp.

小さい本に多くの情報が詰め込まれている．分類群内の動物種のシンプルなアルファベット順索引が，地理的分布，現状，生息地の嗜好性とともに掲載されている．

Dagg, A. I., and Foster, J. B. 1976. *The giraffe: Its biology, behavior and ecology.* Melbourne, FL: Krieger. 232 pp.

キリンに関する優れた総説．

Dawson, T. J. 1995. *Kangaroos: Biology of the largest marsupials.* Ithaca, NY: Cornell University Press. 208 pp.

カンガルーの進化からカンガルー牧場に関する話題まで，この本は 6 種，4 亜種のアカカンガルーとクロカンガルーに関する素晴らしい総説である．専門家から一般読者まで適している．

DeBoer, L. E. M., ed. 1982. *The orang utan: Its biology and conservation.* The Hague. Dr. W. Junk. 353 pp.

1979 年にオランダのロッテルダムで開催された研究会の成果．寄稿者たちはとても見事なオランウータンに関する総説を発表している．

Dixson, A. F. 1981. *The natural history of the gorilla.* New York: Columbia University Press. 202 pp.

Schaller（George Beals Schaller）の 1963 年の古典的資料の最新版．動物園や霊長類研究センターでの新しい研究と以前までの情報を統合している．知能，行動と生態，繁殖，乳子発達に関する重要な項が含まれている．かなり前に書かれたものではあるが，基本的な知見は未だ変わらない．

Eisenberg, J. F., and Redford, K. H. 1989-99. *Mammals of the neotropics.* 3 vols. Chicago: University of Chicago Press. (Vol. 1, 1989, 449 pp.; vol. 2, 1992, 430 pp.; vol. 3, 1999, 624 pp.). Volume 1 (*The northern neotropics*) covers mammals of Panama, Colombia, Venezuela, Guyana, Suriname, and French Guiana. Volume 2 (*The southern cone*) covers mammals of Chile, Argentina, Uruguay, and Paraguay. Volume 3 (*The central neotropics*) covers mammals of Ecuador, Peru, Bolivia, and Brazil.

第 1 巻（北部新熱帯区）はパナマ，コロンビア，ベネズエラ，ガイアナ，スリナムフランス領ギアナの哺乳類を取り扱う．第 2 巻（コーノ・スール）ではチリ，アルゼンチン，ウルグアイ，パラグアイの哺乳類を取り扱う．第 3 巻（中央新熱帯区）ではエクアドル，ペルー，ボリビア，ブラジルの哺乳類を取り扱う．

3 巻全てで，各動物種に関する記述には分布，自然史，大きさ，生息区域，生態についての説明が記されている．不朽で完全な参考資料である．このシリーズの第 4 巻と最終巻ではメキシコと中米の哺乳類について取り扱われるだろう．

Estes, R. D. 1991. *The behavior guide to African mammals.* Berkeley and Los Angeles: University of California Press. 611 pp.

大型のアフリカの哺乳類の生態や行動ばかりでなく，分類学，分布，概要に関する独特で包括的な調査．有蹄類に関する項は特に精確である．

Feldhamer, G. A., Thompson, B. C., and Chapman, J. A., eds. 2003. *Wild mammals of North America: Biology, management, and conservation.* 2nd ed. Baltimore: Johns Hopkins University Press. 1216 pp.

Chapman の 1982 年 の『*Wild Mammals of North America: Biology, management, and conservation*』の改訂と更新をしたもの．分布，生理学，生態，行動，商業的価値，捕獲禁止動物種と大型狩猟動物種の生存率に関する詳細な記述が掲載されている．

Gautier- Hion, A., [et al.], eds. 1988. *A primate radiation: Evolutionary biology of the African guenons.* New York: Cambridge University Press. 567 pp.

アフリカの自然環境，遺伝的そして音声的特徴，生態，社会的行動に関するテーマを網羅している．広範囲にわたる地図と詳細な一覧表が含まれている．

Gittleman, J. L., ed. 1989. *Carnivore behavior, ecology and evolution.* 2 vols. Ithaca, NY: Comstock. (Vol. 1,620 pp.; vol. 2,644 pp.)

肉食動物の生物学に関する包括的な内容の 2 巻セットの本．第 1 巻に掲載されているレポートには肉食動物の社会生活における嗅覚の役割，単独生活をする肉食動物の交配戦略と分布パターン，水生生活への適応，着床遅延の生理機構と進化がテーマとして議論されている．第 2 巻ではクロアシイタチとアメリカアカオオカミの再導入のための試み，ジャイアントパンダの死亡率の格差，アフリカのライオンの DNA 鑑定という遺伝学的技術というようなテーマが議論されている．

Groves, C. 2001. *Primate taxonomy.* Washington, DC: Smithsonian Institution Press. 350 pp.

霊長類の分類に関する理論とその応用について扱っている．マダガスカルのキツネザル，ロリス下目，メガネザル下目，新世界ザル，旧世界ザル，ヒト科を含む，霊長類の様々なグループについての考察がされている．

Grzimek, B. 2003. *Grzimek's animal life encyclopedia.* Vols. 12-16, *Mammals*, ed. M. Hutchins, D. G. Kleiman, V. Geist, and M. C. McDade. Detroit: Gale.

異なる出版社と著者による 1990 年版の更新版．未だ主要な哺乳類の生物学における総合的な参考図書である．素晴らしいカラー写真，描画，地図，そして近縁種間の相違点を要約した比較表がある．

Harrison, D. L., and Bates, P. J. J. 1991. *The mammals of Arabia.* 2nd ed. Sevenoaks, Kent, UK: Harrison Zoological Museum. 354 pp.

アラビアの陸生哺乳類の系統分類，地理的変異，分布，生態，生物学．包括的でよく調べられている．

Heltne, P. G., and Marquardt, L. A., eds. 1989. *Understanding chimpanzees.* Cambridge, MA: Harvard University Press. 407 pp.

野生下のチンパンジーの社会的行動と生態，飼育下の行動，野生個体群間の文化的習慣の違い，飼育下のチンパンジーの言語獲得における認知能力についてがテーマに含まれている．

Hoelzel, A. R., ed. 2002. *Marine mammal biology: An evolutionary approach.* Malden, MA: Blackwell Science. 432 pp.

対象範囲が広く，海生哺乳類の生物学に関して水生生息環境への適応という観点で全ての角度から考察している．解剖学的そして生理学的適応，音声によるコミュニケーション，社会的行動，問題解決と記憶，繁殖戦略，活動パターン，集団遺伝学，保全と管理についてなどがテーマに含まれる．

International Zoo Yearbook. Vols. 1-. 1959-. London: Zoological Society of London.

動物園業界における飼育下での管理と新しい発展に関する記事を 1 年分結集したものである（ハズバンダリー，繁殖，建設，展示など）．繁殖した飼育下哺乳類，飼育下の希少動物，入手可能な分の血統登録書といった付録一覧がある．定期的に世界の動物園・水族館の要覧を加えていくつもりである．動物の管理をする者にとってとても重要な情報源である．

Kingdon, J. 1971-82. *East African mammals: An atlas of evolution in Africa.* 7 vols. San Diego, CA: Academic Press.

この 7 巻からなる参考図書は，東アフリカに生息する哺乳類のそれぞれの種に関する自然史の話を提示している．分布図と多くの素晴らしい描画が含まれている．

Kingdon, J. 1997. *The Kingdon field guide to African mammals.* San Diego, CA: Academic Press. 464 pp.

ハンドブック以上で，識別，分布，生態，進化的関係，保全状況に関する全情報を提供している．

Lee, A., and Martin, R. 1988. *The koala: A natural history.* Kensington: New South Wales University Press. 102 pp.

とても読みやすいコアラの生態に関する総説．食餌，消化，繁殖，生活史，行動，管理について網羅している．両著者ともにコアラの研究では高く評価されている．

Lindburg, D., and Baragona, K., eds. 2004. *Giant pandas: Biology and conservation.* Berkeley and Los Angeles: University of Cali-fornia Press. 323 pp.

中国の研究者を含む，国際的な科学者と環境保全論者のチームが一体となり，ジャイアントパンダの進化の歴史，生物学，生息地，保全について述べている．

Long, J. L. 2003. *Introduced mammals of the world: Their history, distribution and infl uence.* Collingwood, Victoria, Australia: CSIRO. 589 pp.

哺乳類 337 種の解説を記載．詳細には導入（伝来）した日付，責任者もしくは責任機関，個体群の起源，放す場所，導入の成り行き，原生生物相への影響が含まれる．分布図が同載されている．

Macdonald, D., ed. 2006. *The encyclopedia of mammals.* 3 vols. 2nd ed. New York: Facts on File. 976 pp.

この包括的な参考図書は，初版出版以降の最新の科学の進展を加えるために改訂されてきた．国際的に評価の高い専門家によって執筆され，項目には全ての哺乳類と種群に関する動物の進化，行動，保全，生態に関する現状が含まれている．美しいカラー写真や描画が本書を補完している．

Mitchell-Jones, A. J., [et al.], eds. 1999. *The atlas of European mammals.* London: T. and A.D. Poyser. 484 pp.

種々の説明が世界的な分布と地理的変異とともに掲載されている．本書には各種の保全の現状と重要な参考文献が含まれている．

Napier, J. R., and Napier, P. H. 1985. *The natural history of primates*. Cambridge, MA: MIT Press. 200 pp.

霊長類の形態，進化，行動学に関する一般的な外観で，それぞれの属に関する説明がある．

Nowak, R. M. 1999. *Walker's mammals of the world*. 6th ed. 2 vols. Baltimore: Johns Hopkins University Press. 1936 pp.

第 6 番目の改訂版は拡張され，1,192 を超える現存する哺乳類の属と 4,809 を超える種に関する基礎的な自然史の実態を提示している．それぞれの種に関して写真もしくは描画が掲載されている．真の名著．

Perrin, W. F., Wursig, B., and Thewissen J. G. M., eds. 2002. *Encyclopedia of marine mammals*. San Diego, CA: Academic Press. 1414 pp.

アルファベット順に並べられており，280 を超える論文が海生哺乳類に関する情報の完璧な情報源を提供している．専門家と同様に一般大衆にも適している．テーマには解剖学，生理学，生活史，人間との相互関係，個体群生物学，研究の技法が含まれる．

Prater, S. H. 1980. *The book of Indian animals*. 3rd ed. Bombay: Bombay Natural History Society. 324 pp.

インド，パキスタン，スリランカと周囲の国境地帯の哺乳類相に関する文献の中で名著であるとみなされている．それぞれの科の序説にはその自然史，身体的特徴，行動と生息地，多種との相互関係が網羅されている．よく説明されている．

Reynolds, J. E. III, and Rommel, S. A. 1999. *Biology of marine mammals*. Washington, DC: Smithsonian Institution Press. 578 pp.

優れた海洋生物学者による 10 個の章で，包括的な海生哺乳類の総説を掲載している．行動，コミュニケーションと認知，感覚神経系，生理学的適応，海中の中毒物質といったテーマが詳細に記されている．

Rowe, N. 1996. *The pictorial guide to the living primates*. New York: Pogonias Press. 263 pp.

霊長目の 234 種全てのカラー写真と特徴，生息地，食餌，生活史，行動に関する記述が掲載されている．

Rylands, A. B., ed. 1993. *Marmosets and tamarins: Systematics, behaviour, and ecology*. New York: Oxford University Press. 306 pp.

この複数の著者による本ではマーモセット科の動物の分類学，分布，行動，繁殖に関する内容が扱われている．臭いづけ，生息地の嗜好性，摂食生態，協働的な子育て，群れの大きさ，構造について詳細な情報が述べられている．

Seidensticker, J., and Lumpkin, S., eds. 1991. *Great cats*. Emmaus, PA: Rodale Press. 240 pp.

ネコ科動物に関するよくできた基本的な情報が掲載されている．動物園のネコ科動物から，野生下で保護されているネコ科動物までの，広範囲で様々なテーマが網羅されている．

Shoshani, J., ed. 2000. *Elephants*. Rev. ed. New York: Checkmark Books. 240 pp.

アフリカゾウとアジアゾウのすばらしい総説．ゾウと人間の関わりはもちろん，進化と生物学に関するすばらしい詳細が網羅されている．

Sikes, S. K. 1971. *The natural history of the African elephant*. London: Weidenfeld and Nicholson. 397 pp.

古いものではあるが，アフリカゾウに関連する情報の最高水準の作品．

Smithers, R. H. N. 2005. *The mammals of the southern African subregion*. 3rd ed. Cambridge, MA: Cambridge University Press.

ナミビア，ボツワナ，ジンバブエ，モザンビーク，南アフリカ共和国の哺乳類に関する権威ある総合的な参考図書．それぞれの記載項目には全てに自然史とカラー絵図がともに掲載されている．

Sowls, L. K. 1997. *Javelinas and other peccaries: Their biology, management, and use*. 2nd ed. College Station: Texas A&M University Press. 325 pp.

米国に生息する 3 種のブタに似た動物に関する豊富な情報．

Spinage, C. A. 1986. *The natural history of antelopes*. New York: Facts on File. 203 pp.

アフリカのレイヨウに関する一般的な総説．複雑な体系的分類について扱っており，生息地，摂食，移動，繁殖のための縄張り行動，社会構成についての情報が記載されている．付録には様々な種の早見表が含まれている．

Stirling, I., ed. 1993. *Bears: Majestic creatures of the wild*. Emmaus, PA: Rodale Press. 240 pp.

クマの専門家による見事な基礎的情報源．ジャイアントパンダを含む，クマ 8 種全ての解説と比較が盛り込まれている．たくさんのすばらしい写真も掲載されている．

Strahan, R., ed. 1995. *Mammals of Australia*. Rev. ed. Washington, DC: Smithsonian Institution Press. 756 pp.

オーストラリアとタスマニアの固有種と外来種の哺乳類の全ての種に関する基礎的な参考情報源である．

分布区域の地図とカラー写真も掲載されている．

Sunquist, M., and Sunquist, F. 2002. *Wild cats of the world.* Chicago: University of Chicago Press. 452 pp.

ヤマネコ 36 種の行動と生態が，写真，分布図，詳細な参考文献とともに掲載されている．

Susman, R. L., ed. 1984. *The pygmy chimpanzee: Evolutionary biology and behavior.* New York: Plenum Press. 435 pp.

ボノボに関する総合的な情報源．第 1 部では分子生物学，分類学，形態学について詳細が述べられている．第 2 部では行動について取り扱われており，生息地の利用方法，摂食生態，社会構成，繁殖に関する項目が含まれている．

Tattersall, I. 1982. *The primates of Madagascar.* New York: Columbia University Press. 382 pp.

キツネザルに関する権威ある手引き書．キツネザル科，イタチキツネザル科，インドリ科，アイアイ科，コビトキツネザル科の仲間といった，マダガスカルの霊長類の起源について説明されている．系統発生と分類，形態学，適応，行動と生態について考察している．

Taylor, A. B., and Goldsmith, M. L., eds. 2003. *Gorilla biology: A multidisciplinary perspective.* New York: Cambridge University Press. 508 pp.

ゴリラに関する形態学，遺伝学，行動生態学，保全について網羅されている．

Walton, D. W., and Richardson, B. J., eds. 1989. *Fauna of Australia.* Vol. 1B, *Mammalia.* Canberra: Australian Government Publishing Service. 1224 pp.

オーストラリアの哺乳類の形態学，生理学，動物行動学に関する包括的な解説が詳細な参考文献とともに記載されている．

Wemmer, C. M. 1987. *Biology and Management of the Cervidae, A symposium held at the Conservation and Research Center, National Zoological Park, Smithsonian Institution in 1982.* Washington, DC: Smithsonian Institution Press. 577 pp.

シカ科全般に関する，60 人以上の専門家による総説．進化の歴史と（適応）放散，角の発達や神経内分泌調節といった内容を含む解剖学と生理学，行動と繁殖の全ての特徴，種間の関係性，飼育下と野生下での管理についてといったテーマが盛り込まれている．

Whitehead, G. K. 1993. *The Whitehead encyclopedia of deer.* Stillwater, MN: Voyageur Press. 597 pp.

世界中のシカの種について，分布と生物学的，神話的，図像学的なあらゆる側面が網羅されている．

Wilson, D. E., and Cole, F. R. 2000. *Common names of mammals of the world.* Washington, DC: Smithsonian Institution Press. 204 pp.

Wilson and Reeder（1993）によって識別された 4,629 の哺乳類種全ての，唯一の英名が記載されており，必要に応じて属，科，目が記載されている．

Wilson, D. E., and Mittermeier, R. A., eds. 2009-16. *Handbook of the mammals of the world.* 8 vols. Barcelona, Spain: Lynx Editions.

各哺乳類の種の形態学，生物学，生態学，保全に関する詳細な情報を網羅した，包括的な参考図書．それぞれの科に関する詳細な導入が含まれている．分布地図，カラー描画，そしてカラー写真は秀逸である．

Wilson, D. E., and Reeder, D. M., eds. 2005. *Mammal species of the world: A taxonomic and geographic reference.* 3rd ed. Baltimore: Johns Hopkins University Press. 2142 pp.

世界中の哺乳類に関する 2 巻セットのリスト．それぞれの種の項目には，学名と出典，基本的な生息地，分布，そしてコメントが記載されている．いくつかの種に関しては保全状態も記されている．オンライン上でも無料で利用可能．

Wilson, D. E., and Ruff, S., eds. 1999. *Smithsonian book of North American mammals.* Washington, DC: Smithsonian Institution Press. 750 pp.

美しく図解された種々は，メキシコ北部の哺乳類種についての説明を担っている．生息範囲地図が記載されている．

飼育下哺乳類の倫理と動物福祉

Appleby, M. C. 1999. *What should we do about animal welfare?* Malden, MA: Blackwell Science. 192 pp.

著者は動物福祉の科学と倫理的論点に関する明瞭で均整のとれた説明を提示している．導入部が素晴らしい．

Appleby, M. C., and Hughes, B. O., eds. 1997. *Animal welfare.* Oxon, UK: CABI. 316 pp.

国際的な行動学を専門とする科学者で構成された多様なグループによって著作されている．家畜に関して偏って書かれているが，野生動物種に応用，もしくは適用できる情報が提示されている．

Austen, M., and Richards, T. 2000. *Basic legal documents*

on international animal welfare and wildlife conservation. Boston: Kluwer Law International. 696 pp.

野生動物保護のために設計された重要な国際的規約の完全な集録物．個々の種と伴侶動物を保護する CITES のような大規模で多数国が参加している規約から，もっと小規模の規約が含まれている．

Beck, B. B., Arluke, A., and Stevens, E. F., eds. 2001. *Great apes and humans: The ethics of coexistence.* (Zoo and Aquarium Biology and Conservation Series). Washington, DC: Smithsonian Institution Press. 388 pp.

飼育下と野生下のゴリラ，チンパンジー，ボノボ，オランウータンに対する人類の責任について，広い範囲の観点（動物園管理者，自然保護論者，行動科学者）から述べられている．

Bekoff, M., and Meaney, C. A., eds. 1998. *Encyclopedia of animal rights and animal welfare.* Westport, CT: Greenwood Press. 446 pp.

A～Z の順に百科事典形式で包括的な総説を掲載している．テーマには遺伝子工学，狩猟，苦痛，繁殖のコントロール，動物園について網羅されている．付録には関連機関，インターネットサイト，包括的な参考資料，索引が含まれる．

Bostock, S. St. C. 1993. *Zoos and animal rights: The ethics of keeping animals.* New York: Routledge. 227 pp.

動物園で野生動物を飼育することの現代の倫理的問題と同様に，その歴史も調査している．人間の残酷さ，人間の動物支配，野生動物の本来の生息地外での幸福，野生動物と家畜の性質についてがテーマに含まれている．

Broom, D. M., and Johnson, K. G. 1993. *Stress and animal welfare.* Chapman and Hall Animal Behaviour Series. New York: Chapman and Hall. 211 pp.

動物福祉とストレスに関する学習のためのすばらしい情報源．身体と脳を統制するシステムと，動物の適応への限度を分析している．

Burghardt, G. M., Bielitzki, J. T., Boyce, J. R., and Schaeffer, D. O., eds. 1996. *The well-being of animals in zoo and aquarium sponsored research.* Greenbelt, MD: Scientists Center for Animal Welfare. 137 pp.

動物園，水族館における保全，環境エンリッチメント，IACUC（動物実験委員会）の役割に関する研究の倫理的問題について考察されている．

Carbone, L. 2004. *What animals want: Expertise and advocacy in laboratory animal welfare policy.* New York: Oxford University Press. 304 pp.

有名な研究大学の獣医師が書いた，研究施設における動物の権利の歴史に対する学術的調査．著者は生物医学の発展と動物福祉両方が釣り合うよう提唱している．

Cavalieri. P. 2004. *The animal question: Why nonhuman animals deserve human rights.* New York: Oxford University Press. 192 pp.

なぜ基本的人権を人間ではない動物に対して発展させるべきなのかが明確に書かれた簡潔な論拠．

Cohen, C., and Regan, T. 2001. *The animal rights debate.* Lanham, MD: Rowman and Littlefield. 323 pp.

動物の権利に関して反対の意見をもつ 2 人の影響力のある哲学者が，非常に徹底的に理路整然と論議している．

Dawkins, M. S., and Gosling, M. 1992. *Ethics in research on animal behaviour: Readings from animal behaviour.* London: Academic Press. 64 pp.

研究対象の動物が野生下か飼育下かにかかわらず，実験中，痛みに関する評価時，捕食と攻撃行動に関する研究によって倫理的問題が浮上した時に使用された多数の問題点に関する情報を提供している．

Dolan, K. 1999. *Ethics, animals, and science.* Malden, MA: Blackwell Science. 287 pp.

研究に動物を利用することに伴う倫理的問題に関する，明確でバランスのとれた入門書．

Margodt, K. 2000. *The welfare ark: Suggestions for a renewed policy in zoos.* Brussels: VUB University Press. 158 pp.

動物福祉に関する動物園の役割と絶滅の危機に瀕した野生動物について取り扱っている．動物園の囲いに対する身体的，社会的，生理学的な福祉問題について述べられており，そして野生動物の未来に関して動物園教育と研究，それらの役割について考察されている．

Moberg, G. P., and Mench, J. A., eds. 2000. *The biology of animal stress: Basic principles and implications for animal welfare.* New York: Oxford University Press. 392 pp.

生物医学研究からみた動物のストレスに関する広い範囲での考え方を寄稿者たちがまとめている．ストレスを緩和するための新しい取り組み方についても述べられている．

Mullan, B., and Marvin, G. 1999. *Zoo culture.* 2nd ed. Urbana: University of Illinois Press. 172 pp.

動物園および動物園動物が人間にとって意味するこ

とは何かという刺激的（挑発的）な研究．テーマには擬人観，閉じ込めと抑制，動物園の建築物，展示，そして進化の中における動物園といった内容が含まれる．

National Research Council. 1998. *The psychological well-being of nonhuman primates.* Washington, DC: National Academy Press. 168 pp.

動物福祉法に対する 1985 年の修正案の成果．類人猿の心理的要求についてどのようなことが知られているかという調査がされている．明確に書かれていて便利であり，日常のケアプログラム（収容や衛生に関してが含まれている），社会的交わり，活動について事細かに述べられている．

Norton, B. G., Hutchins, M., Stevens, E. F., and Maple, T. L., eds. 1995. *Ethics on the Ark: Zoos, animal welfare, and wildlife conservation.* Zoo and Aquarium Biology and Conservation Series. Washington, DC: Smithsonian Institution Press. 330 pp.

動物園界が直面する，動物の保全，福祉，権利の問題に関する書籍．これらの項目の多くは，研究，再導入，種保存計画のような飼育下繁殖計画に伴う倫理的問題について焦点を当てている．

Regan, T. 2004. *The case for animal rights.* 2nd ed. Berkeley and Los Angeles: University of California Press. 474 pp.

動物の権利運動の有識な指導者によって書かれた学術的な名著．動物の利己的利用を終わらせるためのとても丁寧で説得力のある主張が掲載されている．

Rollin, B. E. 1998. *The unheeded cry: Animal consciousness, animal pain, and science.* Expanded ed. Ames: Iowa State University Press. 330 pp.

科学研究のために動物を利用する道徳観について述べている．

Silverman, J., Suckow, M. A., and Murthy, S., eds. 2007. *The IACUC Handbook.* 2nd ed. Boca Raton, FL: CRC Press. 652 pp.

著者らは米国の連邦規制に基づいて，質疑応答形式で，研究施設での適切な動物の世話と利用についての解釈を提示している．テーマには IACUC（所内動物実験委員会）の実施要綱書式，安楽殺術，外科的処置，動物の飼養エリアの監査といった内容が含まれる．補遺には動物福祉法と動物福祉法法規が含まれている．

U.S. Office of Federal Register. Annual. *Code of federal regulations. Title 8: Animals and animal products.* 2 vols. *Title 50: Wildlife and fisheries.* 2 vols. Washington, DC: Government Printing Office. Also available online.

動物を取り扱った現在の政府規則に関する主要な情報源．タイトル 8 には動物の健康，各州間の輸送，検疫，動物福祉といった内容が含まれている．タイトル 50 は野生動物の所有，売却，捕獲，輸入，輸出などに関する現在の法規則の一覧である．動物園管理者にとって必須ツールである．

基礎的な哺乳類の管理

American Association of Zoo Keepers. 1994. *Zoo infant development notebook.* Volume 1: *Marsupialia-Carnivora.* Volume 2: *Tubulentata-Artiodactyla.* Topeka, KS: American Association of Zoo Keepers.

２つのルーズリーフ・バインダーには人工哺育技術に関わる多くの施設の飼育係からの寄稿が含まれている．新生子発達のデータシートには，授乳姿勢，授乳頻度，歯の萌出年齢，固形食の導入，嗜好性の高い固形食，離乳に関して詳細に記録されている．

———. 2003. *Biological information on selected mammals.* 4th ed. Topeka, KS: American Association of Zoo Keepers. 1396 pp. CD-ROM version.

哺乳種 590 種の生物学的データを含む便利で有益な CD-ROM．含まれているのは，一般名，学名，地理的生息範囲，一般的な成体の大きさと体重，発情周期，繁殖，妊娠期間，産子数，離乳，性成熟，心拍数と呼吸数についてである．

———. [2005]. *AAZK enrichment notebook.* 3rd ed. Topeka, KS: American Association of Zoo Keepers. 455 pp. CD-ROM version.

動物園管理について紹介し，動物園動物の環境を向上させる実用的な方法が提示されていて，動物の餌に適した植物，有毒植物，取扱い，エンリッチメント供給業者，エンリッチメントのための手引きの秘訣が含まれている．

American Association of Zoo Veterinarians. 1976-. *Annual Proceedings.* Atlanta: American Association of Zoo Veterinarians.

米国動物園獣医師協会の年次総会の論文．飼育下と野生動物に対処した動物医療の全ての側面を網羅している．

Asa, C. S., and Porton, I. J., eds. 2005. *Wildlife contraception: Issues, methods, and applications.* Zoo and Aquarium Biology and Conservation Series. Baltimore:

Johns Hopkins University Press. 288 pp.

避妊に関する包括的な書籍である．動物園と水族館の野生動物の飼育係に，この分野で最新の研究事情に関する情報を提供している．

Brent, L. 2001. *The care and management of captive chimpanzees.* Special Topics in Primatology, vol. 2. San Antonio, TX: American Society of Primatologists. 306 pp.

該当分野の専門家によって書かれた広い範囲のテーマを含んでいる．施設設計，健康管理と避妊，規則，トレーニング，社会グループの形成と管理について網羅されている．詳細な科学的文献の総説である．

Cheville, N. F. 2006. *Introduction to veterinary pathology.* 3rd ed. Ames, IA: Blackwell. 370 pp.

この本は獣医病理学を初めて学ぶ学生に向けたものであるが，キュレーターや管理者にも価値のあるものとなっている．人間以外の脊椎動物種に関する基礎病理学と分子病理学の一般原則を記載している．明確に記述してあり，そして非常に良い図解がある．

Clubb, R., and Mason, G. 2002. *A review of the welfare of zoo elephants in Europe.* London: Royal Society for the Prevention of Cruelty to Animals. 303 pp. Also available free online at the RSPCA Web site.

飼育下におけるゾウの歴史，一般的な飼育，動物園環境の社会的側面，トレーニング，繁殖，問題行動，死亡率に関する報告書．食餌に関する推奨と足部にみられる問題についての特別の補遺が掲載されている．

Crandall, L. S. 1964. *The management of wild mammals in captivity.* Chicago: University of Chicago Press. 761 pp.

飼育下野生動物の管理に従事している者全てにとって見逃すべきではない名著．それぞれの哺乳類の一般的なケア，食餌，飼育下での歴史，展示方法，繁殖の方法といった一般的な管理法に関する情報と，妊娠期間と寿命に関する特定の情報が提供されている．

Csuti, B., Sargent, E. L., and Bechert, U. S., eds. 2001. *The elephant's foot: Prevention and care of foot conditions in captive Asian and African elephants.* Ames: Iowa State University Press. 163 pp.

この本は飼育下のアジアゾウとアフリカゾウの足の病気の防止，ケア，治療計画のために役に立つ入門書である．モノクロの写真が盛り込まれている．

Dierauf, L. A., and Gulland, F. M. D., eds. 2001. *CRC handbook of marine mammal medicine.* 2nd ed. Boca Raton, FL: CRC Press. 1120 pp.

対象とする範囲が広く，この本は鯨類，鰭脚類，マナティー，ラッコ，ホッキョクグマの解剖学と生理学，感染症，治療，外科的処置，病理学，保全医学，給餌と収容，ハズバンダリー，座礁，リハビリテーションに関する情報が網羅されている．飼育係と同様に獣医師にとっても秀逸な参考図書である．

Ettinger, S. J., and Feldman, E. C., eds. 2005. *Textbook of veterinary internal medicine.* 6th ed. 2 vols. Philadelphia: W. B. Saunders. 2208 pp. Comes with either a CD-ROM or access to online edition with updates.

イヌとネコに悪影響を与える病気の病態生理学，診断，病気の治療を含む百科事典的情報源．この古典的な教本は哺乳類の病気に関わる全ての専門家にとって有用である．

Field, D. A., ed. 1998. *Guidelines for environmental enrichment.* West Sussex, UK: Association of British Wild Animal Keepers. 1 vol. (loose- leaf). 250 pp.

様々な著者が魚から類人猿まで全ての脊椎動物に関するエンリッチメントの趣向とアイデアの詳細な解説を提供している．

Fowler, M. E. 1995. *Restraint and handling of wild and domestic animals.* 2nd ed. Ames: Iowa State University Press. 383 pp.

文章と絵図を通して，野生動物と家畜動物の物理的，化学的な人道的で実用的な取扱い方のためのガイドラインを提示している．

Fowler, M. E., and Cubas, Z. S., eds. 2001. *Biology, medicine, and surgery of South American wild animals.* Ames: Iowa State University Press. 536 pp.

非獣医資格者もしくは動物園管理者のためのもの．爬虫類から哺乳類まで網羅されていて，テーマには動物園での繁殖，栄養，飼育下での管理法，公衆衛生，有毒生物，有害動物についての内容が含まれている．

Fowler, M. E., and Miller, R. E., eds. 2003. *Zoo and wild animal medicine.* 5th ed. Philadelphia: W. B. Saunders. 942 pp.

徹底的に改訂され種別に構成された使い勝手の良い形になっていて，飼育下のエキゾチック動物のため獣医療に関する，最新の信頼のおける手引書である．著者らはそれぞれの動物の生物学，解剖学，生理学，保定とハンドリング，特殊な収容設備の必要性，病気などに関する知識とノウハウを提供している．野生動物を取り扱う方々に高く推奨する．

Gage, L. J., ed. 2002. *Hand-rearing wild and domestic*

mammals. Ames: Iowa State University Press. 279 pp.

50 種以上の家畜，野生動物，動物園動物を育て，世話をするうえでの指導，秘訣，助言が掲載された図解付きで詳細な手引き．テーマには，収容，一般的な医療関連の問題，予想増体重，食餌，離乳方法などが含まれる．

Gibbs, E. P. J., and Bokma, B. H., eds. 2002. *The domestic animal/ wildlife interface: Issues for disease control, conservation, sustainable food production, and emerging diseases.* Annals of the New York Academy of Sciences, vol. 969. New York: New York Academy of Sciences. 369 pp.

2001 年に南アフリカで行われた，熱帯獣医学会と野生動物医学会の学会とワークショップの成果．野生動物と家畜の両方でみられる病気の問題点と，2 個体群間での病気の伝播を取り上げている．

Gosden, C. 2004. *Exotics and wildlife: A manual of veterinary nursing care.* New York: Elsevier. 256 pp.

エキゾチック動物の看護のための実用的な入門書で，それぞれの章には症例が掲載されている．

Grandin, T. 2007. *Livestock handling and transport.* 3rd ed. Cambridge, MA: CABI. 386 pp.

動物のハンドリングに関する研究データと実用的な情報．動物の移送中のストレス生理に関する化学的情報．

Griner, L. A. 1983. *Pathology of zoo animals: A review of necropsies conducted over a fourteen-year period at the San Diego Zoo and San Diego Wild Animal Park.* San Diego, CA: Zoological Society of San Diego. 608 pp.

広く様々な哺乳類に関する，優れた基本的な生理学的情報が掲載されている．ストレス，外傷，栄養不良，全身性疾患について論議されている．

Hand, S. J., ed. 1997. *Care and handling of Australian native animals: Emergency care and captive management.* Chipping Norton, NSW, Australia: Surrey Beatty. 210 pp.

応急手当，ケージや檻の必要条件，食餌，繁殖，ハンドリング，標識付け，病気と寄生虫といった内容を含む，動物の世話に関する実用的な入門書．

Hediger, H. 1964. *Wild animals in captivity.* New York: Dover. 207 pp.

この古典的な教本は動物園生物学を学ぶための基礎を提供してくれる．動物行動学とどれくらいのスペースが必要かという観点から，飼育下野生動物を管理するための基本原則を論議している．

Hugh-Jones, M. E., Hubbert, W. T., and Hagstad. H. V. 2000. *Zoonoses: Recognition, control and prevention.* Ames: Iowa State University Press. 369 pp.

ヒトと動物の共通感染症の問題に関する優れた入門書．媒介因子や病気の認知，管理体制の整備，予防，根絶戦略，感染症報告の手順，将来的な問題といったテーマが網羅されている．

International Conference on Environmental Enrichment. 1993-. *Conference Proceedings.* Biannual. Several are available at *Shape of Enrichment's* Web site.

これらの学会要旨は，専らエンリッチメントと動物福祉に関係している．飼育下哺乳類を取り扱ううえで重要である．

Jackson, S. M. 2003. *Australian mammals: Biology and captive management.* Collingwood, Victoria, Australia: CSIRO. 524 pp.

オーストラリアの有袋類とその他の哺乳類の飼育に関する完璧で包括的な入門書．生物学，収容，捕獲と保定，輸送，食餌，繁殖，人工哺育，行動，行動エンリッチメントといった情報が掲載されている．

Kirkwood, J. K., and K. Stathatos. 1992. *Biology, rearing, and care of young primates.* New York: Oxford University Press. 154 pp.

霊長類の新生子と若い個体を管理するための詳細な情報が提供されている実用的なマニュアル．社会構成，繁殖年齢，季節性，妊娠，母乳と母乳の摂取，授乳と離乳，給餌，身体的発達と行動発達，病気と死亡率，予防医学，人工哺育と群れ導入に関する指示といったテーマについて述べている．

Kleiman, D. G. [et al.], eds. 1996. *Wild mammals in captivity: Principles and techniques.* Chicago: University of Chicago Press. 639 pp.

少し古いが，ほとんどの部分が飼育下で野生動物の管理に直接従事している者や哺乳類の保全や管理に一般的に関わる者にとって，未だにとても有用である．本書の初版本である．

McKenzie, A. A., ed. 1993. *The capture and care manual: Capture, care, accommodation and transportation of wild African animals.* Pretoria, South Africa: Wildlife Decision Support Services, South African Veterinary Foundation. 729 pp.

26 人の野生動物の専門家による，野生動物への薬剤の使用，捕獲とハンドリング，輸送のための実用書．各章では食肉動物，霊長類，レイヨウ，ゾウ，サイ，カバ，キリンなどの草食動物について述べている．

Neilson, L. 1999. *Chemical immobilization of wild and exotic animals*. Ames: Iowa State University Press. 400 pp.

野生動物の捕獲と保定をする必要がある人々に向けた実用的で詳細な取扱い方法．歴史，倫理，薬品搬送設備，技術，薬理学，捕獲後の管理，応急処置法，人身の安全確保に関する情報が盛り込まれている．種特異的な特徴に関する広範囲の解説が含まれており，300以上の哺乳類，鳥類，爬虫類の一般的な種のための薬物の推奨事項が含まれている．正確に図解されている．

Poole, T., ed. 1999. *The UFAW handbook on the care and management of laboratory animals*. Vol. 1, *Terrestrial Vertebrates*. 7th ed. Malden, MA: Blackwell Science.

健全で好ましい環境で実験動物を飼育するための実用的な関連情報．30もの章が哺乳類に充てられている．テーマには生物学，病気，給餌，ハンドリング，繁殖，生活史といった内容が含まれている．

Quesenberry, K. E., and Carpenter, J. W., eds. 2003. *Ferrets, rabbits and rodents: Clinical medicine and surgery (includes sugar gliders and hedgehogs)*. 2nd ed. Philadelphia: W. B. Saunders. 461 pp.

小型哺乳類を取り扱う者にとって有益な参考文献．調査範囲には基礎的な生物学，飼育，日常的な世話が含まれている．病気の管理，外科的処置，放射線学といった内容の章もある．

Ramirez, K., ed. 1999. *Animal training: Successful animal management through positive reinforcement*. Chicago: Shedd Aquarium. 578 pp.

専門的な動物のトレーナーと動物行動学や飼育を学ぶ学生のためにつくられた．この論文のコレクションは，音によるオペラント条件づけとトレーニングの原理に焦点を当てている．Ramirezは150人以上の専門家による100以上の論文の転載の許可を得ている．

Reinhardt, V., and Reinhardt, A., eds. 2002. *Comfortable quarters for laboratory animals*. 9th ed. Washington, DC: Animal Welfare Institute. 114 pp. Online free version found at AWI Web site.

実験動物舎の建造，改造，再装備を計画している者のための図説付きマニュアル．

Rollefson, I. K., Mundy, P., and Mathias, E. 2001. *A field manual of camel diseases: Traditional and modern veterinary care for the dromedary*. Rugby, Warwickshire, UK: ITDG. 232 pp.

ラクダの主要な90の病気に関する詳細．病気の症状，原因，簡単な予防と治療法に関する情報が提供されている．現地の治療者や牧夫が使用していたものと同様に，西洋医学による治療法も含まれている．線画による図解付き．

Samuel, W. M., Pybus, M. J., and Kocan, A. A. 2001. *Parasitic diseases of wild mammals*. 2nd ed. Ames: Iowa State University Press. 559 pp.

1971年のJ. W. Davisによる『Parasitic Diseases of Wild Animals』の改訂版．飼育下と野生動物両方の寄生虫病に関する情報が提供されている．取り扱われている寄生生物と寄生的な生物グループは外部寄生生物，ぜん虫もしくは内部寄生生物，原生生物である．全ての動物医療従事者にとって基準となる参考文献として役に立つ．

Shepherdson, D., Mellen, J., and Hutchins, M., eds. 1998. *Second nature: Environmental enrichment for captive animals*. Zoo and Aquarium Biology and Conservation Series. Washington, DC: Smithsonian Institution Press. 350 pp.

研究所，海洋公園，動物園の飼育下動物のための環境エンリッチメントプログラムをどのようにして組み立てるかということに関するガイドブック．著者らはエンリッチメントの理論的な基礎的事項，動物保護と福祉と飼育下の管理，ハズバンドリー，トレーニングについて論議している．ヒョウからクジラまでの哺乳類に重点を置いている．

Williams, E. S., and Barker, I. K. 2001. *Infectious diseases of wild mammals*. 3rd ed. Ames: Iowa State University Press. 558 pp.

71人の寄稿者が野生と飼育下の哺乳類の感染症の診断法と治療法を提示している．議論されているそれぞれの病気に関して，歴史，分布，病因，発生生態，免疫性，伝染性，臨床徴候，病理，診断法，治療法，抑制といった情報が含まれている．

Woodford, M. H., ed. 2001. *Quarantine and health screening protocols for wildlife prior to translocation and release into the wild*. Paris: Office International des Epizooties (OIE). 99 pp.

野生動物の移送計画に付随する病気のリスクの可能性の解説を提示している冊子．30人以上の世界中の野生動物獣医師が執筆している．

Young, R. J. 2003. *Environmental enrichment for captive animals*. UFAW Animal Welfare Series. Oxford: Blackwell

Science. 228 pp.

動物の飼育，法的問題，倫理といったものの歴史について論議している．様々な環境エンリッチメントの方法とそれらが実際に機能しているかどうか，どのようにエンリッチメントプログラムを組み，管理するかといった内容を細かく調査している．理論的で実用的である．動物園に最適．

栄　養

American Zoo and Aquarium Association. Animal Health Committee. 1994. *Infant diet notebook.* Rev. ed. Silver Spring, MD: American Zoo and Aquarium Association.

幼い野生哺乳類の食餌と人工哺育技術に関する内容を含んだルーズリーフ形式のマニュアル．いつ動物を“引き離す”のか，選択された方式の組成，成長曲線，給餌用の器具もしくは囲うために必要なもの，離乳手順といった内容が網羅されている．

———. Nutrition Advisory Group. 1997. *Nutrition advisory group handbook.* Silver Spring, MD: American Zoo and Aquarium Association.

乾草や飼料原料の質，ビタミン，食餌としての魚といった動物園動物の栄養の全ての観点に関した読みやすい概況報告書（ファクトシート）．ゾウ，草食性の霊長類，コツメカワウソの食餌について特別に取り扱われている．

Barboza, P. S., Parker, K. L., and Hume, J. D. 2009. *Integrative wildlife nutrition.* Berlin: Springer-Verlag. 341 pp.

原生生息地での哺乳類とその他の動物の栄養に関する基本原理について応用できる，一般的な参考図書．写真，グラフ，描画でよく図解されている．

Carey, D. P., Norton, S. A., and Bolser, S. M., eds. 1996. *Recent Advances in Canine and Feline Nutritional Research: Proceedings of the 1996 Iams International Nutrition Symposium.* Wilmington, OH: Orange Frazer Press. 284 pp.

消化器系の健全，新生子と生殖の健全，腎臓の健全のための食餌の重要性について論議している．身体的にストレスをかけられたイヌのための栄養に関する情報を提供している．

Cheeke, P. R. 2004. *Applied animal nutrition: Feeds and feeding.* 3rd ed. Upper Saddle River, NJ: Prentice Hall. 624 pp.

様々な家畜や野生動物のための飼料原料や給餌の実践に関する特性を解説している．このテーマに関する優れた入門書である．

Comparative Nutrition Society. 1998-. *Symposia of the Comparative Nutrition Society.* Silver Spring, MD: Comparative Nutrition Society.

比較栄養学会（Comparative Nutrition Society）によって隔年で開催されたシンポジウムにより，比較栄養学に関心がある様々な分野からの研究所とフィールドの科学者を呼び集めている．論文は栄養，生理，代謝，生化学，動物科学，野生動物と海洋生物学，生態学，哺乳類を含む全ての動物グループの分野を網羅している．

D'Mello, J. P. F., and Devendra, C., eds. 1995. *Tropical legumes in animal nutrition.* New York: Oxford University Press. 352 pp.

動物の栄養における，熱帯性のウシなどが食べるのに適した若葉，牧草，穀実用マメ科作物の利用について論議している．国際的な第一人者達によって執筆されている．

Dr. Scholl Nutrition Conference. 1980-91. *Proceedings of the Annual Dr. Scholl Nutrition Conference on the Nutrition of Captive Wild Animals.* 1st-9th. Chicago: Lincoln Park Zoological Society.

年刊の学会要旨には，野生動物の一般的な栄養に関することから，個々の種と科が必要とするものといった範囲が網羅されている．野生動物の栄養に関する数少ない情報源の 1 つ．

Engel. C. 2002. *Wild health: How animals keep themselves well and what we can learn.* Boston: Houghton Mifflin. 276 pp.

この魅力的な本の中で，著者はどのようにして動物（哺乳類と鳥類）は健康状態を維持するために自己治癒を行っているのか調査している．彼女は民間伝承を元に，科学的に立証可能な事実と困難な事実を分けるために，研究室での研究とフィールドでの観察に従事してきた．

Fidgett, A., [et al.], eds. 2003. *Zoo animal nutrition.* Vol. 2. Furth: Filander Verlag. 278 pp.

この巻では，もし口蹄疫の発生により中止されていなければ，第 2 回動物園動物栄養学会（Zoo Animal Nutrition Conference）で発表されていたであろう論文の，精選文献を紹介している．野生，飼育下両方の有蹄類の栄養に関して有用な参考文献である．

Hudson, R. J., and White, R. G. 1985. *Bioenergetics of wild herbivores.* Boca Raton, FL: CRC Press. 314 pp.

テーマには草食動物に関連する，消化，有蹄類の体温調節，維持代謝，繁殖と授乳といった内容が含まれる．栄養士にとって名著である．

Hume, I. D. 1999. *Marsupial nutrition.* New York: Cambridge University Press. 434 pp.

小さな食虫動物から大きな草葉食動物まで，有袋類の動物の消化器と代謝が，花蜜，菌類，樹液，草，昆虫，ユーカリの葉というような，タイプの大きく異なる食物にうまく対処するためにどのように設計されているのか論議している．全ての哺乳類に応用可能である．野生動物の生物学者と獣医師にとってすばらしい参考文献である．

Jung, H-J. G., and Fahey, G. C. Jr., eds. 1999. *Nutritional Ecology of Herbivores: Proceedings of the 5th International Symposium on the Nutrition of Herbivores.* Savoy, IL: American Society of Animal Science. 836 pp.

野生の草食動物と家畜の広い種における，消化と代謝に影響する要因に関する論文のシリーズ．

Kellems, R. O., and Church, D. C. 2001. *Livestock feeds and feeding.* 5th ed. Upper Saddle River, NJ: Prentice Hall. 654 pp.

化学成分と動物の飼料原料の利用についての内容を含む，家畜の栄養と給餌に関する優れた入門書．各種の章ではそれらの種に独特の管理と給餌について論じている．

Montgomery, G. G., ed. 1978. *The ecology of arboreal folivores.* (A symposium held at the Conservation and Research Center, National Zoological Park, Smithsonian Institution, May 29-31, 1975.) Washington, DC: Smithsonian Institution Press. 574 pp.

植物生態学と葉を食べるための動物の適応に取り組んだシンポジウムで提供された論文．サルやコアラといった哺乳類の飼育下の管理のための手引き．年月を経ているが，動物園にとって未だに有用である．

National Research Council. *Nutrient requirements of domestic animals.* Washington, DC: National Academies Press.

以下は National Academic Press のウェブサイトで全文が利用可能である．

Nutrient requirements of beef cattle. 7th rev. ed. 1996. 248 pp.

Nutrient requirements of dogs and cats. Rev. ed. 2006. 368 pp.

Nutrient requirements of goats: Angora, dairy, and meat goats in temperate and tropical countries. 1981. 91 pp.

Nutrient requirements of horses. 6th rev. ed. 2007. 341 pp.

Nutrient requirements of mink and foxes. 2nd rev. ed. 1982. 72 pp.

Nutrient requirements of nonhuman primates. 2nd rev. ed. 2003. 308 pp.

Nutrient requirements of rabbits. 2nd rev. ed. 1977. 17 pp.

Nutrient requirements of sheep. 6th rev. ed. 1985. 99 pp.

Nutrient requirements of small ruminants: Sheep, goats, cervids, and new world camelids. 2007. 362 pp.

Nutrient requirements of swine. 10th rev. ed. 1998. 210 pp.

Nijboer, J [et al.], eds. 2000. *Zoo animal nutrition.* Furth: Filander Verlag. 324 pp.

動物園での栄養に関する研究の総説が提供され，飼育下動物に特有の栄養関連の問題を扱っている．有袋類，コウモリ，ゴリラ，サル，キツネザル，カワウソ，バビルサ，オカピ，キリンに関する論文．ネコ，カワウソ，イノシシの乳子の食餌の必要条件が掲載されている．

Perlman, J., and MacLeod. A. *Wildlife feeding and nutrition.* 1st ed. Oakland, CA: International Wildlife Rehabilitation Council. 42 pp.

この出版物の中のテーマには，食餌構成，栄養素，消化，飼育下の成体の野生動物への給餌，エネルギー要求量，食餌の配合処方の原理，動物の乳幼子の給餌，るい痩，栄養失調，エンリッチメントが含まれる．

Pond, W. G., Church, D. C., and Pond, K. R. 1995. *Basic animal nutrition and feeding.* 4th ed. New York: John Wiley. 615 pp.

動物の栄養の原理を網羅した優れた入門的な情報源．動物の成長，繁殖，維持のための食餌中の全ての栄養要求を明らかにしている．

Robbins, C. T. 1994. *Wildlife feeding and nutrition.* 2nd ed. San Diego, CA. Academic Press. 352 pp.

野生動物と飼育下野生動物のための栄養の基本原理に関する総説．動物園の栄養士と管理者にとって価値のある参考図書．

Stevens, C. E., and Hume. I. D. 1995. *Comparative physiology of the vertebrate digestive system.* 2nd ed. New York: Cambridge University Press. 416 pp.

エネルギー要求と栄養要求，そして脊椎動物グループ間でどのように多様かを議論している．各章は運動活性，消化と吸収，微生物による発酵，分泌，神経内分泌系コントロールを網羅している．

Van Soest, P. J. 1994. *Nutritional ecology of the ruminant.* 2nd ed. Ithaca, NY: Comstock. 476 pp.

繊維物質と反芻胃および熱帯性の飼料に関する名著．

展　示

Association of Zoological Horticulture. 1998. *Animal browse survey.* New Orleans: Audubon Institute. 172 pp. CD-ROM version available from AZH entitled *2003 Animal Browse and Enrichment Survey.* Requires MS access 2000 or later version.

様々な動物園動物のための食餌と，エンリッチメントとして利用できる植物のリストを提供している．情報は入手のしやすさを確実なものとするための数々の異なった方法で構成されている．

Association of Zoological Horticulture and American Association of Zoo Veterinarians. 1992. *1992 toxic plant survey.* Asheboro: North Carolina Zoo/Association of Zoological Horticulture. 502 pp.

動物園のノウハウと経験を一緒に1つの情報源にまとめたもの．広範な植物の索引は植物の有毒部分と動物の反応を示している．個々の動物の索引では，個々の種に有毒な植物の一覧を提供している．詳細な参考文献が含まれている．

Bailey, L. H. 1976. *Hortus third: A concise dictionary of plants cultivated in the United States and Canada.* Hoboken, NJ: John Wiley. 1290 pp.

未だに植物の百科事典の中で最高のものの1つとして認識されている．科，属，種に関する解説とともに23,979項目が含まれている．植物の利用，文化，生殖に関する記録．展示計画および緑化計画に最適である．

Bell, C. E., ed. 2001. *Encyclopedia of the world's zoos.* 3 vols. Chicago: Fitzroy Dearborn. 1577 pp.

3巻セットになっており，世界中の主要な動物園，それらの歴史，発展，経常予算，保全活動，経営戦略計画といった内容の包括的な総説．主要動物に関する解説があり，それらの展示と収集歴がともに掲載されている．多くの展示場のモノクロ写真と建築図面が含まれている．

Burrows, G. E., and Tyrl, R. J. 2001. *Toxic plants of North America.* Ames: Iowa State University Press. 1342 pp.

北米で発見された，人間にも動物にも有害な植物に関する総合的な参考図書．情報として植物の形態学と分布，有毒成分，関連する病気の問題，治療法といった内容が含まれている．アルファベット順に並べられており，モノクロのデッサンと分布図が掲載されている．

Graf, A. B. 1992. *Hortica: Color cyclopedia of garden flora in all climates and indoor exotic plants.* Farmingdale, NJ: Roehrs. 1216 pp.

多数の高品質の写真（8,100）が掲載されている．展示のための屋外用植物と屋内用植物の識別と選択のためのすばらしい情報源．10,000以上の観賞用植物の耐環境範囲図と詳細な解説が含まれている．

———. 2003. *Tropica: Color cyclopedia of exotic plants and trees for warm-region horticulture, in cool climate, the summer garden, or sheltered indoors.* 5th ed. Farmingdale, NJ: Roehrs. 1152 pp.

展示場と庭園のための熱帯性植物と屋内用植物の識別と選択のためのすばらしい情報源．7,000ものカラー写真とともに図解されている．

Hancocks, D. 1971. *Animals and architecture.* New York: Praeger. 200 pp.

動物園建築様式の歴史に関する本．古い獣舎やメナジェリーからその時代の最先端をいく展示まで，展示場の描画と写真を用いてうまく図説されている．動物による建造物に関する章も含まれている．古い本ではあるが，この狭い分野の文献の中では名著となっている．

———. 2001. *A different nature: The paradoxical world of zoos and their uncertain future.* Berkeley and Los Angeles: University of California Press. 279 pp.

動物園の歴史とそれらの社会的役割を世界規模で調査しながら，著者は動物園の展示法と動物園の設計に焦点を当てている．彼は飼育下動物のための思いやりをもった環境について主張している．十分な図解がある．

Hanson, E. 2002. *Animal attractions: Nature on display in American zoos.* Princeton, NJ: Princeton University Press. 243 pp.

どのようにして米国の動物園が自然への感謝を助長するための試みの中で，動物コレクションをデザインし，展示してきたかという歴史的観点からみた本．

International Symposium on Zoo Design and Construction.

1975, 1976, 1980, 1989, 1999. *Zoo Design 1, 2, 3, 4, and 5.* (Proceedings of the International Symposium on Zoo Design and Construction held at Paignton Zoological and Botanical Gardens and Oldway Mansion, Paignton, Devon, England.)

1989 年のシンポジウムは「Zoo Design and Construction」というタイトルがつけられ，1999 年のシンポジウムは「Conservation Centres for the New Millennium」というタイトルがつけられた．論文には，動物園設計に関する基本原理，大型哺乳類のための収容設備，屋内展示，ガラスの利用，また動物福祉に則った設計，来園者のための施設，植物の利用，厳しい温度環境の地域における動物園の建築，古い動物園の改装といった内容も記述されている．

Polakowski, K. J. 1987. *Zoo design: The reality of wild illusions.* Ann Arbor: University of Michigan Press. 193 pp.

造園学方面に関係する専門家たちによる動物園の設計概念の全書．過去と現在の設計哲学，展示設計を通じた動物園の目的の実行，長期発展計画，展示によるテーマの紹介，動物と人間両方のための植物の利用といったテーマについて議論されている．

Sausman, K., ed. 1982. *Zoological parks and aquarium fundamentals.* Wheeling, WV: American Association of Zoological Parks and Aquariums. 356 pp.

寄稿者は本巻で現代の動物園と水族館の効果的な設計，発展，運営全般に関する基本的な情報を提供している．1982 年発行であるが，情報の多くが未だに意味のあるものとなっている．動物園管理者にとって価値のある情報源．

Serrell, B. 1996. *Exhibit labels: An interpretive approach.* Walnut Creek, CA: Alta Mira Press. 261 pp.

来園者に分かりやすい解説標識を書くことについての完璧な総説を提供している．異なった来園者の学習スタイルを分析し，ともに相互作用する言葉と絵図を作成するためのアドバイスをしている．書体，演出，成型加工について議論している．

Wemmer, C. M., ed. 1992. *The Ark evolving, Zoos and aquariums in transition.* Front Royal, VA: Conservation and Research Center, National Zoological Park. 288 pp.

動物園動物の展示の進化，最新の展示デザインを反映した文体の流行，そして動物園や水族館が伝えるべきメッセージについて解説している．

保全と調査研究

American Zoo and Aquarium Association. *AZA Annual Report on Conservation and Science (ARCS).* 1993/94-2006. Silver Spring, MD: American Zoo and Aquarium Association. Available only for AZA members online: 2003-6.

AZA のメンバーである機関の，野生動物と生息地の保全への貢献の年刊のレビュー．

———. 1994. *AZA Manual of Federal Wildlife Regulations.* Vol. 1: *Protected Species.* Vol. 2 A and B: *Laws and Regulations.* Silver Spring, MD: American Zoo and Aquarium Association.

米国の全ての連邦政府と国際的に保護されている野生動物種のためのガイド．

Bolton, N., ed. 1997. *Conservation and the use of wildlife resources* Conservation Biology Series. New York: Chapman and Hall. 278 pp.

保全の問題に関する当時の考え方が示されている．テーマには，人間による強い影響，科学技術の変化，都会化，そして文化的変化，持続可能性，保護されたエリアの利用，動物園とそれらの役割，エコツーリズムといった内容が含まれている．多くの国際的な事例が含まれている．

Bookhout, T. A., ed. 1996. *Research and management techniques for wildlife and habitats.* 5th ed. Bethesda, MD: Wildlife Society. 740 pp.

とても包括的な情報源となっている．調査研究と実験の計画，データ分析，捕獲，野生動物のハンドリングと標識付け，個体群の分析と管理，生息地の分析と管理について網羅している．

Bothma, J. du P., ed. 1996. *Game ranch management.* 3rd ed. Pretoria, South Africa: J. L. van Schaik Publishers. 639 pp.

複数の著者による，猟が許可された農場に関する，計画，指導基準，野生動物の選び方，病気，生息地の管理，資源の持続可能な利用といった，全ての側面における実用的な情報源．

Caro, T., ed. 1998. *Behavioral ecology and conservation biology.* New York: Oxford University Press. 582 pp.

各章は保全に関する問題と保全に介入するプログラムについて論議している．テーマには行動，繁殖システム，分散と近親交配の回避，有効個体数といった内容が含まれている．調査研究や再導入計画を立案するのに有用である．

Caughley, G., and Gunn, A. 1996. *Conservation biology in theory and practice.* Cambridge, MA: Blackwell Science. 459 pp.

絶滅危惧種の保全のための権威のある実用的な手引き．個体群動態，危機分析，個体数減少の原因分析と対処法を解説するために，絶滅と絶滅に瀕した動物の多数の事例史が掲載されている．経済と国際間・国内での法律制定の重要性が議論されている．

Clark, T. W., Reading, R. P., and Clarke, A. L., eds. 1994. *Endangered species recovery: Finding the lessons, improving the process.* Washington, DC: Island Press. 461 pp.

めぼしい種の回復プログラムの事例研究は，それらの成功，失敗，そして問題点を探り分析しようという試みとして提示されている．回復プログラムを改善する実用的な解決法が提供されている．

Conover, M. R. 2002. *Resolving human-wildlife confl icts: The science of wildlife damage management.* Boca Raton, FL: CRC Press. 440 pp.

野生動物の管理者と野生動物と人間との相互干渉について取り扱うもの全てが直面する問題について議論している．哲学，歴史，ヒトと動物の共通感染症，経済，外来種による環境へのダメージ，管理技術（駆除，避妊，移動，化学的忌避物質など）といったテーマを網羅している．事例とともにうまく編成されている．

Conway, W. G., [et al.], eds. 2001. *The AZA field conservation resource guide.* Silver Spring, MD: American Zoo and Aquarium Association. 323 pp.

動物園と水族館における現場の保全のための実現可能な選択肢について，さらにそれぞれのコストと利益について議論した実用的なマニュアル．

Cowlishaw, G., and Dunbar, R. I. M. 2000. *Primate conservation biology.* Chicago: University of Chicago Press. 498 pp.

霊長類の多様性，生活史，生態，行動に関する詳細な総説を提供し，また，生息地の破壊や狩猟による現在の脅威について議論し，そして保全戦略と管理の実行についてよく調べている．

Dinerstein, E. 2003. *The return of the unicorns: The natural history and conservation of the greater one- horned rhinoceros.* New York: Columbia University Press. 316 pp.

ネパールの Royal Chitwan National Park におけるインドサイを守るための著者の取り組みについて述べられた非常におもしろい本．その保護，生息地設計，普及啓発，そして経済的刺激のプログラムは，大型哺乳類の保全の成功例として役に立つ．

Entwistle, A., and Dunstone, N., eds. 2000. *Priorities for the conservation of mammalian diversity: Has the panda had its day? Conservation Biology,* no. 3. New York: Cambridge University Press. 455 pp.

哺乳類に関する現代の保全へのアプローチに関する論評．研究者と保全論者たちは哺乳類の保全の正当化，優先順序の設定，そして将来的な哺乳類の保護のための有望な新しいアプローチと技術について議論している．

Feinsinger, P. 2001. *Designing field studies for biodiversity conservation.* Washington, DC: Island Press. 212 pp.

質問の組立てや研究の立案といった，科学的研究調査に対する共通認識的なアプローチ，そして植物，動物，景観の自然史の理解，また結果の解釈が掲載されている．

Festa-Bianchet, M., and Apollonio, M., eds. 2003. *Animal behavior and wildlife conservation.* Washington, DC: Island Press. 380 pp.

個々の動物の行動を知ることがどのように保全計画において効果的な役割を果たすことができるかを調査している．

Frankham, R., Ballou, J. D., and Briscoe, D. A. 2004. *A primer of conservation genetics.* New York: Cambridge University Press. 234 pp.

保全のための遺伝学的研究の重要性が強調された入門的テキスト．遺伝的多様性，小個体群での遺伝的影響の重大性，飼育下繁殖と再導入といったテーマを網羅している．

Friedmann, Y., and Daly, B., eds. 2004. *Red data book of the mammals of South Africa: A conservation assessment.* Parkview, South Africa: Conservation Breeding Specialist Group, Southern Africa/International Union for Conservation of Nature; Endangered Wildlife Trust. 722 pp.

南アフリカの 295 の陸生，海生動物の種と亜種の保全状況についての総合的な科学的評価．分布，生息地，個体群の状態と傾向，繁殖に関する特性，陸生動物の分布地図，利用可能な全ての参考文献と研究成果が含まれている．南アフリカに生息する全ての哺乳類とその生息地の保全と管理のための提案を示している．

Gales, N., Hindell, M., and Kirkwood, R., eds. 2003. *Marine mammals: Fisheries, tourism and management issues.* Collingwood, Victoria, Australia: CSIRO. 446 pp.

2000年の南半球海棲哺乳類学会（Southern Hemisphere Marine Mammal Conference）で発表された論文集．12か国から集まった68人の優れた科学者が人間と野生動物の相互干渉について議論している．間引き，漁業と水産養殖はどのように哺乳類の個体群と相互に影響しあっているか，そしてホエールウォッチング，ドルフィンウォッチング，アザラシウォッチング事業の野生動物への影響といったテーマについて記されている．

Ganslosser, U., Hodges, J. K., and Kaumanns, W. 1995. *Research and captive propagation.* Furth: Filander Verlag. 338 pp.

本書は，絶滅危惧種の維持と繁殖のための生物学的，獣医学的技術に関する包括的な総説を提供している．系統分類学，遺伝学，繁殖生物学，栄養と代謝，行動，生態，獣医学，進化生物学といった内容が含まれている．動物園にとって最良な本．

Gibbons Jr., E. F., Durrant, B. S., and Demarest, J., eds. 1995. *Conservation of endangered species in captivity: An interdisciplinary approach.* Albany: State University of New York Press. 810 pp.

本書は分類群で構成されており，海生哺乳類，霊長類，そしてその他の哺乳類が含まれている．それぞれのグループに関して，議論は保全，繁殖生理，行動，飼育下計画を中心としている．保全に関する章では分類群の飼育下，野生下両方の現状の概要を述べている．

Gibbons Jr., E. F., Wyers, E. J., and Waters, E., eds. 1994. *Naturalistic environments in captivity for animal behavior research.* Albany: State University of New York Press. 387 pp.

飼育下の動物のための自然主義的な環境に関する全ての側面を解説している．動物のケアの標準，施設の設計，建設，運営，そしてそれらの要素の動物の行動への影響をまとめている．研究者や動物行動学を学ぶ学生と同様に，管理職員や動物の世話に当たる職員に向けた本．

Gipps, J. H. W., ed. 1991. *Beyond captive breeding: Reintroducing endangered mammals to the wild. Symposia of the Zoological Society of London,* no. 62. Oxford: Clarendon Press. 284 pp.

アラビアオリックス，タイリクオオカミ，クロアシイタチの詳細な事例とともに，再導入に関する理論と実践について考察している．この拡大している分野での最初の本のうちの1つ．

Gittleman, J. L., Funk, S. M., Macdonald, D. W., and Wayne, R. K., eds. 2001. *Carnivore conservation.* (*Conservation Biology,* no. 5.) New York: Cambridge University Press. 690 pp.

色々な国の寄稿者が，外来種，交雑，人間と食肉動物の間での生息地をめぐる競合といった，食肉動物種の保全に関する現在の問題，制限，機会といった内容をよく調べ，要約している．食肉動物の再導入，陸生食肉動物個体群のモニタリング，遺伝的データを取得し，分析するための新しい方法といった取り組み方や解決法も，将来的な研究や実用管理に向けて検討されている．

Gosling, L. M., and Sutherland, W. J. 2000. *Behaviour and conservation. Conservation Biology,* no. 2. Cambridge: Cambridge University Press. 438 pp.

寄稿者は動物の行動に関する彼らの研究がどのようにそれらの保全に貢献できるかを議論している．この本は絶滅危惧種を保全するための取り組みにとって重要である．

Griffiths, H. I., ed. 2000. *Mustelids in a modern world: Management and conservation aspects of small carnivore; Human interactions.* Leiden: Backhuys. 342 pp.

各章にはスカンジナビアのクズリの保全，英国のヨーロッパケナガイタチの個体数の回復，ヨーロッパケナガイタチ，フェレット，ヨーロッパミンク間の交雑の保全的意味合い，そしてイングランドとウェールズにおける希少なマツテンの個体群のモニタリングといった内容が含まれている．

Hearn, J. P., and Hodges, J. K., eds. 1985. *Advances in animal conservation. Symposia of the Zoological Society of London,* no. 54. New York: Oxford University Press. 282 pp.

ロンドン動物園協会によって開催されたシンポジウムの要旨集．野生下での保全，飼育下での保全，保全と比較医学，政府と保全といった，4つの主要なセクションに分けられる．

Hoage, R. J., and Moran, K,. eds. 1998. *Culture: The missing element in conservation and development.* Dubuque, IA: Kendall/Hunt. 160 pp.

ワシントンDCのスミソニアン国立動物園で開催されたシンポジウムで発表された論文と追加討議．テーマには保全プロジェクトの計画と実行への現地の人々の参加，自然資源管理における現地の人々の権利，保全計画における文化的考慮，普及啓発，教育運動といった内容が含まれている．

Kleiman, D. G., and Rylands, A. B., eds. 2002. *Lion tamarins: Biology and conservation.* Zoo and Aquarium Biology and Conservation. Washington, DC: Smithsonian Books. 384 pp.

本書は 4 種のライオンタマリン〔ゴールデン，ドウグロ（キンクロ），クロガシラ，キンゴシ〕を，最初は飼育下でそして野生下で，絶滅から守るためになされた並外れた努力について説明している．優れた回復と保全プログラムの発展に貢献した，すばらしい科学的，管理的，教育的な仕組みが掲載されている．

Macdonald, D. W., and Sillero-Zubiri, C., eds. 2004. *The biology and conservation of wild canids.* Oxford: Oxford University Press. 450 pp.

オオカミ，イヌ，ジャッカル，キツネ 36 種の現在の研究調査結果のレビュー．それらの生物学，自然史，管理，病気，集団遺伝学，保全に関する論文を含んでいる．

Maehr, D. S., Noss, R. F., and Larkin, J. L., eds. 2001. *Large mammal restoration: Ecological and sociological challenges in the 21st century.* Washington, DC: Island Press. 375 pp.

保全生物学者によって書かれたもので，イエローストーン国立公園へのハイイロオオカミやグレートプレーンへのバイソンの群れのような，北米における大型哺乳類の再導入に関する詳細な事例を集めたもの．保全や再導入に携わる者にとって価値のある情報源．

Mazur, N. A. 2001. *After the Ark? Environmental policy making and the zoo.* Carlton South, Victoria, Australia: Melbourne University Press. 262 pp.

現在の動物園がどれくらい保全，教育，調査研究，レクリエーションの役割を果たしているかについて議論し，そしてさらなる努力が必要であると締めくくられている．オーストラリアの動物園に焦点があてられているが，世界中を視野にいれている．補遺では保全において動物園の役割が関係する戦略について解説している．図，表，参考文献一覧が含まれている．

Morrison, M. L. 2002. *Wildlife restoration: Techniques for habitat analysis and animal monitoring.* Washington, DC: Island Press. 209 pp.

野生動物とそれらの再導入を希望する生息地について理解するための簡潔な手引き．テーマには飼育下繁殖，モニタリング計画，確保計画，そして野生動物管理者との仕事といった内容が含まれる．再導入計画に関して役立つ本．

O'Brien, S. J. 2003. *Tears of the cheetah: And other tales from the genetic frontier.* New York: Thomas Dunne Books/St. Martin's Press. 287 pp.

専門家ではない者にも簡単に理解できる，チーター，ザトウクジラ，ジャイアントパンダといった種に関する，遺伝子による解明の諸説に関するすばらしくテンポの速い本．保全の分野における遺伝学の重要性を示している．

Olney, P. J. S., Mace, G. M,. and Feistner, A. T. C., eds. 1994. *Creative conservation: Interactive management of wild and captive animals.* New York: Chapman and Hall. 517 pp.

31 人の著者が絶滅危惧種の飼育下繁殖と野生下でのそれらの種の保護と管理について議論している．個体数構成と病気のリスクといった問題が議論されている．事例にはイヌ科，フェレット，霊長類，コウモリが含まれている．

Pullin, A. S. 2002. *Conservation biology.* New York: Cambridge University Press. 358 pp.

この美しく描画された本は保全生物学分野と生物多様性保全の科学を紹介している．他のテーマの中では，生息地の喪失と分裂，生息地の攪乱，持続不可能な種の搾取といった内容が議論されている．

Seidensticker, J., Christie, S., and Jackson, P., eds. 1999. *Riding the tiger: Tiger conservation in human- dominated landscapes.* New York: Cambridge University Press. 383 pp.

一般読者向けで，大型食肉動物（トラ）の減少の理由と守るために利用可能な解決法といった内容の科学的解説がうまく説明されている．

Soulé, M. E., and Orians, G. H., eds. 2001. *Conservation biology: Research priorities for the next decade.* Washington, DC: Island Press. 307 pp.

本書は 2000 年の優れた保全生物学者の集結の成果である．その 10 の論文，序文，そして結論は，来るべき自体に保全が効果的なものとなるためにどのような研究が必要なのかという問いに向けた手引きとして役立つ．

Stanley Price, M. R. 1989. *Animal re-introduction: The Arabian oryx in Oman.* New York: Cambridge University

Press. 291 pp.

古い保全の成功事例で，本書はオマーンでのアラビアオリックスの再導入における最初の 7 年でみられた計画，問題，そして成功に関する科学的報告である．地図，描画，グラフ，参考文献が含まれている．将来的な再導入にとって重要な事例である．

Twiss Jr., J. R., and Reeves, R. R., eds. 1999. *Conservation and management of marine mammals*. Washington, DC: Smithsonian Institution Press. 471 pp.

この編集された巻では，31 人の学者，研究者，保全論者が，法律制定と政策，人間と動物の間の衝突，海洋汚染，飼育下の海生哺乳類，タイヘイヨウモンクアザラシ，フロリダマナティー，キタタイセイヨウセミクジラのような絶滅に瀕する海生哺乳類といったテーマを議論している．

Wallis, J., ed. 1997. *Primate conservation: The role of zoological parks*. Special Topics in Primatology, vol. 1. Chicago: American Society of Primatologists. 252 pp.

米国の動物園によって指揮，もしくは融資されている霊長類の保全プロジェクトの詳細が提供されている．絶滅危惧もしくは絶滅寸前の霊長類の保護のために働いている，保護論者，動物園職員，そして霊長類学者にとって価値のある情報源．

Western, D., and M. C. Pearl. 1989. *Conservation for the twenty-first century*. New York: Oxford University Press. 365 pp.

自然保護といったテーマにおける様々な観点を国際的な専門家グループに基づいてまとめている．野生動物とその生息地を対象として中心に置き，およそ 4 つのテーマ（明日の世界，保全生物学，保全管理，保全の現実）で構成されている．このテーマに関する名著．

Wiese, R. J., and Hutchins, M. 1994. *Species Survival Plans: Strategies for wildlife conservation*. Wheeling, WV: American Zoo and Aquarium Association. 64 pp.

動物園と水族館の保全使命のための簡潔な入門書．使命を明白にさせるための種保全計画の重要性，そして多数の研究プロジェクトの事例が提供されている．

World Association of Zoos and Aquariums. 2005. *Building a future for wildlife: The world zoo and aquarium conservation strategy*. Bern, Switzerland: World Association of Zoos and Aquariums Executive Office. 118 pp.

動物園と水族館の保全目標を支援するための基準や政策同様，世界中の動物園水族館のために共通の保全哲学を提供した国際的な試み．この文書は動物園と水族館が保全のために何をしているのかを一般人に知ってもらうために利用することができる．

行　動

Barrows, E. M. 2000. *Animal behavior desk reference: A dictionary of animal behavior, ecology, and evolution*. 2nd ed. Boca Raton, FL: CRC Press. 936 pp.

有用で扱いやすい参考図書．アルファベット順に並べられ注釈がつけられた，動物行動学，生物地理学，進化，生態，遺伝学，そしてその他の関連自然科学に関する 5,000 以上の項目が網羅されている．補遺には分類学の表，そして企業，協会，学会，また多数の参考文献を含んでいる．

Benyus, J. M. 1992. *Beastly behaviors: A zoo lover's companion: What makes whales whistle, cranes dance, pandas turn summersaults, and crocodiles roar; A watcher's guide to how animals act and why*. Menlo Park, CA: Addison-Wesley. 366 pp.

飼育下の動物の行動に関するよく図解された読みやすい手引き．

Boinski, S., and Garber, P. A., eds. 2000. *On the move: How and why animals travel in groups*. Chicago: University of Chicago Press. 811 pp.

どのようにして動物は自分たちの群れの移動を計画しているのかということに関連して，動物のコミュニケーション，認知，記憶について，優れた学者たちが議論している．霊長類に重点を置いている．

Burghardt, G. M. 2005. *The genesis of animal play: Testing the limits*. Cambridge, MA: MIT Press. 488 pp.

著者は人間と動物における遊びの原点と進化，そしてそれが進化，脳，心理学についてのわれわれの理解にどのように役立つかを解説している．

De Waal, F. B. M., and Tyack, P. L., eds. 2003. *Animal social complexity: Intelligence, culture and individualized societies*. Cambridge, MA: Harvard University Press. 616 pp.

協力戦略，社会的認知，コミュニケーション，文化の伝達といったようなテーマでデータが紹介されている．事例として霊長類，ハイエナ，イルカ，マッコウクジラといった様々な動物が含まれている．

Eisenberg, J. F., and Kleiman, D. G., eds. 1983. *Advances in the study of mammalian behavior*. Special Publication of the American Society of Mammalogists, no. 7. Stillwater,

OK: American Society of Mammalogists. 753 pp.

1980 年にヴァージニア州，Front Royal にある国立動物公園保全研究センターで開催された学会の論文集．行動学の多くの派生分野とそれらの応用の優れた入門書．

Evans, C. 2003. *Vomeronasal chemoreception in vertebrates: A study of the second nose.* London: Imperial College Press. 265 pp.

1 個体が他へと情報を伝えるための器官である鋤鼻器の特徴と化学的シグナルについて扱っている．

Ewer, R. F. 1968. *Ethology of mammals.* New York: Plenum. 418 pp.

哺乳類の行動の基本原理を，環境の構成と環境との関係を基にして議論している．各章は表現とコミュニケーション，求愛と交尾，親と子，そして遊びといった項目からなっている．

Fagen, R. 1981. *Animal play behavior.* New York: Oxford University Press. 684 pp.

動物の遊びの生物学を詳しくみている．このすばらしい本は非常によく調査研究され，古い参考文献も提示している．補遺では科学的な注釈が解説されていて，一般名と学名，用語一覧，そしてそれ以外の事柄も提示されている．

Geist, V., and Walther, F., eds. 1974. *The behaviour of ungulates and its relation to management.* 2 vols. IUCN Publications, n.s., no. 24. Morges, Switzerland: International Union for Conservation of Nature.

1971 年 11 月にカナダのアルバータ州にあるカルガリー大学で開催された国際学会で発表された論文集．第 1 巻は主に社会行動と生態，種分けと分類学について取り扱っている．第 2 巻は生態と管理に焦点をあてている．よく図解された，飼育下や野生下の管理で役立つ専門的な取扱い．

Goodall, J. 1986. *The chimpanzees of Gombe.* Cambridge, MA: Harvard University Press, Belknap Press. 673 pp.

Goodall のランドマーク的なチンパンジーの調査研究を詳しく解説している．類人猿の学習過程，認知能力，問題解決能力の知見を提供している．チンパンジーの行動といった側面の全てを網羅している．給餌，社会構成，攻撃性，狩猟，毛づくろい，優劣性，コミュニケーション．

Goodenough, J., McGuire, B., and Wallace, R. A. 2000. *Perspectives on animal behavior.* 2nd ed. New York: John Wiley. 542 pp.

バランスが取れ，統合され，完璧に動物行動学を取り扱ったもの．各章は行動，遺伝子と行動の関係，発達要因と環境要因，群れの行動，社会行動，その他を含め多くを調査研究するうえで取られた様々なアプローチについて議論している．

Gubernick, D. J., and Klopfer, P. H., eds. 1981. *Parental care in mammals.* New York: Plenum Press. 459 pp.

この重要なテーマをすばらしくバランス良く取り扱っている．なぜ子育ては発展するのかということや親としての様々な戦略についてが含まれる．母子関係，雄の子育て，仮母制度，兄弟の相互干渉，そして子育ての社会的関係について説明されている．

Hauser, M. D. 2000. *Wild minds: What animals really think.* New York: Henry Holt. 315 pp.

著者は動物の知的行いと感情的行いを明らかにするために，フィールドと研究施設での脳の科学的調査研究を通して手引きしている．霊長類，サル，カラス，ミヤマシトドといった種が例として扱われている．

Hediger, H. 1968. *The psychology and behaviour of animals in zoos and circuses.* New York: Dover. 166 pp.

この動物心理学の論文集は著者自身の経験と観察が基になっている．サーカスや動物園での日常的な行動と同様に，野生下での動物の日常的な行動が含まれている．野生動物を扱うもの全てに有用である．

Krebs, J. R., and Davies, N. B., eds. 1997. *Behavioural ecology: An evolutionary approach.* 4th ed. Cambridge, MA: Blackwell Science. 456 pp.

寄稿者たちは，個々の行動，社会システム，自然史，系統発生，個体群といった内容の最近の進展について議論している．

Lawrence, A. B., and Rushen, J., eds. 1993. *Stereotypic animal behaviour: Fundamentals and applications to welfare.* Tucson, AZ: CAB International. 212 pp.

本書では常同行動の形態的，神経生物学的基礎が議論されている．

Lehner, P. N. 1996. *Handbook of ethological methods.* 2nd ed. New York: Cambridge University Press. 672 pp.

動物行動学の研究に対する実用的なアプローチ．本書は明確に記述され，よく図解されており，動物行動学に対する論理的で，有意義で，実用的なアプローチが提示されている．項目には，結果の解釈と発表と同様に，調査研究の立案，データ収集方法と機材，そして統計的検定といった内容も含まれている．

Mann, J., Connor, R. C., Tyack, P. L., and Whitehead, H., eds. 2000. *Cetacean societies: Field studies of dolphins and whales.* Chicago: University of Chicago Press. 433 pp.

包括的な鯨類の行動のまとめと総説．鯨類の科学的な行動に関する研究の歴史を議論し，ザトウクジラ，マッコウクジラ，バンドウイルカ，シャチといった，最もよく研究された種に関する情報を提供し，鯨類の集団生活，繁殖戦略，コミュニケーション，保全といった一般的なテーマのいくつかの章で締めくくっている．

Maple, T. L. 1980. *Orang-utan behavior.* New York: Van Nostrand Reinhold. 268 pp.

飼育下と野生下のオランウータンの詳細な行動の研究調査．

Maple, T. L., and Hoff, M. P. 1982. *Gorilla behavior.* New York: Van Nostrand Reinhold. 290 pp.

フィールドと飼育下の調査研究で知り得たことを統一したもの．ゴリラの一般的な行動パターン，知性と感情の表現，性行動，誕生と子育て行動に関する特別な項目がある．

Martin, P. 1986. *Measuring behaviour: An introductory guide.* New Rochelle, NY: Cambridge University Press. 200 pp.

本書は動物と人間の行動を評価するために使用された原理と技術の包括的なレビューを提供している．直接的な観察をどのように記録するか，とデータの分析について議論している．動物園の研究者にとって有用である．

Maynard Smith, J., and D. Harper. 2003. *Animal signals.* Oxford: Oxford University Press. 166 pp.

著者らは動物，特に哺乳類がみせるサインの信頼性に関する理論を要約している．動物のコミュニケーション，行動，進化に興味のある者に向けられた本．

Mittermeier, R. A., and Coimbra-Filho, A. F., eds. 1981. *Ecology and behavior of neotropical primates.* Vol. 1. Rio de Janeiro: Academica Brasileira de Ciencias. 496 pp.

ゲルディモンキー，ヨザル，ティティザル，リスザル，オマキザル，サキ，ウアカリの生態と行動．

Mittermeier, R. A., Coimbra-Filho, A. F., and Fonseca, G. A. B., eds. 1988. *Ecology and behavior of neotropical primates.* Vol. 2. Washington, DC: World Wildlife Fund. 610 pp.

マーモセット，タマリン，ホエザル，クモザル，ウーリーモンキー，ウーリークモザルの生態と行動．

Pearce, J. M. 1997. *Animal learning and cognition: An introduction.* 2nd ed. Hove, East Sussex, UK: Psychology Press. 333 pp.

1 世紀かけて行った動物の知性に関する研究から得た，主要な原則と実験による発見．網羅されているテーマには学習，条件づけ，記憶，コミュニケーション，言語が含まれる．

Poole, T. B. 1985. *Social behaviour in mammals.* New York: Chapman and Hall. 248 pp.

自然環境での哺乳類の環境に関する調査研究の優れたレビュー．闘争，恐れ，降服といった競争行動，そして交尾や子育てといった協力的な相互干渉について議論されている．

Reader, S. M., and Laland, K. N., eds. 2003. *Animal innovation.* New York: Oxford University Press. 300 pp.

どのようにして個々の動物は個体群中に広まるような新しい行動パターンをつくり出すのかについて議論した論文を集めたもの．この行動パターンの柔軟性は種の生存，特にそれらが絶滅の危機に瀕する時に重要になる．

Smuts, B. B., Cheney, D. L., Seyfarth, R. M., Wrangham, R. W., and Struhsaker, T. T., eds. 1987. *Primate societies.* Chicago: University of Chicago Press. 578 pp.

ヒト以外の霊長類に関するフィールドでの研究のレビュー．社会行動に重点をおいた，分類グループの一般的な解説には，霊長類の社会生態学とコミュニケーションに関する論文が続いている．

Tomasello, M., and Call, J. 1997. *Primate cognition.* New York: Oxford University Press. 517 pp.

包括的な総説．社会的知識と相互干渉，道具の利用，問題解決，野生下での伝統的行動，現在と過去の学説と研究．

Walther, F. R. 1984. *Communication and expression in hoofed mammals.* Bloomington: Indiana University Press. 423 pp.

テーマには，注意を引くこと，マーキング，母子関係におけるサイン，恐れの誇示，優位性，求愛，服従，そして種間のコミュニケーションが含まれる．よく図解してある．種によって列挙された，30 ページにわたる行動の発生に関する表が含まれている．

Wrangham, R. W., McGrew, W. C., deWaal, F. B. M., and Heltne, P., eds. 1994. *Chimpanzee cultures.* Cambridge, MA: Harvard University Press. 424 pp.

掲載されている情報は，チンパンジー，ボノボ，そして時折ゴリラの長期間のフィールド調査の結果である．記載された科学者たちは自分たちの発見を示し，大型類人猿の生物学，生態学，行動学との関係性を解説している．

Wyatt, T. D. 2003. *Pheromones and animal behaviour: Communication by smell and taste.* New York: Cambridge University Press. 391 pp.

明確に記述された，動物の化学的コミュニケーションに関する優れた入門書．

繁　殖

Austin, C. R., and Short, R. V. eds. 1985. *Reproduction in mammals.* Vol. 4, *Reproduction fitness.* 2nd ed. Cambridge: Cambridge University Press. 256 pp.

この巻では，動物の総合的な繁殖適応に寄与する，遺伝的，環境的，行動的，免疫学的メカニズムに関して特に注目している．

Bearden, H. J., Fuquay, J. W., and Willard. S. T. 2004. *Applied animal reproduction.* 6th ed. Upper Saddle River, NJ: Pearson Prentice Hall. 427 pp.

家畜の繁殖に関連した基本的な生理学を網羅した，一般的で包括的なテキスト．テーマには人工授精，解剖学，機能，調節が含まれる．動物科学者，繁殖生理学者，飼育担当者，家畜の群れの管理者向け．

Bronson, F. H. 1989. *Mammalian reproductive biology.* Chicago: University of Chicago Press. 325 pp.

哺乳類の繁殖方法，特にどのような環境要因が繁殖を調節しているのか，に関連した総説．食料の入手可能度，光周期，社会的なきっかけといった，生態学的，生理学的要因も考慮されている．

Concannon, P. W., [et al.], eds. 1993. *Fertility and Infertility in Dogs, Cats and Other Carnivores: Proceedings of the 2nd International Symposium on Canine and Feline Reproduction. Journal of Reproduction and Fertility* 47. Cambridge, UK: Society for Reproduction and Fertility. 569 pp.

この巻では，キツネ，ミンク，野生ネコ科動物を含むイヌ科およびネコ科と関連種の繁殖学的研究を要約している．基本的な繁殖生物学，不妊問題，そして精子の評価，人工授精，発情誘起，妊娠中絶といった繁殖技術の応用について焦点を当てている．

———. 2001. *Advances in Reproduction in Dogs, Cats and Exotic Carnivores: Proceedings of the 4th International Symposium on Canine and Feline Reproduction. Journal of Reproduction and Fertility Supplement* no. 57. Cambridge: Society for Reproduction and Fertility. 450 pp.

臨床獣医師，ブリーダー，そして研究者のための 60 の研究論文と総説を掲載している．項目の例として，自然繁殖のための臨床管理，家畜種の妊娠と出産のモニタリング，エキゾチック動物の妊娠中絶と非外科的避妊が含まれている．

Crichton, E. G., and Krutzsch, P. H., eds. 2000. *Reproductive biology of bats.* San Diego, CA: Academic Press. 510 pp.

コウモリの繁殖の解剖学的，生理学的，年代別，行動的側面からみた，詳細で技術的に高度な内容．それぞれの章の最後に参考文献リストが掲載されている．

Dixson, A. F. 1998. *Primate sexuality: Comparative studies of the prosimians, monkeys, apes, and human beings.* New York: Oxford University Press. 546 pp.

原猿類からヒトまでの霊長類の性行動の（進化生物学と生理学的基礎を結合した）われわれの知識を包括的にまとめたもの．網羅しているテーマとして，交配様式，性選択，精子競争，進化的二形性，ホルモンの仕組み，そして卵巣周期が含まれる．数百もの描画と 2,000 以上の参考文献が含まれている．

Graham, C. E., ed. 1981. *Reproductive biology of the great apes: Comparative and biomedical perspectives.* New York: Academic Press. 437 pp.

これは大型類人猿の繁殖に関する全ての側面の総説で，飼育下繁殖の管理に向けられている．ほとんどの飼育下の報告は霊長類研究所からもたらされている．このテーマに関する数少ないテキストの 1 つで，飼育と研究にとって重要な手段となる．

Hayssen, V., Van Tienhoven, A., and Van Tienhoven, A. 1993. *Asdell's patterns of mammalian reproduction: A compendium of species-specific data.* Ithaca, NY: Cornell University Press. 1023 pp.

それぞれの種に関して，繁殖季節，妊娠期間，同腹子数，繁殖生理学，春機発動年齢といった情報が提供されている．引用文献の一覧はかなり広範である．

Holt, W. V., Pickard, A. R., Rodger, J. C., and Wildt, D. E., eds. 2003. *Reproductive science and integrated conservation.* (*Conservation Biology,* no. 8). New York: Cambridge University Press. 409 pp.

野生動物種の繁殖に影響する要因と，それらがどのように保全活動に影響するかについて調査している．テーマには遺伝，行動と栄養，環境化学物質，近親交配，飼育下繁殖，捕食者の管理，胚技術，遺伝資源バンクが含まれる．

Kirkpatrick, J. F., ed. 2002. *Fertility Control in Wildlife:*

Proceedings of the 5th International Symposium on Fertility Control in Wildlife. Journal of Reproduction and Fertility Supplement no. 60. Cambridge: Society for Reproduction and Fertility. 209 pp.

45 人の科学者が野生動物の避妊に関する研究の最新の進捗状況を発表している．議論されているテーマは，倫理的問題，避妊用ステロイド，人口モデル，野生動物の避妊の実際のフィールドでの応用法である．

Knobil, E., and Neill, J. D., eds. 1994. *Physiology of reproduction.* 2 vols. 2nd ed. New York: Raven Press. 3250 pp.

哺乳類の繁殖生理学と繁殖行動に重大な関心をもつ者のための，包括的で学術的な名著．

Loudon, A. S. I., and Racey, P. A., eds. 1987. *Reproductive Energetics in Mammals: The Proceedings of a Symposium Held at the Zoological Society of London. Symposia of the Zoological Society of London,* no. 57. New York: Oxford University Press. 371 pp.

哺乳類における妊娠と授乳のエネルギーコストと，それがどのように食糧供給，成長，子の生存に関わっているのか議論している．

Meredith, M. J., ed. 1995. *Animal breeding and infertility.* Veterinary Health Series. Cambridge, MA: Blackwell Science. 508 pp.

家畜動物とウマの繁殖と不妊に関する情報のための，実用的な獣医学的情報源，細胞遺伝学，繁殖内分泌学と薬理学，そしてウシ，ヤギ，ウマ，ブタ，ヒツジにおける繁殖と不妊といった内容が含まれている．動物の繁殖における生物工学という最後の章では，主に胚技術，胚性幹細胞の操作，遺伝子導入，そして遺伝子組換え家畜の利用について扱っている．

Small, M. F. 1993. *Female choices: Sexual behavior of female primates.* Ithaca, NY: Cornell University Press. 245 pp.

原猿類，サル，そして単独性のオランウータンから社会性のあるヒト，乱交型のボノボといった類人猿の雌の性行動の調査．テーマには発情，心理的結合の形成，毛づくろい，交友関係，子育てが含まれる．

Smith, G. R., and Hearn, J. P. 1988. *Reproduction and disease in captive and wild animals. Symposia of the Zoological Society of London,* no. 60. Oxford: Clarendon Press. 209 pp.

動物の管理に適用される時の，繁殖と病気に関する野生下と飼育下の動物の研究結果を発表している論文集．テーマには受胎能への自然抑制，配偶子生産への化学物質の影響，野生動物と家畜の間で伝染するウイルスといった内容が含まれる．

Solomon, N. G., and French, J. A., eds. 1994. *Cooperative breeding in mammals.* New York: Cambridge University Press. 390 pp.

共同的な子育て行動とは，社会的な群れの個々体が他の個体の子の世話をする時のことである．この現象は霊長類，イヌ科，齧歯類，ジャコウネコ科を含む，広く様々な種で調査されている．

Tyndale- Biscoe, H., and Renfree, M. 1987. *Reproductive physiology of marsupials.* Monographs on Marsupial Biology. Cambridge: Cambridge University Press. 476 pp.

有袋類の繁殖に関する優れた参考図書．科ごと，そして，生殖器官の解剖学，授乳，ホルモンによる調整，胎盤などのような項目ごとに繁殖生物学が議論されている．

Wolf, D. P., and Zelinski-Wooten, M,. eds. 2001. *Assisted fertilization and nuclear transfer in mammals.* Totowa, NJ: Humana Press. 305 pp.

哺乳類の生体外受精の歴史的な総説が提供されており，そして体外受精とクローン技術に関する最新の技術的側面が議論されている．絶滅危惧種の保全への適用が言及されている．超音波映像と卵の顕微鏡写真が含まれている．

Youngquist, R. S., and Threlfall, W. R., eds. 2007. *Current therapy in large animal theriogenology.* 2nd ed. St. Louis: Saunders Elsevier. 1061 pp.

ウマ，ウシ，ヤギ，ヒツジ，ブタ，ラクダ，ラマを含む，いくつかの大型動物種の繁殖過程に関する，獣医師のための広範な参考図書．145 人の寄稿者によってつくられている．

雑　誌

African Journal of Ecology (formerly *East African Wildlife Journal*). Quarterly. 1963–. Published for the East African Wild Life Society. Oxford: Blackwell.
[Available also by subscription via the Internet.]

American Journal of Primatology. 12/year. 1981–. Official journal of the American Society of Primatologists. Hoboken, NJ: Wiley-Liss.
[Available also by subscription via the Internet.]

Animal Behaviour. 12/year. 1953–. A publication of the Association for the Study of Animal Behaviour. New York: Elsevier.
[Available also by subscription via the Internet.]

Animal Conservation. Quarterly. 1998–. Cambridge: Cambridge University Press. Published on behalf of the Zoological Society of London.

[Available also by subscription via the Internet.]
Animal Keeper's Forum. Monthly. 1974–. Topeka, KS: American Association of Zoo Keepers.
Animal Welfare. Quarterly. 1992–. South Mimms, Potters Bar, Hertfordshire, UK: Universities Federation for Animal Welfare.
[Available also by subscription via the Internet.]
Behavioral Ecology and Sociobiology. 12/yr. 1976–. Heidelberg: Springer-Verlag.
[Available also by subscription via the Internet.]
Behaviour. Bimonthly. 1947–. Leiden, The Netherlands: Brill.
[Available also by subscription via the Internet.]
Conservation Biology. Bimonthly. 1987–. Journal of the Society for Conservation Biology. Oxford: Blackwell.
[Available also by subscription via the Internet.]
Ethology (formerly *Zeitschrift für Tierpsychologie*). Monthly. 1937–. Oxford: Blackwell.
[Available also by subscription via the Internet.]
Folia Primatologica. 6/year. 1963–. Basel, Switzerland: S. Karger.
[Available also by subscription via the Internet.]
International Journal of Primatology. 6/year. 1980–. Official journal of the International Primatogical Society. New York: Springer Science 1 Business Media B.V.
[Available also by subscription via the Internet.]
International Zoo News. 8/year. 1953–. Chester, UK: North of England Zoological Society.
[Available also via the Internet.]
Journal of Mammalogy. 6/year. 1919–. Lawrence, KS: American Society of Mammalogists.
[Available also by subscription via the Internet.]
Journal of Medical Primatology. Bimonthly. 1972–. Oxford: Blackwell.
[Available also by subscription via the Internet.]
Journal of the American Veterinary Medical Association (JAVMA). Semimonthly. 1915–. Schaumburg, IL.: American Veterinary Medical Association.
[Available also by subscription via the Internet.]
Journal of Wildlife Diseases. Quarterly. 1965–. Lawrence, KS: Wildlife Disease Association.
[Available also by subscription via the Internet.]
Journal of Wildlife Management. Quarterly. 1937–. Bethesda, MD: The Wildlife Society.
[Available also by subscription via the Internet.]
Journal of Zoo and Wild Animal Medicine (formerly *Zoo Animal Medicine*). Quarterly. 1970–. Lawrence, KS: American Association of Zoo Veterinarians.
[Available also by subscription via the Internet.]
Journal of Zoology. 12/year. 1830–. Published for the Zoological Society of London. New York: Cambridge University Press.
[Available also by subscription via the Internet.]
Mammalia. Quarterly. 1936–. Text in French and English, summaries in both languages. Paris: Musee National D'Histoire Naturelle.
[Available also by subscription via the Internet.]
Mammalian Biology. (Continues *Zeitschrift für Saugetierkunde*.) 6/year. 1926–. Text in German and English. Jena: Urban and Fischer.
[Available also by subscription via the Internet.]
Mammal Review. Quarterly. 1970–. Published for the Mammal Society, London. Oxford: Blackwell.
Marine Mammal Science. Quarterly. 1985–. Published for the Society for Marine Mammalogy. Lawrence, KS: Allen Press.
Oryx, the International Journal of Conservation. Quarterly. 1903–. Published for Fauna and Flora International. Cambridge, UK: Cambridge University Press.
[Available also by subscription via the Internet.]
Primates. Quarterly. 1957–. Tokyo: Springer-Verlag.
[Available also by subscription via the Internet.]
Ratel: Journal of the Association of British Wild Animal Keepers. Quarterly. 1973–. Sponsored by the Edinburgh Zoo. Edinburgh: Association of British and Irish Wild Animal Keepers.
Reproduction: The Journal of the Society for Reproduction and Fertility (continues *Journal of Reproduction and Fertility* and *Reviews of Reproduction*). Monthly. 1960–. Bristol, UK: BioScientifica Ltd.
[Available also by subscription via the Internet.]
Thylacinus. Quarterly. 1976–. Melbourne, Victoria, Australia: Australasian Society of Zoo Keeping.
Wildlife Research. 8/year. 1974–. Collingwood, Victoria, Australia: CSIRO.
[Available also by subscription via the Internet.]
Zoo Biology. Bimonthly. 1982–. Published in affiliation with the Association of Zoos and Aquariums. Hoboken, NJ: Wiley-Liss.
[Available also by subscription via the Internet.]
Zoologische Garten. 6/year. 1859–. Published for the Federation of German Zoo Directors. Text in English, French, German. Heidelberg: Elsevier.
[Available also by subscription via the Internet.]

ウェブサイト

一般的な哺乳類に関する情報とファクトシート

African Animals. African Wildlife Foundation
http://www.awf.org/section/wildlife/gallery
African Mammals Databank
http://mercury.ornl.gov/metadata/nbii/html/ma/www.nbii.gov_metadata_mdata_Millennium_nbii_wdc_ma_d_african mamldb.html
American Society of Mammalogists Resources. Links to state lists of indigenous species
http://www.mammalsociety.org/aboutmammals/index.html
Animal Info—Information on endangered mammals
http://www.animalinfo.org/
Animal Planet News—click Animals A to Zoo section
http://animal.discovery.com/news/news.html
BBC Nature Wildfacts. Basic information on many different animals, including mammals
http://www.bbc.co.uk/nature/wildfacts/
BIOSIS Guide to Mammals. Information about databases, journals, etc.
http://www.biosis.org/
Digital Library of the U.S. Fish and Wildlife Service. Collection of public-domain still photos
http://images.fws.gov/
Electronic Zoo. A wide range of electronic resources related to animals
http://netvet.wustl.edu/e-zoo.htm
eNature. Includes field guides to many North American animals and plants
http://www.enature.com/
Encyclopedia Smithsonian
http://www.si.edu/Encyclopedia_si/
Fact Sheets on Animals. Zoological Society of San Diego Library
http://www.sandiegozoo.org/animalbytes/index.html
Intute, a U.K. gateway to the best resources in the life sciences
http://www.intute.ac.uk/healthandlifesciences/
Mammal Species of the World, a taxonomic database. D. E. Wilson and D. M. Reeder, eds. Smithsonian Institution
http://vertebrates.si.edu/mammals/msw/
Mammalia Directory-Google
http://directory.google.com/Top/Science/Biology/Flora_and_Fauna/Animalia/Chordata/Mammalia/
Mammalian Species. Species account files

http://www.science.smith.edu/departments/Biology/VHAYSSEN/msi/
Names for Mammals and other Animals (collective nouns, plural, etc.)
http://www.anapsid.org/beastly.html
Northern Prairie Wildlife Resources Center (U.S. Geological Survey). Includes articles on mammals
http://www.npwrc.usgs.gov/resource/resource.htm
Sciencenews for kids. Articles on animals
http://www.sciencenewsforkids.org/pages/search.asp?catid52
World Wildlife Fund Species Programme. Animals close to extinction
http://www.panda.org/about_wwf/what_we_do/endangered_species/

哺乳類の種と科に関する情報

African Elephant Database
http://www.elephant.chebucto.ns.ca/
Armadillo Online
http://www.msu.edu/user/nixonjos/armadillo/index.html
Bat Conservation International—Click "Discover"
http://www.batcon.org/
Bears. International Association for Bear Research and Management. Species descriptions, links, etc.
http://www.bearbiology.com/
Canids. Links recommended by the Canid Specialist Group (International Union for Conservation of Nature/Species Survival Commission)
http://www.canids.org/csglinks.htm#indspp
Cat Specialist Group. (International Union for Conservation of Nature)
http://www.catsg.org/catsgportal/20_catsg-website/home/index_en.htm
Chimpanzee Cultures. Behaviors from long-term study sites in Africa
http://biologybk.st-and.ac.uk/cultures3/
DeerNet. University of Alberta
http://www.deer.rr.ualberta.ca/index.html
Elephant Information Repository
http://elephant.elehost.com/index.html
Lemur Conservation in Madagascar, Center for. St.Louis Zoo.
http://www.stlzoo.org/wildcareinstitute/lemursinmadagascar/
Livestock Breeds. Oklahoma State University
http://www.ansi.okstate.edu/breeds/
Otternet
http://www.otternet.com/index.htm
Primate Info Net. Wisconsin Regional Primate Center
http://pin.primate.wisc.edu/
Rhinoceroses
http://www.rhinos-irf.org/
Tapir Gallery
http://www.tapirback.com/tapirgal/
Ultimate Ungulate. Guide to the World's Hoofed Mammals
http://www.ultimateungulate.com/

一覧と参照情報

AGRICOLA: National Agricultural Library's article citation database
http://agricola.nal.usda.gov/
Association of Zoos and Aquariums (AZA) Resource Center
Register for access using your membership number
http://members.aza.org/index.cfm?Log_Check5True&myPath5/
Canadian Wildlife Service publications online
http://www.cws-scf.ec.gc.ca/publications/index.cfm?lang5e
Directory of Public Aquaria
http://fins.actwin.com/dir/public.php
Federal register documents (regulations, permits, recovery plans, habitat preservation plans)
http://www.fws.gov/policy/library/frindex.html
Federal register (Government Printing Office access). Full-text articles on North American species
http://www.gpoaccess.gov/fr/index.html
Findarticles. Free articles from such journals as *National Wildlife*, *International Wildlife*, and *Natural History*
http://www.findarticles.com/
Google Scholar. Articles from peer-reviewed papers, theses, books
http://scholar.google.com
International Directory of Primatology
http://pin.primate.wisc.edu/idp/index.html
Journal abbreviations sources for biosciences journals
http://www.abbreviations.com/#Biosciences
PrimateLit. A bibliographic database for primatology
http://primatelit.library.wisc.edu/
Rhino Resource Center. International Union for Conservation of Nature/Species Survival Commission. Includes rhino bibliography
http://www.rhinoresourcecenter.com/
Science.gov. Searches all online scientific sources (EPA, USDA, Dept. of Interior, etc.)
http://www.science.gov/
SCIRUS. A comprehensive science-specific search engine
http://www.scirus.com/srsapp/
U.S. Fish and Wildlife Service Publications Unit
http://training.fws.gov/library/pubunit.html
World Wide Web Virtual Library: Zoos
http://www.mindspring.com/~zoonet/www_virtual_lib/zoos.html
World Wildlife Fund publications
http://www.worldwildlife.org/news/index.cfm
ZooGoer. Fourteen years of full-text articles from the Friends of the National Zoo's magazine
http://nationalzoo.si.edu/Publications/ZooGoer/
Zoo Home Pages. Links from the Association of Zoos and Aquariums Web site
http://www.aza.org/FindZooAquarium/print_All.cfm
Zoos of the World. Links to zoo Web sites
http://www.zoos-worldwide.de/

法規と規制

American Society of International Law. Wildlife Interest Group
http://www.internationalwildlifelaw.org/index.shtml
Animal and Plant Health Inspection Service, U.S. Department of Agriculture Rules and Notices
http://www.aphis.usda.gov/ppd/rad/webrepor.html
Animal Welfare Act and Regulations
http://www.nal.usda.gov/awic/legislat/usdaleg1.htm
AWIC: Animal Welfare Information Center News and U.S. Laws
http://awic.nal.usda.gov/nal_display/index.php?info_center53&tax_level51&tax_subject5182
CDC (Centers for Disease Control and Prevention) Division of Global Migration and Quarantine
http://www.cdc.gov/ncidod/dq/index.htm
CITES (Conservation on International Trade in Endangered Species)
http://www.cites.org/

Code of federal regulations
Title 50: Wildlife and fisheries
Title 9: Animal and animal products
http://www.access.gpo.gov/cgi-bin/cfrassemble.cgi?title5199850

EPA (Environmental Protection Agency) regulations and guidelines
http://www.epa.gov/epahome/lawregs/

Guidelines for the capture, handling and care of mammals. American Society of Mammalogists
http://www.mammalsociety.org/committees/commanimalcareuse/98acucguidelines.PDF

IACUC (Institutional Animal Care and Use Committee)
http://www.iacuc.org/

International Air Transport Association Live Animal Transportation Regulations
http://www.iata.org/index.htm

International Union for Conservation of Nature/Species Survival Commission Guidelines for Re-Introductions
http://www.iucnsscrsg.org/download/English.pdf

Invasive species laws and regulations (federal and state)
http://www.invasivespeciesinfo.gov/laws/main.shtml

IVIS (International Veterinary Information Service) regulatory compliance *Laboratory animal medicine & management*, 2003
http://www.ivis.org/advances/Reuter/reuter2/chapter_frm.asp?LA51

NIH (National Institutes of Health) regulations and standards
http://oacu.od.nih.gov/regs/index.htm

OIE (World Organization for Animal Health) *Terrestrial animal health code* 2008
http://www.oie.int/eng/normes/mcode/a_summry.htm

OIE (World Organization for Animal Health) *Manual of diagnostic tests and vaccines for terrestrial animals* 2008
http://www.oie.int/eng/normes/mmanual/a_summry.htm

U.S. Customs and Border Protection. Importing and Exporting
http://www.cbp.gov/xp/cgov/trade/basic_trade

U.S. Fish and Wildlife Service. Permits
http://www.fws.gov/permits/

World's Environmental Organizations Internet links
http://www.nies.go.jp/link/site2-e.html#am

Zoo Research Guidelines. British and Irish Association of Zoos and Aquariums
http://www.biaza.org.uk/public/pages/research2/library.asp

ハズバンダリー

Animal behavior bulletin. Online newsletter. Indiana University
http://www.indiana.edu/%7Eanimal/forms/subscribe.html

Animal care publications from Animal and Plant Health Inspection Service, U.S. Department of Agriculture
http://www.aphis.usda.gov/animal_welfare/index.shtml

Association of Zoos and Aquariums husbandry manuals. Requires membership in AZA
http://members.aza.org/Departments/ConScienceMO/hsw_mo/

Elephant Care International
http://www.elephantcare.org/

Information about Game. From the Big Five Veterinary and Pharmaceutical Company of Onderstepoort, South Africa
http://bigfive.jl.co.za/education.htm

International Marine Animal Trainers Association
http://www.imata.org/

ISIS: International Species Information System for zoos and aquariums. This site is browser sensitive.
http://www.isis.org/CMSHOME/

Marine Animal Trainers Association
http://www.imata.org/

Poisonous Plants Informational Database. Cornell University
http://www.ansci.cornell.edu/plants/

Species Information Network. Captive husbandry information from European zoos
http://www.species.net/

Tapir Gallery Reprints. Includes several papers on the care of tapirs in zoos
http://www.tapirback.com/tapirgal/reprints.htm

Zoo Web. Web links to zoos and aquariums
http://www.zooweb.com/

エンリッチメント

Animal Enrichment Program at Disney's Animal Kingdom
http://www.animalenrichment.org/

Association of Zoos and Aquariums Enrichment Resources. Requires membership in AZA
http://www.aza.org/RC/RC_Enrichment/

Comfortable quarters for laboratory animals. 2002. Animal Welfare Institute
http://www.awionline.org/ht/a/GetDocumentAction/i/4584

Enrichment Online. Fort Worth Zoo
http://www.enrichmentonline.org/browse/index.asp

Environmental Enrichment for Laboratory Animals database. Animal Welfare Institute
http://www.awionline.org/SearchResultssite/laball.aspx

Environmental enrichment for nonhuman primates resource guide, 2009. U.S. Department of Agriculture
http://www.nal.usda.gov/awic/pubs/Primates2009/Primates.shtml

Honolulu Zoo's Enrichment Program
http://www.honoluluzoo.org/enrichment_activities.htm

Refinement and environmental enrichment for primates kept in laboratories. (Annotated bibliography). February 2008. Animal Welfare Institute
http://www.awionline.org/ht/a/Getdocumentaction/i/4644

The Shape of Enrichment. Quarterly publication of enrichment ideas
http://www.enrichment.org/

獣医療

Anesthesia Guidelines. Minnesota Research Animal Resources
http://www.ahc.umn.edu/rar/anesthesia.html

Aquatic animal health code. 2009. Office International des Epizooties
http://www.oie.int/eng/normes/fcode/en_sommaire.htm

Field manual of wildlife diseases. U.S. Geological Survey National Wildlife Health Center
http://www.nwhc.usgs.gov/publications/field_manual/index.jsp

Infectious Animal and Zoonotic Disease Surveillance
http://www.fas.org/ahead/

IVIS (International Veterinary Information Service). Free access to original, up-to-date publications
http://www.ivis.org.

Merck veterinary manual
http://www.merckvetmanual.com/mvm/index.jsp

Morbidity and mortality weekly report (*MMWR*). Centers for Disease Control and Prevention
http://www.cdc.gov/mmwr/

National Wildlife Health Center (U.S. Geological Survey)
http://www.nwhc.usgs.gov/

Office International des Epizooties. World Organization for Animal Health
http://www.oie.int/eng/en_index.htm

PubMed. National Library of Medicine database. Over 8 million medicine and health citations
http://www.ncbi.nlm.nih.gov/sites/entrez?db5pubmed
Terrestrial animal health code. 2008. Office International des Epizooties
http://www.oie.int/eng/normes/mcode/A_summry.htm
ToxNet. National Library of Medicine database
http://toxnet.nlm.nih.gov/
World Wide Web Virtual Library: Veterinary Medicine
http://netvet.wustl.edu/vetmed.htm

栄　養

Handling frozen/thawed meat and prey items fed to captive exotic animals: A manual of standard operating procedures, by Susan D. Crissey. 2001
http://www.aphis.usda.gov/ (Search this site by title)
Nutrient Requirements of Domestic Animals Series (beef cattle, dogs and cats, goats, horses, mink and foxes, nonhuman primates, rabbits, sheep, small ruminants), National Research Council. National Academies Press. Books full text online for each species
http://www.nap.edu/

展　示

Canadian Poisonous Plants Informational System
http://www.cbif.gc.ca/pls/pp/poison?p_x5px
Centers of Plant Diversity. International Union for Conservation of Nature. Smithsonian Institution, cosponsor
http://www.nmnh.si.edu/botany/projects/cpd/
Landscape Plants. Oregon State University
http://oregonstate.edu/dept/ldplants/
Plants Database. U.S. Department of Agruiculture
http://plants.usda.gov/
Public garden management. A hypertext book
http://arboretum.sfasu.edu/pgm/
Smithsonian Guidelines for Accessible Exhibition Design
http://www.si.edu/opa/accessibility/exdesign/start.htm
U.S. National Arboretum
http://www.usna.usda.gov.
ZooLex. Designing zoo exhibits
http://www.zoolex.org/

保　全

Association of Zoos and Aquariums Species Survival Plans
http://www.aza.org/ConScience/ConScienceSSPFact/
Biodiversity and conservation. A hypertext book by Peter J. Bryant
http://darwin.bio.uci.edu/~sustain/bio65/Titlpage.htm
Biodiversity Hotspots. Conservation International
http://www.biodiversityhotspots.org/xp/Hotspots/Pages/default.aspx
Building a future for wildlife: The world zoo and aquarium strategy. 2005. World Association of Zoos and Aquariums
http://www.waza.org/conservation/wzacs.php
EE-Link Endangered Species
http://eelink.net/EndSpp/
Endangered Species in Australia, including recovery plans
http://www.environment.gov.au/biodiversity/threatened/
Endangered Species Program. U.S. Fish and Wildlife Service
http://www.fws.gov/endangered/
Evolution of the conservation movement, 1850–1920. Library of Congress
http://lcweb2.10c.gov/ammem/amrvhtml/conshome.html
Global Invasive Species Database (Invasive Species Specialist Group of the International Union for Conservation of Nature/Species Survival Commission)
http://www.issg.org/database/welcome/
IUCN red list of threatened species 2009. International Union for Conservation of Nature
http://www.redlist.org/
IUCN newsletters. Full text
http://www.iucn.org/publications/newsletters.htm
National Invasive Species Information Center. Gateway to federal, state, local, and international sources
http://www.invasivespeciesinfo.gov/
NatureServe online encyclopedia. Connecting science with conservation
http://www.natureserve.org/
Science and the Endangered Species Act. 1995. A hypertext book from the National Academies Press
http://www.nap.edu/openbook.php?isbn50309052912
Smithsonian Monitoring and Assessment of Biodiversity (MAB) Program
http://nationalzoo.si.edu/ConservationandScience/MAB/
Smithsonian's Conservation and Research Center
http://nationalzoo.si.edu/ConservationAndScience/default.cfm
Species. Newsletter of the SSC. International Union for Conservation of Nature/Species Survival Commission
http://www.iucn.org/themes/ssc/news/species/species.htm
Threatened Species of the World database (United Nations Environment Prograame World Conservation Monitoring Centre)
http://www.unep-wcmc.org/species/dbases/about.cfm
TRAFFIC Bulletin. Full text
http://www.traffic.org/RenderPage.action?CategoryId515

組　織

American Association of Zoo Keepers
http://www.aazk.org/
American Association of Zoo Veterinarians
http://www.aazv.org/
American Society of Mammalogists
http://www.mammalsociety.org/index.html
American Society of Primatologists
http://www.asp.org/
Association of British and Irish Wild Animal Keepers
http://www.abwak.co.uk/
Association of Zoo Veterinary Technicians
http://www.azvt.org/
Association of Zoological Horticulture
http://www.azh.org/
Association of Zoos and Aquariums
http://www.aza.org/
Australian Mammal Society
http://www.australianmammals.org.au/
Australasian Regional Association of Zoological Parks and Aquaria
http://www.arazpa.org.au/
Australasian Society of Zoo Keeping
http://www.aszk.org.au/
Bartlett Society. Historical society of zoos and aquariums
http://www.milwaukeezoo.org/students/history/bartlett_society.php
British and Irish Association of Zoos and Aquariums
http://www.biaza.org.uk/
British Veterinary Association

http://www.bva.co.uk/
Center for Environmental Research and Conservation
http://www.cerc.columbia.edu/
CITES: Convention on International Trade in Endangered Species of Wild Fauna and Flora
http://www.cites.org/
Commonwealth Scientific and Industrial Research Organisation (CSIRO, Australia)
http://www.csiro.au/
Comparative Nutrition Society
http://www.cnsweb.org/
Conservation and Research for Endangered Species (CRES). San Diego Zoo
http://cres.sandiegozoo.org/
Conservation Breeding Specialist Group (IUCN/CBSG)
http://cbsg.org/cbsg/
Conservation International
http://www.conservation.org/Pages/default.aspx
Defenders of Wildlife
http://www.defenders.org/index.php
Duke Lemur Center
http://lemur.duke.edu/
Durrell Wildlife Conservation Trust
http://www.durrellwildlife.org/
Endangered Wildlife Trust (South Africa)
http://www.ewt.org.za/home.aspx
Environmental Protection Agency (USA)
http://www.epa.gov/
European Association of Zoo and Wildlife Veterinarians
http://www.eazwv.org/php/
European Association of Zoos and Aquariums
http://www.eaza.net/
International Society for Anthrozoology: Human-Animal Relationships
http://www.isaz.net
International Wildlife Rehabilitation Council
http://www.iwrc-online.org/
IUCN: International Union for Conservation of Nature
http://www.iucn.org/
IUCN/Species Survival Commission
http://www.iucn.org/themes/ssc/index.htm
IUCN/Species Survival Commission Specialist Groups
http://www.iucn.org/themes/ssc/sgs/sgs.htm
National Marine Mammal Laboratory (NOAA)
http://www.afsc.noaa.gov/nmml/
National Resources Defense Council
http://www.nrdc.org/
National Wildlife Federation
http://www.nwf.org/
Nature Conservancy
http://www.nature.org/
Ocean Conservancy
http://www.oceanconservancy.org/site/PageServer?pagename5home
Scientists Center for Animal Welfare
http://www.scaw.com/
South East Asian Zoos Association
http://www.seaza.org/
TRAFFIC (World Wildlife Fund and International Union for Conservation of Nature)
http://www.traffic.org/Home.action
Universities Federation for Animal Welfare
http://www.ufaw.org.uk/
Wilderness Society
http://www.wilderness.org/
Wildlife Conservation Society (New York)
http://www.wcs.org/
Wildlife Disease Association
http://www.wildlifedisease.org/
Wildlife Preservation Society of Australia
http://www.wpsa.org.au/
Wildlife Preservation Trust Canada
http://www.wptc.org/
Wisconsin National Primate Research Center. University of Wisconsin-Madison
http://www.primate.wisc.edu/
World Association of Zoos and Aquariums
http://www.waza.org/home/index.php?main5home
World Conservation Monitoring Centre
http://www.unep-wcmc.org/
World Resources Institute
http://www.wri.org/#
World Wildlife Fund
http://www.panda.org/
Zoological Society of London
http://www.zsl.org/
Zoological Society of San Diego, California
http://www.sandiegozoo.org/

日本語索引

し

す

せ

そ

た

ち

つ

て

と

外国語索引

動物学名索引

A

Acinonyx jubatus（チーター） 244, 363, 393, 439, 498, 511, 514, 539, 544, 559
Acomys（トゲマウス類） 421
Addax nasomaculatus（アダックス） 183, 324
Aepyceros melampus（インパラ） 48, 189, 371, 416, 490, 512, 514
Aepyceros melanoleuca（インパラ） 416
Ailuropoda melanoleuca（ジャイアントパンダ） 18, 60, 74, 278, 359, 395, 415, 416, 418, 490, 511, 514, 532, 537, 540, 544
Ailurus fulgens（レッサーパンダ） 308, 540, 542
Alcelaphus buselaphus（コークハーテビースト） 418
Alcelaphus buselaphus（ハーテビースト） 108, 188, 416, 521
Alces alces（ヘラジカ） 189, 415, 495, 535, 537, 539
Alouatta（ホエザル属） 413, 497
Alouatta palliata（マントホエザル） 100, 116, 541
Alouatta seniculus（アカホエザル） 116, 466, 536
Alouatta spp.（ホエザル類） 412
Ambystoma bombypellum（アホロートル） 333
Ambystoma bombypellum（メキシコサンショウウオ） 333
Ammotragus lervia（バーバリーシープ） 181
Antechinus（アンテキヌス属） 500
Antechinus stuartii（チャアンテキヌス） 495
Antidorcas marsupialis（スプリングボック） 191, 514
Antilope cervicapra（ブラックバック） 187, 586
Aonyx cinerea（コツメカワウソ） 65, 113, 243, 382, 434
Aotus trivirgatus（ヨザル） 413, 496
Arborimus longicaudus（アカキノボリヤチネズミ） 494
Arctictis binturong（ビントロング） 63, 412
Ateles（クモザル属） 497
Ateles fusciceps rufiventris（クロクモザル） 543
Ateles geoffroyi（ジェフロイクモザル） 536, 538, 541, 558
Axis axis（アクシスジカ） 187

B

Babyrousa babyrussa（バビルサ） 187, 242, 415
Beatragus hunteri（ヒロラ） 108
Bettongia lesueur（シロオビネズミカンガルー） 498
Bison bison（アメリカバイソン） 363, 421, 535, 537, 539, 541, 585
Bison bonasus bonasus（リトアニアバイソン） 595
Bison bonasus caucasicus（カフカスバイソン） 595
Blarina brevicauda（ブラリナトガリネズミ） 494
Blattella germanica（ゴキブリ） 201
Bos frontalis（ガヤル） 532
Bos frontalis（ミタン） 532
Bos gaurus（ガウル） 521, 586
Bos grunniens（ヤク） 532, 585
Bos indicus（コブウシ） 561
Bos javanicus（バンテン） 47, 415, 514
Bos taurus（ウシ） 416, 423, 493
Bos taurus primigenius（オーロックス） 591
Bos taurus taurus ankole（オオツノウシ） 184
Brachyteles arachnoides（ウーリークモザル） 536, 538
Bradypus（ミユビナマケモノ属） 490
Bubalus bubalis（アジアスイギュウ） 532
Bubalus bubalis（スイギュウ） 519
Bubalus bubalis arnee（アジアスイギュウ） 591
Bubo virginianus（アメリカワシミミズク） *366*
Buteo jamaicensis（アカオノスリ） 366

C

Callicebus moloch（ダスキーティティ） 536
Callimico goeldii（ゲルディモンキー） 415, 536, 538, 543
Callithrix geoffroyi（ジェフロイマーモセット） 183
Callithrix jacchus（コモンマーモセット） 415, 418, 420, 447, 496, 535, 536, 538, 540, 543
Callithrix jacchus（マーモセット） 519
Callithrix kuhlii（ウィードマーモセット） 536, 540, 543
Callithrix pygmaea（ピグミーマーモセット） 181
Callorhinus ursinus（キタオットセイ） 423, 426
Caloprymnus campestris（サバクネズミカンガルー） 333
Camelus bactrianus（フタコブラクダ） 182, 415, 423, 494, 515
Camelus dromedarius（ヒトコブラクダ） 449, 493, 494
Canis familiaris（イヌ） 416, 418,

423，493，498
Canis lupus（タイリクオオカミ） 119，184，292，394，425，438，493，498，515，544，558
Canis lupus baileyi（メキシコオオカミ） 322
Canis rufus（アメリカアカオオカミ） 323，366，539，541，561
Capra hircus hircus（アフリカンピグミーゴート） 187
Capra ibex（アイベックス） 188
Capra sibirica（アイベックス） 477
Capreolus capreolus（ノロジカ） 189，443，544
Caracal caracal（カラカル） 119，521
Carollia spp.（タンビヘラコウモリ類） 496
Castor canadensis（アメリカビーバー） 412，418，421
Castor canadensis（ビーバー） 443
Catopuma temminckii（アジアゴールデンキャット） 302
Cavia aperea（モルモット） 365
Cavia aperea f. porcellus（モルモット） 365
Cavia porcellus（モルモット） 362，494，498
Cebuella pygmaea（ピグミーマーモセット） 536
Cebus（オマキザル属） 497
Cebus albifrons（シロガオオマキザル） 183
Cebus apella（フサオマキザル） 206，478，496，498，536，538，540，543
Cephalophus sp.（ダイカー類） 191
Cephalophus zebra（シマダイカー） 190
Ceratotherium，*Ceratotherium simum*（シロサイ） 265，358，401，439，514，532，537，538，541，543
Ceratotherium simum simum（ミナミシロサイ） 46，184，512
Cercocebus atys atys（スーティーマンガベイ） 538
Cercopithecus diana（ダイアナモンキー） 76
Cercopithecus hamlyni（フクロウグエノン） 536
Cervus canadensis nelsoni（エルク） 447
Cervus elaphus（アカシカ） 189，412，415，511，535，544，561
Cervus elaphus hispanicus（イベリアアカシカ） 516
Cervus nippon（ニホンジカ） 516，539，541
Chinchilla lanigera（チンチラ） 492，542，544
Chlorocebus aethiops（ミドリザル） 436
Chlorocebus aethiops（ベルベットモンキー） 185
Chlorocebus mitis（ブルーモンキー） 497
Chlorocebus pygerythrus（サバンナモンキー） 64，497，535
Choloepus didactylus（フタユビナマケモノ） 421
Chrysocyon brachyurus（タテガミオオカミ） 65，114，119，338，439，511，539，541
Civettictis civetta（アフリカジャコウネコ） 440
Colobus guereza（アビシニアコロブス） 185，536
Colobus guereza kikuyuensis（コロブスモンキー） 380
Connochaetes（ヌー属） 188，264
Connochaetes gnou（オジロヌー） 416，514
Connochaetes taurinus（オグロヌー） 434，499，513
Conuropsis carolinensis（カロライナインコ） 333
Crocidura russula（ヨーロッパジネズミ） 494
Crocuta crocuta（ブチハイエナ） 415，489，491，512，541，544
Crossarchus（クシマンセ属） 63
Crotalus viridis（ガラガラヘビ） 366
Cryptomys damarensis（ダマラランドデバネズミ） 66
Cuniculus paca（パカ） 118
Cuon alpines（ドール） 443
Cuora yunnanensis（ユンナンハコガメ） 333
Cynictis（キイロマングース属） 63
Cynictis panicillata（キイロマングース） 185
Cynomys ludovicianus（オグロプレーリードッグ） 366，404，438
Cystophora cristata（ズキンアザラシ） 443

D

Damaliscus pygargus phillipsi（ブレスボック） 512，514
Dama dama（ダマジカ） 186，495
Dama dama mesopotamica（ペルシャダマジカ） 325
Dasyprocta leporina（アグーチ） 118
Dasyprocta spp.（アグーチ類） 63，65
Dasypus（ココノオビアルマジロ） 491
Dasyuroides byrnei（オオネズミクイ） 261
Dasyurus maculatus（オオフクロネコ） 65，446
Dasyurus viverrinus（フクロネコ） 495
Delphinapterus leucas（ベルーガ） 415，532
Dendrolagus matschiei（アカキノボリカンガルー） 63，379
Desmodus rotundus（ナミチスイコウモリ） 416，438，496
Dicerorhinus，*Dicerorhinus sumatrensis*（スマトラサイ）265，333，415，532，534，537，538
Diceros，*Diceros bicornis*（クロサイ） 65，133，189，265，347，358，401，415，514，532，535，537，538，543
Diceros bicornis minor（ミナミクロサイ） 324，415
Dicrostonyx groenlandicus（アメリカクビワレミング） 494
Didelphis virginiana（キタオポッサム） 495
Dipodomys heermanni（カンガルーネズミ） 394
Dipodomys heermanni arenae（カンガルーネズミ） 363
Dolichotis patagonum（マーラ） 181，261，434
Dolichotis salinicola（ヒメマーラ） 447
Dugong dugon（ジュゴン） 579
Dyacopterus spadiceus（フルーツコウモリ） 436

E

Elaphodus cephalophus cephalophus（ニシマエガミジカ） 307
Elaphurus davidianus（シフゾウ） 322，333，495，515，537，539，541
Elephantulus rufescens（アカハネジネズミ） 493

Elephantulus rufescens（ハネジネズミ）　436
Elephantulus rupestris（ニシイワハネジネズミ）　201
Elephantulus sp.（ハネジネズミ属）　496
Elephas，*Elephas maximus*（アジアゾウ）　244，264，402，415，423，492，512，514，532，537，543
Endorcas thomsonii（トムソンガゼル）　189
Enhydra lutris（ラッコ）　539
Equus burchelli（グラントシマウマ）　537，541
Equus burchelli（サバンナシマウマ）　189，434，515
Equus burchelli quagga（バーチェルサバンナシマウマ）　261
Equus burchelli antiquorum（チャップマンシマウマ）　184，539
Equus burchelli boehmi（グラントシマウマ）　183
Equus caballus（ウマ）　412，416，418，423，493，539，543，559
Equus caballus przewalskii（モウコノウマ）　58，322
Equus grevyi（グレビーシマウマ）　181，261，423，537，539，541，581
Equus hemionus（アジアノロバ）　327
Equus hemionus onager（アジアノロバ）　514
Equus hemionus onager（オナガー）　514
Equus przewalskii（モウコノウマ）　514，537，539，595
Equus sp.（シマウマ類）　182
Equus spp.（シマウマ類）　363，582
Equus zebra（ハートマンヤマシマウマ）　537
Equus zebra（ヤマシマウマ）　189
Erethizon dorsana（ヤマアラシ）　540
Erinaceus europaeus（ハリネズミ）　412
Erythrocebus patas（パタスモンキー）　185，465
Eschrichtitus robustus（ハイイロクジラ）　333
Eubalaena glacialis（セミクジラ）　540
Eudorcas thomsonii（トムソンガゼル）　376，586
Eulemur flavifrons（スクレータークロキツネザル）　536
Eulemur macaco（クロキツネザル）　393，418
Eulemur mongoz（マングースキツネザル）　393，538
Eulemur rubriventer（アカハラキツネザル）　536
Eulemur rufus（アカビタイキツネザル）　181，538，540，543

F

Falco punctatus（モーリシャスチョウゲンボウ）　333，338
Felis bengalensis（ベンガルヒョウ）　74，76
Felis bengalensis（ベンガルヤマネコ）　360，513，514，544
Felis catus（イエネコ）　416，418，489，494，498
Felis concolor（ピューマ）　423
Felis geoffroyi（ジェフロイネコ）　361，423
Felis manul（マヌルネコ）　539，541
Felis margarita（スナネコ）　372
Felis nigripes（クロアシネコ）　420
Felis silvestris（ヨーロッパヤマネコ）　521
Funambulus pennantii（イツスジヤシリス）　494

G

Galago demidoff（コビトガラゴ，デミドフガラゴ）　441
Galago senegalensis（ショウガラゴ）　412，477，478，498
Galea musteloides（クイ）　500
Galeocerdo cuvier（イタチザメ）　185
Galictis vittata（グリソン）　206
Galidia elegans（ワオマングース）　417
Gazella（ガゼル属）　264
Gazella cuvieri（エドミガゼル）　520
Gazella dorcas（ドルカスガゼル）　412，514，561
Gazella granti（グラントガゼル）　188
Gazella spekei（スペックガゼル）　514
Giraffa camelopardalis（キリン）　54，194，261，377，415，419，423，449，515，539，582
Giraffa camelopardalis reticulata（アミメキリン）　110，261
Glaucomys volans（アメリカモモンガ）　493
Globicephala macrorhyncus（コビレゴンドウ）　497
Glossophaga soricina（パラスシタナガコウモリ）　496，498
Gorilla beringei（マウンテンゴリラ）　84，333，412，541，543
Gorilla gorilla（ゴリラ）　18，62，116，264，491，493，496，515
Gorilla gorilla（ローランドゴリラ）　536，538，541，543
Gorilla gorilla gorilla（ニシローランドゴリラ）　211，239，347，359，377，416，418，423，439
Gymnogyps californianus（カリフォルニアコンドル）　333，338，593
Gypaetus barbatus（ヒゲワシ）　325
Gyps fulvus（シロエリハゲワシ）　327

H

Hapalemur occidentalis（サンビラノジェントルキツネザル）　536
Helarctos malayanus（マレーグマ）　288，513，540，541
Helogale（コビトマングース属）　63
Helogale parvula（コビトマングース）　425，436，537，544
Hemiechinus auritus（オオミミハリネズミ）　498
Hemitragus jemlahicus（ヒマラヤタール）　586
Herpestes javanicus auropunctatus（ジャワマングース）　521
Heterocephalus glaber（ハダカデバネズミ）　65，425
Hippopotamus amphibius（カバ）　47，539
Hippotragus niger（セーブルアンテロープ）　261，400，446，539
Hyaena hyaena（シマハイエナ）　446，489
Hydrochaeris hydrochaeris（カピバラ）　181
Hylobates lar（シロテテナガザル）　536，538
Hypsignathus monstrosus（ウマヅラコウモリ）　586
Hystrix africaeaustralis（ケープタテガミヤマアラシ）　500

I

Iguana iguana（グリーンイグアナ）　181
Isoodon macrourus（フクロアナグマ）　515

J

Jaculus jaculus（ヒメミユビトビネズミ）499

K

Kobus（ウォーターバック属） 264
Kobus leche kafuensis（カフエリーチュエ） 184
Kogia sima（マッコウクジラ） 578

L

Lagenorhynchus obliquidens（カマイルカ） 513
Lagorchestes hirsutus（コシアカワラビー） 366
Lagostomus maximus（ビスカッチャ） 492
Lagothrix spp.（ウーリーモンキー） 496
Lama glama（ラマ） 110，494，521，537
Lama glama guanicoe（グアナコ） 181
Lama pacos（アルパカ） 423，494，515，537
Lemniscomys barbarus（シマクサマウス） 65
Lemur catta（ワオキツネザル） 498，540，543，588
Lemur rubriventer（アカハラキツネザル） 181
Leontopithecus chrysomelas（キンクロライオンタマリン） 289，536，560
Leontopithecus rosalia（ゴールデンライオンタマリン） 308，320，366，443，477，536，538，540，543，560
Leopardus pardalis（オセロット） 361，376，511，539，541
Leopardus tigrinus（ジャガーネコ，タイガーキャット） 521
Leopardus wiedii（マーゲイ） 449，521
Leptailurus serval（サーバル） 119
Leptonychotes weddellii（ウェッデルアザラシ） 416
Lepus americanus（カンジキウサギ） 494
Lepus californicus（オグロジャックウサギ） 494
Lepus europaeus（ヤブノウサギ） 415，492，494，521，544
Litocranius walleri（ジェレヌク） 186，543，561
Lontra canadensis（カナダカワウソ） 114，576
Loris tardigradus（アカホソロリス） 422，497，498
Loxodonta，*Loxodonta africana*（アフリカゾウ） 47，64，74，184，264，402，415，416，418，423，436，514，532，534，537，539，541，543，588
Lycaon pictus（リカオン） 416，418，425，436，515，535，537，539，541，544，559
Lynx canadensis（オオヤマネコ） 325
Lynx lynx（ヨーロッパオオヤマネコ） 541
Lynx pardinus（スペインオオヤマネコ） 541

M

Macaca arctoides（ベニガオザル） 186，412，449，495
Macaca fascicularis（カニクイザル） 412，415，493，498，536，538，541，543
Macaca fuscata（ニホンザル） 116，450，496，536，538，541
Macaca mulatta（アカゲザル） 67，184，374，411，412，415，442，490，493，496，498，511，514，536，560
Macaca nemestrina（ブタオザル） 416，417，441，493，496，543
Macaca nigra（クロザル） 449，496
Macaca radiata（ボンネットモンキー） 498
Macaca silenus（シシオザル） 313，423，467，514，538，543，561
Macaca sylvanus（バーバリーマカク） 181，413，543
Macaca tonkeana（トンケアンモンキー） 187，536
Macropus（カンガルー属） 411，490
Macropus eugenii（ダマヤブワラビー） 490，512，514，561
Macropus fuliginosus（クロカンガルー） 110，412
Macropus giganteus（オオカンガルー） 446
Macropus giganteus giganteus（オオカンガルー） 110
Macropus rufogriseus banksianus（アカクビワラビー） 110
Macropus rufus（アカカンガルー） 110，418，434，515
Macroscelides proboscideus（コミミハネジネズミ） 261
Madoqua guentheri（ギュンターディクディク） 537
Madoqua kirkii（キルクディクディク） 415，436，520
Madoqua piacentinii（オピアヒメディクディク） 186
Mandrillus leucophaeus（ドリル） 324
Mandrillus sphinx（マンドリル） 76，193，561
Marmota monax（ウッドチャック） 512
Martes americana（アメリカテン） 489，493
Meles meles（アナグマ） 415
Meriones unguiculatus（スナネズミ） 360，542
Mesocricetus auratus（ゴールデンハムスター） 418，495，498
Mesocricetus spp.（ハムスター） 438
Mico melaneus（オグロマーモセット） 184
Microcebus murinus（ハイイロショウネズミキツネザル） 448，498，500
Microcebus rufus（ブラウンショウネズミキツネザル） 394，425
Microcebus simmonsi（マウスレムール） 346
Micromys minutus（カヤネズミ） 397
Microtus agrestis（キタハタネズミ） 494
Microtus agrestis（ハタネズミ） 521
Microtus californicus（カリフォルニアハタネズミ） 494
Microtus montanus（サンガクハタネズミ） 494，499
Microtus ochrogaster（ハタネズミ） 494
Microtus ochrogaster（プレーリーハタネズミ） 421
Microtus pennsylvanicus（アメリカハタネズミ） 494
Microtus pinetorum（アメリカマツネズミ） 494，500
Microtus townsendii（タウンゼンドハタネズミ） 494
Miopithecus talapoin（タラポアン） 190，493
Mirounga angustirostris（キタゾウアザラシ） 417，437

Molossus rufus（アカオヒキコウモリ） 492
Monodelphis domestica（ハイイロジネズミオポッサム） 500
Mungos（シママングース属） 63
Muntiacus reevesi（キョン） 307，565
Mustela erminea（オコジョ） 493
Mustela eversmanni（ステップケナガイタチ） 366
Mustela eversmanni（フェレット） 415
Mustela nigripes（クロアシイタチ） 322，338，366，418，511，514，539，541，544
Mustela nivalis（イイズナ） 494
Mustela putorius（フェレット） 489，544
Mustela putorius（ヨーロッパケナガイタチ） 493，494
Mustela vison（アメリカミンク） 46，361，489，492，494，519
Mus musculus（ハツカネズミ，マウス） 201，436，500，537，540，542，544，588
Myocastor coypus（ヌートリア） 498
Myodes gapperi（ヤチネズミ） 544
Myodes glareolus（ヨーロッパヤチネズミ） 361，494
Myosorex varius（ミナミモリジネズミ） 489
Myotis lucifugus（トビイロホオヒゲコウモリ） 423
Myrmecophaga tridactyla（オオアリクイ） 114，181，539

N

Nanger dama mhorr（モロッコダマガゼル） 539
Nasua nasua（ハナグマ） 206
Neofelis nebulosa（ウンピョウ） 66，76，302，358，415，512，514，539，544
Neomys fodiens（ミズトガリネズミ） 494
Noctilio leporinus（ウオクイコウモリ） 586
Nyctalus noctula（ヤマコウモリ属の1種） 495
Nycticebus coucang（スローロリス） 585
Nycticebus pygmaeus（ピグミースローロリス） 397，538

O

Ochotona princeps（アメリカナキウサギ） 422，442
Odocoileus hemionus（ミュールジカ） 544
Odocoileus virginianus（オジロジカ） 107，108，416，418，423，442，557
Okapia johnstoni（オカピ） 55，271，415，537，539，544
Orcinus orca（シャチ） 374，513，537
Oreamnos americanus（シロイワヤギ） 189，412，418
Oreotragus oreotragus（クリップスプリンガー） 186
Ornithorhynchus anatinus（カモノハシ） 409
Orycteropus afer（ツチブタ） 439，577
Oryctolagus cuniculus（アナウサギ） 494，519，544
Oryx beisa callotis（ベイサオリックス） 541
Oryx dammah（シロオリックス） 182，183，415，514，539，543，561
Oryx gazella（オリックス） 108
Oryx leucoryx（アラビアオリックス） 322，415，512
Otolemur crassicaudatus（オオガラゴ） 493，498
Ovis ammon gmelinii（アルメニアアルガリ） 521
Ovis aries（ヒツジ） 416，511
Ovis canadensis（オオツノヒツジ） 327，443，535，539，541
Ovis dalli（ドールシープ） 412，537
Ovis musimon（ムフロン） 363，438
Ozotoceros bezoarticus（パンパスジカ） 541

P

Paguma larvata（ハクビシン） 495
Panthera（ヒョウ属） 380
Panthera leo（ライオン） 72，84，114，185，265，436，493，514，558，581
Panthera leo persica（インドライオン） 302，518
Panthera onca（ジャガー） 181，335，511，541，544，558
Panthera pardus（ヒョウ） 512，514，558
Panthera pardus saxicolor（ペルシャヒョウ） 302
Panthera tigris（トラ） 242，382，512，514，539，581
Panthera tigris〔トラ（亜種間雑種）〕 302
Panthera tigris altaica（アムールトラ） 75，358
Panthera tigris spp.（トラ） 333
Panthera tigris sumatrae（スマトラトラ） 75，302，306
Pan paniscus（ピグミーチンパンジー，ボノボ）536，538，541
Pan troglodytes（チンパンジー） 63，181，313，328，362，400，412，415，423，438，477，493，496，498，515，535，536，538，541，543，560
Papio anubis（アヌビスヒヒ） 116，412，415，442，493，496，498，500
Papio cynocephalus（キイロヒヒ） 413，442，478，493，496，538
Papio hamadryas（マントヒヒ） 181，493，496，498，521
Papio ssp.（ヒヒ類） 536，543
Papio ursinus（チャクマヒヒ） 493，496，500，541
Parahyaena brunnea（カッショクハイエナ） 438，498
Parus major（シジュウカラ） 399
Pecari tajacu（クビワペッカリー） 261，447
Peromyscus maniculatus（シカネズミ） 500
Peromyscus polionotus subgriseus（シロアシネズミ） 364
Peromyscus spp.（シロアシネズミ類） 418
Petaurus breviceps（フクロモモンガ） 586
Phacochoerus africanus（イボイノシシ） 261
Phascolarctos cinereus（コアラ） 443，512，514
Phocarctos hookeri（ニュージーランドアシカ） 420
Phoca groenlandica（タテゴトアザラシ） 417
Phoca vitulina（ゼニガタアザラシ） 417
Phoca vitulina concolor（ゼニガタアザ

ラシ） 415
Phodopus sungorous（ジャンガリアンハムスター） 436
Physeter catodon（マッコウクジラ） 497
Pipistrellus ceylonicus（アブラコウモリ属の１種） 495
Pithecia pithecia（シロガオサキ） 536, 538
Pongo abelii（スマトラオランウータン） 441
Pongo pygmaeus（ボルネオオランウータン） 67, 186, 200, 242, 441, 496, 498, 536, 541, 543, 559
Pongo spp.（オランウータン類） 359
Potamochoerus porcus（アカカワイノシシ） 261
Potorous tridactylus（ハナナガネズミカンガルー） 498
Potorous tridactylus apicalis（ネズミカンガルー） 515
Prionailurus viverrinus（スナドリネコ） 75, 302
Procavia capensis（ケープハイラックス） 489, 521, 585
Procavia capensis syriacus（ケープハイラックス） 439
Procolobus badius（アカコロブス） 116
Procyon cancrivorus（アライグマ） 206
Procyon lotor（アライグマ） 376, 489, 493, 494
Propithecus verreauxi（ベローシファカ） 418, 538, 540, 543
Proteles cristatus（アードウルフ） 489
Pteropus rodricensis（ロドリゲスオオコウモリ） 65, 560
Pudu puda（プーズー） 539
Puma color coryi（フロリダパンサー） 511
Pygathrix namaeus（アカアシドゥクラングール） 538, 543

R

Rallus owstoni（グアムクイナ） 323, 338
Rangifer tarandus（トナカイ） 412, 515
Rangifer tarandus caribou（ウッドランドカリブー） 231
Rangifer tarandus tarandus（トナカイ） 415
Rattus norvegicus（ドブネズミ，ラット） 201, 418, 544
Ratufa bicolor（クロオオリス） 184
Rhea americana（アメリカレア） 181
Rhinoceros, *Rhinoceros unicornis*（インドサイ） 64, 187, 244, 265, 412, 514, 532, 533, 537, 538, 581
Rhinopithecus bieti（ビエシシバナザル，ユンナンキンシコウ） 536
Rucervus eldii（エルドジカ） 511, 513, 537, 541, 544
Rucervus eldii thamin（エルドジカ） 514
Rupicapra rupicapra（シャモア） 76, 188

S

Saguinus fuscicollis（セマダラタマリン） 536, 587
Saguinus geoffroyi（ジェフロイタマリン） 536
Saguinus imperator（エンペラータマリン） 189
Saguinus imperator subgrisescens（ヒゲエンペラータマリン） 543
Saguinus oedipus（ワタボウシタマリン） 412, 413, 415, 440, 497, 534, 538, 540, 543
Saimiri sciureus（リスザル） 118, 184, 415, 441, 497, 498, 534, 538, 543
Sarcophilus harrisii（タスマニアデビル） 265
Scalopus aquaticus（トウブモグラ） 494
Semnopithecus entellus（ハヌマンラングール） 412, 426, 439, 496, 498, 536, 538, 587
Semnopithecus spp.（ラングール） 243
Sorex araneus（ヨーロッパトガリネズミ） 494, 498
Sotalia fluviatilis（コビトイルカ） 497
Spalax ehrenbergi（メクラネズミ） 542
Speothos venaticus（ヤブイヌ） 439, 493, 498, 561
Spermophilus beldingi（ベルディングジリス） 438
Spermophilus tridecemlineatus（ジュウサンセンジリス） 494
Stenella attenuata（マダライルカ） 497
Sturnus vulgaris（ムクドリ） 74
Suncus murinus（ジャコウネズミ） 494, 497, 498
Suricata spp.（ミーアキャット属） 63
Suricata suricatta（ミーアキャット） 50, 63, 185, 446, 535, 540, 541
Sus scrofa（イノシシ） 186
Sus scrofa（ブタ） 416, 418, 423
Sylvilagus floridanus（トウブワタオウサギ） 494
Symphalangus syndactylus（フクロテナガザル） 242
Syncerus caffer（アフリカスイギュウ） 363, 493, 512, 514
Syncerus caffer caffer（ケープクロスイギュウ） 181
Syncerus caffer nanus（アフリカアカスイギュウ） 189

T

Tachyglossus aculeatus（ハリモグラ） 409
Talpa europaea（モグラ） 521
Talpa europaea（ヨーロッパモグラ） 489, 498
Tamandua tetradactyla（コアリクイ） 537
Tapirus bairdii（ベアードバク） 532
Tapirus indicus（マレーバク） 189, 242
Tapirus pinchaque（ヤマバク） 416, 418
Tapirus spp.（バク属） 537
Tarsius bancanus（ボルネオメガネザル） 493
Tarsius spp.（メガネザル類） 498
Taurotragus oryx（エランド） 108, 183, 514
Tenrec ecaudatus（テンレック） 493
Theropithecus gelada（ゲラダヒヒ） 181, 423, 425, 478, 493, 496
Thylacinus cynocephalus（タスマニアオオカミ） 333
Trachemys scripta（アカミミガメ） 183
Trachypithecus cristatus（シルバールトン） 184
Tragelaphus angasii（ニヤラ） 108
Tragelaphus eurycerus（ボンゴ） 183, 514
Tragelaphus eurycerus isacci（ボンゴ） 322
Tragelaphus imberbis（レッサークーズー） 188

Tragelaphus scriptus（ブッシュバック） 189
Tragelaphus spekii（シタツンガ） 183
Tragelaphus strepsiceros（クーズー） 108，261，513，514
Tragelaphus strepsiceros（グレータークーズー） 183
Tragulus napu（オオマメジカ） 422
Tremarctos ornatus（メガネグマ） 434，439
Trichechus manatus（アメリカマナティー） 579
Trichosurus vulpecula（フクロギツネ） 418，514
Tupaia belangeri（コモンツパイ） 418，448
Tupaia glis（コモンツパイ） 261
Tupaia sp.（ツパイ類） 496
Tursiops truncatus（バンドウイルカ） 185，218，248，374，415，416，418，423，450，513，514，533，537
Txidea taxus（アメリカアナグマ） 366
Tympanuchus cupido attwateri（ソウゲンライチョウ） 261

U

Uncia uncia（ユキヒョウ） 302，476
Urocyon littoralis（シマハイイロギツネ） 491，500
Ursus americanus（アメリカグマ） 184，360，511
Ursus arctos（ヒグマ） 438
Ursus arctos horribilis（ハイイログマ） 544
Ursus arctos lasiotus（エゾヒグマ） 540，541
Ursus maritimus（ホッキョクグマ） 53，199，358，437
Ursus sp.（クマ） 292

V

Varecia rubra（アカエリマキキツネザル） 292，449，493
Varecia variegata（クロシロエリマキキツネザル） 180，366，418，493，498
Vicugna vicugna（ビクーナ） 363，539，587
Vombatus ursinus（コモンウォンバット，ヒメウォンバット）498
Vulpes lagopus（ホッキョクギツネ） 515，539
Vulpes velox（スイフトギツネ） 329
Vulpes vulpes（アカギツネ，ギンギツネ） 292，365，493，498，515
Vulpes zerda（フェネック） 415，493，498，539，559
Zalophus californianus（カリフォルニアアシカ） 376，423

動物園動物管理学　　定価（本体 16,800 円＋税）

2014 年 3 月 10 日　第 1 版第 1 刷発行　　＜検印省略＞

監訳者　村田浩一，楠田哲士
発行者　永井富久
印　刷　㈱平河工業社
製　本　㈱新里製本所
発　行　**文永堂出版株式会社**
〒113-0033　東京都文京区本郷 2 丁目 27 番 18 号
TEL　03-3814-3321　FAX　03-3814-9407
振替　00100-8-114601 番

ISBN　978-4-8300-3249-3

文永堂出版

Andrew U. Luescher/Manual of Parrot Behavior

インコとオウムの行動学

入交眞巳　笹野聡美　監訳

B5 判，406 頁　2014 年発行
定価（本体 16,000 円＋税）
送料 510 円

インコとオウムの行動学，行動治療学を詳述した画期的な書。鳥の診療に欠かせない 1 冊です。

Gage & Duerr/Hand-Rearing Birds

鳥類の人工孵化と育雛

山﨑　亨 監訳

B5 判，535 頁　2009 年発行
定価（本体 12,000 円＋税）　送料 510 円

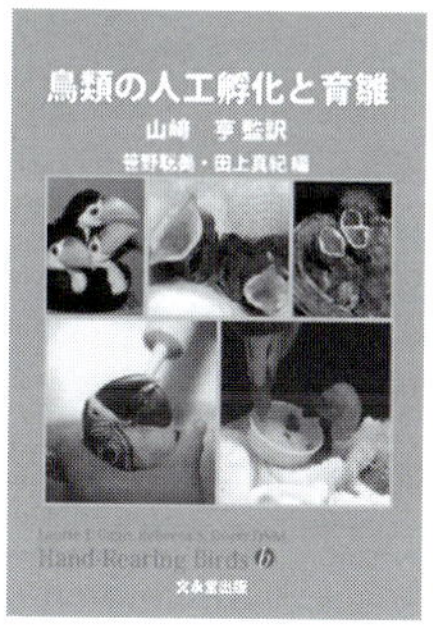

きわめて変化に富む鳥類の代表的な目のほとんどについて，人工育雛の方法を記述しています。様々な鳥類の食性，生理機能，行動，人工育雛とリハビリテーション技術を網羅した今までになかった 1 冊です。

Manfredo et al./Wildlife and Society The Science of Human Dimensions

野生動物と社会
－人間事象からの科学－

伊吾田宏正，上田剛平，鈴木正嗣，山本俊昭，吉田剛司 監訳

A5 判，366 頁　2011 年発行
定価（本体 7,800 円＋税）
送料 400 円

野生動物と人社会のあり方についての道筋をつけてくれる 1 冊で，野生動物に関わるあらゆる分野の方にとって必読の書です。

Bird & Bildstein/Raptor Research and Management Techniques

猛禽類学

山﨑　亨 監訳

A4 判変形，512 頁
2010 年発行
定価（本体 18,000 円＋税）
送料 510 円

猛禽類の研究，保全，医学に関するバイブルといえる関係者必携の 1 冊です。

野生動物管理－理論と技術－

羽山伸一，三浦慎悟，梶　光一，鈴木正嗣 編

B5 判，517 頁　2012 年発行
定価（本体 6,800 円＋税）
送料 510 円

日本の状況に即した日本オリジナルの野生動物管理の書籍がついに完成しました。野生動物管理の道しるべとなる 1 冊です。

獣医学・応用動物科学系学生のための
野生動物学

村田浩一，坪田敏男 編

B5 判，348 頁，
付録 CD-ROM　2013 年発行
定価（本体 8,000 円＋税）
送料 510 円

野生動物に関しての全般を学ぶのに最適な 1 冊。

●ご注文は最寄りの書店，取り扱い店または直接弊社へ

Bun-eido 文永堂出版　〒 113-0033　東京都文京区本郷 2-27-18　TEL 03-3814-3321
https://buneido-shuppan.com/　FAX 03-3814-9407

Andrew U. Luescher/Manual of Parrot Behavior

インコとオウムの行動学

入交眞巳　笹野聡美 監訳

B5 判，406 頁　定価（本体 16,000 円＋税）　送料 510 円

特価　本体 14,000 円＋税　2014 年 7 月 15 日まで

インコとオウムの行動学，行動治療学を詳述

1．インコとオウムの分類学的位置
2．野生のボウシインコ属およびハシブトインコ属の行動特性，および他のオウム目との比較
3．インコ・オウムの保護，商取引，再導入
4．オウム目の知覚的能力
5．オウム目の鳥の社会行動学
6．オウム目の飼育栄養学：解剖学，生理学，行動学との関係
7．安心行動と睡眠
8．オウム目の繁殖行動，誰が関与・交尾・世話をするのか
9．巣箱の好み
10．人工育雛：飼育インコ・オウム類の福祉における行動上の影響と示唆
11．オウム目の伴侶動物の行動学的発達：初生雛，巣内雛，そして巣立ち雛
12．飼育者の姿勢および雛の発達
13．ヨウムの認知力とコミュニケーション
14．行動分析とインコ・オウム類の学習
15．動物病院における行動学級：問題行動を予防するために
16．インコ・オウム類の問題行動の臨床評価
17．問題行動が窺われる場合の診断的精密検査
18．愛玩鳥の攻撃行動
19．インコ・オウムの発声
20．インコ・オウム類と恐怖
21．伴侶動物として飼われているインコ・オウム類の問題となる性行動
22．つがいの相手による外傷
23．飼い鳥における毛引き症
24．オウムの行動薬理学
25．繁殖舎における飼育下インコ・オウム類の行動
26．問題行動を防ぐための飼育舎と飼育管理に関する考察
27．飼育下のオウムインコ類のためのアニマルウェルフェア

ISBN 978-4-8300-3247-9

●ご注文は最寄の書店，取り扱い店または直接弊社へ

Bun-eido 文永堂出版
〒 113-0033　東京都文京区本郷 2-27-18
https://buneido-shuppan.com/
TEL 03-3814-3321
FAX 03-3814-9407